WERKSTOFF UND SCHWEISSUNG

WERKSTOFF UND SCHWEISSUNG

Bearbeitet und herausgegeben von

DR.-ING. HABIL.

FRIEDRICH ERDMANN-JESNITZER

o. Professor und Direktor des Instituts für Metallkunde und Materialprüfung an der Bergakademie Freiberg

Unter Mitwirkung von Dr.-Ing. W. Ahlert · Obering. W. Anders · Chemikerin L. Apelt Dipl.-Ing. W. Baer · Prof. Dr.-Ing. habil. W. Baukloh † · Dr. Ing. K. Bayer · Dr.-Ing. G. Becker · Ing. H. J. Bejach · Dipl.-Ing. W. Bleicher · Prof. Dr.-Ing. habil. P. Brenner · Dr.-Ing. H. Le Comte · Dr.-Ing. H. v. Conrady · Doz. Dr.-Ing. habil. W. Dawihl · Prof. Dr. Dr.-Ing. habil. F. Eisenkolb · Prof. Dr.-Ing. habil. F. Erdmann-Jesnitzer · Dr.-Ing. A. Erker · Obering. F. Gehrmann · Dipl.-Ing. W. Glage · Prof. Dr. phil. nat. Th. Haase · Dr.-Ing. H. Hagen · Prof. Dr. phil. habil. M. Hansen · Obering. C. Hase · Dr.-Ing. G. Hoch · Dipl.-Ing. K. Höland · Prof. Dr.-Ing. habil. W. Hofmann · Ing. G. Hunold · Dipl.-Ing. O. Kaufmann · Dr.-Ing. H. Kemper † · Dr.-Ing. H. Kostron † · Ing. H. Kowalkowski Obering. P. Krug † · Prof. Dr.-Ing. W. Küntscher · Dipl.-Ing. H. Leins · Dipl.-Ing. W. Liebig · Dr.-Phys. W. Lorenz · Doz. Dr.-Ing. E. Lüder · Dr.-Ing. R. Malisius · Dr.-Ing. W. Mantel · Prof. Dr.-Ing. habil. A. Matting · Dr.-Ing. H. Neese Dr.-Ing. habil. W. Rädeker · Prof. Dr. E. Raub · Dipl.-Chem. H. Reinicke · Ing. Kurt Renner · Chefing. F. Richter Obering. E. Rietsch · Dr.-Ing. W. Röll · Dr.-Ing. L. Rostosky Prof. Dr. phil. habil. E. Schiebold · Prof. Dr. G. Schikorr Prof. Dr. P. Schimpke · Prof. Dr.-Ing. C. Stieler · Obering. E. Thiemer · Prof. Dr.-Ing. habil. A. Thum · Doz. Dr.-Ing. F. Thümmler · Obering. P. Voigt · Dr.-Ing. L. Wolff Dr.-Ing. K. L. Zeyen · Doz. Dr.-Ing. habil. E. Zorn

AKADEMIE-VERLAG · BERLIN 1954

WERKSTOFF UND SCHWEISSUNG

HANDBUCH FÜR DIE WERKSTOFF- UND WERKSTOFFBEDINGTE VERFAHRENSTECHNIK DER SCHWEISSUNG

II

AKADEMIE-VERLAG · BERLIN 1954

Erschienen im Akademie-Verlag GmbH, Berlin W 8, Mohrenstraße 39
Lizenz-Nr. 202. Druckgenehmigungs-Nr. 2580/48—2001/48
Satz und Druck: (III/9/1) Sächsische Zeitung, Verlag und Druckerei,
Dresden N 23, Riesaer Straße 32. 4320
Bestell- und Verlagsnummer: 5016/II

EINLEITUNG ZU BAND II UND III

Die ebenso wohlwollende wie interessierte Aufnahme, die der Band I durch die Fachwelt des In- und Auslandes bislang erfahren hat, lassen eine kurze Einleitung zu den zwei weiteren Bänden ratsam erscheinen, für die sich der Stoff als zu umfangreich erwies, um wie zunächst geplant in nur einem einzigen Band untergebracht zu werden.

Seit dem Erscheinen des ersten Bandes ist geraume Zeit vergangen. War es schon beschwerlich, die zahlreichen Einzelbeiträge zur Schweißung der Eisenwerkstoffe termingerecht zu vereinen, so war dies für die Nichteisenmetalle noch schwieriger. Die Ursache liegt im unterschiedlichen Entwicklungsstand der Schweißung beider. Mit wenigen Ausnahmen, wie es die Leichtmetalle, das Kupfer einschließlich seiner Legierungen, sowie die Kunststoffe darstellen, sind einer großen Anzahl NE-Metalle ungleich weniger werkstofflich ausgerichtete, speziell die Schweißbarkeit betreffende und damit verwertbare Forschungs- und Betriebsversuche gewidmet worden. Dies ist deshalb um so bedauerlicher, weil sich einerseits dadurch für manche NE-Metalle und ihre Legierungen in ihren Ursachen nicht erkannte Fehlererscheinungen über die Jahre gesehen laufend wiederholen, andererseits aber auch wichtige Erkenntnisse, die sich dabei zum Studium der Erstarrungs-, Schrumpfungs- und Verspannungsvorgänge ergeben, zumindest qualitativ gedeutet auf Konstruktionen mit anderen Werkstoffen, z. B. den Stählen, übertragbar erscheinen.

Von den durchweg positiven, Verlag und Herausgeber bekanntgewordenen Buchbesprechungen zu Band I waren diejenigen besonders aufschlußreich, die neben den anerkennenden Worten gleichzeitig auch eine förderliche Kritik erkennen ließen. Dafür fühlt sich der Herausgeber besonders verpflichtet gegenüber den Herren Prof. Dr.-Ing. *E. H. Schulz*, Prof. Dr. *W. Große*, Dr.-Ing. *Hummitzsch*, Dr.-Ing. *W. Lohmann*, Dir. *H. A. Horn*, Dr. *v. Hofe* u. a. sowie den Herren Prof. *Herpol* (Belgien), Dr. *W. Ruff* (Italien), Dr. *G. Haim* (England) und besonders Herrn Dr.-Ing. *Weck* (England), der den Band I sehr ins einzelgehende besprach. Soweit es für den Band II ermöglicht werden konnte, wurden den darin ausgesprochenen Wünschen Rechnung getragen. Auf alle Fälle sind diese Anregungen sorgsam vermerkt und werden, falls sie nicht mehr durchführbar waren, in weiteren Bearbeitungen berücksichtigt. Verlangt wurde u. a. eine stärkere Betonung der konstruktiven Belange, einschließlich Sprödbruch und Tieftemperaturverhalten. Am Beispiel der Schweißung im Schiffbau sowie durch Behandlung der Festigkeitsprüffragen wurde versucht, dem Rechnung zu tragen. Verwiesen sei auch auf die Behandlung praktischer Fragen des Schrumpfens und Verwerfens am Anfang des 2. Bandes, erläutert an einfachen Versuchsbeispielen. Eine über den Rahmen der vorliegenden Darstellungen im Bd. I u. II hinausgehende Behandlung der Schweißbarkeit einschließlich Sprödbruchverhalten der Stahlgrobbleche erscheint jedoch dem Herausgeber ebenso wie noch eingehendere Diskussionen zur Prüfung der Schweißbarkeit verfrüht. Beide Begriffe scheinen nicht völlig abgeklärt, wenngleich auch in ihren wesentlichen Einflußgrößen erkannt. Erinnert sei nur an trügerische Hoffnungen, die mit dem Erscheinen der sogenannten *Schnad*-Probe zunächst auftraten. Zum Problem „Schweißbarkeit" sowie „Sprödbruch" werden die an zahlreichen Stellen z. Z. noch intensiv laufenden Versuche erst später Endgültiges liefern. Dabei wird sich zeigen, ob für die Stahlgrobblech-Prüfung die bewährte Aufschweißbiegeprobe (s. Bd. I) durch andere Prüfungen, wie die von Prof. Dr.-Ing. *J. Čabelka* (Bratislava) sowie Prof. Dr.-Ing. habil. *A. Matting**) (Hannover) vorgeschlagenen, in ihrer Anwendung oder Form modifizierten Kerbschlagprüfungen einzeln oder sich gegenseitig ergänzend ersetzt werden kann. Der Herausgeber ist im Einvernehmen mit Stahlherstellern und Verbrauchern gewissen primitiven Patentlösungen, wie sie durch sogenannte „Universalgeräte" zur Prüfung der Schweißbarkeit von Erfindern immer wieder angeboten werden, skeptisch gegenüberstehend, da der Einflußfaktoren zu viele sind (Zusatzwerkstoff, Grundwerkstoff, Zusammensetzung, Alterung, Konstruktion, Schweißfolge und Spannungen).

Das Thema des Buches ist trotz seines schon relativ großen Umfanges titelmäßig beschränkt auf die „Werkstoff- und verfahrensbedingte Werkstofftechnik". Trotzdem war unumgänglich die Aufnahme eines die Randgebiete umfassenden Anhanges. In diesem fanden neben der Lötung und dem Brennschneiden auch die Schweißung der Kunststoffe und das Kleben u. a. Aufnahme. Da in zunehmendem Maße

---

*) *Matting, A.* u. *H. Rubo*, z. Z. noch unveröffentlicht. „Kerbschlagprobe mit achsialer Zusatzspannung", D. R. P. angem.

werkstofflich-technische Erscheinungen und Probleme in der Schweißtechnik und ihren Randgebieten auch Anwendungsfeld physikalischer und physiko-chemischer Betrachtungen werden, konnte auf eine metallphysikalische Analyse der Preßschweiß- und Sintervorgänge am Buchende nicht verzichtet werden. Damit erscheinen Empirie und Theorie, soweit vorhanden auch auf diesem Gebiet zum Wohl beider miteinander gepaart. Das gilt besonders für die Deutung der Kaltpreßschweißung.

Seit dem Erscheinen des ersten Buchbandes haben sich einige darin bereits angedeutete Entwicklungen revolutionsartig durchgesetzt. Diese sind vor allem die *Argonarc-Schutzgasschweißung* in verschiedenen Formen sowie das *Tiefbrand-* und *Auflegierungsprinzip ummantelter Elektroden*. Besonders letztgenanntes ist ein treffendes Beispiel dafür, daß Stagnation in der Entwicklung durch den Mut zu Neuem überwunden wird, wobei einerseits mit Arbeitshypothese oder auch empirisch in zäher Konsequenz Entwicklungsarbeit geleistet werden muß, mit eintretenden Erfolgen aber auch andererseits kommerzielle Beengungen zum Nutzen einer technischen Weiterentwicklung gesprengt werden.

Im Einzelnen zum Stoff der Bände II und III sei noch erwähnt:

Die wichtige Reparaturschweißung konnte, wie es zu erwarten war, vernünftigerweise nur auszugsweise behandelt werden, da sie letztendlich fast alles wieder in sich schließt.

Innerhalb der zerstörungsfreien Werkstoffprüfung, die besonders ausführlich behandelt wurde, sind bereits für die nahe Zukunft Umwälzungen zu erwarten. Wie dort angegeben, werden diese durch die Verwendung radioaktiver Isotope, sowie durch die Ausnutzung weiterer physikalischer Werkstoffkennwerte für die praktische Prüftechnik gekennzeichnet sein. Bestrebungen, Vergleichsmaßstäbe für die Praxis der Grobstrukturuntersuchungen in Form von speziellen Atlanten herauszubringen sind wertvoll, deren Abdruck überschreitet aber den vorliegenden Buchumfang.

Die Schweißung der ausgesprochen hochschmelzenden Metalle war leider seit langem zu Unrecht gehütete Firmenkenntnis. Dies spiegelt sich auch in der Patentlage wieder und hemmte die Entwicklung außerordentlich. Die trotzdem durchgeführte erste Behandlung dieses Gebietes muß nun weitere Erprobungsversuche einleiten, da außer der reinen Röhrentechnik des Verstärker- und Senderöhrenbaus auch die chemische Industrie steigendes Interesse für Schweißbarkeitsfragen dieser Sonderwerkstoffe zeigt. Wegen der durch Gase dabei oft auftretenden Versprödungserscheinungen erscheint für die Zukunft die Mitarbeit von Metallphysikern oder Physikochemikern ratsam.

Die Entwicklung der Legierungen auf Titanbasis befindet sich trotz erster Erprobungsberichte noch im Anfangsstadium. Das gleiche gilt für das Schweißen dieser in den USA zwar langsam aber deutlich vordringenden Legierungsgruppe, die leider in Deutschland u. a. wegen der hohen Herstellungskosten noch nicht im Gesichtsbereich industrieller Anwendungen sich befinden. Sowohl als Werkstoff wie im Hinblick auf Schweißbarkeit erscheinen Titan und Titanlegierungen sehr zukunftsreich und es ist zu hoffen, daß die Aufschlußmethoden vereinfacht und verbilligt werden, damit das Titan als festigkeitsmäßiges Zwischenglied von Stahl und Leichtmetall uns neue Möglichkeiten erschließt.

Es war schwierig, die Eingliederung der Argonarc-Schutzgasschweißung, die ja für viele verschiedene Werkstoffe mit leichtoxydierbaren Elementen heute bereits breite Anwendung findet, sachlich richtig durchzuführen. Hier war nur ein Kompromiß möglich, derart, diese innerhalb des Hauptanwendungsgebietes bei den Leichtmetallen unterzubringen und dort auf andere Werkstoffe entsprechend hinzuweisen. Das gleiche gilt für die Kalt-Preßschweißung, die am Beitragsende der Widerstandsschweißung der Leichtmetalle eingefügt wurde, und die sich steigend für verschiedenste kaltplastische Werkstoffe einführt (besonders in England und UdSSR).

Wiederum sei den Mitarbeitern des Akademie-Verlages und der Buchdruckredaktion der Sächsischen Zeitung sowohl für ihr Verständnis wie für ihre Langmut gedankt, die es dem Herausgeber ermöglichten, auch die längerwährenden Bearbeitungen mit neuen Gesichtspunkten durchführen zu lassen, die dafür aber über das Maß des in der Literatur Bekannten oft wesentlich hinausgehen.

Die verständnisvolle, überaus umsichtige und tatkräftige Hilfe meiner Mitarbeiterin, der Metallographin Fräulein *R. Slanina* trug wesentlich zum Gelingen bei, wofür ich ihr ebenso danke, wie all denen, die ungenannt dem vorliegenden Werk Förderung gaben.

Mögen auch die Bände II und III ebenso wie der Band I wieder dazu beitragen, der Empirie in der Schweißtechnik ein Gerüst der ursächlichen Zusammenhänge zu geben, ohne daß die Vielzahl werkstofflicher Erscheinungen nicht erkannt, beherrscht und damit technisch nutzbringend angewendet werden können.

Freiberg (Sachs.), September 1954 *Der Herausgeber*

INHALTSVERZEICHNIS

Das Schweißen der Eisenwerkstoffe

(Fortsetzung von Teil I)

E. Betriebsfragen

F. Prüfung

Das Schweißen der Nichteisenmetalle

Die Schweißung von Leichtmetallen

Das Schweißen der Eisenwerkstoffe

(Fortsetzung von Teil I)

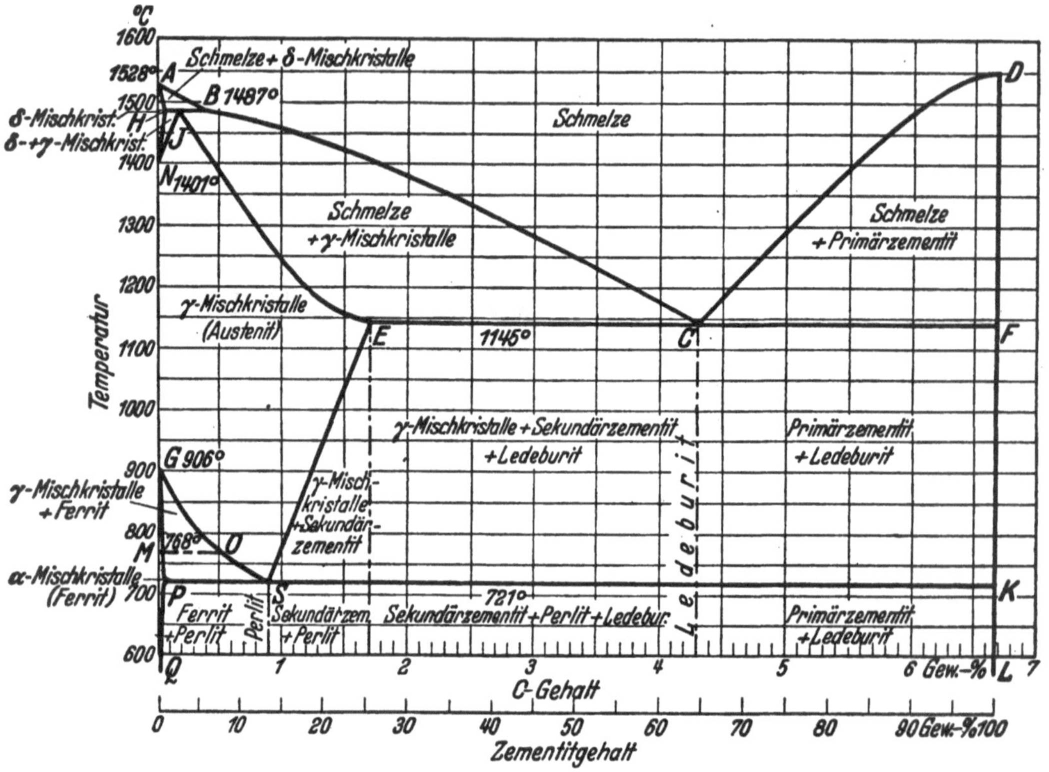

Das Eisen - Kohlenstoffschaubild

Im Text wird auf dieses mehrfach verwiesen. Die Gefügekunde von Stahlschweißungen wird in einfacher Weise durch das zugehörige Schaubild erläutert, Handelt es sich um legierte Stähle, so bestehen je nach der speziellen chemischen Zusammensetzung mannigfaltige Variationen, indem sich die Gleichgewichtslinien entsprechend verschieben. (Siehe hierzu auch bei *M. Hansen.* „Aufbau der Zweistofflegierungen", [1935], Verlag J. Springer; *E. Houdremont,* „Sonderstahlkunde", 1943, Verlag J. Springer, Berlin, sowie auch *H. Hanemann* u. *A. Schrader,* „Atlas Metallographikus", Verlag Gebr. Bornträger, Berlin. Verwiesen sei ferner auf Bericht Nr. 180 des Werkstoffausschusses des Vereins Deutscher Eisenhüttenleute: „Das Zustandsschaubild Eisen-Kohlenstoff und die Grundlagen der Wärmebehandlung des Stahles", von *Friedrich Körber, Willy Oelsen, Hermann Schottky* und *Hans-Joachim Wiester,* neu bearbeitet von *Hans-Joachim Wiester,* 3. Auflage, November 1949.)

E. BETRIEBSFRAGEN

Die Wahl des wirtschaftlichsten Schweißverfahrens *)

Dr.-Ing. R. Malisius, Bierbach/Saar

A. *Die Gestaltung von Schweißverbindungen nach wirtschaftlichen Gesichtspunkten*

1. *Allgemeines*

Schon beim Entwurf einer Schweißkonstruktion sind neben dem Zweck, der Festigkeit und Beanspruchung des Bauwerkes auch die Belange einer wirtschaftlichen Fertigung zu berücksichtigen. Diese Fragen stehen stets in engem Zusammenhang mit dem Werkstoff. In den letzten Jahren entstanden neue Schweißverfahren, und ihre Anwendungsgebiete wurden erweitert. Daneben war auch eine ständige Leistungs- und Gütesteigerung der altbewährten Verfahren zu bemerken. Für Instandsetzung und Neuanfertigung von Werkstücken aus Stahl und Eisen (von den NE-Metallen und ihrer Legierung sei ganz abgesehen) sind auf Grund dieser Entwicklung so viele und vielseitige Anwendungsmöglichkeiten der Schweißung gegeben, daß die Frage nach der technisch und wirtschaftlich besten Arbeitsweise, also die Frage nach dem *Bestverfahren*, für eine bestimmte Aufgabe auch von Fachleuten nur selten ohne eingehende vorherige Prüfung beantwortet werden kann.

Zunächst ist grundsätzlich zu klären: einmal, ob es die Lichtbogen- oder Gasschweißung, Hand- oder Maschinenschweißung, Widerstands- oder Schmelzschweißung ist, die den größten Erfolg verspricht, oder welches Sonderverfahren unter Umständen auch angebracht wäre, welche Betriebseinrichtungen vorhanden oder welche zu beschaffen sind. Sodann können noch Verbesserungen zur Steigerung der Wirtschaftlichkeit vorgesehen werden. Dies betrifft die Anordnung und die Form der Nähte, die der Fertigung anzupassen sind, die Kehlnahtdicken müssen den tatsächlichen Beanspruchungen entsprechend bemessen werden. Die genaue Vorbereitung der Schweißnähte ist notwendig. Die Handhabung der Geräte muß auf beste Wärmeausnutzung abgestellt werden. Brennergröße, Schweißdrahtdurchmesser oder Stromstärke müssen festgelegt werden, und Heft- sowie Schweißvorrichtungen sind möglichst mit zur Anwendung zu bringen.

Diese kurze Aufzählung zeigt schon, daß eingehende praktische Erfahrungen und Kenntnisse erforderlich sind, um das Bestverfahren voll zu verwirklichen. Der Konstrukteur verfügt von sich aus meist nicht über die erforderlichen Betriebserfahrungen. Die enge Zusammenarbeit zwischen Betriebs- und Entwurfsingenieuren ist deshalb für den Entwurf von Schweißverbindungen, die auf höchste Wirtschaftlichkeit abgestellt sein sollen, unerläßlich.

Um die Anregung zur wirtschaftlichen Ausnutzung der Schweißverfahren überhaupt zu geben, müssen von den Betriebsingenieuren alle Unterlagen über die An-

---

*) Eine erweiterte Darstellung gibt das Buch von *R. Malisius*, „Der Weg zum wirtschaftlichen Schweißen", Carl Marhold-Verlag, Halle/Saale, 1949. Literaturangabe zu dieser Abhandlung siehe auf S. 1018 ff. dieses Buches.

wendungsbereiche und die Leistungen der im Betriebe vorhandenen Betriebseinrichtungen ausgearbeitet und an das Entwurfsbüro gegeben werden. Bei jeder Neukonstruktion muß eine ins einzelne gehende Unterrichtung und Aussprache vorgesehen werden.

Für das Schweißen von Eisenwerkstoffen gelten die Gas- und die Lichtbogenschweißung als wichtigste Verfahren, die deshalb in den folgenden Kapiteln eingehend von der wirtschaftlichen Seite aus beleuchtet werden sollen. Andere Schweißarten haben meistens nur beschränkte Anwendungsgebiete. Die Arcatomschweißung z. B. ist ein verhältnismäßig teures Verfahren, das jedoch den Vorteil hat, daß bestimmte Legierungsbestandteile, ausgenommen der Kohlenstoff, im Schweißgut nicht so stark abbrennen. Deshalb findet das Arcatomverfahren für die Auftragschweißung von Werkzeugstählen oder bei der Schweißung hochlegierter Werkstoffe Verwendung. Die elektrische Stumpf-Abbrennschweißung arbeitet wirtschaftlich beim Verbinden der Stirnflächen von Rohren, Stangen und Profilen, soweit sich die Teile zwischen den Kupferbacken der Maschine einspannen lassen. Die elektrische Punktschweißung ist beschränkt auf überlappte Verbindungen gewisser Dicke und ergibt keine wasserdichten Nähte. Flüssigkeitsdichte Nähte erhält man durch Rollennahtschweißungen. Das *Elin-Hafergut*-Verfahren erfordert bestimmte Vorrichtungen und kann meist nur bei waagerechten und glatten Nähten angewandt werden. Die Wassergasschweißung dient zur Herstellung dickwandiger Kesseltrommeln und kann mit neueren Verfahren auf diesem Gebiete auch nur dann wirtschaftlich wetteifern, wenn umfangreiche Einrichtungen dafür bereits vorhanden sind. Ein Verfahren, das revolutionierend gewirkt hat und dessen künftige Entwicklung noch nicht voll abschätzbar erscheint, ist die „Union-Melt-Schweißung", in Deutschland unter dem Namen „Elliraschweißung" oder UP-Schweißung bekannt). (Siehe Beitrag *Wolff*, S. 458 ff. Deren Vorteile sind die außergewöhnlichen Schweißgeschwindigkeiten und die hohe Güte bei geringen Betriebskosten. Da jedoch die Anschaffungskosten für Geräte und Vorrichtungen der Elliraschweißung noch sehr hoch sind, konnte das Verfahren sich bisher nur bei Massenfertigungen durchsetzen. Ferner erfordert die einwandfreie Schweißung eine mühevolle Einarbeitung in die zahlreichen Sonderprobleme dieser Schweißart. Mit vereinfachten Geräten, die von Hand bedienbar sind, läßt sich der Umfang in der Anwendung erweitern.

2. *Schweißangaben in der Zeichnung*

Die Zeichnung soll alle Angaben enthalten, die dem Schweißer zu erkennen geben, wo, wie, wie stark und womit er die Schweißung auszuführen hat. Die genormten Zeichen und Begriffe — DIN 1910 bis 1912 — geben dem Konstrukteur die Möglichkeit, mit kurzen Zeichen und Angaben das Nötige verständlich darzustellen. Es ist verfehlt, eine wichtige Schweißnaht in der Zeichnung mit dem Vermerk „gut schweißen" zu versehen. Erstens soll grundsätzlich gut, d. h. fehlerfrei geschweißt werden, zweitens hängt die Güte der Verbindung noch von der Gestaltung der Naht, dem angewandten Verfahren bzw. auch von der Schweißdrahtsorte ab. Der Konstrukteur hat also die Form der Verbindung, das Schweißverfahren und den Zusatzdraht vorzuschreiben. Bei Kehlnähten ist außerdem die Dicke der Kehlschweißung anzugeben.

Während die Kurzzeichen für die Schweißnaht an jeder Naht einzutragen und die Kehldicken an jedem Kehlnahtzeichen hinzuzufügen sind, kann das Schweißverfahren und die Schweißdrahtgüte in der Stückliste oder daneben in Tafelform vermerkt werden, falls nicht bei einer einheitlichen Durchführung der Schweißungen am dargestellten Werkstück ein einfacher Vermerk, wie z. B. „Rohrnähte autogen, alle übrigen Verbindungen elektrisch mit Drahtgüte E 37z schweißen!", ausreicht.

Darüber hinaus empfiehlt sich die Aufstellung der Nahtlängen und Schweißgutmengen in der Stückliste oder in einer besonderen Tafel, unterteilt in Waagerecht-,

Senkrecht- und Überkopfarbeiten, ferner in Werkstatt- und Baustellenarbeiten. Diese Angaben benötigen die Arbeitsvorbereitung und das Akkordbüro bzw. der zuständige TAN*)-Bearbeiter. Der Entwurfsingenieur kann diese schon während der Planung mühelos zusammenstellen.

Es kann nicht erwartet werden, daß für die Erstausführung (sog. O-Serie) auf den Zeichnungen schon mit Sicherheit die für die Fertigung günstigsten Lösungen gefunden und eingetragen werden. Je größer die Stückzahl des Auftrages ist, desto sorgfältiger sollte jede Fertigungsvorschrift auf der Zeichnung auch nach dem Gesichtspunkt einer wirtschaftlichen Schweißfertigung immer wieder erneut bearbeitet werden. Zeichnungsänderungen werden nur ungern vorgenommen und meist erst dann, wenn technische Forderungen und ungünstige Erfahrungen dazu zwingen. Eine rechtzeitige Zeichnungsänderung lohnt die dazu erforderliche Mühe, denn dieser Aufwand ist geringfügig im Vergleich zu den dadurch erreichbaren Ersparnissen an Arbeitslohn, Werkstoffen, Betriebsmitteln und Zeit.

3. *Grundsätzliche Unterschiede der Gas- und der Lichtbogenschweißung*

Das Gas- und das Lichtbogenschweißverfahren unterscheiden sich grundsätzlich durch die Art der Wärmezufuhr in das Werkstück und durch das Zusetzen des Schweißdrahtes. Diese grundsätzlichen Unterschiede müssen dem Konstrukteur bekannt sein, um zweckentsprechende Verbindungen für jedes Verfahren entwerfen zu können.

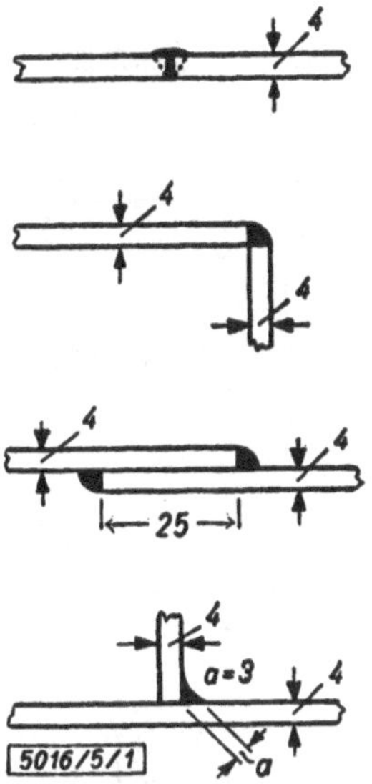

Bild 1. Verbindungsarten von 4 mm dicken Stahlblechen.

Mit der *Gasflamme* werden die Werkstücke so lange erhitzt, bis Schmelzfluß eintritt, dann wird der Schweißdraht zugesetzt und die Verbindung hergestellt. Die Schweißzeit wird daher wesentlich durch die Zeit für das Vorwärmen beeinflußt. Das Vorwärmen beansprucht verhältnismäßig viel Zeit, wenn nur kurze Nähte zu schweißen sind oder auch, falls die Wärme im Werkstück selbst gut abgeleitet wird. Je größer daher die Querschnitte sind, desto länger muß vorgewärmt werden. Schweißstellen in der Mitte von Blechen erfordern eine längere Vorwärmzeit als solche nahe den Blechkanten. Auch das Fortschreiten der Schweißung wird durch starke Wärmeabführung verzögert. Für die Gasschweißung sind deshalb nach Möglichkeit als Verbindungsformen Stumpf- oder Ecknähte zu wählen, während überlappte Nähte und T-Verbindungen vermieden werden sollen (Bild 1).

Beim *Lichtbogenschweißen* wird dagegen der Werkstoff schon im Augenblick des Zündens angeschmolzen, wobei gleichzeitig Elektrodenwerkstoff aufgetragen wird. Das Erhitzen des Grundstoffes und das Zusetzen von Draht sind untrennbar miteinander verbunden. Ob sich dieser Vorgang an der Blechkante mit geringerer oder auf der Blechmitte mit stärkerer Wärmeabfuhr abspielt, bleibt für die Schweißzeit praktisch ohne Einfluß. Für verschiedene Nahtformen werden daher mit dem Lichtbogen gleiche Schweißgutmengen unter sonst gleichen Bedingungen in etwa gleichen Zeiten aufgetragen.

Die Schweißkonstruktion für die Lichtbogenschweißung kann aus Stumpf- und Kehlnähten beliebig zusammengesetzt werden. Während die Stumpf- oder V-Naht die

*) TAN = Technisch begründete Arbeits-Normen, eingeführt innerhalb der DDR.

besseren Festigkeitseigenschaften aufweist, muß man der Kehlnaht in fertigungstechnischer Hinsicht den Vorzug geben, weil der Zusammenbau sich einfacher gestaltet und keine Gefahr des Durchbrennens bei Anwendung hoher Stromstärken besteht.

Mit dem Lichtbogen lassen sich auch kurze Nähte und Heftstellen verhältnismäßig schnell ausführen, da eine Vorwärmung nicht erforderlich ist.

Das Verbinden ungleicher Blech- und Konstruktionsdicken mittels der Gasschmelzschweißung bereitet Schwierigkeiten wegen der besonders langen Zeit, die das Anwärmen des dickeren Stückes beansprucht. Die Flamme kann dabei nicht stärker gewählt werden, als es der dünnere Teil zuläßt. Eine wirtschaftlich durchgeführte Gas-

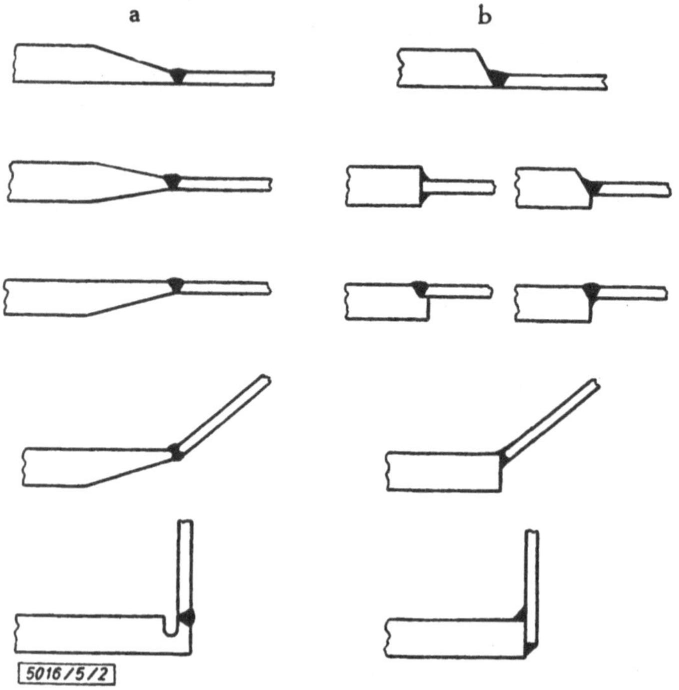

Bild 2 a und b. Verbindung ungleicher Blechdicken.
2a geeignet für die Gasschweißung
2b geeignet für die Lichtbogenschweißung

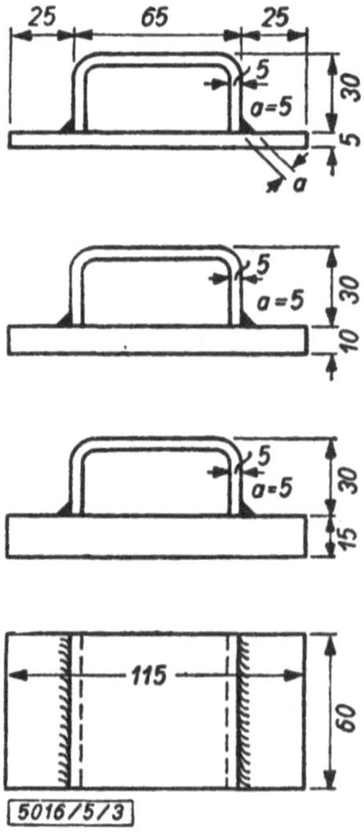

Bild 3. Einfluß ungleicher Werkstoffdicken auf die Schweißzeit (s. S. 1009).

schmelzschweißung verlangt also stets die Anwendung möglichst gleicher Werkstoffdicken der Schweißverbindung (Bild 2a). Diese Forderung ergibt sich auch aus Gründen der möglichen Schweißrissigkeit. (Siehe auch Beitrag *F. Eisenkolb*, S. 72 ff.)

Mit der Lichtbogenschweißung können dagegen dicke Teile ebenso wie schwächere *sofort* angeschmolzen werden. In bezug auf die einwandfreie Bindung und die benötigte Schweißzeit spielen also Dickenunterschiede der zu verbindenden Teile bei der Lichtbogenschweißung keine Rolle (Bild 2b). Wenn trotzdem auch für Lichtbogenschweißungen häufig allmählicher, anzuarbeitender Übergang vom dickeren zum dünneren Teil vorgeschrieben wird, so geschieht dies wegen der besseren Kraftübertragung sowie der besseren Haltbarkeit gegenüber dynamischen Beanspruchungen. Hier kann auch die Frage der Schrumpfspannungen eine Rolle spielen. Die inneren Längszugspannungen nehmen bei der Ausführung des Bildes 2b höhere Werte an als bei Ausführung in dem Bild 2a. Liegt nur statische Beanspruchung und außerdem keine hohe Längsbeanspruchung vor, so können für die Lichtbogenschweißung die fertigungstechnisch einfacheren Formen der Ausführung des Bildes 2b gewählt werden.

Den für die Gasschmelzschweißung ungünstigen Einfluß der Wärmeabfuhr im dickeren Werkstückteil zeigen besonders deutlich die Ergebnisse von Zeitaufnahmen. Von jedem der drei gezeichneten kleinen Werkstücke wurden vier Stück hintereinander geschweißt, und zwar die eine Serie mittels Gasschmelzschweißung und eine zweite mittels Lichtbogenschweißung mit Mantelelektrode. In beiden Fällen kamen die für die Schweißzeit günstigsten Bedingungen zur Anwendung. Die Schweißung wurde jeweils von einem geübten Schweißer fehlerfrei ausgeführt. Die Kehldicke war gleich groß eingehalten und betrug 5 mm.

Die drei dargestellten Werkstücke unterscheiden sich nur in der Blechdicke der Grundplatte. Die Mittelwerte der ermittelten Arbeitszeiten ergaben unter den vier Teilen gleicher Art nur geringe Streuungen.

Bemerkenswert und lehrreich ist, daß die Lichtbogenschweißung für alle drei Konstruktionen fast genau gleiche Zeiten benötigte. Die *Werkstoffdicke* ist demnach *hier ohne Einfluß*. Die *Schweißzeiten* der *Gasschmelzschweißung* nehmen dagegen mit der Werkstückdicke deutlich zu. Derartige Konstruktionen mit *ungleichen Dicken* sind *für* die *Gasschmelzschweißung* unbedingt zu *vermeiden*. Die Lichtbogenschweißung gestattet dagegen in der Wahl der Werkstoffdicken völlige Freiheit.

4. Zugänglichkeit der Schweißnaht

Ein anderer Gesichtspunkt, der eine verschiedenartige Entwurfsausführung für Gas- und Lichtbogenschweißung bedingt, ist die Zugänglichkeit der zu schweißenden Stellen. Die Lichtbogenschweißung verlangt im allgemeinen bessere Zugänglichkeit und genauere Schweißkantenvorbereitung als die Gasschmelzschweißung. So sind als Beispiel Schweißungen zwischen Rohrbündeln mittels Gasschmelzschweißung unter Anwendung von Spezialbrennern in den Fällen noch ausführbar, in denen die Lichtbogenschweißung wegen schlechter Zugänglichkeit versagt. Bei schlecht zugänglichen Schweißnähten muß man nicht nur mit einer verlängerten Schweißzeit, sondern gleichfalls mit einer mangelhaften Bindung rechnen. Diese Unsicherheit führt dann häufig dazu, daß die Nähte dicker als notwendig aufgetragen werden, wodurch die Wirtschaftlichkeit weiter beeinträchtigt wird.

Mit der *Lichtbogenschweißung* wird nur an den Flächen eine einwandfreie Bindung erzielt, die vom Lichtbogen bestrichen werden. *Die Bindefläche* soll deshalb *möglichst senkrecht zur Elektrode* liegen. Diese Bedingung kann jedoch nur selten, z. B. bei Auftragschweißungen, erfüllt werden. Im allgemeinen handelt es sich, konstruktiv gesehen, um zwei im Winkel zueinander geneigte Flächen, die durch das Schweißgut miteinander verbunden werden sollen. Keine der Nahtflächen soll dabei weniger als 25° zur Elektrode geneigt verlaufen, damit der Lichtbogen die Bindefläche noch einwandfrei bestreichen kann. Da der Lichtbogen vom Elektrodenende stets nach dem nächstliegenden Werkstückteil überspringt, wird in den *spitz zulaufenden Ecken* mit geringem Winkel *eine ordnungsgemäße Verschweißung nicht erzielt*. Der Lichtbogen zündet dann an den näher liegenden Seitenflächen, und das Schweißgut tropft ohne Bindung in die Ecke. In Bild 4 (links) sind einige Verbindungen dargestellt, die aus diesem Grunde mit dem Lichtbogen nicht einwandfrei hergestellt werden können. Sie dürfen deshalb für die Lichtbogenschweißung in der Konstruktion nicht vorgesehen werden, während solche Verbindungen mit der Gasflamme schweißbar sind. Bei Anwendung der Lichtbogenschweißung wird eine Änderung der Verbindungen in dem in Bild 4 (rechts) gezeigten Sinne notwendig.

5. *Sparsame Anwendung der Schweißnähte*

Grundsätzlich muß das Bestreben des Konstrukteurs dahin gehen, durch Beschränkung der Nahtquerschnitte und der Nahtlängen jede unnötige Schweißarbeit zu vermeiden. Manche Schweißnaht wird überflüssig durch weitgehenden Gebrauch gebogener oder abgekanteter Bleche (Bild 5). Ferner bringt das Ausschneiden von Ecken an Stellen, wo keine Kräfte zu übertragen sind, bedeutende Ersparnisse an Einpaß- und Schweißarbeiten (Bild 6).

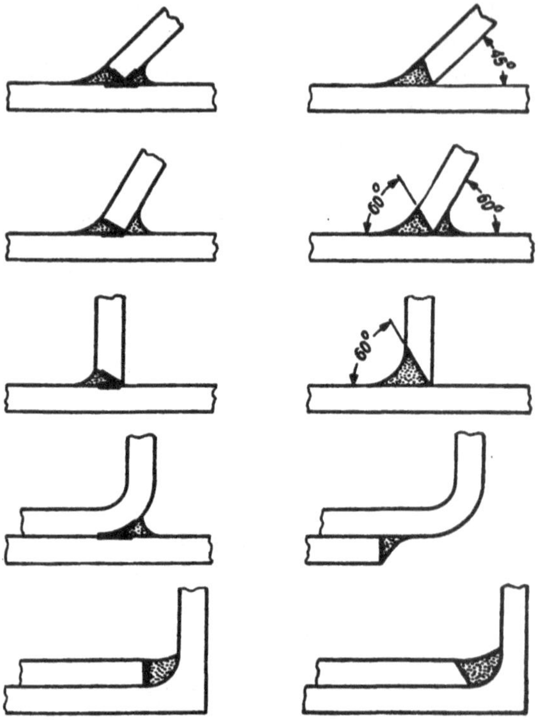

5016/5/4

Bild 4. Verbindungen mit schwer zugänglichen Schweißkanten.

6. *Abkehr von der Nietkonstruktion*

Laschen und Winkel, die typischen Verbindungselemente der Nietkonstruktion, werden von gedankenlosen Konstrukteuren häufig auch für die Schweißung in gleicher Weise wie für die Nietung vorgesehen (Bild 7). Damit wird ein wesentlicher Vorteil der Schweißung nicht ausgenutzt, nämlich die Möglichkeit einer direkten Verbindung der Bauteile. Jedes Laschen einer Stumpfnaht setzt voraus, daß die Schweißnaht als unsichere Verbindung angesehen wird, was bei sachgemäßer Ausführung jedoch nicht der Fall ist. Eine gut ausgeführte Stumpfnaht kann vielmehr durchaus die volle Festigkeit des Bauteiles gewährleisten, während durch eine darüber angeordnete Lasche infolge der zusätzlichen Kehlschweißungen eine Schwächung, besonders bei Wechselbeanspruchung, nicht vermeidbar ist. *Derartige Laschen sind also fast immer verfehlt.* Sie

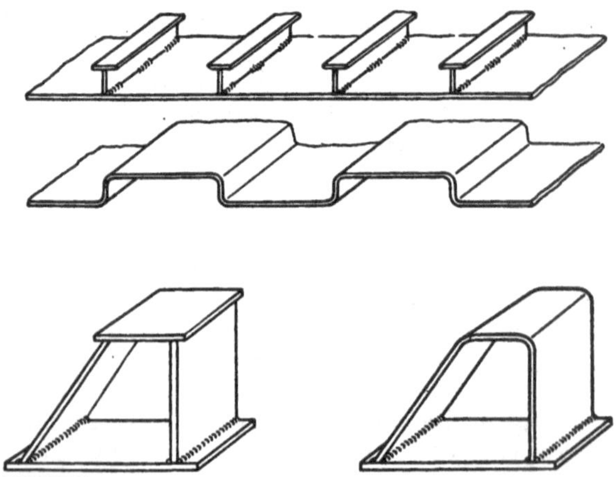

5016/5/5

Bild 5. Einsparen von Schweißnähten durch Abkantungen.

werden mit Recht von Fachleuten als „Angstlaschen" abgetan. — Eckverbindungen mit eingeschweißten Winkeln, die mit den Flanschen an den Blechen anliegen, sind ebenso unzweckmäßig. Hierbei wird nur die Ecke zugedeckt und somit die direkte Verschweißung verhindert.

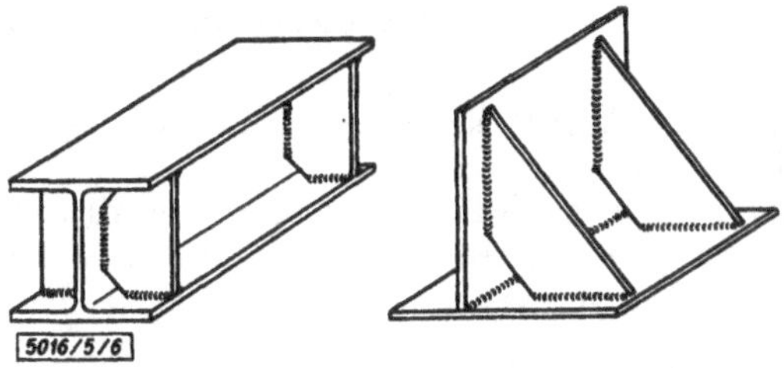

Bild 6. Beispiele für Einsparen von Schweißlängen und für Vermeiden von Einpaßarbeit durch Beschneiden der Ecken.

Flansche, Überlappungen und Laschen haben in der auf Wirtschaftlichkeit ausgerichteten Schweißkonstruktion keine Daseinsberechtigung, es sei denn, daß dabei selbständige, direkt beanspruchte Bauteile geschaffen werden.

7. *Stumpfnahtformen, Nahtvorbereitung unter Berücksichtigung genügender Wurzelbearbeitung*

Für Stumpfnahtverbindungen soll die Fugenform in der Zeichnung vorgeschrieben werden. Der Konstrukteur muß sich auch hierbei bemühen, die technischen Forderungen mit der wirtschaftlich günstigsten Ausführung zu erfüllen.

Die wirtschaftliche Fugenausbildung hängt von Art und Abmessungen des Werkstückes, ferner von den Betriebseinrichtungen ab. *Eine allgemeingültige Norm für die beste Fugenform läßt sich daher nicht aufstellen.* So ist es auch zu erklären, daß die zahlreichen Angaben über die Abmessungen von Schweißfugen in den Schweißvorschriften, Lehrbüchern und Werbeschriften kein einheit-

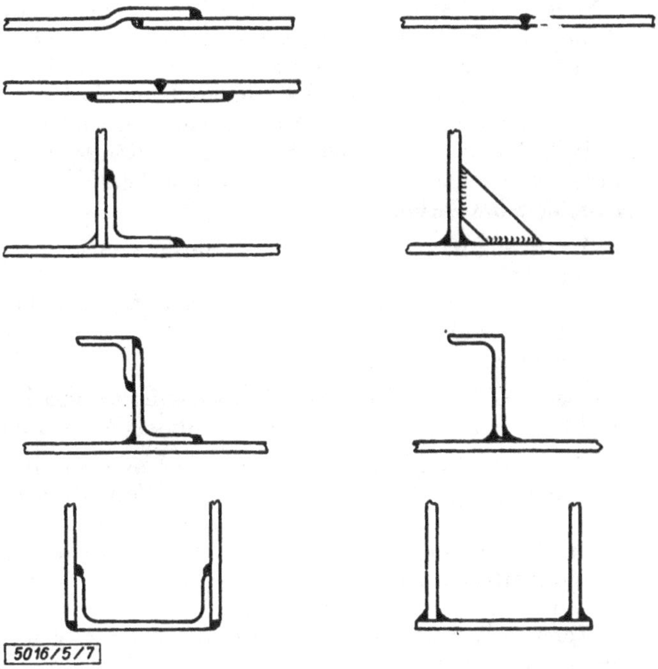

Bild 7a. Konstruktive Gestaltung der Verbindungen. Sogenannte „Angst-Laschen" Bild 7, zweites links, von oben gesehen, sind zu vermeiden.

liches Bild zeigen. Welcher Fugenwinkel zu wählen ist, ob die Abschrägung scharfkantig oder mit stumpfer Kante auszubilden ist, welcher Fugenabstand eingehalten werden soll, bei welchen Blechdicken von der V-Naht zur X- oder U-Naht übergegangen werden soll, das sind Fragen, die nur von Fall zu Fall entschieden werden können. Die Fugenform ist außer nach den Blechdicken auch nach dem Verfahren, ob Gasschmelz- oder Lichtbogenschweißung, zu wählen. Es ist ferner zu beachten, ob die Naht beiderseits oder nur einseitig zugänglich ist.

Für die Gasschmelzschweißung an Blechdicken über 4 mm ist oft ein Fugenwinkel von nur 50° vorgesehen, weil die Nachrechtsschweißung keine größere Öffnung benötigt. Für die Lichtbogenschweißung soll jedoch für Blechdicken bis zu etwa 20 mm ein Winkel von 60° nicht unterschritten werden. Bei Dicken von 12 mm und darüber kann durch Anwendung der X-Naht an Schweißgut gespart werden. Wegen der doppelten Schweißkantenbearbeitung und der Schwierigkeit einer einwandfreien Wurzelschweißung wird jedoch in vielen Fällen die V-Naht auch bei größeren Dicken noch beibehalten. Eine zweckmäßige Zwischenlösung bildet die ungleiche X-Naht. An den steilen Kanten von 30° wird der Einbrand durch Anwendung von Mantelelektroden mit hoher Stromstärke gesichert. Die stumpfe Öffnung an der Unterseite soll das Ausmeißeln der Wurzel erleichtern. Wird die Wurzelseite zuletzt geschweißt, so ist auch die Gewähr gegeben, daß sich die beiderseitige Winkelschrumpfung ausgleicht. — Bei Stahldicken über 12 mm findet die Gasschmelzschweißung nur selten Anwendung. Um noch wirtschaftlich zu arbeiten, sollte man die Gasschmelzschweißung größerer Dicken nach Möglichkeit an einer X-Naht doppelseitig und gleichzeitig in senkrechter Schweißlage ausführen.

Neben den besprochenen Fugenformen können in Sonderfällen auch andere Ausführungen zweckmäßig sein. Die schmale Fuge ergibt wesentliche Ersparnisse an Schweißgut und Arbeit. Die Kanten können mittels Brennschnitts bearbeitet werden. Als Unterlage für die Wurzelschweißung wird in der Mitte der Fugentiefe ein Blechstreifen eingeheftet, der fest mit eingeschweißt wird. Damit keine Fehlstelle in der Naht bleibt, müssen jedoch die beiden Ränder von der Rückseite ausgearbeitet werden. Wegen der Winkelschrumpfung wird das Werkstück bis zur Fertigschweißung beider Seiten mehrmals gewendet.

Die wichtigsten Arbeitsverfahren zum Beschneiden und Anschrägen der Schweißkanten sind

1. die mechanischen, wie das Scheren, Stanzen, Hobeln, Fräsen, Drehen und Sägen, und
2. das autogene Brennschneiden.

Über die Auswahl des wirtschaftlichsten der technisch brauchbaren Verfahren muß von Fall zu Fall und am besten auf Grund von Arbeitsstudien entschieden werden.

Die Anwendungsmöglichkeit der mechanischen Bearbeitungsverfahren für die Schweißfertigung hängt zunächst von der Verfügbarkeit geeigneter Maschinen ab. Es müssen sich außerdem die Form und die Art der Werkstücke der gewünschten Schnitte für das Verfahren eignen. Bleche, die eine lange, gerade Schweißkante mit Abschrägung erhalten sollen, werden vorteilhaft auf der Rollschere beschnitten, weil dabei die Kantenschräge im gleichen Arbeitsgang hergestellt werden kann, während die mit der Tafelschere beschnittenen Bleche noch durch Hobeln, Meißeln oder Brennschneiden zugeschrägt werden müssen.

Beim Scheren und Stanzen dicker Bleche ist zu beachten, daß an den kalt verformten Kanten bei der Weiterverarbeitung Risse entstehen können. Bis zu Blechdicken von 15 mm und Festigkeiten bis $\sigma_B = 50$ kg/mm² ergeben sich jedoch bei normaler Verarbeitung der Schnittkanten keine Schwierigkeiten. Vorsicht ist auch beim Schweißen von kalt verformten Kanten bei Thomasstählen geboten wegen der Versprödung nach Wärmezufuhr infolge Reckalterung.

Die spanabnehmenden Bearbeitungsverfahren für die Schweißkantenvorbereitung, wie das Hobeln, Fräsen, Drehen und Sägen, zeichnen sich durch Sauberkeit und Genauigkeit der hergestellten Schnittflächen aus. Ferner gilt es als Vorteil dieser Bearbei-

Blechdicke	Sauerstoffverbrauch ¹)	Kosten ²)	reine Schnittzeit ¹)	Arbeitszeit ³)	Lohnkosten ²)	Azetylen-Sauerstoff: Azetylenverbrauch	Azetylen-Sauerstoff: Kosten ²)	Azetylen-Sauerstoff: Gesamtkosten ⁴)
mm	l/m	DM/m	min/m	min/m	DM/m	l/m	DM/m	DM/m
5	50	0,04	2,7	5,2	0,09	12	0,01	0,28
10	100	0,07	3,3	6,0	0,10	15	0,02	0,34
20	220	0,15	4,4	7,3	0,12	25	0,03	0,48
30	340	0,24	5,0	9,0	0,15	35	0,04	0,66
50	600	0,42	6,2	10,4	0,17	55	0,06	0,91
75	1000	0,70	7,4	11,9	0,20	80	0,08	1,28
100	1500	1,05	8,4	13,1	0,22	110	0,11	1,71
150	2400	1,68	9,6	15,5	0,26	150	0,15	2,48
200	3400	2,38	10,4	16,5	0,28	200	0,20	3,28
300	6000	4,20	12,0	18,4	0,31	300	0,30	5,28

Blechdicke	Leuchtgas-Sauerstoff: Leuchtgasverbrauch	Leuchtgas-Sauerstoff: Kosten ²)	Leuchtgas-Sauerstoff: Gesamtkosten ⁴)	Wasserstoff-Sauerstoff: Wasserstoffverbrauch	Wasserstoff-Sauerstoff: Kosten ²)	Wasserstoff-Sauerstoff: Gesamtkosten ⁴)
mm	l/m	DM/m	DM/m	l/m	DM/m	DM/m
5	30	0,003	0,28	70	0,05	0,32
10	50	0,004	0,33	95	0,07	0,39
20	80	0,007	0,46	120	0,08	0,53
30	110	0,009	0,63	140	0,10	0,72
50	155	0,013	0,85	190	0,13	0,96
75	200	0,016	1,22	270	0,19	1,39
100	250	0,020	1,63	330	0,23	1,83
150	340	0,027	2,36	500	0,35	0,68
200	400	0,032	3,12	660	0,46	3,54
300	500	0,040	4,82	900	0,63	5,41

¹) Sauerstoffverbrauch und Schnittzeiten sind bei den drei verschiedenen Brenngasen etwa gleich.
²) Folgende Preise wurden zugrunde gelegt:
1 m³ Sauerstoff .... 0,70 DM
1 m³ Azetylen (Entwickler) ...... 1,00 DM
1 m³ Leuchtgas .... 0,80 DM
1 m³ Wasserstoff .... 0,70 DM
1 Lohnstunde .... 1,00 DM
³) Die Arbeitszeit = reine Schnittzeit + 20% sachliche Verlustzeit + 2 bis 4 Min. Einrichte- und Vorwärmzeit.
⁴) Gesamtkosten = Lohn-, Sauerstoff- und Gaskosten + 150% Gemeinkosten.

Zahlentafel 1. Verbrauchswerte und Kosten beim Brennschneiden von Stahl (s. auch bei Zorn, Buchanhang).
(Alle Angaben müssen für jeden Betrieb besonders geprüft und berichtigt werden!)

tungen, daß keine Wärme- oder Kaltbearbeitungs-Einflußzone verminderter Werkstoffgüte entsteht. In bezug auf die Arbeitszeiten spielen dabei die Zeiten zum Aufspannen eine wesentliche Rolle. Für leichte Werkstücke, die in die Spanneinrichtung von Hand eingelegt werden können, ist hohe Wirtschaftlichkeit der spanabnehmenden Bearbeitung zu erwarten, und besonders dann, wenn große Stückzahlen vorliegen, wodurch die Maschine gut ausgenutzt wird.

An Vielseitigkeit der Schnittformen und Kürze der Bearbeitungszeit großer Werkstoffdicken werden alle mechanischen Verfahren durch das autogene Brennschneiden übertroffen. Brennschneiden und Schweißen ergänzen sich bei der Herstellung von Schweißkonstruktionen in glücklicher Weise, besonders wenn es sich um verwickelte, aus vielen Einzelteilen zusammengefügte Werkstücke handelt. Erst durch Anwendung des Brennschneidens als Fertigungsverfahren für die Formgebung der zu verschweißenden Einzelteile hat die Schweißtechnik die heutige Verbreitung finden können.

Zum Brennschneiden kann eine Azetylen-Sauerstoff-Flamme oder ebensogut auch eine Leuchtgas-Sauerstoff- oder eine Wasserstoff-Sauerstoff-Flamme verwendet werden. Einige Verbrauchswerte und Kosten von Brennschnitten sind in Zahlentafel 1 zusammengestellt. (Siehe auch Beitrag *E. Zorn*, Anhang.)

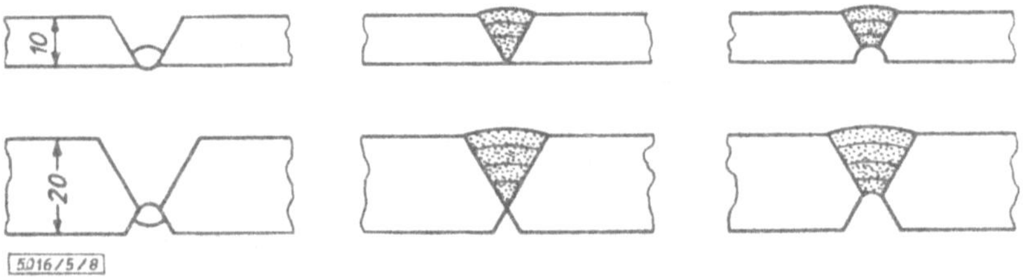

Bild 8. Ausarbeiten der Wurzel.
Wurzelfläche bleibt eben ohne Überwölbung. Bild zeigt Probe ohne Blechstreifen.

Der wunde Punkt jeder Stumpfnaht ist die Wurzel, d. h. der Schweißnahtgrund. Dies ist die Stelle, an der sich die Kanten der abgeschrägten Nahtflanken gegenüberstehen (Bild 8). Bei Anwendung der Lichtbogenschweißung soll die Wurzel nach Herstellung einer ausreichend festen Verbindung nach Möglichkeit von der Rückseite erst ausgearbeitet und dann nachgeschweißt werden. Dies geschieht mittels eines Meißels besonderer Form (Bild 9). Bei der Gasschmelzschweißung kann dagegen in den meisten Fällen auf eine wurzelseitige Ausarbeitung und eine Nachschweißung verzichtet werden, wenn von vornherein gut durchgeschweißt wurde. Durch Röntgendurchstrahlungen wurde statistisch nachgewiesen, daß beim Lichtbogenschweißen die weitaus meisten Fehler an Stumpfnähten vorkommen, deren Wurzel nicht genügend ausgearbeitet wurde und die daher an diesen Stellen ohne Bindung blieben. Wurzelfehler entstehen häufiger, als es der Schweißer im allgemeinen vermutet. Es muß nämlich berücksichtigt werden, daß die Fuge während des Schweißens zusammenschrumpft und das Durchschweißen dadurch weitgehend behindert wird (Bild 8). Längere, nur einseitig zugängliche Stumpfnähte können mittels Lichtbogenschweißung als einfache V-Nähte nicht mit Sicherheit einwandfrei hergestellt werden. Entweder brennt der Lichtbogen größere Öffnungen in die Naht, die mühsam wieder aufgefüllt werden müssen, oder die Wurzel schrumpft so eng zusammen, daß Wurzelfehler auftreten. Aus diesen Gründen sollten einseitige Lichtbogenschweißungen stets eine Wurzelunterlage erhalten, die z. B. mit Hilfe eines Blechstreifens geschaffen werden kann. Der Blechstreifen wird vorher an dem einen Werkstückteil angeheftet, durch die Wurzelschweißung fest mit den beiden Teilen verbunden und verbleibt dann unterhalb der Naht. Der wesentlichste Vorteil der Wurzelunterlage besteht darin, daß schon die erste Schweißlage mit hohem Strom und mit dicker Elektrode eingebracht werden kann. Dadurch wird eine schnelle und sichere Verbindung der Nahtwurzel erreicht.

Die Arbeitsweise mit untergelegtem Blechstreifen läßt sich naturgemäß auch dann anwenden, wenn die Naht von beiden Seiten zugänglich ist. Es ist dann zweckmäßig, die Blechdicke des Streifens nur etwa 1,5 mm dick zu wählen. Damit dann der Blechstreifen bei Anwendung hoher Stromstärken nicht durchgebrannt wird, legt man zur Wärmeabfuhr noch eine dickere Stahlschiene unter diesen. Nach Fertigstellung der Schweißung wird die Schiene entfernt und der Blechstreifen mit dem Flachmeißel vollständig abgetrennt. So erhält man auf der Rückseite der Schweißnaht eine glatte

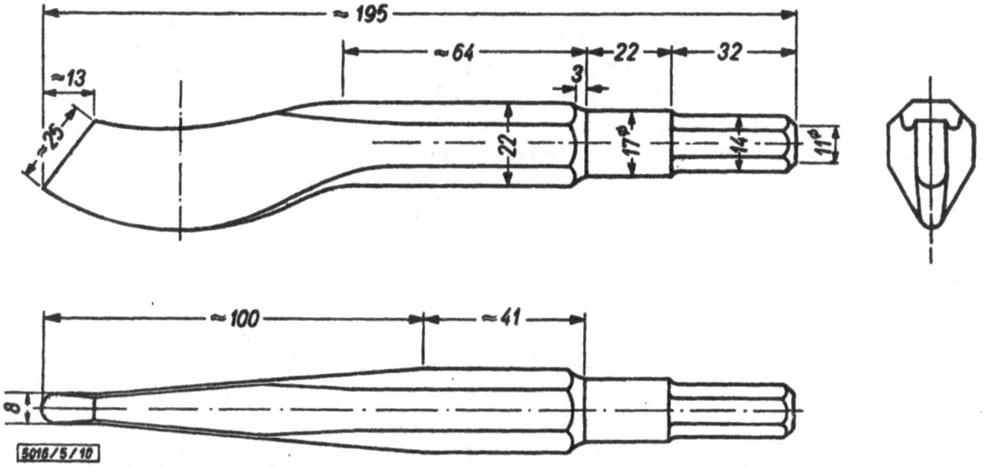

Bild 9. Meißel zum Ausnuten der Nahtwurzel für Verbindungsschweißungen.

und fehlerfreie Oberfläche der Blechunterseite. Diese Arbeitsweise hat sich besonders bei Schweißungen der Bodengänge von Schiffen bewährt, wo strömungstechnisch eine glatt verlaufende Unterseite erwünscht ist.

Für das Ausnuten der Wurzelseite von V-Nähten bestehen die folgenden Arbeitsmöglichkeiten: 1. Ausmeißeln mit Hand- oder Druckluftmeißel, 2. Ausschleifen, 3. Aushobeln, 4. Ausdrehen, 5. Ausfräsen und 6. Ausbrennen mit dem Fugenhobler (Gerät, ähnlich arbeitend wie Schneidbrenner; siehe auch Beitrag *E. Zorn*, Anhang).

Das Ausmeißeln von Hand kommt nur für kurze Nähte in Betracht. Das Ausmeißeln der Wurzel mit dem Druckluftmeißel bildet die bisher verbreitetste Arbeitsweise. Die größte Aufmerksamkeit ist dabei dem Werkzeug selbst zuzuwenden. Nur mit gut gehärtetem und richtig geformtem Meißel, wie ihn das Bild 9 mit Maßangaben zeigt, können befriedigende Leistungen erzielt werden. Ferner ist beim Meißeln darauf zu achten, daß feine Spalte und Risse nicht durch Verquetschen des Werkstoffes verdeckt und unsichtbar, d. h. also „zugeschmiert" werden. Es ist daher auf die ordnungsgemäße Meißelform (Bild 9) zu achten, die an der Schneide also nicht abgenutzt sein darf. Als wesentliche Nachteile des Meißelns sind die körperliche Anstrengung sowie akustisch der Lärm zu erwähnen. Es setzen sich deshalb andere Verfahren als das Meißeln mehr und mehr durch.

Bei der Bearbeitung legierter Stähle hoher Festigkeit durch Meißeln wird der Werkzeugverbrauch so beträchtlich, daß es vorteilhafter ist, die Wurzel auszuschleifen. Es kommt dabei vor allem auf den geeigneten Schleifstein an, der nicht bröckelt und sich trotz der schmalen Scheibenform nicht zu schnell abnutzt. Als Antrieb werden handliche, elektrisch oder auch durch Druckluft betriebene Geräte mit hoher Umdrehungszahl verwandt (Bild 11, S. 1095). Wegen der Gefahr, die die schnell laufenden Maschinen beim Zerspringen des Steines für den Arbeiter mit sich bringen, dürfen nur elastisch gebundene Scheiben verwendet werden. An der Maschine muß zwecks Unfallschutzes ein solider Schutzkorb die Schleifscheibe nach außen abdecken. Maximale Leistungen sind nur mit geeigneten Scheiben hochtouriger Maschinen erreichbar.

Für völlig fehlerfreie Nähte wird die Wurzelseite zunächst ausgemeißelt und dann geschliffen. Röntgendurchleuchtungen zeigten, daß beim Meißeln häufig Fehlstellen übersehen werden, während beim Ausschleifen feine Schlackeneinschlüsse und Spalte besser sichtbar werden. Es entstehen außerdem beim Schleifen keine spaltförmigen Vertiefungen, in denen beim Überschweißen Schlacken hängen bleiben können. Da bei normalen Stählen andere Verfahren als das Schleifen bei sorgfältiger Arbeit ebensogut zum Ziele führen, soll das Ausschleifen nach Möglichkeit auf die Fälle beschränkt bleiben, wo es weder durch spanabnehmende Bearbeitung noch durch Brennen mittels Fugenhoblers ersetzt werden kann, d. h. für Werkstoffe hoher Festigkeit, die autogen nicht schneidbar sind (Beispiel: austenitische Schweißwerkstoffe).

Das Ausarbeiten der Nahtwurzel durch Hobeln, Drehen, Fräsen ist dann vorteilhaft anzuwenden, wenn der Werkstoff gut bearbeitbar ist und wenn das Werkstück sich ohne Mühe in die Werkzeugmaschine einspannen läßt. Die Wurzel von Rundnähten kleiner Arbeitsstücke läßt sich wirtschaftlich auf der Drehbank bearbeiten. — Es kann notfalls auch die Werkzeugmaschine zum Werkstück selbst gebracht und dann die Wurzel ausgefräst werden. Der Fräserantrieb läßt sich in einfacher Weise zusammenbauen und dafür neben der Naht befestigen. Der erforderliche Scheibenfräser wird von einem Elektro- oder auch in Ausnahmefällen von einem Druckluftmotor getrieben, der sich auf einem Support oder auf einer Fahrbahn längs der Naht fortbewegt. Entscheidend für die Arbeitszeit und die Kosten dieses Verfahrens ist die Güte des Fräsers und die Wahl der Schnittgeschwindigkeit. Es kommt dabei darauf an, den wertvollen Fräser solange wie möglich schnittfähig zu erhalten. Ein wichtiges Anwendungsgebiet des Fräsens von Nahtwurzeln ist für Längsnähte von Behältern größerer Blechdicke gegeben. Gegenüber dem Ausmeißeln ergeben sich die folgenden Vorteile: größere Arbeitsleistung, geringere körperliche Anstrengung, Fortfall des Lärms, Gleichmäßigkeit und Sauberkeit der ausgearbeiteten Rille.

Die wirtschaftlichste und schnellste, dabei auch technisch einwandfreie Arbeitsweise zum Ausnuten der Nahtwurzel bildet aber immer das Ausbrennen mittels Sauerstoff-Fugenhoblers. Es handelt sich dabei um das gleiche Verfahren, wie es beim Sauerstoffhobeln zum Putzen der Rohblöcke in Stahlwerken angewandt wird. Für die Schweißnahtbearbeitung wird nur eine kleinere und besonders hierfür entwickelte Schneidbrennerdüse verwendet, wodurch der Sauerstoffverbrauch wesentlich geringer ausfällt. Dieses Verfahren ist noch neu. Es wird in der Schweißtechnik noch weitgehende Verbreitung finden. Geeignet ist dieses Verfahren nicht nur zum Ausarbeiten der Wurzel, sondern auch zum Entfernen von Kehlnähten bei Instandsetzungen oder Umbauten, ferner auch zum Ausarbeiten von Rissen, die anschließend verschweißt werden sollen. — Da die erforderlichen Gase, wie der Sauerstoff und das Azetylen, in jedem Schweißbetrieb verfügbar sind, bereitet die Einführung des Fugenhobelns betrieblich keine besonderen Schwierigkeiten. Es sind lediglich die Spezialbrenner zu beschaffen. Der hantierende Arbeiter muß sich einige Übung im Umgang mit dem Gerät aneignen. Es kommt hier ebenso wie beim Schweißen in hohem Maße auf die Geschicklichkeit des Mannes an (siehe *Zorn*, Anhang).

Ein wirtschaftlicher Vergleich läßt die bedeutende Überlegenheit des Fugenhobelns erkennen.

Die Bearbeitung von Werkstoffen, die sich z. B. nicht autogen brennschneiden lassen, ist auch mit dem Fugenhobler nicht möglich. (Zur Geräteform des Fugenhoblers siehe auch Beitrag *E. Zorn*, Anhang.) Wenn die Naht vertikal verläuft, wie dies z. B. bei Längsnähten zylindrischer Behälter, die aufrecht hingestellt werden, auftritt, so kann die Nahtwurzel auch mit ummantelten Elektroden ausgebrannt werden. Bestimmte spezielle neue Elektrodensorten, die dafür einen tiefen Einbrand ergeben und einen langen Lichtbogen halten, sind hierfür besonders geeignet. Das Verfahren, mit ummantelten Elektroden auszunuten, hat den Vorteil, daß der Schweißer das Ausarbeiten mit seinen Schweißgeräten selbst vornehmen kann.

Bemerkung: Literaturangabe umstehend.

Literaturangabe

Anleitung zum Gasschmelzschweißen. Hrsg. v. Datsch-Lehrmitteldienst, Berlin.

Beste Arbeitsmethoden für autogene Schweißnähte. Versuchsbericht der Internat. Beratungsstelle für Karbid und Schweißtechnik, Genf 1933.

Brennschneiden in Paketen. Werkstattechnik *33* (1939), S. 198.

Crowe, Deming u. *Hamilton*, Divergent Nozzle Tips for Economical Oxygen Cutting! Journal of the Am. Weld. Society 21 (1942), Supplement S. 34/43.

Du Rietz, D. u. *H. Koch*, Praktisches Handbuch der Lichtbogenschweißung. 2. Aufl. Braunschweig 1947.

Eberle, Leuchtgas als Heizgas beim Brennschneiden. Werkstattechnik *30* (1936), Heft 18.

— Arbeitsersparnis durch Brennschneiden. Maschinenbau/Betrieb *17* (1938), S. 187/188.

— Aus der Praxis des maschinellen Brennschneidens. Maschinenbau/Betrieb *19* (1940). S. 201/204.

Eichenmüller, W., Zur Frage des Brennschneidens mit Stadtgas-Sauerstoff. Gas- u. Wasserfach *82* (1939). S. 607.

— Zur Frage des Brennschneidens mit Stadtgas-Sauerstoff. Mitt. Forsch.-Anst. GHH-Konzern *8* (1940), S. 181—187.

— Das Brennschneiden im Paket. Werkstattechnik/Betrieb *37/22* (1943), S. 359—362.

Fischer, Rationelles Arbeiten mit Brennschneidemaschinen. Techn. Zbl. prakt. Metallbearb. *46* (1936), Heft 15/16.

Gunnert, A. R., Eine neue Gasschweißmethode mit erheblich herabgesetzten Schweißkosten. Autog. Metallbearb. *35* (1942), S. 221—227.

Harm, R., Leitfaden für die Schweißerausbildung. Berlin 1944.

Hennefeld, Doppelseitig-gleichzeitiges Schweißen im Behälterbau. Autog. Metallbearb. *35* (1942), S. 210.

Holler, H., Vorkalkulation und Praxis der Autogenschweißung. Halle/Saale.

— Autogenpraxis ohne viel Worte. Halle/Saale 1937.

— Leitfaden für Autogenschweißer. 18. Aufl. Halle/Saale 1944.

Koch, H., Eignung von Gleich- und Wechselstrom für die Lichtbogenschweißung. Anz. f. Maschinenwesen (1941), S. 8—10.

Koelsch, Über Lungenveränderungen bei Elektroschweißern. Reichsarbeitsblatt *21* (1941), S. 107/108.

Kottenhahn, Vorrichtungen zur Ausführung von Lichtbogenschweißungen. Techn. Zbl. f. prakt. Metallbearb. *52* (1942), Heft 15/16 u. 17/18.

Krug, P., Brennschneiden. Zeitschr. VDI *84* (1940), S. 713—716.

Lohr, Neuzeitliche Schweißmaschinenkarten. RKW-Nachricht. Bd. *17* (1943).

Lottmann, Schweißen im Schiffbau. Schiffbau *33* (1932), S. 215—222, 232—238.

Malisius, R., Die Schrumpfung geschweißter Stumpfnähte. Aus Theorie und Praxis der Elektroschweißung, Heft *2*. Braunschweig 1936.

— Der Weg zum wirtschaftlichen Schweißen, Carl Marhold, Verlag, Halle/Saale.

— Arbeitsstudie beim Schweißen eines Probebehälters. Maschinenbau/Betrieb *16* (1937), S. 511—513.

— Formänderungen an Stahlträgern infolge der Schrumpfwirkung von Lichtbogenschweißungen in Längsrichtung. Mitt. Forsch.-Anst. GHH-Konzern *8* (1940), Heft 1 u. 2.

— Verfahren zum Richten geschweißter Träger. Elektroschweißung *14* (1943), S. 29—35.

— Fugenhobeln, ein neues wirtschaftliches Arbeitsverfahren als Hilfsmittel bei der Schweißfertigung. Elektroschweißung *14* (1943), S. 147—152.

Meller, K., Taschenbuch für die Lichtbogenschweißung, 2. Aufl. Leipzig 1937.

Mues, Erzeugung von Azetylen aus Kalziumkarbid und Wasser mit trockenem Kalk als Rückstand. Forschungsarbeiten über Kalziumkarbid, Azetylen, Sauerstoff und verwandte Gebiete, 16. Folge (1941), S. 67—72. Halle Saale.

Pentzlin, K., Auf dem Wege zum Leistungslohn. Maschinenbau/Betrieb *21* (1942), S. 47—74.

Pflug, H., Typenbereiche für Schweißumformer und Schweißumspanner. Fertigungstechnik Bd. *1* (1943) (!), S. 301—304.

Quadflieg, J., Abschmelzleistung von Schweißelektroden und ihre Anwendung bei der Kalkulation. Elektroschweißung Bd. *12* (1941), Heft 9, S. 150—154.

Rimarski u. *Konschak*, Auftreten von Stickoxyden und Kohlenoxyd beim Schweißen, Schneiden und Richten in engen Räumen. Autog. Metallbearb. *33* (1940), S. 29—37, 43—46.

Ritz, K., Lichtbogenschweißgeräte und ihre Entwicklung. Elektroschweißung *14* (1943), S. 147 bis 168.

Schimpke, P., Die neueren Schweißverfahren mit besonderer Berücksichtigung der Gasschweißtechnik. 4. Aufl. Berlin 1940.

— u. *H. A. Horn*, Praktisches Handbuch der gesamten Schweißtechnik. Bd. I: Gasschweiß- und Schneidtechnik, 3. Aufl. Berlin 1938. Bd. II: Elektrische Schweißtechnik, [3.] Aufl. Berlin 1943.

Schutz gegen Schädigungen durch Röntgenstrahlen und radioaktive Stoffe in nichtmedizinischen Betrieben. Geschäftsstelle des Reichsarbeitsblattes, Berlin SW 11.

Schweißen mit Flaschenazetylen. Hrsg. v. Datsch-Lehrmitteldienst, Berlin.

Sicherheitslehrbrief für Elektroschweißer. Hrsg. v. Verb. d. Eisen- u. Metallberufsgenossenschaften.

Sicherheitslehrbrief für Gasschweißer. Hrsg. v. Verb. d. Eisen- u. Metallberufsgenossenschaften.

Vogel, Rühl, Die Azetylenverordnung. Verlag Marhold, Halle/Saale.

Walter, Schweißtisch mit Absaugvorrichtung. Zentralbl. f. Gewerbehyg. u. Unfallverh. *27* (1940), Heft 6.

Werkner, E., Einfluß der Flammenstärke auf die Wirtschaftlichkeit und Güte der Schweißnaht. Autog. Metallbearb. *35* (1942), S. 109—114.

Wilhelm, H., Schneiden und Bearbeiten von Eisen und Stahl in kaltem Zustande. Maschinenbau/Betrieb *11* (1932), Heft 10.

Würges, Die deutsche Normung der Schutzbrillen. Autog. Metallbearb. *35* (1942), S. 237—241.

Zeyen, Lohmann, Schweißen der Eisenstoffe. Stahl-Eisen-Verlag, Düsseldorf 1944.

Zobel, Th., Erhöhung der Schneidgeschwindigkeit beim Brennschneiden durch neue Düsenformgebung. Maschinenbau/Betrieb *5* (1936), S. 549—552.

Zorn, E., Azetylen-Sauerstoff-Schweißbrenner mit mehreren Flammen für Handbetrieb. Autog. Metallbearb. *26* (1933), S. 9—15.

Die Abhängigkeit der Schrumpfung und Verwerfung von der Schweißfolge

Obering. W. Anders, Halle-Trotha

Die beim Schweißen entstehenden Verwerfungen sind in großem Maße von der Anordnung und Schweißfolge der einzelnen Nähte abhängig. Um diese Verwerfungen auf ein Mindestmaß zu beschränken, ist es erforderlich, die Auswirkungen der Schweißung im *voraus* zu bestimmen. Durch Beobachtungen und Versuche sind bereits umfangreiche Unterlagen zusammengetragen worden, die es gestatten, den Einfluß der Schrumpfung zu bestimmen und ihre Auswirkungen zu beherrschen.

Es sollen deshalb im folgenden einige dieser wichtigen Punkte zusammengestellt und erläutert werden. Es sei hier auch auf die mathematische Behandlung dieser Probleme hingewiesen, wie sie für die Behandlung der Modellgesetze von *Hagen*, S. 247 ff., durchgeführt wird. Auch *Thum* u. *Erker*, S. 896 ff., bringen manche Hinweise hierzu.

A. *Auftragschweißungen*

Die Erfahrung lehrt, daß, je einfacher eine Schweißung ausgeführt werden kann, desto weniger Rücksicht auf das Verhalten des Werkstoffes, die Auswirkung der Schrumpfkräfte und auf das Verziehen des Werkstückes genommen werden darf.

Um die Schrumpfvorgänge bei einer Auftragschweißung zu klären, wurden die im folgenden beschriebenen Versuche als Meßbefunde für diesen Beitrag durchgeführt.

Ein Kesselblech von 15 mm Dicke wurde 5 mm tief ausgearbeitet und dieser abgenommene Werkstoff durch eine Auftragschweißung wieder eingeschweißt. Das Bild 1 zeigt die Versuchsanordnung. Das Blech ist festgespannt, und die Verwerfung des Bleches wurde nach jeder Schweißraupe gemessen. Bei dem ersten Versuch wurden 3 Lagen mit einer Mantelelektrode von 4 mm ⌀ der Type Es 22 (stark umhüllt) geschweißt. (Elektrodenkurzzeichen, siehe hierzu bei *Richter*, S. 382 ff). Der Verlauf der Verwerfung ist aus Bild 2 zu ersehen. Die Querschrumpfung jeder Schweißraupe

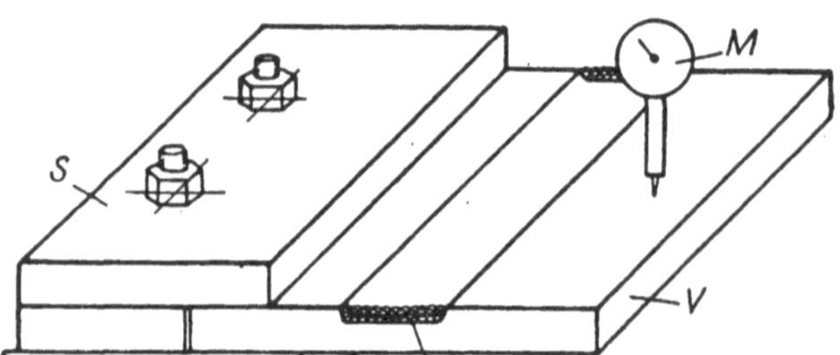

Bild 1. Versuchsanordnung zur Ermittlung des Schrumpfungsverlaufes bei Auftragschweißungen.

1. Versuch: 3 Lagen Mantelelektroden
2. Versuch: 2 Lagen nackte Elektroden

S = Einspannvorrichtung
V = Versuchsblech
R = Auftragsraupe
M = Meßuhr, eingespannt in einen feststehenden, nicht eingezeichneten Meßuhrhalter, der fest mit S verbunden ist

wirkte sich (für Es 22) in einer Verwerfung von 2,5 mm aus. Wie die Kurve zeigt, verläuft die Schrumpfung der ersten und zweiten Lage gleichmäßig. Bei der dritten Lage wird die Schrumpfung dann geringer. Das Blech hat sich um 106 mm gehoben und stark verworfen. Die Winkelschrumpfung erreicht 45° 30′.

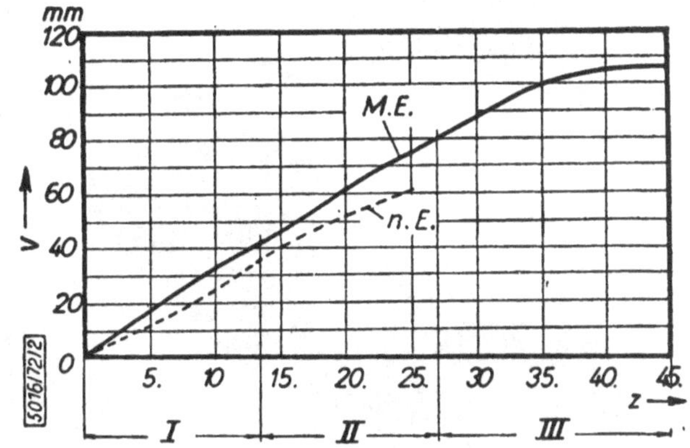

Bild 2. Winkelschrumpfung an Auftragschweißungen.

V = Verwerfung in mm
Z = Anzahl der Raupen
ME = Mantelelektrode
nE = nackte Elektrode
I = 1. Schweißraupen-Lagebereich
II = 2. Schweißraupen-Lagebereich
III = 3. Schweißraupen-Lagebereich

Die Auftragschweißung mit Nacktdraht (Type 0), 4 mm ⌀ (Bild 2), zeigt ebenfalls einen gleichmäßigen Anstieg der Verwerfung. Das Blech hat sich nach 2 Lagen um 63 mm gehoben. Die Winkelschrumpfung beträgt 24° 30′.

Die Gegenüberstellung zeigt folgende Werte:

Elektrodenart	Verwerfung in mm	Winkelschrumpfung in Grad und Minuten
Mantelelektrode	1. Lage 38,9 2. Lage 79,0 3. Lage 10,60	45° 30′
Nackte Elektrode	1. Lage 34,06 2. Lage 63,00	24° 30′

Zahlentafel 1. Verwerfung und Winkelschrumpfung bei Auftragschweißungen.

Diese frei schrumpfenden Auftragschweißungen lassen die außerordentlich großen Schrumpfkräfte deutlich erkennen (Bild 3a u. b). Werden Auftragschweißungen an Teilen durchgeführt, die diesen Schrumpfkräften nachgeben, so tritt eine starke Formänderung ein. *Malisius* berichtete über eine Auftragschweißung an einem Rohr von 145 mm Innendurchmesser und 10 mm Wanddicke. Auf dieses Rohr wurden nach Bild 4 3 Lagen mit einer Elektrode aus 13% Chromstahl aufgetragen. Die starke Querschrumpfung zog den Rohrumfang um 41 mm zusammen, das Rohr wurde konisch. Da sich die Querschrumpfung besonders stark auswirkt, würde die Schrumpfung geringer sein, wenn man die Schweißraupen spiralförmig aufgetragen hätte.

Wird die Querschrumpfung behindert, wie es bei Auftragschweißungen auf Wellen der Fall ist, so treten leicht Anrisse im Schweißgut auf. Das Bild 5 zeigt das Mikrobild einer solchen Wellenauftragschweißung mit blanken Elektroden, bei der ein solcher Schrumpfriß deutlich zu erkennen ist. Diese Welle eines Schaufelradbaggers von

325 mm ⌀ ist durch diese Schrumpfrisse nach ganz kurzer Betriebszeit zu Bruch gegangen. Viele Wellenbrüche sind auf diese Schrumpfrisse zurückzuführen.

Auftragschweißungen an ebenen Flächen führen ebenfalls zu starken Schrumpfspannungen. So berichtete *Kohrs* über eine Auftragschweißung an einer ebenen Rohrwand (Bild 6), die nach Fertigstellung der Schweißung beim Transport umfiel. Dadurch wurden die Schrumpfkräfte ausgelöst, die Rißbildung und damit die Zerstörung der Rohrwand eingeleitet.

Schon diese einfachen Beispiele genügen, um erkennen zu lassen, mit welcher Leichtfertigkeit und Sorglosigkeit viele Schweißer an die so einfach auszuführende Auftragschweißung herangehen, ohne die Auswirkungen auf den Werkstoff und die sich daraus ergebenden Folgen zu erkennen.

Als die Aufgabe entstand, für eine Destillierblase (Bild 7) von 3,80 m ⌀ die Böden mit einer 4 mm dicken Auftragschicht, ausgeführt mit austenitischen Cr/Ni-Elektroden, rostbeständig zu machen, wurden umfangreiche Vorversuche durchgeführt, um die auftretenden Längs- und Querschrumpfungen zu ermitteln. Diese Versuche ließen erkennen, daß erhebliche Schrumpfkräfte auftreten, die zu so starken Verwerfungen und Verziehungen des Bodens führen können, daß er nicht mehr gerichtet werden kann.

Die Schweißfolge muß deshalb so gewählt werden, daß das Schrumpfmoment aus den Schrumpfkräften, bezogen auf die Schwerachse, gleich Null wird. Das Bild 8 zeigt den Boden mit eingetragener Schwerachse und die Schweißfolge der Auftragschweißung.

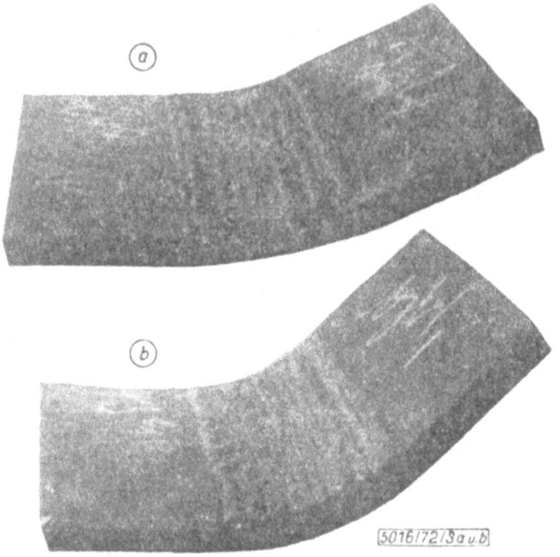

Bild 3 a u. b. Proben der Versuchsschweißungen.
3 a. Auftragschweißung mit nackten Elektroden in 2 Lagen.
3 b. Wie 3 a, jedoch mit Mantelelektroden in 3 Lagen.
3 a u. b. Siehe hierzu Versuchseinrichtung Bild 1.

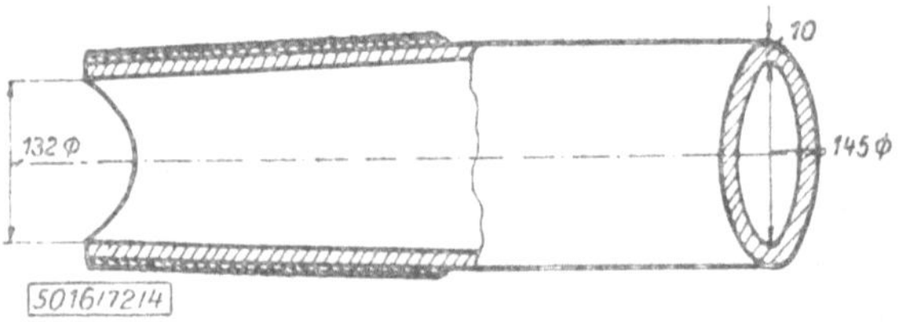

Bild 4. Schrumpfung eines Rohres infolge Auftragschweißung, Rohrwerkstoff 13% Cr-Stahl (nach *Malisius*).
Querschrumpfung 13 mm für den Durchmesser, Umfang 41 mm

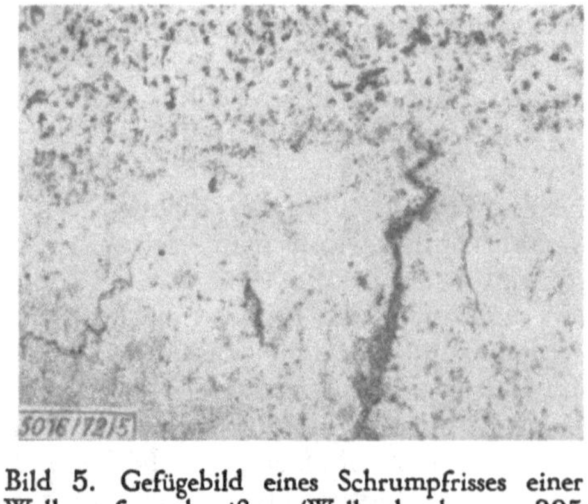

Bild 5. Gefügebild eines Schrumpfrisses einer Wellenauftragschweißung (Wellendurchmesser 325 mm) bei Verwendung dünn umhüllter Elektroden.

Es wurden 4 Schweißer so angesetzt, daß sie stets in gegenüberliegenden Sektoren schweißten und damit über dem Mittelpunkt des Bodens eine gleichmäßige Schrumpfung erreichten. Die einzelnen Auftragflächen wurden ringförmig symmetrisch zur Schwerachse des Bodens aufgebaut, um das Schrumpfmoment über dieser Achse auszugleichen. Das Bild 9 zeigt die 4 Schweißer bei der Arbeit. Betreffs dieser Arbeit werden den Leser die folgenden Daten interessieren:

Daten zur Schweißung (Bild 9):

Elektrodenverbrauch 35000 Stück, 4 mmø, Thermanit-A-Elektrode

Schweißzeit rund 1900 Stunden

Schrumpfmaße: Umfang 90 mm, Bodenhöhe 65 mm

Die auf diese Weise aufgeschweißten Böden zeigten keine Verwerfungen oder Verziehungen, so daß ein Richten oder Geradeschneiden des Bodenrandes nicht erforderlich war.

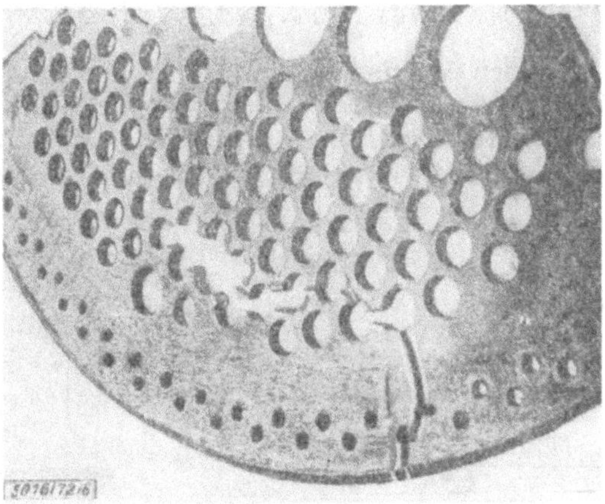

Bild 6. Auftragschweißung an einer Rohrwand, Rißbildung durch Schrumpfspannung (nach *Kohrs*).

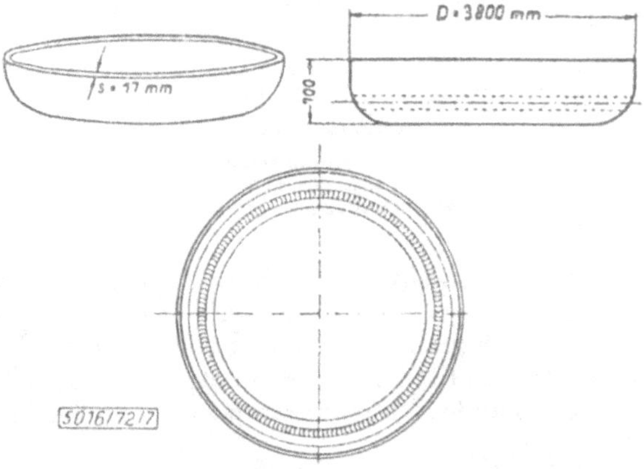

Bild 7. Auftragschweißung bei Behälterböden von 3,8 m ø mit einer Gesamtfläche der Auftragschweißung von ~ 11 m².

Bild 8. Schweißfolge, d. h. Schweißplan zu Boden des Bildes 7; Beginn der Auftragschweißung.

1 bis 4 = Stellung der 4 Schweißer
I bis VIII = Einteilung in Arbeitssegmente
Pfeile geben die Schweißrichtung an

Bild 9. Auftragschweißung eines Behälterbodens von 3,8 m ø, ausgeführt mit Elektrode Thermanit A. Aus bes. Gründen konnte plattierter Werkstoff nicht verw. werden. (Ausf. u. Werkf. Fa. Metallbau, Halberstadt.)

B. Verbindungsschweißungen als Stumpfnähte

Für den praktischen Schweißbetrieb ist das Wissen um die Schrumpfvorgänge für das Gelingen einer Schweißarbeit von ausschlaggebender Bedeutung. Es muß deshalb im Rahmen dieser Abhandlung etwas näher auf die grundsätzlichen und gesetzmäßigen Vorgänge beim Schrumpfen der Verbindungsschweißungen eingegangen werden. Grundsätzlich treten bei jeder Verbindungsschweißung die in Bild 10 dargestellte Quer-, Längs- und Winkelschrumpfung auf.

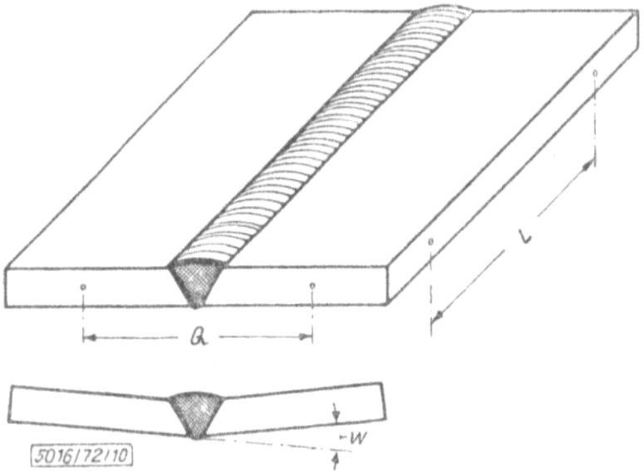

Bild 10. Winkel-, Quer- und Längsschrumpfungen an Stumpfnähten.

Q = Querschrumpfung
L = Längsschrumpfung
W = Winkelschrumpfung

1. Querschrumpfung: An einem 15 mm dicken, mit V-Naht vorbereitetem Blech, das mit einer 4-mm-Elektrode der Type Es 22 in waagerechter Lage geschweißt wurde, wurden die in Bild 11 zusammengestellten Werte gemessen.

Die Querschrumpfung ist bei unbehinderter Zusammenziehung, also beim Heften, am größten. In der Regel übersieht man schon beim Zusammenlegen der Bleche die starke Querschrumpfung der Heftstellen, und der Schweißspalt ist deshalb zu eng. Als Regel gilt, daß beim Heften der vorgelegte Spalt um 1 mm enger wird. Beim Schweißen der Nahtwurzel ist die Querschrumpfung bei einer stark gehefteten Naht geringer. Die Zahlenwerte zeigen weiter, daß die Schrumpfung am Nahtende wesentlich größer ist. Deshalb sollte man die Nahtwurzel nicht durchlaufend ziehen, sondern im Pilgerschritt schweißen. Bei langen Nähten ist auch hier eine Schrumpfung von 1 mm im Mittel anzusetzen. — Bis zur halben Nahthöhe schrumpft die V-Naht sehr stark. Diese starke Schrumpfung ist darauf zurückzuführen, daß der Widerstand der unteren Lagen gegen die Schrumpfung der oberen Lagen verhältnismäßig gering ist und daß die unteren Lagen beim Schweißen der weiteren Lagen vollständig durchwärmt werden. Beim Schweißen der weiteren Lagen finden diese beim Schrumpfen an der unteren Naht einen verhältnismäßig starken Widerstand, so daß die Schrumpfung in diesem zweiten Nahtabschnitt geringer wird.

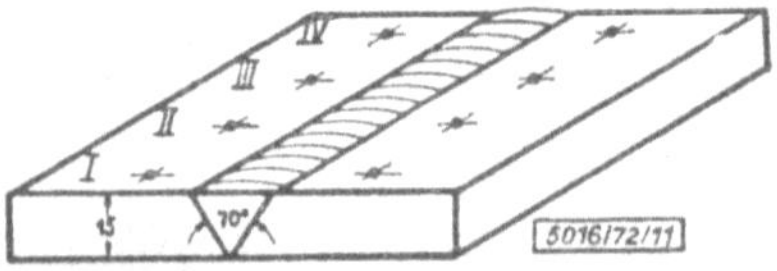

Bild 11. Querschrumpfung einer lichtbogengeschweißten V-Naht. Lagenschweißung, *waagerecht*, Elektrode 3,25 und 4,0 mm ∅; Elektrodentyp Es 22 (siehe hierzu bei *Richter*, S. 382 ff.).

Schrumpfung	Meßstelle			
	I	II	III	IV
Nach dem Heften	1,0	1,0	1,0	1,0 mm
Nach dem Schweißen der Wurzelraupe	0,1	0,3	0,5	0,7 mm
Nach dem Schweißen der halben Naht	2,6	2,7	2,8	2,9 mm
Für die fertige Naht	1,8	1,8	1,8	1,8 mm
Gesamtschrumpfung	5,5	5,8	6,1	6,4 mm

Die Gesamtschrumpfung einer Schweißung ist stets vom Zusammenlegen der Bleche an bis zur fertigen Schweißnaht zu betrachten und erreicht Werte, die beim Zusammenbau einer Konstruktion wohl zu beachten sind. — Interessant ist es weiterhin, die Schrumpfung einer senkrecht geschweißten Naht zu betrachten, deren Werte im Bild 12 zusammengestellt sind.

Zum Heften wurden die Bleche auf einem Querblech angeheftet; dadurch wurde die Querschrumpfung an der Meßstelle I (Bild 12) sehr gering und steigt erst bei den weiteren Heftpunkten an. Die Wurzelraupe zeigt eine fast gleichmäßige Schrumpfung. Nach Fertigstellen der halben Naht ist die Schrumpfung wesentlich geringer als bei der waagerecht geschweißten Naht. Die fertige Naht zeigt im Mittel eine um rund 40% geringere Schrumpfung als die waagerecht geschweißte Naht.

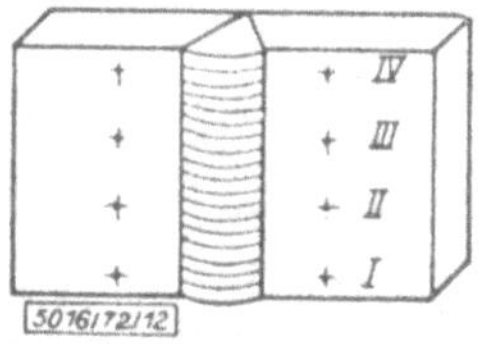

Bild 12. Querschrumpfung einer lichtbogengeschweißten V-Naht. Dreieckschweißung, *waagerecht*, Elektrode 3,25 und 4,0 mm ⌀; Elektrodentyp Es 22.

Schrumpfung	Meßstelle			
	I	II	III	IV
Nach dem Heften	0,1	0,4	0,6	0,7 mm
Nach dem Schweißen der Wurzelraupe	0,3	0,4	0,4	0,5 mm
Nach dem Schweißen der halben Naht	0,6	0,7	0,9	1,0 mm
Für die fertige Naht	2,6	2,6	2,7	2,9 mm
Gesamtschrumpfung	3,6	4,1	4,6	5,1 mm

Das Bild 13 zeigt die zeichnerische Zusammenstellung der Mittelwerte der Versuche nach Bild 11 und 12. *Für die Praxis ist hierbei wesentlich, daß die Schrumpfung der als Dreieckschweißung ausgeführten senkrechten Naht bis zur Fertigstellung der halben Nahthöhe wesentlich geringer ist als bei der in Lagenschweißung ausgeführten waagerechten Naht. Damit bestätigt sich auch die praktische Erfahrung, daß die senkrecht geschweißten Nähte weniger rißanfällig sind als die waagerecht geschweißten. Die Hauptschrumpfung setzt hier erst ein, wenn der Nahtquerschnitt so groß ist, daß er die auftretenden Schrumpfkräfte aufnehmen kann. Aus der Erkenntnis heraus, daß die Querschrumpfung abhängig ist von der Elektrodenart, dem Schweißgutvolumen, der Schweiß-*

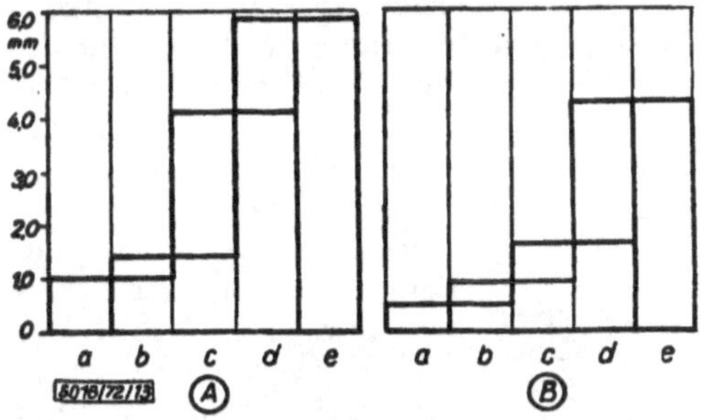

Bild 13. Querschrumpfung von V-Nähten, gemessen in mm; Elektrodentyp ES

A = Waagerechte Schweißung; Lagenschweißung, 9 Lagen.

B = Senkrechte Schweißung; Lagenschweißung, 4 Lagen.

a = Heften
b = Wurzelraupe geschweißt
c = Halbe Naht geschweißt
d = Fertige Naht
e = Gesamtschrumpfung

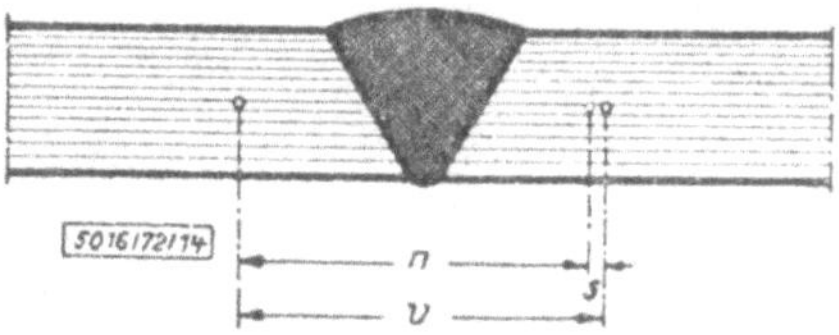

Bild 14. Rechnerische Bestimmung der Querschrumpfung,

$$s = \left(0{,}6 \cdot \lambda_1 k \frac{Q}{S} + \lambda_2 b\right) \cdot 1{,}3$$

(nach *Malisius*).

s = Schrumpfung in mm
λ_1 = 0,0044; λ_2 = 0,0093
k = 43 (für die Lichtbogenschweißung mit blanker Elektrode)
k = 50 (für die Lichtbogenschweißung mit ummantelter Elektrode)
k = 75 (für die Gasschmelzschweißung)
Q = Fugenquerschnitt, einschließlich Schweißwulst
S = Blechdicke in mm
b = mittlere Fugenbreite

fugenbreite und dem Schweißverfahren, hat M a l i s i u s *die in Bild 14 aufgeführte Formel aufgestellt.* In Bild 15 sind die Schrumpfwerte von V- und X-Nähten, die nach dieser Formel berechnet sind, zusammengestellt. Durchgeführte Vergleichsversuche lassen erkennen, daß die errechneten und gemessenen Werte gut übereinstimmen.

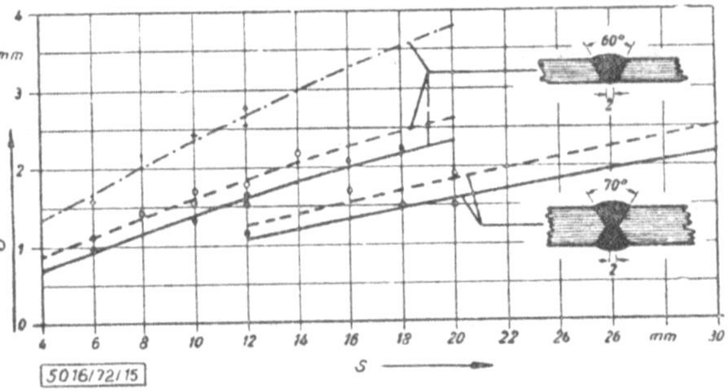

Bild 15. Querschrumpfung gut vorgehefteter Nähte.

S = Schrumpfung in mm
s = Blechdicke in mm

	Werte berechnet*)	Werte gemessen
Lichtbogenschweißung mit nackter Elektrode	———	●
Lichtbogenschweißung mit ummantelter Elektrode	- - - - - - -	○
Gasschmelzschweißung	—·—·—	+

*) Berechnete Werte für die Schrumpfung gemäß der Gleichung bei Bild 14, nach M a l i s i u s.

Auch das Bild 16, das die Querschrumpfung in Abhängigkeit von Schweißnahtquerschnitt und Schweißnahtbreite zeigt, läßt die Zunahme der Querschrumpfung mit steigendem Nahtvolumen erkennen. *Aus dieser Zusammenstellung ergibt sich die Erkenntnis, daß schlecht vorbereitete Schweißnähte zu starken Querschrumpfungen führen. Die Folgen sind starke Verwerfungen und die Gefahr der Rißbildung durch zu große Schrumpfkräfte.*

2. *Längsschrumpfung:* Die Längsschrumpfung einer Schweißnaht ist abhängig von dem Verhältnis Schweißnahtfläche zur Werkstückfläche. Da bei Stumpfnähten die Schweißnahtfläche im Verhältnis zum Blechquerschnitt gering ist, wird die Längsschrumpfung sehr gering, jedoch die entstehenden Schrumpfkräfte und Schrumpfspannungen sehr groß. Bei Stumpfnähten an Blechen geringer Dicken wird die Schrumpfkraft in Nahtlängsrichtung zu Verwerfungen führen, die noch unterstützt werden, wenn die Bleche bereits vor dem Schweißen wellig und krumm sind. Bei dicken Nähten führen diese Längsschrumpfungen zu Rissen quer zur Naht. Das Bild 17 zeigt solche Querrisse an einer Rundnaht eines Hochdruckbehälters, der aus einem legierten Werkstoff der folgenden chemischen Zusammensetzung besteht:

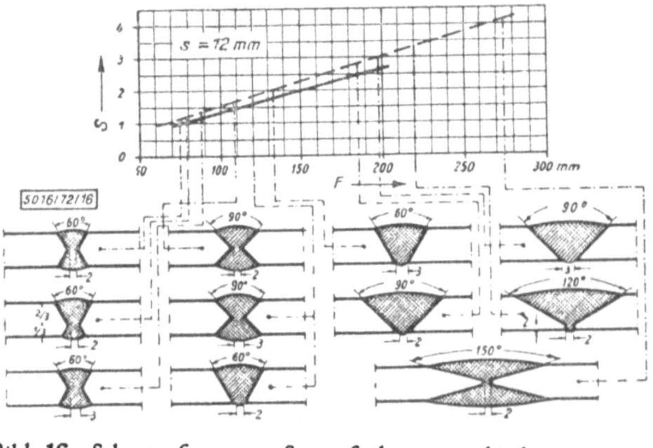

Bild 16. Schrumpfung von Stumpfnähten verschiedener Fugenausbildung, nach *Malisius.*

S = Schrumpfung in mm (bei s = 12 mm Blechdicke)
F = Fugenquerschnitt in mm².
Ausgezogene Kurve = Lichtbogenschweißung mit blanker Elektrode
Gestrichelte Kurve = Lichtbogenschweißung mit ummantelter Elektrode

C	Mn	Si	Cr
0,19	0,63	0,25	1,44

V	P	S
0,28	0,007	0,020 %

In diesem Fall hatte die starre Einspannung des Schweißgutes, das selbst eine sehr hohe Streckgrenze aufwies und sich dadurch nicht plastisch verformen konnte, zu dieser Rißbildung geführt.

3. Winkelschrumpfung: Die Winkelschrumpfung einer V-Naht ist von dem Aufbau der Schweißnaht abhängig. Zur Bestimmung der die Winkelschrumpfung beeinflussenden Vorgänge wurden für den vorliegenden Buchbeitrag Versuche für V-Nähte an 15 mm dicken Blechen durchgeführt, die in Bild 18 zusammengestellt sind.

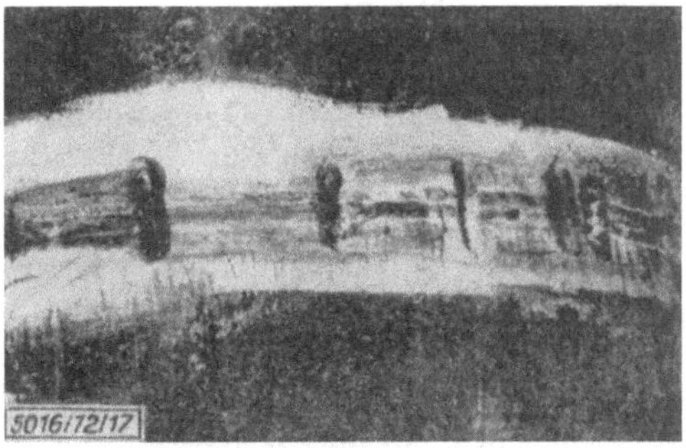

Bild 17. Auswirkung der Längsschrumpfung an der Rundnaht eines Behälters.
Werkstoff: 0,19% C, 0,63% Mn, 0,25% Si, 1,44% Cr, 0,28% V, 0,007% P, 0,020% S

Behälter-Durchmesser D = 1400 mm
Behälter-Innendruck P = 75 atü
Behälter-Länge L = 12 000 mm
Behälter-Wandungsdicke s = 40 mm

Bemerkung: Man erkennt 5 eingebeulte Stellen senkrecht zur Behälterrundnaht

Die in senkrechter Schweißlage als Dreieckschweißung ausgeführte Naht zeigt die geringste Winkelschrumpfung von 0° 57′. Bei dieser Schweißart findet beim Schweißen der Wurzellage und der weiteren Lage fast keine Winkelschrumpfung statt.

Wird das Schweißgut in Lagen eingetragen — bei 15-mm-Blech und einem Öffnungswinkel von 70° waren 9 Lagen erforderlich —, tritt eine Winkelschrumpfung von 3° 23′ ein.

Die größte Winkelschrumpfung entsteht, wenn die Schweißnaht in einzelnen Raupen eingelegt wird. Bei dem vorliegenden Versuch waren 20 Schweißraupen notwendig, um den Schweißnahtquerschnitt zu füllen. Die Winkelschrumpfung wurde mit 11° 31′ gemessen.

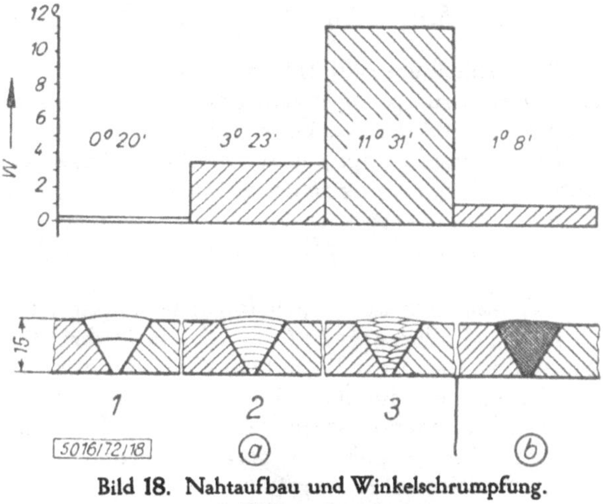

Bild 18. Nahtaufbau und Winkelschrumpfung.

a) Elektroschweißung
1. Dreieckschweißung
2. Lagenschweißung
3. Raupenschweißung

b) Gasschweißung

Bei der Gasschweißung, ausgeführt als Nachrechtsschweißung, wobei der Nahtquerschnitt in einer Lage geschweißt wurde, konnte nach dem Abkühlen der Naht eine Winkelschrumpfung von nur 1° 8′ gemessen werden.

Aus den Versuchen konnte weiter festgestellt werden, daß der Verlauf der Winkelschrumpfung ziemlich gleichmäßig mit dem Legen der einzelnen Lagen erfolgt und sich aus den der Lagenzahl entsprechenden Einzelschrumpfungsbeträgen zusammensetzt.

Es wurden deshalb, um die Winkelschrumpfung aufzuheben oder rückgängig zu machen, folgende Versuche durchgeführt:

a) *Festspannen der Bleche*

Die 15 mm dicken Bleche wurden festgespannt und als V-Naht mit 9 Lagen geschweißt. Die Naht wurde bis zum vollständigen Abkühlen eingespannt gelassen. Nach dem Abspannen konnte eine Winkelschrumpfung von 0° 57′ festgestellt werden. Praktisch kann also durch das Festspannen die Winkelschrumpfung fast unterbunden werden. Bild 19 zeigt die Spannvorrichtung.

b) *Ausbrennen der Nahtwurzel und Schweißen der Wurzelseite*

Durch das Ausbrennen der Wurzel mit der Schneidelektrode wurde durch die Erwärmung der Wurzelseite die Winkelschrumpfung von 5° 42′ auf 3° 34′ verringert. Das Schweißen der Wurzelraupe setzte die Winkelschrumpfung auf 1° 43′ herab. Dies zeigt Bild 20.

c) *Ausgleich der Winkelschrumpfung durch Vorlage*

Für diesen Versuch wurden die Probebleche so aufgelegt, daß sie einen Winkel von 3° 23′ bildeten. Die wieder in 9 Lagen ausgeführte V-Naht zog beim Schweißen die Bleche wie vorgesehen auf 0° zurück. Bild 21a.

In den Bildern 19 bis 21a sind also die Ergebnisse dieser Versuche zusammengestellt.

C. *Verbindungsschweißungen als Kehlnähte*

Bei Kehlnähten Bild 21b treten grundsätzlich die gleichen Schrumpfvorgänge auf. Die Querschrumpfung macht sich in einer Verkürzung des mit beiderseitigen Kehlnähten aufgeschweißten Gurtbleches bemerkbar.

Die Längsschrumpfung ist auch hier infolge der festen Einspannung des Schweißgutes in Längsrichtung zahlenmäßig sehr gering, führt aber zu hohen Zugspannungen in der Schweißnaht.

Die Winkelschrumpfung führt zu einem Verzug der aufgeschweißten Gurtplatten.

Grundsätzlich ist darüber folgendes zu sagen:

Die Querschrumpfung (Bild 21b) ist in ihrer Größe abhängig von dem Verhältnis Schweißnahthöhe zur Blechdicke. Die Querschrumpfung wird durch die behinderte Ausdehnung der durch die Schweißung erwärmten Zone der Gurtplatte hervorgerufen. Ist die Schweißnahthöhe im Verhältnis zur Blechdicke gering, so tritt auch infolge der geringen Wärmezufuhr eine geringe Schrumpfung auf.

Als Faustformel kann gelten:

$$\frac{a}{s} = 0{,}7 \text{ Querschrumpfung} = 1 \text{ mm}.$$

Hierin bedeutet a = Schweißnahthöhe, s = Blechdicke (siehe Bild 21b).

Auch hier ist *die Größe der Schrumpfung von der Elektrodenart und der entwickelten Wärmemenge abhängig. Bei Mantelelektroden ist die Schrumpfung größer als bei Nacktdrähten.* Da aber bei Verwendung von nackten Elektroden die Nahthöhe nicht genau eingehalten werden kann, sind die Querschrumpfungen auch bei diesen Elektroden fast ebenso groß wie bei den Mantelelektroden.

Werden Versteifungen an Blechwänden angeschweißt, soll man möglichst in waagerechter Lage schweißen, um die kleinste Nahthöhe einzuhalten.

Die Längsschrumpfung ist von dem Verhältnis

Trägerquerschnitt/Schweißnahtfläche

Bild 19. Behinderte Winkelschrumpfung durch Festspannen für V-Naht. Lagenschweißung (9 Lagen), Elektrodentyp Es 22 (Bezeichnung siehe hierzu bei *Richter*, S. 382 ff.).

Ergebnis: Winkelschrumpfung *nach* dem Ausspannen aus der Vorrichtung praktisch nicht vorhanden.

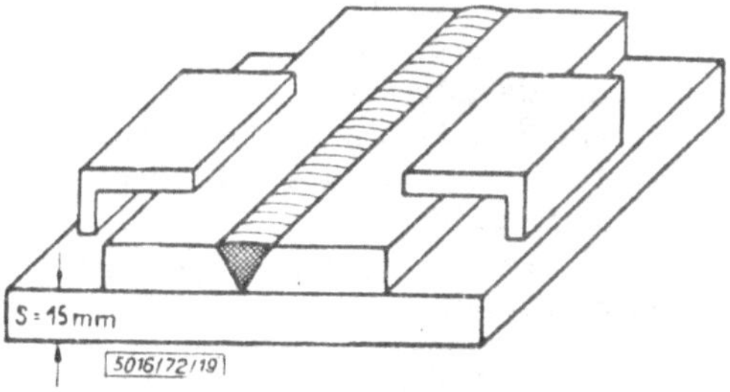

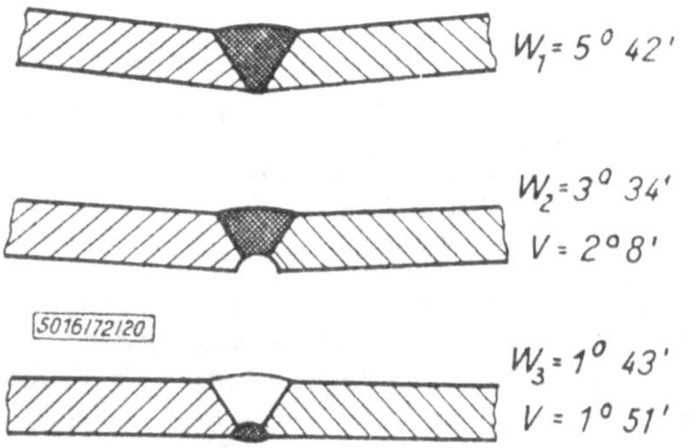

Bild 20. Verlauf der Winkelschrumpfung W beim Nachschweißen der Wurzel.

$W_1 = 5° 42'$
$W_2 = 3° 34'$ (Verzug $V = 2° 8'$)
$W_3 = 1° 43'$ (Verzug $V = 1° 51'$)

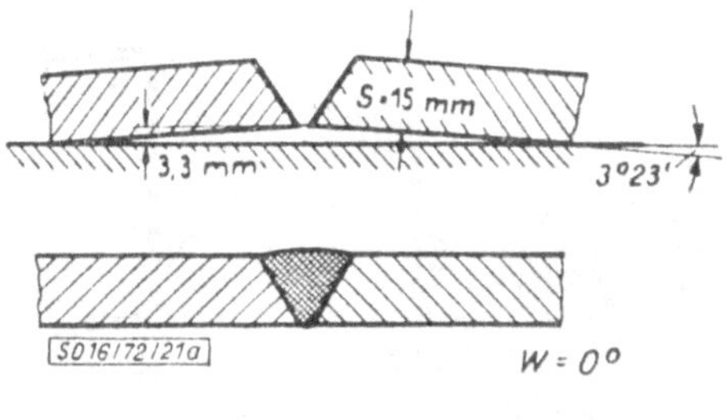

Bild 21a. Ausgleich der Winkelschrumpfung durch eine Vorlage von z. B. $\sphericalangle\, \alpha = 3° 23'$, danach Winkelschrumpfung $W = 0°$, Lagenschweißung, Elektrodentyp Es 22.

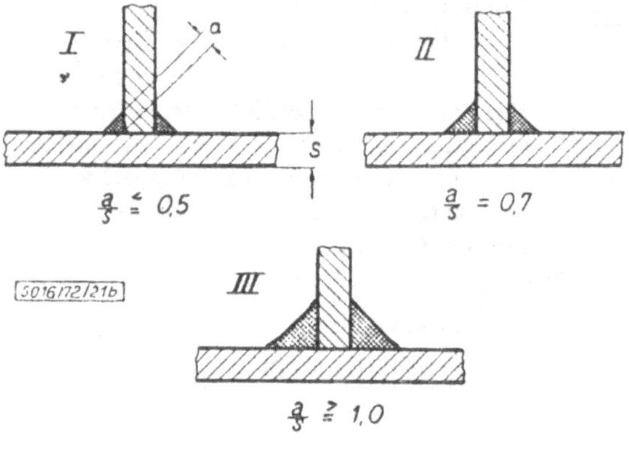

Bild 21 b. Querschrumpfung im Verhältnis zur Nahtdicke.

(Bem.: Die Schrumpfung selbst wurde nicht in die Bilder unter 21 b eingetragen.)

I = Geringe Schrumpfung; $\frac{a}{s} \leqq 0,5$

II = Normale Schrumpfung; $\frac{a}{s} = 0,7$

III = Starke Schrumpfung; $\frac{a}{s} \geqq 1,0$

abhängig. Die Zugspannung der Schweißnähte hat das Bestreben, den Trägerquerschnitt zusammenzuziehen. Diesen Zugkräften wirkt die Druckfestigkeit des Trägerquerschnittes entgegen.

In Bild 22 sind einige Trägerquerschnitte mit ihren Verhältniszahlen — Trägerfläche Schweißnahtquerschnitt — und den sich daraus ergebenden Längsschrumpfungen zusammengestellt.

Daraus kann entnommen werden, daß die Längsschrumpfung etwa die folgenden Größen annimmt:

Verhältnis: $\frac{\text{Trägerfläche}}{\text{Schweißnahtfläche}}$	Längsschrumpfung in mm
50	1 bis 1,25
75	0,3
100	0,2
125	0,1
>150	0,0

Zahlentafel 2. Längsschrumpfung in mm in Abhängigkeit vom Verhältnis Trägerfläche zu Schweißnahtfläche.

Die Zahlentafel 2 zeigt, daß bei einem niedrigen Verhältniswert die Verwerfungen sehr stark werden können. Mit steigendem Verhältniswert nimmt die Gefahr der Verwerfung ab, dagegen wachsen die Eigenspannungen im Schweißgut stark an. *Wird für solche Schweißungen ein sprödes oder stark alterungsanfälliges Schweißgut verwendet, so können Querrisse im Schweißgut entstehen, die leicht zu einer vollständigen Zerstörung der ganzen Konstruktion führen können* (siehe hierzu bei *Mantel,* S. 85).

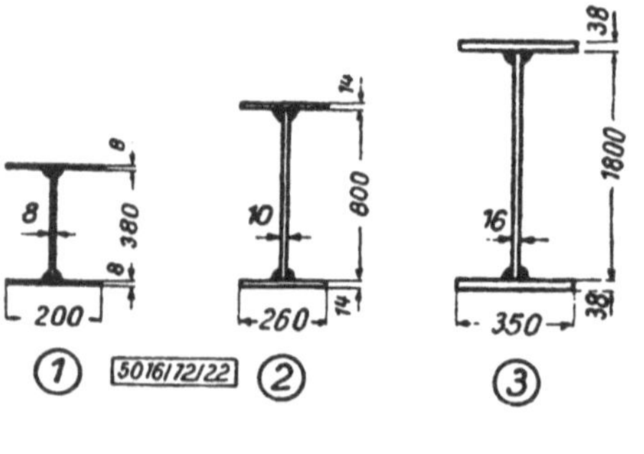

	Träger Nr. 1	2	3
Trägerfläche F in cm²	75	153	554
Schweißnahtfläche F_s in cm²	1,4	2	4
Verhältnis $\frac{F}{F_s}$........	53	76,5	138
Länge l in m	10	10	16
Gemessene Schrumpfung in mm	10 bis 12	2 bis 3	1 bis 2
Schrumpfung in mm/m	1,2	0,3	0,12

Bild 22. Längsschrumpfung im Verhältnis Trägerfläche-Schweißnahtfläche.

Die Winkelschrumpfung ist in ihrer Größe ebenfalls abhängig von dem Verhältnis $\frac{a}{s}$. Das Bild 23 zeigt, daß bei Schweißnahthöhen von $\frac{a}{s} = 0,7$ mit einer Winkelschrumpfung von 8 bis 10° gerechnet werden muß. Auch hier bringt die unerwünschte Vergrößerung der Nahtdicke eine Erhöhung der Winkelschrumpfung mit sich.

Im Gegensatz zur Winkelschrumpfung an V-Nähten kann in diesem Falle der Verzug nicht durch Festspannen der Gurtplatten verhindert werden. Dünne Gurtplatten werden vor dem Schweißen um den entsprechenden Betrag vorgeknickt. In der Regel wird die Gurtplattenabmessung so gewählt, daß das Verhältnis $\frac{a}{s}$ kleiner als 0,5 wird. Damit wird der Verzug so gering, daß er praktisch tragbar ist.

D. *Schrumpfmoment*

Die beim Schweißen entstehenden Längsschrumpfungen erzeugen Schrumpfkräfte, die sich auf die ganze Konstruktion wie äußere Kräfte auswirken. Sie werden sich in der Regel wie Druckkräfte, die auf die Konstruktion wirken und eine außerordentliche Größe annehmen können, verhalten. Da das Verständnis für die Entstehung und Auswirkung dieser Schrumpfmomente die Voraussetzung ist, um den Verzug geschweißter Konstruktionen zu beherrschen, sollen die grundsätzlichen Fragen etwas eingehender behandelt werden.

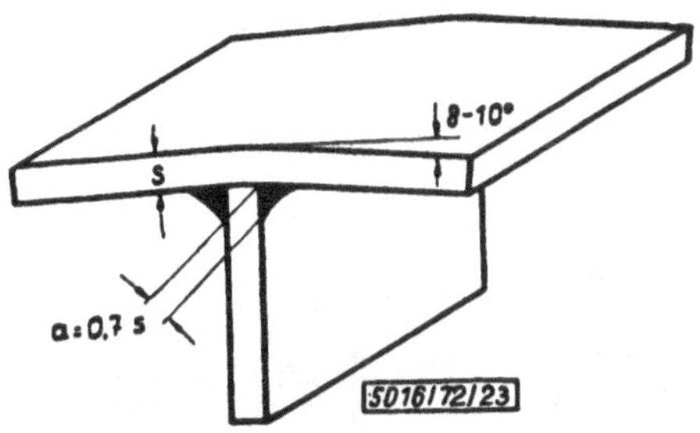

Bild 23. Winkelschrumpfung bei Kehlnähten.
s = Blechdicke in mm
a = 0,7 · S

Wird nach Bild 24 auf ein Flacheisen eine Schweißraupe aufgelegt, so entsteht durch die Schrumpfkraft dieser Schweißraupe das Schrumpfmoment

$$M_s = P_s \cdot e$$

Hierin bedeutet:

P_s = Schrumpfkraft der Schweißraupe,
e = Abstand der Schweißung von der Schwerachse.

Dieses Schrumpfmoment führt zu einer Verbiegung des Flacheisens. Es wird sich nach der der Schweißung entgegengesetzten Seite durchkrümmen.

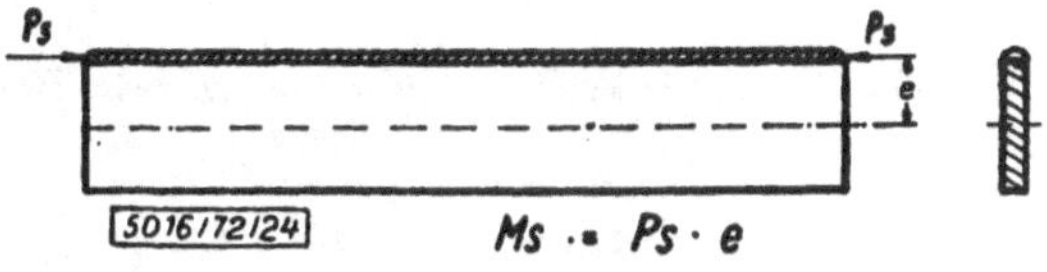

Bild 24. Entstehung des Schrumpfmomentes M_s.
Ergebnis: Starker Verzug.

Wird die Schweißung in der Schwerachse angeordnet (Bild 25), so entsteht ein Schrumpfmoment

$$M_s = P_s \cdot 0 \qquad M_s = 0$$

In diesem Falle wird das Schrumpfmoment „gleich Null", es tritt kein Verziehen des Stabes ein. Die entstehende Schrumpfkraft erreicht aber einen Höchstwert.

Wird auf den Stab an beiden Seiten gleichzeitig Schweißgut aufgetragen (Bild 26), so erzeugen beide Schweißungen Schrumpfmomente von der Größe

$$M_s = P_s \cdot e \quad \text{oder} \quad P_s \cdot b/2,$$

die einander entgegengerichtet sind. Dadurch heben sich beide Momente auf, und das Schrumpfmoment wird wieder „gleich Null".

Die folgenden Versuche sollen zeigen, daß das Schrumpfmoment bei jeder Erwärmung und bei jedem Schweißvorgang zur Auswirkung kommt.

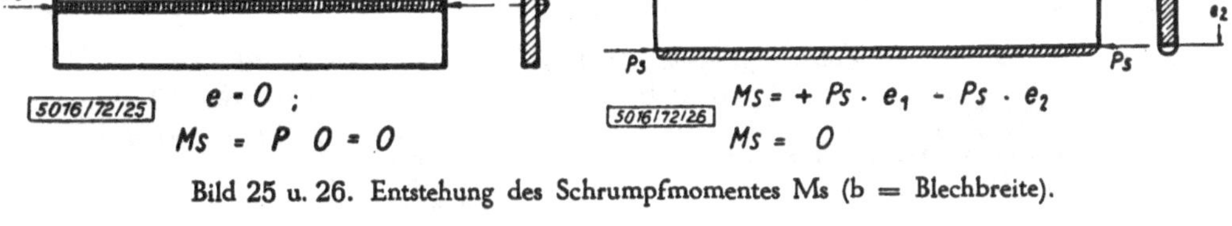

Bild 25 u. 26. Entstehung des Schrumpfmomentes Ms (b = Blechbreite).

Wird ein T-Träger am Flansch parallel zur x-x-Achse angewärmt (Bild 27), so tritt entsprechend dem Schrumpfmoment

$$M_s = P_s \cdot h/2$$

ein Schrumpfmoment auf.

Die Schrumpfkraft P_s verbiegt den Träger erst nach unten. Sofort nach Beendigung der Anwärmung setzt die Zusammenziehung ein, und der Träger wird nach oben gezogen. Da die Ausdehnung behindert war, trat eine Stauchung der erwärmten Zone ein, und der Träger ging nicht nur bis in die Ausgangslage zurück, sondern wurde um 1 mm höher gezogen. Der Ausgleich der Schrumpfkräfte nimmt eine gewisse Zeit in Anspruch, die Schrumpfbewegung war erst nach 40 Minuten beendet.

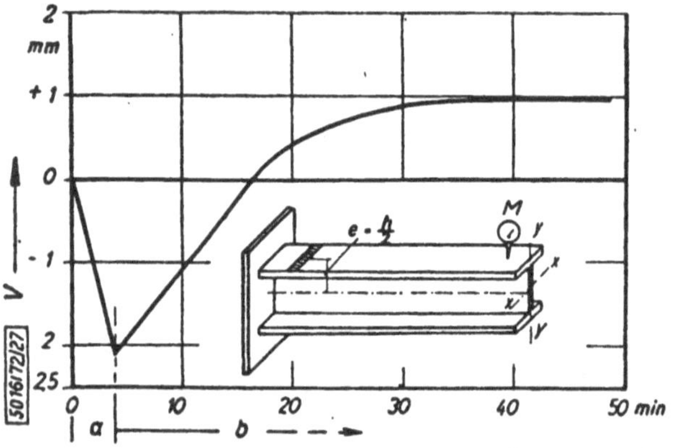

Bild 27. Zeitlicher Schrumpfungsverlauf beim Erwärmen eines I-Trägers.

V = Verwerfung in mm

Schrumpfmoment $M_s = P_s \cdot \frac{h}{2}$

M = Meßuhr

Abschnittsbezeichnung: a = Erwärmungsphase
b = Abkühlungsphase

Daß die Wärmewirkungen den Gesetzen des Schrumpfmomentes folgen, zeigt das Bild 28. Wird ein gleichschenkliges Winkeleisen von der Flanschseite her angewärmt, so tritt bis zum Erreichen der Schwerlinie eine starke Ausbiegung nach oben ein. Beim weiteren Erwärmen wirkt das Schrumpfmoment entgegengesetzt, es tritt eine Durchbiegung nach unten ein. Auch nach beendeter Erwärmung verläuft die Durchbiegung nach unten weiter.

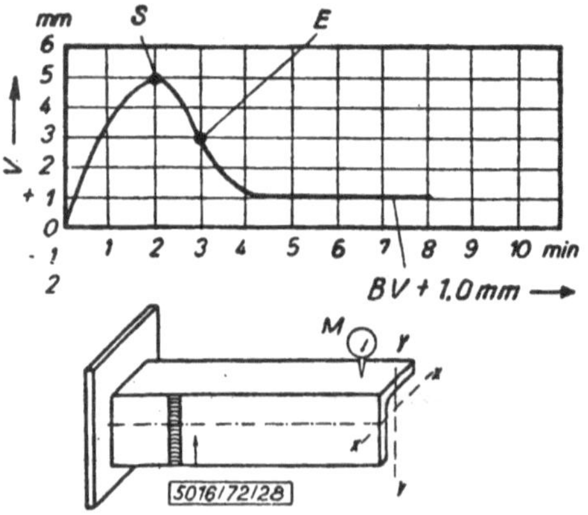

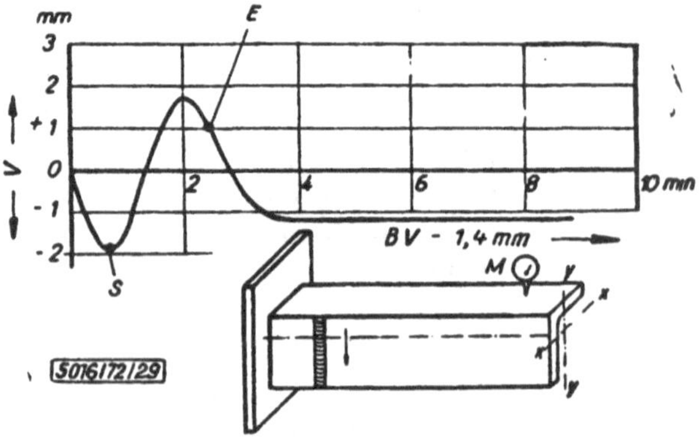

Bild 28 u. 29. Schrumpfungsverlauf beim Erwärmen eines Winkeleisenschenkels.

x—x = Achse; y—y = Achse (Schwerpunktachsen)
V = Verwerfung in mm
Bild 28 BV = Bleibende Verwerfung + 1,0 mm

Bild 29 BV = Bleibende Verwerfung — 1,4 mm
M = Meßuhr
Schwerpunkt des Profils im Schnittpunkt von x—x = u · y—y = Achsen
E = Ende der Erwärmung
S = max. Verwerfung

Die behinderte Ausdehnung führt auch hier zu einer bleibenden Verformung, das Profil kehrt nicht mehr in seine Ausgangslage zurück.

Wird ein Winkelprofil in der Richtung vom Schenkel zum Flansch hin angewärmt (Bild 29), so tritt bis zum Erreichen des Schwerpunktes eine Durchbiegung nach unten ein, die an dieser Stelle umkehrt, aber noch vor Beenden der Erwärmung wieder in eine Abwärtsbewegung übergeht. Hier ist das schrumpfende Moment am Ende der Erwärmung größer als die Ausdehnung. Das Winkeleisen wird infolge der größeren bleibenden Schrumpfung am Ende der Erwärmung über den Nullpunkt hinweg sich nach unten verwerfen.

Bei einer allseitigen Erwärmung eines T-Profils (Bild 30) treten entsprechend den Schrumpfmomenten die sich daraus ergebenden Verwerfungen auf. Da die Summe aller Schrumpfmomente, bezogen auf die Schwerachse, gleich Null wird, zieht sich das Profil in den Ausgangszustand zurück. Ein Beweis dafür, daß sich die Schrumpfmomente gegenseitig ausgleichen. — Von dieser Erkenntnis der Schrumpfmomente und deren Anwendung, die nicht nur auf Profile beschränkt ist, sondern praktisch auf alle Schweiß- und Erwärmungsvorgänge bezogen werden kann, hängt es ab, eine Schweißkonstruktion so zu gestalten und auszuführen, daß der geringste Verzug auftritt und damit keine Nacharbeit erforderlich ist. Es müssen sich also bereits die Konstrukteure klar sein über die Auswirkung der Schrumpfungen und Verwerfungen, d. h. es müssen beide Fachvertreter Konstrukteur *und Schweißer* fertigungstechnische Rücksprachen nehmen. Darüber muß im Betrieb die Abteilung Arbeitsvorbereitung wachen.

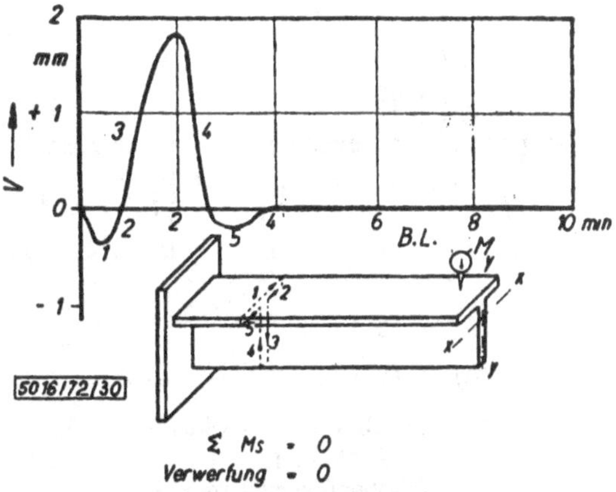

Bild 30. Schrumpfungsverlauf beim allseitigen Anwärmen eines Profils.

Bei der Nahtvorbereitung dicker Bleche wird bei Anwendung der X-Naht meistens die Abschrägung $^1/_2$ zu $^1/_2$ gewählt. Die Winkelschrumpfung wird aber wesentlich geringer, wenn die Vorbereitung nach Bild 31 gewählt wird. Entsprechend der wechselweise auftretenden Schrumpfmomente gleichen sich die Verwerfungen aus, und die Winkelschrumpfung wird sehr gering.

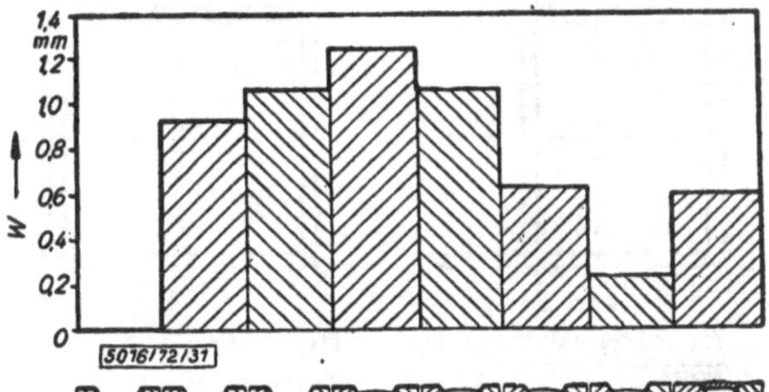

Bild 31. Schweißfolge und Winkelschrumpfung an einer ungleichen X-Naht größerer Blechdicke.
W = Winkelschrumpfung in mm.

In gleicher Weise ist auch bei zusammengesetzten Profilen die Auswirkung der Schrumpfmomente zu beachten. Wird auf ein U-Profil ein Flacheisen nach Bild 32a links aufgeschweißt, so tritt durch das Schrumpfmoment $P_s \cdot e_y$ ein Verzug über die y-y-Achse und aus dem Moment $F_s \cdot e_x$ ein Verzug über die x-x-Achse ein. Wird nach Bild 32b das Flacheisen genau in die y-y-Achse gesetzt, so kann das Schrumpfmoment über die x-x-Achse durch eine entsprechende Vorspannung ausgeglichen werden.

Ein aus gekanteten Blechen zusammengesetztes Profil nach Bild 33a wird sich infolge des auftretenden Schrumpfmomentes über die y-y-Achse verziehen. Durch die Gestaltung nach Bild 33b wird das Schrumpfmoment gleich Null, d. h. das Profil bleibt gerade. Die Schweißnähte müssen, um die Schrumpfmomente auszugleichen, von 2 Schweißern gleichzeitig geschweißt werden. Um die Gesamtlängsschrumpfung möglichst klein zu halten, muß die Schweißung von der Mitte nach außen durchgeführt werden.

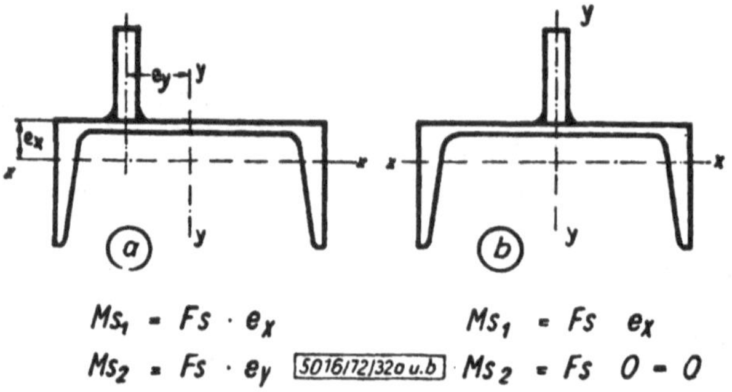

Bild 32 a u. b. Geschweißte Profile.
a) Starke Verwerfung über die y—y= Achse
b) Schrumpfmoment $M_s = 0$.

Auch beim Zusammenschweißen von Kessel- und Behälterschüssen muß so vorgegangen werden, daß $M_s = 0$ wird. In Bild 34 ist die Reihenfolge dieses Schweißvorganges dargestellt. Je nach der Größe des Werkstückes werden 2 oder 4 Schweißer so angesetzt, daß sie jeweils in einem gegenüberliegenden Sektor schweißen. Schweißt z. B. der Schweißer 1 von außen den Sektor I und der Schweißer 2 von innen den Sektor II, so wird der Schweißer 2 in der angegebenen Richtung von der Mitte nach außen zu schweißen. Da der Schweißer 1 stets an der gegenüberliegenden Stelle schweißen muß, unterteilt er seinen Sektor in Abschnitte von etwa 15 bis 20 cm Länge und schweißt von unten nach oben zu die Naht fertig. In der gleichen Weise verfahren die Schweißer 3 und 4. Bei richtigem Einsatz der Schweißer kann der Schrumpfvorgang so geleitet werden, daß kein Verzug eintritt. Wird beim Schweißvorgang beobachtet, daß der Verzug ungleichmäßig erfolgt und ein Kesselschuß aus der Mittelachse auswandert, so kann durch Aussetzen eines Schweißers und Weiterarbeiten des gegenüberstehenden Schweißers ein Zurückziehen des ausgewanderten Schusses erreicht werden. — In gleicher übersichtlicher Weise wie bei diesem Behälterschuß können diese Erkenntnisse auch bei jeder anderen Schweißkonstruktion angewendet werden.

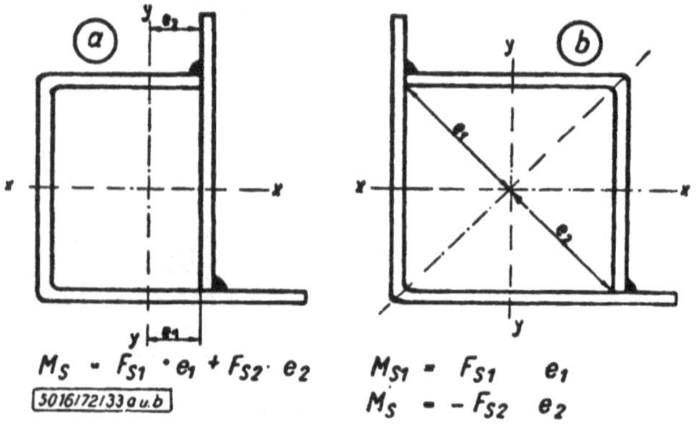

Bild 33 a u. b. Geschweißte Profile aus abgekanteten Blechen hergestellt.
33 b. Schrumpfmoment wird Null.

Es sind dabei die einzelnen Bauteile möglichst weitgehend zu Baugruppen zusammenzuschweißen. Ergeben sich dabei noch keine symmetrisch angeordneten Schweißnähte, so muß mit Hilfe der Vorspannung der auftretende Verzug ausgeglichen werden. Die einzelnen Baugruppen werden dann zu ganzen Konstruktionen zusammengesetzt, wobei die Summe aller auftretenden Schrumpfmomente gleich Null sein soll. An Hand der Zeichnung oder eines Modells ist nach diesen Richtlinien dann der Schweißplan aufzustellen (das gilt u. a. besonders z. B. für den Schiffbau, siehe hierzu bei *Liebig* u. *Höland,* S. 1104, ff., Bilder 36, 37 u. 39).

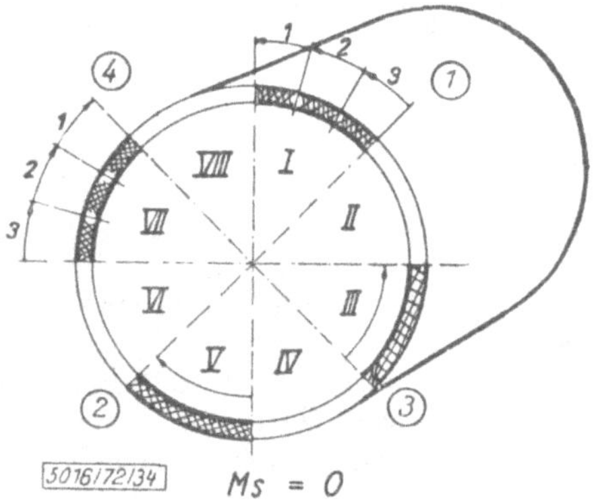

Bild 34. Schweißen größerer Behälterschüsse mit 4 Schweißern (1) bis (4)
I bis VIII = Einteilung in Arbeitssegmente
Pfeile geben Schweißrichtung an

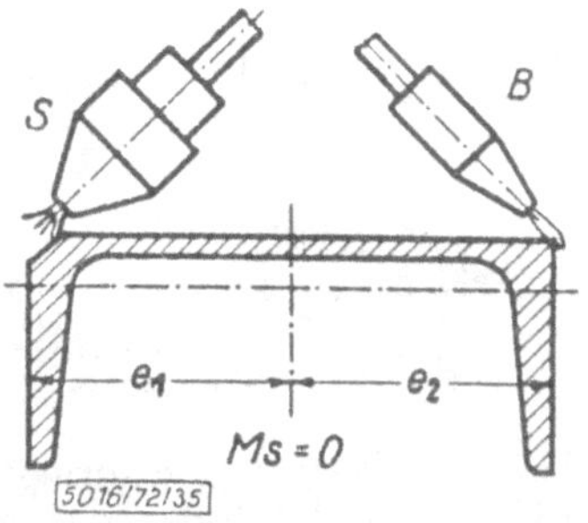

Bild 35. Ausgleich des Schrumpfmomentes durch mitgeführte Schweißflamme B (Brenner) beim Brennschneiden mit Schneidbrenner S.
Schrumpfmoment = 0

E. *Brennschneiden* (siehe hierzu auch *Zorn,* Anhang).

Auch beim Brennschneiden gelten die Gesetze des Schrumpfmomentes. Um den Verzug über die y-Achse beim Anschrägen eines U-Eisens nach Bild 35 zu verhindern, wurde eine Schweißflamme B auf der Gegenseite mitgeführt. Mit dieser Flamme wurde die gleiche Wärmemenge wie durch den Schneidbrenner S zugeführt. Dadurch wurde das Schrumpfmoment wieder Null, und die 21 m langen U-Eisen blieben beim einseitigen Brennschnitt gerade.

Viel zu wenig wird von der Methode des *Doppelbrennschnittes* (Bild 36) Gebrauch gemacht. Werden Streifen ausgebrannt, so sollte man stets mit 2 Schneidbrennern gleichzeitig schneiden. Dadurch wird wieder das Schrumpfmoment gleich Null, und der Stab bleibt gerade. Brennschneidemaschinen müssen dieser Forderung gerecht werden. Es ist ein leichtes, vorhandene Schneidmaschinen mit einer entsprechenden Zusatzvorrichtung für Doppelbrennschnitt auszurüsten.

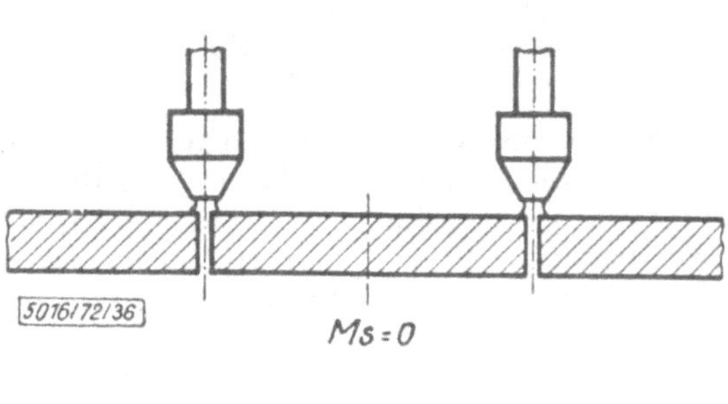

Bild 36. Ausgleich des Schrumpfmomentes durch Doppel-Brennschnitt.

F. Ausgleich der Verwerfung durch Vorspannung

In vielen Fällen müssen Konstruktionen geschweißt werden, bei denen ein Ausgleich des Schrumpfmomentes nicht möglich ist. In solchen Fällen kann der Ausgleich durch eine entsprechende Vorspannung geschaffen werden. Die durch die unsymmetrische Schweißung eintretende einseitige Schrumpfkraft muß den Widerstand des Profils überwinden. Deshalb findet man in der Formel zur Berechnung der erforderlichen Vorbiegung als verbiegende Kraft die zugeführte Wärmemenge als Ausdruck $\Sigma a^2 \cdot l^2$, die am Hebelarm e wirkt. Für die Größe der Durchbiegung ist ferner die Wärmewirkung der verwendeten Elektroden maßgebend. Diese Wärmewirkung wird durch den Faktor K ausgedrückt.

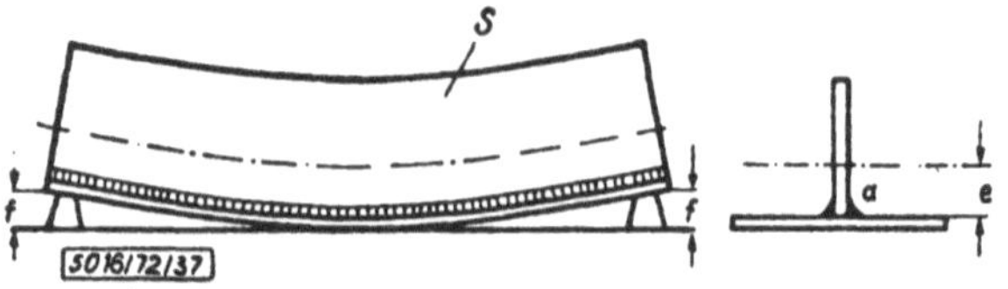

Bild 37. Errechnung der Vorbiegung bei unsymmetrischen Profilen. Steg S plastisch verformt.

f = Vorbiegung $f = \frac{\Sigma a^2 \cdot l^2 \cdot e}{K \cdot J}$

a = Schweißnahthöhe
l = Schweißnahtlänge
e = Abstand Schwerachse—Schweißnaht
J = Trägheitsmoment des ganzen Querschnittes
K = 160 (für blanke Elektroden)
K = 95 (für dick ummantelte Elektroden)

Nackte Elektroden mit geringer Wärmezufuhr in das Werkstück erfordern eine geringe Durchbiegung und damit einen zahlenmäßig hohen Wert K. Mantelelektroden mit großer Wärmezufuhr erfordern eine starke Durchbiegung und erhalten damit einen niedrigen Wert für den Faktor K. In Bild 37 ist die entsprechende Gleichung und ihre Anwendung in allen Einzelheiten dargestellt.

Elektroden-Typ	Ummantelung	Einfluß auf die Schrumpfung
0	keine	gering
00	keine, Seelendraht	gering
Ls	dünn	geringe Auswirkung
Ti	mittelstark	verhältnismäßig gering
Es	mittel ÷ stark	stärker
Kb	stark	verhältnismäßig gering
Ze	mittelstark	geringe Auswirkung

5016/72/38

Bild 38. Auswirkung der Wärmeschrumpfung der verschiedenen Elektrodentypen, diese gemäß dem Normvorschlag bezeichnet.
(siehe hierzu bei *Richter*, S. 382 ff.)

Der Faktor K ist von der Elektrodenart abhängig. In Bild 38 sind die Elektrodentypen und ihre Auswirkung auf den Verzug beim Schweißen zusammengestellt. *Da beim Verzug geschweißter Profile auch die in den einzelnen Bauteilen vorhandenen Eigen- oder Walzspannungen beim Schweißen zur Auslösung kommen, muß die errechnete Vorbiegung mitunter durch den praktischen Versuch korrigiert werden.* Die Rechnung dient aber in jedem Fall zunächst als Anhalt für die Größe der zu wählenden Vorbiegung.

Je nach der Größe des Profils und der Länge der Schweißnaht wird diese Vorbiegung durch eine plastische Verformung der zu schweißenden Teile oder durch eine elastische Vorbiegung in Kreisbogenform erreicht werden.

Schwieriger wird es, wenn Bauteile nach Bild 39 zu schweißen sind. Hier zeigt das Beispiel konischen Dickenverlauf. Bei diesem Profil ändert sich das Schrumpfmoment im Verhältnis 4 : 1. Dadurch ergibt sich als Vorbiegung kein Kreisbogen, sondern eine sich stetig ändernde Kurve, die dem Schrumpfmoment an den einzelnen Stellen angepaßt sein muß.

Die hier angeführten Beispiele der Entstehung und Auswirkung der Wärmeschrumpfung und die sich daraus ergebenden gesetzmäßigen Folgerungen können die Grundlage bilden, um beim Entwurf und der Ausführung geschweißter Konstruktionen so zu verfahren, daß der geringste Aufwand an Nacharbeit erforderlich ist.

Beim Schweißen von Blechträgern ist so zu verfahren, daß jeweils die Schweißnähte, die bei einzelner Ausführung das größte Schrumpfmoment erzeugen würden, beiderseits gleichzeitig geschweißt werden. Bild 40 (links) zeigt einen normalen I-Träger in Schweißkonstruktion. Würden die Halsnähte einer Gurtplatte nacheinander geschweißt, so tritt eine Verziehung über die x-x-Achse ein. Werden dagegen, wie es das Bild zeigt, die beiden Halsnähte bei a oder bei b gleichzeitig ge-

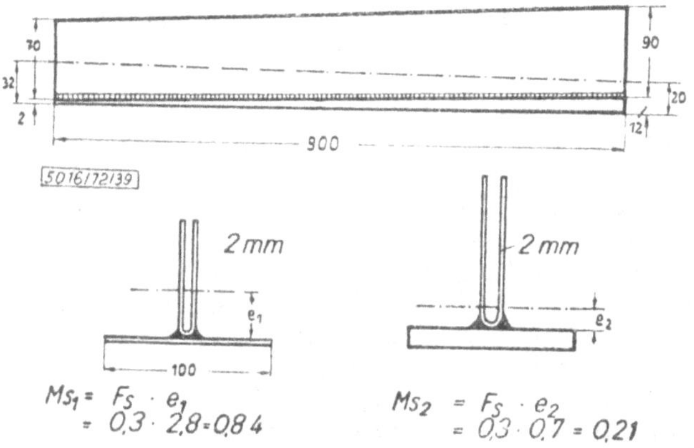

Bild 39. Schrumpfmoment an einem unsymmetrischen Bauteil.

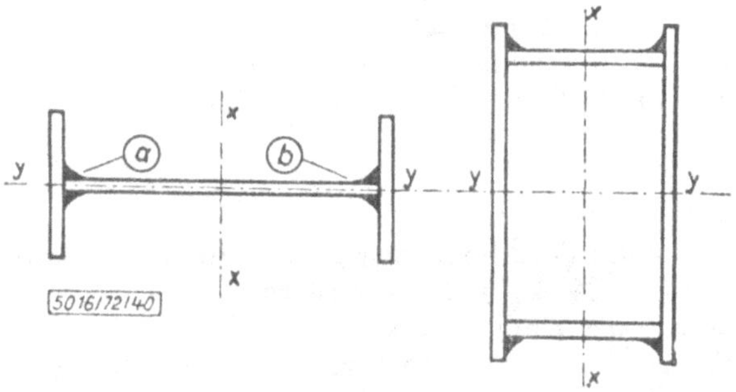

Bild 40. Schweißen von Trägern (a und b gleichzeitig schweißen).

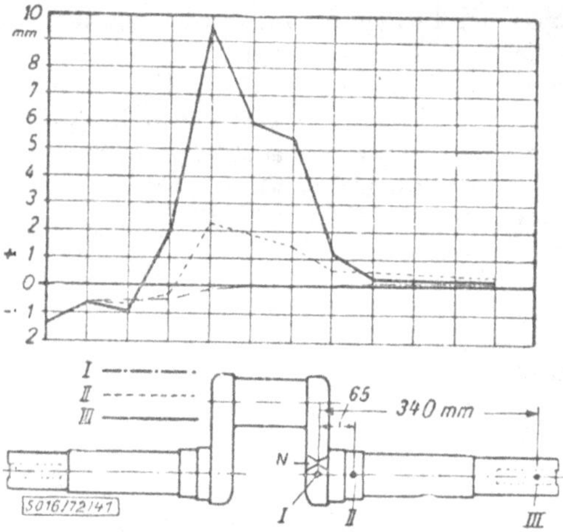

Bild 41. Verlauf der Winkelschrumpfung bei der Instandsetzungsschweißung einer Kurbelwelle.

I bis III = Meßpunkte
N = Schweißnaht

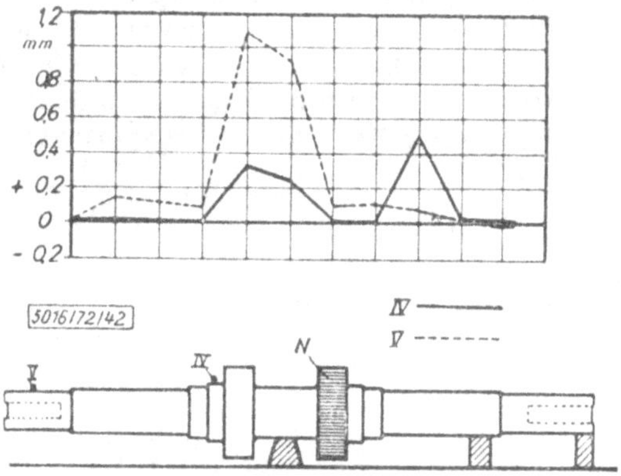

Bild 42. Schrumpfungsverlauf senkrecht zur Schweißnahtfläche.

IV u. V = Meßpunkte (siehe auch bei Bild 41, Meßpunkte I bis III)

schweißt, so wird das Schrumpfmoment über die x-x-Achse gleich Null. Um den Verzug der Gurtplatte durch die einseitige Schweißung zu verhindern, sind die Gurtplatten gut zu heften.

Bei kastenförmigen Trägern werden diejenigen Nähte parallel geschweißt, deren Schrumpfmoment das kleinste Widerstandsmoment über die betreffende Achse findet. So werden bei dem gezeigten Kastenträger des Bildes 40 (rechtes Beispiel) die Halsnähte über die x-x-Achse gleichzeitig geschweißt. Das große Widerstandsmoment über die y-y-Achse wirkt dem Verzug stark entgegen.

Auch bei *Instandsetzungsschweißungen* kann durch Feststellung des jeweiligen Schrumpfungsverlaufes der Verzug genau beobachtet werden. In den Bildern 41 und 42 sind die Schrumpfvorgänge aufgezeichnet. Das anzuschweißende Stück wurde mit einer Vorbiegung von 1,2 mm geheftet, beim Schweißen (Bild 41) verzog sich die Stelle des Meßpunktes III bis zu 10 mm nach oben. Durch das Schweißen der Gegenlagen der X-Naht ging der Verzug bis auf + 1 mm zurück. Durch zweimaliges Nachwärmen wurde dann der Nullpunkt erreicht. In dem Bild 42 ist der seitliche Verzug festgelegt, der sich ebenfalls durch das Gegenschweißen und Richten mit der Flamme auf den Wert Null bringen ließ.

Bei richtiger Anwendung der Erkenntnisse kann auch bei schwierig geschweißten Bauteilen die Anordnung der Schweißnähte und die Reihenfolge der Schweißung der einzelnen Nähte so gewählt werden, daß die Konstruktion sich nicht verzieht.

G. Nachwort des Herausgebers

Die Beiträge „Anwendungsmöglichkeiten des Ähnlichkeitsprinzips in der schweißtechnischen Forschung" (siehe *Hagen*, S. 247 ff.) und der vorliegende Beitrag „Die Abhängigkeit der Schrumpfung und Verwerfung von der Schweißfolge" hängen thematisch eng zusammen, obwohl das Gebiet der Spannungen und Verwerfungen beidemal von ganz verschiedenen Seiten aus bearbeitet wurde, nämlich von der theoretisch-mathematischen und von der rein praktischen Seite der Erfahrungswerte aus.

Beide Abhandlungen inhaltlich vergleichend und sich gegenseitig ergänzend zusammenzuführen erscheint außerordentlich fruchtbringend und ergibt mit der Gestaltfestigkeit des gesamten Bauteils, wie sie von *Thum* u. *Erker*, S. 896 ff. behandelt wird, einen in sich geschlossenen Überblick. Wichtig erscheint jedoch nach Veröffentlichung dieser gesamten Grundregeln und Gesetze, Betriebsbeispiele dahingehend auszuwerten mit dem Ziel, weitere Erfahrenswerte statistisch ermitteln zu können. Hieran sollten sich nicht nur „Theoretiker", sondern gerade der Betriebsingenieur oder Schweißmeister beteiligen.

Literaturangabe

Malisius, R. Die Schrumpfung geschweißter Stumpfnähte.

Vorrichtungen für das Schweißen *)

Obering. F. Gehrmann, Potsdam-Babelsberg

(mit Anhang: Vorrichtungsbau unter Berücksichtigung der Elliraschweißung, von Dr.-Ing. L. Wolff, Höllriegelskreuth)

Zur wirtschaftlichen Fertigung größerer Stückzahlen geschweißter Werkstücke gehören Schweißvorrichtungen. In einigen Fällen ist auch bei 4 bis 10 Werkstücken eine einfache Schweißvorrichtung vorteilhaft. Das heißt: der Stückpreis des Werkstückes wird niedriger als ohne Verwendung einer Vorrichtung, selbst wenn der Preis der Vorrichtung voll eingesetzt wird. Diese Vorrichtungen werden so gebaut, daß sich die zugeschnittenen oder vorgearbeiteten Schweißeinzelteile an richtiger Stelle einlegen lassen, ohne vorher messen oder die Stellen anreißen zu müssen.

Wenn das Werkstück infolge seiner Form zum Verzug durch Schweißspannungen neigt, kann die Vorrichtung so steif gebaut werden, daß der Verzug auf ein zulässiges Maß verringert wird. Dies gilt besonders für Feinblechkonstruktionen. (Siehe auch *v. Conrady*, S. 450 ff.)

Wie bekannt, sind Nähte, waagerecht geschweißt, auch von nicht besonders geübten Schweißern leicht herzustellen. Schweißungen an senkrechten Nähten und Überkopfschweißungen erfordern geübtere Schweißer und bedingen erheblich längere Schweißzeiten.

Es werden daher die Schweißvorrichtungen für derartige Werkstücke jeweils in eine solche Lage gebracht, daß sich möglichst alle Nähte waagerecht schweißen lassen.

Vorrichtungen für kleine Werkstücke können auf einen Arbeitstisch gelegt werden und lassen sich dann durch Umlegen oder Schrägstellen in die günstigste Schweißlage bringen.

Vorrichtungen für große Werkstücke werden vorteilhaft in einer oder in zwei aufeinander senkrecht stehenden Achsen aufgehängt. Wenn diese Achsen durch den Schwerpunkt gehen, lassen sich die Werkstücke von Hand oder durch Elektromotor über Getriebe leicht in jede zum Schweißen günstige Lage bringen. Es können selbst sehr große Werkstücke geschweißt werden ohne Verwendung vieler Hilfsarbeiter und ohne daß die vorhandene Krananlage benutzt werden muß. Die Krananlage dient dann nur dem Transport der Werkstücke. Sie wird während der Fertigungszeit nicht benötigt und etwa während dieser festgelegt.

Die durch die schwenk- und drehbaren Vorrichtungen günstig liegenden Schweißnähte können dann mühelos und schnell auch von nur kurz angelernten Schweißern einwandfrei geschweißt werden.

Bei besonders gearteten Konstruktionsfällen werden schwer zugängige Nähte von geübteren Schweißern hergestellt. Es ist aber vorteilhaft, so zu konstruieren, daß keine derartigen Nähte vorhanden sind.

Wenn zur Herstellung der Schweißeinzelteile Anreißschablonen, Brennschablonen, Biegeschablonen verwendet werden und die Schweißungen aller Teile in zweckentsprechenden Vorrichtungen vorgenommen werden, ist es möglich, eine fließende Fertigung größerer Stückzahlen in relativ kleiner Werkstatt und mit wenig Arbeitskräften durchzuführen. Eine so eingerichtete Werkstatt bietet die folgenden Vorteile:

Erhebliche Verkürzung der Schweißzeit.
Maßgerechte Werkstücke mit geringem Verzug.
Einwandfreie Schweißnähte, kein Ausschuß, keine Nacharbeit.
Fast durchweg Verwendung nur angelernter Schweißer.
Bedarf für nur einige besonders geübte Schweißer.
Geringer Raumbedarf der Werkstätten.
Keine Blockierung der Krananlagen während der Schweißfertigung.

Die Schweißvorrichtungen bestehen vorteilhafterweise aus Profileisen und Blechen, verschweißt, und sie lassen sich daher schnell herstellen.

Schweißvorrichtungen für größere Stückzahlen sind so zu konstruieren, daß sich die einzelnen Schweißteile oder Schweißgruppen in richtiger Reihenfolge, ohne daß gemessen werden muß, zum Werkstück zusammenfügen lassen.

*) Der Vorrichtungsbau für Schweißkonstruktionen ist allgemein derart vielgestaltig und je spezifisch auf das betreffende Werkstück sowie auf die besondere Schweißnahtlage abgestimmt, daß es notwendig erschien, die Grundelemente vorwiegend der größeren kompakten Vorrichtungen herauszuschälen. Jede Vorrichtung ist ferner in ihrer Durchbildung abhängig vom Schweißverfahren und seiner Durchführung. Vorliegender Beitrag kann daher nur einen Auszug vermitteln und muß bewußt begrenzt bleiben. — Der Herausgeber.

Sie enthalten Anschläge und Führungen für die Schweißteile, die dadurch zwangläufig in die zeichnungsmäßige Lage gebracht und, wenn nötig, festgespannt werden. Wenn die Teile nicht zum Verzug neigen, werden sie nur einfach gegen Anschläge eingelegt und durch kurze Schweißraupen geheftet. Vielfach sind die Anschläge nach dem Heften abzuklappen oder abzunehmen, damit die Schweißnaht ungehindert gelegt werden kann. Bei großen und sperrigen Stücken, die sich infolge ihrer Abmessungen oder ihrer Form unzulässig verziehen würden, werden die Teile mit Spanneisen und Schrauben festgespannt. Die Schweißvorrichtung muß in diesem Fall starr gebaut sein und wird infolgedessen schwerer. Die Schweißteile bleiben bis zur Beendigung der Schweißung fest eingespannt (z. B. Feinblechkonstruktionen).

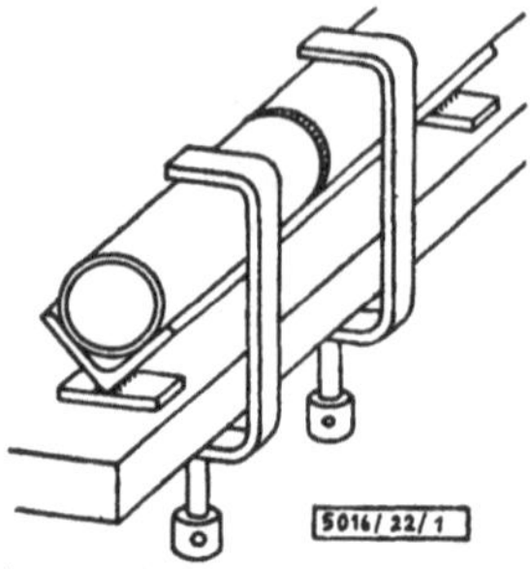

Bild 1. Einfache Schweißvorrichtung für Rohre.

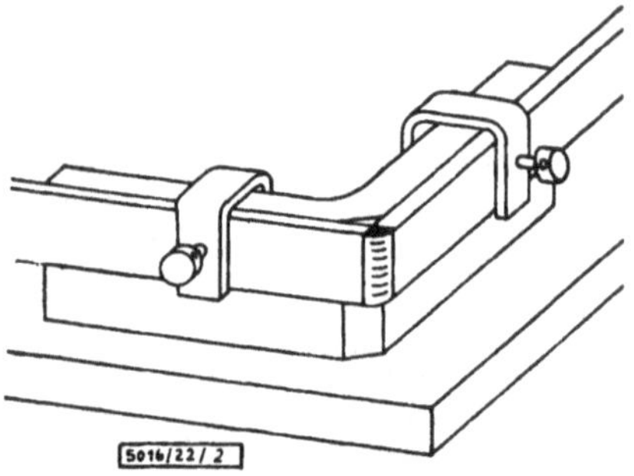

Bild 2. Einfache Schweißvorrichtung für Winkel aus Flacheisen.

Es werden die folgenden Gruppen von Schweißvorrichtungen unterschieden:

1. *Heftvorrichtungen.* Sie sind verhältnismäßig leicht gebaut und meist nicht schwenkbar. Sie ermöglichen das Heften sämtlicher Schweißteile eines Werkstückes. Das geheftete Werkstück wird aus der Vorrichtung ausgebaut und entweder ohne jede Vorrichtung fertiggeschweißt oder bei komplizierteren Stücken in eine besondere Schweißvorrichtung gelegt, festgespannt und dann fertiggeschweißt.
2. *Schweißvorrichtungen leichter Bauart.* In diesen Vorrichtungen werden die Schweißeinzelteile zusammengefügt, geheftet und fertiggeschweißt. Kleine, leichte Werkstücke lassen sich von Hand mit der Vorrichtung kippen und jeweils in die zum Schweißen jeder Naht günstigste Lage bringen. Größere Schweißvorrichtungen sind so aufzuhängen, daß sie sich durch Drehen um eine Achse oder um zwei sich kreuzende Achsen in jede zum Schweißen günstige Lage bringen lassen.
3. *Schweißvorrichtungen schwerer Bauart.* In diesen Vorrichtungen werden zu unzulässigem Verzug neigende Schweißteile durch Spanneisen und Schrauben festgespannt und bleiben auch während des ganzen Schweißvorganges eingespannt. Dabei können die Schweißteile in einer Vorrichtung geheftet und fertiggeschweißt werden, oder sie kommen aus einer Heftvorrichtung und werden in die Schweißvorrichtung gespannt und fertiggeschweißt. Diese Schweißvorrichtungen sind bedeutend biegungssteifer als das Werkstück zu bauen, da sie ja den Verzug des Werkstückes durch die auftretenden Schweißspannungen in zulässigen Grenzen halten sollen.

   Die schweren Schweißvorrichtungen sind vorteilhaft in zwei sich kreuzenden Achsen schwenkbar auszuführen, damit alle Schweißnähte in günstige Schweißlage gelegt werden können.
4. *Schweißvorrichtungen bei Verwendung von Schweißautomaten.* Hierunter fallen Führungsbahnen für den Schweißautomaten und Drehvorrichtungen für das Werkstück. Bei Nähten, die in einer waagerechten Ebene liegen, führt der Schweißautomat die Vorschubbewegung aus. Bei Rundnähten (z. B. Kesselschüssen usw.) steht der Schweißautomat still, und die Vorschubbewegung wird durch Drehung des Werkstückes erzeugt, damit die Elektrode immer senkrecht oder im gleichen Winkel zur Senkrechten steht. Das zum Drehen angewandte Getriebe wird durch einen Elektromotor kleiner Leistung angetrieben. Die Motordrehzahl ist meist vom Schweißstrom abhängig, damit der Vorschub den niedergeschmolzenen Werkstoffmengen der Elektrode entsprechend erfolgt.

Bild 1 zeigt eine einfache Schweißvorrichtung zum Zusammenschweißen von Rohrenden. Die Rohre werden in das Winkeleisen gelegt und mit Schraubzwingen festgespannt. Sie lassen sich dann genau heften und können nach Lösen der Schraubzwingen fertiggeschweißt werden.

Bild 2 zeigt eine einfache Vorrichtung, die es ermöglicht, zwei Flacheisen unter einem Winkel von 90° zusammenzuschweißen. In ähnlicher Weise können für viele Fälle einfache Schweißvorrichtungen verwendet werden, die es auch dem ungeübten Schweißer ermöglichen, eine saubere Arbeit in kurzer Zeit zu leisten.

Die Bilder 3, 4 u. 5 zeigen vielseitig verwendbare Kipp- und Schwenkvorrichtungen. Sie bestehen aus den Stützteilen, die fest auf dem Fußboden stehen, und dem Schweißrahmen zum Aufnehmen des Werkstückes. Der Schweißrahmen läßt sich kippen und drehen. Die Stützteile sind vielseitig verwendbar und bilden die Grundausrüstung einer Werkstatt für mittlere und große Werkstücke. Die Schweißrahmen werden passend zu den verschiedenen Werkstücken hergestellt und mit den Stützteilen durch eine oder mehrere Schrauben verbunden. Die Schweißrahmen lassen sich leicht auswechseln.

Bei der Kippvorrichtung (Bild 3) läßt sich der Schweißrahmen a um je 40° nach vorn und hinten schwenken. Die Kugel b läßt außerdem eine Drehung des Rahmens in jeder Winkelstellung der Drehachse um 360° zu. Es läßt sich die Oberseite des Werkstückes in jede zum Schweißen günstige Lage bringen. Die Unterseite ist nicht zugängig. Sind auch Schweißungen an der Unterseite vorzunehmen, so muß das Werkstück in einer zweiten, ähnlichen Vorrichtung fer-

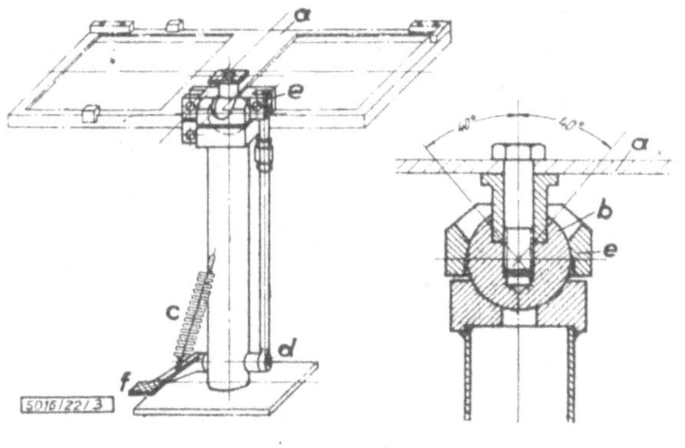

Bild 3. Kippvorrichtung.

a = Schweißrahmen
b = Kugelgelenk
c = Spannfeder
d = Spannexzenter
e = Spannhebel
f = Fußhebel

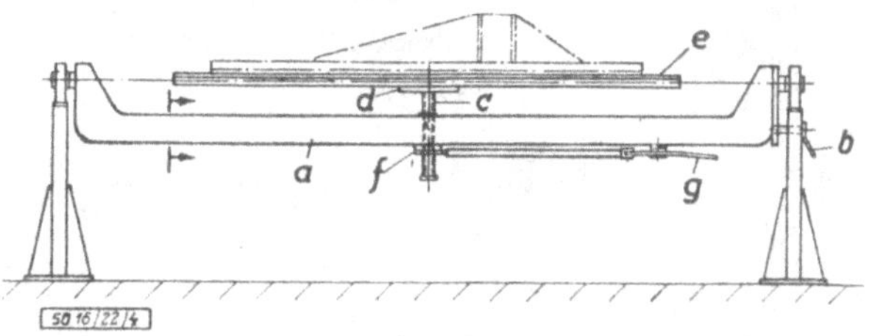

Bild 4. Schwenkvorrichtung.

a = Längsbalken
b = Steckbolzen
c = Gewindespindel
d = Flansch für Schweißrahmen
e = Schweißrahmen
f = Klemmutter
g = Klemmhebel

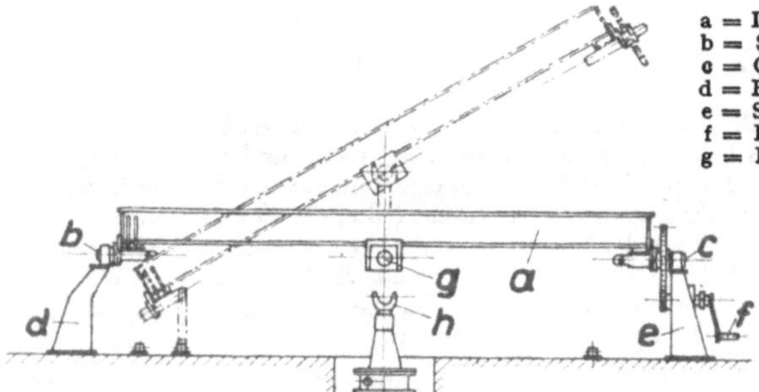

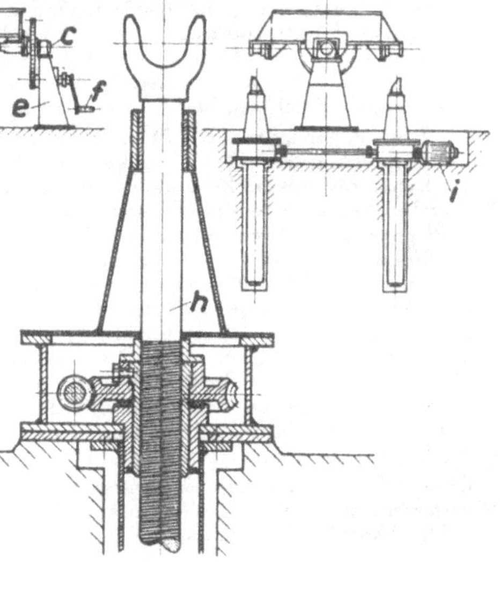

Bild 5. Schwenkvorrichtung.

a = Schweißrahmen
b und c = Drehzapfen für die Längsachse
d und e = Stützböcke
f = Handkurbel
g = Drehzapfen für die Querachse
h = Gewindespindel
i = Elektromotor

tiggeschweißt werden. Auch besteht in vielen Fällen die Möglichkeit, dem Schweißrahmen Anschläge zu geben, die ein Umlegen des Werkstückes nach dem Schweißen der Oberseite ermöglichen.

Bei der dargestellten Kippvorrichtung wird die Kugel b von 90 mm ∅ durch eine Klemmkraft von etwa 2000 kg gehalten. Die Klemmkraft wird durch die Feder c, den Exzenter d (Exzentrizität 3 mm) und den Klemmhebel e erzeugt. Die Klemmkraft kann durch den Fußhebel f ausgeschaltet werden, und dann läßt sich der Schweißrahmen mit dem Werkstück leicht in die gewünschte neue Schweißlage bringen. Beim Abheben des Fußes ist der Schweißrahmen wieder festgeklemmt. Die Vorrichtung ist für weniger schwere Stücke bis etwa 1,5 m Länge verwendbar. Wenn die Fußplatte groß und schwer ausgeführt wird, kann man die Vorrichtung an jeder Stelle der Werkstatt aufstellen.

Die Schwenkvorrichtung (Bild 4) ist für größere Werkstücke bis etwa 3 m Länge verwendbar. Der Längsbalken a, der als Hohlkörper gebaut ist, ist rechts und links in Drehzapfen gelagert und läßt sich

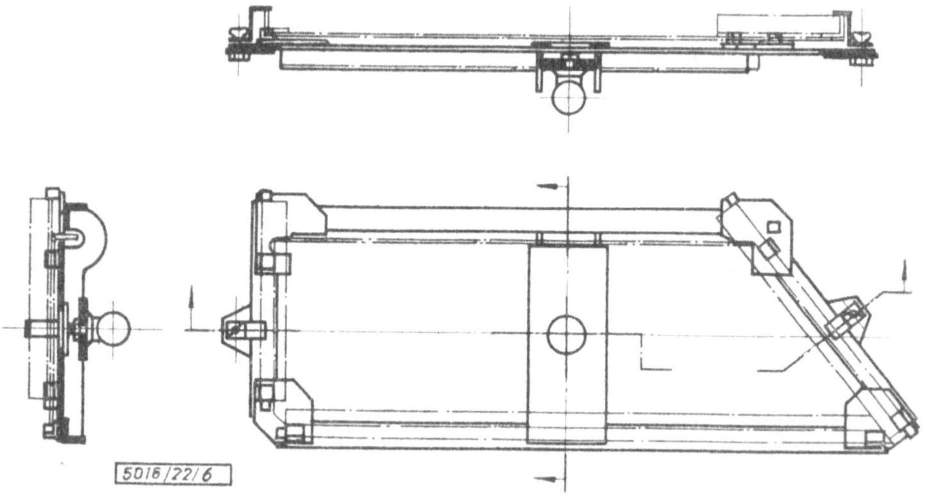

Bild 6. Schweißrahmen für Kippvorrichtung nach Bild 3.

mit dem Werkstück um 360° drehen. In den Schweißlagen wird der Drehteil durch einen Steckbolzen b festgelegt. In der Mitte des Längsbalkens befindet sich eine Gewindespindel c und auf dieser Spindel der Befestigungsflansch d für den Schweißrahmen e. Durch Heraus- bzw. Hineinschrauben der Gewindespindel läßt sich der Schwerpunkt des Schweißrahmens annähernd auf Mitte der Drehzapfen einstellen. Die Gewindespindel läßt außerdem ein Verdrehen des Werkstückes zu, ohne daß sich der Schwerpunkt wesentlich ändert. Durch Schwenken um die Drehzapfen und Drehen um die Gewindespindelmitte läßt sich jede zum Schweißen günstige Lage des Werkstückes einstellen. Die Gewindespindel wird durch die Klemmutter f, die durch den Klemmhebel g betätigt wird, festgeklemmt.

Die Schwenkvorrichtung (Bild 5) ist für noch größere Werkstücke, wie Lokomotivrahmen, Tenderrahmen usw., verwendbar. Der Schweißrahmen a liegt zuerst in den Drehzapfen b und c in den oben offenen Lagern der Stützböcke d und e und läßt sich mittels Handkurbel f und Zahnradvorgelege um 360° drehen. Es können in dieser Weise alle Längsnähte und die querliegenden Stumpfnähte in günstiger Schweißlage geschweißt werden. Um aber auch die querliegenden Kehlnähte in eine günstige Schweißlage zu bringen, kann die Vorrichtung auch um die Querachse g gekippt werden. Es werden die beiden Gewindespindeln h gleichzeitig ausgefahren. Nachdem sie etwa 0,5 m-Hub zurückgelegt haben, greifen die oben offenen Spindellager die Schwenkzapfen der Querachse g und heben den Schweißrahmen so hoch, daß er aus dem Bereich der Stützböcke d und e kommt und sich um etwa 40° schwenken läßt. Es kann jede Naht in die zum Schweißen günstigste Lage gebracht werden. Von großem Vorteil ist, daß die Längsnähte vom Fußboden aus geschweißt werden können. Nur ein Teil der Quernähte muß in größeren Höhen geschweißt werden. Die Teile der Schwenk- und Drehvorrichtung nehmen nur wenig Raum ein. Die Schweißkabel lassen sich ohne Schwierigkeit zuführen, und der Schweißer kann in allen Lagen unbehindert an das Werkstück.

Es kann wechselweise längs- und quergeschweißt werden. Die Gewindespindeln werden durch einen Elektromotor i angetrieben. Die Hubzeit beträgt etwa eine Minute. Die Steuerung des Motors erfolgt durch Druckknopf in Verbindung mit Endausschaltern.

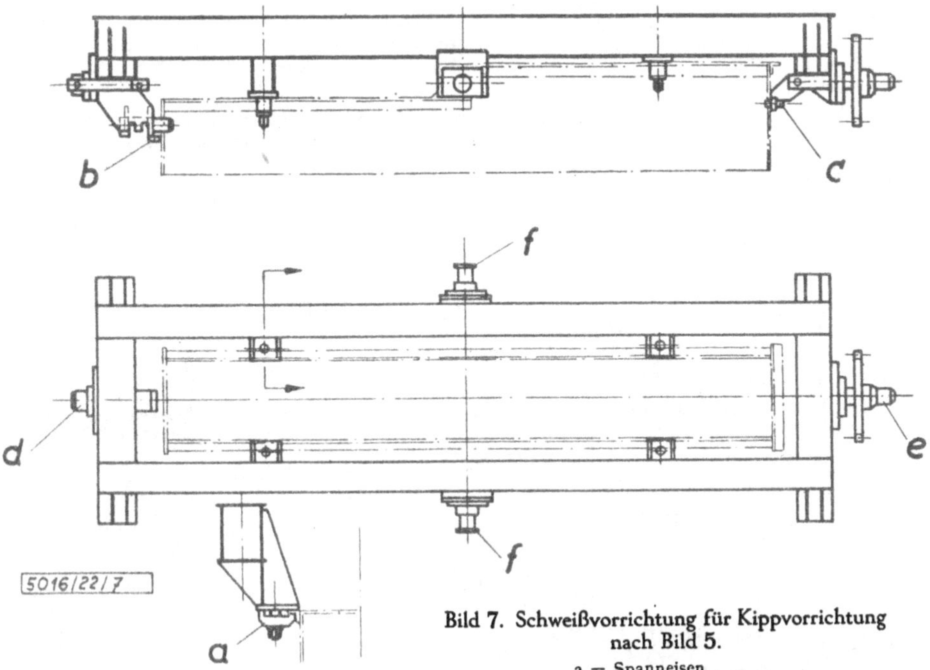

Bild 7. Schweißvorrichtung für Kippvorrichtung nach Bild 5.

a = Spanneisen
b und c = Anschläge
d und e = Drehzapfen für Längsachse
f = Drehzapfen für Querachse

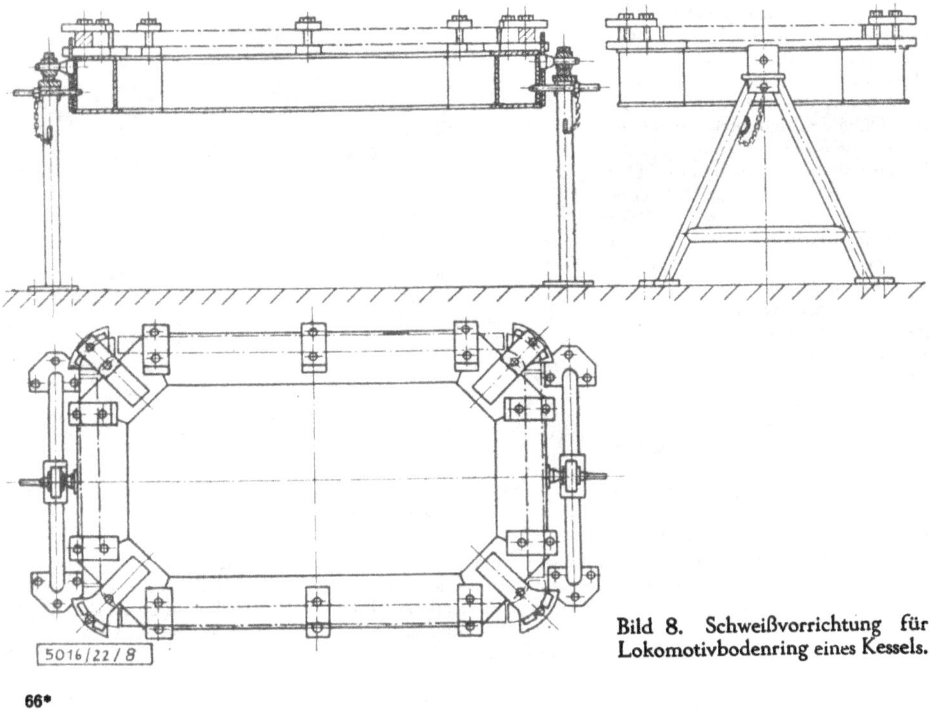

Bild 8. Schweißvorrichtung für Lokomotivbodenring eines Kessels.

Die Schweißrahmen für die gezeigten drei Schwenkvorrichtungen müssen so konstruiert sein, daß Vorrichtung und Schwenkteile ihren gemeinsamen Schwerpunkt auf den Schwenkachsen haben, da sonst leichtes Schwenken nicht möglich ist. Etwaige Gewichtsdifferenzen lassen sich durch anzuhängende Gewichte ausgleichen.

Der Schweißrahmen (Bild 6) wird auf die Kippvorrichtung (Bild 3) aufgesetzt und mit einer Kopfschraube an der Kugel b befestigt. Die so entstandene Schweißvorrichtung dient zum Anschweißen von Winkeleisen und Flacheisen an ein abgekantetes Blech.

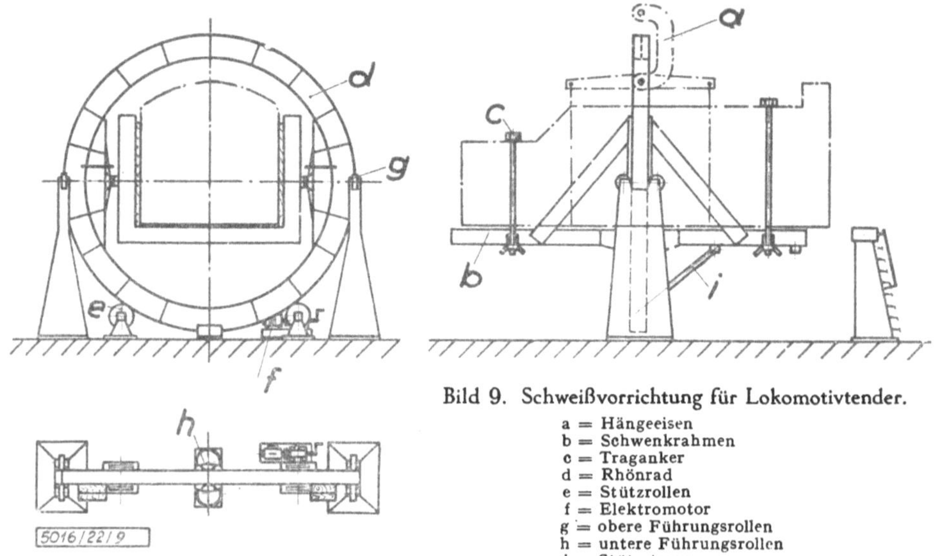

Bild 9. Schweißvorrichtung für Lokomotivtender.

a = Hängeeisen
b = Schwenkrahmen
c = Traganker
d = Rhönrad
e = Stützrollen
f = Elektromotor
g = obere Führungsrollen
h = untere Führungsrollen
i = Stützstange

In ähnlicher Weise sind die Schweißrahmen für die Schwenkvorrichtung (Bild 4) ausgeführt.

Der Schweißrahmen (Bild 7) wird auf die Schwenkvorrichtung (Bild 5) gelegt. Diese Schweißvorrichtung wird zum Fertigschweißen eines gehefteten Lokomotivblechrahmens benutzt. Der Lokomotivrahmen wird durch Spanneisen a und Anschläge b und c auf der Vorrichtung festgelegt. Drehzapfen d und e dienen zum Drehen um die Längsachse, und die Zapfen f dienen zum Kippen um die Querachse. Der Schweißrahmen ist aus einzelnen Balken zusammengesetzt. Die Balken sind als rechteckige Hohlkörper aus Blech geschweißt. Dadurch ist ein kräftiger, verwindungssteifer Spannrahmen entstanden, der unzulässigen Verzug des Werkstückes verhindert.

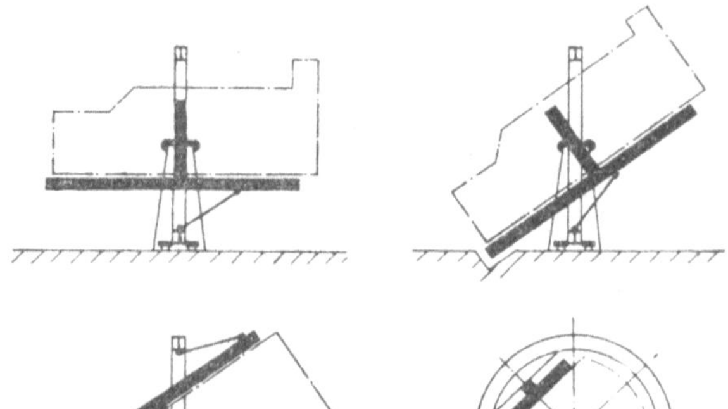

Bild 10. Einige der möglichen Schweißstellungen der Vorrichtung nach Bild 9.

Eine einfache Schweißvorrichtung (Bild 8) dient zum Schweißen eines rechteckigen Ringes, der aus 8 Teilen zusammengesetzt wird. Der Querschnitt der Teile ist rechteckig 60×70 mm. Die Schweißung beginnt für jede Naht in der Mitte des Querschnittes. Dann wird der Ring um 180° gedreht und eine Schweißraupe von der anderen Seite gelegt. So wird Raupe auf Raupe gelegt, wobei jedesmal der Ring um 180° gedreht wird, bis die Schweißfugen gefüllt sind. Da der Ring nach dem Schweißen nicht mehr bearbeitet wurde, ist die Vorrichtung sehr steif gebaut.

Die Schweißvorrichtung (Bilder 9 und 10) dient zum Schweißen von Wasserkasten für Lokomotivtender. Das Gewicht des Wasserkastens beträgt etwa 10 t. Der Kasten wird in einer besonderen Heftvorrichtung geheftet und mittels Krans und eines besonderen Hängegeschirrs in das sogenannte Rhönrad (Ø ~ 5 bis 6 m) eingefahren. Dabei ist es nicht erforderlich, das Rhönrad zu teilen, denn infolge des U-förmig ausgebildeten Hängeeisens a kann der Wasserkasten bis in seine richtige Lage durch den Kran eingefahren werden. Er wird dann auf dem Schwenkrahmen b durch Balken und Anker c festgespannt. Das Rhönrad d wird von zwei Stützrollen e getragen. Eine dieser Rollen wird durch Elektro-

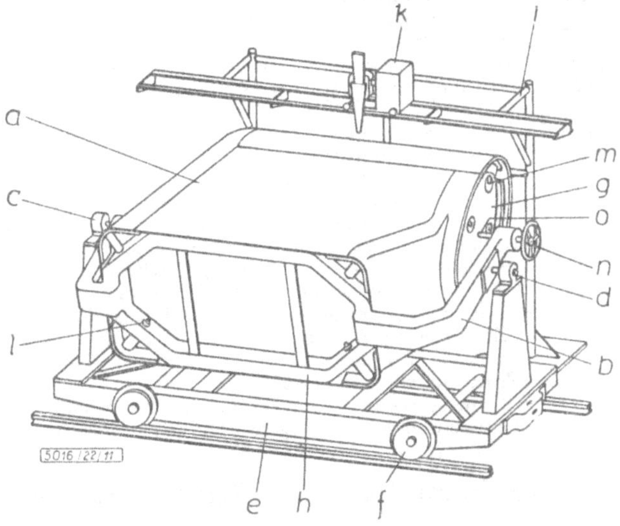

Bild 11. Schweißwagen für Lokomotivstehkessel.

a = Stehkessel
b = Schweißrahmen
c und d = Drehzapfen
e und f = Wagen
g = Lehrring für die Kreisform
h = Lehrrahmen für die Rechteckform des Bodenringes
i = Schweißgerüst
k = Schweißautomat
l und σ = Spannschrauben

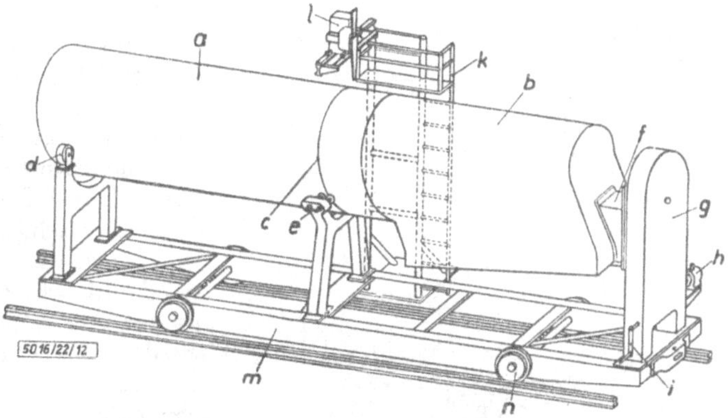

Bild 12. Schweiß- und Montagewagen für Lokomotivkessel.

a = Rundkessel
b = „Hinterkessel"
c = Schweißnaht
d = Führungsrollen
e = Einstellschrauben
f = Schwenkflansch
g = Getriebe
h = Elektromotor
i = Handkurbel
k = Schweißgerüst
l = Schweißautomat
m und n = Wagen

motor f angetrieben. Dadurch kann das Werkstück um seine Längsachse 360° gedreht werden. Am seitlichen Kippen wird das Rhönrad durch 3 Rollenpaare g und h gehindert. Aus der Einbaulage oder aus der Lage um 180° gedreht, kann der Schwenkrahmen b um etwa 35° nach rechts und links gekippt werden. Die jeweilige Kipplage wird durch die Stange i festgelegt. Für die einzelnen Lagen sind am Spannrahmen entsprechende Ösen vorgesehen, in denen die Stange vermittels gesicherter Steckbolzen gehalten wird. Es ist möglich, alle Nähte in eine schweißgerechte Lage zu bringen. Das Rhönrad und der Spannrahmen lassen überall genügend Raum frei, um die Schweißkabel ohne Schwierigkeit zur Schweißstelle zu führen.

Einige der möglichen Schweißstellungen sind in Bild 8 gezeigt. Da die Schwenkachse durch den Schwerpunkt geht, kann das Schwenken durch zwei Mann von Hand durchgeführt werden. Gewichtsdifferenzen können durch anzuhängende Ausgleichgewichte beseitigt werden.

Bild 11 zeigt eine Vorrichtung zum Schweißen eines Lokomotivstehkessels. Das Werkstück wird aus fünf Kümpelteilen zusammengeschweißt. Die Teile werden auf dem Rahmen b aufgebaut und geheftet.

Der Rahmen mit Kessel läßt sich um die Schwerachse c ... d von Hand drehen; er ist auf dem Wagen e gelagert und rollt vermittels der Räder f auf Schienen. Der Wagen wird vom Aufbaustand zu den verschiedenen Schweißstellen geschoben. Es sind vorgesehen: eine Schweißstelle für zwei Längsnähte, eine Schweißstelle für vier Quernähte und eine Stelle für eine Rundnaht. Bild 11 zeigt die Stelle mit dem Schweißgerüst i für zwei Längsnähte. Auf einem Führungsgleis läuft ein Schweißautomat k und schweißt die Nähte automatisch. In ähnlicher Weise sind die anderen Schweißstellen aufgebaut. Infolge der auftretenden Schrumpfspannungen sitzt der Kessel a im sogenannten Bodenring h und im kreisförmigen Lehrring g nach Fertigstellung aller Schweißnähte sehr fest und könnte nur durch schwere Hammerschläge von der Vorrichtung gelöst werden. Darunter würde aber die Genauigkeit der Vorrichtung leiden. Es sind darum die vier Ecken des Bodenringes h etwa 3 mm nach innen verschiebbar. Die Verschiebung wird durch Lösen der Spannschrauben l bewirkt. Durch das Handrad n läßt sich der Drehzapfen o so weit zurückziehen, daß der Kessel mit Lehrring g aus der Vorrichtung gehoben werden kann. Der Lehrring besteht aus fünf Segmenten, die durch die Spannschrauben m gehalten werden. Nach Lösen der Schrauben gehen die Segmente etwa je 3 mm radial nach innen. Es kann dann der Lehrring mühelos herausgenommen werden.

Bild 12 zeigt einen Schweiß- und Montagewagen für einen großen Lokomotivkessel. Der Rundkessel a und der Hinterkessel b werden durch die Rundnaht c verbunden. Der Hinterkessel wird beim Zusammenbau zuerst aufgebracht. Er stützt sich auf dem Schwenkflansch f und zwei Stützschrauben e.

Dann wird der Rundkessel a auf weitere zwei Schrauben e und zwei Rollen d aufgelegt. Nach genauer Einstellung durch die Schrauben e werden die Kesselteile geheftet. Nun können die Schrauben e zurückgedreht werden. Der Kessel ist nun um die Achse des Rundkessels drehbar. Er wird unterstützt durch die Rollen d und eine Drehwelle am Flansch f. Infolge der außermittigen Lage des Schwerpunktes ist ein wechselndes Drehmoment beim Drehen um die Achse zu überwinden. Die Verdrehung erfolgt durch den Elektromotor h über ein Getriebe g. Zum Einstellen dient die Handkurbel i. Die Rundnaht wird mit dem Schweißautomat l automatisch geschweißt.

Der Wagen m läuft vermittels der Räder n auf Schienen und wird mit Seil oder Kette vom Schweißstand nach den einzelnen Montageständen gezogen, bis sämtliche Teile, Armaturen usw. am Kessel montiert sind.

Vorrichtungsbau unter Berücksichtigung der Elliraschweißung

(Zusatzbearbeitung Dr.-Ing. L. Wolff, Höllriegelskreuth-München)

Betrachtet man die Elliraschweißung nicht nur als neuartiges Schweißverfahren, sondern auch als ein neues Fertigungsverfahren, so hängt wie bei jeder Automatenschweißung, besonders aber beim Elliraverfahren, die Wirtschaftlichkeit auch weitgehend von Vorrichtungen zum Einspannen und Bewegen des Werkstückes ab. Das zu schweißende Werkstück muß dem Schweißkopf so zugeführt werden, daß die Einschaltdauer, d. i. das Verhältnis der reinen Schweißzeit zur Gesamtarbeitszeit, möglichst groß ist. Der Idealzustand ist ja erreicht, wenn Schweißgeschwindigkeit = Produktionsgeschwindigkeit ist, was nur durch eine zweckmäßige Ausgestaltung der Vorrichtung erreicht werden kann. Erst dann arbeitet z. B. ein Ellira-Automat als hochwertige Werkzeugmaschine mit größter Hauptzeit. Da auf dem Grobblechgebiet die Elliraschweißung in der ganzen Welt sich zunehmend einführt, sei vorausschauend der zugehörige Vorrichtungsbau kurz behandelt.

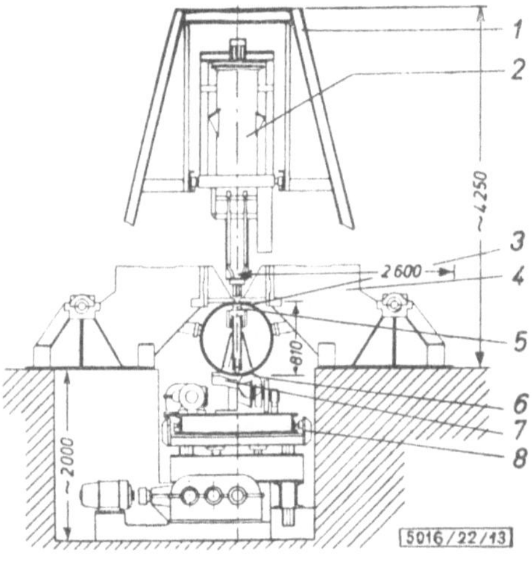

Bild 13. Schnitt durch die Spannvorrichtung einer Ellira-Schweißmaschine (Konstruktion *Fa. Meer*).

1. Laufgerüst
2. Ellira-Automat
3. Rohr
4. Spannböcke
5. Kupferleiste
6. Dreh- und Rollvorrichtung
7. Rohrauflage
8. Rollgang

Das erste Anwendungsgebiet des Elliraverfahrens waren Längsnähte an Röhren. Da diese hauptsächlich in I- bzw. V-Naht auf einer Cu-Schienenunterlage geschweißt werden, ist eine Anpreßvorrichtung erforderlich. Bild 13 zeigt eine solche, bei der das Schlitzrohr zunächst mit Hilfe von hydraulisch gesteuerten Laufrollen in die Maschine eingefahren und verstellt werden kann. Nachdem die Drehrollen angehoben werden, um den Schlitz auf Nahtmitte auszurichten, wird der Unterwagen gehoben und das Rohr gegen die Spannbockleiste gepreßt. Der Schlitz wird dann mittels seitlicher Anpreßzylinder geschlossen, die Kupferschiene von unten hydraulisch mit einem Druck bis 110 t an das Rohr satt angelegt, das Rohr geschweißt und ausgefahren.

In Amerika und auch in Deutschland werden neben ähnlichen Vorrichtungen auch solche verwendet, bei denen das Rohr über einen kurzen, eventuell wassergekühlten Kupfersattel geschoben wird. Die Nut in der nur etwa $1/4$ m langen Schiene läuft konisch aus (Bild 14), um zu vermeiden, daß das Schweißbad vorläuft und dadurch ungleichmäßige Wurzelraupen bildet. Der Kopf und der Sattel stehen, nur das Rohr, das durch Druckrollen in seiner Form gehalten, durch Rollen vorwärts geschoben oder auf einem Wagen oder Bett befestigt ist und mit dem Schlitz an die Schiene angepreßt wird, bewegt sich mit Schweißgeschwindigkeit.

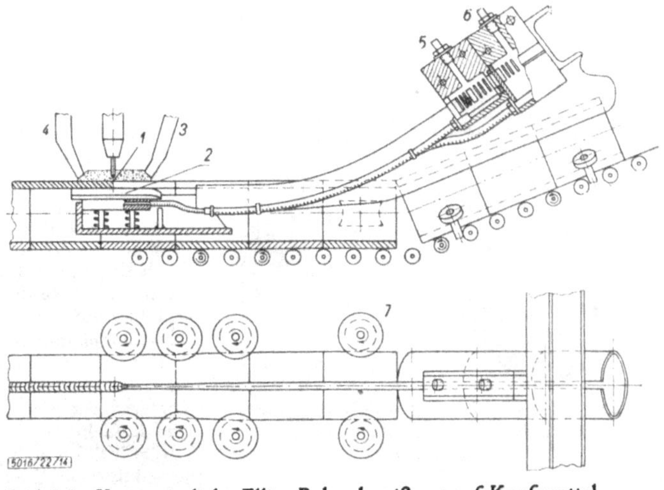

Bild 14. Kontinuierliche Ellira-Rohrschweißung auf Kupfersattel mit Wasserkühlung.

1. Schweißstelle
2. Wassergekühlte Kupferunterlage
3. Pulverzuführung
4. Pulverabsaugung
5. Wasserzulauf
6. Wasserablauf
7. Angetriebene Rollen

Durch solche Vorrichtungen werden die Rüstzeiten wesentlich gekürzt, so daß je nach Wanddicke eine Einschaltdauer von 50 bis 75 % erzielt wird. Weil der Platzbedarf der Schweißköpfe keine Rolle spielt, da es immer Außennähte sind, können die Köpfe für diese Zwecke an stabile Laufkatzen, Konsol- oder Portalkrane aufgehängt werden. Drahthaspel, Pulverzuführungs- und -absaugvorrichtung sowie der Steuerkasten befinden sich auf dem Gerüst. Infolge der hohen Einschaltdauer und der damit verbundenen starken Erwärmung der Düsen, Motoren und Getriebe werden die kräftigsten Typen der Schweißköpfe — E I bzw. M — verwendet (siehe *Wolff*, S. 469 ff.).

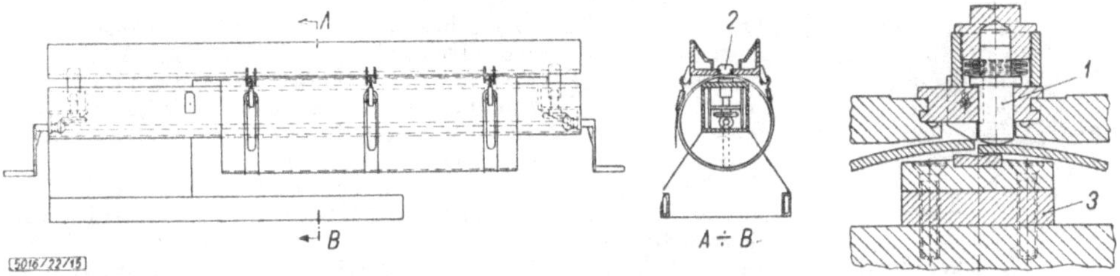

Bild 15. Spannvorrichtung für Rohre von 600 bis 1200 mm ⌀ (nach Fa. *Linde*).

1. Spannmutter
2. Kupferschiene
3. Flacheisenunterlage

Für geringe Wanddicken bis 8 mm und Rohrdurchmesser von 600 bis 1200 mm hat Fa. „Linde" eine einfache Spannvorrichtung *ohne* hydraulischen oder Öldruck entwickelt (Bild 15). Zum Schweißen wird das Rohr in die Vorrichtung eingeschoben, indem die Spannmutter (1) herausgenommen und zunächst eine Hälfte des Rohres mittels mehrerer Hilfsdruckbolzen an die Cu-Schiene angepreßt wird. Mit Hilfe von Flaschenzügen wird dann das Rohr zusammengezogen, wobei das Andrücken des ganzen Rohres durch Biegen über die Oberkante des kastenförmigen Aufspannträgers erreicht wird. Dadurch kommt man mit verhältnismäßig kleinem Anpreßdruck aus. An dem Träger befinden sich an beiden Enden Kegelrädergetriebe, die mittels Handkurbel betätigt werden. Das große Kegelrad dreht eine Spindel, die das Rohr an die Kupferschiene über die Spannmutter (2) mit max. 6000 kg anpreßt. Falls die Schweißkanten sich nur an den Enden oder in der Mitte berühren, kann das Anpressen durch Unterlegen von Blechen unter das Flacheisen (3) über die ganze Rohrlänge erreicht werden. Beim Schweißen werden die Hilfsdruckbolzen nacheinander entfernt.

Rüst- und Stückzeit sind für die Gesamtfertigungszeit maßgebend. Um besonders bei Massenfertigung die Nebenzeiten der Stückzeit, besonders die für das Zünden und Auf- und Abspannen des Werkstückes, möglichst *kurz* zu halten, wurde in einem besonderen Fall, wo es sich um die Schweißung von Anlassergehäusen handelt, durchlaufend gearbeitet. Da die Schweißnähte bzw. die Gehäuse nur etwa 200 mm lang waren — bei einer Wanddicke von 10 bis 15 mm —, wurde eine Vorrichtung mit Raupenkettenantrieb für den Vorschub der Gehäuse benutzt (Bild 16).

Bild 16. Vorschub eines Behälterschusses mittels festmontierten Raupenkettenantriebes.

Die Schlitzrohre werden auf eine schräge Zuführungsbahn der Vorschubeinrichtung laufend aufgelegt, rutschen abwärts, werden noch sicherheitshalber in Abständen durch Klauen vorwärts gezogen und dem Kupfersattel zugeführt. Dort werden sie durch Druckrollen zusammengepreßt, mit Schweißgeschwindigkeit unter dem ortsfesten Schweißkopf mittels dieser Druckrollen vorwärts bewegt und am Ende durch einen Gabelhebel auseinandergebrochen. Die mit Nut versehene und wassergekühlte Kupferschiene wird hier durch Federn gegen die Unterseite des Gehäusespaltes gedrückt. Die Leistungssteigerung beträgt 500 bis 700 % gegenüber der Handschweißung, da praktisch eine Einschaltdauer von 100 % erreicht wird.

In Amerika werden die Längsnähte von Rohren aller Art fast ausschließlich über einem Kupfersattel geschweißt [Lit. *Kratz; Anderson*]. Die Anpressung des Sattels erfolgt meist mittels Druckluft über einen Feuerwehrschlauch, der gegen Beschädigung durch zu hohe Temperatur der Schiene von dieser durch einen schlechten Wärmeleiter isoliert ist [Lit. *Morris* u. *Berkeley*]. Bei kontinuierlichen Rohrschweißmaschinen wird stets das Rohr über den feststehenden Sattel und unter dem stationären Schweißkopf mit Schweißgeschwindigkeit fortbewegt. Der Antrieb erfolgt über Walzen oder Raupenketten. Es kann aber auch das Rohr feststehen und der Sattel und der Kopf mit Schweißgeschwindigkeit bewegt werden, wie es in einem Röhrenwerk in Deutschland der Fall ist. Diese Ausführung hat den Vorteil, daß für Rohre von 300 bis 1200 mm ∅ und Wanddicken von 4 bis 12 mm nur zwei verschieden große Vorrichtungen erforderlich sind, während die obigen Maschinen nur Durchmesserschwankungen in geringen Grenzen zulassen.

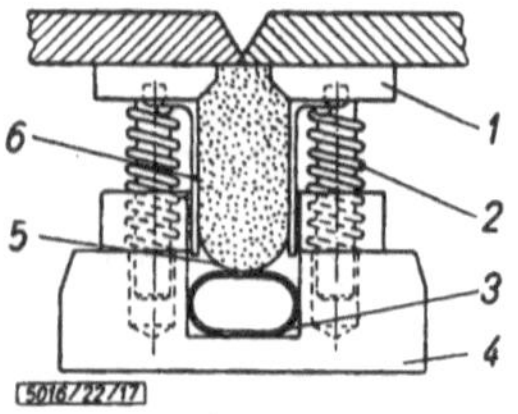

Bild 17. Elliraschweißen mit Unterpulver.

1. Kupferschiene
2. Feder
3. Preßluftschlauch
4. Spannleiste
5. Ledermanschette
6. Winkel

Die anfangs erwähnten Vorrichtungen zum Anpressen der Schiene an das Rohr sind schwer und ziemlich teuer. Dies gilt besonders für dickwandige Rohre. Man trachtete daher das Durchbrechen des Bades bei der I- bzw. V-Naht-Schweißung auf andere Art zu vermeiden, um eine brauchbare Nahtwurzel zu erhalten. Zwei Ausführungen sind bis jetzt bekanntgeworden, die aber leider nicht voll befriedigen. Im ersten Fall ist die Nut in der Kupferunterlage besonders tief (8 bis 10 mm) und dafür nur 4 bis 5 mm breit. Der Spalt zwischen Blech und Unterlage darf allerdings höchstens 1 mm sein, während der Spalt zwischen den Blechen 1,5 bis 2 mm sein muß.

Im zweiten Fall wird wohl das Rohr oder das Blech auch *auf Cu-Schienen gelegt*, es braucht aber nicht angepreßt zu werden, da von unten Ellirapulver an die Fuge gedrückt wird. Die Schienen werden dabei mit Federn angedrückt, welche sich auf einer Stahlunterlage abstützen (Bild 17).

Auf den Boden der Unterlage ist ein umsponnener Gummischlauch eingelegt, in den Preßluft geleitet wird. Über dem Schlauch befindet sich eine Leder- oder Leinenmanschette, die verhindert, daß sich das aufgeschüttete Pulver zwischen Schlauch und Seitenwände klemmt und den Schlauch beschädigt. Bei Druckeinleitung bläht sich der Schlauch auf und preßt das Pulver gegen die Blechunterkante. Das Aussehen der Nahtwurzel hängt vom Druck des Unterpulvers ab. Dieser beträgt im Mittel 2,5 kg/cm². Die Unterraupe soll schwach konvex sein. Bei zu starkem Druck wird sie konkav [Lit. *Paton*].

Der Abstand zwischen den Kupferplatten ist nicht gleich, sondern hängt von der Blechdicke ab. Er muß so sein, daß einerseits die Wärmeableitung von den Schweißkanten genügend groß ist, um keine zu breite Nahtwurzel zu erhalten, andererseits aber die Durchschweißung bis zum Nahtgrund gewährleistet ist. Bei einem 10-mm-Blech ist der Abstand z. B. 8 mm. Die Unterraupe ist dann 2 mm überhöht und etwa 5 mm breit. Die Anordnung mit Federn hat den Vorteil, daß die Bleche etwas versetzt sein können, ohne daß das Bad seitlich ausbricht. In Deutschland wurde diese Anordnung praktisch noch nicht angewendet, da es schwierig ist, bei großen Nahtlängen das Pulver gleichmäßig anzupressen und damit gute Nahtwurzeln zu bekommen.

Bei der Stumpfnahtschweißung von Blechplatten bereitet das Einspannen ebenfalls große Schwierigkeiten. Die Bleche sind meist uneben, weil die Eigenspannungen durch den Brennschnitt bei der Schweißkantenvorbereitung ausgelöst werden und Verwerfungen in allen Ebenen zur Folge haben. Die Vorrichtungen sind daher besonders schwer und kostspielig, aber für einwandfreies Schweißen *ohne* Nacharbeiten unerläßlich. Zum Beispiel in Amerika, wo der Serienbau eine entscheidende Rolle spielt, wurden Vorrichtungen entwickelt, die in Deutschland und in anderen Staaten wegen ihrer Größe und Kosten kaum hergestellt werden können.

Im Schiffbau werden oft drei komplette hintereinander angeordnete „Mammut-Spannvorrichtungen", z. B. bei einer Schiffswerft für Stumpf- und Kehlnahtschweißung mit je zwei Schweißköpfen der Type M zum Schweißen von Deckplatten und Schottwänden verwandt. Das Anpressen der Versteifungen und das Richten der Bleche bis 14 mm Dicke erfolgt hier mittels Preßluft über Stempel, die über den ganzen Plattengang beiderseitig knapp neben der Naht angeordnet sind. — Eine andere Möglichkeit, lange Bleche stumpf auf Cu-Schiene zu schweißen, geschieht durch das Niederspannen der Bleche bis 30 mm Dicke durch verstellbare Druckrollen, die vor und hinter der Schweißstelle angeordnet sind und mit dem Schweißkopf bewegt werden.

Bild 18. Ausbildung des Auslegers mit Schweißkopf als Scherenkonstruktion nach russischem Vorschlag.

Die *geringe Querschrumpfung beim Elliraverfahren* (über die in Abschnitt J, siehe *Wolff,* S. 502 ff.) berichtet wird, ermöglicht es aber auch, ebene Blechtafeln in *einem* Arbeitsgang durchlaufend, ohne Heftung, stumpf zusammenzuschweißen. Eine Möglichkeit, die bei keinem anderen Verfahren gegeben ist. Erforderlich ist nur, die Platten gegen Verschieben mit Gewichten zu belasten und je nach Blechdicke einen bestimmten Spalt zwischen den Blechen vorzusehen. Die Öffnungswinkel sind naturgemäß kleiner und betragen 0 bis 30°.

Die *Vorrichtungen für die Elliraschweißung im Kessel- und Behälterbau,* also für *Rund- und Längsnähte,* sind sehr vielgestaltig. Während bei Rundnähten immer das Werkstück bewegt werden muß, kann bei Längsnähten entweder der Kopf oder das Werkstück bewegt werden. Man kann den Schweißkopf E I mit Pulverzuführungs- und -absaugbehälter, Drahthaspel und Regulierkasten z. B. als Konsolkran durchbilden. Die Höhenverstellung erfolgt mittels Spindel, die Katzfahrt mittels Haspelkette von Hand, die Kranfahrt motorisch. Bei Längsnähten fährt der Kran, bei Rundnähten rollt der Behälter mit Schweißgeschwindigkeit unter dem Kran auf einer Drehvorrichtung. — Der Kopf kann aber auch an einem Portalkran hängen. Die besonders große Höhenvorstellung des Kopfes erfolgt dann durch Zahnstange. Um die Arbeitsbühne den einzelnen Kesseldurchmessern anzupassen, wird sie wippend ausgeführt. Die primäre Stromzuführung zu den Transformatoren, die zwischen einem Laufbahnträgerpaar angeordnet ist, erfolgt über Schleifkontakte von einer Schiene. Durch diese Anordnung werden die sonst langen Sekundärleitungen und der damit verbundene starke Spannungsabfall vermieden. Eine amerikanische Lösung wurde im Zweiradkran gefunden. Ein deutscher Schweißkran, als Säulendrehkran ausgebildet, hat wohl den Vorteil, daß er schwenkbar ist und damit zwei Schweißplätze bestreichen kann, er muß aber sehr sorgfältig ausgeführt und gut versteift sein, da sonst unerwünschte Schwingungen beim Begehen der Arbeitsbühne die Schweißung beeinträchtigen.

Für Innenschweißungen werden die Köpfe E IIa S, E IV oder U auf *Auslegern* befestigt bzw. laufen gelassen. Eine französische Firma befestigt den Kopf für Innennähte starr an einem dreh- und höhenverstellbaren Träger. Bei Längsnahtschweißung wird der Kopf mit dem Ausleger von einer Laufbühne gezogen.

In Rußland wurde der Ausleger als Schere ausgebildet (Bild 18), in Deutschland als Profilträger, der einerseits im Kessel auf verstellbaren Laufrollen, andererseits außerhalb des Kessels auf einem Wagen ruht.

Lange und schwere Werkstücke werden auf einen oder mehrere Schweißwagen gelegt, die einen eigenen Fahr- und Drehantrieb haben. Der Schweißkopf ist dann für Längs- und Rundnähte ortsfest und meistens an einem verschiebbaren Rohr zwecks Höhenverstellung befestigt.

Die *Durchbruchgefahr* (d. h. Durchsacken bei der Schweißung) ist besonders bei Rundnähten groß, weil das *Anpassen der Böden an das Rohr schwierig* ist und die einzelnen Schußstöße, wenn sie nicht n a c h dem Schweißen der Längsnaht neu gerundet worden sind, schlecht anliegen. Zu großer Spalt (über 0,7 mm) oder versetzte Fugennasen bei X-Nähten sind die Folge und geben dann Anlaß zum Durchbruch des Schweißbades, wodurch die Arbeitszeit erhöht wird. Besonders tritt dies bei brenngeschnittenen Kanten ein. Wenn nicht in diesen Fällen *kombiniert handellirageschweißt* wird, also etwa ein Drittel der Blechdicke von Hand *vor*geschweißt wurde, was die Wirtschaftlichkeit beeinträchtigt, so hilft nur entweder das Anpressen einer Kupferschiene, die den Durchmesser des Rohres haben muß, oder einen rotierenden, ähnlich einer Raupenkette ausgeführten Kupfersattel an der Schweißstelle zum Anliegen zu bringen. Eine ganz neuartige Lösung zeigt das Bild 19. Hier wird der Durchbruch vermieden, indem auf ein rotierendes Band aus nicht brennbarem Werkstoff ein schwer schmelzbares Pulver aufgestreut wird, welches stets an die Schweißstelle und auch eventuell in die Fuge gepreßt wird. Das genaue Anliegen wird durch Federn bewirkt, die das nachgiebige Band mit dem Pulver an die Schweißkante andrücken [Lit. *N. G. Schreiner* u. *J. M. Tippel*].

Die Kehlnahtschweißung wird in Wannen- oder Normallage durchgeführt. Bei Wannenlage erfolgt die Führung in der Kehle wie bei Stumpfnähten mittels Rollen bei allen Schweißkopftypen außer E V. Der E V-Kopf läuft mit seinen zwei Laufrädern selbst in der Kehle. Die Stützrollen werden dabei gegen eines der unter 45° geneigten Bleche gepreßt. Bei Normallage werden die Schweißköpfe um 30 bis 45° gekippt und mittels Gleitschuhen oder Gleitrollen in der Kehle geführt, was durch Schiefstellung der Fahrwerksmittelachse zwecks stetigem Andrücken an das senkrechte Blech geschieht. Durch besondere konstruktive Maßnahmen wird erreicht, daß der Draht stets auf Kehlnahtmitte zeigt und Kehldicken bis a = 10 mm in e i n e r Lage erzeugt werden können. Wie schon erwähnt, wurde für besondere Zwecke in Deutschland ein Spezialkopf entwickelt, mit dem *Kehlnähte bei Steghöhen bis 400 mm gleichzeitig von beiden Seiten geschweißt* werden können, wodurch die Produktionsgeschwindigkeit verdoppelt und der *Winkelverzug praktisch vermieden wird.* Die anfangs erforderlichen Schweißbrenner zum Trocknen der Bleche sind oft noch angebracht, heute aber bei Verwendung des Pulvers „Braun" (siehe *Wolff*, S. 477) überflüssig. Der gleiche Vorteil wird erzielt, wenn zwei E IV-Köpfe zu einem „Doppelschweißkopf" vereinigt werden. Dadurch, daß zwischen den Schweißköpfen keine Verbindung außer einem Kupplungskabel nötig ist, ist es möglich, beliebig hohe Stegbleche oder Versteifungen mit beiden Kehlnähten gleichzeitig anzuschweißen. Der Abstand der Versteifungen muß aber mindestens 250 mm sein.

Bild 19. Neuartige konstruktive Lösung, den Durchbruch der Schweiße dadurch zu verhindern, daß auf ein rotierendes Band aus nicht brennbarem Werkstoff schwer schmelzbares Pulver aufgestreut wird (siehe auch Text).

Sollen Kehlnähte an Behältern geschweißt werden, so wird für schmale Versteifungen bei Außennähten am Kopf ein „Stützknie" und bei Innennähten eine besondere Führungsstange mit Laufrolle angebracht. (Auf eine bildliche Darstellung sei verzichtet.) Bei breiteren Versteifungen läuft der Kopf ohne besondere Hilfsmittel auf diesen. Durch Einsteuern des Fahrgetriebes folgt der Kopf der Rundung, wobei die Gleitrollen mit genügender Kraft gegen den Behälter drücken.

Zur Schweißung von kleinen Rundnähten als Überlappt-, Kehl- oder Stumpfnaht werden die Werkstücke unter dem stationären Kopf auf Drehtischen mit Schweißgeschwindigkeit bewegt. Die Drehtische müssen Schweißgeschwindigkeiten von 200 bis 800 mm/min zulassen, stufenlos regelbar und kippbar sein, um Kehlnähte möglichst in Wannenlage schweißen zu können.

Literaturangabe

Anderson, R. V., Continuous welding of tubular containers. Machinery, Mai *1945*.

—, Shop shots at day and night. Amer. Machinist, Aug. *1947*.

Kratz, I. A., Shape-welding by the submerged melt welding proc. Weld. Journ., Jan. *1948*.

Morris, E. D. u. *L. J. Berkeley*, Jigs and fixtures for automatic welding. Weld. Journ., April *1947*.

Schreiner, N. G. u. *J. M. Tippel*, Construction and maintenance of railroad equipment by submerged and gas-shielded electric-welding. Weld. Journ., Juni *1948*.

Paton, E. O., Die schnelle Automatenschweißung unter einem Flußmittel. MASGIZ *1941*.

Instandsetzungsarbeiten

I. Grundlagen und Ausführung schweißtechnischer Instandsetzungsarbeiten, im allgemeinen Maschinen-, Hoch- und Tiefbau, Kessel- und Apparate- sowie Rohrleitungsbau*)

Obering. P. Krug, Berlin-Siemensstadt

Die erste Frage, die man sich vor Inangriffnahme einer Instandsetzungsschweißung vorzulegen hat, ist die nach der Bruchursache oder dem Grund der Abnutzung. Liegen zufällige, einmalige Überbeanspruchungen oder normaler Verschleiß vor, so genügt es im allgemeinen, den früheren Zustand des defekten Werkstückes wiederherzustellen. Sind jedoch Brüche im normalen Betrieb vorgekommen, so muß man zunächst nachforschen und nachrechnen, ob das Werkstück mit den ursprünglichen Abmessungen den betrieblichen Beanspruchungen überhaupt gewachsen ist oder ob eine Dickenverstärkung erforderlich, möglich und gegebenenfalls auch wirtschaftlich ist. Manchmal ist es besser, aus geeignetem Werkstoff ein Stück ganz neu und in entsprechend großen Abmessungen herzustellen. Einige Beispiele hierzu seien wie folgt kurz behandelt:

1. Bei einer *Reibspindelpresse* war, um eine Verkürzung der Arbeitszeiten und eine größere Schlagstärke zu erreichen, die Drehzahl des Antriebes heraufgesetzt worden. Der gußeiserne Ständer ist daraufhin zweimal, und zwar in verhältnismäßig kurzen Zeitabständen, gebrochen. Der zweite Bruch entstand nicht an derselben Stelle wie der erste, sondern in etwa 150 mm Entfernung von dieser. Dies galt als Beweis dafür, daß der erste Bruch, als Gußeisen-Warmschweißung instandgesetzt, durchaus sachgemäß ausgeführt wurde. Da die übrigen Teile der Presse den durch forcierten Betrieb auftretenden Beanspruchungen gewachsen waren, entschloß man sich, ein Gestell aus Flußstahl zu schweißen, das dann auch gehalten hat.

2. Ähnlich lagen die Verhältnisse bei einem *Balancier*. Es wäre technisch ohne weiteres möglich gewesen, das gebrochene Gestell durch eine Gußeisen-Warmschweißung (siehe *Stiehler*, S. 1112ff.) wiederherzustellen und dabei auch die Wände auf der Zugseite zu verstärken. Wenn trotzdem vorgezogen wurde, ein neues Gestell aus Flußstahl anzufertigen, so erklärt sich das aus der Unsicherheit in der Berechnung der möglichen größten Beanspruchungen. Auch in diesem Fall hat sich die geschweißte Ausführung dann bewährt.

3. Bei einer Abkantmaschine war der *Biegebalken* wiederholt zu Bruch gegangen. Nach dem Ergebnis der Nachrechnung hätte dieser halten müssen. Trotzdem wurde ein Balken aus Flußstahl geschweißt, weil man bei diesen Maschinen, die in fast allen Fällen nicht dauernd in Betrieb sind und daher auch meist nicht stets von demselben Mann bedient werden, immer damit rechnen muß, daß beim Abkanten unzulässig größerer Werkstoffdicken vergessen wird, den Biegebalken dementsprechend auf größeren Abkantspalt zurückzustellen. Es werden dann in ihrer Größe nicht übersehbare Überbeanspruchungen auftreten, die früher oder später zum Bruch führen können. Der geschweißte Balken hat sich im beschriebenen Beispiel schon seit Jahrzehnten bewährt.

4. Auch aus anderen Gründen kommt man oft zur Anfertigung ganzgeschweißter Werkstücke. Es wurden z. B. in ziemlich erheblichen Stückzahlen sogenannte *Wicklungsträger* benötigt. Die Kalkulation auf Wirtschaftlichkeit hin hatte ergeben, daß die Ausführung in Stahlguß billiger als die geschweißte ist. Es konnte einmal bei der geschweißten Ausführung nicht an Gewicht gespart werden, dann aber war die Herstellung der Seitenwand und der Ringe teuer und die Arbeitszeit wegen der großen Zahl der Rippen verhältnismäßig groß. Alle Abgüsse jedoch hatten Löcher und poröse Stellen. Viele Abgüsse wurden nun mittels der Lichtbogenschweißung instandgesetzt. Wegen der erheblichen Schrumpfspannungen, die sich bei der Ausführung dieser Arbeiten ergaben, wurden die Stücke nach Beendigung der Schweißarbeiten spannungsfrei geglüht (siehe *Erdmann-Jesnitzer* u. *Küntscher*, S. 795ff.). Diese Nacharbeiten

*) Vorliegender Beitrag wurde hinsichtlich Ausarbeitung und Bebilderung durch *Obering. H. A. Horn*, der Arbeitsgemeinschaft Schweißtechnik, Berlin-Friedenau, wesentlich gefördert. Teil A befaßt sich mit der Instandsetzung exklusive dem speziellen chemischen Apparatebau, der anschließend in Teil B von *Küntscher* behandelt wird.

haben die Stahlgußteile so verteuert, daß man sich entschloß, die Wicklungsträger als Schweißkonstruktionen auszuführen. (Also auch hier Ersatz gegossener Stücke durch geschweißte!) Oft müssen auch Auftragschweißungen durchgeführt werden, weil entweder bei der Bearbeitung eines Werkstücks zuviel abgearbeitet wurde oder weil bei Gußstücken die Zugabe für die Bearbeitung nicht ausreicht. Es muß dann zunächst noch so viel Werkstoff abgearbeitet werden, daß bei der Fertigbearbeitung eine mindestens 0,5 mm dicke Schicht des Schweißwerkstoffes stehen bleibt, d. h. daß die Bearbeitung nicht gerade in die Übergangsschicht fällt.

Dabei tritt die zweite wichtige Frage auf, die man sich *vor* Inangriffnahme einer Instandsetzungsschweißung klarmachen muß: Welcher Werkstoff liegt vor? — Von diesem ist nicht nur die Wahl des Zusatzwerkstoffs, sondern oft auch die Wahl des anzuwendenden Schweißverfahrens abhängig. Die Gußeisenschweißung wird an dieser Stelle nicht behandelt. (Siehe hierzu *Stiehler*, S. 1112 ff.) Erwähnt sei jedoch der *schlecht schweißbare Guß* (Stellungnahme von *Wuttke* *).

Schlecht schweißbarer Guß tritt auf bei:

1. *Zylinderköpfen*, die längere Zeit der Einwirkung von Zündgasen (Treibstoffen) ausgesetzt waren, insbesondere solchen, die mit Überbelastung und damit länger andauernder Überhitzung beansprucht wurden;
2. *gußeisernen Kesselgliedern*, hervorgerufen durch die Einwirkung von Feuerungsgasen, bzw. solchen, die direkt der Flamme ausgesetzt waren. Bei überalterten Kesselgliedern ist das gesamte Glied sehr schlecht schweißbar, bei solchen, die durch Feuerungsgase oder Flammen verschlechtert wurden, nur die örtlich beanspruchten Stellen;
3. *Hohlkörpern*, die viele Jahre hindurch (z. B. 20 Jahre) Dampf und Wasser ausgesetzt waren;
4. *Hohlkörpern oder Wandungen und Ständern*, die in sumpfigfaulen Wässern [Schleusentore] jahrelang eingetaucht waren.

In der gesamten Fachliteratur wird derartiger Guß als schlecht schweißbar bezeichnet (siehe auch *Stiehler*, S. 1112 ff.). Ein besonderes Merkmal der scheinbaren Unmöglichkeit, diesen „oxydierten" (?) Guß zu schweißen, ist es, daß bei allen Dichtigkeitsprüfungen das Schweißgut (d. h. der Nahtwerkstoff) selbst dicht, aber der Nahtübergang meist undicht ist. Auch die Verwendung bekannter Schweißdrähte, Schweißpulver oder das Schweißen mit neutraler oder Gasüberschußflamme schlägt fehl. Nach *Wuttke* wird derartiger schlecht schweißbarer Guß, wie seit Jahren von ihm erprobt, entgegen allgemeiner Auffassungen mit *Sauerstoffüberschuß*flamme erfolgreich verschweißt. —

Bei den normalen C-Stählen St 00, St 34, St 37, St 42 und bei Stahlguß Stg 38.81 und St 45.81 einschließlich der Sondergüten sind auch bei den Instandsetzungsarbeiten werkstoffbedingte Schwierigkeiten nicht immer zu vermeiden. Bei der Verarbeitung von Stählen höherer Festigkeit und legierten Stählen gelten die in den entsprechenden Abschnitten dieses Buches behandelten besonderen Gesetzmäßigkeiten. Dasselbe trifft für die Nichteisenmetalle zu.

Die Schwierigkeiten bei der Ausführung schweißtechnischer Reparaturen sind also darauf zurückzuführen, daß man:

1. die bei Neuanfertigungen vorhandene Möglichkeit, Auswahl des für das Schweißen geeignetsten Werkstoffes, nicht mehr durchführen kann,
2. daß man ferner oft das Werkstück nicht in die für das Schweißen zweckmäßigste Lage bringen kann,
3. daß weiter die Schweißstelle schwer zugänglich ist und

*) Zur Zeit unveröffentlicht. Die physikalisch-chemischen Vorgänge des O_2-Überschuß werden gegenwärtig von *Erdmann-Jesnitzer* und *Wuttke* untersucht. Veröffentlichung 1952 demnächst.

4. die vorliegenden Formen und Abmessungen häufig für die üblichen Schweißverfahren wenig zweckmäßig sind.

Die Brüche und Risse sind in ihrem Verlauf außerdem so unterschiedlich und bedingen so mannigfaltige Abweichungen in der Ausführung, daß es wieder am zweckmäßigsten erscheint, eine Anzahl von Beispielen zu behandeln, mit denen gezeigt werden kann, worauf es ankommt. Zunächst seien solche behandelt, bei denen an fertig vorliegenden Gußstücken aus konstruktiven oder anderen Gründen Änderungen bzw. Ergänzungen fehlender Teile erforderlich wurden.

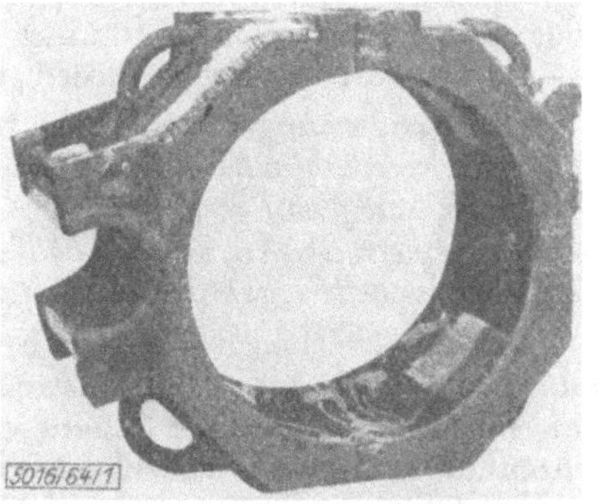

Bild 1. Bahnmotorengehäuse mit aufgeschweißtem Lagerschild.

1. Für das *Stahlgußgehäuse* eines Bahnmotors reichte der Raum für die Wicklungen nicht mehr aus, weil man nachträglich eine Erhöhung der Leistung verlangt hatte. Es wurde deshalb der Lagerschildsitz auf einer Seite abgehobelt und ein neuer aus Werkstoff St 00 aufgeschweißt. Man gewann dadurch in der Länge 25 mm. Besondere Vorsichtsmaßnahmen waren für diese Arbeit nicht erforderlich (Bild 1).

2. Bei den *Statordruckringen* eines großen Stoßstromgenerators, die wegen der langen Lieferzeit von Stahlguß sehr zeitig aufgegeben wurden, stellte sich beim Durchkonstruieren der Wicklungsversteifungen heraus, daß besondere Auflageflächen für die Anbringung der Versteifungsteile notwendig waren. In dem Bild 2 sind die verschiedenen Vierkantklötze aus St 00 zu erkennen, die nachträglich aufgeschweißt wurden. Es empfiehlt sich, wenn man porenfreie Nähte erhalten will, die Gußhaut der Schweißstellen bei Stahlguß abzuschleifen, da dann das Zusammenschweißen von Stahlguß und Flußstahl ohne Schwierigkeiten durchgeführt werden kann. Mit Rücksicht auf die beim Schweißen unvermeidlichen Schrumpfspannungen kann es in manchen Fällen notwendig sein, die Gußteile vorzuwärmen oder auch die fertiggeschweißten Stücke spannungsfrei zu glühen. Da jede dieser Maßnahmen eine Verteuerung der Arbeiten bedingt, wird man dies nur dann vorsehen, wenn z. B. das Spannungsfreiglühen unbedingt erforderlich ist.

Bild 2. Statordruckringe eines großen Generators aus Stahlguß mit nachträglich aufgeschweißten Vierkantklötzen aus St 00.

Ein Betriebsfall, für den das nachträgliche Glühen wegen der zu großen Abmessungen des Werkstückes nicht durchgeführt werden konnte - man hätte es sonst der Stahlgießerei zu diesem Zweck zurückschicken müssen -, war die schweißtechnische *Reparatur einer Planscheibe* [Lit. *Krug*] von etwa 8000 mm Durchmesser für eine Karusselldrehbank. Der konische Führungsring der Auflagefläche war derart porös, daß er vollständig „abgeschruppt" werden mußte. Er wurde durch einen aus Segmenten zusammengeschweißten Ring aus „U.M.B. 60" *) ersetzt. Da auch ein Vorwärmen dieses großen Werkstückes nicht möglich war, wurde der Ring mit einer besonders rißsicheren Elektrode von nur 4 mm Durchmesser und mit sehr geringer Stromstärke

*) Werkstoff U.M.B. 60 = Union-Maschinen-Baustahl.

(100 Amp.) aufgeschweißt. Vorher waren die Segmente zu einem vollen Ring in der üblichen Weise zusammengeschweißt. Dabei war je Stoß im Umfang eine Zugabe von 1,5 mm gemacht worden als Ausgleich für das Schrumpfen. Die Verbindungsnähte zwischen dem Ring und der Scheibe wurden absatzweise geschweißt, und zwar erst ein Segment, dann das gegenüberliegende, daraufhin ein um 90° versetztes und das dem gegenüberliegende usw. Risse oder andere Erschwernisse sind nicht aufgetreten.

Die Möglichkeit, fertige *Gußstücke* zu ändern oder zu ergänzen, ist einer der Vorzüge der Schweißverfahren, da dies in vielen Fällen Werkstücke zu verwenden gestattet, die sonst verworfen werden müßten.

Bei Instandsetzungsschweißungen kann es sich um Auftragschweißungen oder um Verbindungsschweißungen handeln. In beiden Fällen kommt es darauf an, die zurückbleibenden Spannungen möglichst gering zu halten. Die Wege, die dabei von den verschiedenen Werkstätten gegangen werden, weichen häufig voneinander ab, und es läßt sich nicht immer mit Sicherheit feststellen, daß nur ein Verfahren das allein richtige sei.

Als Schweißverfahren kommen in Frage: die Gasschmelz- und Lichtbogenschweißung mit Metall- oder Kohleelektroden, die Abbrennschweißung, das Thermit- und das Arcatomschweißen. Es kommt vor, daß man bei einer Reparatur mehrere Verfahren anwenden muß. Bei der Behandlung von Beispielen wird darauf noch eingegangen.

Kessel. Ein zur Zeit mit im Vordergrund stehendes Arbeitsgebiet sind die Reparaturschweißungen an Dampfkesseln, weil man sich bemühen muß, alle alten Kessel betriebsfähig zu erhalten, da neue oft nur schwer erhältlich oder mit Zeitverlust und Arbeitsausfall beschafft werden können. Es müssen an die Ausführung dieser Instandsetzungsarbeiten an Kesseln besonders hohe Anforderungen gestellt werden. Dies ist wegen der Gefahr notwendig, daß infolge unsachgemäßer Durchführung der Arbeiten später Explosionen entstehen könnten. Sind Anfressungen zu beseitigen, so können diese durch Auftragschweißung ausgebessert werden, soweit die Tiefe der Anfressungen weniger als etwa ein Drittel der ursprünglichen Werkstoffdicke beträgt und man mit einer Einlagenschweißung auskommt. Müßten zur Erzielung der ursprünglichen Werkstoffdicke jedoch mehr als nur eine Lage aufgetragen werden, so ist es meist zweckmäßiger, einen Flicken einzusetzen. Auftragschweißungen an üblichen unlegierten Kesselbaustoffen M I bis M IV werden mittels Lichtbogenschweißung und nackten Elektroden durchgeführt *). Man bekommt dabei die geringsten Schweißspannungen sowie die geringste Härte der aufgetragenen Raupen. Ist die Ausdehnung der aufzutragenden Fläche größer als etwa 100 cm², so teilt man das zu schweißende Wandungsgebiet in einzelne Felder auf, mit dabei abwechselnder Richtung der Schweißraupen je Einzelfeld, wobei man nach *Türcke* die Felder gemäß Bild 3 auftragschweißt. Die Größe der einzelnen Felder wird zweckmäßigerweise etwa zu 50 cm² Feldgröße gewählt.

Bei tieferen Anfressungen, wie sie z. B. *bei Flammrohrschüssen* vorkommen, ist es besser, einen halbmondförmigen Flicken einzusetzen (Bild 4). *Die Abmessungen des Flickens wähle man nicht zu klein, weil sich die Spannungen um so geringer halten lassen, je größer der Flicken ist.* Man fängt in etwa ein Drittel der Länge der Schweißfuge an der Nahtstelle A an und schweißt erst das längere Ende zu (Pfeil 1) und dann in der

*) Dies bedeutet die Anwendung von Gleichstromumformern. Es lassen sich aber auch Transformatorschweißungen, d. h. Wechselstrom-Blankdrahtschweißungen durchführen, falls man einen Spezial-Zusatz-Hochfrequenztransformator (Bauart Fa. Siemens, Erlangen) verwendet, d. h. dann, wenn man dem 50-Hertz-Lichtbogen eine hochfrequente Zusatzspannung überlagert. Diese ruft eine von der Lichtbogenlänge relativ unabhängige Ionisierung der Lichtbogenstrecke hervor. Die Schweißung mit Wechselstrom erfolgt dann mit Blankdraht-Auftragselektroden genau so „weich" und hinsichtlich der Lichtbogenstrecke „elastisch" wie mit Gleichstrom.

Pfeilrichtung 2 das andere Ende. Man wird den Flicken nicht heften und diesen zum Verschweißen besser in der richtigen Lage durch Schrauben oder Keile halten. Bei Blechdicken bis etwa s ~ 10 mm kann man sowohl das Lichtbogenschweißverfahren mit umhüllten Elektroden als auch die Gasschmelzschweißung anwenden, darüber hinaus sollte man elektrisch wegen der dabei auftretenden geringeren Wärmemenge oder mit zwei Brennern schweißen. Das ausgeschnittene Stück sollte man in jedem Fall auf mechanische „Reckalterung" hin untersuchen. Besonders um die Niete herum und an den Stemmkanten ist bei lange in Betrieb gewesenen Kesseln der Werkstoff oft sehr schlagspröde geworden. Die kräftige Erwärmung mit der Gasflamme (~680 bis 700° C) hebt die Schlagsprödigkeit wieder auf. — Man kann die Neigung zum Sprödbruch werkstattmäßig oft schon dadurch feststellen, daß man einen etwa 25 mm breiten Streifen auf der einen Seite mit dem Meißel auf etwa ein Viertel der Werkstoffdicke einkerbt, diesen Streifen in der Höhe der Kerbe in den Schraubstock spannt und nun versucht, durch Hammerschläge in Richtung der nicht eingekerbten Seite die Biegung durchzuführen. Stark reckgealterter Werkstoff (meist gleichbedeutend mit laugensprödem Kesselbaustoff) wird nach wenigen Schlägen verformungslos brechen. Genauere reproduzierbare Meßwerte liefert für das Sprödbruchverhalten die Kerbschlagprobe. Eine Untersuchung auf Zerreißfestigkeit ist hier überflüssig, weil diese über den möglicherweise versprödeten Zustand des Werkstoffes die gewünschte Aufklärung nicht bringt.

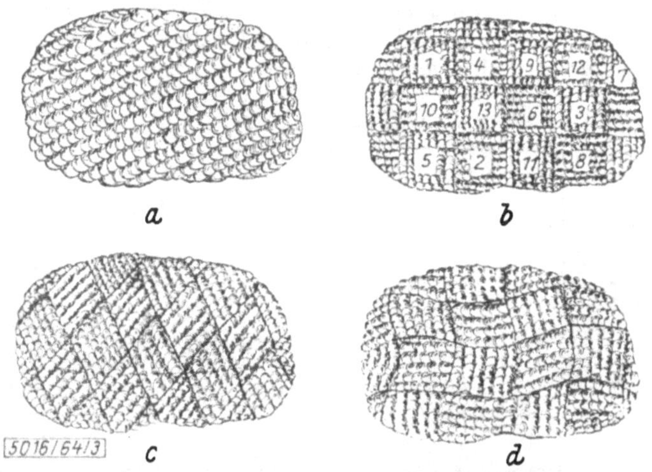

Bild 3. Auftragschweißungen auf abgezehrte Kesselwandungen, nach *Türcke*.

a = gewöhnlicher Raupenzug; b = Kästchenverfahren *Türcke*, mit quadratischen Feldern, Raupenrichtung feldmäßig um 90° versetzt, Schweißvorgang nach dem Rösselsprung; c = rhombische Feldeinteilung, Raupenrichtung um 120° versetzt; d = Felder mit krummliniger Begrenzung, Raupenrichtung um 90° versetzt.

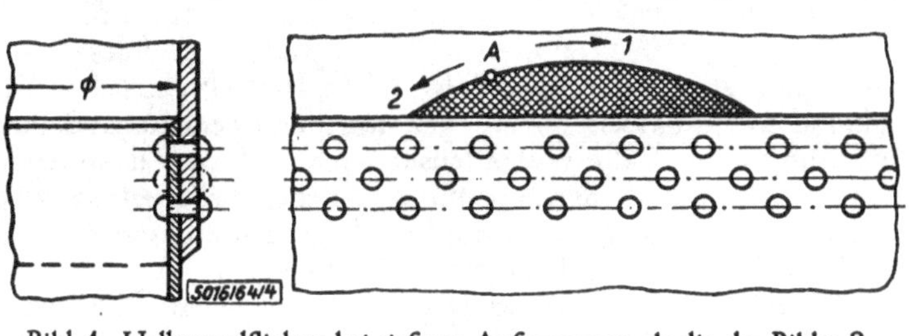

Bild 4. Halbmondflicken bei tieferen Anfressungen als die des Bildes 3. (Schweißfolge: bei A beginnend erst 1 in Pfeilrichtung, dann 2 in Pfeilrichtung)

Muß man *bei Wasserkammern oder Feuerbuchsen einen Flicken einsetzen*, so ist dies dann verhältnismäßig leicht durchzuführen, wenn der Flicken bis zu einer der Außenkanten durchgeht. Die Abrundungen der Ecken sollen groß genug, mindestens 5 × Werkstoffdicke sein. Auch hier wird man die Abmessung der Flicken nicht zu klein wählen (Bild 5). Die bei größeren Flicken längere Arbeitszeit und der größere Werkstoffaufwand erleichtern die Durchführung der Schweißarbeit. Da das Schweißen in diesem Fall fast immer an stehender Wand durchgeführt werden muß und ein Nachschweißen der Wurzel wegen ihrer Unzugänglichkeit oft nicht möglich ist, muß besonders sorgfältig gearbeitet werden, wie ja überhaupt *alle Schweißarbeiten an Dampfkesseln nur von geprüften Kesselschweißern ausgeführt* werden dürfen. Der Luftspalt in der Nut sollte mindestens 2 mm betragen. Man schweißt dann zuerst die mit 1 bezeichnete Naht, läßt erkalten, dann die Naht 2 und nach Erkalten derselben die Naht 3. Mit Rücksicht auf die zurückbleibenden Spannungen wäre es besser, die Richtung der Nähte 2 und 3 umgekehrt zu wählen. An und für sich ist dies technisch auch möglich, d. h. eine Naht von oben nach unten zu schweißen, falls man die für die Herstellung solcher Nähte geeigneten Elektroden hat. Erfahrungsgemäß erreicht man aber mit der hier vorgeschlagenen Schweißfolge bei den meisten Elektrodenarten ein besseres Durchschweißen der Wurzel. Bei größeren Längen der Nähte 2 und 3 (Bild 5) — größer als 200 mm Länge — schweißt man absatzweise, und zwar in der Reihenfolge a, b, c. Ist die Nahtrückseite zugänglich, so kann man bei allen für Kesselschweißungen überhaupt geeigneten Elektroden auch die andere Richtung wählen, die Wurzel auskreuzen und diese dann nachschweißen. Die Frage nach der Methodik der Ausführung solcher Arbeiten ist umstritten. Bei Werkstoffdicken von s ≧ 10 mm wird die Lichtbogenschweißung mit ummantelten Elektroden anderen Verfahren unbedingt vorzuziehen sein.

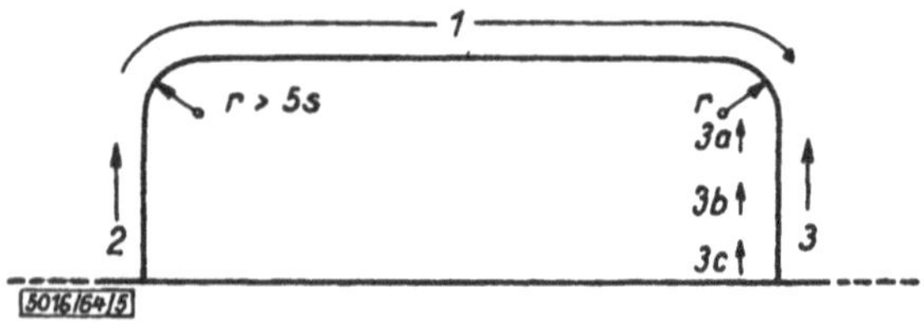

Bild 5. Bis zur Außenkante durchgehender Flicken bei Wasserkammern von Feuerbuchsen.
(Schweißfolge: 1, 2, 3 a, 3 b und 3 c. Flickenrundung r > 5 · Blechdicke s.)

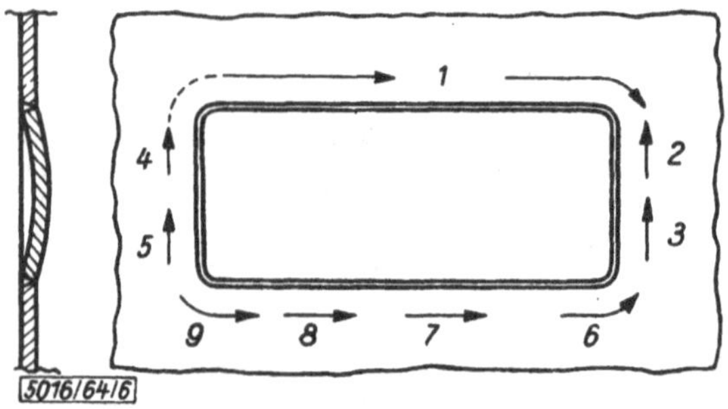

Bild 6. Schweißfolge bei Flicken in der Wand: 1, 2, 3, 4, 5, 6, 7, 8 und 9.

Liegt der Flicken *in* der vollen Wand, so gelten die gleichen Überlegungen wie für das vorhergehende Beispiel. *Um möglichst geringe Spannungen zu bekommen, wird man den Flicken nach innen durchwölben.* Die Reihenfolge der Schweißnähte wählt man dann gemäß dem Bild 6. Die Nahtabschnitte 2 und 3 werden erst *nach* dem Erkalten von 1, die Nähte 4 und 5 nach dem Erkalten von 2 und 3 und die Nahtabschnitte 6, 7, 8 und 9 nach dem Erkalten von 4 und 5 ausgeführt. Das Heften der Flicken sollte man vermeiden, da dadurch unnötige Spannungen hervorgerufen werden können und außerdem beim Überschweißen der Heftstellen leicht „schlechte Stellen" in der

Naht entstehen. Man kann die richtige Lage der Flicken durch aufgeheftete dünne Bandeisen oder durch Schrauben geringer Dicke sichern. Muß man jedoch heften, so führt man nur „leichte" Heftstellen aus, die beim Erkalten und Schrumpfen der gegenüberliegenden Naht aufreißen. Der Heftraupenauftrag wird *vor* dem Schweißen der eigentlichen Naht entfernt. Eine nachträgliche Durchrichtung des anfangs gewölbten Flickens, falls die Durchwölbung zu stark war, ist nicht erforderlich. Wird die Wölbung von dem inneren Überdruck flach, d. h. der Flicken durchgedrückt, so ist dies für die Verringerung der restlichen Spannungen nur günstig.

Für das *Zuschweißen von Rissen* liegen die Verhältnisse verschieden. Ist in einer Rohrwand zwischen zwei Bohrungen ein Steg R gerissen, so kann man die beiden Bohrungen durch einseitig abgeflachte Konusse 1 und 2, wie in das Bild 7 eingezeichnet, auftreiben, um den Riß etwas zu erweitern. Nach der entsprechenden Nahtvorbereitung wird man den Riß elektrisch verschweißen. Sind übermäßig viele Stegrisse vorhanden, so sollte man die Rohrwand auswechseln.

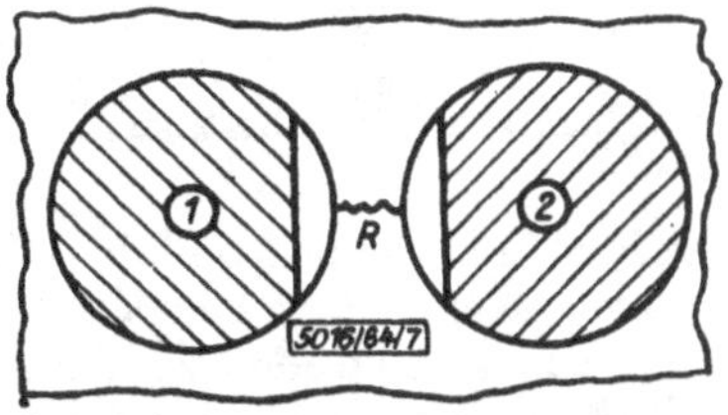

Bild 7. Auftreiben eines Stegrisses durch abgeflachte Konusse (1 u. 2 schraffiert).

Eine besondere Ausbesserungsart ist die *Beseitigung von Krempenanbrüchen und Krempenrissen bei Stirnwänden.* Nach neueren Erfahrungen ist die Entfernung von Nieten aus spannungstechnischen Gründen nicht notwendig. Ebenso entfällt das Abbohren der Risse. Die Anbrüche werden mit dem Fugenhobler in Länge, Breite und Tiefe einwandfrei erfaßt und ausgehobelt. Bei dem Auskreuzen der Risse besteht die Gefahr, daß diese nicht restlos erfaßt werden.

Die Gasschweißung eignet sich nach *Wuttke* besonders gut. Das Arbeiten mit zwei Brennern wird bei größeren Werkstoffdicken empfohlen. Der Zusatzwerkstoff wird lagenweise aufgetragen und in schweißwarmem Zustand mit einem Puddel- oder Ballhammer gehämmert.

Bei *Feuerbuchswänden* muß man die umliegenden Stehbolzen *vor* dem Schweißen herausnehmen, um das „Arbeiten" des Werkstoffes durch die Erwärmung und Abkühlung nicht zu erschweren. Geht ein Riß bis zu einer Außenkante hindurch, so bohrt man das Ende ab und verschweißt den Riß von innen nach außen gehend. Zu beachten ist dabei, daß nach *Wuttke* die Risse innen oft weiter laufen, als es äußerlich erkennbar ist. Endet ein Riß *im* Grundwerkstoff, so werden beide Enden abgebohrt (bis $s \leqq 10$ mm Blechdicke wählt man $d = 6$ mm Bohrerdurchmesser, für $s \geqq 10$ mm $d = 10$ mm) und nach entsprechender Ausarbeitung der Schweißfuge, von der Mitte aus beginnend, nach beiden Seiten zugeschweißt. Man führt die Ausarbeitung der Schweißfuge über die Bohrung hinaus etwa 20 bis 30 mm weiter und läßt diese allmählich auslaufen. Als Schweißverfahren kommt hier in erster Linie die Gasschmelzschweißung in Frage. Dabei wird immer nur ein sehr kurzer Abschnitt von etwa 50 mm geschweißt, dann die ganze Nahtstrecke noch einmal auf Rotglut erwärmt und gut gehämmert. Wird jedoch bei dem Hämmern keine genügend starke Verformung des Werkstoffes erzielt, so entsteht leicht Grobkornbildung und außerdem kein genügender Abbau der Spannungen. Ist die Werkstoffdicke $s \geqq 16$ mm, so sind die mit dieser Methode zu erzielenden Ergebnisse nicht mehr immer befriedigend. Die elektrische Schweißung ist dann geeigneter. Lichtbogennähte kann man jedoch nicht ohne weiteres hämmern und verformen, weil die Werkstücktemperatur hierzu nicht ausreicht. Hält man das Hämmern mit Rücksicht auf Spannungen für notwendig, so erwärmt man entweder *nach* Fertigstellung eines kurzen Abschnitts das zu hämmernde Stück mit dem Brenner auf Rotglut, oder das Werkstück kühlt zunächst ab und wird dann erst gehämmert. Bei dem Kalthämmern stemmt man mit einem vorn rund geschliffenen Meißel in der Mitte der Naht eine Nut ein, die dann beim Schweißen der nächsten Lage wieder zugeschweißt wird (Bild 8).

Besonders unangenehm haben sich hinsichtlich Instandsetzungsschweißungen *Nietlochrisse* erwiesen. Sie sind immer ein Zeichen dafür, daß der Grundwerkstoff reckalterte. Sind die Nietlochrisse in größerem Umfang vorhanden, so ist es am zweckmäßigsten, das betroffene Wandungsgebiet herauszubrennen und einen halbmond-

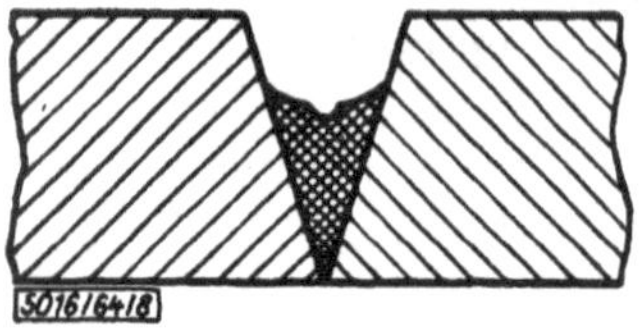

Bild 8. Einstemmen einer Nut mittels abgerundeten Meißels zwecks Abbaues der Spannungen vor dem Legen der zweiten Lage, ausgeführt bei Raumtemperatur. Schematisch, die planparallele Wurzelkante wurde mit $^1/_5$ · Blechdicke nicht eingezeichnet. (Siehe auch *Küntscher*, S. 1076.)

förmigen Flicken (siehe Bild 4, S. 1055) einzusetzen. Sind diese Risse nur einzeln aufgetreten, so kann man den Niet herausschlagen, die Risse auskreuzen und diese mit ummantelten Elektroden verschweißen. Ist die Rückseite der Naht zugänglich, so empfiehlt sich ein Nachschweißen der Wurzel, so wie es vorher bei Rissen, die bis zu einer Außenkante durchgehen, beschrieben wurde. Auch das Auftreiben des Nietloches durch einen abgeflachten Konus (Bild 7, S. 1057) oder einen Keil wird zur Verminderung der Spannungen empfohlen. Nach Fertigstellung der Schweißung und Nacharbeiten des Nietloches wird ein neuer Niet eingezogen.

Sind *bei Wasserrohrkesseln Beschädigungen der Rohre* aufgetreten, so wird man die schadhaften Rohre, wenn irgend möglich, auswechseln. Dies geschieht schon deshalb, da die aufgerissenen Stellen aus Raumgründen meist gar nicht zugänglich sind. Ist die Stelle jedoch zugänglich, so kann man diese wie jeden anderen Riß verschweißen. Manchmal kann man die Zugänglichkeit dadurch erzielen, daß man auf der dem Riß gegenüberliegenden Seite aus dem Rohr ein Stück ausbrennt, an das man vorher ein Stück Schweißdraht angeheftet hat, den Riß von innen verschweißt und die Kappe wieder einsetzt (Benennung: „Fensterschweißung").

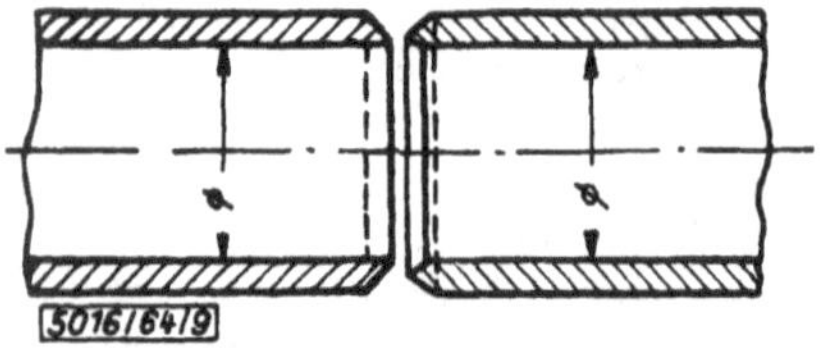

Bild 9. Nahtvorbereitung einer Rohrstoßstelle. (Bem.: Es ist auf „gut mittige" Lage zu achten!)

Auch das *Einsetzen eines neuen Rohrstückes* ist manchmal möglich. Dabei ist auf sorgfältigste Vorbereitung zu achten und das neue Stück vor allem „gut mittig sitzend" auszurichten. Die zweckmäßige Vorbereitung der Schweißnaht zeigt das Bild 9. Als Schweißverfahren wählt man hier zweckmäßigerweise die Gasschmelzschweißung. Dabei muß man sich unter Umständen ein für den Sonderfall extra gebogenes Brennerrohr herstellen. Zur Beobachtung der Schweißung auf der Nahtrück-, d. h. Rohrinnenseite, bedient man sich eines Spiegels. Stücke blankpolierten, rostfreien Stahlblechs als Spiegel haben sich hierfür bewährt. Um ein Durchlaufen von Schweißwerkstoff *in* das Rohrinnere und damit eine Verringerung des lichten Querschnittes zu verhüten, ist empfohlen worden, einen gut passenden, dünnen Porzellanring oder einen solchen aus ähnlicher, möglichst selbst knetbarer Masse unter die Schweißfuge zu schieben. Dieser wird nach Fertigstellung der Schweißung zerschlagen und in einzelnen Stücken aus dem Rohr entfernt. Bei hochbeanspruchten Rohren z. B. empfiehlt *Küntscher*, *vor* der Zurichtung zum Schweißen aus beiden Rohren Quetsch- oder Aufdornringe zu entnehmen, damit solche Rohrabschnitte, die eine ordnungsgemäße Verschweißung erschweren und später chemisch oder mechanisch zu Zerstörungen führen würden, *rechtzeitig* erkannt werden können.

Viele *Kessel*, hauptsächlich solche, die in der chemischen Industrie verwendet werden, vor allem neuere Ausführungen, sind aus Sonderwerkstoffen gefertigt (Izett-Werkstoff, siehe hierzu bei *Erdmann-Jesnitzer* u. *Küntscher*, S. 795 ff. u. a. 812), die eine bessere Laugen- und Alterungsbeständigkeit aufweisen. Andere Kessel sind aus Reduktions-Mangan-Silizium-, Kupfer-Nickel- oder Molybdänstahl hergestellt, zum Teil auch dabei noch mit Legierungszusätzen von Chrom, Aluminium oder mehreren dieser und weiterer Legierungselemente, die z. B. eine größere Dauerstand- oder Warmfestigkeit bewirken. Schweißtechnische Instandsetzungsarbeiten an diesen Stählen werden in der gleichen Weise durchgeführt wie für einfache Kesselwerkstoffe. Man muß dafür selbstverständlich den geeigneten Zusatzwerkstoff verwenden und die in den einzelnen Buchbeiträgen (siehe *Eisenkolb*, S. 37 ff.; *Mantel*, S. 3 ff.; *Hoch*, S. 135 ff.; *Erdmann-Jesnitzer* u. *Küntscher*, S. 795 ff. und an anderen Stellen des Buches) für die Schweißbarkeit dieser Stähle erörterten Maßnahmen beachten (z. B. Vorwärmen, Glühen, Nachwärmen, Schweißnahtfolge, geeignete Wahl des Zusatzwerkstoffes, s. hierzu auch bei *Zeyen*, S. 298 ff.).

Muß man *Kessel* schweißen, die *verzinkt, verbleit* oder *verkupfert* sind, so sind besondere Maßnahmen zu beachten. Das Zink verdampft neben den Schweißnähten ebenso wie das Blei. Die entstehenden Metalloxyddämpfe sind giftig. Man muß also die Schweißer vor den Einwirkungen dieser Giftstoffe schützen. Das Zink geht im Gegensatz zum Blei mit dem Eisen Verbindungen (siehe auch Feuerverzinken bei *Rädecker*, S. 819) ein, die die Schweißnähte sehr spröde machen. Es ist daher empfehlenswert, diese metallischen Schutzüberzüge vorher so weit zu entfernen, wie der Einfluß der Schweißhitze reicht. Nach Fertigstellung der Schweißung muß man diese Schutzüberzüge wieder aufbringen. Meist genügt hierfür das Aufspritzen (siehe Beitrag *Metallspritzen*, Anhang). Kupfer, das in die Schweißnaht gelangt, kann zu der bekannten Lötrissigkeit führen (siehe hierzu *Lüder*, Anhang).

Besonders sorgfältig muß das Zinn entfernt werden, weil es nicht gelingt, eine einwandfreie Bindung der Schweiße zu erzielen, falls Zinn in das Schmelzbad gelangt ist.

Bei der Reparatur von Kesseln mit kupfer- oder aluminiumplattierten Werkstoffen sind die bei der Behandlung des Schweißens dieser Verbundwerkstoffe gegebenen Richtlinien zu beachten (siehe *Hase*, S. 742 ff.). Kupferne Feuerbuchswände werden, wenn möglich, gleichzeitig mit zwei Schweißern — von jeder Seite einer — in stehender Lage geschweißt (siehe auch *Stiehler*, Teil II).

Zu den interessantesten, aber auch schwierigsten Arbeiten gehört ja die schweißtechnische *Instandsetzung kupferner Feuerbuchsen*. Wegen der unterschiedlichen physikalischen Eigenschaften des Kupfers, verglichen mit denen der Stähle, vor allem der größeren Ausdehnung und Wärmeleitfähigkeit des Kupfers, kann man methodisch nicht einfach so wie bei Stahl vorgehen, wenn auch manche gleichartige Überlegungen, für beide Werkstoffe geltend, anzustellen sind. Es handelt sich bei den Feuerbuchsen immer um erhebliche Wanddicken (Seitenwände meist 16 mm, Rohrwände 25 mm und dicker), für die eine Kupferschweißung als solche schon schwierig ist. Die häufigsten Fehler sind Stegrisse an Siederohr- und Rauchrohrwänden, Nietlochrisse, abgezehrte Stemmkanten und Krempenrisse. Auch Flicken müssen öfters eingesetzt werden. Nach anfänglichen Bedenken (in manchen Ländern ist das Schweißen von kupfernen Feuerbuchsen sogar noch verboten) haben sich die deutschen „Reichsbahnausbesserungswerke" sowie einige Privatfirmen auf diese Arbeiten spezialisiert. Diese Schweißungen haben sich sowohl für Instandsetzungsschweißungen genieteter

Feuerbuchsen als auch für die Feuerbuchsen-Neuanfertigung durchaus bewährt. Beim Verschweißen von Stegrissen zwischen den Heizrohren ist es zweckmäßig, die Löcher mit zu verschweißen, und zwar wird man immer die am weitesten unten und an der Seite liegenden Risse zuerst schweißen. Wie es in dem Schemabild angedeutet ist, schweißt man zuerst die beiden Löcher 1 und 2 voll (Bild 10 a), am besten durch Einsetzen eines linsenförmigen Körpers (Bild 10 b).

Man heftet zunächst an die Linse (Bild 10 b) einen Draht an, bringt diese in die richtige Lage, nachdem vorher die Rohrwand örtlich auf Rotglut vorgewärmt ist, und heftet an einer Stelle fest. Dann entfernt man den Draht und kann nun das Loch vollschweißen. Dabei muß achtgegeben werden, daß die Linse nicht zu warm wird. Sofort nach Fertigstellung wird die Schweißstelle von beiden Seiten gut mit kurzen, nicht zu harten Schlägen eines Hammers mit kugelförmiger Finne gehämmert. Zum Schluß wird mit einem Hammer glatter Finne zum Glätten der Oberfläche der Schweißnaht gehämmert. Dabei muß man beachten, daß Kupfer im Temperaturgebiet von 450 bis 600° C geringe Kerbzähigkeit aufweist und daß ferner die Festigkeit mit zunehmender Temperatur stark abnimmt. Wenn man also beim Hämmern nicht neue Risse in die Schweißstelle bringen will, muß man unterhalb 450° C oder oberhalb 600° C arbeiten. Anschließend an die Löcher 1 und 2 wird dann der Riß 3 (Bild 10 a) geschweißt, dann das Loch 4 und zum Schluß der Riß 5. Jede Schweißung muß sofort nach Beendigung der Schweißarbeit kräftig gehämmert werden. Die Verwendung eines Schweißpulvers ist erforderlich. Als Zusatzwerkstoff haben sich am besten legierte Drähte bewährt („Canzlerdraht" und „Unisco-Kupferdraht") *).

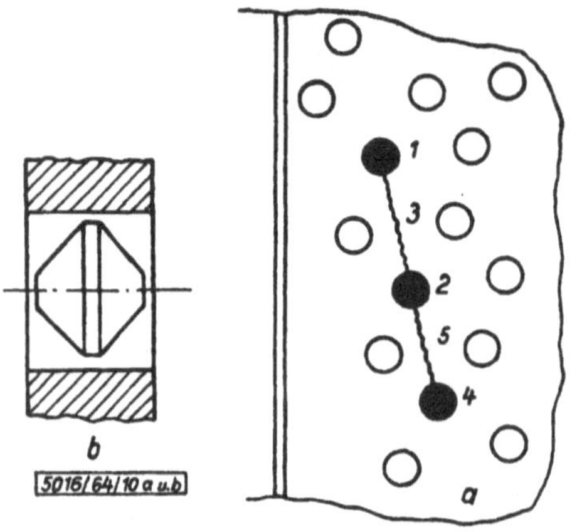

Bild 10 a. Risse zwischen Rauchrohren. (Schweißfolge: Löcher 1 und 2 vollschweißen.)

Bild 10 b. Linsenförmiges Einlagestück für die Löcher 1 und 2 des Bildes 10 a.

Bei *Rissen zwischen zwei Rauchrohren*, die ja wesentlich größer im Durchmesser sind, wird man die Löcher nicht zuschweißen. Liegen diese Risse in einer ununterbrochenen Reihe, so wird man den mittelsten Riß zuerst schweißen und dann immer abwechselnd nach jeder Seite einen der weiteren Risse bis zum Rande. Es sei an dieser Stelle noch einmal ausdrücklich darauf hingewiesen, daß bei der Ausführung dieser Arbeiten immer zwei Schweißer gleichzeitig — auf jeder Seite der Rohrwand je einer — schweißen müssen und daß die Schweißflamme von jeder Seite aus örtlich an dieselbe Stelle der Nahtfuge gehalten werden muß. Beim Hämmern hält einer der Schweißer den Vorschlaghammer gegen die Schweißstelle, während der andere mit einem Kugelhammer schlägt (siehe *Stiehler*, Teil II). Nach etwa 10 Sekunden Hämmerdauer muß der erste hämmern, während der zweite gegenhält.

Beim Verschweißen von *Nietloch- und Stehbolzenlochrissen* müssen vorher die danebenliegenden Niete bzw. Stehbolzen entfernt werden, damit die Ausdehnung des Kupfers nicht allzusehr behindert wird. Meist genügt es, wenn man in einem Umkreis von etwa 150 bis 175 mm Radius die Schweißstelle von Nieten oder Stehbolzen frei

*) Z. B. „Canzlerdraht" der Fa. Canzler, Düren (Rheinland).

macht. Daraufhin werden dann die Risse zur Schweißung in V-Naht-Form ausgearbeitet (Bild 11). — Es ist unsachgemäß, die Schweißfuge in einer scharfen Spitze auslaufen zu lassen, weil dadurch der Werkstoff zu leicht verbrennt und dann zuviel Schweißgut durchläuft, wenn man den Grund der Nut gut verschweißen will. Um das unbedingt erforderliche Hämmern der Schweißnaht durchführen zu können, muß man die Rückseite durch ein dagegengekeiltes, dickes Eisenstück absteifen. Zwischen das Eisen und die Kupferwand legt man ein Stück Asbest, das vorher zwecks Entfernung jeder Feuchtigkeit mit dem Brenner erhitzt und so getrocknet worden ist. Beim Schweißen solcher Risse von einer Seite beult sich die Wand nach dem Schweißer zu durch. Das ist günstig, weil dadurch die Fuge erweitert wird und man mehr Schweißgut einbringen kann. Außerdem können dann durch das Hämmern die Schrumpfspannungen sicherer herausgebracht werden. Ist die Schweißstelle von beiden Seiten zugänglich, so wird man auch bei diesen Arbeiten gleichzeitig mit zwei Schweißern von beiden Seiten schweißen (siehe *Stiehler*, Teil II), andernfalls muß ein zweiter Hilfsschweißer möglichst von der Gegenseite vorwärmen. Für das Dichtschweißen von solchen Stehbolzen (auch für kurze Risse), die nur von einer Seite zugänglich sind, kann man auch das Lichtbogenschweißen mit der Schlauchelektrode, die *Lessel* entwickelte, anwenden. Da die elektrisch geschweißten Nähte von sich aus bereits eine größere Festigkeit aufweisen, ist bei diesen das Hämmern *nicht* erforderlich.

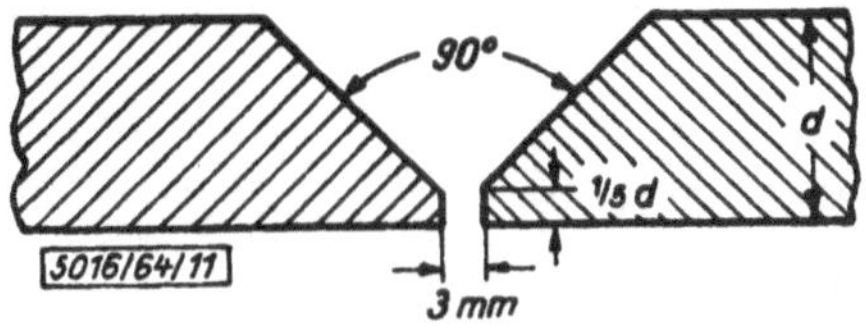

Bild 11. Nahtfuge für das Verschweißen von Nietloch- und Stehbolzenlochrissen.

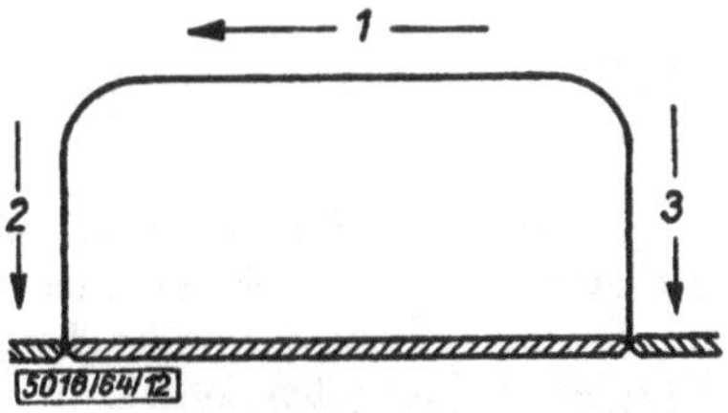

Bild 12. Flickenanordnung und Schweißfolge, um Wärmeausdehnung und Schrumpfung geringer zu halten als bei *in* die Wandung eingesetztem Flicken.

Beim *Auftragen von abgezehrten Stemmkanten* empfiehlt es sich, nach Entfernung der Nieten, Stehbolzen oder Rohre die alte Kante in dem zur Schweißdurchführung erforderlichen Umfang mit dem Brenner auszuglühen und durch kaltes Wasser abzuschrecken. Daraufhin wird eine Strecke von 100 bis 120 mm aufgetragen und stark gehämmert, ehe man zum Schweißen des nächsten Abschnitts übergeht. Beim Verschweißen von Rissen wird man, wenn der Kessel abgehoben werden kann, versuchen, den Riß in die für die Durchführung der Schweißung günstigste Lage zu bringen. Für einseitige Schweißung ist dies die waagerechte, für doppelseitige die senkrechte Lage. Ist eine günstige Schweißnahtlage nicht zu ermöglichen, so kann auch in jeder anderen Lage, falls unbedingt erforderlich sogar auch Überkopf, geschweißt werden, was jedoch wesentlich schwieriger durchzuführen ist. Die Ausführung der Arbeiten erfolgt so, wie es bereits beschrieben wurde (Vorwärmen, Auftragen der Schweißpaste und Ausfüllen der Naht je etwa 100 bis 120 mm, dann Hämmern). Es wird immer die ganze Nut vollgeschweißt. Schweißungen in mehreren Lagen führen fast immer zum Aufreißen der Naht. Beim Senkrechtschweißen wird immer von unten nach oben geschweißt.

Muß man *Flicken einsetzen*, so ordnet man diese, falls es zu ermöglichen ist, derart an, daß nur drei der Seiten des Flickens zu schweißen sind, da es der großen Wärmeausdehnung und der sich daraus ergebenden Schrumpfung wegen sehr schwierig ist, Flicken einzusetzen, bei denen alle vier Seiten verschweißt werden müssen (Bild 17).

Bei dem *abgebogenen Flicken* (Bild 12 u. 13) wird der Spalt der Schweißfuge für die Nähte 1 und 2 etwa 3 mm breit, für die Naht 3 etwa 7 mm breit ausgeführt. Man schweißt dann, in der abgerundeten Ecke beginnend, erst die Naht 1 in der zu 1 angegebenen Pfeilrichtung, jedoch immer nur etwa 100 mm, daraufhin wird gehämmert und so dann nach dem Erkalten dieser Verbindung die Naht 2 in der gleichen Weise. Zum Schluß folgt die Ausführung der Naht 3 (Bild 12).

Bild 13. Abgebogener Flicken (siehe hierzu Text).

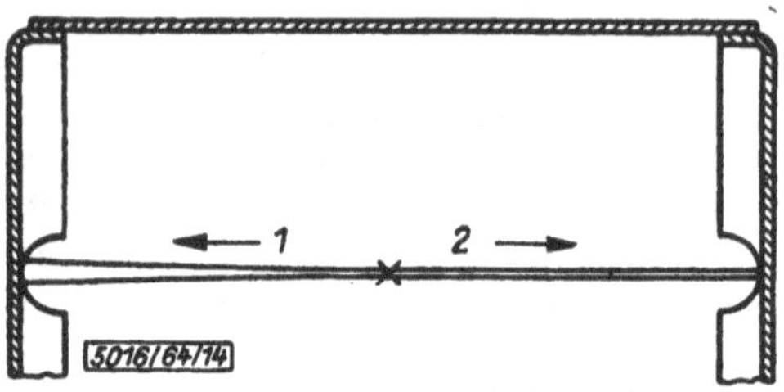

Bild 14. Vorgeschuhte Wand mit herausgearbeiteten halbkreisförmigen Stücken, um die ganze Nahtlänge zugänglich zu machen.

Sind die Schäden zu groß, so ist es meist besser, eine Wand ganz vorzuschuhen. Zu diesem Zweck bearbeitet man die Kanten in der Weise, daß von der Mitte aus nach der einen Seite etwa eine durchlaufende Fuge von 3 mm Breite entsteht. Nach der gegenüberliegenden Seite muß der Spalt sich von 3 auf etwa 11 mm, gerechnet für 1000 mm Nahtlänge, erweitern. Aus dem Umbug werden halbkreisförmige Stücke ausgearbeitet, um die Naht auf ihrer ganzen Länge zugänglich zu machen (Bild 14).

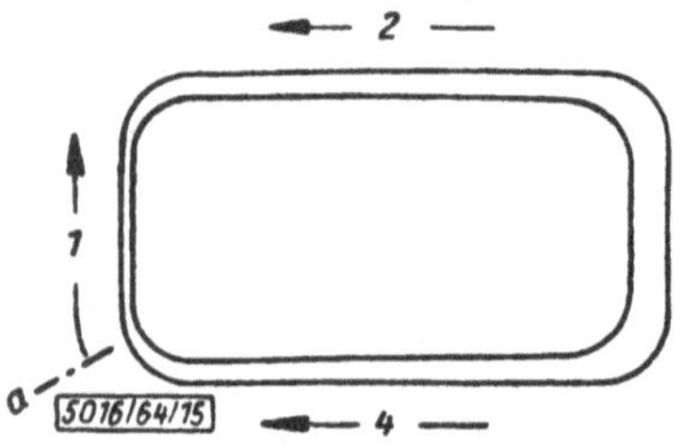

Bild 15. Allseitig eingepaßter Flicken mit unterschiedlicher Spaltbreite.

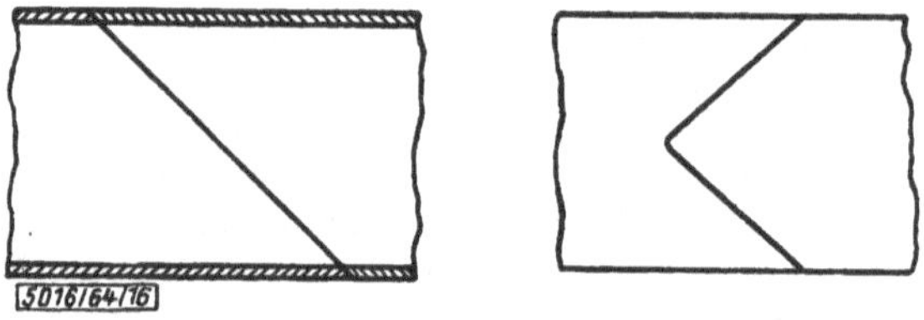

Bild 16. Ausbildung der Stoßstelle für Stumpfstoßnähte von Gestellen, Längs- und Querträgern sowie Aufbauten.

Man schweißt dann von der Mitte aus zuerst nach der einen Seite, an der der erweiterte Spalt liegt, und zwar abschnittsweise bis zum Ende der Naht, und daraufhin weiter, wieder von der Mitte beginnend, nach der anderen Seite. Nach dem Erkalten und nach gründlichem Hämmern setzt man die halbkreisförmigen Stücke ein. Infolge ihrer Form bilden sich für diese keine erheblichen Spannungen aus.

Ist es jedoch unumgänglich, einen allseitig begrenzten Flicken einzuschweißen, so paßt man diesen so ein, daß der Spalt in der Schweißfuge an der einen Seite 3 mm und an den drei anderen Seiten etwa 8 mm beträgt. Zuerst wird dann die Seite, bei der der Spalt am engsten ist, von der abgerundeten Ecke aus bei a in Bild 15 beginnend, in der üblichen Weise in Pfeilrichtung 1 geschweißt, darauf 2, 3 und 4. Bei den Nähten 3 und 4 darf man die einzelnen Abschnitte nicht länger als etwa 50 mm machen, um der Gefahr des Reißens zu begegnen. Die Abrundungen der Flicken sollen mit einem großen Radius r ($r > 5 \cdot s$; s = Blechdicke) ausgeführt werden. Auf die Wichtigkeit der Wahl der richtigen Flammengröße sei abschließend noch besonders hingewiesen, da hiervon das Gelingen der Schweißung erheblich abhängt. *Horn* gibt an: „Der notwendige Azetylenverbrauch beträgt 100 Liter stündlich pro 1 mm Kupferblechdicke. Dabei ist vorausgesetzt, daß bei Blechdicken über 5 mm ein zweiter Brenner die Vorwärmung des Werkstückes übernimmt, und ferner, daß als Zusatzmaterial ein legierter Sonderdraht (nicht Elektrolytkupferdraht) verwendet wird. —

Im *Fahrzeug- und Maschinenbau* haben wir kaum ruhende Belastungen, sondern wechselnde, d. h. also dynamische, die durch die im Betriebe unvermeidlichen Erschütterungen und Schwingungen die mechanischen Beanspruchungen der Werkstücke ungünstig beeinflussen. Daher muß bei schweißtechnischen Instandsetzungsarbeiten besonders die Vermeidung zusätzlicher Spannungen und ungünstiger Werkstoffbeeinflussungen beachtet werden. *Die von genieteten Konstruktionen übernommene Anordnung von Laschen als Verstärkung ist grundsätzlich abzulehnen, weil durch diese immer ein für die Haltbarkeit wenig geeigneter Kräftefluß hervorgerufen wird.* Die Gestaltfestigkeit spielt eine große Rolle. Wo es irgend möglich ist, werden deshalb nur Stumpfstöße, gegebenenfalls in besonderer Ausbildung, angewandt (Bild 16). Solche Ausführungen kommen besonders vor bei den durch Kriegseinwirkungen beschädigten *Gestellen, Längs- und Querträgern sowie den Aufbauten.* Auch bei diesen Teilen ist es, genau wie im Kesselbau, der Abmessungen wegen meist nicht möglich, die entstandenen Spannungen durch nachträgliches Glühen herabzusetzen. Bei nur örtlichen Glühungen muß besonders beachtet werden, daß nicht etwa erst dadurch zusätzliche Spannungen hervorgerufen werden. Auch die mechanische Alterung des Werkstoffes und die dadurch hervorgerufene Verminderung der Kerbzähigkeit spielt bei kaltverformten Teilen oder solchen aus Thomasstahl ungeeigneter chemischer Zusammensetzung eine große Rolle. Beim Einsetzen von Flicken, Verschweißen von Rissen und ähnlichen Arbeiten geht man genau so vor wie im Kesselbau. Des Aussehens wegen wird man hier Flicken, die im durchgebördelten Zustand eingesetzt sind und die sich beim Einschweißen nicht geradegezogen haben, in die Wandungsebene zurückrichten müssen. Da es sich im Fahrzeugbau meist um geringe Werkstoffdicken handelt, wird die Gasschmelzschweißung häufiger angewendet werden können. Bei kleineren Durchschüssen sollte man überlegen, ob es überhaupt nötig ist, diese zuzuschweißen, oder ob es nicht genügt, die Kanten zur Beseitigung von Kerben zu bearbeiten. Man bringt dann keine unnötigen Spannungen in das Werkstück.

Eine besondere Behandlung erfordern *gebrochene oder beschädigte Wellen und Achsen.* Sie werden fast immer aus einem Werkstoff höherer Festigkeit, also mit größerem Kohlenstoffgehalt oder anderen Legierungsbestandteilen, gefertigt sein. Die Feststellung der chemischen Zusammensetzung des vorliegenden Werkstoffes ist für die Wahl des Zusatzwerkstoffes, unter Umständen auch für die des anzuwendenden Verfahrens, besonders wichtig. Abgebrochene Zapfen oder Konusse wird man am besten unter Anwendung der Abbrennschweißung ersetzen, indem man ein nicht bearbeitetes Stück stumpf anschweißt und es dann erst bearbeitet. Das Abbrennverfahren ist für alle bei diesen Werkstücken vorkommende Stähle geeignet. Es gibt bei sachgemäßer Ausführung unbedingt zuverlässige Schweißverbindungen. Stehen Maschinen für die Durchführung dieses Verfahrens nicht zur Verfügung, so arbeitet man die Bruchstelle meißelartig aus, läßt aber zunächst, um das genaue Ausrichten der beiden Enden zu erleichtern, einen etwa 2 bis 3 mm breiten Streifen des Bruches stehen. Dann wird die Welle genau ausgerichtet, gegebenenfalls in Prismenstücke gelegt, oder durch Anspannen (nicht Anschweißen!) von Winkeleisenversteifungen festgehalten und etwa ein Fünftel bis ein Drittel, je nach dem Durchmesser der Welle, auf einer Seite vollgeschweißt. Für Wellen d > 50 mm Durchmesser wird dies *elektrisch*, für d < 50 mm Durchmesser autogen durchgeführt, und zwar stehend, so daß die Schweißung nicht in der Wannenlage, sondern senkrecht ausgeführt wird. Nach dem Erkalten wird von der gegenüberliegenden Seite aus der Nutgrund und jeder Rest des alten Bruches ausgearbeitet und von dieser Seite aus ein Drittel bis zwei Drittel vollgeschweißt. Man schweißt dann weiter die erste Seite und abwechselnd die zweite so lange, bis die Welle fertig ist. Wenn man während des Schweißens öfter kontrolliert, um wieviel sich die Welle verzogen hat, und dementsprechend die Seiten beim Schweißen wechselt, gelingt es bei einiger Erfahrung, den Verzug der fertig geschweißten Wellen geringer als 0,1 mm zu halten. Wellen mit einem Gehalt an Kupfer ≧ 0,35% Cu und solche aus legierten Stählen sollte man nach dem Schweißen durch Nachglühen wärmebehandeln. Dabei muß man, um ein Verzundern der fertig bearbeiteten Stellen zu verhüten, unter 500° C — Glühtemperatur (siehe *Erdmann-Jesnitzer* u. *Küntscher*, S. 802 ff.) bleiben und für eine reduzierende Glühatmosphäre Sorge tragen.

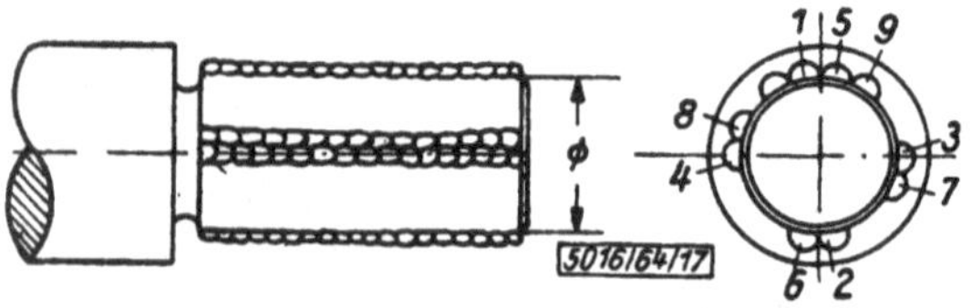

Bild 17. Tangentiale Auftragschweißung eines abgenutzten Wellenzapfens. (Schweißfolge: 1, 2, 3, 4, 5, 6, 7, 8 und 9.) Spiralförmig-radiale Auftragsraupen vermeiden, da Kerbgefahr!

Bei elektrisch beheizten Öfen reicht es meist aus, wenn man hierfür ein größeres Gefäß mit Holzkohle in den Glühraum mit einsetzt. Die bearbeiteten Stellen kann man durch einen Überzug aus Lehm (oder einem Gemisch aus Schlämmkreide und Wasserglas, das aufgestrichen und vorher getrocknet wird, gegebenenfalls an Stelle der Schlämmkreide auch Asbestfaser) oder ähnlichem schützen.

Abgenutzte Stellen kann man durch eine Auftragschweißung wiederherstellen. Es besteht dabei jedoch die Gefahr des Eintretens von Dauerbrüchen, weil die durch das spätere Schweißen hervorgerufenen Spannungen sich wie Kerben auswirken können. Bei Wechselbeanspruchungen muß man daher an den Enden der Auftragschweißung Entlastungsnuten einarbeiten oder eventuell die Wellen zwecks Herabsetzung der Spannungen vorwärmen und nachträglich glühen.

Um das Verziehen der Wellen zu verhüten, legt man die stets in Längsrichtung der Wellen verlaufenden Schweißraupen in der auf dem Bild 17 angegebenen Reihenfolge. Legt man etwa die Schweißraupen spiralförmig *in* die Umfangsrichtung, so treten leicht Querrisse in den Nähten auf. Die Kerbwirkung ist, da die Schrumpfung quer zur Naht größer ist und durch die Übergänge zwischen den einzelnen Nähten erhöht wird, wesentlich größer.

Bei größeren Wellen wird man mit zwei Schweißern gleichzeitig erst die Nähte 1 und 2, dann 3 und 4 (Bild 17) und so fort auftragschweißen. Handelt es sich um Festsitze für Kupplungen, Radnaben und ähnliches, kann man, da die Dicke des Auftrags in diesen Fällen meist sehr gering ist, auch einen Stahlüberzug aufspritzen (siehe *Klotz*, Anhang). Es ist dabei natürlich keine so gute Bindung Auftragsschicht—Grundwerkstoff zu erzielen wie beim Schweißen. Für die meisten Fälle reicht die Bindung aber aus. Will man das Metallspritzverfahren anwenden, so rauht man zunächst den Haftgrund dadurch auf, daß man die Stelle mit Stahlkies abstrahlt oder mit einem stumpfen Stahl ein ganz feines Gewinde eindrückt. Dann wird die Welle auf der Drehbank bei langsamen Umdrehungen auf etwa 300° C vorgewärmt und die Schicht aufgespritzt. Die Überzüge lassen sich bei sorgfältiger Arbeit leicht abdrehen und schleifen, so daß man durch mechanische Bearbeitung wieder glatte Oberflächen erhält. Für die Verstärkung von Laufflächen eignet sich dieses Arbeitsverfahren ebenfalls. *Erdmann-Jesnitzer* hat des öfteren darüber berichtet, daß es für eine Verbesserung der Bindung vorteilhaft ist, durch vorheriges elektrolytisches Beizen der zum Auftrags-Metallspritzen kommenden Oberflächen, z. B. ausgefahrene Kurbelwellenlaufflächen, eine „*Haftgrundaktivierung*" durchzuführen. Es handelt sich um eine neuere Arbeitsweise, für die der Verfasser in Deutschland noch keine Erfahrungen sammeln konnte. Zweifellos muß aber das Metallspritzen nach dem Beizen und Anwärmen (in reduzierender Atmosphäre auszuführen) *bald* geschehen, damit eine erneute Oxydation in nennenswertem Maße nicht eintritt. (Siehe betr. Metallspritzen auch bei *Klotz*, Anhang).

Bei *Kurbelwellen* hat man öfter Brüche dicht neben den Kröpfungen. Die Vorbereitung der Naht ist dann schon schwierig, weil man auf der Seite der Kurbelwange meist nur ganz kleine Winkel ausarbeiten kann. Man wählt dann den Winkel des Gegenstückes entsprechend größer, um den richtigen Öffnungswinkel zu erhalten, und wärmt des größeren Werkstückquerschnittes und der dadurch bedingten schnelleren Wärmeableitung wegen die anliegende Seite vor, um eine gute Bindung zu erreichen. Unter Umständen kann man auch das Profil für die Schweißfuge durch Auftragschweißung auf die Wange herstellen und von dem Kurbelzapfen entsprechenden Werkstoff abarbeiten.

Abgenutzte *Vielkupplungswellen* setzt man ebenfalls nach Art der Auftragschweißungen wieder instand. Sind die Wellen gehärtet, so ist ein vorheriges Ausglühen erforderlich. Eine Vorwärmung ist bei den hierfür in Frage kommenden Werkstoffen in jedem Fall empfehlenswert.

Bei allen diesen Schweißungen ist auf einen *sicheren Kontakt der Erdleitung* besonders zu achten, damit nicht kleine Lichtbögen zwischen dem Werkstück und dem Anschlußstück und dadurch Ausschuß entstehen. Ebenso darf man beim Ansetzen der Elektrode nicht neben der Naht den Lichtbogen ziehen. Das Festbrennen von Spritzern verhütet man durch Bestreichen des Werkstückes neben der Naht mit Kalkmilch. Alle die kleinen Anschmelzungen ergeben harte Stellen und leicht Veranlassung zu späteren Dauerbrüchen (s. *Schiebold* nächstfolgend an Instandsetzung). Die manchmal sehr unangenehme Blaswirkung des Lichtbogens, besonders in den Ecken, bekämpft man elektrisch durch die an anderer Stelle behandelten Maßnahmen, z. B. der Anschlußverlegung.

Bei *Zahnrädern* handelt es sich meist um den Ersatz einzelner ausgebrochener Zähne. Der geringste Verzug, und dieser ist ja für Zahnräder besonders wichtig, stellt sich ein, wenn man statt der ausgebrochenen Zähne Stiftschrauben einsetzt und dann nur diese miteinander und mit dem Zahnkranz verschweißt. Es kommt hierbei aber auf die Abmessungen an, d. h. ob das Einsetzen der Stiftschrauben überhaupt möglich ist. Wenn dies nicht möglich ist, füllt man die ganze Lücke mit Schweißgut aus und arbeitet die Zähne neu ein. Um ein einseitiges Verziehen zu vermeiden, wärmt man das ganze Zahnrad vor, auch wenn der Werkstoff dies an und für sich nicht erfordern würde. Die der Schweißstelle gegenüberliegende Stelle des Kranzes wird besonders hoch, d. h. bis auf Dunkelrotglut vorgewärmt. Spannungen und Verwerfungen bleiben dann gering. Sind *alle* Zähne so stark abgenutzt, daß das Rad nicht in Betrieb bleiben kann, so kann man zwar alle Zahnlücken voll schweißen, bei größeren Teilungen etwa ab $10 \cdot \pi$ auch nur auf den Zahnflanken Schweißgut auftragen. Dies ist aber eine sehr viel Arbeitszeit erfordernde Instandsetzung. Dabei muß man ebenso wie bei Auftragschweißungen auf Wellen immer erst eine oder einige Lücken schweißen und dann erst die unmittelbar gegenüberliegenden. Man versetzt dann um 90° und schweißt die dieser Stelle gegenüberliegenden und so fort über den ganzen Umfang. Ein Nachglühen nach Fertigstellung der Schweißung sichert die Maßhaltigkeit für die spätere Bearbeitung, während ohne dieses durch das Freiwerden der Schrumpfspannungen infolge Einfräsen der Zähne erheblicher Verzug eintreten kann.

Wenn es die Abmessungen des Zahnkranzes gestatten, ist es meist besser, wenn man das Rad entsprechend weit abdreht und eine Bandage aufzieht, die man durch eine Schweißnaht an der Seite der Bandage noch sichern kann (Bild 18).

Für das Aufschweißen der *Spurkränze von Radbandagen* sind besondere Automaten entwickelt worden. Gewisse Schwierigkeiten, die anfangs aufgetreten sind — Reißen der Bandagen — sind durch die Vorwärmung sowie durch Abdrehen der im Betrieb verfestigten Schicht der Spurkränze überwunden worden (Bild 19).

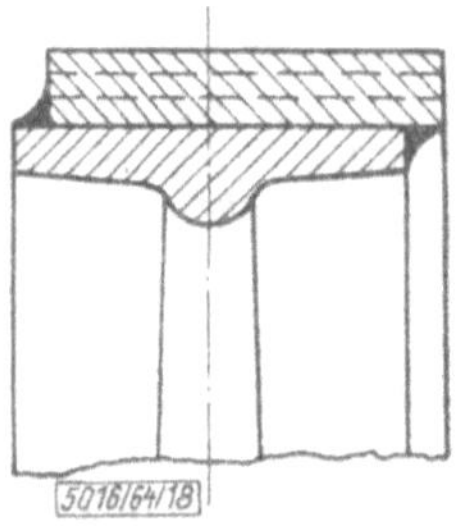

Bild 18. Aufgezogene und durch Schweißung beiderseitig gesicherte Zahnradbandage.

Bei den *Brecherrädern von Kohlenbrechern* brechen durch die vielen Fremdkörper, die im Kohlengut enthalten sind, oft einzelne Zähne aus, und andere werden so stark abgenutzt, daß die für den Kesselbetrieb erforderliche Feinheit der zerkleinerten Kohlen nicht mehr erreicht wird. Es handelte sich dabei meist um einen Stahlguß mit 0,41 % C und einer Festigkeit von $\sigma_B = 80$ kg/mm². Für die Auftragschweißung werden hoch manganhaltige, verschleißfeste, nackte Elektroden gewählt (Fabrikat: „Deutro 317"). Trotzdem diese Elektroden immer eine möglichst geringe Wärmemenge erfordern und daher mit sehr geringen Stromstärken (z. B. 90 Amp. für 4 mm Elektrodendicke) verschweißt werden, wurden die Radkränze oft vorgewärmt, weil die Flächen, auf denen die Zahnköpfe aufzubauen sind, sehr klein sind (35 × 40 mm). Anderenfalls ist die Bindung mit dem Grundwerkstoff nicht gut. Kann oder will man nicht vorwärmen, so muß man eine andere Elektrode verwenden (z. B. Sorte „Ea 500"), die man mit größeren Stromstärken verarbeiten kann.

Bei *Brecherplatten von Steinbrechern* treten bei Auftragschweißung der abgenutzten und durch den Betrieb verfestigten Flächen leicht Risse auf. Es hat sich in solchen Fällen als zweckmäßig erwiesen, zunächst eine Auftragschicht mit einer weicheren Elektrode (Sorte „Ea 150") aufzutragen und dann erst die eigentliche, verschleißfestere (Sorte „Ea 500") zu nehmen. Man kann für solche Auftragschweißungen auch die Gasschmelzschweißung anwenden, muß aber bei größeren Stücken meist vorwärmen, weil man sonst nicht die zum Schweißen nötige Temperatur erreicht. Auftragschweißungen auf *Baggereimer*, *Schläger* von *Schlagmühlen* usw. kann man mit der Lichtbogen-, der Gasschmelz- oder auch der Thermitschweißung ausführen. Ventilsitze und Ventilkegel müssen häufig mit einer Hartlegierung aufgetragen werden. Dabei ist mit Rücksicht auf das Grundmaterial eine hohe Vorwärmung (650 bis 900°) erforderlich. Mit der Gasschmelzschweißung sind in diesem Fall bessere Ergebnisse erzielt worden als mit der Lichtbogenschweißung (porenfreie Schweißungen).

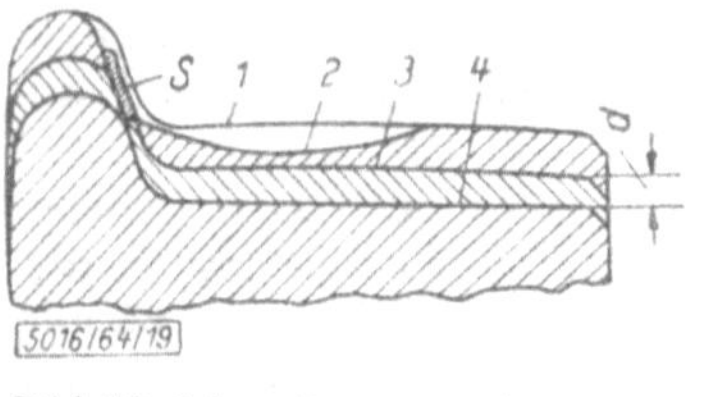

Bild 19. Schweißung eines abgenutzten Radreifens.

1 = Ursprüngliches Profil
2 = Abgenutztes Profil
3 = Nachgedrehtes Profil mit Schweißung
4 = Nachgedrehtes Profil ohne Schweißung
S = Schweißraupen

Brems- und Kupplungsscheiben von Motorfahrzeugen bekommen durch die bei der Reibung auftretende Erhitzung Oberflächenrisse, die bei weiterem Betrieb den Belag der Gegenhälfte sehr stark abnutzen. Es ist zweckmäßig, die oberste Schicht abzudrehen. Dabei verschwinden die meisten Risse. Einzelne noch verbleibende tiefer gehende Risse werden ausgekreuzt und nach Vorwärmung verschweißt. Dann wird auf die ganze Reibfläche eine Auftragschweißung mit einer geeigneten Elektrode (Sorte „Ga 250", nach DIN 1913) durchgeführt. Die Lage der Raupen zeigt das Bild 20.

Kontaktbacken eines großen Lichtbogenofens waren sehr stark angefressen. Es sollte die ganze Berührungsfläche durch Vorschweißen einer Flußstahlplatte instand gesetzt werden. Die infolge mangelhafter Berührung durch kleine Lichtbögen entstandenen Anfressungen waren aber durch Aufkohlung aus den Elektroden bei diesen wassergekühlten Backen so hart geworden, daß eine mechanische Bearbeitung zunächst unmöglich war. Da durch den höheren Kohlenstoffgehalt des Werkstoffes in der Umgebung der schadhaften Stellen der Schmelzpunkt verringert war, wurden diese Stellen zunächst mit einem Schweißbrenner ausgeschmolzen. Daraufhin ließ sich der übrige Werkstoff verhältnismäßig leicht abdrehen und die Flußeisenplatte in der üblichen Weise vorschweißen.

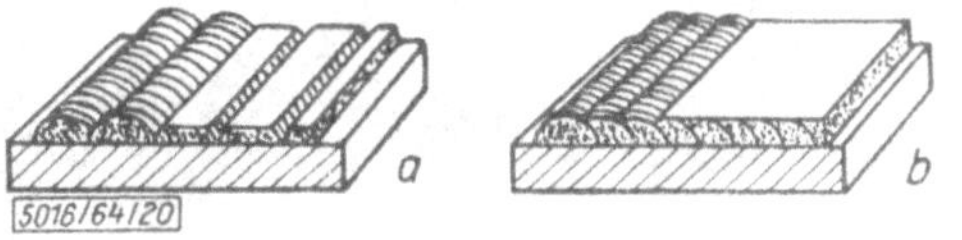

Bild 20. Auftragschweißung, nach *Hesse*.
a = falsch b = richtig (gilt selbstverständlich ebenso für Wellen, s. Bild 17, S. 1064)

Der größeren Leistung wegen werden in Gießereien manchmal größere *Lunker- oder Hohlräume* mit dem Kohlelichtbogen verschweißt. Bei höher beanspruchten Werkstücken sollte man dieses Verfahren, das in jedem Falle große verbleibende Schrumpfspannungen ergibt, nur dann anwenden, wenn man die Teile an die Schweißung anschließend spannungsfrei ausglühen kann.

Eine besondere Behandlung verdienen noch die *Motorteile aus Leichtmetallguß*. Die schweißtechnische Instandsetzung solcher Teile hat einen derartigen Umfang angenommen, daß auf diese Arbeiten etwas eingehender eingegangen werden muß.*)

Bild 21 a bis d. Getriebgehäuse eines Lastwagens.
21 a. Zum Schweißen vorbereitet.

Das Bild 21 a zeigt das gebrochene Getriebegehäuse eines Lastkraftwagens. Die Bruchränder sind auf dem Bild 21a bereits zum Schweißen vorbereitet. Der Grundwerkstoff war Silumin **), der sich auch ohne Schweißpulver mit Siluminstäben gut schweißen läßt. Als Schweißverfahren kommt hier bevorzugt eine Gasschmelzwarmschweißung in Frage. Vorgewärmt wurde für das Werkstück des Bildes 21 a auf 450 bis 500° C. Die Temperaturkontrolle — Fichtenholzstäbchen, Zucker oder Thermoecolorfarben oder -Farbstifte usw. — werden als bekannt vorausgesetzt. Um eine gleichmäßige Vorwärmtemperatur zu sichern, wurde das Gehäuse auf einen Schweißtisch aufgebaut, in einen provisorischen Ofen aus Schamotteplatten eingesetzt und in Holzkohle eingebettet (Bild 21 b). Vorher waren zur Festlegung der gegenseitigen Lage der beiden gebrochenen Teile entsprechende Heftstellen angebracht. Nach Erreichen der vorgeschriebenen Temperatur wurde immer nur *der* Teil des Gehäuses, der gerade geschweißt werden sollte, freigelegt, die Schweißung von unten beginnend durchgeführt und das geschweißte Stück wieder zugedeckt. Nach Fertigstellung der Schweißarbeiten wurde das Gehäuse noch einmal auf 450° C erwärmt und langsam

*) s. auch bei *F. Erdmann-Jesnitzer*, Buchteil II, Leichtmetallschweißung, Werkstoffangaben daselbst.
**) AlSi 13, d. h. Al-Legierung mit ~ 13% Si.

21b. In einem Ofen eingebaut und geheftet.

21c. Fertig geschweißt.

21 d. Fertig zum Einbau.

im *Ofen abgekühlt*. Das Bild 21 c zeigt das fertig geschweißte Gehäuse mit der noch nicht bearbeiteten Schweißnaht. In Bild 21 d ist der Ablieferungszustand festgehalten. Ein Nacharbeiten an den Paßflächen und den Rohranschlüssen war nicht erforderlich.

Im Fall des *Kupplungsgehäuses eines Lastkraftwagens* war der Werkstoff sogenannter „Deutscher Aluminiumguß". Auch hier wurde eine Vorwärmung auf 500° C vorgenommen und autogen geschweißt. Da der Bruch gerade durch die Lagerung lief, mußte das Gehäuse mechanisch nachgearbeitet werden. Das schweißtechnisch instandgesetzte Werkstück hat sich später im Betrieb schadensfrei bewährt.

Bei der *Ölwanne eines Lastkraftwagens* entschloß man sich, die Wanne nur an dem Ende, an dem der Flansch abgebrochen war, in einen provisorischen Ofen einzubauen und nur diesen Teil der Wanne vorzuwärmen. Der Grundwerkstoff war ebenfalls „Deutscher Aluminiumguß". Als erstes wurde der Riß in dem abgebrochenen Teil elektrisch kalt geschweißt. Dann wurde der Flansch angeheftet, das Stück eingebaut und autogen warmgeschweißt. Auch das eine Auflagestück war ausgebrochen. Das wurde elektrisch „kalt", d. h. *ohne* Vorwärmung, angeschweißt. Kleinere Durchschüsse, also Löcher, werden bei Ölwannen ebenso wie nicht allzu lange Risse und außenliegende Teile häufig elektrisch „kalt" geschweißt.

Als Zusatzwerkstoffe werden gegossene Aluminiumstäbe derselben Legierung verwendet.

Bei einem ähnlichen *Motorgehäuse-Oberteil* aus „Deutschem Aluminiumguß" mußte auf die Teilfugenfläche eine Auftragschweißung durchgeführt werden. Wegen der vielen Schraubenlöcher, die dabei mit zugeschweißt werden mußten, kam auch hier nur eine Gasschmelzwarmschweißung in Frage.

Bei dem *Getriebegehäuse* eines Lastwagenmotors waren die beiden Tragarme und der Rohrflansch gebrochen. Die Lage der Brüche gestattete es in diesem Fall, die Arbeiten als Kaltschweißung elektrisch durchzuführen. Die Vorteile der elektrischen

Kaltschweißung (Wegfallen des Vorwärmens und der Belästigung des Schweißers durch die Hitze) liegen auf der Hand. Auch die Gasschmelzschweißung kann öfter ohne Vorwärmung des ganzen Werkstücks erfolgen, nämlich dann, wenn die beschädigten Stellen so gelagert sind, daß einer ungehinderten Ausdehnung des betreffenden Werkstückteiles nichts im Wege steht. Auch dieses Gehäuse bestand aus „Deutschem Aluminiumguß". Als Zusatzwerkstoff wurden Spezialelektroden derselben Legierung verwendet.

Auch Motorgehäuseoberteile aus *Elektronguß* werden autogen warmgeschweißt. Vielfach bestehen Bedenken gegen die Ausführung solcher Arbeiten. Es ist hier aber festzustellen, daß sich der Werkstoff „Elektron" sehr gut schweißen läßt. Dies gilt auch für sehr geringe Dicken (z. B. von 0,7 bis 1,00 mm), die nur entsprechend handwerklich „vorsichtig" zu verschweißen sind. Man muß für Elektron die passenden Schweißstäbe und das geeignete Flußmittel verwenden. Die Vorwärmung für „Elektron" soll 380° C nicht überschreiten. Die sonst übliche Feststellung der Vorwärmtemperatur, wie für Al-Legierungen durchgeführt, reicht allerdings in diesem Fall nicht aus. Man muß hier für das Elektron schon Thermoelemente an den verschiedenen Stellen einbauen und die Temperatur laufend genau überwachen. Eine Brandgefahr besteht bei Einhaltung der vorgeschriebenen Temperatur nicht.

Werkzeuge. Hier handelt es sich immer um legierte Stähle mit höherem Kohlenstoffgehalt, deren Schweißung schwierig ist. *Spiralbohrer und Reibahlen,* deren Schäfte abgebrochen sind, werden am besten nach dem Abbrennschweißverfahren stumpf geschweißt, und zwar wird wie bei abgebrochenen Wellenzapfen ein nicht bearbeitetes Werkstückteil angeschweißt. Die angeschweißten Teile kommen von der Stumpfschweißmaschine aus direkt in einen Glühofen und werden bei etwa 900° C geglüht. Man läßt sie langsam erkalten. Alle gehärteten Teile werden vor dem Schweißen ausgeglüht. Wenn es auf den genauen Lauf und die Zentrierung des Werkzeuges nicht so sehr ankommt (Werkzeuge für Handbetrieb), kann man auch die gebrochenen Teile direkt zusammenschweißen. Stehen Stumpfschweißmaschinen nicht zur Verfügung, so muß das Ansetzen wie bei Wellenzapfen erfolgen, nachdem die Bruchstelle meißelartig zugearbeitet worden ist. Als Schweißverfahren kommen die Gasschmelzschweißung und bei kleineren Abmessungen, d. h. solchen bis etwa 35 mm Durchmesser, das Arcatomverfahren in Frage. Eine Vorwärmung ist hierbei zweckmäßig.

Sind bei *Senkern, Fräsern* oder ähnlichen Werkstücken nur einzelne Zähne ausgebrochen oder sind die Werkzeuge abgenutzt und nicht mehr maßhaltig, so kommt eine Auftragschweißung in Frage. Auch hierbei werden gehärtete Werkzeuge erst aus-, d. h. weichgeglüht. Man wärmt bis auf etwa 500° C vor, schweißt und glüht nach, bearbeitet daraufhin und härtet das Werkstück erst dann wieder. Als Verfahren hat sich für solche Arbeiten das Arcatomverfahren besonders bewährt. Es können aber auch bei geringeren Querschnitten (d. h. solchen bis etwa 600 mm²) die Gasschmelzschweißung und bei dickeren die Lichtbogenschweißung angewendet werden. Für die Auswahl des geeigneten Zusatzwerkstoffes ist zu beachten, daß beim Schweißen ein gewisser Prozentsatz der Legierungsbestandteile abbrennt. Das besagt also, daß man, wenn möglich, höher legierte Schweißdrähte bzw. Elektroden wählen muß. Beim *Auftragen von Hartmetallen* muß man, um eine rißfreie Schweiße zu erhalten, mit der Vorwärmung bis auf 900° C (Vorwärmtemperatur) gehen. Als Verfahren kommen auch hier die Arcatom- und die Gasschmelzschweißung in Anwendung.

Arcatomschweißung und Instandsetzung

Zur Frage des Einsatzes der Arcatomschweißung für Instandsetzungsarbeiten nimmt *Thiemer* (siehe auch *Thiemer,* S. 176 ff.) wie folgt Stellung:

„*Gebrochene Kurbelwellen* lassen sich z. B. in vielen Fällen mit Sicherheit arcatomschweißen. Ähnlich wie bei *Werkzeugen* wird die in voller Ausdehnung zugänglich gemachte Bruchstelle der Welle unter Verwendung eines Zusatzwerkstoffes der fast ausnahmslos gut geeigneten vormaligen Fliegwerkstoffe 1452 und 1456 *) aufgefüllt. Die Anwendung erstreckt sich dabei auf alle denkbaren Fehlstellen, wie z. B. *Auftragen der Laufstellen, Schweißen gebrochener Wangen, Anfügen abgebrochener Zapfen* und dergleichen mehr. Der genannte Zusatzwerkstoff hat, wie nicht alle anderen Stahlsorten, die Eigenschaft eines guten dichten Schmelzflusses und paßt sich fast allen anders legierten Grundwerkstoffen an.

Wagen- und Kraftfahrzeugfedern, die nach gleichen Richtlinien an der Bruchstelle arcatomgeschweißt wurden, zeigten nahezu keine Gesamtfestigung. Bei Mn-haltigen Blattfedern ergibt sich keine oder nur sehr geringe Rekristallisation, d. h. in diesem Falle kaum eine Rückbildung des im Mn-Stahl vorhandenen faserartigen Kornverlaufes. Erreicht wird dies Ergebnis unter Einhaltung möglichst schmaler Wärmezone durch die Anwendung wärmeabhaltender Spann- und Abdeckleisten bzw. Wärmeschutzpackungen.

Diese Mittel ermöglichen auch das *Schweißen gerissener Sägebänder und ähnlich hochbeanspruchter Bandstähle*. Vielfach können schwierig zu beschaffende *chirurgische Instrumente*, die durch natürlichen Verschleiß häufig rasch verbraucht oder durch fahrlässige Behandlung vorzeitig zerstört wurden, durch Arcatomschweißung wieder brauchbar gemacht werden. Für die genannten Arbeiten ist es häufig unmöglich, werkstoffgleichen Zusatzdraht ausfindig zu machen. Meist ist ein solcher hierbei sogar unangebracht. Die Benutzung eines legierten Zusatzdrahtes, dessen Festigkeit nicht nur auf C-Basis beruht, bietet in den meisten schweißtechnischen Reparaturfällen den Vorteil einer Vermischung und damit eines Härteausgleiches beim Übergang von der Schweißstelle zum Gesamtteil. Insofern läßt sich ohne die Rücksicht auf den Legierungszustand nahezu uneingeschränkt mögliche Anwendbarkeit des Arcatomverfahrens für alle Reparaturschweißungen in ganz besonderem guten Maße nutzbar machen." —

Bei *Schmiedeambossen* brechen häufig die scharfen Kanten der Amboßschlagfläche, die der Schmied aber unbedingt für seine Arbeiten braucht, aus. Öfter kommt es auch vor, daß das flache Horn ganz wegbricht. Schon vor dem Krieg wurde die Frage aufgeworfen, ob derartige Schäden nicht durch Schweißen zu beseitigen seien. Die Schwierigkeiten liegen darin, daß es sich bei diesen Werkstücken um einen Werkstoff von relativ großer Festigkeit ($\sigma_B = 60$ kg/mm²) mit einem C-Gehalt von etwa 0,4% C handelt, und daß durch die Betriebsbeanspruchungen (Hammerschläge) die obersten Schichten sehr stark gereckt und verfestigt sind. Die Brinellhärte HB steigt von etwa HB = 160 auf etwa HB = 560 kg/mm². Eine einzige Schweißwerkstatt hat im Laufe der Jahre an 100 solcher Ambosse schweißtechnisch wieder instand gesetzt. Alle haben sich dann ausnahmslos gut bewährt. Für diese Schweißungen wurden ummantelte Elektroden verwendet, die sich durch große Festigkeit und vor allem durch gute Kaltverformbarkeit auszeichneten. Man soll für die Auftragschweißungen wolframlegierte Elektroden, aber keinen allzu harten Werkstoff wählen (etwa HB = 200 bis 230 kg/mm²), weil damit die aufgetragene Schicht schon eine Härte von HB = 280 bis 300 kg/mm² erhält. Eine Vorwärmung ist zur Vermeidung von Rißbildung erforderlich. Für das Anschweißen des Flachhorns sind die folgenden drei Verfahren möglich:

Die Abbrennschweißung, wenn eine entsprechende Maschine vorhanden ist und eine Verkürzung des Flachhorns in Kauf genommen werden kann, ergibt eine ein-

*) Chemische Zusammensetzung gemäß ehemaligem Fliegwerkstoffhandbuch: 1. Fliegw. 1452 = 0,22 bis 0,28% C, 0,9 bis 1,2% Cr, 0,15 bis 0,25% Mo, Mn < 0,7%, Si < 0,35%, P < 0,02%, S < 0,015%. 2. Fliegw. 1456 = 0,24 bis 0,34% C, 2,3 bis 2,7% Cr, 0,15 bis 0,25 Mo, 0,10 bis 0,35% V, 0,40 bis 0,80% Mn, S < 0,40%, Pu S. je < 0,035, zus. fl 0,06%.

wandfreie Verbindung und geringe Nacharbeiten. Bei der Größe der hier in Frage kommenden Bruchquerschnitte (500 bis 800 cm²) kann auch das

Thermitverfahren mit Erfolg angewendet werden. Ob man sich dazu entschließt, ist eine Frage der Kosten und das Vorhandensein einer Werkstatt mit den nötigen Erfahrungen auf diesem Sondergebiet (siehe *Ahlert*, S. 618ff.).

Die Lichtbogenschweißung. Man wird die Rißstelle als Doppelkelchnaht ausarbeiten und zunächst senkrecht auf jeder Seite etwa 30 mm vollschweißen (immer abwechselnd auf jeder Seite einige Lagen, damit ein Verziehen vermieden wird). Dann kann man die Schweißfugen in die Wannenlage bringen und anschließend wagerecht vollschweißen. Auch dabei empfiehlt es sich, die Seiten öfter zu wechseln. Zum Schluß kommt dann noch eine Auftragschweißung, um die Arbeitsfläche des Ambosses einwandfrei glatt zu bekommen.

Die Beschädigungen durch Bomben und Feuersbrünste im *Eisen-, Hoch- und Brückenbau* machen es meist notwendig, Teile der Konstruktion oder auch der einzelnen Träger und Stützen zu ersetzen. Dabei muß man sich vergegenwärtigen, daß man es fast immer mit gealtertem, also versprödetem Werkstoff zu tun hat. Diese Alterung kann bei Bauwerken, die schon lange Zeit gestanden haben, auch ohne besondere Wärmeeinwirkung allein durch die Dauer der seit der Kaltreckung vergangenen Zeit eingetreten sein, häufig aber haben Feuereinwirkung die Versprödung beschleunigt. Die verbogenen Träger werden ja meist *kalt* gerichtet. Für ruhende Belastungen kann das aus den Trümmern geborgene Profileisen ohne Bedenken verwendet werden. Braucht man aber Teile für Wechselbeanspruchungen, so muß man erst prüfen, ob der Werkstoff gealtert ist. Steht ein Werkstoffabschnitt zur Verfügung, so kann man eine Kerbschlagprobe herstellen. Oft genügt es schon, das Stück mit dem Meißel auf etwa ein Viertel der Werkstoffdicke einzukerben und es dann im Schraubstock zu biegen. Stark gealtertes Material geht dabei meist verformungslos zu Bruch. Gealterter Werkstoff muß vor dem Einbau bei Temperaturen für die Rekristallisation (etwa 680 bis 700° C für normale Kohlenstoffstähle) oder besser normalgeglüht (z. B. bei 880° C) werden, wenn man das Halbzeug verwenden muß, weil man kein neues beschaffen kann.

Es wird zur Zeit noch nach möglichst einfachen Verfahren gesucht, um die Alterung zerstörungsfrei festzustellen. So ist z. B. vorgeschlagen, zunächst eine Brinell-Kugeldruckprobe mit einer relativ großen Kugel auszuführen, dann die Stelle auf 250° C etwa 15 Minuten lang anzuwärmen und nach dem Erkalten *in* diesen Kugelabdruck einen zweiten Brinell-Kugeleindruck mit einer kleineren Kugel durchzuführen. Ergeben sich dann beim Ausmessen Unterschiede, so ist der Werkstoff bereits gealtert, andernfalls handelt es sich um alterungsbeständigen, d. h. sogenannten „Izett"-Werkstoff. In solchen Fällen muß man, um ein sicheres Urteil zu erhalten, eine Kerbschlagprobe zerschlagen. Den gleichen Zweck will man erreichen, wenn man in der Druckzone etwa 10 mm vom Rande ab ein 10 mm Loch bohrt, es mit einem konischen Dorn um etwa 0,75 mm auftreibt, die Stelle einige Zeit auf 250° C erwärmt und dann nach dem Erkalten noch einmal um etwa 0,5 mm aufzutreiben versucht. Bei gealtertem Material wird das Loch schon beim ersten Mal aufreißen, bei alterungsempfindlichem Werkstoff beim zweiten Auftreiben. Angaben aus der Praxis über die Anwendung und Bewährung dieses Verfahrens sind noch nicht bekannt geworden.

Das Einsetzen von Flicken in Träger und Profile erfolgt, wie es bereits schon beschrieben wurde. *Bei Verbindungsschweißungen muß man sich von den bei Nietverbindungen üblichen Konstruktionsregeln frei machen. Es ist ein Irrtum, anzunehmen, daß man durch aufgesetzte Laschen eine Erhöhung der Festigkeit erreicht. Ebenso ist es falsch, eine genietete Verbindung durch zusätzliche Schweißnähte verstärken zu wollen. Eine Stumpfstoßverbindung von I-Trägern durch ein dazwischen gesetztes Stoßblech, das wohl den Zweck haben sollte, dickere Schweißnähte unterbringen zu können, ist ebenfalls unzweckmäßig, weil Kehlnähte immer eine geringere Festigkeit ergeben als Stumpfnähte, wenn auch rein rechnungsmäßig eine größere Belastbarkeit des Trägers erreicht wird.* Wenn man eine größere Sicherheit der Schweißung als beim normalen Stumpfstoß erreichen will, muß man, wie im Fahrzeugbau behandelt, die Schweißnaht winklig zur Beanspruchung legen. Bei Flacheisenstäben kann man auch eine Fischmaulverbindung vorsehen (siehe Bild 16). Die Schräglage der Schweißnaht wird, als Beispiel angeführt, ja auch neuerdings für sogenannte „Wickelbehälter" durchgeführt. Die Nahtlage soll zweckmäßigerweise in Richtung der größten Schubkraft liegen (z. B. 45° zur Längsbeanspruchung).

Einige Fälle von Instandsetzungsarbeiten müssen noch erwähnt werden wegen der besonderen Verhältnisse, unter denen sie ausgeführt werden. Das sind zunächst die *Arbeiten unter Wasser*, die an anderer Stelle (siehe *Anders* u. *Liebig*, S. 719 ff.) ausführlich behandelt wurden.

Dann gehört hierher die Reparatur von im Betrieb befindlichen *Gasbehältern*. Es handelt sich dabei meist um durchgerostete Stellen in der Glocke oder den Teleskopringen. Dies ist einer von den wenigen Fällen, wo man einen Flicken nicht *ein*setzen, sondern *auf*setzen muß. Trotz der verhältnismäßig geringen Werkstoffdicke wird man hier die Lichtbogenschweißung wählen. Das ausströmende Gas ist zwar unangenehm, weil es sich an der Schweißstelle entzündet und als Flamme abbrennt. Vor Beginn der Schweißung sind alle Stellen, an denen Gase ausströmen, sorgfältigst abzudichten. Wird am Mantel oder Teleskop gearbeitet, ist sorgfältigst zu beachten, daß die Schweißungen immer kurz oberhalb des Sperrwassers stattfinden, damit bei eventuellen Bränden der Behälter schnell untergetaucht werden kann. Es besteht aber keine Explosionsgefahr, weil sich im Innern des Behälters nur Leuchtgas, aber kein Sauerstoff befindet, das Gas also im Behälter bei Betriebsdruck nicht verbrennen und vor allem nicht explodieren kann. Man bemißt den Flicken reichlich groß, bringt ihn möglichst gut zur Anlage und heftet ihn zunächst an. Dann schweißt man zuerst mit einer blanken Elektrode die untere Rundnaht in einer Länge durch, darauf nacheinander die beiden Seitennähte — bei größerer Länge derselben absatzweise. Zum Schluß schweißt man, ebenfalls absatzweise, die obere Rundnaht. Durch Abpinseln mit Seifenwasser etwa festgestellte undichte Stellen muß man nachschweißen. Dies geschieht zweckmäßigerweise mit umhüllten Elektroden. Ist in dem Behälter nicht Leuchtgas, sondern Wasserstoff eingeschlossen, so kann man die Arbeiten in derselben Weise ausführen. Die Gefahr von Explosionen des Behälters besteht ebenfalls nicht. *Sauerstoffbehälter kann man im Betrieb nicht schweißen, weil die zum Schweißen erforderliche Temperatur ausreichen würde, um die Verbrennung des Eisens im Sauerstoff einzuleiten.*

(Da sich Firmen auf Gasbehälterschweißungen spezialisierten, soll man möglichst auf diese zurückgreifen.)*) Erfahrungen bei der Reparatur sogenannter Kugelgasbehälter liegen vorerst in Deutschland noch nicht in genügender Anzahl und Klarheit vor. (Bemerkung: Man verwendet Kugelgasbehälter, benötigt aber dabei einen Kompressor, der den Gasbehälter füllt.)

Bei *mit Öl gefüllten Behältern* (Transformatorkesseln) steht man vor der Frage, ob man diese entleeren soll oder nicht. Kann man die Kessel in eine Lage bringen, in der das Öl auf die zu schweißende undichte Stelle keinen Druck ausübt oder diesen auf andere Weise verhindern, so ist die Durchführung der Reparatur am gefüllten Kessel

*) Z. B. Firma Schweißwerk-Wegener, Berlin-Treptow, Firma Letsch & Co., Leipzig. Beide Firmen seien deshalb genannt, da es sich um ein außerordentlich spezialisiertes Arbeitsgebiet handelt, das Erfahrung erfordert.

durchaus möglich. Voraussetzung für das Gelingen ist, daß nicht schon vorher etwa versucht wurde, den Kessel mit Zinn (!) zu löten. In einem solchen Fall muß jeder Rest von Zinn vorher sorgfältig entfernt werden. Als Schweißverfahren kommt in diesem Fall die Gasschmelzschweißung in Frage. Die Nähte werden leicht spröde, weil das Schmelzbad aus dem verbrennenden Öl Kohlenstoff aufnimmt. Ein geringer Sauerstoffüberschuß in der Schweißflamme ist in diesem Fall günstig. Durch die Erhitzung kann, wenn es sich um größere Stellen handelt, eine Verdampfung von Öl im Behälter eintreten. Man muß also dafür sorgen, daß keine Drucksteigerung eintreten kann. Es muß in jedem ähnlich liegenden Fall überlegt werden, welche Gefahren bestehen und ob man mit Rücksicht auf die Sicherheit und die Wahrscheinlichkeit, daß die Instandsetzung mit Erfolg durchgeführt werden kann, die Arbeiten *ohne* Ent-

Bild 22. Kirchenglocke aus Bronze, zur schweißtechnischen Instandsetzung eines Senkrechtrisses vorbereitet. Glocke mit einem kurzen, glatt verlaufenden Riß. (Aufstellungsort Beschevede 1928.)

Bild 23. Friedensglocke der Klosterkirche in Arnstein a. d. Lahn vor der Schweißung eines 6,5 m langen Risses. Glocke hatte mehrere lange Risse.

leerung des Kessels durchführen will. Auch bei Behältern, in denen brennbare Flüssigkeiten oder Gase waren, muß eine eventuelle Explosionsgefahr berücksichtigt werden. Nach gründlicher Reinigung — Ausblasen mit Dampf — füllt man solche Gefäße mit Wasser, Stickstoff oder Kohlensäure, um die Bildung eines Gas-Luft-Gemisches unbedingt zu verhindern.

Zum Schluß sei als Sonderkapitel noch die Schweißung an *Kirchenglocken* kurz behandelt. Nach Überwindung der Anfangsschwierigkeiten sind viele Bronzeglocken mit *dem* Ergebnis geschweißt, daß dieselben nachher besser im Klang waren als vorher und daß sie sich alle bis heute gut bewährt haben. Alle Glocken haben nur eine beschränkte Lebensdauer (250 bis 300 Jahre), weil durch das Anschlagen des Klöppels immer an gleichbleibenden Stellen des Werkstoffes dieser dauernd verfestigt und gestreckt wird, bis es dann schließlich zu Rissen kommt. Der Verlauf dieser Risse kann ganz verschiedenartig sein. In den Bildern 22 u. 23 sind zwei besonders charakteristische Fälle dargestellt. Im ersten Fall (Bild 22) handelt es sich um einen glatt verlaufenden senkrechten Riß. Die Schwierigkeit besteht darin, daß solche *stehenden Nähte immer von unten nach oben geschweißt werden müssen*, daß aber wegen der entstehenden Schrumpfspannungen der Riß von oben nach unten geschweißt werden müßte. Man hilft sich auf die Weise, daß man etwa 100 mm vom Rißanfang aus zunächst eine Brücke einschweißt und dann von dieser Brücke aus nach oben arbeitet. Eine zweite Brücke wird daraufhin etwa 100 mm tiefer geschaffen und wieder von unten nach oben geschweißt und so fort bis zum Ende des Risses. Bei der Vorwärmung der Glocken tritt in der Gegend von 500° C eine sehr schöne, in allen Farben schillernde Feuererscheinung auf, hervorgerufen durch das Verbrennen der Patinaschicht. Diese Erscheinung dauert bis zu einer Stunde und ihre Beendigung ist das Signal, daß jetzt mit der Schweißarbeit begonnen werden kann. Da auf keinen Fall eine Unterbrechung der Arbeiten eintreten darf, stellt die Durchführung solcher Schweißungen höchste Anforderungen an die Leistungsfähigkeit der Schweißer, trotzdem man selbstredend mit Ablösungen arbeitet. Für das vorsichtige Anwärmen einer solchen Glocke kann man je nach Größe mit 10 bis 20 Stunden rechnen, während für die ganz langsame Abkühlung 3 bis 8 Tage benötigt werden. Zum Schluß wird die Schweißnaht abgearbeitet, die Verzierungen nachziseliert und der Klang der Glocke überprüft. Wie schon vorher erwähnt, ist bei gut geschweißten Glocken die Tonlage besser und die Klangfülle und die Reinheit der der alten Glocke überlegen. Das rührt davon her, daß durch die wiederholte Wärmebehandlung der Werkstoff der Glocke „aufgefrischt" ist, dadurch, daß die „Patinaschicht", die ja den freien Übergang der Glockenschwingungen an die Luft beeinträchtigt, restlos entfernt ist.

Bei der in Bild 23 dargestellten Glocke ist der Rißverlauf ganz unregelmäßig über die ganze Glocke verteilt. Die Gefahr der Schrumpfspannungen war also besonders groß. Die Gesamtlänge der Risse betrug 6,5 m. Für die Ausführung der Schweißarbeit waren $20^1/_2$ Stunden erforderlich. Die Durchführung der Arbeiten erfolgte ganz analog der vorher beschriebenen mit demselben guten Erfolg. Durch diese Schweißungen sind viele wertvolle alte Glocken, die ja Kulturdenkmäler darstellen, erhalten worden. In neuerer Zeit sind Kirchenglocken öfter aus Stahlguß hergestellt worden. Auch bei diesen treten, da die Beanspruchungen dieselben sind, Risse auf. Sie werden mit Erfolg elektrisch geschweißt. Auf eine Vorwärmung kann meist verzichtet werden.

Schlußbetrachtung

Ganz allgemein kann festgestellt werden, daß durch die Instandsetzungsschweißungen sehr viel Werkstoff und Arbeitszeit eingespart werden können. Aber auch in so komplizierten Fällen, in denen eine Ersparnis nicht erzielt werden kann, ist mit Rücksicht auf die Schwierigkeiten in der Beschaffung eines passenden Ersatzstückes (besonders für ältere Maschinen- und Apparatetypen) und auch unter Berücksichtigung der kürzeren Zeit, die ein Stück aus dem Betrieb ausfällt, eine schweißtechnische Instandsetzungsschweißung manchmal geboten. Ergänzend sei auf diejenigen Stellen im Buch hingewiesen, bei denen die schweißtechnische Instandsetzung erwähnt ist.

Literaturangabe

Erdmann-Jesnitzer, Fr., Haftgrundaktivierung durch elektrolytisches Beizen der zum Metallspritzen kommenden Oberflächen. Diskussionsbeitrag auf der Jahrestagung des Deutschen Verbandes für Schweißtechnik (1949) in Stuttgart zum Vortrag von Dipl.-Ing. *Fritz*, Beuel (Rhld.).

Hesse, R., Praktische Regeln für den Elektroschweißer. Berlin 1939.

Horn, H., Die Schweißung des Kupfers und seiner Legierungen, Messing und Bronze.

Türcke, H., Die Beseitigung zernagter Werkstoffflächen im Kesselbau durch Auftragschweißung. Z. Technik, Beil. Fertigungstechnik, *1* (1948), Nr. 3.

II. Schweißtechnische Instandsetzung im chemischen Apparatebau

Dr.-Ing. W. Küntscher, Leuna und Berlin-Hennigsdorf

Auf dem Gebiet der schweißtechnischen Instandsetzungen innerhalb der chemischen Großindustrie ist zur Zeit in vielen Ländern die Beseitigung der Bombenschäden eine der Hauptaufgaben. Im chemischen Apparatebau hatten diese vor allem an den

Bild 1

Bild 2

Bild 3

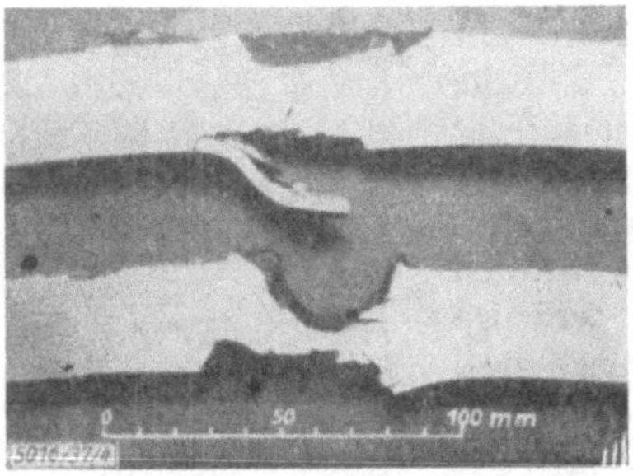

Bild 4

Bild 5

Bilder 1—5. Splitterschäden an Hochdruckkörpern.

Bild 1. Ende eines 300-atü-Hochdruckmantels mit starken Verletzungen in Flanschnähe.
Bild 2. Einzelverletzungen im oberen Drittel eines 300-atü-Hochdruckofenmantels.
Bild 3. Stark beschädigter Flansch eines Hochdruckabscheiders.
Bilder 4 u. 5. Schliffbilder der Einschlagstellen.

Hochdruckgefäßen (Öfen, Regeneratoren und Abscheidern der Ammoniak-, Methanol- und Hydrieranlagen) zum Teil zu überraschenden Werkstoffschädigungen geführt. Auch nach Explosionen können derartige Schäden der umliegenden Apparate auftreten. Die Splitterschäden, wie sie z. B. in den Bildern 1 bis 3 wiedergegeben sind, haben in vielen Fällen im Verhältnis zur Gesamtwanddicke nur eine geringe Einschlagtiefe von 10—20 mm (Wanddicke 200 mm, Gesamtabmessungen der Mäntel: 16 m Länge, 1 m ∅). Schliffbilder der Einschlagstellen zeigen oft überraschende Tiefenwirkungen (Bilder 4 u. 5). Auf der Innenseite treten aufgerissene Aufbeulungen und sehr oft sogar das Herausplatzen von Schalen auf. Ein Zwischenstadium entsteht durch das innere Aufreißen, *ohne* daß ein Durchreißen der vollen Wanddicke erfolgt (Bild 5). Es entstehen Schalenebenen nach Art der Doppelungen. In den Bildern 6 a—f sind die verschiedenen Typen der Schädigungen schematisch dargestellt. Die Bilder 6 g—i zeigen einige erprobte Methoden der schweißtechnischen Ausbesserung. Vor Schweißbeginn ist die Untersuchung der *äußeren und der inneren* Oberfläche durch Ausschleifen mittels der Schleifhexe, Anätzen und Absuchen mit der Lupe notwendig, bis sich ein Bild über das Ausmaß der Schädigung ergibt. Erst danach kann die Entscheidung über die Art der Reparaturdurchführung getroffen werden. Wie es das Bild 6 k zeigt, kommt bei Behältern mit nicht zu großen Wanddicken sowie bei geringer Ausdehnung der Schädigung eine Vernietung in Anwendung. In anderen Fällen ist es möglich, eine größere Öffnung auszubohren (Bild 6 g_1), die dann mit einem Deckel verschlossen (Bild 6 h) oder auch als Leitungsanschluß verwendet werden kann (Bild 6 i_1). Beim Zuschweißen wurde, wie es Bild 6 i_2 veranschaulicht, eine topfartige Kappe eingesetzt. Die Kappenform hat den Vorteil, daß sie durch elastisches Nachfedern Schweißspannungen abbauen kann. Derartige Kappen können in gestuften, firmengenormten Abmessungen für die entsprechenden Ausbohrungen hergestellt und auf Lager gehalten werden. — Das in den Bildern 4 und 5 gezeigte eigentümliche innere Aufreißen, das auch vom Beschuß von Panzerplatten her als „Deckelausbruch" bekannt ist, kann man sich nach *Wyszomirski* wie folgt erklären: Läßt man, wie es das Bild 7 a u. b veranschaulicht, auf eine Kette von Stahl- oder Elfenbeinkugeln eine der äußeren Kugeln a mit großer Energie aufprallen, so bleibt die ganze Kette (Kugeln I u. II) in Ruhe, und nur die letzte Kugel III wird frei auspendeln und übernimmt über Weiterleitung durch die Zwischenkugeln I u. II die Aufschlagenergie von Kugel a. Genau so löst der auf der äußeren Mantelseite aufschlagende Splitter infolge seiner kinetischen Energie das Abschlagen der Innenfläche aus (Bild 7 c). Dabei ist es allerdings so, daß ein wirklich „gesunder homogener" Werkstoff nie eine derartige schalenbruchförmige Schädigung erfährt. Das Blech muß durch starke Seigerung oder ähnliche schichtenförmige Werkstoffschädigung, wie z. B. Blasenzonen, Doppelung usw., geschwächt sein. Auch bei Schmiedestücken großer Abmessungen über 100 t Gewicht muß man mit derartigen Inhomogenitäten rechnen.

Außer diesen speziellen Schädigungen muß für das Schweißen berücksichtigt werden, daß nicht nur das Auftreten von Innenschäden, Innenrissen und herausgeplatzten Schalen, sondern der gesamte *Spannungszustand in der Rohrwand* von wesentlicher Bedeutung sein kann. Die Werkstoffschädigung besteht in vielen Fällen darin, daß

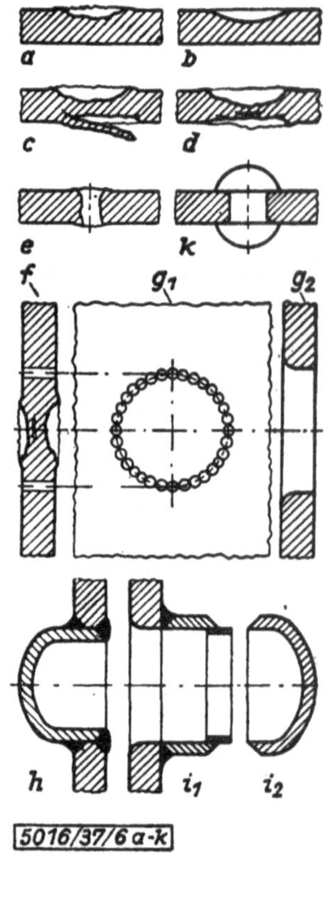

Bild 6 a—i. Schematische Darstellung der Fehler (gemäß den Bildern 1—5) und deren schweißtechnische Instandsetzung.

die Voraussetzung zur Rißbildung *gerade noch nicht* zur Auslösung des Rißauftretens führte. Es erfolgt eine Überlagerung von Schweißspannungen mit den Spannungen, die durch den Splittereinschlag entstanden. Überraschende Brüche können so eintreten. Die Trennbruchempfindlichkeit der Stähle für den chemischen Apparatebau ist besonders für große Wanddicken recht groß. Es sei z. B. darauf hingewiesen, daß übermannshohe schwere Schmiedeflansche, durch eine kleine Splitterverletzung ausgelöst, vollkommen durchrissen. *Vor* Beginn der Schweißarbeiten ist

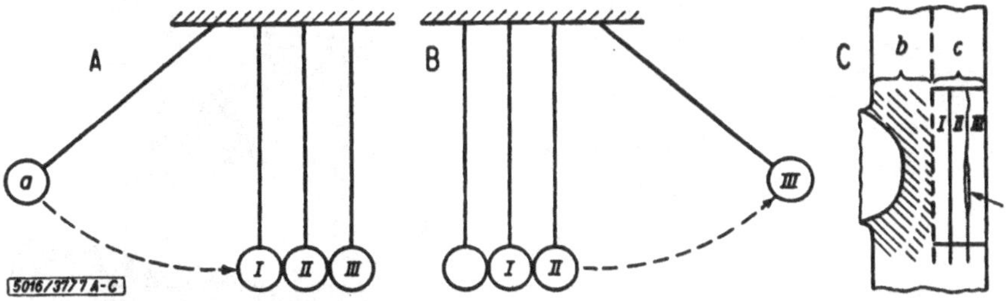

Bild 7 a—c. Deutung der Tiefenwirkung von Einschlägen, die „Deckelausbrüche" und Schalenbrüche zeigen (nach *Wyszomirski*).

a = Splitter, der auf die äußere Wandung auftrifft (Analogie)
b (in Bild 7 C) = Zone der Zerstörungen, in der Hauptsache plastischer Verformungen
c = Gebiet des in der Hauptsache elastischen Herausschleuderns (siehe hierzu Bilder 4 u. 5)

deshalb ein *Spannungsabbau durch thermische Behandlung* und am geeignetesten durch eine Anlaßglühung bei der für den Stahl üblichen Anlaßtemperatur zu empfehlen. *Bei schweren Schmiedestücken mit Wanddicken von 60 bis 200 mm und mehr kommt nur ein Warmschweißen mit anschließender Anlaßglühung in Betracht.* Es ist dabei immer zu empfehlen, nach dem Schweißen *ohne* Zwischenabkühlung *sofort* zu glühen. Bei den 3% chromhaltigen, warm- und wasserstoffesten Hochdruckstählen ist dies der sicherste Weg, um Risse zu vermeiden, da diese Stähle starke „Lufthärter" sind.

Das Bild 8 zeigt das Ausflicken eines Loches an einem *unlegierten* Behälterwerkstoff, an stehender Behälterwand ausgeführt. Hier mußte die Reparatur im Betrieb selbst erfolgen, ohne daß ein Warmschweißen oder Nachglühen möglich war. In diesem Fall ist das *Verfahren der Entspannung durch starkes Kaltverstemmen* gewählt worden. Das Kaltverstemmen führt aber nur dann zum Erfolg, wenn es kräftig genug und Lage für Lage durchgeführt wird. Voraussetzung hierfür ist, daß der Schweißer über entsprechend schweres Arbeitsgerät verfügt.

Bei den dünnwandigen Behältern wurden Beschädigungen festgestellt, wie sie das Bild 9 a—c veranschaulicht. Hier hat man sich, um *billig* zu reparieren und vor allem gezwungen durch den *Mangel an Blechwerkstoff*, meist so geholfen, daß ganze Schüsse oder Abschnitte herausgeschnitten und neu eingesetzt werden (Bilder 8 bis 10). Eine sorgfältige Schweißüberwachung durch Röntgenuntersuchung und Prüfung auf Wasserinnendruck ist unerläßlich.

Das Auftreten von *Nietlochrissen*, das ja vor allem in den Kesselbetrieben bekanntgeworden ist und dort zu sehr ernsten Schäden geführt hat, ist in seiner Entstehungsursache und damit auch hinsichtlich der Möglichkeit der Bekämpfung seit langem bekannt. Verwendung besonderer Stähle (Izettstahl, Reduktionsstahl) oder eine entsprechende Wasseraufbereitung geben die Gewähr der Vermeidung dieser Schäden. Ähnliche, günstige, werkstoffliche Voraussetzungen können auch im chemischen

Apparatebau für derartige Rißerscheinungen z. B. für Angriff durch Laugen oder säurehaltige Öle geschaffen werden. Oft fehlt heute der Phosphatzusatz zum Kesselspeisewasser. Man muß deshalb heute erneut mit diesen altbekannten Schäden der Jahre 1920 u. ff. rechnen. Es werden örtliche Instandsetzungen durch Schweißungen vor-

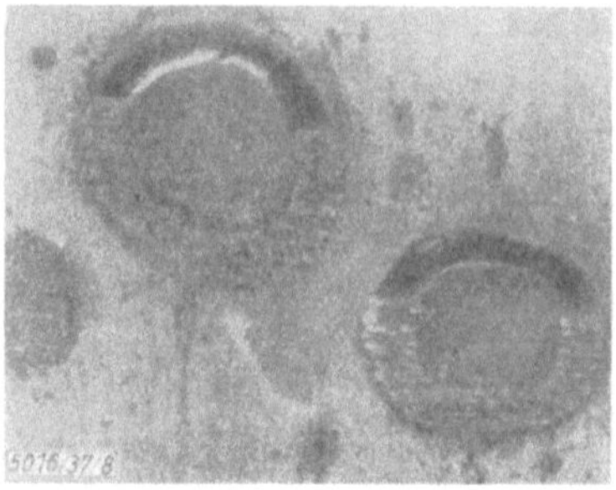

Bild 8

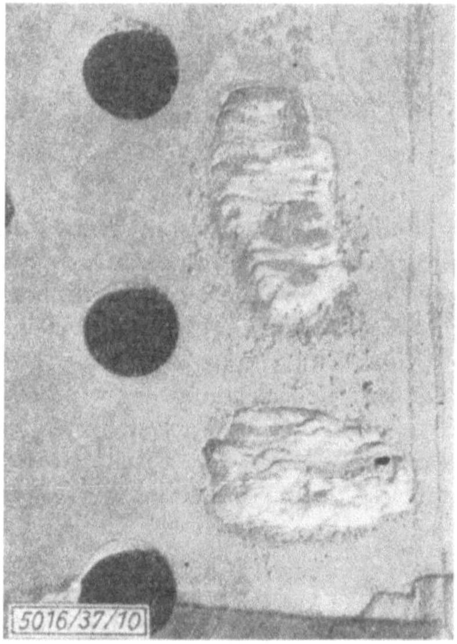

Bild 10

Bild 9 a—c

Bild 8. Schweißtechnische Instandsetzung an stehender Wand eines Einschlags in Hochdruckbehältermantel. Anwendung des Kaltverstemmens zwecks Spannungsabbaues an Stelle von Weichglühung.

Bild 9 a—c. Beschädigungen an Mitteldruckbehältern.

Bild 9 b. Herausgetrenntes beschädigtes Teilmantelstück.

Bild 9 c. Teilmantelstück zum Schweißen vorbereitet.

Bild 10. Reparatur von Nietlochrissen durch lokales Ausflicken von Fehlstellen (Behälterrundnaht.)

genommen. Das Bild 10 veranschaulicht dies (siehe auch bei *Krug*, S. 1056 ff.). *Zunächst* erfolgt eine Untersuchung der Ausdehnung der Schäden dadurch, daß die einzelnen *Nietlöcher aufgerieben, poliert, angeätzt* sowie auch *magnetisch geprüft* werden. Erst dann kann die Entscheidung getroffen werden, ob es in bezug auf Elektroden- und Arbeitsaufwand richtiger ist, einen Ausschnitt zu entnehmen oder einzelne Löcher örtlich instand zu setzen. Die „kranken" Gebiete werden ausgebohrt, bis zur Rißfreiheit nachgearbeitet und lokal verschweißt. Anschließend werden dann die einzelnen Nietlöcher auf das frühere Maß aufgebohrt (Werkstoff z. B. Blech M I, siehe S. 1086). Geschweißt wird hierbei mit Vorwärmung auf 120—150° C *ohne* Nachglühung. Die Trommel des Bildes 10 unterliegt nach wie vor der Überwachung durch die Nietlochuntersuchung, wobei besonders die geschweißten Stellen in den Untersuchungsturnus mit eingezogen werden. Die reparierte Stelle bleibt anfällig gegen interkristalline Korrosion, da eine Beständigkeit hierfür gewährleistende „Izettierungsglühung" (S. 812) nicht vorgenommen werden kann.

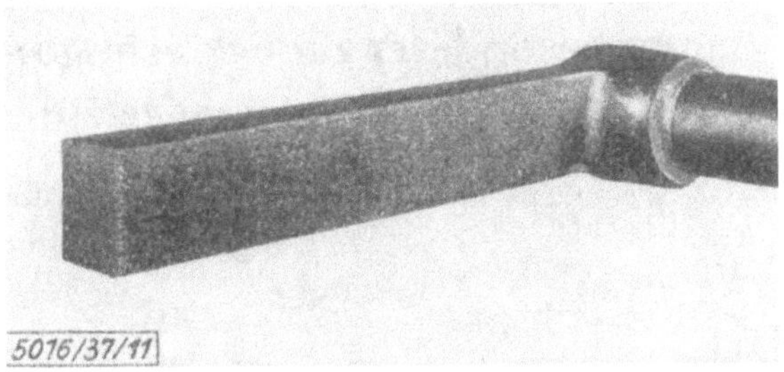

Bild 11. Rührerarm eines Gaserzeugers (Gefahr des Schwefelangriffs), mit 25/20-Chromnickelstahl auftraggeschweißt.

Die schweißtechnische Reparatur eines Rührerarmes aus einem Gaserzeuger veranschaulicht das Bild 11. Es dient dieser zum Aschenaustrag. Zum Schutz gegen die Einwirkung der hohen Temperaturen ist der Arm wassergekühlt. Trotzdem erfährt er oberflächlich einen starken Angriff, so daß der Arm durch Auftragschweißung geschützt wird. Hierfür sind die hoch-chromhaltigen und zunderfesten Stähle geeignet (17% Cr-Gehalt). Diese müssen nickelfrei oder wenigstens nickelarm sein, falls in *reduzierender* Gasatmosphäre gefahren wird, da mit Schwefelangriff zu rechnen ist. In oxydierender Atmosphäre sind die bekannten 25/20-Chromnickelstähle für diese Auftragschweißung besser geeignet, weil sie infolge ihrer hohen Warmfestigkeit gleichzeitig dem mechanischen Abrieb besser widerstehen.

Literaturangabe

Wyszomirski, Deutung nach—, unveröffentlicht.

III. Die Schweißung im Schiffbau unter besonderer Berücksichtigung schweißtechnischer Instandsetzungen

Dipl.-Ing. W. Liebig, Wilhelmshaven, und
Dipl.-Ing. K. Höland, Kiel

A. Die geschichtliche Entwicklung der Lichtbogenschweißung im deutschen Schiffbau

Die Anwendung der Elektroschweißung im deutschen Schiffbau begann bereits im ersten Weltkrieg, wo sie häufig bei Reparaturarbeiten neben der Gasschmelzschweißung herangezogen wurde. In den folgenden Jahren wurden aber auch schon größere Versuche unternommen, dieses Verfahren bei Handelsschiffsneubauten einzuführen. Bei dem damals sehr unentwickelten Stande aller schweißtechnischen Erkenntnisse und Erfahrungen führten diese Versuche jedoch noch häufig zu Mißerfolgen, die ein Vertrauen in die neue Sache nur sehr schwer aufkommen ließen. Man beschränkte sich daher zumeist auf die Elektroschweißung untergeordneter Bauteile, die geringeren Beanspruchungen ausgesetzt waren.

Es bleibt das Verdienst der damaligen „Deutschen Reichsmarine", durch ihre großzügigen und gründlichen Untersuchungen und ihre mutige praktische Anwendung der gewonnenen Erkenntnisse in verhältnismäßig kurzer Zeit die Elektroschweißung im deutschen Schiffbau auf einen außerordentlich hohen Stand gebracht zu haben, der auch den Handelsschiffen weitgehendst zugute kam. Die Gründe für diese forcierte Entwicklung der Schweißtechnik lagen in den bekannten Tonnagebeschränkungen des Versailler Vertrages für die deutschen Kriegsschiffneubauten. Die außerordentlichen konstruktiven und praktischen Vorteile der Schweißung ergaben gegenüber der Nietung unter anderem höhere Festigkeiten der Verbindungen, gewaltige Gewichtsersparnisse und bemerkenswerte Verminderungen des Widerstandes, so daß bei gleicher Verdrängung hochwertigere Schiffe geschaffen werden konnten. Nachdem anfangs die Nietung, besonders der Außenhaut, noch teilweise beibehalten wurde, wurden jedoch bald alle Schiffe vollständig elektrisch geschweißt.

Wenn der deutsche Handelsschiffbau mit dieser stürmischen Entwicklung nicht Schritt hielt, so war dieses im wesentlichen durch die notwendigen und erheblichen betrieblichen Umstellungen begründet. Mußten doch nicht nur die erforderlichen Schweißanlagen beschafft werden, die Elektroden entwickelt und die Stromversorgung der weitverzweigten Werftanlagen durchgeführt, sondern vor allem auch ein zahlenmäßig großer Stamm von geschulten Schweißern und Aufsichtspersonal geschaffen werden. Auch mußte diese Umstellung so vorgenommen werden, daß die laufenden Arbeiten nicht in ihrem Fortschritt gehemmt wurden. Konstruktiv ergaben sich bei den Großwerften keine nennenswerten Schwierigkeiten, da genügend Erfahrungen durch Untersuchungen vorlagen. Zu nennen sind insbesondere die einschneidenden Untersuchungen des damaligen Marineoberbaurats *Lottmann*. Diese bildeten die Grundlage für die Schweißung im Schiffbau überhaupt und waren so richtunggebend, daß bis heute nennenswerte Schäden nicht aufgetreten sind. Die Schweißung im Handelsschiffbau wurde zunächst auf die folgenden Verbandsteile beschränkt, wobei durchweg praktische und wirtschaftliche Gesichtspunkte ausschlaggebend waren.

Plattenstöße der Außenhaut (Verminderung des Strömungswiderstandes und Einsparung von Nietarbeit).

Der gesamte Doppelboden mit Bodenwrangen, Mittel- und Seitenträgern (größere Dichtigkeit und Sicherheit bei Grundberührungen, auch verhindert die glatte Tankdecke das Stehenbleiben von Schwitzwasser und ermöglicht eine einfachere Verlegung der Bodenwegerung; Möglichkeit der Vorfertigung großer Teile in den Werkstätten).

Längs- und Quernähte der Decks, Verbindung des Deckstringers mit Schergang (*glatte* Decks sind vorteilhafter für Lade- und Löschbetrieb sowie für das Aufbringen der Deckbeläge, guter Wasserablauf in den Rinnsteinen, große Arbeitsersparnis, z. B. durch Fortfall vieler aufgenieteter Doppelungen).

Unterzüge, Deckstützen, Ladeluken, Maschinen- und Lukenschächte (große Arbeitsersparnis durch Fortfall der vielen Verbindungswinkel, viel Werkstattschweißung).

Ölbunker, Hochtanks, wasser- und öldichte Schotten (bessere Dichtigkeit und Reinigungsmöglichkeit, viel Werkstattschweißung).

Haupt- und Hilfsmaschinenfundamente (keine losen Nieten, höchste Festigkeit, einfachere Konstruktion, große Arbeitsersparnis).

Deckhäuser und Aufbauten, Sülle, Niedergänge, Oberlichter (glatte Wände, elegantes Aussehen, Werkstattschweißung).

Die gesamte Ausrüstung, die Masten und Ladepfosten, Beschläge, Fenster- und Türrahmen, Schanzkleider, Relinge, Treppen, Speigatten, Wasserpforten, Seewasserkästen, Halterungen, Klampen, Poller u. a. m.

Über die genieteten Hauptverbandsteile sei erwähnt, daß diese Verbindung große Vorteile für die Montage hatte und ihre Schweißung erst später in Angriff genommen werden konnte, da der Einsatz guter Schweißer für diese Verbindungsteile erforderlich war. Es waren dies alle Längsnähte der Außenhaut, die Verbindungen der Spanten und Kimmstützplatten mit der Außenhaut und der Deckbalken mit den Decks. Aus Gründen der leichteren Anpassung und Montage wurden meist noch die Randplatte des geschweißten Doppelbodens mit der Außenhaut, die in der Werkstatt geschweißten leichten Eisenwände der Inneneinrichtung mit den aufgeschweißten Süllen und die mit den Spanten verschweißten Kniebleche mit den Deckbalken durch Nietung verbunden.

B. Schweißvorschriften

Schweißvorschriften für die elektrische Lichtbogenschweißung im Schiffbau wurden in Deutschland vom „*Germanischen Lloyd*", dem „*Oberkommando der Kriegsmarine*" und dem „*Hauptausschuß Schiffbau*" (im folgenden kurz mit „G.L.", „Marine" und „H.A.S." bezeichnet) herausgegeben. Daneben kamen für den Handelsschiffbau noch die Vorschriften des „*Lloyd's Register of Shipping*" (kurz mit „L.R." bezeichnet) in Frage. Außerdem sind in Deutschland die vom „Deutschen Normenausschuß" (DIN) herausgegebenen Schweißvorschriften zu beachten, deren wichtigste und auch für den Schiffbau in Betracht kommende die „*Vorschriften* für *geschweißte Stahlhochbauten*, DIN 4100" sind, kurz mit „DIN 4100" bezeichnet. Diese sind aufgestellt von der „Fachgruppe konstruktiver Ingenieurbau der Deutschen Gesellschaft für Bauwesen", dem „Fachausschuß für Schweißtechnik beim Verein deutscher Ingenieure", dem „Ausschuß für einheitliche technische Baupolizeibestimmungen (ETB)" und der „Deutschen Reichsbahn-Gesellschaft".

Ganz allgemein haben Vorschriften den Zweck, die Güte und Sicherheit von Arbeiten und Bauwerken zu gewährleisten. Sie müssen also die zum Zeitpunkte ihrer Herausgabe bekannten praktischen Erfahrungen und theoretischen Erkenntnisse auf dem Gebiet, für das sie bestimmt sind, widerspiegeln. Dies bedeutet besonders für die immer noch in lebhaftem Fortschritt begriffene Schweißtechnik, daß eine solche Vorschrift niemals von ihrem Herausgeber als starr und unabänderlich angesehen werden darf, sondern sich laufend dem neuesten Stand der Technik und Wissenschaft anpassen muß.

Die oben angeführten Schweißvorschriften können nun in zwei Gruppen zusammengefaßt werden. Die erste, der DIN 4100, die Marineschweißvorschrift und die des H.A.S. angehören, ist sehr fortschrittlich und ausführlich und entspricht damit den soeben erörterten Gesichtspunkten. Die andere Gruppe dagegen, nämlich die Vorschriften des G.L. und L.R., reicht sowohl im Umfang als auch in den zugrunde gelegten schweißtechnischen Erkenntnissen und Erfahrungen nicht an die erste heran. Die im Kriegsschiffbau tätigen Werften führten deshalb auch die Schweißungen an Handelsschiffen meist nach der Marineschweißvorschrift aus, weil diese erschöpfender und ihr gesamtes beteiligtes Personal darauf eingespielt war.

Die Hauptpunkte, über die von den verschiedenen Herausgebern Vorschriften, Richtlinien oder Hinweise gegeben werden, sind trotz der erwähnten großen Unterschiede im wesentlichen die gleichen, nämlich Angaben über:

Schweißverfahren,
Genehmigungspflicht des Umfanges der Schweißarbeiten,
Zulassung zu Schweißarbeiten,
Werkstoffe,
Elektroden,
Konstruktion,
Arbeitsausführung,
Überwachung und Prüfung der Schweißungen und der Schweißer.

Daß diese Hauptpunkte in der Vorschriftengruppe des G.L. und L.R. durchweg sehr knapp und teilweise nach veralteten Erkenntnissen behandelt werden, ergibt sich vor allem dadurch, daß die erstere bereits 1931 und letztere 1937 herausgegeben wurde. Die bis zum Kriegsende bekannt gewordenen Zusätze und Änderungen sind von geringer Bedeutung.

Beide Vorschriften befassen sich am ausführlichsten mit den für die Zulassung der Schweißer und Schweißdrähte geforderten Probeschweißungen. Der G. L. beschränkt sich auf die Prüfung von Stumpf-, Flankenkehl- und Stirnkehlschweißungen, L. R. schreibt dazu noch die Prüfung von Niederschmelzproben sowie Schweißdraht- und Schweißgutanalysen vor. Für besonders wichtige Schweißungen (parts of primary structural importance) müssen die Niederschmelzproben außerdem die für Dehnung, Biegewinkel und Kerbzähigkeit vorgeschriebenen Mindestwerte erreichen.

In seinem Abschnitt über die konstruktive Gestaltung gibt der G. L. eine sehr brauchbare Tabelle für Kehlschweißungen. Diese enthält für die verschiedenen Blechdicken neben der Kehldicke „a" (= Höhe des einbeschriebenen, gleichschenkligen Dreiecks) die Länge „l" und die Abstände „t" der einzelnen Schweißstellen bei unterbrochener Schweißung. Die Abstände „t" sind in Abhängigkeit von den in den Vorschriften des G. L. geforderten Nietabständen gegeben, wodurch die Umstellung auf Schweißung sehr bequem gemacht und eine gute Abstufung erreicht worden ist. Bei den Stumpfnähten besonders wichtiger Verbandsteile fordert der G. L. noch eine Raupenüberhöhung, die je nach Blechdicke bei V-Nähten zwischen 1 und 3 mm und bei X-Nähten zwischen 1,5 und 2 mm schwankt. Diese Vorschrift ist durch die seinerzeit verwendeten primitiven blanken und getauchten Schweißdrähte entstanden und nach der Einführung hochwertiger Mantelelektroden längst überholt. Während der G. L. ausdrücklich betont, daß Überlapptschweißungen vermieden werden sollen, sind diese erstaunlicherweise von L. R. noch in der Ausgabe 1938/39 und sogar für die wichtigsten Verbandsteile zugelassen.

Die übrigen Bestimmungen der Klassifikationsgesellschaften enthalten hauptsächlich allgemeine Hinweise für die Arbeitsausführung. Erwähnenswert ist davon noch, daß L. R. vorschreibt, daß „Schweißungen bei Regen oder Frostwetter nicht im Freien ausgeführt werden dürfen", während der G. L. verlangt, „daß die Schweißstellen während des Schweißens vor Regen und Zugluft geschützt sind und daß Maßnahmen zu treffen sind, daß die Temperatur an den Schweißstellen möglichst nicht unter —5° C sinkt".

In der anderen Gruppe der Vorschriften ist „DIN 4100" von großer allgemeiner Bedeutung. Die Angaben für die Berechnung der Schweißnähte, die Sinnbilder für Schweißnähte, der Begriff der Verantwortlichkeit der Schweißfachingenieure und größtenteils auch die Prüfungsbestimmungen für die Schweißer sind in den übrigen Vorschriften von DIN 4100 übernommen bzw. eng an diese angelehnt. Daneben haben die Vorschriften dieser Gruppe noch viel Gemeinsames, da sie sich, wie bereits betont, am besten dem neuesten Stand der schweißtechnischen Erkenntnisse und Erfahrungen angepaßt haben. Die Vorschriften der Marine und des H. A. S. geben natürlich außerdem noch besondere und sehr ausführliche Richtlinien für die schiffbaulichen Verhältnisse.

Bei der Betrachtung der Marinevorschriften muß zunächst auf die 1934 herausgegebene erste Fassung eingegangen werden. Diese enthielt schon umfangreiche und fortschrittliche Bestimmungen, so daß bei der Neufassung am 10. Februar 1940 der Aufbau und Inhalt größtenteils übernommen werden konnte. Umgearbeitet wurden vor allem die Teile, die 1934 in Anlehnung an die Vorschriften des G. L. aufgenommen worden waren. So war für die Zulassung der Werften zu Schweißarbeiten die des G. L. Voraussetzung. Es brauchten dann nur noch die üblichen Schweißerprüfungen mit den von der Marine vorgeschriebenen Werkstoffen durchgeführt werden. Für besonders wichtige Bauteile waren wie beim G. L. verstärkte Schweißungen gefordert, und zwar Raupenüberhöhungen bei Stumpfnähten und eine „dicke" Kehlschweißung „d_1" (etwa 0,9 x Blechdicke s) neben der normalen Ausführung „d" (etwa 0,7 s). Soweit die Abmessungen der Kehlnähte nicht rechnerisch nach DIN 4100 ermittelt wurden, waren sie wie beim G. L. einer Tabelle zu entnehmen.

Diese enthielt in Abhängigkeit von s neben den Angaben für d und d_1 auch die Längen l und die Abstände t (eng) und t_1 (weit) für unterbrochene Schweißungen. In einer weiteren Tabelle waren dann die einzelnen Verbandsteile aufgeführt und für ihre Schweißung d oder d_1 und t oder t_1 vorgeschrieben. Auch diese Tabellen waren ursprünglich auf blanke und getauchte Elektroden zugeschnitten und eigentlich schon nach Einführung der Seelenelektroden teilweise überholt, da ein sehr großer Teil der Schweißungen, besonders im U-Boots-Bau, viel zu dick ausgeführt werden mußte.

Eine weitere Tabelle enthielt für die verschiedenen Plattendicken die Anzahl der Schweißlagen, die Schweißdraht-Ø und die Stromstärken. Bei der Neufassung 1940 wurde hierauf verzichtet. Dagegen wurden die Angaben über Quer- und Längsschrumpfung der vorkommenden Stumpf- und Kehlverbindungen überprüft und wiederaufgenommen.

Für Konstruktion und Arbeitsausführung waren sehr brauchbare Bestimmungen und Hinweise gegeben. Sie betrafen Festigkeit, Dehnung, Schrumpfung, Spannungen, Naht- und Verbindungsformen, Anordnung der Nähte, Zusammenpassen und Heften der Bauteile, Schweißfolge, Vorfertigung von größeren Schiffsteilen, Montage- und Schweißfehler, Nachbehandlung der Schweißungen und Richtarbeiten.

Von großer Bedeutung waren auch die Kontroll- und Abnahmebestimmungen der alten Marinevorschrift. Neben den Beamten der Marinebauaufsicht waren besondere Kontrolleure und Prüfer der Schweißbetriebe erforderlich, deren Tätigkeit bereits beim Zusammenbau einsetzte. Fortlaufend wurde dann kontrolliert, daß die zweckmäßigste Schweißfolge eingehalten und die richtige Schweißdrahtsorte und Stromstärke angewendet wurden. Abschließend wurde die fertige Schweißung auf Qualität und Maßhaltigkeit geprüft. Die äußere Beschaffenheit mußte ursprünglich durch binokulare Lupen mit etwa

Blechdicke s mm	Durchlaufende Kehlnaht Reihe 1 a mm	Reihe 2 a mm	Reihe 3 a mm	Reihe 4 a mm	Reihe 5 a mm	Reihe 6 a mm
2	2,5 (3)	2 (3)	2 (3)	2 (3)	2 (3)	2 (3)
3	3 (4)	2,5 (3)	2 (3)	2 (3)	2 (3)	2 (3)
4	4 (5)	3 (4)	2,5 (3)	2,5 (3)	2 (3)	2 (3)
5	5	4 (5)	3 (4)	2,5 (3)	2,5 (3)	2 (3)
6	5	5	3 (4)	3 (4)	2,5 (3)	2,5 (3)
7	6	5	4 (5)	3 (4)	2,5 (3)	2,5 (3)
8	7	6	4 (5)	3 (4)	3 (4)	2,5 (3)
9	8	6	5	4 (5)	3 (4)	3 (4)
10	8	7	5	4 (5)	4 (5)	3 (4)
11	8	7	5	4 (5)	4 (5)	3 (4)
12	10	8	6	5	4 (5)	3 (4)
13	10	8	6	5	4 (5)	3 (4)
14	12	10	7	5	4 (5)	3 (4)
15	12	10	7	6	5	4 (5)
16	14	12	8	6	5	4 (5)
18	14	12	8	7	6	4 (5)
20	16	14	8	7	6	4 (5)

Blechdicke s mm	Unterbrochene Kehlnaht (Ketten- oder Zickzackschweißung) Reihe 7 a mm	Reihe 7 l mm	Reihe 7 t mm	Reihe 8 a mm	Reihe 8 l mm	Reihe 8 t mm
2	3 (4)	40	70	3 (4)	40	95
3	4 (5)	40	70	4 (5)	40	95
4	4 (5)	40	70	4 (5)	40	95
5	4 (5)	40	70	4 (5)	40	95
6	5	50	90	5	50	125
7	5	50	90	5	50	125
8	6	50	90	6	50	125
9	6	50	90	6	50	125
10	7	60	115	7	60	155
11	7	60	115	7	60	155
12	8	60	115	8	60	155

Zahlentafel 1. Kehlnahtabmessungen.

Es bedeuten:

a = Kehldicke, l = Länge der Schweißraupe ohne Krater, t = Abstand von Mitte zu Mitte der Schweißstellen.

Die Reihen haben folgende Bedeutung:

Reihe 1 = einseitige Festigkeitsschweißung (wenn zweiseitige Schweißung nicht ausgeführt werden kann).
Reihe 2 = zweiseitige Schweißung für vollen Blechanschluß.
Reihe 3 = starke Befestigung.
Reihe 4 = mittelstarke Befestigung.
Reihe 5 = wenig beanspruchte Befestigung.
Reihe 6 = Dichtschweißung ohne Beanspruchung.
Reihe 7 = enge Ketten- oder Zickzackschweißung.

20facher Vergrößerung untersucht werden, um auch feine Risse, Bindefehler u. dgl. zu erkennen. Zur Kontrolle des Schweißnahtinneren waren stichprobenweise sowie an verdächtigen Stellen konische Anbohrungen und Anfräsungen vorgeschrieben, die dann ebenfalls mit der binokularen Lupe untersucht und fotografiert werden mußten. Von ausgebohrten Pfropfen wurden Gefügeuntersuchungen gefordert, und die Werften mußten bei den wichtigen Schweißungen jederzeit nachweisen können, welcher Schweißer diese ausgeführt hatte.

Die Zweckmäßigkeit dieser Maßnahmen war aus praktischen und schweißtechnischen Gründen sehr umstritten. Immerhin haben sie bestimmt dazu beigetragen, die Qualität der Schweißungen und der Schweißer auf den beteiligten Werften in kurzer Zeit auf ein sehr hohes Niveau zu bringen. Die binokulare Lupe wurde schließlich durch eine Handlupe von etwa 4facher Vergrößerung ersetzt, die Anbohrungen und Anfräsungen wurden jedoch erst fallen gelassen, nachdem 1938 das Röntgen der Schweißnähte im Schiffbau eingeführt wurde.

Die Marineschweißvorschrift vom 10. Februar 1940 schrieb nun zunächst ein DIN 4100 angeglichenes Zulassungsverfahren vor, bei welchem der Schweißingenieur eine sehr wichtige Rolle spielt. Er ist für alle Schweißarbeiten voll verantwortlich und hat für die Einhaltung der Vorschriften zu sorgen. Neu ist ferner die Einteilung der Schweißdrähte in Güteklassen für die verschiedenen Werkstoffe und Beanspruchungen. Diese Güteklassen wurden seinerzeit bei der Prüfung der Schweißdrähte durch die Marine nach den erzielten Festigkeits-, Dehnungs-, Biege- und Kerbzähigkeitswerten festgelegt und den Werften mitgeteilt.

Da von der Marine die vollständige Umstellung von Seelendraht auf Mantelelektroden angestrebt wurde, fordert die neue Vorschrift im Gegensatz zur alten die weitgehende Anwendung durchlaufender an Stelle von unterbrochenen Schweißungen. Nur da, wo die Kehldicke im Verhältnis zur Blechdicke zu groß ist, daß durch die Schrumpfung auf der Rückseite der Platten Knicke entstehen, ist weiterhin Ketten- oder Zickzackschweißung gestattet. Die Zahlentafel 1 zeigt die Kehlnahtabmessungen und die Zahlentafel 9 gibt die höchstzulässigen Kehldicken bei durchlaufenden Schweißungen für die einzelnen Plattendicken an.

Die nicht geklammerten Kehldicken bis 4 mm gelten nur für Mantelelektroden oder Elektroden mit Güteklasse „K". Bei Anwendung von Seelenelektroden der Güteklasse ohne „K" sind die geklammerten höheren Werte einzusetzen.

Welche Reihe der Tabelle für die einzelnen Verbandsteile zu nehmen ist, geht aus einer besonderen Zusatztabelle hervor, die hier aufzuführen zu weit gehen würde.

Da die Schweißerprüfung durch Zerreiß- und Biegeproben bei einigermaßen geübten Schweißern eher eine Prüfung der Schweißdrähte als der Handfertigkeit darstellt, ist nach der Vorschrift die Röntgenuntersuchung heranzuziehen. Nur die erstmalige Zulassungsprüfung hat in der alten Form zu geschehen.

Abschließend soll die Vorschrift des H. A. S. betrachtet werden. Sie entstand während des Krieges, als neben den Werften zahlreiche Stahlbaufirmen für den Unter- und Überwasserschiffbau herangezogen wurden. Es zeigte sich, daß diesen Firmen vor allem die Erfahrung schiffbaulicher Sonderheiten fehlten. Die vom Arbeitsstab „Schweißen" des H. A. S. ausgearbeiteten „*Richtlinien für das Schweißen im Schiffbau*" sollten diese Lücken ausfüllen und enthalten bis ins kleinste ausgeführte Einzelheiten aller Arbeiten, die in der Schiffbauschweißung vorkommen. Einzelne Teile dieser Vorschriften sind in den nachfolgenden Ausführungen enthalten.

C. Stahl St 52 (siehe hierzu ausführlich auch bei *Mantel*, S. 114 ff.)

In immer steigendem Maße wird heute im Schiffbau der Stahl St 52 verwendet. Größere Schadensfälle bei der Verwendung dieses Stahles, wie sie etwa im Brückenbau auftraten (*Mantel*, S. 106), waren dem Schiffbau längere Zeit unbekannt*), jedoch wurde bei immer ausgedehnterer Verwendung dieses Stahles das häufige Auftreten von *feinen Haarrissen in der Schweißnaht*, von *Rissen, die sich quer zur Naht zeigten*, sowie von der Tatsache, daß Schweißungen, die an den *Randzonen der Platten* vorgenommen wurden, *starke Risse* zeigten, was auf eine Sprödigkeit gerade dieser Zone hinwies, bemerkt. Alle diese Tatsachen verlangten eine dauernde Beobachtung und Überwachung des Grundwerkstoffes auf *Schweißrissigkeit*. Es zeigte sich, daß die allgemeinen Abnahmebedingungen auf Dehnung, Festigkeit, Kerbzähigkeit schweißtechnisch oft nicht be-

*) Nach persönlichen Angaben von *Küchler* (ehemalig deutsches O.K.M. Berlin) lagen dem Schiffbau Unterlagen der Firma G. H. H. vor, die geeignet waren, die Fehler frühzeitig kennenzulernen und diese zu vermeiden.

friedigten. Besonders wurde die Aufmerksamkeit dadurch auf diese Punkte gelenkt, als der Unterwasserschiffbau mit seinen vielen Durchführungen für Ventile, Leitungen usw. bei höchster Sicherheit gegen normale und gewaltsame Beanspruchungen die aufmerksamste Beachtung auch geringerer Fehler forderte.

Schmidt führte auf die Schiffbauschweißung ausgerichtete Untersuchungen durch zur Ermittlung der Sprödbruchneigung lichtbogengeschweißter Baustähle (St 52) bei statischen Längsbeanspruchungen, die hier auszugsweise wiedergegeben werden. Zur Orientierung werden gleichzeitig die Lieferbedingungen des Schiffbaues für Stahl 52 gezeigt (Zahlentafel 2).

		Alte Bedingungen			Neue Bedingungen		
Chemische Zusammensetzung Höchstwert in %		0,2% C 0,06% P 0,06% S 0,1% P+S 1,5% Mn 0,55% Cu Zusätzlich zugelassen: 0,3% Mn oder 0,2% Mo oder 0,4% Cr			0,2% C 0,06% P 0,06% S 0,1% P+S 1,2% Mn 0,6% Si Zusätzlich zugelassen: 0,4% Mn oder 0,2% Si		
Festig-keits-höchst-werte	Blechdicke mm	über 4,75 bis 18	über 18 bis 30	über 30 bis 50	über 4,75 bis 18	über 18 bis 30	über 30 bis 50
	Zugfestigkeit kg/mm²	52 bis 62	52 bis 64	52 bis 64	52 bis 62	52 bis 64	52 bis 64
	Mindeststreckgrenze kg/mm²	36	35	34	36	34	32
	Mindestbruchdehnung δ_{10} in %	20	19	18	20	19	18

Das Verhältnis der Streckgrenze zur Zugfestigkeit darf den Wert 0,8 nicht überschreiten.
Die Festigkeitswerte gelten für Längs- und Querproben.
Bei Querproben dürfen die Werte für Bruchdehnung um zwei Einheiten kleiner sein.

Zahlentafel 2. Lieferbedingungen für Stahl 52 im Schiffbau.

Zu den Versuchen über die obigen Eigenschaften wurden sieben verschiedene Stähle von 5 bis 50 mm Dicke verwandt. Die chemische Zusammensetzung und die Festigkeitswerte zeigen die Zahlentafel 3, die Kerbschlagzähigkeitswerte der Grundwerkstoffe die Zahlentafeln 4 u. 5.

Die Kerbschlagproben nach der *DVM-Probe* sowie die nach *Graf* wurden aus der Mitte der Blechdicke herausgearbeitet, da diese Zone die von der Schweißnaht ausgehenden Risse auffängt.

Vorgenommene Ätzungen ließen kleine Schlackenzeilen im Grundwerkstoff erkennen, was nach den Erfahrungen, ebenso wie in der Schweißnaht vorhandene Schlackeneinschlüsse, die Kerbzähigkeit heraufsetzt (Bild 1).

Die Kerbschlagzähigkeitsproben weisen längs zur Walzrichtung starke Streuungen im Bereich von 5,9 bis 22,3 mkg/cm² auf. Diese Streuungen sind teils auf die Verschiedenheit der Einschlußinseln, teils aber auch auf höheren Phosphorgehalt zurückzuführen.

Stahl	Blechdicke mm	C %	Mn %	Si %	Cu %	Cr %	Mo %	P %	S %	Walzrichtung *)	Streckgrenze kg/mm²	Zugfestigkeit kg/mm²	Dehnung l = 10 d in %	Einschnürung in %
I	5	0,20	1,33	0,46	0,13	0,07	0,07	0,015	0,03	∥	43,5	54,5	17,4	47,3
										⊥	43,6	55,0	19,8	43,7
	10	0,19	1,35	0,47	0,13	0,09	0,02	0,013	0,036	∥	40,4	53,7	19,3	50,7
										⊥	39,3	53,7	20,7	47,7
	20	0,17	1,34	0,57	0,08			0,02	0,014	∥	37,0	52,4	22,2	62,8
										⊥	38,8	53,3	23,5	57,5
	30	0,15	1,39	0,40	0,15			0,023	0,012	∥	34,6	53,5	23,3	62,8
										⊥	34,6	53,9	23,6	59,9
	50	0,18	1,32	0,60	0,07	0,06	0,04	0,022	0,018	∥	34,8	53,8	22,6	58,4
										⊥	34,8	51,7	22,4	47,7
II	5	0,13	1,27	0,57	0,24	0,02	0,06	0,048	0,024	∥	41,6	55,7	23,7	50,6
										⊥	43,6	57,5	21,2	42,7
	10	0,12	1,35	0,51	0,24	0,035	0,02	0,051	0,033	∥	36,5	51,1	24,6	54,4
										⊥	38,1	51,8	24,3	46,7
	20	0,19	1,36	0,48	0,14	0,035	0,06	0,04	0,025	∥	32,7	54,6	24,1	63,5
										⊥	34,0	55,2	22,4	51,3
III	5	0,16	1,12	0,40	0,08	0,017	0,04	0,026	0,024	∥	37,2	52,5	26,7	56,4
										⊥	38,9	53,6	26,4	49,9
	10	0,18	1,14	0,37	0,07	0,017	0,06	0,026	0,021	∥	37,5	54,1	26,0	55,8
										⊥	37,1	54,1	21,8	47,4
	20	0,19	1,13	0,41	0,09	0,017	0,05	0,026	0,026	∥	35,9	53,8	24,7	62,9
										⊥	34,4	52,8	24,0	54,4
	30	0,18	1,15	0,46	0,06			0,023	0,022	∥	35,5	55,3	24,0	61,3
										⊥	35,0	54,8	21,3	50,8
	50	0,21	1,20	0,53	0,03	0,02	0,05	0,021	0,023	∥	36,4	56,2	25,9	63,0
										⊥	34,6	54,4	24,4	57,0
IV	5	0,22	1,27	0,45	0,06		0,06	0,025	0,026	∥	43,6	61,2	23,0	55,9
										⊥	45,1	62,5	21,3	40,6
	10	0,24	1,27	0,46	0,06		0,03	0,024	0,027	∥	42,3	59,8	21,2	50,3
										⊥	41,7	59,6	19,3	39,4
	20	0,23	1,27	0,44	0,07		0,01	0,023	0,027	∥	39,3	58,6	23,2	62,1
										⊥	39,6	59,0	20,0	50,8
V	5	0,18	0,95	0,35	0,06	0,017	0,06	0,073	0,05	∥	40,9	56,7	22,7	48,0
										⊥	42,2	58,0	20,5	37,4
	10	0,19	0,97	0,35	0,05	0,017	0,07	0,079	0,055	∥	39,7	56,9	22,4	46,6
										⊥	39,1	56,2	21,3	39,0
	20	0,15	1,09	0,42	0,09	0,017	0,06	0 03	0,031	∥	36,4	53,6	26,0	63,9
										⊥	36,2	53,5	24,6	56,7
	30	0,20	1,07	0,40	0,07			0,027	0,024	∥	34,7	52,9	26,0	62,4
										⊥	35,0	52,7	27,1	56,3
	50	0,18	1,02	0,36	0,046			0,03	0,025	∥	32,8	51,1	25,5	60,5
										⊥	31,2	49,4	35,9	51,1

*) ∥ = längs zur Walzrichtung, ⊥ = quer zur Walzrichtung.

Zahlentafel 3. Chemische Zusammensetzung und Festigkeitseigenschaften der geprüften Stäbe (siehe hierzu Text).

Zugversuch mit Längsraupen

Um bei allen Blechdicken eine rasche Wärmeabführung und damit eine Abschreckung zu erzielen, mußten breite Probestäbe gewählt werden, desgleichen wurden alle Stäbe aus Blechen quer zur Walzung genommen, da im Schiffbau hohe Beanspruchungen der Bleche in dieser Richtung vorkommen. Es wurden Aufschweißungen mit Seelen- und Manteldraht (4 mm ø) vorgenommen, da beide Elektrodenarten im Schiffbau Verwendung finden. Die Probenabmessungen zeigt das Bild 2. Um sowohl die Härte des Schweißgutes als auch die der Übergangszone festzustellen, wurde die Schweißguthärte nach dem Vorlastverfahren, die der Übergangshärten nach dem „Rolldurverfahren"*) durchgeführt. Die Bilder 3 und 4 zeigen die Ergebnisse. Die höheren Brinellhärten der Schweißzonen bei der Seelendrahtschweißung sind durch das Fehlen des äußeren Gasmantels, der die Stickstoffaufnahme verhindert, sowie durch das Fehlen der die Wärme langsam abführenden Schlackendecke erklärlich. Die Übergangshärte ist praktisch für beide Elektrodenarten gleich. Die Zahlentafel 6 zeigt die erreichten Festigkeitswerte im Vergleich zum Grundwerkstoff, wobei die folgenden Beobachtungen gemacht wurden: Die Zugfestigkeit der Seelendrahtproben liegt unter der des Grundwerkstoffes, die der Manteldrahtproben weist höhere Nennfestigkeit als der Grundwerkstoff auf. Die Bruchdehnung der Seelendrahtschweißung ist gering.

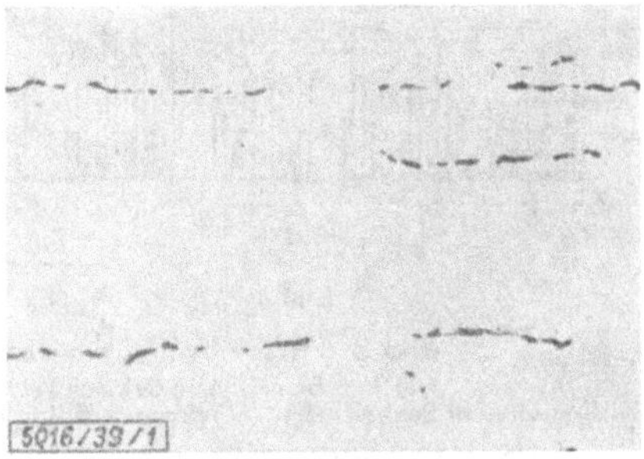

Bild 1. Eingewalzte Schlackenzeilen im Grundwerkstoff.

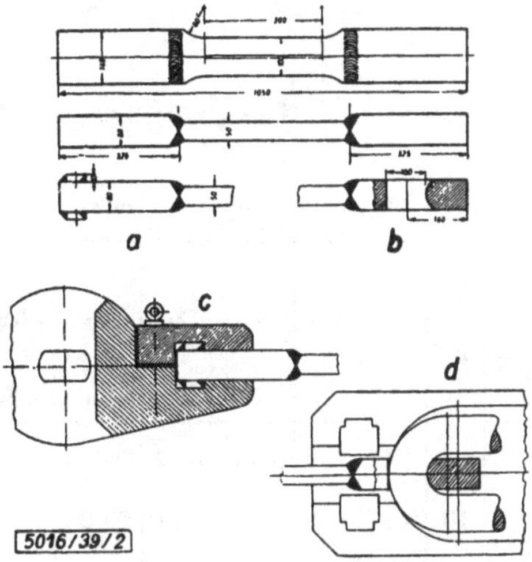

Bild 2. Zugstäbe und Einspannvorrichtungen.

a = Einspannkopf bei 5, 10, 20 mm Blechdicke
b = Einspannkopf bei 30 und 50 mm Blechdicke
c = Einspannvorrichtung der 250 X-Zerreißmaschine, Probenkopf
d = Einspannvorrichtung der 500 X-Zerreißmaschine, Probenkopf

Für diese Versuche wesentlich war das Auftreten von *Sprödbrüchen*. 25% der untersuchten Stähle zeigten Sprödbrüche, von Anrissen ausgehend, die entweder über den ganzen Querschnitt das typische grobkörnige Gefüge des ausgesprochenen Trennbruches zeigten oder, wie aus dem Bild 5 erkennbar, im Raupenbereich das Auftreten von Trennbruch, im reinen Grundwerkstoff dagegen von Verformungsbruch (siehe hierzu auch die besonders eingehende Bearbeitung der Aufschweißbiegeprobe, wie von *Mantel,* S. 108 ff., durchgeführt).

*) Rilleneindruck durch Ablaufen einer unter Last stehenden Rolle über die Schweißnaht. Die Rillenbreite ist ein Maß für die Härte, d. h. kleine Rillenbreite entspricht hoher Härte und umgekehrt.

Als Erkenntnis aller dieser Versuche ist festzustellen, daß Trennbrüche durch kleine Anrisse, die quer von der Naht ausgingen, eingeleitet werden. Es mußte jedoch

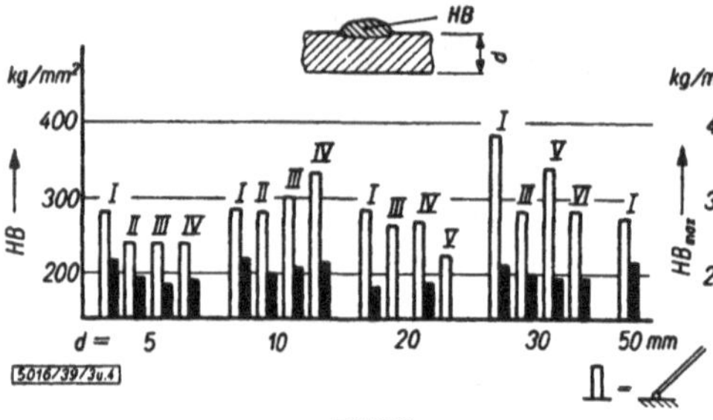

Bild 3

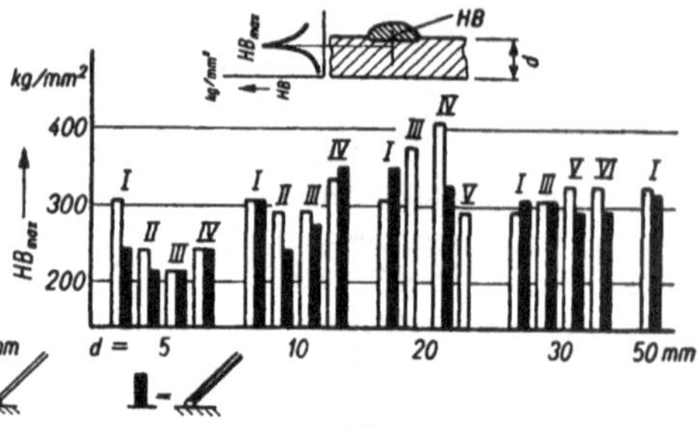

Bild 4

Bild 3. Schweißguthärten der Seelen- und Manteldrahtproben.
HB = Brinellhärte des Schweißgutes in kg/mm² d = Blechdicke
weiße Kolonnen = Seelendraht schwarze Kolonnen = Mantelelektrode (s. a. Schema im Bild 3 u. 4)

Bild 4. Höchsthärten in der Einflußzone der Seelen- und Manteldrahtproben.
HB (max.) = Höchsthärte in der Einflußzone in Brinelleinheiten (kg/mm²)

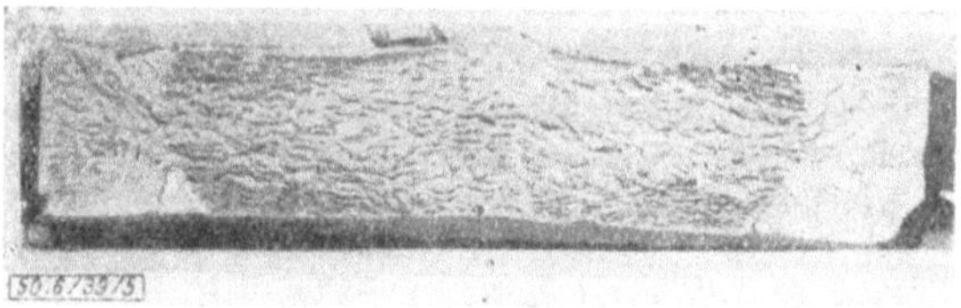

Bild 5. Trennbruch im Raupenbereich, Verformungsbruch im Grundwerkstoff.

Stahl	Blechdicke mm	C %	Mn %	Si %	Cu %	Cr %	Mo %	P %	S %	Walzrichtung*)	Streckgrenze kg/mm²	Zugfestigkeit kg/mm²	Dehnung l = 10d in %	Einschnürung in %
VI	5	0,19	1,24	0,46	0,12	0,034		0,046	0,02	∥	38,7	60,6	20,4	48,7
										⊥	37,7	60,6	17,9	37,2
	10	0,17	1,26	0,43	0,11	0,034	0,04	0,024	0,023	∥	37,6	58,4	21,4	47,1
										⊥	36,9	58,9	20,9	43,3
	20	0,17	1,19	0,45	0,11	0,017	0,045	0,029	0,022	∥	36,5	57,6	23,4	59,4
										⊥	36,4	58,4	21,9	50,1
	30	0,20	1,06	0,38	0,04		0,06	0,095	0,032	∥	32,1	55,0	24,6	55,4
										⊥	30,8	53,5	23,9	49,7
VII	5	0,18	0,99	0,30	0,5	0,25	0,04	0,026	0,021	∥	36,1	55,4	21,4	54,0
										⊥	34,2	54,8	24,1	45,8
	10	0,18	0,99	0,31	0,51	0,25	0,04	0,024	0,023	∥	39,4	55,1	20,9	48,7
										⊥	36,9	54,0	21,9	44,9
	20	0,19	0,99	0,30	0,5	0,26	0,045	0,029	0,022	∥	36,5	57,6	23,4	59,4
										⊥	36,4	58,4	21,9	59,4

*) ∥ = längs zur Walzrichtung, ⊥ = quer zur Walzrichtung.

Zahlentafel 3 (Fortsetzung). Chemische Zusammensetzung und Festigkeitseigenschaften der geprüften Stäbe (siehe hierzu Text).

Stahl	Blechdicke mm	Kerbzähigkeit *) Proben längs zur Walzrichtung mkg/cm² Einzelwerte				Mittelwerte	Proben quer zur Walzrichtung mkg/cm² Einzelwerte			Mittelwerte
I	20	21,4	21,9	23,3		22,2	10,0	10,0	10,3	10,1
	30	12,7	13,0	13,0		12,9	9,4	10,4	10,4	10,1
	50	18,1	18,8	19,1		18,7	10,1	10,4	10,8	10,4
II	20	13,2	15,7	16,3	17,7	15,7	8,5	8,6	8,8	8,6
III	20	17,2	17,9	18,2	19,4	18,2	10,3	10,3		10,3
	30	17,5	17,8	17,8		17,7	10,8	11,2	11,2	11,1
	50	17,8	18,0	18,4		18,1	10,4	11,3	11,4	11,0
IV	20	15,5	15,5	17,8	21,4	17,5	7,6	7,6	7,6	7,6
V	20	21,6	22,0	22,5	23,0	22,3	11,7	13,2		12,5
	30	19,4	19,4	22,4		20,4	10,8	11,6	12,0	11,5
	50	14,0	17,0	17,1		16,0	11,0	11,0	11,3	11,1
VI	20	10,7	11,6	12,7		11,7	6,9	7,3	7,6	7,3
	30	5,8	6,0			5,9	4,7	4,8		4,8
VII	20	14,8	16,0	16,5		15,8	9,8	11,0	11,8	10,9

*) Probenform DVM A 122.

Stahl	Blechdicke mm	Kerbzähigkeit *) Proben längs zur Walzrichtung mkg/cm² Einzelwerte			Mittelwerte	Proben quer zur Walzrichtung mkg/cm² Einzelwerte			Mittelwerte
I	20	19,2	18,0	21,6	19,7	7,8	8,6	7,0	7,8
	30	5,6	6,6	7,0	6,4	5,2	5,5	5,9	5,5
	50	12,0	12,5	11,8	12,1	6,6	7,2	6,8	6,9
III	20	14,6	14,1	14,0	14,2	7,5	7,8	7,4	7,6
	30	13,0		12,8	12,9	7,6	7,6	7,8	7,7
	50	14,3	13,9	14,6	14,3	10,2	9,4	10,0	9,9
IV	20	12,0	12,3	12,2	12,2	6,6	6,6	6,5	6,6
V	20	18,4	19,4	18,8	18,9	9,2		7,5	8,9
	30	14,2	13,5	13,6	13,8		9,0	9,2	9,1
	50	12,4	12,6	13,7	12,9	8,7		8,0	8,4
VI	20		5,9	4,6	5,3	3,5	4,1	3,4	3,7
	30	1,2	2,2	3,1	2,2		1,8	1,6	1,7
VII	20	12,3	12,3	12,4	12,3	8,2	8,1	7,6	8,0

*) Probenform nach *Graf.*

Zahlentafeln 4 u. 5. Kerbschlagzähigkeiten der Grundwerkstoffe (siehe hierzu Text).

Stahl	Blechdicke mm	Zugfestigkeit in kg/mm² **									Bruchdehnung in % (Meßlänge 300 mm)								
		Grundwerkstoff			Seelendrahtproben			Manteldrahtproben			Grundwerkstoff			Seelendrahtproben			Manteldrahtproben		
		Einzelwerte		M.W.	Einzelwerte		M.W.	Einzelwerte		M.W.	Einzelwerte		M.W.	Einzelwerte		M.W.	Einzelwerte		M.W.
I	5	56,7	56,4	56,6	55,0	52,4	53,8	59,7	60,1	59,9	23,3	16,7	20,0	4,7	5,7	5,2	13,8	17,4	15,6
	10	55,6	54,2	54,9	50,5	48,2	49,4	53,5	54,2	53,9	20,7	22,3	21,5	5,8	6,5	6,2	8,0	9,8	8,9
	20	53,9	54,1	54,0	49,6	49,7	49,7				24,6	24,1	24,4	5,5	5,2	5,3			
	30	53,3	53,8	53,6	41,6*	46,3*	44,0	53,6*	54,0	53,6	25,0	24,6	24,8	2,0*	4,0*	3,0	10,0*	18,3	10,0
	50	52,5	52,0	52,3	51,5	52,1	51,8	51,9	53,1	52,5	26,8	30,3	28,6	16,6	22,0	19,3	23,5	26,0	24,8
II	5	50,0	57,0	53,5	50,2	51,7	51,0	56,8	59,2	58,0	13,7	21,3	17,5	4,3	4,0	4,2	11,0	13,3	12,2
	10	54,2	54,0	54,1	41,7*	41,6*	41,7	54,0	55,6	54,8	24,0	25,0	24,5	2,7*	2,7*	2,7	12,8	24,8	18,8
	20	57,1	57,1	57,1	45,9*	43,6*	44,8	58,4	58,0	58,2	24,5	26,5	25,5	2,7*	2,3*	2,5	13,3	13,3	13,3
III	5	58,5	57,4	58,0	58,4	55,0	56,7	60,5	56,7	58,6	19,5	20,7	20,1	7,3	6,5	6,9	18,3	9,8	14,1
	10	56,7	57,8	57,3	48,9	49,8	49,4	56,9	60,4	58,7	25,2	19,7	22,5	5,5	4,8	5,2	10,8	15,5	13,2
	20	54,4	54,8	54,5	48,7	50,2	49,5	56,2	56,5	56,3	27,3	24,3	25.0	5,8	7,5	6,7	21,0	21,2	21,1
	30	53,7	54,0	53,9	51,2	51,5	51,4	54,7	54,6	54,7	25,8	27,3	26,5	10,7	10,5	10,6	16,7	15,5	16,1
	50	55,4	55,6	55,5	54,5	55,0	54,8	56,0	55,7	55,9	28,3	28,0	28,2	16,3	18,8	17,6	19,1	17,3	18,2
IV	5	57,1	64,0	65,6	51,2	49,5	50,4	58,6	57,5	58,1	21,8	22,5	22,2	2,5	1,3	1,9	6,2	5,7	5,9
	10	60,7	61,1	60,9	49,8	48,3	49,1	61,2	59,4	60,3	21,7	20,7	21,0	2,5	3,2	2,8	10,5	9,0	9,8
	20	60,2	60,3	60,3	50,3	51,2	50,8	61,4	61,6	61,5	23,0	21,5	22,3	5,0	5,5	5,3	12,3	17,3	14,8
V	5	62,3	60,1	61,2	48,8	52,4	50,6	63,0	63,0	63,0	15,8	18,7	17,2	3,2	4,5	3,8	13,3	15,7	14,5
	10	60,2	0	60,2	47.9	50,0	49,0	59,2	61,4	60,3	22,0	0	22,0	3,0	4,0	3,5	15,5	19,3	17,4
	20	54,6	55,2	54,9	49,8	50,7	50,3	56,1	56,2	56,2	27,0	28,7	27,8	8,0	7,8	7,7	22,7	21,7	22,2
	30	52,5	52,1	52,3	52,0	52,5	52,3	53,9	52,8	53,4	30,2	28,3	29,3	20,5	22,3	21,4	22,5	25,0	24,3
	50	52,1	50,0	51,1	51,9	51,4	51,7	51,3	51,4	51,4	27,8	29,4	28,6	22,8	22,8	22,8	24,5	22,0	23,3
VI	5	65,1	61,2	63,2	56,4	57,5	57,0	63,4	63,3	63,4	22,2	17,5	19,9	5,3	5,3	5,3	20,8	20,2	20,5
	10	61,0	61,4	61,2	52,1*	52,6*	52,4	62,7	62,2	62,5	23,0	21,5	22,3	2,5*	3,0	2,8	13,7	21,8	17,7
	20	58,4	57,8	58,1	50,1*	46,7*	48,4	0	59,9	59,9	25,3	25,3	25,3	4,0*	3,3	3,7	0	14,8*	14,8
	30	57,4	56,7	57,1	40,1*	38,1*	39,1	0	53,1*	53,1	23,8	26,5	25,2	2,0*	2,2	2,1	0	7,2*	7,2
VII	5	54,8	56,7	55,8	54,3	52,6	53,5	56,2	56,8	56,5	22,7	22,7	22,7	7,6	0,1	6,4	22,3	22,5	22,4
	10	56,5	57,3	56,9	55,8	54,6	55,2	56,6	57,5	57,1	25,5	23,7	24,6	9,3	11,0	10,2	20,6	22,0	21,3
	20	54,1	54,4	54,3	48,4*	52,5	48,4	57,2	57,4	57,3	26,5	26,5	26,5	5,5*	13,3	5,0	21,3	24,6	23,0

Die Stähle VI (5, 10, 20) und VII (5, 10, 20) längs zur Walzrichtung, alle anderen quer zur Walzrichtung geprüft. * = Sprödbruch. 0 = Nicht geprüft, da Einspannköpfe gebrochen. Wenn nur eine von zwei Proben spröde brach, dann ist die verformte Probe nicht im Mittelwert einbezogen. M.W. = Mittelwert.
** Der Raupenquerschnitt ist bei der Ermittlung der Festigkeit nicht berücksichtigt.

Zahlentafel 6. Zugfestigkeitswerte bei aufgelegter Raupe.

Stahl	Blechdicke mm	Zugfestigkeit in kg/mm²									Bruchdehnung in % (Meßlänge 300 mm)								
		Grundwerkstoff			Seelendrahtproben			Manteldrahtproben			Grundwerkstoff			Seelendrahtproben			Manteldrahtproben		
		Einzelwerte		M.W.	Einzelwerte		M.W.	Einzelwerte		M.W.	Einzelwerte		M.W.	Einzelwerte		M.W.	Einzelwerte		M.W.
I	5	56,7	56,4	56,6	55,0	52,5	53,8	59,7	60,1	59,9	23,3	16,7	20,0	4,7	5,7	5,2	13,8	17,4	15,6
	10	55,6	54,2	54,9	50,5	48,2	49,4	53,5	54,2	53,9	20,7	22,3	21,5	5,8	6,5	6,2	8,0	9,8	8,9
	20	53,9	54,1	54,0	49,6	49,7	49,7				24,6	24,1	24,4	5,5	5,2	5,3			
	30	53,3	53,8	53,6	41,6*	46,3*	44,0	53,6*	54,0	53,6	25,0	24,6	24,8	2,0*	4,0*	3,0	10,0*	18,3	10,0
	50	52,5	52,0	52,3	51,5	52,1	51,8	51,9	53,1	52,5	26,8	30,3	28,6	16,6	22,0	19,3	23,5	26,0	24,8
II	5	50,0	57,0	53,5	50,2	51,7	51,0	56,8	59,2	58,0	13,7	21,3	17,5	4,3	4,0	4,2	11,0	13,3	12,2
	10	54,2	54,0	54,1	41,7*	41,6*	41,7	54,0	55,6	54,8	24,0	25,0	24,5	2,7*	2,7*	2,7	12,8	24,8	18,8
	20	57,1	57,1	57,1	45,9*	43,6*	44,8	58,4	58,0	58,2	24,5	26,5	25,5	2,7*	2,3*	2,5	13,3	13,3	13,3
III	5	58,5	57,4	58,0	58,4	55,0	56,7	60,5	56,7	58,6	19,5	20,7	20,1	7,3	6,5	6,9	18,3	9,8	14,1
	10	56,7	57,8	57,3	48,9	49,8	49,4	56,9	60,4	58,7	25,2	19,7	22,5	5,5	4,8	5,2	10,8	15,5	13,2
	20	54,4	54,8	54,6	48,7	50,2	49,5	56,2	56,5	56,3	27,3	24,3	25,8	5,8	7,5	6,7	21,0	21,2	21,1
	30	53,7	54,0	53,9	51,2	51,5	51,4	54,7	54,6	54,7	25,8	27,3	26,6	10,7	10,5	10,6	16,7	15,5	16,1
	50	55,4	55,6	55,5	54,5	55,0	54,8	56,0	55,7	55,9	28,3	28,0	28,2	16,3	18,8	17,6	19,1	17,3	18,2
IV	5	67,1	64,0	65,6	51,2	49,5	50,4	58,6	57,5	58,1	21,8	22,5	22,2	2,5	1,3	1,9	6,2	5,7	5,9
	10	60,7	61,1	60,9	49,8	48,3	49,1	61,2	59,4	60,3	21,7	20,7	21,0	2,5	3,2	2,8	10,5	9,0	9,8
	20	60,2	60,3	60,3	50,3	51,2	50,8	61,4	61,6	61,5	23,0	21,5	22,3	5,0	5,5	5,3	12,3	17,3	14,8
V	5	62,3	60,1	61,2	48,8	52,4	50,6	63,0	63,0	63,0	15,8	18,7	17,2	3,2	4,5	3,8	13,3	15,7	14,5
	10	60,2	0	60,2	47,9	50,0	49,0	59,2	61,4	60,3	22,0	0	22,0	3,0	4,0	3,5	15,5	19,3	17,4
	20	54,6	55,2	54,9	49,8	50,7	50,3	56,1	56,2	56,2	27,0	28,7	27,8	8,0	7,3	7,7	22,7	21,7	22,2
	30	52,5	52,1	52,3	52,0	52,5	52,3	53,9	52,8	53,4	30,2	28,3	29,3	20,5	22,3	21,4	22,5	26,0	24,3
	50	52,1	50,0	51,1	51,9	51,4	51,7	51,3	51,4	51,4	27,8	29,4	28,6	22,8	22,8	22,8	24,5	22,0	23,3
VI	5	65,1	61,2	63,2	56,4	57,5	57,0	63,4	63,3	63,4	22,2	17,5	19,9	5,3	5,3	5.3	20,8	20,2	20,5
	10	61,0	61,4	61,2	52,1*	52,6*	52,4	62,7	62,2	62,5	23,0	21,5	22,3	2,5*	3,0*	2,8	13,7	21,8	17,7
	20	58,4	57,8	58,1	50,1*	46,7*	48,4	0	59,9*	59,9	25,3	25,3	25,3	4,0*	3,3*	3,7	0	14,8*	14,8
	30	57,4	56,7	57,1	40,1*	38,1*	39,1	0	53,1*	53,1	23,8	26,5	25,2	2,0*	2,2*	2,1	0	7,2*	7,2
VII	5	54,8	56,7	55,8	54,3	52,6	53,5	56,2	56,8	56,5	22,7	22,7	22,7	6,7	6,1	6,4	22,3	22,5	22,4
	10	56,5	57,3	56,9	55,8	54,6	55,2	56,6	57,5	57,1	25,5	23,7	24,6	9,3	11,0	10,2	20,6	22,0	21,3
	20	54,1	54,4	54,3	48,4*	52,5	48,4	57,2	57,4	57,3	26,5	26,5	26,5	5,0*	13,3	5,0	21,3	24,6	23,0

Die Stähle VI (5, 10, 20) und VII (5, 10, 20) längs zur Walzrichtung, alle anderen quer zur Walzrichtung geprüft. * = Sprödbruch. 0 = Nicht geprüft, da Einspannköpfe gebrochen. Wenn nur eine von zwei Proben spröde brach, dann ist die verformte Probe nicht im Mittelwert einbezogen. M.W. = Mittelwert.

Zahlentafel 7. Ergebnisse der Längsschweißzugversuche.

nicht der erste Anriß zugleich den Bruch hervorrufen, denn oft traten erst zahlreiche Anrisse auf, bevor der Trennbruch ausgelöst wurde (Bild 6).

Die Risse traten nach den Beobachtungen schlagartig auf, und die frei werdenden Kräfte übten Schlagbeanspruchungen aus, wobei die Anrisse keilartige Kerben vorstellen, die als Kerbwirkungen zu Trennbrüchen im benachbarten Werkstoff führen können.

Für den Schiffbau müssen deshalb als Untersuchung für die jeweilige Eignung von St 52 zusätzlich zu den bisher üblichen Bedingungen des Zugversuches, der chemischen Analyse sowie des Abschreckbiegeversuches, die *Kerbschlagprobe* und der Zugversuch an *Stäben mit Längsraupen* empfohlen werden.

Diese Erfahrungen mit aufgetragenen Längsraupen wurden bestätigt, als weitere Versuche mit längsverlaufenden Seelen- und Manteldraht-Stumpfschweißungen in V- und X-Form ausgeführt wurden. Die Ergebnisse der Zugversuche zeigt die Zahlentafel 7. Daraus ist zu folgern, daß bei hoher Längsbeanspruchung starr eingespannter V- und X-Nähte eine hochdehnungsfähige Elektrode verwendet werden muß.

Da im praktischen Schiffbau bei den verschiedensten Temperaturen und bei allen Witterungseinflüssen geschweißt werden muß, ist der Rißgefahr bei Frost oder anderweitiger Abkühlung Beachtung zu schenken. Die in diesem Sinne vorgenommenen Untersuchungen ergaben, daß bei Temperaturen bis —10° C keine Rißanfälligkeit des St 52 auftritt, selbst dann nicht, wenn die Schweißproben mit Schnee bei —10° C bedeckt sind. Dies gilt jedoch nur dann, wenn keine feste Einspannung vorliegt. Starre Einspannung in Verbindung mit Frost erhöht die Rißgefahr wesentlich. Bei weiterem Temperaturabfall unter —10° C ist jedoch eine Erwärmung der Umgebung der Schweißstelle auf Handwärme zweckmäßig, desgleichen ist ein Schweißen an Werkstücken, die teilweise in Wasser getaucht sind, möglichst zu vermeiden.

Große Schweißschwierigkeiten traten im Schiffbau beim St 52 auf, als aus Rohstoffgründen die Gehalte an Kohlenstoff auf 0,23% C, an Mangan auf 1,1% Mn und die von Silizium auf 0,5% Si erhöht werden mußten, da Bleche häufig, besonders an den Randzonen, chemische Gehalte an C = 0,25%, Mn = 1,4%, Si = 0,58% aufwiesen. Dadurch bedingt, rissen ganze Längsnähte bei Verwendung gut bewährter Elektroden auf. Man wurde der Schwierigkeiten erst Herr, als man zur Verwendung von *Elektroden mit kalkbasischer Umhüllung* schritt. — In diesem Zusammenhang bemerkt sei das Setzen von „Schröpfpunkten", ein im Schiffbau angewandtes Mittel: Um durch die Schweißspannungen verworfene Platten z. B. plan zu richten, ist ein beschleunigtes Abkühlen der Schröpfpunkte durch Aufspritzen von Wasser nicht zulässig, da diese Schröpfpunkte nachher dann viele Haarrisse aufweisen.

Im Schiffbau sind viele Schweißnähte nicht so gut zugänglich, daß, wie es vorgeschrieben ist, die Wurzelseite ausgearbeitet werden kann. Man hilft sich oftmals dadurch, daß man unter die Wurzel eine Kupferschiene legt und die Naht dann verschweißt. Die Schweißungen dieser Art sind nicht als vollwertig einzusetzen. Versuche ergaben für:

V-Naht, geschweißt mit Seelendraht und Kupferunterlage, *Naht nicht wurzelseitig bearbeitet* und nicht nachgeschweißt:

1. Raupe nicht bearbeitet . . . . Festigkeit $\sigma_B = 67{,}7$ kg/mm²
2. Raupe bearbeitet . . . . $\sigma_B = 63{,}7$ kg/mm²

Schweiß*naht wurzelseitig nachgeschweißt:*

3. Raupe nicht bearbeitet . . . . $\sigma_B = 70{,}8$ kg/mm²
4. Raupe bearbeitet . . . . $\sigma_B = 70{,}7$ kg/mm²

Die chemische Untersuchung ergab eine bis in die Mitte des Schweißgutes hineindringende Erhöhung des Kupfergehalts gegenüber dem kupferarmen Grundwerkstoff.

D. *Das Schweißen hochfester Stahlbleche*

Besondere Beachtung, d. h. gute theoretische wie praktische Kenntnisse, verlangt die Schweißung von Chromstählen, mit denen man Decks, Schotte usw. verstärken kann. Die chemische Zusammensetzung dieser Werkstoffe ist etwa die folgende: 0,26% C, 0,34% Mn, 0,32% Si, 0,01% S, 0,03% P, 0,16% Mo, 0,01% Ni und 1,92% Cr (Blechdicke d = 50 mm).

Mit zunehmender Blechdicke d erhöht sich erfahrungsgemäß der C-Gehalt beträchtlich und erreicht schon bei Blechen von 80 mm Dicke Beträge von 0,32 bis 0,35% C.

Der Übergang von der Nietung zur Schweißung stellte die Schweißtechnik und die Herstellerfirmen der Bleche und der Elektroden vor neue Probleme. Es waren im

Bild 6a u. b

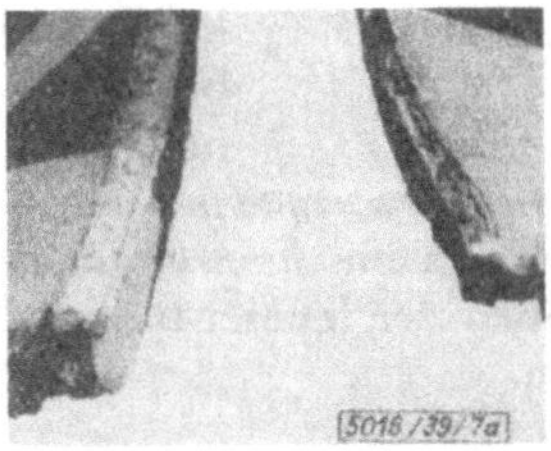

Bild 7a

Bild 7b

Bild 6. Querrisse an Zugstäben mit aufgelegter Raupe, Stahl I 20.
a = dünne Manteldrahtraupe b = dünne Seelendrahtraupe
Bild 7 a. Ablösung der Naht in der Übergangszone.
Bild 7 b. Ablösung der Naht in der Übergangszone.

Anfang der Schiffbauschweißung keine Erfahrungen hierfür vorhanden, und es wurde notwendig, neu zu entwickeln die Elektrode und ihre Umhüllung, die Nahtformen und die Schweißfolge, desgleichen mußten Versuche zur Überwachung und Überprüfung vorgenommen werden. Kennzeichnend für alle vorgenommenen Versuchsschweißungen oder Bruchformen bei Verwendung ungeeigneter Elektroden oder nicht geeigneten Werkstoffes ist *das plastische Ablösen der Schweißnaht aus der Übergangszone, so daß man im Grundwerkstoff jeweils genau die Einbrandtiefe erkennt.* Auf der Blechseite sieht man in konkaver Form die Naht, die sich in gesamter Länge von der Übergangszone abgelöst hat (Bilder 7a u. b).

Diese Erscheinungen treten bei Zug-, Biege- und Schlagbeanspruchungen sowie bei Sprengung gleichermaßen auf, d. h. die Naht reißt, plastisch gesehen, aus dem Übergang aus. Hervorgerufen wird diese Erscheinung dadurch, daß sich beim Schweißen eine *glasharte Übergangszone von* $\sim 1/_{100}$ *mm Dicke* bildet, die als Trennwand zwischen Werkstoff und Schweiße eine innige Verbindung beider Teile nicht zuläßt. Die Beseitigung dieser Erscheinung wurde möglich, als neben dem geeigneten Kerndraht eine besondere Umhüllung gefunden wurde, die für die Verschweißung hochfester Bleche untereinander und von diesen mit Baustahl St 52 geeignet war.

Die *Rißempfindlichkeit* des obengenannten hochfesten Werkstoffes und das Problem der Beherrschung der auftretenden starken Schrumpfwirkungen, die sich besonders beim Legen der ersten Lagen der X-Naht (Bild 8a) sowie auch beim Legen der zweiten Lage (Bild 8b) zeigte, verlangten sowohl bei der Vorbereitung der Naht, bei ihrer Schweißung, der Wurzelbearbeitung und im Takt der Schweißfolge erhöhte Aufmerksamkeit und laufende Beobachtung. Bei Platten über 50 mm Blechdicke trat hinzu, daß durch starke Kohlenstoff- und Schwefelseigerungen sich an diesen Stellen viele parallele, oft 10 cm lange *Haarrisse* zeigten, die in einem Abstand von 1 mm zueinander verliefen. Diese Risse wurden dadurch beseitigt, daß die Stellen parallel zur Nahtkante ausgeschliffen wurden bei dauernder Vornahme von Ätzproben, da diese Haarrisse so fein sind, daß sie mit der Lupe kaum gefunden werden können. Das Verschweißen geschah, besonders in Fällen starrer Einspannung, unter besonderen Vorsichtsmaßnahmen, wie dauernde *handwarme Vorwärmtemperatur*, seitliches Antragen der ausgeschliffenen Stellen, derart, daß sich die ursprüngliche X-Nahtform wieder ergab. Außerdem mußte das Verschweißen der letzten blechnahen Raupen der X-Naht in Intervallen vorgenommen werden.

Bild 8a. Risse in der ersten Lage einer X-Naht an hochfesten Stahlblechen.

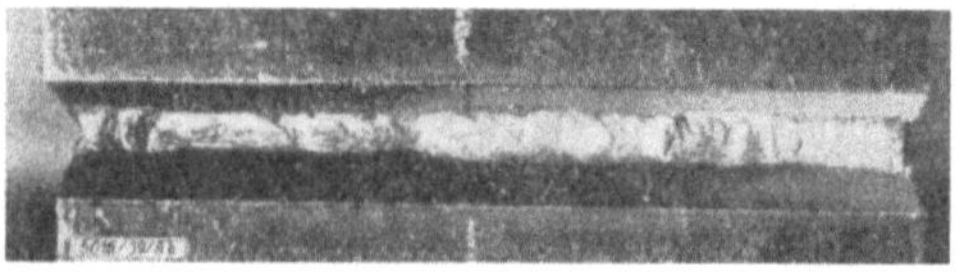

Bild 8b. Risse in der zweiten Lage einer X-Naht an hochfesten Stahlblechen.

Das Verschweißen hochfester Stahlbleche

Die Nahtformen für verschiedene Blechdicken zeigt das Bild 9. Nach der Bearbeitung der Nahtflanken, was ausschließlich mittels spanabhebender Werkzeuge geschieht, wird die Oberfläche der Walzhaut in Nähe der Nahtkanten abgeschliffen und die Bleche mit dem vorgeschriebenen Abstand auf den „Richtplan" gelegt. Die Heftung der Bleche geschieht mit darübergelegten Ausgleichblechen aus St 52, die mit dünnen Raupen *einseitig* mit Kettenschweißung geheftet werden. Einseitig geschweißt, sind diese durch Schläge auf die obere Kante des Ausgleichbleches leicht wieder zu lösen (Bild 10). Die zu verbindenden Platten liegen auf dem Schweißplan so hoch aufgebockt, daß der untere Nahtteil der X-Naht für den unten liegenden Überkopfschweißer zugängig ist. An den Seiten der Platten sind weiße Markierungsmarken, die die Ursprungslage anzeigen, angebracht. Sie dienen zur Kontrolle und zum rechtzeitigen Erkennen einer eventuell eintretenden Winkelschrumpfung. In die Nahtfuge werden von oben zwei Lagen eingebracht. Zeigt bereits die erste Lage Risse, so werden diese herausgeschliffen und neu verschweißt. Sind die ersten zwei Lagen von oben rißfrei eingebracht, so wird die erste Lage von unten über Kopf gelegt. Diese jetzt vorhandene Nahtmasse wird mittels der im Bild 11 gezeigten Schleifscheiben so tief ausgeschliffen, daß der im Mittelteil des X-Stoßes befindliche Werkstoff ganz entfernt ist. Eine andere Wurzelabarbeitung als das Schleifen ist bei diesem Werkstoff nicht angängig. Ist die Naht soweit fertiggestellt und auch durch genaueste Betrachtung unter der Lupe kein Riß feststellbar, so beginnt der eigentliche Schweißvorgang. Jeder Schweißer bekommt etwa 80—100 cm

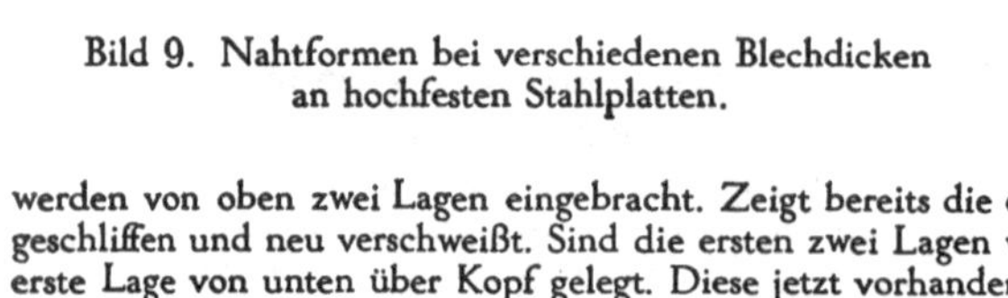

Bild 9. Nahtformen bei verschiedenen Blechdicken an hochfesten Stahlplatten.

Schweißlänge zugeteilt und stellt zum Schutz gegen Verblitzen der Augen einen kleinen beweglichen Schutzschirm quer zur Naht auf. Jeder Schweißer schweißt nun innerhalb seines Bereiches in Pilgerschritten von 100—120 mm nach der Mitte der Platte zu, die mit Kreide auf Bild 12 eingezeichneten Pfeile geben hiervon ein anschauliches Bild. Das im Vordergrund befindliche Ausgleichblech stellt die Mitte der Platte dar. Etwa die Hälfte der Anzahl der Schweißer, die erforderlich sind, befinden sich unterhalb der Platte, um gleichzeitig mit ihren oben befindlichen Arbeitskameraden den unteren Teil der X-Naht zu verschweißen, wobei sie darauf zu achten haben, daß ihr Lichtbogen etwa 150—200 mm von dem entgegengesetzten oberen Bogen entfernt bleibt, um Wärmeanhäufungen zu vermeiden. Der oberhalb befindliche Meister kontrolliert neben der Schweißfolge auch das „Arbeiten" des Bleches und gibt den Schweißtakt an, d. h., wenn die Platte sich hebt, setzen die oberen Schweißer mit dem Schweißen aus, die unteren Schweißer arbeiten weiter und wirken so der Winkelschrumpfung entgegen, bis sie ausgeglichen ist und die oberen Schweißer wiedereinsetzen dürfen. Ist die Naht etwa bis zur Hälfte geschweißt, so werden die Ausgleichbleche entfernt. Geschweißt wird nur in Lagenschweißungen, nie in Längsraupen, um der Winkelschrumpfung entgegenzutreten. Letzteres verlangt, besonders die bis 30 mm breiten oberen Lagen, große Geschicklichkeit. Ist die Platte fertiggestellt, so wird die gesamte Nahtlänge geröntgt.

Bild 10

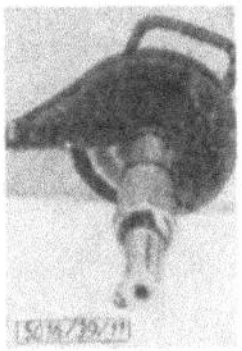

Bild 11

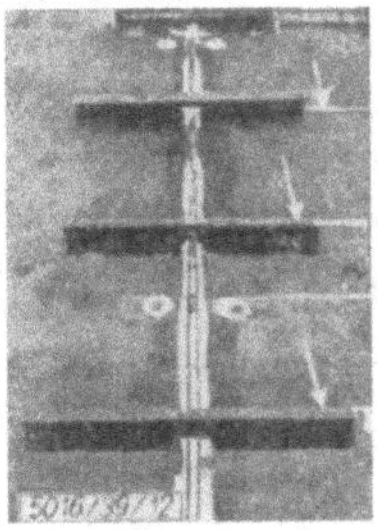

Bild 12

Bild 10. Verschweißen von hochfestem Stahlblech mit sichtbarem Ausgleichblech und weißen Kontrollstreifen.

Bild 11. Schleifmaschinen mit Schutzhaube und Führungssporn für Wurzelabarbeitung.

Bild 12. Hochfeste Stahlplatte mit Ausgleichblechen und Schweißfolgepfeilen.

Prüfmethoden und Werkstoffuntersuchung. Wie bereits erwähnt, waren bei Beginn der Schweißung hochfester Stahlbleche keine Anhaltspunkte vorhanden, welche Prüfmethoden anzuwenden wären und, wenn welche gefunden wurden, welche mechani-

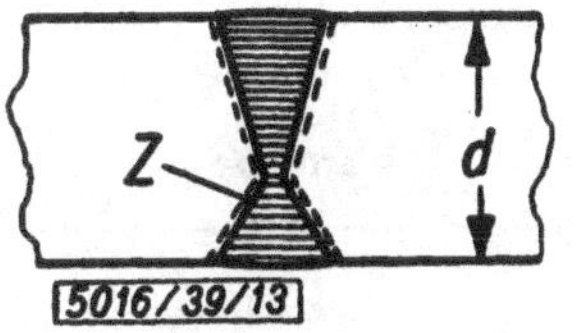

Bild 13

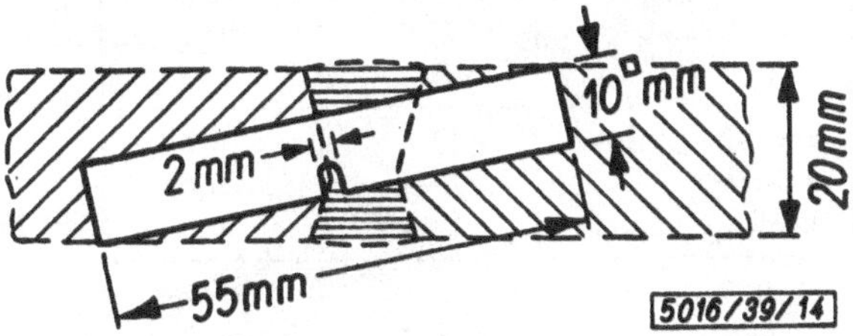

Bild 14

Bild 13. Harte Übergangszone Z bei Schweißung hochfester Stahlbleche.

Bild 14. Kerbschlagprobe, aus dem Übergang entnommen; erste Probe, später ersetzt durch Probenform nach Bild 15.

schen Gütewerte diese ergeben würden. Ferner mußte die Rißempfindlichkeit des Werkstoffes, die Wärmeeinwirkung und vor allen Dingen die Beseitigung der sich bei Schweißwärme bildenden *glasharten* Übergangszone immer wieder berücksichtigt werden. Wichtig war es, zu ermitteln, ob die Kantenbearbeitung einen Einfluß auf die Übergangszone ausübte. Es wurden deshalb Abschreckversuche mit Ermittlung der Brinellhärten durchgeführt. Mittels autogenen Brennschneidens hergestellte Brennkanten zeigten durchschnittlich HB = 500 kg/mm² bei 10 mm Blechdicke. Die dabei aufgehärtete Zone wurde durch die spätere Erwärmung beim Schweißen jedoch vollständig wieder abgebaut. Es bildete sich eine durch das Schweißen hervorgerufene verlagerte neue Übergangszone, so daß späterhin auch autogen geschnittene Brennkanten zum Verschweißen zugelassen wurden. Wesentlich sind die Festigkeitswerte für Verbindungsschweißen, besonders wichtig die Kerbschlagwerte. Hierbei interessiert nicht so sehr das Verhalten der Schweißnahtmitte, sondern der Übergang Schweißung—Grundwerkstoff, d. h. die Zähigkeit für Schlagbeanspruchung in der glasharten Zone (Bild 13). Es wurde deshalb eine besondere Form der Kerbschlagprobe gewählt. Die eine Plattenkante wurde winklig abgeschrägt, die andere verblieb gerade. Diese spezielle Probenform wurde erst später angewandt. In den Erstversuchen wurden die Kerbschlagproben einer normalen X-Naht entnommen (Bild 14).

Das Bild 15 zeigt die endgültige Probenform. Von Schweißungen verschiedener austenitischer Elektroden wurden Kerbschlagproben hergestellt, der Kerb genau in der Übergangszone liegend. Die nachfolgende Zahlentafel 8 gibt die erhaltenen Kerbschlagübergangswerte an.

Elektrodensorte	Stabbezeichnung	Kerbzähigkeit in mkg/cm² Einzelwert	Mittelwert	Bemerkung
NCT3/113	A 1	17,1		
Krupp	A 2	19,8		A 4, A 5 } Warmrisse
	A 3	20,4	19,3	
FF. BD	B 1	11,2		
Böhler	B 2	9,8		
	B 3	9,0		
	B 4	7,5	9,2	
	B 5	8,6		
Fox A 7	C 1	9,0		
Böhler	C 2	9,4		
	C 3	9,0	9,1	
	C 4	10,1		
	C 5	8,3		
Fox AN	D 2	11,6		
1. Sorte	D 3	10,5		D 1, D 2 } Warmrisse
Böhler	D 4	10,9	11,0	
V 10 A	E 1	15,7		
Krupp	E 2	18,3		E 4, E 5 } Schweißung einwandfrei, aber krasse Trennbrüche; Mittelwert daher zweifelhaft
	E 3	20,1		
	E 4	10,5		
	E 5	10,9	15,0	
Fox AN	F 2	10,1		
Böhler	F 3	10,9		
	F 4	11,6		
	F 5	12,8	11,3	F 1 Warmrisse

Zahlentafel 8. Kerbzähigkeitswerte hochfester Stahlbleche (X-Naht, verschiedene deutsche Elektrodensorten).

Für die Abnahme wurden folgende Werte vorgeschrieben:

Zugfestigkeit geschweißter Proben hochfester Stahlbleche ... $\sigma_B = 64$ kg/mm²
Kerbschlagprobe in Mitte der Schweiße liegend .... $\alpha_k = 20$ mkg/cm²
Kerbschlagprobe im Übergang Schweißgut—Grundwerkstoff liegend .... $\alpha_k = 18$ mkg/cm²
Dehnung.. $\delta = 40$ %.

Außer der Festlegung der mechanischen Werte war es notwendig, eine Probe zu finden, die es ermöglichte, die Elektroden auf ihre Eignung zu erproben, um die oben

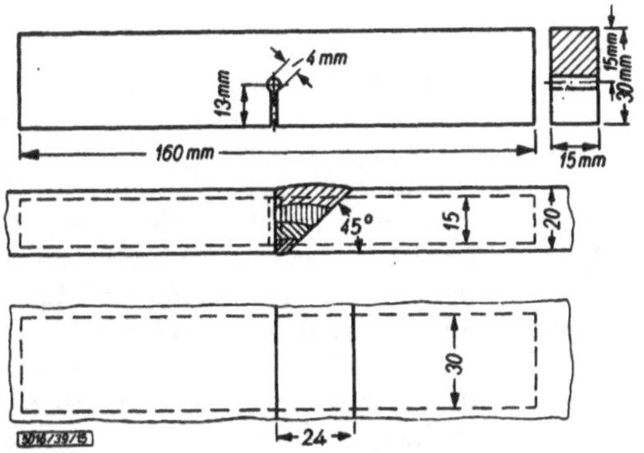

Bild 15. Kerbschlagversuche, aus dem Übergang entnommen; endgültige Probenform.

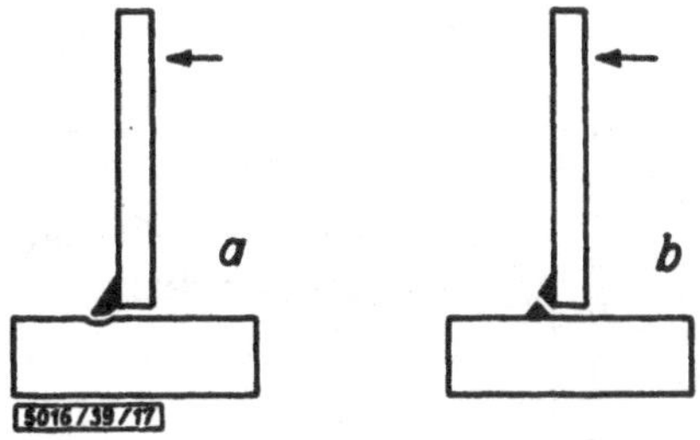

Bild 17. Kehlnaht-Bruchprobe zur Prüfung auf Übergangsrissigkeit.
a = schlecht, b = gut

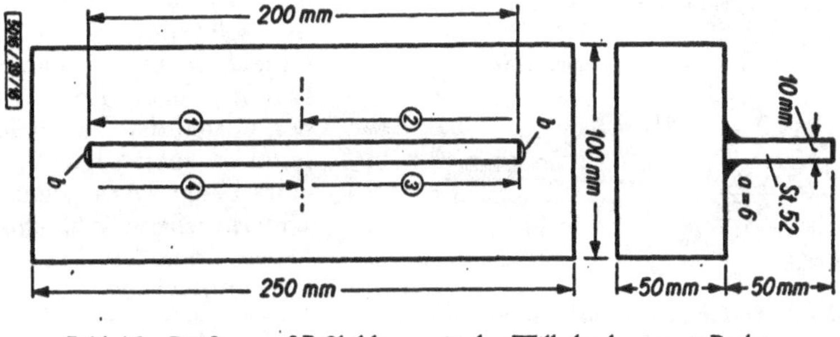

Bild 16. Prüfung auf Rißbildung mittels „Wilhelmshavener" Probe.
a = Kehlnahtdicke, b = Heftung

erwähnten Werte zu erreichen. Es wurden die nachfolgenden drei Probeformen für Versuchsschweißungen zur Beurteilung der Elektroden entwickelt:

1. Die „Wilhelmshavener Kehlnahtprobe" zur Prüfung der Warmrißneigung der Elektrode (Bild 16).
2. „Kehlnahtbruchprobe" zur Prüfung auf Übergangsrissigkeit (Bild 17).
3. „X-Naht-Einspannprobe" zur Erprobung beider Neigungen bei starr eingespannter Naht (Bild 18).

Die Probe 1 zeigt beim Erkalten der Naht und schlechter Elektrode sofort Risse in der Naht. Ist die Elektrode ungeeignet, so zeigt Probe 2 beim Umbrechen des Steges, daß der Bruch nicht in Nahtmitte erfolgt, sondern daß der Steg aus dem Grundwerkstoff im Übergang ausreißt. Die im Bild 18 gezeigte Probe wird mit Kehlnaht an einen dicken Rahmen von allen vier Seiten festverschweißt, so daß praktisch eine starre Einspannung vorhanden war. Bevor die starre Einspannung erfolgt, werden in die X-Naht drei Heftpunkte von etwa 30 mm Länge gelegt, so daß also diese Punkte frei schrumpfen können. In die nun starr eingespannte Probe werden jetzt in normaler Schweißfolge die erste, zweite usw. folgende Lage zwischen die Heftpunkte gelegt. Ist die Elektrode rißanfällig, so reißt bereits die erste Lage. Bei Übergangsrissigkeit löst sich nach erfolgter Abkühlung die Naht ab. Zur Prüfung der Festigkeitseigenschaften der Elektrode wird auch die im Bild 19 gezeigte Probe angewandt.

E. Elektroden im Schiffbau

Die Schweißung im Schiffbau erforderte lange Zeit hindurch Seelen- und Mantelelektroden nebeneinander. Der Vorteil der Seelenelektrode, die heute auch in der Güteklasse 52 z geliefert wird, liegt vor allem in der Montageschweißung an Bord, weil bei dieser in Ecken und Winkeln, in denen die Elektrode stark gebogen werden muß, Schweißungen unter sonst nicht üblichen Verhältnissen auszuführen sind. Im Werkstattbetrieb und an normal liegenden Teilen an Bord wird jedoch der umhüllten Elektrode der Vorzug gegeben. Überall wo Verbindungen hoher Zähigkeit und guter Dehnung sowie auf Dauerschwingungen beanspruchte Nähte herzustellen sind, sollen umhüllte Elektroden der Güteklasse z *) verwandt werden. Durchlaufende Kehlnähte haben den Vorteil der Dichtheit, der besseren Dauerfestigkeit und der einfacheren Anstrichmöglichkeit. Unterbrochene Kehlnähte dagegen haben den Vorteil geringerer Schrumpfwirkung auf die Beplattung längs und quer. Überschreitet die Stärke der durchlaufenden Kehlnähte a im Verhältnis zur Blechdicke d eine bestimmte Größe, so bilden sich auf der Rückseite der Platte deutlich sich abzeichnende Knicke, die schwierig zu beseitigen sind. — Dies gilt besonders für das Anschweißen von Versteifungen, Spanten, Längsbändern, Deckbalken und Unterzügen an die Beplattung. In solchen Fällen sollen deshalb durchlaufende Kehlschweißungen nur dann angewendet werden, wenn die Kehlnahtdicke a nicht größer ist, als in der Zahlentafel 9 angegeben:

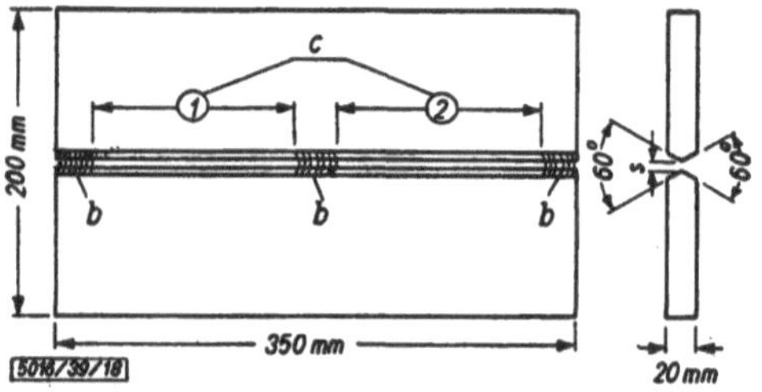

Bild 18. Prüfung auf Rißbildung, Einspannprobe.
b = Heftstellen, von beiden Seiten vollschweißen
c = Nur Wurzellage verschweißen
(1) u. (2) = Wurzellagen
s = Spalt = 4 mm nach dem Heften

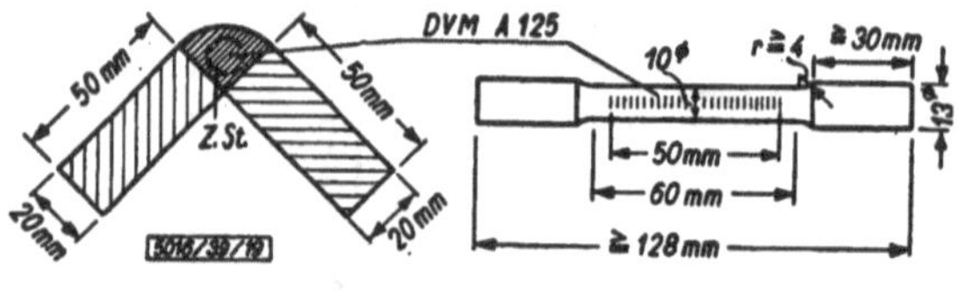

Bild 19. Prüfung der Festigkeitseigenschaften, reines Schweißgut.
Z. St. = Rundzerreißstab, aus dem Schweißgut herausarbeiten

Blechdicke d	2—4	5	6—7	8	9—11	12 mm
Kehldicke a	—	2	2,5	3	4	5 mm

Zahlentafel 9 (siehe hierzu den Text).

*) Siehe hierzu *Zeyen*, S. 304 ff. und DIN 1913, Beitrag *Richter*, S. 382 ff.

Überschreitet die Kehldicke a diese Werte, so sind zur Verhütung der beschriebenen Vorgänge unterbrochene Nähte vorzuziehen, soweit es die Festigkeitsverhältnisse zulassen.

Für Ecknähte, Kreuzverbindungen oder Schweißungen an Blechen über 12 mm Dicke können in jedem Fall durchlaufende Schweißnähte ausgeführt werden.

In umfangreichen, hier im einzelnen nicht mitteilbaren Versuchsserien wurden die Unterschiede von Seelen- und Mantelelektroden für den Schiffbau ermittelt. Dabei gelangten ganze Verbände zur Gruppen-Bauteilprüfung auf Schlagbeanspruchung gemäß dem Bild 20. Auch Prüfzylinder mit Rund- und Behälterlängsnähten hochfester

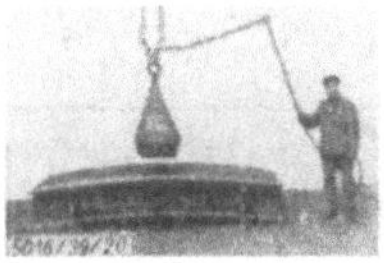

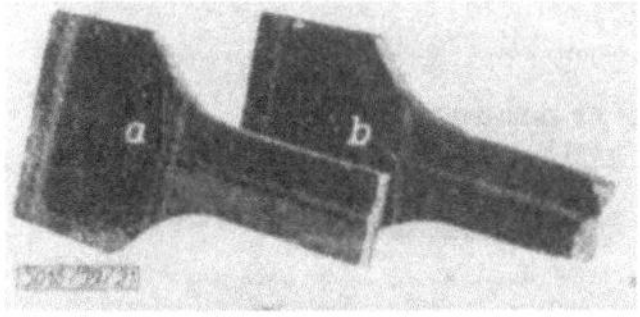

a b

Bild 20. Belastungsbirne für die Schlagprüfung eines geschweißten Schiffteilverbandes.

Bild 21. Aufgelegte Schweißraupen auf Stahl 52, a = Seelen- und b = Manteldrahtraupen.

Stahlblechschweißungen wurden auf Berstdruck geprüft (Bild 20). Das Bild 21 zeigt die Überlegenheit der Mantelelektroden (Bild 21 a gegenüber b), indem der Seelendraht nahezu verformungslosen Sprödbruch erkennen läßt. Den gleichen Güteunterschied ließen die Bauteilprüfungen des Bildes 20 erkennen.

Zusammenfassend können für den Einsatz von Elektroden im Schiffbau die folgenden Forderungen aufgestellt werden:

An Teilen, die hohen, insbesondere Dauerschwingungsbeanspruchungen ausgesetzt sind, sowie bei eventuellen Belastungen durch äußere Kräfte sind Elektroden hoher Dehnungsfähigkeit zu benutzen.

Die Elektrode muß neben diesen Eigenschaften so zähflüssig sein, daß sie in allen Schweißlagen große Spalte überbrückt.

Für Teile hoher Festigkeit, jedoch geringerer Dehnungsbeanspruchungen sind Seelenelektroden einsetzbar.

An schwer zugänglichen Teilen, wenn beanspruchungsmäßig zulässig, sind Seelenelektroden zu empfehlen.

Bei allen Untersuchungen und hier gezeigten Betrachtungen gilt als selbstverständliche Forderung:

Jede Schweißnaht muß wurzelseitig ausgekreuzt und nachgeschweißt werden.

Die austenitischen und ferritischen Elektroden auf basischer Grundlage

Alle Versuche zum Verschweißen hochfester Stahlbleche zeigen, daß zur Verschweißung nur hochchrom- und nickelhaltige austenitische Elektroden in Frage kommen. Auch bei Verwendung dieser Elektroden trat das bereits besprochene plastische Herausreißen der Naht aus dem Grundwerkstoff auf, desgleichen Warmrissigkeit dünngelegter Lagen. Um diesen Erscheinungen entgegenzutreten, mußte

Kerndraht und Umhüllungsmasse entwickelt werden, bis sich eine „Elektrode N. C. T. 3/113" für das Verschweißen hochfester Stahlbleche ergab, die den vorläufigen Endpunkt der Entwicklung darstellt. Diese Elektrode ergab die verlangten Festigkeits- und Kerbschlagwerte des Schweißgutes und im Nahtübergang hohe Dehnungswerte und gute Warmrissigkeit bei bester Bindung. Die anderen Elektroden „V 10 A", „Fox A 7" und „F. F. B. D." genügen nur für die Verschweißung von hochfesten Stählen mit Baustahl St 52.

Die Kerndrahtanalysen dieser Elektroden gibt die Zahlentafel 10 wieder.

Chemische Zusammensetzung in %				
Nr.	1	2	3	4
Elektrodenbezeichnung	N. C. T. 3/113	V 10 A	Fox A 7	F. F. B. D.
C	0 12	0,13	0,14	0,11
Mn	1,51	6,61	6,98	1,23
Si	1,17	1,45	0,93	1,40
S	frei	frei	frei	0,003
P	frei	frei	0,0098	0,005
Cr	24,95	19,89	17,90	16,23
Ni	18,58	7,38	7,99	20,15
Mo	0,05	0,22	0,98	0,08
Va	0,65	0,12	0,06	0,04

Zahlentafel 10. Kerndrahtanalysen für Elektroden zum Verschweißen von hochfesten Stahlblechen mit Schiffbaustählen.

Bei Blechen *über 40 mm Dicke* kommen für den zugrunde gelegten Werkstoff auch heute noch nur austenitische Elektroden in Frage. Es lag nahe, bei großen Blechdicken über 80 mm und im späteren Verlauf bis 140 mm Blechdicke eine Leistungssteigerung durch den Einsatz dickerer als bisher verwendeter Elektroden zu erzielen, und es wurden zu diesem Zweck 6 und 8 mm dicke Elektroden hergestellt und Versuchsschweißungen an 20 mm dickem Blech ausgeführt. Bei guter Zerreißfähigkeit lagen die Kerbschlagwerte niedriger als vorgeschrieben, die Bindefähigkeit wurde schlechter. Die Zeiteinsparung beträgt gegenüber der wie üblich mit 4 mm Elektrodendurchmesser geschweißten Platten bei Verwendung von 6-mm-Elektroden 23%, bei 8-mm-Elektroden sogar 36%. Dies erscheint von allgemeinem Wert als Angabe für den chemischen Apparatebau.

Während es lange Zeit nicht möglich erschien, hochfeste Werkstoffe mit *ferritischen* Elektroden zu verschweißen, gelang dies etwa 1944. Bekannte Elektrodenfirmen hatten Elektroden mit basischer Umhüllung hergestellt, die bei geschweißten Verbindungen an Baustählen ausgezeichnete Erfolge erkennen ließen. Bedingt durch die Rohstofflage, begann man schleunigst mit der Entwicklung einer ferritischen Elektrode zur Schweißung hochfester Stahlbleche.

Die chemische Zusammensetzung des Kerndrahtes zeigt, daß der Gehalt an Kohlenstoff sehr niedrig liegt, oft beträgt dieser nur die Hälfte der sonst üblichen. (Chemische Analysen basischer Umhüllungsmasse können nur vom Hersteller gegeben werden.) Es gelangten 1944 sechs neu entwickelte Elektroden von sechs verschiedenen deutschen Firmen zur Erprobung:

Chemische Zusammensetzung des Kerndrahtes in %						
Elektrodenbezeichnung	Fa. A	B	C	D	E	F
C	0,6	0,11	0,09	0,07	0,03	0,06
Mn	0,17	0,45	0,65	0,55	0,41	0,33
Si	Spur	Spur	Spur	Spur	Spur	Spur
S	0,015	0,017	0,018	0,021	0,015	0,027
P	0,013	0,027	0,023	0,025	0,015	0,025
Cu	0,10	0,11	0,17	0,27	0,18	0,53
Mo	0,06	0,05	0,05	0,03	0,04	0,04
Ni	Spur	frei	frei	0,04	0,24	0,02
Cr	frei	frei	frei	0,09	0,09	0,03

Ergebnisse an Verbindungsschweißungen und Kerbschlagversuchen, reine Schweißgutwerte, Dehnung:

Fa. A: keine genügende Festigkeit, Übergangszähigkeit ungenügend, reine Schweißgutfestigkeit gut. Wilhelmshavener + Einspannprobe Warm- und Spannungsrisse.

Fa. B: geringe Verbindungsfestigkeit, geringe Übergangszähigkeit; schlechte Schweißgutzähigkeit.

Fa. E: sehr hohe Verbindungsfestigkeit, hohe Schweißgutfestigkeit, schlechte Kerbzähigkeiten.

Fa. B, C, E: ausreichende Verbindungs- und Schweißgutfestigkeit; ausreichende Kerbschlagwerte in Übergang und Schweiße; gute Dehnung.

Die Kerbschlagwerte müssen dieselbe Höhe haben wie bei austenitischen Elektroden.

Bei Elektroden mit *basischer* Umhüllung wird für die Zulassung eine Zerreißfestigkeit der reinen Schweißgutprobe von mindestens 43 kg/mm², höchstens 48 kg/mm² verlangt, ferner eine Dehnung von 28%, erwünscht sind mindestens 60% Einschnürung. Das Streckgrenzenverhältnis η*) soll möglichst bei 50—80% liegen.

Die Elektroden zeigten derartig günstige Verhältnisse, daß eine Klärung, ob diese sich auch für größere Blechdicken eignen, herbeigeführt werden müßte, wobei Voraussetzung ist, daß kein plastisches Ablösen der Schweiße aus dem Übergang erfolgt.

F. Arbeitsausführung

1. Vorbereitung der zu schweißenden Bauteile

Zur schweißgerechten Vorbereitung der Kanten von Blechen und Profilen werden auf den Werften hauptsächlich Blech- und Profilscheren, Plattenkantenhobel- und Fräsmaschinen sowie Autogen-Schneidmaschinen verwendet. Infolge der Vorteile ist das *Brennschneiden* allmählich das am weitesten verbreitete Bearbeitungsverfahren geworden. Um mit Sicherheit einen gleichbleibenden Wurzelabstand zu erzielen, wird meistens eine 1—2 mm hohe parallele Kante bei V- und X-Nähten stehengelassen. Durch zwei in der Blechmitte aufgetragene Schweißraupen ist eine Nahtform für sehr dicke Bleche, vor allen Dingen für hochfeste Stahlplatten, gefunden worden, die mit dem Schneidbrenner hergestellt werden können (siehe Bild 22).

Zur Vorbereitung von Schweißkanten der Profilstöße wird der Schneidbrenner und der Preßluftmeißel verwendet. Der Preßluftmeißel wird jedoch bevorzugt, besonders für Profile geringer Dicken oder für Montagenähte auf der Helling sowie für schweißtechnische Instandsetzungen. Allgemein ist zu beachten, daß Maßangaben für Wurzelabstände *nach* dem Heften gelten. Ferner ist grundsätzlich die Wurzelseite bei allen beanspruchten Stumpfnähten durch Meißeln, Schleifen oder Fugenhobeln (siehe hierzu *Zorn*, Anhang; *Malisius*, S. 1015 ff.) sauber auszuarbeiten. Die günstigste Nahtform kann nicht ohne weiteres schematisch nach der Blechdicke oder dem Nahtquerschnitt bestimmt werden, denn die Schweißlage, die Zugänglichkeit der Schweißnaht, die vorgeschriebene Nahtgüte, die Schweißeigen-

*) $\eta = \frac{\sigma_B - \sigma_S}{\sigma_S} \cdot 100\%$ (σ_S = Streckgrenze; σ_B = Zerreißfestigkeit). Der Wert η gibt ein Maß für die sogenannte Spannungsreserve bis zum Bruch.

schaft der in Betracht kommenden Elektroden und ähnliche Faktoren sind von großer Bedeutung. So kommt z. B. die symmetrische X-Nahtform nur für Steigenähte in Frage. Diese muß dann von zwei Schweißern gleichzeitig geschweißt werden, wobei der eine dem anderen etwa 100 mm voraus ist. Bei waagerechten Stumpfnähten haben die Röntgenkontrollen gezeigt, daß die V-Form auch bei großen Blechdicken trotz des größeren Querschnittes gegenüber der X-Form schweißtechnisch günstiger ist. Durch die Kerbwirkung der noch ungeschweißten Seite und die Spannungskonzentration nach dem Schweißen der einen Seite entstehen bei X-Nähten leicht Risse in der Wurzellage, deren Beseitigung schwierig und kost-

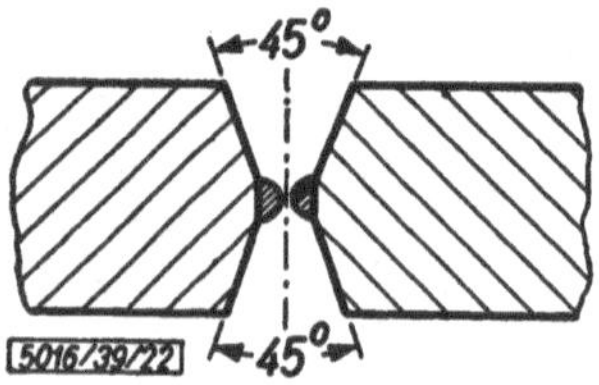

Bild 22

Bild 23

Bild 24

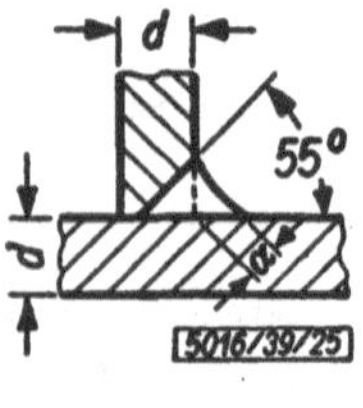

Bild 25 Bild 26

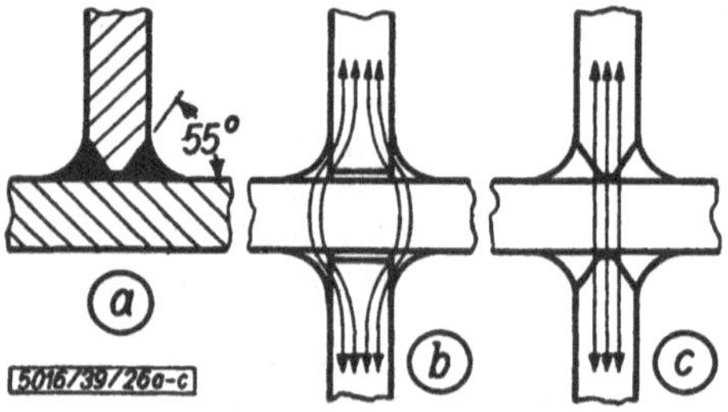

Bilder 22—26. Nahtformen für Verbindungsschweißungen im Schiffbau.
Spannungsverlauf: b = ungünstig, c = günstig

spielig ist. Dagegen ist die V-Naht meist rißsicher (siehe Bilder 23 u. 24). Deshalb werden bei Reparaturen in erster Linie V-Nähte angewandt. Die Vorbereitung der Kehlnähte erfordert nur in Sonderfällen und bei Reparaturen besondere Maßnahmen. Ist z. B. nur einseitige Kehlschweißung ausführbar, dann wird die zu schweißende Seite bei Blechdicken s > 7 mm gemäß dem Bild 25 abgeschrägt. Eine beiderseitige Abschrägung nach Bild 26a erfolgt bei sehr dicken Blechen oder bei hohen Biegebeanspruchungen, um einen günstigeren Kraftlinienfluß zu erreichen und Kerbwirkungen zu vermeiden (vgl. Bild 26 b u. c).

2. Das Heften der Schweißnähte

Neben der schweißgerechten Vorbereitung der Blechkanten ist im Schiffbau die einwandfreie Heftung der Nähte eine grundsätzliche Forderung. Zur Einhaltung der Wurzelabstände bei Stumpfnähten werden „Distanzbleche" von entsprechender Dicke nach Bild 27 und für die Ausrichtung der Nähte sowie zur Verhinderung der Winkelschrumpfung werden „Querriegel" nach Bild 28 verwendet (Ausgleichblech).

Die Abmessungen dieser Querriegel richten sich nach der Blechdicke, gegebenenfalls werden Abfallstücke von Wulstprofilen benutzt. Ihr Abstand beträgt normalerweise etwa 600—900 mm, muß jedoch bei schlechter Passung oder bei großen Spannungen entsprechend verringert werden. Daneben sind zum Ausrichten der Stumpfnähte noch angeschweißte Bleche oder Keile nach Bild 29 im Gebrauch. Um das Anschweißen der Querriegel und später das Entfernen oder gar das Ausbessern ausgerissener Schweißraupen zu vermeiden, werden oft Spannvorrichtungen nach Bildern 30 und 31 verwandt. Diese und ähnliche Ausführungen sind bei dünneren oder leicht nachgebenden Blechen sowie bei guter Passung sehr brauchbar, erfordern aber etwas breitere Luftspalte als normal, damit die meist aus Federstahl gefertigten dünnen Verbindungsstücke wieder entfernt werden können. Kehlnähte müssen ebenfalls gut geheftet werden. Ein Luftspalt ist nicht gestattet. Die Heftpunkte sind möglichst so klein zu nehmen, daß beim Schweißen die Heftstellen reißen. Diese müssen dann durch Meißeln entfernt werden. Auf keinen Fall darf eine gerissene Heftstelle überschweißt werden. Legt man die Heftstellen jedoch stark genug, so daß diese beim Verschweißen nicht reißen, so muß man Spannungsanhäufungen mit in Kauf nehmen, die bei langen, im Schiffbau häufig vorkommenden Nähten sehr unangenehm werden können. Versteifungen werden bei Arbeiten auf Richtplänen mit gelochten Richtplatten gewöhnlich durch die üblichen Klammern auf die Bleche gepreßt. Wo dies nicht möglich ist, so wie an Bord und bei Reparaturen wird nach dem Bild 32 verfahren. Für Kehlschweißungen werden Blechteile nach Bild 33 zusammengebaut, aus-

Bild 27. Abstandsbleche für die Einhaltung der Wurzelabstände.

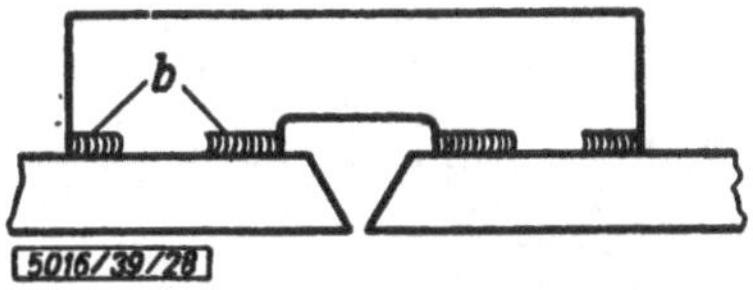

Bild 28. Querriegel für die Nahtausrichtung. Heftstellen nur auf einer Seite, um das Losschlagen der Bleche zu erleichtern.

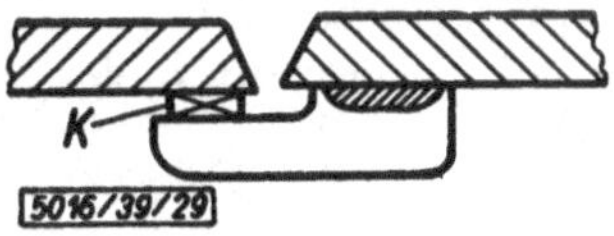

Bild 29. Ausrichten der Stumpfstoßnähte.
K = Keil

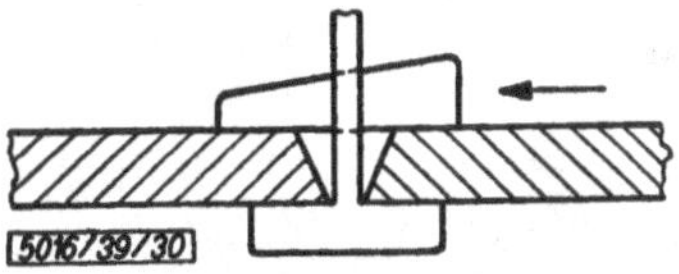

Bild 30. Spannvorrichtung.

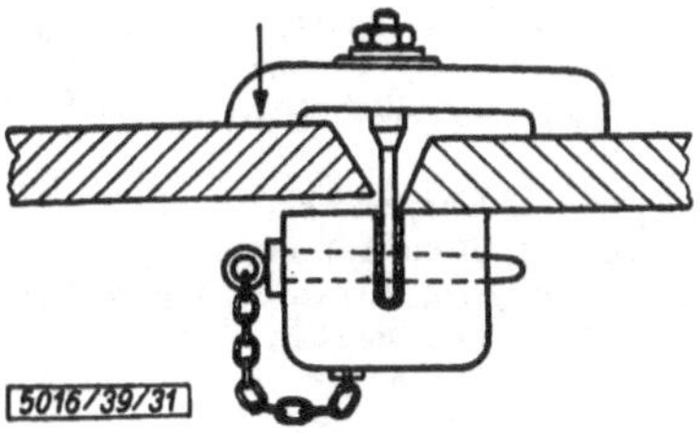

Bild 31. Spannvorrichtung.

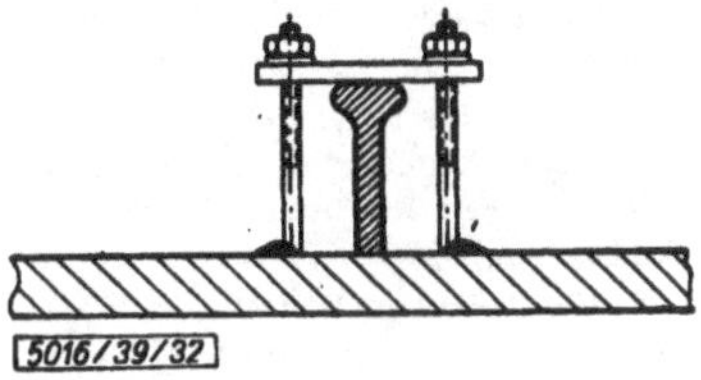

Bild 32. Hilfsvorrichtung.

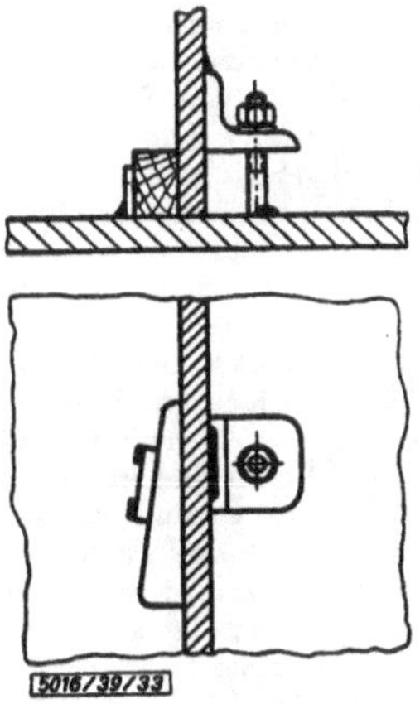

Bild 33

Bild 34

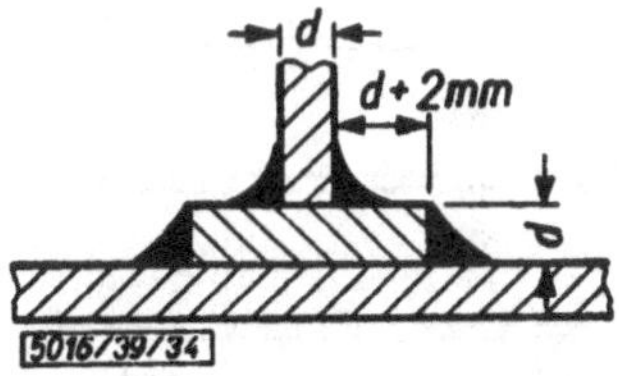

Bild 35

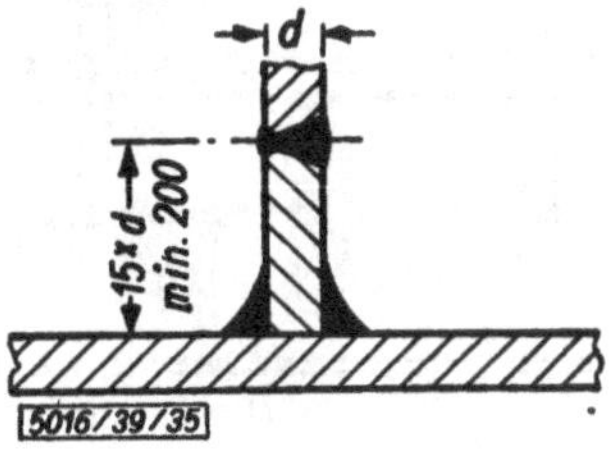

Bild 33. Angeheftete Winkeleisen und Flacheisen sowie Holzkeil in einer Anordnung, um die Wände auf Deck senkrecht stehend auszurichten und zu heften.

Bild 34. Überbrückung von Luftspalten, die nicht größer als die Blechdicke d sind.

Bild 35. Eingesetzter Blechstreifen b an Stelle des Streifens a in Bild 34 für größere Luftspalte.

gerichtet und dann geheftet. Bei schlechten Passungen und Reparaturen können Luftspalte nach Bild 34 überbrückt werden, wenn sie nicht größer sind als die Blechdicke. Darüber hinaus sind Blechstreifen nach Bild 35 herauszubrennen und genau passend wiedereinzusetzen.

3. Das Schweißen an Bord

Die Schweißung an Bord erfolgt bei geübtem Personal meist in Lagenschweißung, nicht in Raupenschweißung, weil bei der ersteren die Winkelschrumpfung geringer ist. Das Schweißen an langen Nähten geschieht grundsätzlich im Pilgerschritt mit mehreren Schweißern, wobei jeder eine vorgeschriebene Strecke zu schweißen hat. Besondere Schwierigkeiten beim Schweißen im Schiffbau treten auf durch die örtlich beengten Verhältnisse an Bord, durch die häufigen Überkopfschweißungen, die schlechten Luftverhältnisse in Bunkern, Zellen usw. sowie die dauernde Beobachtung auf Feuer und Explosion. Störend wirkt das Blasen des Lichtbogens in den sehr zahlreichen Ecken, auch bilden sich durch das Liegen der vielen Kabel an Bord bei Neubau und Reparatur sehr viele elektromagnetische Felder, die für den Schweißer sehr störend wirken können. Mittels weißen Papiers und Eisenfeilspänen aufgenommene magnetische Felder zeigen leider keine geordneten Pole, sondern ein wirres Bild magnetischer Zentren, so daß das Schweißen mit aufgesetztem Permanentmagneten zwischen den Nahtkanten oft nicht den erwünschten Erfolg brachte. Bekannt ist, daß beim Verschweißen des Flugzeugträgers „Graf Zeppelin" der gesamte Schiffskörper so magnetisch wurde, daß der Liegeplatz, an dem viele Kabelzuführungen verliefen, verlegt werden und, als dieses wenig nutzte, man zu drastischeren Maßnahmen, Entmagnetisierung des Schiffskörpers, schreiten mußte. Nähere Einzelheiten dieses Vorganges können jedoch hier leider nicht mehr wiedergegeben werden.

4. Schweißfolge

Wohl die Krönung der Schweißtechnik im Schiffbau stellt die *Schweißfolge* dar, die infolge des vielgestaltigen Baues des Schiffes oft schwierig ist und nicht immer eindeutig festgelegt werden kann, so daß mehrere beste Lösungen vorhanden sein können. Als Grundregel für die Aufstellung der Schweißfolge ist zu beachten:

Die Schweißfolge ist so zu ordnen, daß zur *Umgehung starrer Einspannungen* und damit Auftreten der Spannungen möglichst die Enden eines Teiles frei bleiben, damit ein Schrumpfen möglich ist, bzw. ist das *Verschweißen bei fester Einspannung bis zuletzt hinauszuzögern.* Zwischeneinspannungen durch Heftstellen sollen, wie bereits ausgeführt, so beschaffen sein, daß diese, wie z. B. Heftbleche, nachgeben können. Kommt man jedoch an die unvermeidbaren Stellen fester Einspannung, so sind durch „Pilgern" Spannungsanhäufungen zu vermeiden. Die Schweißfolge soll an Beispielen aus dem Schiffbau wie folgt erläutert werden.

Als erstes wird der „Schweißfolgeplan" zum Schweißen von Platten der Außenhaut und der Decks gezeigt (Bild 36).

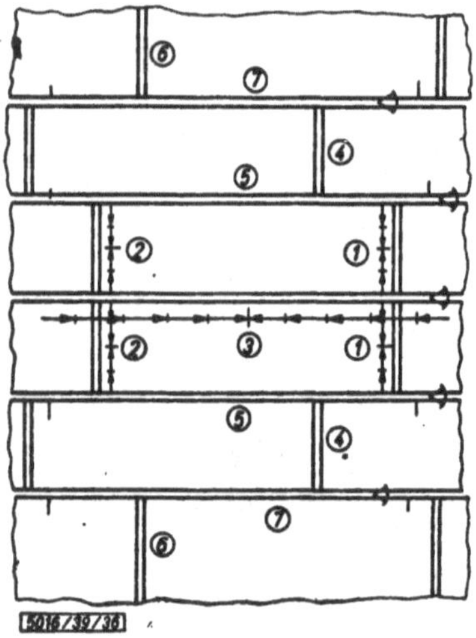

Bild 36. Schweißen der V- bzw. X-Nähte der Außenhaut und Decks.

Zweitens sind Schweißverbindungen an Längsspanten mit Querspanten so vorzunehmen, daß sich die Längsbänder immer nach der gleichen Seite an den Querspant bzw. das Schott anlegen, d. h. das Längsband soll infolge Schrumpfung der einseitigen Schweiße nachgeben (Bild 37).

Drittens ist ein im Schiffbau, besonders in der Reparatur, immer wieder vorkommender Fall das *Einschweißen eines Flickens* in die Außenhaut, in Schott oder Deck, wobei der Flicken rund, oval oder rechteckig mit Abrundung der Ecken sein kann. Wichtig ist hierbei, daß der Flicken nur um *einen Nahtspaltenabstand* kleiner ist als das Loch. Er liegt an der einen Nahtkante an, während die andere Seite den Luftspalt aufweist. Die Flicken sind in der Naht möglichst nicht zu heften, sondern es sind Ausgleichbleche (Bild 37, oberes Bild) vorzusehen. Der Anfangspunkt der Schweißung liegt immer an der Luftspaltseite. Durch das Schrumpfen dieser erstgelegten Naht entsteht dann an der entgegengesetzten Anlegeseite ohne Luftspalt ein solcher von etwa 2—3 mm. Der vorgeschriebene Pilgerschritt ist einzuhalten, da sich sonst im Flicken Beulen oder auch in der Naht Risse zeigen (s. auch Beispiel Bild 38 für Ovalflicken). Beim Schweißen der Längs- und Quernähte von der Außenhaut und den Decks beginnt man in der Mitte des Schiffes und geht von hier aus gleichmäßig nach vorn und hinten sowie nach BB*) und StB*) zu. Es ist darauf zu achten, daß die Anschlußplatte immer lose bleibt und bei der Querschrumpfung nachgeben kann. Nach dem Legen der Wurzellage müssen die Ausgleichbleche sofort entfernt werden.

*) BB = Backbord, StB = Steuerbord.

Ein ähnlicher Fall liegt vor bei den häufig vorkommenden Durchführungen und Flanschen an Decks, Schotten oder Außenhaut, wobei es sich zeigte, daß diese Nähte sehr oft rissen. Nachprüfungen ergaben, daß der Schweißer den vorgeschriebenen Schweißfolgeplan — nämlich das Schweißen der einen oberen Hälfte der Durchführung, sodann Wechseln des Arbeitsplatzes und Schweißen derselben, jedoch unteren Nahthälfte über Kopf, wiederum Wechseln des Arbeitsplatzes und Schweißen der oberen Nahthälfte im

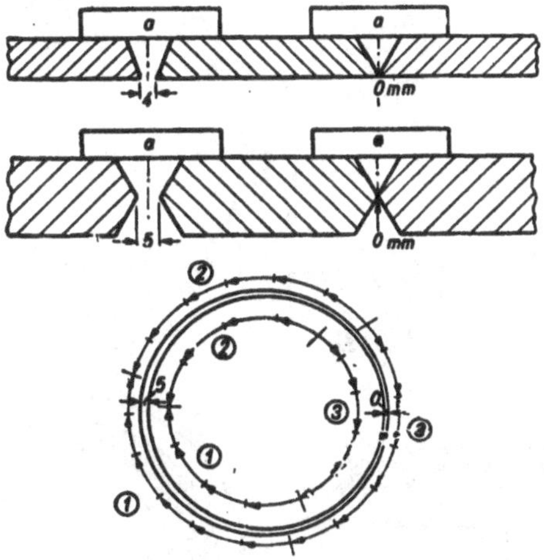

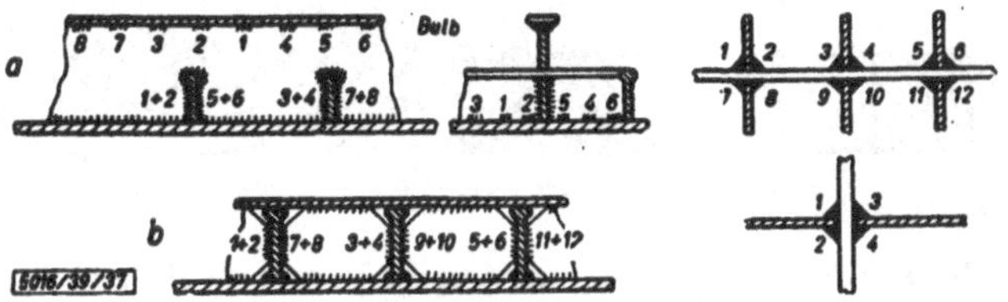

Bild 37. Schweißverbindung Längsspant mit Querspant (wasserdicht). Bulbdurchführungen müssen derart geschweißt werden, daß sich die Längsbänder immer nach der gleichen Seite an den Querspant bzw. das Schott anlegen, d. h. das Längsband soll infolge Schrumpfung der einseitigen Schweiße nachgeben. Nachdem die eine Seite erkaltet ist, wird mit dem Schweißen der Gegenseite begonnen.

a = wasserdicht, b = nicht wasserdicht

Oberes Bildteil: Flicken stumpf eingeschweißt (V- und X-Naht). Beim Schweißen der Wurzellage müssen die Ausgleichbleche sofort abgeschlagen werden. Bei einem Flicken mit X-Naht müssen 2 Schweißer angesetzt werden.

a = Ausgleichbleche

Pilgerschritt, wiederum Wechseln des Arbeitsplatzes und Schweißen dieser Hälfte über Kopf im Pilgerschritt — aus Zeit- oder Bequemlichkeitsgründen nicht eingehalten hatte (Bild 38a—c). Die Flansche müssen der Dichtigkeit wegen an Decks, Schotten, Außenhaut, Tanks usw. stets von *beiden* Seiten geschweißt werden. Entspricht die Höhe des Flansches nicht der Norm, so muß der Flansch so weit durch die Außenhaut, das Deck usw. durchgeschoben werden, daß an der unteren Seite eine Kehlnaht gelegt werden kann. Die obere Kante der Durchführung wird dann bis zur Mitte auf 45° abgeschrägt. Die Schweißfolge ist bei beiden Ausführungen dieselbe.

Bei schlechter Zugänglichkeit der einen Seite des Flansches müssen von der anderen Seite zwei Kehlen gelegt werden. Die innere Kehle braucht nur einen kleinen Querschnitt zu haben. Das Bild 38d zeigt einen eingesetzten Flansch mit Auflage. Bei dieser Ausführung muß zuerst die Kehlnaht, dann die V-Naht geschweißt werden. Die Schweißfolge ist bei der Ausführung c und d die gleiche und für Bild 38a—d durch Pfeile und Zahlen markiert.

Eine weitere Schweißfolge wird in dem Bild 39 gezeigt beim Einsetzen von Querschotte, deren Verbindung mit den Längsschotten, der Außenhaut und dem Deck. Schweißer, die sich gegenüberstehen und gleichzeitig schweißen, um eine Pilgerschrittlänge versetzt, vermindern hierdurch die Spannungen. Bei Stumpfnähten vermindern sie die Winkelschrumpfung. Das Bild 40 zeigt die Schweißfolge beim Schweißen von Deckteilen.

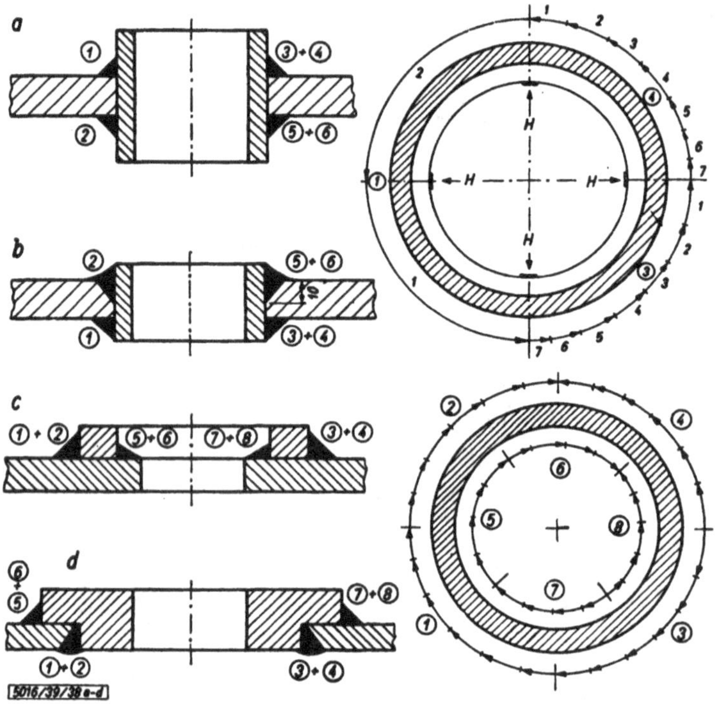

Bild 38 a bis d. Schweißfolge für verschiedenartige Flansch-Wanddurchbrüche.

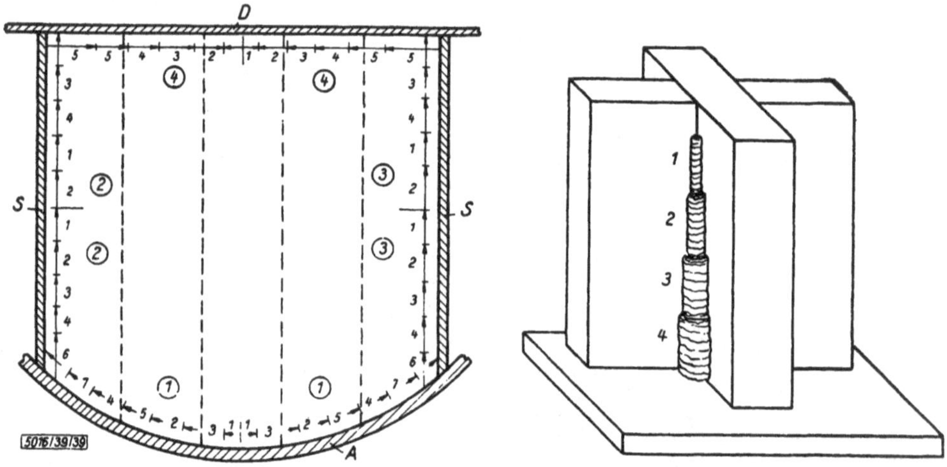

Bild 39. Schweißfolge beim Einschweißen großer Schotte in Kehlnahtschweißungen. Es wird mit 4 Schweißern zugleich geschweißt.

A = Außenhaut D = Deck S = Seitenlängsschotte

Bild 39 (rechte Seite). 1 bis 4 Schweißlagenfolge bei den angewandten Kehlnähten.

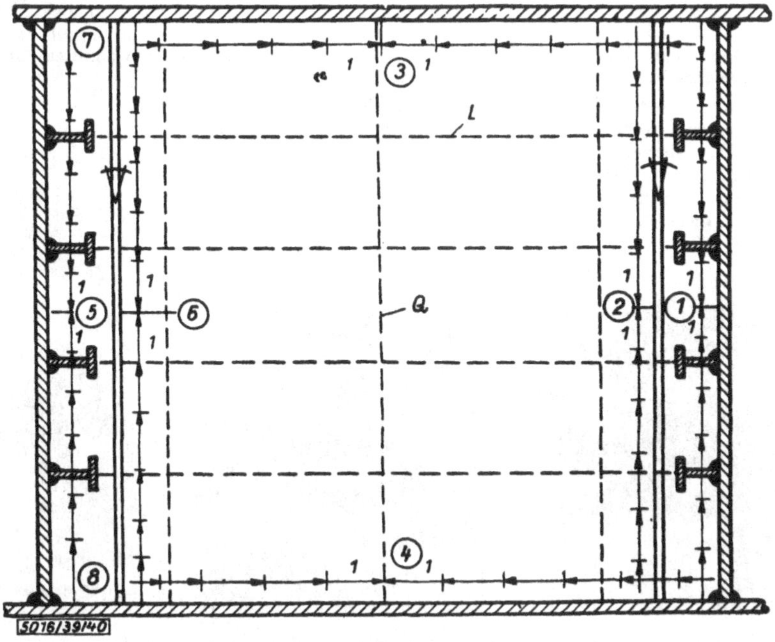

Bild 40. Schweißen von Deckteilen, Längsversteifungen.

Q = Querversteifung L = Längsversteifung

G. Die Reparaturschweißung im Schiffbau

Die vielseitigste Verwendung der Schweißung zeigt sich bei der Reparatur von Schiffen, da sich diese nicht nur auf geschweißte, sondern auch auf genietete Schiffe erstreckt. Die Schweißungen umfassen die Anschweißung eines belanglosen Halters bis zur Erneuerung ganzer Schiffsteile. Die Ursache zur Reparatur im Schiffbau liegt meist in Zerstörung einzelner Teile durch mechanische Kräfte, sei es durch Schlag-, Stoß-, Sturmschäden, durch Verschleiß oder durch Korrosion. Ein Beispiel für starke Korrosionserscheinung zeigen die Bilder 41a u. b.

Am Wellenaustritt der Verbindung von Achtersteven und Nußplatte zeigten sich oft *starke korrosive Anfressungen*, die beseitigt werden müssen. Es wird deshalb in der Nußplatte die gezeigte Form herausgearbeitet und ein neues Stück eingepaßt, wobei jedoch, um nicht wieder auf die alte Schweißnaht, die meist sehr eingefressen ist, zu kommen, der Flicken stark über die ursprüngliche Grenze hinausgezogen wird. Es wird zuerst die V-Naht ganz voll geschweißt und sodann die Kehlnaht gelegt.

Ein anderes Beispiel, diesmal für *Verschleiß*, zeigen die Bilder 42a u. b. In einem *Stahlguß-Spillkopf* waren durch langjährigen Gebrauch tiefe Riefen entstanden, diese Riefen brauchen nicht ausgearbeitet zu werden. Jedoch besteht die Gefahr, daß die verhältnismäßig dünne Spillwand mit ihren dicken inneren Verstrebungen beim Schweißen Risse ergibt. Es wird in Absätzen geschweißt, um die Wärmezufuhr möglichst gering zu halten.

Im *Baggerreparaturbau* kamen laufend *Auftragungen* an den Baggereimerkanten und an den Gleitflächen der Eimer und des Transportbandes in Frage. Bei den Auftragungen mit normalen Auftragselektroden zeigen diese sich den großen Flächendrücken der Schubflächen nicht gewachsen und rissen nach kurzem Gebrauch in Schichten oder in Gesamtstärken aus dem Muttermaterial heraus. Ein Verschweißen mit austenitischen Elektroden mit 24% Cr/20% Ni beseitigte diese Erscheinungen, auch zeigte sich die Gleitfläche dann genügend verschleißfest.

Häufig traten Fälle ein, daß zur Reparatur einlaufende Schiffe zerstörte *Ventile oder Ventilkästen* besonderer Bauart besaßen, deren Neuanfertigung durch Gießen die Werftliegezeit stark verlängert hätte. Abhilfe schaffte Schweißung unter Verwendung alter Ventilkastenteile.

Bei allen schiffbaulichen Arbeiten führt die Forderung der wurzelseitig nachzuarbeitenden Nähte dazu, daß Versteifungen, Spanten, Bänder usw., die diese Nähte kreuzen, an der Kreuzungsstelle ein kleines Loch haben müssen, um das durchgängige Auskreuzen der Naht zu ermöglichen. Diese sogenannten „Durchschweißlöcher D" sind auch in der Reparatur unbedingt erforderlich und werden nach vollzogener Wurzelschweißung dichtgeschweißt, um einer Schwächung des Querschnittes vorzubeugen (Bild 43), oder um Wasser- und Öldichtigkeit zu erzielen.

Häufig sind nachträglich Teile eines Schiffes als Flüssigkeitszellen oder Ölbunker einzurichten. Es ist selbstverständlich, daß keine Flüssigkeit nach außen austreten darf. Nun besteht aber die Möglichkeit, daß Flüssigkeit in den Spalt eindringen kann, der sich zwischen den Kehlnähten der Spanten befindet, dort hochsteigt und außerhalb der Zellendecke austritt. Um dieses zu verhindern, wird kurz hinter der

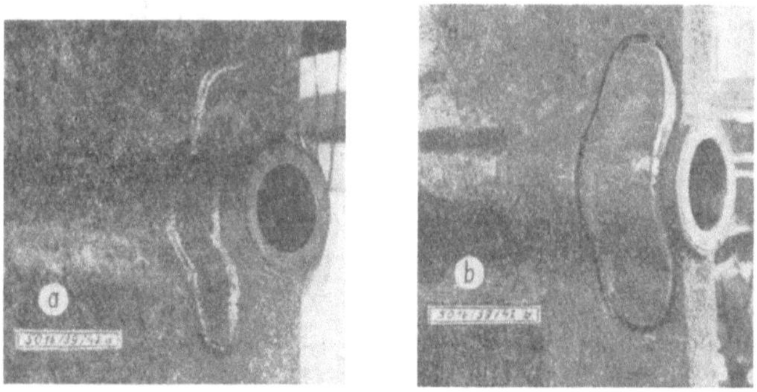

Bild 41a u. b. Ausgemeißelter Teil einer Korrosionsstelle am Achtersteven.

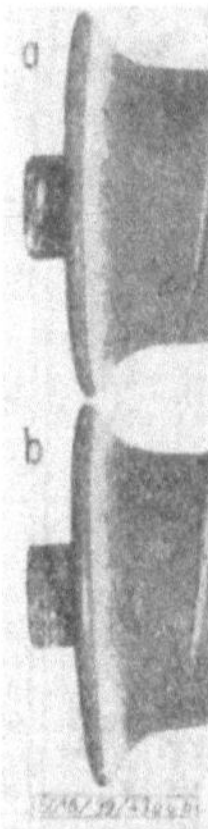

Bild 42 a. Eingefressene Rillen.

Bild 42 b. Rillen auftraggeschweißt.

Zellendecke wiederum ein halbrundes Loch im Steg des „Bulbs" angebracht und verschweißt. Durch diese Querabriegelung ist ein Flüssigkeitsaustritt nicht mehr möglich. Man nennt diese Löcher „Abschweißlöcher". Bei genieteten Schiffen mit Winkelspanten müßte man, um zu demselben Ergebnis zu kommen, den an der Außenhaut liegenden Schenkel durchfräsen und dann verschweißen. Dieses würde jedoch eine Schwächung des tragenden Verbandes bedeuten. Man legt oberhalb der Zellendecke an die beiden Seiten des Winkels etwa 100 mm lange Kehlnähte und fräst oder kreuzt dann in die Außenhaut Löcher in Länge des anliegenden Schenkels und verschweißt diese wieder, um so eine Absperrung des Flüssigkeitsaustritts zu erzielen (Bild 44).

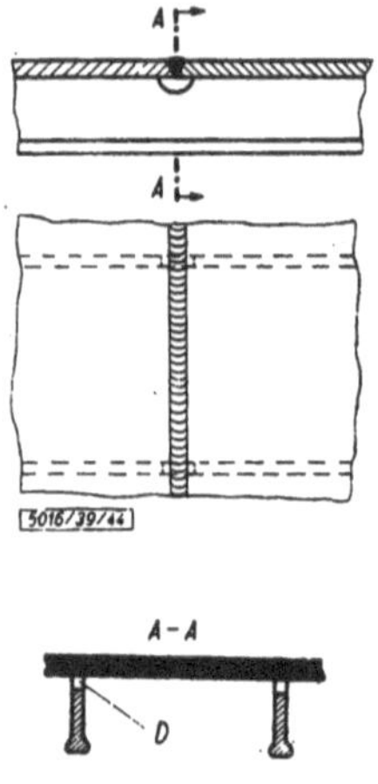

Bild 43. Durchschweißlöcher D.
A—A bedeutet Schnitt

Auch bei Reparaturarbeiten ist darauf zu achten, daß alle Eckbleche, Winkelbleche, Knotenbleche, Konsolen usw. nicht spitz auslaufen, sondern an den Ecken stumpf abgeschnitten werden, um ungünstige Blaswirkungen des Lichtbogens zu vermeiden. Aus Festigkeitsgründen sind die Stirnseiten dieser Bleche mit zu umschweißen.

Sind einzelne Teile nicht passend zugelegt, so dürfen auf keinen Fall diese größeren Spaltbreiten durch Zwischenlegen dünner Blechstreifen überbrückt werden, da die Naht dann entweder bereits beim Schweißen oder im Wellengang aufreißen würde. Es sind vielmehr auch bei der Reparatur die im Kapitel „Das Heften der Schweißnähte" angegebenen Maßnahmen einzuhalten. Jeder Verstoß hiergegen führt zur Gefährdung der Schweißnähte.

Wichtig ist es, zu wissen, wie die Nietung bei genieteten Schiffen sich verhält, falls Schweißung in Nähe der Nieten erfolgt. Als Grundsatz gilt, daß nach vollzogener Schweißung alle in Nähe der Schweißung gelegenen Nieten überprüft werden müssen.

Aus Versuchen der Verfasser ist zu erkennen, daß auch bei geringen Abständen der Schweißung von der Nietung von etwa 25 mm keine Leckage) der Nieten auftrat. Lediglich in Fällen, wo dieser Abstand unterschritten wurde, traten Leckagen auf. Jedoch ist eine laufende Beachtung für genietete Schiffe weiterhin geboten.*

*) Undichtwerden.

Die am häufigsten vorkommende Reparatur: das Einsetzen von Flicken in Außenhaut, Decks oder Schotte, ist bereits unter dem Kapitel „Schweißfolge" beschrieben worden.

Bei dem Verschweißen größerer Blechteile treten an den Blechen Verwerfungen oder Verbeulungen auf, die durch Spannungen im Blech hervorgerufen sind, die aber aus strömungstechnischen oder bearbeitungstechnischen Gründen beseitigt werden müssen.

Zu diesem Zweck werden je nach Lage der Verbeulungen mittels Autogenbrenners sogenannte „Schröpfpunkte" gelegt, die beim Erkalten schrumpfen und die Bleche stramm spannen. Es mußten bisher für diese Richtkolonnen eigene autogene Schlauchleitungen gelegt werden, aus Zeitersparnisgründen wurden diese Anwärmungen mit einer eigens entwickelten „Anwärmelektrode" vorgenommen und zeigten ausgezeichnete Ergebnisse. Die Schröpfpunkte dürfen, wie erwähnt, nicht mit Wasser abgeschreckt werden, da sonst Haarrisse im Schröpfpunkt auftreten.

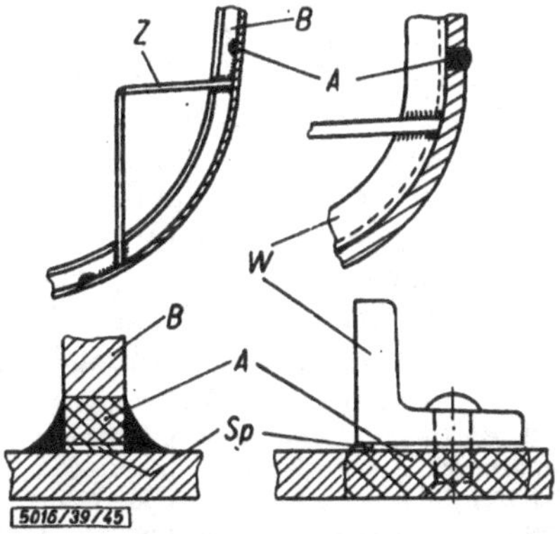

Bild 44. Abschweißlöcher.

B = Bulb, A = Abschweißlöcher, W = Winkel, Z = Zellendecke, Sp = Spalt

Schon während des Neubaues treten Schadensfälle auf, die ohne den Einsatz der Elektroschweißung nur unter großen Schwierigkeiten repariert werden können. Bekannt sind die häufig auftretenden *Walzfehler in Platten und Profilen*, die sich als Doppelungen, große Schlackeneinschlüsse und ähnliches bemerkbar machen. Sie können vor oder während der Bearbeitung des Materials nur dann entdeckt werden, wenn sie äußerlich sichtbar sind, meist werden sie aber erst durch die Wärmeeinwirkung beim Brennschnitt oder die noch größeren beim Schweißen auf der Helling erkennbar, oft erst nach längerer Fahrtzeit des Schiffes.

Das Bild 45 zeigt einige Beispiele von Plattenfehlern. In der Platte A sind einige Doppelungen (Kaltwalzstellen, Schlacken A_1—A_3) vorhanden. Die Stelle A_5 ist beim Aufschweißen der Versteifung G, die übrigen sind beim Schweißen der V-Nähte sichtbar geworden. In den leichten Fällen von Doppelung A_3 wird diese mit dem Meißel entfernt und die Platte durch Auftragschweißung von den Rändern beginnend einwandfrei wiederhergestellt. Die Oberfläche wird dann mit einer Schleifscheibe geglättet. Die Platte B enthält dagegen eine sehr tiefreichende Doppelung von größerer Ausdehnung, die außerdem noch eingewalzte Schlacke A_4 aufweist (Schnitt E—E). In solchen Fällen wird das schadhafte Plattenstück herausgeschnitten und ein einwandfreies Stück eingeschweißt, was ebenfalls das Bild 45 (Platte B) zeigt.

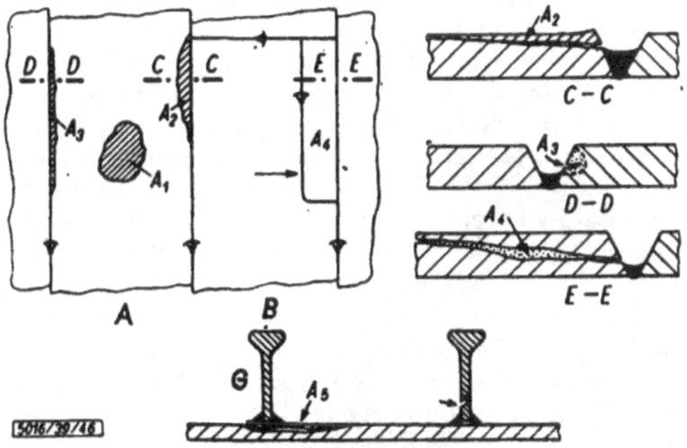

Bild 45. Fehler in verschweißten Platten durch Blechdoppelung.

D—D, C—C u. E—E = Schnittlagen
A_1 bis A_5 = Fehlstellen
A_1 u. A_2 = nach Entfernen der Doppelung erfolgt die Auftragschweißung
A_3 = Ausmeißeln und Nachschweißen
A_4 = Schlackeneinschlüsse, verwalzt

Walzfehler an Profilen dargestellt, werden ebenfalls erst durch die Schrumpfwirkung nach dem Aufschweißen des Profils auf der Platte sichtbar. Auch hier wird in leichteren Fällen, wie bei den Doppelungen, Auftragschweißung ausgeführt, nötigenfalls der Fehler im Steg von beiden Seiten ausgenutet und verschweißt. In schwereren Fällen muß ein Teil des Profils herausgebrannt und ersetzt, oder im Bereich des Schadens das ganze Profil erneuert werden.

Oft treten an Decks an der Außenhaut Risse auf, die durch das Zusammentreffen mehrerer ungünstiger Momente, wie feste Einspannung, große Spannungsanhäufung, zu großer C- oder S-Gehalt, tiefe Temperaturen, Nichteinhaltung der vorgeschriebenen Schweißfolge und ähnliches, entweder sofort nach dem Schweißen, oftmals erst nach längerer Zeit, sich auslösen.

Durch Zusammenstoß und vor allem bei Eisschäden kommt es in der Außenhaut oft zur Beulenbildung. Tritt diese Erscheinung vereinzelt und ohne die Ausknickung der Spanten auf, so werden die Beulen durch Flacheisen oder durch Flachwulstprofile versteift, wenn keine Hindernisse oder Gründe gegen deren Anbringung vorliegen. In gleicher Weise werden auch große Doppelungen in Platten entsprechend ausgesteift, wenn diese sehr flach im Blech verlaufen und ungünstige Spannungsanhäufungen durch großflächige Auftragschweißungen nicht tragbar erscheinen lassen.

Außer Reparaturen an Walzmaterial ergeben sich auch solche an schiffbaulichen Gußstücken, wie z. B. an Vor- und Hintersteven, Propellern, sowie an den schiff- und maschinenbaulichen Hilfseinrichtungen, wie Ruderanlagen, Rohrleitungen, Ventilen, Haupt- und Hilfsmaschinen sowie an Kesseln. Die Schäden bestehen oft aus Gußfehlern, die bei der Bearbeitung hervortreten, oder sie entstehen durch Kollisionen, Eisgang oder äußere Einwirkungen. Da diese Gußstücke aus Stahlguß hergestellt sind, bietet ihre Reparatur keinerlei Schwierigkeit, denn sie können wie Walzmaterial behandelt und nötigenfalls Ersatzstücke aus solchen ein- oder angeschweißt werden.

Zeigen sich im Guß große Lunker, so werden solche Stellen mit dem Meißel freigelegt und durch Auftragschweißung ausgebessert. Um ein Verziehen bei bereits fertig bearbeiteten Teilen, die oft schon mit Paßbohrungen versehen sind, zu vermeiden (z. B. Wellenaustritt), muß sehr vorsichtig und mit möglichst geringer Wärmezufuhr gearbeitet werden. Es werden dazu deshalb meist blanke oder Seelenelektroden verwendet, die außerdem die Gefahr erneuter Schlackeneinschlüsse verringern und auch gegenüber den meist unvermeidlichen Sandresten weit weniger empfindlich sind als Mantelelektroden.

Der Schiffbauschweißer muß außer den normalen Stahlelektroden auch *Sonderelektroden* verwenden können, wie bereits erwähnt beim Auftragen an Wellen, die korrosionsfest sein müssen. Dasselbe tritt ein bei aufgetragenen Ventilsitzen, die meist seewasserfest sein müssen. Weitere Korrosionserscheinungen findet man häufig an Stahlguß- oder Bronzepropellern. Hierzu wird, wenn nicht die Gasschmelzschweißung herangezogen wird, oft die von *Lessel* entwickelte sogenannte Schlauchelektrode mit geeigneter Bronzelegierung für die eben gezeigten Fälle mit Erfolg angewandt. Auch Auftragungen von *Bronze auf Stahl* kommen im Schiffbau sehr häufig vor und lassen sich mit dieser Elektrode ausführen. Die Anwendung dieser Elektrode setzt allerdings ein eingehendes Studium und genügend Erfahrungen voraus, da schon z. B. geringe Abweichungen von der richtigen Stromstärke stark porige Schweißungen ergeben. Häufig kann das Auftragen in Bronze ohne den sehr zeitraubenden Ausbau der Teile gleich an Bord vorgenommen werden, wobei das Nacharbeiten von Hand in Kauf genommen werden muß, die Gesamtreparaturzeit wird dadurch erheblich herabgesetzt und die Werftliegezeit verkürzt.

Ein weiteres schiffbauliches Sondergebiet der Reparaturschweißung soll hier noch erwähnt werden: die *Kupferkabelschweißung an Bord* ohne Ausbau der Kabel. Infolge der Enge der Räume und der Einbauverhältnisse ist es oft unmöglich, einzelne Kabelteile herauszuschneiden bzw. durchgeschmorte Kabel durch Muffen zu überbrücken. Um diesem abzuhelfen, wurden die Kabelenden nur aufgebogen, die Isolierung entfernt und die Kabelenden V-förmig abgeschrägt. Ohne besondere Schutzmaßnahmen vorgenommene Schweißungen, insbesondere Gasschmelzschweißungen, brachten die innere Isolierung zum Fließen, und das herausfließende ölige Material ließ eine nur porige, schlecht stromleitende Schweiße zu. Um dieses zu verhindern, wurden auf die von der Isolierung freigelegten Stoßstellen etwa 100 mm dicke schalenförmige Kupferbacken um die freigelegten Kabelenden gelegt und die V-förmig zusammengepaßten Enden mit der erwähnten Schlauchelektrode verschweißt. Die im Vergleich zum Gasbrenner geringe Wärmemenge „staut" sich in den Kupferbacken, und ein Herausfließen von geschmolzenem Isoliermaterial tritt nicht ein. Nach der Schweißung wurde die Schweißstelle wieder auf Kabelstärke abgefeilt, isoliert und wieder in das Kabelpaket eingefügt. Auf diese Weise hergestellte Schweißung zeigte im Laboratorium gute Stromdurchgangsverhältnisse und Erwärmungen, die als noch zulässig gelten.

Aus den hier gezeigten Beispielen ersieht man, daß fast alle im Schiffbau vorkommenden schweißtechnischen Instandsetzungen Lichtbogenschweißungen sind. Eine Ausnahme hierbei bilden jedoch die Reparaturteile aus Gußeisen, wo für die größeren Beanspruchungen im allgemeinen die Gußeisen-Warmschweißung zur Anwendung kommt. (Siehe hierzu *Stieler*, S. 1112 ff.) Nur wenn Schweißungen für untergeordnete Beanspruchungen vorliegen, wird die Elektro-Kaltschweißung angewandt.

H. Schweißerprüfungen, Schweißnahtprüfung und Abnahme durch die Bauaufsicht

Um die Sicherheit des Schiffes zu gewährleisten, sind laufende Überwachungen der Schweißer vorgeschrieben. Jeder Schweißer hat vor seinem Einsatz die in *DIN 4100* festgelegten Probeformen zu verschweißen. Laufende Kontrollen seiner Schweißungen werden weiterhin durch die von Bauaufsichten vorgeschriebenen Röntgen-Durchstrahlungen der Schweißnähte vorgenommen. Nach den Bestimmungen der Marine mußten 15% aller Stumpfnähte geröntgt werden. Aufnahmen, die laufende Schlackenzeilen zeigen, Risse oder starke Randkerben aufwiesen, werden verworfen und müssen neu geschweißt werden.

Alle am Schiff vorgenommenen, insbesondere aber hochbeanspruchte Nähte unterliegen der Abnahme durch die örtlichen Bauaufsichten und durch die Klassifikationsgesellschaften.

Durch alle diese Maßnahmen sind größere Unfälle oder gar Verluste, hervorgerufen durch schlechte Schweißungen, bis jetzt in der deutschen Schiffahrt nicht aufgetreten und haben das Vertrauen zu geschweißten Schiffbauten gestärkt.

Literaturangabe

Marine-Schweißvorschrift vom Februar 1940.

Schweißvorschrift des Germanischen Lloyd 1931.

Schmidt, Hans, Zeitschrift Schiff-Bau, Heft 16, Jahrg. 1942.

Verfasser, eigene Akten (unveröffentlicht).

Schweißvorschrift d. Lloyd's Reg. of Shipping 1937.

DIN 4100 (z. Z. zur Neubearbeitung durch den Fachnormenausschuß – Schweißtechnik im DNA vorgesehen).

IV. Das Schweißen von Gußeisen

Dr.-Ing. C. Stieler, Hannover-Leinhausen

A. Werkstoffkunde

Nach DIN 1691 (4. Ausgabe, August 1942) ist

„*Grauguß*, auch Gußeisen genannt, ein Eisenwerkstoff mit meist mehr als 1,7% Kohlenstoff, von dem ein großer Teil des Gefüges Graphit ist, der dem Bruch eine hell- bis dunkelgraue Farbe gibt. Grauguß wird aus Roheisen allein und/oder aus Gußbruch, Stahlschrott und anderen Zusätzen erschmolzen, in Formen gegossen und im allgemeinen keiner nachträglichen Wärmebehandlung unterworfen."

Das DIN-Blatt 1691 gibt damit eine eindeutige Begriffsbestimmung des Werkstoffes Gußeisen oder Grauguß. Diese Begriffsbestimmung muß aber noch durch eine ausführliche Schilderung der chemischen Zusammensetzung, des Gefüges sowie der mechanischen und technologischen Gütewerte erweitert werden, da diese die Schweißbarkeit wesentlich beeinflussen. Dadurch wird auch die Wahl der Schweißverfahren vorgeschrieben, und es ergeben sich daraus bestimmte, bei anderen Werkstoffen nicht oder nur selten übliche Maßnahmen.

1. Chemische Zusammensetzung

In der Regel beträgt der Kohlenstoffgehalt 3—4% (üblicher Baustahl, wie z. B. St 34 etwa 0,1% C, St 50 etwa 0,35% C, Federstahl etwa 0,5—1,25% C). Dieser hohe Kohlenstoffgehalt ist kennzeichnend für das Gußeisen und bedingt das von Stahl so gänzlich verschiedene Verhalten bei Beanspruchung im warmen wie im kalten Zustand, wobei die Form maßgebend ist, in der der Kohlenstoff im Gefüge des Gußeisens enthalten ist. Diese hängt einmal ab von der Abkühlungsgeschwindigkeit aus dem flüssigen Zustand bis auf Raumtemperatur, dann unter Umständen von der Schmelzüberhitzung sowie von der Zeit, während der das flüssige Gußeisen auf hoher Temperatur gehalten wird. Außerdem hängt die Form des Kohlenstoffes von der chemischen Zusammensetzung des Gußstückes ab, d. h. von den übrigen Legierungsbestandteilen. Diese sind hauptsächlich Silizium, Mangan, Schwefel sowie in seltenen Fällen auch Nickel und Kupfer.

Das *Silizium* ist im Gußeisen meist mit $\sim$ 1—3% enthalten. Es macht bei Gehalten bis zu etwa 3% das Eisen weich und daher leicht bearbeitbar, da es das Auskristallisieren des Kohlenstoffes in Gestalt von Graphit fördert.

Der *Mangan*-Gehalt schwankt in der Regel zwischen 0,5 und 1,2%. Mangan erhöht die Festigkeit und die Härte, macht andererseits den Schwefel unschädlich durch Bildung von Mangansulfid (MnS).

Der *Schwefel* soll in möglichst geringen Mengen im Gußeisen enthalten sein ($S \leqq 0,1\%$). Roheisen und Gußbruch enthalten bereits Schwefel, der beim Schmelzen des Eisens durch den Koksschwefel noch vermehrt wird. Unter Umständen muß mit 0,15—0,2% Schwefel gerechnet werden, und dies besonders bei Gußstücken, die längere Zeit schwefelhaltigen Feuergasen ausgesetzt waren. Dies sind z. B. Heizkesselglieder und Roststäbe. Der Schwefel macht das Gußeisen hart, spröde sowie dickflüssig. Stark schwefelhaltige Stücke sind unter Umständen nicht mehr schweißbar. Insbesondere mißlingt dann die Lichtbogenschweißung, während gelegentlich mit der Gasschmelzschweißung noch Erfolge zu erzielen sind.

Der *Phosphor*-Gehalt des Gußeisens liegt in der Regel zwischen 0,1 und 1,5% P. Phosphor erhöht die Dünnflüssigkeit, weshalb er besonders dem Eisen für gußeiserne Werkstücke geringer Wanddicken zugesetzt wird. Er ist im allgemeinen ohne Einfluß auf die Härte, erhöht jedoch die Sprödigkeit und die Hitzeempfindlichkeit. Bei Gußstücken, die starken mechanischen Beanspruchungen ausgesetzt sind, z. B. Klavierplatten, oder solchen, die großer Hitze standhalten müssen, wie z. B. Kokillen für Stahlwerke oder Walzengießereien, verwendet man ein Gußeisen mit möglichst niedrigem Phosphorgehalt (0,1—0,2 % P).

Gelegentlich ist im Gußeisen auch *Kupfer* enthalten. Dieses entstammt entweder dem Gußbruch, der mit Buntmetallen verunreinigt war, oder auch dem Roheisen, welches aus kupferhaltigen Erzen (z. B. Kiesabbränden) erschmolzen wurde. Kupfer gilt als schädlich, ähnlich wie Schwefel. Es wird daher bei der Berechnung der Gattierung für den Kupolofen mit seinem halben Mengenwert dem Schwefel als Wirkung zugerechnet.

Das *Nickel* ist entweder im Roheisen schon enthalten (z. B. amerikanischen Roheisen, „Mayari-Pig-Iron") oder wird in der Pfanne besonders zugesetzt. Das Nickel erhöht die Festigkeit, ohne daß im gleichen Maße die Härte zu- und damit die Bearbeitbarkeit abnimmt. Es ist in manchen Fällen (z. B. Kolbenringen) in Werten bis zu 5 % Ni im Gußeisen enthalten.

Der *Normblattentwurf 1501* vom 3. Dezember 1920 enthält eine Zusammenstellung der verschiedenen Graugußarten, die von *Irresberger* durch Angabe der ungefähren chemischen Zusammensetzung ergänzt wurde. Die Zahlentafel 1 enthält einen Auszug hieraus. Man ersieht aus dieser Zusammenstellung, daß die chemische Zusammensetzung der Gußstücke in verhältnismäßig weiten Grenzen schwankt. Sie ist nicht nur verschieden je nach dem Verwendungszweck, sondern innerhalb dieses auch noch je nach der Wanddicke des einzelnen Gußstückes unterschiedlich.

2. *Das Gefüge*

Bei langsamer Abkühlung eines Gußstückes, der Wanddicke entsprechendem, ausreichendem Silizium-, mittlerem Mangan- und niederem Schwefelgehalt scheidet sich der Kohlenstoff aus der Lösung aus, und das Gußeisen hat ein vorwiegend ferritisch-graphitisches Gefüge. Es ist weich, leicht bearbeitbar und hat eine niedrige Zugfestigkeit von etwa 12 kg/mm². Die Graphitblättchen wirken wie Einschnitte im Gefüge und verringern daher die statische Festigkeit.

Ist die Abkühlungsgeschwindigkeit größer, oder ist der Gehalt an Silizium, das die Graphitausscheidung begünstigt, kleiner sowie der Gehalt an Mangan und Schwefel, die die Graphitausscheidung unterbinden, größer, so weist das Gefüge neben Ferrit und Graphit auch Perlit auf. In besonderen Fällen entsteht körniger Zementit. Perlit ist ein eutektoides Gemisch von Ferrit und Karbid mit 0,9 % Kohlenstoff und verleiht dem Gußeisen hohe Festigkeit*). Bei Sondergußeisen, z. B. dem Perlitguß, der keinen Ferrit, sondern nur Perlit und Graphit enthält, kann die Zugfestigkeit bis über $\sigma_B = 30$ kg/mm² ansteigen.

Bei zu rascher Abkühlung (z. B. Abschrecken durch Kokillen) oder bei zu geringem Gehalt an Silizium, zu großen Gehalten an Mangan und besonders von Schwefel (Kriegserscheinung, schlechter Koks) bildet sich ein im Bruch weißes, sehr hartes Eisen aus. In manchen Fällen entsteht dann der sogenannte umgekehrte Hartguß, d. h. die Gußstücke haben eine graue Schale und einen weißen Kern. Besonders in und nach dem ersten Weltkriege wurde diese Erscheinung häufig beobachtet. Das weiße Eisen enthält ein eutektisches Gemenge, bestehend aus Lamellen von Mischkristallen mit 1,7 % Kohlenstoff und Karbidlamellen mit 6,6 % Kohlenstoff. Das Gefüge wird „Ledeburit" genannt. Weißes Gefüge ist sehr hart (HB = ~ 500 kg/mm²) und spröde, was in der Regel unerwünscht ist.

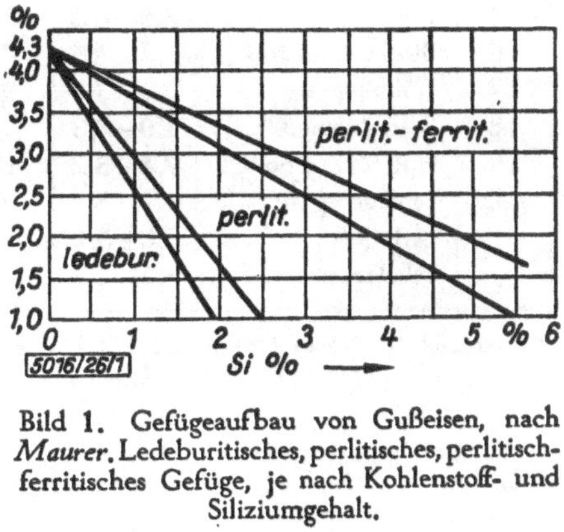

Bild 1. Gefügeaufbau von Gußeisen, nach *Maurer*. Ledeburitisches, perlitisches, perlitisch-ferritisches Gefüge, je nach Kohlenstoff- und Siliziumgehalt.

*) s. FeC-Schaubild, S. 1004.

Mitunter scheiden sich Kristalle mit 6,67% Kohlenstoff (Zementit) aus, dem härtesten Bestandteil des Gußeisens.

Die Bildung dieser Gefügebestandteile ist aus dem Eisen-Kohlenstoff-Zustandsschaubild zu entnehmen (s. S. 1004).

Der Einfluß der Hauptlegierungselemente, Kohlenstoff und Silizium, auf das Gefüge wurde von *Maurer* dargestellt (Bild 1).

Von der Form, in der der Kohlenstoff im Gußeisen auskristallisiert ist, hängt auch die Schmelztemperatur ab. Je größer der Anteil an gebundenem Kohlenstoff ist (Perlit, Ledeburit, Zementit), desto niedriger liegt im allgemeinen die Schmelztemperatur. Bei weißem Gußeisen liegt diese bei etwa 1050—1100° C. Mit zunehmendem Graphitgehalt steigt die Temperatur an und kann unter Umständen 1350° C erreichen.

Nr.	Klasse	Gesamt-C %	Si %	Mn %	P %	S %
1	Kunstguß	3,5—4,2	2,0—2,5	0,6—0,9	0,6—1,2	bis 0,1
2	Feinguß					
3	Bauguß	3,2—3,8	1,5—2,8	0,6—1,0	0,6—1,0	bis 0,12
			je nach Wandstärke und Flächenausdehnung			
4	Guß für Herde und Öfen	3,2—3,8	2,2—3,0	0,5—0,7	1,0—1,5	bis 0,08
5	Guß für Heizkörper (Radiatoren) ...	3,2—3,8	2,0—2,2	0,5—0,7	0,6—1,2	bis 0,06
6	Guß für Klavierplatten	~ 3,8	2,0—3,0	~ 0,8	0,1—0,2	bis 0,06
7	Guß für Muffen- u. Flanschrohre	3,2—3,8	1,5—2,5	0,5—1,5	0,5—1,5	bis 0,10
8	Maschinenguß ohne besondere Vorschriften ...	3,0—3,8	1,5—2,5	0,3—1,5	0,5—1,0	bis 0,12
9	Maschinenguß nach besonderen Vorschriften ...		je nach Wandstärke und Flächenausdehnung Je nach Vorschrift und Abnahmebedingungen			
10	Zylinderguß	3,2—3,8	1,0—1,8	0,6—0,8	bis 0,5	bis 0,08
11	Hartguß	3,0—3,6	0,85—1,10	bis zu 2,0	0,05—0,9	möglichst gering
12	Walzenguß.......					
13	Guß für Geschoßkörper .	3,1—3,4	1,05—2,25	0,5—1,5	möglichst niedrig	bis 0,05
14	Säure- und alkalibeständiger Guß ..	2,8—3,5	0,5—1,2	0,4—1,8	0,1—0,5	0,05—0,10
15	Feuerbeständ. Guß	3,5—4,5	1,0—2,8	0,5—1,2	0,2—0,3	höchstens 0,08
16	Blockformenguß ..	3,3—4,4	1,6—3,0	0,6—1,2	0,06—0,18	höchstens 0,05
17	Tübbingsguß	3,0—3,5	1,5—2,0	0,8	0,4	höchstens 0,08
18	Bremsklotzguß ...	3,0—3,3	1,0—1,2	~ 1,0	0,8	über 0,15
19	Guß für Ambosse .	2,8—3,2	0,8—1,2	0,6—1,0	bis 0,5	bis 0,08
	Schleuderguß	3,9	1,8—2,5	0,4—1,2	0,8—1,2	unter 0,14
	Perlitguß	3,0—3,2	bis 1,5	0,8	bis 0,5	bis 0,2
	Schalenweichguß .	3,5—4,2	2,0—2,8	0,5—1,0	bis 1,2	bis 0,24

Zahlentafel 1. Normblattentwurf 1501 (vom 3. Dezember 1920) der verschiedenen Graugußarten, ergänzt durch *Irresberger* betr. ungefährer chemischer Zusammensetzung.

Da die Zündtemperatur von Eisen 1300—1350° C beträgt und demnach über der Schmelztemperatur liegt, ist Gußeisen nicht brennschneidbar. Ehe die Zündtemperatur erreicht ist, schmilzt Gußeisen bereits und fließt weg.

3. Mechanische Gütewerte

Im DIN-Blatt 1691 (4. Ausgabe, August 1942) sind die folgenden Güteklassen genormt (Zahlentafel 2).

Die Zahlentafel 2 zeigt, wie groß die Festigkeitsunterschiede der einzelnen Gußnormklassen sind, und sie zeigt weiter, daß innerhalb dieser die Zugfestigkeit in Abhängigkeit von der Wanddicke unterschiedlich ist.

Das gleiche Gußstück weist also in verschiedenen Querschnitten und verschiedenen Wanddicken unterschiedliche Festigkeitswerte auf.

Die *Zugfestigkeit* ist aber nicht das kennzeichnende Unterscheidungsmerkmal gegenüber anderen Werkstoffen, z. B. Stahl, sondern das elastische und plastische Verhalten. Gußeisen gilt als spröde. Diese

Güteklasse	Markenbezeichnung	Maßgebende Wanddicke des Gußstückes mm	Rohguß-Ø oder Dicke der Probe für den Zugversuch mm	Zugfestigkeit σ_B kg/mm² mindestens	Biegefestigkeit σ_B kg/mm² mindestens	Durchbiegung in mm mindestens
Normaler Grauguß	Ge 12.91	8—50	30	12	—	—
	Ge 14.91	8—15	20	16	30	4
		über 15—30	30	14	28	7
		„ 30—50	45	11	24	10
	Ge 18.91	8—15	20	20	36	4
		über 15—30	30	18	34	7
		„ 30—50	45	15	30	10
Hochwertiger Grauguß	Ge 22.91	8—15	20	24	42	5
		über 15—30	30	22	40	8
		„ 30—50	45	19	36	11
	Ge 26.91	8—15	20	28	48	5
		über 15—30	30	26	46	8
		„ 30—50	45	23	42	11
Sondergrauguß	Ge 30.91	über 15—30	30	20	48	8
		„ 30—50	45	25*)	45*)	11*)

*) Vorläufige Richtwerte.

Zahlentafel 2. Mechanische Festigkeitswerte und Güteklassen des Gußeisens, nach *DIN 1691.*

Ansicht hat nur insoweit Berechtigung, als die bleibende, plastische Dehnung beim Zugversuch berücksichtigt wird. Diese ist bei Gußeisen sehr gering und beträgt höchstens 0,5%, während Stahl eine bleibende Dehnung von 10% (hohe Festigkeit) bis 30% (niedere Festigkeit) hat.

Im Gegensatz dazu ist jedoch die elastische *Dehnung* von Gußeisen sehr groß. Dies geht daraus hervor, daß der Elastizitätsmodul von Gußeisen zwischen 4000 und 14 000 kg/mm² schwankt (Stahl 21000 kg/mm², Al-Legierungen 6500—7800 kg/mm², Magnesiumlegierungen 4500 kg/mm²). Bei gleicher Belastung biegt sich demnach ein Gußeisen-Biegestab wesentlich stärker durch als ein Stahlstab, unter Umständen ebenso stark oder stärker als Stäbe aus Aluminium- oder Magnesiumlegierungen (Bild 2). Dies geht auch aus dem Spannungs-Dehnungs-Schaubild hervor. Während bei Stahl der Ela-

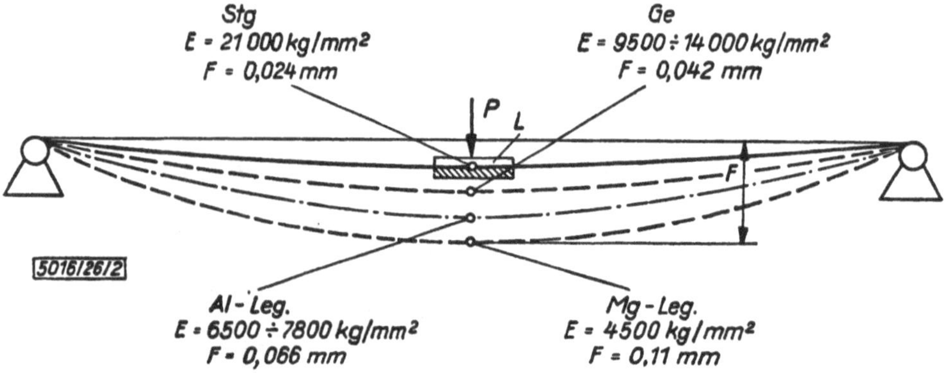

Bild 2. Elastizitätsmodul verschiedener Werkstoffe, Durchbiegung F bei gleicher Belastung P (kg).

F = Durchbiegung in mm L = Lagerstelle Ge = Gußeisen
Stg = Stahlguß E = Elastizitätsmodul in kg/mm² Al-Leg. = Aluminiumlegierungen
Mg-Leg. = Magnesiumlegierungen

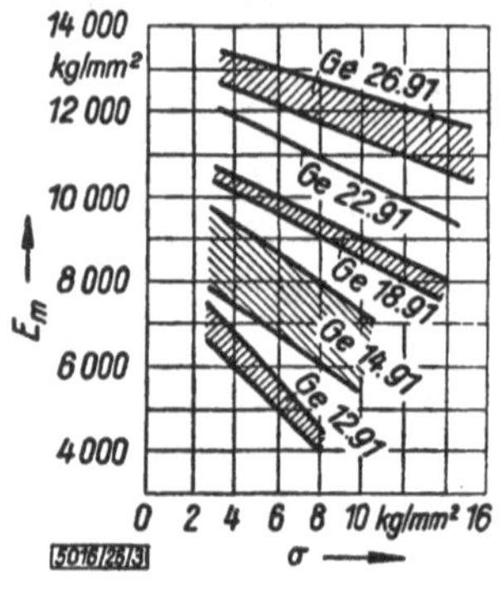

stizitätsmodul für alle Güteklassen gleich ist, ist dieser bei Gußeisen für diese verschieden und ist außerdem abhängig von der Spannung. In Bild 3 ist dies von *Jungbluth* dargestellt. Auch für den Druckversuch hat dieser ähnliche Verhältnisse ermittelt, jedoch ist die Abhängigkeit von der Spannung geringer und kann daher praktisch vernachlässigt werden.

Bild 3. Elastizitätsmodule von Gußeisen, nach *Jungbluth*.

E_m = mittlerer Elastizitätsmodul in kg/mm² für Beanspruchungen zwischen 1 kg/mm² und σ (kg/mm²)
σ = Beanspruchung in kg/mm²
Ge 1291 bis Ge 2691 = verschiedene Gußeisensorten

Jungbluth (1) stellte die folgenden Werte fest:

Markenbezeichnung	Elastizitätsmodul für Druckbeanspruchung*)
Ge 12.91	etwa 7000— 7500 kg/mm²
Ge 14.91	„ 8200— 8800 kg/mm²
Ge 18.91	„ 10500—11000 kg/mm²
Ge 22.91	„ 11500—12000 kg/mm²
Ge 26.91	„ 11900—13200 kg/mm²

Zahlentafel 3. Elastizitätsmodule verschiedener Gußeisensorten, nach *Jungbluth* und *Werkstoffhandbuch „St. u. E."*.

Gußeisen ist also weniger „steif" als Stahl. Will man eine möglichst große Steifigkeit erreichen, so ist neben der Wahl einer höheren Festigkeitsklasse der Bauart (starke, widerstandsfähige Querschnitte) Beachtung zu schenken.

Da Gußeisen fast unmittelbar aus dem flüssigen in den festen Zustand übergeht, ohne wie Stahl einen breiten, plastischen und schmiedbaren Temperaturbereich zu durchlaufen, sind Gußstücke nicht in der Lage, weder in kaltem noch in warmem Zustande Spannungen durch plastische Verformung

(Dehnung, Quetschung) nach der Erstarrung abzubauen. Dies ist beim Schweißen besonders zu berücksichtigen, denn dadurch wird die Schweißbarkeit beeinträchtigt. Dazu kommt die sehr schwankende Warmfestigkeit, die *Jungbluth* wie folgt ermittelte (Zahlentafel 4).

Markenbezeichnung	Warmzugfestigkeit bei 500° C
Ge 12.91	etwa 8 kg/mm²
Ge 14.91	„ 12 kg/mm²
Ge 18.91	„ 17 kg/mm²
Ge 22.91	„ 20 kg/mm²
Ge 26.91	„ 22 kg/mm²

Zahlentafel 4. Warmfestigkeit verschiedener Gußeisensorten, nach *Jungbluth*.

Zum Vergleich sei St 37 erwähnt, der bei 500° C eine Zugfestigkeit von etwa 25 kg/mm² bei einer von 30% bei R. T. auf 40% bei 500° C Prüftemperatur gestiegenen Dehnung hat.

Die teilweise recht große *Warmfestigkeit* von Gußeisen kann das Entstehen von Warmrissen nicht verhindern, da die Spannungen bei der Abkühlung von geschweißten Stücken diesen Wert häufig überschreiten. Durch besondere Maßnahmen während und nach dem Schweißen muß daher das mangelhafte Arbeitsvermögen des Gußeisens ausgeglichen werden. Die *Dauerfestigkeit* von Gußeisen ist, entgegen allgemeiner Anschauung, nicht gering. Aus Sondergußeisen (besonders legiert) lassen sich sogar sehr haltbare Kurbelwellen herstellen (hohlgegossene, z. B. in USA von Fa. „Ford-Werke", Detroit).

Die Härte ist im allgemeinen verhältnismäßig hoch. Gußstücke mit vorwiegend ferritisch-graphitischem Gefüge haben eine Brinellhärte von 80—120, mit perlitisch-ferritischem Gefüge von ~ 170 bis 220, Hartguß (ledeburitisches Gefüge) hat unter Umständen eine Härte von ~ 500 Brinell-Einheiten.

Zwischen *Härte und Zugfestigkeit* besteht nicht wie bei Stahl ein festes Verhältnis. Es gibt daher keinen einwandfreien Umrechnungsfaktor.

Zwischen Härte und *Bearbeitungsfähigkeit* besteht aber ein eindeutiger Zusammenhang. Jedoch darf auch hier das Gußeisen nicht mit Stahl verglichen werden. Es ist wesentlich leichter bearbeitbar als letzterer, eine Folge der eingelagerten Graphitblättchen.

Die *Verschleißfestigkeit* nimmt mit zunehmender Härte nicht immer zu. Zwar ist weiches Gußeisen mit ferritisch-graphitischem Gefüge am wenigsten verschleißfest, mittelhartes Gußeisen mit viel Perlit ist aber unter Umständen verschleißfester als hartes Eisen mit Ledeburit.

Gußeisen, das längere Zeit überhitztem Dampf ausgesetzt war, vergrößert sein Volumen, es *wächst*. Es oxydiert dabei innerlich, und zwar um so mehr, je gröber die Graphitblättchen sind, durch die vermutlich der Dampf ins Innere dringen kann. Erwähnt wurde bereits, daß derartiges Gußeisen häufig nicht oder nur noch beschränkt schweißbar ist.

Eine sehr beachtenswerte Entwicklung bahnt sich an in der amerikanischerseits geschaffenen Möglichkeit, durch MgCr-Zusatzlegierung zum normalen Gußeisen eine spärolytische, d. h. kugelförmige Graphitausbildung zu ermöglichen. Hierdurch ist eine beachtliche Festigkeitssteigerung zu ermöglichen. Es ergeben sich für ein Gußeisen der folgenden chemischen Zusammensetzung

3,5% C 2,4 % Si 0,8 % Mn 1,9 % Ni 0,015 % P 0,066 % Mg (l) u. 0,012 % S

für den Guß- und angelassenen Zustand die folgenden Festigkeitswerte [Lit. *Gagnebin, Millis* u. *Pilling*].

	Gußzustand	Angelassener Zustand
Streckgrenze	47,1	36,2 kg/mm²
Zugfestigkeit	69,3	50,4 kg/mm²
Dehnung (l = 50 mm)	5,0	17,5 %
Brinellhärte	246	170 kg/mm²

Bemerkung: Von *Gagnebin, Millis* u. *Pilling* wird für allgemeine Zwecke ein Roheisen empfohlen mit 3,2—3,6 % C, 1,8 bis 2,5 % Si max. 0,3 % Mn und max. 0,05 % P. Erfahrungen dieser Art müssen baldigst auch auf Reparatur-Ge-Schweißungen übertragen werden.

4. Erzeugung von Gußstücken

Gußstücke werden in der Regel im Kupolofen, einem Schachtofen, aus Roheisen, Gußbruch, unter Umständen unter Zusatz von Stahlschrott, erschmolzen. Legierungszusätze werden im Ofen, manchmal auch in der Pfanne zugegeben. Als Brennstoff dient hierbei fast ausschließlich Koks. In Walzengießereien wird auch der Flammofen zum Schmelzen des Gußeisens verwendet. Elektroöfen dienen an manchen Stellen zur Herstellung besonders hochwertigen Gußeisens, ebenso Tiegelöfen oder tiegellose Öfen mit Öl- oder Kohlenstaubfeuerung. Alle diese Schmelzverfahren treten aber mengenmäßig gegenüber dem Schmelzen im Kupolofen weit in den Hintergrund. Das in diesen besonderen Öfen (Kupolöfen usw.) aus Roheisen und dergleichen erschmolzene Gußeisen heißt Gußeisen zweiter Schmelzung. Wird unmittelbar das dem Hochofen entströmende Roheisen in Formen vergossen, so spricht man von Gußeisen erster Schmelzung. Es dient hauptsächlich zur Herstellung von groben Massenartikeln, wie z. B. Wasserleitungsrohren.

Die Gußformen bestehen in der Regel aus Formsand, Masse oder Lehm, denen durch einen Zusatz von Graphit und Kohlenstaub oder durch einen Überzug aus diesen Stoffen die nötige Feuerfestigkeit (Sicherheit gegen Aufschmelzen und „Einbrennen" in das flüssige Eisen) verliehen wird.

Die Formen werden entweder naß oder getrocknet abgegossen. Hohlräume in den Gußstücken werden durch sogenannte Kerne gebildet. Die Formstoffe werden von Hand oder durch Preßluft festgestampft oder auf Maschinen mit Preßluft, Preßwasser oder durch Rütteln verdichtet. Auch die Schleuderkraft wird zum Verdichten der Formstoffe verwendet.

Für jeden Abguß müssen diese Formen neu hergestellt werden (verlorene Formen, im Gegensatz zu Dauerformen), da sie beim Ausleeren der Formkästen mit den Gußstücken zerstört werden.

An Stellen, die besonders hart (z. B. verschleißfest) werden sollen, legt man gußeiserne oder stählerne „Schreckschalen" (Kokillen) ein.

Unter Kokillenguß versteht man Gußstücke, die ganz in Kokillen gegossen werden. Der Zweck ist dann entweder, dem ganzen Stück eine große Härte zu verleihen (z. B. Hartgußwalzen), oder aber die Herstellung durch Verwendung einer Dauerform zu verbilligen. Einfache Rohrformstücke lassen sich in gußeisernen Dauerformen herstellen, gerade verlaufende Rohre in Schleuderformen, d. h. in wassergekühlten, schnell um ihre Achse rotierenden Röhren, wobei kein Kern notwendig ist. Derartige Stücke werden dann in der Regel weichgeglüht, sofern nicht beabsichtigt ist, Hartguß herzustellen.

Das Glühen von Gußeisen ist nur wenig üblich, da in der Regel das in Sandformen u. dgl. langsam erkaltete Gußeisen so weich ist, daß es beim Bearbeiten keine Schwierigkeiten bereitet.

B. Die Schweißverfahren

Da Gußeisen kaum teigig wird, sondern fast unmittelbar vom flüssigen in den festen Zustand übergeht und umgekehrt, sind die Preßschweißverfahren nicht, sondern nur die Schmelzschweißverfahren anwendbar. Die folgenden Schweißverfahren kommen in Betracht:

Gießschweißung
Thermitschmelzschweißung
Gasschmelzschweißung
- a) Kaltschweißung
- b) Warmschweißung

Elektroschmelzschweißung
- a) Kaltschweißung
- b) Warmschweißung

Das Arcatomverfahren kann auch angewandt werden. Da es aber teuer ist und bei Gußeisen einerseits keine besonderen Vorteile bringt, andererseits nur für dünnwandige Werkstücke geeignet ist, scheidet es für die Gußeisenschweißung meistens aus.

1. Gießschweißung

Das älteste Schweißverfahren für Gußeisen ist das *Gießschweißverfahren.* Es wird auch heute noch in bestimmten Fällen angewendet, z. B. zum Anschweißen, besser gesagt Aufschweißen, abgebrochener Walzenzapfen. Da hierbei große Mengen flüssigen Eisens notwendig sind, ist das Verfahren nur in Gießereien anwendbar, weil nur diese die dazu nötigen Schmelzöfen, in der Regel Kupolöfen, besitzen.

Bei der *Gießschweißung* muß das Werkstück vorgewärmt werden, wozu am besten ein Holzkohlenfeuer verwendet wird. Koks ist weniger geeignet, da hierbei die Hitze zu groß wird und diese auch nicht so gleichmäßig gehalten werden kann. Das Werkstück wird zweckmäßig so weit in den Boden der Gießerei eingegraben, daß die Bruchfläche nur wenig über die Gießereisohle herausragt. In der Regel wird das abgebrochene Stück neu aufgeschweißt. *Verbindungsschweißungen* zwischen zwei Bruchflächen sind zwar möglich, aber verhältnismäßig schwierig. Zur Gießschweißung muß an den Bruchflächen eine Form aus den üblichen Formstoffen hergestellt werden, damit das aufgeschweißte Gußeisen nach dem Erkalten die Gestalt des abgebrochenen Stückes besitzt. An der tiefsten Stelle der Bruchfläche muß die Form eine Ausflußöffnung besitzen (Bild 4).

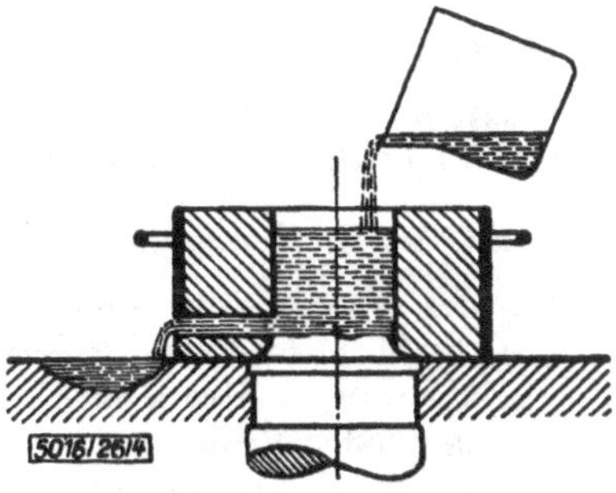

Bild 4. Gießschweißen von Gußeisen.

Ist das Werkstück durch das Holzkohlenfeuer auf Dunkelrotglut erhitzt (etwa 500—600° C), so kann mit dem Schweißen begonnen werden. Aus einer Gießpfanne, die etwa 2—3mal soviel flüssiges Eisen enthält, als aufgeschweißt werden soll, wird auf die Bruchfläche flüssiges Eisen gegossen, das durch die obenerwähnte Öffnung in der Form wieder abfließt. Durch dieses zu- und wieder abfließende Eisen wird die Bruchfläche allmählich glattgeschmolzen. Als Wärmequelle, die das Werkstück auf Schweißhitze (Schmelztemperatur des Gußeisens, mindestens 1150° C, besser 1250° C) bringt, dient demnach das Eisen, das aus der Pfanne auf die Bruchfläche auftrifft. Je heißer dieses Eisen ist (Kupolofeneisen kann unmittelbar an der Abstichrinne des Ofens eine Temperatur bis zu 1500° C haben), je besser das Werkstück vorgewärmt war und je kleiner das Verhältnis Bruchfläche zu Masse des gesamten Werkstückes ist, desto weniger Eisen wird gebraucht. Die oben angegebene Verhältniszahl des aufzugießenden Eisens zum anzugießenden Stück hat demnach nur bedingten Wert. Sie wird bei größeren Stücken mit verhältnismäßig kleinen Bruchflächen (z. B. Walzen) oft um ein Mehrfaches überschritten, während sie bei kleineren Stücken oft stark unterschritten wird.

Durch Betasten der Bruchfläche mit einer Stahlstange muß festgestellt werden, ob diese aufgeschmolzen ist. Sobald die Stange über eine glatte Fläche gleitet, ist dieser Zeitpunkt erreicht. Die Ausflußöffnung der Form wird nunmehr mit einem Tonpfropfen verschlossen und nur noch so viel Eisen aufgegossen, bis die Form genügend hoch gefüllt ist. Die Oberfläche des aufgeschweißten Stückes wird daher in der Rohschweiße auf alle Fälle eben. Formgebungsarbeiten müssen demnach am kalten Stück durch Drehen, Bohren u. dgl. vorgenommen werden.

Das fertig aufgeschweißte, noch glühende Stück soll nunmehr möglichst langsam erkalten, damit weder Schrumpfspannungen und -risse, noch harte Stellen auftreten. Zu diesem Zweck muß das Stück mit glühender Holzkohle bedeckt werden, die nach einiger Zeit mit trockenem Sand abgedeckt wird. Das Abkühlen dauert, je nach der Größe des Stückes, einen bis mehrere Tage. Bei richtiger Ausführung des Verfahrens hat die Schweißstelle eine ausreichende Festigkeit, so daß ein geschweißtes Stück einem ungeschweißten Stück an Haltbarkeit nicht nachzustehen braucht. Ein bestimmtes Gefüge läßt sich jedoch nicht erzielen, insbesondere kann keine besondere Härte erreicht werden, wie dies z. B. bei Schweißarbeiten an Hartgußwalzen erwünscht wäre.

Das Verfahren ist jedoch verhältnismäßig teuer, nur bei Stücken mit gut zugänglicher Bruchfläche anwendbar und kann nur in Gießereien durchgeführt werden. Es tritt daher immer mehr hinter den neueren Schweißverfahren zurück und wird heute schon fast nur noch in Sonderfällen angewendet.

2. *Thermitschmelzschweißung*

(Verfahren, Geräte, Einrichtungen und Zusatzwerkstoffe sowie Durchführung der Schweißung siehe auch unter „Thermitschweißung", *Ahlert*, S. 618 ff.)

Eigenschaften der thermitgeschweißten Werkstücke

Bei der Thermitschweißnaht entsteht ein praktisch kohlenstofffreies Eisen, also weicher Stahl. Dieser Stahl legiert sich mit dem Gußeisen der Bruchstellen, so daß dort sehr harter, kohlenstoffreicher Stahl sich bildet. Durch entsprechenden Zusatz von Kohlenstoff, Silizium und Mangan in der Thermitportion (Sondermischung) kann die chemische Zusammensetzung der Schweiße der des Werkstücks angenähert werden, so daß das Zwischengefüge (Einbrandzone) nicht mehr so stark vom Gußeisen verschieden ist. Auf diese Weise lassen sich auch Hartgußwalzen unter Umständen noch brauchbar schweißen, da bei diesen eine verhältnismäßig große Härte erwünscht ist. Allerdings wird sich nie ein ganz gleichmäßiges Gefüge und damit eine gleiche Härte erzielen lassen. Bei der Bearbeitung werden gewisse Unterschiede immer noch festzustellen sein. Wo diese keine Rolle spielen, also abgesehen vom eigentlichen Walzenkörper, an den Zapfen, Lagerstellen usw., ergibt jedoch die Thermitschmelzschweißung bei richtiger Zusammensetzung der Portionen vollkommen zufriedenstellende Ergebnisse.

3. *Gasschmelzschweißung*

α) *Anwendbarkeit*

Die Gasschmelzschweißung (Kalt- wie auch Warmschweißung) kommt grundsätzlich für kleinere Werkstücke mit geringer Wanddicke in Frage. Im allgemeinen wird ab $s \geqq 20$ mm Wanddicke die Elektroschmelzschweißung bevorzugt.

β) *Geräte, Einrichtungen, Zusatzwerkstoffe*

Es werden die gleichen Geräte und Einrichtungen verwendet wie für das Schweißen von Stahl. Die Brennergröße und der Gasverbrauch richten sich nach der Schweißstabdicke. Die folgende Zahlentafel 5 kann als Anhalt dienen:

Schweißstab-durchmesser*) mm	Brennereinsatzgröße (Stahlblechdicke) mm	Gasverbrauch l/h
4	6—9	800
6	6—9	800
8	14—20	1300
10	14—20	2000
12	14—20	2000
14	20—30	3000

*) Für Stäbe mit quadratischem oder rechteckigem Querschnitt gelten die dem Querschnitt entsprechenden Werte.

Zahlentafel 5. Brennergröße und Gasverbrauch bei Gasschmelzschweißung von Gußeisen.

Die Abschmelzzeiten der Schweißstäbe können aus der folgenden Zahlentafel 6 entnommen werden.

Stabdurchmesser mm	Länge mm	Gewicht g	Abschmelzzeit min	Brennergröße
8	745	280	9,32	6—9
8	745	273	3,64	14—20
10	900	499	7,85	14—20
12	905	726	9,62	14—20

Zahlentafel 6. Abschmelzzeiten und Brennergrößen bei Gasschmelzschweißung von Gußeisen.

Als Schweißgase kommen nur Azetylen und Sauerstoff in Frage. Es ist gleichgültig, ob Entwickler-azetylen oder Flaschenazetylen verwendet wird. Die größere Reinheit des letzteren, verbunden allerdings mit einem wesentlich höheren Preis, macht sich beim Schweißen höchstens theoretisch, nicht aber praktisch, d. h. weder bezüglich der Güte noch der Arbeitsgeschwindigkeit bemerkbar.

Falls das Azetylen nicht einer größeren Zentralanlage entnommen wird, sondern in kleinen, in der Regel ortsbeweglichen Anlagen erzeugt wird, ist darauf zu achten, daß stets so viel Azetylen erzeugt bzw. vorhanden ist, daß *ununterbrochen* geschweißt werden kann. Weder bei der Warm- noch bei der Kaltschweißung darf die Arbeit unterbrochen werden, da hierdurch das Gelingen gefährdet wäre.

Verdrängungsentwickler, die höchstens mit 5 kg Karbid (entsprechend etwa 1500 l Azetylenerzeugung) gefüllt werden können, eignen sich nur für kleinere Schweißarbeiten, da das Nachfüllen etwa 5 Minuten Dauer in Anspruch nimmt, während der nicht geschweißt werden kann.

Doppelentwickler dieser Bauart, bei denen ohne Arbeitsunterbrechung umgeschaltet werden kann, sind besser geeignet. Auch gegen Wasserzulaufentwickler (Schubladenentwickler) ist nichts einzuwenden. Sie sind mit 2 Schubladen ausgerüstet, die abwechslungsweise betrieben werden, so daß der Entwickler pausenlos Gas liefern kann. Die Größe der Entwickler muß in jedem Falle so bemessen sein, daß ihre Höchststundenleistung dem stündlichen Gasverbrauch des Brenners gleichkommt. Die auf den Leistungsschildern der Entwickler angegebenen Höchststundenleistungen werden aber nur 10 Minuten lang erzeugt. Die tatsächliche Höchststundenleistung beträgt nur etwa die Hälfte dieses Wertes. Dies muß wohl beachtet werden.

Eine Azetylenflasche enthält etwa 5500 Liter Azetylen. Mehr als 1000 Liter/Stunde sollen einer Flasche nicht entnommen werden, da sonst Azeton mitgerissen wird. Übersteigen die stündlichen Verbrauchsmengen sowie die voraussichtliche Gesamtverbrauchsmenge diese Zahlen, so sind mehrere Flaschen parallel zu schalten.

Der Sauerstoff wird in Flaschen geliefert, die in der Regel 6000 Liter Inhalt haben. Der Sauerstoffverbrauch ist etwa ebenso groß wie der Azetylenverbrauch, unter Umständen etwas geringer. Sauerstoffflaschen kann eine beliebige Menge stündlich entnommen werden. Es müssen daher nur dann mehrere Flaschen parallel geschaltet werden, wenn der zu erwartende Gesamtverbrauch den Inhalt einer Flasche übersteigt.

An Wasservorlagen, Druckminderer und Schweißbrenner werden keine besonderen Anforderungen gestellt. Nur die Wichtigkeit der Rückschlagsicherheit der letzteren sei besonders betont.

Als *Zusatzstoffe* werden gußeiserne Schweißstäbe verwendet, die nach *DIN-Entwurf 2301* die folgende Zusammensetzung haben sollen:

C = 3,0 bis 3,6 %; Si = 3,0 bis 3,8 %; Mn = 0,5 bis 0,8 %; P = 0,4 bis 0,8 %; S $\leqq$ 0,1 %. (Lit. siehe unter DIN-Mitteilungen.)

Wertsteigernde Elemente, wie z. B. Nickel, werden den Schweißstäben manchmal zugesetzt.

Die Stäbe sind stets nackt, haben kreisrunden, quadratischen oder rechteckigen Querschnitt. Manche Stäbe enthalten eine Schweißpaste, eingelagert in eine Furche.

Es muß stets ein Flußmittel zugesetzt werden, falls nicht schon die Stäbe eine Schweißpaste tragen. Flußmittel sollen die Oxyde lösen und eine dünnflüssige, nicht festbackende Schlacke erzeugen (siehe hierzu auch *Lüder*, Anhang). Dazu genügt unter Umständen schon kalzinierte Soda oder Borax. Die handelsüblichen Flußmittel enthalten nach *Cornelius*, Z. VDI, außer Soda (Na_2CO_3) doppeltkohlensaures Natron ($NaHCO_3$) und Borax ($Na_2B_4O_7$), z. B. im Verhältnis 15 : 70 : 15.

Ein bewährtes Flußmittel wird nach *Käsmacher* wie folgt hergestellt: 75% Borax kristallwasserfrei (Glasborax), 5% kalzinierte Pottasche (K_2CO_3), 5% kalzinierte Soda, oder statt Pottasche + Soda nur 10% kalzinierte Soda sowie 15% Kochsalz (NaCl), werden fein gemahlen und durch ein Sieb sorgfältig gemischt zusammengegeben. Das Pulver ist stark wasseranziehend und muß daher in verschlossenen Büchsen aufbewahrt werden, falls nicht in trockenen Räumen gearbeitet wird. Es ist so jedoch bei Unterbindung einer Feuchtigkeitsaufnahme unbegrenzt haltbar. Ein anderes Flußmittel, das weniger Meidstoffe enthält, besteht aus 20% Kochsalz, 10% kalzinierter Soda, 10% kalzinierter Pottasche und 60% kalziniertem Borax.

Nach *Cornelius* wird auch folgendes Flußmittel vorgeschlagen: 80% kalzinierte Soda, 18% Borsäure H_3BO_3 und 2% Silizium.

Die Flußmittel müssen beim Schweißen vorsichtig behandelt werden, damit sie nicht in die Schmelze hineingeblasen werden.

Der *Unfallverhütung* ist bei der Gasschmelzschweißung besonderes Augenmerk zu schenken. Zunächst ist die Azetylen- und Druckgasverordnung*) zu beachten. Der vorgeschriebene Mindestabstand eines Entwicklers von der nächsten Feuerstelle, also auch von der Schweißstelle, von 3 m Abstand darf unter gar keinen Umständen unterschritten werden.

Allseitig geschlossene Hochdruckentwickler sind zu bevorzugen, da Mittel- und Niederdruckentwickler offene Wasserverschlüsse haben, die nicht immer restlos sicher das Gas absperren.

Die Gasschweißer sind mit Lederhandschuhen sowie feuersicheren Anzügen auszurüsten. Asbestanzüge sind lästig, es genügen Anzüge aus imprägniertem Baumwoll- oder Zellwollgewebe. Die Hosen müssen hinreichend lang sein, damit sie über die Stiefelschäfte herabfallen. Asbestschürzen sind zweckmäßig. Sie verlängern die Haltbarkeit der Schweißeranzüge. Es sind Lederstiefel mit Holzsohlen zu tragen.

Die Augen müssen durch Brillen geschützt werden (Kennzahl der Schutzgläser: 454). Die Brillen müssen gefüttert sein, da sonst die Brilleneinfassung die Gesichtshaut (z. B. Nasenrücken, Schläfen) verbrennt.

Zum Schweißen von Gußeisen sind möglichst langjährige Schweißer heranzuziehen, die besondere Erfahrung und Übung im Schweißen dickerer Querschnitte (10—20 mm) haben.

a. *Die Kaltschweißung*

α) *Anwendbarkeit*

Die Kaltschweißung kommt nur für kleinere Stücke einfacher Bauart mit geringen Fehlern in Frage, die so liegen müssen, daß sich die beim Schweißen unvermeidliche Schrumpfung auswirken kann, ohne allzu große Schrumpfspannungen zu hinterlassen. Ausgebrochene Zähne von Zahnrädern, Risse an Speichen oder Rädern mit nicht zu großen Querschnitten und ähnliche Werkstücke sind im allgemeinen das Arbeitsfeld für die Gußeisen-Gas-Kaltschweißung.

β) *Vorbereitung*

Die Risse sind durch Ausbohren oder Ausmeißeln bis auf den Grund gut zugänglich zu machen. Anrisse sind, wenn möglich, vollends durchzuführen, da der noch nicht gebrochene Querschnitt beim Schweißen doch meistens durchreißt. Gußeisen ist nicht brennschneidbar. Es läßt sich aber mit dem Schweißbrenner oder auch dem Kohlelichtbogen ausschmelzen. Dieses sehr rohe Verfahren ist aber häufig gefährlich, da durch die unvermeidbare Hitze Spannungen und danach weitere Risse entstehen können.

Um eine gute Verbindung (Einbrand) zwischen der eingeschmolzenen Schweiße und dem Baustoff des Werkstückes zu erzielen, müssen dessen Kanten aufgeschmolzen werden. Damit ist eine gewisse Vorwärmung des Werkstückes verbunden, die in den meisten Fällen nur von Vorteil ist.

Lose Stücke sind mit Schamottesteinen zu unterbauen und in die richtige Lage zu bringen. Breite Schweißfugen sind mit Schweißkohleplatten zu unterlegen, damit gut durchgeschweißt werden kann, ohne daß das Schweißbad nach unten zu sehr durchläuft.

γ) *Durchführung der Schweißarbeit*

Brennereinsatz und Schweißstabdurchmesser sind so zu wählen, daß die Fuge in einer Lage ausgefüllt werden kann. Die Flamme wird zweckmäßig mit leichtem Azetylenüberschuß eingestellt. Brenner und

*) s. bei *Kemper*, Buchteil I.

Schweißstab sind im Sinne der Nachlinksschweißung zu führen. Bei allen Schweißfugen mit verschiedener Dicke ist zuerst der dickste Querschnitt zu schweißen. Müssen nur Anrisse geschweißt werden, so ist der nicht gerissene Teil mit dem Schweißbrenner gründlich vorzuwärmen, damit dieser Teil später ebenfalls schrumpft und so die eigentliche Schweißnaht entlastet. Da auch senkrecht geschweißt werden kann, brauchen die Werkstücke nicht gedreht zu werden, falls die Schweißstellen in verschiedenen Ebenen liegen. Während und nach dem Schweißen müssen die Werkstücke vor Luftzug geschützt werden. Zweckmäßig ist es, die Stücke nach dem Schweißen mit trockenem Sand u. dgl. abzudecken, um so ein vorzeitiges Erkalten zu verhindern und die dann unvermeidlichen Gefahren, wie Reißen, Hartwerden, zu vermeiden.

δ) *Eigenschaften der geschweißten Stücke und der Naht*

Wenn es sich nicht um Stücke handelt, deren Bauart besonders günstig ist und bei denen die Schweißstellen an besonders vorteilhaft gelegenen Stellen liegen, so muß immer mit Schrumpfspannungen gerechnet werden, die zum Bruch beim Erkalten oder im Betriebe führen können. Gußeisen kann ja Spannungen nie durch plastische Verformung abbauen. Dazu ist seine Bruchdehnung zu gering, es hat keine ausgeprägte Streckgrenze. Die Spannung äußert sich meistens in elastischer Dehnung. Wird die Gesamtspannung (Schrumpf- und Betriebsspannung) zu hoch, so bricht das Stück durch.

Die Festigkeit der eigentlichen Schweißnaht ist im allgemeinen groß. Die Schweißnaht selbst hat infolge des Abbrandes, besonders von Silizium und Mangan, etwa die folgende Zusammensetzung:

$$C = 3{,}0 \text{ bis } 3{,}5\,\%;\; Si = 2{,}5 \text{ bis } 3{,}0\,\%;\; Mn = 0{,}4 \text{ bis } 0{,}6\,\%;\; P \sim 0{,}6\,\%;\; S = 0{,}1\,\%.$$

Ein derartiges Gußeisen, im Kupolofen erschmolzen, würde bei der Wanddicke von 10—20 mm ein ferritisch-graphitisches Gefüge mit wenig Perlit aufweisen. Infolge der Schmelzüberhitzung durch die hohe Temperatur der Gasflamme (3000° C, d. h. etwa doppelt so groß wie die Temperatur des Kupolofeneisens) bekommt man jedoch in der Naht ein vorwiegend perlitisches Gefüge mit wenig oder gar keinem Ferrit und feinen Graphitblättchen. Infolgedessen beträgt die Festigkeit durchschnittlich etwa 20—25 kg/mm², während ein Kupolofeneisen der gleichen chemischen Zusammensetzung 12 bis höchstens 16 kg/mm² Zugfestigkeit aufweisen würde. In den meisten Fällen wird demnach *die Schweiße härter als der Grundwerkstoff sein.* Dadurch brauchen an sich noch keine Bearbeitungsschwierigkeiten zu entstehen, denn ein derartiges Gußeisen ist noch leicht bearbeitbar. Wenn aber das übrige Stück sehr weich ist, so wird sich nach dem Bearbeiten die Schweißstelle etwas abheben und insbesondere bei gleitender Reibung (z. B. Gleitbahnen von Werkzeugmaschinen u. dgl.) sich weniger abnutzen als die Nachbarstellen, was unter Umständen recht unangenehm sein kann.

Bei sachgemäßer Durchführung des Verfahrens ergibt jedoch das Kaltschweißverfahren mit der Azetylen-Sauerstoff-Flamme an einfachen Werkstücken durchaus zufriedenstellende Ergebnisse. Große Vorbereitungsmaßnahmen sind nicht nötig, die dazu nötigen Geräte sind einfach und daher leicht zu beschaffen. Das Verfahren benötigt keine besondere Werkstatt. Es kann deshalb überall, auch in Montagehallen, in Kraftwerken oder selbst im Freien ausgeführt werden.

b. Die Warmschweißung

α) *Anwendbarkeit*

In allen Fällen, in denen die Kaltschweißung wegen der Bauart und Beanspruchung des Werkstückes sowie wegen der Lage der Schadstellen keinen Erfolg verspricht, ist das Warmschweißverfahren anzuwenden.

Es werden hierzu die gleichen Einrichtungen und Zusatzwerkstoffe benötigt wie für das Kaltschweißen. Hinzu kommen jedoch Öfen oder ähnliche Vorrichtungen für die wärmetechnische Vorbereitung und Nachbehandlung.

β) *Vorbereitung*

Ist das Werkstück in der gleichen Weise zum Schweißen vorbereitet wie bei der Kaltschweißung, so muß es möglichst über den ganzen Umfang auf Schweißtemperatur (500—600 ° C) vorgewärmt werden.

Wird nur gelegentlich geschweißt, so kann dazu ein mit Holzkohlen oder auch Holz auf Holzkohlenunterlage gefüllter Drahtkorb oder Blechkasten verwendet werden. Größere Stücke werden einfach auf den Werkstattboden (Sand oder Erde) gelegt und mit Blechplatten umzäunt, in denen das Feuer entzündet wird. Das Feuer darf das Stück nicht zu schnell in Glut bringen. Es ist vor allem darauf zu achten, daß die Werkstücke überall zur gleichen Zeit die gleiche Temperatur erreichen, da sonst Spannungen entstehen, die ja gerade durch das Vorwärmen vermieden werden sollen. Zugluft muß unter allen Umständen ferngehalten werden.

Ist an der gleichen Stelle öfter zu schweißen, also in eigentlichen Schweißwerkstätten (Warmschweißereien), so empfiehlt sich die Anlage von Schweißgruben (Bild 5) oder auch Schweißöfen. Schweißgruben sind einfache, mit Schamottesteinen ausgemauerte Vertiefungen in der Werkstattsohle, die in Größe und Form den zu schweißenden Stücken angepaßt sind. Sie werden mit Holzkohle, Holz oder auch Gas be-

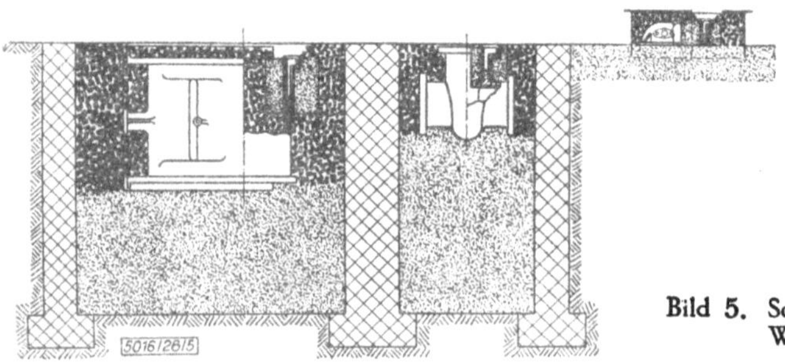

Bild 5. Schweißgrube für die Gußeisen-Warmschweißung.

heizt. Schweißöfen werden in der Regel mit Öl oder Gas beheizt. Sie sind entweder oben oder an der Seite offen, so daß die Stücke im Ofen und in der Glut geschweißt werden können, oder sie sind mit einem Schlitten versehen, so daß die Stücke seitlich zum Schweißen herausgezogen werden können. Im letzteren Falle muß Zugluft besonders gut ferngehalten werden, auch ist das Schweißen möglichst zu beschleunigen.

γ) *Durchführung der Schweißarbeit*

Das eigentliche Schweißen wird bei der Warmschweißung in der gleichen Weise durchgeführt wie bei der Kaltschweißung. Es muß möglichst pausenlos geschweißt werden. Da die Arbeit infolge der Hitzebelästigung sehr anstrengend ist, so empfiehlt es sich, bei größeren Schweißungen zwei und mehr Schweißer anzusetzen, die sich laufend ablösen. Unter Umständen kann sogar an mehreren Stellen zugleich geschweißt werden. Intelligente Schweißer lernen bald die zweckmäßigste Art kennen, in der in jedem Einzelfall vorzugehen ist.

δ) *Nachbehandlung*

Nach dem Schweißen muß dafür gesorgt werden, daß die Stücke möglichst *langsam abkühlen.* In der Grube werden sie daher nochmals mit Holzkohlen usw. bedeckt, die dann, wenn sie in Glut geraten sind, mit Blechplatten und Sand zugedeckt werden. In gas- oder ölbeheizten Öfen sind die Flammen, je nach der Größe des Stückes, noch 1—2 Stunden in Brand zu halten. Dann sind die Öfen möglichst dicht zu schließen. Nach Ablauf von etwa 12 Stunden sind die Stücke in der Regel nur noch handwarm und können aus der Grube entfernt werden.

ε) *Eigenschaften der geschweißten Stücke und der Naht*

Warmgeschweißte Stücke sollen vollständig spannungsfrei sein. Die Naht selbst unterscheidet sich in keiner Beziehung von einer sachgemäß kaltgeschweißten Naht. Die vollkommene Spannungsfreiheit ist der Hauptvorteil der Warmschweißung gegenüber der Kaltschweißung. Damit wird auch der oft nicht unbeträchtliche Mehraufwand an Brennstoffen gerechtfertigt, der beim Warmschweißen unvermeidlich ist. Es lassen sich mit der Warmschweißung aber auch, wie die Bilder zeigen, hochbeanspruchte Bauteile verwickelter Bauart treffsicher schweißen, bei denen eine Kaltschweißung nur in Ausnahmefällen gelingen würde.

4. *Elektroschmelzschweißung*

Anwendbarkeit. Die elektrische Kalt- und Warmschweißung können technisch bei Gußstücken jeder Art und Abmessungen angewendet werden. Da die mechanischen Gütewerte beider Verfahren jedoch grundverschieden sind, ist in der Regel die Wahl des Arbeitsverfahrens durch die Beanspruchungen, denen das Werkstück bzw. die Schweißnaht unterliegen, gegeben.

Die elektrische Kaltschweißung mit ihren verhältnismäßig niederen Festigkeitswerten (häufig nur ein Bruchteil der Festigkeit des ungeschweißten Baustoffes) ist meist nur als eine Behelfsausbesserung anzusehen. Ihre Vorteile sind dagegen die schnelle Durchführbarkeit mit einfachsten Mitteln an beliebigen Arbeitsplätzen, das praktisch spannungsfreie Arbeiten, so daß das Werkstück selbst im Unterschied zur eigentlichen Naht durch das Schweißen nicht gefährdet wird. Zu den Nachteilen gehören neben der geringen Festigkeit die geringe Dichte, dazu die Härte der Schweißnaht sowie der Übergangszone, die in der Regel nur noch durch Schleifen, nicht aber durch Bohren, Drehen, Fräsen, Hobeln usw. bearbeitet werden können.

Das elektrische Warmschweißverfahren dagegen vermeidet diese Nachteile. Es werden damit die gleichen Gütewerte erzielt wie bei der Warmschweißung mit der Azetylen-Sauerstoff-Flamme. Es sind jedoch dazu Sondereinrichtungen notwendig, so daß das Verfahren in der Regel nur in besonders dazu eingerichteten Werkstätten durchgeführt werden kann.

a. *Das elektrische Kaltschweißen*

α) *Geräte, Einrichtungen, Zusatzwerkstoffe*

Für die elektrische Kaltschweißung von Gußeisen werden meist die gleichen Geräte usw. einschließlich der Zusatzwerkstoffe (Schweißdrähte, Elektroden) verwendet wie für das Schweißen von Stahl.

Es kann grundsätzlich mit Gleichstrom-Umformern oder Gleichrichtern wie auch mit Wechselstrom-Transformatoren geschweißt werden. Die Wahl des Gerätes bzw. der Stromart richtet sich nur nach der Art der zu verschweißenden Drähte. Nackte Drähte können nur mit Gleichstrom, umhüllte Schweißdrähte auch mit Wechselstrom verschweißt werden.

Da in der Regel höchstens 4 mm dicke Schweißstäbe, in Ausnahmefällen auch 5 mm dicke verwendet werden, so genügen Umformer oder Transformatoren in der für das normale Schweißen von Stahl üblichen Größe mit einer Leistung von höchstens 200—250 Amp. im Handschweißbetrieb.

Schweißpulver oder andere Zusätze sind nicht üblich. Durch diese kann weder die Bindung noch die Dichte und die Härte der Naht beeinflußt werden. Man schweißt mit nackten Schweißdrähten, Seelendrähten oder Manteldrähten, manchmal mit umhüllten Manteldrähten aus „Monelmetall" (amerikanische Naturlegierung aus 70 % Nickel und 30 % Kupfer), die in Deutschland auch künstlich, d. h. durch Zusammenschmelzen der beiden Werkstoffe, hergestellt wird. Endlich verwendet man auch austenitische, d. h. chromnickellegierte umhüllte Schweißdrähte.

Mit Gußeisenstäben kann man elektrisch nicht kaltschweißen. Die von derartigen Stäben abfließenden Tropfen würden beim schnellen Erkalten in der Schweißfuge nicht binden und zudem ein glashartes, mehr oder weniger viel Ledeburit enthaltendes, weißes oder meliertes Gefüge ergeben.

Auch gewöhnliche nackte Drähte binden schlecht, da sie eine zähflüssige Schlacke mit dem Grundwerkstoff bilden. Besser geeignet sind die Seelendrähte oder dünn umhüllte Drähte, noch besser mittelstark oder stark umhüllte und dabei leicht legierte Drähte. In der Güte folgen dann austenitische Manteldrähte und schließlich die dick umhüllten Moneldrähte. Diese letzteren geben nicht nur das beste Schweißgut, sondern auch eine im Übergang und in der Mitte leicht bearbeitbare Schweiße.

Daraus geht hervor, daß die *elektrische Kaltschweißung von Gußeisen stets eine Schweißung mit artfremden Zusatzwerkstoffen* ist. Über das Gefüge und die sonstigen Eigenschaften einer derartigen Schweißverbindung wird in einem der nächsten Kapitel berichtet werden.

β) *Vorbereitung der Schweißnaht*

Ähnlich wie bei der Stahlschweißung werden die Nähte V- oder X-förmig ausgearbeitet. Anrisse sind hierbei jedoch zuerst abzubohren, damit sie nicht weiterreißen. Überhaupt muß die Bearbeitung der Kanten möglichst vorsichtig geschehen, damit diese nicht Risse bekommen. Schnellumlaufende Fräserfeilen (z. B. Hochfrequenzwerkzeuge) haben sich besonders gut bewährt. Von der Verwendung von Preßluftmeißeln u. dgl. ist abzuraten.

Da der Einbrand und damit die Verbindung von Schweiße und Baustoff in der Regel gering und wenig tragfähig ist, sucht man diesen durch Hilfsmaßnahmen zu verbessern. Zu diesem Zwecke bohrt man in beide Flächen der Nähte Gewindepfropfen aus Stahl ein oder verbindet diese durch Klammern (Bild 6). Diese Stahlpfropfen lassen sich gut miteinander verschweißen und verstärken damit ebenso wie die Klammern die Haltbarkeit der Verbindung. Derartige Gewindepfropfen können bei geeigneter Form des Gußstückes (große ebene Fläche) auch zusätzlich noch weit außerhalb der eigentlichen Schweißnaht

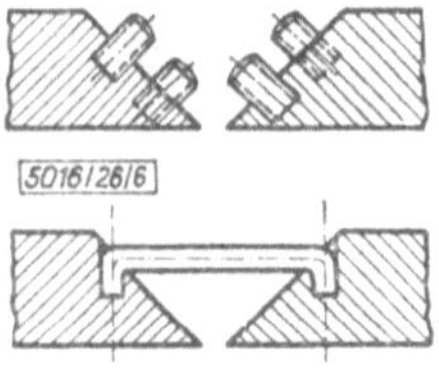

Bild 6

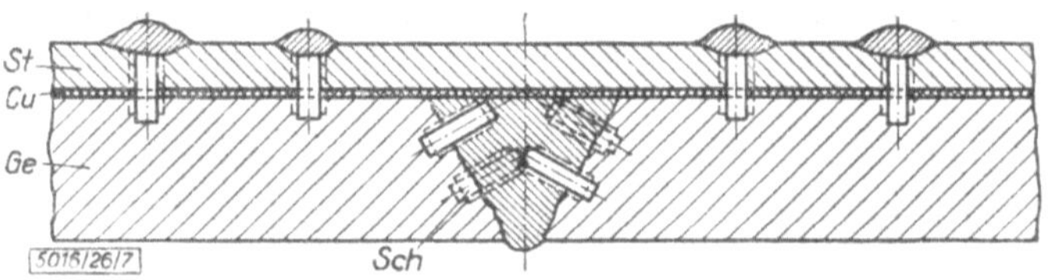

Bild 7

Bild 6. Vorbereitung einer Gußeisen-Kaltschweißung.

Bild 7. Verstärkung einer elektrisch kaltgeschweißten Naht durch aufgeschweißte Stahlplatte.

St = Stahlplatte
Sch = Stiftschrauben, siehe auch Bild 6
Ge = Gußeisengrundwerkstoff
Cu = Kupfer (oder Ni, mit Metallspritzpistole aufgetragene Zwischenschicht, siehe auch **Klotz**, Anhang)

angebracht werden. Verschweißt man mit diesen aufgelegte Stahlplatten oder Stahlstäbe, so wird durch diese „Bandagen" die Festigkeit der Schweißverbindung wesentlich erhöht (Bild 7). Daß eine derartige Flickarbeit nicht schön aussieht, sei hier nur nebenbei erwähnt. Sie kann aber gute Dienste leisten (Bild 7). *Krug* hat gute Erfolge damit erzielt, daß er die Nahtflächen metallisierte, d. h. mit einer Spritzpistole Nickel oder Kupfer aufspritzte.

γ) *Durchführung der Schweißarbeit*

Der Schweißdraht ist stets an den Pluspol zu legen, damit der „kältere" Minuspol am Werkstück liegt und so eine übermäßige Erhitzung des Baustoffes vermieden wird.

Auch wenn nach *Krug* die Flanken nicht vormetallisiert werden sollen, so empfiehlt sich ein ähnliches Verfahren derart, daß zuerst die Flanken mit einem Schweißüberzug versehen werden und dann erst diese beiden, einander gegenüberliegenden Auftragsschweißungen miteinander verschweißt werden. Um die zugeführte Wärmemenge möglichst klein zu halten, sollen möglichst dünne Elektroden in vielen Lagen mit der niedrigsten noch zulässigen Stromstärke verschweißt werden. Je zahlreicher die Lagen sind, desto mehr wird nicht nur die Schweiße, sondern auch die Übergangszone ausgeglüht und damit die unerwünschte Ledeburitbildung eingeschränkt. Durch kurze Nähte, 50—100 mm lang, je nach der Dicke des Werkstückes, werden die Schrumpfspannungen niedrig gehalten.

Die Übergangszonen der Naht zum Grundwerkstoff hin werden aus Gründen, die noch geschildert werden, stets hart und sind daher nur durch Schleifen bearbeitbar, falls nicht austenitische oder Moneldrähte verwendet werden. Da diese Drahtsorten aber verhältnismäßig teuer und schwer erhältlich sind, hilft man sich dadurch, daß man das Nahtinnere mit Stahldrähten schweißt und erst die obersten und untersten

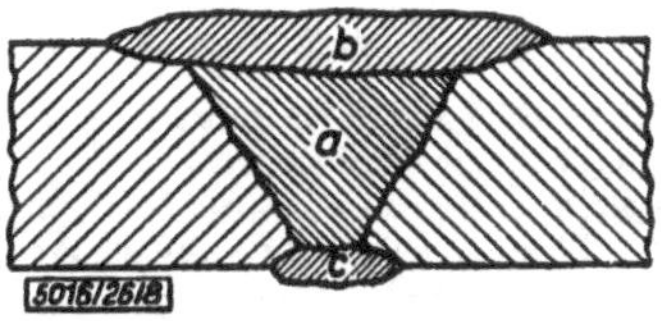

Bild 8. Sparsame Verwendung von austenitischen und Moneldrähten.

a = mit Stahldraht geschweißt
b u. c = mit austenitischen oder Moneldrähten geschweißt

Nahtlagen mit Monel- oder auch austenitischen Drähten überzieht. Diese Lagen läßt man dann auf beiden Seiten breit über die eigentliche Schweißfuge hinausragen, um nicht nur diese, sondern auch die harten Übergangszonen gut zu überdecken (Bild 8).

δ) *Eigenschaften der geschweißten Werkstücke und der Naht*

Wie schon aus den Vorbereitungsmaßnahmen hervorgeht, ist die Festigkeit einer kaltgeschweißten Gußeisenverbindung gering. Durch die wesentlich verschiedene Wärmeausdehnung der beiden Baustoffe Gußeisen und Stahl (Schwindmaß 1% bzw. 2%) sind starke Spannungen und damit Risse fast unvermeidlich. Die Nähte sind selten vollkommen dicht und müssen, falls Dichtigkeit verlangt wird, mit Wasserglas oder durch Rosten (Bepinseln mit Säuren) gedichtet werden.

Verwendet man Stahldrähte, so entsteht ein Übergangsgefüge, das hart ist und die verschiedensten Kohlenstoffgehalte aufweist. Der eigentliche Stahl bleibt nur in der Nahtmitte unverändert. Je näher man an den Grundwerkstoff kommt, desto kohlenstoffreicher wird die Naht und desto härter wird diese. Die Martensitbildung kann nur in geringem Maße durch das lagenweise Schweißen und die damit verbundene Abkühlung verhindert werden. Im eigentlichen Übergang findet man stets Ledeburit. Je dicker die Schweißdrahtumhüllung ist, desto stärker wird die Abkühlung verzögert und desto weicher und zäher wird das Gefüge.

Die verschiedenen Übergänge, Zonen 1—6, zeigt das Bild 9.

Bild 9. Schematische Darstellung einer Gußeisen-Kaltschweißung mit unterschiedlichen Gefügezonen 1—6.

1 = unveränderter Grauguß
2 = durch Hitzeeinwirkung umgewandelter Grauguß
3 = weißes Gußeisen
4 = durch Kohlenstoffaufnahme hochgekohlter Stahl
5 = niedriggekohlter Stahl
6 = reiner Flußstahl

Wesentlich besser wird das Gefüge jedoch bei austenitischen und bei Moneldrähten. Hier wird die eigentliche Schweiße durch den Kohlenstoff des Gußeisens gar nicht beeinflußt. Das Gefüge bleibt austenitisch bzw. besteht aus Nickel oder Kupfer. Das in beiden Schweißdrahtarten enthaltene Nickel dringt aber bis zu einer gewissen Tiefe in daß Gußeisen ein und bringt dort den Kohlenstoff zur Ausscheidung in Form von Graphitblättchen. Damit wird eine Ledeburitbildung verhindert. Auf diese Weise entsteht in Verbindung mit einer starken Schlackendecke eine weiche Schweißverbindung, die mit spanabhebenden Werkzeugen bearbeitet werden kann.

Es gibt manche Werkstücke, die, elektrisch kaltgeschweißt, viele Jahre ohne Beanstandung im Betrieb waren. Trotzdem haftet diesem Verfahren der Charakter des Behelfsmäßigen an. Mehr als bei jeder anderen Schweißausführung verlangt diese Schweißart sehr erfahrene Schweißer, denn nur diese können durch kleine, nur schwer oder gar nicht zu schildernde „Kniffe" der in so reichem Maße auftretenden Schwierigkeiten Herr werden.

b. Die elektrische Warmschweißung)*

α) Geräte, Einrichtungen, Zusatzwerkstoffe

Zum Verschweißen der Gußeisenschweißstäbe ist ein Schweißumformer notwendig, der bei einer Lichtbogenspannung von etwa 50 Volt eine Stromstärke von 500—1000 Amp. liefert. Obgleich stets von Hand geschweißt wird, können Leistungsangaben auf den Umformern, die vom Handschweißbetrieb (HSB) ausgehen, nicht maßgebend sein, da im Gegensatz zum Schweißen an Stahl praktisch pausenlos geschweißt wird. Die verlangte Leistung muß der Umformer deshalb im pausenlosen Dauerbetrieb (DB) erzeugen können.

Derartige Umformer sind für das Stahlschweißen in der Regel nicht üblich. Nur Mehrstellenschweißanlagen sind unter Umständen zum Warmschweißen von Grauguß geeignet. In der Regel muß daher eine besondere Schweißmaschine für diesen Zweck beschafft werden. Meistens ist auch der Ausweg, mehrere Umformer parallel zu schalten, um so die erforderliche Stromstärke zu gewinnen, nicht gangbar. Bei einer Spannung von 50 Volt ist die Stromstärke der meisten Umformer sehr gering, so daß eine zu große Zahl von Schweißmaschinen parallel geschalten werden müßte.

Entsprechend der großen Stromstärke muß auch der Querschnitt des Schweißkabels und des Werkstückanschlußkabels sehr groß bemessen werden. In der Regel werden die Schweißmaschinen, um sie dem in Warmschweißereien unvermeidlichen Staub zu entziehen, in besonderen Räumen untergebracht. Damit sind lange Zuleitungen zum Werkstück unvermeidlich, woraus sich wiederum große Leitungsquerschnitte ergeben, um die Spannungsverluste zu vermindern. Es empfiehlt sich daher, von der Schweißmaschine aus zwei Schienen (Kupfer oder Leichtmetall) in die eigentliche Schweißwerkstatt zu legen. An die Schienen werden dann, möglichst nahe an dem zu schweißenden Werkstück, die Kabel angeklemmt. Auf diese Weise braucht man nur sehr kurze Kabellängen und schont somit die leicht schadhaft werdenden Kabelmäntel.

Die Schweißerzange muß entsprechend dem großen Querschnitt und Gewicht der Schweißstäbe sehr kräftig gebaut sein. Zweckmäßig ist es, einen mit Asbest isolierten Handgriff anzubringen, um die Hand des Schweißers vor der unvermeidlichen großen Hitze zu schützen.

Die Werkstücke müssen in Schweißgruben, Öfen oder behelfsmäßig aufgebauten Vorrichtungen vor dem Schweißen erhitzt und nach dem Schweißen wieder langsam abgekühlt werden.

In der einfachsten Form bestehen diese Gruben aus Ausschachtungen in der Sohle der Warmschweißerei, die mit feuerfesten Steinen ausgemauert sind. Die Größe richtet sich nach den Abmessungen der am häufigsten zu schweißenden Gußstücke, wie dies oben bereits geschildert wurde. Die Feuerung mit Holz oder Holzkohle, die dabei notwendig ist, bedeutet eine sehr starke Belästigung der Schweißer, da das Feuer während des Schweißens aufrechterhalten werden muß. Dazu kommen Rauchgase, die meist das giftige Kohlenoxyd (CO) enthalten.

Vorzuziehen sind daher Gruben mit Gasfeuerung. Hier brennen bei tieferen Gruben an jeder Ecke je zwei Tangentialbrenner in Kanälen, die außen aus festem Schamottemauerwerk, gegen das Gußstück zu aus Gittermauerwerk bestehen. Dieses teilt seine Hitze dem Gußstück mit, so daß eine vollkommen gleichmäßige Erwärmung gewährleistet ist. Während des Schweißens können die Brenner abgestellt werden, außerdem können die Gruben mit Blechplatten so weit abgedeckt werden, daß nur über der eigentlichen Schweißstelle eine Öffnung ist. Dadurch wird die Hitzebelästigung stark vermindert. Rauchgase aber können gar nicht in den Raum dringen, da die Kanäle, in denen die Flammen brennen, durch einen Fuchs an einen Schornstein angeschlossen sind.

Handelt es sich um kleinere Stücke, so werden besonders Öfen aus Blech gebaut, die im Inneren die gleiche Einrichtung wie die gasgefeuerten Gruben aufweisen.

Stücke, deren Größe die der vorhandenen Gruben übersteigt, werden in den Boden der Warmschweißerei eingegraben und dort behelfsmäßig mit feuerfesten Steinen umgeben. Derartige Gruben können dann natürlich nur mit Holz- oder Holzkohle geheizt werden. Auf diese Weise lassen sich aber Stücke mit den größten Abmessungen zum Schweißen vorwärmen. Die Leistungsfähigkeit einer Warmschweißerei bezüglich der Größe und des Gewichtes der zu schweißenden Stücke hängt dann allein noch von der Tragfähigkeit der vorhandenen Krananlagen ab.

---

*) Der in letzter Zeit vereinzelt gemachte Vorschlag von „Eintauchschweißung" zu sprechen, muß als irreführend abgelehnt werden, wenn auch das rein äußere Bild der Arbeitsweise (siehe Bild 11 c) hieran erinnern könnte.

Daraus geht hervor, daß eine Warmschweißerei besondere Einrichtungen benötigt. Nur in Ausnahmefällen wird eine Warmschweißung in einer anderen Werkstatt, z. B. in einer Gießerei, durchgeführt werden. Der Anschluß an eine schon bestehende Eisengießerei ist andererseits sehr wertvoll. Bei größeren Schweißarbeiten kann es z. B. sehr vorteilhaft sein, wenn der Werkstoff des Gußstückes an der Schadstelle überall aufgeschmolzen und ein genügend großes Schmelzbad entstanden ist, aus einer Pfanne Kupolofeneisen zuzugießen. Dadurch wird nicht nur die Schweißarbeit beschleunigt, sondern es werden erhebliche Ersparnisse an Schmelz- und Rohstoffkosten gemacht, da Kupolofeneisen wesentlich billiger ist als das mit Hilfe des Lichtbogens aus Schweißstäben erschmolzene Eisen.

Zum Schmelzen dieses zusätzlichen Eisens können natürlich auch andere Öfen verwendet werden, z. B. Flammöfen mit Koks-, Gas- oder Kohlenstaubfeuerung oder sogar Elektroöfen.

Sowohl der Einsatz wie auch das Schmelzen werden stets viel billiger sein als das Arbeiten mit dem Lichtbogen beim eigentlichen Schweißen.

Der Plan der Anlage einer Warmschweißerei sei in dem Bild 10 gebracht, da wesentliche Unterschiede zu sonstigen Schweißereien bestehen. Außerdem liegt infolge der Kriegseinwirkungen z. Z. ein erhöhter

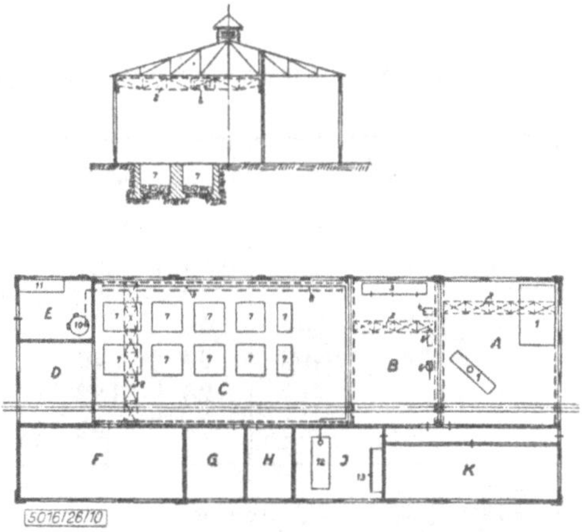

Bild 10. Warmschweißerei im Grundriß und Querschnitt.

A = Bearbeitungs- und Prüfraum
B = Formerei
C = Schweißerei
D = Putzerei
E = Raum für Azetylenentwickler
F = Raum für Holzkohle
G = Raum für Zubehör
H = Raum für Formsand
J = Raum für Schweißmaschine
(K = Waschraum)
1 = Bearbeitungsmaschinen
2 = Laufkräne
3 = Werkbank
4 = Tischbohrmaschine
5 = Schleifmaschine für Kohleformplatten
6 = Blechschere
7 = Schweißgruben
8 = Stromschienen mit Anschlußstellen:
Schubladen-Azetylenentwickler
Karbidlager
Schweißmaschine
Schalttafel

Bedarf an Warmschweißereien vor. Die Werkstücke gelangen zuerst in den Raum A, in dem sie vorbereitet sowie später bearbeitet und geprüft werden. Zu diesem Zwecke sind hier ein Horizontalbohrwerk und eine Radialbohrmaschine vorgesehen. Im Raum B werden kleinere Stücke fertig eingeformt, größere weiter vorbereitet. Beide Räume, ebenso wie Raum C, müssen über Kräne mit genügender Tragfähigkeit verfügen. Im Raum C, der eigentlichen Warmschweißerei, befinden sich die Schweißgruben und Öfen. Bei der Bemessung dieses Raumes ist zu beachten, daß das Abkühlen größerer Stücke oft mehrere Tage dauert. Von der Zahl der zur Verfügung stehenden Gruben hängt die Leistungsfähigkeit der Warmschweißerei ab. Da hier unter Umständen auch mit Gas geschweißt wird, so ist eine fest verlegte Azetylenleitung mit zahlreichen Zapfstellen (Wasservorlagen) an der Wand vorgesehen, dazu eine Sauerstoffleitung, außerdem die schon oben erwähnten Stromleitungsschienen. Raum D enthält die Putzerei, Raum E den Azetylenentwickler. Dieser Raum ist aus Sicherheitsgründen nur von außen zugänglich. Die übrigen Räume sind durch Türen sowie durch ein Werkspurgleis miteinander verbunden. Die Türen müssen sehr gut schließen, damit der Staub aus der Putzerei und der Schweißerei nicht in die übrigen Räume dringt. Der Raum F enthält Holzkohle oder andere Brennstoffe, Raum G das Lager für Zubehör, Raum H den Formsand. In Raum J ist die Schweißmaschine aufgestellt, während K der Waschraum ist. Dieser muß so nahe an der Schweißerei liegen, daß die durch das Schweißen erhitzten Schweißer ihn erreichen können, ohne auf dem Wege der Zugluft ausgesetzt zu sein.

Die Schweißer sind mit feuersicheren Anzügen aus imprägnierten Spinnstoffen zu versehen. Der jeweilige Schweißer muß eine Asbesthaube mit Schutzgläsern (787), Asbestschürze, Asbesthandschuhe sowie Asbestgamaschen tragen.

Die *Zusatzwerkstoffe* sind die gleichen wie bei der Gasschmelzschweißung, jedoch verwendet man unter Umständen Stäbe mit einem Durchmesser bis zu 20 mm.

Die ungefähre Stromstärke ist der folgenden Zahlentafel 7 zu entnehmen:

Schweißstabdurchmesser mm	Stromstärke Amp.
4	180—200
6	250—300
8	300—400
10	400—500
12	500—600
14	550—650

Zahlentafel 7. Schweißstabdurchmesser und Schweißstromstärke.

Die reinen Abschmelzzeiten gehen aus der Zahlentafel 8 hervor:

Stabdurchmesser	Länge vorher	Gewicht vorher	Länge nachher	Gewicht nachher	abgeschmolzene Menge	Abschmelzzeit	Stromstärke	Spannung
mm	mm	g	mm	g	g	min	Amp.	Volt
8	743	266	58	23	243	1,56	480	45
10	900	499	67	40	459	2,67	500	50
12	902	719	126	180	619	2,80	600	50
14	903	1050	78	92	958	3,56	630	48

Stabdurchmesser mm	Abschmelzzeit je kg/min	kWh je kg Schweißstäbe
8	6,4	2,3
10	5,8	2,4
12	4,6	2,3
14	3,7	1,9

Zahlentafel 8. Abschmelzmenge, -zeit, zugehörige Schweißstrom- und Lichtbogenspannung, Leistungsaufwand je kg Schweißstabmenge für unterschiedliche Schweißstabdurchmesser.

Während die Abschmelzzeit je kg abgeschmolzene Schweißstäbe mit zunehmendem Schweißdrahtdurchmesser stark zurückgeht, verändert sich der Stromverbrauch nicht ganz dementsprechend.

Bei der Berechnung des Stromverbrauches für eine Schweißung ist noch der Wirkungsgrad η des Schweißumformers in Rechnung zu setzen, der etwa $\eta = 50\%$ beträgt. Dadurch verdoppelt sich der Stromverbrauch. Durchschnittlich spielen die Stromkosten jedoch keine große Rolle. Der Aufwand an Arbeitszeit ist viel beträchtlicher.

Schweißpulver werden, mit einem Löffel aufgegeben, ebenfalls zugesetzt. Da bei der Elektroschmelzschweißung ein großes Bad flüssiger Schweiße entsteht, muß eine Form hergestellt werden, die dieses zusammenhält. Dazu verwendet man sogenannte *Formkohleplatten*, die mit und ohne Nut und Feder geliefert werden und sich leicht zu beliebigen Formen zusammensetzen lassen. Außer Platten werden auch Buchsen geliefert, mit denen glatte Bohrungen hergestellt werden können.

β) *Vorbereitung der Schweißnähte*

Die erste Arbeit ist das Zugänglichmachen der Schweißstellen. In glatten Stücken werden die Brüche mit dem Kohlelichtbogen oder der Gasflamme ausgeschmolzen, so daß eine breite I-Fuge entsteht. Anrisse werden in der Regel zu durchgehenden Rissen verlängert. Wo das Ausschmelzen nicht zweckmäßig ist, verwendet man die Bohrmaschine oder den Preßluftmeißel.

Da nur in waagerechter Lage geschweißt werden kann, so werden jeweils nur die in einer Ebene liegenden Schadstellen eingeformt. Die Formkohleplatten werden zusammengesetzt (Bild 11a), unter

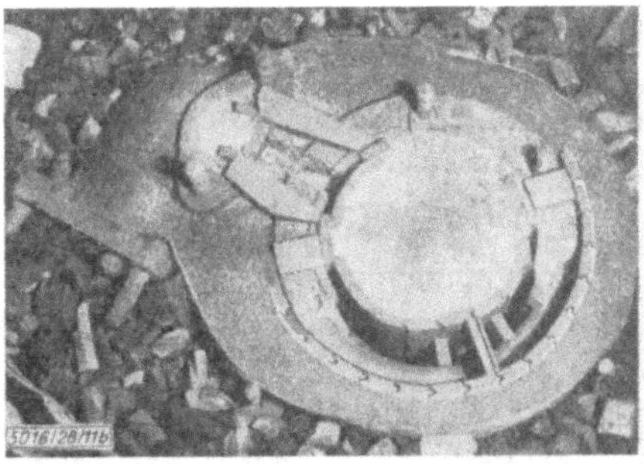

Bild 11a u. b. Einformen eines gebrochenen Gußeisenwerkstückes unter Verwendung von Formkohleplatten (hier Kohlestäbe mit Federnuten für Rundungen).

a) Anlegen der äußeren Rundungsplatten. b) Fertig eingestampfte Form.

Bild 11c.

Umständen, um Biegungen herzustellen, auf einem gebogenen Stahlband mit Holzschrauben befestigt (Bild 12) und an Ort und Stelle mit Formsand eingestampft (Bild 11b). — Durch Schleifen und Feilen kann der Oberfläche der Formkohleplatten jede beliebige Form gegeben werden. Das Bild 11c zeigt den Schweißer an der Arbeit und das Bild 11d das fertig geschweißte Stück nach Entnahme aus der Einformung.

Bild 11d.

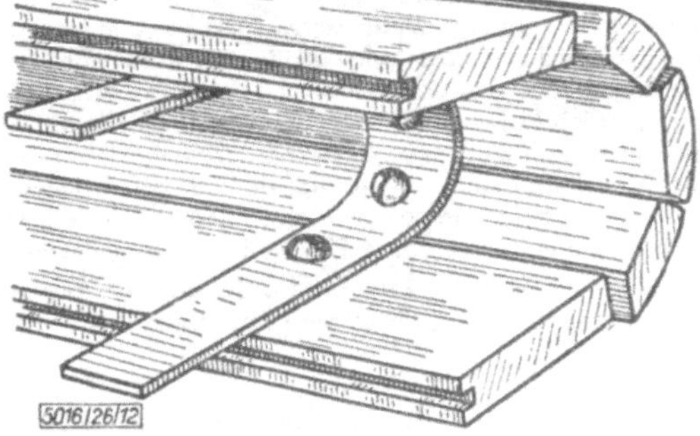

Bild 12. Biegungssteife Formplattenrundungen durch Aufschrauben einer eisernen Führungsschiene.

Sind die Stücke soweit vorbereitet, so werden sie in die Gruben oder Öfen eingesetzt, worauf mit dem Anwärmen begonnen wird. Bei größeren Stücken soll dies etwa 12 Stunden (z. B. über Nacht) dauern, bis die Schweißhitze von 500—600° C erreicht ist.

Vor Beginn des Schweißens muß das Werkstück-Anschlußkabel mit dem Gußstück verbunden werden. Da die Form aus Kohleplatten, d. h. aus den Strom leitenden Stoffen besteht, so kann, sobald durch das entstandene Schmelzbad eine leitende Verbindung zwischen dem Werkstück und den Kohleplatten hergestellt ist, der Lichtbogen an jeder beliebigen Stelle gezogen werden.

γ) *Durchführung der Schweißarbeit*

Bei größeren Werkstücken mit ausgedehnten Fehlstellen ist es zweckmäßig, die Schweißstellen zu unterteilen. Zu diesem Zwecke wird die Form durch einzelne quergestellte Schweißkohleplatten in einzelne Abschnitte aufgeteilt (Bild 13). Jeder Abschnitt wird nun anfänglich für sich geschweißt. Würde bei einer größeren Fläche auf diese Unterteilung verzichtet werden, so würde vor der eigentlichen Schweißstelle das Schmelzbad verlaufen und so auf Stellen gelangen, die noch nicht durch den Lichtbogen aufgeschmolzen sind. Damit wären Fehlbindungen unvermeidlich. Häufig schmilzt man auch den Grundwerkstoff zuerst mit Hilfe von Kohleelektroden auf, ohne gleich Werkstoff zuzusetzen. Sogenannte „Dochtkohlen" (siehe hierzu auch *Bejach* u. *Glage*, S. 601 ff.) sind den „Homogenkohlen" vorzuziehen, da bei jenen der *Lichtbogen stabiler* ist und sicherer in der Richtung der Achse der Elektrode brennt.

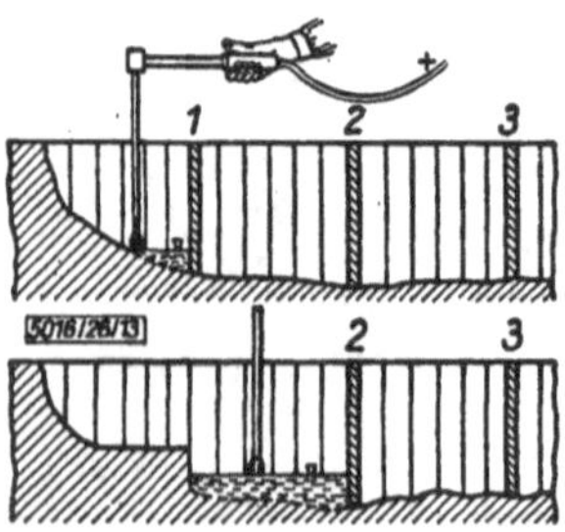

Bild 13. Unterteilung einer größeren Schweißstelle.

Zum Schweißen verwendet man möglichst dicke Elektroden und achtet stets darauf, daß das Bad nie auf unaufgeschmolzene Stellen verläuft. Die Gußeisenschweißstäbe werden am Pluspol abgeschmolzen. Es muß möglichst ohne Pausen geschweißt werden. Es ist zweckmäßig, ein zweites Schweißkabel mit Elektrodenhalter anzuschließen, das ein zweiter Mann dem eigentlichen Schweißer zureicht, so daß dieser praktisch *pausenlos schweißen* kann. Bei längerer Dauer der Schweißungen muß der Schweißer dauernd abgewechselt werden, sonst würde er unter dem Einfluß der Hitze, welche unvermeidlich ist, zu sehr ermüden. In diesem Falle wird von zwei oder drei Schweißern mit laufender Abwechslung geschweißt. Kurze Reste von Schweißstäben kann man mit einer Zange ins Schweißbad legen und dann mit dem Lichtbogen mit aufschmelzen. Außerdem kann man, wie bereits bemerkt wurde, Gußeisenschmelze zugießen. Hierbei muß aber besonders darauf geachtet werden, daß die Schmelze, wenn diese langsam die Form ausfüllt und an den Rändern in die Höhe steigt, an keine Stellen gelangt, die noch nicht aufgeschmolzen sind. Zweckmäßig ist während des Zugießens den Rand mit dem Kohlelichtbogen aufzuschmelzen.

Bei einwandfreien Schweißstäben braucht nur wenig Schweißpulver zugesetzt zu werden.

Da die Oberfläche der Schweiße häufig etwas blasig wird, so ist dort mit reichlichem Übermaß (∼ verlorener Kopf) zu schweißen, damit genügend Werkstoff bei der Bearbeitung abgetragen werden kann.

δ) *Nachbehandlung*

Ist die Schweißung beendet, so muß das Feuer noch einmal angefacht werden. Dann ist es abzudecken, damit die Abkühlung möglichst verzögert wird. Je langsamer die Stücke abkühlen, desto weniger werden innere Spannungen zurückbleiben. Bei sehr großen Stücken kann dies bis zu einer Woche (!) dauern. Kleinere Stücke sollten mit mindestens 12 Stunden Dauer (1 Nacht) abkühlen. Man darf sich nicht durch die oft wesentlich kürzeren Zeiten täuschen lassen, die notwendig sind, um ein neu gegossenes Gußstück in der Form abkühlen zu lassen. Diese Stücke haben zunächst an allen Stellen die gleiche Temperatur (Gießtemperatur) und sind deshalb viel weniger gefährlichen Spannungen ausgesetzt als geschweißte Werkstücke. Diese haben an den meisten Stellen nur die Vorwärmtemperatur von 500—600° C, von der zur Schweißtemperatur von etwa 1250—1350° C der Temperatursprung groß ist.

Bei vorsichtiger Werkstückentnahme aus der Form können die Formkohleplatten noch ein zweites Mal verwendet werden. Sie werden dann umgedreht verwandt.

ε) *Eigenschaften der geschweißten Werkstücke und der Naht*

Bei einwandfreier Durchführung aller Arbeiten verbleiben keine gefährlichen Spannungen in den Gußstücken, vorausgesetzt, daß deren Bauart nicht zu verwickelt ist. Gußstücke mit mehreren Wandungen, von denen eine innere schadhaft ist, bereiten allerdings nicht selten große Schwierigkeiten. Es muß dann unter Umständen zuerst eine äußere Wandung durchbrochen werden, damit die innere geschweißt werden kann. Die äußere muß dann anschließend wieder verschweißt werden. In einem solchen Falle gehört außerordentlich viel Geschicklichkeit dazu, Spannungen zu vermeiden, vor allem aber Geduld. Je langsamer gearbeitet wird (Anwärmen, Abkühlen), desto sicherer ist das Gelingen der Arbeit. Liegen die Brüche oder Risse an mehreren Seiten eines Werkstückes, so muß jede für sich geschweißt werden. Dadurch vervielfältigt sich die Zeit für die Vorarbeiten, das Anwärmen, das Schweißen und das Abkühlen. Sind die Schweißstellen, die an der Seite des Werkstückes liegen, verhältnismäßig klein, so können diese an senkrechter Wand mit der Gasflamme geschweißt werden. Auf diese Weise kann eine abermalige Behandlung mit dem dafür nötigen großen Zeitaufwand erspart werden.

Nicht oder nur *schlecht schweißbare Werkstücke, die Feuergasen oder überhitztem Dampf ausgesetzt waren*, können manchmal noch, wie schon erwähnt wurde, mit der Gasflamme geschweißt werden.

Das Gefüge der Nähte ist ebenso wie das des benachbarten Grundwerkstoffes stets leicht bearbeitbar und trotzdem von großer Festigkeit (22 kg/mm²). Die Überhitzung durch den 3000° C heißen Lichtbogen löst den Graphit so vollständig auf, daß nachher ein absolut feinkörniges Gefüge entsteht mit wenig oder gar keinem Ferrit, feinen Graphitblättchen, überwiegend perlitisch.

Die Führung der Schweißstäbe erfordert, ganz anders als bei der Stahlschweißung, keine besondere Geschicklichkeit. Weder ein Abreißen des Lichtbogens noch ein Festkleben des Schweißstabes kommt vor. Daher ist es auch nicht notwendig, geübte Stahlschweißer zu Elektro-Warmschweißarbeiten zu verwenden. Die Hauptarbeit ist hier das Einformen. Deshalb ist es zweckmäßig, intelligente Former als Warmschweißer anzulernen. Diese erlernen die eigentliche Warmschweißtechnik in der Regel in ganz kurzer Zeit.

C. Hartlöten von Gußeisen (siehe hierzu auch *Lüder*, Anhang)

1. Verfahren und Anwendbarkeit

Es gibt zwei Verfahren für das Hartlöten von Gußeisen. Das einfache Hartlötverfahren, bei welchem eine schmale, in der Regel I-förmige Fuge mit dem Lot ausgefüllt wird, sowie das Zweischichten-Lötverfahren, bei welchem breite V- oder X-Nähte an den Flanken aufgelötet und anschließend durch eine Art von Verbindungsnaht zusammen vereinigt werden. Da hierbei eine Schweißverbindung zwischen den aufgelöteten Schweißkanten hergestellt wird, spricht man in der Praxis häufig auch von einem „Löt-Schweiß-Verfahren", um so die beiden aufeinanderfolgenden Arbeitsgänge zu kennzeichnen.

Das erstgenannte Verfahren ist schwierig durchzuführen, und man erzielt damit nur sehr unsichere Ergebnisse. Es wird daher mehr und mehr zugunsten des zweiten Verfahrens verlassen. Es soll deshalb hier auch nur dieses geschildert werden.

Das *Zweischichten-Hartlötverfahren* kann bei Gußstücken beliebiger Art und Dicke angewendet werden. In der Regel ist ein Ausbau von Maschinenteilen u. dgl. nicht notwendig. Auch Gußstücke, deren Gefüge durch überhitzten Dampf oder Feuergase verdorben ist, lassen sich damit noch gut wiederherstellen. Es ist das beste Verfahren, um Gußeisen mit Stahl zu verbinden. Auch für Temperguß ist es gut geeignet. Die statische Zugfestigkeit der Verbindungen kann $\sigma_B \geqq 20$ kg/mm² erreichen.

Diesen Vorteilen steht als Nachteil gegenüber der recht beträchtliche Verbrauch an Messing oder Kupfer, also von Stoffen, die verknappt sind.

2. Zusatzwerkstoffe

Zum Auflöten der Nahtkanten verwendet man entweder siliziumfreie Messingdrähte, legierte Messingdrähte oder Kupferschweißdrähte. Zum Verbinden der einander gegenüberliegenden aufgelöteten Kanten sind Messingdrähte mit Siliziumzusatz notwendig.

Siliziumfreie Messingdrähte enthalten 60% Kupfer und 40% Zink. Die genormte Bezeichnung ist Ms 60, auch „Schmiedemessing" oder „Muntzmetall" genannt. Es schmilzt schon bei 900° C. Beim Abschmelzen mit der Azetylen-Sauerstoff-Flamme (geringer Sauerstoffüberschuß) verdampft ein Teil des Zinks. Größere, besonders dickere Lötstellen werden daher porös. Nur bei dünnen Auftragslötungen, wie im vorliegenden Falle, spielen diese Poren keine Rolle. Die Haftfähigkeit an Gußeisen ist ebenso wie an Stahl ausgezeichnet.

Legierte Messingdrähte enthalten etwa 1% Zinn, manchmal statt dessen 1% Silber oder auch 8% Nickel. Der Siliziumgehalt ist stets sehr niedrig, d. h. geringer als 0,1% Si. Wird der letztgenannte Si-Gehalt eingehalten, so braucht die Haftfähigkeit am Gußeisen nicht geringer zu sein als bei Ms-60-Drähten. Demgegenüber ist hervorzuheben die geringere Verdampfung von Zink und infolgedessen die geringere Porenzahl. Die Poren sind verhältnismäßig klein. Die Drähte enthalten aber durch Zinn, Silber und Nickel Legierungselemente, die z. Z. schwer beschaffbar sind. Der Schmelzpunkt liegt wie bei den Ms-60-Drähten etwa bei 900° C.

Kupferschweißdrähte mit oder ohne Silberzusatz schmelzen erst bei etwa 1050° C. Infolge dieses verhältnismäßig hohen Schmelzpunktes, der sich dem des Gußeisens nähert, ist die Bindung eine sehr gute. Andererseits ist mit der durch die höhere Schmelztemperatur bedingten größeren Wärmezufuhr die Gefahr von Rissen und harten Stellen eine größere als bei der Verwendung legierter oder nichtlegierter Messingdrähte.

Zur Verbindung der Nahtkanten dienen siliziumhaltige Messingdrähte mit etwa 60% Kupfer, Rest Zink, sowie 0,3 bis 0,5% Silizium. Sie werden im Handel häufig fälschlich „Schweißbronzedrähte" genannt (Bronze enthält außer Kupfer nicht Zink, sondern Zinn, das hier vollständig fehlt). Das Silizium schützt das Zink vor dem Verdampfen; die Nähte werden daher praktisch porenfrei. Der Schmelzpunkt liegt etwa bei 890° C. Die Bindung mit Gußeisen ist gering. Die Drähte kommen daher *nicht* für das Auflöten der Nahtkanten in Frage.

Alle die genannten vier Drahtsorten sollen unter Zusatz eines Flußmittels verarbeitet werden, wie dies bereits für Gußeisen beschrieben wurde. Dies ist besonders deshalb notwendig, um die Haut aus Siliziumdioxyd zu lösen, die sich bei silizierten Drähten bildet. Siliziumfreie Drähte und Drähte mit Siliziumzusatz können in der Werkstatt leicht verwechselt werden. Es sei deshalb folgendes Prüfverfahren geschildert, mit Hilfe dessen sie leicht unterschieden werden können:

Man läßt einen Stab in senkrechter Lage ohne Schweißpulver in der Azetylen-Sauerstoff-Flamme abschmelzen. Enthält der Draht Silizium, so bildet sich eine Oxydhaut um den Tropfen, die dann durch das verdampfende Zink zersprengt wird. Diese Erscheinung ist bei Drähten ohne Siliziumzusatz nicht zu bemerken. An diesen kann jedoch die besonders starke Verdampfung des Zinks beobachtet werden.

3. *Vorbereitung der Naht*

Die Nähte werden in der Regel V-förmig, manchmal auch X-förmig vorbereitet. Um Platz zu haben für die verschiedenen Schichten, muß der Öffnungswinkel groß sein, etwa 80°, bei einem Wurzelabstand von etwa 4—8 mm. Die Nahtspitzen sind stark zu brechen oder abzurunden, da bei scharfen Spitzen leicht eine Überhitzung eintritt, wodurch Risse entstehen können. Die Kanten sollen nicht zu glatt sein. Es empfiehlt sich sogar, sie mit dem Sandstrahlgebläse etwas aufzurauhen, damit das Lot besser haftet. Die Risse sollen mindestens an einem Ende bis zum Rande des Gußstückes hingeführt werden.

In der Regel braucht nicht vorgewärmt zu werden. Nur Gußstücke sehr verwickelter Bauart, z. B. Motorenzylinder mit Kühlrippen oder Wassermänteln u. dgl., müssen auf 300—400° C im Holzkohlenfeuer oder Glühofen vorgewärmt werden, um Spannungsrisse zu vermeiden.

4. *Durchführung der Lötarbeit*

a) *Auftragslöten mit unsiliziertem Ms-60- oder mit legiertem Messingdraht*

Zuerst sind zwei etwa 90 mm lange Längsnähte in der Nahtwurzel an die beiden Seiten zu legen (Bild 14). Es müssen dabei zwei Mann zusammen arbeiten, der eigentliche Löter, der mit einem Brenner für 1—2 mm, oder bei dickeren Stücken für

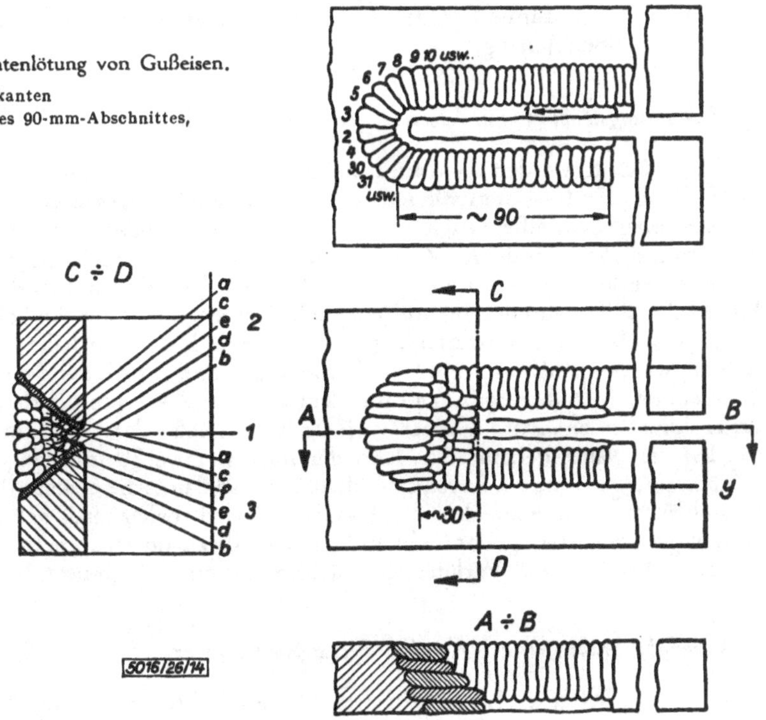

Bild 14. Zweischichtenlötung von Gußeisen.
x = aufgelötete Nahtkanten
y = erstes Drittel eines 90-mm-Abschnittes, fertig geschweißt

2—4 mm, Drähte von 2,5 bis 4 mm Dicke auflötet, sowie der Vorwärmer, der mit einem 2—4-, 4—6-, unter Umständen auch 6—9-mm-Brenner so weit anwärmt, daß der Draht gut verläuft und haftet. Es wird dabei von innen nach außen gearbeitet. Sind die beiden Wurzellagen gelegt, so werden Querraupen nebeneinander gezogen. Wenn die erste dieser Querraupen haftet, so ist das Vorwärmen nicht mehr notwendig.

Senkrechte Nähte an dickeren Werkstücken $s \geqq 20$ mm werden X-förmig ausgearbeitet, wenn beide Seiten gut zugänglich sind.

Zwei Schweißer ohne Vorwärmer legen in der eben geschilderten Art die Lötschichten zugleich von außen und von innen jeweils auf die gleiche Nahtseite. Es werden gleiche Brenner für 1—2 oder 2—4 mm Blechdicke verwendet. Ist auf diese Weise ein Nahtabschnitt etwa 90 mm vorbearbeitet, so wird, wie unten geschildert wird, mit dem Verbinden der beiden Flanken begonnen.

b) Auftragslöten mit Kupferdraht

Bei V-Nähten arbeitet ein Mann allein und verwendet einen Brennereinsatz für 9—14 mm Stahlblechdicke. Er lötet damit 6 mm dicke Kupferdrähte in ähnlicher Weise auf, wie dies eben geschildert wurde. Da die Wärmezufuhr verhältnismäßig groß ist, kommt das Auflöten mit Kupferdraht nur für größere und dickere Stücke in Betracht. Entsprechend der größeren Drahtdurchmesser und dem stärkeren Brennereinsatz beansprucht das Verfahren geringeren Zeitaufwand.

Sollen auf diese Weise jedoch senkrechte X- oder auch V-Nähte aufgelötet werden, so müssen ebenso dünne Drähte und schwache Brenner verwendet werden wie beim Verarbeiten von Messing.

c) Verbindungslöten an mit Messing überzogenen Kanten

Für V-Nähte werden 4—6 mm dicke silizierte Messingdrähte mit Brennern der Größe 4—6 oder 6—9 mm von einem Schweißer allein abgeschmolzen. An X-Nähten müssen zwei Schweißer zugleich arbeiten mit 2—4- oder 4—6-mm-Brennern und 4—5 mm dicken Drähten. Zuerst werden die Nahtwurzeln 30 mm lang untereinander verlötet. Dann werden auf jede Seite Längslagen aufgebaut und so die Fugen allmählich verengt, bis auf jeder Schichthöhe eine Naht die beiden Seiten zum Schlusse verbindet. Die oberen Lagen sind hierbei kürzer zu halten als die unteren, so daß sie treppenförmig zum noch nicht gelöteten Teil der Naht abfallen. Die Wurzeln der V-Nähte kann man mit dem Brenner 2—4 mm überkopf zuschmelzen, unter Umständen unter Zusatz von Draht mit 2,5—3 mm Dicke. Anschließend werden die Nähte gehämmert, dann der nächste etwa 30 mm lange Nahtabschnitt verlötet und gehämmert. Es folgt der dritte, so daß damit die ersten 90 mm fertig sind. Beim Hämmern ist es zweckmäßig, jeweils auch den vorher fertig gelöteten und schon einmal gehämmerten 30-mm-Abschnitt nochmals zu überhämmern. Nunmehr kann mit dem Auflöten und Verlöten des nächsten 90-mm-Abschnittes begonnen werden.

d) Verbindungslöten an mit Kupfer überzogenen Kanten

Man verarbeitet auch hier silizierte Messingdrähte, jedoch von 5—6 mm Dicke und mit einem Brenner für 9—14 mm Stahlblechdicke. Der höhere Schmelzpunkt des Kupfers ermöglicht die spätere Verwendung der dicken Drähte und stärkerer Brenner. Nur bei senkrechten Nähten müssen auch hier die für Messingkanten vorgeschriebenen Drähte geringerer Dicken und die schwächeren Brenner verwendet werden. Im übrigen wird in der gleichen Art gearbeitet wie bei Kanten, die mit Messing überzogen sind.

Obwohl die Haftfestigkeit des Kupfers an Gußeisen ausgezeichnet ist, ist sie an Messing nicht so gut. Nähte mit verkupferten Nahtkanten ergeben also keine so große Festigkeit wie die an Kanten mit Messingüberzug.

V-Nähte an gekrümmten Flächen müssen, da ein Überkopflöten nicht möglich ist, falls sie von beiden Seiten zugänglich sind, durch Nahtwechsel von der einen Seitenwand über eine X-Naht (zuerst ungleich, dann gleich, dann wieder ungleich) allmählich auf die andere Seite geführt werden.

Fehlende Stücke können durch Einschweißen von Gußplatten oder von Stahlplatten ersetzt werden. Sind die Stücke gekrümmt und handelt es sich nicht um Gleitflächen, so sind Stahlplatten vorzuziehen, da diese leicht beliebig geformt werden können. Man kann auf diese Weise auch Abzweigstutzen u. dgl. aus Stahl einsetzen. Es besteht sogar die Möglichkeit, geschweißte Stahlkörper der verschiedensten Formen dauerhaft und sicher mit Graugußstücken zu verbinden.

Zur Vervollständigung des Textes diene die umseitige vergleichende Übersicht der verschiedenen Schweißverfahren für Gußeisen, einschließlich des Lötens, in der auch die Thermitschweißung mit aufgenommen wurde.

D. Temperguß

1. Werkstoffkunde

Das DIN-Blatt 1692 (2. Ausgabe, März 1940) gibt die folgende eindeutige und klare Begriffsbestimmung für Temperguß:

„Temperguß ist jede im Rohzustand graphitfreie, nicht schmiedbare Eisenlegierung mit in der Regel etwa 2—3,5% Kohlenstoffgehalt, die ihre Formgebung durch Gießen in Formen erhält und deren Kohlenstoff durch eine nachfolgende Glühung

in neutraler Atmosphäre als Temperkohle abgeschieden wird (schwarzer Temperguß — Kurzbezeichnung Schwarzguß),

in oxydierender Atmosphäre ganz oder teilweise aus dem Gußstück entfernt wird (weißer Temperguß) wobei der im Kern vorliegende Werkstoff den Kohlenstoff meist als Temperkohle oder Perlit enthält.

Nach der obigen Wärmebehandlung wird der Guß gut hämmerbar, ist leicht bearbeitbar und in beschränktem Maße schmiedbar.

Zwischen diesen beiden Hauptgruppen kommen Übergänge vom schwarzen zum weißen Bruchaussehen vor. So entsteht als Abart des Schwarzgusses der „Schwarzkernguß", bei dem die Entkohlung auf dünne Oberflächenschichten beschränkt bleibt.

Wie im Abschnitt „Gußeisen" soll auch hier die reine Formulierung der Begriffsbestimmung durch eine eingehende Schilderung der chemischen Zusammensetzung usw. noch erweitert werden. Da die chemische Zusammensetzung ebenso wie die mechanischen Gütewerte weitgehend von der Herstellungsart bzw. von der Wärmebehandlung abhängen, müssen diese gemeinsam behandelt werden.

a) Herstellung, Gefüge, chemische Zusammensetzung und mechanische Gütewerte

Temperguß wird, ähnlich wie Gußeisen, aus Roheisen usw. in besonderen Öfen erschmolzen. Neben dem Kupolofen werden auch der Tiegelofen, der Siemens-Martin-Ofen, der Elektroofen und der mit Kohlenstaub oder Öl gefeuerte Drehofen verwendet.

Soll der Kohlenstoff durch das Tempern möglichst weitgehend entfernt werden (weißer Temperguß), so werden die Gußstücke durch Glühen gefrischt. Sie werden zu diesem Zwecke in Tempererz eingebettet, welches aus feinkörnigem, schon gebrauchtem sowie neuem Roteisenstein oder Hammerschlag besteht, und 60—120 Stunden bei 950—1200° C geglüht.

Durch dieses Glühen wird ein Teil des Kohlenstoffes, besonders an der Oberfläche, durch Hinzutreten des Sauerstoffes des Tempererzes verbrannt. Dünnwandige Gußstücke (2—3 mm dick) bekommen dann ein gleichmäßiges, kohlenstoffarmes Gefüge. Bei dickeren Gußstücken kann der Sauerstoff nicht so tief ins Innere dringen, so daß dort noch Kohlenstoff unter Umständen in größerem Maße vorhanden ist, und zwar in Gestalt der Temperkohle.

Vergleichende Übersicht der verschiedenen Schweißverfahren für Gußeisen einschließlich des Lötens

Schweißverfahren	Gießschweißung	Thermit-schmelz-schweißung	Gasschmelz-schweißung kalt	Gasschmelz-schweißung warm	Elektroschmelz-schweißung kalt	Elektroschmelz-schweißung warm	Löten
Bevorzugtes Anwendungsgebiet	Werkstücke mit großen Bruchquerschnitten, wie z. B. Walzen	Werkstücke mit großen Bruchquerschnitten, wie z. B. Walzen	Werkstücke mit kleinen Schäden an Stellen, die wenig spannungsgefährdet sind. Wandstärke möglichst unt. 20 mm	Werkstücke mit größeren Schäden auch an Stellen, die spannungsgefährdet sind. Wandstärke möglichst unt. 20 mm	Werkstücke mit Schäden an Stellen, die wenig beansprucht sind und die nicht unbedingt dicht sein müssen. Werkstücke, die zum Schweißen nicht ausgebaut werden können	Werkstücke mit Schäden jeder Art	Werkstücke mit kleinen Schäden, die nicht ausgebaut werden können
Festigkeit der Naht	entspricht der des ungeschweißten Baustoffes	entspricht der des ungeschweißten Baustoffes	entspricht der des ungeschweißten Baustoffes	entspricht der des ungeschweißten Baustoffes	gering, Schweißnaht möglichst zusätzlich sichern (Klammern, Bolzen)	entspricht der des geschweißten Baustoffes	meist ausreichend
Dichte der Naht	einwandfrei	einwandfrei	einwandfrei	einwandfrei	gering, falls nicht zusätzlich gedichtet wird	einwandfrei	einwandfrei
Werkstoff der Naht	Gußeisen	Stahl	Gußeisen	Gußeisen	Stahl oder Monelmetall	Gußeisen	Messing
Bearbeitbarkeit der Naht	gut	im Übergang unter Umständen schlecht	gut	gut	im Übergang meist schlecht	gut	gut
Gefügebestandteile der Naht	Ferrit, Graphit, Perlit	Ferrit, Perlit, Martensit, Ledeburit	Ferrit, Graphit, Perlit	Ferrit, Perlit, Graphit	Ferrit, Perlit, Martensit, Ledeburit	Ferrit, Graphit, Perlit	Messingkristalle
Zusatzwerkstoff	Gußeisen	Stahl	Gußeisen	Gußeisen	Stahl, austenitischer Stahl, Monelmetall	Gußeisen	Messing
Schweißpulver	nein	nein	ja	ja	nein	nein	ja
Notwendige Einrichtung	Schmelzofen für Gußeisen	gewöhnliche Thermit-schweißanlage	gewöhnliche Gas-schweißanlage	gewöhnliche Gas-schweißanlage, Schweißgruben oder Öfen	gewöhnliche Elektroschmelz-schweißanlage	Sondereinrichtung: großer Schweißumformer, Schweißgruben oder Öfen	gewöhnliche Gasschweißanlage
Ort der Durchführung	Eisengießerei	beliebige Werkstatt	beliebiger Ort	möglichst Warmschweißerei, unter Umständen auch gewöhnliche Werkstatt	beliebiger Ort	Warmschweißerei	beliebiger Ort

Dies geht aus der folgenden Zahlentafel 9 nach *Stotz* (Lit. *Werkstoffhandbuch „St. u. E."*) hervor:

Wandstärke S mm	Gebundener C %	Temperkohle %	Gesamt-C %
3—5	bis 0,5	0,1—0,3	0,1—0,6
5—10	0,1—0,8	0,2—0,6	0,3—1,4
10—15	0,3—1,2	0,2—1,0	0,5—2,2
S ≧ 15	0,6—1,6	0,3—1,2	0,9—2,8

Zahlentafel 9. Wanddicke und Kohlenstoffgehalt von weißem Kupolofen-Temperguß.

Die chemische Zusammensetzung von *weißem* Temperguß (ebenfalls nach *Stotz*) ist:

Si = 0,6—0,8%; Mn = 0,07—0,4%; P = 0,06—0,12%; S = 0,1—0,2%.

Schwarzer Temperguß wird beim Glühen nicht entkohlt und daher in einem neutralen Glühmittel, Sand oder Schlacke, so lange geglüht, bis das ursprüngliche weiße, harte Gefüge zerlegt ist und ein Gefüge aus Ferrit und Temperkohle entstanden ist. Das Gefüge ist bei dieser Art ziemlich gleichmäßig über den ganzen Querschnitt, mit Ausnahme des äußersten Randes, der auch hier teilweise entkohlt ist.

Schwarzguß hat nach *Stotz* (Lit. *Werkstoffhandbuch „St. u. E."*) etwa folgende chemische Zusammensetzung:

Gesamt-C	Si	Mn	P	S
2,4—2,8	0,8—1,2	0,2—0,6	0,06—0,12	0,05—0,18

In der Praxis werden meist dünnere Stücke als weißer Temperguß, dickere Stücke, besonders solche mit größeren Wandstärkenunterschieden, als Schwarzguß hergestellt.

Die mechanischen Gütewerte betragen nach DIN 1962:

	Probestab-durchmesser mm	Zugfestigkeit σ_B kg/mm² mindestens	Bruchdehnung δ_{10} % mindestens
Handelsüblicher (gewöhnlicher) weißer Temperguß Te G 92	6—18	32—36	8—2
Hochwertiger weißer Temperguß Te W 92	6—18	36—41	16—3
Hochwertiger schwarzer Temperguß, Kurzbezeichnung „Schwarzguß" Te S 92	6—18	36	10

Zahlentafel 10. Mechanische Gütewerte von Temperguß nach DIN 1962.

Die Streckgrenze δ_{10} erreicht bei allen Arten mindestens 50% der Zugfestigkeit σ_B.

b) *Schweißbarkeit*

Temperguß wird in der Regel ähnlich wie Stahl geschweißt. Temperguß kann vor oder nach dem Glühen geschweißt werden. Ein Schweißen vor dem Glühen ist, was das Gefüge des Stückes betrifft, in jeder Beziehung unbedenklich. Durch das Glühen (mit oder ohne Frischen) bildet sich von selbst das gewünschte Gefüge, auch in der Naht, aus. Durch das Schweißen vor dem Glühen kann daher weder bei weißem Guß noch bei Schwarzguß das Gefüge irgendwie „verdorben" werden.

Soll erst *nach* dem Tempern geschweißt werden, so scheidet Schwarzguß aus, es sei denn, es sollen nur geringe Schönheitsfehler zugeschweißt werden.

Weißer Temperguß mit geringer Wanddicke ($s \leqq 12$ mm), der praktisch über dem ganzen Querschnitt frei von Kohlenstoff ist, kann auch nach dem Tempern noch geschweißt werden. Bei sachgemäßer Durchführung der Schweißung braucht sich das Gefüge nicht zu verschlechtern.

Es ist im allgemeinen zwecklos, Gußstücke zu schweißen, die grundsätzliche Fehler aufweisen. Dazu gehören z. B. der sogenannte *Faulbruch*, d. h. Guß mit starken Graphitadern, *verbrannte Gußstücke* sowie Stücke mit Lunkern usw.

Auch die Wirtschaftlichkeit ist zu beachten. Der auch in getempertem Zustande verhältnismäßig gut schweißbare weiße Temperguß wird im allgemeinen für dünnwandige, kleine Massenartikel verwendet, wie z. B. Fahrradteile usw. Hier lohnt sich meistens das Schweißen überhaupt nicht.

Größere Stücke (bis zu 30 kg und mehr) mit größeren Wanddicken werden immer mehr aus Schwarzguß hergestellt. Bei derartigen Stücken wäre das Schweißen meistens wirtschaftlich vertretbar und daher erwünscht. Hier bereitet aber, wie oben erwähnt wurde, gerade der Schwarzguß Schwierigkeiten. Er ist in der Regel nur als Rohguß schweißbar.

Das Schweißen von Temperguß, insbesondere die Beurteilung, was und wie geschweißt werden soll, verlangt nicht nur große Schweißerfahrung, sondern die genaue Kenntnis des Werkstoffes und seiner Eigenschaften. Diese ist in der Regel nur an der Erzeugungsstätte, der Tempergießerei, in ausreichendem Maße vorhanden. Dort ist man auch in der Lage, durch eine entsprechende Nachglühbehandlung, d. h. unter Umständen durch ein zweites Tempern, das Gefüge der Naht und des benachbarten Baustoffes zu verbessern.

Daher sollten Tempergußstücke möglichst nur in den Tempergießereien selbst, nicht bei den Verbrauchern geschweißt werden.

c) *Die Schweißverfahren für Temperguß*

Für das Schweißen von Temperguß kommen die folgenden drei Verfahren in Frage:

Gasschmelzschweißung,
Elektroschmelzschweißung,
Abbrennstumpfschweißung.

α) *Gasschmelzschweißung*

Beim Schweißen mit der Azetylen-Sauerstoff-Flamme ist eine gewisse Vorwärmung des Werkstückes unvermeidlich, wenn ein genügender Einbrand erzielt werden soll. Dadurch werden etwaige Spannungen vermindert. Andererseits wird aber auch das Gefüge unter Umständen stark beeinflußt, was besonders bei Schwarzguß, wenn nach dem Tempern geschweißt wird, unerwünscht oder gar schädlich ist.

Die Gasschmelzschweißung kann also unbedenklich bei Temperrohguß (weißer Guß und Schwarzguß) angewendet werden, in der Regel aber nicht bei schon getempertem Schwarzguß.

Bei getempertem weißem Guß kann das Werkstück mit der Gasflamme nachbehandelt und dadurch unerwünschte harte Bestandteile ausgeglüht werden. Es gehört besondere Übung dazu, die Wärmebehandlung richtig durchzuführen. Als Zusatzwerkstoffe werden weiche Stahlschweißdrähte verwendet, denen man noch ein Schweißpulver zugibt.

β) *Elektroschmelzschweißung*

Es kann mit Gleich- wie auch mit Wechselstrom geschweißt werden, da fast ausschließlich ummantelte Stahlschweißdrähte verschweißt werden. Während des Schweißens ist eine Wärmebehandlung schwer durchzuführen und daher nicht üblich. Gußstücke verwickelter Bauart müssen jedoch, wie bei der Grauguß-Warmschweißung, vorgewärmt werden.

γ) *Abbrennstumpfschweißung*

Von den Widerstandsschweißverfahren kommt in der Regel nur die *Abbrennstumpfschweißung* in Frage. Punkt- und Nahtschweißung sind zwar grundsätzlich auch möglich, kommen aber nur sehr selten vor (siehe auch *Mantel* u. *Rietsch*, S. 417 ff.)

Rohguß läßt sich nicht elektrisch stumpfschweißen, da dieser nicht teigig wird. Er ist in seinem Verhalten hierin dem Gußeisen sehr ähnlich.

Weißer Temperguß kann gut stumpfgeschweißt werden, da hier keine wesentliche Gefügeänderung zu befürchten ist.

Schwarzguß kann nicht stumpfgeschweißt werden. Hier würde die Temperkohle wieder in Lösung gehen, wodurch nicht nur das Schweißen selbst erschwert würde, sondern auch das Stück selbst wieder in Rohguß zurückverwandelt würde, soweit die Schweißwärme hierzu ausreicht.

d) *Das Schweißen von Gußeisen mit Kugelgraphit*

Durch Zusatz von Magnesium oder Cer in die Schmelze (Zugabe in der Kupolofenrinne oder in den Gießpfannen) kann erreicht werden, daß der Graphit *keine Blättchen* bildet, sondern eine *kugelförmige Form* einnimmt. (Man spricht von Kugel- oder Sphärolitgraphit.) Als Ergebnis dieser Behandlung steigt die Festigkeit auf 50 bis 75 kg/mm² Zugfestigkeit, 90 bis 140 kg/mm² Biegefestigkeit bei einer Dehnung bis zu 4%. Durch Glühen (2 Stunden 950° C) wird die Zugfestigkeit zwar erheblich vermindert (40 bis 60 kg/mm²) ebenso die Biegefestigkeit (70 bis 120 kg/mm²), die Dehnung kann aber bis zu 18% (!!) ansteigen.

Soll derartiges Gußeisen gas- oder elektrogeschweißt werden, so ist zu beachten, daß die angegebenen Werte in der Schweißnaht wohl nicht erreicht werden können. Es erscheint ausgeschlossen, etwa die flüssige Schweiße mit Magnesium oder Cer zu behandeln. Würde man aber mit Magnesium und Cer behandelte Gußeisenstäbe mit Hilfe der Gas- oder Lichtbogenschweißung verschweißen, so würde voraussichtlich der veredelnde Einfluß dieser beiden Elemente verschwinden, d. h. das Mg verdampfen oder als Magnesiumoxyd unwirksam werden.

Wenn auch nicht anzunehmen ist, daß durch das Schweißen der Baustoff selbst wesentlich verändert und seine hohen Gütewerte verlieren würde, so ist doch zu beachten, daß die eigentliche Schweißnaht nur einen Bruchteil der Festigkeit des ungeschweißten Baustoffes aufweisen würde. Sie wäre also der werkstoffseitig schwächste Teil.

Es empfiehlt sich daher, von Ausnahmefällen abgesehen, sphärolitisches Gußeisen nicht eher zu schweißen, bevor hierfür nicht ausreichende praktische Erfahrungen vorliegen. Erfahrungen für die Gießschweißung liegen aber noch nicht vor. Es gelang neuerdings *Erdmann-Jesnitzer* u. *Jänich*, normales Gußeisen sphärolitisch erstarren zu lassen. Diese Bearbeiter gossen das etwas überhitzte Gußeisen durch einen ausgekleideten Filter, in dem sich vorher verpreßte Briketts befanden, die aus Magnesiumspänen bestanden, vermischt mit Gußeisenspänen (beides Abfallprodukte von der spanlosen Formung her). Es erscheinen also Möglichkeiten, auch ohne die seitens der Amerikaner vorgeschlagenen Zusatzlegierungen auf Chrom-Magnesium oder Nickel-Magnesiumbasis auszukommen. Es sei angeregt, diese Versuche für die Gießschweißung (siehe Bild 4), d. h. für große und langsam erstarrende Gußschmelzbäder zu erproben.

Literaturangabe

Cornelius, H., Z. VDI *82* (1938), S. 1079 bis 1088.

DIN-Mitteilungen 1040 H.T.S.N. 56, Maschinenbau/Der Betrieb *23* (1940), S. 316.

Erdmann-Jesnitzer, F. u. *W. Jänich* (unveröffentlichter Untersuchungsbericht des Instituts für Metallkunde u. Materialprüfung der Bergakademie Freiberg i. Sa., Abschluß der Arbeiten Mai 1951).

Gagnebin, A. P., K. D. Millis u. *N. B. Pilling* in „The Iron Age" vom 17. Februar 1949 referiert mit Einzeldaten in Industrie-Anzeiger (Blick in die Auslandstechnik) Nr. 81 vom 11. Oktober 1949, S. 10 und a. a. O., z. B. in Stahl u. Eisen.

Geiger, C., Handbuch der Eisen- und Stahlgießerei *1*, Berlin 1925.

Irresberger, C.,

Käsmacher, P., Flußmittelzusammensetzung (unveröffentlicht).

Krug, P., Z. VDI *84* (1940), S. 777 bis 783.

Türcke, H., Die Grundlagen der Eisenguß-Warmschweißtechnik. Verlag Carl Marhold, Halle a. d. S.

Werkstoffhandbuch Stahl u. Eisen, 2. Aufl. Düsseldorf 1940.

Weitere Literatur (auszugsweise):

Wuttke, F., Die Graugußschweißung leicht gemacht (praktische Ratschläge für den Schweißer), (1950) Verlag Carl Marhold, Halle a. d. S.

Anwendung der zerstörungsfreien Prüfverfahren in der Schweißtechnik †)

Prof. Dr. phil. E. Schiebold, unter Mitwirkung von Obering. H. J. Rupprecht, Leipzig*) **) ***)

A. *Einleitung*

Die Entwicklung der Schweißtechnik hat in den letzten Jahrzehnten einen ungeahnten Aufschwung erfahren. Geschweißte Konstruktionen treten im Interesse der Materialersparnis, Sicherheit und wirtschaftlichen Fertigung immer mehr an die Stelle von gegossenen oder genieteten Konstruktionen. Dies konnte in diesem Umfang jedoch erst dann geschehen, als es möglich wurde, geschweißte Bauteile und Konstruktionen auf *zerstörungsfreiem* Wege zu prüfen und in jedem einzelnen Falle den Nachweis der Güte und Zuverlässigkeit im Interesse der Sicherheit zu erbringen.

Umfangreiche Versuche an Bauteilen mit verschiedenen Schweißnahtformen und Verfahren haben zwar die Unterlagen für die schweißgerechte Ausführung der Nähte und die Beurteilung der Festigkeit sowie der Dauerfestigkeit geschweißter Konstruktionen geschaffen, es kann aber die Frage, ob eine ausgeführte Schweißnaht wirklich einwandfrei ist, mit Sicherheit erst dann entschieden werden, wenn die Schweißverbindung unter meist genormten prüftechnischen Bedingungen bis zum Bruch beansprucht wird.

Die Kontrolle einer schweißtechnischen Fertigung durch zerstörungsfreie Prüfverfahren, zu denen wegen seiner universellen Anwendbarkeit in erster Linie das Röntgengrobstrukturverfahren zu rechnen ist, geben bei Vorliegen richtiger Durchführung derselben und bei genügenden Erfahrungen auf der Seite des Prüfenden ein hohes Maß an Sicherheit betreffs der Güteeinhaltung der Schweißarbeiten.

Grundsätzlich können wir heute jedes Meter Schweißnaht einer wichtigen Schweißverbindung, z. B. beim Bau von Dampfkesseln, Hochdruckbehältern, Kränen und Brücken, Schiffen, Waggons, wie überhaupt im allgemeinen Maschinenbau, im *fertigen* Zustand und unter betriebsmäßigen Bedingungen prüfen, ohne die Schweißverbindung zu beschädigen oder gar zu zerstören, so wie es für die mechanisch-technologische Prüfung nötig ist.

---

†) Der vorliegende Beitrag entstand in enger Anlehnung an die speziellen Wünsche des Herausgebers, wurde mehrfach umgearbeitet und mußte im beiderseitigen Einvernehmen den vorliegenden Umfang annehmen. Dem entspricht der allgemeine Wunsch eines verstärkten Einsatzes der vorhandenen und erprobten zerstörungsfreien Prüfverfahrens in Richtung einer Verbesserung der Bauteilgüte. Die zerstörungsfreie Gütekontrolle stellt neben dem Werkstoff eines der wesentlichen Mittel dar, die Schweißqualität allenthalben zu heben. Da es anscheinend eine spezielle auf die Schweißtechnik abgestellte Behandlung dieses Gebietes noch nicht gibt, mußte für vorliegendes Werk der Beitrag trotz bearbeitungstechnischer Erschwernisse erstellt werden. Besonders für dieses Gebiet bitten Herausgeber und Autoren um Kritik, Anregungen, letztere besonders in Richtung verfahrenstechnischer Vereinfachungen. (Der Herausgeber.)

*) Manuskript eingereicht Januar 1949, umgearbeitet März 1950 sowie Nov. 1951.

**) Herrn Dr. phil. *O. Vaupel*, Materialprüfamt, Berlin-Dahlem, sind die Verfasser für freundliche Ratschläge und wertvolle Hinweise, sowie Ergänzungen bei der Durchsicht des Manuskriptes, zu besonderem Dank verpflichtet.

***) Ebenso zu Dank verpflichtet sind die Verfasser für Durchsicht und Anregungen Herrn Dr. rer. nat. *Fr. Günther*, Bergakademie Freiberg, sowie Herrn *F. Wulff*, Halle/Sa., Zentralinstitut für Schweißtechnik.

Es hat sich auch gezeigt, daß bei Reparaturschweißungen eher und mehr Fehler auftreten als bei Neuschweißungen. Aus diesem Grunde kommt den zerstörungsfreien Prüfverfahren neben dem rein praktischen Wert als diagnostisches Hilfsmittel zur Hebung und Kontrolle der Qualität sowie Leistungssteigerung gleichzeitig eine erzieherische Wirkung zu, insofern, als der Schweißer an Ort und Stelle an Hand des Röntgenbildes über seine Fehler unterrichtet und belehrt werden kann. Außerdem können Sofortmaßnahmen schweißtechnischer Art getroffen werden, um Fehler zu vermeiden. Hieraus erhellt auch die Zweckmäßigkeit einer parallelen Röntgenprüfung für die übliche vorgeschriebene Schweißerprüfung, wovon noch zu wenig Gebrauch gemacht wird.

Es existieren in Deutschland bereits eine Reihe von Prüfvorschriften, welche die Röntgenprüfung als Hilfsmittel bei der Abnahme direkt vorschreiben, z. B. bei der Schweißung von Höchstdruckdampfkesseln, Hochbauten (DIN 4100), geschweißten vollwandigen Straßenbrücken (DIN 4101) usw. In zahlreichen weiteren Fällen, z. B. im Dampfkesselbau und für geschweißte Krankonstruktionen, wird in den „technischen Lieferbedingungen des Auslandes“ u. a. die zerstörungsfreie Prüfung mit Röntgenstrahlen oder mittels „Radiumampullen“ unter teilweise sehr scharfen Bedingungen vorgeschrieben. Porosität, Oxydeinschlüsse, Schlackenreste usw. in einzelnen Nahtstellen werden oft nur zugelassen, wenn sie 3% der Nahtlänge bzw. 5% der Nahtfläche nicht überschreiten.

Für die Ausführung derartiger Abnahmeprüfungen ist das Normblatt DIN Röntg 1914 maßgebend, welches in absehbarer Zeit in abgeänderter Form neu erscheinen wird.

Ganz wesentlich wurde das Vertrauen in die Ergebnisse und die Auswertung des Röntgenbefundes sowie der magnetischen Prüfverfahren gesteigert, nachdem durch umfangreiche Versuche von maßgebender Stelle*) eine bemerkenswerte Übereinstimmung beim Vergleich von Röntgenbildern und den mechanisch ermittelten Werten beim Zerreiß-, Biege- und Dauerfestigkeitsversuch an Schweißverbindungen verschiedenster Art, mit unterschiedlichen Baustählen und Zusatzwerkstoffen bestätigt werden konnte**).

Gewöhnlich ergibt bereits die stichprobenweise Röntgenprüfung, wenn sie in der richtigen Weise vorgenommen wird***), ein zutreffendes Urteil über die systematischen Schweißfehler. Erst wenn sich dies nicht als ausreichend erweisen sollte, ist eine vollständige Prüfung der Schweißverbindungen notwendig und wirtschaftlich vertretbar, abgesehen von den Fällen, wo dies durch behördliche Abnahmebedingungen vor-

---

*) Z. B. seitens der ehemaligen Reichs-Röntgenstelle und auch seitens des KWI für Eisenforschung, Düsseldorf.

**) Es erscheint wünschenswert, an Hand von einschlägigen Tafelwerken, ähnlich wie der von *R. Berthold* herausgegebene „Atlas für zerstörungsfreie Prüfverfahren“, jedoch mit vergleichenden Angaben über die Verminderung der statischen und dynamischen Festigkeit durch die verschiedenartigen Schweißfehler neben ihren charakterlichen Kennzeichen im Röntgenbild sowie im Magnetpulverbild und anderen in der Entwicklung befindlichen zerstörungsfreien Prüfverfahren, die erforderlichen Unterlagen für eine *einheitliche Beurteilung und Normung der Prüfberichte* vorzubereiten.

Diese Aufgabe, wie auch insbesondere die *Durchführung von Kurzlehrgängen und Schulungskursen für Röntgen- und schweißtechnisches Personal*, hat in der DDR der Arbeitsausschuß VIII a „Zerstörungsfreie Prüfverfahren“ im Fachausschuß Schweißtechnik übernommen. Im Westen Deutschlands erfüllt diese Aufgabe bereits seit längerer Zeit der Unterausschuß D 1 B der Gruppe D des FNM „Zerstörungsfreie Prüfverfahren“ im DNA unter der Leitung von Prof. Dr. *Berthold*.

***) Hierzu gehört insbesondere die Prüfung aller an der betreffenden Arbeit beteiligten Schweißer für die verschiedensten Schweißlagen. Dies gilt insbesondere für die vorhergehende Röntgenuntersuchung von unter gleichen Bedingungen hergestellten Probeschweißungen, welche durch metallographische, technologische und chemische Prüfungen zu ergänzen und zu kontrollieren sind.

geschrieben ist. Als besonders wichtig hat sich die röntgenologische Kontrolle der Schweißarbeiten für die Gütesteigerung erwiesen, insbesondere durch die Erziehung der Schweißer zu einwandfreier und zuverlässiger Arbeit, zur Prüfung und Eignung der verschiedenen Schweißverfahren und zur Überwachung der Nachbehandlung der Schweißnähte.

Nach *Sandstede* erhöhte sich nach Einführung der Röntgenprüfung z. B. im Behälterbau die Zahl der fehlerfreien Nähte bzw. Filme von 6 auf 61%, während der Anteil an Nähten mit gefährlichen, nicht belassenen Schweißfehlern von 47 auf 6% verringert werden konnte.

Über neue Erfahrungen auf dem Gebiet der Röntgenuntersuchung an Leichtmetallschweißungen hat *Lindemann* ausführlich berichtet. Als besonders wirksam hat es sich herausgestellt, Zeichen der einzelnen Schweißer neben die Nähte zu legen und mit zu röntgen, so daß jedem Schweißer eindeutig die gemachten Fehler gezeigt und entsprechende Belehrungen gegeben werden konnten. Die so erzielte Verbesserung der Schweißleistung ermöglichte es, die Herstellung bei Serienarbeiten ohne Gefahr im Akkord auszuführen (was eine erhebliche Leistungssteigerung ergab).

Nach *Lindemann* senkte sich bei der 14monatigen Röntgenüberwachung von Leichtmetallschweißnähten an Geräten aus seewasserbeständigen Aluminiumlegierungen in 26 Werken der Ausschuß, welcher anfänglich 50% betrug, schon nach 2 Monaten auf etwa 10%. Der Anteil der mit „gut" und „brauchbar" bezeichneten Nähte, der anfangs nur 30% betrug, stieg in entsprechendem Maße nach einem halben Jahr auf fast 80%. Über die Einführung und Auswirkung der Röntgenprüfung bei Leichtmetallschweißungen hat auch *Bauermeister* in gleicher Weise ausführlich berichtet.

Im folgenden werden die wichtigsten heute üblichen zerstörungsfreien Prüfverfahren von Schweißverbindungen hinsichtlich ihrer Arbeitsgrundlage, praktischen Ausführung, Genauigkeit und Anwendungsgrenzen an Hand von zahlreichen Beispielen aus der Praxis behandelt. Dies erfolgt nebst kurzen Hinweisen auf die Möglichkeit der Weiterentwicklung in Richtung neuartiger Verfahren. Es ist nicht der Zweck des vorliegenden Beitrages, genaue Rezepte und Anweisungen für die gesamte praktische Durchführung von Röntgenaufnahmen zu geben. Der Zweck ist vielmehr, dem Konstrukteur sowie dem verantwortlichen Schweißingenieur und auch allen denjenigen Forschern und mit Entwicklungsaufgaben auf schweißwerkstoffkundlichem oder Elektroden-Gebiete betrauten Ingenieuren und Technikern einen allgemeinen Überblick über Technik, Leistung und Grenzen der verschiedenen Methoden zu geben*).

Der Stoff wird nachstehend wie folgt eingeteilt:

Verfahren zur zerstörungsfreien Prüfung des Grundwerkstoffes und des Schweißzusatzwerkstoffes (Elektrodenmaterials) v o r der Schweißung.

Zerstörungsfreie Prüfung der Schweißnähte auf innere Fehler mit Hilfe des Röntgendurchstrahlungsverfahrens.

Zerstörungsfreie Prüfung der Schweißverbindungen auf innere Fehler mit Hilfe natürlicher und künstlicher Gammastrahlen sowie ultraharter Röntgenstrahlen.

Zerstörungsfreie Prüfung der Schweißverbindungen auf innere Fehler mit dem Magnetpulververfahren.

Zerstörungsfreie Prüfung der Schweißnähte auf innere Fehler hin mit Hilfe des Ultraschallverfahrens.

---

*) Bezüglich der Einzelheiten wird auf die am Schluß des Artikels angegebene Literatur verwiesen sowie auf eine an anderer Stelle in absehbarer Zeit erscheinende ausführlichere Darstellung der zerstörungsfreien Prüfmethoden von *E. Schiebold* (unter Mitarbeit von *H. J. Rupprecht*), Akademie-Verlag, in Vorbereitung; erscheint etwa Ende 1952.

Zerstörungsfreie Prüfung von Schweißverbindungen mittels sonstiger, teilweise noch in der Entwicklung befindlicher Prüfverfahren.

Zerstörungsfreie Oberflächenprüfmethoden von Grundwerkstoff und Schweißnaht.

B. Verfahren zur zerstörungsfreien Prüfung des Grundwerkstoffes und des Zusatzwerkstoffes (z. B. Elektroden) vor der Schweißung

Die im folgenden unter B 1 bis 3 beschriebenen Verfahren kommen hauptsächlich in Betracht, um auf zerstörungsfreiem Wege festzustellen, ob bereits der verwendete Grundwerkstoff die richtige chemische Zusammensetzung und Gefügebeschaffenheit hat und keine inneren Fehler aufweist (Lunker, Blasen, Poren, Risse, Doppelungen u. a. m.), die den Schweißvorgang beeinträchtigen. Ebenso wertvoll ist die zerstörungsfreie Prüfung für die Auswahl und Verwendung des Zusatzwerkstoffes hinsichtlich seiner chemischen Zusammensetzung und seines Gefüges, da Grundwerkstoff und Zusatzwerkstoff zwecks Erzielung einer einwandfreien Bindung aufeinander abgestimmt sein müssen. Dies muß insbesondere bei Instandsetzungsarbeiten als erster Arbeitsgang eingeschaltet werden. Vor allem ist es notwendig, ungeeignetes Material oder Verwechselungen von vornherein auszuschließen.

1. Verwechselungsprüfung bzw. Nachweis von Legierungselementen

In erster Linie kommen hierfür die qualitative chemische Analyse und die Spektralanalyse im sichtbaren UV- und eventuell im Röntgenstrahlengebiet in Frage. Jedoch sind diese wichtigen Verfahren im strengen Sinne nicht zerstörungsfrei und daher in vielen praktischen Fällen nicht unmittelbar anwendbar*). Man kann sich hier in der Regel bis zu einem gewissen Grade mit der bekannten *Funkenprobe* und dem *Tüpfelverfahren* (siehe hierzu bei *Küntscher*, S. 1296 ff.; *Lüder*, S. 1305) sowie mit einfach zu handhabenden chemischen Abdruckverfahren (siehe *Küntscher*, S. 1296 ff.) behelfen.

a) Schleif-Funkenprobe

Das Funkenbild, welches z. B. mit einer scharfen körnigen, mittelharten Schmirgelscheibe bei 30 bis 35 m/sek Umfangsgeschwindigkeit erhalten wird, wird schon seit langem zur raschen und bequemen Feststellung besonderer Legierungsbestandteile, speziell bei Werkzeugstählen und vorzugsweise zur Vermeidung von Werkstoffverwechselungen, verwendet.

Die Funkenbildung selbst ist nach *Baukloh* das Ergebnis von verhältnismäßig komplizierten heterogenen Reaktionen, die einerseits durch die Verbrennungswärme der Metallteilchen, andererseits durch die physikalische Beschaffenheit der Verbrennungsprodukte, ihre Viskosität und Wärmeleitfähigkeit bestimmt werden. Der Werkstoff wird gekennzeichnet durch *Häufigkeit und Größe der Schleiffunken, das Strahlenbild am Funkenende und die Farbe und Intensität der Lichterscheinung, Länge und Art bzw. Gabelung der Strahlen, Dichte und Umfang des Strahlenbündels, welche von der Werkstoffhärte und Bearbeitbarkeit abhängt.*

Die Methode ist einfach zu handhaben und vermittelt sofort ein Ergebnis. Es müssen jedoch bestimmte Versuchsbedingungen eingehalten werden, um Täuschungen zu vermeiden. Als Regel kann gelten, daß die Nachweisbarkeit legierter Stähle mit zunehmendem C-Gehalt steigt, andererseits wird mit steigender Zahl und Menge der Legierungselemente infolge der Härtesteigerung das Auftreten von Funkenbildern

*) Es sei hier die Mikrofunkenmethode erwähnt, welche praktisch ebenfalls zerstörungsfrei ist.

seltener. Während C-armer Stahl lang in Tropfen auslaufende, glatte und hellgelbe Funken liefert, nimmt bei steigendem C-Gehalt die Strahlendichte und die „Sternchen"- (Stachelbüschel-) Bildung am Funkenende zu und die Tropfengröße ab. Mn-Stahl liefert feine hellgelbe Strahlen mit zahlreichen blätterartigen Stachelbüscheln. Bei höherem Si-Gehalt entstehen lange Strahlen mit sehr hellen Tropfen, bei Cr-Ni-Stahl orangegelbe Strahlen, jedoch mit geringerer Stachelbildung. Graues Gußeisen liefert viele, weißes Gußeisen wenige kurze und rötlichgelbe Strahlen und ist daran leicht erkennbar*).

b) Tüpfelanalyse

Die Tüpfelprobe ist ein allgemeines zerstörungsfreies chemisch-analytisches bzw. mikrochemisches Nachweisverfahren kleinster Mengen von Legierungselementen im Stahl sowie in Leichtmetall- und anderen Legierungen zwecks Verhütung und Feststellung von Werkstoffverwechselungen und zum Zweck der raschen Sortierung. Das Verfahren ist hauptsächlich von *Feigl* ausgearbeitet und von *Thanheiser* u. *Waterkamp* speziell für die Untersuchung von Stahlproben angewandt worden**).

Auf die Oberfläche des zu untersuchenden Werkstückes wird hierzu ein Tropfen verdünnter Säure oder Lauge aufgebracht. Dieser wirkt eine gewisse Zeit ein. Danach wird der Tropfen von Fließpapier aufgesaugt und auf dasselbe an der betreffenden Stelle ein spezifisches Reagens getüpfelt, welches einen leicht erkennbaren, charakteristisch gefärbten Niederschlag liefert, wodurch gleichzeitig ein dokumentarischer Nachweis für die Anwesenheit des betreffenden Elementes erhalten wird.

Eine Weiterentwicklung der Tüpfelanalyse zur Prüfung auf Materialverwechselungen rührt von *Küntscher* (siehe S. 1269 ff.) her, welcher insbesondere die heute schwer beschaffbaren komplizierten spezifischen Reagenzien durch einfachere ersetzte. Bereits früher beschrieben *Weinruh* u. *Schwertner* eine einfache Tüpfelmethode zur Untersuchung auf Ni, Co und Fe mit Hilfe von Reagenzpapieren, die man sich selbst leicht herstellen kann.

Mit Hilfe der Mikroanalyse lassen sich qualitative und quantitative chemische Analysen auch geringer Schlackenmengen vornehmen, nachdem sie durch bekannte Verfahren aus dem Grundwerkstoff isoliert wurden [Lit. *R. Treje* u. *H. Alber*; *H. Alber* u. *C. Benedicks*].

c) Chemische Abdruckverfahren

Die Verfahren beruhen auf speziellen chemischen bzw. mikrochemischen heterogenen Reaktionen an den zu untersuchenden Oberflächenstellen des Werkstückes. Hierdurch lassen sich bequem Fremdeinschlüsse (Seigerungen, Schlacken, Oxyde, Sulfide usw.) und sonstige Inhomogenitäten erkennen, indem die Reaktionsprodukte auf Filterpapier, Photopapier, Gelatine, Cellophan oder einer sonstigen geeigneten Unterlage farbige Abdrucke hinterlassen.

---

*) Siehe Literatur am Beitragsende. *Vinzent* u. *Sawyer* sowie *Wolbank* haben diese Methode durch spektralanalytische Auswertung der Funkenbilder verbessert, so daß sie betriebsmäßige quantitative Ergebnisse liefert. Jänicke und Saul zeigten, daß mit Hilfe von Funkenrichtbildern bei Stählen bis zu 0,35 % C noch Abstufungen von 0,05 % C und bei Stählen mit 0,35 bis 0,60 % C solche von 0,10 % C unterschieden werden können. Der Einfluß von Si- und Mn-Zusätzen bewirkt kennzeichnende Unterschiede, jedoch besteht kein quantitativer Zusammenhang.

**) Bezüglich der Arbeitsvorschriften im einzelnen sei auf die Veröffentlichungen genannter Autoren (Anm. **) und den Artikel von *Küntscher*, S. 1296 ff., verwiesen, ferner auf die vom Fachausschuß Schweißtechnik der KdT herausgegebenen Merkblätter für die Tüpfelanalyse (Merkblattvertrieb Verlag Technik, Berlin). (Siehe hierzu auch bei *Küntscher*, S. 1296, u. *Lüder*, S. 1305 ff.)

Auf diese Weise können Art und Verteilung heterogener Gefügebestandteile, Fremdelemente und nichtmetallische Einschlüsse nachgewiesen werden, was besonders wertvoll für die Beurteilung des Einflusses von Seigerungen auf die Schweißbarkeit z. B. von Thomasstählen und solchen mit FeS-Verunreinigungen ist. Es lassen sich Sulfide von Oxyden und Silikaten im Anschliff mit Hilfe von 10prozentiger Chromsäure oder 1prozentiger Oxalsäure leicht unterscheiden. MnS wird durch 10prozentige Chromsäure in 5 Minuten angegriffen, FeS dagegen nicht; umgekehrt wird FeS von 1prozentiger Oxalsäure in 1 bis 2 Minuten stark angeätzt, MnS nur ganz schwach. (Im Hinblick auf die Fragen der Schweißrissigkeit von Stahl-Feinblechen spielen diese Verfahren eine Rolle, ihre Anwendung sollte in verstärktem Maße erfolgen.)

Mit der Ätzung nach *Künkele* lassen sich auch die kleinsten Sulfideinschlüsse noch sicher von oxydischen Schlacken unterscheiden, indem sich bei ersteren eine Schutzschicht von Ag_2S bildet, die den Einschluß dem weiteren Säureangriff entzieht, so daß er im mikroskopischen Schliffbild von einem hellen Hof umgeben wird (Ätzmittel enthält geringe Mengen von H_2SO_4 und $AgNO_3$ in einer gelatinösen Lösung).

Weitere Beispiele bilden die sogenannten Karbidätzmittel. Über den Nachweis nichtmetallischer Einschlüsse in Aluminium (Sulfide, Phosphide, Karbide) mit Hilfe des Abdruckverfahrens vgl. Lit. *Tronstadt*.

Das von *Nießner* erstmalig beschriebene Abdruckverfahren zur Bestimmung nichtmetallischer eisenoxydhaltiger Einschlüsse im Stahl wurde von *Mitsche* u. *Dienbauer* weiterentwickelt, ebenso wie das „Nießnersche Verfahren zum Nachweis von Phosphorseigerungen" von *Grubitsch* u. *Warbichler* durch Verwendung von Cellophan als Bildträger wesentlich verbessert wurde. Hierzu ist letzten Endes auch die altbekannte „Baumannprobe" (siehe hierzu Ätzheft von *A. Schrader*) zu rechnen.

d) *Fluoreszenzanalytische Verfahren*

Diese haben nach *Mitsche* hauptsächlich für die Erkennung und Unterscheidung nichtmetallischer Einschlüsse Bedeutung, bei denen durch Behandlung mit organischen Reagenzien Fluoreszenz auftritt. Es lassen sich z. B. durch Einwirkung von Essigsäure auf oxydische Einschlüsse wie Fe_2O_3, FeO, MnO, CuO Unterschiede in der Fluoreszenz des Lösungsmittels feststellen [Lit. *Mitsche*]. Besonders empfindlich ist nach *Schantl* u. *Alber* der fluoreszenzanalytische Nachweis von Aluminium mit Hilfe von Morin (10^{-10}g).

Im einzelnen kann hier nicht weiter auf diese Verfahren eingegangen werden, zumal sie sich hinsichtlich ihres Entwicklungsstandes und der praktischen Verwendung noch in den Anfängen befinden. Die Werkstoffachleute sollten sich dieser einfachen Methoden für Beurteilungen z. B. der rißfreien Verschweißbarkeit von Feinblechen (FeS-Anteil) stärker als bislang bedienen.

e) *Potentiometrische Methoden*

Bekanntlich hat ein jedes Metall, wenn man von dem Einfluß von Verunreinigungen, Deckschichten, mechanischer Verformung, Polarisation und Diffusion usw. absieht, eine bestimmte Stellung in der elektrochemischen Spannungsreihe, gekennzeichnet durch sein Gleichgewichtspotential in einer 1-normalen Lösung eines seiner Salze. Dabei wird willkürlich das Normalpotential von Wasserstoff in einer 1/1-n-Lösung von H-Ionen gleich $\pm$ 0 gesetzt. Metalle mit stark negativem Potential gegenüber Wasserstoff sind unedel und leicht korrodierbar, solche mit positivem Potential edel.

Mißt man also in geeigneter Weise die EMK eines Metalls in Berührung mit einer 1/1-normalen Salzlösung gegenüber einer Wasserstoffelektrode (Normalelektrode), so kann an Hand der Spannungsreihe die chemische Natur des Metalls festgestellt werden*).

Auch die Aufnahme von Stromdichte-Potentialkurven kann zu wertvollen Aufschlüssen führen.

In Anbetracht der Notwendigkeit einer komplizierten Meßapparatur hat das Verfahren bisher wenig Anwendung gefunden. Für die Verwechselungsprüfung dürfte in einfacheren Fällen das in den „Leuna-Werken" entwickelte Verfahren nach *Küntscher* (siehe S. 1296) ausreichen, welcher mit einer geeigneten Lösung getränktes Filtrierpapier und ein einfaches Millivoltmeter zu Potentialmessungen an den ver-

*) Über ein praktisches Röhrenmeßgerät zur stromlosen Potentialmessung der EMK, das gewisse Nachteile des bisherigen vermeidet, vgl. *Todt* u. *Thrun*.

schiedenen Werkstoffen der chemischen Großindustrie benutzt. Über die Prüfung kathodischer und anodischer Stellen mit verschiedenem Potential bei mechanisch bzw. mit Eigenspannungen behaftetem Stahl mit dem Ferroxylindikator vgl. *Rabald*.

In Ermangelung von Potentialmessungen scheinen auch die Prüfungen mit Schwermetallsalzlösungen recht brauchbar zu sein, insbesondere bei Schweißstellen an Sonderstählen wie V2A usw. (vgl. *Erickson* u. *Kirst* sowie *Kurtz* u. *Zaumeyer* und *Nießner*). Aus der Salzlösung des edleren Metalls wird dieses nach der Spannungsreihe durch Verwendung eines als Anode dienenden unedleren kathodisch ausgeschieden. Bei guten Schweißnähten aus rostfreiem Stahl darf also eine Abscheidung von Cu aus $CuSO_4$-Lösungen nicht erfolgen. In ähnlicher Weise lassen sich auch legierte und unlegierte Elektroden bzw. Zusatzwerkstoffe leicht mit Hilfe ihres elektrochemischen Verhaltens unterscheiden.

f) Magnetinduktive Verwechselungsprüfung

Weniger einfach, aber für die serienmäßige Prüfung sehr geeignet sind die magnetinduktiven Prüfverfahren, soweit es sich um einfache Profile mit gut definiertem und konstantem Querschnitt handelt. Die Methoden beruhen auf der Feststellung und Änderung der magnetischen Permeabilität infolge Verschiedenheiten des Gefügeaufbaues und der chemischen Zusammensetzung sowie von örtlichen Stör-

Bild 1. Schaltschema einer Verwechselungsprüfung nach *Matthaes*

Es bedeuten:

F_1 u. F_2 = Feldspulen zur Magnetisierung
M_1 u. M_2 = gleich beschaffene Meßspulen, die mit den Widerständen W_1 u. W_2 eine Brückenschaltung bilden
B = Abgleichwiderstand
G = Gleichrichter
E = Empfindlichkeitsregler
J = Meßinstrument
S = Schalter
W_E u. W_F = Widerstände
N = Normalprobe
P = zur Untersuchung gelangende Probe, z. B. Stangenwerkstoff, Prüfung von Stangen vor dem Abbrennschweißen

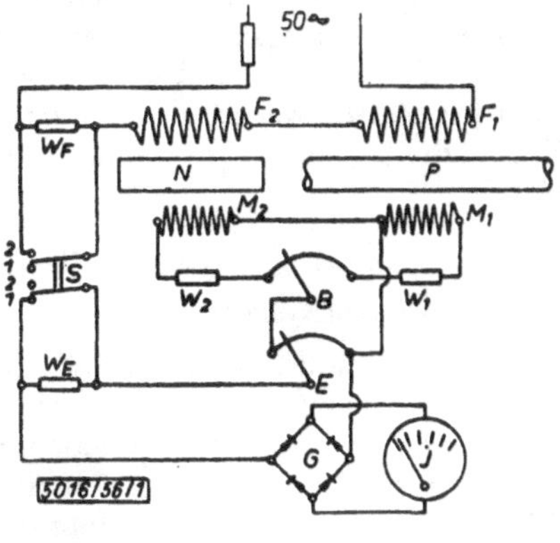

Bild 1

stellen. Im Prinzip kann man diese Vorrichtung mit einem Transformator vergleichen, dessen Sekundärspannung wesentlich durch den magnetischen Fluß im Eisenkern (Probe) mit bedingt ist, welcher durch chemische und kristallographische Inhomogenitäten und Störstellen beeinträchtigt wird.

Zur Verwechselungsprüfung ist die Schaltung nach *Matthaes* (Bild 1) gut geeignet.

Hierbei wird die zu untersuchende Probe mit einer Normalprobe verglichen. F_1 und F_2 sind die beiden Feldspulen zur Magnetisierung der Proben, M_1 und M_2 die gleich beschaffenen Meßspulen, die mit den Widerständen W_1 und W_2 eine Brückenschaltung bilden, wobei der Brückenwiderstand B zum Abgleich dient. Falls die Versuchs- und die Vergleichsprobe eine unterschiedliche magnetische Permeabilität besitzen, entsteht in der Brücke eine Spannungsdifferenz, die über einen Gleichrichter G und einen Empfindlichkeitsregler E durch das Meßinstrument J gemessen wird. Der Schalter S in Verbindung mit den Widerständen W_E und W_F dient zur Einstellung eines schwachen oder starken Magnetfeldes (vgl. Lit. *Matthaes*).

Zur Unterdrückung örtlicher Verschiedenheiten wird eine möglichst lange Meßspule benutzt, wobei sich eine Doppelprüfung mit zwei verschiedenen Feldstärken und verschiedener Prüfempfindlichkeit empfiehlt. Bei genügend hoher Feldstärke werden Unterschiede in der Legierungszusammensetzung fast gleich gut wie Härteunterschiede angezeigt.

*Es sei erwähnt, daß sich auf diese Weise auch der Nahtverlauf bei abgearbeiteten bzw. polierten, nachträglich nicht mehr sichtbaren Schweißnähten einwandfrei feststellen läßt**) **) ***).

*) Dies läßt sich auch durch Betupfen mit der Lösung eines edleren Metalls erreichen, welche sich auf der gegenüber dem Grundwerkstoff unedleren Schweißnaht bevorzugt abscheidet.

**) Hierzu ist noch zu bemerken, daß die Nachweisempfindlichkeit der magnetinduktiven Methode naturgemäß sehr viel geringer ist als bei den chemischen Verfahren.

***) Praktische Geräte zur Verwechselungsprüfung liefert das Institut Dr. Förster, Reutlingen.

2. Vorherige Prüfung des Grundwerkstoffes auf innere Fehler hin

Es ist wichtig, sich vorher zu überzeugen, ob der Grundwerkstoff an den zu verschweißenden Stellen hinsichtlich seiner Homogenität und Gefügebeschaffenheit einwandfrei ist. Dies ist nicht in allen Fällen durch die Untersuchung mit dem unbewaffneten oder bewaffneten Auge (Lupe) möglich, da z. B. *ausgewalzte Lunker* äußerlich oft nicht sichtbar sind. Diese bereiten neben ihrer Gemeingefährlichkeit besonders beim Brennschneiden (siehe bei *Zorn*, Anhang) und beim Schweißen (siehe bei *Mantel*, S. 94 ff.) Schwierigkeiten und ziehen Schweißfehler nach sich. Auch *Doppelungen* in gewalztem Material bzw. *nicht* wieder *völlig verschweißte Blasen und Hohlräume*, besonders wenn sie durch Eindringen von Luft bzw. Sauerstoff an der Innenwand oxydiert sind, können zu Störungen des Schweißvorganges und nachträglicher Rißbildung führen, ebenso wie sonstige äußerlich nicht erkennbare Werkstofftrennungen, Poren und Mikrorisse bzw. -bänder parallel zur Blechoberfläche oder zu den Nahtflanken. Auch die als „Mausieffekt" bekanntgewordene Erscheinung bei gewissen Leichtmetall-Legierungen (z. B. Mg_2Si-haltige Legierungen Al-Mg-Mn) gehört hierher (siehe hierzu auch bei *Kostron*, sowie *Erdmann-Jesnitzer*, beides Teil II).

Zur Feststellung und Deutung derartiger äußerlich nicht sichtbaren Fehler im Grundwerkstoff lassen sich die noch näher beschriebenen zerstörungsfreien Prüfmethoden, insbesondere das Röntgen- und Ultraschallverfahren, mit Erfolg verwenden.

3. Prüfung des Grundwerkstoffes hinsichtlich seiner Gefügebeschaffenheit bzw. übermolekularen Struktur und Feinstruktur

Hier liegt, außer in besonders gelagerten Fällen, meistens nicht die Notwendigkeit einer zerstörungsfreien Prüfung vor, da genug Material für die Herstellung von Anschliffen für die metallographische und mikroskopische Prüfung vorhanden ist.

Es soll hier darauf hingewiesen werden, daß die röntgenmikrographischen Verfahren die metallichtmikroskopische Untersuchung in wertvoller Weise ergänzen, da sie, auf anderen physikalischen Prinzipien beruhend, auf zerstörungsfreiem Wege zum Teil wesentlich mehr und andersartige Aufschlüsse über etwaige *Seigerungen, Einschlüsse, chemische Inhomogenitäten und Kornverschiedenheiten, feinste Mikrorisse usw.* liefern.

Ebenso lassen sich neuartige Erkenntnisse über den Gefügebau und die übermolekulare Struktur vermittels der elektronenoptischen Abdruckmethoden erhalten (diese werden noch eine größere Rolle spielen für die Erkenntnisse beim Punkt- und Rollennahtschweißen z. B. von NE-Metallen, etwa den Al-Leichtmetallen).

Wenn es sich in Ergänzung der metallographischen Untersuchung um die Ermittelung der Feinstruktur von im Grundwerkstoff oder im Elektrodenwerkstoff vorhandenen Legierungsbestandteilen (z. B. Mischkristallen, intermetallischen Verbindungen, Schlacken- und Oxydteilchen, Karbiden, Nitriden, Sulfiden usw.) handelt, so ist das röntgenographische *Feinstrukturverfahren* am Platze, welches in Form des Rückstrahlverfahrens zerstörungsfrei ist und keine besondere Politur der Anschliffe benötigt. Das Verfahren wird eine größere praktische Verwendbarkeit besitzen, wenn es noch weiter mechanisiert ist und Tafelwerke mit Vergleichs- bzw. Standarddiagrammen und Tabellen der technisch wichtigsten Legierungskomponenten von Stählen und Metallen im Druck erschienen sind*).

*) Ein derartiges Tabellenwerk für die Feinstrukturseite befindet sich seitens des Instituts für Metallkunde und Materialprüfung der Bergakademie Freiberg (Sa.) (Dr. *Fr. Günther*) zur Zeit in Vorbereitung; Datum der Fertigstellung noch ausstehend. (Vgl. Lit.)

Die röntgenographischen Feinstrukturverfahren liefern gleichzeitig nachträgliche Aussagen über die *mechanische* und *thermische Vorbehandlung des Werkstoffes* sowie etwaige *Eigenspannungen*, wie *Reckspannungen*, *Walzspannungen*, *Wärmespannungen*, *Gußspannungen* usw., worauf hier nicht weiter eingegangen werden kann.

C. Zerstörungsfreie Prüfung der Schweißnähte auf innere Fehler hin mit Hilfe des Röntgendurchstrahlungsverfahrens

1. Grundlagen des Verfahrens

a) Allgemeines

Die Röntgenuntersuchung von Schweißverbindungen wird in der zerstörungsfreien Werkstoffprüfung vorzugsweise in Form der sogenannten Durchstrahlungsverfahren ausgeführt. Dabei werden bekanntlich mit Hilfe der in Bild 2 schematisch wiedergegebenen Anordnung räumliche Projektionen der etwaigen im Körperinneren vorhandenen Fehlstellen erzeugt (sogenannte Röntgenschattenbilder). Zum Nachweis und zur Sichtbarmachung derselben für das Auge benutzt man entweder die Fluoreszenzwirkung geeigneter Stoffe (Leuchtschirmuntersuchung) oder die photographische Wirkung der Röntgenstrahlen (Röntgenphotographie, Röntgenaufnahme). Beide Methoden lassen die räumliche und örtliche Verteilung sowie Größe und Form etwaiger innerer Fehlstellen ohne weiteres erkennen. Daneben werden zum Nachweis und hauptsächlich zur Messung (Intensitäts- und Dosismessung) die Ionisationskammer und das Zählrohr benutzt. Wegen seiner großen Empfindlichkeit für schwächste Strahlungen hat letzteres in neuerer Zeit eine größere praktische Bedeutung erlangt, allerdings weniger für die Untersuchung von Schweißnähten als für die Durchstrahlung dickwandiger Stahlguß- und Maschinenteile.

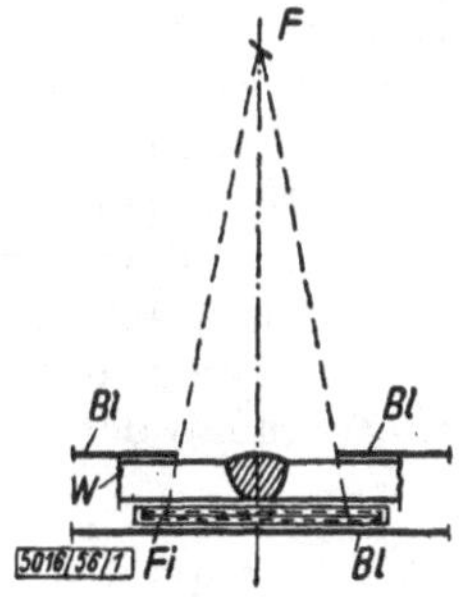

Bild 2. Prinzipschaltbild einer röntgendurchstrahlten Schweißnaht

F = Strahlenquelle (Fokus)
W = verschweißter Werkstoff
Fi = Film
Bl = Abdeckbleiplatten

Die Röntgendurchstrahlung, auch als *Röntgengrobstrukturverfahren* bezeichnet im Gegensatz zum Röntgenfeinstrukturverfahren, ist und bleibt das klassische Verfahren der Schweißnahtprüfung wegen seiner universellen Anwendbarkeit auf alle in der Technik verwendeten Werkstoffe und Werkstücke, wobei die genügende Durchdringungsfähigkeit der Röntgenstrahlung vorausgesetzt wird. Das Grobstrukturverfahren ermöglicht die laufende serienmäßige Prüfung von Bauteilen und ganzen, fertiggeschweißten Konstruktionen bis zu Stahldicken von etwa 100 mm mittels transportabler Apparate in wirtschaftlich tragbaren Belichtungszeiten*).

Die Anwendungsmöglichkeiten und Grenzen des Röntgenverfahrens sind heute klar umrissen. In erster Linie gelingt der Nachweis von *Blasen*, *Poren*, *Schlackenresten*, *Schlackennestern*, *Bindefehlern*, *Einbrandkerben* sowie *gröberen Rissen* mit einer durchaus befriedigenden Fehlererkennbarkeit (Fehlererkennbarkeit beträgt 1 bis 1,5%, gemessen durch die sogenannte Drahterkennbarkeit nach Drahtsteg DIN 1914) bei Prüfdicken bis zu 50-mm-Stahl (Röntgenaufnahmen der üblichen Spannung); von 2,5

*) Hierzu sei bemerkt, daß mit Hilfe des „Betatrons" heute bereits in den USA bei Quantenenergien bis zu 20 Millionen e-Volt noch Stahldicken bis zu 50 cm in wenigen Minuten durchstrahlt werden. Für geringe Wanddicken gibt es Eintank-Röntgenapparate (Röhre *im* Trafo) bis 175 kV, die sehr bequem sind.

bis 3% bei größeren Wanddicken. Bei der Durchleuchtung ist die Fehlererkennbarkeit für Stahl erheblich geringer (etwa 7%), wenn man nicht einen Feinfokusstand (siehe wie noch beschrieben) zur Verfügung hat. Weniger befriedigend ist der *Nachweis feiner Risse in Schweißnähten* durch das Röntgenbild, welcher unsicher ist und stark von der Lage des Risses zur Durchstrahlungsrichtung abhängt. Hier sind die magnetischen, Ultraschallverfahren u. a. der Röntgenprüfung weit überlegen.

Die *Leuchtschirmuntersuchung* hat gegenüber der Röntgenphotographie den Vorteil der großen Billigkeit und Einfachheit sowie der sofortigen Auswertungsmöglichkeit, so daß sie besonders z. B. in der Serienfertigung teilweise geschweißter Leichtmetallgußteile große praktische Bedeutung und Verwendung gefunden hat. In Verbindung mit einer Feinfokusröhre läßt sich hier auch eine genügende Fehlererkennbarkeit erzielen. Das gleiche gilt für die Leuchtschirmuntersuchung z. B. von verschweißten Kunststoffen (und auch keramischen Teilen für die Elektroindustrie). Für die Schweißnahtprüfung insbesondere von Eisen und Stahl kommt die Leuchtschirmuntersuchung dagegen wegen der geringen Helligkeit der Leuchtschirmbilder und zufolge einer unzureichenden Fehlererkennbarkeit praktisch kaum in Betracht, so daß an dieser Stelle hier nicht weiter darauf eingegangen werden soll.

Eine Zwischenstellung nimmt die sogenannte *Leuchtschirmbildphotographie* ein, welche sich infolge der Verwendung von Kleinbildkameras gegenüber der Röntgenphotographie durch ihre Billigkeit auszeichnet, aber eine nicht ganz so gute Fehlererkennbarkeit wie die der Direktaufnahme ermöglicht. Es ist dies Verfahren bisher auf die Schweißnahtprüfung noch nicht in dem Maße angewandt worden, wie es beim heutigen Stand der Technik zweckdienlich wäre.

b) Die Erzeugung der Röntgenstrahlen

Röntgenstrahlen entstehen nach der Entdeckung von Röntgen (1895) vorzugsweise beim Auftreffen bzw. Abbremsen hochbeschleunigter freier Elektronen im Vakuum auf Metalle. Die freien Elektronen werden gewöhnlich mit Hilfe eines glühenden Drahtes (Heizdraht bzw. Kathode) erzeugt und durch ein Hochspannungsfeld beschleunigt. Dies ist in Bild 3 gezeigt. Dieses stellt eine technische Werkstoffuntersuchungs-Röntgenröhre im Schema dar. Die Röhre enthält im Hochvakuum eine Anode (6),

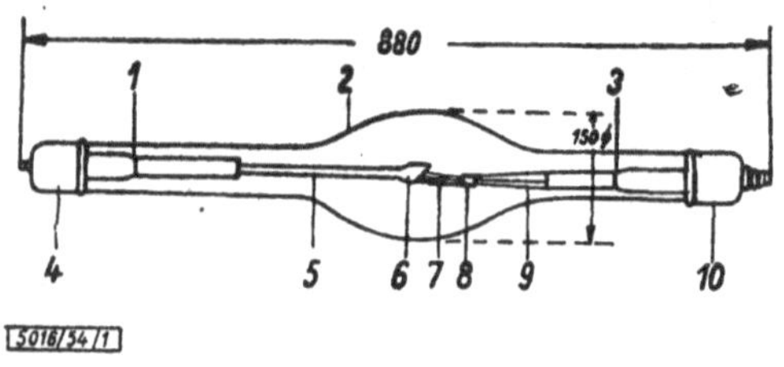

1 = Halterung
2 = Röhrenkolben
3 = Halterung
4 = Verschlußstück, gleichzeitig Anodenanschluß
5 = Anodenstiel
6 = Anode
7 = austretende Elektronen
8 = Kathode
9 = Zwischenträger (Leitungen für die Heizung der Kathode)
10 = Verschlußstück mit Anschlüssen für die Kathodenheizung
(Maße in mm)

Bild 3. Röntgenröhre für die technische Werkstoffprüfung (schematisch)

welche am Anodenstiel (5) und der Halterung (1) befestigt ist. Die Anode besteht meistens aus Wolfram — wegen des hohen Schmelzpunktes und entsprechend großer spezifischer Belastbarkeit —, ihr gegenüber steht in einem gewissen Abstand die Kathode (8) in Form einer Glühspirale mit einer Sammelvorrichtung für die austretenden Elektronen (7), welche auf der Anode zum sogenannten Brennfleck (Fokus) konzentriert werden. Die Elektronen (Kathodenstrahlen) werden durch das zwischen Anode bzw. Antikathode und Kathode bestehende Hochspannungs-Gleichstromfeld (Potentialgefälle von 50 bis 300 Kilovolt in den üblichen technischen Röntgenröhren) so stark beschleunigt, daß sie mit großer Endgeschwindigkeit auf den Brennfleck auftreffen, wobei sich ihre kinetische Energie größtenteils in Wärme, zum Teil (etwa 1%) in Röntgenstrahl- bzw. Quantenenergie verwandelt. Infolge der starken Wärmeentwicklung muß die Anode gut gekühlt werden. Bei der gezeichneten Röhre geschieht dies durch

Strahlungskühlung, bei den üblichen technischen Grobstrukturröhren durch Öl oder auch Kühlwasser. *Je kleiner der Brennfleck der Röhre ist, desto besser ist die Schärfe der erzielten Röntgenschattenbilder.* Dem ist jedoch durch die spezifische Belastung des Anodenmetalls eine Grenze gesetzt, welche normalerweise bei Gleichspannung 200 Watt/mm², bei pulsierender Spannung 100 Watt/mm² nicht überschreiten darf.

Die zur Beschleunigung der Elektronen erforderliche hohe konstante oder pulsierende Gleichspannung wird in der Regel durch Hochspannungstransformatoren wegen ihrer großen Leistungsfähigkeit und Betriebssicherheit erzeugt*). Da die Transformatoren infolge ihrer Eigenart an ihren Hochspannungspolen Wechselspannung liefern, muß diese gleichgerichtet werden. Hierzu dienen besondere *Gleichrichterorgane*, meist in *Form von Hochspannungsventilen*, welche in ihrem Aufbau den Röntgenröhren sehr ähnlich sind und den Strom nur in einer Richtung (vom Glühdraht zur Anode) hindurchlassen. Bei Spannungen bis zu 100 kVs und Feinstrukturgeräten wird meist die sogenannte Halbwellenschaltung verwendet, bei welcher die eine (schädliche) Strom- bzw. Spannungsphase gesperrt wird, was durch die Röntgenröhre selbst oder besser durch ein Hochspannungsventil geschieht. Bei höheren Spannungen werden sogenannte „Kunstschaltungen" verwendet, um den Transformator zu schonen und die Isolation in technisch gut beherrschbaren Grenzen zu halten. Die bei transportablen technischen Röntgenanlagen zur Materialprüfung am meisten verwendete Schaltung ist die sogenannte „Villardschaltung", wobei vermittels einer Kombination von Hochspannungserzeuger, Ventilen und Kondensatoren nahezu eine Verdoppelung der Sekundärspannung des Transformators erzielt wird.

Bild 4 a. Schema der „Villardschaltung" (aus *Eggert* u. *Gajewski*)

T = Hochspannungstransformator
C_1 u. C_2 = Kondensatoren
K_V = Kathode des Hochspannungsventils
A_V = Anode des Hochspannungsventils
K_R = Kathode der Röntgenröhre
A_R = Anode der Röntgenröhre

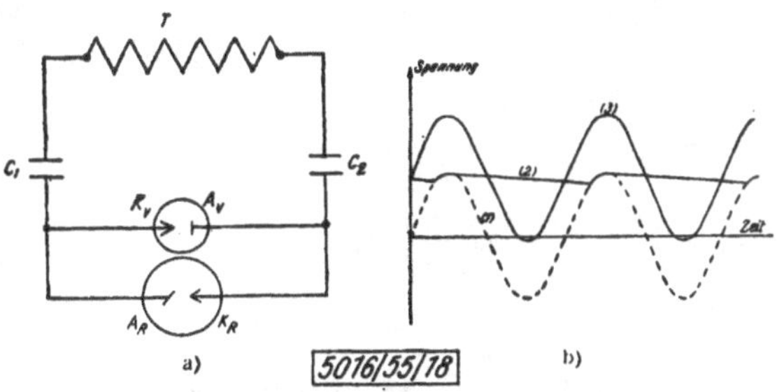

Bild 4 b. Spannungsverlauf bei Anwendung der „Villardschaltung" in Abhängigkeit von der Zeit (aus *Eggert* u. *Gajewski*)

Kurve 1: Spannung am Hochspannungstransformator
Kurve 2: Spannung am Hochspannungskondensator
Kurve 3: Spannung an der Röntgenröhre

Das Schema ist in Bild 4 erläutert. Die beiden Kondensatoren C_1 und C_2 liegen mit der Röntgenröhre in Serie, das Glühventil parallel dazu. In der einen Halbperiode werden die Kondensatoren bis zur Scheitelspannung des Transformators aufgeladen, in der zweiten Halbperiode sperrt das Ventil, die Spannung der Kondensatoren addiert sich zur Trafospannung und gleicht sich durch die Röntgenröhre aus, welche also die doppelte Trafospannung 2 V_{max} erhält.

Die Vorteile der „Villardschaltung" sind sehr groß, da sowohl der Trafo wie das Hochspannungsventil nur die Hälfte, der Kondensator sogar nur ein Viertel der Betriebsspannung aufzunehmen hat. Wenn man ein zweites gleichartiges Hochspannungsaggregat mit entgegengesetzt geschalteter Ventilröhre mit dem ersten zusammenbaut, so erhält man die sogenannte „symmetrische Villardschaltung" (vgl. Bild 5). Diese ermöglicht eine noch leichtere und gedrängte Bauart und wird meist in den technischen Röntgenanlagen bis zu 300 kVs verwandt.

Wie das Bild 5 zeigt, kann jede Hälfte der Apparatur als ein Aggregat nach dem Schema des Bildes 4 aufgefaßt werden, wobei einmal der Kondensator C_2, das andere Mal C_1 durch die Erde ersetzt wird. Da jedes Aggregat zeitlich und dem absoluten Betrag nach die gleiche Hochspannung — nur mit umgekehrten Vorzeichen — liefert, so entsteht an den Polen der Röntgenröhre die vierfache Scheitelspannung der Hochspannungstransformatoren.

*) Für höhere und Höchstspannungen werden Kombinationen von Transformatoren mit Kondensatoren und Gleichrichtern benutzt (sogenannte Kaskadengeneratoren), welche hohe konstante Gleichspannung bis zu mehreren MV liefern. Ferner werden neuerdings van de Graaff'sche Generatoren (bis zu 3 MV), Niederfrequenz-Resonanz-Hochspannungstransformatoren (bis zu 2 MV) in den USA praktisch verwendet. Schließlich sind völlig neuartige Röntgenstrahlenerzeuger konstruiert worden, die auf der Wechselwirkung von Hochfrequenz mit Elektronen beruhen, wie z. B. das „Betatron" (bzw. der Strahlentransformator), das „Synchrotron" u. a., die in *Zukunft für die technische Werkstoffprüfung eine bisher ungeahnte Rolle spielen werden.* Hierüber wird noch berichtet.

Man kann also mit zwei Hochspannungstrafos von je 62,5 kVs eine pulsierende Gleichspannung erzeugen, die zwischen 0 und 250 kVs schwankt.

Wenn konstante hohe Gleichspannung unbedingt benötigt wird, wie z. B. zum Betrieb von Feinfokusröhren, so verwendet man die sogenannte „Greinacher-Delon-Schaltung" oder die „symmetrische Villardschaltung mit Zusatzgerät (vgl. Bild 6) *).

Bild 6. Schema der „Villardschaltung" (I) mit Gleichspannungszusatz (II), (nach O. *Vaupel*)

Tr = Transformator
C_1 u. C_2 = Kondensatoren
V_1 u. V_2 = Ventilröhren
R = Röntgenröhre
E = Erde

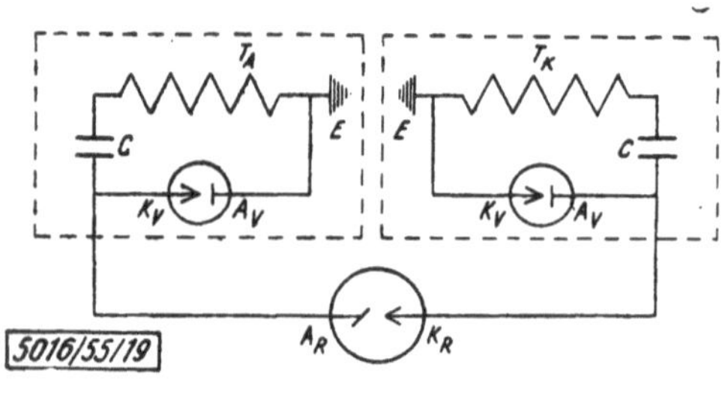

Bild 5

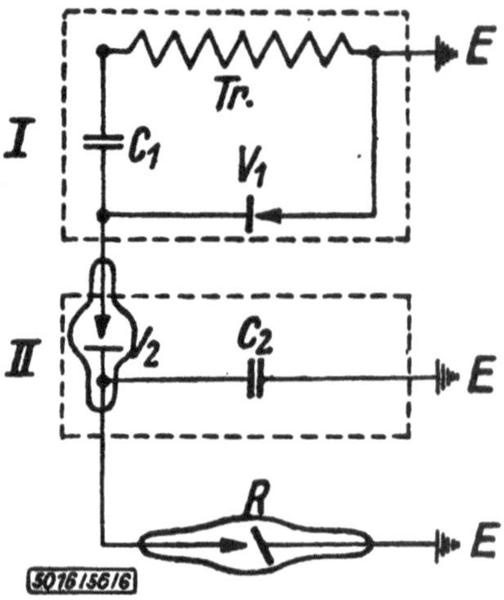

Bild 6

Bild 5. Schema der „symmetrischen Villardschaltung" (aus *Eggert* u. *Gajewski*)

T_A = anodenseitiger Hochspannungstransformator
T_k = kathodenseitiger Hochspannungstransformator
C = Hochspannungskondensatoren
K_V u. A_V = Kathode und Anode der Hochspannungsventile
K_R u. A_R = Kathode und Anode der Röntgenröhre

Bemerkung: Die gestrichelten Umgrenzungen versinnbildlichen die Abgrenzung des Kathoden- und Anodenaggregates.

Letzteres besteht aus einem Hochspannungskondensator (C_2) nebst Ventilröhre (V_2) in gemeinsamem Ölkessel. Die im Hochspannungsaggregat I erzeugte pulsierende Spannung wird dem Glättungszusatzaggregat II zugeführt und die Röntgenröhre zwischen den Punkt V_2 und Erde geschaltet. Gewöhnlich wird das Zusatzaggregat mittels eines kurzen Hochspannungskabels — eventuell wahlweise — an das Villardaggregat angeschlossen.

c) Beschreibung einer technischen Röntgeneinrichtung für Schweißnahtprüfung

Nach DIN 6814 besteht eine „Röntgeneinrichtung" aus dem Röntgenapparat, der Röntgenröhre mit Schutzgehäuse, den Hilfsgeräten und dem Zubehör. Als „Röntgenanlage" ist die Gesamteinrichtung eines Röntgenbetriebes einschließlich aller Arbeits- und Aufenthaltsräume zu verstehen. Man unterscheidet ortsfeste und transportable Röntgeneinrichtungen bzw. -apparate, wovon hauptsächlich die transportablen für die Schweißnahtprüfung im Betrieb in Betracht kommen. Beim Bau der Apparate müssen die folgenden Gesichtspunkte berücksichtigt werden:

*) Bezüglich der Einzelheiten und weiterer gebräuchlicher Schaltungen wird auf die Literatur am Beitragsende verwiesen. Auch auf dem Gebiete des Apparatebaues ist in der zerstörungsfreien Werkstoffprüfung die Entwicklung noch im vollen Fluß. Es sind in nicht allzu ferner Zukunft *umwälzende Neuerungen* zu erwarten, wenn sich die Ergebnisse der modernen Atomforschung und Strahlenphysik sowie der Elektronenoptik technisch auswirken werden.

Spannung in kVs bis	Verwendungszweck	Wirtschaftlich durchstrahlbare Grenzdicke Eisen und Stahl mm	Wirtschaftlich durchstrahlbare Grenzdicke Leichtmetalle mm	Schaltung
150	Produktionsüberwachung gleichartiger kleiner Werkstücke und dünnwandiger Schweißnähte	35 bis ~ 40	etwa 150	meist Halbwellen- oder einfache Villardschaltung
250	Prüfung größerer Teile und dickerer Schweißnähte	~ 90	mehr als 200	symmetrische „Villardschaltung"
300	Dickwandige Bauelemente und Schweißkonstruktionen oder auch besondere Werkstoffe	~ 105		symmetrische „Villardschaltung", „Witka-Zimmermann-Schaltung"
400	Wie vorstehend, jedoch auch speziell für Eisenbeton	~ 130		„Witka-Zimmermann-Schaltung" oder Kaskadenschaltung nach *Bouwers**)
1000	Werkstücke großer Wanddicke für Turbinen, Hochdruckapparate, Schwermetallgußteile, dickwandige Schweißnähte	~ 225	alle praktisch vorkommenden Wanddicken	Niederfrequenz-Resonanztrafo oder Kaskadenprinzip oder van de Graaff'scher Bandgenerator**)
2000		~ 300		wie vorstehend**)
Betatron (20 MeV)	Verwendbar für alle Werkstücke bis zu den praktisch vorkommenden Wanddicken (z. B. im chemischen Apparatebau) sowie für Gußblöcke und Walzrohlinge	~ 500		Induktionsprinzip mit Steuerfeld (Strahlentransformator)***)

*) Bis zu 3000 kVs. **) Vgl. S. 1242. ***) Vgl. S. 1242.

Zahlentafel 1. Gebräuchliche Röntgenapparatetypen für die technische Materialprüfung, insbesondere von Schweißnähten

Hochspannungsschutz, Strahlenschutz, geringes Gewicht und Transportfähigkeit bzw. Tragbarkeit, einfache Bedienung, geringer Verschleiß und Wetterfestigkeit beim Arbeiten im Freien, relative Unempfindlichkeit gegen Erwärmung unter ungünstigen Temperaturverhältnissen (z. B. bei Kesselanlagen, Rohrleitungen usw.).

Dazu treten in der Praxis je nach dem Verwendungszweck vielfach Sonderanforderungen, die spezielle Konstruktions- und Schutzmaßnahmen bedingen. Es gibt heute bewährte Apparatetypen, die zwar grundsätzlich auf demselben Bauplan beruhen, die sich aber in Einzelheiten der Konstruktion und Ausführung entsprechend den Anforderungen seitens der Praxis voneinander unterscheiden. Die Zahlentafel 1 gibt einen Überblick über die heute in der Praxis der technischen Materialprüfung in Deutschland und im Ausland üblichen Röntgenapparate mit Angaben ihrer Leistungen.

Zur Erläuterung ist in Bild 7 einer der technischen Röntgenapparate für 250 kVs gezeigt. Der Apparat ist aus den beiden *Hochspannungsaggregaten* in symmetrischer „Villardschaltung" aufgebaut, bestehend aus je einem *Hochspannungstrafo*, *Ventil* und *Kondensator* in einem Ölkessel, gewöhnlich als Anoden- und

Bild 7. Ansicht eines technischen Grobstruktur-Röntgenapparates für 250 kVs in „Villardschaltung" bei der Durchstrahlung einer geschweißten Rundnaht (Rich. Seifert & Co., Hamburg)

a u. b = Anoden- und Kathodenaggregat
c = Schalttisch
d = Kühlpumpe
e = Universalstativ
f = Röntgenröhre in hochspannungs- und strahlensicherer Röhrenhaube

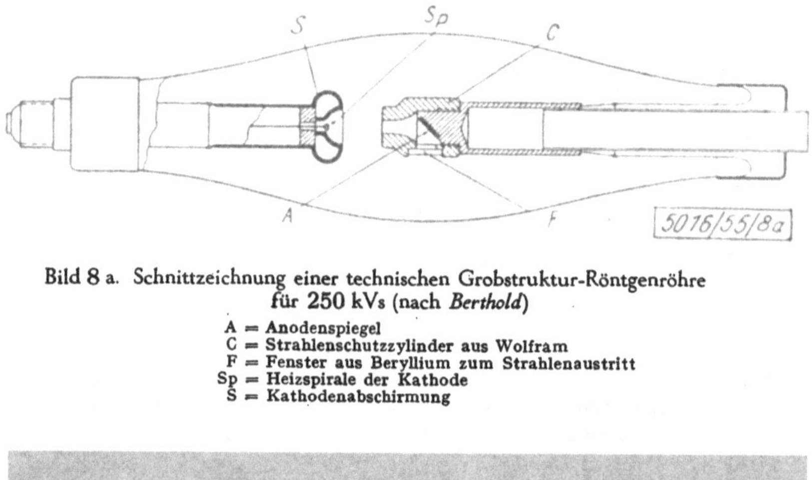

Bild 8 a. Schnittzeichnung einer technischen Grobstruktur-Röntgenröhre für 250 kVs (nach *Berthold*)

A = Anodenspiegel
C = Strahlenschutzzylinder aus Wolfram
F = Fenster aus Beryllium zum Strahlenaustritt
Sp = Heizspirale der Kathode
S = Kathodenabschirmung

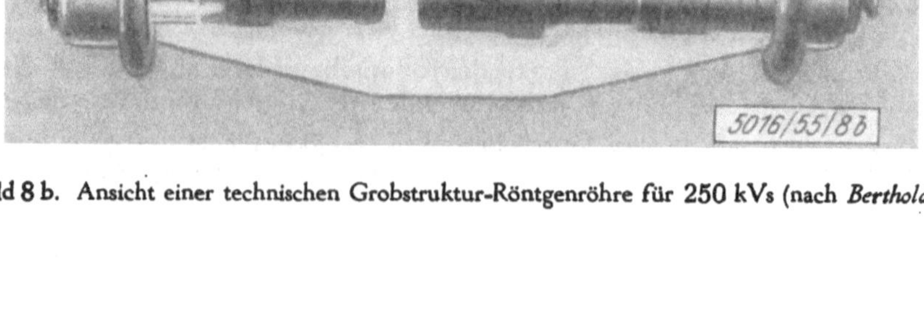

Bild 8 b. Ansicht einer technischen Grobstruktur-Röntgenröhre für 250 kVs (nach *Berthold*)

Kathodenaggregat (-topf) bezeichnet. Die Gefäße enthalten gleichzeitig die Heiztrafos für die Ventile, der Kathodentopf außerdem den Heiztrafo für die Kathode der Röntgenröhre. Die Hochspannung wird durch zwei etwa 5 bis 10 m lange *Hochspannungskabel* zur Röntgenröhre geleitet. Diese sind völlig berührungssicher ausgeführt*).

Die *Röntgenröhre* (Bild 8 b), von der Bild 8 a ein Schnittbild gibt, ist mit einem Schutzgehäuse aus Schwermetall gegen Streuelektronen (S) und Streustrahlen (C) versehen, welches Kathode und Anode umgibt, so daß die Röntgenstrahlen von der Anode (A) nur durch das Fenster (F) austreten können. Zwecks Hochspannungsschutz und Berührungssicherheit befindet sich die Röhre in einem Röhrenschutzgehäuse, durch welches im Kreislauf vermittels der im Hintergrund sichtbaren *Kühlölpumpe* Kühlöl während des Betriebes der Röhre strömt. Die Kühlflüssigkeit wird durch ein kleines Zuführungsrohr im Anodenschaft gegen die Rückseite des Anodenspiegels gespritzt. Eine besondere Relaisschaltung, welche nur anspricht, solange das Öl in genügendem Strom fließt, verhindert eine Zerstörung der Röhre durch Überlastung.

Bild 9. Spezialwagen mit Halterung für das Röhrengehäuse bei der zerstörungsfreien Prüfung der Schweißnähte eines Brückentragwerkes (nach *Verse*).

Die Bedienung des Apparates und die Regulierung von Hochspannung und Röhrenstrom geschieht vom *Schalttisch* aus, der die notwendigen Regelorgane (Stufentransformator, Ringtransformator, Heizregler und Meßinstrumente) enthält. Mittels der vorhandenen Schalter und Regelknöpfe werden Netzspannung, Hochspannung, Röhrenstrom, Ventilheizung gesteuert, wozu eingebaute Schaltschütze und Einschaltrelais, Überstrom- und Kühlrelais als Kontrolleinrichtungen dienen. Die Röhrenschutzhaube ist gewöhnlich an einem *Universalstativ* befestigt und vermittels am Tragarm aufklappbarer Tragringe mit Rollenlagern um die Röhrenachse drehbar und feststellbar. Durch entsprechende Konstruktion des Stativs sind praktisch sämtliche Vertikal- und Horizontalbewegungen sowie die Drehung der Röhre um eine zur Röhrenachse senkrechte Achse möglich, damit die aus dem *Röhrenfenster* austretende Strahlung auf die zu untersuchende Schweißnaht gerichtet werden kann. Hierzu wird ein teleskopartig ausziehbarer *Richtstab* benutzt, der in das Röhrenfenster eingeklemmt wird.

In vielen Fällen, besonders bei der Prüfung von Schweißverbindungen an Kesselanlagen, Hochdruckrohrleitungen, Brücken- und Stahlbaukonstruktionen, Hochdruckbehältern, wo man mit dem Universalstativ schlecht an die Schweißnähte heran kann, muß man sich mit einer provisorischen Aufhängung der Röhre behelfen oder Spezialhalterungen verwenden.

Das Bild 9 zeigt einen Spezialwagen mit Halterung für das Röhrengehäuse und die Hochspannungsapparatur samt Kabeln und Schalttisch, der auf den Brückenträgern entlanggefahren werden kann.

d) Spezialröhrentypen

Die vielseitigen Aufgaben, die der neuzeitlichen Röntgenwerkstoffprüfung besonders von Schweißverbindungen gestellt werden, haben zur Entwicklung besonderer Spezialröhren, wie z. B. der *Einpolröhre* in Form der Hohlanoden-, Kurz- und Feinfokusröhre, geführt. Daneben gibt es zahlreiche Sonderkonstruktionen für Feinstrukturuntersuchungen, röntgenographische Spannungsmessungen, Untersuchung von Kunststoffen (Weichstrahlröhren) usw., worauf hier nicht eingegangen werden kann. Erwähnt sei hier noch die sogenannte „Hochstromröhre", welche bei 6 kVA Dauerleistung (200 kVs, 30 mA) besonders für Leichtmetallschweißungen und Großserienprüfung von Gußteilen verwendet wird.

*) Aus drucktechnischen Gründen konnte nur ein Gerät einer Herstellerfirma abgebildet werden.

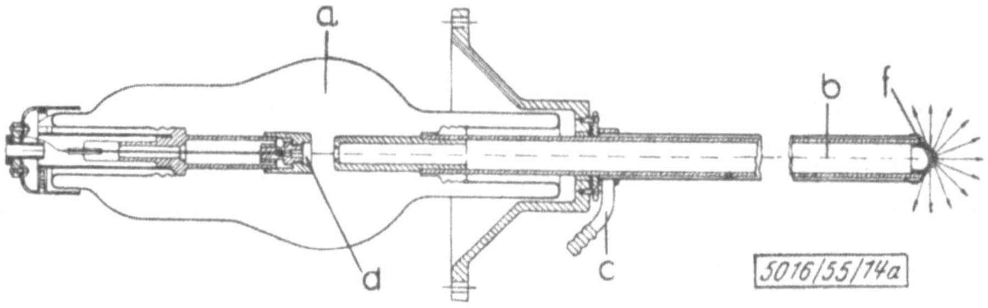

Bild 10 a. Schema einer technischen Hohlanodenröhre

a = Glaskolben
b = Anodenrohr
c = Kühlwasserzu- und -abfluß
d = Kathode
f = Fokus

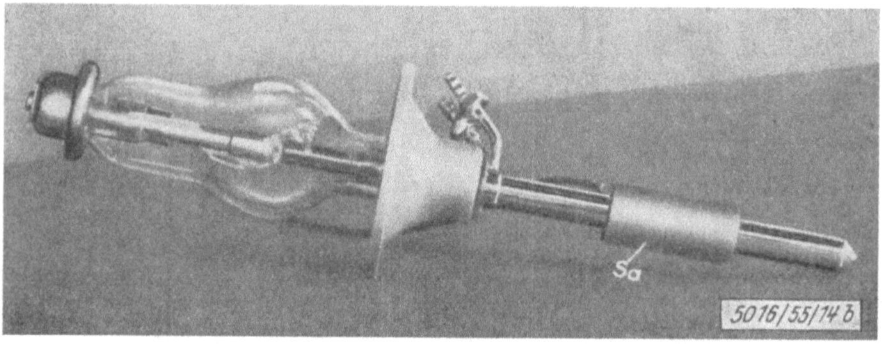

Bild 10 b. Photographie einer technischen Hohlanodenröhre (nach *Berthold*)

Sa = Sammelspule

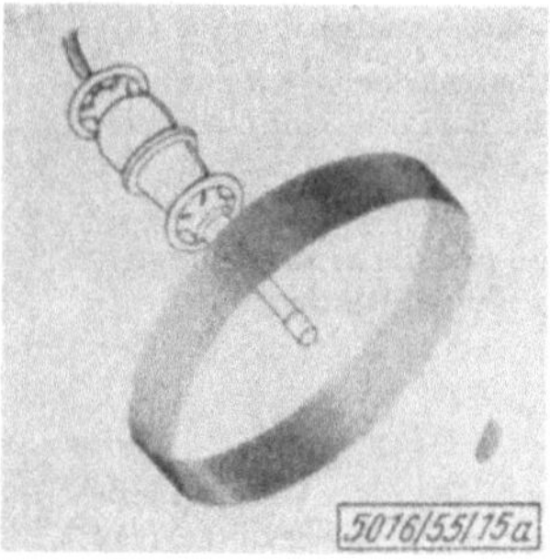

Bild 11a

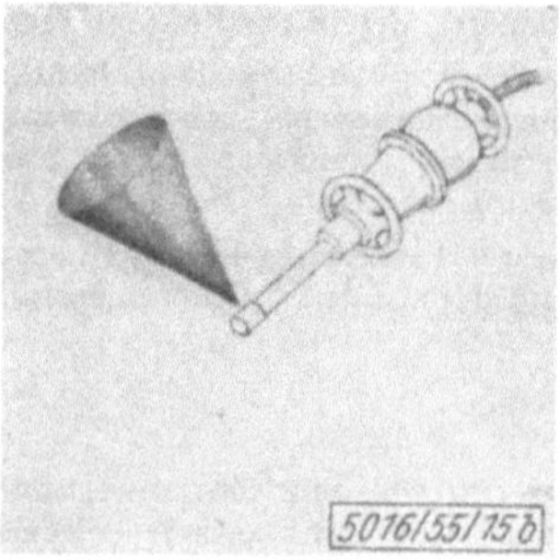

Bild 11 b

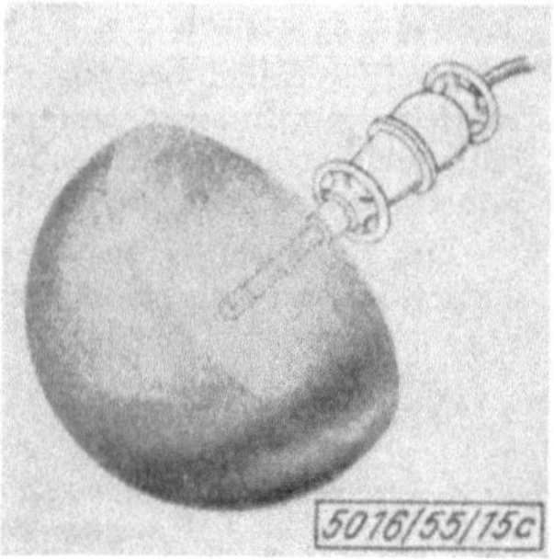

Bild 11 c

Bild 11. Verschiedenartige Strahlenkegel einer Hohlanodenröhre (nach *Vaupel*)

a = ringförmige Ausstrahlung
b = seitlicher Strahlenkegel
c = Ausstrahlung nach vorn in Form einer Halbkugel

Die technische Hohlanodenröhre ist in einer Ausführungsform in Bild 10 a im Schnitt und im Bild 10 b in der photographischen Ansicht dargestellt. Darin ist a der Glaskolben mit Hochvakuum, b das mit demselben verschweißte hohle Anodenrohr, c der Ein- und Austritt für das Kühlwasser, d die Kathode, Sa die magnetische Sammelspule, f der am kegelförmigen Ende des Anodenrohres entstehende Fokus. Die magnetische Sammellinse konzentriert den langen Kathodenstrahl (30 bis 100 cm) auf den Brennfleck der Anode. Durch Regulierung des Spulenstroms wird die „Brennweite" der Sammellinse je nach der Höhe der Röhrenspannung auf ein Optimum eingestellt, weshalb die Röhre am besten mit konstanter Gleichspannung betrieben wird.

Die Hohlanodenröhre wird zwecks Hochspannungsschutzes in ein mit Isolieröl gefülltes Röhrengehäuse eingebaut, das am hinteren Ende die Einführung des Hochspannungskabels ermöglicht. Infolge der anodenseitigen Erdung der Hohlanodenröhre liegt die Betriebsspannung bei den in Deutschland heute gebräuchlichen Geräten bei etwa 150 kVs, so daß die zu durchstrahlenden Wanddicken auf etwa 35-mm-Stahl beschränkt bleiben. Dies ist jedoch z. B. bei Rohrleitungs- und Kesselschweißungen sowie bei vielen Stahlkonstruktionen meistens ausreichend. Entsprechend den verschiedenen Verwendungszwecken sind die Anodenformen und Strahlungsbereiche der Hohlanodenröhren verschieden ausgebildet, wie die Bilder 11 a bis c schematisch zeigen. Da sich ein wirksamer Strahlenschutz bei Hohlanodenröhren im Innern nicht direkt erzielen läßt, müssen besondere Strahlenschutzblenden verwendet werden*).

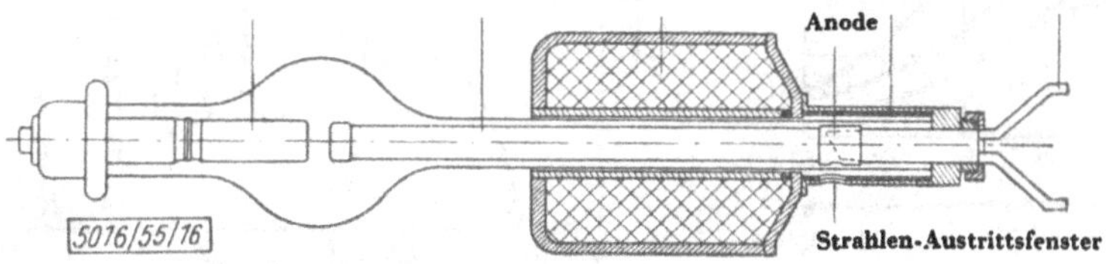

Bild 12. Schnittzeichnung einer technischen Feinfokusröhre (nach *Berthold*)

Die Feinfokusröhren sind im Prinzip Hohlanodenröhren mit einem besonders kleinen Brennfleck (< 0,2 mm), was durch eine große magnetische Sammelspule erreicht wird, die über das hohle Anodenrohr geschoben ist (vgl. Bild 12).

Die Feinfokusröhre wird mit konstanter Gleichspannung betrieben (bis 150 kVs gegen Erde), die spez. Belastung des Brennflecks bei 1,5 bis 2 mA beträgt etwa 5000 Watt/mm², was auf die sehr günstigen Temperaturverhältnisse im Brennfleck zurückzuführen ist. Von wesentlicher Bedeutung ist die Möglichkeit, sowohl bei der gewöhnlichen Hohlanoden- wie auch bei der Feinfokusröhre durch Änderung des Magnetspulenstromes bzw. Verschiebung der Spule einen Fokus beliebig vorgeschriebener Größe zu erzeugen, um die optimalen Aufnahmebedingungen einzuhalten.

e) *Wichtigste Eigenschaften der Röntgenstrahlen*

Die Röntgenstrahlen sind elektromagnetische Wellen, die sich mit Lichtgeschwindigkeit fortpflanzen. Sie sind um so energiereicher, je höher ihre Schwingungszahl (Frequenz), d. h. je kleiner ihre Wellenlänge ist, was durch hohe Röhrenspannung erreicht wird. Langwellige (weiche) Röntgenstrahlen haben Wellenlängen zwischen 1 und 10 Å (1 Å = 10^{-8} cm = 1 : 100 Millionen cm), kurzwellige (harte) Röntgenstrahlen zwischen 0,1 und 1 Å, ultrakurzwellige von 0,1 bis 0,005 Å; letztere fallen schon in den Bereich der Gammastrahlen radioaktiver Elemente.

Bremsstrahlung. Die Röntgenstrahlung besteht in der Regel aus einem *kontinuierlichen Spektrum* (Bremsstrahlung), dessen untere Grenze (λ_{min}) durch die Einsteinsche Gleichung gegeben ist:

$$eV = h\,\nu_{max} \quad \text{bzw.} \quad \lambda_{min} = 12{,}3/V$$

(h = 6,623 · 10^{-27} erg · sek, das Plancksche Wirkungsquantum; $\nu_{max} = c/\lambda_{min}$, die maximale Grenzfrequenz; V (kVolt) = die Potentialdifferenz zwischen Anode und Kathode; λ_{min} = Minimalwellenlänge).

*) In den USA sind in den letzten Jahren Hohlanodenröhren in Verbindung mit Niederfrequenz-Resonanztransformatoren in Einkesselapparaten bis zu 2 MV konstruiert und praktisch verwendet worden.

Die Bremsstrahlung erstreckt sich über ein ziemlich großes Wellenlängengebiet. Die Intensität steigt vom kurzwelligen Ende nach längeren Wellen zu stark an. Diese erreicht ein Maximum (ungefähr bei $3/2\,\lambda_{min}$) und fällt bei langen Wellen infolge Absorption in der Glaswand der Röhre stark ab. Die Gesamtintensität nimmt mit steigender Stromstärke und Spannung an der Röntgenröhre stark zu. Im letzteren Falle verschieben sich gleichzeitig gemäß obiger Formel das untere Ende und das Maximum des Spektrums nach kürzeren Wellen, wie es das Bild 13 zeigt.

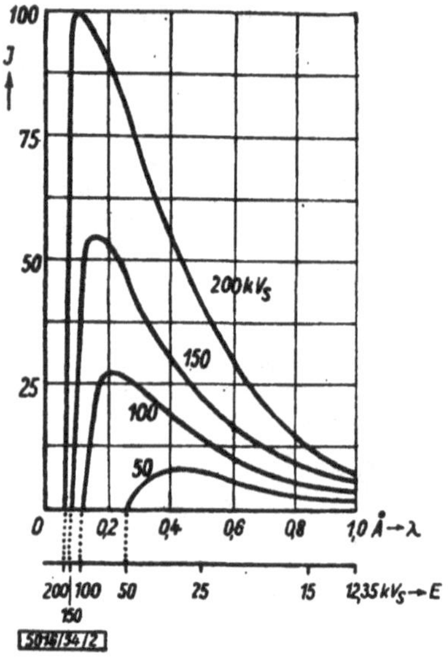

Bild 13

Bild 14. Kontinuierliches und Linienspektrum (Eigenspektrum) einer Röntgenröhre. (Es sind darin die Hauptlinien der L-Serie von Wolfram schematisch dargestellt)

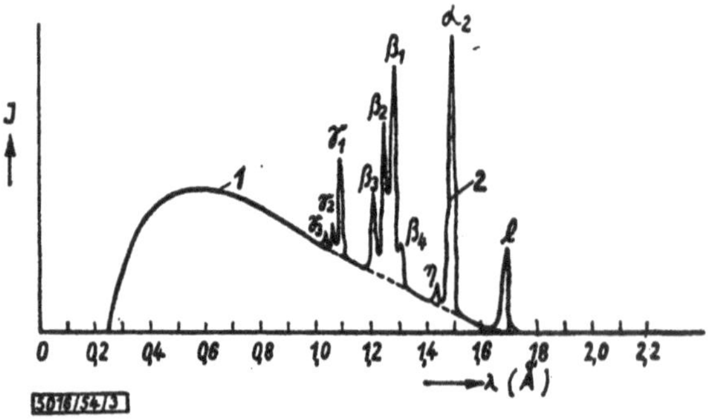

Bild 14

Bild 13. Verlauf der Intensität und unteren Grenzwellenlänge des kontinuierlichen Röntgenspektrums in Abhängigkeit von der Röhrenspannung (die unterste Skala gibt die zu den einzelnen Wellenlängen gehörenden Spannungen nach dem *Einstein-Duane-Hunt*schen Gesetz an, entnommen aus *Eggert* u. *Gajewski*)

Eigenstrahlung. Über das kontinuierliche Spektrum lagert sich grundsätzlich ein charakteristisches Linienspektrum, das vom Anodenmaterial abhängig ist. In dem Bild 14 sind die Spektrallinien als Spitzen zu erkennen, die auf dem kontinuierlichen Untergrund des Bremsspektrums aufgesetzt sind. Diese Linien, welche bekanntlich in Serien angeordnet sind (K-, L-, M- usw. Serie), werden in der Regel für Feinstrukturuntersuchungen benutzt, wobei man durch geeigneten Röhrenbetrieb und (selektive) Filterung möglichst nur *eine* Spektrallinie ausfiltert (monochromatisches Röntgenlicht).

Absorption und Streuung. Die Röntgenstrahlen zeigen als transversale elektromagnetische Wellen Erscheinungen der Beugung und Interferenz, Brechung, Reflexion und Totalreflexion, Polarisation, Absorption und Streuung, worauf hier nicht näher eingegangen werden kann.

Beim Absorptionsvorgang tritt ein vom Lichtquantum (Photon) getroffenes Atom des durchstrahlten Körpers in intensive Wechselwirkung mit der Strahlung unter Transformation in andere Energiearten (z. B. Fluoreszenzstrahlung, Photoelektronen, Wärme). Die Absorptionsprozesse lassen sich mit Hilfe der Quantentheorie bzw. Wellenmechanik deuten*).

Das Kennzeichen des *Streuvorganges* ist die nach allen Seiten vom getroffenen Atom ausgehende Streustrahlung. Sie besteht teils aus einer Wellen- (Quanten-) Strahlung, teils aus Streuelektronen. Neben klassisch gestreuter Strahlung entsteht, besonders bei hoher Quantenenergie der Primärstrahlung, die sogenannte „Compton"-Streustrahlung.

---

*) Definiert man den Absorptionskoeffizienten τ durch die Festsetzung, daß sich die Intensität der Strahlung beim Durchgang durch den absorbierenden Körper mit der Schichtdicke d um den Faktor $e^{-\tau d}$ verringert, so setzt sich τ entsprechend obiger Auffassung zusammen aus wesentlich zwei Anteilen: $\tau = \tau + \tau_2$, wo τ_1 der sog. Fluoreszenzkoeffizient und τ_2 der sog. Photoemissionskoeffizient ist. τ läßt sich empirisch durch die Formel $\tau =$ konst. $(z \cdot \lambda)^m$ darstellen, wo z die Ordnungszahl und λ die Wellenlänge, m $\sim$ 2,5 bis 3,5 ist.

Diese ist ein quantenmechanisches Phänomen, wobei durch den Stoßvorgang das Röntgenquant Energie verliert, die teils in die Energie des Streuquants, teils der Streuelektronen (Rückstoßelektronen) übergeht. Die Intensität der Streustrahlung wie auch der Rückstoßelektronen fällt mit wachsendem Streuwinkel rasch ab. Man ersieht daraus, daß durch den Comptonprozeß bei mehrmaliger Streuung eine „Erweichung" der Primärstrahlung auftritt. *Die Streustrahlung wirkt im allgemeinen bildverschleiernd und muß möglichst unschädlich gemacht werden**). Während bei relativ langwelliger Röntgenstrahlung in erster Linie die Absorptionsprozesse maßgebend für die Intensitätsschwächung im Material sind, treten sie bei kurzwelliger Strahlung ganz zurück gegenüber den Streuprozessen (vgl. Bild 15).

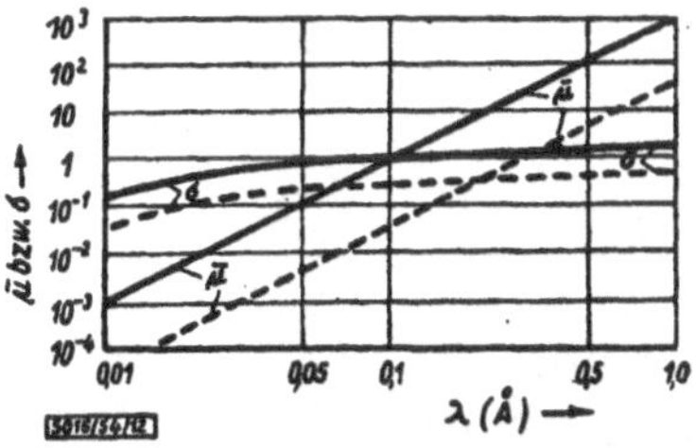

Bild 15. Verlauf von Streukoeffizient (σ) und Absorptionskoeffizient (μ) in Abhängigkeit von der Wellenlänge (λ) (nach *Vaupel*)

Ausgezogene Kurven = harte Strahlen (gültig für Eisen und Stahl)

Gestrichelte Kurven = weiche Strahlen (gültig für Aluminium)

Bei noch höheren Quantenenergien (oberhalb 1 MeV) treten neuartige Prozesse (z. B. Paarbildung, Kernphotoprozesse usw.) hinzu, welche eine weitere Schwächung der durchdringenden Strahlung bewirken, worauf hier nicht eingegangen werden kann.

Praktisch wichtig ist noch die Tatsache, daß die Absorptionsprozesse und die klassische Streuung hauptsächlich bei Schwermetallen, die Comptonstreuprozesse bei Leichtmetallen auftreten.

Auf der Energie der vom Röntgenstrahl im Material erzeugten Streuelektronen beruhen fast alle chemischen, physikalischen und biologischen Wirkungen der Röntgenstrahlen, wie z. B. Ionisation, photographische Wirkung, Fluoreszenzerregung (Leuchtschirm), Zählrohreffekt, Strahlenschädigungen. Letztere müssen beim Umgang mit Röntgenstrahlen ganz besonders beachtet werden, wobei die Normblätter DIN Röntg. 5/1933 und 6/1934 als Richtschnur dienen.

Nach den in Deutschland gültigen Vorschriften darf die pro Arbeitstag aufgenommene Röntgenstrahlenmenge die sogenannte „Keimschädigungsdosis" (0,025 r) nicht erreichen bzw. überschreiten, weshalb eine ständige Überwachung des Röntgenpersonals und die entsprechenden Strahlenschutzmaßnahmen erforderlich sind.

2. *Spezielle Verhältnisse bei der Röntgendurchstrahlung von technischen Werkstoffen und Werkstücken, insbesondere von Schweißnähten*

a) *Allgemeines*

Die vorstehend erläuterten Gesetzmäßigkeiten der Absorption und Streuung können unmittelbar auf die Werkstoff- und Werkstückprüfung übertragen werden. Eine homogene Primärstrahlung wird nach dem Gesetz

$$J = J_0\, e^{-\mu d} \quad (\mu = \text{Schwächungskoeffizient}^{**})$$

*) Auch beim Streuprozeß wird die Primärstrahlung im Prüfkörper nach der Beziehung $J = J_0\, e^{-\sigma d}$ geschwächt, wobei sich der sog. Streukoeffizient σ aus dem Streustrahlungskoeffizienten (σ_s) und dem Streuelektronenkoeffizienten (σ_e) zusammensetzt.

**) An Stelle des Schwächungskoeffizienten μ wird häufig zur Charakterisierung des Werkstoffes die sog. „Halbwertschicht" (HWS) bzw. D_H benutzt, wo $D_H = \ln 2/\mu$ ist. Diese ist von der Wellenlänge abhängig. Bei heterogener Strahlung ist die HWS keine Konstante, sondern nimmt infolge der Selbstfilterung der Strahlung im Werkstoff mit wachsender Schichtdicke zu.

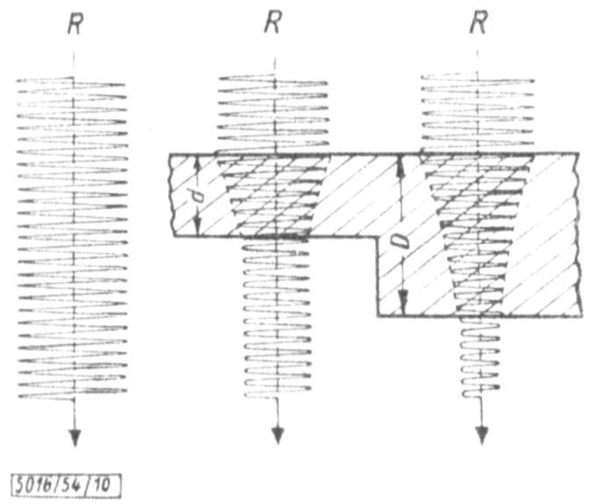

Bild 16

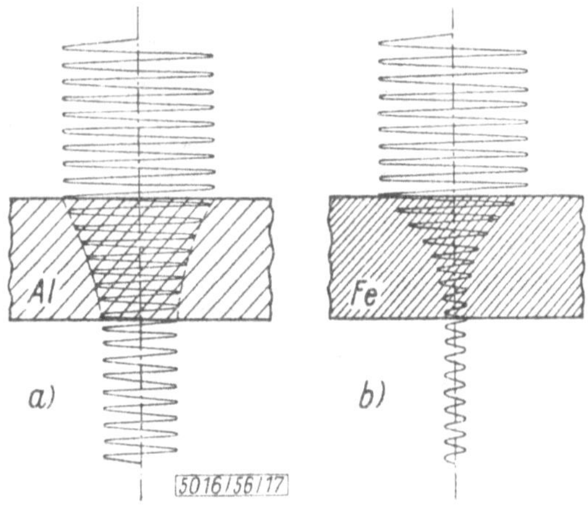

Bild 17

Bild 16. Schematische Darstellung der verschieden starken experimentellen Schwächung der Amplitude homogener Röntgenstrahlen beim Durchgang durch verschieden dicke Werkstoffschichten

Bild 17. Verschieden starke Schwächung der Röntgenstrahlung in gleich dicken Schichten von Aluminium und Stahl. (Diese Darstellung zeigt die exponentielle Schwächung der Amplitude homogener Röntgenwellen)

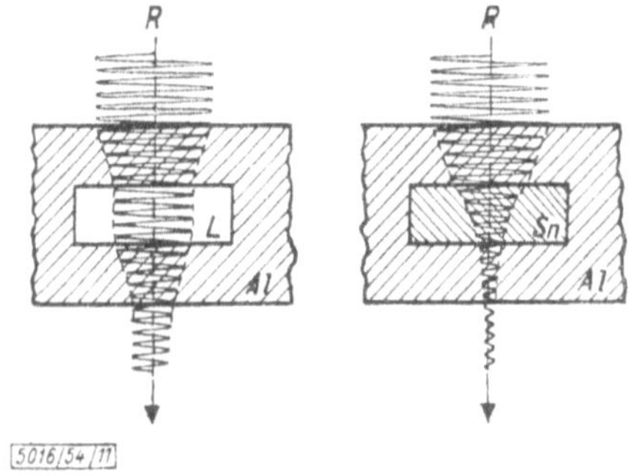

Bild 18

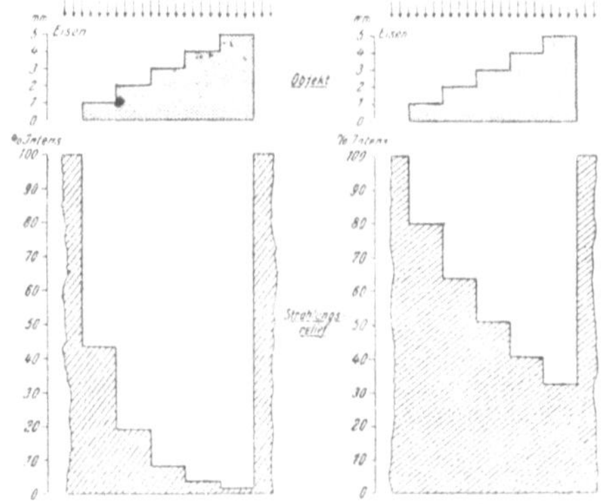

Bild 19

Bild 18. Verschieden starke Schwächung einer Röntgenstrahlung in einem Block von Aluminium bei Vorhandensein eines Lunkers (L), dargestellt in Bild 18 links, oder eines Schwermetalleinschlusses (Sn), dargestellt in Bild 18 rechts, beides schematisch

Bild 19. Schematische Darstellung der prozentualen Schwächung einer Röntgenstrahlung beim Durchgang durch eine Stahltreppe. Links weiche Strahlung ($\lambda = 0{,}2$ Å), rechts harte Strahlung ($\lambda = 0{,}1$ Å) (Nach *Eggert-Gajewski*)

beim Durchgang durch verschieden dicke Schichten d des gleichen Werkstoffes verschieden stark geschwächt (Bild 16).

Das Bild 17 zeigt demgegenüber, wie dieselbe Primärstrahlung in gleich dicken Schichten verschiedener Werkstoffe in verschiedener Weise geschwächt wird. Das Bild 18 zeigt schließlich, daß auch eine verschieden große Schwächung der Intensität z. B. in einem Aluminiumblock entsteht, wenn dieser im Innern einen Lunker bzw. eine gasgefüllte Blase, z. B. eingeschlossenen Wasserstoff, oder einen Schwermetalleinschluß, z. B. Zinn oder Wolfram (z. B. vom Arcatomschweißen her), enthält.

Das Bild 19 zeigt schließlich den großen Unterschied, der bei Durchstrahlung gleicher Schichtdicken desselben Werkstückes einmal bei weicher, das andere Mal bei harter Primärstrahlung entsteht.

b) *Strahlenkontrast*

Man definiert als „Strahlenkontrast" das Verhältnis der durchgelassenen Strahlungsenergie in Prozenten der auffallenden in einer 1 mm dicken Schicht zu derjenigen einer d mm dicken Schicht des gleichen Werkstoffes. Bei Eisen und Stahl sowie Aluminium ergeben sich die folgenden Strahlenkontraste:

Wellenlänge in Å	Schichtdicke in mm	Eisen und Stahl	Aluminium	Kupfer
0,1	1 bzw. 5	2,46 = 79/32,5 %	1,19 = 95,7/80,2%	3,01 = 75,9/25,2%
0,2	1 bzw. 5	28,9 = 43,4/1,5%	1,35 = 93/69%	252 = 25,2/0,1%

Während bei Aluminium sich durch Verwendung der längeren Wellen der Strahlenkontrast nur unwesentlich ändert, nimmt er bei Eisen und Stahl um 1090%, bei Kupfer und anderen Schwermetallen sogar um 8300% zu.

Ganz allgemein ist der Strahlenkontrast um so größer, je weicher die Röntgenstrahlung und je höher die Ordnungszahl des durchstrahlten Werkstoffes im Verhältnis zum Vergleichswerkstoff ist.

Beispiel: Es lassen sich in einer 40 mm dicken Leichtmetallschweißnaht noch Poren von 0,5 mm Durchmesser mit einer Strahlung von 50 kVs ($\lambda = 0{,}246$ Å) nachweisen, nicht dagegen mit 170 kVs ($\lambda = 0{,}0725$ Å), für die noch gerade Fehlstellen von 1,2 mm Durchmesser erkennbar sind.

c) *Streustrahleneinfluß*

Wegen der bildverschleiernden Wirkung der Streustrahlung im Werkstück, die um so größer ist, je mehr Volumenteile des Werkstückes von der Strahlung durchdrungen werden, lassen sich die angegebenen Zahlen für den Kontrast praktisch kaum erreichen. Die Streustrahlung überlagert die bildzeichnende Primärstrahlung und vermindert den Kontrast, besonders stark bei den Leichtmetallen.

Praktisch läßt sich eine Verminderung bzw. Ausschaltung der schädlichen Streustrahlung erzielen durch die folgenden Maßnahmen:

Geeignete Wahl der Primärstrahlung.

Ausblenden der Primärstrahlung durch verstellbare Strahlenschutzblenden am Röhrenfenster.

Abdecken aller nicht für die Röntgenaufnahme in Betracht kommenden Teile der Schweißverbindung mit Bleiblech, Bleigummi usw.

Benutzung von bewegten Streustrahlenblenden, deren Bleilamellen-Zwischenräume nur bildzeichnende Strahlung durchlassen oder

Benutzung von Schwermetallfiltern (0,2 bis 2 mm dicke Folien von Zinn, Blei, Kupfer, Messing u. a. m.) nach dem Vorgang von *Fink* u. *Archer*, *Kantner* u. *Herr* sowie *Berthold*. Diese Filter haben vor den Streustrahlenblenden den Vorzug, daß sie keine mechanische Bewegung erfordern, einfach zu handhaben sind und sich der Form der Werkstücke anpassen lassen.

Das Streustrahlen-Schwermetallfilter bzw. die Streustrahlenblende wird bei der Röntgenaufnahme zwischen die Schweißnaht und die Filmkassette eingeschoben (Erläuterung hierzu siehe S. 1171).

d) Einfluß des Strahlenganges und der geometrischen Aufnahmebedingungen auf die Bildgüte und die Fehlererkennbarkeit bei Schweißnähten

Außer vom Kontrast hängen die Bildgüte und die Fehlererkennbarkeit der Röntgenaufnahmen bzw. Durchleuchtung noch von anderen Faktoren ab, die die Bildschärfe (Detailerkennbarkeit) beeinflussen. Hierzu gehören:

die geometrische Unschärfe (sogenannte Randunschärfe),
die Bildschichtunschärfe (sogenannte innere Unschärfe),
die Folienunschärfe,
eine mögliche Bewegungsunschärfe des Objektes, z. B. bei bewegten oder schwingenden Maschinenteilen.

Geometrische und innere Unschärfe. Da sich die Röntgenstrahlen, so wie das gewöhnliche Licht, geradlinig ausbreiten, entstehen besonders einfache geometrische Verhältnisse, wenn ein möglichst punktförmiger Brennfleck (F in dem Bild 20) (z. B. einer Feinfokusröhre) verwendet wird. Es gilt:

$$\frac{\text{Bildgröße}}{\text{Objektgröße}} = \frac{\text{Bildabstand}}{\text{Objektabstand}}$$

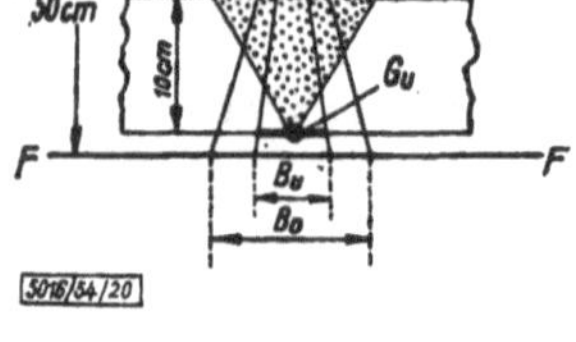

Bild 20 a. Nahaufnahme

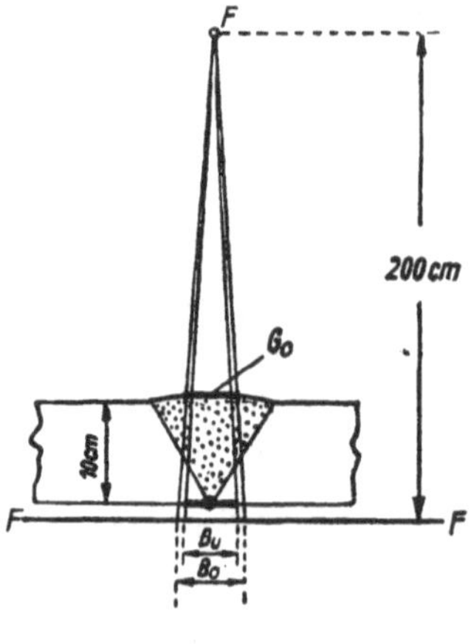

Bild 20 b. Fernaufnahme

Bild 20. Strahlengang (schematisch) bei senkrechter Durchstrahlung einer V-förmigen Schweißnaht

F = Fokus
FF = Film
G_o = Objektgröße auf der röhrennahen Seite
G_u = Objektgröße auf der röhrenfernen, d. h. filmnahen Seite
B_o u. B_u = entsprechende Bildgrößen

Man erkennt aus den Bildern 20 a und b, daß man das Objekt zur Erzielung einer Abbildung in natürlicher Größe, die immer anzustreben ist, in großer Entfernung von der Röhre aufstellen muß *(Fernaufnahme)*. Andererseits erhält man vergrößerte Röntgenbilder, wenn man das Objekt nahe an die Röhre heranbringt *(Nahaufnahme)*. Im letzteren Falle der Nahaufnahme werden bei dicken Schweißnähten die Bilder der einzelnen verschieden tiefen Schichten (G_o und G_u in dem Bild 20 a u. b) der Naht (B_o und B_u) auseinanderfallen, und G_o wird unter Umständen so stark vergrößert, daß Einzelheiten nicht mehr im Film sichtbar werden. Darauf gründet sich das Verfahren der sogenannten „Kontaktaufnahmen" von dickwandigen Rohrschweißnähten, die von innen nicht zugänglich sind (siehe S. 1180).

Mit einer Feinfokusröhre kann man den Fokus-Film-Abstand so klein wählen, als es mit der Größe des aufzunehmenden Objektes und Films vereinbar ist, wodurch ein beachtlicher Gewinn an Belichtungszeit *ohne* Verringerung der Detailschärfe erzielt wird*). Wenn man über einen sogenannten „Feinfokusstand" verfügt, so lassen sich mit Hilfe von Röntgenfilm ohne Folie direkt vergrößerte Röntgenaufnahmen bis 10 : 1 herstellen. Dies hat besondere Vorteile bei der Feststellung und Beurteilung von *feinen Rissen, Mikrolunkern, Poren und Einschlüssen in der Schweißnaht* (siehe S. 1207 ff.).

Bei nicht punktförmiger Strahlenquelle (1 bis 6 mm Brennfleckdurchmesser), wie sie der Fokus einer gewöhnlichen technischen Röntgenröhre insbesondere bei hohen Spannungen und Belastungen darstellt, entsteht eine *geometrische Unschärfe* des Röntgenbildes. Dies tritt infolge eines Halbschattengebietes neben dem Kernschattengebiet bzw. eines Pseudokernschattengebietes ein, falls die Fehlstelle kleiner ist als der Brennfleckdurchmesser. Die Fehlererkennbarkeit hängt in diesem Falle sehr wesentlich von der Filmlage hinter dem Objekt bzw. der Fehlstelle ab und ist am günstigsten innerhalb des Kernschattengebietes, d. h. je näher sich der Film der Schweißnaht (bzw. der Fehlstelle) befindet. Außerdem wird die Fehlererkennbarkeit auch durch einen großen Fokus-Objekt-Abstand verbessert, so daß man bei Schweißnahtaufnahmen üblicherweise nicht unter einen Abstand von 60 cm heruntergeht. Bei 100 cm Abstand wird bei den gewöhnlich benutzten Röhren und Strahlenkegeln noch eine Filmlänge von 48 cm gut ausgeleuchtet. (vgl. Lit. *Berthold, Vaupel*).

Die Bildgüte wird durch Zusammenwirken von Randunschärfe (U_r) und innerer Unschärfe der Bildschicht und Folie (U_i) weiter herabgesetzt, wobei ein Optimum entsteht, wenn $U_r = U_i$ ist (*Bouwers, Berthold*)**). Es gilt die wichtige Bedingung für den optimalen Fokusabstand

$$a_{opt} = b \cdot \varnothing / U_i \ .$$

Hier ist bei einer gewöhnlichen Röntgenröhre $\varnothing$ (Brennfleckdurchmesser) gegeben, ebenso U_i. Der Abstand b = Fehlstelle — Film hat, je nach ihrer Lage, in der Schweißnaht den Wert d (röhrennahe Lage) bis etwa o (filmnahe Lage), gewöhnlich rechnet man mit $b = d$. Im übrigen wird durch Überschreitung des optimalen Abstandes um mehrere hundert Prozent keine wesentliche Beeinträchtigung der Fehlererkennbarkeit bewirkt, wohl aber durch Unterschreitung von a_{opt}, z. B. wird mit $\varnothing = 5$ mm, $U_i = 0{,}3$ mm, $b = 40$ mm

$$a_{opt} = 670 \text{ mm.}$$

---

*) Wegen der inneren Unschärfe der Bildschicht und der Folien ist dies aber begrenzt; es müssen bestimmte optimale Abstandsverhältnisse eingehalten werden, worauf noch eingegangen wird.

**) Die innere Unschärfe der Bildschicht entsteht durch Diffusion der ausgelösten Streuelektronen und beträgt bei Röntgenfilm ohne Folie bei 150 kV etwa 0,2 mm. Bei der Verstärkungsfolie kommt die Unschärfe infolge des relativ groben Kornes hinzu, so daß $U_i \sim 0{,}3$ bis 0,4 mm. Beim Leuchtschirm rechnet man mit $U_i \sim 0{,}6$ mm.

Eine weitere Bedingung verknüpft die Abbildungsgröße $B = v \cdot x$ einer Fehlstelle (Durchmesser x) mit der Rand- und der inneren Unschärfe. *Berthold* setzt

$$B = v \cdot x = b \cdot \varnothing/a = U_i \qquad (v = 1 + b/a,\ b = \text{Bildabstand},\ a = \text{Objektabstand})^{*}).$$

Eine Bildvergrößerung ist also nur so lange zweckmäßig, als die Fehlerbreite x kleiner als die innere Unschärfe der Bildschicht ist.

Außer den genannten Faktoren hat noch eine Anzahl subjektiver Faktoren Einfluß auf die Güte des Röntgenbildes. Dies sei hier nur angedeutet (vgl. Lit. *Widemann.*).

e) Röntgenphotographie

Die Röntgenphotographie ist nach wie vor das wichtigste und am meisten in der Praxis der zerstörungsfreien Prüfung von Schweißnähten verwendete Verfahren und wird hinsichtlich des Kontrastes und der Detailschärfe bzw. der Fehlererkennbarkeit von keinem anderen Verfahren übertroffen.

Die photographische Wirkung der Röntgenstrahlen beruht auf der Auslösung von Sekundärelektronen in der Bildschicht. Diese machen das Bromsilberkorn entwicklungsfähig (vgl. Lit. *Eggert-Gajewski*). Der photographische Film entzieht der Primärstrahlung um so mehr Energie, d. h. wird um so mehr geschwärzt, je stärker erstere in der Schicht geschwächt wird, was bei weicher bzw. mittelharter Strahlung mehr der Fall ist als bei sehr harter Strahlung. Um in diesem Falle noch eine genügende Schwärzung zu erzielen, benutzt man sogenannte *Verstärkungsfolien* mit Schichten aus Kalziumwolframat.

Ihre Wirkung beruht darauf, daß an den vom Röntgenlicht getroffenen Stellen der Folie eine blauviolette Fluoreszenzstrahlung entsteht, die vielmals mehr photochemisch aktiv ist als die direkte Röntgenstrahlung. Man unterscheidet je nach Herstellung und Zweck schwach verstärkende oder sogenannte scharfzeichnende bzw. Präzisionsfolien und hochverstärkende Folien. Durch Verwendung von Verstärkungsfolien wird die erforderliche Belichtungszeit auf einen wirtschaftlich tragbaren Wert herabgesetzt. Dies geschieht allerdings unter Verringerung der Detailschärfe und der Fehlererkennbarkeit.

Wenn es also auf gute Zeichenschärfe ankommt, muß man entweder ohne Folie oder mit scharfzeichnenden Folien arbeiten. Die nachstehende Zahlentafel 2 gibt auf Grund der Praxis einige Hinweise für die wichtigsten Werkstoffe und die praktisch in Frage kommenden Wanddicken von Schweißnähten.

---

*) Ersetzt man $\frac{b}{a} = \frac{U_i}{\varnothing}$, so folgt mit $v = 1 + b/a$ aus der letzten Gleichung $x\left(1 + \frac{b}{a}\right) \cdot U_i = x\left(1 + \frac{U_i}{\varnothing}\right)$ und hieraus $\frac{1}{x} = \frac{1}{U_i} + \frac{1}{\varnothing}$; wovon später Gebrauch gemacht wird (siehe S. 1175).

Soll z. B. in einer Schweißnaht von 10 mm Dicke eine feine Fehlstelle von 0,1 mm $\varnothing$ auf Film ohne Verstärkungsfolie nachgewiesen werden, so ergibt sich aus obiger Formel mit $U_i = 0{,}2$ mm

$$v = \frac{U_i}{x} = \frac{0{,}2}{0{,}1} = 2 \quad \text{und hieraus} \quad \frac{b}{a} = v - 1 = 1, \quad \text{also } a_{opt} = b$$

sowie ein Brennfleckdurchmesser $\varnothing = U_i$, $a/b = U_i = 0{,}2$ mm, welcher noch mit einer Feinfokusröhre herstellbar ist. Aus technischen Gründen wird man den Wert von $a_{opt} = 10$ mm meist überschreiten müssen, was weiter keine Verschlechterung der Fehlererkennbarkeit bedeutet. Da im allgemeinen aber keine Feinfokusröhre zur Verfügung steht, so kann eine Fehlstelle von 0,1 mm mit einem normalen Fokus auch bei großem Objektabstand nicht mehr mit Sicherheit nachgewiesen werden, falls nicht besonders günstige Umstände vorliegen.

Durchstrahlter Werkstoff	Durchstrahlbare Wanddicke in mm		
	Film allein	Film mit scharfzeichnender Folie	Film mit hochverstärkender Folie
Magnesiumlegierung	0 bis 70	> 70	
Aluminiumlegierung	0 bis 40	40 bis 130	> 130
Stahl und legierter Stahl	0 bis 12	12 bis 40	> 40
Kupfer, Zink oder Messing	0 bis 8	8 bis 25	> 25

Zahlentafel 2. Auswahl von Film- und Folienmaterial in Abhängigkeit vom Werkstoff und von der zu durchstrahlenden Wanddicke (4 bis 10 mA Röhrenstromstärke)

Bei Eisen, Stahl sowie insbesondere Schwer- und Buntmetallen können also nur Wanddicken von 12 bzw. 8 mm wirtschaftlich noch ohne Folie durchstrahlt werden.

Es ist dabei zu beachten, daß man zweckmäßigerweise bei Aufnahmen ohne Folie einen für Röntgenstrahlen besonders empfindlichen Röntgenfilm benutzt, während zu Aufnahmen mit Folie Filmmaterial dient, das hauptsächlich für die Fluoreszenzstrahlung des Kalziumwolframats sensibilisiert ist.*)

Ein weiterer Vorteil bei Benutzung von Verstärkungsfolien ist die Möglichkeit der Herabsetzung der Röhrenspannung. Hierdurch wird eine Erhöhung des Bildkontrastes und der Fehlererkennbarkeit bewirkt. Bei Einhaltung optimaler Aufnahmebedingungen von Schweißnähten auf Röntgenfilm läßt sich praktisch die nach *DIN 1914* geforderte Drahtstegerkennbarkeit erreichen:

Stahldicke D in mm	0 bis 50	50 bis 100	100 bis 150
Drahterkennbarkeit in % von D.........	1,5	2	3

Nach Festlegung der geometrischen Aufnahmebedingungen müssen weiterhin die richtigen Werte für Röhrenspannung, Stromstärke und Belichtungszeit ermittelt werden. Die Stromstärke i und die Belichtungszeit t werden gewöhnlich zu einem Produkt $B = i \cdot t$ (Belichtungsgröße B) zusammengefaßt. Die Belichtungszeit t ist aus wirtschaftlichen und auch technischen Gründen an gewisse Grenzen gebunden und liegt zwischen einigen Sekunden und 30 Minuten. Die Stromstärke ist durch die Art der Röntgenröhre vorgeschrieben (meist 4 bis 6 mA bei gewöhnlichen und bis zu 30 mA für Hochstromröhren). Daraus ergibt sich eine Belichtungsgröße von durchschnittlich 300 bis 600 mA · sek bei 4 mA Röhrenstrom (Grenzwerte 60 bis 2400 mA · sek). Es muß nun noch für eine durch das Bauteil gegebene Wanddicke der Schweißnaht in der gewünschten Durchstrahlungsrichtung die erforderliche maximale Röhrenspannung bestimmt werden. Dies geschieht mit Hilfe einer „Belichtungstafel", Bild 21, 22 geltend für Eisen und Stahl und Bild 23 geltend für Aluminium und Al-Legierungen.

Die Belichtungstafeln (Bilder 21—23) sind so eingerichtet, daß die Wanddicke (d) in gewöhnlicher, die Belichtungsgröße (B) dagegen in logarithmischer Teilung horizontal und vertikal aufgetragen werden. Die Kurven für konstante Röhrenspannung (50, 60, 70 kV usw.) erscheinen dann zu geraden Linien gestreckt. Zwischenwerte sind zu interpolieren. Es ist immer die niedrigste Spannung zu wählen, die noch mit einer wirtschaftlich tragbaren Belichtungsgröße (etwa 300 bis 2400 mA · sek bzw. 5 bis 40 mA · min) verträglich ist.

*) Z. B. Agfa-Texo-S-Film für Aufnahmen *ohne* und Texo-R-Film für Aufnahmen *mit* Verstärkungsfolien.

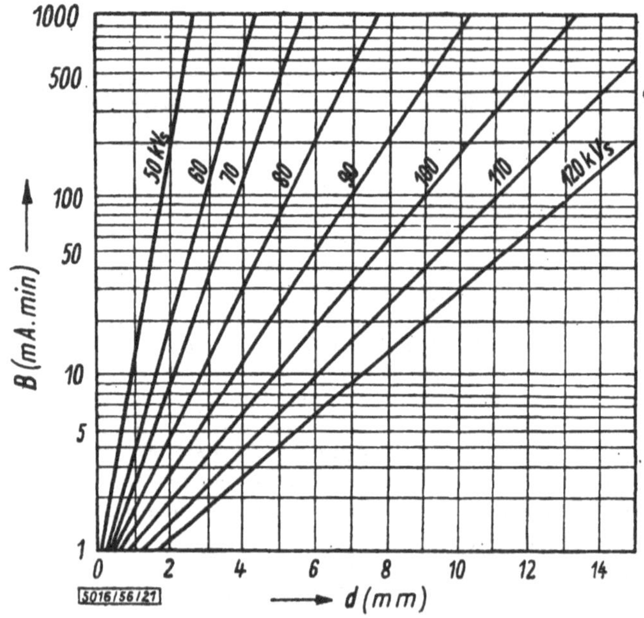

Bild 21. Belichtungstafel für Eisen und Stahl, gültig für Wandstärken von 0 bis 14 mm, für Aufnahmen ohne Verstärkungsfolie (nach *Berthold*).

Bild 22. Belichtungstafel für Eisen und Stahl, aufgestellt für Spannungen von 100 b. 400 kV und Wanddicken von 0 bis 130 mm (gerechnet für gleichzeitige Anwendung von hochverstärkenden Folien).*) Abstand Fokus — Film = 70 cm, abs. Schwärzung S = 0,8 — 1,2, Villardschaltung (nach *Urlaub*)
B = Belichtungsgröße in mA · min

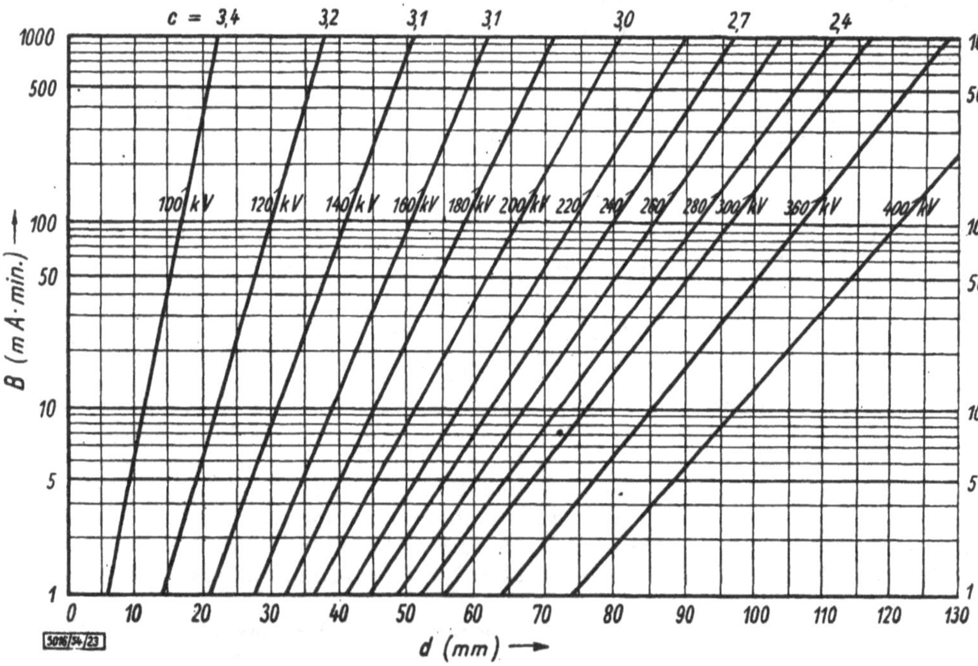

Bild 22

Bemerkung: Die Werte von c am oberen Rand stellen die Faktoren dar, mit denen die Werte von B bei Benutzung scharfzeichnender Folien zu multiplizieren sind

*) *O. Vaupel* (1952) stellte neue Belichtungstafeln bei Verwendung von Bleifolien und Röntgenstrahlen (Ir sowie Co) auf. (MPA, *Berlin-Dahlem*, Unter den Eichen.)

Die Belichtungstafeln sind abhängig vom Fokusabstand, von der Filmsorte, dem Verstärkungsgrad, der Höhe der erzielten Filmschwärzung sowie der Art der Spannung und Apparatur. Dies muß in der Praxis berücksichtigt werden. Weitere Korrekturen sind erforderlich, falls Legierungen untersucht werden, die eine erheblich vom Grundwerkstoff unterschiedliche Dichte zeigen. Stahllegierungen mit Legierungszusätzen von Ni, Co, Cr, V, Mo erfordern bis zu Gehalten von 10% der Komponenten einen Dickenzuschlag von etwa 3%, wolframhaltige Stähle pro 1% W ~ 3 bis 10%. Für Gußeisen ist ein Abzug von 7 bis 8% der durchstrahlten Dicke zulässig. Für Kupfer und Kupferlegierungen muß man einen Dickenzuschlag von etwa 50% ansetzen. In ganz entsprechender Weise verfährt man umgekehrt für Magnesiumlegierungen, d. h. man bringt entsprechende Dickenprozente in Abzug. Es ist auf alle Fälle zweckmäßig, selbständig durch eigene Versuche mit der jeweils vorhandenen Apparatur, dem oft etwas unterschiedlichen Film- und Folienmaterial die in der Literatur angegebenen Belichtungstafeln zu überprüfen, um sich selbst vor Fehlbelichtungen zu bewahren.

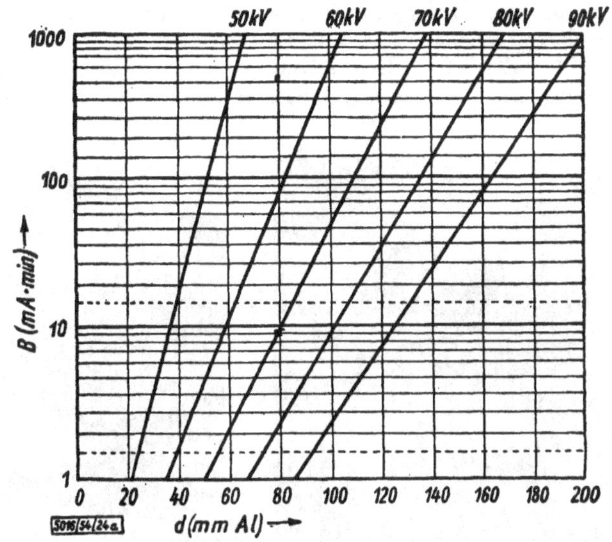

Bild 23. Belichtungstafel für Werkstoff Aluminium und Aluminiumlegierungen (nach *E. A. W. Müller*), mit Wanddicken bis zu 200 mm

3. *Praktische Durchführung der Röntgenprüfung, insbesondere Röntgenphotographie von Schweißnähten*

Das Ziel einer fachgerechten Röntgenuntersuchung ist ein möglichst kontrastreiches und detailscharfes Röntgenbild zwecks Erzielung optimaler Fehlererkennbarkeit durch eine geeignete und zweckmäßige Aufnahmetechnik.

Für eine technische Grobstrukturuntersuchung gilt das Folgende, mit Beschränkung auf Röntgenaufnahmen:

a) Bereitstellung der Röntgenapparatur,
b) Vorbereitung der Schweißnaht,
c) Festlegung der Aufnahmebedingungen,
d) Herstellung der Röntgenaufnahme,
e) Entwickeln der Aufnahme,
f) Betrachtung und Auswertung sowie Beurteilung der Röntgenschattenbilder,
g) Vergleich des Röntgenbefundes mit den Ergebnissen z. B. der mechanisch-technologischen und insbesondere weiterer zerstörungsfreier Prüfmethoden. (Dieser Vergleich ist im Sinne einer Vervollkommnung der Auswerte-Maßstäbe.)

a) Bereitstellung der Röntgenapparatur

Hierzu ist zu bemerken, daß Schweißnahtuntersuchungen nur in den seltensten Fällen, z. B. bei der Schweißerprüfung, im Röntgenlaboratorium selbst erfolgen können. Es ist zweckmäßig, die Röntgenprüfung als Zwischenkontrolle bereits beim Zusammenschweißen einzelner Konstruktions- und Bauteile (Sektionsbauweise, siehe z. B. bei *Liebig*, *Anders*, sowie *Erker* u. *Thum*, Teil I) während der Fertigstellung einzusetzen, was im Interesse der leichteren und bequemeren Zugänglichkeit der Schweißnähte und der Möglichkeit der sofortigen Ausbesserung ohne Verziehen der Teile oder Gefahr von unzulässigen Spannungen erwünscht ist. Dazu muß

Bild 24. Röhrenhalterung nach *Schiebold* zur sektionsweisen Durchstrahlung für nicht zugängliche dickwandige geschweißte Rohrleitungen. (Apparatur Seifert — Isolux 250 kV)

Bild 25. Anordnung zur Röntgenprüfung von Längs- sowie Rundnähten an Kesseltrommeln, an Behältern und ähnlichen Werkstücken. Röntgenapparatur Makro-Metallix von C. H. F. Müller, Hamburg

die Röntgenapparatur in der Schweiß- bzw. Montagehalle aufgestellt werden. Die Zwischenschaltung einer Fertigungskontrolle für einzelne Bauteile durch Röntgen b e r e i t s   w ä h r e n d   d e r   F e r t i g u n g ist dabei das praktischste und wirtschaftlichste der Kontrollverfahren. Schwieriger und umständlicher wird die Röntgenprüfung bei einer Endkontrolle und für die Abnahme fertig verschweißter Konstruktionen, wie z. B. Kranbauten, Kessel, Maschinen, Rohrleitungen, Schiffbauten. Bei großen Objekten sind dann umfangreiche Vorarbeiten notwendig für das Erstellen von Gerüsten, für oftmaliges Umbauen einschließlich des Weitertransports der Röntgeneinrichtung an die einzelnen speziellen Untersuchungsstellen. Manchmal ist es auch nicht mehr möglich, mit der verhältnismäßig schweren Apparatur an die Schweißnähte heranzukommen, die Filmkassette an der richtigen Stelle anzulegen, so daß das Röntgen wichtiger Nahtstellen unter Umständen unterbleiben muß. Auch das nachträgliche Ausbessern auf Grund eines ungünstigen Röntgenbefundes ist praktisch oft nur unter großen Erschwernissen und mitunter auch nicht ohne Gefährdung der Gesamtkonstruktion möglich.

Oftmals wird es mangels geeigneter Standmöglichkeit für das Stativ oder infolge beengten Raumes (z. B. in Schiffs- und Kesselanlagen) notwendig werden, die Röntgenröhre provisorisch aufzuhängen und zu befestigen. Bei festmontierten Rohrleitungen läßt sich eine Röhrenhalterung nach Bild 24 mit Vorteil verwenden. Ebenso ist es bei der Untersuchung von Längs- und Rundnähten von Dampfkesseln und Hochdruckbehältern zweckmäßig, das Röhrenstativ bei Vorhandensein genügend langer Hochspannungskabel (∼ 10 m) auf einem Elektrokarren oder Wagen längs der Kesselachse zu fahren, solange der Kessel bzw. Behälter noch in der Drehvorrichtung liegt (siehe Bild 25).

b) Die Vorbereitung der Schweißnaht für die Röntgenaufnahme

Ob die Schweißraupe belassen werden kann oder ob sie abzuarbeiten ist, hängt von den in bezug auf Fehlererkennbarkeit gestellten Bedingungen sowie vom Querschnitt der Naht und der Beschaffenheit der Schweißraupe ab. *Es bedarf bei der Auswertung des Röntgenfilms einer parallel durchgeführten eingehenden Untersuchung der Nahtoberfläche, um die Lage und Bedeutung etwaiger Fehlstellen festzustellen.*

In der Regel kann man bei relativ glatt verlaufenden Schweißraupenoberflächen, d. h. solchen ohne starke Furchen, Kerben und ohne Einbrand, bei sachgemäßer Aufnahmetechnik eine genügende Fehlererkennbarkeit erhalten.

Zur Vermeidung bzw. Verringerung schädlicher Streustrahlung ist der Strahlenkegel durch Bleiblenden am Röhrenfenster entsprechend einzuengen.

Ein etwaiger Mennigeanstrich der Schweißnähte ist unter Umständen vorher zu entfernen, dagegen sind die üblichen Farbanstriche nicht hinderlich für die Röntgenaufnahme.

Es gehört ferner zur Vorbereitung der Röntgenaufnahme die *genaue Bezeichnung der aufzunehmenden Nahtstellen an Hand eines Röntgenplanes, einschließlich genauer Lageskizzen.* Meist genügt es, die betreffenden Stellen mit Ölfarbe zu bezeichnen sowie mittels Bleibuchstaben (Zahlen, Marken oder Pfeile), welche filmnahe auf der Seite der Schweißnaht aufgelegt werden*) **). Letztere werden auf dem Film als helle Schatten abgebildet, so daß eine Verwechslung nicht möglich ist. ***)

Wenn es sich um lange Schweißnähte handelt, empfiehlt sich die Benutzung eines Spezialbandmaßes mit Bleieinlagen der Zentimeterteilung, das die Lage des betreffenden Films auf den Millimeter genau angibt [Lit. *Grimm* u. *Wulff*], Bild 26.

Dadurch werden etwaige Ausbesserungsarbeiten sehr erleichtert. Soll die Bezeichnung der geröntgten Nahtstellen zwecks späterer Kontrolle dauernd erfolgen, so müssen an geeigneten Stellen Bleiblättchen mit Zahlenangaben aufgelötet werden. Vom Einschlagen von Zahlen muß bei kerbempfindlichen Werkstoffen abgesehen werden. Auf die röhrennahe Seite der Schweißnaht wird schließlich vor Beginn der Röntgenaufnahme noch der DIN-Test (Drahtsteg zum Zweck der Fehlererkennbarkeit) aufgelegt.

Die Filmkassette wird an der der Röhre abgekehrten Seite der Schweißnaht angebracht unter Zwischenschaltung eines Schwermetall-Streustrahlenfilters****) und auf der Rückseite mit dickem Bleiblech abgeschirmt. Zur Befestigung der Kassette benutzt man vorteilhaft bei Eisen und Stahl Magnetkassetten mit Elektro- oder kräftigen Dauermagneten. (vgl. Bild 27a).

---

*) Die Bleizahlen, -buchstaben und -zeichen können auf der Schweißnaht mit Lassoband, Klebewachs, Plastilina u. dgl. oder in einem leicht herstellbaren Einsteckrahmen befestigt werden.

**) Bei dünnwandigen Schweißnähten (z. B. von Druckgasflaschen) genügt es, die Bleibuchstaben und -zahlen in ein 0,5 mm dünnes Bleiblech einzuschlagen, wodurch „schwach angedeutete" zierliche Zeichen entstehen.

***) Falls bei einer Schweißkonstruktion mehrere Schweißer beteiligt sind, empfiehlt sich zur Kontrolle die gleichzeitige Angabe eines Schweißerzeichens auf dem Röntgenfilm.

****) Die Verwendung des Schwermetallfilters ist stets erforderlich, wenn die zu durchstrahlende Wanddicke s bei Eisen und Stahl $s \geq 50$ mm beträgt.

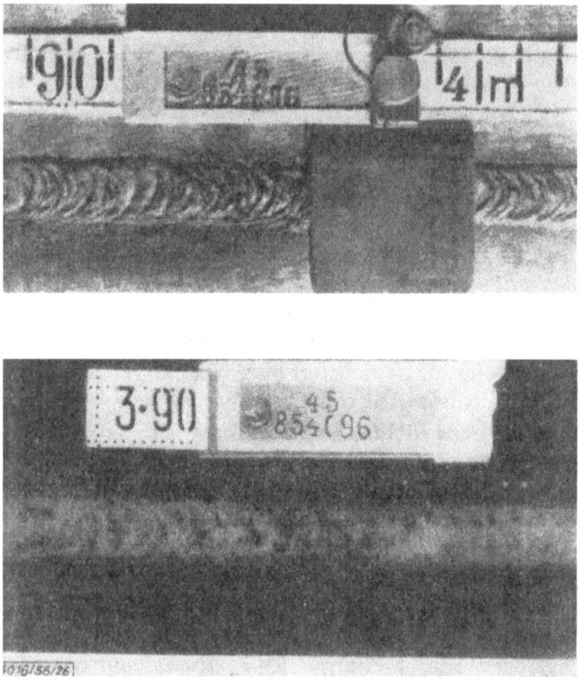

Bild 26

Bild 27 a

Bild 27 b

Bild 26. Spezialbandmaß nach *Wulff* zum Zwecke der genauen Festlegung der durchstrahlten Nahtstelle (mit DIN-Steg)
Oberes Bild = Ansicht
Unteres Bild = Röntgenaufnahme (Negativ).

Bild 27 a. Befestigung eines Röntgenfilms mittels einer Magnetkassette bei der Untersuchung eines geschweißten Kesselwagens (nach *Grimm*)

Bild 27 b. Schlauch- bzw. Gummikassetten (nach *Wilhelm*) im geöffneten und geschlossenen Zustand nebst Vakuumeinrichtung zur Röntgenaufnahme von z. B. gekrümmt liegenden Schweißnähten (Rundnähten an Kesseln u. a. m.)

Sind diese nicht vorhanden, so muß man eine behelfsmäßige Abstützung der Kassette vornehmen. Bei Rundnähten von Kesseltrommeln oder Rohrleitungen genügt manchmal das Umschnüren mittels Gummiseiles oder mittels kräftiger Stricke.

Bei Verwendung von Verstärkerfolien werden entweder Metallkassetten in verschiedenen Größen benutzt, die durch Federdruck ein gleichmäßiges Anpressen der Folie an den Film bewirken, oder (besonders für Rundnähte), sogenannte Gummi- bzw. Schlauchkassetten, die nach Einlegen von Film und Folien mit einer kleinen Handpumpe luftleer gepumpt und mit einem passenden Verschluß abgeklemmt werden (Bild 27 b). In Ermangelung von Gummi kann auch Kunststoff (Igelit oder Polyisobutylen), eventuell auch Leder oder rißfreies, möglichst neues Wachstuch verwendet werden. Diese letztgenannten Stoffe sind jedoch weniger geschmeidig und absorbieren die Strahlen stärker*). Es ist zweckmäßig, äußerlich diejenige Seite der Schlauchkassette zu bezeichnen, an der sich die fokusnahe, dünne Verstärkerfolie befindet, bzw. den Klemmverschluß immer in der gleichen Weise anzubringen, da bei Verwechslung eine Unterbelichtung infolge der viel stärkeren Absorption der „fokusfernen" Folie eintritt**).

Zur Untersuchung von geschweißten Kehlnähten wird zweckmäßig eine sogenannte „Kehlnahtkassette" verwendet. Sie besteht aus zwei dünnen, biegsamen und federnden Stahlblechen von 0,3 mm Dicke. Diese werden durch Schrauben zusammengebogen und dadurch in ihrer Lage gehalten, so daß die Kassette gut in die Hohlkehle hineinpaßt (Bild 37 a u. b; siehe S. 1183).

c) *Festlegung der Aufnahmebedingungen*

Bei der Prüfung von Schweißnähten kommt es auf die bestmögliche Erkennung von Poren, Schlackeneinschlüssen, Einbrandkerben, Wurzelfehlern, Bindefehlern, Rissen usw. an. An sich ist es hier bei der Durchführung der Röntgenuntersuchungen und Erkennbarkeit der Schweißfehler nicht wesentlich, ob die zu prüfende Naht elektrisch oder autogen, warm oder kalt, feuer- oder widerstandsgeschweißt ist, andererseits ist aber zur sicheren Deutung der Röntgenbilder die Kenntnis der Schweißverfahren und der möglichen Entstehungsursachen der Schweißfehler unbedingt erforderlich.

Bei der Röntgenaufnahme sind die geometrische Form der Schweißverbindung, die Lage der Kanten zur Oberfläche, die Art und Größe sowie die Tiefenlage der vermuteten Schweißfehler und die geforderte Drahterkennbarkeit nach DIN-Steg 1914 maßgebend für die Wahl der Durchstrahlungsrichtung und der Aufnahmebedingungen.

Die Anordnung und günstigste Aufstellung der Röntgenapparatur richtet sich nach der Natur und Größe des Prüfobjektes. Im Laufe der Zeit wurde praktisch für alle Untersuchungsfälle eine spezielle Durchstrahlungstechnik entwickelt. Bei Stumpfnahtschweißungen (I-Stoß) wird man aus wirtschaftlichen und technischen Gründen in der Regel mit Senkrechtaufnahmen auskommen. Liegt Verdacht auf Bindefehler in den Nahtflanken vor, so muß man zwei Schrägaufnahmen parallel zu den Nahtflanken herstellen. Bei Kreuznähten versucht man mit zwei Aufnahmen im 45°-Winkel auszukommen. Dies kann auch bei Kehlnähten genügen, wenn es im wesentlichen auf den Nachweis von Wurzelfehlern ankommt.

Sind die voraussichtlichen Fehlstellen aufnahmetechnisch lokalisiert, z. B. in Oberflächennähe, dann wählt man die Durchstrahlungsrichtung so, daß die fraglichen Stellen möglichst filmnahe liegen. Dies betrifft insbesondere auch Kehl- und Halsnähte.

*) Sie lassen sich auch schlecht evakuieren, da sie nicht völlig luftdicht sind.

**) Bei gekrümmten Flächen müssen „biegsame" Verstärkungsfolien verwendet werden, da sonst leicht Risse in der Folienschicht entstehen, die zu Fehldeutungen Anlaß geben können.

Bei der Wahl der Durchstrahlungsrichtung ist zu beachten, daß der Nutzstrahlenkegel bei den üblichen technischen Zweipolröhren einen Öffnungswinkel von etwa 30° besitzt. Die Randstrahlen durchdringen das Prüfobjekt daher unter schrägerem Winkel, sie legen also längere Wege zurück als der Zentralstrahl. Letzterer wird mit Hilfe einer Zentriervorrichtung auf die Mitte des Aufnahmefeldes ausgerichtet.

Nachdem die Durchstrahlungsrichtung festgelegt, die Röntgenröhre im optimalen Abstand justiert und die Filmkassette an Ort und Stelle angebracht wurde, müssen die Belichtungsdaten nach der zu durchstrahlenden Wanddicke entsprechend den Ausführungen auf S. 1167 ff. festgelegt werden. Die Belichtungszeit bzw. Belichtungsgröße wird der Belichtungstafel (siehe z. B. Bilder 22 a u. b.; Bild 23, S. 1168) entnommen, wobei, falls ein anderer Abstand als in der Tabelle zugrunde gelegt ist (meist 70 cm FA), vermittels der Formel

$$B'(x) = B(70) \cdot \left(\frac{x}{70}\right)^2 \sqrt{\frac{x}{70}}$$

auf den neuen Abstand umgerechnet werden kann. Hierzu kann ein spezielles Nomogramm benutzt werden [Lit. *Vaupel*].

Nach Angaben von *O. Vaupel* (Mai 1952) werden Röntgen- sowie γ-Aufnahmen an Schweißungen fast nur noch mit Bleiverstärkerfolien und Feinkornfilmen gemacht (Güteklasse 1 in DIN 54110).

d) Durchführung der Röntgenaufnahmen, erläutert an praktischen Beispielen

Einfache Stumpfschweißungen (z.B. V-, X-, U-Nahtstöße). Die Durchstrahlung ebener Nähte macht keine Schwierigkeiten, wenn sie von beiden Seiten zugänglich sind. Bei langen Nähten gehen die Röntgenstrahlen an den Enden schräg durch den Werkstoff, wobei infolge der stärkeren Schwächung eine Aufhellung des Bildes und infolge des schiefen Auftreffens eine „Randverzeichnung" im Filmbild entsteht. Um am Rand noch eine brauchbare Schwärzung (0,7 bis 1,2) zu erhalten, muß man den Film in den zentralen Teilen etwas überbelichten. Damit dies in erträglichen Grenzen bleibt, empfiehlt es sich, den Fokus-Film-Abstand mindestens = 1,4 × Filmlänge zu wählen. Bei den üblichen Schweißnaht-Filmformaten 10 × 48 cm² oder 10 × 72 cm² entspricht dies einem Fokus-Film-Abstand von 70 cm bzw. 100 cm. Man kann also in diesen Fällen den nach Gleichung (siehe S. 1165) berechneten Abstand aus äußeren Gründen nicht einhalten, was jedoch im allgemeinen keine Verschlechterung der Fehlerkennbarkeit bedeutet.

Da es in erster Linie darauf ankommt, ob die Wurzel der Naht richtig verschweißt ist, legt man den Film bei V- und U-Nähten unmittelbar (in der Kassette oder lichtdichten Packung) an die Wurzelseite an, nachdem man eventuell ein Schwermetallfilter zwischengeschaltet hat. Der DIN-Drahtsteg sowie die Bleizeichen werden auf die röhrennahe Seite der Naht aufgebracht*).

Senkrechtaufnahmen. Die Durchstrahlungsrichtung wird aus Zweckmäßigkeit senkrecht zur Naht gewählt, da man auf diese Weise Wurzelfehler, Poren und Schlacken mit Sicherheit findet und Bindefehler auf den Nahtflanken in mehr oder weniger fladenartiger Form erscheinen. Andererseits hängt die Erkennbarkeit von Bindefehlern in den Nahtflanken von ihrer Ausdehnung (Breite und Tiefe), der Ebenheit der Naht-

*) Bei sehr dicken Nähten ($s > 50$ mm Stahldicke) empfiehlt sich, wegen der Verschleierung durch die Streustrahlung, die Bleizeichen unmittelbar auf die Kassette zu heften. Der DIN-Steg muß stets auf der röhrennahen Seite der Schweißnaht aufgelegt werden. Wenn es hauptsächlich auf die Prüfung der Wurzel und der wurzelnahen Schweißlagen ankommt, empfiehlt es sich bei sehr dicken Nähten, wo die Röntgenprüfung im fertig geschweißten Zustand Schwierigkeiten macht oder überhaupt unmöglich ist, die Naht vor der endgültigen Fertigstellung, etwa nach Auffüllen bis auf 50—60 mm Dicke zu röntgen.

flächen sowie davon ab, ob sie mit Gas, Luft oder wie gewöhnlich mit Oxyden bzw. Schlacken gefüllt sind*). Solange die Größe der festzustellenden Schweißfehler bzw. die nach DIN 1914 vorgeschriebene Drahterkennbarkeit die innere Unschärfe der Bildschicht überschreitet, kommt eine Bildvergrößerung nicht in Betracht, und es läßt sich nur ein Teil der optimalen Bedingungen erfüllen nach der Gleichung

$$a_{opt} = b\left(1 + \frac{\varnothing}{U_i}\right).$$

Der Film-Fokus-Abstand ist durch die Filmgröße und die Begrenzung des Primärstrahlenkegels bzw. die Randverzeichnung zu f = 1,4 Filmlänge festgelegt, und es kann die Optimumbedingung:

geometrische Unschärfe = Randunschärfe

nur durch eine passende Wahl des Brennfleckdurchmessers mit

$$\varnothing = U_i\left(\frac{a}{b} - 1\right)$$

erfüllt werden. (U_i = innere Unschärfe, b = Abstand der Fehlstelle vom Film. Es kann $b \sim D$ = Schweißnahtdicke gesetzt werden).

Haben wir z. B. eine Schweißnaht in unlegiertem bzw. schwach legiertem Stahl mit einer Dicke von etwa 24 mm (einschließlich Schweißraupe) zu durchstrahlen auf eine Filmlänge von 48 cm, so müssen wir einen Fokus-Film-Abstand von 70 cm und nach Zahlentafel 2 einen Film mit scharf zeichnender Folie verwenden (U_i = 0,3 mm), welcher der röhrenfernen Seite der Schweißnaht anliegt (b = 24 + 3 = 27 mm) im Abstand von 3 mm. Nach DIN 1914 soll die Drahterkennbarkeit mindestens 1,5% = 0,36 mm betragen, es ist also v · x größer als U_i. Den optimalen Brennfleckdurchmesser findet man nach obiger Formel zu $\varnothing = 0{,}3\left(\frac{700}{27} - 1\right) = 0{,}3 \cdot 25 = 7{,}5$ mm, d. h. wir erhalten eine genügende Fehlererkennbarkeit mit einer technischen Zweipolröhre mit normalem Brennfleck, wie es der Erfahrung entspricht.

Wenn es sich aber darum handelt, feine Poren, Bindefehler oder gar Risse durch die Röntgenprüfung aufzudecken, so reichen die geschilderten Maßnahmen nicht aus. Zunächst wird es hier nötig, die Schweißraupe sauber abzuhobeln, um Störungen durch Oberflächenfehler u. dgl. zu vermeiden, und die zu durchstrahlende Dicke möglichst klein zu halten. Ferner müssen wir möglichst eine Feinfokusröhre mit veränderlichem Brennfleck verwenden und mit Bildvergrößerung arbeiten.

1. Beispiel: In der im ersten Beispiel bezeichneten Schweißnaht sollen feine Risse bzw. Poren von maximal x = 0,1 mm Durchmesser festgestellt werden. Aus der Gleichung

$$\frac{1}{x} = \frac{1}{\varnothing} + \frac{1}{U_i}$$

folgt mit 1/x = 10, $1/U_i$ = 3,3, $1/\varnothing$ = 6,7 und $\varnothing$ = 0,15 mm als optimalem Brennfleckdurchmesser, ferner folgt aus x · v = U_i = 0,3 mm die Vergrößerung v = 3 und als optimaler Abstand der Filmschicht von der fokusnahen Seite der Schweißnaht

$$b = f \cdot \frac{v-1}{v} = 700 \cdot \frac{2}{3} = 467 \text{ mm.} \quad (f = 700 \text{ mm})$$

Der Film muß sich also im Abstand b — D = 443 mm hinter der Schweißnaht, der Fokus im Abstand a = f — b = 233 mm von der Vorderfläche der Schweißnaht entfernt befinden. Dies wird praktisch am besten auf dem Feinfokusstand ausgeführt, da man einen so scharfen Brennfleck nur mit einer Feinfokusröhre erzeugen und so die Bildvergrößerung exakt einstellen kann.

2. Beispiel: Schweißnaht aus Aluminiumlegierung mit 24 mm Blechdicke. Nach Zahlentafel 2 kann man hier noch mit Film ohne Folie wirtschaftlich arbeiten (U_i = 0,2). Um Fehler der Größe x = 0,1 mm

*) Vgl. *M. Widemann*, Z. VDI *81* (1937), (sowie Text S. 1215).

noch sicher aufzufinden, ermittelt man durch Rechnung oder auch graphisch folgende Werte:

$$1/\varnothing = 10 - 5 = 5, \quad \varnothing = 0{,}2 \text{ mm}, \quad v = 2, \quad b = 700 \cdot 0{,}5 = 350 \text{ mm}.$$
$$b - D = 326 \text{ mm}, \quad c = f - b = 350 \text{ mm}.$$

Wenn bei senkrechter Durchstrahlung einer V- oder X-Naht Verdacht auf Bindefehler entsteht, aber keine sichere Entscheidung möglich ist, so müssen zusätzliche Aufnahmen in Richtung beider Bindeflächen gemacht werden. Entsprechend dem größeren Strahlenweg muß natürlich die Belichtungsenergie bzw. die Spannung etwas erhöht werden.

Schrägaufnahmen. Die Bindefehler erscheinen bei Schrägaufnahmen meist in Form eines Striches, der um so schärfer hervortritt, je genauer die Einstrahlungsrichtung parallel zur Nahtflanke verläuft. Ist die Schweißfuge infolge unsauberer Bearbeitung

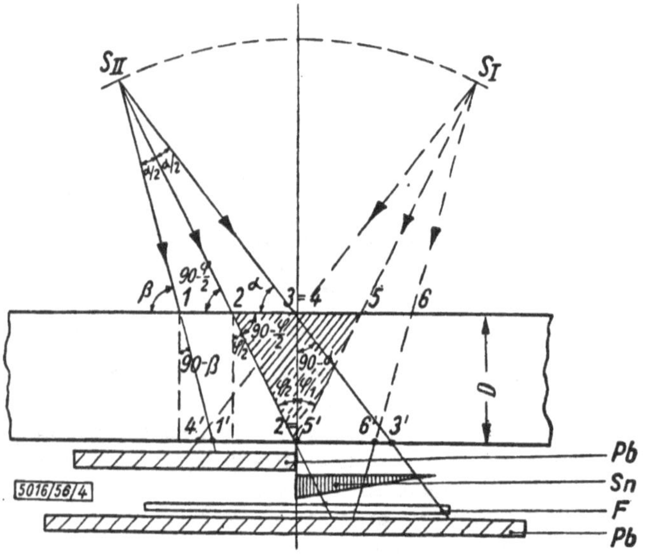

Bild 28. Schema einer Anordnung zur Schrägdurchstrahlung längs der Nahtflanken einer Schweißnaht in zwei symmetrischen Lagen S_1 u. S_2

Pb = Bleiabschirmung
Sn = Zinnkeil
F = Röntgenfilm
D = Wanddicke

Bemerkung: Es sind je 3 Strahlen 11′, 22′, 33′ bzw. 44′, 55′, 66′ eingezeichnet, die den beiden Lagen des Fokus S_1 u. S_2 entsprechen. Die nicht zu belichtende Filmhälfte wird durch einen Bleischirm abgeschirmt, was für die Lage S_2 eingezeichnet ist

nicht eben oder die Strahlrichtung abweichend, so werden etwaige Bindefehler nur relativ unscharf erscheinen und unter Umständen der Beobachtung entgehen.

Der allgemeineren Verwendung der Schräg-(Winkel-)Aufnahmen bei der Prüfung von V- und X-Nähten stehen wirtschaftliche Gründe insofern entgegen, als an Stelle einer Senkrechtaufnahme zwei Aufnahmen nach beiden Flankenebenen gemacht werden müssen. Dieser Nachteil läßt sich bis zu einem gewissen Grade dadurch vermeiden, daß beide Winkelaufnahmen nacheinander auf denselben Film gemacht werden.

Einen gewissen Ausgleich kann man bei Einzelaufnahmen durch Zuhilfenahme eines Schwermetallkeiles aus Zinn u. dgl. schaffen, der in der in Bild 28 gezeichneten Weise hinter der Schweißprobe angebracht wird.

Der Keil wird entbehrlich, wenn man beide Winkelaufnahmen nacheinander ausführt, nachdem die Probe um eine durch 2′ (=5′) gelegte Achse um den Winkel S (siehe Bild 28) gedreht wurde. Man ersieht aus Bild 28, welches das Aufnahmeschema für eine V-Naht wiedergibt, daß die Strahlenwege 11′; 22′, 33′ bzw. 44′, 55′, 66′ in der Schweißprobe verschieden lang sind. Infolgedessen wird in 3′ die Intensität geringer sein als in 2′ oder 1′, ähnlich wie bei einem Keil, so daß der Film im Gebiet zwischen 3′ 2′ weniger, zwischen 2′ 1′ stärker geschwärzt wird als an der Stelle 2′, für welche die Spannung und die Belichtungszeit vorher festgesetzt worden sind. Hierdurch wird praktisch eine Überstrahlung bzw. Unterbelichtung vermieden, und die Bindefehler in beiden Nahtflanken werden gleichzeitig sichtbar (vgl. Bild 29).

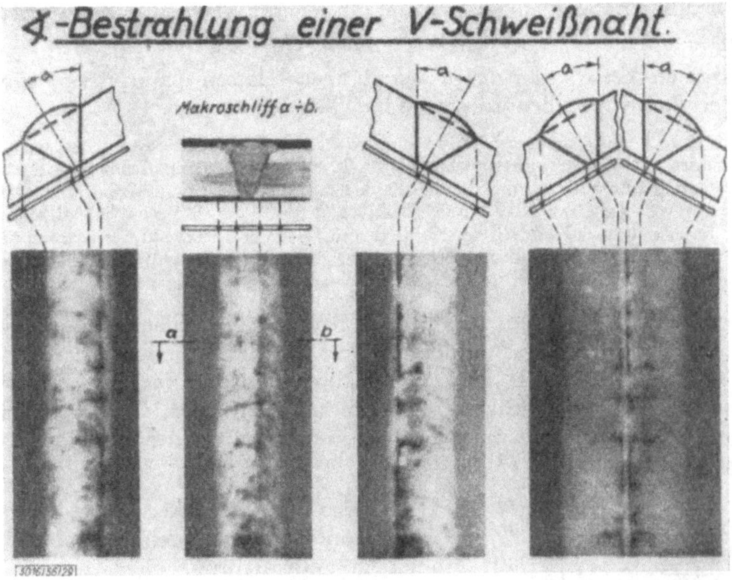

Bild 29. Schema und Röntgenaufnahme bei Schrägdurchstrahlung einer V-Naht
Von links nach rechts gesehen, bedeuten:
erstes Bild = Einzelaufnahme längs der rechten Nahtflanke (Lage S_1) $\sphericalangle\ \alpha = \varphi/2$
zweites Bild = Senkrechtaufnahme der gleichen Naht nebst Makroschliffbild des Querschnittes a—b
drittes Bild = Einzelaufnahme längs der linken Nahtflanke (Lage S_2)
viertes Bild = beide Schrägaufnahmen, nacheinander hergestellt, auf dem gleichen Film
(nach *Grimm* u. *Wulff*)

Die in den Einzelaufnahmen (Bild 29 links) als charakteristische Schwärzungsstreifen erkennbaren Bindefehler bleiben in den Nahtflanken in der Doppelaufnahme (Bild 29 rechts) deutlich sichtbar, während kleine Poren und Schlackeneinschlüsse sowie feinere Details infolge der Überlagerung der Nahtteile verlorengehen, worauf es hierbei aber nicht ankommt.

Will man die Verschleierung der Details vermeiden, die durch die Überlagerung der beiden Bilder zustande kommt, so muß man das Verfahren dahin ändern, daß man bei jeder der beiden Aufnahmen die nicht interessierende Bildhälfte mit Bleiblech abdeckt, also z. B. bei Aufnahme in Stellung I den Teil 3′, in Stellung II den Teil 1′. Den Dickenausgleich kann man durch einen Zinnkeil geeigneter Form vornehmen, der mit dem Bleischieber fest verbunden ist, so wie es das Bild 28 schematisch zeigte.

Schwieriger ist die Deutung von Fehlstellen bei den X-Nähten, bei denen auch einfache Schrägaufnahmen mitunter nur unvollkommen Aufschluß geben.

Gekrümmte Stumpfschweißungen, insbesondere an großen Behältern, Kesseln usw., die beiderseits zugänglich sind, können grundsätzlich in der gleichen Weise durchstrahlt werden wie ebene Schweißnähte. Wenn das Einbringen der Röntgenröhre in das Innere möglich ist, durchstrahlt man von innen nach außen, da die Bildverzerrung geringer wird als umgekehrt. Hier ist es bei der Vorbereitung notwendig, die Rundnaht entsprechend der Filmlänge in Sektoren einzuteilen, was mit Hilfe eines Spezialbandmaßes leicht ausführbar ist. Besonders bequem wird die Röntgenprüfung von Rundnähten, solange sich die Trommel oder der Behälter noch auf der beim Schweißen gebräuchlichen Dreh-, Halte- oder Spannvorrichtung befindet. Dann kann die Röntgenröhre ihren festen Stand außerhalb behalten, und es braucht nur die richtige Lage nach jeweiliger Drehung um eine Filmlänge mit dem Zentrierstab eingestellt zu werden. Der Film wird in einer Schlauchkassette entweder mit Magneten oder durch provisorisches Festklemmen mit Holzlatten und Keilen befestigt.

Längsnähte an *Kesseln, Behältern, Rohren* u. dgl. lassen sich in der gleichen Weise ohne Schwierigkeit von außen durchstrahlen (Bild 25).

Zu diesem Zweck muß man eine genügende Anzahl von Schlauchkassetten entsprechend der gewählten Filmlänge (z. B. 72 cm) in geeigneter Weise mit Hilfe von Magnetklammern oder Umwicklung mit Seilen usw. unter Hinterlegung mit dickem Bleiblech an der Außenwand befestigen. Dieselbe wird mit Bleistreifen so weit abgedeckt, daß nur die Nahtbreite frei bleibt. Über die Schlauchkassetten wird ein genügend breites, dünnes Bleiblech von 2 bis 3 mm Dicke entsprechend der Krümmung gebogen und das Ganze in der oben angegebenen Weise an der Trommel befestigt. Die DIN-Teste und Bleizeichen werden entsprechend verteilt und an der Innenwand der Naht angeheftet.

Bei Wanddicken $s < 40$ mm läßt sich für Rundnähte in Stahlbehältern vorteilhaft eine Hohlanodenröhre verwenden, deren Fokus auf den Schnittpunkt der durch die Rundnaht gelegten Ebene mit der Behälterachse einjustiert wird, vorausgesetzt, daß die Hohlanode in das Behälterinnere eingeführt werden kann. Man kann dann nach entsprechender Vorbereitung die ganze Rundnaht mit einer einzigen Aufnahme verzerrungsfrei durchstrahlen (Bild 31).

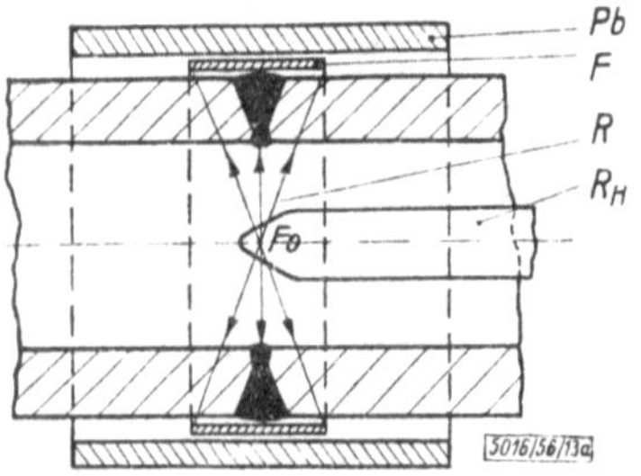

Bild 30. Schema der Röntgenaufnahme einer von innen zugänglichen Rundnaht bei Verwendung einer Hohlanodenröhre (nach *Vaupel*)

Pb = Bleischirm
F = Röntgenfilm
R = Röntgenstrahlen
R_H = Hohlanodenröhre
F_o = Fokus

Rundnähte an Rohren können in der gleichen Weise geröntgt werden, wenn es möglich ist, die Hohlanode einzufahren. Hier haben wir bei engen Rohren das andere Extrem vorliegen, daß der Fokus-Objekt-Abstand relativ klein wird. Es sind hier besondere Vorsichtsmaßregeln zu treffen (Bild 30).

Beispiel: Die Rundnähte einer Rohrleitung von 25 cm lichter Weite (2 Ri) und D = 12 mm Wanddicke sollen geröntgt werden. Nach DIN 1914 soll eine Drahterkennbarkeit von 1,5% = 0,18 mm erzielt werden. Nach Zahlentafel 2 (S. 1167) kann die Aufnahme noch auf Film ohne Verstärkerfolie gemacht werden ($U_i = 0{,}2$ mm). Da die gesuchte Fehlergröße kleiner ist als die innere Unschärfe, sind die beiden Bedingungen der Seite 1165 ff. für optimale Fehlererkennbarkeit gültig, d. h. die Vergrößerung sollte $v = \frac{0{,}20}{0{,}18} = 1{,}1$ betragen und die Brennfleckgröße $\varnothing = U_i \cdot (f/b - 1) = U_i \cdot Ri/D = 0{,}2 \cdot 125/12 = 2{,}1$ mm. Da v nur wenig größer ist als 1, kann man den in schwarzes, lichtdichtes Papier eingewickelten Röntgenfilm direkt auf die Außenwand des Rohres legen. Die Belichtungstafel (Bild 21) ergibt für Röntgenfilm 1941 ohne Folie bei 70 cm Fokus-Film-Abstand für 12 mm Wanddicke bei 100 kVs eine Belichtungsgröße von 500 mA · min; umgerechnet auf den hier vorliegenden Fokus-Film-Abstand $f = Ri + D/2 = 13{,}1$ cm, ergibt dies einen Verkürzungsfaktor $F = \left(\frac{13{,}1}{70}\right)^2 \sqrt{\frac{13{,}1}{70}} = 0{,}0157$ d. h. $B' = 0{,}0157 \cdot 500 = 7{,}85$ mA · min, was bei 4 mA eine Belichtungszeit von rund 2 min ergibt*).

*) Diese Berechnung ist noch zu korrigieren, da sie die Vorfilterung der Hohlanodenröhre nicht berücksichtigt. Nach persönlicher Mitteilung von *Vaupel* sind bei Stahl und „S. u. H."-Einzelröhren 3 bis 4 mm, bei „AEG"-Röhren 2 bis 3 mm der Wanddicke (je nach der Spannung) hinzuzurechnen.

Entsprechend kann man verfahren, wenn es sich um Rundschweißnähte an Behältern handelt, die an den Enden durch Böden oder Deckel verschlossen und nur durch eine kleine Öffnung innen zugänglich sind (siehe Bild 31). Die richtige Lage der Hohlanodenröhre wird mit Hilfe einer auf der Röhre angebrachten Zentimeterskala kontrolliert. In ähnlicher Weise können Rundnähte doppelwandiger Behälter mit geringer Wanddicke durchstrahlt werden, wenn sie in kleinem Abstand gegeneinander versetzt hintereinanderliegen. Damit beide Nähte scharf abgebildet werden, muß ein möglichst großer Fokus-Objekt-Abstand gewählt werden, falls nicht eine Feinfokusröhre verwendet werden kann.

Bild 31. Röntgenaufnahme der Rundnaht eines geschweißten Behälters unter Anwendung einer Hohlanodenröhre (nach *Berthold*)

Wenn es infolge zu geringer lichter Weite, zu großer Entfernung der Schweißnaht vom Rohrende oder bei gekrümmten Rohren nicht möglich ist, die Hohlanode ins Rohrinnere einzuführen, so muß man die Rohre von außen nach innen durchstrahlen. Handelt es sich um Rohre, die relativ kurz und von innen zugänglich sind, so daß man einen Film (eventuell in einer Spezialkassette) einführen kann, so kann man mit Durchstrahlung einer Wanddicke gemäß dem Bild 32 auskommen. Im Interesse einer guten Fehlererkennbarkeit ist dies zu begrüßen*). Dieses Verfahren hat allerdings den Nachteil, daß nicht der ganze Umfang der Rundnaht auf einmal geröntgt werden kann**).

Eine bei Untersuchungen z. B. von Nickelrohren für eine „Hochdrucksyntheseanlage" bewährte Methode besteht darin, je 10 Rohre von etwa 7 m Länge (Durchmesser etwa 4 cm) eng zusammen gelegt so zu befestigen, daß eine Filmkassette vom Format 40×50 cm abschnittweise daruntergeschoben werden kann. Die auf einem Stativ seitlich von demselben befindliche Röntgenröhre wird entsprechend mit einem Fahrgestell an den Röhren entlanggefahren. Die Aufnahme wird nach Drehung der Rohre um 90° wiederholt, um alle Wandstellen einwandfrei auf ihre Güte (Ziehriefen, Längs- und Querrisse, Doppelungen, Oxydeinschlüsse usw.) zerstörungsfrei zu prüfen***) (Bild 33).

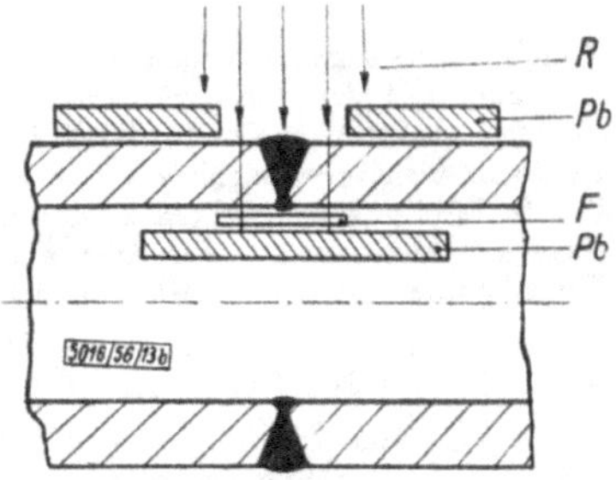

Bild 32. Schema der Röntgenaufnahme einer von innen zugänglichen Rundnaht unter Anwendung einer Zweipolröhre

R = Röntgenstrahlen
Pb = Bleischirme
F = Film

*) Bei „AEG"-Einzelröhren ist der Strahlenkegel etwas nach hinten geneigt, was bei der Einstellung zu berücksichtigen ist.

**) Dies wäre bei kontinuierlicher Drehung des Rohres und Belichtung durch einen schmalen Schlitz möglich, wie es praktisch bei der Röntgenprüfung von Bleibronzelagerschalen ausgeführt wird.

***) Wegen der notwendigen Überdeckung der Filme an den Rändern und zur Kontrolle. Eine Veröffentlichung konnte infolge des Krieges seinerzeit nicht erfolgen.

In ähnlicher Weise wird man verfahren, wenn das Rohr bzw. die Rundschweißnaht nicht von innen zugänglich ist, wie z. B. bei der Prüfung fertig verlegter Hochdruckdampf- oder Speisewasserleitungen, Druckwasserleitungen, Gasfernleitungen usw. Hier wird der zu prüfende Nahtumfang zweckmäßig in 6 Sektoren unterteilt, die um je 60° gedreht sind (Bild 34).

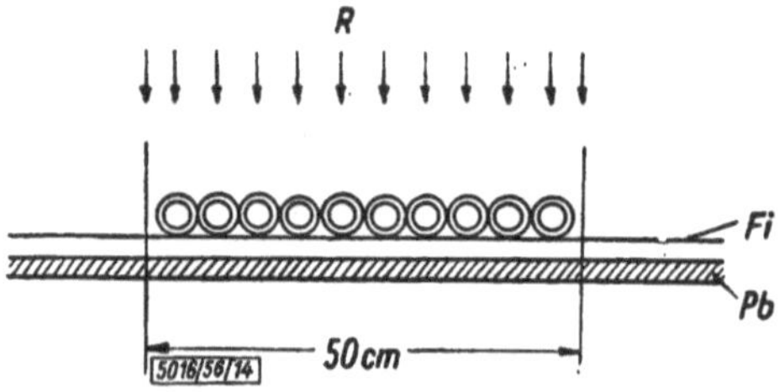

Bild 33

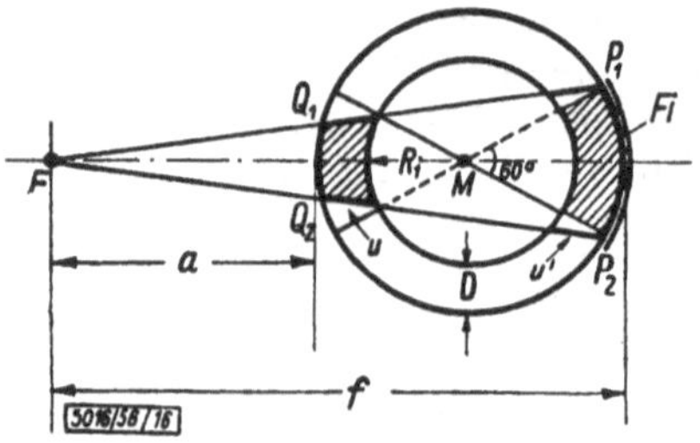

Bild 34

Bild 33. Schema der Röntgenaufnahme von Schweißnähten an Rohren bei serienmäßigen Untersuchungen
R = Röntgenstrahlen Fi = Film Pb = Bleiabschirmung (rückseitiger Streustrahlenschutz)

Bild 34. Schema und Strahlengang bei der sektorenweisen Herstellung der Röntgenaufnahme von Rundnähten verschweißter, von innen nicht zugänglicher Rohre
F = Fokus F_i = Film FQ_1P_1 u. FQ_2P_2 = Röntgenstrahlen R_i = Innenradius D = Wanddicke
u, u' = Strahlenwege in der Rohrwandung f = Filmabstand a = Abstand Fokus-röhrenseitige Nahtstelle

Bemerkung: Siehe hierzu die Ausführungen im Text, Seite 1180.

Man muß dabei natürlich die doppelte Wanddicke durchstrahlen, was bei der Wahl der Röhrenspannung und der Röhre zu berücksichtigen ist*). Für Hochdruckdampfleitungen mit Wanddicken von mehr als 20 mm (einschließlich Schweißraupe) muß man aus unten genannten Gründen technische Zweipolröhren verwenden**). Diese werden mit drehbarer Halterung so an der Rohrleitung befestigt, daß das Röhrenfenster nahezu an der einen Rohrwand anliegt. Durch Anbringung von Bleiblechen mit entsprechenden Ausschnitten sorgt man dafür, daß nur der zu prüfende Sektor der Schweißnaht von Primärstrahlen getroffen werden kann (siehe Bild 34 und 24).

Zur bequemen Einstellung des 60%-Winkels wird eine gelochte Teilscheibe seitlich von der Rohrschelle auf dem Rohr befestigt, auf der ein mit dem Röhrenhalter verbundener Zeiger gleitet.

Beispiel: Eine Hochdruckdampfleitung von 250 mm Nennweite und 18 mm Wanddicke soll an den Rundschweißnähten geröntgt werden. Letztere sind als V-Nähte der auf 22 mm angestauchten Rohrenden ausgeführt, so daß einschließlich der Schweißraupe die Nahtdicke 24 mm, also die gesamte zu durchstrahlende Wanddicke 48 mm beträgt. Nach DIN 1914 wird eine Drahterkennbarkeit von 1,5% der Gesamtdicke, d. h. etwa 0,7 mm gefordert. Die Aufnahmen müssen nach der Zahlentafel 2 (S. 1167) auf Röntgenfilm mit hochverstärkenden Folien hergestellt werden.

---

*) Mit einer Hohlanodenröhre bis max. 150 kV Scheitelspannung lassen sich auf diese Weise nur Rohre bis etwa 35 mm Wanddicke noch wirtschaftlich durchstrahlen, vorausgesetzt, daß die Nähte glattgeschliffen sind. Andernfalls muß die doppelte Dicke der Schweißraupe und eventuell durch die Wurzel durchgelaufenes Schweißgut zugerechnet werden. Die Anwendung von Hohlanodenröhren bleibt danach auf verhältnismäßig geringe Wanddicken beschränkt.

**) Wenn es wegen schlechter Zugänglichkeit einzelner Stellen der verschweißten Rohrleitung, z. B. in Kraftwerken, nicht möglich ist, eine Röntgenapparatur heranzubringen, so kann man sich oft noch mit der γ-Strahlen-Prüfung mittels geeigneter radioaktiver Präparate behelfen, wenn man eine allerdings nicht unerhebliche Herabsetzung der Fehlererkennbarkeit und große Belichtungszeiten in Kauf nehmen kann.

Außerdem empfiehlt es sich, in Anbetracht der starken Streustrahlung ein Schwermetallfilter (Zinnfilter) von 1 mm vorzuschalten. Aus dem Bild 34 berechnet man den Strahlenweg im Werkstoff zu u + u′ für das Filmende, zu 2 D für die Mitte. Der Kontrast ist also, soweit nur die bildzeichnende Primärstrahlung in Frage kommt,

$$\frac{J\,(\text{Rand})}{J\,(\text{Mitte})} = e^{-\mu(\text{u} + \text{u}' - 2D)}\,.$$

Mit den Werten $R_a = 125$ mm, $R_i = 101$ mm, $D = 24$ mm, $U_i = 0{,}4$ mm ergibt sich für einen Brennfleck von ⌀ = 5 mm der optimale Abstand.

$$f = D\,(1 + ⌀/U_i) = 24 \cdot 13{,}5 \text{ mm} = 324 \text{ mm}.$$

Bild 35. Schema der Schrägaufnahme von Rundschweißnähten nach dem „Ellipsenverfahren"

Bild 35 a. Strahlengang

Bild 35 b. Röntgenaufnahme (Positiv), mit Wurzelfehlern (hell) und durchgelaufenen Schweißtropfen (dunkel)

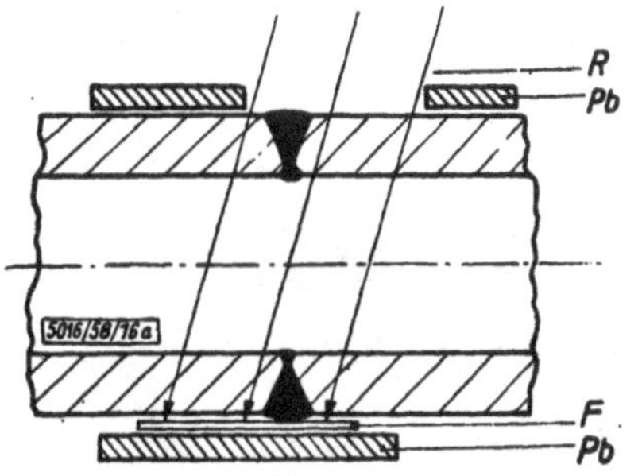

Bild 35a

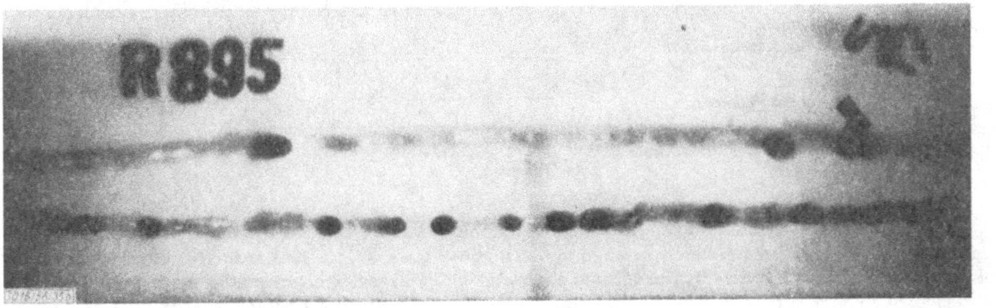

Bild 35b

Schließlich sei noch erwähnt, daß man bei dünnen Rohren nach entsprechender Bleiabdeckung (Bild 35) die Naht von außen auch schräg durchstrahlen kann, so daß sie sich auf dem Film als eine „Ellipse" abbildet. Allerdings tritt an den Rändern, die der großen Achse der Ellipse entsprechen*), eine starke Überlagerung und Verzeichnung ein. Man muß deshalb zur Ergänzung und Kontrolle eine zweite Aufnahme in einer zur ersten senkrechten Richtung machen. Im übrigen ist bei dicken Rohren mit einer erheblichen Vergrößerung und Verzeichnung der röhrennahen Nahtstellen zu rechnen, so daß sehr viel Erfahrung zur sicheren Deutung der Aufnahme gehört.

Wenn es bei der Untersuchung enger, dickwandiger Rohre hauptsächlich auf die Erkennung von Wanddickenunterschieden und gröberer ausgedehnter Fehler ankommt, kann man auch die Zählrohrmethode vorteilhaft anwenden. Dabei wird das Zählrohr ins Innere eingeführt und das Rohr in einer Schraubenbewegung an einem ausgeblendeten Röntgenstrahlenbündel vorbeigeführt *(O. Vaupel)*.

Überlappungsnähte. Die Aufnahmetechnik hierfür wird durch das Bild 36 erläutert. Die Naht wird senkrecht durchstrahlt. Der Film liegt gewöhnlich an der hinteren Fläche des Bleches B an. Schwierigkeiten macht hier die ungleiche Wanddicke der

*) Im Buch von *Vaupel* u. *Lindemann* [Lit. *Vaupel* u. *Lindemann*], l. c. S. 68, werden diese Stellen als „Spitzen" der „Ellipse" bezeichnet

Probe. Diese wird am einfachsten durch einen Eisen- oder Zinnkeil geeigneter Dicke und Steigung ausgeglichen*). Der Zentralstrahl der Röhre soll genau auf die verschweißte Stirnfläche des Bleches B gerichtet sein, um Bindefehler längs der in die Strahlrichtung fallenden Nahtflanke besser erkennen zu können. Dagegen lassen sich Bindefehler an der Blechflanke A n i c h t nach dieser Röntgenmethode auffinden. Es ist notwendig, vor der Platte A Bleistreifen längs der Naht anzubringen, um schädliche Streustrahlung soweit als möglich zu unterdrücken.

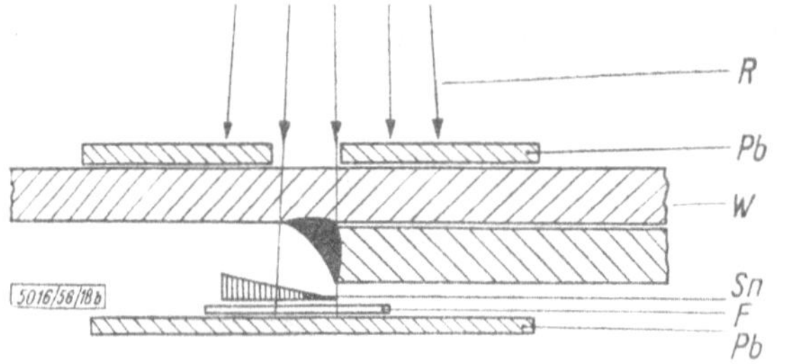

Bild 36a u. b. Schema der Röntgenaufnahme einer Überlappungsnaht

Bild 36 a. Aufnahme mit Zinnkeil

Bild 36 b. Aufnahme mit Keil aus gleichem Werkstoff als Dickenausgleich und Streustrahlenfilter

Es bedeuten:
R = Röntgenstrahlen
Pb = Bleiabdeckung
W = Werkstücke bzw. geschweißte Probe
F = Film
A = Keil aus gleichem Werkstoff

(Die Keilspitze soll in der Praxis nicht genau mit der Kehlnahtflanke zusammenfallen.)

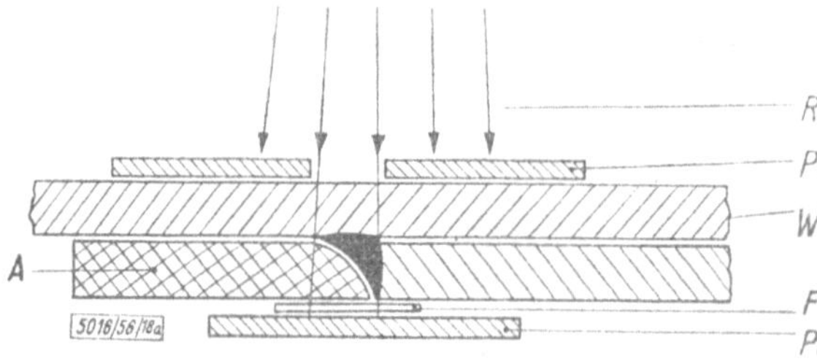

Bild 36 b

Der Keilwinkel bei Zinn muß mit abnehmender Wellenlänge bzw. steigender Röhrenspannung zunehmen; im angegebenen Bereich beträgt die Zunahme etwa 7°, so daß man mit einem Mittelwert rechnen kann. Für die Praxis ist nur ein angenäherter Dickenausgleich notwendig, damit der Kontrastunterschied so weit vermindert wird, daß keine totale Überbelichtung entsteht.

In ähnlicher Weise ist zu verfahren, wenn z. B. Bleche verschiedener Dicken durch eine Stumpfstoßnaht verbunden werden.

Falls kein Zinnkeil oder Ausgleichskeil passender Größe zur Verfügung steht oder wegen zu komplizierten Verlaufs der Schweißnaht nicht angefertigt werden kann, ist es unter Umständen erlaubt, eine höhere Spannung als unter normalen Umständen unter entsprechender Abkürzung der Belichtungszeit zu benutzen. Infolge der größeren Strahlungshärte wird zwar der Kontrast vermindert, aber nicht so weit, daß die Fehlererkennbarkeit zu stark leidet. Zweckmäßig ist dabei die Primärstrahlung durch Vorfilterung mit Pb, Sn oder Cu weitgehend zu homogenisieren.

Beim obigen Beispiel würde der Kontrast, das ist das Verhältnis der Intensität hinter der 24 mm und der 15 mm dicken Eisenschicht (allerdings ohne Berücksichtigung der Streustrahlung), d. h. bei kleinem Feld,

$$\frac{J_1}{J_2} = e^{\mu_{Fe}(2,4-1,5)} = e^{0,9\,\mu_{Fe}}$$

betragen. Für den Spannungsbereich zwischen 150 und 450 kV ergeben sich unter der Voraussetzung genügend homogenisierter Strahlung**) die Werte der Zahlentafel 3.

*) Vgl. Buch *Vaupel* u. *Lindemann*, l. c. S. 69.

**) Der Einfluß der Streustrahlung ist dabei zunächst nicht berücksichtigt. Die angegebenen Werte können aber als erste Anhaltspunkte dienen.

kVs	154	167	184	205	228	260	308	374	450
λ =	0,12	0,11	0,10	0,09	0,08	0,07	0,06	0,05	0,04 A°
μFe =	2,57	2,42	2,00	1,78	1,62	1,45	1,22	1,05	0,90 cm^{-1}
μSn =	2,90	2,72	2,20	1,97	1,77	1,57	1,33	1,10	0,93 cm^{-1}
J_1/J_2 =	13,5	11,5	7,24	5,87	4,95	4,14	3,32	2,72	2,32
S =	2,07	1,92	1,50	1,28	1,12	0,95	0,72	0,55	0,40

Zahlentafel 3. Berechneter Kontrast und berechnete Schwärzungsdifferenz hinter einer Stumpfstoßnaht mit Blechen verschiedener Dicke

Man ersieht aus der Zahlentafel 3, daß der auf dem Film wiedergegebene Kontrast zwischen 13,5 und 2,32, die Schwärzung zwischen 2,07 bis 0,40 schwankt. Bei Benutzung von doppelt begossenem „Agfa"-Röntgenfilm zwischen zwei Verstärkerfolien und der zugehörigen Schwärzungskurve berechnet man hierzu die in der Reihe S eingetragenen absoluten Schwärzungen, wobei von der Grundschwärzung 0,5 im nahezu geradlinigen Teil der Schwärzungskurve ausgegangen wurde.

Bild 37 a bis c. Schema der Röntgenaufnahme einer Kehlnaht bei Schrägdurchstrahlung mit einer Zweipolröhre

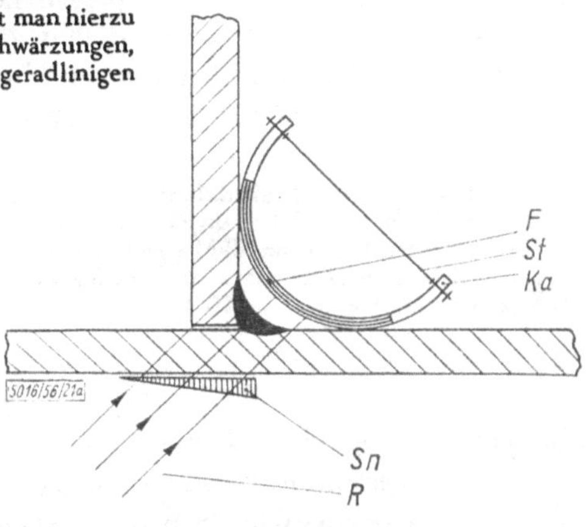

Bild 37 a. Aufnahme mit Zinnkeil Sn als Streustrahlenfilter und Dickenausgleich

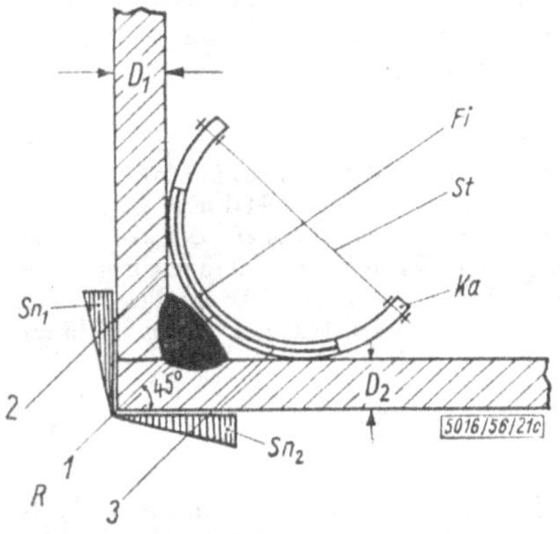

Bild 37c. Aufnahme mit zwei Zinnkeilen Sn_1 u. Sn_2

Es bedeuten: Fi = Film
Ka = Kassette für Kehlnahtschweißungen
St = Steg zum Fixieren der Kassettenkrümmung
R = Röntgenstrahlen

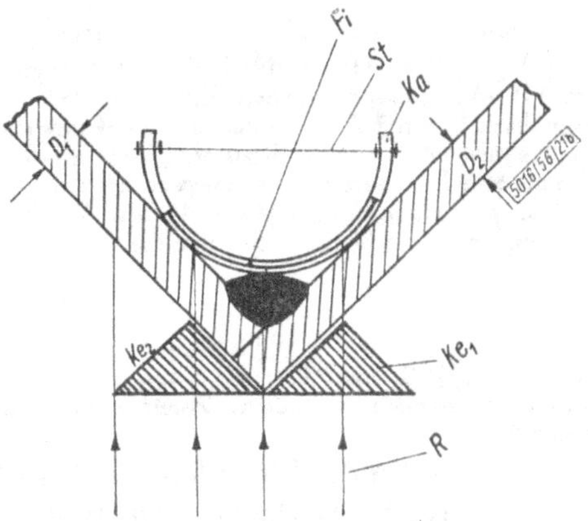

Bild 37 b. Aufnahme mit zwei Keilen Ke_1 und Ke_2 aus gleichem Werkstoff wie die Schweißnaht

Nach *Eggert* ist für die Praxis der Bildbetrachtung ein Schwärzungsbereich zwischen 0,3 und 2,0 am geeignetsten, da bei Schwärzungen oberhalb 2,0 auch bei sehr heller Beleuchtung keine genügende Durchlässigkeit mehr vorhanden ist, um Fehler deutlich zu erkennen. Man sieht aus diesen vorläufigen Zahlen, daß erst oberhalb einer Spannung von 180 kVs der gesamte Objektumfang im geradlinigen Teil der Schwärzungskurve wiedergegeben werden kann. Dies bedeutet gegenüber der normalen Spannung von 150 kVs eine Erhöhung um 20 %. Nach einer hier nicht wiedergegebenen Rechnung wird hierdurch die Fehlererkennbarkeit um etwa 30% herabgesetzt. In ähnlicher Weise kann auch bei Leichtmetallschweißungen verfahren werden, wenn es nicht auf Erkennung feinster Details bzw. sehr kleiner Fehler ankommt. Dabei ist die Röhrenspannung auf einen etwa 5 bis 10 kV über den zur Durchstrahlung der größten Wanddicke nötigen Wert zu erhöhen, unter entsprechender Verminderung der Belichtungszeit. Zweckmäßiger ist jedoch auch hier die Verwendung geeigneter Keile und Beilagen aus Eisen, Messing, Zinn usw.

Kehlnähte. Diese bereiten bei der praktischen Prüfung die meisten Schwierigkeiten. Sie sind oft nur teilweise der Durchstrahlung zugänglich.

Handelt es sich hauptsächlich um den Nachweis von Wurzelfehlern (neben Rissen, Schlackenresten, Gasporen u. dgl.), so genügt es, die Aufnahme nach Bild 37 vorzunehmen.

Der Film wird in eine Kehlnahtkassette eingelegt, die auf den entsprechenden Krümmungsradius eingestellt und in dem der Röhre abgekehrten Nahtwinkel befestigt wird. Die entsprechend ausgeblendeten Primärstrahlen treffen im Winkel von 45° (also diagonal) zur Grundplatte auf.

Zum Dickenausgleich ist entweder ein Stahlkeil mit 45° Keilwinkel notwendig (in diesem Fall ist $\mu_1 = \mu_2$ und $\operatorname{ctg} \gamma = 1$; $\varphi = 45°$) oder ein Zinnkeil mit dem Keilwinkel φ, den man berechnet

$$\operatorname{ctg} \varphi = 2 \cdot \frac{\mu_{Sn}}{\mu_{Fe}} - 1 \,.$$

In der Gleichung fallen D_1 und D_2 heraus. $\sphericalangle\, \varphi$ ist innerhalb der gemachten Näherung nur vom Verhältnis μ_{Sn}/μ_{Fe} abhängig.

Eine Verbesserung stellt auch der Dickenausgleich durch einen Doppelkeil dar, wobei vorausgesetzt ist, daß Keile und Probe aus dem gleichen Werkstoff bestehen. Andernfalls kann man auch zwei Zinnkeile in entsprechender Lage anbringen (Bild 37 b u. c), besonders zum Nachweis von Kehlnahtrissen.

Beispiel: Grundplatte $D_1 = 24$ mm, Stegplatte $D_2 = 12$ mm, also größte zu durchdringende Dicke $(D_1 + D_2)\sqrt{2} = 51$ mm. Nach der Belichtungstafel (Bild 22, Seite 1168) wurden bei 50 mA · min etwa 170 kVs benötigt, was einen Zinnkeilwinkel von $\varphi \sim 8°$ ergibt. Nach DIN 1914 muß eine Drahterkennbarkeit von 1,5% der maximalen Wanddicke, also 0,76 mm, erzielt werden, d. h. der Draht mit 0,7 mm soll gerade noch zu erkennen sein. Wegen der großen Wanddicke ist doppelt begossener Film mit zwei Hochverstärkungsfolien zu nehmen ($U_i = 0{,}4$ mm). Der Fokus-Film-Abstand richtet sich nach der genormten Filmlänge von 48 bzw. 72 cm, man wählt $f = 70$ bzw. 100 cm. Dann bleibt zur Erfüllung optimaler Bedingungen nur die Größe des Brennflecks verfügbar

$$\varnothing = U_i \cdot \left(\frac{f}{b} - 1\right).$$

Setze $b = D_2/\sqrt{2}$, also hier $b = 8{,}5$ mm, also $f/b = 700/8{,}5 = 82$, $\varnothing = 0{,}4 \cdot 81 = 32{,}4$ mm. Es ist also eine gewöhnliche technische Zweipolröhre mit einem Brennfleck bis zu 30 mm Durchmesser verwendbar.

In entsprechender Weise lassen sich auch Kreuzschweißproben (Bild 38) mit zwei aufeinanderfolgenden Aufnahmen zerstörungsfrei prüfen. Wenn die Kehlnaht auf Bindefehler längs der Flanken geprüft werden soll, so ist dies nur mit einer Hohlanodenröhre des Typs A (nach Bild 11 b) möglich, aber nicht in allen Fällen wegen zu großer Wanddicke praktisch ausführbar. Das Schema der Aufnahmeanordnung zeigt das Bild 39. Die Anordnung dieses Bildes hat den Vorteil, daß der Schwermetallkeil gleichzeitig als Streustrahlenfilter dient.

Der Keilwinkel läßt sich angenähert aus der Beziehung

$$\operatorname{tg}\varphi = \frac{\mu_{Sn}}{\mu_{Fe}}\,; \quad \operatorname{ctg}\varphi = \frac{\mu_{Sn}}{\mu_{Fe}}$$

ermitteln. Diese Gleichung gilt allerdings nur unter der Voraussetzung paralleler Strahlen.

Besteht der Keil aus dem gleichen Werkstoff wie der Prüfling ($\mu_1 = \mu_2$), so ist $\operatorname{tg}\varphi = 1$; $\varphi = 45°$.

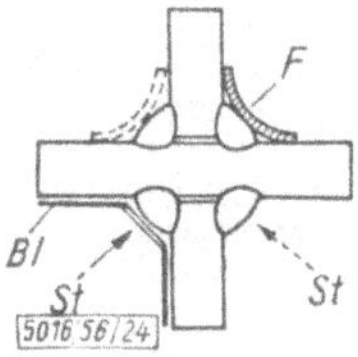

Bild 38

Bild 38. Aufnahmeanordnung zur Durchstrahlung von Kreuzschweißproben in zwei zueinander senkrechten Richtungen (ausgezogener und gestrichelter Pfeil St).

F = Film
Pb = Bleiabdeckung

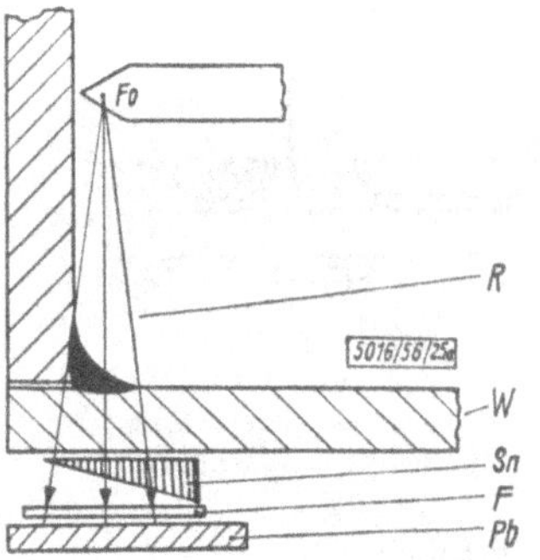

Blid 39 a

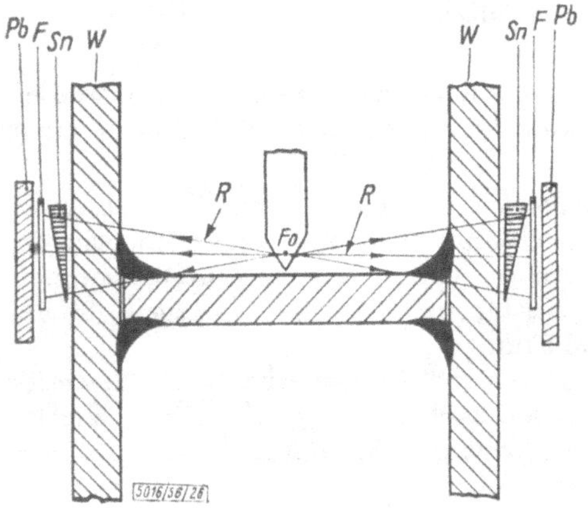

Bild 40

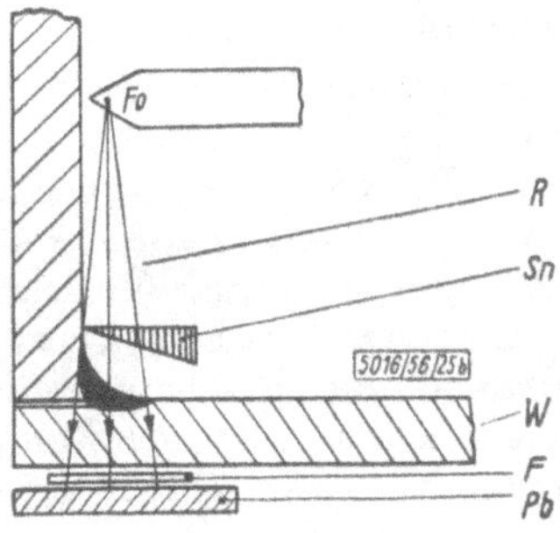

Bild 39 b

Bild 39 a u. b. Schema der Röntgenaufnahme einer Kehlnaht, durchstrahlt längs einer Nahtflanke mittels einer Einpolröhre (Hohlanodenröhre)

Bild 39 a. Aufnahme mit Zinnkeil Sn als Dickenausgleich und Streustrahlenfilter

Bild 39 b. Aufnahme mit Zinnkeil Sn als Dickenausgleich

Es bedeuten: R = Röntgenstrahlen
W = Werkstück
F = Film
Pb = Bleiabdeckung als Streustrahlenschutz

Bild 40. Schema der Aufnahmeanordnung bei doppelten Kehlnähten. Flankendurchstrahlung mit Hilfe einer Hohlanodenröhre. (Nach *O. Vaupel*)

R = Röntgenstrahlen
Fo = Fokus
W = Werkstück
Sn = Zinnkeil als Dickenausgleich und Streustrahlenfilter
Pb = Bleiabdeckung

Der Keilwinkel ergibt sich im Spannungsgebiet 150 bis 260 kVs zu 12,5° bis 19,5° für die Kombination Eisen—Zinn (vgl. Zahlentafel 3).

Praktisch ist es nicht möglich, genau in der geometrischen Nahtflanke zu durchstrahlen, da die Strahlen auch bestenfalls nur unter einem kleinen Winkel hindurchgehen. Jedoch ist dieser Umstand nicht so schwerwiegend für die Erkennung von Bindefehlern, da meistens die Nahtflanke ausgerundet verläuft.

Die maximal zu durchstrahlende Wanddicke beträgt etwa 40 mm, auf welche die Anwendung der Hohlanodenröhre heutiger Leistung leider beschränkt ist. Nach der beschriebenen Anordnung können grundsätzlich Flanken der Naht mit zwei Aufnahmen in zueinander senkrechter Lage zerstörungsfrei geprüft werden.

Auch bei doppelten Kehlnähten nach Bild 40 lassen sich mit Hilfe einer entsprechenden Anordnung die an dem Verbindungsblech liegenden Bindeflächen zerstörungsfrei prüfen, wobei gleichzeitig zwei Keile und zwei Filme verwendet werden.

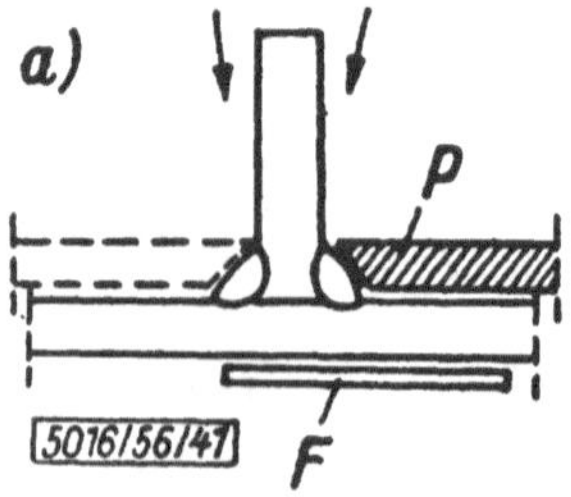

Bild 41 a. Durchstrahlung senkrecht zur Nahtfuge

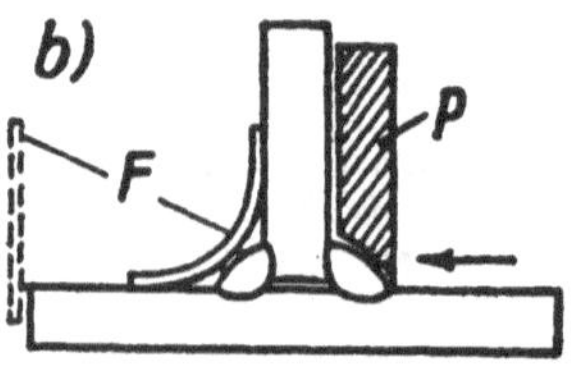

Bild 41 b. Durchstrahlung parallel zur Nahtfuge

Bild 41 a u. b. Schema der Röntgenaufnahme von Halsnähten mit verschiedener Durchstrahlungsrichtung
Es bedeuten: F = Film
P = Keil aus gleichem Material zum Dickenausgleich

T-Nähte und Halsnähte, speziell in Sonderprofilen von Brückenträgern, werden zweckmäßig in ähnlicher Weise mit Verwendung von geeigneten Paßstücken geröntgt (siehe Bild 41 a u. b).

Stumpfschweißnähte von Widerstandsschweißungen. Die zerstörungsfreie Prüfung der Stumpfschweißnähte, elektrisch widerstandsgeschweißt, angewandt für Wellen, Stangen, Rohre, Profile u. dgl., wird einerseits dadurch erleichtert, daß die Durchstrahlungsrichtung mit der Ebene der Bindeflächen zusammenfällt, so daß eventuelle Bindefehler in ihrer ganzen Ausdehnung wirksam sind.

Andererseits machen Form und Dicke der Prüfobjekte oft erhebliche Schwierigkeiten für die Erzielung optimaler Fehlererkennbarkeit. Bei geschweißten Wellen, Stangen sowie meist auch Rohren muß unbedingt ein Dickenausgleich vorgenommen werden, was in verschiedener Weise erfolgen kann.

Am einfachsten ist die Aufnahmeanordnung nach dem Schema des Bildes 42, vorausgesetzt, daß die Schweißnaht glatt abgedreht wurde. Die Stange bzw. Welle wird zwischen zwei entsprechend ausgebohrte Paßstücke aus dem gleichen Werkstoff eingelegt, deren Breite nach der Dicke der Naht bemessen wird. Selbstverständlich müssen auch hier wieder alle außerhalb der Naht liegenden Stellen des Prüflings gut mit Bleiblech abgedeckt werden, da in Anbetracht der großen zu durchstrahlenden Wanddicken sonst starke Streustrahlung auftritt. Aus diesem Grunde empfiehlt es sich auch, vor dem Film ein Schwermetall-Streustrahlenfilter anzubringen. Bei Serienaufnahmen wird man Schablonen für mehrere Rundstäbe gleichzeitig anfertigen.

Wenn die Schweißnähte nicht abgearbeitet sind und die Schweißraupen auch nicht entfernt werden sollen, empfiehlt sich das Einbetten der Welle bzw. des Rundstabes in eine neutrale Salzlösung oder in Metallpulver von gleichem Schwächungsvermögen wie das des Werkstoffes nach dem Schema des Bildes 42 c.

Das Gefäß soll einen leicht durchstrahlbaren, fehlerfreien Boden haben, auf Klötzchen gestellt werden und hohl stehen. Die Filmkassette, eventuell nebst Schwermetallfilter, wird unter das Gefäß geschoben. Der Flüssigkeitsspiegel soll so hoch sein, daß das Prüfobjekt gerade bedeckt ist. Die Primärstrahlung fällt senkrecht zur freien Oberfläche der Flüssigkeit ein. Das Arbeiten mit Lösungen ist bequem. Bei Benutzung von Flüssigkeitsbädern macht die gute Abdichtung der Wellen deshalb oft Schwierigkeiten, weil nichts von der relativ teuren Lösung verlorengehen soll.

Einfacher und weniger zeitraubend ist die Benutzung eines Schwermetalldoppelkeiles (Werkstoff z. B. Zinn, Kupfer oder Blei) nach dem Schema des Bildes 43 a.

Zur Vermeidung schädlicher Streustrahlung werden zu beiden Seiten der Welle Bleibleche als Abdeckung aufgelegt, so daß sie noch am Rande vom Zinnkeil überdeckt werden.

Bei großem Durchmesser der Welle ist es zweckmäßig, zwei gleiche Zinnkeile nach dem Bild 43 b zu verwenden. Von diesen ist jeder zum halben Dickenausgleich und der vordere (röhrennahe) als Vorfilter zur Homogenisierung der Primärstrahlung, der hintere (röhrenferne) als Schwermetallfilter für die entsprechende Streustrahlung gedacht. Die Keildicke ist in Abhängigkeit vom Abstand R rechnerisch gegeben durch

$$x = \frac{\mu_{Fe}}{\mu_{Sn}} \left(R_0 - \sqrt{R_0^2 - R^2} \right).$$

Die Keilkurve ist eine Ellipse mit der großen Achse $a_0 = R_0$ und der kleinen Achse $b_0 = \alpha \cdot R_0 \left(\alpha = \frac{\mu_{Fe}}{\mu_{Sn}} < 1 \right)$.

Man erkennt aus dem Bild 43 c, daß im Falle gleichen Werkstoffes von Welle und Keilen die beiden Ellipsenbogen in Kreisbogen übergehen ($a_0 = b_0$), welche die Welle nach dem Schema des Bildes 43 b umfassen.

Widerstandsgeschweißte Rohre. Die zerstörungsfreie Prüfung von elektrisch widerstandsgeschweißten Rohren kann grundsätzlich nach dem gleichen Schema erfolgen wie angegeben.

Bei engen und dickwandigen Rohren, die von innen schwer oder nicht zugänglich und vielleicht noch gekrümmt sind, ist es wirtschaftlicher, vier Ausgleichkeile aus Zinn nach dem Schema des Bildes 44 zu verwenden. Dadurch kann die ganze Naht mit nur einer Aufnahme erfaßt werden an Stelle von sechs Aufnahmen. Nachteilig für die Fehlererkennbarkeit ist aber die starke Heraufsetzung der zu durchstrahlenden Wanddicke durch die Keile von der Dicke 2 D auf die maximale Dicke

$$2\,D' = 2\,D + 2\,\alpha \sqrt{D} \left(\sqrt{2\,R_a - D} - \sqrt{D} \right);$$

$D = R_a - R_i$, R_a = Außen-, R = Innenradius.

Röntgenprüfung widerstandsgeschweißter Profile. Besondere Schwierigkeiten treten bei abbrenngeschweißten Profilen (z. B. Schienenstößen) auf wegen der großen Wanddickenunterschiede (siehe hierzu bei *Mantel u. Rietsch*, Bild 7 b, Seite 423). Als Beispiel wird auch auf das Bild 45 A bis C (S. 1189) verwiesen.

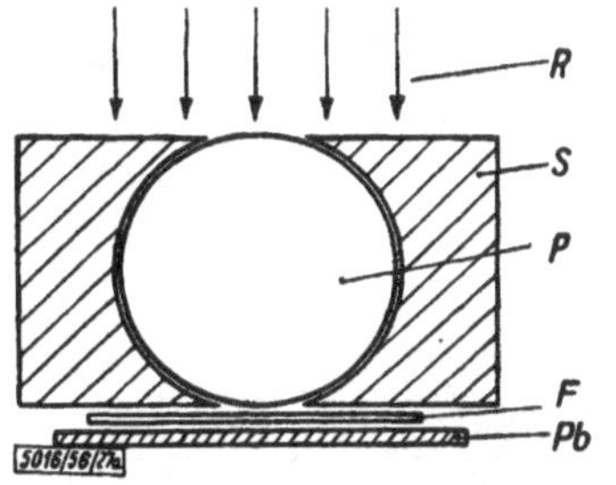

Bild 42 a. Dickenausgleich mit schraubstockartigen Paßstücken aus gleichem Werkstoff

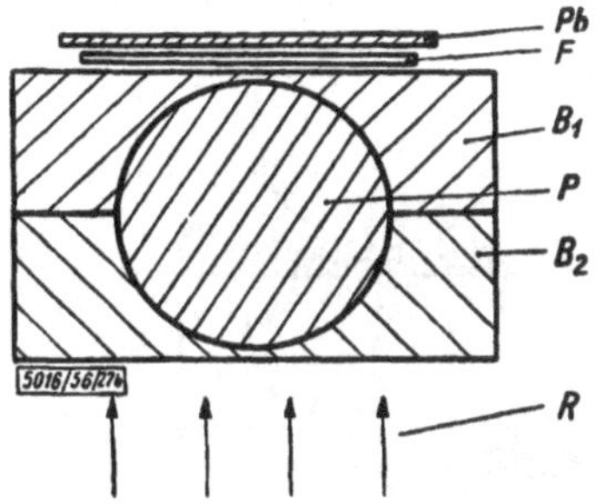

Bild 42 b wie Bild 42 a, jedoch mit Paßstücken B_1 u. B_2 mit horizontaler Nahtfuge

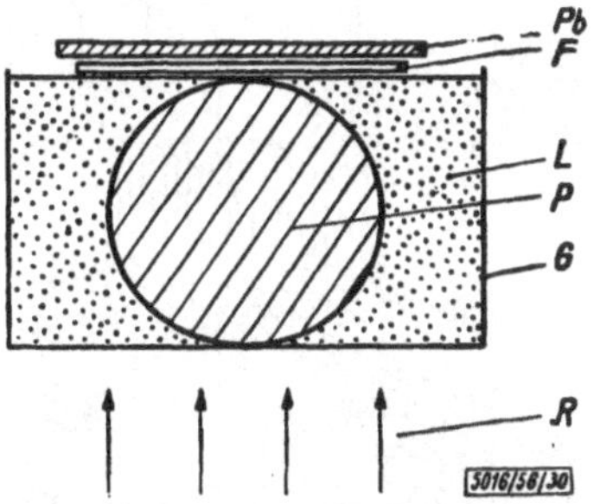

Bild 42 c. Dickenausgleich durch Einbetten in Salzlösungen oder Schwermetallpulver

Es bedeuten:
R = Röntgenstrahlen
P = Probe
F = Film
Pb = Bleiabdeckung
L = absorbierende Lösung

Bild 42 a bis c. Schema der Röntgenaufnahme von abbrenngeschweißten Nähten

Beispiel: Es empfiehlt sich hier bei Serienuntersuchungen, für die sich die Anfertigung lohnt, *Spezialkeile* aus dem gleichen Werkstoff wie der Prüfling oder solche aus Zinn herzustellen. Das ganze Profil läßt sich dann mit drei Röntgenaufnahmen prüfen. Bei der ersten Aufnahme A ist der Zentralstrahl senkrecht auf den Steg gerichtet (D = 13,5 mm), der Kopf und der Fuß werden mit Blei abgedeckt. Der Film liegt zwischen scharfzeichnenden Verstärkerfolien in der gezeichneten Lage auf der fokusfernen Seite des Stegs.

Bei der Prüfung des Schienenkopfes wird in Richtung B eingestrahlt. Für diese Aufnahme sind zwei Filmstreifen notwendig, welche sich zwischen hochverstärkenden Folien in geeigneten (Schlauch-) Kassetten passender Größe befinden und unmittelbar hinter dem Schienenkopf symmetrisch zum Steg angeordnet sind. Der Dickenausgleich wird mittels zweier gleicher, vor dem Filmstreifen befindlicher Keile vorgenommen. Die Prüfung des Schienenfußes erfolgt nach dem in Bild 45 c angegebenen Aufnahmeschema.

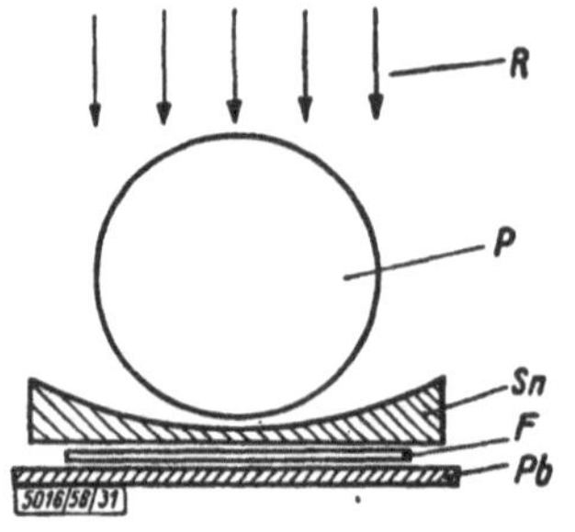

Bild 43 a

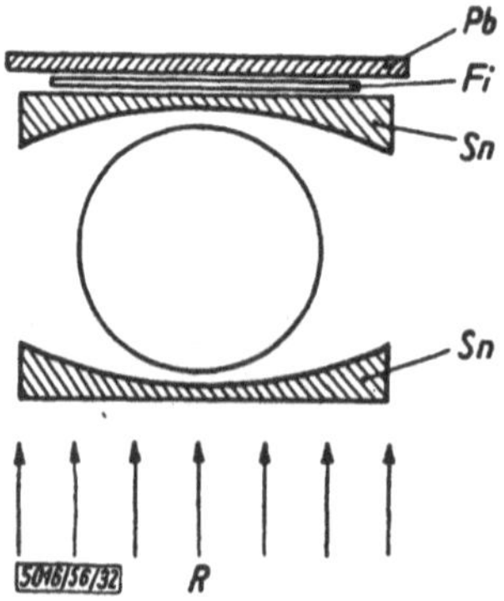

Bild 43 b

Es bedeuten: R = Röntgenstrahlen
Fi = Film
Pb = Bleiabdeckung

Bild 43 a u. b. Schema der Röntgenaufnahme an widerstandsgeschweißten Stumpfnähten

Bild 43 a. Aufnahme mittels eines Zinndoppelkeils (Sn)

Bild 43 b. Aufnahme mittels zweier Zinndoppelkeile (Sn u. Sn) als Dickenausgleich und Streustrahlenfilter

Bild 44 a u. b. Schema der Röntgenaufnahme an widerstandsgeschweißten Rohren

Bild 44 a. Dickenausgleich mit sichelförmigen Paßstücken S aus gleichem Werkstoff wie das Werkstück W

Bild 44 b. Desgl. mit Paßstücken in Form eines angenähert elliptischen Zylinders im Rohrinnern

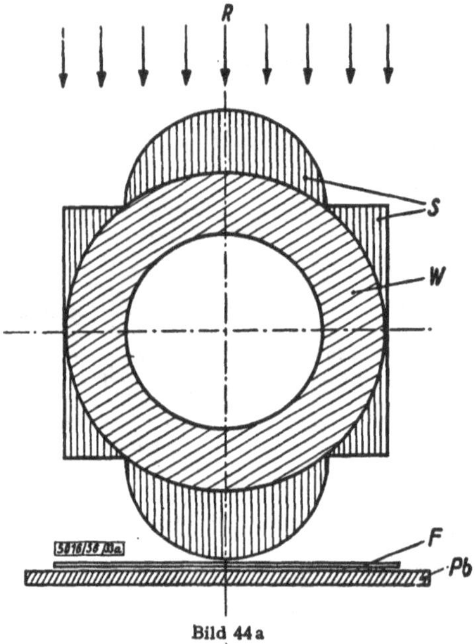

Bild 44 a

Es bedeuten: R = Röntgenstrahlen
F = Film
Pb = Bleiabdeckung

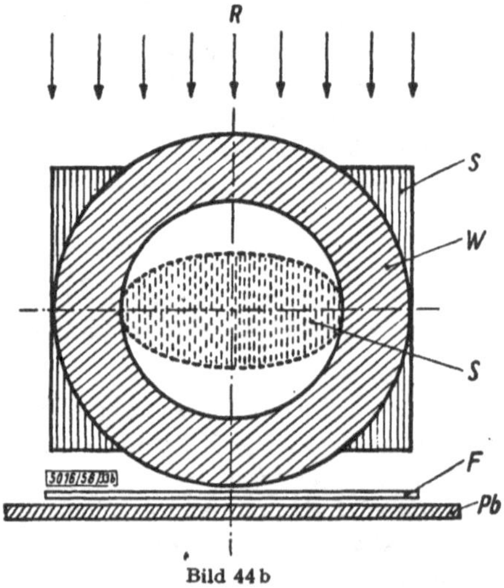

Bild 44 b

Punkt- sowie rollennahtgeschweißte Nähte lassen sich zur Zeit röntgenologisch im allgemeinen schlecht überprüfen, da die flächenhaften groben Bindefehler quer zur Durchstrahlungsrichtung verlaufen und der Kontrast daher zu gering wird.

Dagegen ist es bei Leichtmetall-Punktschweißungen möglich, mit Hilfe der Röntgenprüfung Schwindrisse und Anlegieren (siehe *Erdmann-Jesnitzer*, Beitrag Widerstandsschweißung der Leichtmetalle) des kupferhaltigen Elektrodenwerkstoffes zu erkennen.*)

Bild 45 A bis C. Schema der Aufnahmeanordnung eines widerstandsgeschweißten Schienenprofils mit Benutzung von Zinnkeilen als Dickenausgleich und Streustrahlenfilter

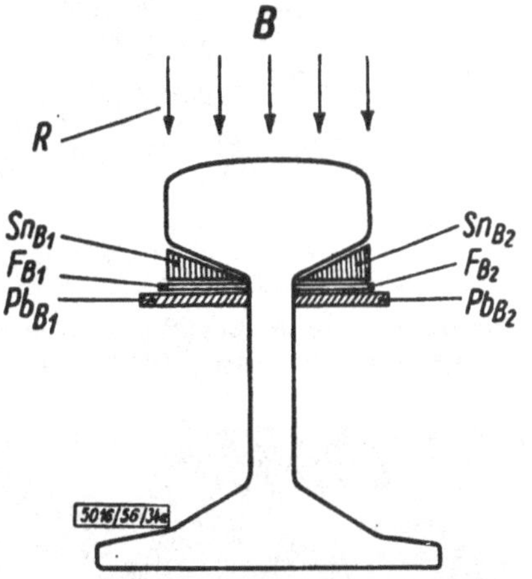

Bild 45 B. Aufnahme des Kopfes

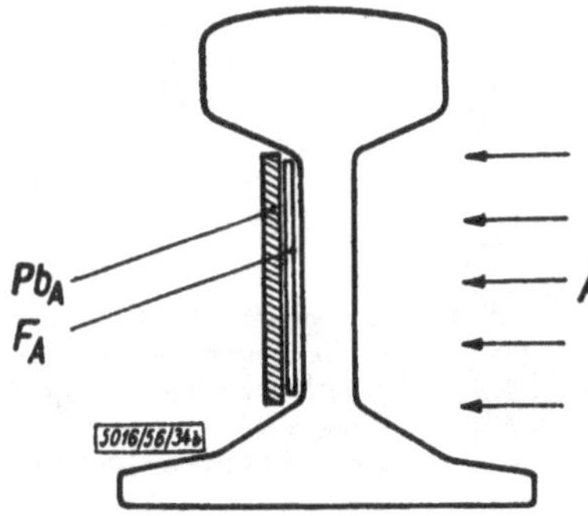

Bild 45 A. Aufnahme des Steges

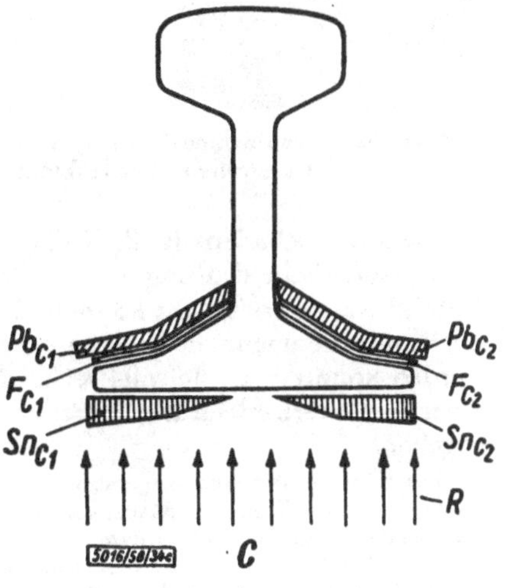

Bild 45 C. Aufnahme des Fußes

Es bedeuten: Pb = Bleiabdeckung
R = Röntgenstrahlen
F = Film
Sn = Zinnkeile

Wassergasgeschweißte Nähte. Besonders unregelmäßige, vielfach verkrümmte Bindeflächen (siehe *Rädeker*, Bild 25 b, S. 708) bestehen bei Wassergas-Preßschweißnähten, die *ohne* Zuhilfenahme fremden Schweißgutes verschweißt werden. Der röntgenologische Nachweis von geringen Bindefehlern wird hierdurch sehr erschwert. Außerdem liegen die Bindeflächen bei senkrechter Einstrahlung zur Blechoberfläche im Mittel sehr ungünstig zur Strahlrichtung für eine optimale Fehlererkennbarkeit (siehe Bild 46).

Dagegen lassen sich Schlacken- und Zunder- bzw. Oxydeinschlüsse in den Bindeflächen relativ sicher mit den üblichen Methoden der Röntgenprüfung nachweisen**).

*) Über die zerstörungsfreie Prüfung von Leichtmetall-Punktschweißungen mit Ultraschall vgl. S. 1266.

**) Näheres über die Röntgenprüfung von wassergeschweißten Nähten siehe unter Lit. *Ebel*, Zeitschrift „Die Wärme", Jan. 1930, Nr. 4.

Reparaturschweißungen an Gußstücken, Maschinenteilen usw. Die zerstörungsfreie Werkstoffprüfung, insbesondere mit Röntgenstrahlen, ist besonders wertvoll bei Überprüfungen von Schadensfällen und bei der Kontrolle im Werkstattgroßbetrieb. Meist wird dabei so vorgegangen, daß neben anderweitigen Untersuchungen der

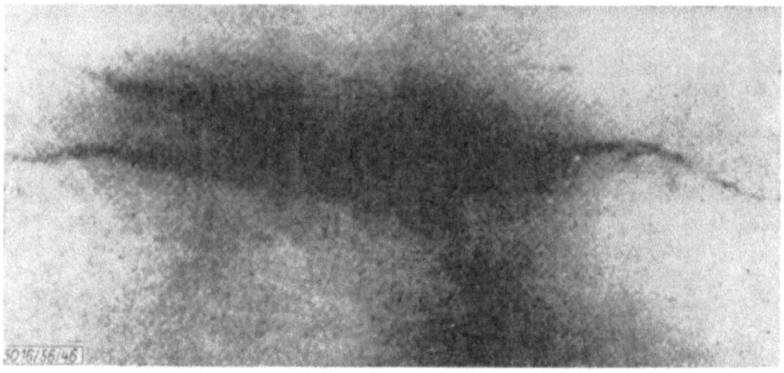

Bild 46. Röntgenaufnahme (Negativ) einer mit Wassergas (siehe S. 1189) geschweißten Naht einer Kesseltrommel mit starken Schrumpfrissen

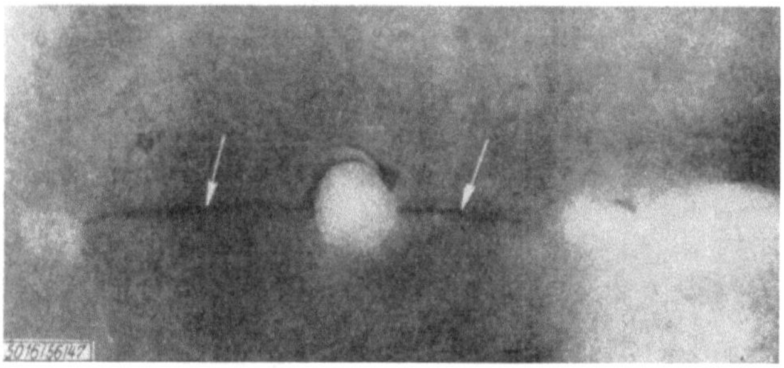

Bemerkung: Die kleinen weißen Kreise rühren von mit Blei abgedeckten Probebohrungen her. Der große Kreis rechts von dem mit Blei abgedeckten Rohrloch

Bild 47. Röntgenaufnahme (Negativ) eines Risses in einer Hochdruckkesseltrommel mit 100 mm Wanddicke

Umfang des Schadens (z. B. Rißlage, Rißverlauf und Rißende) durch eine Röntgen- oder magnetische Prüfung festgestellt wird, um Maßnahmen für die schweißtechnische Instandsetzung treffen zu können. Nach erfolgter Schweißung wird die Schadensstelle zur Kontrolle nochmals geröntgt, um festzustellen, ob der Fehler tatsächlich beseitigt werden konnte. Als Beispiel sei in dem Bild 47 die Röntgenaufnahme von Rissen in einer Kraftwerk-Hochdruckkesseltrommel von 90 mm Wanddicke (80 atü) wiedergegeben.

Die Röntgenröhre und -apparatur (300 kV) befand sich außerhalb der Trommel. Es wurde nach Ausbrechen eines Teiles des Mauerwerkes von außen nach innen eingestrahlt, da die Röhre nicht durch das Mannloch hindurch ins Trommelinnere gebracht werden konnte. Der eine der Risse ging von einer Rohreinwalzstelle aus in einer Länge von etwa 15 cm schräg in die Tiefe bis etwa zur Mitte der Wanddicke. Der andere, feinere Riß verlief etwa 4 cm vom Rohrlochrand ausgehend bogenförmig in den Steg hinein. Der erste Riß klaffte und war mit Korrossionsprodukten erfüllt. Nach Auskreuzen und Ausarbeitung einer Tulpennaht wurde in beiden Fällen eine zweite Röntgenaufnahme gemacht zwecks Feststellung, ob die Risse vollständig beseitigt waren, was durch Wechselstromdurchflutung kontrolliert wurde. Weitere Aufnahmen wurden nach Ausführung der ersten Schweißlagen hergestellt, um etwaige neue Spannungsrisse rechtzeitig zu erkennen. Schließlich folgten noch Kontrollaufnahmen nach Fertigstellung der Naht und Abarbeiten der Schweißraupe. Die Nähte an beiden Rißstellen erwiesen sich als einwandfrei ausgeführt. Zur Kontrolle wurde die Rohrlochwand im Schweißnahtquerschnitt nochmals magnetisch geprüft.

4. Entwicklung und Betrachtung der fertigen Röntgenaufnahmen

a) Photographische Behandlung der Röntgenfilme

Die Wirkung der Röntgen- bzw. Folienfluoreszenzstrahlung auf die photographische Schicht wird durch die Entwicklung sichtbar gemacht. Diese muß sauber und einwandfrei durchgeführt werden. Dies ist für das Gelingen der Röntgenaufnahmen von großer Bedeutung. Auf Einzelheiten des Entwicklungsprozesses kann hier nicht eingegangen werden. Als Optimum der Entwicklungszeit gelten für 18° C warmen Röntgen-Rapidentwickler etwa 5 Minuten, wodurch der Film bei einwandfreier Klarheit (Schleierschwärzung höchstens 0,15 im absoluten Maß) die gewünschte steile Gradation erhält (Näheres siehe *Eggert-Gajewski*).

Die Einhaltung der richtigen Entwicklertemperatur macht gerade auf Baustellen in provisorisch eingerichteten Dunkelkammern sowie auch im Winter oft Schwierigkeiten. Wenn man nicht über einen elektrischen Tauchsieder verfügt, kann man sich dadurch helfen, daß die Entwicklerschale in ein größeres Gefäß mit warmem Wasser gestellt wird, wobei die Temperatur mit einem Thermometer überwacht werden muß. Für die Röntgenphotographie kommt sowohl die Schalen- wie die Tankentwicklung in Betracht. Letztere besonders dann, wenn täglich größere Mengen von Röntgenfilmen zu entwickeln sind. Die Filme werden gewöhnlich in spezielle Rahmen aus rostfreiem Stahl, Reinnickel oder Kunststoff eingehängt oder auch mit entsprechenden Klammern und Ösen gehalten. Die weitere Behandlung erfolgt in der üblichen Weise durch Zwischenwässern, Fixieren und Trocknen, letzteres am besten in einem *staubfreien* Trockenschrank. Unterbelichtete Filme müssen verstärkt, überbelichtete abgeschwächt werden, falls eine Wiederholung der Röntgenaufnahme nicht möglich ist, damit eine einwandfreie Beurteilung gewährleistet wird.

b) Betrachtung der Röntgenfilme

Die Betrachtung der Röntgenaufnahmen erfolgt meistens subjektiv mit Hilfe eines Schaukastens, der eine gleichmäßige Beleuchtung der ganzen Bildfläche und außerdem ermöglicht, bestimmte Bildteile während der Betrachtung abzudecken und besonders wichtige Stellen ohne Blendungsgefahr aufzuhellen (zweckmäßig sind Schaukästen mit Quecksilberdampflampen). Zur Erzielung einwandfreier Ergebnisse und zur Vermei-

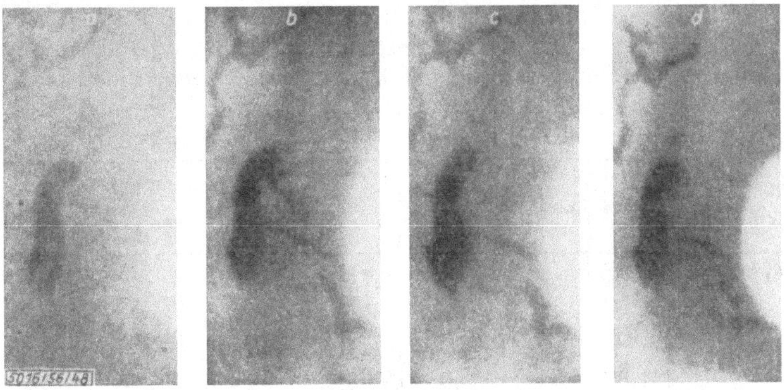

Bild 48 a bis d. Verbesserung der Fehler- und Detailerkennbarkeit der Gammastrahlenaufnahme eines Stahlgußkörpers mit groben Lunkern durch Betrachtung mit dem „Auroskop"

Bild 48 a. Einfacher Film auf der Mattscheibe
Bild 48 b. Zwei Filme auf der Mattscheibe
Bild 48 c. Einfacher Film unter dem „Auroskop"
Bild 48 d. Zwei Filme unter dem „Auroskop" (nach *Berthold*)

dung von Täuschungen in Grenzfällen ist eine ganze Reihe von Vorsichtsmaßregeln zu beachten. Die absolute Filmschwärzung soll möglichst innerhalb der Grenzen von 0,8 bis 1,2 liegen.

Für unterbelichtete und flaue Aufnahmen, die nicht verstärkt werden können, empfiehlt sich die Betrachtung mit Hilfe eines „Auroskops" (DRP 630360 der Auergesellschaft, Berlin), wobei der Film auf eine fluoreszierende Unterlage gelegt und von oben mit UV-Licht angestrahlt wird (Bild 48).

Infolge der angenäherten Verdoppelung des Kontrastes genügt eine Grundschwärzung von 0,6 bis 0,75, was insbesondere für Feinfokus- und Gammastrahlaufnahmen nützlich ist.

Die rein subjektive Betrachtung der Röntgenfilme von Schweißnähten wird in den meisten praktischen Fällen zur einwandfreien Auswertung und Deutung der Bilder, genügend Erfahrung vorausgesetzt, ausreichen. Wenn es sich um die exakte Feststellung feiner Details handelt, die sich infolge ihrer Kleinheit oder infolge zu geringen Kontrastes der subjektiven Beobachtung entziehen, empfiehlt sich das *densographische Verfahren*, welches besonders von *v. Schwarz* u. *Herr* in die Röntgenmaterialprüfung eingeführt wurde. Es ermöglicht eine objektive Messung von Schwärzungsdifferenzen und des Verlaufs, der Ausdehnung und Gestalt verschwimmender und ineinander übergehender Konturen feiner Fehlstellen in Schweißnähten, wie Schlacken, Oxydeinschlüsse, Risse und Bindefehler, Einbrandstellen u. a. m.

c) *Beurteilung der Bildgüte*

Um nachträglich festzustellen, ob das Röntgenbild genügend kontrastreich ist, damit die geforderte Fehlererkennbarkeit gewährleistet ist, verwendet man in Deutschland nach DIN 1914 genormte Drahtteste, welche aus je 7 Drähten mit verschiedenen Durchmessern und je nach dem verschweißten zu prüfenden Werkstoff aus Eisen, Aluminium oder Kupfer bestehen. Diese Drahtstege sind in einer entsprechend gefärbten Gummischicht eingebettet und in der nachstehenden Weise für die verschiedenen Werkstoffe und Werkstückdicken gekennzeichnet (Bild 49).

Um aus der fertigen Aufnahme feststellen zu können, daß beim Auflegen des Drahttestes keine Verwechslung unterlaufen ist, sind die verschiedenen Werkstoffe durch eine verschiedene Anzahl von kleinen Bleikugeln gekennzeichnet. Diese treten als helle Schatten im Röntgenbild hervor (vgl. Bild 49).

Werkstoff des Prüflings	Dicke des Prüflings in mm	Werkstoff und Bezeichnung des Drahtsteges	Durchmesser der Drähte in mm	Kennzeichnung der Stege ▮▮▮	∣∣∣	Farbe des Plättchens
Leichtmetalle	0 bis 50	Al I	0,1/0,2/0,3..0,7	0	0	grau
	50 bis 100	Al II	0,8/1,0/1,2..2,0	0	00	
	100 bis 150	Al III	1,5/2,0/2,5..4,5	0	000	
Eisen-legierungen	0 bis 50	Fe I	0,1/0,2/0,3..0,7	00	0	blau
	50 bis 100	Fe II	0,8/1,0/1,2..2,0	00	00	
	100 bis 150	Fe III	1,5/2,0/2,5..4,5	00	000	
Kupfer-legierungen	0 bis 50	Cu I	0,1/0,2/0,3..0,7	000	0	rot
	50 bis 100	Cu II	0,8/1,0/1,2..2,0	000	00	
	100 bis 150	Cu III	1,5/2,0/2,5..4,5	000	000	

Zahlentafel 4. DIN-Steg 1914, Anwendungsvorschrift

Die Verwendung der DIN-Teste ist besonders dann wichtig, wenn eine einwandfreie Beurteilung fremder Röntgenaufnahmen durch Sachverständige erfolgt. Es läßt sich ja bekanntlich z. B. durch unzulässige Spannungserhöhung oder zu großem Abstand des Films von der Schweißnaht ein „beruhigendes" Röntgenbild herstellen, was eine Beurteilung von anderer Seite erschwert. (!!)

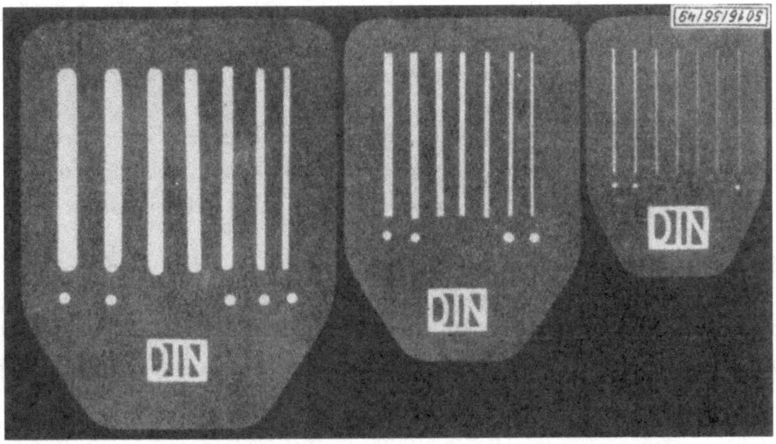

Bild 49 a bis c. Röntgenaufnahmen (Negative) von Drahttesten nach DIN 1914 (DIN Fe III, II, I, von links nach rechts gesehen)
Bei den Röntgenaufnahmen von Schweißnähten erscheinen die Drähte wie im Bild als helle Schatten
Bild 49 a. Drahtdurchmesser von 4,5 bis 1,5 mm. Bild 49 b. Drahtdurchmesser von 2,0 bis 0,8 mm
Bild 49 c. Drahtdurchmesser von 0,7 bis 1,0 mm (nach *Widemann*)

Als Maß der Bildgüte soll der Durchmesser des kleinsten im Röntgenbild gerade noch sichtbaren Drahtes, ausgedrückt in Prozenten der an der betreffenden Nahtstelle vorhandenen Wanddicke, gelten (sogenannte „Drahterkennbarkeit"). Nach DIN 1914 soll die Drahterkennbarkeit bei Eisen- und Stahlschweißnähten bis zu Dicken von 50 mm wenigstens 1,5% der durchstrahlten Wanddicke betragen. Die neue DIN 54110 enthält die Definition zweier Güteklassen für R- und γ-Aufnahmen. Schweißungen dürfen *nur* noch mit Güteklasse 1 gemacht werden. Bei mittleren Stahldicken benutzt man KK-Gleichspannung, deren transportable Apparate bis 300 kV reichen.

Der Drahttest nach DIN 1914 ist nach Umarbeitung des Normblattes DIN 54110 nicht beibehalten worden. — Die Abstufung der Drahtstege wurde etwas geändert und ein neuer Test für Magnesiumlegierungen ist geschaffen worden.

Die Erkennbarkeit von Rissen und Bindefehlern in Schweißnähten hängt stark von der Lage derselben zur Durchstrahlungsrichtung ab, wie es *Berthold* gezeigt hat. Nur in günstigen Fällen wird es möglich sein, feinste Risse und Bindefehler im Röntgenbild mit Sicherheit nachzuweisen, falls diese nicht direkt *in* der Strahlrichtung liegen. Vergleichende Untersuchungen hat auch *Widemann* ausgeführt, der insbesondere Querschliffe von Schweißnähten durchstrahlte, um die Fehlstellen exakt nachzuweisen und lokalisieren zu können (vgl. S. 1213 ff.).

Auf die Fehlererkennbarkeit bei der Leuchtschirmbetrachtung kann hier nicht näher eingegangen werden. Ganz allgemein ist diese stark von der Leuchtdichte abhängig und betreffs der Dichte geringer als bei der Röntgenaufnahme. Bei Eisen- und Stahlschweißnähten bis 15 mm Dicke beträgt die Fehlererkennbarkeit etwa 8 bis 10%

der durchstrahlten Wanddicke, bei Aluminium von 25 bis 50 mm etwa 5% für Poren bei Normalhelligkeit, bei kleineren Wanddicken entsprechend größer.

5. Auswertung und Beurteilung der Röntgenaufnahmen von Schweißnähten

a) Vorbemerkung

Für die Beurteilung der Röntgenaufnahmen muß man über die folgenden vier Punkte Klarheit schaffen:

Welche Schweißfehler sind überhaupt im Röntgenbild erkennbar, und wie unterscheiden sich diese voneinander?

Wie groß ist die Nachweisempfindlichkeit der verschiedenen Fehlerarten?

Welches ist die Tiefenlage der verschiedenen beobachteten Schweißfehler?

Welchen Einfluß haben die beobachteten Fehler auf die Verwendbarkeit der Schweißnaht (des geschweißten Bauteiles)?

Diese Fragen sollen in den folgenden Abschnitten behandelt werden.

b) Arten der Schweißfehler und deren charakteristische Kennzeichnung im Röntgenbild

Es ermöglicht die Grobstruktur-Röntgenprüfung ohne Zerstörung des Werkstückes die Beantwortung der folgenden Fragen:

Lassen sich aus dem Röntgenbild Rückschlüsse auf die Art des Schweißverfahrens ziehen?

Ist eine Schweißung flüssigkeitsdicht oder -undicht?

Sind Einschlüsse von Gasen, Schlacken, Oxyden od. dgl. vorhanden, und hat eine unzulässige Aufnahme von Gasen (Poren) beim Schweißvorgang stattgefunden?

Ist eine Schweißung verbrannt?

Wie machen sich Stellen bemerkbar, an denen der zeitliche Ablauf des Schweißvorganges (Elektrodenwechsel) unterbrochen wurde?

Sind Bindefehler vorhanden?

Ist die Wurzel richtig verschweißt?

Wie verhält sich durchgelaufenes Schweißgut im Röntgenbild?

Haben sich in der Schweißnaht oder im Übergang zum Grundwerkstoff Schrumpfrisse gebildet, und was sind deren Ursachen?

Wie war die thermische Nachbehandlung?

Ist die Schweißnaht nachträglich mechanisch bearbeitet, sind z. B. ausgewalzte Lunker oder Seigerungszonen erkennbar?

Wie geben sich Flußmittelreste, Schweißlot, nicht voll aufgeschmolzene Elektrodenbestandteile in der Naht zu erkennen?

Die wichtigsten Schweißfehler sind in der Zahlentafel 5 zusammengestellt.

Je nach der Lage der Fehler in der Naht sind die folgenden Abkürzungen allgemein bereits üblich:

i. W. = in der Wurzel
i. A. = in der Anschlußnaht
i. St. = im Stoß zweier Nähte
i. O. = in der Oberfläche (-raupe)
i. E. = im Endkrater
o. B. = ohne nennenswerten Fehlerbefund.

Art des Fehlers	Kurzzeichen	Art des Fehlers	Kurzzeichen
1 a Lunker	L	7 a Wurzelfehler	W. F.
1 b Feinlunker	F. L.	7 b durchlaufender Wurzelfehler	DWF.
2 a Blasen	Bl.	8 a Risse	R
2 b Poren	P.	8 b Risse parallel zur Nahtrichtung	LR.
2 c feine Poren	f. P.	8 c Risse quer zur Nahtrichtung	QR
2 d teilweise gefüllte Poren	g. P.	9 Einbrandkerben	EK
3 a Schlacken	S	10 Endkrater	E. A.
3 b Schlackenzeilen	S. Z.	11 Durchlaufen der Schweißguttropfenbärte	S. B.
3 c Seigerungen	Se.	12 Untermaß, d. h. nicht genügend aufgefüllte Raupe	U.
4 Flußmittelreste	Fl.	13 Materialfehler im Grundwerkstoff	M. F.
5 a Bindefehler	B. F.	14 Versetzte Blechkanten	V. B. K.
5 b Bindefehler längs der Blechkante	BL		
5 c Bindefehler quer zwischen den Lagen	BQ		
6 Kaltschweißen*)	K.		

*) Unter „Kaltschweißen" versteht man ungenügend oder nicht gebundene Verschweißungen meist infolge ungenügend großer Temperatur oder auch nach Auftreten von Oxydationen.

Zahlentafel 5. Übersicht über die wichtigsten Schweißfehler, aufgestellt unter Verwendung der üblichen Kurzzeichen (mit der Benutzung einer Tabelle im Buch von *Vaupel, Lindemann,* l. c., S. 87)

c) *Charakteristische Kennzeichen verschiedener Schweißverfahren und Schweißfehler im Röntgenbild.**)

Im folgenden soll die Rolle der in Zahlentafel 5 erwähnten Schweißfehler näher besprochen werden. Dabei sei hervorgehoben, daß diese Aufzählung keineswegs Anspruch auf Vollständigkeit erhebt.

Art des Schweißverfahrens. Man kann bei einiger Erfahrung im Lesen von Röntgenbildern die Art und Ausführung einer Schweißung eindeutig erkennen.

Die Bilder 50 a bis d geben elektrische Lichtbogenschweißungen in der photographischen Ansicht und im Röntgenbild wieder. Diese wurden mit verschiedener Elektrodenführung hergestellt. Sie enthalten Schlackeneinschlüsse.

Die Bilder 51 a u. b zeigen nach rechts geschweißte (siehe hierzu *Krug*, Bild 1, S. 161) Gasschmelzschweißnähte von 6 bis 8 mm Blechdicke. Hier ist es von besonderer Wichtigkeit, daß die Nahtwurzel einwandfrei verschweißt wird.

Die Bilder 52 a u. b zeigen nach links geschweißte (siehe hierzu *Krug*, Bild 2, S. 161) Nähte derselben Blechdicke, was man außer an der breiteren und flacheren Schweißraupe auch an den stärker gekrümmten „Schuppen" erkennt. Das Bild 52 a läßt einen durchlaufenden Wurzelfehler erkennen. Das Bild 52 b läßt starke und innen hohl ausgefallene Bärte von durchgelaufenem Schweißgut, zum Teil mit Poren durchsetzt, erkennen. Das Bild 52 c zeigt die Nachröntgung der Probe. Nach Auskreuzen und elektrischer Nachschweißung ist die Wurzel jetzt einwandfrei.

*) Da leider infolge Kriegseinwirkung der größte Teil unserer Originalröntgenfilmsammlung verlorengegangen ist, mußte hinsichtlich des Bildmaterials vielfach auf die Literatur zurückgegriffen werden, so daß die hier wiedergegebenen Bilder die Güte des Originals nicht erreichen. Einige Aufnahmen wurden dankenswerterweise von Herrn Röntgeningenieur Wulff, Halle, zur Verfügung gestellt.

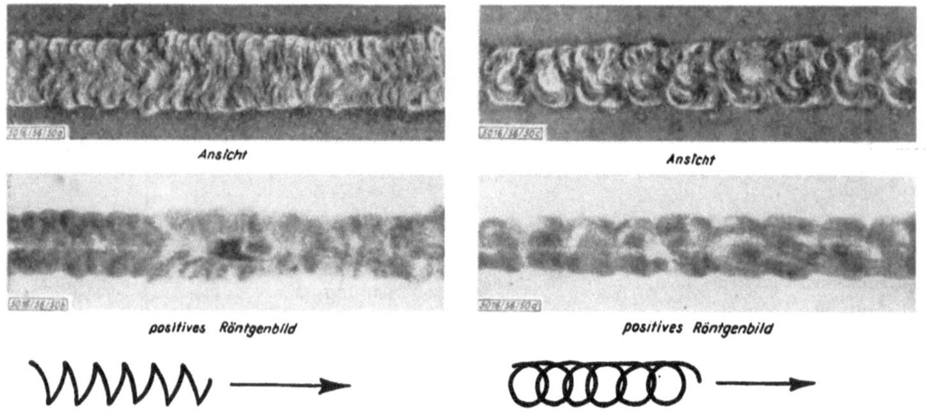

Bild 50 a bis d

Daraus ist zu folgern, daß bei Gasschmelzschweißnähten z.B. dünnwandiger Behälter, die wurzelseitig nicht nachgeschweißt werden können, im allgemeinen die Nachrechtsschweißung eine bessere Gewähr für eine saubere Verschweißung der Wurzel ergibt als die Nachlinksschweißung.

Wenn die Naht einer besonders starken Wechselbeanspruchung ausgesetzt ist, empfiehlt sich die Nachlinksschweißung mit elektrischer Nachschweißung der Wurzel. Glatterer Verlauf der Schweißraupe und keine Nacharbeit sind zu ermöglichen.

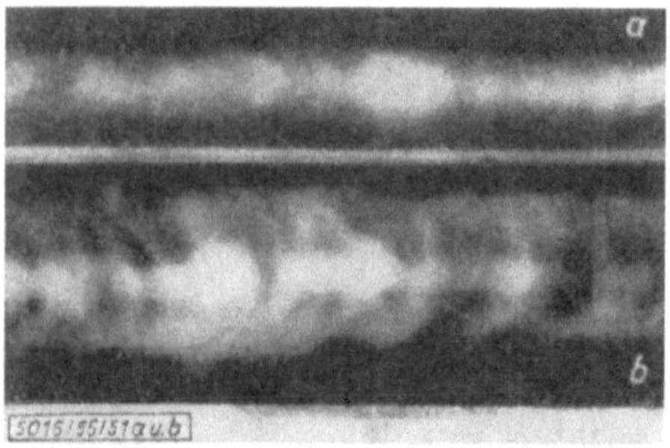

Bild 51 a und b

Dichtigkeit der Naht. Bei undichten Nähten lassen sich bei der Röntgenuntersuchung meist feine Poren und Hohlräume in großer Zahl erkennen, die sich über den ganzen Querschnitt der Naht erstrecken und zum Teil miteinander kommunizieren (Bild 53 a).

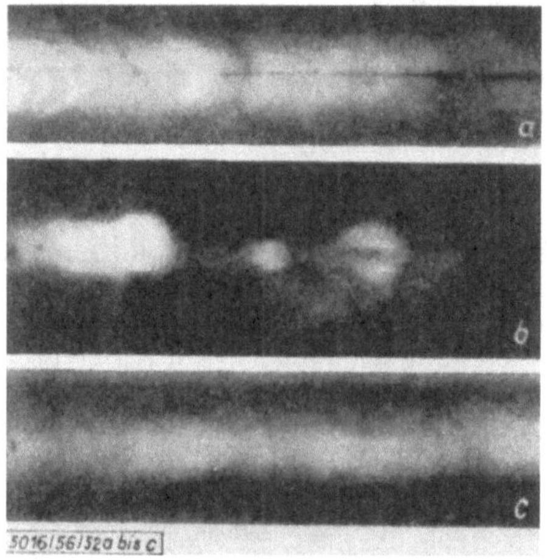

Bild 52 a bis c

Bild 50 a bis d. Elektrische Lichtbogenschweißungen verschiedener Ausführung in photographischer Ansicht und im Röntgenbild (Negativ) (nach *W. Grimm* u. *Wulff*)

Bild 51 u. 52. Röntgennegative von Gasschweißnähten (nach *K. Sandstede*)

Bild 51 a. Nachrechtsschweißung mit 6 mm Blechdicke

Bild 51 b wie 51 a, jedoch mit 8 mm Blechdicke

Bild 52 a. Nachlinksschweißung mit 6 mm Blechdicke (beachte den durchlaufenden Wurzelfehler)

Bild 52 b wie 52 a, jedoch mit 8 mm Blechdicke (beachte die starken Schweiß-„Bärte" und Poren)

Bild 52 c. Röntgenaufnahme der Probe des Bildes 52 c nach Auskreuzen und Nachschweißen mittels Lichtbogenschweißung

Dagegen sind feinporöse schwammige Gefügestellen, welche im Röntgenbild erscheinen, oft schwer im Hinblick auf ihre Auswirkung und auf die Dichtigkeit nach dem Röntgenbefund allein zu beurteilen (Bild 53 b).

Sie können einerseits als feinste Schlackeneinschlüsse auf *eine* Schweißlage beschränkt bleiben, andererseits aber auch über den ganzen Nahtquerschnitt verteilt sein, wodurch diese undicht wird. In schwierigeren Fällen ist die Anwendung der densographischen Methode vorteilhaft (vgl. S. 1192), welche ein objektives Maß der Wanddickenschwächung infolge Undichtigkeiten liefert. Im übrigen wird auf die bewährte Druckprobe sowie die neueren Diffusionsverfahren hingewiesen.

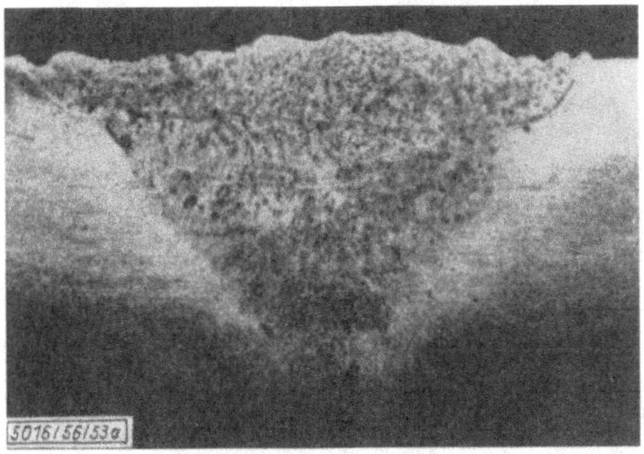

Bild 53 a. Makrobild einer völlig mit feinen Poren durchsetzten Lichtbogenschweißnaht, v = 3 × (nach *Zeyen* und *Lohmann*)

Bild 53 a u. b
Fehlerhafte Schweißnaht
(Porenbildung)

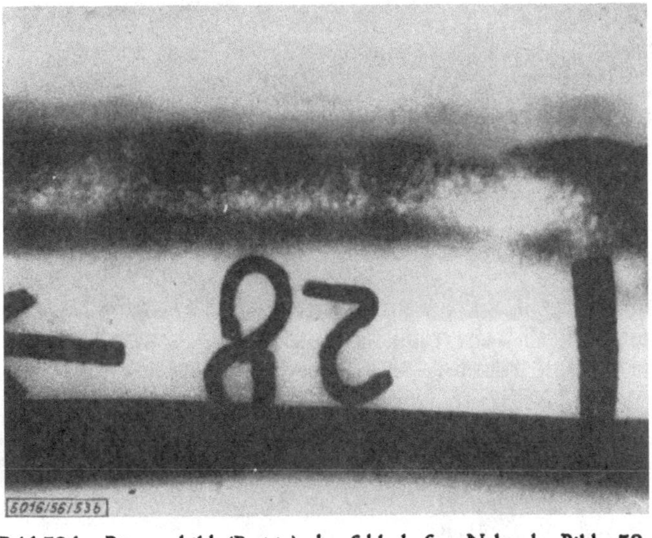

Bild 53 b. Röntgenbild (Positiv) der fehlerhaften Naht des Bildes 53 a

Gasblasen, Poren und sonstige Hohlräume. Gasblasen, Poren und sonstige Hohlräume erscheinen im Röntgenbild als scharfrandige, dunkle Stellen infolge der geringeren Schwächung der Röntgenstrahlen gegenüber dem gesunden Werkstoff (vgl. Bild 54 a u. b).

Gasporen sind noch bei einem Porendurchmesser von 1 bis 2% der Wanddicke auch bei nicht abgearbeiteten Schweißnähten deutlich erkennbar.

Das Bild 55 zeigt die Röntgenaufnahme einer Gußeisenwarmschweißung. Die Blase a ist scharf begrenzt und tiefschwarz, also mit Gas gefüllt und filmnahe gelegen, während

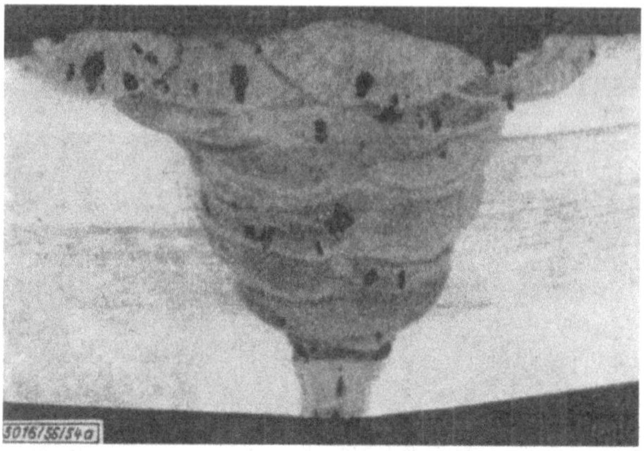

Bild 54a. Makrobild einer Lichtbogenschweißnaht mit groben Gasblasen, V 2 × (nach *Zeyen* u. *Lohmann*)

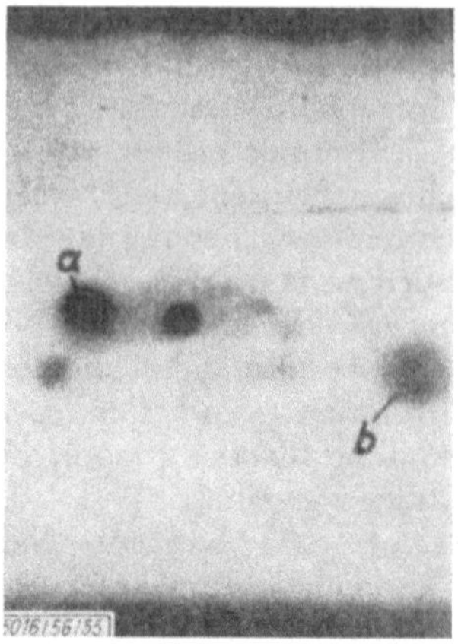

Bild 55. Röntgenaufnahme (Negativ) einer Gußeisen-Warmschweißung mit groben Poren und Gasblasen (nach *Grimm* u. *Wulff*)

Bemerkung: Die Blase a mit scharfer Zeichnung liegt filmnahe. Die Blase b mit unscharfer Begrenzung liegt filmfern. Beide Blasen liegen *in* der Schweißnaht

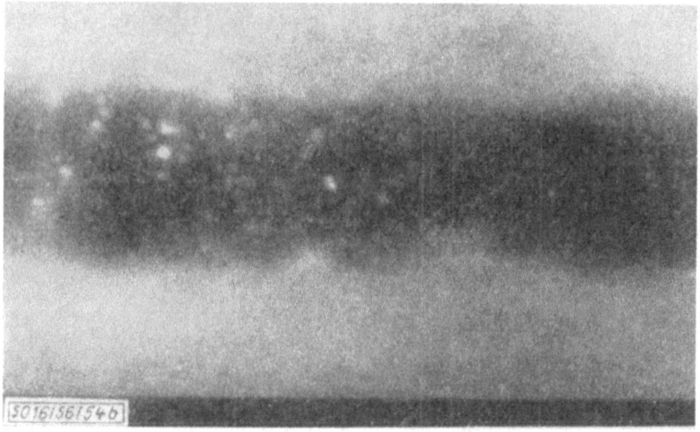

Bild 54 b. Röntgenbild (Positiv) einer fehlerhaften Naht nach Bild 54a
Bild 54 a u. b. Fehlerhafte Schweißnaht (Gasblasenbildung)

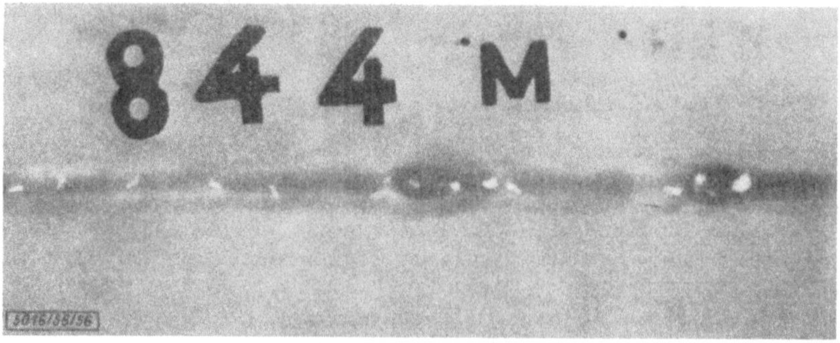

Bild 56. Röntgenbild (Positiv) einer arcatomgeschweißten Naht mit vereinzelten Blasen geringen Durchmessers und Spritzern von Schwermetall (Wolframeinschlüsse, herrührend vom Abbrand der W-Elektrode), Blechdicke 4 mm

die Blase b mit Schlacke gefüllt ist und sich an der röhrennahen Seite des Objektes befindet, wie es aus der geringeren Randschärfe und Schwärzung zu erkennen ist.

Das Bild 56 zeigt das Röntgenbild (Positiv) einer Arcatomschweißnaht mit vereinzelt auftretenden Blasen geringen Durchmessers, welche auf die Festigkeit der Naht keinen wesentlichen Einfluß haben.

Das Bild 57 zeigt im Gegensatz dazu eine stark mit Poren durchsetzte Naht, deren Verwendung als sogenannte Naht „erster Ordnung" bedenklich erscheint.

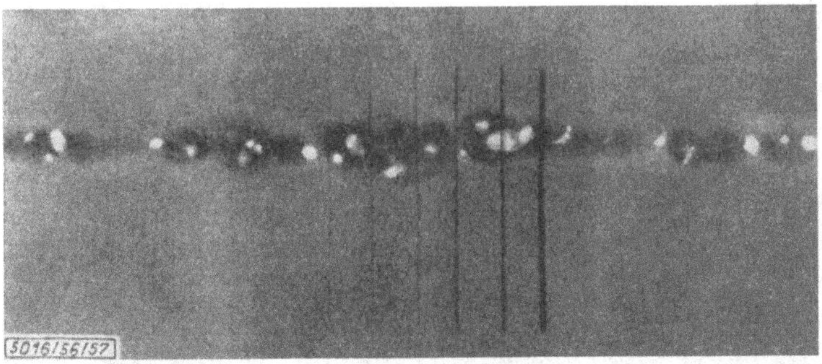

Bild 57. Röntgenbild (Positiv) einer arcatomgeschweißten Naht, stark mit Poren durchsetzt, Blechdicke 4 mm

Bild 58. Röntgenbild (Negativ) und Querschnittsschema einer Kupferschweißung mit Blasen und teilweise davon ausgehenden Schrumpfrissen (siehe auch die Pfeile) (nach *Grimm*)

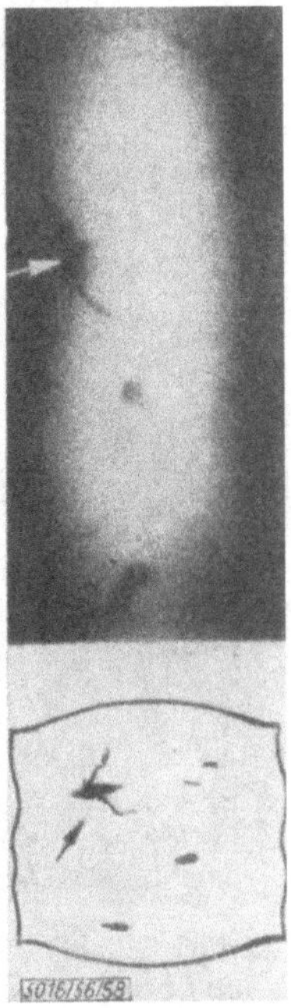

Bild 58

Die *metallographische Prüfung* zeigt im geätzten Querschnitt, daß die kleinen Pünktchen Gasblasen sind, die während der Erstarrung zwischen den Kristallen hängengeblieben und nicht ausgetreten sind. Werden absorbierte Verbrennungsgase beim Erkalten des Baustoffes wieder ausgeschieden und als Blasen im Innern der Schweißnaht festgehalten, so kommt es häufig zu einer Nesterbildung oder zu perlschnurartiger Aneinanderreihung der Blasen. Blasen sind im allgemeinen unbedenklich, solange sich diese nicht anhäufen und auch nicht örtlich im Gebiet großer Spannungen (Arbeits- oder Schrumpfspannungen) liegen. Andernfalls können diese, besonders bei Kupferschweißungen, infolge der Kerbwirkung zu Rißbildungen Anlaß geben, so wie es das Bild 58 zeigt. Der an der Pfeilstelle sichtbare Riß muß durch Ausbesserung beseitigt werden, da sonst bei der Beanspruchung im Betriebe mit einer Erweiterung und Vergrößerung gerechnet werden muß, die gefährliche Formen annehmen kann. Neben rundlichen Poren sind im Röntgenbild von Elektroschmelzschweißnähten bei Stahl mit ummantelten Elektroden mitunter auch längliche, zum Teil nesterartig gehäufte Porengebiete zu erkennen. Derartige Fehler hängen eng mit der Gasaufnahme beim Schweißen, insbesondere bei Verwendung nicht geeigneter Elektroden oder auch feuchter Elektrodenummantelung, zusammen. Gemäß dem metallographischen Befund handelt es sich um Hohlräume, die teilweise mit Einschnürungen versehen und von dünnen, teils silbrig-metallisch glänzenden, teils mit gerieften Schlackenhäutchen bedeckten Wänden umgeben sind. Die Hohlräume sind teils leer nach Art von Gasblasen, teils aber mit einseitig verwachsenen, metallisch glänzenden kompakten Einschlüssen gefüllt, nach eigenen, bisher unveröffentlichten Untersuchungen des Verfassers. Letztere erscheinen als „Spindeln, Tropfen, Würmer oder Zähne", manchmal mit feinrunzliger Oberfläche, teilweise mit Einschnürungen, und füllen den umgebenden Hohlraum nicht ganz aus, wodurch ihre längliche Form im Röntgenbild erklärt wird. Auf Gasblasenbildungen in Schweißnähten in Form wurmartiger Kanäle haben bereits früher *Blomberg* sowie *Müller* u. *Benneck* hingewiesen.

Bild 59. Makrobild der Bruchfläche einer Lichtbogennaht mit „wurmartigen" Gasblasenbildungen (nach *E. Schiebold*)

In anderen Fällen sind die Hohlräume zum Teil noch mit grünlichen oder bläulichen Schlackenresten gefüllt.

Ein typisches Beispiel hierfür zeigt das Bild 59, welches die Aufnahme einer durch derartige Hohlräume gehenden Bruchfläche darstellt (siehe unten). Infolge der länglichen Form der Würmer und der Art ihrer Verwachsung erscheinen die verbleibenden Hohlräume nicht rundlich, sondern eckig und scharfkantig begrenzt ähnlich wie bei einem Feinlunker.

Beim Ausschleifen bzw. im Schliffbild sind die sogenannten „Würmer" daran zu erkennen, daß diese im Gegensatz zu Gasporen und Blasen eine teilweise konkave Form haben mit Ecken, die in feine Spalten ausmünden, entsprechend den Zwischenräumen (Zwickeln) zwischen Hülle und Kernspindel. Manchmal haben diese das Aussehen feiner Anrisse oder gehen auch in solche über, so daß diese Form von Poren im allgemeinen bei gehäuftem Auftreten im Röntgenbild bedenklich für die Festigkeit der Naht erscheint (vgl. Bild 60).

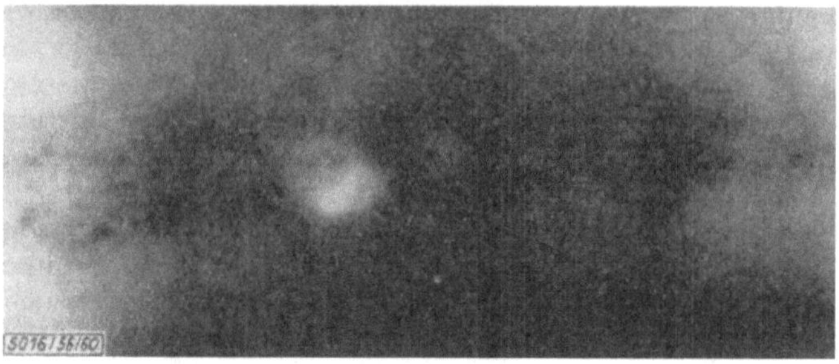

Bild 60. Röntgenbild (Negativ) mit von Blasen (wie in dem Bild 59) durchsetzter Rundnaht einer Rohrleitung (nach *E. Schiebold*)

Verbrannte Schweißungen (Einschlüsse von Fremdkörpern, Oxyden, Sand u. dgl.). Die Schlacken erscheinen als Zusammenballungen knospenartiger Gebilde, Streifen oder Linien mit unscharfen Konturen und geringerer Schwärzungsdifferenz als Hohlräume, da ihr Schwächungsvermögen infolge der stofflichen Ausfüllung größer ist als von gas- oder lufterfüllten Räumen (Bild 61a bis e).

Wenn bei V- oder X-Nähten die Wurzel nicht auf der Rückseite ausgekreuzt und nachgeschweißt wird, können durchlaufende Schlackenzeilen entstehen (Bild 61a, e).

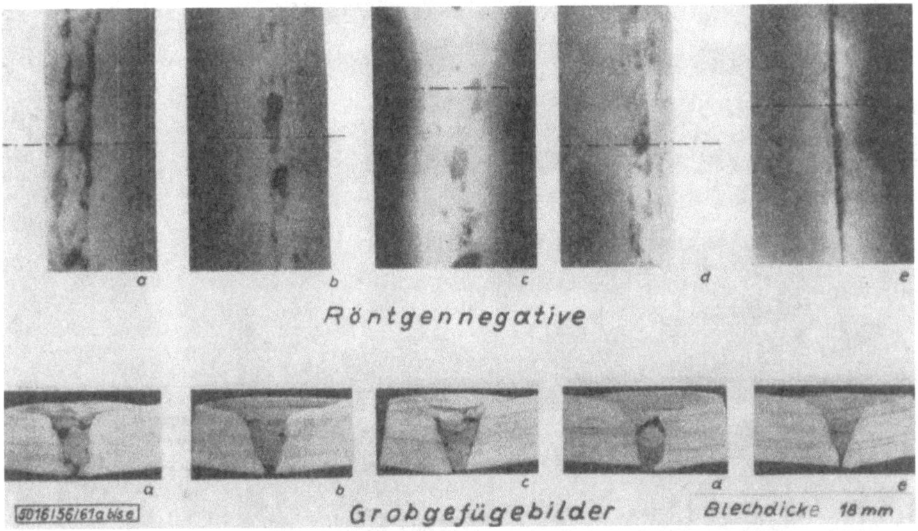

Bild 61 a—e. Röntgenbilder (Negative) und zugehörige Schliffbilder von Lichtbogenschweißungen (nach *F. Wulff*)

Bild 61 a. Parallele Schlackenzeilen an den Nahtflanken und Wurzelfehler
Bild 61 b. Grobe Schlacken in der Wurzel neben zeilig angeordneten kleineren an den Nahtflanken
Bild 61 c. Schlackeneinschlüsse und Bindefehler in den Nahtflanken
Bild 61 d. Grobe und feinere Schlacken zwischen den Lagen
Bild 61 e. Durchgehender Fehler infolge mangelhaft verschweißter Wurzel

(Die Fehlschweißungen sind auf zu kleinen Fugenwinkel zurückzuführen)

*Bei Mehrlagenschweißungen müssen die Schlacken durch Hämmern und Bürsten vor dem Legen jeder neuen Lage sorgfältig entfernt werden, da sonst Schlackenzeilen und -reste in den Einbrandkerben erhalten bleiben, welche im Röntgenbild als Bindefehler deutlich zu erkennen sind. Ähnliche Fehler können auch beim Auskreuzen der Wurzellage mit ungeeigneten, d. h. zu stumpfen oder auch zu spitzen Werkzeugen entstehen.**)

Charakteristische Röntgenbilder stark mit Schlacken durchsetzter Gasschmelzschweißnähte zeigt das Bild 62 neben Schliffbildern.

Unterbrechungsstellen (Heftstellen, Endkrater u. a. m.). Besonders markant erscheinen im Röntgenbild diejenigen Stellen, an denen der Schweißer den Schweißvorgang unterbrochen hat.

Bei gasschmelzgeschweißten Nähten bilden sich infolge zu rascher Entfernung der Schweißflamme und des Schweißdrahtes von der Naht Lunkerstellen bzw. Hohlräume aus, die beim Weiterschweißen im vorliegenden Falle nicht wieder richtig aufgeschmolzen werden (Bild 63). Auch bei elektrisch geschweißten Nähten entstehen beim Elektrodenwechsel bei nicht genügender Übung unter Umständen Hohlstellen und

*) Hier empfiehlt sich bei besonders wichtigen Schweißungen eine magnetische Zwischenprüfung der Wurzellagen nach Abkühlung auf etwa 300°—400° C mit Hilfe der „trockenen" Magnetpulvermethode. (Vgl. auch W. Anders, nach mündl. Mitt.)

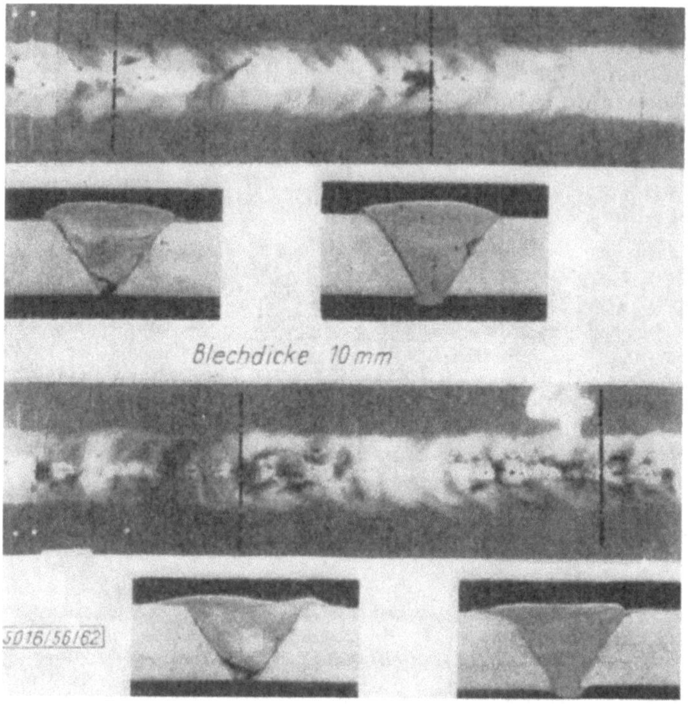

Bild 62. Röntgenbilder (Negative) einer Gasschweißnaht mit starken Bindefehlern (nach *F. Wulff*)

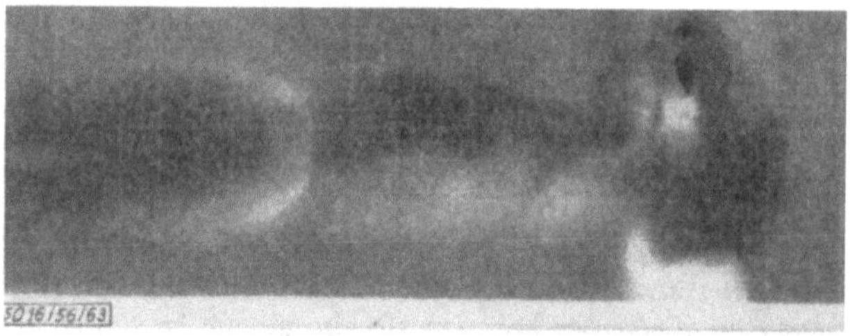

Bild 63. Röntgenbild (Negativ) einer nicht richtig aufgeschmolzenen Unterbrechungsstelle als Folge zu rascher Entfernung der Schweißflamme und des Schweißdrahtes von der Naht (nach *K. Sandstede*)

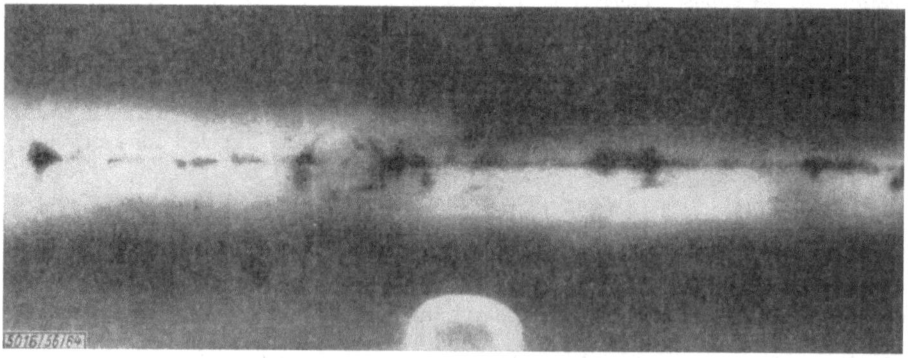

Bild 64. Röntgenbild (Negativ) eines durchgehenden Wurzelfehlers mit starken Schlackenresten (St 37, Blechdicke 16 mm, Schweißraupe abgearbeitet) (nach *Reichsbahnanweisungen*)

Nester von Schlackeneinschlüssen. Bei hochwertigen Schweißnähten können diese Fehler durch abwechselndes Hand-in-Hand-Arbeiten zweier Schweißer vermieden werden. Bei elektrisch geschweißten Leichtmetallnähten treten neben Poren oft an den Endkratern Risse auf (siehe hierzu auch bei *Erdmann-Jesnitzer*), welche bei Heftschweißungen sich zum Teil auch in den Grundwerkstoff hinein erstrecken. Eine Anzahl Schweißfirmen ist daher dazu übergegangen, Heftnähte nicht mehr elektrisch, sondern autogen zu legen.

Bindefehler. Als Bindefehler werden mit Oxyden bzw. Schlackenhäuten in dünner Schicht erfüllte Spalten, vorzugsweise in den Nahtflanken, bezeichnet, so daß keine metallische Verbindung des eingeschweißten Zusatzwerkstoffes mit dem Grundwerkstoff besteht. Mitunter werden auch gröbere, in den Nahtflanken oder bei Mehrlagenschweißungen zwischen den einzelnen Lagen liegende Schlackenfilme als Bindefehler bezeichnet [Lit. *Widemann*]. Bindefehler, insbesondere in der Wurzel von V-, U- und X-Nähten, zeigen sich im Röntgenbild als charakteristische dunkle, strichartige Streifen, d. h. Kennzeichen von Hohlräumen, die dadurch entstanden sind, daß sich der eingeschweißte Werkstoff im Nahtscheitel nicht mit dem Grundwerkstoff vereinigt hat. Die Schweiße erscheint an diesen Stellen gleichzeitig porig und gelockert als Folge von Verschlackung, Oxydation und Gasabsorption. Im allgemeinen erscheinen die Striche um so kontrastreicher, je größer die Fehlerausdehnung (in der Strahlenrichtung gemessen) ist, so daß ein erfahrener Beobachter auf Grund einwandfreier Röntgenaufnahmen praktisch brauchbare Schlüsse auf die Zuverlässigkeit der Schweißnaht (wenigstens gegenüber statischer Belastung) zu ziehen vermag (siehe Bild 64).

Als Bindefehler müssen auch diejenigen Stellen der Naht angesehen werden, für die zwischen Grundwerkstoff und Schweißgut keine metallische Bindung (Legierungsbildung, Diffusion) eintrat, sondern nur eine innige Berührung, wie Ankleben und Adhäsion, infolge nicht genügenden Durchschmelzens („Kaltschweiße"). Häufig sind derartige Bindefehler durch unsichtbare, äußerst dünne Oxydhäutchen zwischen den zu verbindenden Teilen der Naht entstanden (siehe hierzu auch S. 1214).

Bindefehler am Rande der Schweißnaht, an dem die Flanken nur noch wenig zur Blechoberfläche geneigt sind, lassen sich bedeutend schwerer nachweisen, da sie flacher zur Blechoberfläche und nahezu senkrecht zur Primärstrahlrichtung liegen. Wenn diese Fehler nicht rechtzeitig erkannt werden, muß mit schalenartigem Aufreißen der Nahtflanken gerechnet werden.

Die Bilder 65 und 66 zeigen einen Bindefehler in einer Nahtflanke einer Gasschmelznaht, und zwar einmal bei der Senkrechtaufnahme (Bild 65), das andere Mal bei der Schrägaufnahme längs der betreffenden Nahtflanke (Bild 66). Im letzteren Falle tritt der Bindefehler als dunkler, teilweise unterbrochener, unregelmäßig begrenzter Strich deutlicher hervor als im ersteren Falle, wo man in dem Bild 65 diesen bei nicht genügender Erfahrung auch mit Poren oder Schlackeneinschlüssen verwechseln könnte. Derartige Stellen müssen ausgebessert werden, wenn der Bindefehler in der Übergangszone zwischen Grundwerkstoff und Schweißnaht auftritt.

Wurzelfehler. Schweißverbindungen I. Güte in Form von X,- V- und U-Nähten müssen nach den in Deutschland bestehenden Vorschriften sorgfältig ausgebessert werden, falls Wurzelfehler größerer Ausdehnung im Röntgenbild beobachtet worden sind. Infolge der „inneren Kerbwirkung" wird die Dauerfestigkeit der Schweißverbindung erheblich herabgesetzt*).

*) Vgl. *Graf*, Der Stahlbau *6* (1933), S. 8, ferner *R. Berthold*, Atlas der zerstörungsfreien Werkstoffprüfung, l. c.; Diese geben sehr instruktive Beispiele, ebenso *J. Eggert* u. *H. Gajewski*, l. c., Tafel.

Bild 65. Röntgenbild einer Gasschmelznaht mit Bindefehler in einer Nahtflanke (Senkrechtaufnahme)

Bild 66. Röntgenbild der Nahtstelle des Bildes 65 bei Schrägaufnahme parallel zur Nahtflanke. Der durchgehende Bindefehler tritt in diesem Bild 66 wesentlich deutlicher hervor als in dem Bild 65 (nach *Wulff*)

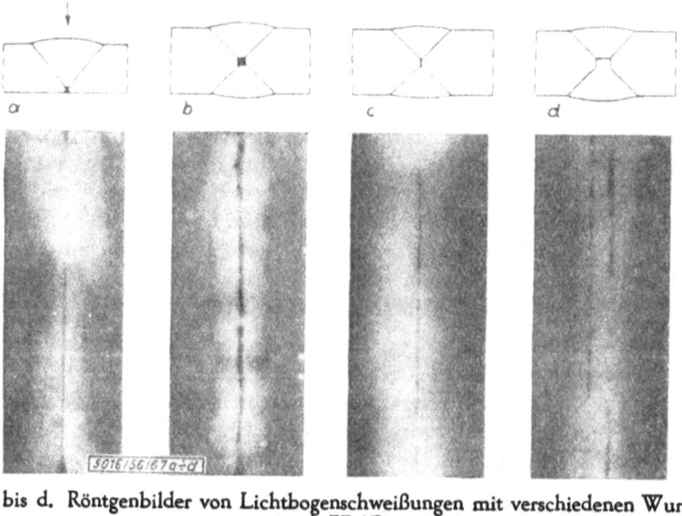

Bild 67 a bis d. Röntgenbilder von Lichtbogenschweißungen mit verschiedenen Wurzelfehlern (nach *Wulff*)

Vorschriftsmäßig wird nach teilweiser oder völliger Fertigstellung der einen Nahtseite die Wurzel von der anderen Seite her so weit ausgekreuzt, daß aller durch den Nahtscheitel durchgeschmolzene Schweißwerkstoff entfernt wird. Dann wird bei V- und U-Nähten die Wurzel nachgeschweißt, bei X-Nähten die zweite Nahthälfte fertiggestellt. Die meist im Röntgenbild beobachteten Wurzelfehler bei X- und V-Nähten sind in dem Bild 67 schematisch dargestellt [Lit. *Graf*; *Berthold*; *Eggert* u. *Gajewski*; *Kolb*].

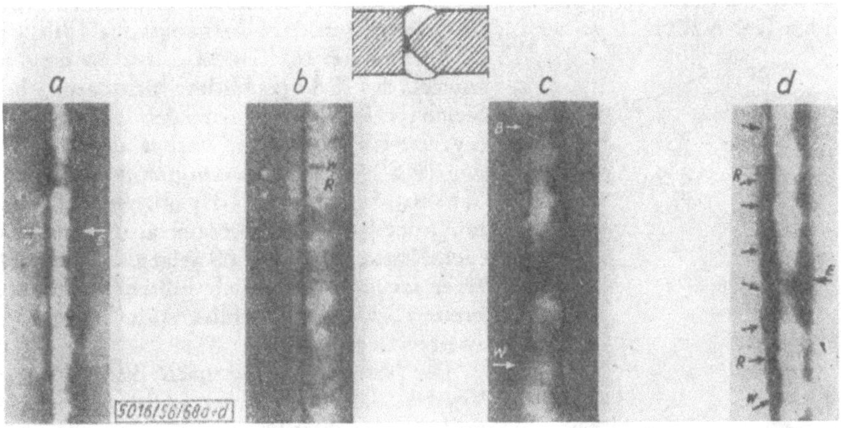

Bild 68 a bis d. Röntgenbilder (Negative) von K-Nähten und Schema der Nahtausführung

Bild 68 a. Wurzelfehler (W) und starker Einbrand

Bild 68 b. Durchgehender Wurzelfehler (W) und Risse (R)

Bild 68 c. Wurzelfehler (W) und Bindefehler (B)

Bild 68 d. Wurzelfehler (W) und mehrere Risse (R) sowie teilweise starker Einbrand (nach *Kolb*)

Über das Aussehen und die Beurteilung von Wurzelfehlern bei Stumpfnähten an geschweißten Stahlüberbauten hat *Kolb* an Hand eines umfangreichen Versuchsmaterials berichtet*). Bei zu schmaler Stoßfuge bleibt in der Wurzel ein schmaler, unverschweißter Spalt bestehen, der im Röntgenbild als scharfe Linie von mehr oder minder großer Länge erscheint (Bild 67 c).

Bei größerer Breite der Stoßfuge füllt sich diese oft mit Schlacke an, die im Röntgenbild als dunkles, unregelmäßig geschwärztes Band entsprechend der Spaltbreite erscheint (Bilder 67a u. b).

Wenn die Scheitelfuge u n genügend aufgeschmolzen wird, so daß eine metallische Bindung nur in der mittleren Zone der Wurzelfuge eintritt, entstehen an den Wänden derselben feine, spaltförmige Bindefehler, die im Röntgenbild als parallele Striche erscheinen (Bild 67 d), deren Abstände gleich der Fugenbreite sind.

Als schlecht sind daher Schweißverbindungen zu beurteilen, bei denen die Wurzel auf größere Strecken völlig unverschweißt geblieben ist. In solchen Fällen ist damit zu rechnen, daß sich insbesondere bei stoßartiger oder Schwingungsbeanspruchung der Schweißnähte von den Wurzelfehlern ausgehende Risse bilden (Bild 64, 68b).

*) *W. Kolb*, Der Stahlbau *1937*, Heft 13.

Eine besondere Nahtform, welche gelegentlich zum Einschweißen von Querträgern, Konsolen usw. bei Stahlhochbauten verwendet wird, stellt die sogenannte K-Naht, z. B. für den Anschluß von Querträgergurtblechen an dickere Hauptträgergurtbleche, nach dem Schema des Bildes 68 dar. Dabei wird die eine Nahtflanke nicht abgeschrägt, und man sieht, daß auf eine saubere Ausführung der beiderseitigen Wurzellagen besonderer Wert gelegt werden muß, da andernfalls schwerwiegende Schäden zu befürchten sind. Infolge der Kerbwirkung der Wurzelfehler sind an einem größeren in Betrieb befindlichen Brückenbauwerk besonders in der Zugzone starke Rißbildungen aufgetreten, die in der Hauptsache in der senkrechten Nahtflanke verlaufen (Bild 68 b), in einigen Fällen auch längs der Einbrandkerben in der Übergangszone (Bild 68 d).

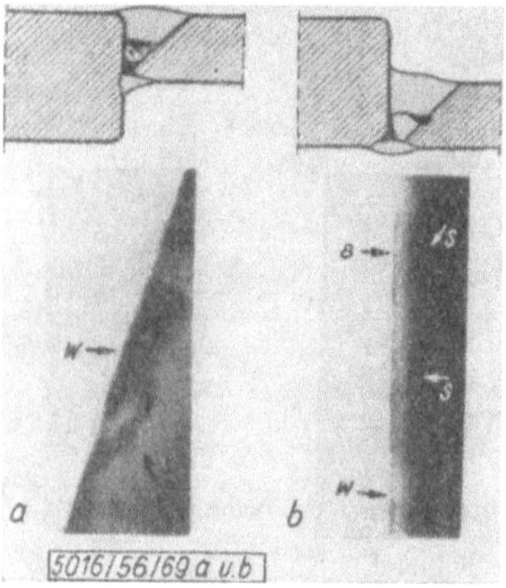

Bild 69 a u. b. Schemata von K-Nähten verschiedener Ausführungen bei ungleicher Blechdicke und dazugehörige Röntgenbilder

Bild 69 a. Durchgehender Wurzelfehler (W) neben einer breiten und tiefen Schlackenrinne (S)

Bild 69 b. Durchgehender Bindefehler (B) und Wurzelfehler (W) neben Schlackenresten (S) (nach *Kolb*)

Die in den Bildern 68 c u. d in der Nahtwurzel des Röntgenbildes sichtbaren hellen Striche rühren von zurückgebliebenen „Mennigeresten" (rostsichere Farbgrundierung) her, die der Schweißer nicht sorgfältig an den Nahtflanken abgeschliffen oder abgekratzt, sondern nur mit dem Schweißbrenner abzubrennen versucht hatte. Das Bild 69 zeigt das Röntgenbild einer sehr schlecht verschweißten Wurzel neben breiten Schlackeneinschlüssen in der ersten und zweiten Lage.

Die Nahtausführung nach Bild 69 hat den Vorteil, daß die Wurzel leichter ausgekreuzt und nachgeschweißt werden kann, da sie nur wenig tief liegt. Im vorliegenden Fall ist durch mangelhafte Ausführung der Naht ein durchgehender Bindefehler neben einer breiten und tiefen Schlackenrinne zu erkennen, wodurch rund 30% des Querschnittes für die Kraftübertragung ausfallen. Eine solche Naht muß auch als Naht II. Güte verworfen werden.

Die restlose Beseitigung von Wurzelfehlern beim Auskreuzen setzt große Übung voraus. Selbst erfahrene Schweißer sind vor Täuschungen nicht sicher (siehe die Ausführungen bei *Mantel*, S. 95; *Krug*, S. 161 ff.; *Erker* u. *Thum*, S. 896 ff.). Schlackeneinschlüsse, Bindefehler und „Kaltschweißstellen" werden oft nur zugestemmt oder beim Ausschleifen zugeschmiert, was besonders bei Montagearbeiten nicht selten ist*). Durch die Röntgenuntersuchung wird diese mühevolle und verantwortungsvolle Ausbesserungsarbeit in wertvoller Weise unterstützt, indem der Schweißer genau über die Art, Zahl und Ausdehnung der Wurzel- und sonstigen Fehler an Hand des Röntgenfilms oder geeigneter, zu diesem Zwecke angefertigter Schablonen unterrichtet wird, so daß bei sachgemäßer Arbeit mit einer vollständigen Beseitigung der Fehler gerechnet werden kann.

In den Fällen, wo es sich um Nähte I. Ordnung handelt, müssen die Ausbesserungsarbeiten durch wiederholte Röntgenaufnahmen der gleichen beanstandeten Stelle kontrolliert werden. Um für das Nachschweißen eine saubere, leicht ausgerundete, nach außen geöffnete Mulde ohne Kerben und Riefen (welche durch den Spitz- oder

*) Zweckmäßig ist auch das Austrennen der Wurzel mit einem Fugenhobler.

Nutenmeißel entstehen) zu erhalten, wird von vielen Schweißfirmen der letzte Span mit einem tragbaren Fräsgerät oder mit passenden Schleifscheiben („Schleifhexe") abgetragen. Damit sind ausgezeichnete Ergebnisse erzielt worden, vorausgesetzt, daß einwandfreie scharfe Werkzeuge verwendet wurden.

Durchgelaufenes Schweißgut („Schweißbärte"). Wenn die Schweißfugen nicht sauber bearbeitet sind oder zu weit auseinanderklaffen, so kann relativ viel Schweißgut hindurchlaufen. Dieses darf keinesfalls mit ungeeigneten Werkzeugen, z. B. stumpfen Meißeln, abgeschlagen werden, da sonst tiefe Hohlstellen, sogenannte „Aushaufehler", entstehen.

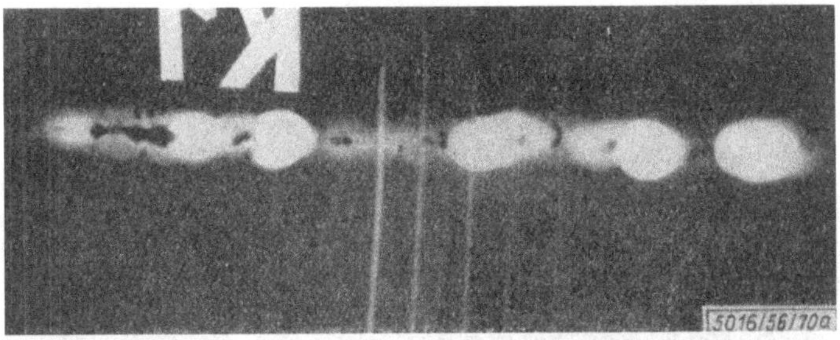

Bild 70 a. Starke Tropfenbildung mit Poren und Schlackenresten an der Innenseite

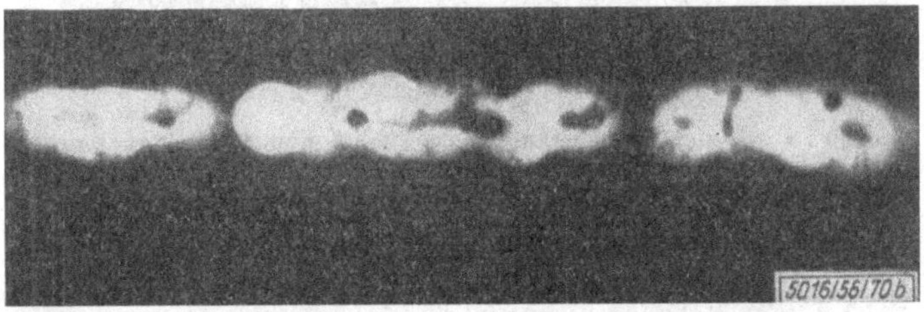

Bild 70 b. Desgl. mit Schrumpfrissen infolge starker Werkstoffanhäufung am Rande der durchgelaufenen Tropfen

Bild 70 a u. b. Röntgenbilder (Negative) von arcatomgeschweißten Rundnähten von Druckgasflaschen

Durchgelaufenes Schweißgut, insbesondere bei innen nicht zugänglichen Rohrleitungen, erscheint im Röntgenbild als rundlicher, heller Tropfen mit unregelmäßiger Begrenzung (Bild 70a). Soweit das Schweißgut dabei verschlackt wurde, sind die Tropfen oft innen hohl, so daß sie sich im Bild nicht so stark abheben wie volle Tropfen (vgl. Bild 70b). An den Rändern der Tropfen bilden sich beim Abkühlen öfter Kerben, Schwind- und Schrumpfrisse aus, die regelrechte Rißzonen ergeben, falls die Tropfen dicht aneinandergereiht sind (Bild 70c).

Bild 70 c

Schwind- und Schrumpfrisse. Schrumpfrisse entstehen als scharf begrenzte, dunkle, meistens gezackte und verästelte Linien. Sie haben ihren Ausgang in der Regel in Inhomogenitäten (Poren, Schlackeneinschlüsse, Bindefehler) und bilden sich durch Kerbwirkung weiter aus. Glattwandige Risse, die parallel zur Richtung des Zentralröntgenstrahles laufen, lassen sich bei

Überschreitung einer Grenzlänge bzw. -tiefe im Röntgenbild auch schon bei sehr geringer Spaltweite nachweisen.

Schrumpfrisse in der Übergangszone von der Schweißnaht zum Grundwerkstoff können insbesondere dann auftreten, wenn bei guter Bindung und Hohlraumfreiheit die Abkühlungsspannungen beim Schwinden so groß werden, daß sie imstande sind, Teile des Grundwerkstoffes von der Schweiße loszureißen, welche dabei selbst intakt bleiben kann. Bei Eisen und Stahl wird dieser Vorgang durch die Aufhärtung in der Übergangszone begünstigt (Bild 71a). Eine Kupfer-„Kuprodur"-Schweißnaht zeigt das Bild 71b (Cu-Grundwerkstoff obere Seite).

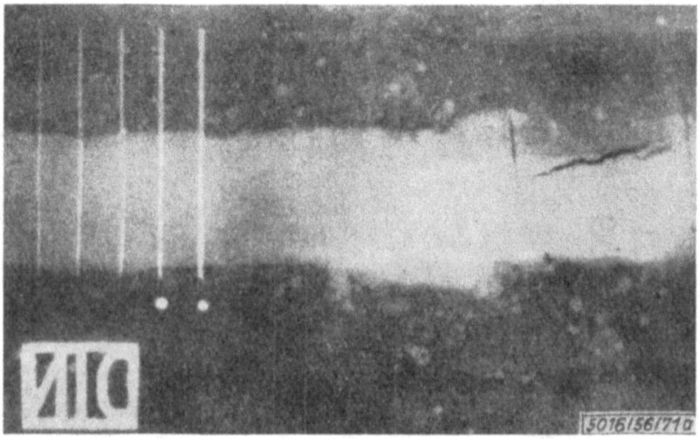

Bild 71 a. Röntgenbild (Negativ) eines starken und verzweigten, von der WEZ ausgehenden Schrumpfrisses (nach *Rupprecht*)

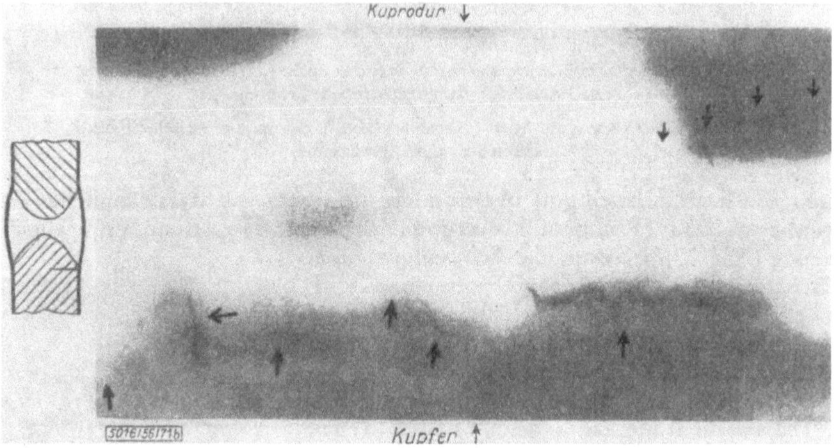

Bild 71 b. Röntgenbild (Negativ) einer Kupfer/Kuprodur-Schweißnaht mit starken Schrumpfrissen in der WEZ

WEZ = Wärmeeinflußzone neben der Naht

(nach *Grimm* u. *Wulff*)

Bild 71 a u. b. Röntgenaufnahmen mit Schrumpfrissen

Die schwersten und bedenklichsten Fehler bei gasgeschweißten Nähten für Leichtmetalle sind Risse, die an ihren Enden meist stark verästelt sind. Derartige Risse entstehen oft durch unsachgemäßes Anwärmen (mit örtlicher Überhitzung und oft langer Anwärmdauer), zu rasches Abkühlen frischer Nähte oder durch nachträgliches zu starkes Hämmern der Nähte bei Vorliegen großer thermischer Spannungen).*

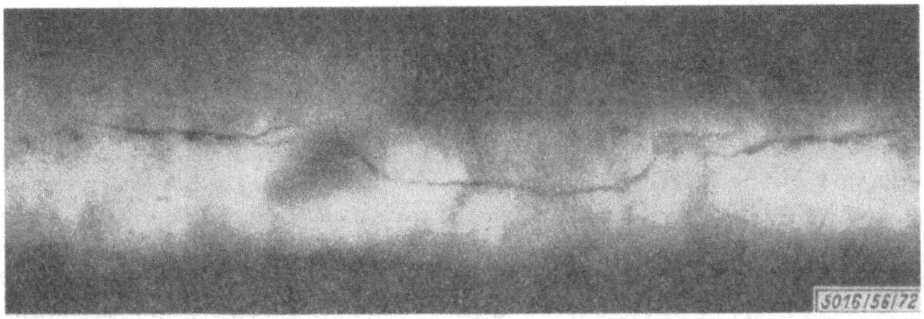

Bild 72. Röntgenbild (Negativ) einer X-Naht. Gurtplattenstoß mit abgeschliffener Raupe und starkem, durchgehendem, mehrfach verzweigtem Warmriß infolge zu starrer Einspannung (nach *Berthold*)

Auch als Folge zu starrer Einspannung können durchgehende Warmrisse in der Schmelzschweißnaht entstehen, wofür Bild 72 ein Beispiel gibt.

In Arcatomschweißnähten wurden Spannungsrisse nicht beobachtet, auch nicht bei Nähten, die schlecht ausgefallen waren (siehe hierzu bei *Erdmann-Jesnitzer*, später). Charakteristisch sind hier langgezogene, gelegentlich in Risse ausartende Hohlstellen, die im Röntgenbild ähnlich wie Schlacken erscheinen. Derartige Fehler treten hauptsächlich bei weniger geübten Arcatomschweißern auf. Gute Arcatomschweißnähte sind manchmal mit feinen Poren durchsetzt.

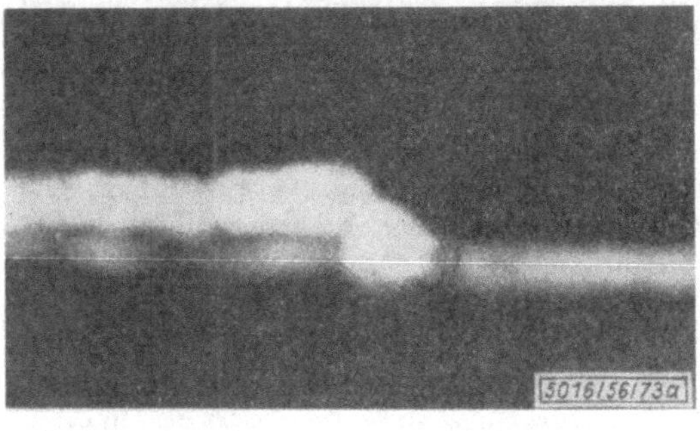

Bild 73 a

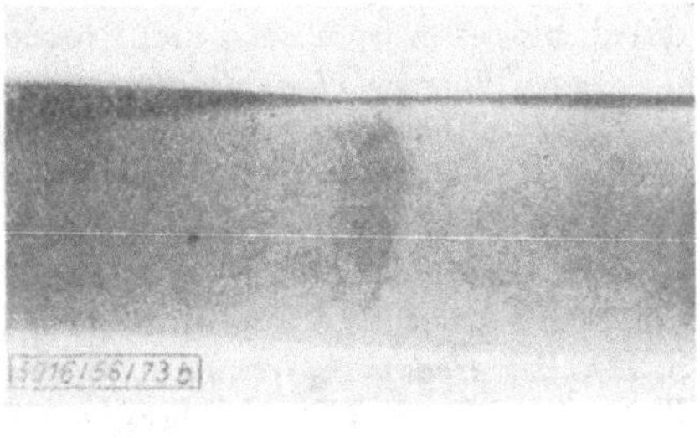

Bild 73 b

Bild 73 a. Röntgenbild (Negativ) einer V-Naht mit kurzem Schrumpfriß quer zur Naht an Unterbrechungsstelle (nach *Rupprecht*)

Bild 73 b. Fischaugen bzw. Poren in einer geschweißten Probenaht als Ausgangspunkt von Rissen bei Zugbeanspruchung (nach *E. Schiebold***)

*) *Erdmann-Jesnitzer*, Referat in der Zeitschrift „Technik“ 4 (1949), Heft 1, S. 26 bis 31.

**) Siehe auch *Erdmann-Jesnitzer, F.* u. *H. Kowalkowsky*, Z. Archiv f. d. Eisenhüttenwesen, 1952 demnächst „Beitrag zur Bildung von Flecken in Schweißen von Baustahl“.

Risse entstehen bei Schmelzschweißungen besonders leicht an den Stellen, wo Schweißnähte sich kreuzen oder zusammentreffen, wie z. B. Rundnähte und Längsnähte an Behältern. Die Ursache ist die Überlagerung der Längsschrumpfung der einen Naht mit der Querschrumpfung der anderen. Durch zweckmäßige Maßnahmen, wie z. B. Schweißen mit möglichst geringer Wärmeentwicklung und Hämmern der Naht, lassen sich derartige Fehler oft vermeiden. Schrumpfrisse quer zur Naht entstehen vielfach dann, wenn die Schweißarbeit unterbrochen wird und vor dem Weiterschweißen das Nachstehende nicht genügend wieder aufgeschmolzen wird (vgl. Bild 73 a).

Ebenso können Rißbildungen, wie es die zerstörungsfreie Prüfung belegt, durch Seigerungszonen in Werkstoffen bedingt sein, die infolge zu großen Phosphor- bzw. Schwefelgehalts den normalen Beanspruchungen nicht gewachsen sind (z. B. Thomasstähle, falls sie nicht besonders geeignet, wie z. B. HPN-Stähle, d. h. seigerungsfrei und stickstoffarm hergestellt wurden). In gasgeschweißten Leichtmetallnähten können Spannungsrisse besonders leicht beim Abschrecken durch kaltes Wasser entstehen.

Spannungs- und Schrumpfrisse wirken sich in Kupferschweißungen wegen ihrer unregelmäßigen, scharf begrenzten, vielfach verästelten, haarrißähnlichen Form und dementsprechender starker Kerbwirkung sehr ungünstig auf das mechanisch-technologische Verhalten aus. Sie entstehen meistens durch falsche Wärmebehandlung, unsachgemäßes Hämmern oder zu schroffe, ungleichmäßige Abkühlung der Schweißnaht (siehe hierzu *Stiehler* sowie *Matting*, später). Besonders gefährlich sind die Schrumpf- und Spannungsrisse, welche nicht von der Oberfläche ausgehen, sondern sich im Innern bilden und erst im Laufe der Beanspruchung an die Oberfläche treten. Daß dies für die Erscheinung der „Fischaugen" in Stahlnähten auch zutrifft, ist inzwischen erwiesen. Nach *Erdmann-Jesnitzer* u. *Kowalkowsky**) gilt wohl heute in Verbindung mit den Arbeiten von *Benneck* u. *Müller* als belegt, daß die Werkstofftrennung innerhalb der Fischaugen *erst während* der (Zug-) Beanspruchung auftritt, d. h. bis auf die sich unter Druck befindende „Pore" in der Fischaugenmitte ist das eigentliche Fischauge im Stahl ohne Überschreitung der Streckgrenze der Schweiße noch nicht aufgetreten**). Ihre rechtzeitige Erkennung im Röntgenbild ist notwendig, da solche Risse unter allen Umständen ausgebessert werden müssen (Bild 73 b). Dabei kann die Röntgenprüfung sehr nützlich sein, indem sie den Verlauf und die ganze Ausdehnung des Risses einwandfrei festzulegen gestattet, was durch bloßes Ausmeißeln nicht restlos möglich ist***).

Rückschlüsse auf eine erfolgte mechanische Bearbeitung. Mechanische Nachbearbeitung von Schweißnähten, insbesondere Hämmern, bewirkt bei porigem Schweißgut eine Werkstoffverdichtung, die nach der Art des Hämmerns verschieden groß ist. Dabei werden die Gasblasen und Poren zwar zusammengedrückt, *aber nicht völlig verschweißt*, so daß sie trotzdem als Bruchursache mitwirken könnten. Meist hemmen aber Poren den Spannungsfluß ohne Bildung sogenannter Spannungsspitzen (siehe *Erker* u. *Thum*, S. 896 ff.; *Erdmann-Jesnitzer*, später) nur geringfügig. Besonders charakteristische Röntgenbilder sind für Kupferschweißungen zu finden, da diese besonders empfindlich gegen eine nicht völlig einwandfreie Nahtbehandlung durch Hämmern sind. Bild 74 a zeigt ein Beispiel einer Schweißnaht (X-Naht) an einer Lokomotivfeuerbüchse.

---

*) *Erdmann-Jesnitzer* u. *Kowalkowsky*, „Beitrag zur Fleckenbildung in Stahlschweißen", Archiv für das Eisenhüttenwesen 1952 (demnächst).

**) Dies fand unabhängig davon auch *E. Schiebold* an Hand von Röntgenaufnahmen entsprechender Versuche.

***) Der Schweißer hört beim Auskreuzen meist auf, wenn sich der Werkstoff vor dem Kreuzmeißel nicht mehr spaltet und „gesunder" Werkstoff erkennbar wird (vgl. *W. Grimm*, Autog. Metallbearb. *27* [1934], Heft 24). Sicherer ist jedoch die Kontrolle mit dem Magnetpulververfahren.

Fehler im Grundwerkstoff. Ausgewalzte Lunker im Grundwerkstoff sind äußerlich in den wenigsten Fällen nachweißbar. Sie bereiten neben ihrer Gemeingefährlichkeit in Werkstoffen und Werkstücken besonders beim Brennschneiden (siehe hierzu *Zorn,* Anhang) und bei der Gasschmelzschweißung Schwierigkeiten (Bild 74b).

Auch sehr flache Werkstoffehler, z. B. Doppelungen in Blechen, die parallel zur Blechoberfläche liegen, können bei der normalen Röntgendurchstrahlung nicht oder nur durch Zufall aufgefunden werden (Beispiele hierfür siehe *Liebig* u. *Höland,* Teil II, und bei *Erdmann-Jesnitzer,* später) (Bild 74c).*)

Ebenso schwierig sind Werkstofftrennungen und Porenkanäle sowie Spannungsrisse bei Senkrechtaufnahmen zur Blechoberfläche festzustellen, die infolge einer unsachgemäßen Wärmebehandlung, insbesondere bei Leichtmetallegierungen vom Typ Al-Mg-Mn (siehe *Erdmann-Jesnitzer,* später; *Lindemann***) und „Hydronalium" (technische Al-Mg-Legierungen), auftreten können. Man kann diese Erscheinungen auch im Röntgenbild beobachten, wenn man Proben herausschneidet und diese parallel zur Wandfläche durchstrahlt. Das Bild 75a zeigt Porenkanäle, das Bild 75b Streifen im Grundwerkstoff in dreifacher Vergrößerung.

Bild 74. Röntgenbilder (Negative) von geschweißten Lokomotivfeuerbüchsen mit mehr oder minder starken Rissen infolge nachträglichen Hämmerns der Schweißnähte (nach Grimm)

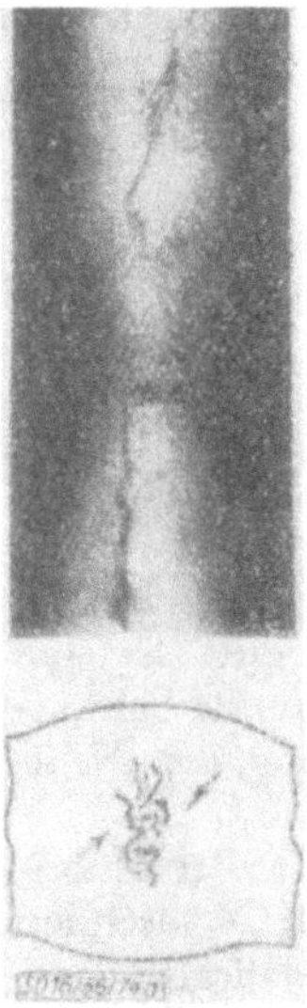

Bild 74a

Bild 74 b. Doppelungen im Grundwerkstoff einer Schweißnaht im Röntgenbild (nach *R. Berthold*)

Bild 74 a. Starke und gefährliche Spannungsrisse im Innern der Schweißnaht (nach *W. Grimm*)

Bild 74 c. Starke Doppelung im Grundwerkstoff (AlMg 5-Legierung) in Nähe der Kreuzungsstelle einer Schweißnaht, Blechdoppelung aufgebrochen, weißes Gebiet, Restblechdicke (nach *Erdmann-Jesnitzer*)

*) Hierzu sind andere zerstörungsfreie Prüfverfahren, z. B. magnetinduktive und Ultraschallprüfmethoden, besser geeignet (vgl. S. 1268 und S. 1261).

**) Vgl. *R. Lindemann,* Metallwirtschaft *21* (1942), S. 691; diese inneren Fehler werden mit steigender Glühtemperatur und Glühzeit größer und zahlreicher (siehe hierzu bei *Erdmann-Jesnitzer,* später).

Mit Hilfe von vergrößerten „Röntgen-Stereoaufnahmen" konnten die hellen Streifen als kristalline Ausscheidungen einer noch nicht näher bestimmten Schwermetallverbindung (an deren Aufbau mit Sicherheit das Mangan beteiligt ist) gedeutet werden. Diese sind längs des Faserverlaufes als Ausscheidungen eingebettet. Hingewiesen sei hier auch auf neuere Arbeiten von *Seemann* u. *Dudeck*, die eine neue, sogenannte U-Phase in Duraluminlegierungen fanden.

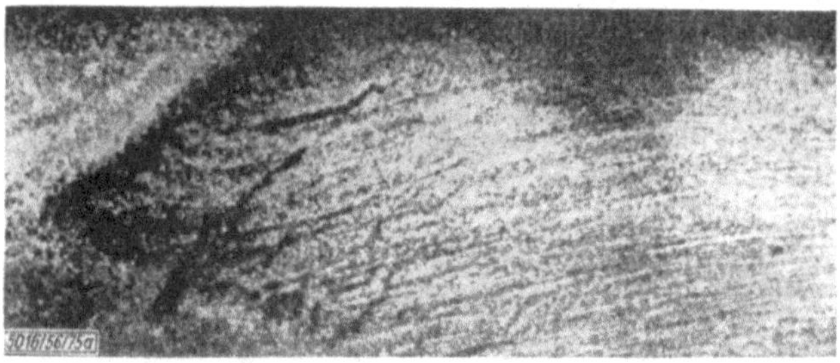

Bild 75a und b. Feststellung von Werkstofftrennungen im Röntgenbild bei Durchstrahlung herausgeschnittener Proben parallel zur Nahtoberfläche

Bild 75a. Poren und Porenkanäle im Mutterwerkstoff

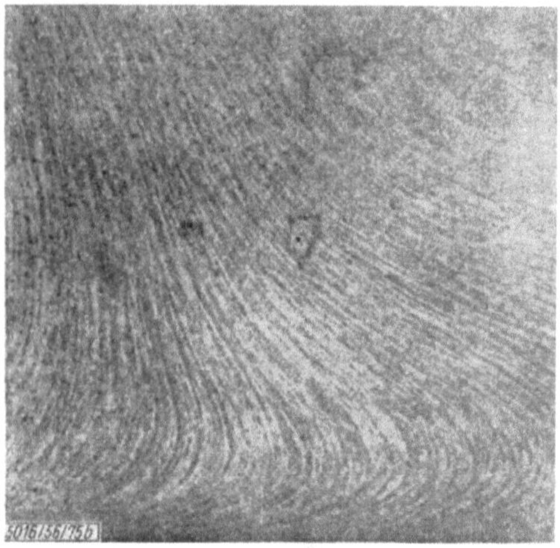

Bild 75 b. Streifungen im Mutterwerkstoff

Rückstände und Einschlüsse von Flußmitteln. Falls Flußmittelreste in der Naht verblieben, so zeigen sie sich als unregelmäßig verlaufende Schwärzungen meist in Richtung der Naht, manchmal auch quer dazu.

Wenn die Flußmittel außer Fluoriden und anderen das Al_2O_3 lösenden Salzen noch Schwermetallsalze enthalten, wie z. B. „Autogal A" (Ba- oder Ca-Salze u. a.), die die Röntgenstrahlen stärker schwächen als das Leichtmetall, so erscheinen die Flußmitteleinschlüsse als helle Linien (Bild 76 a). Einschlüsse von Elektrodenwerkstoff (Wolfram) erscheinen gelegentlich in Arcatomschweißnähten als helle Pünktchen (Bild 76 b).

Möglichkeit der Untersuchung von Elektroden- und Hilfsmaterialien. Außer der zerstörungsfreien Prüfung der Schweißnähte selbst läßt sich die Röntgenuntersuchung mit Vorteil bei der Auswahl und Entwicklung von Schweißverfahren sowie Elektroden, einschließlich der Hilfsmaterialien aller Art, verwenden.

Die Röntgenuntersuchung von Elektroden kann mit Vorteil zur Auswahl besonders geeigneter Zusatzwerkstoffe (neben der chemischen, mechanischen und mikroskopischen Analyse) führen. *Sandstede* berichtet über ein herausfallend interessantes Beispiel, wo auf diese Weise eine Elektrode gefunden wurde, die eine um 50% geringere Fehlerhäufigkeit ergab. Umhüllte Elektroden müssen ja gut trocken gelagert werden, und dies besonders dann, wenn diese hygroskopische Hüllenanteile enthalten. Bei feuchter Umhüllung (einschließlich unzulässig großen Kristallwassergehaltes) kann es vorkommen, daß die Schweißnaht mit Poren durchsetzt wird. Man erkennt dies dann an zahlreichen Spritzern, die im Röntgenbild als helle Flecken erscheinen (Bild 71a).

Röntgenprüfungen können auch z. B. zur Kontrolle verpreßter Blei- und Aluminiumkabelmäntel dienen. Auch hier erfolgt je nach Trennung des Preßstromes durch den sogenannten Steg eine längsseitige Verschweißung, die fehlerhaft sein kann,

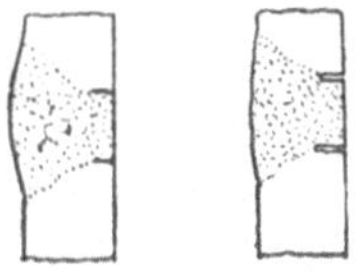

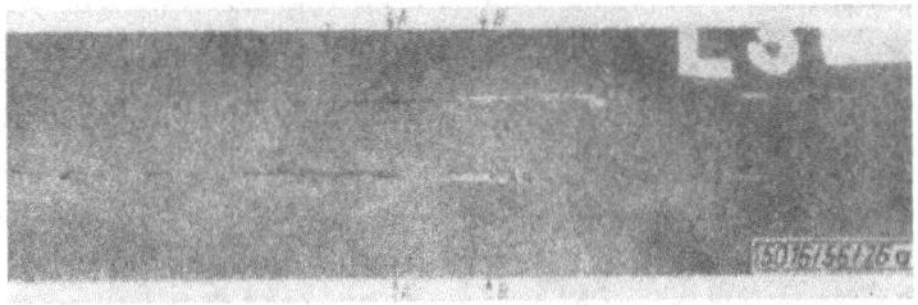

Bild 76 a

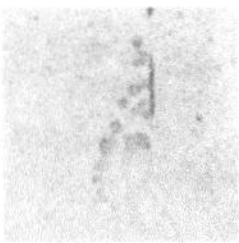

Bild 76 b

Bild 76 a u. b. Schweißnähte mit aus dem Röntgenbild ersichtlichen Fremdeinschlüssen

Bild 76 a. Röntgenbild (Negativ) einer V-Naht mit durchgehenden, zum Teil dabei mit Flußmittelresten angefüllten Bindefehlern, Naht abgearbeitet

Bild 76 b. Röntgenbild (Negativ) einer arcatomgeschweißten Kehlnaht mit Wolframeinschlüssen (nach *Berthold*)

falls die metallische Kabelhülle nach Passieren des Steges im Matrizenauslauf nicht richtig verschweißen sollte. (Bei Al- und zum Teil für Pb-Sb-Legierung muß hierfür genügende Preßtemperatur vorhanden sein. [Lit. *Erdmann-Jesnitzer* u. *Hanemann* für Pb und Pb-Sb-Legierung; *Erdmann-Jesnitzer* für Al-Rohre, die in einer alten Pb-Kabelpresse mit drei trennenden Stegen verpreßt wurden und dabei nicht ordnungsgemäß verschweißten*)].)

d) Nachweisempfindlichkeit des Röntgenverfahrens für verschiedene Fehlerarten

Risse und sonstige Werkstofftrennungen. Nach experimentellen Untersuchungen sind die Grenzen des röntgenographischen Nachweises von Rissen bzw. luft- oder gaserfüllten Spalten in Abhängigkeit vom Winkel φ zwischen Spaltebene und Röntgenstrahlrichtung durch das Bild 77 a gegeben. Das Bild 77 b gilt zwar genau genommen nur für den speziellen Fall von 6 mm Spalthöhe und 40 mm Werkstückdicke, kann aber wertmäßig für andere Fälle zumindest als erster Anhalt dienen *(R. Berthold)*.

Nach *Widemann* sind bei glattwandigen Rissen in Stahl St 37 die in nachstehender Zahlentafel 6 angegebenen Mindesttiefen ($D_{x\,min}$) und Mindestbreiten (d_{min}) erforderlich, falls man im Winkel φ zur Nahtflankenrichtung einstrahlt. Außerdem besteht noch eine Abhängigkeit von der Dicke der Schweißnaht bzw. von der Röhrenspannung.

Im allgemeinen sind die Nachweisgrenzen für die Risse günstiger als für die Bindefehler. Hier sei vorab der ausführlichen Behandlung erwähnt, daß für Oberflächen- oder oberflächennahe Risse, sogar auch feinste Risse in dicken Schweißnähten, d. h. solchen, die im Röntgenbild nicht mehr erkennbar sind, das magnetische Prüfverfahren das weitaus geeignetere ist, soweit diese nicht mit Oxyden u. dgl. gefüllt sind. Ungünstiger ist die Erkennbarkeit von zackigen oder stark verästelten feinen Rissen wegen der

*) unveröffentlicht.

Mindesttiefe bzw. -breite in mm	∢ φ	Werte in Kilovolt				
		120	140	160	180	200
$D_{x\,min}$	0°	0,20	0,25	0,30	0,36	0,43
d_{min}	5° 45′	0,02	0,02	0,03	0,04	0,05
	15°	0,08	0,10	0,12	0,14	0,17
	30°	0,10	0,12	0,15	0,18	0,22

Zahlentafel 6. Röntgenographisch erkennbare Mindesttiefen $D_{x\,min}$ und Mindestbreiten d_{min} glattwandiger Risse in Abhängigkeit vom ∢ φ (∢ zwischen Röntgeneinstrahlrichtung und Spaltebene des Risses) sowie von der Röhrenspannung in Kilovolt

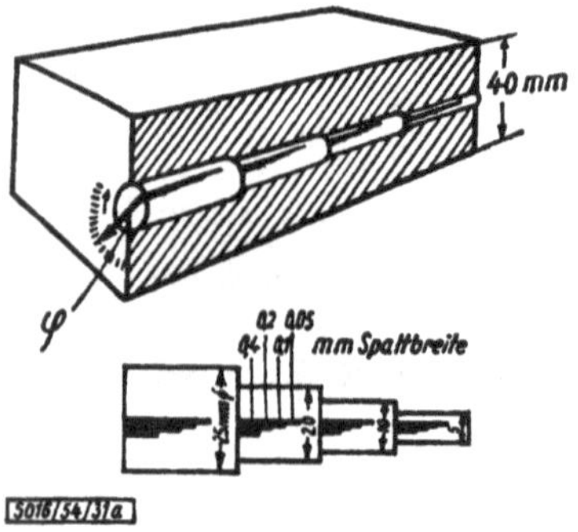

Bild 77 a

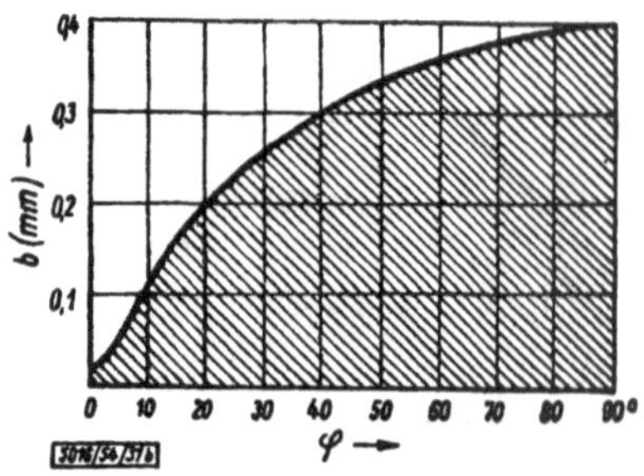

Bild 77 b

Bild 77 a u. b. Modellversuch zur Festlegung der Grenzen des experimentellen Nachweises von feinen Spalten in Werkstücken aus Stahl

Bild 77 a. Schema des Modells mit verschiedener Spaltbreite und -tiefe

Bild 77 b. Zusammenhang zwischen der kleinsten im Röntgenbild erkennbaren Breite der Fehlstelle für deren verschiedene Lage (∢ φ) des betreffenden Spaltes zur Einstrahlrichtung (nach *Berthold*)

Verminderung der lichten Weite in der Strahlrichtung und der erhöhten Streustrahlung.

Flächenhafte bzw. linsenartige Werkstofftrennungen, z. B. Walzfehler, Doppelungen (die sich bei der Gasschmelzschweißung und auch beim Brennschneiden besonders störend auswirken), flächenhafte Bindefehler, taschenförmige Blasen und Lunker, senkrecht oder nahezu senkrecht zur Strahlrichtung, sind ebenfalls erst von einer gewissen Grenzdicke an im Röntgenbild erkennbar*).

Bindefehler. Die mit Oxyden des Grundmetalls gefüllten Bindefehler sind bedeutend schwerer im Röntgenbild nachweisbar als Risse, und dies um so mehr, je mehr die Dichte des Oxydes derjenigen des Grundmetalls nahekommt.

Ebenso wie bei Rissen und Spalten ist die Erkennbarkeit von Bindefehlern abhängig von deren Tiefe und Lage zur Strahlrichtung sowie von ihrer Breite und seitlichen Ausdehnung.

*) Im Gegensatz hierzu lassen sich mit Ultraschall (siehe später) noch luft- oder gashaltige, flächenhafte Bindefehler von nur etwa 10^{-5} cm Dicke feststellen.

Die Zahlentafel 7 gibt nach *Widemann* einen ersten Hinweis der Mindesttiefe ($D_{X\,min}$) und Mindestbreite (d_{min}) für verschiedene Einstrahlungswinkel und Röhrenspannungen von Stahlschweißnähten im Hinblick auf den röntgenographischen Nachweis dieser Fehler.

Mindesttiefe bzw. -breite in mm	∢ φ	Werte in Kilovolt				
		120	140	160	180	200
$D_{X\,min}$	0°	0,60	0,75	0,90	1,08	1,29
d_{min}	5° 45′	0,06	0,07	0,09	0,11	0,13
	15°	0,23	0,29	0,35	0,42	0,50
	30°	0,30	0,37	0,45	0,54	0,65

Zahlentafel 7. Röntgenographisch erkennbare Mindesttiefen $D_{X\,min}$ und Mindestbreiten d_{min} oxydgefüllter Bindefehler in Abhängigkeit vom ∢ φ (siehe Zahlentafel 6) sowie von der Röhrenspannung in Kilovolt

Gemäß der Zahlentafel 7 sind bei schrägem Einfall und parallel zur Nahtflanke in einer Schweißnaht von 20 mm Dicke bei 120 kV, noch oxydhaltige Bindefehler im Stahl St 37 von 0,6 mm Mindesttiefe nachweisbar, dagegen von der Strahlrichtung unter dem ∢ φ geschnittene spaltförmige Bindefehler (Spaltweite 0,1 mm) nur dann, wenn $\varphi < 10°$ und die Fläche des Bindefehlers größer als 5×5 mm ist.

Besonders schwierig ist die Erkennbarkeit von hautartigen, unregelmäßig begrenzten oder fladenähnlichen Bindefehlern *in* den Flanken der Schweißnaht wegen der Verwaschung ihrer Konturen im Röntgenbild. Die Fehleranzeige in der üblichen Form einer Schwärzungslinie ist nur bei größerer Nahtlänge und Ausdehnung in Richtung einer ebenen Nahtflanke sowie bei genauer Lage parallel zur Durchstrahlungsrichtung möglich.

Poren und Blasen. Diese sind, wenn sie mit Luft oder Gas erfüllt sind, bei Überschreitung einer Mindestgröße von 1 bis 2% der Wanddicke im allgemeinen wegen ihrer mehr oder minder kugeligen Form und scharfen Begrenzung im Röntgenbild gut erkennbar. Infolge der geometrischen Abbildungsbedingungen bei nicht punktförmigem Brennfleck erscheinen die Poren und Blasen um so deutlicher, je mehr sie in Filmnähe liegen.

Schwieriger ist dagegen die Erkennbarkeit von blasenartigen Hohlräumen und oxydischen oder metallischen Einschlüssen nach Art der bereits auf Seite 1200 beschriebenen „Würmer", da nur die restlichen, teilweise mit Oxyd bedeckten Blasenhohlräume, die sogenannten Dreieckszwickel, im Röntgenbild sichtbar werden (Bild 79b).

Schlackeneinschlüsse. Infolge ihrer unscharfen und verwaschenen Konturen und ihres höheren Schwächungsvermögens für Röntgenstrahlen sind Schlackeneinschlüsse um so schwieriger zu erkennen, je mehr sich ihre Dichte derjenigen des Grundwerkstoffes, also z. B. dem des verschweißten Bleches nähert. Eine Schlackenschicht von 1 mm Dicke entspricht etwa einem Hohlraum von $^1/_3$ bis $^2/_3$ mm, je nach der chemischen Beschaffenheit der Schlacke. Dünne Schlackenhäutchen können sich daher durchaus dem röntgenologischen Nachweis und dies ähnlich wie Bindefehler besonders dann entziehen, wenn diese Häutchen senkrecht zur Strahlrichtung liegen. Gut erkennbar sind jedoch längliche Schlackeneinschlüsse oder ganze Schlackenzeilen (Bild 61, 62).

Wurzelfehler. Die Nachweisbarkeit von Wurzelfehlern hängt sehr von deren spezieller Beschaffenheit ab, d. h. je nachdem, ob es sich z. B. um Hohlräume, Kanäle Porenketten, Schlackeneinschlüsse sowie Bindefehler in der Nahtwurzel handelt. Wie bereits erwähnt, nimmt die Fehlererkennbarkeit in der gleichen Reihenfolge ab. Feine Schlackenkanäle *in* der Wurzel sind bei der üblichen Senkrechteinstrahlung nur sehr schwer aufzufinden. Der Nachweis von Wurzelfehlern wird sehr erleichtert, wenn durchlaufende Schlackenzeilen vorkommen, wie z. B. die im Bild 64 in der Schweißnaht dargestellten, was im allgemeinen allerdings nur bei nicht genügendem Durchschweißen oder mangelhaftem bzw. unvorschriftsmäßigem Auskreuzen und Gegenschweißen der Nahtwurzel auftritt und als sogenannter „Kunstfehler" zu betrachten ist.

e) *Bestimmung der Tiefenlage von Schweißfehlern*

Eine genaue Angabe der Tiefenlage eines beobachteten Schweißfehlers kann nur mit Hilfe der *Röntgenstereoskopie* erfolgen. Dies geschieht dadurch, daß die Schweißnaht in zwei verschiedenen Richtungen durchstrahlt wird. Die beiden Teilbilder werden zwecks Vermeidung von Überdeckungen am besten auf getrennten Filmen aufgenommen. Die Stelle des Zentralstrahlfußpunktes wird durch röhrenseitig auf der Schweißnaht befestigte Bleimarken bezeichnet. Betrachtet man die zusammengehörigen Teilbilder im Stereoskop, so erhält man ein Raumbild und durch geeignete Hilfsgeräte, z. B. einen Stereokomparator, eine zahlenmäßige Angabe der Fehlergröße und Tiefenlage. Eine andere, einfachere, jedoch weniger genaue Methode beruht in der Vermessung des Abstandes beider Teilbilder der Fehlstelle, aus dem bei bekannten Werten für den Abstand und die Lage des Fokus in den beiden Stellungen die Tiefe x in mm unmittelbar berechnet werden kann. In den meisten Fällen genügt es bei der Auswertung von Schweißnahtaufnahmen, die Tiefenlage von Fehlstellen rein subjektiv nach ihrem Aussehen, ihrer relativen Größe, ihrer Überschneidung und Abbildungsschärfe abzuschätzen. Hier sei auf das Beispiel in Bild 55 verwiesen.

f) *Einfluß der verschiedenen im Röntgenbild erkennbaren Schweißfehler auf die Verwendbarkeit der Schweißnähte*

Die Beurteilung der Verwendbarkeit einer Schweißnaht auf Grund des Röntgenbefundes stellt ganz besondere Anforderungen an die Kenntnisse und Erfahrungen des Prüfenden. Im Gegensatz zu den im Materialprüfwesen üblicherweise angewandten Prüfverfahren gibt das Durchstrahlungsbild nur Auskunft über die verschiedene Durchlässigkeit des Werkstoffes infolge unterschiedlicher Dicke oder Dichte in der Strahlrichtung, aber keine (!!) *unmittelbaren Zahlenwerte. Insofern ist das Röntgenverfahren nicht eigentlich als „Abnahmeverfahren" zu bezeichnen, soweit es sich um die Einhaltung bestimmter vorgeschriebener zahlenmäßiger Gütewerte handelt* [Lit. *Hemmerling*].

Die Beurteilung der Prüfergebnisse ist zur Zeit noch mehr oder weniger rein subjektiv, sie wird aber um so zuverlässiger, je mehr die Einzelerfahrung des Prüfenden durch Schaffung allgemeingültiger Beurteilungsgrundlagen und einheitlicher Richtlinien bzw. Auswertungs n o r m e n ergänzt und vertieft wird).*

*) Derartige Normen werden zur Zeit im Arbeitsausschuß VIII a „Zerstörungsfreie Prüfverfahren" im Fachausschuß „Schweißtechnik" der Fachabteilung „Mechanische Technik und Metallurgie" ausgearbeitet. Im allgemeinen kommt die endgültige Beurteilung der Güte einer Schweißnaht weniger dem Röntgenprüfer als vielmehr dem Schweißingenieur oder Konstrukteur auf Grund des Röntgenbefunds zu (vgl. auch *F. Wulff*, Stahlbau 1938).

An dieser Stelle sollen kurz einige Regeln für die Auswertung angegeben werden, die sich auf langjährige Erfahrungen und grundlegende Versuche stützen:

Risse setzen die Güte einer Schweißnaht ganz wesentlich herab. Sie müssen daher in jedem Falle beseitigt werden, falls diese nicht in ausgesprochenen Druckzonen der Beanspruchung im Betrieb liegen und gleichzeitig eine wechselnde oder pulsierende Beanspruchung ausgeschlossen ist. Selbst schwache Oberflächenrisse müssen entfernt werden, da sich diese besonders bei dynamischer, d. h. schwingender Beanspruchung im Laufe längerer Beanspruchungsdauer erweitern und Bruchursache werden können.

Bindefehler größeren Ausmaßes müssen bei hochwertigen Schweißnähten unbedingt ausgekreuzt und nachgeschweißt werden. In gering beanspruchten Nähten und bei rein statischer Belastung bzw. in der Druckzone können schwächere Bindefehler, wenn außer diesen keine wesentlichen weiteren Fehler vorliegen, unter Umständen manchmal belassen werden.

Wurzelfehler, die mehr als 10% der untersuchten Nahtlänge überschreiten, *müssen gemäß Vorschrift für hochwertige Schweißnähte ausgebessert werden*, da — besonders bei dynamischer Beanspruchung — die Dauerfestigkeit der Naht durch die Kerbwirkung und die Spannungsspitzen stark herabgesetzt wird. Bei geringerwertigen Nähten können kleinere Wurzelfehler, vorausgesetzt, daß die Naht sonst fehlerfrei ist, unter Umständen belassen werden. Dies gilt auch bei hochwertigen Nähten, falls die Ausbesserung aus technischen Gründen nicht möglich ist oder falls etwa infolge der zur Auslösung kommenden Restspannungen beim Ausbessern eine Gefährdung der ganzen Konstruktion befürchtet werden muß. Derartige kritische Nahtstellen müssen von Zeit zu Zeit auf zerstörungsfreiem Wege daraufhin kontrolliert werden, wie sie sich betriebsmäßig verhalten.

Schlackeneinschlüsse können — vereinzelt auftretend — im allgemeinen belassen werden, dagegen sollten ausgesprochene *Schlackenzeilen in der Wurzel* oder zwischen den Schweißlagen bei hochwertigen Nähten stets beseitigt werden.

Gasporen und Gasblasen werden im allgemeinen als wenig schädlich betrachtet, falls diese nicht zu Ketten aneinandergereiht oder nesterartig konzentriert sind, wie z. B. oft beim Endkrater. Man darf diese Fehler besonders dann belassen, wenn diese in der neutralen oder Druckzone der Schweißkonstruktion liegen.

Einbrandkerben müssen bei hochwertigen Schweißnähten unter allen Umständen beseitigt werden, da diese die Dauerfestigkeit ganz erheblich herabsetzen. Meist genügt hierzu das sorgfältige Ausschleifen und Abrunden zwecks Schaffung stetiger Übergänge, wobei aber der Schweißnahtquerschnitt um nicht mehr als 5% dickenmäßig geschwächt werden darf.

In ähnlicher Weise empfiehlt es sich, auch *stark unebene und überhöhte Schweißraupen durch* Abschleifen auszuglätten, um schädliche Kerbwirkungen allein durch die überhöhte Naht (d. h. selbst ohne Einbrandkerben) zu vermeiden.

Endkrater und Elektrodenansätze mit starken örtlichen Verdickungen sind möglichst zu vermeiden bzw. zu beseitigen. —

Es ist beim heutigen Stande der Röntgentechnik noch nicht möglich, weitergehende Aussagen zu machen. Die ausschlaggebende Rolle spielen die Betriebserfahrungen, ergänzt durch geeignete Festigkeitsversuche, in engster Zusammenarbeit mit dem Konstrukteur, der die genaue Höhe und Art der Beanspruchung, die Lage der höchstbeanspruchten Stellen und die Möglichkeit der Überlastung im Betrieb kennt.

Eine sehr gute Hilfe für den Schweißfach- und Abnahmeingenieur stellen dabei Nachschlage- und Tafelwerke dar, welche die Ergebnisse vergleichender Röntgensowie mechanisch-technologischer und metallographischer Untersuchungen zusammenfassen, wie es in dem Atlas von *Berthold* mit gutem Erfolg begonnen wurde.

Es empfiehlt sich vorläufig noch, das langjährig bewährte Beurteilungssystem der ehemaligen Reichs-Röntgenstelle zugrunde zu legen, das eine Einteilung der Schweißnahtgüteklassen nach den Noten 1 bis 4 enthält, die folgendermaßen abgegrenzt sind:

Note 1 = gut	Die Schweißung ist ohne Fehler.
Note 2 = brauchbar	Die Schweißung zeigt geringe Fehler, die nach den bisherigen Erfahrungen die Festigkeitswerte sowie die Dichtigkeit kaum beeinflussen.
Note 3 = belassen	Die Schweißung enthält Fehler, die nach dem augenblicklichen Stand der Schweißtechnik hätten vermieden werden müssen. Es sind Maßnahmen zu treffen wie Ablösung des Schweißers, Änderung des Schweißverfahrens oder der Schweißfolgen, Verwendung anderer Elektroden u. a. m., um eine Wiederholung der aufgefundenen Fehler zu vermeiden. Eine Ausbesserung wird jedoch nicht empfohlen, da eine Verbesserung der Schweißverbindung unter den gegebenen Verhältnissen nicht zu erwarten ist.
Note ④ = ausbessern	Die Schweißung weist Fehler auf, die nach den bisherigen Erfahrungen die Festigkeitswerte unzulässig herabsetzen. *Die Fehler sind zu beseitigen und Maßnahmen für eine künftige Vermeidung zu treffen.*

Aus erzieherischen Gründen sollten die Ergebnisse einer Röntgenuntersuchung in Gegenwart des verantwortlichen Schweißfachingenieurs mit dem betreffenden Schweißer durchgesprochen und die Entstehung aufgeklärt werden, um die Fehler vermeiden und die Qualität der geleisteten Arbeit künftig verbessern zu können.

Ausgebesserte Nahtabschnitte sind nachträglich selbstverständlich nochmals zur Kontrolle zu röntgen.

g) Grenzen der Röntgen-Grobstrukturprüfung von Schweißnähten

Es ist zu bedenken, daß bei der Röntgenuntersuchung sich nur Fehler erkennen lassen, die in Richtung des Strahlendurchganges oberhalb einer gewissen, von der Art des Verfahrens abhängigen Größe und seitlichen Ausdehnung liegen und deren stoffliche Beschaffenheit einen genügenden Kontrast ermöglicht. Mikroskopisch feine Poren und Risse sowie Bindefehler und Gefügeanomalien (z. B. martensitisches Gefüge, mikroskopische Schlackeneinschlüsse oder Fremdeinschlüsse und sonstige schädliche Gefügebestandteile, Nitride, Karbide usw.), ebenso wie verbliebene Schweißspannungen lassen sich mit gewöhnlichen Röntgen*grobstruktur*verfahren nicht erkennen.

Ein fehlerfreies Röntgenbild ist daher noch keine Bürgschaft für die vollständige Fehlerfreiheit der geröntgten Naht, wenn es auch in den meisten Fällen zu einer Beurteilung der Nahtgüte ausreichen wird. Man muß in diesem Sinne mit Brandenberger zwischen „wirksamen" und „unwirksamen" Schweißfehlern unterscheiden.

Ersteren kommt bezüglich des Festigkeitsverhaltens eine ganz andere Bedeutung zu als den letzteren. Außerdem können mikroskopische Schweißfehler unter Umständen mehr Bedeutung für die Nahtgüte haben als deutlich sichtbare größere Fehlstellen, worauf im nächsten Abschnitt noch kurz eingegangen wird.

6. *Untersuchungen zur Schaffung einheitlicher Beurteilungsgrundlagen des Röntgenbefundes von Schweißverbindungen*

a) *Zusammenhang des Röntgenprüfergebnisses mit dem statischen Festigkeitsverhalten und dem metallographischen Befund.*

Bei einem kurzen Überblick über die bisher hierzu veröffentlichten Arbeiten stellt man fest, daß sich diese auf die Beziehungen zwischen Röntgenbefund und statischer sowie dynamischer Festigkeit, Biegefestigkeit und Kerbzähigkeit beschränken. Es sei diesbezüglich auf die Arbeiten von *Lefring, Wallmann, Tofaute, Berthold, Hempel, Möller, Matting* u. a. hingewiesen. Zum Vergleich mit den Ergebnissen der dem Verfasser vorliegenden Untersuchungen seien hier diejenigen Tatsachen nochmals zusammengefaßt, die sich aus den genannten Arbeiten als Beurteilungsgrundlage fehlerhafter Schweißnähte ergeben haben.

Statische Zugversuche. Nach *Lefring* läßt sich ein direkter Zusammenhang zwischen der gesamten von Schweißfehlern verursachten Querschnittsschwächung und der statischen Zugfestigkeit in der Form $\sigma_1 = \sigma_0 \cdot f_1/f$ finden, wobei f_1 der Restquerschnitt, f der Gesamtquerschnitt, σ_0 die Zugfestigkeit der fehlerfreien und σ_1 diejenige der fehlerhaften Schweißnaht ist. Binde- und Schichtfehler sind hierbei als gefährlicher anzusehen als Poren und Gasblasen, wegen der bedeutend größeren Querschnittsschwächung (und Kerbwirkung). Bindefehler in den Nahtflanken setzen die Festigkeit um 20 bis 50% oder auch mehr herab. *Wallmann* findet bei Kohlelichtbogenschweißungen mit Schweißfehlern in Form zahlreicher Blasen und Poren eine Festigkeitsherabsetzung um etwa 30%, wenn die Blasen oder Poren groß sind und gleichzeitig in der Wurzel oder den Nahtflanken liegen, ebenso wird die Dehnung stark verringert. Auch *Tofaute* findet bei mit Poren durchsetzten V-Nähten (mit ummantelter Elektrode geschweißt) eine etwa 20prozentige Herabsetzung der Streckgrenze und Zugfestigkeit bei relativ geringen Wanddicken, bei dicken Proben dagegen fast gleich große Festigkeitswerte. Am wenigsten gefährlich waren kugelförmige Poren, viel gefährlicher dagegen Bindefehler in der Wurzel oder in den Nahtflanken, zufolge der Begünstigung einer Scharfkerbbildung. *Müller* zeigte, daß Bindefehler die Festigkeit bedeutend herabsetzen (13 bis 35%), da die Querschnittsschwächung meist größer ist als bei Poren und Schlackeneinschlüssen. Ebenso schädlich wirken Poren- und Schlackenzeilen *in* der Wurzel, wobei eine Berechnung der Festigkeitseinbuße allein aus der beobachteten Querschnittsschwächung oft zu falschen Ergebnissen führt.

Die meisten Autoren sind sich auch darin einig, daß außer den im Röntgen-Grobstrukturbild deutlich erkennbaren Schweißfehlern die Eigenschaften (insbesondere elastische Verformbarkeit, Härte usw.) des Grund- und Schweißzusatzwerkstoffes neben dem Feingefüge und den inneren Spannungen für eine Festigkeitseinbuße maßgebend sind, worüber das gewöhnliche Röntgenbild nichts aussagen kann. Insbesondere wird die Streckgrenze durch Schweißfehler nur wenig oder gar nicht herabgesetzt. Die Streckgrenze ist aus dem Röntgenfilm nicht ermittelbar, da diese im allgemeinen nicht der überwölbten Schweißnaht, sondern der des Grundwerkstoffes zuzuschreiben ist, da ja der Bruch meist *im* Grundwerkstoff *neben* der Naht, jedoch nicht *in* der dickenverstärkten Nahtüberwölbung auftritt.

Biegeversuche. Auch hinsichtlich der Ergebnisse des Biegeversuches (Faltversuch) besteht Übereinstimmung, daß dieser im allgemeinen keinen eindeutigen Zusammenhang mit dem Röntgenbefund liefert. Dies trifft besonders in den Fällen zu, wo die Fehler in der Wurzel liegen, und z. B. bei X-Nähten, die während des Biegens mehr oder weniger in die neutrale oder Druckzone zu liegen kommen. Bindefehler u. dgl. in den Nahtflanken können jedoch den Biegewinkel auf 30 bis 50% des normalen Wertes herabsetzen. Es kann auch vorkommen, daß Fehlstellen beim Ausarbeiten des Kerbes fortfallen, wodurch eine zu gute Kerbzähigkeit nur vorgetäuscht wird, weil die dann nicht geröntgten, d. h. auch nicht nachgearbeiteten Stellen noch vorhanden sind.

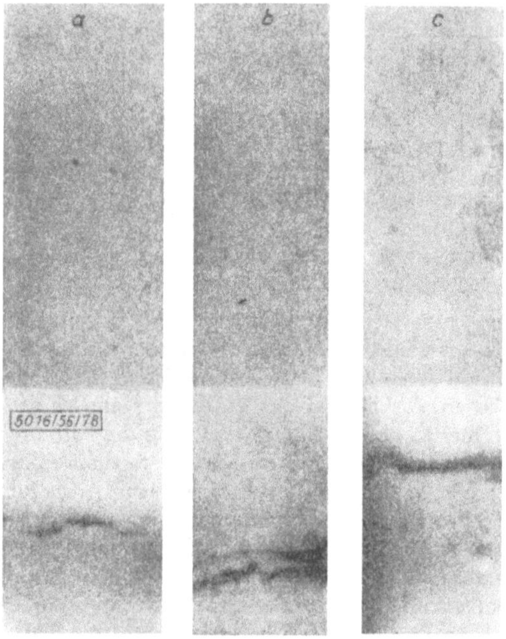

Bild 78. Röntgenbilder (Negative) von Biegeproben
Bild a u. b = vor dem Biegen durchleuchtet
Bild c = nach dem Biegen durchleuchtet.
Der Bruch geht von Poren und Schlackenzeilen aus

Der Nutzen einer vorherigen Röntgenuntersuchung von Biegeproben geht aus dem Bild 78 hervor. Man ersieht daraus, daß die Anbrüche an den Stellen der Biegeproben entstanden sind, wo die Schweißnähte mehr oder minder zahlreiche Poren und Schlackeneinschlüsse enthielten.

Kerbzähigkeitsprüfung. Bezüglich des Zusammenhanges zwischen *Röntgenbefund und Kerbzähigkeit* sind die Angaben in der Literatur *widerspruchsvoll. Tofaute* findet bei dickeren Proben eine Erniedrigung der Kerbzähigkeit um fast 70% infolge von Schweißfehlern, was sich auch mit Untersuchungen von *Schiebold* deckt. *Wallmann* und *Matting* kommen dagegen zu anderen Ergebnissen. Der Widerspruch klärt sich auf, wenn man die Art, Größe, Lage und Orientierung der Fehlstellen im Querschnitt berücksichtigt. Bei Fehlstellen in der Mitte des Querschnittes kann die Kerbzähigkeit

Probe	Biegefestigkeit kg/mm²	Biegewinkel bei Anriß	Röntgenbefund	Bemerkung
2 b) I	105	20°	starke Poren und Hohlräume	Bruch durch Schweißnaht und Blasen
2 c) II......	144	49°	einige Poren und Hohlräume	Bruch durch Schweißnaht ohne wesentliche Fehler
3 b) I.......	134,5	57°	eine größere Hohlstelle	Bruch durch Schweißnaht
2 c) II	141,5	56°	mehrere längliche Poren und Hohlstellen	Bruch durch Schweißnaht
4 b) I.......	142	80°	einige schwache Hohlstellen	Bruch durch Werkstoff
4 c) II	110,5	27°	zwei größere Hohlstellen	Bruch durch fehlerhafte Schweißnaht

Zahlentafel 8. Ergebnisse von Biege- bzw. Faltversuchen mit aus den Schweißnähten herausgeschnittenen Rechteckstäben vom Format 20×17 mm, wobei sich hierfür Übereinstimmung mit dem Röntgenbefund ergab (nach *E. Schichtel*)

sogar verbessert werden, weil der Querschnitt dann ein höheres Formänderungsvermögen aufweist.

Ein Beispiel, wo Röntgenbefund und Biege-(Falt-)Versuch in Übereinstimmung standen, sei in Form der Zahlentafel 8 gebracht.

Eigene Untersuchungen des Verfassers an Elektroschmelzschweißnähten von Feuerbüchsen. Vergleichende Versuche an herausgearbeiteten Zerreißstäben sowie Biege-, Kerbschlag-, Härte- und Gefügeproben, z. B. von Elektroschmelzschweißnähten an Feuerbüchsen für stehende Kreuzrohrkessel, ergaben ebenfalls eine deutliche Korrelation zwischen Röntgenbefund und mechanisch-technologischem Verhalten bei statischer Beanspruchung (siehe betreffs Feuerbüchsen auch bei *Matting*, später).

Die Zahlentafel 9 gibt diesen Zusammenhang wieder.

Bewertung nach Röntgenbefund	Bezeichnung	σ_S kg/mm²	δ %	ε %	σ_B kg/mm²	Bruch in
sehr gut	FZ 1***)	52,3	13,5*)	—	41,7	Werkstoff
	FZ 2***)	48,4	11,8*)	—	36,8	Werkstoff
gut	AZ 2***)	48,4	12,0*)	—	32,8	Werkstoff
	BZ 2***)	41,8	5,3*)	—	29,1	Werkstoff
ausreichend	AZ 1	46,6	14,4	11,0	34,5	Naht
	BZ 1	47,2	8,0*)	11,0	29,4	Werkstoff
noch ausreichend	CZ 1	45,8	12,3	15,7	36,2	Naht
	CZ 2	44,7	12,7	13,7	37,6	Naht
	EZ 2	50,5**)	15,0**)	21,0**)	40,1**)	Naht
ungenügend	EZ 1***)	43,3	5,3	17,3	35,1	Naht

σ_B = Zugfestigkeit, σ_S = Streckgrenze, δ = Bruchdehnung, ε = Bruchkontraktion.

*) Infolge der stärkeren Dehnung des Werkstoffes konnte in diesen Fällen die wahre „Bruchdehnung" der Nähte nicht gemessen werden. Die obigen Zahlen sind sicher zu klein.

**) Das abweichende Verhalten der Probe EZ 2 läßt sich damit erklären, daß die im Röntgenbild gefundene rundliche Hohlstelle am Stabrand liegt und den Fließvorgang nur wenig behindert hat.

***) Die Proben FZ 1, FZ 2, AZ 2, BZ 2, EZ 1 rissen *im* Werkstoff, so daß die gefundene Dehnung der Schweißnähte kleiner als die wahre Bruchdehnung ist.

Zahlentafel 9. Zusammenhang zwischen Zugfestigkeit, Streckgrenze, Dehnung, Kontraktion und Bruch der Probestäbe mit einer Bewertung auf Grund des Röntgenbefundes

Bemerkung: Auszug aus einer bisher unveröffentlichten Untersuchung von *E. Schiebold*; ausführliche Publikation soll später erfolgen.

Man ersieht aus der Zahlentafel 9, daß die Zugfestigkeit in der Reihenfolge: sehr gut — gut — ausreichend — noch ausreichend — ungenügend — um etwa 15% abnimmt. Sie ist aber auch bei den als ungenügend bewerteten Proben noch größer als die Zugfestigkeit des Grundwerkstoffes (im Mittel 37 kg/mm² bei einer Streckgrenze von 24,4 kg/mm², Bruchdehnung 32,9%). Zwischen der Bewertung „sehr gut" und „gut" besteht kein wesentlicher Unterschied. Es muß eben erst ein großer „Schwellwert" unterschritten werden, ehe das Röntgenbild deutlich anspricht. Der genauere Festigkeitswert jedoch spiegelt immer die wirklichen Verhältnisse wieder.

Bei der Streckgrenze, welche bei allen Proben oberhalb 29 kg/mm² (im Mittel bei 35,4 kg/mm²) liegt, konnte kein eindeutiger Zusammenhang mit dem Röntgenbefund erhalten werden, was auch erklärlich ist, da die Streckgrenze beim normalen Zugversuch hauptsächlich durch das Verhalten des Werkstoffes bedingt ist.

Schwieriger als beim Prädikat „ungenügend" ist die Beurteilung der Grenzfälle, die als „noch ausreichend" bewertet wurden. Hier sind keine so schwerwiegenden Fehler im Röntgenbild festzustellen, die erfahrungsgemäß eine Ausbesserung erforderlich machen. Es darf die Bedeutung geringfügiger Wurzelfehler, Bindefehler, Schlackenreste, Hohlräume, Poren, Blasen usw., die im Röntgenbild deutlich hervortreten, bei der Beurteilung der Nahtgüte nicht überschätzt werden. Für das Festigkeitsverhalten sind ja nicht nur die Zahl und Größe, sondern auch die Form, Lage und Verteilung sowie Orientierung der Fehlstellen neben anderen Faktoren maßgeblich.

Ebenso konnte zwischen Röntgenbewertung und Bruchdehnung sowie Kontraktion keine eindeutige Beziehung gefunden werden, höchstens insofern, als die mit „sehr gut" und „gut" bewerteten Proben FZ 1 und FZ 2 hohe, die als „ungenügend" bewertete Probe EZ 1 die niedrigste Bruchdehnung aufweisen. Ganz allgemein beträgt die Bruchdehnung der Schweißnähte selbst — soweit sie gemessen werden konnte — nur etwa 30 bis 50% derjenigen des Grundwerkstoffes.

Die Beschaffenheit der Bruchflächen bestätigte fast ausnahmslos den Röntgenbefund. Dafür ist die Zahlentafel 10 ein Beispiel.

Bezeichnung der Probe	Röntgenbefund	Bruchaussehen
FZ 1 und FZ 2	Keine bemerkenswerten Fehlstellen	Überwiegend feiner Verformungsbruch, daneben Trennungsbruch im Werkstoff, ausgehend von der Übergangsstelle der Schweißnaht, keine nennenswerten Fehler
AZ 2 und BZ 2	Einige feine Poren und Schlackeneinschlüsse	Keine wesentlichen Fehler; feinkörniger Verformungs- und Trennungsbruch im Werkstoff
AZ 1	Feine Schlackeneinschlüsse in der Wurzel	Obere Lagen Verformungsbruch, untere Lagen feinkörniger Trennungsbruch. Wurzelzone schiefriger Bruch, ausgehend von Wurzelfehler (Schlackenzeile und zwei längliche Blasen)
CZ 1	Schlacken- und Hohlstellen in der Wurzel, kanalartig quer zur Stabachse verlaufend	Schlacken und verbrannte Stellen in der Wurzel und benachbarten Zonen der Naht nebst Blasen, Kaltschweißen usw. Feinkörniger Verformungs- und Trennungsbruch in der Schweißnaht
EZ 2	Größere Blase mit Schlackeneinschlüssen in der Wurzel, am Rand der Probe ausmündend	Bruch in der Schweißnaht, ausgehend von einem Blasennest mit Oxydeinschlüssen und Schlackenrissen in der Wurzel
EZ 1	Größere Schlackenkanäle in der engsten Stelle der Wurzel	Bruch in der Schweißnaht, Wurzel durchgehend verbrannt und schlecht gebunden, angrenzende Lagen grobkristallin gebrochen

Zahlentafel 10. Beurteilung der Zerreißproben nach Röntgenbefund und Bruchaussehen (nach *E. Schiebold*)

Man erkennt aus der Zahlentafel 10, daß der Bruch — soweit er *in* der Schweißnaht erfolgt ist — meistens von Schlackenzeilen, Oxyden, Blasen und Poren der schlecht verschweißten Wurzel oder sonstigen Fehlstellen ausgeht.

Bei den Biegeversuchen konnte ein eindeutiger Zusammenhang zwischen Röntgenbefund einerseits, Biegewinkel, Biegefestigkeit und Biegedehnung andererseits *nicht* gefunden werden. Dies ergab sich auch in Übereinstimmung mit entsprechenden Feststellungen anderer Autoren. Im vorliegenden Fall wird dies daran liegen, daß die beobachteten Schweißfehler, hauptsächlich Wurzelfehler, sich hier weniger ungünstig auswirken als beim Zugversuch, weil die Wurzel in oder nahe der neutralen Zone bzw. der Druckzone des Biegestabes lag. Die Kerbschlagversuche zeigten im vorliegenden Falle eine eindeutige Beziehung zum Ergebnis der vorherigen Röntgenprüfung, wie dies aus der nachstehenden Zahlentafel 11 hervorgeht.

1	2	3	4	5
Bewertung	Mittel der spezifischen Schlagarbeiten a_k mkg/cm²	Relative Werte %	Mittel der spezifischen Schlagarbeiten a_k mkg/cm²	Relative Werte %
sehr gut	8,60	100	8,60	100
gut	8,51	99	8,51	99
ausreichend	8,26	96	8,26	96
noch ausreichend	7,67	89	6,75	78
ungenügend	7,12	83	4,46	52

Zahlentafel 11. Mittelwerte der Kerbzähigkeit der VDMR-Schweißnahtproben in Abhängigkeit vom Röntgenbefund (nach *E. Schiebold*)

Bemerkung: Bei den Spalten 2 und 3 wurden bei der Mittelwertbildung alle gefundenen Werte berücksichtigt, bei den Spalten 4 und 5 wurden die stark herausfallenden Werte einiger Proben fortgelassen, wodurch das Ergebnis zwar ungünstiger ist, dafür aber mehr den tatsächlichen Verhältnissen entspricht, da ein Teil der Fehlstellen hier beim Herausarbeiten des Kerbs beseitigt wurde.

Erwähnt sei noch, daß Biegewinkel und Festigkeit bei allen Biegeproben, auch bei den nach dem Röntgenbefund als ungenügend beurteilten, ebenso die Biegedehnung (letztere im Mittel 24%) den Vorschriften entsprachen. Etwaige Anrisse traten vorwiegend in den Übergangszonen zwischen Schweißnaht und Grundwerkstoff auf.

Die Kerbschlagproben wurden aus der Schweißnaht an Hand des Röntgenfilms ausgewählt und senkrecht zur Schweißrichtung herausgearbeitet. Da infolge der geringen Größe der Proben und schwer vermeidbarer kleiner Relativverschiebungen eine exakte Festlegung der Fehlstellen in den Proben schwierig war, wurden letztere vor dem Versuch nochmals geröntgt.

Aus den Werten der Zahlentafel 11 geht hervor, daß die mit „sehr gut" und „ausreichend" bewerteten Kerbschlagproben keinen nennenswerten Unterschied in der Kerbzähigkeit aufweisen. Dagegen zeigen die mit „noch ausreichend" und „ungenügend" bewerteten Proben nach dem Röntgenbefund eine deutliche geringere Kerbzähigkeit, die ungünstigenfalls nur noch etwa 50% derjenigen der einwandfreien Proben beträgt.

Das Bruchaussehen der Kerbschlagproben bestätigt den Röntgenbefund in vollem Umfange, wie es auch die umstehende Zahlentafel 12 beweist.

Auf die Härtemessungen soll hier nicht weiter eingegangen werden, da diese nicht in direktem Zusammenhang mit dem Röntgenbefund stehen. Es sei nur bemerkt, daß die Härte deutlich geringer gefunden wurde, falls der Eindruck zufällig auf oder in die Nähe einer Fehlstelle zu liegen kam.

Bezeichnung	Röntgenbefund	Bruchaussehen
AK 1	Poren und Blasen in Wurzelzone	Große längliche, etwa 2 mm große Blase in Wurzelnähe, außerdem verbrannte Stellen mit Oxyden. Unten TB, oben VB
AK 2	Wurzel gut, Poren an oberer Nahtflanke	Kleine Poren und Schlackeneinschlüsse in der Wurzel, grobkristalliner TB in den oberen Lagen, daneben VB und FTB
AK 3	Wurzel gut	Schlackeneinschlüsse in der Wurzel mit grobkristallinem Bruch. FTB, GTB, FTB, VB
AK 4	Feine Poren in Wurzelnähe	Wurzel teilweise verbrannt, mit Schlacken, grobkristalliner Bruch in den mittleren Lagen. FTB, GTB, VB
BK 1	Großer Schlackeneinschluß in der Wurzel	Schlackeneinschluß in der Wurzel, grobkristalliner Bruch in den mittleren Lagen. FTB, GTB, VB
BK 2	Längliche Pore in den oberen Lagen	Grobkristalliner stengliger Trennungsbruch in den mittleren Lagen, große vertikale Blase (2 mm lang) in oberer Lage, Wurzel gut. FTB, GTB, VB
BK 4	Große Blase oder Schlackeneinschluß in der Wurzel, Poren in den oberen Lagen	Blase und verbrannte Stellen in der Wurzel. Größere Blase ausgehend von Schlackeneinschlüssen (Flecken) in den oberen Lagen, außen grobkristalliner Bruch. FTB, GTB, VB
BK 6	Porenkanäle in engster Stelle der Wurzel	Wurzel teilweise mit Poren und Schlacken gefüllt, Fleckenbildung, sonst gut. FTB, VB
CK 1	Poren- und Schlackenkanäle in der Wurzel	Wurzel ganz verbrannt und schlackig, mit dunklen Oxyden gefüllt, spröde gebrochen. FTB, VB
CK 3	Poren und Schlacken in der Wurzel und Gegenschweiße	Wurzel teilweise verbrannt und voll Schlacke, mittlere und obere Lagen gut. FTB
EK 1	Verschiedene feine Poren und Schlacken in der Wurzel und in oberen Lagen	Zwei grobkristalline Bruchzonen in Wurzelnähe und oberer Lage. FTB, GTB, FTB, GTB, VB

FTB = feinkristalliner Trennungsbruch, GTB = grobkristalliner Trennungsbruch, VB = Verformungsbruch bzw. FTB, GTB, FTB, VB usw. geben die Reihenfolge des Bruchaussehens vom unteren Rand (Gegenschweiße) zum oberen Rand (Decklage) der Probe.

Zahlentafel 12. Röntgenbefund und Bruchaussehen der Kerbschlagproben (nach *E. Schiebold*)

Hier sei bemerkt, daß der Härteverlauf an den verschiedenen Stellen des Querschnittes wesentlich komplizierter ist, als dem Schema „Grundwerkstoff, Übergang, Schweißnaht" entspricht, was auf die örtlich stark unterschiedlichen Erhitzungs- und Abkühlungsverhältnisse bei der Mehrlagenschweißung sowie Gegenschweißung zurückgeführt werden muß. Die Aufhärtung erreichte Höchstwerte: 1. in der Übergangszone (im Mittel 141 kg/mm^2), 2. in der Mitte der Schweißnaht (im Mittel 152 kg/mm^2) und in der Gegenschweißnaht (im Mittel 167 kg/mm^2), niedrigste Werte in der Wurzelzone (84,5 bis 119 kg/mm^2).

Auch der Röntgen- und Makrogefügebefund geätzter Querschliffe durch die Schweißproben zeigte im großen und ganzen gute Übereinstimmung. Das Röntgenbild weist als Projektion des ganzen Volumens der Naht mehr Fehler auf, der Anschliff dagegen eine bessere Differenzierung der Fehler.

Vergleichende Untersuchungen an Rundschweißnähten (Probenähten) einer Hochdruckdampfleitung. Von Interesse erscheinen in diesem Zusammenhang auch die Ergebnisse mechanisch-technologischer Untersuchungen von Schweißproben (aus Versuchsrundnähten einer Hochdruckdampfleitung von 250 mm NW und etwa 23 mm Wanddicke), welche die auf Seite 1200 beschriebenen blasenförmigen Fehlstellen in gehäuftem Maße aufweisen (nach bisher veröffentlichten Untersuchungen von *Schiebold*) (Bild 79).

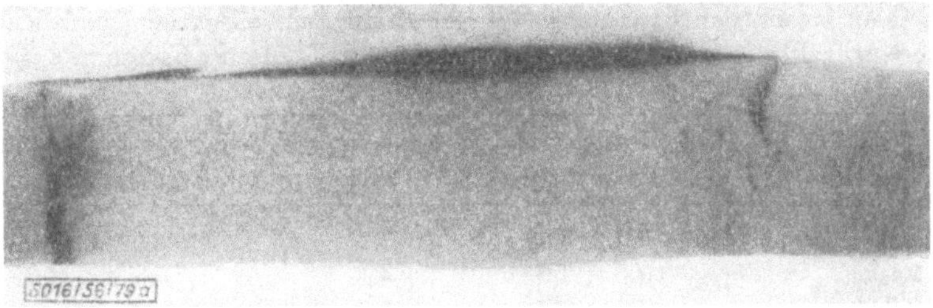

Bild 79a. Röntgenaufnahme (Negativ) mit von außen nicht sichtbaren Fischaugen und Anrissen beim Biegen

Die Versuchsproben wurden mit stark ummantelten Elektroden (Sorte „Garant")*) elektrisch geschweißt. Die Zerreißproben wurden senkrecht zur Rundnaht an überkopf geschweißten Stellen (Stab 2), an senkrecht geschweißten Stellen (Stab 3), an waagerecht geschweißten Stellen (Stab 4) des Rohrabschnittes entnommen, welcher zwei Schweißnähte zu Vergleichszwecken in der Mitte und an der Seite enthielt. Die Nähte verschiedener Schweisser sind hier mit I und II bezeichnet.

Die Nähte an der Hochdruckdampfleitung selbst waren im allgemeinen bedeutend besser geschweißt und zeigten derartige Fehler nur in wesentlich geringerem Ausmaße. Vermutlich waren die Elektroden der Versuchsproben nicht genügend getrocknet.

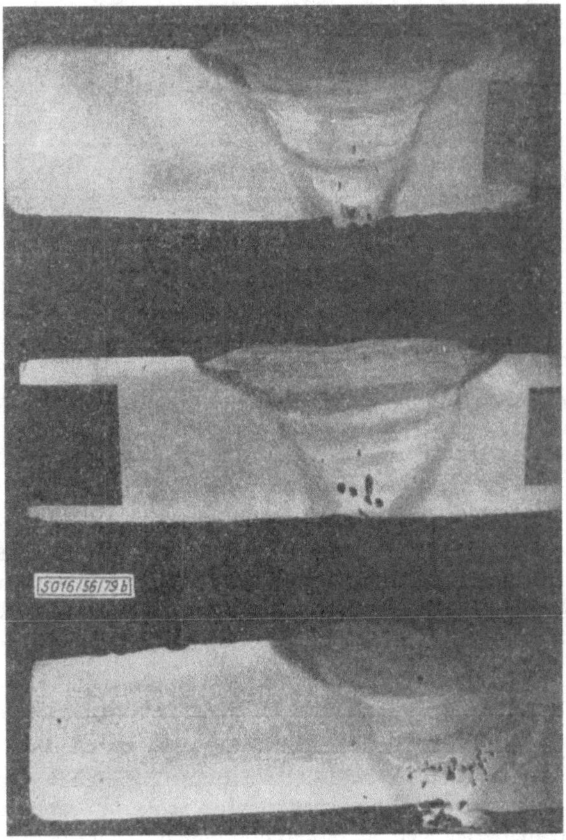

Bild 79b. Makroschliffe von Schweißnähten mit Würmern u. Gasporen (nach *E. Schiebold*)

Bild 79. Röntgenbilder und Schliffbilder von Proben aus einer versuchsweise geschweißten Naht einer späteren Hochdruckdampfleitung mit kennzeichnenden Gasblasen in Form sogenannter „Würmer"

*) Es handelt sich um eine Kb-Elektrode (Bez. nach DIN 1913, s. auch bei Richter, Teil I S. 382 ff.)

Man konnte aus der Zahlentafel 8 S. 1220 entnehmen, daß die Ursache der geringen Biegewinkel der Schweißnähte im Gegensatz zum Werkstoff (Biegefestigkeit im Mittel 133 kg/mm², Biegewinkel im Mittel 120°) in den beschriebenen Schweißfehlern liegt, die sich zum Teil über die ganze Bruchfläche erstrecken, wovon das Bild 79 ein kennzeichnendes Beispiel gibt.

Ganz wesentlich ist der Einfluß derartiger Schweißfehler (siehe Zahlentafel 8) auf die Kerbzähigkeit, wie es die nachstehende Zahlentafel 13 zeigt.

Probe Nr.	Querschnitt mm²	Schlagarbeit mkg	Spezifische Schlagarbeit mkg/cm²	%
2 W⁺	9,6 × 6,4	13,2	21,6	100
2 I	10,0 × 7,0	4,4	6,3	29
2 II	9,9 × 6,7	5,8	8,8	40
3 W⁺	10,0 × 6,4	15,0	23,4	100
3 I	9,6 × 7,0	2,3	3,4	14,5
3 II	9,6 × 7,0	2,8	4,2	18
4 W⁺ . . .	10,0 × 6,0	14,2	23,6	100
4 I	9,9 × 6,8	2,1	3,1	13
4 II	9,8 × 6,7	6,2	9,6	41

W⁺ = Werkstoff, I = Naht I, II = Naht II.

Zahlentafel 13. Ergebnisse der Kerbschlagprüfung an Schweißnahtproben nach DVMR (nach *E. Schiebold*)

Die spezifische Schlagarbeit beträgt also bei den geschweißten Proben im Mittel nur etwa 26% derjenigen des Grundwerkstoffes, wobei man mit einer gewissen Streuung der Werte rechnen muß. Die beiden Schweißnähte I und II unterscheiden sich in der Kerbzähigkeit, indem erstere nur 19%, letztere etwa 33% der Kerbzähigkeit des Grundwerkstoffes aufweist. Bei den Nahtstellen 3 I, 3 II und 4 I ist die Kerbzähigkeit nach DIN-Vornorm 1913 ungenügend.

b) Zusammenhang zwischen Röntgenbild und Dauerfestigkeit

Wechselfestigkeit und Röntgenbefund. Zwischen der *Dauerfestigkeit* (Wechselfestigkeit) *und dem Röntgenbefund bestehen ebenfalls deutliche Beziehungen.* Nach *Wallmann* wird die Dauerfestigkeit durch die verschiedenen Schweißfehler unterschiedlich beeinflußt. Die Nahtgüte bzw. Lastwechselzahl nimmt ab in der Reihenfolge:

ungeschweißte Proben
Schweißnähte mit kleinen unregelmäßig verteilten Poren
Schweißnähte mit großen unregelmäßig verteilten Poren und Blasen
Nähte mit Bindefehlern.

Auch *Berthold* findet Beziehungen zwischen Dauerfestigkeit und Röntgenbild, sofern die Nähte von zusammenhängenden Porenreihen durchsetzt sind, weniger oder gar nicht dagegen bei feinen und gleichmäßig über die Nahtlänge verteilten derartigen Fehlern. Zu ähnlichen interessanten Ergebnissen kommt auch *Matting* bei vergleichenden Untersuchungen.

Hieraus geht hervor, daß in Bestätigung der Versuche von *Wallmann* Schlackenzeilen oder zahlreiche Poren in der Bindefläche, vorzugsweise in einer Bindefläche bzw.

Röntgenbefund ..	gut	kleine Poren		große Poren	Schlackenzeilen in Bindeflächen
Dauerzugfestigkeit in kg/mm² *) ..	16	15		11	10
Röntgenbefund .	regellos verteilte Poren (viel)	regellos verteilte Poren (weniger)	zwei Schlackeneinschlüsse	zahlreiche Poren an Bindefläche	Schlackenzeilen an Bindefläche
Dauerzugfestigkeit in kg/mm²	11,0	13,0	13,5	13,9	13,0
Erreichte Lastwechselzahl	$2 \cdot 10^6$	$2 \cdot 10^6$	$1{,}7 \cdot 10^6$	$0{,}62 \cdot 10^6$	$0{,}6 \cdot 10^6$

*) Ebenso bei nicht abgewulsteten elektrisch geschweißten V-Nähten aus Baustahl St 37 unter gleichen Bedingungen.

Zahlentafel 14. Zusammenhang zwischen Röntgenbefund und Dauerfestigkeit (Wechselfestigkeit) bei autogen und elektrisch geschweißten V-Nähten (*Baustahl*: St 34, Grundlast 2 kg, $2 \cdot 10^6$ Lastwechsel) (nach *Berthold*)

$p = 0$ $p = 1{,}5\,\%$ $p = 3\,\%$ $p = 3\%$ $p = 12\%$

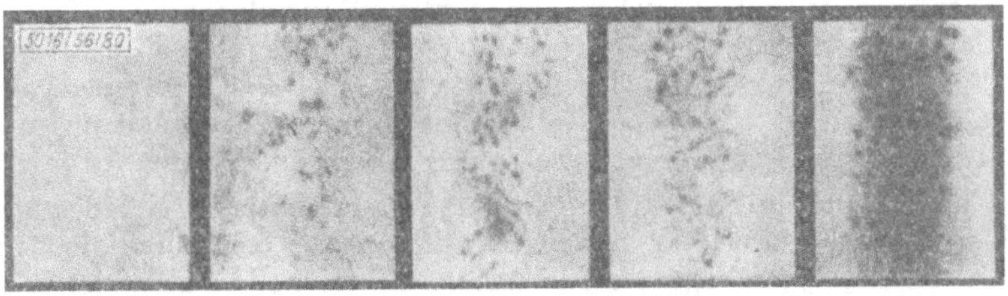

$\sigma_x = 19{,}5$ 12,5 15 11,5 10 kg/mm²

Bild 80. Zusammenhang zwischen Schwellfestigkeit und Gasporosität (nach *Homés*) von Lichtbogen-Schweißnähten (abgearbeitete V-Nähte), Werkstoff St 37. Innerhalb einer gewissen Fehlerbreite besteht eine eindeutige Auswirkung der Porosität auf die Schwellfestigkeit (kg/mm²). Scharfe Schlackeneinschlüsse, Risse und Bindefehler können jedoch den unmittelbaren Zusammenhang verwischen, besonders für kleine Werte der Porosität p (%)

σ_x = Schwellfestigkeit in kg/mm²
p = Porosität in %
2×10^6 Lastwechsel mit $p = 0$

Wurzel, die Dauerfestigkeit bzw. die erreichte Lastwechselzahl ganz erheblich (mehr als 30%) herabsetzen.

Schwellfestigkeit und Röntgenbefund. Zu ähnlichen Ergebnissen gelangte auch *Homés*, welcher den in Bild 80 gezeigten Zusammenhang zwischen Schwellfestigkeit und Gasporosität fand.

Die Schwellfestigkeit sinkt bei den stark porigen Proben auf etwa 50% derjenigen von gesunden, porenfreien Proben ab, was die Ergebnisse der Wechselfestigkeitsversuche von *Berthold* bestätigen. Insbesondere geht aus der Kurve des Bildes 80 hervor, daß schon eine geringe Porosität von etwa 5% die Schwellfestigkeit auf 60% des ursprünglichen Wertes herabsetzt. Größere Porositätsgrade wirken sich prozentual nicht mehr stärker aus.

Auch *Hempel* u. *Möller**) haben die verschiedenartigen Schweißfehler nach Art, Größe und Zahl auf Grund des Röntgenbefundes hinsichtlich ihrer Wirkung auf die Schwellfestigkeit (St. 37, ummantelte Elektrode, Grundlast 2 kg/mm², $2 \cdot 10^6$ Lastwechsel) untersucht mit dem folgenden Ergebnis der Zahlentafel 15.

Nr.	Art der Fehler	Schwellfestigkeit in kg/mm²	
		Geringe Zahl bzw. Ausdehnung	Große Zahl bzw. Ausdehnung
1	Ungeschweißte Probe nach allseitiger Bearbeitung	32	32
2	Desgl. mit Walzhaut	22	22
3	Regellos verteilte Poren	20	20
4	Schlacken und Schlackenzeilen in zwei Lagen .	15	10
5	Schlackeneinschlüsse verschiedener Größe . . .	13	8
6	Grobe Schlackenwände in einer Lage	8	6
7	Wurzelfehler verschiedener Größe	13	6

Zahlentafel 15. Röntgenbefund und Schwellfestigkeit bei verschiedenen Schweißfehlern (nach *Hempel* u. *Möller*)

Man ersieht aus der tabellarischen Zusammenstellung den großen Unterschied zwischen den ungeschweißten allseitig bearbeiteten Proben, den ungeschweißten Proben mit Walzhaut und den geschweißten Proben. Außerdem setzen regellos verteilte Poren in mehr oder minder großer Anzahl die Schwellfestigkeit nicht *so* stark herab, wie es nach dem Befund von *Berthold* sowie *Homés* zu erwarten ist**) (Bild 80).

Der schädliche Einfluß von groben Schlackeneinschlüssen und langgestreckten Wurzelfehlern macht sich in einer starken Erniedrigung der Schwellfestigkeit bemerkbar, d. h. auf etwa 30% für diejenigen mit Poren, auf etwa 16 bis 20% derjenigen des Grundwerkstoffes.

Proben mit gleichartigen und gleich großen Fehlern verhielten sich auch bei der Wechselbeanspruchung gleichartig und lieferten Punkte auf normalen Wöhlerlinien. Die Verfasser kommen zu dem Schluß, daß einer bestimmten Art und Größe der Fehlerausbildung auch ein bestimmter Wert der Schwellfestigkeit entspricht.

Zu ähnlichen Ergebnissen kommen auch *Roš* u. *Brandenberger****). Es setzen nach diesen Autoren grobe Schlackeneinschlüsse und Poren die Zugfestigkeit nicht, die Ursprungsfestigkeit um etwa 30% herab.

Daneben sind nach *Matting* besonders nachteilig für die Dauerbeanspruchbarkeit

schroffe Nahtübergänge,
Einbrandkerben,
Oberflächenverletzungen,
Anrisse,
neben Bindefehlern in der Nahtwurzel.

---

*) *M. Hempel*, Stahl u. Eisen *58* (1938), S. 756; *H. Möller*, Berg- u. Hüttenmännische Monatshefte *86* (1938), S. *148*; *Hempel* u. *Möller*, Arch. Eisenhüttenwes., 20. Jahrg., S. 585.

**) Vermutlich, weil die Poren in diesem Falle über den ganzen Querschnitt der Naht verteilt sind, während sie bei *Berthold* in den Nahtflanken, bei *Homés* mehr in der Wurzel konzentriert waren. Leider geben die Verfasser nicht die Schwellfestigkeit einer völlig gesunden Naht unter gleichen Bedingungen an.

***) Vgl. *M. Roš*, Z. Schweißtechnik *31* (1941), S. 6—22, 68—82, 107—121, 149—154.

Derartige Anrisse sind unter Umständen im Röntgenbild nicht deutlich markiert, ebenso wie Fehler in Gefügeaufbau, Eigenspannungen oder starke Unterschiede in der elastischen Verformbarkeit und Härte von Grundwerkstoff und Schweißgut.

Ganz besonders wertvoll erscheinen in diesem Zusammenhang die diesbezüglichen Arbeiten von *Roš**) sowie *Roš* u. *Brandenberger***) über Erfahrungen mit röntgendurchstrahlten geschweißten Druckleitungen und deren festigkeitstechnischer Sicherheit. Die Verfasser untersuchten das Makro- und Mikrogefüge, die statische Zugfestigkeit und Bruchdehnung, die Ermüdungsfestigkeit, das Faltbiegevermögen und die Kerbzähigkeit an Werkstatt- und Montagenähten elektrisch verschweißter Druckwasserleitungen.

Es haben *Hempel* u. *Möller* in einer neueren Arbeit, die 1949 erschien, zusätzlich die Frage nach der Auswirkung kleiner Schweißfehler, wie sie häufig vorkommen, auf die Zugschwellfestigkeit an St 37-Proben ausführlich untersucht.

Es ergab sich dabei:

Untersuchter Grundwerkstoff $\sigma_s = 25{,}4$ bis $24{,}2$ kg/mm²;
$\sigma_B = 44{,}9$ kg/mm², $\delta = 27\%$, $\psi = 65\%$,
Kerbzähigkeit (DVMR-Probe) // WR = 14,2 mkg/cm², ⊥ WR = 11,1 mkg/cm² ***).

Die endgültige Röntgendurchstrahlung erfolgte nach Ausarbeiten der einzelnen Prüfstäbe (Gesamtlänge 400 mm, Breite 40 mm, Dicke 12 bis 14 mm) mit Quernaht und andererseits mit Längsnaht sowie bei allseitig bearbeiteten Stäben nach Abhobeln von Walzhaut und Raupe. Die Proben wurden zum Teil noch vorher an Wulst- und Wurzelseite magnetisch auf Oberflächenfehler untersucht. Die Zugschwellversuche erfolgten auf einer 75-t-Pulsatormaschine (n = 500 U/min) mit einem Grenzlastspiel von 3 bis 5 Millionen, Unterspannung ± 2 kg/mm² konstant, Oberspannung veränderlich ****).

Die Proben wurden von *Hempel* u. *Möller* an Hand des Röntgenbefundes in 4 Gruppen eingeteilt, und zwar wie folgt:

1. fehlerfreie Proben
2. Proben mit einzelnen Poren
3. Proben mit vielen Poren
4. Proben mit sehr vielen Poren.

In Übereinstimmung mit dem früheren Ergebnis wurde festgestellt, daß die Schwellfestigkeit von der *Art*, *Zahl* und *Größe* der Schweißfehler abhängt. Fehlerfreie Schweißnähte geben eine etwa 30 bis 40prozentige Schwellfestigkeitsverminderung gegenüber ungeschweißten Proben mit gleicher Oberflächenbeschaffenheit. Einzelne Poren ergaben dabei wiederum keine weitere Herabsetzung, die erst eintritt in Gruppe 2 und 3 der obigen Einteilung nach *Hempel* u. *Möller* für viele bzw. sehr viele Poren, so wie diese in einer Schweißung üblicherweise nicht vorkommt. Die Herabsetzung betrug dafür 28% bis 67% der Festigkeit für allseitig bearbeitete Proben; für die Proben mit Walzhaut dann entsprechend mehr, d. h. hier 57% bzw. 67%. Es geht eine Abhängigkeit der Zugschwellfestigkeit von der Lage der Fehlstellen zueinander und zur Kraftrichtung hervor. In einzelnen Fällen konnte die Lage der Versuchspunkte im Wöhlerdiagramm aus dem Röntgenbefund erklärt werden, es kam aber auch vor, daß

---

*) Vgl. *M. Roš*, Z. Schweißtechnik 31 (1941), S. 6—22, 68—82, 107—121, 149—154.

**) *M. Roš* u. *E. Brandenberger* (Lit.).

***) Entsprechend der Lage // WR (Probe parallel zur Walzrichtung) und ⊥ WR (Probe senkrecht zur WR) Abmaße 1000 × 500 × 16 mm. Schweißbedingungen: Gleichstrom, Elektrode Phönix-Union SH — gelb, 3,25 mm ⌀, V-Naht (60° Abschrägung), *eine* Wurzellage, 5 bis 6 Lagen (4 mm ⌀) und eine „Kappnaht" (3,25 mm ⌀). Weitere Schweißnähte mit Wechselstrom.

****) Die bei 3 bis 5 Millionen Lastspielen nicht gebrochenen Proben wurden mit stark erhöhter Belastung zu Bruch gebracht, um Lage und Art des Dauerbruches feststellen zu können.

Proben mit kleinen Poren sich unterschiedlich gut verhielten und mit dem Röntgenbefund nicht in Zusammenhang zu bringen waren. Der Grund liegt wohl offensichtlich in versteckten, im Röntgenbild nicht festgestellten Fehlern. *Man darf also auch bei einer nach dem Röntgenbefund als völlig einwandfrei betrachteten Schweißverbindung für die Bemessung eines Konstruktionsteiles nicht mit Schwellfestigkeiten über der unteren Grenze des Streubereiches im Wöhlerdiagramm rechnen.*

Es ist zu bemerken, daß ein unmittelbarer Vergleich der Schwellfestigkeitswerte nur dann Wert hat, wenn Schweißverfahren, Elektroden, Grundwerkstoff usw. mit den vorliegenden Bedingungen einigermaßen übereinstimmen.

Zusammenfassend kann dieser kurzen Übersicht das folgende Ergebnis entnommen werden:

Bei statischer, d. h. ruhender Beanspruchung im Zug- und Biegeversuch wirken sich die verschiedenen Schweißfehler hauptsächlich nach der Größe der dadurch bedingten Querschnittsschwächung aus, wobei die Festigkeit ungünstigenfalls um maximal 30% herabgesetzt wird.

Bei dynamischer Beanspruchung mit Wechsel- und pulsierender Spannung macht sich die Kerbwirkung von Schweißfehlern, insbesondere von Einbrandkerben, Wurzel- und Bindefehlern, Rissen und unregelmäßigen Poren, viel stärker bemerkbar, so daß ungünstigenfalls die Wechselfestigkeit bzw. Schwellfestigkeit um 50 bis 60% herabgesetzt wird.

Bei schlagartiger Beanspruchung, z. B. im Kerbschlagversuch, kann die Kerbzähigkeit im ungünstigsten Falle infolge von Schweißfehlern bei dicken Proben um fast 70% herabgesetzt werden.

Am gefährlichsten für die Haltbarkeit einer Schweißverbindung haben sich nach den Röntgenuntersuchungen sowohl für den Fall der statischen wie der dynamischen Belastung *Bindefehler* und *Wurzelfehler* (insbesondere Schlackenzeilen, Poren, Oxydeinschlüsse) gezeigt. Die Wechselfestigkeit wird außerdem noch durch *schroffe Nahtübergänge* ungünstig beeinflußt. Feine, regellos verteilte Poren beeinträchtigen dagegen die statische Festigkeit nicht oder nur wenig, stärker aber das Formänderungsvermögen, insbesondere gekennzeichnet durch die Dehnung, Querkontraktion und Kerbzähigkeit.

Man ersieht aus dieser kurzen Zusammenfassung der Beurteilungsgrundlagen (Röntgenbefund-Festigkeitsverhalten), daß zahlenmäßige Angaben über die Güte einer Schweißnaht auf Grund des Röntgenbefundes heute nur in Sonderfällen möglich sind (!). Dies liegt daran, daß der Gütebegriff eine ganze Reihe von Eigenschaften umfaßt, die in ganz verschiedener Weise auf die Schweißfehler unterschiedlicher Art reagieren. Die vorstehenden Betrachtungen beziehen sich beim statischen Festigkeits- und Dehnungsverhalten der Schweißnähte gewöhnlich nur auf kurzzeitige Belastungsdauer, entsprechend normaler Prüfgeschwindigkeit. Es erhebt sich die Frage, ob die so bestimmten Werte von Streckgrenze, Bruchfestigkeit und Dehnung auch bei lang dauernder Belastung noch Geltung haben. Hierzu gehören Vorgänge, z. B. der versprödenden Reckalterung bei Stahl, wie sie zufolge vorhandener Reckungen durch das Sichsetzen des Bauteiles (siehe *Mantel*, Teil I) und der Erwärmung durch die Schweißung (mit Sicherheit bis ~ 200 bis 300° C in Nahtnähe, d. h. WEZ) auftreten können. Zuverlässige Beobachtungen hierzu liegen wenige vor, so daß hier nur auf die Reckalterung hingewiesen werden soll. Zu beachten ist schließlich jede Gefüge- oder Oberflächenveränderung, letztere z. B. durch Korrosion, Erosion oder Kavitation.

D. Zerstörungsfreie Prüfung von Schweißverbindungen auf innere Fehler mit Hilfe natürlicher und künstlicher Gammastrahlen sowie ultraharter Röntgenstrahlen

1. Bedeutung der Gammastrahlenuntersuchung für die zerstörungsfreie Schweißnahtprüfung

Die Notwendigkeit zur zerstörungsfreien Prüfung *dickwandiger Schweißnähte* von geschweißten Kesseln, Hochdruckbehältern oder Reaktionsgefäßen für die chemische Großindustrie sowie von Stahlbauten, von Turbinengehäusen, die durch Schweißung instandgesetzt wurden, von Thermitschweißungen u. a. m. zwang schon frühzeitig dazu, sich nach einem stärker durchdringenden Hilfsmittel umzusehen, als es die bisher in technischem Maßstabe erzeugbaren Röntgenstrahlen sind. Die *Gammastrahlen*, insbesondere von Radium- und Mesothoriumpräparaten, sind ähnlich wie die Röntgenstrahlen Quanten einer sehr durchdringenden elektromagnetischen Strahlung.

Die Gammastrahlen entstehen einerseits beim *natürlichen* Zerfall radioaktiver Atomkerne, andererseits auch bei *künstlichen* Kernprozessen. Dabei entsteht z. B. bei Ra C ein diskretes Linienspektrum mit Wellenlängen zwischen 50 und 6 XE (1 XE = 10^{-11} cm), entsprechend Anregungsenergien zwischen 241 und 2220 kV. Als mittlere Wellenlänge einer gefilterten Gammastrahlung ergeben sich etwa 16 bis 19 XE, für mittelharte Röntgenstrahlen dagegen etwa 100 XE, woraus die größere Durchdringungsfähigkeit der Gammastrahlung erklärt wird. Bei Ra Th hat die intensivste Komponente sogar eine Energie von 2620 kV, eine schwächere von 3200 kV, was bei Extrapolation für Schweißnähte aus Stahl eine noch durchstrahlbare Wanddicke von etwa 30 bis 40 cm (!) ergeben würde. Tatsächlich ist wegen der geringen Intensität der benutzten Gammastrahlenpräparate die in wirtschaftlich tragbaren Zeiten durchstrahlbare Wanddicke geringer, d. h. etwa 175 mm mit Film und etwa 220 bis 300 mm mit Zählrohr als Indikator. Mehr als 1 kg Ra wäre erforderlich, um die Dosis-Leistung einer Hochvoltröntgenröhre zu ersetzen (vgl. S. 1242).

Ein besonderer Vorteil der Gammastrahlenprüfung von Schweißnähten besteht darin, daß keine komplizierte und schwere Apparatur erforderlich ist, sondern nur ein kleines radioaktives Präparat, das auch an für die Röntgenaufnahme unzugänglichen Stellen einer Schweißkonstruktion leicht angebracht werden kann. Ferner bedarf es keines elektrischen Stromanschlusses und keiner ständigen Wartung wie bei einer Röntgenapparatur. Die Gammastrahlen eignen sich auch gut für Übersichtsaufnahmen anderweitig nicht zugänglicher innerer Konstruktionsteile auf zerstörungsfreiem Wege, da sie auch mittelharte und weiche Strahlungskomponenten enthalten.

Nachteilig ist andererseits die geringe Intensität der natürlichen Gammastrahler, von denen infolge ihrer Kostbarkeit nur wenige Milligramm zur Verfügung stehen, so daß Belichtungszeiten bis zu 24 Stunden und mehr erforderlich werden. Durch die Möglichkeit, vermittels des Uranspaltungsprozesses größere Mengen künstlich radioaktiver Präparate zu erhalten, wird die Gammastrahlenprüfung in der Zukunft sicher eine größere Rolle spielen als heute, besonders da hier neue Wege der Aufnahmetechnik möglich sind, falls die Präparate genügend billig werden. Auf besonderen Wunsch des Herausgebers soll die vorliegende Abhandlung Einzelheiten hierüber erfassen, um auf diese Weise Anregungen zur Weiterentwicklung geeigneter radiologischer Untersuchungsverfahren zu geben und somit die Möglichkeit einer zerstörungsfreien Prüfung auch sehr dickwandiger Werkstücke mit erträglichem Kostenaufwand zu schaffen.

2. *Eigenschaften der Gammastrahlen*

a) Absorption und Streuung

Infolge ihrer hohen Durchdringungsfähigkeit sind die Gammastrahlen in ihren Eigenschaften denjenigen der ultraharten Röntgenstrahlen sehr ähnlich. Diese werden anschließend wegen ihrer Bedeutung in der Zukunft kurz beschrieben.

Infolge der starken Asymmetrie der erzeugten Streustrahlung, die vorwiegend in die Richtung der bildzeichnenden Primärstrahlung fällt, spielt erstere für die Gammastrahlen keine so schädliche Rolle wie bei der mittelharten Röntgenstrahlung. *Man benötigt daher im allgemeinen keinen besonderen Schwermetall-Streustrahlenfilter.* Im übrigen tritt hier die normale Absorption und klassische Streuung stark gegenüber quantenhaften Streueffekten zurück.

b) Photographische Wirkung

Die Streuelektronen (Rückstoßelektronen) haben bei den härtesten Gammastrahlkomponenten Geschwindigkeiten bis zu 99% der Lichtgeschwindigkeit und daher wegen der großen kinetischen Energie *nur eine geringe Wirkung auf die photographische Schicht.* Zur Erzielung tragbarer Belichtungszeiten muß man daher bei Verwendung der üblichen radioaktiven Präparate höchstverstärkende, z. B. „Auer"-Spezialfolien benutzen

Besonders in den USA werden zu diesem Zwecke auch dünne Bleifolien (0,125 mm Dicke) verwendet, deren Verstärkungswirkung auf der Auslösung von Elektronen beruht. In wichtigen Fällen empfiehlt es sich, zwei Röntgenfilme gleichzeitig so zu belichten, daß diese zwischen drei Verstärkungsfolien eingelegt sind, von denen die mittlere eine Doppelschicht besitzt. Beim Betrachten der aufeinandergelegten Filme addieren sich dann die Schwärzungen, und man erhält deutlichere Bilder.

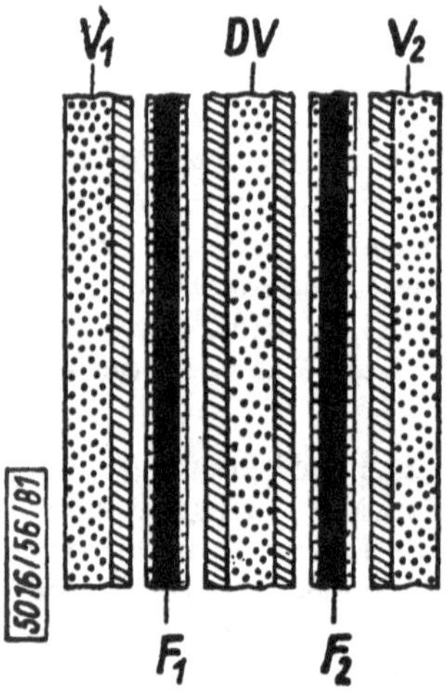

Bild 81. Schema der Kombination von zwei doppelt gegossenen Röntgenfilmen (F_1 u. F_2) zwischen drei Verstärkerfolien (V_1, V_2 und DV, letztere mit doppelt vergossener Schicht) für technische Gammastrahlenaufnahmen (nach *Vaupel*)

Zweckmäßig benutzt man Kombinationen von zwei doppelt begossenen Röntgenfilmen mit auf den Schichtseiten liegenden Verstärkerfolien nach dem Schema des Bildes 81. Man erhält dann durch Aufeinanderlegen der entwickelten Filme den doppelten Kontrast und gleichzeitig eine Kontrolle, ob auf dem Film erscheinende Fehlstellen „reell" sind, da diese auf beiden Filmen vorhanden sein müssen. Bei sehr großen Wanddicken könnte man auch noch weitere Filme hintereinanderschalten.

Neuere Belichtungstabellen für Radium- und Mesothoriumdurchstrahlung haben *Isenburger* u. *Widemann* veröffentlicht (Bild 82). Als Hinweis soll dienen, daß zur Durchstrahlung einer Schweißnaht aus Stahl von 40 mm Dicke mit einem Mesothoriumpräparat von 200 mg Radium-Äquivalent eine Belichtungszeit von 0,5 Stunden, das sind 130 mg · h bei 70 cm Fokusabstand, erforderlich ist. Die Fehlererkennbarkeit ist im Radiogramm geringer als im Röntgenbild. Man rechnet für Stahldicken bis zu 50 mm mit einer Drahterkennbarkeit von etwa 5—2 %, bei größeren Wanddicken

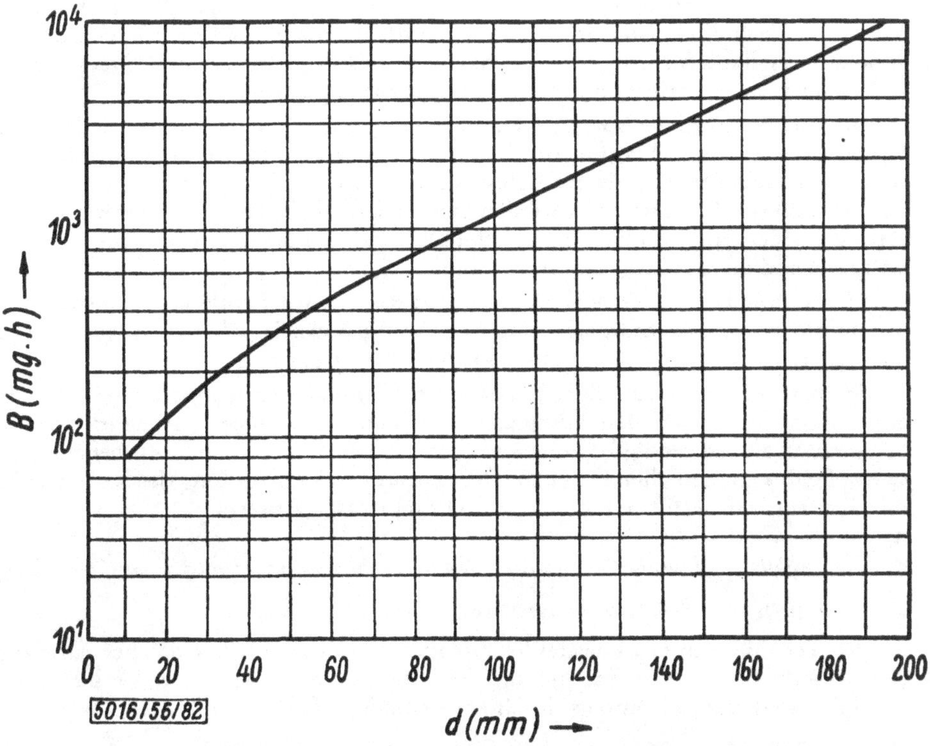

Bild 82. Belichtungstafel für Flußeisen mit Gammastrahlen. Belichtungsgröße in mg · h abhängig von der Wanddicke in mm (nach *Widemann*)
(Fokusabstand 100 cm; $S_{abs.}$ = 1,0; Film 1942, Verstärkungsfolie Fγ 30)

mit 5—7 %. *Feine Risse und Bindefehler, Poren und Schlackenreste können also in dickwandigen Schweißnähten mittels Gammastrahlung nicht mit Sicherheit erkannt werden.*

c) Nachweis der Gammastrahlen mit der Zählrohrmethode

Wenn es sich darum handelt, mit Gammastrahlen größere Wanddicken als etwa 175 mm bei Stahl zu durchstrahlen, so ist der photographische Film praktisch nicht mehr verwendbar. Man benutzt hier zweckmäßig das Zählrohr, welches in seiner Empfindlichkeit die photographische Schicht weit übertrifft. Mit starken radioaktiven Präparaten können auf diese Weise noch Schweißnähte aus Stahl bis zu 300 mm Wanddicken (= 30 cm!) zerstörungsfrei geprüft werden. Es ist indessen zu bedenken, daß das Zählrohr feinere Fehler nicht anzeigt. Für die angegebene Grenzdicke können eben noch Hohlstellen von etwa 10 mm (= 1 cm) Durchmesser nachgewiesen werden.

3. Technische Gammastrahlenpräparate

Als Strahlenquelle für Schweißnahtuntersuchungen mit Gammastrahlen stehen zwar grundsätzlich alle natürlichen radioaktiven Substanzen zur Verfügung, tatsächlich praktisch verwendet werden aber nur

Radium als Bromid oder Sulfat,
technisches Mesothorium mit etwa 30% Radium,
gasförmige Radium- bzw. Thoriumemanation.

Die beiden erstgenannten Präparate werden in Röhrchen eingefüllt, die in Messinghülsen gefaßt sind. Die an dritter Stelle genannte Emanation, welche als erstes Zerfallsprodukt des Radiums entsteht und nur eine relativ kurze Halbwertszeit von etwa 4 Tagen hat, wird meist von aktiver Kohle absorbiert verwendet.

Um ein Nutzstrahlenbündel auszublenden, werden die Präparate in dicke Bleihüllen eingeschlossen. Die Bleikugel ist in einem gabelförmigen Halter befestigt und um zwei aufeinander senkrechte Achsen drehbar, so daß jede beliebige Strahlrichtung zur Schweißnaht hin eingestellt werden kann. Man erhält, je nach Wunsch, ein kegelförmiges oder ringförmiges Strahlenbündel mit veränderlichem Öffnungswinkel, entsprechend der Stellung der Justierschraube.

Ähnlich wie beim Röntgenverfahren wird das so entstehende Bild um so schärfer, je punktförmiger das strahlende Volumen ist. Man erhält daher im allgemeinen bei schwächeren Präparaten eine größere Fehlererkennbarkeit*).

Da man sich aus technischen Gründen bei Gammastrahlenaufnahmen im Interesse einer Abkürzung der Belichtungszeit manchmal mit einer geringeren mittleren Schwärzung als notwendig begnügen muß, so daß die Aufnahmen unterbelichtet sind, so empfiehlt sich in solchen Fällen die Betrachtung und Auswertung der Radiographien mit dem auf Seite 1192 erwähnten Betrachtungsgerät „Auroskop".

4. *Die praktische Durchführung der Gammastrahlenaufnahmen geschweißter Bauteile*

a) *Allgemeines über die Aufnahmetechnik*

Die Technik der Gammastrahlenaufnahmen ist wesentlich einfacher als die bei Röntgenaufnahmen. Man hat nur die drei Komponenten: Präparat, Versuchskörper und Film, in dieser Reihenfolge und in zweckmäßiger Form anzuordnen. Das Präparat

Bild 83 a u. b. Zweckmäßige Halterung eines technischen Gammastrahlenpräparates zwecks Ausblendung verschiedener Strahlenkegel (nach *Vaupel*)
Bild 83 a. Photographie der Halterung im geöffnetem Zustand
Bild 83 b. Schnittzeichnungen der Anordnung zur Erzeugung verschiedenartiger Strahlenkegel (nach *Vaupel*)

Bild 83 a 5016/55/41

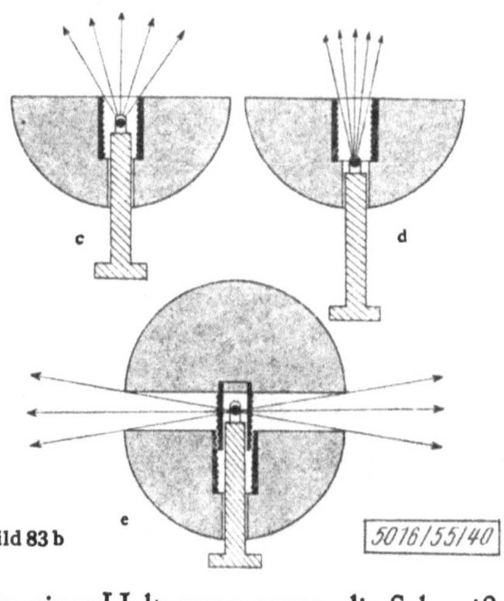

Bild 83 b 5016/55/40

wird in der im Bild 83a beschriebenen Form in einer Halterung gegen die Schweißnaht gerichtet, so daß die Strahlung entweder in Form eines mehr oder minder geöffneten Kegels bestimmte Stellen des zu untersuchenden Körpers trifft oder aber —

*) Präparate von mehr als 25 mg Ra-Äquivalent sind nicht mehr punktförmig, z. B. hat ein 200 mg-Präparat in Kugelform schon einen Durchmesser von 5 mm.

insbesondere bei der Prüfung von Rundnähten von Behältern oder Kesseln — eine kegelringförmige Zone bestrahlt (Bild 83b).

Soll die Durchstrahlung darüber hinaus auch auf weitere Partien des Grundwerkstoffes ausgedehnt werden, so nimmt man das Präparat aus der Halterung heraus und verwendet es offen, d. h. also nach allen Seiten freistrahlend. In diesem Falle wird es in einfachster, primitiver Weise mit Draht, Leukoplast, Holzhalterungen mit Bohrung od. dgl. im Innern des zu untersuchenden Körpers befestigt. Nach dieser Methode arbeitet man auch meist dann, wenn zahlreiche Prüflinge gleichzeitig durchstrahlt werden sollen, wobei dieselben mehr oder weniger ringförmig um das Präparat herum angeordnet werden. Die Aufstellung der z. B. verschweißten Prüfstücke erfolgt ganz ähnlich wie bei der Röntgenaufnahme in der Karussellanordnung auf horizontaler Kreisbahn mit dem radioaktiven Präparat als Mittelpunkt. Der das einzelne Werkstück durchflutende Strahlenkegel soll nicht mehr als 30° Öffnungswinkel haben. Ferner muß durch geeignete Abschirmung vermieden werden, daß Streustrahlung von Nachbarobjekten auf den Film gelangt. Das Bild 84 zeigt im Schema eine derartige Anordnung verschieden großer und geformter Teile in ungleichem Abstand von dem im Zentrum befindlichen Präparat (MTh). Als rückwärtiger Streustrahlenschutz dienen dicke Bleiplatten (in dem Bild 84 als schwarze Striche gezeichnet). *Die beschriebene Anordnung ermöglicht eine für die Prüflinge günstige Verteilung und Wirtschaftlichkeit, wobei vielfach ungelernte Arbeiter als Helfer eingesetzt werden können**).

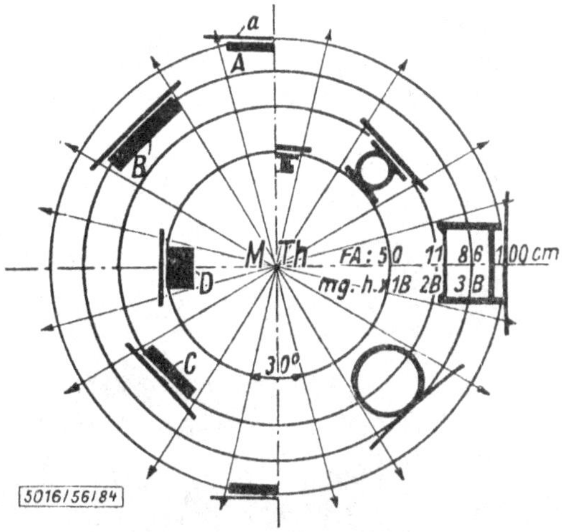

Bild 84. Schema der Aufnahmeanordnung verschieden großer und unterschiedlich geformter Proben, im Kreise angeordnet um ein Gammastrahlenpräparat (nach *Widemann*)

Das Anlegen der Filmkassetten und die Anbringung sonstiger Vorbereitungsmaßnahmen, wie z. B. die Kennzeichnung durch Befestigung von Bleibuchstaben und DIN-Testen, sowie etwaiger Abdeckungen muß natürlich *vor* der Anbringung des Präparates erfolgen (Bleibuchstaben oder -zahlen müssen wegen der Härte der Strahlen mindestens 2 mm dick sein).

b) Besondere Aufnahmebedingungen

Ebenso einfach wie die allgemeine Aufnahmetechnik ist für die Gammadurchstrahlung auch die Ermittelung der günstigsten Aufnahmebedingungen, etwa von geschweißten Bauteilen.

Die Berechnung des optimalen Abstandes (F_{opt}) erfolgt (siehe Seite 1165) nach der bekannten Gleichung $F_{opt} = \frac{b \cdot \varnothing}{U_1}$. Darin bedeutet ⌀ den Durchmesser des meist kugelförmigen Präparates (in mm), welcher je nach Art, Stärke und Konzentration

*) Vgl. auch *M. Widemann*, Röntgen-Werkstückprüfung, l. c., S. 265 f.

des Präparates 1 bis 5 mm beträgt. Wie bereits erwähnt, sind Präparate vorzuziehen, die einen möglichst kleinen Durchmesser haben. Bei Präparaten mit anderer Form ist der „scheinbare" Durchmesser in der Durchstrahlungsrichtung einzusetzen. Als Wert für die innere Unschärfe (U_i) ist bei allen Gammastrahlenaufnahmen

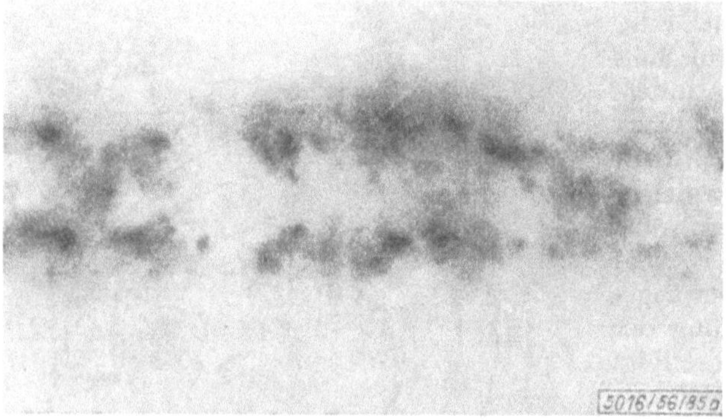

Bild 85 a. Radiogramm (Negativ) einer Kesselblech-X-Schweißnaht von 50 mm Werkstückdicke mit 0,25 mm Bleifolie als Streustrahlenfilter (B = 1200 mg · h, FA = 50 cm, Film ohne Verstärkerfolie). Drahterkennbarkeit im Original der Aufnahme ≧ 1,4 mm. Das Bild zeigt starken Einbrand und gröbere Schlackeneinschlüsse

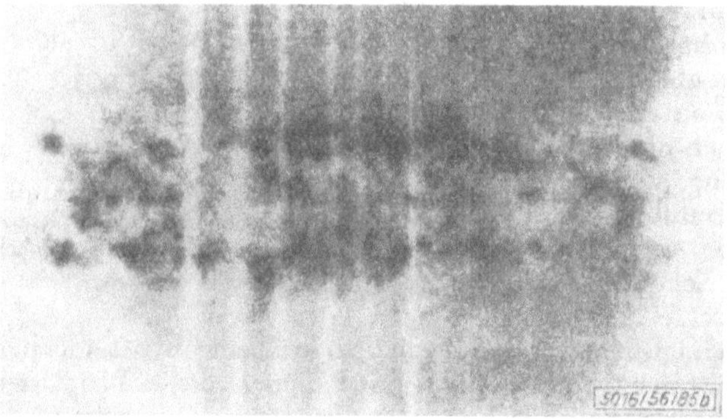

Bild 85 b. Röntgenbild (Negativ) der Nahtstelle des Bildes 85 a (Aufnahmewerte: 170 kV, 8000 mA · sek, FA = 50 cm, Film mit scharf zeichnender Verstärkerfolie). Drahtstegerkennbarkeit im Original der Aufnahme ≧ 0,8 mm. Das Bild zeigt starken Einbrand. Der Wurzelfehler ist im Radiogramm schwer zu erkennen. (nach *Widemann*)

unabhängig von den besonderen Eigenschaften der Filme und Verstärkerfolien der Wert 0,6 in die Formel einzusetzen. b ist der Abstand Röntgenfilm — Werkstückvorderfläche [vgl. Lit. *Berthold, Vaupel*].

Eine Überschreitung dieses optimalen Abstandes wirkt sich, wie bereits bemerkt, nicht weiter nachteilig aus, während eine Unterschreitung die Bildschärfe beeinträchtigt.

Die Belichtungszeit ist abhängig von der Dicke der zu durchstrahlenden Naht, der Art und Stärke des Gammastrahlenpräparates und dem Abstand Objekt — Film sowie der Empfindlichkeit der Kombination Röntgenfilm — Folien, eventuell noch der Dicke und Natur des Vorfilters oder Streustrahlenfilters. Da in den meisten Fällen die Stärke und Strahlenqualität des Präparates gegeben sind und der optimale Abstand aus obiger Formel berechnet wird, ist mit Hilfe der Belichtungsdiagramme bei der gegebenen Werkstoffdicke diejenige Belichtungszeit zu ermitteln, die eine brauchbare Schwärzung des Films (0,5 bis 1) liefert.

Nach dem in Bild 82 gegebenen Belichtungsschaubild für Flußeisen und Stahl (*Widemann* 1942) findet man für eine zu durchstrahlende Wanddicke von 100 mm eine erforderliche Belichtungsgröße von 1200 mg · h, d. h. bei einem 100-mg-Präparat eine

Belichtungsdauer = 12 Stunden. Über neuere Belichtungstafeln hat *Isenburger* berichtet. Bei Benutzung von dünnen Bleifolien als Verstärkungsfolien und Spezialfilmen wurde eine Abkürzung der Belichtungszeit auf die Hälfte erreicht.

Für andere Werkstoffe kann die „äquivalente" Wanddicke nach der Gleichung $d = d_s \cdot s_{Stahl}/s_{Werkstoff}$ berechnet werden, worin s (Stahl) und s (Werkstoff) die entsprechenden Dichten sind. Zum Beispiel ergibt sich für eine Bronzeplatte von 100 mm Dicke ($s = 8{,}9$ g/cm³) die äquivalente Stahldicke zu $d = 100 \cdot 8{,}9/7{,}8 = 114$ mm. Daraus folgt nach der Belichtungstafel für 70 cm Abstand eine Belichtungsgröße $B = 2400$ mg · h.

Wegen der Natur und Richtungsverteilung der bei Gammastrahlenaufnahmen entstehenden Streustrahlung ist in der Regel eine so weitgehende Abschirmung wie bei Röntgenaufnahmen nicht notwendig. Für die meisten Fälle genügt gegebenenfalls eine Filterung durch eine 1 mm dicke Bleiplatte.

Bei der *Durchstrahlung extrem dichter Werkstoffe, wie z. B. Gold, Blei, Platin,* ist die Aufnahme mit Gammastrahlen der Röntgenaufnahme vorzuziehen, da der Massenschwächungskoeffizient praktisch unabhängig vom Werkstoff ist. Trotz Fehlens einer Abdeckung zeigen sich selbst bei kleinen Körpern, z. B. bei zahntechnischen Goldarbeiten, wofür die ordnungsgemäße Verschweißung auch aus korrosionstechnischen Gründen gewährleistet sein muß (siehe Verschweißung von Gold bei *Raub*), keine Überstrahlungserscheinungen. Es ist nicht unbedingt notwendig, die Prüflinge in Abdeckmasse oder schwere Lösungen einzubetten*).

Bild 86. Drahterkennbarkeit bei Gammastrahlenaufnahmen, gültig für Film mit hochverstärkenden Folien (1942)
Gestrichelte Kurve (I) ohne Streustrahlenfilterung
Ausgezogene Kurve (II) mit Streustrahlenfilterung
(nach *Berthold*)

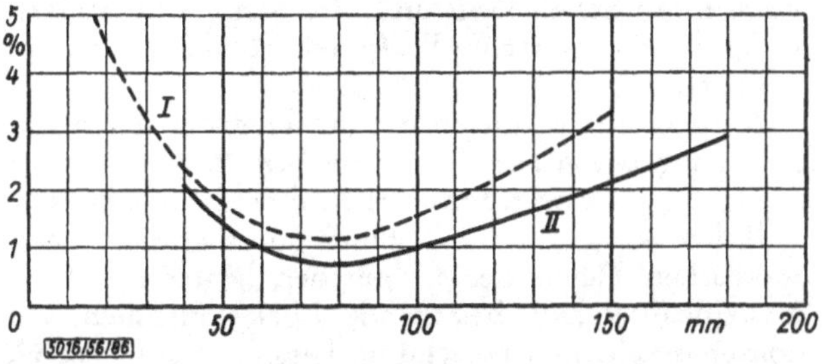

Zum Vergleich ist in den Bildern 85a u. 85b dieselbe Schweißnaht von 50 mm Dicke einmal mit Röntgenstrahlen (170 kV, 8000 mA · s), das andere Mal (Bild 85b mit Gammastrahlen (1200 mg · h) im Abstand von 50 cm aufgenommen. Man erkennt ohne weiteres den stärkeren Kontrast im Röntgenbild und die Andeutung eines Wurzelfehlers neben Schlackeneinschlüssen und Einbrandkerben sowie betreffs Fehlererkennbarkeit den Drahttest von 0,8 mm Durchmesser. Im Radiogramm ist der Kontrast geringer, die Schlackeneinschlüsse und Einbrandkerben sind deutlich, der Wurzelfehler aber nur undeutlich zu erkennen.

Der kleinste erkennbare Drahttest ist größer als 1,4 mm (siehe Bild 86).

Man wird deshalb bei der Untersuchung von Schweißnähten, wo es auf die Erkennung feinerer Fehler, also auf große Kontraste und Zeichenschärfe ankommt, die Röntgenprüfung bevorzugen, soweit die Werkstoffverhältnisse und Wanddicken dies gestatten. *Luft**) empfiehlt für die zerstörungsfreie Prüfung von Kesselnähten eine kombinierte Untersuchung mit Röntgen- und Gammastrahlen. Zur Prüfung reparaturgeschweißter Nietloch- und Krempenrisse an Kesseln benutzt man zweckmäßig

*) Vgl. *F. Luft*, Ergebnisse der technischen Röntgenkunde, III. Band.

die Röntgenprüfung wegen der besseren Fehlererkennbarkeit. Daneben ist es aber auch von Interesse, den Verlauf und die Breite der Längs- und Rundfugen sowie den richtigen Sitz von Nieten zu kontrollieren.

In den überlaschten Längs- und Querfugen der Kesselbleche bzw. Stößen der Trommeln ist die Werkstoffdicke um 30 bis 40% kleiner als neben den Fugen, wodurch bei Röntgenstrahlen eine starke Überstrahlung entsteht, im Gegensatz zur Gammastrahlenuntersuchung.

Bei Laschennietungen und Schweißnähten in Hochdrucktrommeln von mehr als 90 mm Wanddicke ist die Verwendung der Gammastrahlung recht vorteilhaft, da bei so großen Dicken die Fehlererkennbarkeit nicht so sehr gegenüber der Röntgenstrahlung zurücktritt. Letztere können dagegen für den Nachweis von Doppelungen in nahtlos gezogenen Trommeln, von Wurzel- und Bindefehlern sowie Schrumpfrissen kaum entbehrt werden*).

Im übrigen können bei der Untersuchung von Schweißnähten mit Gammastrahlen dieselben Anordnungen benutzt werden wie diejenigen, die für die Röntgendurchstrahlung behandelt wurden.

5. *Verwendung künstlicher Gammastrahlen*

a) *Vorbemerkung*

Die Verwendbarkeit der natürlichen radioaktiven Gammastrahlenpräparate ist durch ihren hohen Preis und ihre geringe Leistungsfähigkeit begrenzt, so daß diese in der zerstörungsfreien Prüfpraxis für Schweißnähte keine allgemeine Verwendung gefunden haben.

Andererseits bedingen die im folgenden noch zu beschreibenden Methoden die Erzeugung *ultraharter Gammastrahlen ähnlicher Röntgenstrahlung* schwere und kostspielige Apparaturen hinsichtlich ihrer Anschaffung und Bedienung.

Daher werden in der Zukunft künstliche Gammastrahlenpräparate in zahlreichen praktischen Fällen der technischen Materialprüfung, d. h. auch für dickwandige Schweißnähte, eine bestehende Lücke ausfüllen, zumal durch die Ergebnisse der atomphysikalischen Forschung, besonders auf dem Gebiete der Kernspaltung, schon heute die Möglichkeit besteht, künstliche radioaktive Isotope als Kernspaltungsprodukte in wägbaren Mengen zu erhalten. Trotzdem die nachfolgenden Ausführungen über den Rahmen des Buches hinausgehen und manchem Schweißpraktiker als möglicherweise „zu weitgehend" erscheinen, seien diese gebracht, um hier vorab der künftigen wahrscheinlichen Entwicklung im Einvernehmen mit dem Herausgeber die *Wege der Weiterentwicklung* auch auf diesem für die Nahtdurchleuchtung so wichtigen Gebiet in Kurzform zu beschreiben.

b) *Erzeugung und Eigenschaften der künstlichen Gammastrahlung*

Gammastrahlung tritt neben Alpha- und Betastrahlung (Elektronen), Positronen- und Neutronenstrahlung bei zahlreichen künstlichen radioaktiven Prozessen infolge Beschießung mit schnellen Ele-

*) *R. F. Mehl, G. E. Doan* u. *C. S. Barrett,* Radiology *16* (1931), S. 508, *V. E. Pullin,* Radium in Engineering practice. Proc. Inst. mechan. Eng. *124* (1933), S. 305. *M. F. Guyot,* Radiographie Industrielle par les Rayons Gamma du Radium. Ann. de Trav. publ. de Belgique, 1937. Ders. Les. Rayons Gamma au service de l'Industrie. Rev. univers. Mines *8* (1941), S. 145—161. Weitere Darstellungen siehe *O. Th. Koritnik,* Die Gammadurchstrahlung als zerstörungsfreie Werkstoffprüfung, Oberflächentechnik, *15* (1938), S. 189. *G. E. Doan,* Gamma ray Radiographic Testing, Journ. Frankl. Inst. *216* (1933), S. 183—216.

mentarteilchen auf, wobei in der Regel ein „angeregter Zwischenkern" entsteht, der unter Aussendung von Gammastrahlen in den stabilen Endzustand kleinster Energie übergeht. Besonders häufig geschieht dies bei sogenannten „Einfangreaktionen" vom Typ (p, γ), (α, γ) oder (n, γ), wobei die Bindungsenergie des vom getroffenen Kern eingefangenen Elementarteilchens als Quantenenergie der Gammastrahlen wieder abgegeben wird. (p = Proton, α = Alphateilchen, n = Neutron, γ = Gamma-Photon.)

Als Beispiel sei hier die Kernreaktion

$$Li_3^7 + H_1^1 \rightarrow Be_4^8 + \gamma\text{-Quant}$$

genannt.

Praktisch wichtig sind solche Reaktionen, für die der radioaktive Zwischenkern eine meßbare Zeit existiert und unabhängig von äußerer Energiezufuhr nutzbare Gammastrahlung mit Halbwertszeiten von mehreren Minuten bis Jahren ausstrahlt.

Neben dem „Cyclotron" ist heute der sogenannte „Uranbrenner" (amerikanische Bezeichnung „pile") die weitaus ergiebigste Quelle für radioaktive Isotope, welcher auf der Kernspaltung des Urans bei Beschießung mit langsamen Neutronen beruht.

Es entstehen z. B. aus dem Isotop U_{92}^{235} gammastrahlende Edelgase Kr_{36}^{83} (113 Min.) und X_{54}^{138} (4,3 Tage), die leicht von den übrigen Spaltprodukten abtrennbar sind. Erwähnt seien hier noch als weitere Spaltprodukte

$$Sr^{87}\ (2{,}75\ h);\quad Sr^{85}\ (66\ d);\quad Y^{88}\ (105\ d).$$

Auch bei der Spaltung von U_{92}^{238} entstehen gammastrahlende Spaltprodukte, wie z. B. In_{49}^{115}, In_{56}^{131}, La mit praktisch brauchbaren Halbwertszeiten. Noch mehr Isotope werden durch die bei der Kernspaltung entstehende außerordentlich intensive Neutronenstrahlung erzeugt; so kann z. B. das biologisch sehr wichtige C^{14} bereits milligrammweise gewonnen werden.

Die Gammaquantenenergien der meisten radioaktiven Isotope liegen zwischen 0,4 und 3,5 MeV, *so daß heute bereits ein ganzes Register technisch verwendbarer Gammastrahler zur Verfügung steht.* Es lassen sich grundsätzlich fast zu jedem Element radioaktive Isotope, insbesondere Gammastrahler, in wägbarer Ausbeute herstellen *).

Die geringere Härte der meisten künstlichen Gammastrahler gegenüber natürlichen Gammastrahlen ist vorteilhaft, da sie einen größeren Kontrast und eine bessere Fehlererkennbarkeit ermöglicht.

Mit diesen kurzen Bemerkungen sei dieses Gebiet abgeschlossen und die mehr praktische Seite wie folgt beleuchtet:

*c) Verwendung künstlicher Gammastrahlen für Durchstrahlungen***)

Die Verwendung der künstlich radioaktiven Gammastrahlen zur Durchstrahlung z. B. von Schweißnähten kann grundsätzlich in derselben Weise erfolgen wie mit natürlichen Gammastrahlenpräparaten von Radium oder Mesothorium, *wobei man möglichst punktförmige Strahlenquellen benutzt.* Seit einigen Jahren wurden praktisch Durchstrahlungsversuche in USA durchgeführt, u. a. im Laboratorium der „Ford-Motorcarcompany", worüber *McCutcheon* sowie *Tenney* berichtet haben.

Der Fokus-Film-Abstand betrug 50 Zoll = 125 cm. Es wurde „Eastman-Kodak"-Film Type A in Verbindung mit 0,12 mm dicken Bleifolien als Verstärker verwendet. (Vorläufige Durchstrahlungsbeispiele waren eine elektrische Bohrmaschine sowie eine Schreibmaschine.) Es sind auch bereits von

---

*) Nach Angaben aus USA (1948) könnten auf dem Luftwege an alle Plätze der Welt vom jeweiligen Hersteller in wenigen Tagen radioaktive Isotope zu ganz erheblich herabgesetzten Preisen (bestehende preisliche Angaben belaufen sich auf 1 bis 50 Dollar pro 1 Millicurie mC) geliefert werden. (1 mC entspricht $3{,}6 \cdot 10^7$ zerfallenden Atomen pro 1 Sek.) Nach Angaben von O. Rüdiger (Lit.) sind zur Zeit in Westdeutschland folgende radioaktive Isotope aus der Uranspaltung der USA erhältlich: P^{32}, S^{35}, J^{131}, K^{42}, Cu^{64}, Na^{24} in Mengen von bzw. 1—18 mCurie pro Woche bis Vierteljahr. (Über die bei der Uranspaltung auftretenden Spaltprodukte vgl. *W. Seelmann-Eggebert* u. *H. Götte*, Lit.)

Als praktisch brauchbare und zum Teil schon benutzte künstliche Gammastrahler sind hier zu nennen:

Na_{11}^{22} (3 a; 1,3 MeV); Fe_{26}^{59} (47 d; 1,1 MeV); Co_{27}^{57} (18,2 h; 1,26 MeV); Co^{60} (5,3 a); Ta^{182} (120 d); Ir^{192} (70 d) ***)

As_{33}^{76} (26,8 h; 0,5 MeV und 3,15 MeV); J_{53}^{131} (8 d; 0,36 MeV); Y^{88} (105 d); Br^{82} (34 h)

**) Vgl. *E. Schiebold*, Vortrag auf der Tagung des Fachausschusses „Schweißtechnik", Berlin, Nov. 1949. Ferner bei *F. Erdmann-Jesnitzer*, „Akute Fragen der Schweißtechnik", Technik *3* (1949). S. 401 bis 406.

***) Vgl. *O. Vaupel* u. *N. v. Wetterneuk*, Metall (1951), S. 253.

Tenney Belichtungsdiagramme für Stahldicken von 19 bis 130 mm Dicke mit Filmschwärzungen s = 1 bis 1,5, ähnlich wie bei natürlich radioaktiven Präparaten, aufgestellt worden.

Wenn es in der Zukunft gelingen wird, derartige künstliche Gammastrahler in genügender Menge zu einem ertragbar billigen Preis zu erzeugen, so ist mit diesen eine *neuartige Durchstrahlungstechnik* möglich, die sich auszeichnet durch eine *bedeutende Abkürzung der Belichtungszeit* gegenüber der Durchstrahlung mit natürlichen Präparaten*).

Eine Anregung hierzu sei wie folgt gegeben:

Man könnte z. B. an Stelle der üblichen punktförmigen Strahlenquelle linien- bzw. band- oder flächenförmige Strahlungsquellen benutzen, indem die strahlende Substanz, ähnlich wie bei einer Leucht-

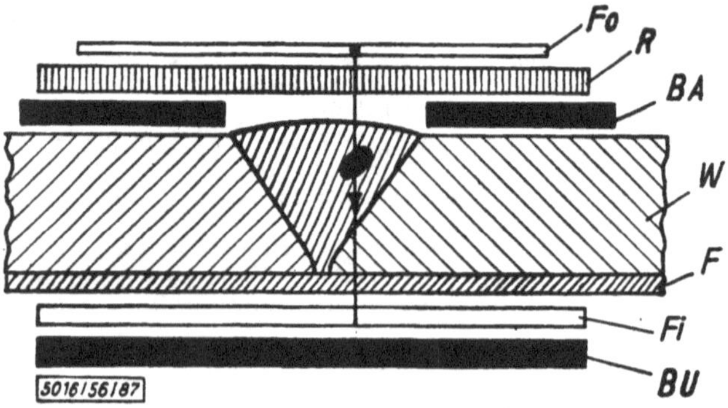

Fo = selbststrahlende radioaktive Folie
R = Zellenraster bzw. Schwermetallfilter
BA = Bleiabdeckung
W = Werkstück
F = Streustrahlenfolie
Fi = Film
BU = Bleiunterlage

Bild 87. Schema der Anordnung für eine Aufnahme von Schweißnähten mit künstlichen Gammastrahlen vermittels radioaktiver Folien (nach *Schiebold*, 1949)

folie, in genügend konzentrierter und feinkörniger Form auf eine geeignete Unterlage, z. B. eine biegsame Trägerfolie aus Kunststoff od. dgl., aufgebracht wird.

Die strahlende Folie muß mit Bleiblech hinterlegt werden. Sie läßt sich der Oberfläche der Probe z. B. gekrümmt anpassen. Es könnte bei der Untersuchung einer Schweißnaht die Leuchtfolie direkt auf die eine Nahtseite (Schweißraupe), der Röntgenfilm auf die andere Seite (Wurzelseite) aufgelegt werden. Damit nur bildzeichnende Strahlung auf den Film gelangt, muß zwischen Objekt und Film eine geeignete Streustrahlenblende (Feinrasterblende) oder ein besonders konstruiertes Schwermetallfilter mit mikroskopisch feinen Strahlenkanälen eingeschoben werden. Das vorgeschlagene Verfahren ließe sich in mannigfacher Weise abändern, worauf hier nicht eingegangen werden kann (Bild 87).

Eine weitere Abänderung der Durchstrahlungstechnik bei Benutzung künstlicher Gammastrahlen besteht nach einem Vorschlag von *Schiebold* darin, daß man das Werkstück selbst oder wichtige Teile desselben, insbesondere die Schweißnähte, vorübergehend künstlich radioaktiv macht, so daß die Gammastrahlen *in* dem Objekt selbst entstehen, wobei im übrigen wie vorher angegeben verfahren wird.

Dieser Gedanke ließe sich z. B. bei dickwandigen Schweißnähten durch *Verwendung radioaktiver Elektroden bzw. Zusatzwerkstoffe* natürlich unter den nötigen Schutzmaßnahmen (z. B. bei automatischer Schweißung) verwirklichen, *indem künstliche Gammastrahlenisotope von Eisen oder Legierungselementen oder den üblichen Eisenbegleitern in genügender Konzentration beigefügt werden.* In Frage kämen insbesondere Fe_{26}^{59} (50 d), Co_{27}^{56} (27 d) und Co_{27}^{58} (7 d), ferner radioaktive Isotope von Ni, V, Cr, Mn, Ti bzw. P und S.

*) Wenn es in Zukunft möglich sein wird, mit größeren Mengen radioaktiver Substanz (z. B. im Betrage von mehreren Curie) zu arbeiten, müssen selbstverständlich ganz besondere Maßregeln für den Strahlenschutz getroffen werden (vgl. Lit.).

Diese Strahlungen können auch in den Fällen, für die die photographische Methode versagt, mit dem *Zählrohr* nachgewiesen werden, das noch ermöglicht, Intensitäten von $3 \cdot 10^{-12}$ C (d. i. $3 \cdot 10^{-6}$ µC) nachzuweisen. Dies entspricht einer Konzentration strahlender Substanz von etwa 1 mg/t. Da die künstliche Radioaktivität nach Ablauf einer begrenzten Zeit *praktisch wieder verschwindet*, ist nachträglich keine Strahlenschädigung durch die so verschweißten Bauteile zu erwarten.

Das Verfahren hat *den* Vorteil, daß es auch *bei nur einseitig zugänglichen Schweißnähten*, z. B. von Hochdruckbehältern, Kesselanlagen, Rohrleitungen usw., anwendbar wäre und bei genügender Filmlänge die *Prüfung ganzer Nähte mit einer einzigen Aufnahme ermöglichte*.

Ebenso ließe sich das Verfahren z. B. für *dickwandige Thermitschweißungen*, z. B. als Reparaturschweißung von schweren Maschinenteilen, Walzen und Walzenständern, Schmiedeteilen, schweren Achsen und Naben, Stahlformgußstücken usw., verwenden. (Siehe Anmerkung „*)" von S. 1239.)

Gerade das Prüfen größerer thermitgeschweißter Maschinenständer (siehe z. B. bei *Ahlert*, S. 618ff) sowie von Walzen ist heute ja praktisch, eben wegen der großen Dicken, noch nicht durchführbar, aber ebenso notwendig im Hinblick auf schädliche Lunkerbildung wie das Röntgen lichtbogengeschweißter Stahlnähte.

6. *Verwendung ultraharter Röntgenstrahlen*

a) *Vorbemerkung*

Die geringe Leistungsfähigkeit der natürlichen radioaktiven Präparate und die Notwendigkeit, immer größere Wanddicken zu durchstrahlen, gaben zu Versuchen Anlaß, durch technische Hilfsmittel „ultraharte" Röntgenstrahlen mit gegenüber der Gammastrahlung ähnlicher oder noch größerer Durchdringungsfähigkeit zu erzeugen. Allerdings standen hierfür kurz vor dem Kriege nur Röntgenapparate üblicher Bauart bis etwa 600 kV_s und Spezialgeräte für kernphysikalische und strahlenbiologische Untersuchungen zur Verfügung.

So berichteten *Berthold, Ebert* u. *Vaupel* im Jahre 1938 über Werkstoffprüfungen mit einer 1-MV-Hochspannungsröntgenanlage (Hersteller: „AEG u. Osram" [Hochspanner] und „Siemens-Reiniger"-Werke [Röhre]; Kaskadenschaltung und 6 Stufen; Bauhöhe etwa 10 m). Mit 30 mA Röhrenstrom wurden in 100 cm Fokusabstand die folgenden Stahldicken in wirtschaftlich tragbarer Zeit durchstrahlt:

kV	400	600	800	1000
d (mm)	95	145	187	225 mm = 22,5 cm

Praktisch kommen derartig umfangreiche Röntgenanlagen für die technische Werkstoffprüfung jedoch nicht in Frage. Es sind aber inzwischen, insbesondere in den USA, handliche Apparaturen entwickelt worden, die es ermöglichen, die durchdringende Röntgenstrahlung mit Quantenenergien bis zu 100 MeV auf jede beliebige Stelle eines umfangreichen und schwer transportablen, z. B. geschweißten Prüfobjektes zu richten. Derartige Geräte sind dort bereits in den großen staatlichen Laboratorien in größtem Umfang eingesetzt.

Im Hinblick auf die außerordentliche Bedeutung dieser Entwicklung für die zerstörungsfreie Prüfung dickwandiger Schweißnähte (z. B. Stumpfschweißungen großer Wellen, Thermitschweißungen, Hochdruckbehälter) erscheint es angebracht, an dieser Stelle kurz darauf einzugehen.

b) Erzeugung und Eigenschaften ultraharter Röntgenstrahlen

Zur Erzeugung ultraharter Röntgenstrahlen mit Quantenenergien bis zu 100 MeV ist es erforderlich, Elektronen (eventuell auch Ionen und Positronen) mit nahezu Lichtgeschwindigkeit auf die Antikathode aufzuschießen, wodurch eine durchdringende Bremsstrahlung entsteht. Diese hohen Geschwindigkeiten können den Elektronen entweder in elektrischen Hochspannungsfeldern oder durch die Wechselwirkung von Elektronen mit Hochfrequenzfeldern auf Grund ihrer Laufzeiteigenschaften erteilt werden.

Praktisch werden heute in den USA für Materialprüfzwecke nur Einkesselapparate mit Niederfrequenz-Resonanztransformatoren oder van de Graaffschen Bandgeneratoren bis zu Spannungen von 2 MV benutzt.

Der Resonanztransformator für 1 MV_s befindet sich in einem Druckkessel mit Freon (CCl_2F_2 bzw. $CClF_3$) als Schutzgas oder Druckluft von 90 atü zwecks Isolation. Die zentral eingebaute Entladungsröhre ist in 12 Stufen unterteilt mit potentialgesteuerten Ringen (Elektroden) und als Hohlanodenröhre bzw. Feinfokusröhre ausgebildet (siehe Bild 88). Die Kathodenstrahlen werden durch eine starke magnetische Sammelspule auf die Antikathode konzentriert, wobei ein sehr kleiner Brennfleck von nur 0,25 × 0,25 mm² entsteht. Die Röntgenröhre hat eine Länge von 1 m und sperrt die vom Trafo erzeugte hohe Wechselspannung in der „falschen" Phase betriebssicher. Der Röntgenapparat für 1 MV wiegt etwa 680 kg und kann mit Hilfe einer kardanischen Aufhängung und eines Kranes in jede beliebige Stellung gebracht werden.

Bild 88. Einkesselapparat mit Niederfrequenz-Resonanztransformator und potentialgesteuerter Hohlanodenröhre für 1000 kVs (Bauart „General Electric Co.", New York).

Die Leistung des Apparates entspricht derjenigen von etwa 100 g Radium. Der Einkesselapparat mit Bandgenerator bis 2 MV 0,25 mA für technische Materialprüfung *) enthält ebenfalls eine in viele Stufen unterteilte abgeschmolzene Hohlanodenröhre mit wassergekühlter geerdeter Anode in einem Stahldruckkessel von 160 cm Länge und 90 cm Durchmesser mit Stickstoff von etwa 28 atü als Schutzgas. Die Kathodenstrahlen werden magnetisch auf einen Brennfleck von weniger 0,25 mm ⌀ konzentriert. Der Apparat im Gewicht von 1250 kg wird in ähnlicher Weise wie der vorher beschriebene an der Decke aufgehängt; er liefert bei 2 MV eine Strahlungsintensität, welche derjenigen von *3 kg Radium* (!) äquivalent ist.

Die wichtigste Quelle zur Erzeugung von Röntgenstrahlen mit hohen und höchsten Quantenenergien stellt nach den bisherigen Erfahrungen das „Betatron" **) bzw. der „Strahlentransformator" dar. Das Gerät beruht auf dem Induktionsgesetz und stellt grundsätzlich einen Hochspannungstransformator dar, dessen Sekundärwicklung aus einer hochevakuierten Entladungsröhre besteht, in welcher ein Elektronenstrom kreist.

Den zahlreichen Windungen der Sekundärspule entsprechen zahlreiche Umläufe der Elektronen in der Röhre, wobei erstere gemäß dem Ansteigen des magnetischen Wechselflusses bei jedem Umlauf weiter beschleunigt werden und schließlich sehr hohe Endgeschwindigkeiten erreichen. Sie werden durch eine besondere Vorrichtung auf eine Antikathode abgelenkt, wo die Röntgenbremsstrahlung entsteht. Die Elektronen müssen durch besondere Hilfsvorrichtungen auf einer ebenen stabilen Kreisbahn ***) gehalten

*) Bauart „High Voltage Corp.", Cambridge (USA).

**) Nach mündl. Angaben von *Dr. O. Vaupel*, Berlin, an den Herausgeber läuft Ende 1952 in Deutschland das erste „Betatron" für große und ganz große Wanddicken an.

***) Um nahezu Lichtgeschwindigkeit zu erreichen, müssen die Elektronen bei einem Strahlentransformator mit 600 Perioden Wechselstrom etwa 250 000 Umläufe machen, was einem Gesamtweg von werden. Betreffs Einzelheiten der Konstruktion wird auf die Originalarbeiten z. B. *von Wideroe, Steenbeck, Kerst, Kaiser* u. *Mock* sowie *Gund* verwiesen. Es gibt heute in USA bereits Betatrons bis zu 100 MeV.

In Anbetracht der äußerst durchdringenden Strahlung müssen hier ganz besondere Strahlenschutzmaßnahmen getroffen werden (80 cm dicke Betonwände!).

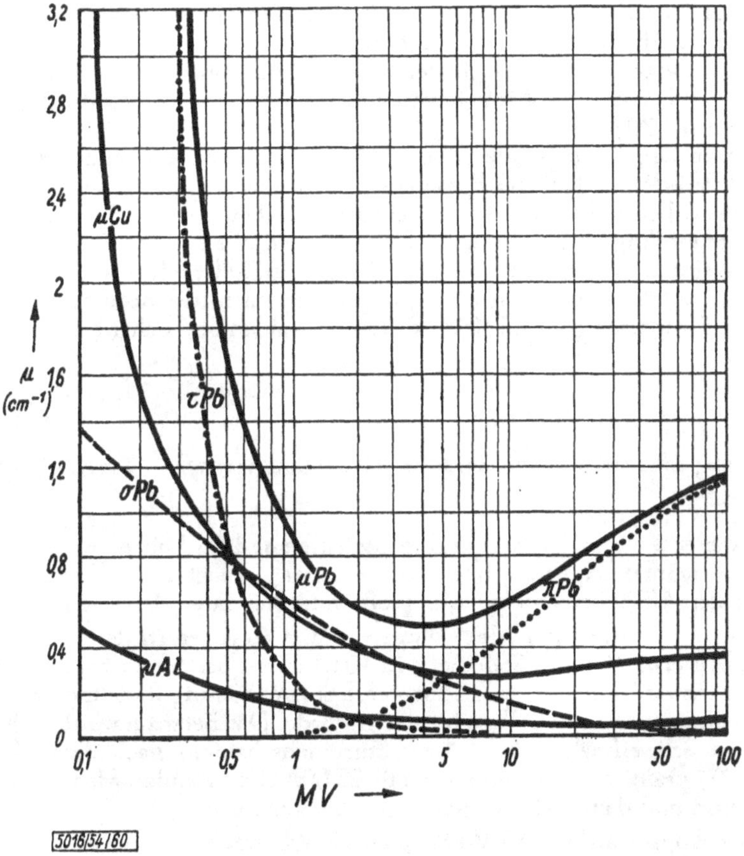

Bild 89. Schwächungskoeffizienten für Röntgen- und Gammastrahlung mit Spannungen von 100 kV bis 100 000 kV (nach *Bouwers*).

τ = Kurve der photoelektrischen Absorption
σ = Kurve der Schwächung durch Streuung
π = Kurve der Schwächung durch Paar- und Mesonenbildung
μ = Kurve der Gesamtschwächung für Blei (Pb), Kupfer (Cu) und Aluminium (Al)

Ultraharte Röntgenstrahlen haben einige bemerkenswerte Eigenschaften gegenüber den gewöhnlich benutzten mittelharten und harten Strahlen:

Die Quantenausbeute ist bedeutend höher als bei mittelharten Röntgenstrahlen.

(Fortsetzung von S. 1242).

125 km entspricht. Durch ein mit der Geschwindigkeit der Elektronen anwachsendes magnetisches Führungsfeld werden diese auf der Kreisbahn (Gleichgewichtsbahn) gehalten. Die besondere Ausbildung der Kathode ermöglicht einen fast punktförmigen Brennfleck (von nur 0,25 mm⌀) mit einer Strahlenausbeute von fast 65% bei den höchsten Quantenenergien. (Im Gegensatz hierzu beträgt die Quantenausbeute bei den üblichen technischen Röntgenröhren nicht ganz 1%). Die Stromstärke beträgt im Betatron nur einige Mikroampere, bei Röntgenröhren dagegen bedeutend mehr.

Die Gesamtstrahlung ist mit steigender Quantenenergie auf einen immer kleineren Raumwinkel beschränkt, z. B. beim 20-MeV-Betatron auf etwa 8° Halbwertswinkel („Nadelstrahlung").

Die Schwächung der Strahlung geht mit steigender Quantenenergie durch ein Minimum, welches z. B. für Stahl bei 6 MeV, für Blei bei 4 MeV und für Aluminium bei 16 MeV liegt (vgl. Bild 89) *).

Mit höherer Quantenenergie steigt die Strahlungsleistung sehr stark an. (Nach *Clauser* liefert ein 100-MeV-Betatron 2600 r/min in 1 m Abstand gegenüber 80 r/min bei 20 MeV.)

Die im Objekt ausgelöste Streustrahlung ist sehr stark asymmetrisch und auf einen Halbwertswinkelbereich von etwa 15° um die Primärstrahlung beschränkt. Sie wirkt daher viel weniger bildverschleiernd als bei gewöhnlicher Röntgen- bzw. Gammastrahlung und im gewissen Sinn sogar bildzeichnend. Es ist daher in der Regel keine besondere Streustrahlenfilterung erforderlich solange keine schädlichen „Tertiär"- und andere Strahlungen entstehen, die noch divergenter und durchdringungsfähiger sind als die Sekundärstrahlen und daher bildverschleiernd wirken.

c) Anwendung ultraharter Röntgenstrahlen für die zerstörungsfreie Werkstoffprüfung von Schweißnähten

Infolge dieser wichtigen neuartigen Eigenschaften und der hohen Leistungsfähigkeit haben die genannten Apparate und die von ihnen erzeugten ultraharten Röntgenstrahlen in den USA bereits eine sehr große und vielseitige Anwendung gefunden.

Mit einer Apparatur bis 1 MeV können gemäß Angaben in der amerikanischen Literatur noch etwa 165 mm Stahldicke in 10 Minuten bei einem Fokusabstand von 91,5 cm durchstrahlt werden, wozu man mit einem 500-mg-Radiumpräparat unter gleichen Bedingungen rund 4 Tage brauchen würde. Das Betatron wurde z. B. für die Prüfung von Schweißnähten von Auspuffturbinenschaufeln nach dem „Karussellverfahren" **) praktisch eingesetzt, die mit 25 000 U/min außerordentlich hoch beansprucht sind und daher sehr sorgfältig geprüft werden müssen.

Mit einer Apparatur bis 2 MeV können noch 300 mm Stahldicke *kurzzeitig* durchstrahlt werden, so daß serienmäßige Untersuchungen von Schweißnähten auch in solchen Fällen möglich werden, wo man sich infolge der erforderlichen langen Belichtungszeit bisher auf Stichproben beschränken mußte.

Die maximale Dosisleistung eines 20-MeV-Betatrons beträgt 50 r/min in 1 m Fokusabstand, womit sich bis zu 50 cm dicke Stahlschichten wirtschaftlich durchstrahlen lassen***). Mit einem 10-MeV-Betatron der „General Electric Co." konnten 38 cm Stahldicke mit hochverstärkenden Folien auf Röntgenfilm in weniger als 1 Stunde mit einer Fehlererkennbarkeit von 2% der Wanddicke (!) durchstrahlt werden. Es wird

*) Dies kommt dadurch zustande, daß die Comptonstreuung mit wachsendem $h \cdot \nu$ abnimmt, dagegen oberhalb 1 MeV die sogenannte Paarbildung einsetzt, welche für Blei bis 5 MeV fast genau so groß ist wie die erstere. Bei noch höheren Quantenenergien treten energieverzehrende Kernphotoprozesse auf.

**) Im vorliegenden Falle wurden je 36 Schaufeln im Kreise aufgestellt und 3 Min. belichtet. Die Vorbereitung der Aufnahme dauert etwa 36 Min.

***) Nach Angaben von *Girard* u. *Adams* (1946) können Stahldicken bis zu 300 mm mit dem 20-MeV-Betatron von Kerst bei 1830 mm Fokus-Filmabstand in 4 Min. durchstrahlt werden; die Durchstrahlungsleistung entspricht derjenigen eines Mesothoriumpräparates von 100 g Radiumäquivalent.

angegeben, daß mit dem 20-MeV-Betatron ein Fehler von 0,8 mm bei Werkstoffdicken zwischen 51 und 300 mm (Stahl) noch sichtbar ist. Dies entspricht einer Fehlererkennbarkeit von 1,6 bis 0,25% (!) der Wanddicke.

Die besondere Bedeutung dieser „Betatron"-Geräte besteht weiter in der Möglichkeit der zerstörungsfreien Prüfung von innenliegenden Konstruktionsteilen in fertig zusammengebauten, z. B. verschweißten Geräten sowie von Werkstücken mit stark veränderlicher Wanddicke. Es konnten noch Dickenunterschiede von mehr als 132 mm (Stahl) mit *einer* Aufnahme erfaßt werden. Dies wird in der Zukunft hauptsächlich für die Durchstrahlung dickwandiger Schweißnähte, z. B. von innen nicht zugänglichen Hochdruckgefäßen, möglicherweise auch *während* des Betriebes, und weiter von Reparaturschweißungen an schweren Maschinenteilen, wie Walzenständern, Thermitschweißungen u. a. m., in Betracht kommen.

d) Fehlererkennbarkeit

Man könnte annehmen, daß entsprechend den Erfahrungen mit natürlichen Gammastrahlen die Fehlererkennbarkeit bei ultraharten Röntgenstrahlen bei großen Wanddicken relativ gering sei. Daß dies tatsächlich im erwarteten Umfang nicht eintritt, ist den physikalischen Besonderheiten der ultraharten Strahlung sowie insbesondere der geringen Größe des Brennfleckes der verwendeten Röntgenröhren zuzuschreiben (ähnlich wie bei einer Feinfokusröhre). Dadurch nähern sich die geometrischen Abbildungsbedingungen dem Ideal, und die Detailschärfe ist weniger durch die Randunschärfe als durch die innere Unschärfe der Photoschicht bzw. Verstärkungsfolie bedingt. Außerdem ist die Fehlererkennbarkeit bei großen Quantenenergien viel weniger stark von der durchstrahlten Werkstoffdicke abhängig als bei Röntgenstrahlen üblicher Härte, *so daß man in den USA bereits dazu übergegangen ist, solche ultraharte Röntgenstrahlen auch für geringere Wanddicken ohne merkliche Einbuße an Detailschärfe mitzubenutzen.*

Infolge des kleinen Brennfleckes, wie bei einer Feinfokusröhre beim 20-MeV-Betatron nur 0,25 mm ⌀, ist es auch nicht nötig, den Film, wie üblich, unmittelbar hinter dem Objekt anzubringen. Es hat sich vielmehr als zweckmäßig erwiesen, bei einem Fokusabstand von 100 cm das Prüfobjekt in die Mitte zwischen Fokus und Film zu stellen.

Mit dem beschriebenen 2-MeV-Betatron konnten bei Benutzung von Schwermetallfiltern in einer Stahlplatte von 125 mm Dicke „künstlich angebrachte Risse" von 0,017 mm Breite und 12 mm Tiefe noch abgebildet werden, was einer sehr guten Fehlererkennbarkeit von weniger als 1% der Wanddicke entspricht.

7. Leistung und heutige Grenzen der Durchstrahlungsverfahren

Aus dem bisher Ausgeführten geht hervor, wie durch die neueste Entwicklung der technischen Hilfsmittel die Leistungsfähigkeit der Röntgendurchstrahlungsmethode immer weiter gesteigert worden ist und sich weiter in der Zukunft steigern läßt.

Das Bild 90 zeigt, welche Wanddicken bei Stahl mit Quantenenergien entsprechend Spannungen zwischen 0,150 und 23 MV noch wirtschaftlich durchstrahlbar sind. In das Bild 90 sind auch die natürlichen Gammastrahlen mit aufgenommen, die Quantenenergien bis 2,5 MeV besitzen.

Es ist zu erwarten, daß in absehbarer Zeit die Leistungsgrenzen noch weiter erhöht werden, so daß das „Betatron" nicht nur für kernphysikalische Zwecke, sondern auch

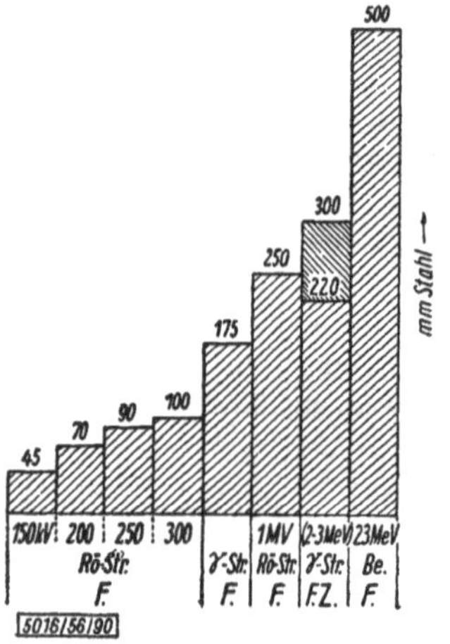

für die zerstörungsfreie Werkstoffprüfung das wichtigste Hilfsmittel der Zukunft darstellen wird.

Es ist zu wünschen, daß auch in Deutschland nach Fortfall der einschränkenden Bestimmungen die auch von Deutschen geleistete Pionierarbeit ihre Früchte trägt und derartige wertvolle Apparate in den zentralen Forschungs- und Prüfanstalten zur Verfügung stehen dürfen*).

Bild 90. Durchstrahlbare Grenzdicken von Eisen und Stahl bei Röntgen- und Gammastrahlung für Quantenenergien von 150 bis 23 000 keV (nach *Vaupel* 1949)
F = Aufnahme mit Film
Z = Nachweis mit Zählrohr

E. Zerstörungsfreie Prüfung der Schweißverbindungen auf innere Fehler mit Hilfe des Magnetpulververfahrens

1. Vorbemerkung

Die Untersuchungsverfahren von Werkstoffen und Werkstücken mittels Röntgen- und Gammastrahlen ermöglichen einen objektiven Fehlernachweis. Diese Durchstrahlungen sind aber doch mit einigen Mängeln behaftet. Sie sind begründet in der *Prüfdauer* und *Kostspieligkeit*.

Wenn es sich darum handelt, eine Werkstoffprüfung auf zerstörungsfreiem Wege möglichst schnell und ohne erheblichen Kostenaufwand vorzunehmen, gegebenenfalls als Vorprüfung für die Röntgenuntersuchung, stehen heutzutage einfachere und wirtschaftlichere Verfahren zur Verfügung. Von diesen sind die *magnetischen, elektrischen und Ultraschall-Prüfverfahren* die wichtigsten. Es ist zu bemerken, daß diese Verfahren an gewisse stoffliche Eigenschaften des Werkstückes gebunden sind. Sie besitzen daher nicht die universelle Anwendbarkeit der Röntgen- und Gammastrahlen-Untersuchung.

Es sollen in diesem Abschnitt E nur die magnetischen Prüfverfahren von Schweißnähten behandelt werden. Diese beruhen auf der Änderung der magnetischen Permeabilität und Induktion bei Vorhandensein von Inhomogenitäten, Fehlstellen sowie Dickenunterschieden oder auch Änderungen im Legierungs- und thermisch bedingten Behandlungszustand.

Es kommen praktisch für die magnetische Prüfung zwei Verfahren in Betracht:

1. die Magnetpulvermethode,
2. die magnetinduktiven Verfahren.

Ersteres Verfahren beruht darauf, daß aus dem von magnetischen Kraftlinien durchflossenen Prüfkörper bei Vorhandensein von Werkstofftrennungen, insbesondere

*) In Deutschland wurde während des Krieges (seit 1942) ein Betatron von 6 MeV von *K. Gund* (Lit.) mit einer Leistung bis zu etwa 50 g Radiumäquivalent und von *R. Wideroe* u. Mitarbeitern (1944) ein „Strahlentransformator" für 15 MeV gebaut, dessen Leistung bis zu 1 kg Radiumäquivalent betrug.

Rissen, Wurzel- und Bindefehlern, Kraftlinien aus der Oberfläche austreten. Dabei entstehen magnetische Streufelder. Mit Hilfe von Magnetpulversuspensionen in geeigneten Flüssigkeiten (z. B. Mineralöl, Petroleum usw.) werden diese sichtbar gemacht.

Die magnetinduktiven Verfahren (2) dagegen beruhen auf der Feststellung und Messung von Änderungen der magnetischen Induktion bzw. Permeabilität bei Vorhandensein von Fehlstellen oder sonstigen Inhomogenitäten chemischer und physikalischer Natur.

Durch die in den letzten 10 Jahren erfolgten apparativen Verbesserungen ist das Magnetpulververfahren auch für die zerstörungsfreie Prüfung von Schweißverbindungen in steigendem Maße zur Anwendung gelangt. Es hat sich insbesondere bei dünnwandigen Schweißungen sowie für Ausbesserungsschweißungen und auch vorzugsweise bei der Prüfung von Kehlnähten bewährt. Das Magnetpulververfahren ist überall geeignet, wo es auf die sichere Feststellung feiner in oder in der Nähe der Oberfläche liegender Bindefehler, Risse und sonstiger Werkstofftrennungen ankommt.

Berthold u. *Gottfeld* empfehlen die magnetische Prüfung besonders zum Nachweis von Rissen, wie z. B. an Kreuzungsstellen von geschweißten Nähten, dann zur Untersuchung von Kehlnähten mit Versteifungsplatten sowie für die Prüfung von Stehblechen, Gurtplatten und Nasenprofilen mit Spannungsrissen oder Ziehfehlern. Dies gilt besonders für solche Stellen, an denen man mit der Röntgenröhre und ihrer notwendigen Apparatur räumlich schlecht heran kann. Ebenso gilt dies zur Kontrolle von Auskreuzungen, für die röntgenographisch Bindefehler oder Risse ermittelt wurden.

2. *Grundlagen des Magnetpulververfahrens*

a) Entstehung von magnetischen Streufeldern an Störungsstellen *)

Homogenes Magnetfeld. Befinden sich nach Bild 91 im Prüfkörper, dessen Querschnitt von einem homogenen magnetischen Kraftfeld durchsetzt wird, magnetische Störungsfelder (in einer Schweißnaht Gasblasen, Binde- oder Wurzelfehler, Risse, Schlacken) mit geringerer Permeabilität als der des Werkstoffes, so werden die magnetischen Kraftlinien durch diese Fehlstellen abgelenkt (Bild 91).

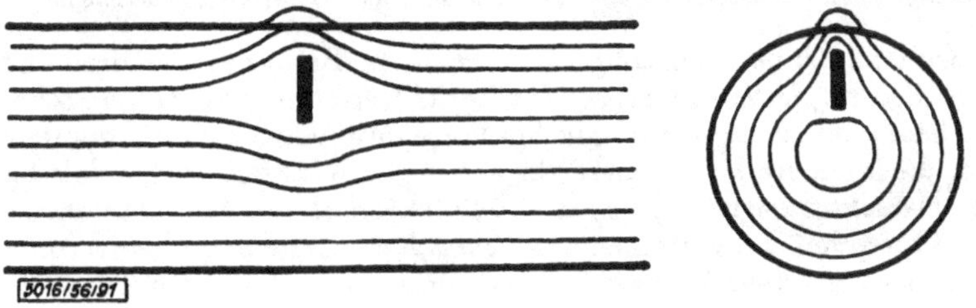

Bild 91. Einfluß einer Störstelle im Werkstoff auf das homogene Kraftlinienfeld im Innern. Entstehung von magnetischen Streufeldern an der Werkstückoberfläche

Falls die magnetische Fehlstelle nicht zu tief liegt und das innere Kraftfeld genügend stark, d. h. magnetisch gesättigt ist, so treten wegen der Verdrängung an der Oberfläche Kraftlinien in den die Naht umgebenden Raum aus. Es entstehen also an der

*) Infolge der Brechung beim Eintritt in ein Medium mit kleinerer Permeabilität werden die magnetischen Kraftlinien nach dem Lote zu gebrochen, so daß sie z. B. in der Luft nahezu senkrecht zur Oberfläche austreten, was Bild 91 nur andeutungsweise zeigt.

Oberfläche magnetische Streufelder, d. h. hier Pole, welche in Öl aufgeschlämmtes Magnetpulver (reines Eisenpulver, Karbonyleisen, Eisenoxyduloxyd (Fe_3O_4) u. dgl.) vorzugsweise anzuziehen und anzuhäufen vermögen. Die Zahl der austretenden Streukraftlinien ist abhängig von der

Feldstärke im Innern des Prüfkörpers,
Lage, Größe und Richtung der Fehlstelle im Werkstück.

Nur bei genügend großer magnetischer Feldstärke sind merkliche Streufelder an der Oberfläche vorhanden, und zwar bei Lage der Fehlstelle in oder nahe der Ober-

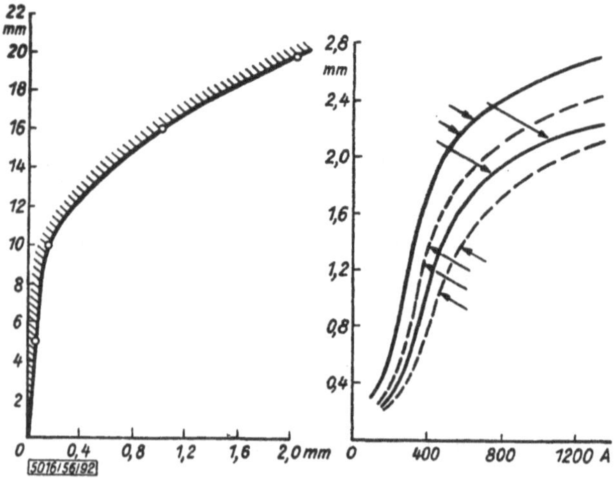

Bild 92. Tiefenwirkung der Magnetpulveranzeige bei Erregung mittels Gleichstroms (Kurve links) und Wechselstroms (Kurve rechts) (nach *Berthold*). Man erkennt die sehr viel größere Tiefenwirkung bei Gleichstrom-Magnetisierung gegenüber Wechselstromdurchflutung

fläche an dieser Stelle, bei Lage im Innern, insbesondere in der Mitte des Prüfkörpers, auf beiden Seiten, d. h. der Blechober- und -unterseite.

Wenn die Fehlstelle *im* Innern liegt und keine genügende magnetische Sättigung vorhanden ist, so wirkt sich die Störung des Kraftlinienflusses an der Oberfläche des Werkstückes nicht mehr aus. Dasselbe ist der Fall, wenn die Fehlstelle sehr klein ist oder mit ihrer Längsausdehnung *in* Richtung des Kraftlinienflusses liegt. Es ist also in solchen Fällen kein magnetischer Nachweis der Fehlstelle möglich (Bild 92).

Besonderheiten bei ungleichmäßiger Feldverteilung. Bei dieser Beschreibung des Verfahrens wurde eine *gleichmäßige* magnetische Feldverteilung im Prüfquerschnitt vorausgesetzt. Diese Annahme gilt aber nur für Körper mit einfachen und konstanten Querschnitten, die in einem homogenen Magnetfeld (z. B. zwischen den Polschuhen eines Gleichstrom-Elektromagneten) liegen. Bei Prüfkörpern mit veränderlichen oder komplizierten Querschnitten entstehen *ungleichmäßige* magnetische Feldverteilungen. An den Stellen starker Querschnittsänderungen entstehen infolge von Kraftlinienverdichtungen magnetische Streufelder, die eventuell nicht vorhandene Fehlstellen vortäuschen können. Das gleiche gilt für Stellen, die örtlich Kaltreckung, d. h. Verfestigung zeigen (Stoßdellen der Oberfläche).

Eine gleichmäßige Magnetisierung des Prüfkörpers im ganzen Querschnitt ist nur im homogenen magnetischen Feld eines permanenten oder Gleichstrommagneten möglich. Bei der Wechselstromdurchflutung nimmt dagegen die Feldstärke infolge des „Skineffektes" von der Oberfläche nach innen zu rasch ab, so daß schon in 5 bis 10 mm Tiefe nur noch ein Bruchteil des an der Oberfläche wirksamen Feldes vorhanden ist. Die Kraftlinien drängen sich hier an der Oberfläche bzw. in Oberflächennähe zusammen, und zwar um so mehr, je höher die Frequenz des Wechselstromes ist. Dies hat den Vorteil, daß die Querschnittsschwächung einer in Oberflächennähe liegenden Fehlstelle prozentual größer ist, andererseits den Nachteil, daß feinere Fehlstellen in Tiefen von mehr als 6 mm kaum noch nachweisbar sind.

b) Magnetfelderzeugung im Prüfkörper

Für die Ausbildung der magnetischen Streufelder und eine gute Fehlererkennbarkeit ist neben der Stärke des Magnetfeldes nicht nur die Tiefe der Fehlstelle, sondern auch ihre Größe und Lage zu den magnetischen Kraftlinien maßgebend. Starke Streufelder treten auf, wenn z. B. eine längliche Fehlstelle (Bindefehler, Schweißnahtriß) quer zu den Kraftlinien liegt, wogegen bei paralleler Lage an der Oberfläche eine Verdrängung der Kraftlinien kaum mehr festzustellen ist.

Da die Lage und Richtung der Fehlstellen bei der Prüfung meistens vorher nicht bekannt ist, muß die Magnetisierung in den verschiedenen Richtungen erfolgen. Praktisch wird diese Prüfung in der Regel nur in zwei Richtungen durchgeführt, d. h. längs und quer zum Prüfkörper. Die Längsmagnetisierung kann entweder durch

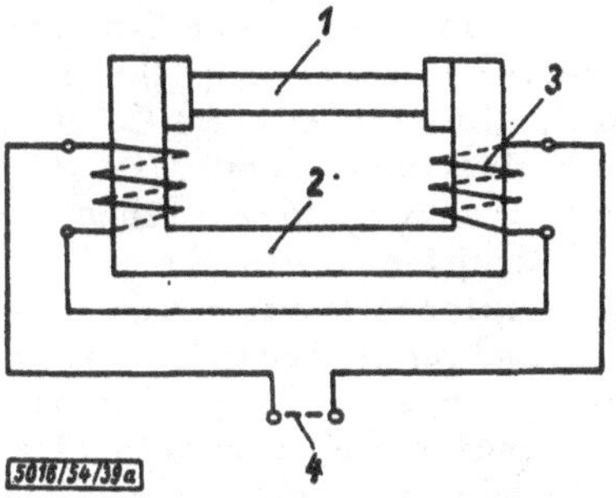

Bild 93. Schema der Jochmagnetisierung mittels Gleichstroms

1 = Prüfling 3 = Magnetspulen
2 = Magnetjoch 4 = Gleichstromquelle

Bild 94. Handelektromagnet (sogenannter Tunnelmagnet mit Netzanschluß) für die magnetische Prüfung von Schweißnähten (nach *Heubach*)

Magnete (permanente Magnete, Elektromagnete) oder durch Einlegen des Prüfkörpers in eine stromdurchflossene Spule erfolgen.

Die Quermagnetisierung wird am einfachsten mit Hilfe der Stromdurchflutung, eventuell nur durch Gleichstromstoß, vorgenommen; im letzteren Falle wird der remanente Magnetismus wirksam.

Man unterscheidet daher:

Jochmagnetisierung mit Gleichstrom oder Stromstoß bzw. mit permanenten Magneten (Bild 93—96)
Spulenmagnetisierung mit Wechselstrom oder Stromstoß
Selbstdurchflutung mit Wechselstrom oder Stromstoß (Bild 97, 99)
Hilfsdurchflutung mit Wechselstrom oder Stromstoß *).

Jochmagnetisierung. Das Bild 93 zeigt das Schema der Jochmagnetisierung mit Elektromagneten, wodurch ein homogenes magnetisches Längsfeld erzeugt wird, mit

*) Wegen der Bezeichnungen vgl. das Normblatt *DIN E 54 121:* „Begriffsbestimmungen und Prüfzeichen beim Magnetpulververfahren".

dem sich vorzugsweise Schweißnaht-, d. h. Querrisse (siehe bei *Mantel*, Bild 3, S. 95) u. dgl. erkennen lassen. Für die Prüfung von Schweißnähten festmontierter oder fertig verschweißter Bauteile, so wie es betrieblich die Regel ist, werden hauptsächlich tragbare Gleichstrom-Elektromagnete oder kräftige Dauer-, d. h. sogenannte „Tunnel-"magnete benutzt (siehe Bild 94).

Die handlichen Dauermagnete haben den Vorzug, unabhängig von einer äußeren Stromquelle zu sein; nachteilig ist deren relativ schwache Magnetisierung und damit mangelnde Tiefenwirkung, z. B. betreffs Rißerkennbarkeit. Für die Prüfung von Kehlnähten werden die „Tunnelmagnete" mit passenden Polschuhen versehen, so daß möglichst geschlossener Kraftfluß von der Oberfläche durch die Schweißnaht erfolgt. Das Bild 95 zeigt einen Handmagneten „Modell HM 9".

Für die serienmäßige Prüfung geschweißter Bauteile kleinerer Abmessungen, wie abbrenngeschweißte Kurbelwellen (siehe bei *Mantel* u. *Rietsch*, Bilder 9 u. 11, S. 409 u. 410), sind größere stationäre kombinierte magnetische Prüfgeräte gebaut worden, die eine wahlweise Prüfung mit starkem Gleichstrommagneten und mit Wechselstromdurchflutung ermöglichen. Dabei wird auch in den größeren Querschnitten noch eine magnetische Sättigung erreicht. Die Geräte heißen „Metalloskop", „Ferroskop", „Risseprüfer Form G" u. a. Bild 96 zeigt eines dieser Geräte.

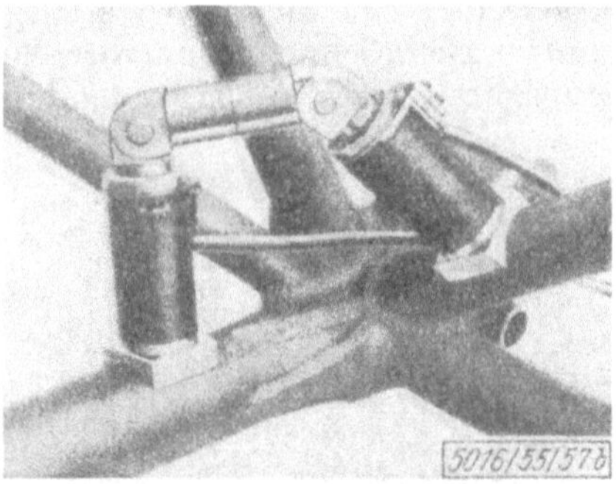

Bild 95. Handmagnet (Modell HM 9) mit verstellbaren Polschuhen zur serienmäßigen Prüfung geschweißter Konstruktionsteile (entnommen aus einem Prospekt der Fa. „Heubach", Berlin)

Spulenmagnetisierung. In den Fällen, wo sich die Prüfobjekte wegen ihrer Form nicht fest einspannen lassen, werden magnetische „Tauchgeräte" benutzt, wobei der Prüfling in das Innere einer großen Magnetisierungsspule eingebracht wird. Das Magnetpulverbild wird nach Abschalten des Stromes mit Hilfe des remanenten Magnetismus durch Eintauchen in das Metallölbad neben der Spule sichtbar gemacht. *Es sei bemerkt, daß in allen Fällen, wo der Restmagnetismus beim späteren Gebrauch des Prüfstückes störend wäre, dieser durch besondere Entmagnetisierungsgeräte beseitigt werden muß* (z. B. durch starke Wechselstromdurchflutung, die kontinuierlich auf Null abnimmt).

Bild 96. Stationäres magnetisches Prüfgerät (Bauart Risseprüfer, Form G, der Fa. „S. u. H.", Berlin)

Durchflutung mit Wechselstrom (nach *A. de Forest*). Bei der Selbstdurchflutung mit Wechselstrom wird die Schweißnaht in den Stromkreis der Sekundärwicklung eines Hochstromtransformators (max. 6000 Amp.)

geschaltet. Der Wechselstrom erzeugt ein ringförmiges Magnetfeld, d. h. eine Quermagnetisierung, wodurch sich *vorzugsweise Schweißnahtlängsrisse* oder Schweißrissigkeit erkennen lassen (siehe S. 1252). Dies Verfahren stellt eine gute Ergänzung der Magnetjochprüfung dar (siehe Bild 97).

Infolge des „Skineffektes" lassen sich hauptsächlich *Schweißfehler in oberflächennahen Schichten* erkennen, wobei die Tiefenwirkung also wesentlich geringer ist als bei der Gleichstrommagnetisierung.

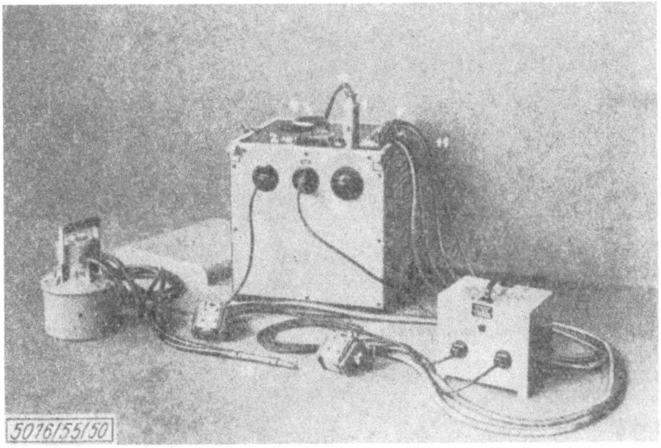

Bild 97. Transportables Durchflutungsgerät „Ferroflux" der Fa. „Heubach", Berlin (links Ölpumpe, rechts Handmagnet, in der Mitte sog. „Blutegel")

Das Bild 97 zeigt ein für Schweißnahtuntersuchungen bewährtes, transportables Gerät („Ferrofluxgerät", Herstellerfirma: „Heubach", Berlin-Tempelhof). Es ist mit Hochstromkabeln ausgerüstet, welche mittels Anschlußkontakten oder Magnetelektroden an die zu prüfende Schweißnaht angelegt werden, und besonders zur Prüfung von *Schweißverbindungen an Brücken-, Kran- und großen Eisenkonstruktionen aller Art, insbesondere von Schweißknotenpunkten*, geeignet. Ein ähnliches, praktisch erprobtes Gerät lieferte bis 1945 die Fa. Siemens u. Halske, Wernerwerk, Berlin.

Durchflutung mit Stromstoß. Eine neuere Entwicklung stellen die transportablen Stromstoßgeräte dar, wobei eine Kondensatorbatterie aus dem Wechselstromnetz über einen Gleichrichter langsam aufgeladen und stoßweise zur Magnetisierung der Schweißnaht mit Stromstärken bis zu vielen tausend Ampere entladen wird. Die Leistungsaufnahme des Gerätes ist im Vergleich zu den vorgenannten sehr gering (nur etwa 400 Watt!), so daß es an jede Lichtleitung angeschlossen werden kann*). Dies Gerät ist aber nur für Werkstoffe mit hoher Remanenz brauchbar.

3. *Praktische Beispiele für die Magnetpulverprüfung von Schweißnähten*

a) *Einfache Stumpfschweißungen (V-, X-, U-Nähte) als Längsnähte an Brückentragkonstruktionen, Kesseln, Behältern, Rohren und anderen geschweißten Bauteilen*

Die magnetische Prüfung derartiger Nähte macht keine besonderen Schwierigkeiten, vorausgesetzt, daß diese genügend dünnwandig sind, da das *Magnetpulververfahren* — wie bereits bemerkt — *nur eine geringe Tiefenwirkung* besitzt. Der Nachweis feiner geringer Fehlstellen wird durch sorgfältiges Abschleifen der Nahtoberfläche bzw. durch Beseitigung der Schweißraupenüberhöhung sowie durch Farbanstriche und Verwendung von gefärbtem Magnetöl erleichtert, worauf bereits hingewiesen wurde**).

*) „Ferropulsgerät" der gleichen Firma.

**) Neuerdings werden in besonderen Fällen dem Magnetpulver fluoreszierende Stoffe beigemischt und die Prüfung im Dunklen im UV-Licht vorgenommen, wodurch die Fehlererkennbarkeit erhöht wird (vgl. S. 1271).

Insbesondere sind feststellbar: Wurzelfehler infolge mangelhafter Durchschweißung der Wurzel sowie auch Bindefehler, feine Anrisse, Blechversetzungen, Einbrandkerben usw. *). Bei dickeren Nähten empfiehlt es sich, soweit ausführbar, die Prüfung auf Wurzelfehler von der Wurzelseite aus vorzunehmen wegen der geringen Tiefenwirkung, und dies insbesondere bei der Wechselstromdurchflutung.

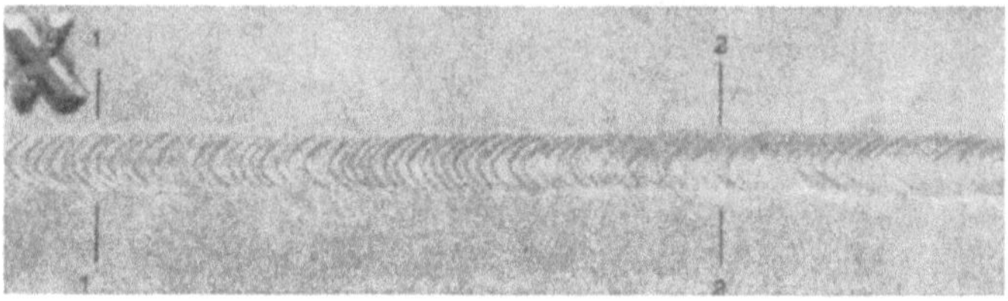

Bild 98 a

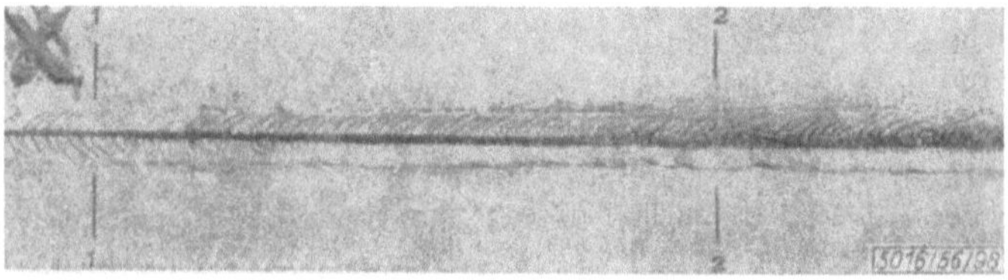

Bild 98 b

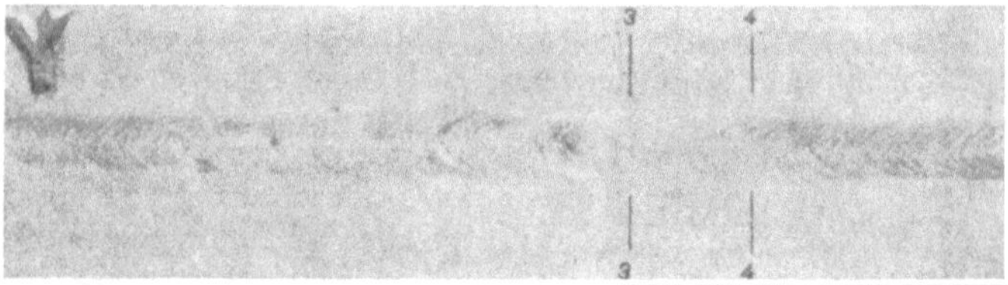

Bild 98 c

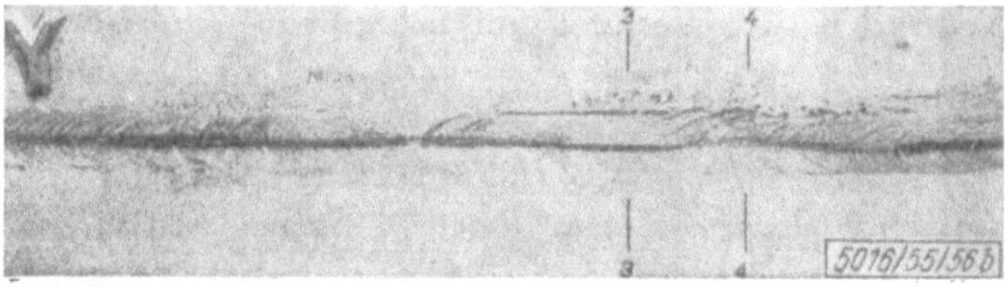

Bild 98 d

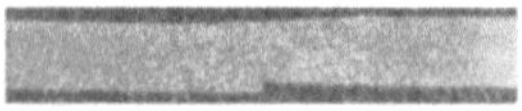

Bild e

Bild f

Bild g

Bild h

Bild 98 a bis d. Beispiel für die Magnetpulverprüfung geringer Wanddicken von Schweißungen mit Hilfe eines Tunnelmagneten

Bild 98 a u. c. Ansicht der Schweißnaht vor der magnetischen Durchflutung

Bild 98 b. Magnetbild eines Schweißnahtabschnittes mit Wurzelfehler infolge Blechkantenversetzung

Bild 98 d. Magnetbild eines Schweißnahtabschnittes mit durchgehendem Wurzel- und rißartig erweitertem Bindefehler

Bild 98 e. Schliffbild des Querschnittes 1 ÷ 1 mit Blechversetzung

Bild 98 f. Desgl. vom Querschnitt 2 ÷ 2

Bild 98 g. Schliffbild des Querschnittes 3 ÷ 3 (rißartig erweiterter Wurzelfehler und leichte Einbrandkerbe)

Bild 98 h. Schliffbild des Querschnittes 4 ÷ 4 (schwache Blechversetzung) (nach *Berthold*)

---

*) Anschauliche Beispiele befinden sich bei *M. v. Schwarz* u. *J. Krause* sowie bei *R. Berthold*, s. Lit.

Dünnwandige Gasschmelzschweißnähte bis zu etwa 8 mm Wanddicke lassen sich am einfachsten und schnellsten auf Wurzel-, Bindefehler sowie Risse mittels der Gleichstrommagnetisierung untersuchen. Dies geschieht unter Verwendung eines „Tunnel"-Elektro- oder auch permanenten Magneten, für den eine genügende Tiefenwirkung erzielt wird. Zu diesem Zwecke wird der Magnet mit geeigneten Polschuhen beiderseits der Naht aufgesetzt, so daß ein homogenes magnetisches Querfeld entsteht, wodurch Längsrisse, Binde- und Wurzelfehler nach dem Bespülen mittels Magnetöls zu erkennen sind.

Als Beispiel zeigen Bilder 98 a bis h die Schweißnaht eines 3mm dicken Stahlbleches mit Farbanstrich, und zwar Bild 98 a vor und 98 b nach dem Magnetisieren. Während im ersteren Falle nichts Auffälliges zu erkennen ist, wird im letzteren Falle eine starke Pulveranhäufung längs der Nahtmitte sichtbar, was auf eine nicht ordnungsgemäß verschweißte Wurzel schließen ließ. Nach dem metallographischen Befund war die Ursache in einer Blechversetzung der Kanten zu suchen. In ähnlicher Weise zeigt Bild 98 c eine äußerlich anscheinend einwandfreie Naht, die nach dem Magnetisieren einen starken Wurzelfehler und davon ausgehende Querrisse neben einer Blechversetzung erkennen läßt (Bild 98 d), was das Schliffbild 98 g u. h bestätigt.

Die Gleichstrommagnetisierung ist auch erfolgreich anwendbar an sehr komplizierten Nahtstellen, z. B. an geschweißten Knotenpunkten unter Verwendung von Spezialmagneten*) (vgl. Bild 95).

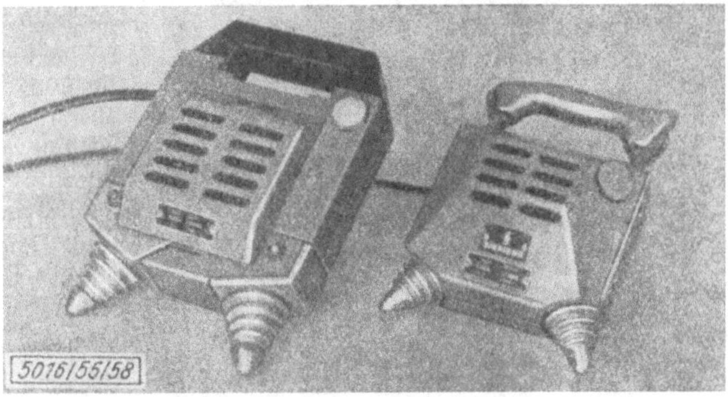

Bild 99. Risseprüfer nach dem Durchflutungsverfahren, Bauart Sn der Fa. „S. u. H.", Berlin

Bei dickeren Schweißnähten, für die die Sättigung durch Handmagnete nicht mehr ausreicht, müssen die geschweißten Bauteile, soweit sie transportabel sind, in ein großes Gleichstrom-Magnetisierungsgerät ein- oder aufgespannt werden. Nur auf diese Weise kann eine genügende Tiefenwirkung (etwa 6 mm) und Fehlererkennbarkeit erzielt werden. Andernfalls muß man Wechselstrom-Durchflutungsgeräte verwenden, welche zwar in der Handhabung sehr bequem sind, aber eine geringe Tiefenwirkung (etwa 3 mm) besitzen.

Ein Spezialgerät stellt der in dem Bild 99 abgebildete Risseprüfer dar, welcher besonders in der kleineren Ausführungsform noch für die Prüfung von senkrechten und Überkopfnähten anwendbar ist. Bei der Durchflutung *in* Nahtrichtung werden vorzugsweise Längsfehler, bei Querdurchflutung Querfehler angezeigt.

---

*) Vgl. *Le Comte*, Arbeitsparende und unfallverhütende Schweißeinrichtungen. Sonderheft VDI; Schweißtechnik *3* (1942), S. 13.

b) Gekrümmte Stumpfschweißungen, insbesondere Rundnähte an Behältern, Rohren usw.

Die Magnetisierung erfolgt mit Hilfe eines starken Elektromagneten, zwischen dessen Pole der Behälter (unter Vermittelung passender Polschuhe) in verschiedenartiger Weise eingespannt wird, um sowohl Längsnähte wie auch Rundnähte und Kehlnähte prüfen zu können.

Rundnähte an dünnwandigen Rohren lassen sich vorteilhaft mit Gleichstrommagneten unter Verwendung passender, aufklappbarer Polschuhe prüfen. Bei festmontierten Rohrleitungen müssen eventuell Handmagnete oder tragbare Risseprüfer verwendet werden.

Bei dickeren Nähten an Rohrleitungen, die von innen nicht zugänglich sind, ist die hier beschriebene Methode nur beschränkt brauchbar, da diese nur den Nachweis oberflächennaher Fehler ermöglicht. Außerdem wirkt auch die Schweißraupe störend, falls es nicht zu ermöglichen oder vorteilhaft ist, die Nähte sauber abzuschleifen. Um bei dickeren Querschnitten eine genügende magnetische Sättigung zu erzielen, müssen hierzu transportable Wechselstromdurchflutungsgeräte mit hohen Stromstärken verwendet werden. Trotzdem werden geringe Fehler in mehr als 8 mm Tiefe nicht sicher angezeigt.

Bei sehr dickwandigen Nähten, z.B. bei Ausbesserungsarbeiten (Reparatur-Schweißungen)

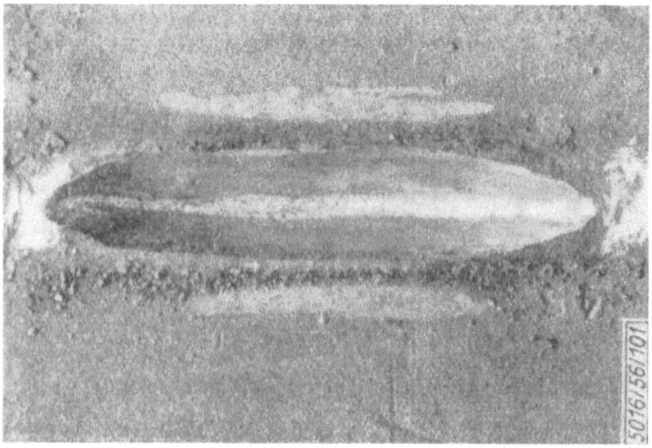

Bild 101 a. Das Ätzbild zeigt nach dem Ausschleifen anscheinend keinen Riß mehr

Bild 101 b. Das Magnetpulverbild der gleichen Stelle des Bildes 101 a zeigt an, daß der Riß nicht beseitigt worden ist, sondern in das Stegblech hineinläuft (nach *Wulff*)

Bild 101 a u. b. Magnetpulverbild einer ausgeschliffenen Rißstelle in einer Schweißnaht an Kesseln und Hochdruckbehältern, kann man, soweit die Ausführung der Schweißarbeiten dies zuläßt, die Naht während der Fertigstellung nach der Magnetpulvermethode *etappenweise* prüfen. Dies hat *den* Vorteil, daß insbesondere die Wurzellagen auf ihre einwandfreie Beschaffenheit zerstörungsfrei nachgeprüft werden können.

Eine Vorrichtung zur Beobachtung des Magnetpulverbildes an der Innenwand langer Rohre oder von Bohrungen, z. B. von Turboläufern, beschrieben *Lindemann* u. *Pfender*.

Besonders vorteilhaft ist die magnetische Prüfung bei Instandsetzungsschweißungen, einerseits zur Kontrolle des Auskreuzens oder Ausschleifens der Nähte zwecks Beseitigung fehlerhafter Stellen, andererseits bei der Prüfung der ausgebesserten Nähte *nach* oder während der Ausführung der Schweißarbeiten.

Die Nützlichkeit dieser Kontrolle zeigt das Bild 101 an einer ausgeschliffenen Rißstelle in einer Schweißnaht. Nach Ausschleifen und Ätzen war der Riß anscheinend beseitigt, so daß der Schweißer mit der Ausbesserung begonnen hätte, wenn nicht eine nachträgliche Magnetpulverprüfung überraschenderweise ergeben hätte, daß der Riß weiter in die Tiefe ging und bis ins Stegblech hineinreichte*).

c) *Kehlnähte und Halsnähte*

Kehlnähte, z.B. an dünnwandigen Stegblechen, können vorteilhaft mit Hilfe eines „Tunnelmagneten" untersucht werden,

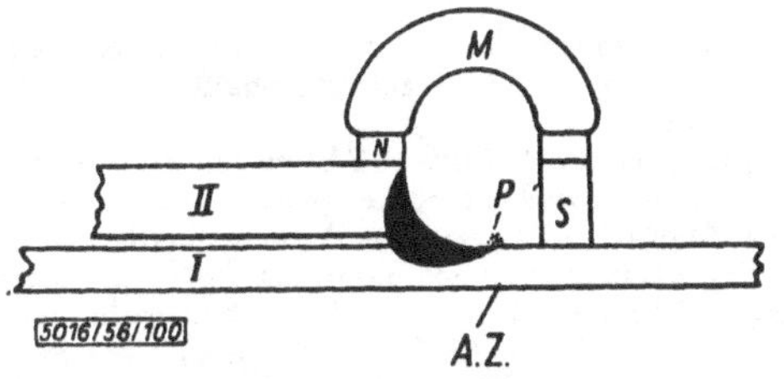

Bild 100 a. Schema

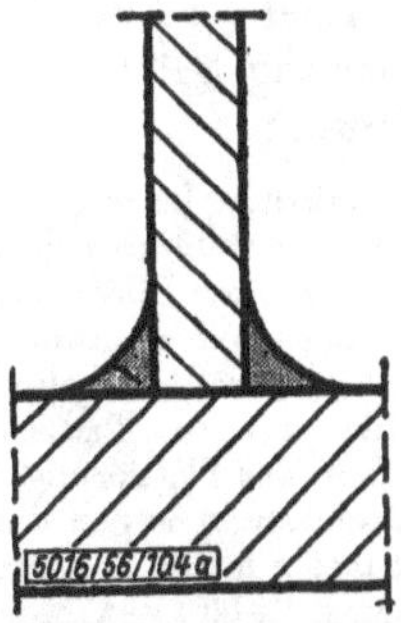

Bild 100 b. Kehlnaht mit Warmriß an einem Baustahl höherer Festigkeit

Bild 100 a u. b. Nachweis von Rissen in Kehlnähten nach der Magnetpulvermethode mit Hilfe eines Handmagneten

der hierfür geeignete Polschuhe besitzt. Bei dickeren Blechen, für die die Sättigung durch Handmagnete nicht mehr ausreicht, verwendet man auch hier die Wechselstromdurchflutung (siehe Bild 100a). Das Bild 100b zeigt schematisch einen Riß in der Kehlnaht einer Verstärkungslamelle, der durch die Magnetpulverprüfung sichtbar gemacht wurde.

d) *Überlappungsnähte*

Hierzu ist zu bemerken, daß mit dem Tunnelmagneten bei Benutzung geeigneter Polschuhe auch Aufhärtungszonen, z. B. in der WEZ, nachgewiesen werden können (z. B. für St 52). Derartige Stellen werden oftmals sorgfältig entfernt durch Wärmebehandlung (siehe hierzu *Erdmann-Jesnitzer* u. *Küntscher*, Teil I).

*) Vgl. hierzu *R. Berthold*, Atlas der zerstörungsfreien Werkstoffprüfung, l. c.; ferner *W. Kolb*, Autogenschweißer *12*, S. 126, 939. *Kolb* berichtet über den interessanten Fall der magnetischen Überwachung schweißtechnischer Ausbesserungsarbeiten an einem bereits mehrfach erfolglos durch Schweißung instand gesetzten Behälterwagen.

e) Stumpf-abbrenngeschweißte Nähte

Für die Magnetpulverprüfung von stumpf-abbrenngeschweißten Stangen, Wellen, Rohren, Profilen usw. empfiehlt sich die Magnetisierung durch einen kräftigen Gleichstrom-Elektromagneten.

f) Auftragschweißungen

Diese lassen sich sehr bequem nach der Magnetpulvermethode prüfen, was besonders bei komplizierten geschweißten Bauteilen Vorzüge, verglichen mit der Röntgenuntersuchung, hat. Bei der Röntgenuntersuchung besteht in vielen Fällen keine Möglichkeit, den Röntgenfilm zwecks Durchstrahlung an einer passenden Stelle anzubringen.

Über den Fehlernachweis in Auftragschweißungen, z. B. von Kerben, kleinen Lunkern und schlechter Bindung, haben *v. Schwarz* u. *Krause* instruktive Beispiele gegeben und gezeigt, daß man leicht zu Fehlurteilen kommen kann, falls die Magnetisierungsrichtung nicht zweckmäßig ausgewählt wird.

g) Schweißnähte an plattierten Blechen (siehe hierzu betreffs Plattierungen bei *Rädecker*, sowie *Hase*, Teil I.

Hier wird bei der Magnetpulverprüfung mit Vorteil die verschieden große Tiefenwirkung bei Gleichstrommagnetisierung gegenüber Wechselstromdurchflutung ausgenutzt.

Als Beispiel zeigt das Bild 102 a die Aufnahme einer Gasschmelzschweißnaht an einem rostfrei plattierten Stahlblech (Blechdicke 4,5 mm, Auflagedicke 0,5 mm). Die Naht läßt oberflächlich einseitig einen starken Einbrand, aber sonst keine Fehler erkennen.

Bei Gleichstrommagnetisierung zeigt der Magnetbildabdruck (Bild 102 b) neben einer kürzeren und sehr kräftigen gebogenen Pulveransammlung noch eine schwache, breitere, welche von einem Wurzelfehler unter der Plattierung herrührt. Der gebogene Abdruck ist dagegen durch einen oberflächennahen Riß in der Plattierung zustande gekommen, was man dadurch beweisen kann, daß bei Wechselstromdurchflutung wegen der geringeren Tiefenwirkung die breite Pulveransammlung nicht mehr sichtbar ist und nur die „krumme Häufungsstelle" übrigbleibt (Bild 102 c). Auch das Röntgenbild der gleichen Nahtstelle läßt den feinen Wurzelfehler und Einbrand erkennen, nicht dagegen den Haarriß an der Oberfläche (Bild 102d). Der magnetische Befund konnte durch das Schliffbild bestätigt werden (Bild 102e).

h) Wassergasgeschweißte Nähte (siehe hierzu auch *Rädecker*, Teil I).

Es wurde bereits erwähnt, daß die zerstörungsfreie Prüfung wassergasgeschweißter Nähte, z. B. durch Röntgenaufnahmen, wegen des unregelmäßigen Verlaufes der Bindeflächen Schwierigkeiten bereitet. Insbesondere lassen sich Bindefehler nur dann feststellen, wenn die Röntgenaufnahme bzw. Durchstrahlungsrichtung „zufällig" mit der Fehlerrichtung zusammenfällt.

Es bietet die Prüfung nach der Magnetpulvermethode jedoch Vorteile, worauf schon 1930 von *Ebel* hingewiesen wurde *). Allerdings benötigt man zur Untersuchung großer Blechdicken (s = 20 bis 50 mm) bei Stahl sehr kräftige Elektromagnete zwecks Erzielung der erforderlichen Tiefenwirkung. Das Heranbringen an festmontierte Schweißkonstruktionen erschwert die Verwendung leider in vielen Fällen.

i) Fehler im Grundwerkstoff

Doppelungen und Schlackenzeilen können bei ferromagnetischem Werkstoff magnetisch nur gefunden werden, wenn diese an einer Blechquerschnittsfläche zutage treten.

*) Vgl. *Ebel*, Die Wärme *1930*, Nr. 4, Januarheft.

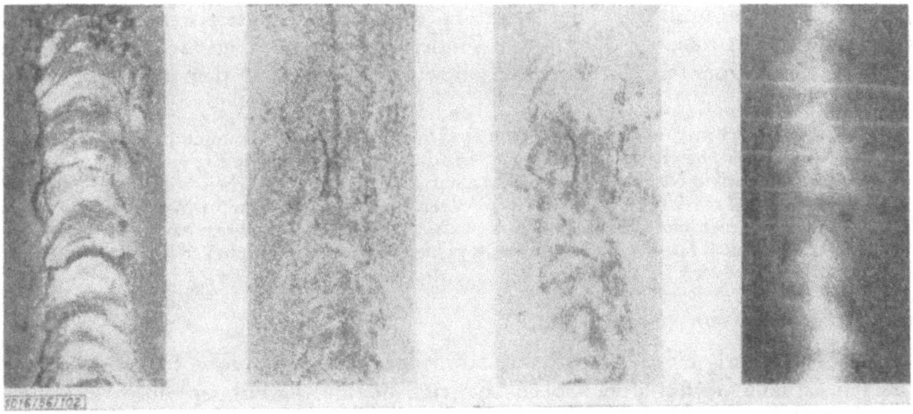

Bild 102 a Bild 102 b Bild 102 c Bild 102 d

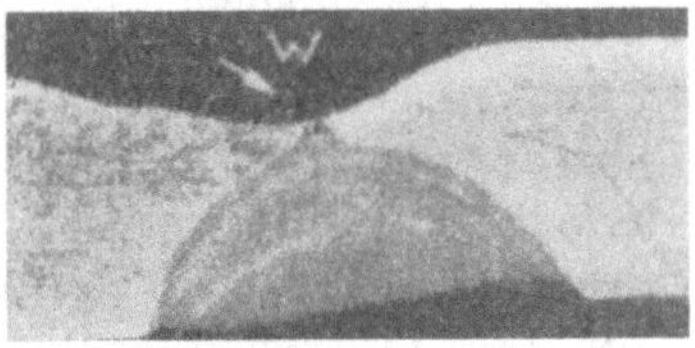

Bild 102 a bis e. Vergleich von Magnetpulver- mit Röntgenprüfverfahren bei der zerstörungsfreien Prüfung einer Gasschmelzschweißnaht von rostfrei plattiertem Stahlblech, Blechdicke 4,5 mm, Auflagedicke 0,5 mm

Bild 102 e

Bild 102 a. Die photographische Aufnahme läßt starken seitlichen Einbrand, jedoch sonst keine Fehler erkennen

Bild 102 b. Magnetbildabdruck mit Gleichstrommagnetisierung zeigt Pulveranhäufungen (herrührend von einem Wurzelfehler unter der Plattierung), sowie einen oberflächlich verlaufenden Haarriß

Bild 102 c. Bei der Wechselstromdurchflutung erkennt man nur noch Oberflächenfehler, jedoch keine Wurzelfehler mehr, da sich hierfür eine zu geringe Tiefenwirkung ergibt

Bild 102 d. Das Röntgenbild zeigt den Wurzelfehler in Form eines schwach angedeuteten Längsstriches, nicht aber den Oberflächenriß an

Bild 102 e. Das Schliffbild bestätigt den magnetischen Befund des Bildes 102 b

(nach *Berthold*)

Hat man bei einem zu verschweißenden Blech Verdacht auf derartige Fehler, so prüft man zweckmäßig zunächst die Blechkanten, mindestens aber die zum Schweißen vorbereiteten Nahtflanken. Hierfür ist die Ultraschallprüfung besser geeignet.

Ähnlich können Walz- und Ziehfehler bei Rohren oder Stangen an den Schweißstellen *vor* dem Schweißen festgestellt werden. Darauf sei hier nur hingewiesen.

4. *Fehlererkennbarkeit beim Magnetpulververfahren*

a) *Erkennbarkeit von feinen Oberflächenrissen*

Nach *v. Schwarz* u. *Krause* gibt es für die Erkennbarkeit von Rissen, die bis an die Oberfläche dringen, fast gar keine Grenze der minimalen Größe, indem auch feinste Haarrisse ($\sim 0{,}5\ \mu$) an der Oberfläche noch festgestellt werden können. Erforderlich ist aber hierzu, daß die Oberfläche sehr gut abgearbeitet wurde (geschliffen, abgedreht bzw. abgehobelt oder mit Sandstrahl abgeblasen); für die Feststellung *aller-*

feinster Haarrisse muß die Oberfläche des Werkstückes poliert werden. (Wenn sich auch Oberflächenrisse mit der Lupe auffinden lassen, so ist dies doch beim Absuchen größerer Prüfkörper sehr mühselig und zeitraubend gegenüber dem magnetischen Verfahren.)

Wo es bei der Prüfung nicht auf die Erkennung feinster Haarrisse ankommt, ist eine sorgfältige Bearbeitung der Oberfläche vor der magnetischen Prüfung nicht erforderlich. Es muß nur darauf geachtet werden, daß die dunkle Magnetpulveraufschwemmung auf dem metallischen Prüfkörper gut sichtbar wird, wozu eventuell ein Überzug aus schnell trocknendem hellem Lack und schwarzes Pulver oder ein leichter weißer Anstrich der Oberfläche oder auch farbiges Magnetöl (gelbgrün) zweckmäßig sind. (Die Anzeigeempfindlichkeit farbiger Magnetpulver ist geringer als bei dem gewöhnlich benutzten grauen oder schwarzen reinen Pulver.)

b) Erkennbarkeit von inneren Fehlern

Bei der Prüfung eines Werkstückes auf innere Fehler, die *nicht* bis zur Oberfläche reichen, ist eine Glättung der Oberfläche, zumindest das Abblasen mit Sandstrahl unerläßlich. Besonders bei Schweißnähten ist die Fehlererkennbarkeit sehr stark von der Tiefenlage und Ausdehnung des Fehlers sowie der Beschaffenheit der Oberfläche der Schweißraupe abhängig. Bei glatter Oberfläche, d. h. abgehobelter Raupe, lassen sich Schweißnähte bis zu 10 mm Dicke auch auf innere Fehler überprüfen.

Wesentliche Vorteile bietet die Magnetpulverprüfung beim Prüfen geschweißter Rohre, für die die Innenfläche einer direkten Betrachtung unzugänglich ist und die Herstellung von Röntgenaufnahmen Schwierigkeiten bereitet. Der Nachweis von Bindefehlern, Wurzelfehlern, Schlacken und Poren gelingt aber nur dann einwandfrei, wenn diese Fehlstellen nicht zu tief liegen*).

c) Einfluß von Querschnittsänderungen

Wie bereits bemerkt, geben starke Querschnittsänderungen des Prüfkörpers leicht zu Fehldeutungen Anlaß. Hier empfiehlt es sich, kürzere Abschnitte mit konstantem Querschnitt zu untersuchen. Dafür haben sich Handmagnete mit veränderlichem Polabstand gut bewährt. *Müller* **) sowie *Berthold* **) haben über diese Fehlerquellen eingehend berichtet. In ähnlicher Weise können plötzliche örtliche Änderungen der magnetischen Permeabilität als Störstellen wirken, z. B. bei austenitischen Schweißnähten an nicht austenitischem Werkstoff werden nicht vorhandene Bindefehler vorgetäuscht.

d) Einfluß der magnetischen Feldstärke

Die Fehlererkennbarkeit steigt nach *Berthold* u. *Vaupel* mit wachsender Feldstärke an. Bei Feldstärken oberhalb 90 Amp.-Windungen/cm lassen sich feinste Risse bis 0,1 μ (= 10^{-4} mm) erkennen. Die Tiefenwirkung nimmt über diesen Wert jedoch kaum noch zu.

Zwecks Vergrößerung der Tiefenwirkung empfehlen *Berthold* u. *Vaupel* die Anwendung der sogenannten Magnetdosen mit Membranboden und durchsichtigem Deckel. Diese Dosen enthalten die Magnetpulveraufschwemmung. Infolge des langsamen Absetzens des Magnetpulvers wird die Empfindlichkeit im Vergleich zum Schwemmverfahren vergrößert.

e) Einfluß der Magnetpulversuspension

Die „Natur" des Magnetöles hat einen großen Einfluß auf die Ausbildung des Magnetpulverbildes, insbesondere dessen Permeabilität, Korngröße, Absetzgeschwindigkeit, „Bartbildung", Farbe und Farb-

*) Vgl. *H. Hänsel*, Arch. Eisenhüttenwes. *11* (1938), S. 497; ferner *M.* v. *Schwarz*, Berg- u. Hüttenm. Monatsh. *86* (1938), S. 189.

**) Vgl. Atlas der zerstörungsfreien Prüfverfahren, Leipzig, Joh. Ambr. Barth, sowie *E. A. W. Müller*.

beständigkeit. Gutes Magnetöl soll eine möglichst feine Korngröße der suspendierten Magnetpulverteilchen, eine Viskosität von 1,2, eine Dichte von 0,83, eine Absatzhalbwertszeit von 1 bis 40 Sek. und weiter hohe Permeabilität, große Tiefenwirkung und wenig oder gar keine Bartbildung aufweisen. Einen entsprechenden Prüfstand für technische Magnetpulversuspensionen hat *Berthold* beschrieben. Falls diese einzelnen Anforderungen nicht erfüllt werden, ist die Magnetpulvermethode für den Nachweis von Oberflächenfehlern ungeeignet.

f) Kontrolle durch magnetische Testkörper

Die Magnetpulverprüfung erfordert ebenso wie die Röntgenprüfung eine gewisse Geschicklichkeit und Erfahrung des Prüfenden, um Fehldeutungen zu vermeiden. Um ein vergleichbares Maß für die Empfindlichkeit der Anzeige unter verschiedenen Bedingungen zu schaffen, wurde von der früheren „Reichs-Röntgenstelle" ein „magnetischer Testkörper" entwickelt *), der hier die gleiche Aufgabe zu erfüllen hat wie der Drahtsteg nach DIN Röntg. 1914.

Der Testkörper*) (siehe Bild 103) besteht aus Haltebügel, Fehlerkörper und Aufschraubdeckel. Der Fehlerkörper hat 4 Quadranten aus remanenzfreiem Weicheisen, die einen Kreuzschlitz von 0,3 mm Breite bilden. Auf dem aus Messing bestehenden Aufschraubdeckel sind 4 Zahlen eingeschlagen. Man kann durch Drehen des Deckels im Gewinde die Entfernung des Testkörpers von der Deckeloberfläche, die vorsichtig mit Magnetöl bespült wird, innerhalb gewisser Grenzen variieren. Dadurch wird die Empfindlichkeit verändert. Letztere wird gemessen durch die Tiefenlage, in der der künstliche Fehler an der betreffenden Stelle des Prüfkörpers eben noch durch die Pulveransammlung auf der Testkörperoberfläche nachgewiesen werden kann.

Es ist hierdurch möglich, die optimale Induktion an allen Stellen des Prüfkörpers einzuhalten und eine vergleichbare Fehlererkennbarkeit unabhängig von Magnetisierungsgerät, der Art der Einspannung und Größe des Werkstückes zu erzielen. Einen weiteren Testkörper hat *Gentner* speziell für die *Prüfung von Stumpf- und Abbrennschweißungen* beschrieben.

Es erscheint wünschenswert, diese und eventuell noch weitere Normungsvorschläge eingehend zu besprechen, um zu einem einheitlichen und allgemein anerkannten Testverfahren zu kommen. Auch erscheinen Vorschläge für eine Normung der magnetinduktiven Prüfverfahren in nächster Zukunft zweckmäßig.

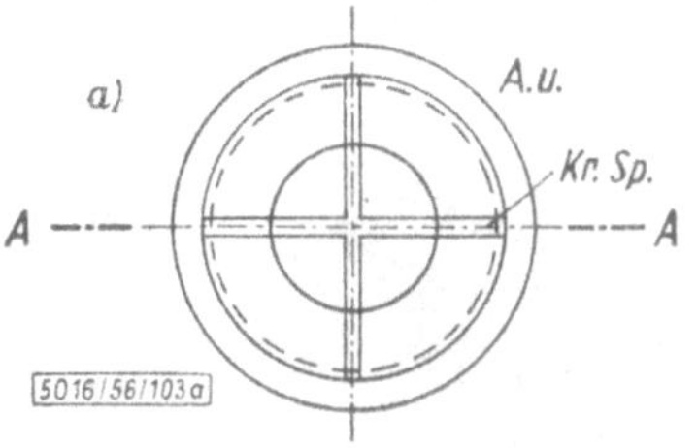

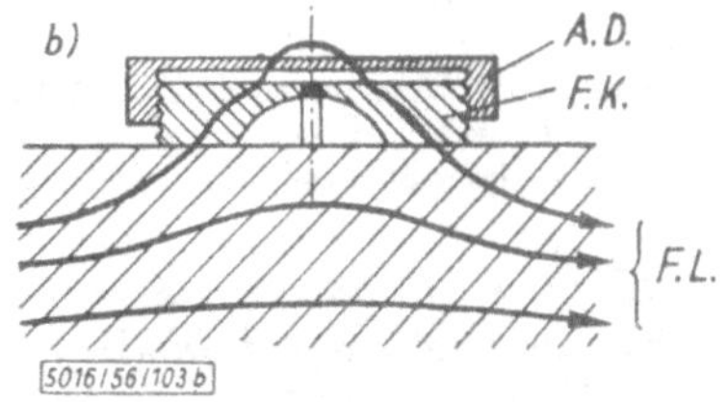

Bild 103 a u. b. Magnetischer Testkörper nach *Berthold*

Bild 103 a. Ansicht von oben
Kr.Sp. = Kreuzspalt von 0,3 mm Breite

Bild 103 b. Seitenansicht
A.D. = Aufschraubdeckel
F.K. = Fehlerkörper
K.L. = Schema des Kraftlinienflusses im Werkstück und im Testkörper

g) Verbesserung der Fehlererkennbarkeit durch magnetische Abdruckverfahren

Einen bedeutenden Fortschritt im Hinblick auf die dokumentarische Wiedergabe des Prüfbefundes bei der Magnetpulvermethode stellen die magnetischen Abdruckverfahren dar, die neben der photographischen Wiedergabe des Magnetpulverbildes entwickelt worden sind und den Vorzug der Billigkeit und Zeitersparnis haben (*Kolb* u. *Kienzle*) (Bild 104 b u. c).

Die Fixierung des Magnetpulverbildes kann erfolgen durch *Abdruck auf saugfähigem Papier* und Benetzen mit Sikkativ- oder Schellacklösung nach der Trocknung, wodurch ein kontrastreiches, allerdings seitenverkehrtes Bild erhalten wird. Seitenrichtige Magnetpulverabdrücke kann man z. B. dadurch erhalten, daß ein entsprechend präpariertes Papier auf den frischen Abdruck aufgepreßt wird, was allerdings eine gewisse Verbreiterung der Fehleranzeige zur Folge hat.

*) Seit 1949 wieder beziehbar durch Laboratorium Prof. R. Berthold, Wildbad (Schwarzwald).

Schärfere Bilder erhält man durch Aufpressen eines einseitig mit Wasser benetzten dünnen saugfähigen Papiers auf die zu prüfende Oberfläche *vor* der Magnetisierung und vorsichtiges Abziehen des Papiers nach Ablaufen des überschüssigen Öles (bei eingeschaltetem Magnetfeld). Am schärfsten wird die Bild-

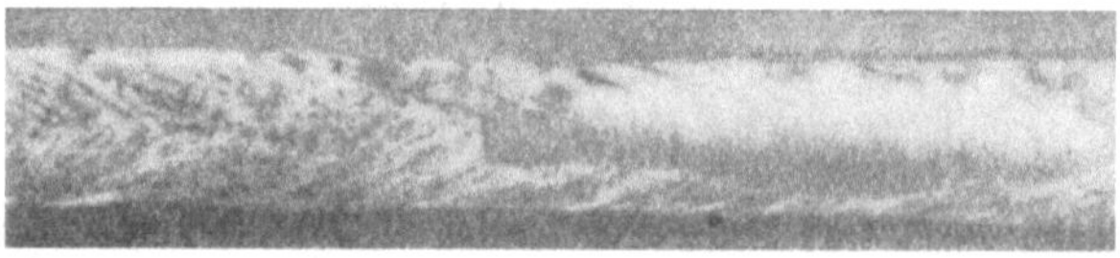

Bild 104 a

Bild 104 a. Photographie der anscheinend fehlerfreien Schweißnaht

Bild 104 b

Bild 104 b. Magnetpulverbild zeigt durchgehenden Wurzelfehler

Bild 104 c

Bild 104 c. Magnetabdruckbild zeigt den Wurzelfehler noch deutlicher

Bild 104. Vergleich von Magnetbild und Magnetabdruckbild einer fehlerhaften Schweißnaht

wiedergabe mit dem sogenannten „Bildkästchen" von *Unger*, welches über einer weißen Unterlage eine feine Suspension von Magnetpulver enthält und nach Abnahme von der Prüfoberfläche eine photographische Fixierung des Bildes ermöglicht (nur an ebenen oder abwickelbaren Oberflächen anwendbar!).

5. *Grenzen des Magnetpulververfahrens und Zusammenhang mit dem Röntgen- und metallographischen Befund*

Es ist festzustellen, daß weniger die Erzeugung als besonders die Auswertung der Magnetpulverbilder bei der Beurteilung der Fehler große Erfahrung voraussetzt. Die Störquellen und Möglichkeiten zu Fehldeutungen sind noch zahlreicher und „heimtückischer" als beim Röntgenverfahren, besonders im Hinblick darauf, daß die theoretische Behandlung der magnetischen Prüfverfahren und ihrer Fehlerquellen noch in den Kinderschuhen steckt. Nachteilig ist auch die geringe Tiefenwirkung sowie die Beschränkung auf nur ferromagnetische Stoffe.

Austenitische Schweißnähte können nicht geprüft werden, da diese ja unmagnetisch sind.

In manchen Fällen, z. B. für den Nachweis feiner oberflächennaher Risse in dickwandigen Probekörpern, ist das Magnetpulververfahren dem Röntgenverfahren durchaus überlegen. In anderen Fällen, z. B. bei dünnwandigen Schweißnähten, sind beide Verfahren gleichwertig, sofern es sich nicht um den Nachweis feinster Haarrisse u. dgl. handelt. Bei dicken Schweißnähten ist das Röntgenverfahren wegen seiner großen Tiefenwirkung weit überlegen, besonders wenn das zu untersuchende Bauteil nicht in ein großes Gleichstrom-Magnetisierungsgerät eingespannt werden kann.

Nach *Wever* u. *Otto* ist die Unterscheidung der einzelnen Störquellen bzw. Fehlerarten häufig sehr schwierig, wenn nicht unmöglich. Der *Einfluß von Kaltreckung und Gefügeunterschieden* tritt besonders bei schwacher Magnetisierung neben demjenigen der eigentlichen Schweißnahtfehlstellen, wie Risse, Poren, Lunker, Bindefehler,

Schlackeneinschlüsse, hervor, welche am besten bei Feldstärken nahe der Sättigung erkennbar sind. Insbesondere können Verschiedenheiten der Korngrößen, Aufkohlungs- und Entkohlungserscheinungen sowie Seigerungen sich als Störquellen auswirken, ebenso „Unterbrechungen des Faserverlaufes", z. B. in Schmiedestücken bei der spanabhebenden Bearbeitung. Nach *Hemmerling* ist das Magnetpulververfahren hauptsächlich für die Feststellung von oberflächennahen Rissen, weniger oder gar nicht jedoch von rundlichen Einschlüssen oder Hohlräumen *im Innern* des Werkstückes geeignet.

Auch ist die Art der magnetischen Erregung von Bedeutung für die Fehlererkennbarkeit und die Grenzen des Verfahrens.

Man ersieht aus dieser kritischen Betrachtung, daß das Magnetpulververfahren in sehr vielen Fällen das Röntgenverfahren ohne Einbuße an Genauigkeit und Fehlererkennbarkeit ersetzen kann und dann wegen der raschen Anzeige und Billigkeit in Serienuntersuchungen vorzuziehen ist. *Es ist aber in jedem Falle vorher genau zu prüfen, ob und in welcher Weise das Verfahren angewendet werden kann, um Fehldeutungen und Mißerfolge zu vermeiden.* Jedes der beiden Verfahren hat seine speziellen Anwendungsgebiete, für die es nicht oder nur schwer zu ersetzen ist.

F. Zerstörungsfreie Prüfung der Schweißnähte auf innere Fehler mit Hilfe des Ultraschallverfahrens

1. Grundlage des Verfahrens

a) Allgemeines

Die zerstörungsfreie Prüfung von Schweißnähten mit Ultraschall ist das jüngste Verfahren und erst durch die beispiellose Entwicklung der Ultraschalltechnik der letzten anderthalb Jahrzehnte für die Praxis anwendungsreif geworden. Im Grunde geht dies Verfahren auf die Pionierversuche von *Sokoloff* (1929) und *Mühlhäuser* (1931) zurück, die sich aber nicht unmittelbar für die zerstörungsfreie Werkstoffprüfung interessierten. Die Entwicklung ist während des und nach dem Kriege hauptsächlich im Ausland (USSR, USA, England) nach der praktischen Seite hin erfolgt, in Deutschland wurde sie mehr nach der theoretischen Seite von *Hiedemann, Kruse, Bergmann, Götz, Czerlinski, Trost, Pohlmann* u. a. vorangetrieben (vgl. Lit.). Dies Verfahren eignet sich in spezifischer Art und Ausbildung vorzüglich sowohl zur Untersuchung sehr dickwandiger wie auch für dünne und kleine Werkstücke, d. h. *auch für die Prüfung von Schweißnähten.*

Das Ultraschallverfahren ermöglicht im Gegensatz zur Röntgen- und magnetischen Prüfung infolge der guten Schalleitfähigkeit von Eisen und Metallen auch bei noch so dicken Werkstoffschichten einen sicheren Fehlernachweis, für die andere Verfahren nach ihrem heutigen Stande noch versagen. Es vermag diese also in glücklicher Weise zu ergänzen und zum Teil auch neuartige Prüfergebnisse zu liefern. Diese sind durch die spezifischen Eigenschaften des Ultraschalles bedingt. Das Verfahren ist andererseits an gute Schall-Leiter gebunden und daher nicht so universell anwendbar wie das Röntgenverfahren*).

b) Erzeugung und Eigenschaften von Ultraschallwellen

Unter „Ultraschall**)" versteht man mechanische Schwingungen in Gasen, Flüssigkeiten und festen Körpern mit Frequenzen oberhalb der Hörbarkeitsgrenze des menschlichen Ohres ($\geqq$ 20 000 Hz).

*) Anm. w. d. Korr. Einen gedrängten, sehr instruktiven Überblick gaben kürzlich *O. Rüdiger* sowie *E. A. W. Müller* (Erlangen); vgl. Lit. am Schluß.

**) Im folgenden durch das Kurzzeichen US bezeichnet.

Die Frequenzen der Ultraschallwellen für die praktische Verwendung in der Werkstoffprüfung liegen zwischen 1 und 10 MHz, entsprechend Wellenlängen zwischen 5 und 0,5 mm in Stahl. Je höher die Frequenz ist, desto geradliniger breiten sich die Schallwellen bzw. -strahlen aus, so daß Beugungserscheinungen, z. B. an Kanten und Fehlstellen, wie sie im akustischen Gebiet auftreten, weniger störend sind.

Die Anwendungsmöglichkeit des Ultraschalles in der zerstörungsfreien Werkstoffprüfung von Schweißnähten beruht darauf, daß homogene Metalle eine sehr große Schallgeschwindigkeit und -durchlässigkeit aufweisen, daß dagegen bei Vorhandensein von Inhomogenitäten im Innern (Hohlräume, Lunker, Blasen, Poren, Risse, Doppelungen u. a.) und insbesondere soweit diese Fehlstellen mit Luft oder Gasen gefüllt sind, vorzugsweise Reflexion oder Absorption entsteht, so daß hinter der betreffenden Fehlstelle ein Schallschatten auftritt. Dies veranschaulicht das Bild 105, welches einen auf die Schweißnaht aufgesetzten US-Erzeuger (Sender S) zeigt, dem ein „Empfänger" (E_1) hinter der Naht gegenübersteht. Die Schallwellen gehen von S durch eine flüssige Koppelungsschicht (meist Wasser, Öl oder Quecksilber) in die zu untersuchende Probe über. Letztere soll bei F eine ausgedehnte Fehlstelle (z. B. Lunker, Blase, Doppelung usw.) enthalten. Von dem sich geradlinig ausbreitenden US-Strahlenbüschel mit Scheitel S werden diejenigen, welche an F vorbeigehen, ohne Verlust durchgelassen, wogegen die Strahlen, die F treffen, bei genügend hoher Frequenz praktisch vollkommen nach E_2 reflektiert werden, so daß hinter der Fehlstelle F ein entsprechendes (vergrößertes) „Schattenbild" entsteht. Der Empfänger E_1 zeigt also innerhalb des Kernschattens keine oder nur sehr geringe Schallintensität an. Dies bezeichnet man mit US-Durchstrahlungsmethode.

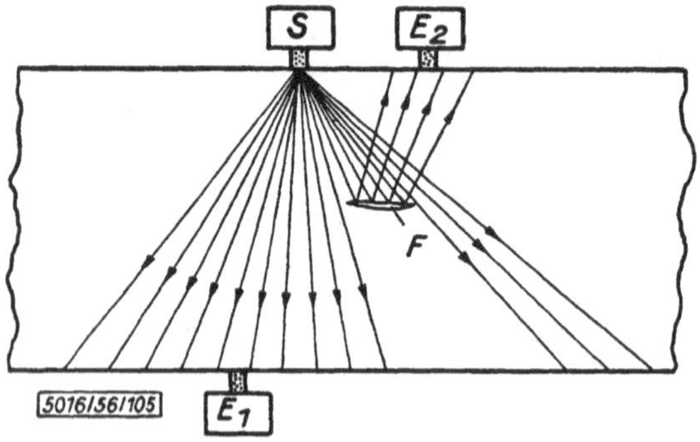

Bild 105. Schema des Entstehens des Schattens und der reflektierten Strahlen an einer Werkstofftrennung (F) bei Verwendung von Ultraschall (nach *Vaupel*)

S = Sender
E_1 = Empfänger in Durchgangsstellung
E_2 = Empfänger in Reflexionsstellung

Man kann auch umgekehrt verfahren und durch einen auf der gleichen Seite der Naht wie der Sender angebrachten beweglichen Abtastempfänger (E_2) das an F reflektierte US-Strahlenbündel nachweisen. Dies wird mit US-Reflexionsmethode bezeichnet. Eine gewisse Schwierigkeit bietet besonders bei planparalleler Begrenzung der zu untersuchenden Probe die Ausbildung stehender US-Wellen, welche gewöhnlich durch sogenannte „Wobbelung" (periodische Frequenzschwankungen) beseitigt werden. Besser ist nach *Czerlinski* die Frequenzmodulation des US-Senders mit einer nichtperiodischen Geräuschspannung. Die Erzeugung der erforderlichen hohen US-Frequenzen geschieht in der Regel mit Hilfe des „piezoelektrischen Effekts" von geeigneten Kristallen (Quarz, „Seignettesalz", Bariumtitanat u. a.).

Legt man an eine senkrecht zu den elektrischen Achsen plangeschliffene Quarzplatte vermittels aufgedampfter oder aufgestäubter Metallelektroden ein elektrisches Wechselfeld hoher Frequenz, so gerät die Quarzplatte in mechanische Eigenschwingungen und strahlt US-Wellen an ihrer Querseite ab. Diese Wellen können durch ein geeignetes, gut schalleitendes Medium auf den Prüfkörper übertragen bzw. hindurchgestrahlt werden, wie oben gezeigt wurde.

Zur Erzeugung der Hochfrequenz werden geeignete Sender benutzt, wobei gewöhnlich der Piezoquarz induktiv gekoppelt zu erzwungenen Schwingungen angeregt wird. Eine zweite Methode nach *Cady* u.

Pierce benutzt einen Piezoquarz in „Oszillatorschaltung", der mit seiner Eigenfrequenz das zur Aufrechterhaltung der Schwingungen nötige Wechselfeld über eine Verstärkerröhre liefert.

Zum Nachweis und zur Absorption von US-Wellen benutzt man zweckmäßig den sogenannten „reziproken Piezoeffekt" bzw. die Elektrostriktion, wobei der Empfängerquarz durch die US-Wellen mechanisch zu Eigenschwingungen angeregt wird, die abwechselnde Ladungen auf den metallisierten Belegungen erzeugen. Die Aufladungen werden auf elektrischem Wege verstärkt und stellen ein Maß für die US-Intensität dar. Im Ausgangskreis kann die Anzeige nach entsprechender Verstärkung z. B. durch ein Meßinstrument, eine Glimmlampe oder Glühlampe eventuell mit photographischer Registrierung erfolgen.

Auf die sonstigen interessanten physikalischen Eigenschaften, die Absorption und Reflexion sowie Beugung und Interferenz der US-Strahlen bzw. -Wellen sowie Einzelheiten der Erzeugung und Messung kann hier nicht näher eingegangen werden*).

2. *Anwendung des Ultraschalles zur zerstörungsfreien Prüfung insbesondere von Grundwerkstoff und Schweißverbindungen*

a) Die Durchstrahlungsmethode wird hauptsächlich zur Auffindung von *Doppelungen im Grundwerkstoff* sowie von *feineren Fehlstellen* in *dünnwandigen Schweißnähten* benutzt. Sie hat aber den Nachteil, daß die Fehlererkennbarkeit stark von der Art und Güte der Ankoppelung des US-Senders und -Empfängers sowie der Oberflächenbeschaffenheit des Werkstückes abhängig ist.

Ein in der ehemaligen Reichs-Röntgenstelle von *Trost* entwickeltes Gerät zeigt Bild 106.

Sender (G) und Empfänger (E) sind jeweils am Ende einer „Zange" befestigt, mit der selbst größere Bleche und Schweißnähte abgetastet werden können. Die Ankoppelung geschieht mit Hilfe von fließendem Wasser. Der durch eine *Doppelung* entstehende US-Schatten wird durch Ausschlag eines Meßinstrumentes bzw. durch Lichtsignal oder auf akustischem Wege angezeigt. Die Schattenstelle kann mit Hilfe eines „elektromagnetischen Pinsels" direkt auf dem Prüfobjekt aufgezeichnet und lokalisiert werden. Das Bild 107 zeigt mit dem US-Gerät aufgefundene Doppelungen im Werkstoff, die nachträglich durch Magnetpulverprüfungen an den Blechkanten bestätigt wurden.

*) Vgl. Lit. *L. Bergmann*, Der Ultraschall, 5. Aufl., 1950.

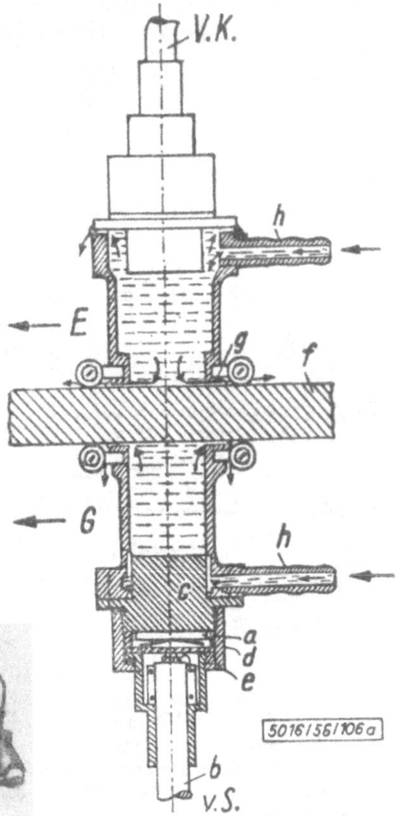

Bild 106 a. Anordnungsschema

G = Geber P = Probe
W = Wasser x = vom Sender
N = Nehmer y = zum Verstärker

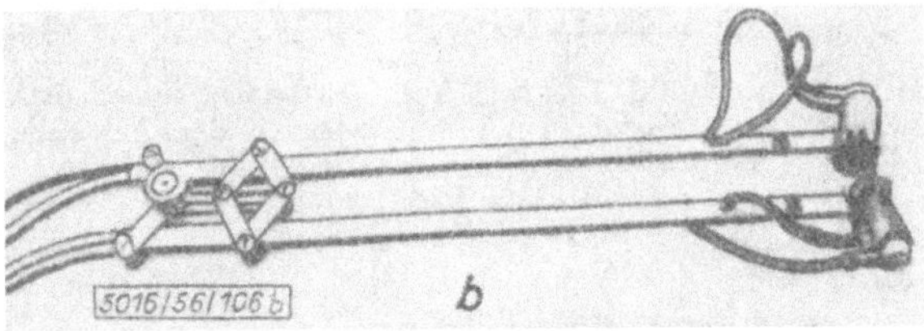

Bild 106 b. Einbau von Geber und Empfänger in Zangen zur Untersuchung an Blechen auf Doppelungen

Bild 106 a und b. Ultraschallgerät zur zerstörungsfreien Werkstoffprüfung (nach *Trost*)

Eine bildtreue Wiedergabe des z. B. hinter Doppelungen auftretenden Schallschattenbildes ermöglicht das Gerät von *Götz*, wobei als Besonderheit die schiefe Einstrahlung der US-Wellen zu erwähnen ist. Ein Gerät, welches auf ähnlichem Wege mit Hilfe einer Abtastmechanik und photographischer Registrierung unmittelbar ein Ultraschallbild etwaige Fehlstellen in der Probe liefert, ist von *Krautkrämer* u. *Rüdiger* beschrieben worden*). Das Gerät vermeidet durch Modulation mit einer Geräuschspannung störende Interferenzeffekte durch stehende Wellen und ermöglicht, noch Fehlstellen von 0,5 mm ⌀ in Proben von

Bild 107. Beispiele für die zerstörungsfreie Ultraschallprüfung von Grobblechen. Die ermittelten Doppelungen (an der Werkstückoberfläche durch weißen Anstrich markiert) wurden nachträglich durch Magnetpulver-Prüfung an herausgeschnittenen Proben bestätigt (schwarze Striche im Querschnitt) (nach *Trost*)

3 mm Dicke gut zu erkennen. Bei planparallel begrenzten Proben lassen sich noch solche von 1 mm Dicke ohne stehende Wellen durchstrahlen, was besonders für die Prüfung von punkt- und rollennahtgeschweißten Bauteilen auf Anrisse, Bindefehler und Poren wichtig erscheint.

b) Die Reflexionsmethode ist hauptsächlich in den USA zu einer hohen Vollkommenheit ausgebildet und praktisch erprobt worden. Die Prüfung erfolgt von *einer Seite* aus, wobei der gleiche Schwingquarz gleichzeitig als Sender und Empfänger benutzt wird (Reflektoskop). Der Piezoquarz sendet Impulse von etwa 1 Mikrosekunde Dauer

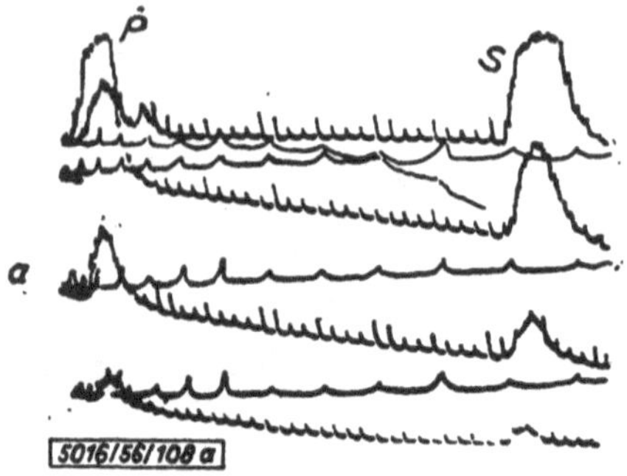

Bild 108 a. Primärimpulszacke (P) und Echozacke (S) von der Hinterwand einer einwandfreien Stahlplatte von 10 cm Dicke mit Hilfe des Reflektoskops nach *Firestone*. Die Figur stellt Leuchtschirmdiagramme von 3 aufeinander folgenden gedämpften Impulsen dar

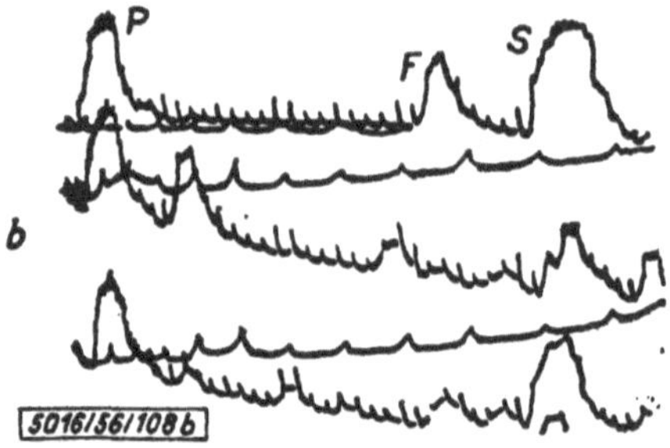

Bild 108 b. Auftreten einer zusätzlichen Zacke (F) bei Vorhandensein einer Fehlstelle im Innern der Platte

aus, die an den Begrenzungen sowie etwaigen Fehlstellen reflektiert werden und sogenannte „Echos" geben, die im Empfangsquarz aufgenommen werden. Auf elek-

*) Arch. Eisenhüttenwes., 20. Jahrg., Heft 11/12, S. 355.

trischem Wege werden die Impulse bzw. Echos auf dem Schirm einer Braun'schen Röhre als Zacken sichtbar gemacht.

Das Bild 108 zeigt links die Primärimpulszacke P und die Echozacke S von der Hinterwand einer Stahlplatte (10 cm Dicke). Die aufeinanderfolgenden Zeilen rühren vom zweiten, dritten usw. — Impuls her, wobei die Lage der Echozacken dieselbe auf der Zeitskala bleibt, aber die Amplitude infolge der Dämpfung im Werkstoff immer kleiner wird. Die feinen Zacken stellen die Zeitmarkenimpulse dar. Das rechte Bild zeigt neben den Zacken P und S eine zusätzliche Zacke F, welche von einer Fehlstelle im Werkstück herrührt. Wenn diese z. B. eine feine luft- oder gasgefüllte Trennschicht oder Doppelung darstellt, können noch Schichtdicken von 10^{-5} cm nachgewiesen werden.

Die Empfindlichkeit ist so groß, daß auch Seigerungen, Schlackenzeilen u. a. nachgewiesen werden können; diese Methode kann je nach den Prüfbedingungen noch variiert werden. Wichtig ist, daß aus der Anzeige (Braun'sche Röhre) nicht nur das

Bild 109. Schema der Schweißnahtprüfung mittels Reflexion von Ultraschall („Reflektoskop") mit Winkelsender bzw. schwenkbarem Quarzkristall). (Nach *Firestone*)

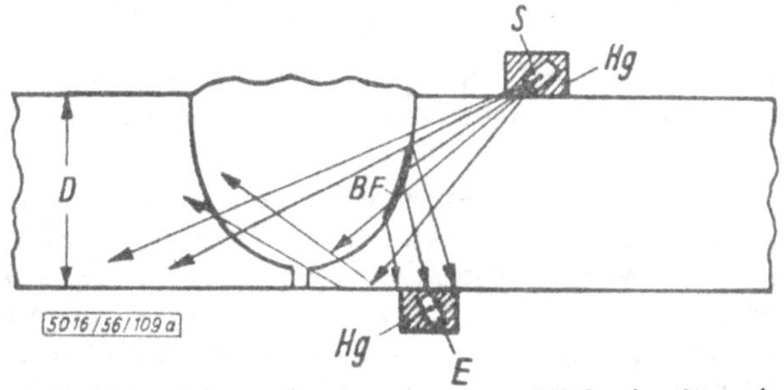

Bild 109a. Schema der Anordnung von US-Sender (S) und -Empfänger (E). Ankoppelung mit Quecksilber (Hg). Nachweis eines Bindefehlers (BF)

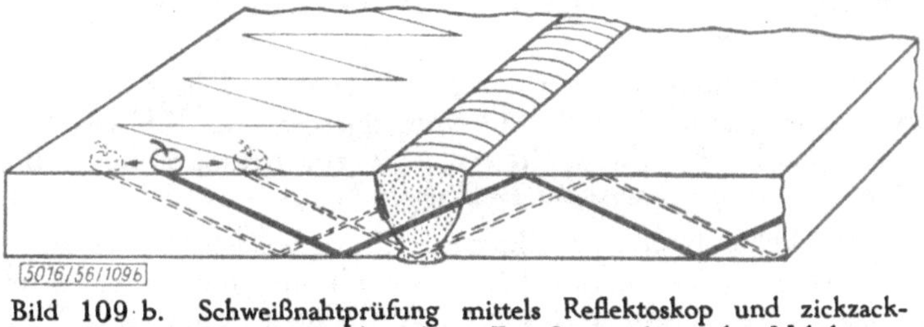

Bild 109 b. Schweißnahtprüfung mittels Reflektoskop und zickzackförmiger Bewegung des Senders. bzw. Empfängers längs der Nahtkanten

Vorhandensein von Werkstofftrennungen nachgewiesen, sondern nach entsprechender Eichung mit einem Testkörper auch ihre Tiefenlage unmittelbar in mm abgelesen werden kann.

Eine bedeutsame Erweiterung erfuhr die US-Methode in neuester Zeit dadurch, daß es gelang, die US-Einstrahlung mittels eines schwenkbaren Quarzkristalls („angle crystal") unter beliebigem Winkel bis nahezu parallel zur Werkstückoberfläche zu bewerkstelligen und so Werkstofftrennungen od. ä. in beliebiger Lage im Werkstück erfassen zu können. Damit wird die *Prüfung von Schweißverbindungen* auf Risse, Bindefehler und Schlackenwände ermöglicht. Der Taster mit dem „angle crystal" wird (Bilder 109a u. b) zickzackförmig innerhalb eines Streifens, der in gewissem Abstand parallel der Naht verläuft, in bestimmter, von Werkstoffdicke und Einstellwinkel abhängiger Breite bewegt. Die an einem Fehler auftretende Reflexion bewirkt eine Anzeige in der Registrierordnung. Praktische Erfahrungen über die Anwendbarkeit und Fehlererkennbarkeit z. B. speziell für Schweißnähte allgemein sind bisher nicht bekanntgeworden.

3. Fehlererkennbarkeit und Grenzen des Ultraschallverfahrens .

Die besonderen Vorteile des US-Verfahrens bestehen darin, daß auch in *dicken* Werkstücken und Schweißnähten innere Werkstofftrennungen, vornehmlich senkrecht zur Strahlrichtung, mit großer Sicherheit nachweisbar sind. Insbesondere können Gas- und Lufteinschlüsse von nur 0,1 μ Dicke (!) bei Frequenzen von 1 bis 10 MHz nachgewiesen werden, falls diese Fehler eine gewisse *flächenhafte* Ausdehnung haben. Weniger sicher ist der Nachweis von Schlackenresten, Oxyden, Fremdeinschlüssen und Seigerungen. Es kommt hierbei immer auf das Verhältnis von US-Widerstand im Einschluß zu demjenigen im Werkstoff an. Bei Luft in Eisen ist dieses etwa $10^5 : 1$, bei anderen Einschlüssen aber erheblich niedriger. (Beim Verhältnis 1 tritt überhaupt kein Effekt ein.)

Die bisherigen Ultraschallverfahren weisen noch verschiedene Schwächen auf. Diese sind bedingt durch die Ausdehnung der Strahlenquelle, die Art des Strahlenganges und der Absorption sowie Beugung der US-Wellen im Prüfobjekt und insbesondere durch die Schwierigkeit einer einwandfreien und reproduzierbaren Ankoppelung von Sender und Empfänger bei rauher oder mit Zunder bedeckter Oberfläche.

Kruse hat u. a. diese Verhältnisse theoretisch untersucht und festgestellt, daß eine Fehlstelle, um nachweisbar zu sein, um so ausgedehnter sein muß, je tiefer diese liegt. Dies hängt mit Beugungserscheinungen am Rande der Störstelle zusammen. Diese Einflüsse sind um so stärker, je kleiner die Störstelle im Verhältnis zur Wellenlänge des US-Strahles ist.

Diese Nachteile werden durch ein neues Verfahren von *Pohlman* vermieden. Mit Hilfe einer „Schall-Linse" und eines eigenartigen „Bildwandlers" erzeugt dieser eine schalloptische Abbildung in Analogie zur lichtoptischen Abbildung für beliebige Querschnitte *im Innern des Prüfkörpers**).

Das „Pohlmansche Schallsichtgerät" eignet sich besonders zu Großflächenuntersuchungen. In Platten bis zu 1 m² Ausdehnung und bis zu 50 cm Dicke können nach Angabe von *Pohlman* mit 4 bis 5 Aufnahmen noch feine Trennschichten (Doppelungen, Walzfehler, Blasen) nachgewiesen werden, falls deren seitliche Ausdehnung mindestens 10 mm beträgt.

Durch Verwendung besonderer „Rüsselfortsätze" zur Strahlenzuleitung lassen sich noch luftgefüllte Fehlstellen („Störungsscheibchen") von 0,4 mm Ø und 0,0001 mm = 0,1 μ Dicke bei Scharfeinstellung nachweisen, was z. B. zur *Untersuchung schwer zugänglicher Leichtmetallpunktschweißnähte* wichtig erscheint.

Eine Weiterentwicklung des US-Verfahrens bis zu einer Art „Ultraschallmikroskopie" erscheint durchaus denkbar, was neue diagnostische Hilfsmittel zur Sichtbarmachung der inneren Struktur in Ergänzung der bisherigen Verfahren ermöglicht.

---

*) Der Vorteil dieses Verfahrens besteht insbesondere darin, daß auch tief im Innern des Werkstückes liegende feine Trennschichten noch erkennbar sind, dadurch das die Bildebene mittels der Ultraschallinse auf eine beliebige Objektebene scharf eingestellt werden kann.

G. Zerstörungsfreie Prüfung von Schweißnähten mittels sonstiger, teilweise noch in der Entwicklung befindlicher Prüfverfahren

1. Druckprobe

An die Schweißnähte in Behältern oder Rohren wird fast regelmäßig die Forderung der *Dichtigkeit* gestellt. Mit keinem der im vorliegenden Beitrag bisher betrachteten Prüfverfahren kann entschieden werden, ob die Schweißung infolge innerer Fehlstellen undicht ist. Magnetpulverprüfung, Kalkmilch- oder Fluoreszenzprobe und potentiometrische Methoden scheiden als Oberflächenprüfverfahren von vornherein aus. Auch die Ultraschallprüfung kommt aus ersichtlichen Gründen hier nicht in Frage. Zwar kann durch Röntgenstereoaufnahmen die Tiefenausdehnung festgestellt werden, aber eine Aussage darüber, ob über den ganzen Nahtquerschnitt verteilte Poren, Schlacken, Risse so weit *zusammenhängend* sind, daß diese zu Undichtigkeiten führen, kann aus den Raumbildern allein nicht entschieden werden, ganz abgesehen davon, daß die Stereoaufnahme der ganzen Schweißnähte in den weitaus meisten Fällen wirtschaftlich untragbar ist.

Die Dichtigkeitsprüfungen können daher wirtschaftlich allein durch Druckproben durchgeführt werden, wobei sowohl flüssige wie auch gasförmige Druckmittel zur Anwendung kommen können.

a) Flüssige Druckmittel

Bei der Dichtigkeitsprüfung mit flüssigen Druckmitteln handelt es sich meist zugleich um Belastungsprüfungen, d. h. um Prüfdruck, der größer ist als der spätere Betriebsdruck.

Wasser. Die undichten Stellen zeigen sich bei der Wasserdruckprobe durch das Feuchtwerden der Außenfläche des Behälters oder Rohres.

Öl (dünnflüssig, z. B. *Petroleum*) als Prüfflüssigkeit gibt eine erheblich *sichere Anzeige* undichter Stellen, wenn die Prüfoberflächen zuvor mit Kalkmilch angestrichen werden. Das austretende Öl zeigt sehr deutliche „Fettflecken" in dem trockenen, weißen Kalküberzug.

b) Gasförmige Druckmittel

Die Prüfdrücke liegen aus Sicherheitsgründen (!) erheblich unter den Betriebsdrücken (!!).

Luft und andere Gase. Die *Prüfung kann unter Wasser* erfolgen, d. h. das Aufsteigen der Blasen läßt Undichtigkeiten deutlich erkennen und örtlich lokalisieren. Kleine oder leicht bewegliche Teile werden unter Wasser abgedrückt.

Luft und andere Gase. *Indikator: Seifenlösung.* Die zu prüfenden Stellen werden mit Seifenlösung durch Abpinseln gut benetzt. An undichten Stellen hervortretendes Gas ruft Schaum und Blasenbildung hervor.

Riechstoffe. Bekanntlich kann austretendes Leuchtgas am Geruch leicht erkannt und die Austrittsstelle so recht gut lokalisiert werden. Die Empfindlichkeit wird größer, wenn man dem gasförmigen Druckmittel (Luft) einen starken Riechstoff (z. B. „Merkaptan" oder „Iolon") zusetzt; hiermit können sogar Undichtigkeiten geschweißter Rohrleitungen, die in der Erde liegen, festgestellt werden. Die genaue Lokalisierung muß allerdings dann nach dem Freilegen durch eine der obengenannten Methoden erfolgen.

Chemisch reaktive Stoffe (etwa Schwefelwasserstoff, dem Druckmittel zugesetzt): Nachweis z. B. durch aufgelegtes, mit Bleiazetat getränktes Filtrierpapier.

2. *Elektroinduktive Prüfmethoden*

Für die zerstörungsfreie Prüfung von Schweißnähten scheint die elektroinduktive Methode bisher nur wenig verwendet zu sein, obgleich diese ähnlich wie die magnetinduktive Methode bei ferromagnetischen Werkstoffen neben der Röntgenuntersuchung bei Nichteisenmetallen für geringe Blechdicken durchaus geeignet erscheint, um oberflächennahe Fehler aufzufinden. Außerdem wird man nach dieser Methode auch den Grundwerkstoff auf Doppelungen, Anrisse, richtige Wärmebehandlung, Eigenspannungen u. dgl. untersuchen können. Dies sei hier nur angedeutet.

Es ist jedoch fast immer für Eisen- und Nichteisennähte, die bereits fertig bearbeitet wurden, möglich, die Lage der Schweißnaht festzustellen.

Im Ausland haben insbesondere *Sperry* u. *Knerr* diese Methode mit Hilfe entwickelter Geräte von geschweißten und nahtlos gezogenen Rohren eingesetzt.

Für Punktschweißungen verwendet *Nasarow* zur Feststellung von Bindefehlern ein Gerät zur Messung von Potentialdifferenzen sowie auch die Thermokolormethode.

3. *Magnetinduktive Prüfmethoden*

Diese Methoden beruhen auf der Messung des magnetischen Streuflusses, dessen Änderung auf elektrischem Wege in einem Meßinstrument oder einer Oszillographenröhre sichtbar gemacht wird. Hierdurch wird eine vielmals höhere Empfindlichkeit als beim Magnetpulververfahren erreicht, so daß auch noch tiefer liegende Fehlstellen mit Sicherheit nachgewiesen werden können.

Beim „I.G.-Schweißnahtprüfer" erfolgt die Messung des induzierten Stromes durch ein einfaches Zeigerinstrument. Die Schweißnaht wird beiderseitig durch Bestreichen mit einem Magneten magnetisiert. Danach wird die Schweißnaht mit dem Zeigergerät abgetastet. Das Verfahren ist sehr empfindlich und spricht auch an auf Änderungen der Permeabilität, z. B. durch Überhitzung infolge zu großer Stromstärke beim Schweißen*) **).

Andere Geräte arbeiten mit Wechselstrommagneten, deren Pole seitlich der Naht aufgesetzt werden. Man verwendet zwei Suchspulen in Differentialschaltung. Mit Hilfe eines Kathodenstrahl-Oszillographen wird dann die Kurvenform der induzierten Spannung beobachtet. Es läßt sich ja oft eine gut bearbeitete Schweißnaht oberflächenmäßig nicht mehr auffinden. Bei der magnetinduktiven Methode tastet man mit einer Spule (Testkörper) die Oberfläche ab und kann am Ausschlag des Kathodenfleckes die Nahtlage ermitteln***).

Ein sehr gut durchkonstruiertes und praktisch erprobtes Gerät stellt der sogenannte „Rißdetektor" nach Dr. Förster dar. Das Meßorgan ist in einem beweglichen Taststift

*) Nähere Angaben über die Verwendung dieses Schweißnahtprüfers siehe *R. Berthold*, Erfahrungen und Neuerungen auf dem Gebiet der magnetischen Werkstoffprüfung. Maschinenschaden, Juni 1937.

**) Vgl. *R. Spieß*, Zerstörungsfreie Werkstoffprüfung. Die Werkzeugmaschine 42 (1938), S. 289 bis 297.

***) *W. Jellinghaus* (Lit.) benutzt hierzu ein einfaches Joch aus Weicheisen als Kern einer von Wechselstrom durchflossenen Spule, welches auf den Prüfling aufgesetzt wird. Der induktive Widerstand, welcher stark von der Permeabilität des Werkstoffes abhängt, wird durch Vergleich mit einem „Standardjoch" in einer Brückenschaltung gemessen.

eingebaut und die Fehlergröße wird auf einem Präzisionsmeßinstrument sowie gleichzeitig im Lautsprecher angezeigt, so daß ein Fehler kaum übersehen werden kann*).

Es ist zu berücksichtigen, daß der Fehlernachweis auch durch Änderungen der Permeabilität infolge auftretender Schrumpfspannungen überdeckt werden kann. Bei Gasschmelzschweißungen ist dieser Effekt infolge der Aufhetzung in breiter Zone nicht so deutlich wie für die Lichtbogenschweißung.

Der Vorteil der magnetinduktiven Prüfmethode liegt in der großen Prüfgeschwindigkeit und größeren Tiefenwirkung gegenüber der Magnetpulvermethode. Außerdem ist bei geeigneter Bauart die Anzeige von der Oberflächenbeschaffenheit praktisch unabhängig, so daß auch rauhe und verschmutzte Werkstücke zerstörungsfrei geprüft werden können.

4. *Potentiometrische Meßverfahren mit Gleichstrom*

Durch den Prüfkörper wird ein starker Gleichstrom geschickt und der Spannungsabfall an einer Fehlstelle gemessen.

Eine einfache Vorrichtung dieser Art wurde von *Trost* beschrieben. Diese diente speziell zur elektrischen Anzeige von Rissen an der Schweißnahtoberfläche.

Dies Gerät besteht aus einem Doppelkontakttaster, welcher gleichzeitig zur Stromzuführung und zur Anzeige des Potentialsprungs beim Hinweggleiten über eine Rißstelle dient. Das Verfahren ermöglicht in weiterer Vervollkommnung auch die Feststellung von Werkstofftrennungen schräg zur Oberfläche (Bild 110).

Nach ähnlichem Prinzip arbeitet das Verfahren der „Sperry-Products Inc., USA", welches speziell zur Feststellung von Schienenrissen entwickelt wurde. Zum Nachweis von Doppelungen parallel zur Blechoberfläche, speziell auch zur *Untersuchung plattierter Werkstoffe*, ist das Verfahren vom *Jellinghaus* u. *Stäblein* geeignet, welches auf der Messung des Querwiderstandes im Blech beruht.

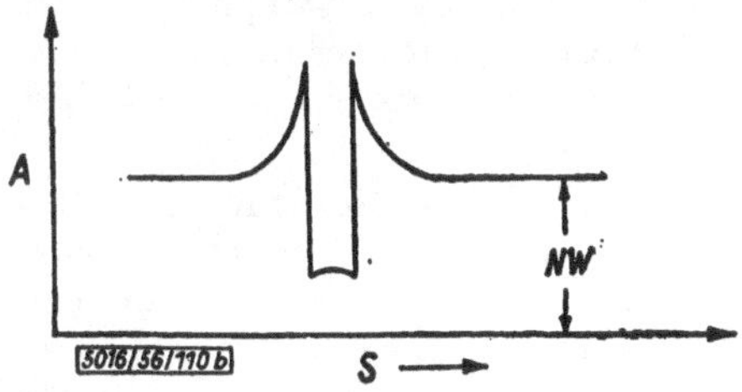

Bild 110 a u. b. Schema des potentiometrischen Meßverfahrens mit Gleichstrom zur Feststellung von Inhomogenitäten und Fehlstellen in Werkstücken

Bild 110 b. Potentiometrische Anzeige einer Rißstelle (nach *Trost*)

Es bedeuten:

B = Batterie
W = Widerstand
K_1 u. K_2 = Elektroden
R = Rißstelle
A = Anzeige
S = Abstand zwischen K_1 u. K_2
We = Werkstück
NW = Normalpegel

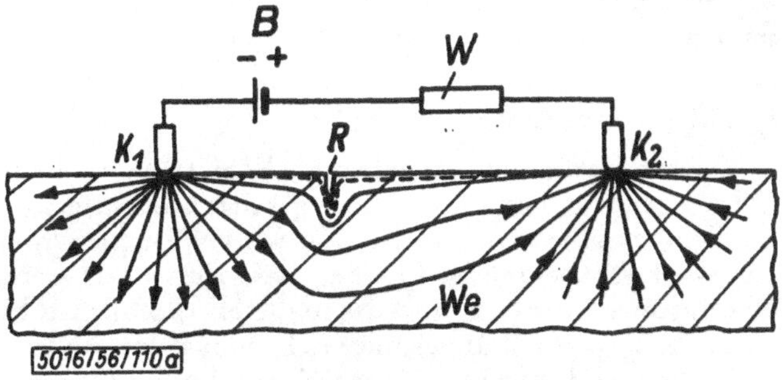

Bild 110 a. Anordnung der Elektroden und schematischer Verlauf der Strombahnen im Werkstück

Schließlich ist das Verfahren der „Salford-Electrical-Inst." hierzu zu rechnen. Nach Angaben in der Literatur sollen sich hiermit noch Risse von etwa 0,0125 mm Tiefe bei einer Prüfgeschwindigkeit von etwa 30 m/sek nachweisen lassen.

*) Vgl. *F. Förster*, Bericht zur zerstörungsfreien Werkstoffprüfung, Selbstverlag Eningen bei Reutlingen (Württemberg). Der gleiche Autor hat auch Geräte nach dem magnetischen Rißsichtverfahren und zur Verwechselungsprüfung und Sortierung verschiedener Stahlsorten entwickelt, worauf hier nur hingewiesen werden kann.

5. Thermische Prüfmethoden

Für Schweißnähte empfiehlt *Messner*, eine Bahn dicht neben der Schweißnaht zu erhitzen und thermometrisch die Temperaturen beiderseits der Bahn zu bestimmen. Auf der gleichen Basis beruht das Verfahren der „Fa. Sperry Products", welche das Blech mittels Flammenreihen einseitig erhitzt und auf der Nahtgegenseite die Temperaturen mit Thermoelementen mißt. Die Erhitzung kann auch durch elektrische Widerstandsheizung erfolgen (*Franke*), indem der Leiter an Fehlstellen infolge Querschnittsschwächung örtlich stärker erhitzt wird. Über die Verwendung des „Thermokolorverfahrens" zur Untersuchung von Schweißnähten liegen gewisse Erfahrungen von *Müller-Busse* vor (siehe *Hagen*, Teil I).

H. Zerstörungsfreie Oberflächenprüfmethoden von Grundwerkstoff und Schweißnaht

1. Feststellung von Inhomogenitäten und sonstigen Fehlstellen

a) Einleitung

Während die bisher beschriebenen zerstörungsfreien Prüfverfahren hauptsächlich für den Nachweis innerer Fehlstellen bzw. Inhomogenitäten im Prüfobjekt geeignet sind, versagen diese, außer dem Magnetpulververfahren, mehr oder minder bei der *Aufgabe, feinste Oberflächenfehler, Risse, Mikrolunker, Doppelungen usw. in oberflächennahen Schichten nachzuweisen.*

Hierzu stehen mehrere einfach zu handhabende und billige Verfahren zur Verfügung, welche als Ölkoch- bzw. Kalkmilchprobe, Beizverfahren und Fluoreszenzverfahren bekannt und praktisch erprobt sind. Diese Verfahren beruhen auf den Gesetzen der Kapillarität oder auf speziellen chemischen heterogenen Reaktionen an den inneren Oberflächen der Hohlräume, soweit diese mit der äußeren Oberfläche in Verbindung stehen. Hierdurch werden oberflächennahe, selbst sehr feine Risse oder feinporöse Stellen sowie Mikrolunker in beliebigen Werkstoffen nachgewiesen.

b) Ölkoch- bzw. Kalkmilchprobe

Das sandgestrahlte und gereinigte Werkstück wird etwa 10 Minuten lang in einem Ölbade gekocht, dann rasch gut abgeputzt und entfettet, schließlich mit „Kalkmilch" (Aufschlämmung feinsten Kalkes in Wasser) bestrichen oder bespritzt. Erst dann soll das Werkstück erkalten. Hierbei, besonders aber, wenn man es durch Klopfen in Schwingungen versetzt, wird das in die oberflächlichen Hohlräume eingedrungene Öl wieder ausgepreßt und zeichnet sich dunkel im weißen Kalküberzug bzw. glänzend auf matter, sandgestrahlter Oberfläche ab (Lit. *van Ouwerkerk*; *Reininger*). Vergleichende Untersuchungen über die Fehlererkennbarkeit gegenüber dem Röntgenverfahren beschreiben *Reininger* u. *Müller*. Röntgendiaskopisch sind Schaum- und Oxydeinschlüsse als Ursachen undichter Stellen stets nachweisbar. Ähnliche Untersuchungen stellten *Ouwerkerk* u. *Brinkhorst* zur Erkennung von Haarrissen im Vergleich zum Magnetpulververfahren an.

Nachteile der Ölkochprobe sind die unvermeidliche Verschmutzung der geprüften Teile, die Markierung auch unwesentlicher Unsauberkeiten der Oberfläche, die Verknappung an geeigneten Ölen und die hohe Temperatur (etwa 150° C), wodurch möglicherweise Gefüge- und Formänderungen der geprüften Teile verursacht werden. Außerdem zeigt die Ölkochprobe *nur solche Fehlstellen (Hohlräume) an, die in Verbindung mit der Oberfläche* stehen.

c) Beizprobe („CA-Verfahren")

Diese Prüfung wird in Bichromatbädern vorgenommen und ist insbesondere nach *Boßhard* für die Prüfung von Magnesiumlegierungen (z. B. der schweißbaren AlMg-Legierungen) verwendbar. Das Verfahren beruht auf der Einwirkung von Chromatlösungen auf einfach eingetauchte Proben bei Temperaturen zwischen 40° C und dem Siedepunkt. Nach oberflächlicher Säuberung und Trocknung tritt an den Fehlstellen ein gelber Bichromatniederschlag auf. Die Wirkung wird verstärkt einerseits durch vorherige Behandlung der Proben mit Salpetersäure oder durch Sandstrahlen, andererseits durch Zusatz von Stoffen wie z. B. Ammoniumazetat, welche stark hygroskopische und an den Poren ausbleichende Korrosionsprodukte liefern*). Spezielle Erfahrungen mit Schweißnähten scheinen hier noch nicht vorzuliegen. Die Methode ist schneller und sauberer durchführbar als die Ölkochprobe. Außerdem fällt die Belästigung durch die Öldämpfe fort. Nachteilig ist die Herabsetzung der Fehlererkennbarkeit durch das notwendige Spülen, das weder zu kurz noch zu lang sein darf, um Fehldeutungen zu vermeiden.

d) Fluoreszenzverfahren im UV-Licht *)

Das gereinigte und gut getrocknete Werkstück wird mit einer wässerigen Lösung eines bei Bestrahlung im ultravioletten Lichte kräftig fluoreszierenden Stoffes einige Minuten unter Zuhilfenahme eines Pinsels gestrichen und dann gut abgewischt. Betrachtet man das Stück, nachdem man es durch Klopfen in Schwingung versetzt hat, dann im Dunkeln in filtriertem ultraviolettem oder tiefviolettem Lichte (im letzteren Falle zweckmäßig noch unter Benutzung einer Brille mit gelben oder grünen Gläsern), so leuchten die Fehlstellen (besonders z. B. Schweißrisse) hell auf. Die Anzeige läßt sich nach *Adler* noch verstärken, wenn man nach dem Abputzen mit feinstem Sand einpudert**).

Das Fluoreszenzverfahren hat gegenüber der Ölkochprobe und der Beizprobe den Vorteil, daß *keine unzulässige Erwärmung oder Einwirkung von chemischen Reagenzien* erforderlich ist. Nachteilig ist die Notwendigkeit der Verwendung einer Ultraalysenlampe und relativ teurer Fluoreszenzstoffe („Fluorochrome") sowie die Betrachtung im Dunkeln. Es ist im Ausland als „Hyclo- oder Mangagloverfahren" patentiert (Colloid Res. Co. lim.). Auf etwa 10 m² Oberfläche wird etwa 1 Liter Prüfflüssigkeit benötigt.

Der Nachweis von Werkstofftrennungen ist gut; vorteilhaft ist die Anwendungsmöglichkeit auf alle Arten von Werkstoffen, besonders gegenüber der magnetischen Prüfmethode. Letztere ist bei ferromagnetischem Werkstoff aber in jedem Fall hinsichtlich der Empfindlichkeit weit überlegen***).

---

*) Vgl. *DRP 733483* (*G. Adler*).

**) Es könnte nach einem Vorschlag von *E. Schiebold* die Wirkung durch vorherige oder gleichzeitige Ultraschallbehandlung der Probe verbessert werden.

***) Das Verfahren läßt sich nach *Mangaglo* auch mit der Magnetpulverprüfung verbinden, indem man mit Fluoreszenzmaterial überzogenes Magnetpulver verwendet und im verdunkelten Raum bei UV-Licht beobachtet.

e) Radioaktive Oberflächenprüfmethode

Eine neuartige Methode stellt das Verfahren von *Schiebold* u. *Eberius* dar, die zu prüfende Oberfläche der Schweißnaht mit einer Lösung radioaktiver Emanation in Paraffinöl oder Petroleum zu tränken, wobei diese in etwaige Hohlräume eindringt.

Die Emanation, soweit sie nicht entweichen kann, sendet eine radioaktive Strahlung unter Bildung fester Zerfallsprodukte aus. Legt man einen photographischen Film unmittelbar auf die gesäuberte Oberfläche auf, so erhält man bei genügender Einwirkung ein Bild der örtlichen Verteilung und Größe etwaiger Poren, Mikrolunker, Risse usw. Das Verfahren, welches noch weiterentwickelt werden muß, kann und soll natürlich die Fluoreszenzprobe nicht ersetzen, hat aber den Vorteil, daß infolge der γ-Strahlung auch Fehlstellen in tieferen Schichten noch angezeigt werden, falls diese mit der Oberfläche kommunizieren, was für die Dichtigkeitsbeurteilung von Bedeutung sein kann.

f) Farbdiffusionsverfahren

Es werden hierbei Diffusionsflüssigkeiten benutzt, die mit leuchtenden Anilinfarben gefärbt sind. Die Prüfteile werden mit der Flüssigkeit bestrichen oder in diese eingetaucht (5 Min. Dauer) und die Farbreste durch Sandstrahlen oder Abreiben mit Sägemehl entfernt bzw. mit einem Lappen fortgewischt*).

Man kann sowohl öllösliche wie auch wasserlösliche Diffusionsflüssigkeiten verwenden. Im ersteren Falle werden die Schweißnähte nach der Behandlung sandgestrahlt, um überschüssige Flüssigkeit zu beseitigen. Darauf wird die so vorbereitete Oberfläche mit stark verdünnter Kontrollfarbe gleichmäßig bestrichen, wodurch nach kurzer Zeit (2 bis 3 Min. Wirkdauer) selbst unterhalb der Oberfläche liegende Poren und Lunker, Risse u. dgl. nach Art und Größe angezeigt werden. Als Kontrollfarben werden geeignete Metallacke (hellblau), „Ikarol 183 (weiß)" verwendet. Diese Methode wird besonders zum Nachweis feiner Fehler angewendet; im anderen Falle kann man die Prüfteile mit farbansaugenden Stoffen (Bimssteinmehl, Wiener Kalk) einreiben, die sich in den Poren festsetzen.

Als wasserlösliche Diffusionsflüssigkeit wird eine rote Anilinfarblösung mit Schutzkolloid verwendet. Die Einwirkung geschieht bei Raumtemperatur mit etwa 5 Min. Dauer, worauf die Prüfoberfläche in fließendem Wasser kurz gespült und in ein warmes Bad (40 bis 50° C) mit P 3-Lösung**) gebracht, kurz nachgespült und erwärmt wird. In trockener Luft tritt eine Rotfärbung der Fehlstellen ein.

Das Verfahren ist sehr zuverlässig und besonders zur Untersuchung von Schweißnähten in großen und sperrigen Konstruktionen verwendbar. Die säure- und alkalifreie Prüflösung und Kontrollfarbe bewirken keine nachträgliche Korrosion z. B. in Triebwerken. Vorteilhaft ist auch die große Empfindlichkeit.

Risse in der Schweißnaht und im Grundwerkstoff werden klar markiert, selbst solche, die man in ungefärbtem Zustand nur mit der Lupe wahrnehmen kann, sowie auch „Kaltschweißen". Nicht gebundene Stöße, Blasen oder Poren, die mit der Oberfläche in Verbindung stehen, zeigen alle einen starken roten Hof.

Schwammige Stellen und Mikrolunker kennzeichnen sich durch größere Farbflecken mit verschwommenen Rändern und weniger intensive Färbung. Letztere richtet sich nach der Tiefe der Fehlstelle.

---

*) Vgl. Vortrag Dr. Goederitz KdT., 1950 Berlin, sowie Lit. am Schluß.

**) Reinigungsmittel der „Fa. Henckel u. Co."; Düsseldorf.

2. *Untersuchung des Gefüges, der übermolekularen und Feinstruktur*

Neben der üblichen metallographischen Untersuchung, die an sich nicht zerstörungsfrei ist, falls man nicht auf einem Spezial-Aufsatzgerät die Oberfläche elektrolytisch poliert (nach *Jaquet*) und dann mikroskopiert, so wurden in neuester Zeit neuartige physikalische Prüfverfahren entwickelt, die mehr oder weniger zerstörungsfrei ausführbar sind. Diese sind:

- Die Röntgenmikrographie (Durchstrahlungs- und Sekundärstrahlenmethode)
- Das Hahnsche Emanierverfahren (radioaktive Indikatormethode) und seine neuartigen Abänderungen
- Die lichtoptischen Abdruckverfahren
- Die elektronenoptischen Abdruckverfahren
- Die röntgenographischen Feinstrukturverfahren (Rückstrahlverfahren)
- Die Elektronenbeugung an metallischen Oberflächen (Reflexionsverfahren).

Diese Verfahren können hier nur kurz gestreift und die beiden letztgenannten müssen als nicht direkt hierher gehörend sogar übergangen werden.

a) *Röntgenmikrographie*

Durchstrahlungsmethode. Eine neuartige, sehr aufschlußreiche Methode, welche weniger für Prüfzwecke als für werkstoffkundliche und schweißtechnische Forschungsarbeiten sehr wichtig ist, stellt die sogenannte „Röntgenmikrographie"*) dar. Das Verfahren hat Ähnlichkeit mit den üblichen Feinfokusaufnahmen mit direkter oder indirekter Vergrößerung. Es unterscheidet sich aber durch die viel stärkere Vergrößerungsmöglichkeit der Röntgenbilder (bis max. 200). Es ist nicht als zerstörungsfrei zu bezeichnen, da man hierzu Dünnschliffe benutzen muß (*Lamarque*; *Clark*).

Aus dem Werkstoff (Grundwerkstoff, Schweißgut), besonders von der Übergangszone, werden dünne Plättchen herausgearbeitet und gut geschliffen (Dicke bei Stahl höchstens einige Zehntel, bei Leichtmetallen 3 mm). Die Schnittflächen brauchen nicht genau parallel oder sehr glatt bzw. poliert zu sein. Die Plättchen werden in der Dunkelkammer direkt auf die lichtempfindliche Schicht (sogenannter Feinkornfilm, z. B. „FF-Isopanfilm", besser kornlose sogenannte „Lippmann-Platte" od. ä.), am besten in eine photographische Kassette zwecks guten Anpressens eingelegt oder in schwarzes Papier bzw. strukturlose und lichtundurchlässige Cellophanfolie eingepackt.

Die Belichtung mit Röntgenstrahlen erfolgt *durch* das Plättchen hindurch. Dies geschieht praktisch unter Verwendung einer Feinstruktur-Röntgenröhre, die, mit einem „Lindemann"-Fenster ausgerüstet, *weiche* (langwellige) Röntgenstrahlung austreten läßt (Röhrenspannung 20 bis 30 kV, Entfernung Brennfleck — Photoschicht 10 bis 30 cm, abhängig von Brennfleckgröße (möglichst $< 0{,}3$ mm) einerseits, von der Größe der zu durchstrahlenden Stelle andererseits)**). Die Belichtungszeit hängt stark von der Vergrößerung und der Natur der photographischen Schicht ab ***). Die mit dem vorgeschriebenen Feinkornentwickler und Fixierbädern fertig behandelten Röntgenaufnahmen werden optisch auf Photopapier oder Film stark nachvergrößert (bis zu 200 ×).

Einen besonderen Wert und wesentliche Überlegenheit gegenüber der lichtmikroskopischen (Schliff-) Prüfung erhält die Röntgenmikrographie durch die Möglichkeit

---

*) Bei der Anwendung in der Metallkunde auch „Röntgenmetallographie" genannt. Eine Zusammenstellung der bis 1949 erschienenen Literatur vergleiche Berichte d. Unteraussch. f. Zerstörungsfreie Prüfverfahren des FNM 1949, Heft 11/12 Nr. II, 367—412.

**) Feinstrukturröhren haben meist nur einen sehr begrenzten Strahlenkegel und meist ziemlich großen Brennfleck. Besser ist die Verwendung von Feinfokusspezialröhren.

***) Da die photographischen Feinkornschichten sehr viel unempfindlicher für Röntgenstrahlen sind als Röntgenfilm (z. B. „Lippmann"-Platten, die nahezu überhaupt kein Korn mehr zeigen, bis 8000 mal), müssen lange Belichtungszeiten gewählt werden — ein Nachteil, der durch die wertvollen Aufschlüsse, die die Aufnahmen liefern, hingenommen werden kann.

der Herstellung von vergrößerten Röntgen*raum*bildern *). Das ist bedingt durch das Erkennen der Einzelheiten, wie Einschlüsse, Porositäten, Kornverschiedenheiten, feiner Risse u. dgl., nach *Form, Größe, Ausdehnung* und ihrer *gegenseitigen Lage im Raum* („Stereo-Röntgenmikrographie"). Von der Prüfstelle müssen zwei Aufnahmen hergestellt werden. Zwischen diesen wird das Plättchen um einen kleinen Winkel **) geschwenkt.

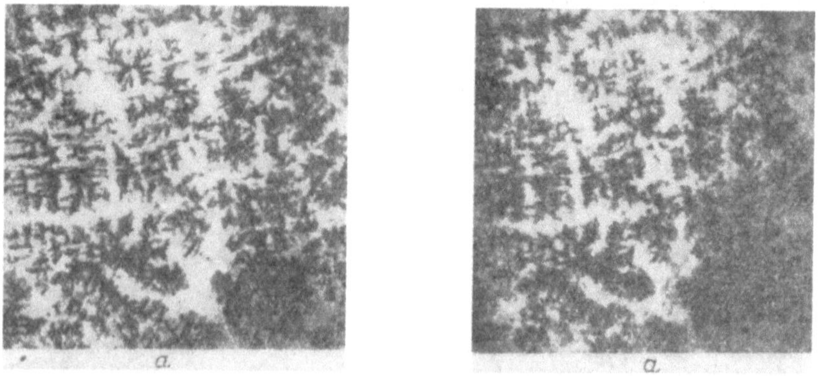

Bild 111 a u. b. Stereo-Röntgenmikrographien
Bild 111 a. Dendritische Graphitausscheidung im Gußeisen

Die zweckmäßig auf Film vergrößerten Bilder werden dann in einem üblichen Stereoskop betrachtet.

Das Bild 111a zeigt als Beispiel Graphitausscheidungen (dunkel) im Gußeisen.

Das Röntgenbild unterscheidet sich von der metallmikroskopischen Aufnahme in der folgenden Weise:

Die lichtmikroskopische Aufnahme würde die Graphitausscheidung *in der Ebene des Schliffes* aufzeigen, während die röntgenmikrographische Aufnahme die Graphitnester in der gesamten Plättchendicke erfaßt. Auch können Fälle vorkommen, wo eine zweite Komponente sich von der anderen durch Farbe oder Reflexionsfähigkeit nicht oder kaum unterscheidet, im lichtmikroskopischen Bilde also nicht erkannt werden kann, wo aber *infolge verschiedenen Absorptionsvermögens* für Röntgenstrahlen das röntgenmikrographische Bild eine Möglichkeit der Unterscheidung gibt.

Das Bild 111b zeigt die Stereoaufnahme von Ausscheidungen der eisenhaltigen Phase in Aluminium. Im Raumbild erkennt man in der „glasig" erscheinenden Grundmasse (Aluminium) die Ausscheidung in Form von dünnen rechteckigen *Plättchen*, die unter mannigfachen Winkeln im Raume gelagert sind. Die mikroskopische Schliffaufnahme ergab dagegen das Bild von „Nadeln", da nur deren Schnitte, d. h. *eine* Ebene abgebildet wurde.

In einem anderen Falle wurden durch eine normale Röntgenaufnahme zwei eigenartige, parallele, schwache, etwas verschwommene Schwärzungslinien, in Längsrichtung der Naht liegend, sichtbar. Diese wurden zunächst als doppelseitiger Bindefehler erklärt. Erst die stereoröntgenmikrographische Durchstrahlung eines senkrecht zur Blechoberfläche und quer durch die Naht herausgeschnittenen Plättchens ergab, daß es sich tatsächlich um eine flache, parallel zu den Nahtflanken liegende Zone im Grundwerkstoff mit zahlreichen parallel zur Blechoberfläche verlaufenden kleinen Rissen (*Mikrorißband*) handelte.

---

*) Vgl. *R. Berthold*, Metallwirtschaft (1941).

**) Eine handliche Kassette, mit der nacheinander vier Aufnahmen gemacht werden können und der erforderliche Stereowinkel leicht einstellbar ist, zeigt Bild 112.

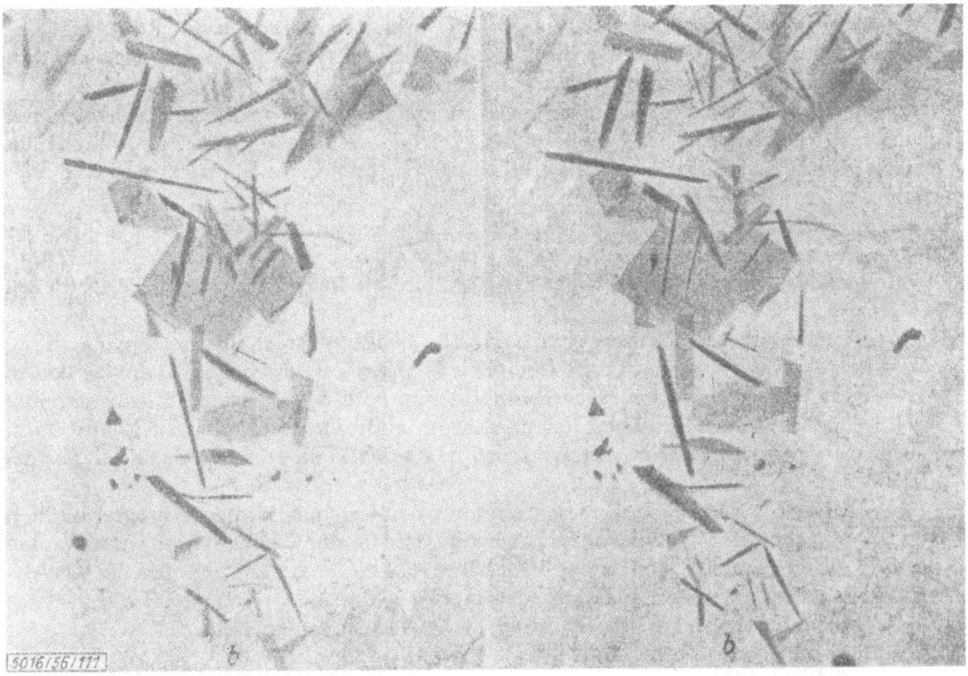

Bild 111 b. Blättchen einer Fe-haltigen Verbindung in einer Aluminiumlegierung, nach *Berthold*

Bemerkung: Diese beiden Bilder sind mit einem Stereoskop zwecks Gewinnung eines räumlichen Eindruckes zu betrachten.

Auch die als „Mausi-Effekt" bekannt gewordene Erscheinung in Schweißnähten von Leichtmetalllegierungen läßt sich auf ähnliche Weise erkennen (z. B. bei Legierungen Al-Mg-Mn und auch anderen Mg_2Si-haltigen Al-Leichtmetallen, nach Erwärmung auftretend).

Sekundärstrahlenmethode. Die zu untersuchende Stelle der Schweißnaht wird fein angeschliffen und wenigstens einseitig poliert, soll jedoch nicht geätzt werden. Auf die so vorbereitete Oberfläche wird ein empfindlicher photographischer Film (Feinkornschicht) ohne jede Zwischenlage aufgepreßt und durch den Film hindurch mit gefilterten Röntgenstrahlen von 60 bis 100 kV (1-mm-Cu-Filter) die Probe angestrahlt*)

Bild 112. Stereo-Mikro-Durchstrahlungskamera (Bauart Fa. „SRW", Erlangen)

Die Photoschicht wird infolge ihrer geringen Absorptionsfähigkeit durch die harte Röntgenstrahlung nur wenig geschwärzt. Letztere löst aber in der Oberfläche des

*) Schwierigkeiten macht dies insofern, als der Film bei der Anwendung nicht lichtdicht eingepackt werden kann; man müßte eine Art photographische, gut gegen die Schweißnaht abgedichtete Kassette mit Schieber benutzen, der vor der Belichtung weggezogen wird.

Untersuchungsobjektes Sekundärelektronen und charakteristische Röntgeneigenstrahlen aus. Diese gelangen auf die Photoschicht und rufen hier infolge starker Absorption kräftige örtliche Schwärzung hervor.

Da Menge und Energie der ausgelösten Elektronen sowie die Härte der ermittelten charakteristischen Strahlung unter sonst gleichen Bedingungen bei verschiedenen Stoffen verschieden sind, erhält man in dieser Art und Weise Strukturbilder des Grundstoffes, ganz ähnlich wie bei der lichtmikroskopischen Betrachtung des Schliffes. Auch hier kann, wenn die Verhältnisse günstig liegen, das vergrößerte Bild mehr zeigen als das mikroskopische. So erhielt *Pospisil* nach dieser Methode bei Bronze und Wolframstählen sowie Bleierzen bessere Resultate als lichtmikroskopisch oder durch Plättchendurchstrahlung.

Diese Methode kann ohne weiteres an die übliche mikroskopische Untersuchung *ohne* Herstellen einer neuen Probe (lediglich Neupolieren des Schliffes) angeschlossen werden. Sie vermag natürlich keine *Raum*bilder zu liefern. Sie wurde für Schweißnähte noch wenig angewandt, erscheint jedoch z. B. für abbrenngeschweißte Nähte mit ihren kennzeichnenden Fehlstellen (siehe *Mantel* u. *Rietsch,* Teil I) nützlich und aussichtsreich.

Diese erst in den Anfängen ihrer Entwicklung befindlichen röntgenmikrographischen Verfahren stellen eine willkommene Ergänzung der lichtoptischen Mikrophotographie dar und sprechen nicht wie letztere auf Phasenverschiedenheiten, sondern auf *Dicken-* und *Dichte*unterschiede an. Sie sind auch nicht auf die Wiedergabe von Oberflächendetails beschränkt, sondern stellen zum Teil einen Volumeneffekt dar, wodurch sie wesentlich bessere und aufschlußreichere Ergebnisse liefern.

Die Erkennung von heterogenen Gefügebestandteilen, Inhomogenitäten und kleinsten Fehlstellen sowie die Feststellung ihrer örtlichen Lage, Orientierung, Form und Größe im mikroskopischen Bereich hat auch für die Schweißnahtprüfung Bedeutung — insbesondere, wenn die Fehler schwer erfaßbar oder der Röntgenbefund nicht sicher deutbar ist.

b) Emanierverfahren bzw. radioaktives Indikatorverfahren

Die radioaktive Indikatormethode ist durch die grundlegenden Arbeiten von *O. Hahn* u. *Biltz, Hevesy, Seith* schon länger bekannt. Das Verfahren ermöglicht es, auf einfache Weise die Verteilung radioaktiver Elemente in der Oberfläche und im Innern von Werkstücken festzustellen *), indem die Oberfläche in direkten Kontakt mit einer photographischen Schicht gebracht wird.

Dazu wird schon bei der Herstellung der Probekörper eine kleine Menge natürlicher oder besser künstlich radioaktiver Isotope hinzugefügt, deren Verteilung in der Probe untersucht werden soll, eventuell kann der Austausch auch nachträglich durch Selbstdiffusion in der Oberflächenschicht bei erhöhter Temperatur geschehen. Die radioaktiven Atome verhalten sich genau wie die gewöhnlichen, solange sie nicht zerfallen sind, folgen also auch diesen bei chemischen und metallurgischen Prozessen, womit sich gleichzeitig die Möglichkeit ergibt, den „Stoffwechsel" bzw. *metallurgischen Kreislauf eines bestimmten Elementes in der Legierung zu verfolgen* (z. B. von der Hülle bis in die Naht und in dieser hinsichtlich Seigerung im Schweißgut u. a. m., was besonders dann von Interesse sein wird, wenn das Schweißgut ein sehr großes Schmelzbad bildet, wie bei der Ellira- und Thermitschweißung). Durch die von den radioaktiven Atomen beim Zerfall ausgesandten α-, β- bzw. γ-Strahlungen wirken diese auf die photographische Schicht ein und lassen sich so in ihrer Konzentration und örtlichen Verteilung sowie zeitlich genau verfolgen. Mit Betastrahlen erhält man schon bei einer Aktivität von 1 Mikrocurie pro 1 cm^2 Oberfläche gute Photogramme mit 1 Stunde Belichtungszeit.

Bedeutend empfindlicher ist die Registrierung mit dem Zählrohr, welches praktisch auf jedes einzelne Betateilchen oder γ-Quant anspricht, wobei sich noch Aktivitäten von $5 \cdot 10^{-12}$ bis $2 \cdot 10^{-7}$ Curie nach-

*) Letzteres durch sorgfältige spanabhebende Bearbeitung und Untersuchung der einzelnen Schichten.

weisen lassen, allerdings ohne Aufschlüsse über die örtliche Verteilung in der Probenoberfläche. Diesbezügliche Versuche mit Schweißnähten und Verfolgung der metallurgischen Vorgänge beim Schweißvorgang selbst scheinen noch nicht durchgeführt zu sein. Es sei deshalb beispielsweise erwähnt, daß die Methode gute Erfolge bei Untersuchungen über das Verhalten des Schwefels bei der Koksherstellung mit Hilfe von radioaktivem S^{35} gezeigt hat, um eine eventuelle Schwefelaufnahme durch das Stahlbad festzustellen. Ferner sei auf Versuche über das Herausfrischen des Phosphors aus der Stahlschmelze beim Thomasverfahren mittels radioaktivem P^{32} (mit Verwendung eines Beta-Zählrohres) hingewiesen (vgl. *A. Little*, USA) *).

c) *Lichtoptisches Abdruckverfahren*

Diese Methode besteht nach *Wolf* darin, daß für ortsfeste Maschinenteile und Schweißverbindungen an kritischen Stellen nach dem Anschleifen, Polieren und Ätzen Oberflächen-Lackabdrücke gemacht werden, die nachträglich mikroskopisch im durchfallenden Licht untersucht werden können und Aufschlüsse über Einzelheiten des Gefüges geben können.

d) *Elektronenoptisches Abdruckverfahren*

Wesentlich größere Bedeutung und Anwendung hat das Abdruckverfahren mit Benutzung des Elektronenmikroskops gefunden, nachdem *Mahl* u. *Duffek* ein besonders geeignetes kathodisches Lackablösungsverfahren entwickelt haben. Es wurden

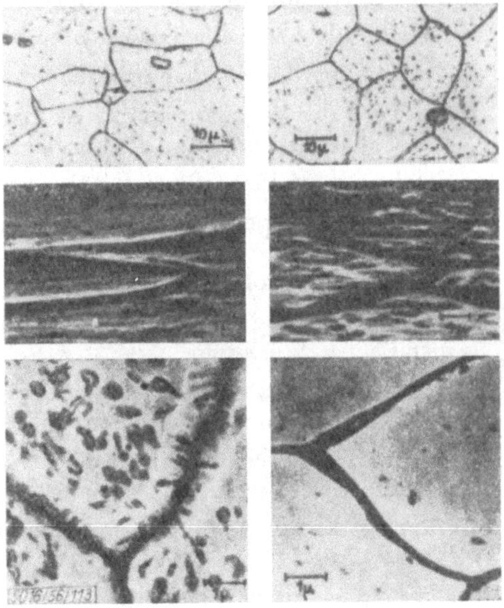

Bild 113. Vergleich von lichtmikroskopischen (oberes Bild), elektronenmikroskopischen Bildern nach der Rückstrahlmethode (mittleres Bild) und nach dem Lichtabdruckverfahren (unteres Bild) für Al-Legierung „Hydronalium" mit 9% Mg (Rest vorwiegend Al)

Bild 113 a. Mikrobild, lichtoptisch aufgenommen, V = 1000 ×

Bild 113 b. Rückstrahlbild, elektronenoptisch, V = 5050 ×

Bild 113 c. Lackhautabdruck, elektronenoptisch aufgenommen, V = 4100 × im Original, Bildkopie

113 c, linear vergrößert auf 10 000 ×
Ätzung: Linke Bilder 1% NaOH
Rechte Bilder 9% Phosphorsäure
(nach *Mahl* u. *Duffek*).

Oberflächen von Stahl und anderen Metallen (Nickel, Messing, Zink, Aluminium und Edelmetall) untersucht und Gefügebilder hergestellt, die durch ihre Details das lichtmikroskopische Bild weit übertreffen (vgl. Bild 113).

Alle Feinheiten der Oberflächenstruktur werden im submikroskopischen Gebiet wiedergegeben. Wichtig sind diese Prüfungen für die Erforschung des Oberflächen-

*) Die Methode ist bisher hauptsächlich bei chemischen und biologischen Untersuchungen über den Stoffwechsel der Organismen und Organe verwendet worden, worüber eine umfangreiche Literatur besteht. Über die Anwendung kernphysikalischer Arbeitsmethoden im Eisenhüttenwesen vgl. *O. Rüdiger*, Lit.

einflusses auf den Übergangswiderstand z. B. beim Punkt- und Rollennahtschweißen von Leichtmetallen, jedoch scheinen hierüber noch keine Versuche vorzuliegen*). Nur *Erdmann-Jesnitzer* (siehe später) erklärt die unterschiedliche Stromaufnahme für Legierungen Al-Cu-Mg- gegenüber Al-Mg- und Al-Blech durch Vergleich mit derartig ermittelten Oberflächenbildern (nach der Beizung), die für die Legierung Al-Cu-Mg- gänzlich anders nach *Mahl* u. *Pawlek* ausfallen als für gebeizte Al-Mg-Bleche.

e) Feinstrukturuntersuchungen

Auch auf dem Gebiete der röntgenographischen und elektronenoptischen Feinstrukturmethoden sind in den Jahren nach 1945 so große Fortschritte gemacht worden, daß diese Verfahren unmittelbar im Forschungslaboratorium und zum Teil auch in der betrieblichen Werkstoffprüfung und Schweißnahtkontrolle eingesetzt werden können.

Die Röntgenfeinstrukturanalyse eignet sich besonders für die Bearbeitung und Lösung der folgenden Aufgaben:

1. Ermittlung des Gitterbaues von reinen Metallen und Legierungskomponenten im kristallinen Zustand sowie von Roh- und Zusatzwerkstoffen.
2. Strukturbestimmung von Mischkristallen und intermetallischen Verbindungen.
3. Phasenanalyse von Legierungssystemen.
4. Bestimmung der Atomanordnung von Metallschmelzen.
5. Nachweis der kristallographischen Identität von Materialien und Komponenten für Zusatzwerkstoffe und Elektroden.
6. Qualitative und quantitative Röntgenanalyse von Legierungssystemen.
7. Studium allotroper Umwandlungen bei hohen und tiefen Temperaturen sowie von Entmischungs- und Alterungsvorgängen in übersättigten Mischkristallsystemen, Kontrolle der Wärmebehandlung und Vergütung.
8. Bestimmung von Wachstums-, Rekristallisations- und Verformungstexturen metallischer Werkstoffe.
9. Studium von Oxydations-, Reduktions- und Korrosionsvorgängen, Identifizierung von Produkten und Deckschichten.
10. Nachweis und Messung von Gitterstörungen bei Deformations- und Verarbeitungsprozessen.
11. Messung der Größe und Form submikroskopischer Kristalle in polykristallinen Werkstoffen.
12. Messung elastischer Dehnungen und Spannungen, insbesondere von Eigenspannungen (Guß-, Schweiß-, Reckspannungen usw.) in mechanisch- oder wärmebehandelten Werkstoffen und Werkstücken.

Diese wenigen Hinweise dürften genügen, um die Vielseitigkeit der Anwendung dieser Verfahren allein schon auf dem metallkundlichen und metallurgischen Sektor der Werkstoff-Forschung und Prüfung zu beweisen. Es dürfte daraus hervorgehen,

*) Die Methode läßt sich ganz allgemein auch zum Nachweis von Inhomogenitäten, Fehlstellen, Ölspuren und -häuten an der Oberfläche benutzen, da der Lackfilm solche Stellen nicht benetzt. Außerdem läßt sie sich auch auf nichtmetallische Stoffe (Gläser, keramische Massen, Elektrodenhüllen usw.) anwenden.

welche wichtigen Aufgaben der Feinstrukturforschung auch forschungs- und entwicklungsseitig auf dem Gebiete der Schweißtechnik zukommt, worauf hier nur ganz allgemein hingewiesen werden kann.

Es sei bemerkt, daß die zerstörungsfreie Feststellung und Messung von örtlich stark veränderlichen Schweißspannungen kaum auf anderem Wege gleich gut möglich ist. Ferner kann der Anlieferungszustand der Werkstoffe und Zusatzwerkstoffe, Elektrodenrohmaterialien, Flußmittel, Schweißpulver und sonstiger Hilfsstoffe hinsichtlich ihrer strukturellen Beschaffenheit und Zusammensetzung in sehr vollkommener Weise geprüft und vergleichend überprüft werden. Insbesondere können mikroskopisch feine Einschlüsse und Ausscheidungen, z. B. Nitride, Karbide usw., festgestellt und identifiziert werden, was bekanntlich mit der Röntgengrobstrukturmethode nicht möglich ist.

Es ist zu erwarten, daß diese neuen Methoden in Zukunft bei weiterer Entwicklung und Vervollkommnung der Feinstrukturgeräte auch in der Schweißtechnik eine größere Verwendung finden als bisher. Es ist immerhin bemerkenswert, daß dieser für die Zukunft anzunehmenden Entwicklung innerhalb des neuen Deutschen Zentralinstituts für Schweißtechnik, Halle, dadurch bereits Rechnung getragen wurde, daß dort eine spezielle Feinstrukturabteilung vorgesehen wurde. So ist etwa für das Studium von Mehrstoffsystemen mineralischer, z. B. Hüllen- oder U-Pulversubstanzen, die Feinstrukturanalyse unerläßlich. Dies gilt ebenso für den Verfolg bestimmter Wärmebehandlungen auf die Gefügeveränderung, z. B. neben der Naht in der WEZ (Korrosionsgefährdete Zone!). Wenn auch die Feinstrukturanalyse hinter der unmittelbaren technischen Bedeutung der Grobstruktur zurückzustehen scheint, so ist dies nur scheinbar, denn mittelbar ist sie ebenso bedeutungsvoll, auch für schweißtechnische Belange.

Literaturangaben

Vorbemerkung

Es ist hier nicht beabsichtigt und auch im Rahmen des vorstehenden Artikels unmöglich, eine vollständige Bibliographie über das Gebiet der zerstörungsfreien Werkstoffprüfung in den letzten 10 bis 15 Jahren zu geben. Die nachstehende Literaturzusammenstellung beschränkt sich in erster Linie auf die mit schweißtechnischen Fragen im Zusammenhang stehenden Veröffentlichungen. Eine gewisse Vollständigkeit wurde nur bei den bisher erschienenen in- und ausländischen Buchveröffentlichungen erstrebt, während Einzelarbeiten nur in Auswahl aufgenommen wurden, soweit im Text darauf Bezug genommen ist oder als wesentliche Ergänzung der vorstehenden Ausführung. Dabei konnte nur die amerikanische, englische und französische Auslandsliteratur infolge der z. Z. bestehenden Schwierigkeiten berücksichtigt werden. Ein Teil der Zitate wurde der Zeitschrift „Stahl und Eisen" sowie den Berichten „Zerstörungsfreie Materialprüfung" über in- und ausländisches Schrifttum im Auftrage des Unterausschusses D 1 b der Gruppe D des FNM „Zerstörungsfreie Prüfververfahren", herausgegeben von *E. A. W. Müller*, Erlangen, entnommen[1]). Wegen des textlichen Umfanges des Beitrages „Zerstörungsfreie Werkstoffprüfung" wurden die Literaturzitate nochmals im folgenden in sich abschnittsweise geordnet.

Zu A: *Einleitung*

a) Buchveröffentlichungen

Berthold, R., Atlas der zerstörungsfreien Prüfverfahren. Verl. Joh. Ambrosius Barth, Leipzig 1938 (Ringbuch), DIN A 3, mit laufenden Ergänzungen (z. Z. vergriffen).

Berthold, R. u. O. *Vaupel*, Zerstörungsfreie Werkstoffprüfung, in *E. Siebel*, Hdb. d. Werkstoffprüfung. 1. Bd. J. Springer, Berlin 1940.

Eggert, J. u. *E. Schiebold*, Ergebnisse der technischen Röntgenkunde, Bd. 1—6. Leipzig 1930—1938, Akadem. Verlagsgesellschaft, Leipzig.

Lindemann, R. u. *M. Pfender*, Verfahren zur zerstörungsfreien Werkstoffprüfung. Berlin 1948 (gedrängte Übersicht nebst zahlreichen Literaturangaben).

b) Zusammenfassende Berichte über die Verwendung zerstörungsfreier Prüfmethoden in England und USA gaben:

Dolandson, J. W., Metal Treatment *13* (1946), S. 61.

Dorey, S. F., J. Inst. Eng. *84* (1939), S. 552.

Fleming, A. P. u. *B. G. Chourcher*, ebenda S. 519, 528.

St. John, A. u. *H. J. Isenburger*, Industrial Radiography, New York 1934.

Warren, A. G., Nondestructive Testing of materials etc. Bios Final Rep. N. 609. London, H. M. Stationary Office 1946.

Insbesondere sei hier auch hingewiesen auf „Bibliography on Industrial Radiology" 1945—1948, II. Supplement to „Industrial Radiology" von *H. R. Isenburger* über die Röntgenprüfung von Schweißnähten und Gußteilen. (Auszug vgl. *E. A. W. Müller* in *R. Seifert*, „Berichte über in- und ausländisches Schrifttum", i. A. des Unterausschusses B 1 b der Gruppe D des FNM „Zerstörungsfreie Prüfverfahren" in Westdeutschland.)

Anglo-amerikanische Berichte über die zerstörungsfreie Werkstoffprüfung in Deutschland von *Gross, Horsley, Isenburger, Kaiser, Lloyd, Thiessen, Warren* u. a. vgl. Referate Unterausschuß B 1 b a. a. O.

Vgl. DIN 7090, Zerstörungsfreie Prüfverfahren, Übersicht und Richtlinien für ihre Anwendung.

Carpenter, O. R., Application of nondestructive testing by the welding industry (I/53).

Erdmann-Jesnitzer, F., Zerstörungsfreie Werkstoffprüfung. Technik *3* (1948), S. 405.

Garside, J. E., Metallic materials inspection. Metal Treatment *13* (1946), S. 3—18.

Handbook of ordnance radiography. O.P. 1681 U.S. Government Printing Office, Juni 1946.

Kolb, W., Zerstörungsfreie Werkstoffprüfung, Ultraschall und Röntgenstrahlen im Dienste der Materialerhaltung. Neue Produktion *3* (1948), S. 56.

Lindemann, R., Zerstörungsfreie Werkstoffprüfung. Technik *4* (1949), Nr. 4, S. 151—160.

Piper, T. E., Radiography and fluoroscopic interpretation. Iron Age *1946*, S. 46—49.

Rohner, F., Zerstörungsfreie Werkstoffprüfung. Schweizer Arch. angew. Wiss. u. Technik *14* (1948), S. 289.

Tenney, G. H., Advancement in industrial radiography. A.E.C.-Report MDDC — 1491: LADC — 420 (1947), 5. Dez.

---

[1]) Vf. dankt hierdurch Herrn Dr. *E. A. W. Müller* für die liebenswürdige Überlassung eines Exemplars der Berichte.

Betr. *Kosten und Wirtschaftlichkeit* siehe bei:

Anspach, H., Über die Wirtschaftlichkeit von Röntgenuntersuchungen bei Leichtmetallgußstücken. Metallwirtsch. *17* (1938), S. 443.
Bauermeister, A., Einführung und Auswirkung der Röntgenprüfung bei Leichtmetallschweißungen. Metallwirtsch. *20* (1941), S. 700—703.
Brandenberger, E., Stichprobenmäßige oder vollständige Röntgendurchstrahlung. Autogen. Metallbearb. *34* (1941), S. 81.
Gollnow, J. D., Die Wirtschaftlichkeit des Schweißens im Stahlbau im Hinblick auf die Feststellung der Schweißfehler durch Röntgenprüfung. Diss. Techn. Hochsch. Braunschweig 1937.
Lindemann, R., Röntgenprüfung an Leichtmetallschweißungen. Metallwirtsch. *20* (1941), S. 703.
Malisius, R., Über die Bedeutung der Röntgenprüfung von Schweißnähten im Schiffbau. Schiffbau *42* (1941), S. 233.
Mies, O., Zusammenhang der Leistungen und Kosten bei Röntgen- und γ-Durchstrahlung. Stahl u. Eisen *53* (1933), S. 535.
Müller, E. A. W., Die Wirtschaftlichkeit der zerstörungsfreien Werkstoffprüfung. Stahl u. Eisen *60* (1940), S. 221.
—, Die Anwendung der Röntgenstrahlen zur Werkstoffprüfung. Automobiltechn. Ztschr. *46* (1943), S. 146.
Raidt, W., Der Einfluß der Durchstrahlungsprüfung auf das Schweißen. Elektroschweißung *1939*, H. 7.
Schmid, W. E., Die Kosten der zerstörungsfreien Werkstoffprüfung. Maschinenbau/Betrieb *16* (1937), S. 519.
Wulff, F., Die Röntgenuntersuchung von Schweißnähten an Dampfkesselanlagen. Wärme *64* (1941), S. 189.

Zu B 1 a: *Schleiffunkenprobe*

Baukloh, W., Funkenbilder der reinen Metalle. Photographie u. Forschung *3* (1941), S. 225—233.
Berner, E., Die Funkenanalyse und Härteprüfung im Betrieb. Zürich 1946, Schweiz. Druck- u. Verlagshaus (136 S.).
Gabor, B., Zerstörungsfreie Werkstoffüberwachung durch die Funkenprüfung. Automobiltechn. Ztschr. *46* (1943), S. 321.
Janicke, W. u. *K. H. Saul*, Unterscheidung legierter Stähle durch Funkenprüfung. Stahl u. Eisen *68* (1948), S. 301—303.
Vinzent, B. H. u. *R. A. Sawyer*, Spektralanalyse in der Gießerei der Ford Motor Comp. Progr. *36* (1939), S. 35—39.
Wolbank, F., Beiträge zur Spektralanalyse von Al-Legierungen. Metallkde *31* (1939), S. 257 bis 261.

Zu B 1 b: *Tüpfelmethode*

Alber, H. u. *C. Benedicks*, Ark. Kemi. Min. et Geol. *11* (1933), S. 6, Stockholm.
Alber, H. u. *R. Treje*, Avtryk ur jernkontorets Annaler for Av. *1933*, S. 457—473.
Betriebserfahrungen mit Tüpfelanalysen bei Reihenbestimmungen. Stahl u. Eisen *66/67* (1947), S. 262—264.
Feigl, F., Qualitative Analyse mit Hilfe von Tüpfelreaktionen. 3. Aufl., Leipzig 1937.
Heller, K., Tüpfelanalyse von Legierungen. Mikrochemie *8* (1930), S. 33.
Starkbaum, O. J. K., Zerstörungsfreie Werkstoffprüfung durch Tüpfelreaktionen. Techn. Handwerk *4* (1949), S. 109.
Thanheiser, G. u. *M. Waterkamp*, Stahlanalyse durch Tüpfelreaktionen. Mitt. KWI f. Eisenforsch. Düsseldorf *23* (1941), Abh. 414, S. 81—96.
Weinruh, R. u. *F. Schwertner*, Zerstörungsfreie Werkstoffprüfung durch die Tüpfelprobe. Arch. Eisenhüttenwes. *16* (1942/43), S. 45.

Zu B 1 c: *Chemische Abdruckverfahren*

Dienbauer, J., Berg- u. Hüttenmänn. Monatsh. *85* (1937), S. 2.
Grubitsch, H., Arch. Eisenhüttenwes. *16* (1942/43), S. 77.
Künkele, Bericht der Fachausschüsse des VDEh Nr. 75.
Mitsche, R. u. *M. Nießner*, Angewandte Metallographie. Leipzig 1939, Werkstoffhandbuch Stahl u. Eisen, 2. Aufl., *5*, S. 51—53.
Morgenroth, F., Die zerstörungsfreien Prüfverfahren bei der Untersuchung geschweißter Brükken. Bahn-Ing. *57* (1940), S. 133, 153.
Nießner, M., Mikrochemie *12* (1932), S. 19.

Tronstadt, L., Non metallic inclusions in Aluminium and their influence on its corrodibility. Norges Tekniske Höiskole *1935*, S. 407—497.
Warbichler, Diss. Techn. Hochsch. Graz 1940.

Zu B 1 d: *Fluoreszenzanalytische Verfahren*

Mitsche, R., Berg- u. Hüttenmänn. Jahrbuch *86* (1938), S. 1.
Schantl, E. u. *H. Alber*, Mikrochemie *2* (1924), S. 174.

Zu B 1 e: *Potentiometrische Methoden*

Arnold, E. A., Elektrographische Metallanalyse. Nickelbulletin *20* (1947), S. 38 (Weiterentwicklung der Tüpfelprobe).
Moritz, H., Grundlagen, Stand der Entwicklung polarographischer Einrichtungen und Verfahren im Betriebslaboratorium. Metall *1948*, Nr. 11/12, S. 189—195.

Zu B 1 f: *Magnetinduktive Verwechselungsprüfung*

Brown, R. J. u. *J. Bridle*, Ein neues Verfahren zur Feststellung einer Stahlart (Elektromagnetische Methode). Eng. London *176* (1943), S. 442—445.
Jellinghaus, W., Neuere Entwicklungen in der zerstörungsfreien Werkstoffprüfung nach elektrischen und magnetischen Verfahren (Zusammfass. Bericht v. 15. 6. 1949 Nr. 710 des Werkstoffausschusses des VDEh). Stahl u. Eisen *70* (1950), S. 552—561; daselbst weitere Literaturangaben.
Matthaes, K., Ein Prüfgerät zur Werkstoffunterscheidung mit Hilfe des elektrolytischen Potentials. Metallkde *40* (1946), S. 194.
—, vgl. auch S. 1293.
Stout jr., A. D., Aufdeckung von Stahlverwechslungen durch magnetische Verfahren. Iron Age *162* (1948), S. 86 (Gerät der Fa. Magnetic Analysis Corp.). Ref. Stahl u. Eisen *68* (1948), S. 490.

Zu B 3: *Prüfung des Grundwerkstoffes hinsichtlich seiner Gefügebeschaffenheit bzw. übermolekularen Struktur und Feinstruktur*

Enos, G. M., Visual Examination of Steel. Cleveland Amer. Soc. Metals 1940 (mit 156 Fig.). Ref. Stahl u. Eisen *68* (1948), S. 168.
Gulbranson, Phelps u. *Langer*, Anwendung des Elektronenmikroskops bei der Mikroanalyse. Ind. Eng. Chem. Anal. ed. *17* (1945), S. 646.

Zu C 1 a: *Grundlagen des Röntgenverfahrens — Allgemeines*

Bauer, K., ABC der Röntgentechnik (Lexikon aller Fachausdrücke der techn. u. medizin. Röntgentechnik). G. Thieme, Leipzig 1943.
Berthold, R., Grundlagen der technischen Röngendurchstrahlung. Berlin 1930.
—, Atlas der zerstörungsfreien Werkstoffprüfung, a. a. O.
—, Bedeutung und Umfang der zerstörungsfreien Prüfung von Schweißverbindungen. Wiss. Abh. Dtsch. Mat.-Prüfamt *1* (1939), S. 80.
Clark, G. L., Applied X-rays. 3. Aufl. (663 S., 342 Abb.), McGraw Hill Book Comp. Inc., New York 1940.
Glocker, R., Materialprüfung mit Röntgenstrahlen. 3. Aufl. 1949. J. Springer, Berlin, Göttingen, Heidelberg.
de Graaf, J. E., Untersuchung der Grobstruktur von Rohstoffen und Fertigerzeugnissen mit Hilfe von Röntgenstrahlen. Philips techn. Rundschau *2* (1937), S. 315, 350, 377; *3* (1938), S. 92, 190.
La Greling, E. L., Foundry Trade Journ. *82* (1947), S. 139.
Jennings, L. D., Mobile X-ray machine aids Welded production in shop. Weld. Engng. *25* (1940), S. 37.
Lorentz jr., R. E., Radiography of Welds and Weldments. Proc. ASTM *42* (1942), S. 1046—1063.
Müller, E. A. W., Einschlägige Artikel im ATM. Z 43—6 (1950) und Z 74—9, 10 (1950).
—, Die Anwendungsgebiete der technischen Röntgen- und Gammadurchstrahlung. Z. VDI *91* (1949), S. 173—176; Berichtigung hierzu ebenda S. 324.
N. N., Zerstörungsfreie Werkstoffprüfung mit Röntgenstrahlen. Techn. Blätter, Wochenschr. z. Dtsch. Bergwerksztg. *1939*, Nr. 49 (Sonderdruck Fa. Rich. Seifert u. Co., Hamburg 13).
Schiebold, E., Anwendungsgebiete der Materialprüfung mit Röntgenstrahlen. Phototechniker (Agfa) Nr. 1, S. 2—7.
Smith, E. A. u. *R. L. Barett*, Journ. appl. Phys. *18* (1947), S. 177.
Spronell, W. T., X-rays in Practice (615 S.). McGraw Hill Book Comp. Inc., New York.

Trost, A., Röntgenographische Werkstoffprüfung. Elektrochemie *46* (1940), S. 508.
Vaupel, O., Zerstörungsfreie Werkstoffprüfung mit Röntgen- und Gammastrahlen. Verl. O. Salle, Frankfurt a. M., 2. Aufl. 1950.
—, Zerstörungsfreie Prüfung von Schweißverbindungen (Stand 1949). Schweißen u. Schneiden *2* (1950), S. 147—154.
—, Technik *5* (1950), S. 155—159; *6* (1950), S. 285—288 (Stand 1949 mit Literaturangaben).
Verse, H., Industrielle Röntgendurchstrahlungen. Technik *1* (1946), S. 72—80, 125—134 (Zusammenfassende Darstellung mit zahlreichen Literaturangaben).
Vorteilhafte Anwendung zerstörungsfreier Werkstoffprüfverfahren. Maschinenmarkt *56* (1950), S. 10, 12, 16.
Widemann, M., Röntgen-Werkstoffprüfung (284 S.). Gebr. Bernträger, Berlin-Zehlendorf 1944 (1948 nachgedruckt).
Wißhak, F., Röntgenstrahlen. Sammlung Göschen Bd. 950, Berlin 1943.

Strahlenschutzbestimmungen

Ausführungsbestimmungen zur Röntgenverordnung 1941.
Berthold, R., *W. Fahrenhorst* u. *A. Trost*, Erfahrungen bei Strahlenschutzmessungen an technischen Röntgenanlagen. Reichsarbeitsbl. *1941*, Nr. 26 (Arbeitsschutz Nr. 9).
Dornreich, M. u. *L. Jaeger*, Strahlentherapie *78* (1949), S. 569—583. Vgl. Bd. 10 „Biophysik" der Fiat-Berichte.
Die deutschen Bestimmungen (Verordnungen, Vorschriften, Regeln und Normen) für die gesamte Röntgen- und Radiumtechnik (Stand 1944) in Fortschr. d. Röntgenstr. *70* (1944), S. 185—192.
DIN 6806, Strahlenschutzregeln für technische Röntgeneinrichtungen und -anlagen.
Ernst, H., Über die Unfallverhütungsvorschriften für nichtmedizinische Röntgenbetriebe. Fortschr. a. d. Geb. d. Röntgenstr. *65* (1942), H. 3.
Ernst, H. W., Über die Röntgen-Toleranzdosis. Fortschr. d. Röntgenstr. *73* (1950), S. 362.
Gesamtverzeichnis der deutschen Strahlenschutzbestimmungen, herausg. v. d. DNA, Okt. 1948.
Glocker, R., Röntgenstrahlenschutz. Z. angew. Physik *2* (1950), S. 266.
Heidenreich, Fr. u. *R. Jaeger*, Beton als Schutzstoff gegen harte Röntgenstrahlen. Phys. Ztschr. *39* (1938), S. 541.
Jaeger, R. u. *K. G. Zimmer*, Über Strahlenschutz und Strahlenschutzmessungen. Phys. Ztschr. *1941*, H. 213.
—, Röntgenstrahlung und ihre Messung zur Prüfung des Strahlenschutzes. Wärme *65* (1942), S. 29—40.
Lorentzon, L. u. *F. Wahlberg*, A simple instrument for radiation protection measurements. Acta Radiol. *33* (1950), S. 305.
Safety code for the industrial use of X-rays. Amer. Stand. Ass., New York 1946; USA War Stand. *Z 54* (1946), S. 1; Ind. Stand *17* (1946), S. 106—120.
Schaefer, H., Röntgenstrahlenschutz in technischen Betrieben. Z. VDI *85* (1941), S. 947—952.
Unfallverhütungsvorschriften für die Anwendung von Röntgenstrahlen in nichtmedizinischen Betrieben.
VDE 0121 X/II 40, Vorschriften für den Hochspannungsschutz in nichtmedizinischen Röntgenanlagen.
Verordnung zum Schutze gegen Schädigungen durch Röntgenstrahlen und radioaktive Stoffe in nichtmedizinischen Betrieben (Röntgenverordnung) v. 7. 2. 1941. Reichsgesetzbl. *1941*, Teil I, S. 88—93.
Zimmer, K. G., Über Strahlenschutzmessungen. Strahlentherapie *59* (1937), S. 671.

Leuchtschirmuntersuchung und Schirmbildphotographie

Berthold, R., Das Leuchtschirmbild und seine Photographie. Luftwissen *9* (1942), S. 184—189.
—, Durchleuchtungskurven und Drahterkennbarkeit beim Leuchtschirmbild. Metallwirtsch. *22* (1943), S. 314.
Vgl. *Eggert, J.* u. *H. Gajewski*, Einführung a. a. O. S. 87.
Branscheid, F., Photogr. Korrespondenz *75* (1939), S. 4.
Classen, B. u. *D. S. Clark*, Fluoroscopic examination of metallic objects. Ind. Radiography *5* (1946/47), S. 34.
Close, C. G., Durchleuchtung von Stahlteilen mit Röntgenstrahlen bis 25 mm Dicke (Fluoroskop). Steel Process *32* (1946), Nr. 8, S. 502.
Hinderer, H., Z. Physik *119* (1942), S. 307.
Leuchtschirmbildverstärker bzw. Fluoroskop. Ref. vgl. Z. Elektron *1949*, S. 42; Funktechnik *1946*, S. 456. — X-ray Fluoroscopy and intensifying screens. Du Pont Mag. *1947*, S. 20—24 (April); S. 15—24 (Juni/Juli).

Riehl, N., Physik und technische Anwendung der Lumineszenz. Verlag Springer, Berlin 1941.
Röntgen-Bildwandler. McGraw Hill Digest *1948*, Aug. Ref. in Z. Elektron *1* (1949), S. 42. Vgl. Neue Züricher Bauztg. — Vgl. *A. Negre* u. *D. Audouze*, Remplacement des écrans radioscopiques ordinaires par les écrans tubes cathodiques. J. Radiologie *29* (1948), Nr. 9/10, S. 491.
Schmitz, W. u. *W. Wiebe*, Möglichkeiten der Leuchtschirmphotographie für die Röntgen-Grobgefügeuntersuchung. Stahl u. Eisen *60* (1940), S. 423.
Über Testobjekte vgl. *H. Franke*, Z. angew. Photogr. *3* (1941), S. 85.
Witte, H., Fehlererkennbarkeit bei der Röntgenprüfung von Werkstücken mit Hilfe des Leuchtschirmes. Z. VDI *87* (1943), S. 529.

Zu C 1 b bis d: *Erzeugung der Röntgenstrahlen*

DIN 6814, Begriffsbestimmungen für die Röntgentechnik.
Gombel, H., Moderne Röntgenapparate für Werkstoffuntersuchungen. Arch. Metallkde *1949* (3. Jahrg.), S. 329—331.
de Graaf, J. E., Röntgenapparate zur Untersuchung der Grobstruktur von Werkstoffen. Philips techn. Rundschau *5* (1940), S. 69—74.
Köhler, W., Höchstleistungen der deutschen Röntgentechnik. Arch. Metallkde *1947*, I, S. 3.
Müller, E. A. W., Die Belastbarkeit von Röntgenröhren. ATM Z *74* (1941), S. 6—8.
—, Hohlanodenröhre für die Röntgendurchstrahlung. Arch. Eisenhüttenwes. *10* (1936/37), S. 481.
—, Tragbare Einrichtungen für die technische Röntgendurchstrahlung. ETZ *62* (1941), S. 305.
Sproull, W. T., Selection of radiographic equipment for industrial use. Electr. News (Canada), Okt. *1945*, S. 73—76.
Steenbeck, M., Über ein Verfahren zur Erzeugung intensiver Röntgenblitze. Wiss. Veröff. Siemens-Konzern *17* (1938), S. 363.
Ungelenk, A., Röntgenröhren mit Hohlanode. Verh. Dtsche Röntgenges. *31* (1937), S. 95 (Beiheft zu Fortschr. d. Röntgenstr. *56* (1937).
Verse, H., Villardspannung oder Gleichspannung für technische Röntgenapparate, Durchstrahlungseinrichtungen. Arch. Metallkde *1947*, S. 32—36.
—, Kennlinienverlauf und elektrische Leistungsberechnung von Röntgenröhren. Elektrotechnik *2* (1948), S. 33—39.
Winkler, K., Die Anwendung technischer Röntgenapparate in einem neuzeitlichen Röntgenlaboratorium für Werkstoffuntersuchung. Metallwirtsch. *23* (1944), S. 287.
Wölfel, A., Fortschritte im Röntgenröhrenbau. Elektrotechnik *60* (1939), S. 687.
Zur Elektrotechnik der amerikanischen Megavolt-Röhrenapparate. Elektrotechnik *71* (1950), Nr. 1, S. 18.

Zu C 2 a: *Allgemeines*

Berthold, R., Grundlagen der technischen Röntgendurchstrahlung. J. A. Barth, Leipzig 1930.
Grimsehl, E., Lehrbuch der Physik, 8. Aufl. Leipzig u. Berlin 1938.
Liechti, A., Röntgenphysik. J. Springer, Wien 1939.
Regler, F., Grundzüge der Röntgenphysik (468 S.). Verl. Urban u. Schwarzenberg, Berlin u. Wien 1937.

Zu C 2 b: *Strahlenkontrast und Zeichenschärfe*

Glocker, R. u. *O. Schaaber*, Zeichenschärfe und Auflösungsvermögen bei Röntgenschattenbildern. Z. techn. Physik *20* (1939), S. 286.

Zu C 2 c: *Streustrahleneinfluß*

Ball, L. W., A study of secondary radiation in relation to the radiography of aircraft castings. ASTM-Bull., März 1942.
Berthold, R., Verbesserung der Aufnahmen mit Röntgen- und Gammastrahlen durch Schwermetallfilter. Arch. Eisenhüttenwes. *8* (1934/35), S. 21. — Z. VDI *78* (1934), S. 226.
Kantner, C. u. *A. Herr*, Die Verwendung der Röntgenverfahren in der Technik. VDI-Verlag, Berlin 1928.
Pullin, V. E., Radiography. J. Inst. Electr. Engrs. *84* (1939), S. 535. Vgl. *R. A. Stephan*, ebenda.

Zu C 2 d: *Strahlengang und geometrische Aufnahmebedingungen*

Berthold, R., Der Einfluß geometrischer Bedingungen auf die Güte von Röntgenschattenbildern. Arch. Eisenhüttenwes. *12* (1938/39), S. 597.
—, Atlas der zerstörungsfreien Prüfverfahren, a. a. O.
Bouwers, A. u. *W. Oosterkamp*, Fortschr. a. d. Geb. d. Röntgenstr. *54* (1936), S. 87.

Zu C 2 e: *Röntgenphotographie und Densographie*

Eggert, J. u. *H. Gajewski,* Einführung in die Röntgenphotographie, 2. Aufl. S. Hirzel, Leipzig 1945.
Engström, A., L. Wegstedt u. S. Welin, A simple portable densitometer. Acta Radiol. *30* (1948), S. 440.
Kantner, C. u. *A. Herr,* Z. VDI *73* (1929), Nr. 4.
Luft, F., Der Schwarzschildeffekt bei Röntgenaufnahmen. Wiss. Veröff. Agfa *3,* S. 245—247.
McMaster, R. C. u. *R. M. Schaffert,* Xeroradiography. Iron Age *164* (1949), S. 91.
Müller, E. W. A. u. *W. E. Schmid,* Über die Fehlererkennbarkeit und die Aufstellung von Belichtungsschaubildern in der Materialdurchstrahlung mit Röntgenstrahlen. Z. techn. Physik *17* (1936), S. 190.
Page u. *Kaiser,* Radiographic film processing units. NRL-Report M 3004 (1947).
Salkovitz, E. J., An integrating photometer to measure porosity in castings. Ind. Radiogr. *5* (1946/47), S. 38.
Seemann, H. E., General properties of industrial radiographic films. ASTM-Bull. *1945,* S. 17—27.
Tasker, M. S., Photographic actions of X-rays. Photo Journ. *85* (1945), S. 73—91.
Urlaub, J. Neue Belichtungstafeln für die Röntgendurchstrahlung von Eisen und Stahl. Arch. Eisenhüttenwes. *16* (1942/43), S. 137.
Über das densographische Verfahren vgl. *M. v. Schwarz,* Gießerei *15* (1928), S. 294; *17* (1930). — *A. Herr,* Z. VDI *72* (1928), S. 1672.

Zu C 3 a: *Bereitstellung der Röntgenapparatur*

Vgl. DIN 54 110, Richtlinien für die technische Röntgen- und γ-Durchstrahlung von Metallen.
Kratzenstein, M., Praxis zerstörungsfreier Werkstoffprüfung — Röntgen-Grobstrukturprüfung. DMZ (Deutsche Motor-Ztschr.) *1941,* H. 7.
Winkler, K., Die Anwendung technischer Röntgenapparate in einem neuzeitlichen Röntgenlaboratorium für Werkstoffuntersuchungen. Metallwirtsch. *23* (1944), S. 287—291.

Zu C 3 b: *Vorbereitung der Schweißnaht*

Vgl. DIN Röntg. 35, Bandfilme, Verstärkerfolien, Kassetten für Röntgenaufnahmen von Schweißnähten.
Grimm, W. u. *F. Wulff,* Vereinfachung von röntgentechnischen Grobstrukturuntersuchungen durch praktische Hilfsmittel. Autog. Metallbearb. *25* (1932), Nr. 5.

Zu C 3 c: *Festlegung der Aufnahmebedingungen*

Berthold, R., Die Prüfung von Schweißnähten. Stahlbau *9* (1936), S. 25.
Müller, E. A. M., Zweckmäßige Aufnahmebedingungen bei der Röntgendurchstrahlung. Arch. Eisenhüttenwes. *10* (1936/37), S. 267.
Vgl. *E. Schiebold* in *Eggert-Gajewski,* Einführung in die Röntgenphotographie, 2. Aufl. *1945,* Kap. IX u. X.
Verse, H., Nomogramme zur Ermittelung der Aufnahmebedingungen bei der röntgenographischen Grobstrukturuntersuchung. Metall *3* (1949), S. 179—184.

Zu C 3 d: *Durchführung der Röntgenaufnahmen*

Brandenberger, E., Stichprobenmäßige oder vollständige Röntgendurchstrahlung. Autog. Metallbearb. *34* (1941), S. 81.
McMaster, R. C., F. C. Lindvall u. *J. W. Smith,* Short source-object distance exposure techniques in spotweld radiography. Nondestructive Testing *6* (1947), Nr. 2, S. 31. Ref. Elektrotechnik *1949* (3. Jahrg.), S. 144.
Meier, A., Das Schweißen von Großgußteilen aus ausgehärteten Aluminium-Mg-Si-Legierungen (Silumin-Gamma FeW 3205.4). Aluminium *26* (1944), S. 241 (Reparaturschweißung).
Nagel, K., Leichtmetallschweißungen im Röntgenbild. Autog. Metallbearb. *35* (1942), S. 299.
Stieler, C., Verfahren zur zerstörungsfreien Prüfung von Werkstücken, besonders von Schweißnähten. Glasers Ann. *1939,* H. 19, 20, 21.
Weitere englische und USA-Literatur (1941—1945) über die Röntgenprüfung an Schweißnähten vgl. die Bibliographie von *H. R. Isenburger,* a. a. O. (Titelsammlung). Ref. II/24—67 im zitierten Referatblatt.
N. N., How to get good detail in X-ray negatives? Amer. Mach. *91* (1947), S. 81—84.
Wulff, F., Die Röntgenuntersuchung von Schweißnähten an Dampfkesselanlagen. Wärme *1941* (64. Jahrg.), Nr. 18/19, S. 189—200.
Wosdwijensky, M., vgl. Zit. *E. A. W. Müller,* ATM V 9114, Nr. 8—11.

Zu C 4 a: *Photographische Behandlung der Röntgenfilme*

Vgl. die einschlägigen Kapitel in *Eggert-Gajewski,* Einführung in die technische Röntgenphotographie. S. Hirzel, Leipzig 1942.

Zu C 4 b: *Betrachtung der Röntgenfilme*

Bergerhoff, W., Der Einfluß der Beleuchtung auf die Erschließung des gesamten Bildumfanges von Röntgenaufnahmen. Röntgenpraxis *7* (1948), S. 244—251; ferner *Eggert-Gajewski,* a. a. O.

Berthold, R. u. *N. Riehl,* Über ein neues Verfahren zur Betrachtung von Röntgenaufnahmen (Auroskop). Fortschr. a. d. Geb. d. Röntgenstr. *54* (1936), S. 391.

Zu C 4 c: *Beurteilung der Bildgüte*

Berthold, R., Ergebn. d. techn. Röntgenkde *5* (1935), Z. VDI *79* (1935), S. 1128; Stahlbau *1936,* Nr. 4, S. 3.

Müller, E. A. W., Fehlererkennbarkeit bei der technischen Röntgendurchstrahlung. Arch. Eisenhüttenwes. *10* (1936/37), S. 267. — ATM V 9114, Nr. 8, 9, 10, 11 (1939).

Müller, E. A. W. u. *E. Köhler,* Testkörper für die technische Röntgendurchstrahlung. Fortschr. d. Röntgenstr. *66* (1942), S. 193.

Schmidt, W. E., Z. techn. Physik *17* (1936), S. 190.

Über amerikanische Testkörper vgl. *J. C. Hodge,* Symposium on X-ray diffraction Methods, Ann. Meet. Amer. Soc. Test-Materials *39* (Baltimore 1937), S. 53; ferner *H. R. Isenburger,* Power Plant. Engng. *42* (1938), S. 764. Vgl. hierzu *E. A. W. Müller,* ATM a. a. O.

Zu C 5 a u. b: *Auswertung und Beurteilung der Röntgenaufnahmen an Schweißnähten, Arten der Schweißfehler*

Carr, L. R., Quantitative interpretation of radiographs. J. Scient. Instr. *23* (1946), S. 221—227.

Clauser, H. R., Accurate interpretation of radiography. Mat. and Meth. *22* (1945), S. 1418.

Interpretation of radiographs for welded structures and castings. Tagungsber. Iron and Coal Trade Rev. *157* (1948), Nr. 4191, S. 77—79.

Matting, A., Die Bedeutung der technischen Röntgenprüfung als zerstörungsfreies Prüfverfahren. Mitt. d. Hann. Hochschulgemeinsch. *1939,* H. 19/20.

Zu C 5 c: *Charakteristische Kennzeichen verschiedener Schweißverfahren und Schweißfehler im Röntgenbild*

Acceptance standards in radiography of castings and welds. Engineer. *184* (1947), S. 551.

Kolb, W., Rißbildungen bei geschweißten Stahlüberbauten aus Baustahl St 37. Elektroschweißung *1939,* H. 8/9.

McMaster u. *Lindvall,* Interpretation of Radiography in spot welds. Weld. J. *25* (1946), S. 707. bis 723.

McMaster, Lindvall u. *Gaard,* ebenda *1947,* S. 19—29, 121—128.

Nagel, K., Leichtmetallschweißungen im Röntgenbild. Autog. Metallbearb. *1942,* Nr. 20, S. 299.

van Quwerkerk, L., Testing of welds in Holland. Trans. Inst. Engrs. and Shipbldrs. in Scotland *89* (1946), S. 368—380.

Standards for radiography of welds in pressure vessels. Trans. Inst. Weld. Res. Suppl. *10* (1947), S. 16—20.

Tentative terminology for radiographic inspections of castings and weldments. ASTM Standards *1945,* Pt 1; Metals E 52—45 T, S. 380.

Zu C5 d: *Nachweisempfindlichkeit des Röntgenverfahrens für verschiedene Fehlerarten*

Berthold, R., Der Einfluß geometrischer Bedingungen auf die Güte von Röntgenschattenbildern. Arch. Eisenhüttenwes. *12* (1938/39), S. 597.

Müller, E. A. W., Fehlererkennbarkeit bei der technischen Röntgendurchstrahlung. ATM V 9114, Nr. 8—11.

Wiedemann, M., Der Bindefehlernachweis an Schweißnähten in Stahl durch Röntgenstrahlen. Z. VDI *81* (1937), S. 1403.

Zu C 5 e: *Bestimmung der Tiefenlage von Schweißfehlern (Röntgenstereoskopie)*

Chantraine, H., Über zuverlässiges und raumrichtiges Sehen in der Röntgen-Stereoskopie. Röntgenblätter *1* (1948), S. 91—108.

Dudley, L. P., Development of stereoscopy, photography and radiography. Light Metals *8* (1945), S. 259—270.

Hasselwander, A., Raumrichtige Stereoskopie von Röntgenbildern. Agfa-Röntgenblätter *5* (1935), S. 4.

Kantner, C. u. *A. Herr*, Röntgenverfahren zur räumlichen Ausmessung von Fehlstellen in Werkstoffen. Z. VDI *73* (1929), Nr. 24.
Körperliches Sehen bei der Röntgendurchleuchtung. Z. VDI *88* (1944), S. 494.
Simone, B. J., Precise measurement by stereoscopic radiography. Metal Progr. *50* (1946), S. 71 bis 74.

Zu C 5 f: *Einfluß der verschiedenen im Röntgenbild erkennbaren Schweißfehler auf die Verwendbarkeit der Schweißnähte*

Morgenroth, F., Die zerstörungsfreien Prüfverfahren bei der Untersuchung geschweißter Brücken. Bahning. *57* (1940), Nr. 12, S. 133, 153.
Rohe, K., Anwendung von Röntgendurchstrahlung bei der Untersuchung geschweißter Brücken. Bahning. *1940*, Nr. 12.

Zu C 5 g: *Grenzen der Röntgengrobstrukturprüfung von Schweißnähten*

Trost, A., Die Anwendung des Zählrohres in der zerstörungsfreien Werkstoffprüfung. Z. VDI *85* (1941), Nr. 41/42.
Vaupel, O., Zerstörungsfreie Werkstoffprüfung, a. a. O.

Zu C 6 a: *Zusammenhang des Röntgenprüfergebnisses mit dem statischen Festigkeitsverhalten und mit dem metallographischen Befund*

Carpenter, O. R., Advances in radiography on welded pressure vessels. Iron Age *1946*, S. 74; Weld. J. *25* (1946), S. 531—542.
Dearden, J., Inspection of welded steel joints in relation to their static mechanical strength. Int. Weld. Quart. Trans. *5* (1942), S. 47—54.
Lefring, N., Diaskopische Untersuchungen mit Röntgenstrahlen. Ergebn. d. techn. Röntgenkunde *2* (1931), S. 313.
Maeder, H., Über Festigkeitseigenschaften von Arcatomschweißungen an Leichtmetallen. Aluminium *23* (1941), S. 407.
Matting, A., Vergleich zwischen Röntgenaufnahmen und mechanisch ermittelten Gütewerten von Schweißverbindungen. Bauing. *20* (1939), H. 15/16, S. 193—199.
Müller, E. A. W., Der Zusammenhang zwischen dem Röntgenbild einer Schweißnaht und ihrer Zugfestigkeit. Arch. Eisenhüttenwes. *12* (1938), S. 25—39.
Recommended practice for inspection of fusion welding. Amer. Weld. Soc. J. *21* (1942), S. 615—623.
Smith u. *Keller*, Correlation of metallographic and radiographic examination of spot welds in aluminium alloys. Weld. J. *21* (1942), S. 573—583.
Tofaute, W., Nachweis von Schweißfehlern im Röntgenbild und deren Einfluß auf die mechanischen Eigenschaften. Weld. J. *1934/35*, S. 303.
Wallmann, K., Beziehungen zwischen Röntgenbild und Festigkeitseigenschaften, ermittelt an Schweißverbindungen. Arch. Eisenhüttenwes. *8* (1934/35), S. 243.

Zu C 6 b: *Zusammenhang zwischen Röntgenbild und Dauerfestigkeit*

Berthold, R., Atlas der zerstörungsfreien Prüfverfahren. Joh. Ambr. Barth, Leipzig 1938.
Hempel, M. u. *H. Möller*, Die Auswirkung von Schweißfehlern in Proben aus Stahl St 37 auf deren Zugschwellfestigkeit. Arch. Eisenhüttenwes. *20* (1949), S. 375—383.
Homés, vgl. *Berthold, R.*, Atlas ...
Roš, M. u. *E. Brandenberger*, Erfahrungen mit röntgendurchstrahlten geschweißten Druckleitungen und deren festigkeitstechnische Sicherheit. Bericht Nr. 128 d. Eidgenöss. Material- u. Versuchsprüfamtes Zürich 1939.

Zu D 1: *Bedeutung der Gammastrahlenuntersuchung für die zerstörungsfreie Schweißnahtprüfung*

Berthold, R. u. *N. Riehl*, Grundlagen der Werkstoffprüfung mit Gammastrahlen. Z. VDI *76* (1932), S. 401.
Chlopin, W. G., Radiographische Prüfung an Metallen. Bull. Acad. Sci. USSR *4* (1940), S. 332.
Fischer, O. u. *O. Vaupel*, Beton u. Eisen *1938*, S. 87.
Guyot, G., Die Gammastrahlen im Dienste der Industrie. Rév. univ. Min. Mét. Trav. Publ. Soc. Arts appl. ind. (8) *17* (1941), S. 145—161.
Luft, F., Radiographie mit γ-Strahlen. Ergebn. d. techn. Röntgenkde *3* (1933), S. 145—161.
Noton, J. T., Radiography with Gamma-rays. J. appl. Phys. *12* (1941), S. 304.

Zu D 2: *Eigenschaften der Gammastrahlen*

Behnken, H., Fortschr. d. Röntgenstr. *46* (1932), S. 20.
Vgl. *W. Bothe* in *Geiger-Scheel*, Handbuch der Physik *23*, S. 424 ff. Berlin 1926.
de Broglie, M. u. *L.*, Einführung in die Physik der Röntgen- und Gammastrahlen. Leipzig 1930.
— —, Physique des rayons X et gamma. Paris 1928.
v. Hevesy, G. u. *F. Paneth*, Lehrbuch der Radioaktivität. J. A. Barth, Leipzig 1931.
Meyer, St. u. *G. v. Schweidler*, Radioaktivität. Leipzig u. Berlin 1927.

Zu D 2c: *Nachweis der Gammastrahlen mit der Zählrohrmethode*

Beschreibungen technischer Zählrohrmeßgeräte siehe auch O. *Vaupel*, Buch a. a. O.; *M. Widemann*, Buch; *H. Pupke*, ATM *1943*, J O 76—3, Lief. 141.
v. Gemert, A. G. M., *H. den Hartog* u. *F. A. Müller*, Anweisungen für Gammastrahlenmessungen. Physica *9* (1942), S. 556—564.
Givan, D. W., Penetron: new gamma ray inspection instrument. Oil and Gas J. *44* (1945), S. 106, 109, 113; Oil Weekly *38* (1945), S. 41.
Trost, A., Technische Zählrohrgeräte für Grob- und Feinstrukturuntersuchungen. Metallwirtsch. *18* (1939), S. 687.
—, Eine Methode zur Messung hoher Strahlungsintensitäten mit dem Zählrohr. Z. Physik *117* (1941), S. 257.
—, Die Anwendung des Zählrohres in der zerstörungsfreien Werkstoffprüfung. Z. VDI *85* (1941), S. 829.
Zusammenfassende Darstellung bei *H. Neuert*, ATM *1941*, Lief. 120.

Zu D 3: *Technische Gammastrahlenpräparate*

Dawson, J. A. T., Radon for industrial radiography. J. Sci. Instr. *23* (1946), S. 138—144.
Luft, F., Radiographie mit Gammastrahlen. Ergebn. d. techn. Röntgenkde *3* (Leipzig 1935).

Zu D 4: *Praktische Durchführung der Gammastrahlenaufnahmen geschweißter Bauteile*

Anwendung bei Schweißnähten in USA vgl. *J. S. Harris*, Can. Rad. and Uran Corp. N. Y. in Ind. Rad. *4* (1946), S. 37, 47.
Berthold, R. u. *F. Stäblein*, Durchstrahlung von Schweißungen großer Wandstärken mit Mesothorstrahlung. Techn. Mitt. Krupp *3* (1935), S. 127.
Blau u. *Carlin*, Industrial application of radioactivity. Electronics, April *1948*.
McCaslin, L. S., Gamma ray and supersonic inspection. Oil and Gas J. *46* (1947), S. 100.
Chaston, J. C., Gamma ray radiography. Aircraft Prod. *9* (1947), 309.
Clason, C. B., Gamma ray testing of welds. Weld. Engr. *27* (1942), S. 35.
Cole, W. F., Circular slide rule for gamma radiography. Ind. Radiogr. *1945*, S. 18—21.
Emerson, R. W., Gamma ray radiography of welded heigh pressure power plant piping. ASTM Prepint (1942), Nr. 97; Combustion *14* (1942), S. 37.
Halmshaw, R., Technique of gamma radiography. Eng. *162* (1946), S. 169.
Harris, J. S., Radium examination of welds. Ind. Radiogr. *4* (1946), S. 37—40, 47.
Isenburger, H. R., Radiums penetrating power. Steel, März *1947*.
Kahn, N. A., *E. A. Imbembo* u. *J. Blanck*, A universal exposure calculator for radium radiography.
Nasarow, S. T., Kontrolle der Qualität von Schweißverbindungen mit Radium-Gammastrahlen. Autog. Ind. (russ.) *1947*, Nr. 6. Ref. Chem. Zentralbl. *119*, II (1948), S. 297.
Offner, W. W., Gamma ray inspection. Western Mach. and Steel World *37* (1946), S. 118—121.
Radiography with radium. Power and Works Engr. *40* (1945), S. 163.

Zu D 5 a bis d: *Verwendung künstl. γ-Strahlen (künstlich radioaktive Isotope)*

Blau u. *Carlin*, Anwendung radioaktiver Isotope. Electronics Ind. *1948*, S. 4—7.
Bothe, W., Die Erzeugung künstlich radioaktiver Atomarten. Z. angew. Chem. (A) *59* (1947), S. 108—113 (zusammenfassender Aufsatz).
McCutcheon, D., Experimental work employing radioisotopes cobalt and selenium. Ref. I/24 in UB Ib (Bericht).
Evans, R. C., J. appl. Phys. *12* (1942), S. 260—269.
—, Neutronenbeugung an Kristallen. Vortrag auf der Tagung der Deutschen Physikalischen Gesellschaft in Clausthal, 9. bis 12. 9. 1948.
Fleischmann, R., Anwendung der radioaktiven und stabilen Isotope. Z. angew. Chem. (A) *61* (1949), S. 277.
Goldberger, M. E. u. *Fr. Seitz*, Theory of the refraction and diffraction of neutron by crystals. Phys. Rev. (2) *71* (1947), 294—310.

Isotopes Branch, U.S. Atomic Energy Commission, Radioisotopes, Catalog and Price List No. 2. Oak Ridge, Tennessee 1947.
Laslett, L. J. u. *W. W. Pratt*, Co^{60}- and Zn^{65}-Gamma rays. Nucleonics Jan. *1950*, S. 85.
Little, A. D., Verwendung radioaktiver Stoffe als Spürmittel für die Anzeige und Bestimmung unerwünschter Elemente im Stahlwerkprozeß. Iron Age *161* (1948), S. 85.
Mattauch, J. u. *S. Flügge*, Kernphysikalische Tabellen. Sonderh. Z. Naturforsch. Wiesbaden 1948.
N. N., Radioactive tracers in Metal Studies. Chem. and Engng. News *27* (1947), S. 366.
Pierre Sue, Radioéléments artificiels en métallurgie. Rev. mét. *46* (1949), S. 72.
Radioaktive Isotope. Z. angew. Chem. (B) *20* (1948), Nr. 4, S. 107.
Riezler, W., Nachweis und Messung radioaktiver Isotope. Z. angew. Chem. (A) *59* (1947), S. 113.
—, Einführung in die Kernphysik. Bibliogr. Institut, Leipzig 1944. Neuaufl. 1949/50.
—, Erfaßbare Präparatstärken radioaktiver Isotope bei Indikatoruntersuchungen. Z. anorg. Chem. (A) *59* (1947), S. 113—118.
Rüdiger, O., Anwendung kernphysikalischer Arbeitsverfahren im Eisenhüttenwesen. Stahl u. Eisen *1949*, S. 671; daselbst weitere Literatur.
Schubert, G., Anwendungen radioaktiver Atomarten als Indikatoren. Fiat Rev. *1947*, Bd. Biophysik.
Schwob, C. R., „Hot Lab" Instrumentation. Z. Instrum. *20* (1947), S. 712 (Auszug ATM V 62—1, T 51, April 1948).
Tabelle der radioaktiven Isotope vgl. Rev. Sci. Instr. *17* (1946), S. 348. — *W. Seelmann-Eggerbert*, Naturwiss. *33* (1946), S. 33.
Tabellen siehe *J. D. Ans* u. *E. Lax*, Taschenbuch für Chemiker und Physiker. Verl. J. Springer, Berlin 1943. — *H. Staude*, Physikalisch-chemisches Taschenbuch, 1. Bd. Akad. Verlagsges., Leipzig 1945.
Tenney, G. H., Radioactive isotopes as sources in industrial radiography. Nondestructive Testing *6* (1948), S. 7—12.
—, Radioactive isotopes in industrial radiography. A.E.C.-Report MDDC *1948*, Nr. 1690, S. 291.
Über Durchleuchtung an Werkstoffen und Werkstücken mit Neutronen vgl. DRP 726 278 (1938); DRP 715 594 (1938); DRP 744 568 (1942); DRP 746 586 (1942); ferner O. *Peter*, Z. Naturforsch. *1* (1946), S. 557.

Zu D 6: *Ultraharte Röntgenstrahlen*

Adams, G. D., The absorption of high energy quants. I. Phys. Rev. *74* (1948), S. 1701, 1707.
Behnken, H., Über Röntgenstrahlen höchster Durchdringungsfähigkeit. Verhandl. Dtsch. Röntgenges. *24* (1932), S. 20 (Beihefte zu Fortschr. d. Röntgenstr. *46* [1932]).
Berthold, R., F. Ebert u. *O. Vaupel*, Röntgendurchstrahlbarkeit von Stahl bei Röhrenspannungen bis 1 Million Volt. Stahl u. Eisen *60* (1940), S. 339.
Birdsall, G. W., Supercharger turbine wheels. Steel *117* (1945), S. 104—106, 148/149.
—, Precision radiography at 2 mill. volts. Nondestructive Testing *6* (1947), S. 2.
Buechner, W. W., R. J. van de Graaf, A. Sporduto, L. R. McIntosh u. *E. A. Burill*, Elektrostatische Beschleuniger für Elektronen. Rev. Sci. Instr. *18* (1947), S. 754—766 (nach Ref. II/341 in UB 1 b zitiert).
Burill, E. A., Ein 2-MeV-Röntgenapparat mit Bandgenerator. Nondestructive Testing *6* (1947), S. 42.
Carpenter, O. R., The radiographic examination of heavy plate. Weld. J. *20* (1941), S. 717.
Clauser, H. B., Radiography with multimillion volt X-rays. Mat. and Meth. *23* (1946), S. 706—709.
Corney, G. M., Use of filters in million volt radiography. Nondestructive Testing 7 (1948), S. 23—28.
Weitere Literatur vgl. Ref. II, 1945—1949 in UB 1 b (Bericht).
Heitler, W., The Quantum Theory of Radiation. Oxford 1936.
Isenburger, H. R., Exposure chart ... (Belichtungsgrößen bis 2 Mill. Volt). Metal Progr., April *1946*.
Kaiser, H. F., Radiography and developments in modern physics. Ind. Radiogr. *1* (1943), Nr. 4.
Moses, A. J., Ten years progress in radiography. Met. Progr. *1941*, S. 771.
Müller, E. A. W., Anwendung sehr harter Röntgenstrahlen für die Durchstrahlung von Stahl. Stahl u. Eisen *68* (1948), S. 237 (Ref.).
The story of X-ray. Herausg. v. d. General Electric Medical Products Co., Chicago 1945 (36 S.).
Verse, H., Werkstoffprüfung mit ultraharter Röntgenstrahlung. Z. VDI *90* (1948), H. 11, S. 334.
Welds in 5-in. plate X-rayed in 2 min. Iron Age *1941*, S. 50—52.

Widemann, M., Zerstörungfreie Prüfung schwermetallischer Werkstücke mit ultra-kurzwelligen Röntgenstrahlen. Z. VDI *80* (1936), S. 741.

Betatron, Strahlentransformator

Adams, G. D., Radiography with the betatron. Ind. Radiogr. *4* (1945), S. 23—25, 28—30.
Bierman, Nature *163* (1949), S. 649 (Eisenjochloses Betatron).
Charlton, E. E., Development of the mobile betatron. Ebenda; vgl. ferner Electr. Eng. *68* (1949), S. 83; Gen. Electr. Rev. *52* (1949), S. 18.
Charlton, E. E. u. *H. H. Kemp*, 10 million volt betatron as an industrial tool. Vortragsreihe des Naval Ordnance Laboratory, White Oak, Silver Spring (Maryland), über zerstörungsfreie Werkstoffprüfung am 24. u. 25. 3. 1949.
Clauser, H. R., Werkstoffprüfung mit Röntgenstrahlen von mehreren Millionen Volt Spannung (Betatron der General Electric Co., USA). Mat. and Meth. *23* (1946), S. 706.
Commercial application of 20-million Volt-Betatron. Electr. Ind. Dez. *1945*, S. 286.
Das Betatron im Piatinny-Arsenal (20 MeV). Metal Progr. *51* (1947), Nr. 2, S. 256.
Eckardt, A., Neuere Fragen der Grobstrukturdurchleuchtung, insbesondere Anwendung der Elektronenschleuder. Z. Elektrotechnik *4* (1950), Nr. 1, S. 15—17.
Girard, J. P. u. *G. D. Adams*, Electr. Engng. Trans. *1946*, Nr. 5, S. 241.
Graf, H., Die Entwicklung der Elektronenschleudern in Deutschland. Z. Frequenz *1* (1947), S. 86.
Gund, K., Nachr. d. Akad. d. Wiss. Göttingen *1946*, H. 1.
Kaiser, H. F. u. *D. L. Mock* u. a., The naval research-laboratory Betatron. Nucleonics *3* (1948), S. 46—62 (20-MeV-Betatron des Marine-Forschungslaboratoriums – ausführl. Beschreibung).
Kerst, D. W., Electron induction accelerator. Ind. Radiogr. *1944*, S. 36—39; Radionics, Ed. Radio News *30*, Nr. 3.
Slepian, USA-Pat. Nr. 1 645 304 (1922).
Steenbeck, Naturwiss. *31* (1943), S. 234; DRP-Anmeldung 5. 8. 1942.
Verse, ETZ *70* (1949), S. 35 (bis 1943); *71* (1950), S. 1—18.
Westendorp u. *Charlton*, 100 million volt induction electron accelerator. J. appl. Phys. *16* (1945), S. 581—593.
Wideroe, R., Arch. Elektrotechnik *21* (1928), S. 387.
—, Zur Theorie des Synchotrons. Bull. Schweiz. Elektr. Ver. *39* (1948), S. 319—329.
Wilson, J. T., 20 MeV-Betatron in industrial radiography. J. Sci. Instr. *23* (1946), S. 277—283.
—, Röntgenprüfung mit dem 20 000-kV-Betatron (Belichtungszeiten, Fehlererkennbarkeit bei Durchstrahlungen von Stahl bis 460 mm Dicke). Steel Progr. *32* (1946), Nr. 12, S. 780, 791.

Zu E 1, 2: *Grundlagen des Magnetpulververfahrens*

Armour, A. M., Hilfsmittel für die Magnetpulverprüfung von Schweißungen. Iron Steel *20* (1947), S. 525.
Berthold, R. u. *O. Vaupel*, Abschnitt Magnetprüfverfahren im Handbuch der Werkstoffprüfung von *E. Siebel*, Bd. 1, S. 612–645 (1945).
Ein Überblick über Grundlagen und praktische Durchführung der Magnetpulverprüfung im Auslande von *F. M. Bust.* Weld. Engr. *30* (1945), S. 35.
Gerlach, W., Magnetische Verfahren zur Werkstoffprüfung. Z. techn. Physik *15* (1937), S. 11.
Lindemann, R. u. *F. Pfender*, Buch a. a. O., S. 47 ff.
Müller, E. A. W., Zerstörungsfreie Werkstoffprüfung nach dem Magnetpulververfahren II. ATM *91* (1942), S. 191.
—, Materialprüfung nach dem Magnetpulververfahren. Akadem. Verlagsges., Leipzig 1951. Daselbst zahlreiche Literaturangaben und Patentliste.
Über zerstörungsfreie Werkstoffprüfung mit Stoßmagnetisierung vgl. *H. Kühl*, Meßtechnik *15* (1939), S. 1—5.
Vgl. DW-Entwurf 54 121: Magnetpulverprüfung, Begriffsbestimmungen und Prüfzeiten.
Zusammenfassende kurze Darstellung bei *R. Berthold*, Atlas der zerstörungsfreien Prüfverfahren *1942*.

Zu E 3: *Praktische Beispiele für die Magnetpulverprüfung von Schweißnähten*

Berthold, R., Röntgen- und Magnetprüfungen von Schweißungen. Berg- u. Hüttenmänn. Monatsh. *86* (1938), S. 193.
Cavanagh, R. F., Zerstörungsfreie magnetische Prüfung von Stahl (Ferrograph von Allen B. Du Mont Labor. Inc.). Steel Progr. *32* (1946), Nr. 11, S. 730, 737.
„Cyclograph" für zerstörungsfreie Prüfung von Metallteilen. Steel Progr. *32* (1946), Nr. 7, S. 436.
Denison, P., Magnetische Prüfung von Schweißproben. Awtog. Delo *9* (1938), S. 5/6.

Henry, S. L., Magnetpulverprüfung von Schweißungen (Zusammenfassender Bericht). Metal Progr. *52* (1947), Nr. 1, S. 88.
Kayser, J. F., The magnetic powder method of crack detection. Eng. London *174* (1942), S. 241.
Karǎsek, Neuerungen a. d. Geb. d. magnetelektrischen Materialprüfung. Überseepost *1942*, Nr. 12.
Kisseljew, A. A., Neue magnetische Prüfgeräte. MD-3 und MD-4. Betriebslabor (russ.) *8* (1939), S. 1264.
Kolb, W., Zerstörungsfreie Prüfung von Nickelschweißnähten. Autogenschweißer *12* (1936), S. 126.
—, Die Magnetprüfung von Schweißnähten an plattierten Blechen. Autogenschweißer *13* (1940), S. 17.
—, Die zerstörungsfreie Prüfung in der autogenen Schweiß- und Härtetechnik. Autog. Metallbearb. *34* (1941), S. 225.
Magnetical powder methods in foreign practice. Betriebsleiter (russ.) *7* (1938), S. 296.
Morgenroth, F., Zerstörungsfreie Prüfverfahren bei der Untersuchung geschweißter Brücken. Bahning. *57* (1940), S. 133, 153.
Roda, D. E., Die Magnetpulverprüfung in der Werkstatt. Iron Age *162* (1948), S. 79—83.
Schmid, W. E. u. *W. Kracke*, Metallwirtsch. *20* (1941), S. 911.
v. Schwarz, M., Berg- u. Hüttenmänn. Monatsh. *86* (1938), S. 189.
v. Schwarz, M. u. *J. Krause*, Magnetische Untersuchung zum Fehlernachweis in ferromagnetischen Werkstoffen. T. Z. prakt. Metallbearb. *1934* (44. Jahrg.), Nr. 21/22, S. 483—488; Z. VDI *79* (1935), Nr. 16.
Sǒler, K. L., Zerstörungsfreie magnetelektrische Prüfung von Stahl, Eisen und Gußeisen. Z. Eisen, Industrie u. Handel (tschech.), Jahrg. 22, Nr. 4.
Stiehler, G., Verfahren zur zerstörungsfreien Prüfung von Werkstücken, besonders von Schweißnähten. Glasers Ann. *63* (1939), S. 256, 270.
Widemann, M., Zerstörungsfreie Werkstoffprüfung. Z. Abnahme *2* (1939), S. 25, 41.

Zu E 4: *Fehlererkennbarkeit beim Magnetpulververfahren*

Alesch, F., Feststellung von Fehlern mit dem magnetischen Aufschwemmverfahren. Neue Züricher Ztg. Nr. 1906 v. 8. 11. 1944.
Berthold, R., Maschinenschaden *12* (1935), S. 139 (Magnetische Testkörper). — *W. Schirp*, Stahl u. Eisen *58* (1938), S. 235.
Berthold, R., Prüfstand für Magnetpulver. Z. VDI *87* (1943), S. 399.
Berthold, R. u. *O. Vaupel*, in Handbuch der Werkstoffprüfung von *E. Siebel*, 1. Bd., S. 612 bis 645, Abschn. „Magnetprüfverfahren".
Gentner, F., Magnetischer Testkörper. Zit. n. *E. A. W. Müller*, ATM a. a. O.
Grigorrov, K. V., Betriebslabor (russ.) *7* (1938), S. 735 (Magnetische Abdruckmethode).
Hänsel, H., Arch. Eisenhüttenwes. *11* (1938), S. 497.
Killen, R. M., Erhöhung der Fehlererkennbarkeit bei Magnetpulverprüfungen. Mat. and Meth. *26* (1947), S. 66.
Kolb, W., Maschinenschaden *16* (1939), S. 1, 65, 99; *18* (1941), S. 58. — Z. Autogenschweißer *12* (1936), S. 91.
Müller, E. A. W., Dtsche Motorztg. *18* (1941), S. 480; Z. VDI *1940*, S. 472. Weitere Beispiele siehe *R. Berthold*, Atlas a. a. O.
Roda, D. E., Normen für Magnetpulverprüfung. Iron Age *162* (1948), S. 79—83.
Schropp, H., Autog. Metallbearb. *36* (1943), S. 277.
v. Schwarz, M., Berg- u. Hüttenmänn. Monatsh. *86* (1938), S. 189.
Seifert, J., Magnetic Testing. Iron Age *148* (1941), S. 66.

Zu E 5: *Grenzen des Magnetpulververfahrens*

Hemmerling, E., Stahl u. Eisen *59* (1939), S. 937.
Schrader, H., Stahl u. Eisen *60* (1940), S. 634, und Techn. Mitt. Krupp Forsch.-Lab. Anh. *1939*, S. 18—28.
Wever, F. u. *Otto*, Mitt. Kaiser-Wilh.-Inst. Eisenforsch. *12* (1930), S. 173.
Wiegand, H., Z. techn. Physik *18* (1937), S. 281.
Zuschlag, Th., Magnetic Analysis. Amer. Soc. Test. Mat. v. 28. 6. 1939.

Zu F 1: *Grundlagen des Ultraschallverfahrens (Erzeugung und Eigenschaften)*

Zusammenfassende Darstellung bei *L. Bergmann*, Der Ultraschall, 5. Aufl. S. Hirzel, Stuttgart 1950 (daselbst mehr als 2000 Literaturstellen).

Baud, R. V., Über die physikalischen Grundlagen des Ultraschalles und seine Anwendungen im Materialprüfungswesen. Schweiz. Bauztg. *66* (1948), Nr. 16, S. 185.
Carlin, B., Ultrasonics. McGraw Hill Book Comp. Inc., New York, Toronto, London 1946 (270 S.). The Welding Journal *27* (1948), S. 438.
Czerlinski, E., vgl. *E. Hiedemann*, Wellenausbreitung in festen Körpern. Ultraschall in *Joos*, Physik der festen Körper, F. 1, Wiesbaden 1947, S. 176 (Naturforsch. u. Med. in Deutschland, Bd. 8).
Desch, C. H., D. O. Sproule u. *W. J. Dawson*, Feststellung von Rissen im Stahl mit Ultraschallwellen. Weld. Res. Counc. *12* (1947), S. 1—25.
Goetz, J., Über den Schalldurchgang durch Metallplatten in Flüssigkeiten bei schrägem Einfall einer ebenen Welle. Diss. Techn. Hochsch. Charlottenburg 1943. Akust. Ztschr. *8* (1943), S. 145—168 (mit Literaturverzeichnis).
Hiedemann, E., Grundlagen und Ergebnisse der Ultraschallforschung. W. de Gruyter, Berlin 1939.
Jahn, R. u. *V. Himmelbauer*, Verfahren zum Sichtbarmachen von Fehlerstellen in Werkstücken bei der mit Hilfe von Schall- oder Ultraschallwellen durchgeführten zerstörungsfreien Werkstoffprüfung. Schweiz. Pat. Nr. 246 030 (1947).
Mayer, E., Ultraschall. Physik in regelmäßigen Berichten *6* (1938), H. 4, S. 35.
Mühlhäuser, DRP 569 598 (1931).
Neuweiler, Schweiz. Techn. Ztschr. *1942*, H. 12/13, S. 155—165.
Pierce, J. J., Ultramodern Supersonics and X-rays. Metal Progr. *56* (1949), S. 62.
Pohlman, R., Z. angew. Physik *1* (1948), S. 181—187; Technik *3* (1948), S. 465—470.
—, Über die Möglichkeit zerstörungsfreier Werkstoffprüfung mittels Ultraschallabbildungen. Schweiz. Bauztg. *67* (1949), S. 85.
Rüdiger, O., Fortschritte in der zerstörungsfreien Werkstoffprüfung mit Ultraschall. Stahl u. Eisen *70* (1950), S. 561.
Sokoloff, ENT (russ.) *6* (1929), S. 454—461; Techn. Physik UdSSR *2* (1935), S. 522; J. techn. Physics, Leningrad *11* (1941), S. 160169.
Trost, A., Nachweis von Werkstofftrennungen in Blechen mit Ultraschall. Z. VDI *87* (1943), S. 352.
Wenk, P., Feinwerktechnik *53* (1949), S. 153.

Zu F 2: *Anwendung des Ultraschalles zur zerstörungsfreien Prüfung, insbesondere von Grundwerkstoff und Schweißverbindungen*

Baskin, P. u. *E. de Kerverseau*, Untersuchungen über Unregelmäßigkeiten in der Rückstrahlung und Weiterleitung des Überschalles in Metallen. Rev. Met. Min. *46* (1949), S. 278—286. Vgl. Iron and Coal Trades Rev. *158* (1949), S. 959—966.
Benson-Carlin, Prüfung von Schweißungen mit Überschall. Weld. J. *1948*, S. 438—440 (Prüfgerät der Sperry Prod.).
Carpenter, O. R., Prüfung von Stahlteilen mit Ultraschall. (Supersonic Reflectoscope). Blast Furn. *34* (1946), Nr. 9, S. 1147.
Clauser, Mat. and Meth. *24* (1946), S. 379.
Desch, C. H., D. O. Sproule u. *W. J. Dawson*, Feststellung von Rissen im Stahl mit Ultraschallwellen. J. Iron Inst. *153* (1946), Nr. 1, S. 319—353.
Dice, J. W., Anwendung der Ultraschallwellen in der Werkstoffprüfung. Engr. Dic. Amer. ed *4* (1947), Nr. 8, S. 352, 396.
—, Testing materials for internal discontinuities with supersonic echoes. Ind. Radiogr. *5* (1947), S. 29—33.
Erdmann, D. C., Design and application of supersonic flaw detectors. Trans. Amer. Inst. Electr. Engrs. *66* (1947), S. 1271.
Erwin, W. E. u. *G. M. Rasweiler*, Rev. Sci. Inst. *18* (1947), S. 750 (US-Reflektoskop).
Firestone, F. A., Tricks with supersonic reflectoscope. Nondestructive Testing *1948*, S. 5.
Hartley, I. C. u. *E. K. Mull*, Ultrasonic Testing of tool steels. Iron Age *163* (1949), S. 80—85.
Krautkrämer, H. u. *O. Rüdiger*, Ein Ultraschallgerät für zerstörungsfreie Werkstoffprüfung.
Levin, E. M. u. *J. W. Fox*, Überschallprüfung von Schweißungen. Eng. *169* (1950), S. 264. Arch. Eisenhüttenkde *20* (1949), S. 355—358.
N. N., Ultraschallgerät zur Auffindung feiner Risse und Flocken in Stahlteilen. Steel Process *32* (1946), S. 171.
Pohlman, R., Physik *1939*, S. 113, 697; Z. angew. Physik *1* (1948), S. 181. Ferner Schweiz. Bauztg. *67* (1949), S. 85—90.
—, DRP 741 335 (9. 8. 1936). Vgl. Schallbildgerät von Siemens u. Halske, Berlin. Ausführliche

Darstellung des Verfahrens mit instruktiven Abbildungen in Z. Technik *1948*, 3. Jahrg., S. 465—470.
Read, T. A., R. J. Fusfeld u. *S. W. Kitchen*, Güteprüfung von Werkstücken mit mechanischen Schwingungen. USA-Patent 2 403 999 (16. 7. 46). Ref. Frequenz *2* (1948), S. 341.
Siemens-Schuckert-Werke AG., Vorrichtung zum Feststellen von Fehlstellen und Spannungen in Werkstücken beliebiger Form. DRP 711 872 (1935).
Sperry Products Inc. (1505, Willow Ave., Hoboken, N. Y.), Ultraschall-Schweißstellen- und Gußstückprüfer (US-Reflektoskop).
Stanford, E. G. u. *H. W. Taylor*, Feststellung von Innenrissen durch Überschall. Metallurgia Manch. *34* (1946), Nr. 200, S. 59—66. Ref. Stahl u. Eisen *70*, S. 70ff. (Zeitschriftenschau Nr. 1).
Trost, A., Nachweis von Werkstofftrennungen in Blechen mit Ultraschall. Z. VDI *87* (1943), S. 352.

Zu F 3: *Fehlererkennbarkeit und Grenzen des Ultraschallverfahrens*

Götz, J., Über den Schalldurchgang in Metallplatten in Flüssigkeiten bei schrägem Einfall einer ebenen Welle. Akust. Ztschr. *8* (1943), S. 145—168 (Diss. Techn. Hochsch. Charlottenburg 1943).
Kruse, F., Zur Werkstoffprüfung mittels Ultraschalles. Akust. Ztschr. *4* (1939), S. 153 (Diss. Techn. Hochsch. Hannover 1938).
—, Untersuchungen über Schallvorgänge in festen Körpern bei Anwendung frequenzmodulierten Ultraschalles. Akust. Ztschr. *6* (1941), S. 137.

Zu G 2: *Elektroinduktive Prüfmethode (Wirbelstromverfahren)*

Cavanagh, P. E., Metallwirtsch. *42* (1943), S. 394.
Claren, R., Zerstörungsfreie Werkstoffprüfung an unmagnetischen Metallen. Metallwirtsch. *19* (1940), S. 27.
Förster, F. u. *H. Breitfeld*, Zerstörungsfreie Prüfverfahren auf elektrischer Grundlage. Aluminium, März *1943*.
— —, Die zerstörungsfreie Prüfung von Leichtmetall mit Hilfe einer Tastspule. Ebenda, Juni *1943*.
Jellinghaus, W., Neuere Entwicklungen in der zerstörungsfreien Werkstoffprüfung nach elektrischen und magnetischen Verfahren. Bericht Nr. 710 des Werkstoffausschusses der VDEh. Stahl u. Eisen *70* (1950), Nr. 13, S. 552—560 (Mitt. a. d. Max-Planck-Inst. f. Eisenforsch., Abb. 513).
Jupe, J. H., Electronics, Okt. *1945*.
Kramer, J., Spitzenzähler und Zählrohr bei metallographischen Oberflächenuntersuchungen. Z. Physik *125* (1949), S. 739—756.
—, Der metallische Zustand. Verl. Vanderhoeck u. Rupprecht, Göttingen 1950 (147 S., 111 Abb.).
N. N., New crack detector. Elektr. Rev. *135* (1944), S. 125 (Risseprüfer der Salford Electrical Instr.).
Schirp, W., Zerstörungsfreie elektroinduktive Prüfung an Rohren, Stangen usw. aus Stahl. Ind.-Anz. 72 (1950), S. 467.
Trost, A., Ermittlung von Rissen und Messung der Rißtiefen in metallischen Werkstoffen durch elektrische Spannungsmessung. Metallwirtsch. *23* (1944), S. 308.
—, Prüfung von Rohren, Stangen und Profilen aus Nichteisenmetallen nach dem Wirbelstromverfahren. Metallwirtsch. *20* (1941), S. 657.
Williams, G. S., Metal Progr. *41* (1942), S. 85.

Zu G 3: *Magnetinduktive Prüfmethoden*

Berthold, R., Erfahrungen und Neuerungen auf dem Gebiet der magnetischen Werkstoffprüfung. Maschinenschaden *1937*.
Förster, F., Metallkde *1940* (32. Jahrg.), S. 184 (Beschreibung des Ferrographen).
Jellinghaus, W., Stahl u. Eisen *70* (1950), S. 552 (neueste zusammenfassende Darstellung).
Knerr, H. C., Electrical detection of flaws in Metal. Metals and Alloys *12* (1940), S. 464—470.
Matthaes, K., Selbständige Anlage für elektroinduktive Prüfung von Stangen und Rohren. Maschinenbau *22* (1943), S. 109; Metallwirtsch. *22* (1943), S. 173—182.
—, Metallkde *40* (1946), S. 194.
—, Abnahmeprüfung von Aluminiumlegierungen mit dem elektroinduktiven Prüfgerät von Dr. Schirp. Aluminium *25* (1943), S. 106—110.
—, Magnetinduktive Stahlprüfung. Metallkde *39* (1948), Nr. 9, S. 257—272; Z. VDI *39* (1948), S. 257—271.
Schmidt, E. O. u. *H. Muster*, Erprobung eines magnetinduktiven Prüfgerätes Bauart Dr. Schirp für die Abnahmeprüfung an Leichtmetall. Aluminium, März *1943*.

Spieß, R., Zerstörungsfreie Werkstoffprüfung. Z. Werkzeugmaschine *42* (1938), S. 289—297.
Springer, H., Härtereitechn. Mitt. *1* (1942), S. 61—74; Z. VDI *84* (1940), S. 365.
Walker jr., R. D., Railroad track inspection car. Electronics *22* (1949), S. 66.
Zapf, G., Härtereitechn. Mitt. *1* (1942), S. 148.

Zu G 4: *Potentiometrische Meßverfahren mit Gleichstrom*

Jellinghaus, W. u. *F. Stäblein*, Zerstörungsfreie Feststellung von Doppelungen in Blechen. Techn. Mitt. Krupp Forsch.-Ber. *4* (1941), S. 31—36.
Salford Electrical Instr. Electr. Rev. *135* (1944).
Trost, A., Ermittlung von Rissen und Messung der Rißtiefen in metallischen Werkstoffen durch elektrische Spannungsmessung. Metallwirtsch. *23* (1944), S. 308.

Zu G 5: *Thermische Prüfmethoden*

Franke, E. A., Meßtechnik *18* (1942), S. 6—8.
Sperry Products Inc. (USA).
Über die Thermocolormethode vgl. *K. Guthmann*, Stahl u. Eisen *62* (1942), S. 477—482.
Vaupel, O. u. *E. Bertram*, Metallwirtsch. *20* (1941), S. 425, 705.

Zu H 1 b: *Ölkoch- oder Kalkmilchprobe*

Garre, B., Metallwirtsch. *16* (1937), S. 281.
van Ouwerkerk u. *D. J. Brinkhorst*, Vergleich der Kalkmilchprobe mit dem Magnetpulververfahren. Wärme *1941*, S. 357.
—, Einige Anwendungen zerstörungsfreier Prüfverfahren in den Niederlanden. Metallwirtsch. *20* (1941), S. 897.
—, Testing of welds in Holland. Trans. Inst. Engrs. and Shipbldrs. in Scotland *89* (1946), S. 368—380.
Reininger, H., Röntgenprüfung oder Ölabkochprobe. Metall *1947/48*, S. 220.

Zu H 1 c: *Beizprobe (CA-Verfahren)*

Goederitz, F., vgl. *H. Reininger*, Die Oberflächenbehandlung von Magnesiumlegierungen. Metallwarenind. u. Galvanotechnik *35* (1937), S. 41, 63, 99.

Zu H 1 d: *Fluoreszenzverfahren im UV-Licht*

Adler, G., DRP 733 483.
Magnetisches Verfahren vgl. *W. Thomas*, Nondestructive Testing *6* (1947), S. 9—14.
Matte, G. u. *R. Lachenaud*, Feststellung von Oberflächenrissen mit fluoreszierenden Flüssigkeiten. Techn. moderne *41* (1949), Nr. 13/14, S. 213.
Müller, E. A. W., Prüfung auf Oberflächenrisse mit fluoreszierenden Stoffen. Stahl u. Eisen *69* (1941), S. 273.
N. N., A modern process of flaw detection. Brit. Plac. *14* (1942), Nr. 160, S. 114.
Prüfung auf Oberflächenrisse mit fluoreszierenden Stoffen. Ref. Stahl u. Eisen *1947*, S. 273/274.
Schraivogel u. *G. Adler*, Nachweis von Rissen und Fehlstellen durch das Fluoreszenzverfahren. Luftwiss. *10* (1943), S. 285.
Über das Zyglo-Verfahren (Fluoreszenzverfahren mit Flüssigkeiten bzw. Fluoreszenzstoffen) vgl. *W. E. Thomas*.

Zu H 1 e: *Radioaktive Oberflächenprüfmethode*

Frauenfeldter, H., Untersuchung von Oberflächenprozessen mit Radioaktivität. Helv. phys. acta *23* (1950), S. 347—380.
Schiebold, E. u. *E. Eberius*, 1938 (nicht veröffentlichte Versuche).
Pullin, V. E., Electr. Engr. *94* (1939), S. 535.

Zu H 1 f: *Farbdiffusionsverfahren*

Dollar, A. T. J., Sichtbarmachen von Rissen in ebenen Oberflächen durch Füllen mit Farbstoff, der von Celluloseacetat-Abzügen aufgenommen wird. Nature (London) *161* (1948), S. 358.

Zu H 2: *Untersuchung des Gefüges der übermolekularen und Feinstruktur*

Courtel, R., Prüfung an Oberflächenzuständen durch Elektronen-Rückstrahlung. Métaux *23* (1948), S. 165.

Hunger, J. u. *F. Pawlek,* Die Anwendung des Übermikroskops in der Metallographie. Anhang Metallkde *1* (1945), S. 385—400.
Mahl, H., Übermikroskopischer Nachweis metallischer Ausscheidungen mit dem Abdruckverfahren. Metallwirtsch. *20* (1941), S. 983.
Sommer, P. u. *U. v. Zoepfel,* Mikrohärteprüfung im Industrielaboratorium. Metallwirtsch. *20* (1941), S. 1196.

Zu H 2 a: *Röntgenmikrographie (Mikroradiographie)*

Ball, L. W., X-ray micrography as a tool for foundry control. Amer. Foundryments Assoc. Trans. *52* (1945), S. 1111—1125.
Barett, C. S., Some questions that can be answered by X-ray diffraction.
Berthold, R., Vergrößerte Röntgenraumbilder von Metalldünnschliffen. Metallwirtsch. *20* (1941), S. 694—697.
Betteridge, Mikrodurchstrahlung von Metallschliffen. Met. Ind. London *76* (1950), S. 5—8. — Vgl. *Betteridge* u. *Scarpe,* Untersuchungen an Seigerungen und Einschlüssen in Stahl mit Röntgendurchstrahlungsbildern. J. Iron Steel Ind. *158* (1948), S. 185.
Clark, Phototechnique, Dez. *1939,* S. 19/20.
Egerer, Hanisch, Hildebrandt u. *Kratzenstein,* Röntgenraumsicht. Metallwirtsch. *23* (1944), S. 304—306.
Fournier, F., Rév. Métal *35* (1939), S. 349.
Garwin, E. L., Microradiographs and X-ray micrographs. J. appl. Phys. *15* (1944), S. 455.
Glocker, E. u. *O. Schaaber,* Z. techn. Physik *20* (1939), S. 286.
Gross, S. T. u. *G. L. Clark,* Technique and practice of microradiography. Ind. Radiogr. *1* (1942), S. 21.
Kostron, H. u. *E. Ruppel,* Röntgendurchstrahlungen zum Sichtbarmachen des Primärgefüges. Metallkde *29* (1937), S. 163.
Lamarque, Bull. Soc. Radiol. méd. France *24* (1936), S. 515, 597.
Literatur bis 1949 zusammengestellt in Bericht Nr. 11/12 des Unterausschusses „Zerstörungsfreie Prüfverfahren" des FNM, Okt. *1949,* Nr. II/367—412.
Maddigan, S. E., Ind. Radiogr. *4* (1946), S. 22—30.
Maddigan, S. E. u. *Zimmermann,* Mikrodurchstrahlung, ein neues metallkundliches Hilfsmittel. Trans. Amer. Inst. min. and met. Engrs. *156* (1944), S. 33—61. Ref. Stahl u. Eisen *70* (1950), S. 342.
Müller, E. A. W., Mikrographie mit Röntgenstrahlen. Umschau *50* (1950), S. 184. Vgl. ATM V 9114—12 (1950).
N. N., Durchleuchtungsbilder mit künstlichen Betastrahlen. Electron *4* (1950), S. 186.
Oßwald, Eu., Röntgenmikroskopische Untersuchungen an Leichtmetallegierungen. Metallkde *40* (1949), S. 12—15.
Pospisil, K., Mikroradiography. Nondestructive Testing *7* (1949), S. 16—18.
Sherwood, H. F., Vacuum exposure holder for microradiography. Rev. Sci. Instr. *18* (1947), S. 80—83.
Tasker u. *Towers,* Secondary electron radiography. Nature (London) *156* (1945), S. 50.

Zu H 2 b: *Radioaktives Indikatorverfahren*

Vgl. D 5 a bis d.

Zu H 2 c: *Lichtoptisches Abdruckverfahren*

Wolf, J., Wissenschaftl. Mikroskopie *56* (1939), S. 181.

Zu H 2 d: *Elektronenoptisches Abdruckverfahren*

Mahl, H., Z. VDI *85* (1941). — Metallwirtsch. *19* (1940), S. 488, 1082; *20* (1941), S. 983.
—, Übermikroskopische Oberflächenabbildung. Elektron 2 (1948), Nr. 8, S. 159—165.
Mahl, H. u. *V. Duffek,* Arch. Eisenhüttenwes. *16* (1942/43), S. 73—76.

Zu H 2 e: *Röntgenographisches Feinstrukturverfahren*

Brandenberger, E., Röntgenographisch-analytische Chemie. Verl. Birkhäuser, Basel 1945 (287 S.).
Carapella, L. A. u. *H. F. Kaiser,* Selbsttätige Rückstrahlkammer für die röntgenographische Bestimmung von Gitterkonstanten. Rev. Sci. Instr. *16* (1946), S. 214.
Firth, F. G., The Geiger-Mueller X-ray spectrometer. Ind. Radiogr. *4* (1946), S. 17—21 (Strukturbestimmung mit dem Zählrohr).
Glocker, R.

Kloos, G. u. *J. J. di Giovanni,* Röntgenbeugungsgerät mit Geiger-Zähler. Philips techn. Rundschau *10* (1948), S. 1—13.
Krainer, H., Anwendung der Röntgenfeinstrukturuntersuchung in der Stahltechnik. Stahl u. Eisen *65* (1945), Nr. 19/20.
Lill, F., Beitrag zur Gitterkonstantenbestimmung und röntgenographischen Spannungsmessung an grobkristallinen Werkstoffen. Arch. Metallkde *1947,* I, S. 25—31.
McGudich, J. N., Manifold evaluation of the properties of materials. Ind. Radiogr. *4* (1946), S. 31.
Möller, H. u. *G. Martin,* Messungen von Gitterkonstanten-Mittelwerten und Anwendung auf die röntgenographische Spannungsmessung. Mitt. KWI Eisenforsch. Düsseldorf *25* (1942), S. 41.
Möllenstedt, G., Präzisionsvergleich von Gitterkonstanten mittels Lochkamera-Interferenzen. Optik *1* (1946), S. 76—84.
Neerfeld, H., Der deutsche Anteil an der Entwicklung und Anwendung des Verfahrens der röntgenographischen Messung elastischer Spannungen in der Kriegszeit. Mitt. KWI Eisenforsch. Düsseldorf, Sonderh. Nr. 77.
—, Die Bestimmung der Gitterkonstante aus unscharfen Interferenzlinien. Mitt. KWI Eisenforsch. *27* (1944), Lief. 461, S. 81.
Nortin u. *Loring,* Stress measurements in weldments. Weld. J. *20* (1941), S. 284.
Redmond, J. C., Quantitative Analyse mit dem Röntgenspektrometer. Analyt. Chemistry *19* (1947), S. 773 (Registrier-Norelco-Röntgenspektrometer).
Regler, F., Auswertung von Röntgenrückstrahlaufnahmen. Arch. Metallkde *1947,* I, S. 11—14.
Sachs, G., C. S. Smith, J. L. Lubahn, G. E. Davies u. *L. J. Ebert,* Zerstörungsfreie Spannungsmessung mit Röntgenstrahlung. Weld. Res. Conn. *12* (1947), S. 26—49.
Schall, R., Feinstrukturuntersuchungen in ultrakurzen Zeiten mit dem Röntgenblitzrohr. Z. angew. Physik 2 (1950), S. 83—88.
Schleicher, F., Spannungsmessungen mit Röntgenstrahlen. Bauing. *24* (1949), S. 119—124.
Taylor, A., Introduction to X-ray metallography. Chapman & Hall, London 1945.
Vaupel, O., Die röntgenographischen Verfahren zur Spannungsmessung und ihre derzeitigen Anwendungsmöglichkeiten in der Praxis. Bauing. *24* (1949), S. 114—118.

Chemische Schnellprüfverfahren

A. EISENWERKSTOFFE

bearbeitet von Dr.-Ing. W. Küntscher, Hennigsdorf b. Berlin u. Leuna

(siehe auch bei Schiebold, S. 1147, b u. c)

Vor unliebsamen Überraschungen, die mitunter später dem Schweißen zur Last gelegt werden, kann man sich durch chemische Schnellprüfverfahren schützen (s. anschließend auch für die Leichtmetalle, Teil B). Härtemessung und *Schnell-Legierungsprüfung* sind *immer* zu empfehlen, da Werkstoffverwechslungen oder thermisch falsche Behandlung des Werkstoffes zum Versagen der Schweißung führen können. Nachfolgend sei über einige Schnellmethoden, die zum größten Teil vom Verfasser dieses Berichtes selbst entwickelt wurden und die sich in jahrzehntelangem Betrieb (z. B. in der chemischen Industrie, in den Leuna-Werken) bewährt haben, berichtet.

Schnellprüfverfahren sind seit vielen Jahren in Gebrauch. Die vielseitigen Anforderungen der chemischen Industrie machen z. B. die Anwendung der verschiedenartigsten Stähle notwendig. Vom einfachen Baustahl bis zum hochlegierten, korrosionsfesten, säure- und zunderbeständigen Stahl werden diese hier alle in großem Umfang verwendet. Durch die äußere Gleichheit der Bauelemente wie Röhren, Linsen, Flanschen, Schrauben, Muttern usw. ist andererseits die Gefahr von *Werkstoffverwechslungen* besonders groß. Deren Folgen können schwere sein. So *mußten Schnellprüfverfahren entwickelt werden*, die vor allem eine Anwendung in großem Maßstab ermöglichten. Zum Teil ist über diese Verfahren bereits berichtet worden (siehe Literaturangabe), so daß sich die nachfolgenden Erörterungen auf das Wesentlichste beschränken können.

1. *Potentialmessung*. Dieses Schnellverfahren ist eine Art Potentialmessung. Das Bild 1 veranschaulicht das Prinzip. Einer angeschliffenen Stelle des Werkstückes wird unter Zwischenschaltung eines in Schwefelsäure getränkten Filtrierpapieres B eine

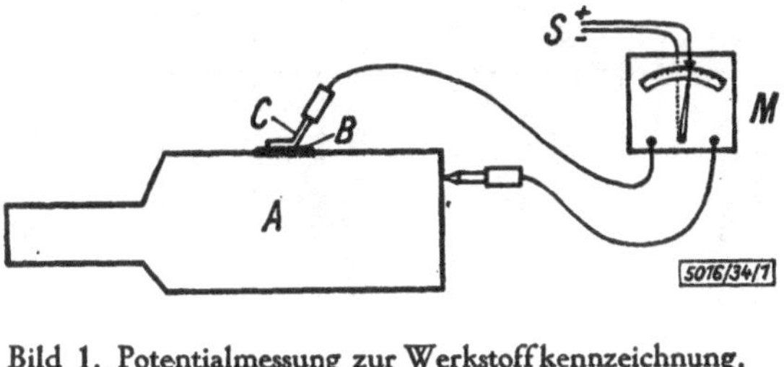

Bild 1. Potentialmessung zur Werkstoffkennzeichnung. (Prüfung auf Verwechselungen.)

A = Werkstück
B = Filterpapier, getränkt
C = Elektrode mit Halter
M = Millivoltmeter mit Sekundärschaltkreis für S
S = Signalleitung im Nebenschluß (Relaisschaltung)

Bild 2. Ausführung einer Tüpfelanalyse.

I. [1]) [2])	Tüpfelreaktion II. [3])	III. [3])	IV.	V.	Cr-Gehalt %	Stahlgruppe
Gelbbraune Salzkruste	Tropfen schäumt auf, Salzkruste braun	Tropfen verfärbt sich schwärzlich	—	Sofort schwarz	0,0	Unlegierte C-Stähle, Cr-freie Einsatz- und Vergütungsstähle. Cr-freie Werkzeugstähle — Gußeisen. Temperguß
Schmutzig-mischfarbige Salzkruste	Tropfen schäumt auf, Salzkruste schmutzig-mischfarbig	Tropfen verfärbt sich schwärzlich	—	Sofort schwarz	>0—0,7	Schwach legierte Baustähle, schwach legierte Werkzeugstähle
Graugrüne Salzkruste	Tropfen schäumt auf, Salzkruste schwarzgrün	Tropfen verfärbt sich schwärzlich	—	Sofort schwarz	0,7—3,0	Cr-legierte Einsatz- und Vergütungsstähle. Warmfeste Schrauben- und Behälterbaustähle. Sonderbaustähle, z. B. für Kugellager, Hochleistungsfederstähle — Legierte Werkzeugstähle, Nitrierstähle
Graugrüne Salzkruste	Tropfen blitzt auf, dann klar. Nach 5 Minuten graue Salzkruste	Tropfen verfärbt sich schwärzlich	—	Sofort schwarz	3,0	Druckwasserstoffeste Stähle (ab 2,5% Cr), Nitrierstähle, zunderfeste Stähle
Graugrüne Salzkruste	Tropfen bleibt wasserhell stehen	Tropfen verfärbt sich schwärzlich	—	Sofort schwarz	3,0—6,0	Druckwasserstoffeste Stähle, zunderfeste Stähle
Graugrüne Salzkruste	Tropfen bleibt wasserhell stehen	Tropfen verfärbt sich schwärzlich	—	Sofort schwarz	6,0—6,4	Druckwasserstoffeste Stähle, zunderfeste Stähle
	Tropfen bleibt wasserhell stehen	Tropfen blitzt auf und wird wasserklar grün	—	Sofort schwarz	6,5	Druckwasserstoffeste Stähle, zunderfeste Stähle

	Tropfen bleibt wasserhell stehen	—	—	Sofort schwarz	6,5—8,0	Druckwasserstoffeste Stähle, zunderfeste Stähle
Tropfen bleibt wasserklar	Tropfen bleibt wasserhell stehen	Tropfen bleibt wasserklar stehen	—	Sofort schwarz	8,0—12	Druckwasserstoffeste Stähle, zunderfeste Stähle
Tropfen bleibt wasserklar	Tropfen bleibt wasserhell stehen	Tropfen bleibt wasserklar stehen	Cu-Niederschlag nach 1 Minute	Sofort schwarz	13	Chemische Stähle, ferritisch und martensitisch, zunderbeständige Stähle
Tropfen bleibt wasserklar	Tropfen bleibt wasserhell stehen	Tropfen bleibt wasserklar stehen	Cu-Niederschlag nach 2—7 Min.	Sofort schwarz	14—16	Chemische Stähle, ferritisch und martensitisch, zunderbeständige Stähle
Tropfen bleibt wasserklar	Tropfen bleibt wasserhell stehen	Tropfen bleibt wasserklar stehen	Cu-Niederschlag nach 8 Minuten	Sofort schwarz	17	Chemische Stähle, ferritisch, zunderbeständige Stähle
Tropfen bleibt wasserklar	Tropfen bleibt wasserhell stehen	Tropfen bleibt wasserklar stehen	Cu-Niederschlag nach 9—13 Min.	Sofort schwarz	18—19	Zunderbeständige Stähle
Tropfen bleibt wasserklar	Tropfen bleibt wasserhell stehen	Tropfen bleibt wasserklar stehen	nach 15 Minuten kein Cu-Niederschlag	Sofort schwarz	20	Zunderbeständige Stähle
Tropfen bleibt wasserklar	Tropfen bleibt wasserhell stehen	Tropfen bleibt wasserklar stehen	Kein Cu-Niederschlag	Sofort schwarz	21—29	Zunderbeständige Stähle
Tropfen bleibt wasserklar	Tropfen bleibt* wasserhell stehen	Tropfen bleibt wasserklar stehen	Kein Cu-Niederschlag	Tropfen bleibt 20 Sek. klar grün, dann Verfärbung in schwarz	> 30	Zunderbeständige Stähle

[1]) Siehe vorstehend im Text. [2]) Reaktionszeit 5 Minuten bei T = 20° C. [3]) Tropfen in Strichform, Reaktion sofort.

Zahlentafel 1. Magnetische Stähle mit Brinellhärten HB > 90 kg/mm². Untersuchung auf den chemischen Gehalt an Chrom.

Elektrode C gegenübergestellt, die ebenso wie der Prüfling selbst an die Pole eines für die Temperaturmessungen üblichen und möglichst hochohmigen Millivoltmeters M angeschlossen sind.

Die Zusammensetzung der Elektrode wird dabei so gewählt, daß diese in der elektrochemischen Spannungsreihe etwa in der Mitte der zu unterscheidenden Werkstoffgruppen liegt, so daß man wechselseitige Skalenanzeige erhalten wird. Durch die Verwendung einer Signalanlage S im Nebenschluß (Klingel, Hupe, rotes Licht) kann man die Anzeige „narrensicher" vereinfachen.

2. *Tüpfelanalyse.* Das zu untersuchende Stück wird mittels einer Feile oder einer Handschleifmaschine so weit mit grobem Feinschliff angeschliffen, daß die Oberflächenschicht (Zunder, Anfressungen, Farbanstrich, Ölreste u. a. m.) beseitigt wird und eine Prüffläche von etwa 2 cm^2 zur Verfügung steht. *Die Prüffläche muß frisch geschliffen und fettfrei sein.* Mittels eines Glasstabes oder eines Glasröhrchens wird dann die Prüflösung in Tropfen- oder Strichform aufgetragen und die chemische Einwirkung der Agenzien abgewartet (Bild 2). Da es sich um Farbreaktionen handelt, benötigt man gute Ausleuchtung der Probe. Die Prüfung soll möglichst bei 20° C erfolgen. Zwecks Kontrollmessung muß von Zeit zu Zeit Vergleichsmaterial mitgeprüft werden. Dies gilt vor allem dann, wenn ungewöhnliche Prüftemperaturen angewendet werden müssen, wie es z. B. im Winter oder andererseits auch bei erhitzten Apparaturen der Fall ist.

Für bestimmte Reaktionen wird auch die Elektrolyse nutzbar gemacht. Hierzu legt man den positiven Pol einer 6 ÷ 8-Volt-Batterie an das Werkstück, den negativen an eine leicht zu handhabende Kohle- oder Platinelektrode. Mit letzterer berührt man vorsichtig die Oberfläche des Tüpfeltropfens, der auf das Werkstück aufgetropft wurde, und führt damit die den Werkstoff kennzeichnende Reaktion aus.

Die Färbung und Farbvertiefung des Tropfens, die Farbe der Salzkruste sowie die Reaktionszeit dienen als die wesentlichen Erkennungsmerkmale für den Werkstoff. Das Aufblitzen des Tropfens kennzeichnet die Passivierungsgrenze, d. h. die angreifende Wirkung des Reaktionsmittels wird zu diesem Zeitpunkt fast augenblicklich abgebremst. Der Werkstoff liegt an der Reaktionsgrenze.

Die *Ausrüstung* für einfache Tüpfelungen besteht im wesentlichen aus einer Feile oder einem Handschleifapparat, den Glasflaschen von etwa 200 ccm-Inhalt für die Tüpfellösungen und den Vergleichsproben zur Nachprüfung der einwandfreien Anzeige der Tüpfellösungen. Hinzu kommt bei Anwendung der Elektrolyse eine Trockenbatterie oder ein Akkumulator von 6 ÷ 8 Volt Gleichstrom sowie die obenerwähnten Elektroden.

Unter den Legierungselementen des Stahles hat das Chrom z. B. im chemischen Apparatebau die größte Bedeutung. Deshalb ist es oft notwendig, die Werkstücke zunächst hinsichtlich des *Chromgehaltes* differenzieren zu können.

Hierfür wurden die folgenden Lösungen entwickelt:

Tüpfelung	Lösung	Bemerkung
I	20% HNO_3 + 30% H_2SO_4 + 50% H_2O	Anwendung, Wirkung und Erkennungsbereich siehe Zahlentafel 1
II	52% HNO_3 + 48% H_2O	
III	26% HNO_3 + 2% H_2SO_4 + 72% H_2O	
IV	1,5% HCl + 98,5% H_2O + 3 Teile $CuCl_2$ gesättigte Lösung	
V	$CuCl_2$ (heißgesättigte Lösung)	

Bei Verwendung der Lösung IV müssen stets Vergleichsproben mitgetüpfelt werden. Die Zahlentafel 1 gibt die nach dem Chromgehalt geordnete Übersicht der einzelnen Reaktionen und die damit erreichbare Unterteilung. Anschließend an die Tüpfelung auf den Chromgehalt hin folgt nun die Kennzeichnung weiterer Legierungselemente, wie z. B. Mangan, Silizium, Molybdän, Phosphor und Schwefel. Es werden die folgenden Lösungen angewendet:

Tüpfelung für	Nr.	Lösung	Bemerkung
Mn	VI	50% Cu $(NO_3)_2$ + 50% H_2O	Anwendung, Wirkung und Erkennungsbereich siehe Zahlentafel 2
Mn	VII	68% HNO_3 + 32% H_2O	
Si	VIII	50 g NaOH + 150 g H_2O + 4 g Pikrinsäure Probe eine halbe Stunde kochen	
Mo	IX	3% HNO_3 + 13% HCl + 84% H_2O	
P	X	9% HCl + 91% H_2O	

Die Prüflösung VIII zur Kennzeichnung von *Federstählen mit* etwa *1—1,5% Silizium* fällt aus dem Rahmen der anderen Prüfverfahren dadurch bedingt heraus, daß man hierfür ein abgetrenntes Probestück etwa eine halbe Stunde kochen muß.

Küntscher u. *Hüttel v. Heidenfeld* (unveröffentlicht) entwickelten eine neue Prüflösung zur Kennzeichnung *höherer Siliziumgehalte, d. h. bis 16% Si.* Diese besteht aus einer konzentrierten Kupfernitratlösung, der 75% Methylalkohol zugesetzt wird. Diese Agenz gestattet, Siliziumgehalte im Konzentrationsbereich von 3 bis 16% Si differenziert zu analysieren. Sie erscheint also gut geeignet, um den Werkstoff „Thermisilid"*) zu kennzeichnen.

Die Tüpfelung IX auf *Molybdän* hin ermöglicht es, die Anwesenheit von Molybdän im Bereich von 0—0,2% Mo sowie auch von 1—2% Mo zu ermitteln.

Die *Phosphortüpfelung X* wird in ihrer Wirkung durch das Bild 3 belegt.

Auch die wichtigsten *unmagnetischen Stähle* lassen sich heute durch einige wenige Tüpfelungen differenzieren. Mit der Lösung IV können diese zunächst in die „Chromleiter" eingestuft werden. Durch Elektrolyse ist weiter eine Trennung der 25/20-Chrom-Nickel-Stähle von den 18/8-Stählen und ebenso der Chrom- von den Manganaustenit-

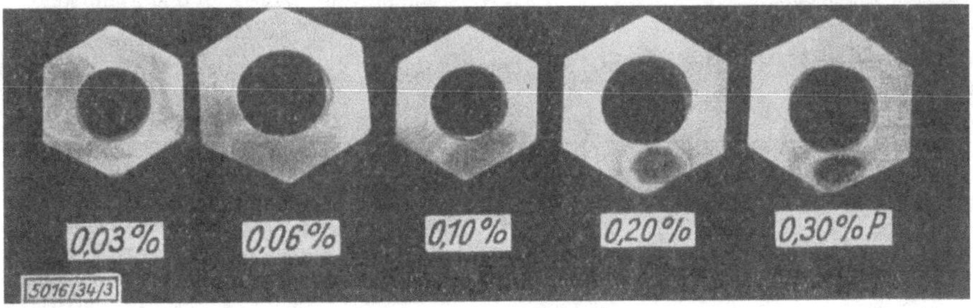

Bild 3. Beispiel einer Tüpfelanalyse: Bestimmung des Phosphorgehaltes von Schraubenmuttern durch Tüpfelanalysen.

*) Chem. Zusammensetzung von „Thermisilid": 0,6% C, 16% Si, 0,5% Mn.

Tüpfel-lösung*)	Reaktionszeit	Reaktion	Gehalt	Stahlgruppe
VI	—	bleibt hellblau	$< 0,6\%$ Mn	
VI	sofort	grau-braun-rot	$> 0,6\%$ Mn	Stahlsorten mit Mn-Gehalten zwischen 0,6 und 2%
VII	10 Sekunden	Tropfen wäßrig-gelblich	$< 1\%$ Mn	
VII	10 Sekunden	Tropfen sahnig-braungelb	$\sim 10\%$ Mn	Mangan-Hartstahl, unmagnetisch
VIII	½ Stunde in Lösung kochen	Material unverändert	$< 0,5\%$ Si	Konstruktionsstähle mit normalem Si-Gehalt
VIII		Material gelb bis braun verfärbt	$> 0,9\%$ Si	Federstähle, Dynamostähle
IX	3 Minuten	Tropfen unverändert	0% Mo	Stähle ohne Molybdän
IX	3 Minuten	Tropfen hellgelb	$\cong 0,2\%$ Mo	Warmfeste Schraubenstähle vom Typ „K 3"
IX	3 Minuten	Tropfen dunkelgelb	$\sim 1,0\%$ Mo	Warmfeste Schraubenstähle vom Typ „K 5"
X	15 Minuten	Tropfen verlaufend, grau mit weißlichem Salzrand	$< 0,05\%$ P	Hochdruckmaterial
X	15 Minuten	Tropfen zusammenhaltend, schwärzlich	$> 0,1\%$ P	Preßmuttereisen

*) Siehe vorstehend im Text.

Zahlentafel 2. Tüpfelreaktionen auf Mangan, Silizium, Molybdän und Phosphor.

Stählen möglich. Es gelangen für die austenitischen Stähle die folgenden Lösungen zur Anwendung:

Tüpfelung für	Nr.	Lösung	Bemerkung
Cr	XI	4% H_2SO_4 + 96% H_2O (Elektrolyse)	Anwendung, Wirkung und Erkennungsbereich siehe Zahlentafel 3
Mo	XII	3% NH_3 + 13% HCl + 84% H_2O	
Mo	XIII	konz. $CuCl_2$, alkoholisch	
Cu	XIV	konz. H_2SO_4 + 3%HCl + 1% Perhydrol	

Bei der Tüpfelung mit Lösung Nr. IX trat je nach der Höhe des Mo-Gehalts eine verschieden starke Gelbfärbung ein. Molybdängehalte von über 2% Mo werden durch die Lösung XII kenntlich gemacht.

Tüpfelung XI (Cr) Reaktionszeit in Sek.	Tüpfelung XI (Cr) Reaktion	Tüpfelung XII (Mo) Zeit	Tüpfelung XII (Mo) Reaktion	Tüpfelung XIII (Mo) Zeit	Tüpfelung XIII (Mo) Reaktion	Tüpfelung XIV (Cu) Zeit	Tüpfelung XIV (Cu) Reaktion	Stahlgruppe*)	Chem. Zusammensetzung in % Cr	Ni	Mo	Cu	
10	Tropfen bleibt wasserklar	3 Minuten	unverändert hell			nach mehreren Stunden	schmutzig-grünblau, Breitlaufen der Tropfen	V2A NCT 5	18 19,5	8 9			
10	desgl.	3 Minuten	hellgelb			desgl.	desgl.	V8A	18	9	1,2		
10	desgl.	3 Minuten	gelb	grün, nach Stunden dunkel		desgl.	desgl.	V4A	18	10	2,0		
10	desgl.	3 Minuten	gelb	auch nach Stunden grün		desgl.	desgl.	V14A	17	13	4,5		
10	desgl.	3 Minuten	unverändert hell			desgl.	ohne Angriff	V6A	18	9		3	
10	desgl.	3 Minuten	gelb			desgl.	ohne Angriff	V46A V16A	18 17	10 17	2 2	3 2	
10	gelb							NCT 3	25	20			
									Mn	Cr	Ni	Si	Mo
10	wäßrigrot							Roneusil Remanit 1800M V12C	18 9 15	9 18 15	1 1 1	0,9	0,9
10	tiefschwarz							Mn-Hartstahl	12				

*) Eingeführte und bekannte Bezeichnungen deutscher Stähle.

Zahlentafel 3. Austenitische Stähle (unmagnetische). Untersuchung auf Chrom-, Molybdän- u. Kupfergehalte.

Element	Verfahren	Färbung	Lösungsmittel	Störung durch	Untere Nachweisgrenze	Unterscheidungsmöglichkeit	Bemerkungen
Al	Chinalisarin oder Alizarin	rot	$HCl + HNO_3$ (1 + 1) (verdünnt)	—	0,05%	0,1 %	halbquantitativ mit Vergleichsstahl
Cr	Diphenylcarbazid	violett	$HCl + HNO_3$ (1 + 1) (verdünnt)	4,0% Mo 0,5% V	0,1 %	Niedrige (— 2%) Cr-Stähle können von mittel- (— 10%) und diese von hochchromhaltigen unterschieden werden	
Co	α-Nitrosol β-Naphthol	rot	H_3PO_4—7,5 Teile HCl—5,0 Teile H_2O_2—50,0 Teile	—	0,25%	bis 2% Co: 0,5%	halbquantitativ mit Vergleichsstahl (bis 2%)
Cu	Rubeanwasserstoffsäure	grünschwarz	$HCl + HNO_3$ (1 + 1) (verdünnt) HNO_3 (1 + 1) bis (1 + 20)	Ni Co	0,10%	für Cu-Stähle 0,2 bis 1% Cu, über 1% Cu und für hochlegierte Stähle	halbquantitativ mit Vergleichsstahl
Mn	Ammoniumpersulfat und Silbernitrat	violett	HNO_3 HCl	—	0,10%	für Mn-Stähle 0,2 bis 1% Mn, über 1% Mn: bis 3,0%	in hochlegierten Stählen nur qualitativer Nachweis
Mo	Kaliumxanthogenat	rosaviolett	$HCl + HNO_3$ (1 + 1) HNO_3 (verdünnt)	—	0,2%	niedriglegierte Stähle: 0,3%	halbquantitativ mit Vergleichsstählen
Ni	Dimethylglyoxim	rot	$HCl + HNO_3$ (konz.) oder verdünnt	—	0,2%	unter 1% Ni: 0,4%	halbquantitativ mit Vergleichsstählen
Ti	Chromotropsäure	blauviolett	HNO_3 (1+1) $HCl + HNO_3$ (1 + 1)	—	0,3%	unter 1% Ti: 0,3%	in hochlegierten Stählen nur qualitativer Nachweis
V	Oxychinolin	grünschwarz	H_2SO_4 + HNO_3 + H_2O	—	0,2%	unter 1% V: 0,2%, über 1% V: 0,3%	halbquantitativ mit Vergleichsstählen
W	Zinnchlorür	blau	$HCl + HNO_3$ (1 + 1) verdünnt HNO_3 verdünnt	—	0,5%	für W-Stähle 0,4%	schwierige Lösungsbedingungen, nur qualitativer Nachweis

Zahlentafel 4. Nachweis der Legierungselemente im Stahl durch Tüpfeln (nach *Fucke* u. *Möhrle*).

Die Zahlentafel 4 gibt eine Aufstellung von Tüpfellösungen nebst Wirkungen wieder für den Nachweis der *Legierungselemente Al, Cr, Co, Cu, Mn, Mo, Ni, Ti, V* u. *W*. Die empfohlenen Prüflösungen sind teilweise heute schwer beschaffbar.

Die Anwendung dieser Tüpfelanalysen ist nicht nur notwendig, damit durch Ausschaltungen von Werkstoffverwechslungen sowie Einhaltung der richtigen Warmbehandlung der verwendete Stahl den im Betrieb gestellten Beanspruchungen auch genügt, sondern auch darum, um die beste zweckdienlichste Behandlung, z. B. beim Schweißen das Vorwärmen, das Nachglühen usw., erkennen zu können. Ferner kommt es häufig im chemischen Apparatebau vor, daß beim Schweißen unerwartete Rissigkeit auftritt, da das fragliche Werkstück nicht unlegierter Baustahl, sondern höher legierter Chromstahl ist. Die chemische Schnellanalyse macht die Fehlerursache meist *sofort* erkennbar, besser wird sie noch *vorher* angewandt, um den Fehler von vornherein vermeiden zu können.

Ergänzend sei hier, an diese Stelle nicht ganz hingehörend, auch auf die handlichen qualitativ-arbeitenden Handspektroskope hingewiesen. Aus Linienlage und Intensität kann man mit diesen auf die Anwesenheit und Menge von Legierungselementen durch Vergleich mit einer Legierungselementeskala schließen. Derartige Geräte werden fertig geliefert, bestehend aus Funkenerzeuger, Probenstativ für die Elektroden, sowie Glas- oder gar Quarzprysmen zur Zerlegung der Strahlung.

Literaturangabe zu Teil A (Eisenwerkstoffe)

Allgemeine Richtlinien für die Kennzeichnung von Roh-, Halb- und Abfallmaterial und für das Sammeln und Sortieren von Abfallmaterial aus unedlen Metallen (Ergänzung zu Metallwirtschaft *16* (1937), Nr. 19, S. 439—445 in Metallwirtschaft *16*, Nr. 23, S. 551/52).

Fucke u. *Möhrle*, Die Anwendung der Tüpfelreaktionen auf Stähle. Arch. Eisenhüttenwes. *18* (1944), H. 3/4, S. 53.

Handbuch für das Eisenhüttenlaboratorium. Verlag Stahleisen m.b.H., Düsseldorf 1938.

Küntscher, W. u. *Hüttel v. Heidenfeld*, unveröffentlichtes Untersuchungsergebnis.

Werkstoffhandbuch Stahl und Eisen, Blatt V 11.

Wyszomirski u. *Sille*, Kennzeichnung von Kesselbaustoffen durch Tüpfelprüfung. Mitteilungen der Vereinigung der Großkesselbesitzer e.V., Heft 79/80 (Dez. 1940), S. 116/17.

B. LEICHTMETALLE

bearbeitet von Dr.-Ing. E. Lüder und L. Apelt, Berlin

Es kommt häufig vor, daß der Schweißer gerade Leichtmetall zu verschweißen hat, dessen chemische Zusammensetzung er nicht kennt. Da diese Kenntnis für die Wahl des Verfahrens und der Zusatzstoffe jedoch unerläßlich ist, seien hier einige Hinweise gegeben, wie man mit einfachen Mitteln die Zusammensetzung der Leichtmetalle qualitativ feststellen kann.

Die erste Sortierung erfolgt durch eine *aufmerksame Besichtigung*. Verformter und gegossener Werkstoff lassen sich leicht unterscheiden. Die Tatsache, daß gegossene Leichtmetalle immer legiert sind, dürfte allgemein bekannt sein. Auch die Beschaffenheit der Oberfläche und des Bruches gibt manchen Hinweis. Die zweite wichtige Prüfung ist die *Härteprüfung*, die mit Kleingeräten, wie dem „Poldi"-Härteprüfer, leicht ausgeführt werden kann. Darüber hinaus geben die nachstehend beschriebenen *chemischen Schnellmethoden* Auskunft über die wichtigsten Werkstoffgruppen. Eine Vorprüfung des Materials hat zunächst daraufhin stattzufinden, ob es sich um Magnesium- oder Aluminiumwerkstoffe handelt. An kleinen Stücken kann dies schon mit Hilfe des spezifischen Gewichtes erkannt werden; so zeigen

Magnesiumlegierungen $\gamma \sim 1{,}8$ g/cm³ und
Aluminiumlegierungen $\gamma \sim 2{,}6$ bis 3,0 g/cm³.

Einfacher ist es jedoch, einige Feilspäne mit der Schweißflamme zu bestreichen. Magnesium brennt und versprüht dabei nach Art des bekannten Blitzlichtes, d. h. mit intensiver Lichtentwicklung, während Aluminiumspäne langsam aufglühen.

Für die schweißtechnische Verarbeitung ist dann noch die Unterscheidung von verformtem und gegossenem Werkstoff erforderlich. Dies erfolgt durch Augenschein.

Bei Aluminiumwerkstoffen werden die nachstehenden chemischen Prüfungen ausgeführt. Soweit dieselben als Tüpfelanalysen durchgeführt werden, ist zunächst für eine mechanische Säuberung der Metalloberfläche, z. B. durch Abschmirgeln, zu sorgen. Eine etwa vorhandene Gußhaut muß entfernt werden. Die Tüpfelstelle ist dann zu entfetten. Dies geschieht mit Trichloräthylen, Tetrachlorkohlenstoff oder einem ähnlichen Mittel, z. B. P 3. Das Tüpfeln selbst geschieht mit einem sauberen Glasstab von mindestens 5 mm Durchmesser. Man taucht diesen in das Reagens und bringt den anhaftenden Tropfen auf die vorbereitete Metallfläche (siehe auch Bild 2). Meist werden mehrere Tropfen zugeführt. Nach dem Tüpfeln spüle man den Glasstab ab und trockne diesen mit einem sauberen Lappen ab, ehe man den Stab in ein anderes Agens eintaucht.

Die Herstellung der folgenden Reagenzien kann von jedem öffentlichen chemischen Laboratorium oder den einschlägigen Großhandlungen vorgenommen werden. Die bei den einzelnen Reagenzien angeführten Herstellungshinweise sind für den Nichtchemiker bestimmt, der das Ansetzen der Agenzien selbst durchführt.

1. *Quecksilberchloridlösung, 1%*

   Herstellung durch Auflösen von 1% Quecksilberchlorid (Sublimat) in 100 ccm Wasser.

Tüpfelvorprobe auf Reinaluminium	1 bis 2 Tropfen Quecksilberchloridlösung auf die blanke, entfettete Stelle. 1 Minute einwirken lassen. Dann mit Wasser abspülen und mit sauberem Lappen abtrocknen								
Aussehen der Tüpfelstelle	Nach einigen Sekunden bildet sich eine weiße, schimmelartige Ausblühung, die mehrere Millimeter hoch wird								
Befund	Reinaluminium oder ein so gering legiertes Aluminium, daß es schweißtechnisch wie Reinaluminium behandelt werden kann								
Tüpfelprobe	Einige Tropfen Natronlauge auf blanke, entfettete Stelle, dann 5 bis 10 Mniuten warten								
Aussehen der Tüpfelstelle	Weiß gebeizt			Graubraune bis schwarze Färbung					Beliebig
Grobunterscheidung	Aluminium-Magnesium-Legierung oder Reinaluminium			Mehr als 2% Silizium (Färbung wird mit höherem Siliziumgehalt stärker)		Nickel, Zink, Kupfer einzeln oder nebeneinander			
Weitere Tüpfelprobe	So viel Tropfen konzentrierte Salzsäure auf neue Tüpfelstelle, bis heftige Reaktion erfolgt. Tüpfelprobe mit wenig Wasser in sauberes Reagenzglas abspülen und filtrieren. Einige Tropfen Magnesiumreagens und so viel Natronlauge zusetzen, bis rote Lösung blau wird			Natronlauge abspülen. Einige Tropfen Salpetersäure auf Tüpfelstelle geben		Natronlauge abspülen. Einige Tropfen Salpetersäure und 1 bis 2 Tropfen Nickelreagens auf Tüpfelstelle. Ammoniak zufügen, bis Ammoniakgeruch erkennbar	1 bis 2 Tropfen Kadmiumsulfatlösung auf neue Tüpfelstelle	Wenn kein Nickel oder Zink nachzuweisen ist. Schwärzung durch Kupfer verursacht	Salpetersäure auf Tüpfelstelle, bis blaues Lackmuspapier sich rötet. 1 bis 2 Tropfen Silbernitratlösung und einige Kristalle Ammoniumpersulfat zufügen. Metall erwärmen, bis Flüssigkeit verdampft
Aussehen der Tüpfelstelle bzw. des Filtrates	Kornblumenblauer Niederschlag im Filtrat	Kein Niederschlag: Filtrat erwärmen		Färbung verschwindet	Färbung bleibt	Rosenroter Niederschlag	Grauer schwammiger Niederschlag nach 1 bis 2 Minuten Einwirkung		Rotfärbung
		Kornblumenblauer Niederschlag	Kein Niederschlag						
Nachweis von:	Magnesium	Magnesiumspuren	Reinaluminium	2 bis 5% Silizium	Mehr als 5% Silizium	Nickel	Zink	Kupfer	Mangan

Zahlentafel 3. Tüpfelreaktionen für Aluminium und Aluminiumlegierungen.

2. *Natronlauge, 20%*

   Am besten wird die käufliche konzentrierte Natronlauge (33prozentig) in Wasser verdünnt, wobei der Verdünnungsgrad mit dem Aräometer verfolgt wird. Die Dichte einer 20prozentigen Natronlauge beträgt 1,22. Löst man jedoch festes Natriumhydroxyd (20 g in 80 ccm Wasser) auf, so muß dies in einem Becherglas oder einem Erlenmeyerkolben erfolgen, weil sich das Gemisch beim Auflösen erhitzt.

3. *Salzsäure, konzentriert*

   Die konzentrierte Salzsäure des Handels ist etwa 37%; sie hat eine Dichte von 1,19, was mit dem Aräometer nachgeprüft werden kann.

4. *Salzsäure verdünnt, etwa 5%*

   Sie wird hergestellt, indem man die konzentrierte Salzsäure im Verhältnis 1 : 6 mit Wasser verdünnt und mit dem Aräometer die Dichte nachprüft. Sie soll 1,025 betragen.

5. *Salpetersäure, etwa 30%*

   Sie wird hergestellt, indem man die konzentrierte Salpetersäure des Handels, etwa 68% HNO_3 enthaltend, mit etwas mehr als der gleichen Gewichtsmenge Wasser verdünnt und den Gehalt mit Hilfe des Aräometers prüft. Die Dichte soll 1,185 betragen.

6. *Ammoniaklösung, konzentriert*

   Die handelsübliche Lösung soll die Dichte 0,91 haben, was mit dem Aräometer nachzuprüfen ist.

7. *Silbernitratlösung 5%*

   Herstellung durch Auflösen von 5 g Silbernitrat in 95 ccm destilliertem Wasser. (Leitungswasser ist für das Verdünnen der anderen Reagenzien brauchbar, kann aber für Silbernitratlösung nicht verwendet werden, weil eine milchige Trübung entsteht.)

8. *Ammoniumpersulfat* als festes Salz.

9. *Nickelreagens*

   Zu seiner Herstellung löst man 1 g Dimethylglyoxim in 100 ccm Alkohol. Brennspiritus ist wenig zu empfehlen. An Stelle von reinem 96%-Sprit kann auch Sekundärsprit, der mit Methanol, Benzin oder Benzol vergällt worden ist, benutzt werden.

10. *Magnesiumreagens*

    Man löst 10 bis 20 mg Chinalizarin bzw. 1,2,5,8-Tetraoxyanthrachinon in 100 ccm Alkohol. (Beschaffenheit des Alkohols wie vorstehend.)

11. *Kadmiumsulfatlösung*

    5 g Kadmiumsulfat und 10 g Kochsalz werden in 20 ccm konzentrierter Salzsäure gelöst und mit Wasser verdünnt, so daß insgesamt 100 ccm entstehen.

Die Tüpfelreaktionen sind in der Zahlentafel 1 zusammengestellt. Die Tüpfelvorprobe wird *nur* vorgenommen, wenn es sich um verformte Werkstoffe, also Bleche, Drähte und Profile handelt. Ergibt sich ein einwandfreier Befund auf Reinaluminium, so können die anderen Proben fallengelassen werden. Gegossene Werkstücke werden der Vorprobe mit Quecksilberchloridlösung nicht unterworfen, weil diese ja immer legierte sind.

Die Durchführung der Tüpfelproben verlangt ein gutes Auge und eine gewisse Übung. Es ist deshalb zweckmäßig, zunächst einmal an bekannten Legierungen einige Vorversuche durchzuführen, um die Handgriffe und Färbwirkungen kennenzulernen.

Literaturangabe zu Teil B (Leichtmetalle)

Ginsberg, H., Leichtmetallanalyse, Berlin 1941.

Lichtenberg, H., Über die Quecksilberanfälligkeit des Aluminiums. Z. anorg. allg. Chem. *239* (1938), Nr. 2 S. 189–196.

Festigkeitsprüfungen

Dr.-Ing. A. Erker, Nürnberg

A. Einleitung

Festigkeitsprüfungen dienen verschiedenartigen Zwecken. Ihr Hauptziel ist die Beantwortung der Frage, ob ein Bauteil den betriebsmäßigen Beanspruchungen gewachsen sein wird. *Diese Frage kann wirklich zuverlässig nur durch Betriebsfestigkeitsversuche mit dem betreffenden Bauteil beantwortet werden* (Anmerkung: Über Bauteilprüfung siehe *Thum* u. *Erker* S. 896ff.). Solche Versuche sind aber im allgemeinen zu teuer, einerseits, weil es namentlich bei größeren Schweißkonstruktionen nicht mehr tragbar ist, ein oder gar mehrere Exemplare im Versuch zu zerstören, und andererseits, weil solche Versuche oft einen zu großen Aufwand an Versuchseinrichtungen und zum Teil auch an besonders geschultem Personal verlangen, die ebenfalls zu große Unkosten verursachen würden. Man begnügt sich deshalb in vielen Fällen damit, kritische Bauelemente für sich allein zu prüfen, wobei zur weiteren Vereinfachung oft die Gestaltung des Prüfstückes und die Belastungsverhältnisse für den Versuch mehr oder weniger stark idealisiert werden. Wenn man glaubt, ausreichende Erfahrungen zu besitzen, um aus Festigkeitsprüfungen an einfachsten Proben auf die Bauteilfestigkeit schließen zu können, beschränkt man sich auf die Prüfung einfachster Probeschweißungen, wie sie z. B. in verschiedenen Normvorschriften oder in Vorschriften von Überwachungsvereinen und ähnlichen Verbänden oder Behörden festgelegt sind.

Die Frage nach der zu erwartenden Betriebsfestigkeit interessiert nicht nur den Konstrukteur, der wissen will, ob ein neues, von ihm entworfenes Teil seine Erwartungen erfüllen wird, sie interessiert in gleichem Maße den Betriebsingenieur, der die Verantwortung dafür trägt, daß jedes Stück der laufenden Produktion, das die Werkstatt verläßt, den Anforderungen standhält. Eine laufende Betriebsüberwachung muß sich selbstverständlich noch mehr auf einfachste, billig und leicht durchzuführende Prüfungen beschränken, damit die Unkosten nicht größer als unbedingt erforderlich werden.

B. Prüfung einfacher Proben

Im Laufe der Entwicklung der Schweißtechnik haben sich bestimmte Probestabformen und Prüfmethoden eingeführt, die in den verschiedensten Normen und Prüfvorschriften niedergelegt sind (s. am Beitragsende unter C). Man ging dabei von der Vorstellung aus, daß zum Erreichen der größtmöglichen Bauteilfestigkeit neben einer schweiß- und festigkeitsgerechten konstruktiven Durchbildung im wesentlichen vier Forderungen erfüllt sein müssen:

1. Eignung des Grundwerkstoffes zum Schweißen,

2. Eignung des etwa benötigten Zusatzwerkstoffes,

3. Eignung des Schweißverfahrens für die beabsichtigten Arbeiten,

4. sachgemäße Ausführung der Schweißung.

Die Festigkeitsprüfungen, die selbstverständlich je nach dem vorliegenden Fall durch weitere Prüfungen, wie z. B. metallographische Prüfung, chemische Analyse, zerstörungsfreie Prüfungen usw., zu ergänzen sind, dienen dementsprechend der Grund- oder Zusatzwerkstoffprüfung, der Verfahrensprüfung oder der Schweißerprüfung bzw. zweien oder mehreren dieser Punkte gleichzeitig. Bei diesen Prüfungen ist zu unterscheiden zwischen

1. einer erstmaligen Prüfung, die z. B. darüber entscheiden soll, ob ein bestimmter, neu einzuführender oder neu entwickelter Werkstoff bzw. Zusatzwerkstoff brauchbar ist, oder ob ein bestimmtes Verfahren eingeführt werden kann, oder ob ein

Schweißer die notwendigen Fertigkeiten für bestimmte Schweißarbeiten besitzt, und

2. einer laufenden Überwachung, die in der Hauptsache die Zuverlässigkeit der Schweißer und die Gleichmäßigkeit der Schweißungen prüfen soll, also im wesentlichen eine laufende Überprüfung der Schweißer bzw. der Schweißeinrichtungen darstellt.

Für alle diese Prüfungen erscheint der Festigkeitsversuch insofern besonders geeignet, als dieser eine objektiv festzustellende Zahlenangabe über die „Güte" der Schweißung gibt, während Beurteilungen auf Grund anderer Untersuchungsmethoden, wie z. B. Begutachtung der äußeren Beschaffenheit einer Schweißung, des mikroskopischen Bildes usw., nur eine subjektive Beurteilung zulassen. Eine noch nicht genügend geklärte Frage ist aber die, mit welchem Recht und mit welcher Sicherheit man aus Festigkeitsprüfungen an einfachen Probestäben auf die Betriebsbewährung des Bauteiles schließen kann [Lit. *Daeves*].

Die üblichen Festigkeitsprüfungen an einfachen Proben bezwecken im wesentlichen zweierlei:

1. die Feststellung eines Maßes für die *Festigkeit* selbst, was im allgemeinen durch einen Zugversuch an einer Schweißverbindung geschieht;

2. die Feststellung eines Maßes für die *Verformungsfähigkeit*, wofür meist der Biegeversuch (Faltversuch, sowie Schweißnahttiefungsversuch) mit Schweißverbindungen, bei besonders „scharfen" Prüfungen auch der Kerbschlagversuch an Proben, die aus einer Schweißverbindung herausgearbeitet werden, benutzt wird.

Dabei ist zu beachten, daß „Festigkeitsprüfungen" auch zum Teil gewisse Schlüsse auf die Verformungsfähigkeit (Aussehen des Bruches) und technologische „Verformungsprüfungen" gewisse Schlüsse auf die Festigkeit zulassen.

Der Umfang der Prüfungen und die Zahl der zu prüfenden Proben richtet sich weitgehend nach den Anforderungen, die an die Schweißverbindung im Betrieb gestellt werden. Je schwieriger die Betriebsbedingungen sind, desto höhere Anforderungen stellt man an die Festigkeit der Probeschweißungen und vor allem an deren Verformungsfähigkeit. Die Forderung nach hoher Verformungsfähigkeit bzw. Zähigkeit mag wohl oft als übertrieben empfunden werden, zumal man im Schrifttum überall Hinweise findet, daß Zähigkeit und Festigkeit nicht zusammenhängen, was insbesondere auch für die Dauerfestigkeit mit und ohne Kerbwirkung gilt. So kann z. B. in gewissen Fällen ein hochwertiger, aber spröder Gußwerkstoff die gleichen Dienste leisten wie ein zäher Stahl mit entsprechender Festigkeit. Sobald jedoch in einem Teil *Zwangsverformungen* etwa *durch Wärmedehnungen* zu erwarten sind, bei denen meist bestimmte, wenn auch geringe, plastische Verformungen nicht zu vermeiden sind, spielt auch die *Zähigkeit* eine gewisse Rolle. Dabei ist es aber wiederum im allgemeinen nicht notwendig, daß für eine bestimmte Konstruktion ein Werkstoff mit einer ganz bestimmten, zahlenmäßig festlegbaren Mindestzähigkeit verwendet werden muß. Es ist durchaus möglich, daß zwei Werkstoffe mit verschiedener Zähigkeit sich gleich gut bewähren, wenn nur jeder die ihm eigentümliche Mindestzähigkeit hat. Damit ist gesagt, daß die Zähigkeit (wenn auch mit Einschränkungen) nicht nur ein gewisser Maßstab dafür ist, ob ein Werkstoff kleine, ihm bei Zwangsverformungen in einer bestimmten Konstruktion zugemutete plastische Verformungen erträgt, sie ist auch ein Maßstab dafür, ob er „innerlich gesund" und nicht etwa durch falsche Wärmebehandlung verdorben ist.

In gleicher Weise ist die Zähigkeit bei Schweißverbindungen zu werten. Das Maß der Verformungsfähigkeit gibt innere Fehler wie Poren, Bindefehler, Schlackeneinschlüsse, Gefügeunregelmäßigkeiten usw., wesentlich schärfer als die Festigkeit wieder, da diese — wie bereits im Beitrag Bauteilfestigkeit (S. 896 ff.) beschrieben — durch

Kerbwirkungen stark herabgesetzt wird, während die Festigkeit bei zügiger Beanspruchung unter Kerbwirkung sogar noch ansteigen kann. Fehlerhafte Schweißnähte brauchen daher noch keine niedrigere Festigkeit als fehlerfreie aufzuweisen (Beispiel: Flecken im Schweißgut), ihre Zähigkeit ist jedoch wesentlich geringer [Lit. *Kendel, Knoops* u. *Uhlitzsch*]. Da nun innere Fehler bei oftmals wiederholter Beanspruchung die Haltbarkeit (Zeit- bzw. Dauerfestigkeit) ebenfalls wesentlich herabsetzen, ist gerade bei Schweißverbindungen eine gewisse Abhängigkeit zwischen Zähigkeit und Betriebsfestigkeit zu erwarten, was z. B. die Versuche von *Zeyen* deutlich erkennen ließen. Bei diesen Versuchen ergaben Lichtbogenschweißungen mit blanken Elektroden, die nie poren- und einschlußfrei geschweißt werden können, sowohl eine niedrige Zähigkeit als auch eine niedrige Zugschwellfestigkeit, während Schweißungen mit stark ummantelten Elektroden, mit denen gute, fehlerfreie Nähte hergestellt werden können, höhere Zähigkeit und höhere Dauerfestigkeit hatten. Allerdings ist bei diesen Versuchen zu beachten, *daß der erhöhte Stickstoffgehalt der Schweißungen mit blanken Elektroden ebenfalls zu einer verminderten Zähigkeit führt*, während der Einfluß des Stickstoffgehaltes auf die Dauerfestigkeit noch nicht genügend geklärt, wahrscheinlich aber unbedeutend ist.

Allgemein ist also festzustellen, daß die Zähigkeitsprüfung bei Schweißungen ihre Berechtigung als „Gesundheitsprüfung" hat, so daß es kein Fehler ist, wenn man vor allem bei Schweißerprüfungen Wert darauf legt, daß eine möglichst hohe Zähigkeit erreicht wird. Selbstverständlich wäre es unsinnig, wollte man an allen Stellen und in allen Bauteilen nur erstklassige Schweißnähte mit höchster Zähigkeit verlangen. Überall da, wo im Betrieb keine gefährlichen Zwangsverformungen zu erwarten sind und wo im wesentlichen eine ruhende Belastung auftritt, bei der Kerbwirkungen bedeutungslos sind, können auch Schweißungen brauchbar sein, die gemäß der Zähigkeitsprüfung als „nicht ganz gesund" zu bezeichnen wären. Es wäre unwirtschaftlich, in solchen Fällen z. B. nur die teuersten Elektroden und die besten Schweißer zu verwenden. Dementsprechend sehen auch die einzelnen Vorschriften je nach den Bauteilen, auf die sie zugeschnitten sind, verschiedene *Mindestzähigkeiten* vor, während die verlangten Zugfestigkeiten sich bei allen Vorschriften etwa in der gleichen Größenordnung bewegen. Wegen der bestehenden Unsicherheit in der Abhängigkeit zwischen den einzelnen Festigkeits- und Zähigkeitseigenschaften sieht man bei allen Bauteilen, die besonders gefährdet erscheinen, mehrere Zähigkeitsprüfungen nebeneinander vor, so z. B. neben dem Faltversuch noch den Kerbschlagversuch und eventuell den Reckversuch. In einzelnen Fällen, wie z. B. im Eisenbahnbrückenbau, hat man auch Dauerversuche vorgeschrieben.

Die Proben für Festigkeitsprüfungen können auf verschiedene Weise hergestellt werden. Nur in wenigen Fällen schweißt man jede einzelne Probe für sich (in der Regel nur bei Preßschweißungen). Meist verwendet man für die Probeschweißung so große Abmessungen, daß mehrere gleichartige oder auch verschiedenartige Proben aus ihr herausgeschnitten werden können. Man will dadurch erreichen, daß die Schweißbedingungen zum mindesten in gewisser Annäherung den Schweißbedingungen am Bauteil entsprechen. Um die Unterschiede zwischen den Schweißbedingungen von Bauteil und Probe so klein wie möglich zu halten, werden die Schweißproben oft auch unmittelbar mit einem Werkstück verbunden hergestellt und nachträglich von diesem abgetrennt.

Das Zerteilen der Probeschweißung in Einzelproben bzw. das Abtrennen der Proben vom Bauteil geschieht meist durch zerspanende Bearbeitung, da man befürchtet, daß durch Brennschneiden die Schweißnaht eine weitere Wärmebehandlung erfährt, die ihre Eigenschaften wesentlich ändern könnte. Zum Teil läßt man jedoch auch das

Brennschneiden zu und verlangt nur, daß die brenngeschnittenen Kanten nachträglich spanabnehmend so weit abgearbeitet werden, daß die Gebiete, die eine wesentliche Beeinflussung des Gefüges durch das Brennschneiden erfahren haben, entfernt werden. So wird z. B. vorgeschlagen, die Proben von den Brennschnittkanten so weit weg abzuarbeiten, daß die seitliche Berandung in der Prüflänge etwa 10 mm von der Brennschnittkante entfernt liegt.

Die Prüfvorschriften sind zum Teil in Normen festgelegt, zum Teil liegen Vorschriften von verschiedenen Vereinigungen, Verbänden oder Behörden vor. In Deutschland ist diese Normung noch nicht abgeschlossen. Während einzelne Normblätter schon seit längerer Zeit Gültigkeit haben, liegen andere Normblätter bisher nur im Entwurf vor, ihre Fertigstellung ist jedoch in Kürze (Ende 1952) zu erwarten. Einzelne Normen enthalten Festigkeitsvorschriften für Schweißverbindungen, die auf bestimmte Bauteile zugeschnitten sind, wie z. B. DIN 4100 (Vorschriften für geschweißte Stahlhochbauten), DIN 4101 (Vorschriften für geschweißte, vollwandige stählerne Straßenbrücken) und DIN 4115 (Stahlleichtbau und Stahlrohrbau im Hochbau). Die von Vereinigungen, Verbänden oder Behörden herausgegebenen Vorschriften beziehen sich ebenfalls in der Regel nur auf bestimmte gleichartige oder zu einer Beanspruchungsgruppe gehörende Bauteile. Sie dienen als Grundlage für die Zulassung von Firmen für bestimmte Arbeiten, für die Zulassung von Schweißern und für die Bauüberwachung der betreffenden Anlagen. Wegen der Vielzahl der vorhandenen Vorschriften, die oft Abweichungen untereinander aufweisen, soll hier nur das Grundsätzliche über solche Prüfungen gebracht werden, bezüglich der Einzelheiten wird auf die jeweils gültigen Prüfvorschriften selbst verwiesen.

1. *Preßschweißung*

Bei Feuer-, Wassergas-, Widerstands- und Abbrennstumpfschweißungen wird gewöhnlich der *Zugversuch* an einem für sich geschweißten Probestab oder an einer vom Bauteil abgetrennten Probe durchgeführt. Die verlangten Zugfestigkeiten sind vor allem bei der Feuerschweißung meist sehr niedrig, sie bewegen sich in vielen Fällen zwischen 30 und 80% der Zugfestigkeit des verschweißten Werkstoffes, ein Zeichen dafür, daß man zum Teil mit recht erheblichen Fehlern rechnet und diese auch in der Wahl der im Bauteil zulässigen Beanspruchung berücksichtigt. Höhere Zugfestigkeitswerte werden in der Regel von der Wassergasschweißung (s. S. 712 ff. bei *Rädeker*), der Widerstands- und Abbrennstumpfschweißung (s. S. 417 bei *Mantel* und *Rietsch*) verlangt. Die hier zulässigen Mindestwerte der Festigkeit liegen zwischen etwa 90 und 100% der Nennfestigkeit des verschweißten Werkstoffes.

Bei bestimmten Bauteilen, wie z. B. Rohren, Behältern usw., wird oft auf die Durchführung eines Zerreißversuches an herausgeschnittenen Proben verzichtet; als Festigkeitsversuch wird hier der *Wasserdruckversuch* durchgeführt, wobei in der Regel der 1,3- bis 1,5fache Betriebsdruck aufgebracht wird. Unter diesem Druck dürfen sich keine unzulässigen Verformungen und keine Undichtigkeiten zeigen. Als Sicherheit wird teilweise verlangt, daß bei diesem Probedruck die Beanspruchung höchstens das 0,8fache der Streckgrenze des verwendeten Werkstoffes betragen darf.

Der *Faltversuch* wird in der gleichen Weise wie der Faltversuch mit ungeschweißtem Werkstoff, z. B. durch Auflegen eines Probestabes auf zwei Rollen und Belasten des Stabes mit einem abgerundeten Stempel in der Mitte zwischen den beiden Lagerstellen (vgl. DIN 1605), durchgeführt. Gemessen wird der Biegewinkel, bei dem der erste Anriß sichtbar wird. Da bei Preßschweißungen in der Regel der Kern des Querschnittes die beste Bindung hat und die Fehler sich in den Randzonen häufen, stellt der Faltversuch, bei dem ja gerade die Randzonen am meisten beansprucht werden, eine recht „scharfe" Prüfung dar. Bei Stumpfnähten können auf diese Weise als Folge schlechter Bindung glatte, spröde erscheinende Durchbrüche erfolgen, bei Überlappungsschweißungen wird die Überlappung bereits bei schlechter Randbindung vom Rande her aufgerollt. Wegen ihrer Empfindlichkeit gibt die Faltprobe einen besseren Aufschluß über die Güte der Schweißverbindung als die Zerreißprobe.

Bei nahtgeschweißten Rohren werden an Stelle einer Faltprobe, die hier in Querrichtung zu entnehmen wäre, die bei Rohren üblichen technologischen Proben durchgeführt. Hierzu gehören vor allem der *Aufweitversuch* und der *Querfaltversuch*.

2. *Punktschweißung*

Proben an Punktschweißungen interessieren sowohl bei Stahlblechen als auch bei NE-Metall, z. B. bei Leichtmetallblechen. Für beide sind in den Normvorschriften entsprechende Proben niedergelegt (z. B. DIN 4115 und DIN 50124). In der Regel werden zwei Bleche überlappt zusammengeschweißt, so daß eine Reihe nebeneinanderliegender Punkte entsteht (Bild 1), die beim Zugversuch einschnittig beansprucht werden. Statt der einreihigen Nähte können auch zweireihige Nähte vorgesehen werden (Bild 2). Durch Aufschweißen zweier gegenüberliegender Bleche kann man auch Proben mit zweischnittigen Punkten herstellen. Aus diesen Probeschweißungen werden in der Regel Streifen herausgeschnitten, so daß für den Zugversuch Proben mit einem ein- oder zweischnittigen Punkt bzw. mit einem Punktpaar zur Verfügung stehen. Gemessen wird im allgemeinen nur die Bruchlast, die auf einen Schweißpunkt entfällt in kg/Schweißpunkt, während man auf eine Feststellung des Punktquerschnittes und eine Berechnung der Schubspannung im Punkt in der Regel verzichtet.

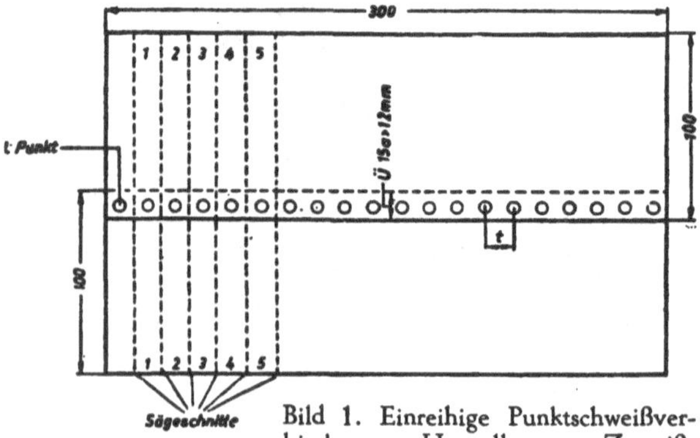

Bild 1. Einreihige Punktschweißverbindung zur Herstellung von Zerreißproben mit je einem Punkt (vgl. DIN 50124).

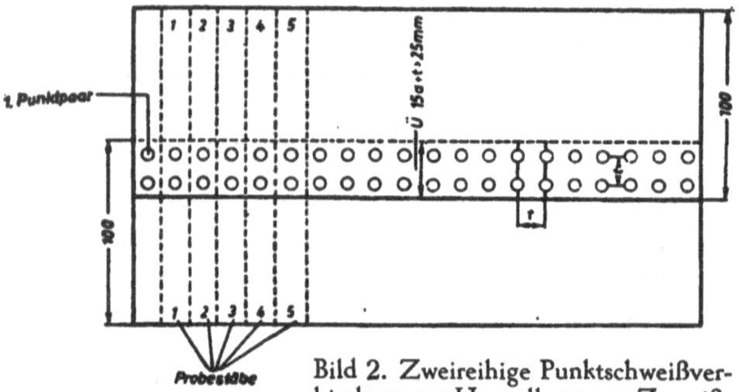

Bild 2. Zweireihige Punktschweißverbindung zur Herstellung von Zerreißproben mit je einem Punktpaar (vgl. DIN 50124).

Bei der Herstellung der Punktschweißproben wird die Güte der Schweißpunkte durch die Lage der benachbarten Punkte insofern beeinträchtigt, als durch die Nebenschlußwirkung beim Schweißen nur ein Teilstrom durch den Punkt selbst geht; diese Nebenschlußwirkung fällt beim ersten Punkt weg. Aus diesem Grunde hat der erste Punkt einer Punktreihe meist eine bedeutend höhere Festigkeit. Um diesen Wert, der von dem Mittelwert der übrigen Punkte erheblich abweichen kann, auszuschalten, soll der erste Schweißpunkt nicht zur Prüfung herangezogen werden. Wichtig ist weiterhin das Einhalten vorgeschriebener Punktabstände, da bei zu kleinem Abstand infolge des Nebenschlusses beim Schweißen die Güte der Schweißpunkte abnimmt (vgl. Bd. I, S. 920, s. auch bei *Erdmann-Jesnitzer*, Teil II „Widerstandsschw. d. Leichtmetalle").

Bei Punktschweißverbindungen ist es schwierig, ein Maß für die *Zähigkeit* des Punktes festzulegen. Aus dem Zerreißversuch können keine Anhaltspunkte hierüber gewonnen werden. Man hat deshalb auf verschiedene Weise versucht, durch andere Prüfungen Anhaltspunkte hierüber zu finden. Am bekanntesten ist wohl die Torsionsprobe, bei der durch Verdrehen zweier mit einem Punkt überlappt zusammengeschweißter Bleche in der Punktebene der Punkt bis zum Abscheren belastet wird, wobei man den Verdrehwinkel bis zum Abscheren mißt. Diese Art der Prüfung hat sich jedoch bis heute noch nicht allgemein durchsetzen können. (Betreffs der Probeentnahme und Prüfstabform für Punktschweißungen siehe auch *Erdmann-Jesnitzer*, Beitrag Widerstandsschweißung der Leichtmetalle).

3. *Schmelzschweißung*

Bei der Schmelzschweißung gelten *Zugversuch* und *Faltversuch* an *Stumpfnähten* als die wichtigsten Prüfungen. Die Probeschweißung wird in der Regel durch Zusammenschweißen zweier rechteckiger Bleche hergestellt; aus diesen werden die Einzelproben (Zug- und Faltproben und etwa verlangte sonstige Proben) beispielsweise als quer zur Schweißnaht liegende Streifen herausgearbeitet, so daß Probestäbe mit Quernähten in ihrer Mitte entstehen (vgl. z. B. Bild 3).

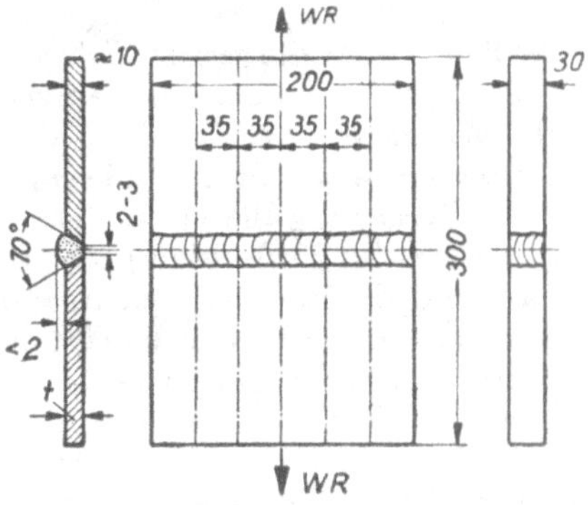

Bild 3. Probe zur Prüfung von Stumpfnähten nach DIN 4100.

Während nach DIN 4100 die aus den Blechen herausgeschnittenen Streifen ohne weitere Bearbeitung im Zugversuch geprüft werden, sieht DIN 50120 ein Ausarbeiten der Prüflänge vor (Bild 4), wobei diese Prüflänge über die Schweißnaht hinaus bis zum unbeeinflußten Grundwerkstoff reicht. Die Schweißraupe selbst wird teilweise belassen (z. B. DIN 4100); in neuerer Zeit werden jedoch Proben mit *abgearbeiteten* Raupen, bei denen also Nahtquerschnitt und Blechquerschnitt gleich sind, immer mehr

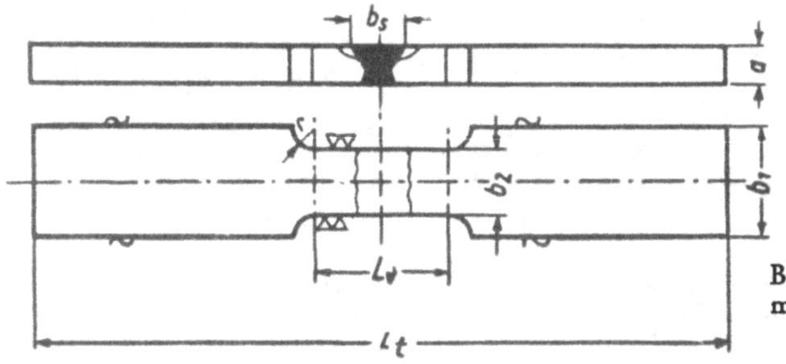

Bild 4. Probe für den Zugversuch mit einer Schweißverbindung nach DIN 50120 (Flachzugprobe).

bevorzugt (z. B. DIN 50120). Der Vorteil dieser Probe liegt darin, daß die Spannung in Schweißnaht, Übergangszone und Grundwerkstoff in jedem Augenblick gleich ist, so daß die werkstoffmäßigen Unterschiede zwischen den einzelnen Zonen besser zum Vorschein kommen. Im Gegensatz hierzu hat die Zugprobe mit *belassener* Raupe den Nachteil, daß die Schweißnaht wegen ihres dickeren Querschnittes eine geringere Beanspruchung erhält, so daß Werkstoffschwächen in der Schweißnaht selbst beim Zugversuch viel weniger in Erscheinung treten können. Proben mit belassener Raupe ermöglichen andererseits bei Feinblechschweißungen eine Erfassung des Kerbeinflusses z. B. auf die Dehnung.

Zur Herstellung von Stumpfnahtproben werden nicht nur ebene Bleche benutzt, man schneidet solche Proben auch aus Bauteilen, wie z. B. aus Rohren, heraus. Auch hier ist es üblich, die Naht auf Blechstärke abzuarbeiten.

Für den Zugversuch mit Stumpfnahtverbindungen verlangen die Vorschriften in der Regel, daß in der Naht die gleiche Mindestfestigkeit erreicht wird, wie sie für den Grundwerkstoff vorgeschrieben ist. Dies läßt sich auch dann noch erreichen, wenn die Naht gewisse Fehler hat, vor allem bei unbearbeiteter Raupe, so daß z. B. bei Lichtbogenschweißungen die Festigkeit auch mit blanken Elektroden und auch bei Senkrecht- und Überkopfschweißungen nicht schwer zu erreichen ist.

Will man nicht die gesamte Schweißverbindung, d. h. Naht, Übergang und Grundwerkstoff, prüfen, sondern die Festigkeit der *Naht* selbst bestimmen, so muß man eine Probe verwenden, bei der die Naht eine höhere Beanspruchung erhält als die anschließenden Werkstoffteile. Hierzu dient z. B. die Probe nach Bild 5, bei der die seitliche Berandung die Form eines Kreisbogens hat. Diese Probe hat den Nachteil, daß infolge der Kerbwirkung der nicht geradlinigen Berandung die Streckgrenze stärker und die Zugfestigkeit in etwas geringerem Maße erhöht wird. Diese Erhöhung der Zugfestigkeit beträgt durchschnittlich etwa 10%. Um Vergleichswerte mit der Werkstoffestigkeit zu erhalten, hat man diese Tatsache in den neueren Vorschriften insofern berücksichtigt, als man entweder die beim Zugversuch sich aus der Bruchlast und dem Querschnitt der Probe ergebende Spannung durch den Faktor 1,1 dividiert (DIN 50120) oder, was etwa das gleiche bedeutet, mit dem Faktor 0,9 multipliziert [Lit. *Nikolajew*].

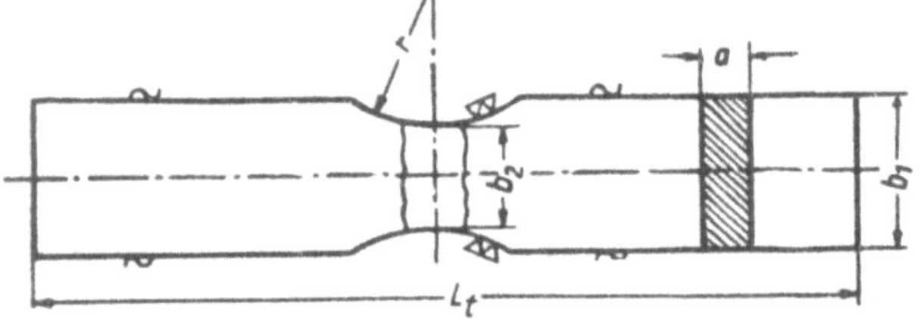

Bild 5. Probe zur Prüfung der Zugfestigkeit des Schweißgutes nach DIN 50120 (ausgerundete Zugprobe).

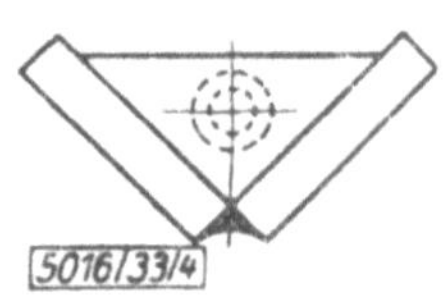

Bild 6. Auftragen von Schweißgut in einen Blechwinkel zur Herstellung von Proben aus reinem Schweißgut.

Statt dieser Stumpfnahtprobe verwendet man häufig Proben aus reinem Schweißgut. Um solche Proben herstellen zu können, kann man z. B. nach Bild 6 so vorgehen, daß man in einem Winkel den Zusatzwerkstoff niederschmilzt und aus diesem niedergeschmolzenen Werkstoff die Probe herausarbeitet. Nach anderen Vorschlägen sollen beim Auftragen des Schweißgutes die Bedingungen beim Schweißen einer Stumpfnaht nach Möglichkeit eingehalten werden, so daß z. B. Anordnungen nach Bild 7 entstehen (vgl. hierzu Lit. *Welding Metallurgy*). Weitere Vorschläge sind in Bild 8 gezeigt [Lit. *Nikolajew*].

Bei *Faltproben* an Stumpfnahtverbindungen (Bild 9) wird die auf der Druckseite liegende Schweißraupe bzw. die Nahtwurzel immer geglättet, und die beiden auf der Zugseite liegenden Blechkanten werden zur Verringerung der dort erhöhten Anrißgefahr leicht abgerundet. Im übrigen werden die Proben sowohl mit als auch ohne Schweißraupe geprüft. Wird die Schweißraupe belassen, dann richtet sich die Prüfung mehr auf den Übergang von der Naht zum Grundwerkstoff und auf die wärmebeeinflußten Zonen im Grundwerkstoff. Bei *abgearbeiteter* Schweißraupe werden Schweiße und Übergangszone etwa gleichartig beansprucht, so daß man hierbei besser den „werkstoffmäßig" schwächsten Teil der Verbindung erkennt.

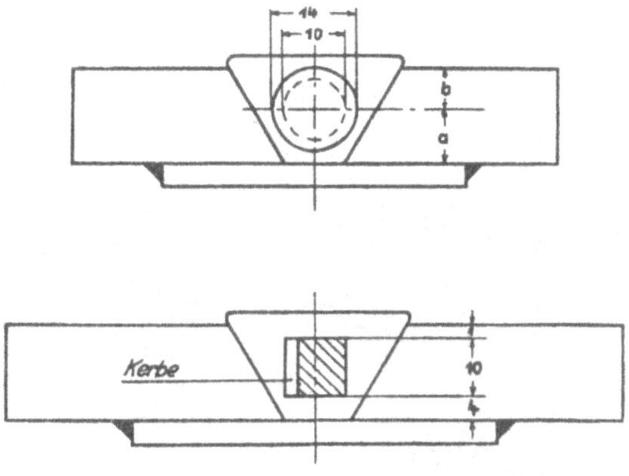

Bild 7. Schweißung zur Herstellung von Proben aus reinem Schweißgut nach einem Vorschlag zur Neufassung von DIN 1913.

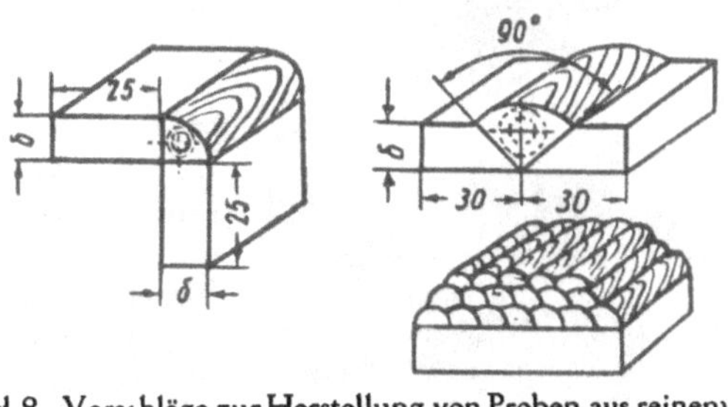

Bild 8. Vorschläge zur Herstellung von Proben aus reinem Schweißgut nach *Nikolajew*.

Als Maß für die Verformungsfähigkeit gilt z. B. der *Biegewinkel*, bei dem der erste Anriß entsteht. Während es bisher üblich war, für bestimmte Zwecke bestimmte Biegewinkel zu verlangen, die unabhängig vom verwendeten Zusatzwerkstoff sind, wurde neuerdings vorgeschlagen, den Zusatzwerkstoff bei der Festlegung der verlangten Biegewinkel mit zu berücksichtigen. In DIN 4100 war beispielsweise bisher nur ein Biegewinkel von 50° vorgesehen, obwohl es mit hochwertigen Elektroden vor allem bei St 37

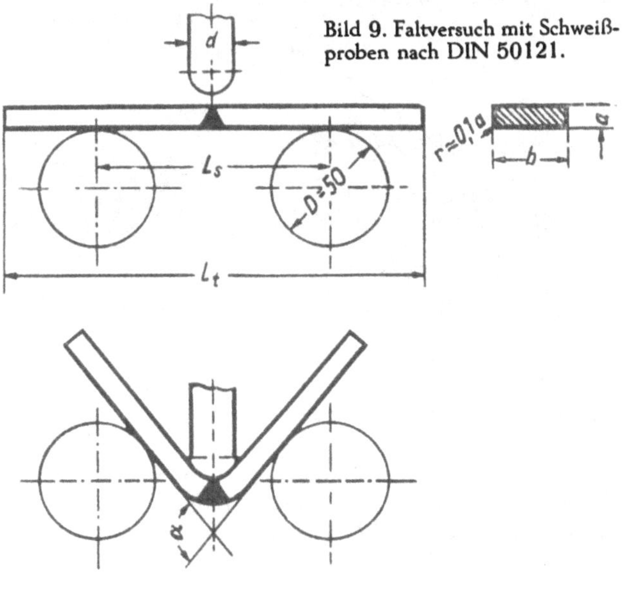

Bild 9. Faltversuch mit Schweißproben nach DIN 50121.

ohne weiteres möglich ist, Biegewinkel von 180° zu erreichen. Verwendet ein Schweißer eine solche Elektrode und erreicht nur Biegewinkel von 60°, so hätte er nach den Vorschriften die Prüfung bestanden, obwohl seine Schweißungen schon recht beträchtliche Fehler haben müssen. Bei der heutigen Entwicklungsstufe der Zusatzwerkstoffe erscheint es daher durchaus berechtigt, daß man bei Schweißerprüfungen die Größe des verlangten Biegewinkels nach den verwendeten Zusatzwerkstoffen staffelt. Der „werkstoffeigenen" Zähigkeit des Grundwerkstoffes trägt man teilweise insofern Rechnung, als man dem Belastungsstempel bei Werkstoffen höherer Festigkeit größere Abrundungsradien gibt als bei Werkstoffen geringerer Festigkeit. Bei Faltproben mit abgearbeiteten Schweißraupen kann man auf der Zugseite in ähnlicher Weise wie bei Zerreißstäben Markierungen anreißen, um die Dehnung beim Biegeversuch zu messen.

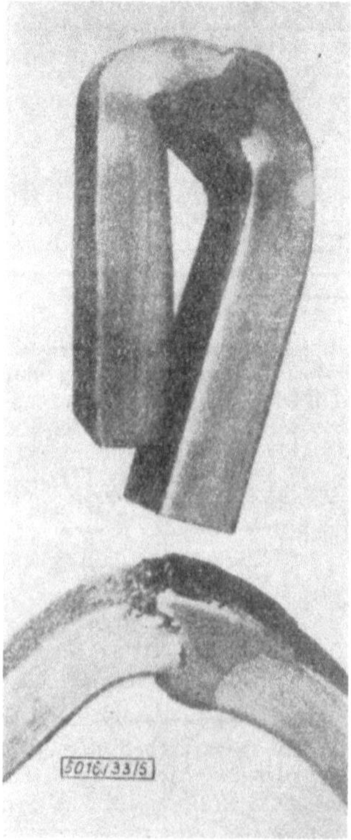

Bild 10. Mißlungene Biegeversuche.

Schwierigkeiten macht beim Faltversuch gelegentlich die Verlagerung der Probe unter dem Biegestempel, so daß die Hauptkrümmung neben der Schweißnaht auftritt (Bild 10). Man hat deshalb versucht, mit Hilfe sogenannter Freibiegevorrichtungen so einwandfreie Belastungsverhältnisse zu schaffen, daß Schweißnaht und Umgebung gleichmäßig auf Biegung beansprucht werden. In der Praxis haben sich solche Einrichtungen bisher jedoch nur wenig eingeführt.

Zu erwähnen ist noch der Vorteil der Biegeprobe, der darin besteht, daß sie auch *werkstattmäßig* mit einfachsten Behelfsmitteln z. B. am Schraubstock (Bild 11) durchgeführt werden kann, so daß sie auch ohne weiteres an Baustellen vorzunehmen ist.

Eine sehr einfach herzustellende Biegeprobe ist in *Welding Metallurgy* angegeben. Diese Probe dient vor

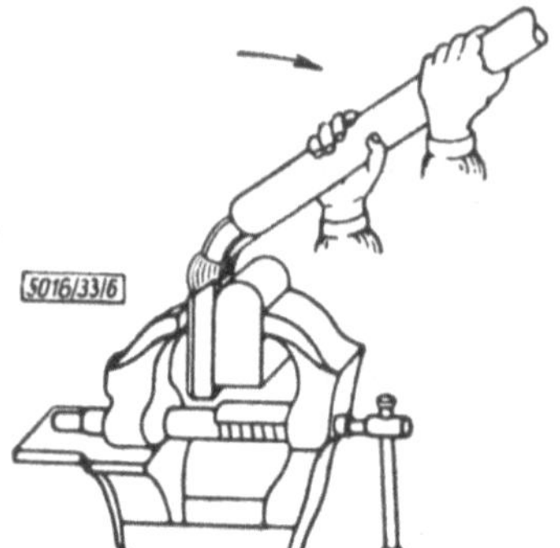

Bild 11. Werkstattbiegeprobe für Stumpfnähte.

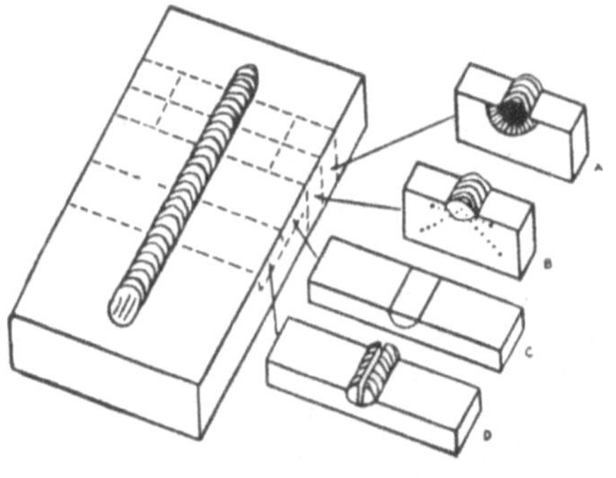

Bild 12. Schweißraupenprobe nach *Welding Metallurgy*.
A = Probe für Makroätzung C = Biegeprobe
B = Probe für Härteprüfung D = Kerbbiegeprobe

allem für orientierende Versuche, um die Eignung verschiedener Zusatzmaterialien für bestimmte Grundwerkstoffe festzustellen. Die Probe besteht aus einer Platte mit einer aufgelegten Raupe (Bild 12). Bei der Schweißung einer solchen Probe können die verschiedensten Schweißbedingungen, Abkühlungsbedingungen, Einflüsse von Vorwärmungen usw. berücksichtigt werden, indem beispielsweise sehr dicke Platten mit dünnen oder dicken Raupen Anwendung finden können. Außer den Proben für mikroskopische Prüfung und für die Härteprüfung von Schweißnaht, Übergangszone und Grundwerkstoff ist hier eine Biegeprobe (Probe C in Bild 12) vorgesehen. Der Wulst wird bis zur Blechoberfläche abgearbeitet, so daß die Prüfung Grundwerkstoff, Übergangszone und Schweißgut gleichmäßig erfaßt. Die Probe spricht insbesondere auf Umwandlungs-Aufhärtung in der Übergangszone an.

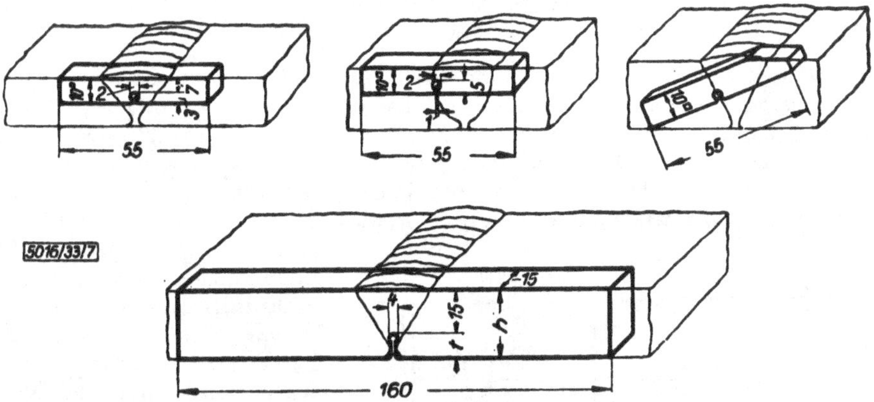

Bild 13. Entnahme von Kerbschlagproben an verschiedenen Stellen von Schweißverbindungen.

Besonders „scharfe" Zähigkeitsprüfungen werden z. B. im Dampfkesselbau verlangt, weshalb hierfür auch die *Kerbschlagprobe* als Abnahmeprüfung für Probeschweißungen eingeführt worden ist. Die Proben werden in der Regel aus der Nahtmitte entnommen, sie können aber außerdem an verschiedenen Stellen der Naht und der wärmebeeinflußten Zone des Grundwerkstoffes entnommen werden (Bild 13).

In einer englischen Veröffentlichung wird neben der ungekerbten Biegeprobe eine *Kerbbiegeprobe* empfohlen (Probe D in Bild 12), die in einfacher Weise dadurch hergestellt wird, daß die Schweißraupe bis zum Nahtgrund eingefräst wird. Diese Probe dient vor allem dazu, die Aufhärtungszonen im Übergang von der Schweißraupe zum Grundwerkstoff auf ihre Zähigkeit hin zu prüfen.

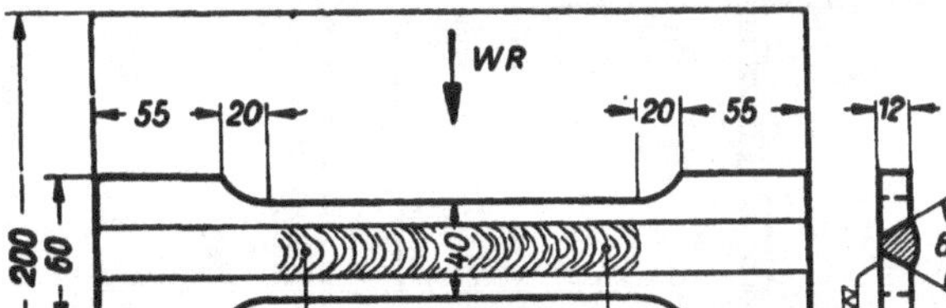

Bild 14. Reckprobe. WR = Walzrichtung

Einen ähnlichen Zweck verfolgt die *Reckprobe*, worunter man einen Zugversuch an einer Probe mit durchlaufender Längsstumpfnaht versteht (Bild 14). Sie vergleicht im wesentlichen die Verformungsfähigkeit der Naht und der anschließenden wärmebeeinflußten Zonen mit der Verformungsfähigkeit des weiter von der Naht entfernt liegenden unbeeinflußten Grundwerkstoffes. Spröde Zonen in der Naht oder im Übergang, die durch Umwandlungshärtung, Rekristallisation (Entfestigung) usw. entstehen können, werden deutlich erkennbar durch frühzeitige Anrisse in den betreffenden Zonen beim Zugversuch. Auch erhält man Aufschluß darüber, wie sich der Grundwerkstoff unter der Wirkung von Anrissen verhält, d. h. ob er dazu neigt, mehr oder weniger schlagartig spröde durchzureißen, oder ob das Weiterreißen mit größeren Verformungen verbunden ist. Im Schiffbau, der infolge der besonderen Größenverhältnisse seine eigenen Prüfstabgrößen entwickelte (siehe *Liebig* u. *Höland*, Bild 6a u. b, sowie 7 u. 18 u. 19, S. 1098), entstanden auch einige abweichende Prüfmethoden, z. B. die Reckprobe mit aufgelegter Raupe, die „Wilhelmshavener technologische Kehlnaht-Bruchprobe" (siehe *Liebig* u. *Höland*, Bild 15, 16 u. 17, S. 1097).

Gemäß den Schwierigkeiten, die im Brückenbau beim Schweißen dicker Querschnitte aus Baustahl St 52 aufgetreten sind, hat man zur Beobachtung der Neigung dieses und ähnlicher Werkstoffe zur Aufhärtung in den Übergangszonen und zu spröden Durchbrüchen nach erfolgtem Anriß die *Aufschweißbiegeprobe* eingeführt (siehe *Mantel*, Bd I, S. 106 ff.), die aus einer dickeren Blechplatte (z. B. 30 bis 50 mm dick) besteht, auf die eine Längsraupe aufgelegt wird. Die Probe wird ähnlich wie eine normale Faltprobe gebogen. Mit empfindlichen Werkstoffen erreicht man dabei nur Biegewinkel von wenigen Graden, wobei die Probe schlagartig durchbricht. Unempfindliche Werkstoffe kann man dagegen in der Größenordnung bis zu 20 bis 30° oder noch mehr biegen; sie brechen nach erfolgtem Anriß nicht plötzlich durch, sondern reißen mit zunehmender Biegung langsam weiter.

Der Wunsch, die Prüfbedingungen den am Bauteil vorhandenen Belastungsbedingungen anzugleichen, hat im Eisenbahnbrückenbau zur Einführung des *Dauerversuches* als Zulassungsprüfung für Schweißdraht geführt. Man verwendet hierzu gleichartige Proben wie beim Zugversuch und Reckversuch mit quer- und längslaufenden Stumpfnähten (Bild 15). Quernahtproben werden mit belassener und abgearbeiteter Raupe geprüft, Längsnahtproben nur mit nicht bearbeiteter Raupe. Man unterwirft die Proben in einer Zug-Dauerprüfmaschine einer vorgeschriebenen

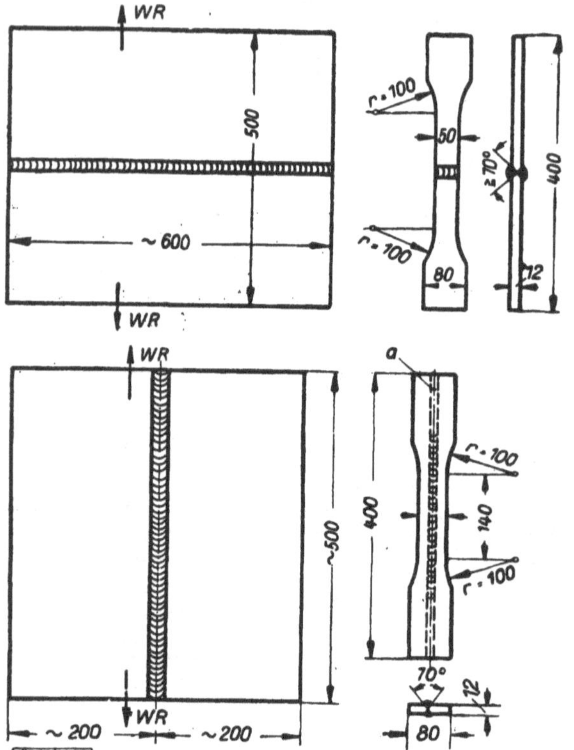

5016/33/10

Bild 15. Proben für Zugschwellversuche für die Zulassungsprüfung von Schweißdraht im Brückenbau.

a = Schweißwulst nur für die Einspannbarkeit abarbeiten
WR = Walzrichtung

Schwellbelastung (Zahlentafel 1), die die Proben während $2 \cdot 10^6$ Lastspielen auszuhalten haben. Gemäß der Beeinflussung der Dauerfestigkeit durch Nahtrichtung und Bearbeitung verlangt man von der bearbeiteten Stumpfnaht und von der Längsnaht höhere Werte als von der unbearbeiteten Stumpfnaht. Mit diesen Prüfungen wird festgestellt, ob mit dem betreffenden Schweißdraht

1. die Übergänge von der Schweißraupe zum Grundwerkstoff (Einbrandkerbe) genügend sauber und mit guter Ausrundung herzustellen sind und
2. die Naht selbst genügend fehlerfrei zu schweißen ist.

Probenart	Bearbeitung	Zugschwellfestigkeit in kg/mm² St 37 σ_u	St 37 σ_o	St 52 σ_u	St 52 σ_o
Stumpfnaht quer	unbearbeitet	1	15	1	16
Stumpfnaht quer	bearbeitet	1	18	1	19
Stumpfnaht längs	unbearbeitet	1	18	1	19

Zahlentafel 1. Verlangte Zugschwellfestigkeit bei Zulassungsprüfungen der Deutschen Reichsbahn für Schweißdrähte von Eisenbahnbrücken.

Die erste Frage wird bei keiner der bisher besprochenen Prüfungen untersucht; die zweite Frage wird zwar bei Zähigkeitsprüfungen (z. B. Faltversuch) untersucht, jedoch nicht in der Schärfe wie beim Dauerversuch, vor allem deshalb nicht, weil der Dauerversuch schon auf wesentlich kleinere Fehler anspricht, auch wenn diese nur vereinzelt auftreten, und weil beim Faltversuch und erst recht beim Kerbschlagversuch nur ein kurzes Nahtstück bzw. überhaupt nur ein einziger Querschnitt der Naht geprüft wird. Hingegen wird beim Dauerversuch ein größeres Nahtstück der gleichen Beanspruchung unterworfen, so daß eine einzige, irgendwo vorhandene unzulässig große Fehlstelle aufgedeckt werden kann.

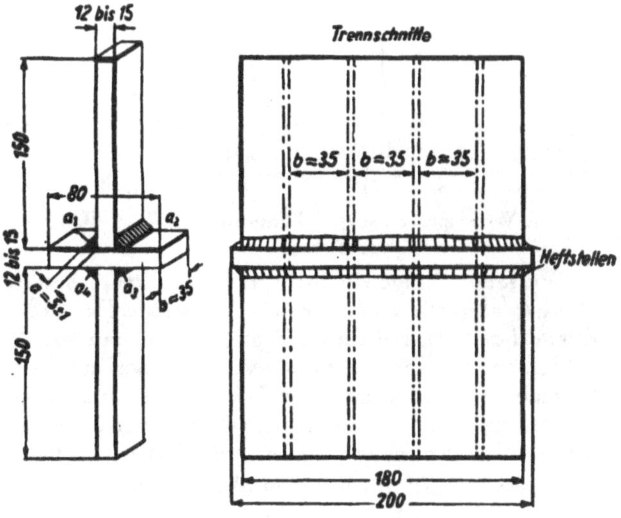

Bild 16. Probe zur Prüfung von Kehlnähten nach DIN-Vorschlag 50126 (Kreuzproben).

Nach DIN 4100 (neuerdings auch DIN-Vorschlag 50126) sind neben Prüfungen an Stumpfnähten Zugversuche mit *Kehlnahtverbindungen*, und zwar mit Kreuzproben, vorgesehen (Bild 16). Auf diese Prüfung wird gemäß der Norm besonderer Wert gelegt, wohl deshalb weil sie gleichzeitig die Beurteilung mehrerer Punkte zuläßt. So muß z. B. der Schweißer bei ihrer Herstellung schon nachweisen, daß er Nähte in vorgeschriebener Dicke legen kann. Die Abmessungen der Probe sind so gewählt, daß beim Zugversuch in der Regel der Bruch *durch* die Schweißnaht geht. Der Zugversuch gibt nicht nur einen Anhaltspunkt über die Festigkeit, sondern auch über die Zähigkeit. *Der unverschweißte Spalt an der Nahtwurzel stellt eine scharfe Kerbe dar,* die den Ausgleich der ungleichmäßigen Spannungsverteilung in den Kehlnähten durch plastische Verformung erschwert. Während ein sehr zäher Werkstoff sich auch noch unter starker Kerbwirkung etwas plastisch verformen kann und demnach bis zu einem gewissen Grade kerbunempfindlich erscheint, wird bei spröden Werkstoffen, die sich überhaupt nicht mehr plastisch verformen können, auch die Zugfestigkeit durch Kerbwirkung herabgesetzt. Erhöhte Sprödigkeit bedingt also geringere Zugfestigkeit der Kehlnahtverbindung. Auch das Bruchaussehen ändert sich mit zunehmender Sprödigkeit. Während eine zähe Schweißnaht ganz oder wenigstens teilweise einen Abschiebungsbruch mit deutlich sichtbaren Verformungsspuren ergibt, bricht eine spröde Naht etwa senkrecht zu den Spannungslinien als reiner, meist grobkörniger Trennungsbruch.

Für Fälle, in denen es schwierig ist, Kehlnahtproben aus den in Bild 16 dargestellten Kreuzproben herauszuarbeiten, kann man auch einzelne Proben gesondert schweißen. In solchen Fällen wird jedoch meist statt der Kreuzprobe die *Laschenprobe* verwendet, wie sie z. B. im DIN-Entwurf 50126 als Ersatz für die Kreuzprobe vorgeschlagen ist. Bei dieser Probe dürfen die einzelnen Teile auch durch Brennschnitt hergestellt werden. Weiterhin sind Kehlnahtlaschenverbindungen mit Stirn- oder Flankenkehlnähten z. B. für unter Wasser geschweißte Verbindungen vorgeschrieben, da hierfür die Fuge wie im Stumpfnahtstoß noch nicht verwendbar ist (*Anders* u. *Liebig,* Bild 27 bis 29, S. 728 ff., daselbst auch Zahlenwerte). Auch der Schiffbau hat seine ihm eigenen Festigkeitsproben und technologischen Prüfungen entwickelt (siehe hierzu *Liebig* u. *Höland,* Teil II ff.).

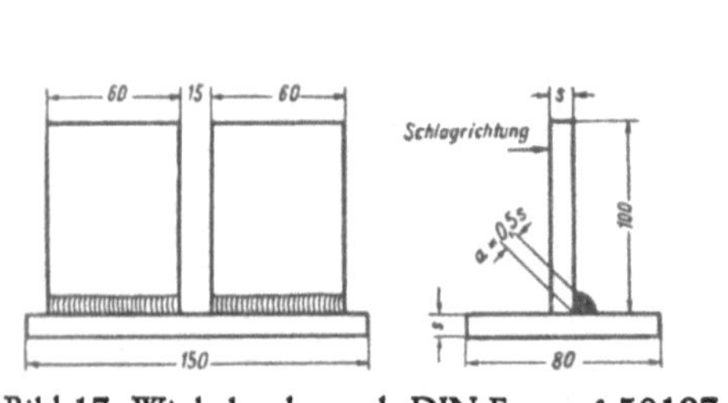

Bild 17. Winkelprobe nach DIN-Entwurf 50127. S = Schlagrichtung

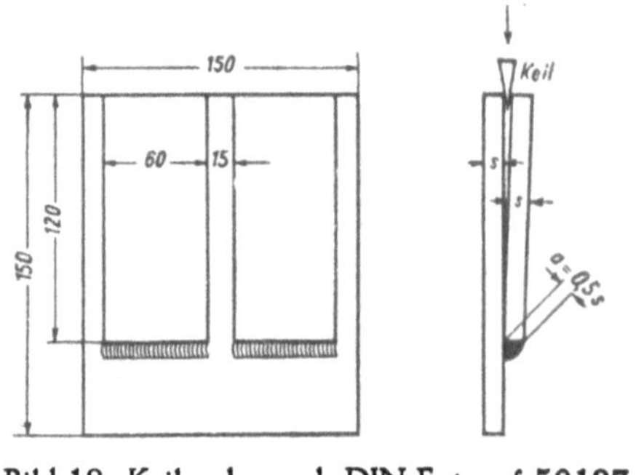

Bild 18. Keilprobe nach DIN-Entwurf 50127.

Werkstattmäßige Kehlnahtprüfungen kann man in einfacher Weise als sogenannte *Winkelproben* (Bild 17) oder als *Keilproben* (Bild 18) durchführen (DIN 4100, DIN-Entwurf 50127). Bei diesen Proben zieht man aus dem Aussehen des Bruches einen Schluß auf die Zähigkeit und eventuell auch auf die Festigkeit. In *Welding Metallurgy* ist eine Biegeprobe an einer T-förmigen Kehlnahtverbindung (Bild 19) vorgesehen, bei der das Grundblech zurückgebogen wird. Gemessen wird der Biegewinkel, nach ihm werden die Schweißungen in 4 Klassen eingeteilt, und zwar

Klasse 0: 120° Biegewinkel ohne Bruch.

Klasse 1: Bruch in Bindefläche der Schweißnaht, wobei der Bruch an der Spitze des Nahtdreieckes beginnt und entlang der Übergangszone gehen darf, jedoch ohne in das Grundmaterial hineinzureichen.

Klasse 2: Hierbei darf der Riß, beginnend von der Spitze des Nahtdreieckes, nach kurzem Verlauf entlang der Übergangszone in das Grundmaterial hineingehen; das Grundmaterial darf jedoch nicht spröde durchbrechen.

Klasse 3: Hierbei entsteht ein spröder Durchbruch, der durch das gesamte Blech hindurchschlägt.

Schweißungen an Kehlnahtverbindungen werden weiterhin zur Beobachtung der *Schweißnahtrissigkeit* verwendet. Hierbei wird ein Stehblech auf ein Grundblech mit doppelseitigen Kehlnähten aufgeschweißt, wobei die erste Naht stärker geschweißt wird als die zweite Naht. Bei schweißnahtrissigen Elektroden reißt die zweite Naht nach dem Schweißen auf. (Hierzu weitere Angaben über Schweißnahtrissigkeitsprüfung siehe *Mantel*, Bd. I, S. 106 ff.)

Festigkeitsuntersuchungen werden in vielen Fällen zur Untersuchung der *Schweißbarkeit* von Werkstoffen herangezogen. Hierbei ist zu bemerken, daß der Begriff Schweißbarkeit bis heute noch nicht eindeutig definiert worden ist. Nach den Werkstoffvorschriften wird die Schweißbarkeit in der Regel dadurch nachgewiesen, daß Stumpfnahtproben hergestellt werden, aus denen Zerreiß- und Faltproben, eventuell auch Kerbschlagproben und weitere technologische, metallographische und ähnliche Proben entnommen werden. Ihre Prüfung gibt jedoch noch keine Gewähr dafür, daß das Werkstück sich in der Praxis bewährt. Die Unterschiede zwischen der Probeschweißung und den Schweißarbeiten in der Praxis bestehen darin, daß es sich bei *Probeschweißungen* um verhältnismäßig einfache Stücke mit kleinen Abmessungen handelt, bei denen die *Schweißspannungen verhältnismäßig gering sind* und sich durch plastische Verformung auch verhältnismäßig leicht abbauen können. *Bei der Schweißung eines Bauteiles* besteht hingegen die Gefahr, daß erheblich größere und vor allem *mehrachsige Schweißspannungen* auftreten, so daß selbst Material, welches bei den einfachen Festigkeitsversuchen sich bewährt hat, bei komplizierten Bauteilen Risse ergeben kann. Der Begriff Schweißbarkeit umfaßt also, so wie ihn die Praxis auffaßt, nicht nur die Eigenschaft des Grundwerkstoffes, nach dem Verschweißen die notwendigen Festigkeitseigenschaften erzielen zu können, sondern auch die Eigenschaft, die beim Schweißen selbst auftretenden Spannungen ohne Riß ertragen zu können. Diese Eigenschaft ist jedoch nicht nur rein werkstoffmäßig bedingt, sondern richtet sich auch nach der Art der Konstruktion, nach der Lage der Schweißnähte, nach der Reihenfolge der Schweißarbeiten usw. Hier ist es die Aufgabe einer geschickten Konstruktion, ein Bauteil so zu gestalten, daß die schädlichen Einflüsse, die die Schweißbarkeit beeinträchtigen, nach Möglichkeit vermieden werden.

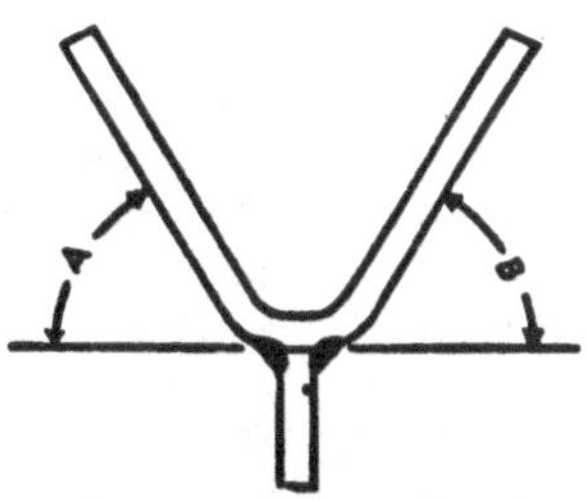

Bild 19. Gebogene T-Probe nach *Welding Metallurgy*.
A + B = Biegewinkel

Gerade der erwähnte Unterschied, daß in Probeschweißungen die Schweißspannungen anders sind als in Konstruktionsteilen, bewirkt, daß bei Versuchen über den Einfluß der Beseitigung von Schweißspannungen auf die Festigkeit (z. B. durch Spannungsfreiglühen) bei der Prüfung einfacher Proben kein Unterschied in Erscheinung tritt, während bei Bauteilen trotzdem merkliche Unterschiede in der Verformungsfähigkeit zwischen spannungsfrei geglühten und nicht geglühten Teilen vorhanden sein können. Ebenso kann man auch bei Spannungskorrosionsversuchen, bei denen man die Wirkung der Eigenspannungen auf die Spannungskorrosion untersuchen will, nicht von Versuchen an herausgetrennten Proben auf das Verhalten des geschweißten Bauteiles schließen (siehe hierzu *Schikorr*, S. 1326 ff.).

C. Zusammenstellung einer Auswahl von Vorschriften für die Prüfung von Schweißungen

DIN 50120[1]) Zugversuch an schmelzgeschweißten Stumpfnähten.
DIN 50121[1]) Faltversuch an schmelzgeschweißten Stumpfnähten.
DIN 50122 Kerbschlagbiegeversuche an schmelzgeschweißten Stumpfnähten.
DIN 50123 Leichtmetalle, Zugversuch an Schmelzschweißverbindungen.
DIN 50124 Leichtmetalle, Scherzugversuch an Punktschweißnähten.
DIN 50126[2]) Zugversuch an geschweißten Kehlnähten.
DIN 50127[2]) Technologische Proben für die Bruchflächenbeurteilung von schmelzgeschweißten Stumpf- und Kehlnähten.
DIN 50128[2]) Technologische Prüfung auf Schweißnahtrißempfindlichkeit von Elektroden.
DIN 1628 Überlappt geschweißte Flußstahlrohre und Formstücke (Wassergas-Preßschweißung).
DIN 1913[1]) Schweißdraht für Lichtbogen- und Gasschmelzschweißung von Stahl.
DIN 2393/2394 Geschweißte Präzisionsstahlrohre.
DIN 2453[1]) Flußstahlrohre, wassergasgeschweißt.
DIN 2454[1]) Flußstahlrohre, autogengeschweißt.
DIN 2461 Sondergeschweißte Stahlmuffenrohre.
DIN 2470 Richtlinien für Gasrohrleitungen mit geschweißten Verbindungen von mehr als 200 mm Durchmesser und mehr als 1 kg/cm^2 Betriebsdruck.
DIN 2471 Richtlinien für die Prüfung von Rohrschweißern.
DIN 4100 Vorschriften für geschweißte Stahlhochbauten.
DIN 4101 Vorschriften für geschweißte, vollwandige stählerne Straßenbrücken.
DIN 4115 Stahlleichtbau und Stahlrohrbau im Hochbau.
DIN 4801/4804 Warmwasserbereiter aus Flußstahl (mit Berechnungsvorschriften für Schweißnähte).
DIN 4810 Druckkessel (geschweißt) für Wasserversorgungsanlagen.

Werkstoff- und Bauvorschriften für Landdampfkessel (Beuth-Vertrieb, Berlin und Krefeld-Uerdingen).

Werkstoff- und Bauvorschriften für Schiffsdampfkessel (Beuth-Vertrieb).

Richtlinien für den Bau von Heißdampf-Rohrleitungen (herausgegeben von der Vereinigung der Großkesselbesitzer).

Richtlinien für die Ausbildung und Prüfung von Kesselschweißern (Erlaß des Reichswirtschaftsministeriums vom 30. November 1938, III SW 26049/38).

Anweisung für die Durchführung von Arbeitsprüfungen an geschweißten Schüssen und Trommeln mit einer Schweißnahtwertigkeit von über 0,7 bis 0,9 (Erlaß des Reichswirtschaftsministeriums III SW 27105/38).

Vorläufige Vorschriften für geschweißte, vollwandige Eisenbahnbrücken der Deutschen Reichsbahn.

Vorläufige Vorschriften für geschweißte Fahrzeuge (Vogefa) mit Anhang für geschweißte Lokomotivkessel und -feuerbüchsen.

Vorläufige technische Lieferbedingungen für Schweißdraht für Verbindungs- und Auftragschweißung an genormten Stahlsorten nach dem Gas- und Lichtbogen-Schmelzschweißverfahren mit Anhang für Brückenschweißdrähte.

[1]) Neuentwurf z. Z. in Bearbeitung.
[2]) Normentwurf z. Z. in Bearbeitung.

Literaturangabe

Bierett, G. u. *W. Stein*, Prüfung der Schweißempfindlichkeit des Baustahles St 52 an Biegeproben mit Längsraupen. Stahl u. Eisen Bd. *58* (1938), S. 427—431.

Block, E. u. *H. Ellinghaus*, Der Freibiegeversuch. Elektroschweißung Bd. *4* (1933), S. 126—129.

Daeves, K., Werkstoffabnahmeprüfungen und Gebrauchsbewährung. Maschinenbau/Betrieb Bd. *21* (1942), S. 325/326.

Dümpelmann, R., Mechanische Prüfung von Schweißverbindungen. Autog. Metallbearb. Bd. *32* (1939), S. 65—72 u. 89—93.

Henry, O. H. u. *G. E. Claussen*, Prüfung der physikalischen Eigenschaften von Schweißungen. Weld. J. Bd. *18* (1939), S. 288—294.

Kendel, G., *F. Knoops* u. *H. Uhlitzsch*, Neuere vergleichsweise Untersuchungen von Biege- und Zugproben bei Elektroschweißungen. T. Z. prakt. Metallbearb. Bd. *49* (1939), S. 51—58 u. 169—177.

Ludwig, N., Neubearbeitete Normblätter über Festigkeitsprüfverfahren von Schweißverbindungen. Schweißen u. Schneiden Bd. *3* (1951), H. 9, S. 288—294.

Mailänder, R., u. *W. Ruttmann*, Vergleichende Faltversuche mit Dornbiegung und Freibiegung. Elektroschweißung Bd. *8* (1937), S. 36—38.

Matting, A., Der Reckversuch, Erfahrungen und Ergebnisse. Elektroschweißung Bd. *7* (1936), S. 53—57.

Nikolajew, G. A., Handbuch für Schweißereifachleute. Herausg. Sowjet. techn. wissenschaftl. Vereinigung d. Schweißereifachleute, Moskau 1951.

Quadflieg, J., Beitrag zur Kerbzähigkeit von Schweißverbindungen unter besonderer Berücksichtigung weichen Kesselbleches. Arcos Bd. *14* (1937), S. 1562—1568, 1593—1604, 1634—1641 u. 1667/1668.

Schulz, G., Dynamische und statische Festigkeitsuntersuchungen an punktgeschweißten Verbindungen, Elektroschweißung Bd. *15* (1944), S. 101—105 u. 124—132.

Siebel, E., Handbuch der Werkstoffprüfung Bd. *2* Abschn. VI B, Prüfung von Schweißverbindungen von *E. A. Damerow* u. *W. Steurer*. Springer Berlin 1939.

Spraragen, W., u. *G. E. Claussen*, Kerbschlagversuche an Schweißverbindungen. Weld. J. Bd. *15* (1936) Nr. 4, S. 2—12; Bd. *17* (1938), Nr. 9, Anhang S. 8—27.

Stieler, C., Die neuen Schweißdrahtlieferbedingungen der Deutschen Reichsbahn. Elektroschweißung Bd. 9 (1938), S. 208—213.

Welding Metallurgy. Iron and Steel, 1949.

Williams, R. D., Der Freibiegeversuch an Schweißverbindungen. Weld. J. Bd. *19* (1940), Nr. 4, Anhang S. 121/122.

Zeyen, K. L. u. *W. Lohmann*, Schweißen der Eisenwerkstoffe. Verlag Stahleisen, Düsseldorf 1948.

Zeyen K. L. Versuche mit Prüfverfahren zur Ermittlung der Verformungsfähigkeit von Mehrlagenschweißungen an weichem Flußstahl. Elektroschweißung Bd. *10* (1939) S. 21—30 67—74 u. 90—94.

Korrosion von Schweißnähten aus Stahl

Prof. Dr. phil. G. Schikorr, Stuttgart-Feuerbach

A. Einleitung

Die Korrosion von Schweißnähten ist ein Sondergebiet, das nur wenig erforscht ist. Zwar gibt es eine größere Zahl von Veröffentlichungen, die sich mit diesem Gebiet befassen; die meisten von ihnen sind aber vom Standpunkt des Schweißens aus geschrieben, während die Korrosionsverhältnisse unbefriedigend, wenn nicht fehlerhaft behandelt sind. Der Hauptgrund für das mangelhafte Interesse der Korrosionsfachleute für die Korrosion von Schweißungen ist ein sehr günstiger, nämlich der, daß die Schweißnähte in den weitaus meisten Fällen in bezug auf die Korrosion keinerlei Besonderheiten zeigen und sich wie normales Eisen verhalten. Dieser Punkt soll hier besonders betont werden; denn viele Schweißsachverständige sind — offenbar unter dem Einfluß einiger nicht glücklicher Veröffentlichungen — der Meinung, daß an Schweißnähten ganz besonders verwickelte Korrosionserscheinungen auftreten. Das ist aber, wie schon erwähnt und später näher ausgeführt werden soll, wenigstens für normale Stähle — wenn man vom Säureangriff absieht — im allgemeinen nicht der Fall.

Die folgenden Ausführungen werden die Grundlagen der normalen Korrosion von Schweißungen aus unlegiertem Stahl behandeln. Zwar sind, wie gesagt, nur wenige unmittelbare Untersuchungen hierüber vorhanden; die Verhältnisse dürften aber doch für die wichtigsten Fälle [Lit. *Portevin* u. *Leroy*], im besonderen für das Rosten, trotz aller scheinbaren Kompliziertheit so einfach liegen, daß die Arbeiten über Korrosion ungeschweißten Stahles genügend Klarheit geben. Natürlich ist es durchaus möglich, daß in manchen Beziehungen gewisse Abweichungen von der Korrosion normalen Stahles bestehen, die sich nicht voraussehen lassen, so z. B. bei der Korrosion unter gleichzeitiger mechanischer Beanspruchung, also bei der „Spannungskorrosion" und der „Korrosionsermüdung" (s. später). Eine eingehende experimentelle Grundlagenforschung ist für die normale Korrosion von Schweißnähten durchaus erwünscht, und wenn sie auch nur die Bestätigung für die grundsätzliche Gleichheit mit der Korrosion ungeschweißten Stahles ergeben sollte.

Außer den Grundlagen sind im folgenden auch die Korrosionserscheinungen an Schweißungen unter besonderen Bedingungen beschrieben, wobei ebenfalls manches wegen des Mangels an grundlegenden Veröffentlichungen unsicher ist.

Nicht wiedergegeben sind diejenigen in einzelnen Berichten angegebenen Erklärungen für gewisse Korrosionserscheinungen, die nur aus der — häufig noch nicht einmal richtig verstandenen — Theorie abgeleitete Vermutungen sind. Denn eine Eigenart der Korrosion ist die folgende: Viele Einflußgrößen können je nach den Bedingungen auf die Korrosion *sowohl begünstigend als auch hemmend* wirken. Es ist daher fast immer ein leichtes, aus der Theorie eine Erklärung für eine bestimmte Erscheinung zu finden. *Die Schwierigkeit und Aufgabe der Korrosionsforschung beruht daher nicht auf der Auf-*

*findung möglicher Erklärungen, sondern auf dem experimentellen Nachweis, daß die Erklärungen auch in der Tat richtig sind**).

B. Allgemeine Theorie der Korrosion der Metalle

Die Grundlagen der Korrosionstheorie sind dem Praktiker meist weniger vertraut, als man gemeinhin annimmt. Sie soll daher in folgendem kurz beschrieben werden**).

Die Metallkorrosionen beruhen immer auf chemischen Reaktionen. Für die Beurteilung aller Korrosionen ist es daher erforderlich, daß man sich zunächst darüber klar wird, welche *Korrosionsmöglichkeit* in dem betreffenden System besteht, indem man feststellt, nach welchen Reaktionen die Korrosion vonstatten geht. So kann etwa Zink mit reinem, im besonderen O_2-freiem Wasser nach der Gleichung $Zn + 2\,H_2O = Zn(OH)_2 + H_2$ reagieren. Entsprechendes gilt für alle Metalle, die nach der elektrochemischen Spannungsreihe unedler als Zink sind. Hier besteht also eine Korrosionsmöglichkeit. Hingegen sind bei Kadmium und edleren Metallen, wenigstens bei gewöhnlicher Temperatur, keine Reaktionen mit reinem Wasser möglich. Diese Metalle können also mit reinem Wasser bei gewöhnlicher Temperatur nicht korrodieren***).

Bei Eisen und luftfreiem Wasser ist die Reaktion $Fe + 2\,H_2O = Fe(OH)_2 + H_2$ praktisch nicht möglich, wohl aber $3\,Fe + 4\,H_2O = Fe_3O_4 + 4\,H_2$ [*Schikorr* 1)]; bei Zimmertemperatur ist die Triebkraft auch dieser Reaktion aber so gering, daß sie praktisch vernachlässigt werden kann und daher wenigstens kompaktes Eisen von luftfreiem Wasser völlig unangegriffen bleibt. Bei höherer Temperatur, im besonderen in Dampfkesseln, wird sie jedoch mitunter beachtlich und führt hier zu der sogenannten „Dampfspaltung".

Man unterscheidet bei der Korrosion des Eisens zwei besonders wichtige Korrosionsarten, und zwar die *Korrosion unter Wasserstoffentwicklung* und die *Korrosion unter Verbrauch von Oxydationsmitteln.*

Die Korrosion unter Wasserstoffentwicklung entsteht im besonderen bei Einwirkung nichtoxydierender Säuren auf Eisen, z. B. nach der Reaktion

$$Fe + 2\,HCl = FeCl_2 + H_2 \quad \text{(Korrosionsreaktion beim Beizen)}$$

oder

Eisen + organische Säure = organisches Eisensalz + Wasserstoff
(Korrosionsreaktion in Konservendosen mit sauren Füllgütern).

Von den Korrosionen unter Verbrauch von Oxydationsmitteln ist die wichtigste das Rosten des Eisens, das meistens nach der Bruttoreaktion

$$4\,Fe + 3\,O_2 + 2\,H_2O = 2\,Fe_2O_3 \cdot H_2O \quad (\text{oder} = 4\,FeOOH)$$

vonstatten geht.

Die Korrosionsmöglichkeit ist *eine* unerläßliche Vorbedingung für die Korrosion; wenn sie gegeben ist, hat man jedoch noch keine Kenntnis von der *Korrosionsgeschwindigkeit*, und diese ist das praktisch besonders Interessierende. Vielfach ist die Korrosionsmöglichkeit durchaus da, es kommt aber praktisch doch zu keiner Korrosion (z. B. bei Eisen an trockner Luft), denn die Korrosionsgeschwindigkeit ist zwar proportional der Triebkraft der Reaktion, aber umgekehrt proportional dem Reaktionswiderstand

---

*) Eine besondere Schwierigkeit entstand bei der Abfassung der folgenden Ausführungen dadurch, daß wegen der Zeitverhältnisse viele Arbeiten nur nach Referaten bekannt waren. Wo das der Fall war, ist in dem Schrifttumsverzeichnis am Ende des Berichtes das betreffende Referat mit angegeben. Besonders gute Dienste leistete das hervorragende Sammelreferat von *Spraragen* u. *Claussen.*

**) Vgl. die später gegebene Zusammenstellung von Lehr- und Handbüchern. Die folgende Darstellung entspricht der Behandlung des Stoffes in dem Buch des Verfassers. Grundsätzliche Unterschiede zu den Anschauungen der Verfasser der anderen Bücher bestehen, wenn überhaupt, dann nur in geringem Maße. Die in diesem Abschnitt angegebenen Einzelschrifttumshinweise geben besonders kennzeichnende oder für den deutschen Leser leicht erreichbare Veröffentlichungen an, ohne daß dabei etwas über die Priorität der Entdeckung oder Aufklärung einer Erscheinung gesagt werden soll.

***) Die Erörterung der Selbstverständlichkeit, daß ohne eine chemische Reaktion auch keine Korrosion möglich ist, erscheint erforderlich, da in Kreisen der Praktiker immer wieder dagegen verstoßen wird; im besonderen findet man häufig die Meinung, daß gewisse Ungleichmäßigkeiten des Metallgefüges Potentialdifferenzen und damit starke Korrosionen hervorrufen könnten, ohne daß dabei die Notwendigkeit einer gleichzeitigen chemischen Reaktion berücksichtigt wird. Kadmium kann, auch in noch so unreinem Zustande, durch kaltes, luftfreies Wasser nicht angegriffen werden.

[*Fischbeck*], so daß eine gewisse Ähnlichkeit mit dem Ohmschen Gesetz besteht, die übrigens mehr als nur äußerlich ist.

Für den Reaktionswiderstand bei der Korrosion ist besonders die Bildung schützender Schichten aus den entstehenden Korrosionsprodukten wichtig. Wenn frisch hergestelltes Eisen an die Luft gelangt, bedeckt es sich in wenigen Sekunden mit einer dünnen, zunächst unsichtbaren, aber doch nachweisbaren Oxydschicht, und diese verhindert die weitere Einwirkung der Luft auf das Eisen [*Freundlich, Patscheke* u. *Zocher*; *Evans* (1); *Brown, Roetheli* u. *Forrest*]. Der Grad der Löslichkeit der entstehenden Korrosionsprodukte in dem umgebenden Medium ist daher für die Korrosion häufig von besonderer Bedeutung. Wenn keine Schutzschichten entstehen, geht die eigentliche Korrosion häufig so rasch vonstatten, daß das an das Metall gelangende Angriffsmittel praktisch sofort verbraucht wird. Die Korrosionsgeschwindigkeit wird dann durch die Geschwindigkeit geregelt, mit der das Angriffsmittel an das Metall gelangt. Wann dies der Fall ist, ergibt sich erst aus den näheren Bedingungen, die sich häufig nur schwer übersehen lassen und besonders erforscht werden müssen. An einem Beispiel sei dies näher erläutert:

Wenn Blei unter ruhendem destilliertem Wasser an der Luft korrodiert, können ganz verschiedene Erscheinungen auftreten, je nachdem die Kohlensäure der Luft Zutritt zu dem Blei hat [*Schikorr* (2)]. Ist der Kohlensäurezutritt nur gering, so regelt sich die Korrosionsgeschwindigkeit des Bleis in der obengenannten Weise, so daß die Diffusion des Luftsauerstoffs durch das Wasser maßgebend für die Korrosionsgeschwindigkeit wird. Hat die Kohlensäure besseren Zutritt, so bilden sich auf dem Blei Schutzschichten von Bleikarbonat, die den Angriff bald praktisch völlig verhindern. Tritt noch mehr Kohlensäure an das Blei, was allerdings meistens nur bei ständiger Erneuerung des Wassers möglich ist, so löst die Kohlensäure die Schutzschicht vom Bleikarbonat auf dem Blei zu Bleihydrogenkarbonat auf, und es entsteht wieder ein deutlicher Angriff auf das Blei.

Alle die Umstände, die die Korrosionsgeschwindigkeit regeln und die man zur Beurteilung der Korrosion möglichst kennen muß, bezeichnet man als die *maßgebenden Umstände*.

Man kann die Korrosionsgeschwindigkeit auch daraufhin prüfen, welches der langsamste Einzelvorgang der die Korrosion hervorrufenden Vorgänge ist, oder die in der Katalyse üblichen Methoden auf die Korrosion anwenden [*Pietsch*]. Es handelt sich hierbei aber mehr um verschiedene Betrachtungsweisen als etwa um sich widersprechende Theorien.

Von größter Bedeutung ist ferner die Form der Korrosion. Wenn ein gleichmäßiger Angriff stattfindet, ist die Korrosion meist viel belangloser, als wenn der Angriff örtlich ist; denn in diesem Fall kann die örtliche völlige Zerstörung des Metalls mitunter sehr rasch zur Durchlöcherung und damit Unbrauchbarkeit eines bestimmten Gegenstandes (z. B. eines Gefäßes) führen.

Beim ungleichmäßigen Angriff sind folgende drei besondere Arten zu unterscheiden: *Lochfraß*, *Korngrenzenangriff* („*interkristalline Korrosion*") und *auswählende Korrosion* („*selektive Korrosion*") bei der bestimmte Phasen einer Legierung — z. B. β-Messing in Ms 60 — besonders stark angegriffen werden.

Die bisherigen Ausführungen können ähnlich auch für die Korrosion anderer Werkstoffe gelten, so etwa für die Korrosion von Marmor an der Atmosphäre. Bei der Korrosion der Metalle spielen jedoch noch die im folgenden beschriebenen zwei Besonderheiten eine grundlegende Rolle, die bei den anderen Werkstoffen nicht oder nur im Einzelfall von Bedeutung sind.

Die Metallkorrosion beruht immer auf Oxydations-Reduktions-Vorgängen. Bei diesen gehen allgemein Elektronen von einem Stoff (hier dem Metall, das oxydiert wird) auf einen anderen (das Oxydationsmittel, das reduziert wird) über. Zur Aufrechterhaltung der Elektroneutralität gibt dabei der Metallkristall eine entsprechende Zahl von Metallionen an das angreifende Medium ab, worin die eigentliche Korrosion besteht*).

Die zweite für die Korrosion wichtige Eigenart der Metalle liegt darin, daß die Metalle eine hohe elektrische Leitfähigkeit haben. Hierdurch wird eine örtliche Aufspaltung der Korrosionsreaktion ermöglicht, indem die Elektronen an einer anderen Stelle in das angreifende Medium übergehen können als die Metallionen. Diejenigen Stellen, an denen die Metallionen in Lösung gehen, also die Stellen der eigentlichen Korrosion, nennt man im allgemeinen in der Korrosionsforschung *anodische* Stellen, was auf den Ähnlichkeiten mit den Erscheinungen in der Galvanotechnik beruht. Die Stellen, an denen die Elektronen von dem angreifenden Bestandteil des Mediums aufgenommen werden, nennt man *kathodische* Stellen. Die Aufspaltung der Korrosionsreaktionen in anodische und kathodische Vorgänge kann zur Folge haben, daß gerade an Stellen, zu denen der angreifende Bestandteil des Mittels geringen Zutritt hat, das Metall besonders stark korrodiert. Diese für die Korrosion sehr wichtige Erscheinung, die be-

*) Die früher allgemein angenommene Auffassung, daß das Metall erst bei der Oxydation in den Ionenzustand übergehe, entspricht nicht den Tatsachen; denn die Metallionen sind bereits im Metallgitter vorhanden; zum Ausgleich der Elektrizität befindet sich eine äquivalente Menge von Elektronen als „Elektronengas" in dem Gitter.

sonders durch die zahlreichen Arbeiten von *Evans* geklärt wurde, sei an einem übersichtlichen und lehrreichen Beispiel, dem „Effekt der ungleichmäßigen Belüftung", näher erörtert.

In Bild 1 ist ein Glasgefäß wiedergegeben, das durch eine porige Wand in zwei Teile geteilt ist. In jedem Teil befindet sich eine Eisenplatte (A bzw. B); beide Platten sind durch einen Draht über ein Ampèremeter miteinander verbunden. Das ganze Gefäß ist mit Natriumchloridlösung gefüllt. Läßt man nun an der Platte A einen Strom von Luftblasen vorbeistreichen, so zeigt das Ampèremeter einen Strom an, für den die Platte A Kathode ist. Gleichzeitig sendet die Platte B Eisen(II)ionen in Lösung, und die Lösung an der Platte A wird alkalisch; beides läßt sich durch einen geeigneten Indikator, der aus rotem Blutlaugensalz und Phenolphthalein besteht („Ferroxyl-Indikator"), leicht nachweisen. Wenn man die Platten A und B vor und nach dem Versuch wägt, so findet man, daß die Platte A ihr Gewicht nur wenig verändert hat, während die Platte B einen Gewichtsverlust erlitten hat, der dem in dem Ampèremeter angezeigten Strom äquivalent ist. Gerade diejenige Platte, an die das Angriffsmittel Sauerstoff in besonders reichlichem Maße gelangt ist, ist also unangegriffen geblieben, während die nicht belüftete Platte korrodiert ist.

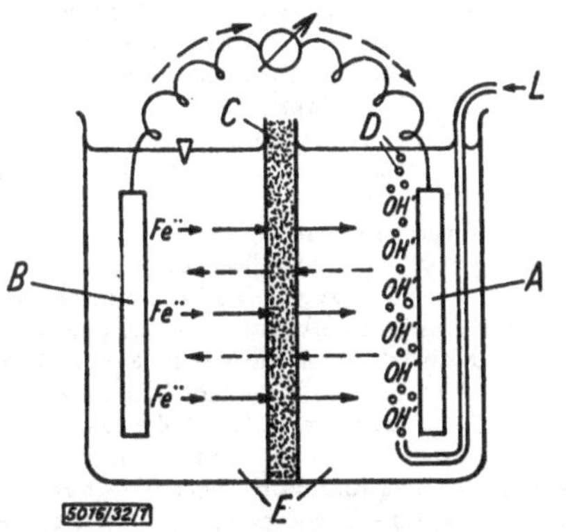

Bild 1. Effekt der ungleichmäßigen Belüftung.

A u. B = Eisenplatten
C = porige Scheidewand
D = Luftblasen
E = Elektrolyt
L = Rohr zum Lufteinleiten

Die Erklärung für diese zunächst unerwartete Erscheinung ergibt sich leicht aus dem vorher Gesagten. Die ganze Anordnung stellt nichts anderes als ein echtes galvanisches Element dar, in dem die Platte B die Lösungselektrode (Anode) ist, während an der Platte A die beim Inlösunggehen der Eisen(II)ionen frei werdenden Elektronen von dem Sauerstoff verbraucht werden. Zu erwähnen ist hierbei noch, daß die an der Platte A entstehende Alkalität die Entstehung der Sauerstoffelektrode begünstigt.

Grundsätzlich liegt hier die gleiche Art von Element vor wie bei den in den letzten Jahren in den Handel gekommenen Taschenlampenbatterien mit Luft als Depolarisator, nur daß bei diesen als Lösungselektrode Zink statt Eisen und als Träger der Sauerstoffelektrode ein Kohlestab wirkt.

Der Effekt der ungleichmäßigen Belüftung erklärt viele Erscheinungen des ungleichmäßigen Angriffs an Metallen, im besonderen den Lochfraß. Es ist jedoch zu betonen, daß der Effekt keineswegs immer bei verschiedenem Sauerstoffzutritt in merklichem Maße zustande kommen muß. Vielmehr sind einerseits große Unterschiede in der Sauerstoffkonzentration der angreifenden Lösung erforderlich, andererseits wird der Effekt, wie schon erwähnt, dadurch sehr unterstützt, daß etwa bei der Korrosion von Eisen in Alkalisalzlösung an den stark belüfteten Stellen Alkalihydroxyd entsteht, so daß hier die bereits erwähnten, mit dem bloßen Auge unsichtbaren, aber mit besonderen Verfahren nachweisbaren Oxydschichten entstehen, die das Metall nicht vor dem Austritt der Elektronen, wohl aber vor dem Austritt von Ionen schützen. Ferner muß die elektrische Leitfähigkeit des Systems groß sein.

Die quantitativen Zusammenhänge bei der ungleichmäßigen Belüftung entsprechen ganz und gar den Lehren der Elektrochemie, wie überhaupt die Metallkorrosion sich im allgemeinen durchaus in den Rahmen der anorganischen und der Elektrochemie einfügt, ohne daß irgendwelche besonderen Annahmen zu machen wären, wenigstens solange nicht gleichzeitig mechanische Kräfte einwirken. Die Schwierigkeiten der Korrosionsforschung liegen nicht darin, daß grundsätzlich neuartige Erscheinungen auftreten, als vielmehr darin, festzustellen, welche der an sich ziemlich einfachen anorganisch-chemischen oder elektrochemischen Vorgänge die Korrosion veranlassen und maßgebend beeinflussen.

Grundsätzlich ebenso wie die Versuchsanordnung in Bild 1 lassen sich auch die meisten anderen Korrosionserscheinungen als Wirkungen galvanischer Elemente auffassen. Gegenüber den normalen galvanischen Elementen bestehen jedoch die folgenden wichtigen Unterschiede: Bei den normalen galvanischen Elementen sind die kathodischen Flächen*) meist unangreifbar (z. B. Graphit oder Platin) und nach der ganzen Anordnung des Elements von vornherein als Kathoden vorgesehen, während in den Korrosionselementen die kathodischen Flächen mehr oder weniger zufällig zu solchen werden. Die Korrosionselemente sind mitunter so klein, daß man dann von Lokalelementen spricht. Sie sind ferner ständig kurzgeschlossen, so daß an den kathodischen Flächen das wirksame Oxydationsmittel ständig verbraucht wird und sich mitunter weitgehend erschöpft (z. B. beim Rosten des Eisens in ruhendem

*) Im Sinne der Korrosionsforschung kathodisch; bei Stromentnahme (z. B. für eine Elektrolyse) erzeugen diese Elektroden Anoden.

Wasser). In diesem Fall ist allein die Geschwindigkeit, mit der neues Oxydationsmittel an die kathodischen Flächen gelangt, für die Korrosionsgeschwindigkeit maßgebend. Die Verarmung bzw. Erschöpfung an den kathodischen Stellen infolge der ständigen elektrochemischen Vorgänge nennt man kathodische Polarisation. Auch an den Anoden treten Polarisationserscheinungen auf, die hier in einer Anreicherung an Metallionen bestehen, wodurch die Stärke des Korrosionsstromes ebenfalls herabgesetzt wird. Der anodischen Polarisation entgegen wirkt die Fortdiffusion der Metallionen in die umgebende Lösung oder Reaktionen der Lösung, indem die Metallionen in unlösliche Verbindungen oder in Komplexverbindungen übergehen. Die Aufhebung oder Verringerung der Polarisation nennt man Depolarisation, und häufig läßt sich sagen, daß die Korrosionsgeschwindigkeit der Depolarisationsgeschwindigkeit unmittelbar äquivalent ist.

Auch die Art des Metalls hat erwartungsgemäß für die Korrosion eine große Bedeutung. Je unedler ein Metall ist, desto stärker ist die treibende elektromotorische Kraft für die Korrosion. Da aber, wie gesagt, für die praktisch besonders wichtige Korrosionsgeschwindigkeit auch der Reaktionswiderstand von maßgebender Bedeutung ist, kann ein an sich unedles Metall doch sehr korrosionsbeständig sein, nämlich dann, wenn es einen großen Reaktionswiderstand aufweist (im besonderen durch Bildung dichter und unlöslicher Schutzschichten). Während etwa die sehr unedlen Alkalimetalle in Wasser, mit dem sie als Korrosionsprodukte Wasserstoff und lösliches Alkalihydroxyd bilden, äußerst stark korrodieren, sind die ebenfalls an sich recht unedlen Metalle Magnesium und Aluminium gegen reines Wasser weitgehend beständig, da ihre Hydroxyde unlöslich sind und durch Bildung von Schutzschichten auf dem Metall der Korrosion einen starken Widerstand entgegensetzen. Oft kommt es sogar vor, daß ein an sich viel edleres Metall wegen seines geringeren Reaktionswiderstandes stärker korrodiert als ein an sich unedleres mit in dem betreffenden Fall großem Reaktionswiderstand. So wird etwa das edle Silber von Salpetersäure so stark angegriffen, daß es sich in kurzer Zeit löst, während das an sich viel unedlere Chrom wegen seines hohen Reaktionswiderstandes gegen diese Säure praktisch völlig beständig ist. Der hohe Reaktionswiderstand beruht — wie gesagt — häufig auf der Bildung von Schutzschichten aus Korrosionsprodukten. In dem zuletzt genannten Fall und auch bei der hohen Beständigkeit von Aluminium gegen Salpetersäure besteht aber keine völlige Klarheit, da sowohl Aluminiumoxyd als auch die Chromoxyde in Salpetersäure keineswegs unlöslich sind; möglicherweise handelt es sich um die Folgen einer äußerst langsamen Löslichkeit, worüber jedoch bisher noch keine eindeutigen Unterlagen vorhanden sind.

Das Gefüge und die Zusammensetzung des Metalls sind für die Korrosion ebenfalls häufig von großer Bedeutung, im besonderen spielen Inhomogenitäten für die Ausbildung von Korrosionselementen eine große Rolle, indem elektrochemisch edlere Stellen der Metalloberfläche bevorzugt zu Kathoden werden. An den edleren Stellen bildet sich dabei, wenn z. B. gelöster Sauerstoff das Oxydationsmittel ist, ein Sauerstoffpotential aus, während die unedleren Stellen das entsprechend dem Nernstschen Gesetz veränderte Potential des korrodierenden Metalls annehmen. Das Eigenpotential eines edlen Einschlusses in der Metalloberfläche wirkt dabei nur insofern, als es das Sauerstoffpotential etwas verändert; es spielt aber keine entscheidende Rolle.

Früher wurde vielfach die Meinung vertreten, daß ganz reine Metalle nicht korrodieren könnten, da sich auf ihnen wegen der elektrochemischen Gleichwertigkeit ihrer Oberfläche keine verschiedenen Potentiale und damit keine Korrosionselemente ausbilden könnten. Diese Anschauung trifft zwar in manchen Fällen zu, im besonderen für den Angriff der Metalle durch nichtoxydierende Säuren, für den es besonders auch darauf ankommt, in welchem Maße die Metalloberfläche Stellen mit niedriger „Überspannung" des Wasserstoffs enthält; wenn jedoch gelöster Sauerstoff das Angriffsmittel ist, spielt der Reinheitsgrad des Metalls häufig gar keine Rolle, da hierbei infolge des nie gleichen Sauerstoffverbrauchs an den einzelnen Stellen der Oberfläche bald Sauerstoffelektroden entstehen, die Korrosionselemente in Gang setzen. Das gilt z. B. für die Korrosion von Eisen, Blei, Zink und Kupfer, die in reinem Zustande z. B. durch Sauerstoff und Wasser etwa ebenso stark angegriffen werden wie in unreinem.

Weitere Einflüsse der Zusammensetzung und des Gefüges des Metalls beruhen auf Veränderungen der Neigung des Metalls zur Bildung von Schutzschichten. Im besonderen sind unreines Aluminium und Magnesium häufig deswegen weniger korrosionsbeständig als in reinem Zustand, weil heterogene Verunreinigungen schwache Stellen in der für die Beständigkeit dieser Metalle entscheidenden Schutzschicht erzeugen.

Potentialveränderungen durch ein fest gelöstes Fremdmetall spielen erst bei höheren Gehalten an diesem eine Rolle, so etwa die Potentialveredlung des Aluminiums durch Hinzulegierung des edleren Kupfers. Der korrosionshemmende Einfluß höherer Gehalte an Fremdmetallen beruht häufig darauf, daß das Zusatzmetall seine Fähigkeit zur Schutzschichtbildung in mehr oder weniger starkem Maße auf das Grundmetall überträgt; das bekannteste Beispiel hierfür ist die rosthemmende Wirkung des Chroms in den nichtrostenden Stählen.

Viele Einzelheiten zu den mehr allgemeinen Ausführungen des vorliegenden Abschnitts sind in den folgenden Abschnitten gegeben.

C. *Korrosion von Schweißverbindungen aus Stahl in nichtoxydierenden Säuren*

1. Grundlagen und Besonderheiten der Säurekorrosion des Eisens. Der Angriff nichtoxydierender Säuren*) auf Schweißnähte wird vielfach als technologische Kurzprüfung für die Korrosionsbeständigkeit an Schweißnähten verwendet. Diese Prüfung ist jedoch nur dann brauchbar, wenn in dem betreffenden praktischen Fall ebenfalls nichtoxydierende Säuren das Angriffsmittel sind [*Daeres* u. *Eisenstecken*]. Die unzulässige häufige Übertragung der Ergebnisse dieser Prüfung z. B. auf die Rostanfälligkeit von Schweißnähten hat mitunter den Eindruck entstehen lassen, daß die genannte Prüfung überhaupt völlig sinnlos sei. Das trifft aber nicht zu. Denn obwohl im Schrifttum über die Korrosion von Schweißverbindungen nirgends auf diese Einzelheiten eingegangen wird, ist es doch nicht zu bezweifeln, daß in der Praxis Schweißnähte mitunter dem Angriff durch nichtoxydierende Säuren ausgesetzt sind (vgl. später). Diese Angriffsart soll daher im folgenden sowohl vom allgemeinen Standpunkt als auch im besonderen in bezug auf Schweißverbindungen behandelt werden.

Beim Angriff von nichtoxydierenden Säuren auf Eisen entstehen, wie es bereits ausgeführt wurde, einerseits Metallsalz, andererseits Wasserstoff. Nach allem, was bisher darüber bekannt ist, scheinen die für die Korrosionsgeschwindigkeit maßgebenden Umstände bei der Wasserstoffentwicklung zu liegen. Im besonderen spielt die sogenannte „Überspannung" des Wasserstoffs eine Rolle. Diese besteht darin, daß der Wasserstoff sich meist erst bei höheren Spannungen entwickelt, als elektrochemisch errechnet wird; sie ist an verschiedenen Oberflächen sehr unterschiedlich [*Straumanis*; *Schmidt* u. *Stoll*]. Die Zusammenhänge der Überspannung mit den praktischen Verhältnissen beim Eisen sind jedoch noch nicht klar erkennbar. Überhaupt ist trotz vieler Untersuchungen die Auflösung von Metallen in nichtoxydierenden Säuren vom wissenschaftlichen Standpunkt noch nicht befriedigend geklärt. Das Folgende soll sich daher darauf beschränken, die Abhängigkeit des Angriffs von nichtoxydierenden Säuren auf Eisen rein empirisch zu schildern.

Am unsichersten bekannt ist die scheinbar einfachste *Abhängigkeit, nämlich die von der Korngröße des Eisens. Pietsch, Grosse-Eggebrecht* u. *Roman* führten Angriffsversuche von 1 prozentiger Schwefelsäure auf Karbonyleisen verschiedener Korngröße aus, das sich bekanntlich durch sehr große Reinheit auszeichnet. Sie fanden bei Proben, deren verschiedene Korngrößen durch einfaches Glühen zwischen 930 und 1300° C erhalten waren, einen mit steigender Korngröße steigenden Angriff, während Proben, die zuerst gereckt und dann durch Glühen bei 500 bis 700° C rekristallisiert waren, mit steigender Korngröße einen abnehmenden Angriff erlitten (Bild 2). Die Verfasser erklären den letzten Effekt aus der ganz allgemeinen Erscheinung der physikalischen Chemie, daß heterogene chemische Reaktionen sehr häufig bevorzugt an Phasengrenzen vonstatten gehen, deren Größe — im vorliegenden Fall die Korngrenzenlänge — daher maßgebend für die Reaktionsgeschwindigkeit ist. Daß die gleiche Abhängigkeit nicht auch für die nur geglühten Proben gilt, hängt vermutlich damit zusammen, daß nicht die Korngrenzen selbst, sondern auf ihnen befindliche „Aktivzentren" die Angriffsgeschwindigkeit bestimmen und daß diese bei den sehr viel höheren Glühtemperaturen von 930 bis 1300° C ausgeschaltet werden (Inlösunggehen heterogener Gefügebestandteile). Die Ursachen der Zunahme des Angriffs mit der Korngröße sind damit

---

*) z. B. Salzsäure, verdünnte Schwefelsäure, organische Säuren. Genau genommen, müßte man von Säuren mit nichtoxydierendem Anion sprechen. Solche Säuren sind im folgenden stets gemeint, wenn der Kürze halber von „Säureangriff" oder „Säurebeständigkeit" die Rede ist.

aber nicht geklärt. Bei Stahl mit normalem Gehalt an Stahlbegleitern sind die Zusammenhänge in bezug auf die Korngröße so unklar, daß hier nicht darauf eingegangen werden kann.

Gesicherter sind die Kenntnisse über die Bedeutung der einzelnen Stahlbegleiter an sich auf den Säureangriff.

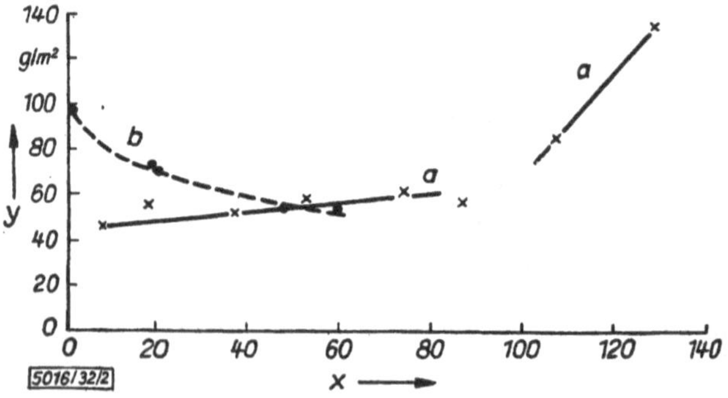

Bild 2

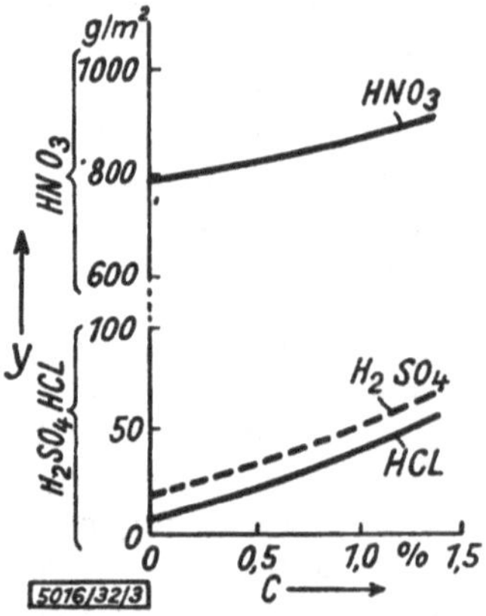

Bild 3

Bild 2. Angriff von 1prozentiger Schwefelsäure auf Karbonyl-Eisen verschiedener Vorbehandlung (nach *Pietsch, Grosse-Eggebrecht* u. *Roman*).

x = mm Korngrenzenstrecke je mm² Oberfläche
y = Gewichtsverlust in g/m²

a) Eisen, gereckt und bei 500 bis 700° C geglüht
b) Eisen, zwischen 930 und 1300° C geglüht

Bild 3. Auflösung von Stahl mit steigendem Kohlenstoffgehalt in 5prozentiger Salzsäure, Schwefelsäure und Salpetersäure in 5 Stunden [nach *Ende*].

C = Kohlenstoffgehalt des Stahles in %
y = Gewichtsabnahme des Stahles in g/m²

Der Einfluß des Kohlenstoffgehaltes des Eisens auf seine Auflösung in nichtoxydierenden Säuren ist in Bild 3 wiedergegeben. Man erkennt, daß mit steigendem Kohlenstoffgehalt die Korrosionsgeschwindigkeit sich auf das Mehrfache vergrößert, während bei der oxydierenden Salpetersäure, die an sich sehr viel stärker angreift, der Einfluß des Kohlenstoffgehaltes des Eisens prozentual einen nur geringen Einfluß auf die Auflösungsgeschwindigkeit ausübt. Sobald aber das Eisen noch weitere Bestandteile enthält, werden die Verhältnisse verwickelter. In Bild 4 ist der Angriff von Schwefelsäure auf Eisen dargestellt, das sowohl Kohlenstoff als auch Phosphor enthält. Wie das Bild zeigt, wirkt ein Gehalt von etwa 0,1% Kohlenstoff in phosphorhaltigem Eisen nicht nur nicht korrosionsbegünstigend, sondern sogar korrosionshemmend. Der Phosphorgehalt des Eisens hingegen wirkt auf die Auflösung in nichtoxydierenden Säuren immer beschleunigend. Das gleiche gilt für einen Schwefelgehalt des Eisens. Durch einen geringen Kupfergehalt hingegen wird die ungünstige Wirkung des Schwefels häufig aufgehoben [*Edwards* u. *Mitarbeiter*].

Der Angriff nichtoxydierender Säuren auf Eisen folgt häufig sehr ausgeprägt den Seigerungen. Dementsprechend fanden *Hudson* u. *Banfield*, daß bei Eisenplättchen, die senkrecht zur Walzrichtung von einem Knüppel abgeschnitten waren, ein viel stärkerer Angriff in nichtoxydierenden Säuren stattfand als bei Plättchen, die in der Walzrichtung herausgeschnitten waren. Alle diese Verhältnisse können in *Schweiß-*

nähten eine erhebliche Rolle spielen. Gefährdet sind alle diejenigen Stellen in Schweißnähten, an denen Seigerungen an die Oberfläche treten, so daß hier die Säure leichter als an anderen Stellen in das Metall eindringen kann. Allgemein ist vom Standpunkt der Korrosionsbeständigkeit in nichtoxydierenden Säuren zu empfehlen, möglichst phosphor- und schwefelarme und nicht geseigerte Schweißdrähte mit etwa 0,05 bis 0,15% Kupfer zu verwenden. Außer der Zusammensetzung ist auch die Wärmebehandlung der Schweißnähte von großer Bedeutung für die Auflösungsgeschwindigkeit in nichtoxydierenden Säuren. Genaue Untersuchungen hierüber liegen nur an ungeschweißtem Eisen vor. Es ergab sich, daß abgeschreckter Stahl, der bei verschiedenen Temperaturen angelassen wurde, bei einer Anlaßtemperatur von 400 bis 450° C ein Maximum des Säureangriffs zeigte [*Heyn* u. *Bauer* (1); *Endo* (1)].

Auch *Kaltverformungen* können von erheblichem Einfluß sein; in besonderem Maße gilt dies für Stahl mit 0,9% Kohlenstoff, jedoch auch bei geringeren Kohlenstoffgehalten ist der Effekt deutlich. Alle Kaltverformungen an Schweißen, wie z. B. das Hämmern, können daher auf die Säurelöslichkeit begünstigend wirken. In gleicher Richtung dürften auch innere Spannungen wirken, die beim Abkühlen der Schweißen entstehen und Kaltverformungen zur Folge haben. Ausglühen bei 600° C setzt die erhöhte Säurelöslichkeit wieder herab [*Heyn* u. *Bauer* (1), *Endo* (2)].

Ähnliche Abhängigkeiten wie für die Schweiße selbst sind grundsätzlich auch für die beim Schweißen stets beeinflußte Zone des Grundwerkstoffs neben der Schweiße zu erwarten [*Fink*; *Speller*].

2. Experimentaluntersuchungen über den Angriff nichtoxydierender Säuren auf Schweißverbindungen. Die im vorigen Abschnitt behandelten Grundlagen des Säureangriffs auf Stahl sind, obzwar theoretisch nur mangelhaft gedeutet, doch insofern verhältnismäßig gesichert, als die meisten wenigstens als qualitativ reproduzierbar von verschiedenen Seiten bestätigt und erscheinungsmäßig kaum bestritten sind. Bei den Versuchen über die Säurebeständigkeit von Schweißverbindungen trifft aber auch das nicht einmal zu. Sicherlich würden sich manche Widersprüche bei genauerer Kenntnis der Versuchsbedingungen aufklären. *Genaue Beschreibungen der Versuche sind also immer sehr erwünscht.* Wie bei vielen Korrosionsversuchen besteht aber auch hier die Schwierigkeit, daß man die maßgebenden Umstände häufig nicht kennt, daß man also leicht der Gefahr ausgesetzt ist, unwesentliche Versuchsbedingungen genau und überflüssig umständlich zu beschreiben, während man wichtige Dinge, die man für unwesentlich hält, unbeschrieben ausläßt. In jedem Fall sollte man die in Normblatt DIN 4850 gegebenen Vorschriften beachten.

Zu dem Gesagten kommt noch die Schwierigkeit, daß Schweißverbindungen für Säureversuche besonders schwer reproduzierbar herzustellen sind. So fand etwa *Hunsicker* (1) (vgl. Bild 7) bei Proben, die vom Standpunkt des Schweißens offenbar sehr sorgfältig angefertigt waren, bei Wiederholungsversuchen Unterschiede der Werte bis zu 300%. Diese Versuche waren noch dazu mit demselben Stahlblech ausgeführt worden. Bei Verwendung von Stahlblech derselben Marke, aber anderer Lieferung wären zweifellos noch größere Unterschiede aufgetreten.

Den Einfluß des Schweißdrahts und der Wärmebeeinflussung des Grundwerkstoffs bei der Gasschmelzschweißung auf den Säureangriff untersuchte *Hunsicker* (1). Er verschweißte Flußstahlbleche von 42 kg/mm² Festigkeit und 15 mm Dicke nach V-förmiger Abschrägung und schnitt aus den so erhaltenen Stücken einen 20 mm breiten Mittelstreifen heraus, der die Schweißnaht enthielt, ferner je 5 auf beiden Seiten der Schweißnaht liegende Streifen von 10 mm Breite. Die auf der einen Seite der Schweißnaht liegenden Streifen wurden unverändert gelassen, die auf der anderen Seite befindlichen überfeilt; die Schweißnaht selbst blieb bei einem Versuch ebenfalls unverändert, bei der Wiederholung des Versuches wurde auch diese überfeilt. An den Schnittkanten wurden die Proben abgedeckt. An so erhaltenen Proben wurden einerseits Messungen des Potentials in 1prozentiger Natriumchloridlösung, andererseits Angriffsversuche von 8 Stunden Dauer mit normaler Salzsäure ausgeführt. Die Ergeb-

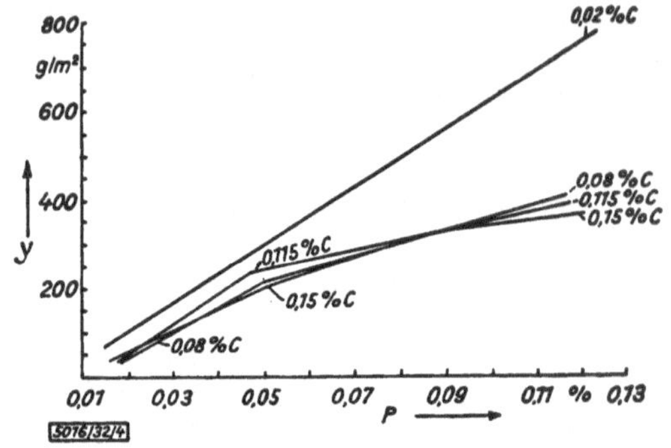

Bild 4. Auflösung von Stahl mit verschiedenem Kohlenstoff- und Phosphorgehalt in 6prozentiger Schwefelsäure nach 22 Stunden [nach *Edwards* und Mitarbeitern]

P = Phosphorgehalt des Stahles in %
y = Gewichtsabnahme des Stahles in g/m²

nisse der Versuche mit Proben aus Blechen, die mit einem „Phoenixdraht" geschweißt waren, sind in Bild 4 wiedergegeben. Der Säureangriff schwankt hiernach von Streifen zu Streifen sehr erheblich (von 2,2 bis 9,0 g/m² je Stunde), ohne daß sich jedoch eine eindeutige Abhängigkeit für den Abstand des Streifens von der Schweißnaht ergäbe. (Siehe hierzu *Thum* u. *Erker* sowie Anders hinsichtlich unterschiedlicher, nach dem Schweißen verbliebener innerer Spannungen.) Im besonderen ist allgemein die Reproduzierbarkeit schlecht. Bei Proben aus mit anderen Schweißdrähten (GV 2 und GV 3) geschweißten Blechen waren die Ergebnise ähnlich unregelmäßig (vgl. auch *Hutchison*). Weitere ähnliche Versuche mit geschweißtem Gußeisen ergaben zwar einen sehr viel höheren Säureangriff (etwa 130 bis 180 g/m² je Stunde), der jedoch Schwankungen der Einzelwerte um nur etwa 50% zeigte. Eine Abhängigkeit von der Probenlage war auch hier nicht zu erkennen.

Noch geringere Unterschiede im Angriff auf die einzelnen Zonen ergaben sich bei Versuchen von *Moses* mit spannungsfrei geglühten Schweißnähten, die mit hochwertigen umhüllten Elektroden verschiedener Zusammensetzung hergestellt waren, in kochenden Säuren; nach 2 Stunden Versuchsdauer wurden die größten Einfressungstiefen a) im Grundwerkstoff, 70 mm von der Schweißnaht entfernt, b) in der Übergangszone, c) in der Schweißnaht, d) in einem Querschnitt durch die Schweißnaht mit beiderseits 40 mm Grundwerkstoff festgestellt; die gefundenen Werte waren:

in 85prozentiger Schwefelsäure	0,10 bis 0,11 mm
in 2prozentiger Schwefelsäure	0,06 bis 0,10 mm
in schwefliger Säure bei 43° halb gesättigt	0,07 bis 0,09 mm
in 10prozentiger Essigsäure	< 0,01 mm
in 10prozentiger Salzsäure	0,34 bis 0,37 mm

Die tiefste Anfressung lag dabei bald in dieser, bald in jener Zone (vgl. auch *Joellenbeck* u. *Maßmann*). *Bright* fand sogar, daß die Schweißnähte von verdünnter Schwefelsäure immer weniger angegriffen wurden als die Grundbleche.

Die Ergebnisse der Potentialuntersuchungen *Hunsickers* sind später behandelt.

In einer Reihe seiner Versuche mit Stahl bestimmte *Hunsicker* gleichzeitig die *Korngröße* des Stahles der einzelnen Streifen; hier ergab sich zwar — wie für die bereits geschilderten Versuche von *Pietsch, Grosse-Eggebrecht* u. *Roman* mit angelassenem Reineisen, das vorher gereckt war — ein gegensinniger Verlauf von Korngröße und Angriff; leider wurden die Korngrößen jedoch nicht auch an den anderen Streifen bestimmt; bevor sich sagen läßt, ob der genannte Befund kein Zufall ist, müßten daher weitere Untersuchungen ausgeführt werden, im besonderen, da *Hunsicker* offenbar selbst der Meinung ist, daß feines Korn dem Säureangriff entgegengewirkt*). *Hensel* u. *Williams; Portevin* u. *Leroy; Séférian* u. *Leroy* finden entsprechend, daß in der Übergangszone Grobkornbildung, Überhitzungsgefüge usw. den Säureangriff begünstigen, während andererseits *Sillars* den überhitzten grobkörnigen Bereich für besonders widerstandsfähig hält. Nach *Leroy* u. *Bonnet* ist weniger die Korngröße an sich als die Gleichmäßigkeit des Gefüges von Bedeutung. Nach *Whitney* begünstigen Ausscheidungen in der Übergangszone den Säureangriff. Die Frage der Abhängigkeit des Säureangriffs von der Korngröße ist also noch unklar (vgl. auch *Zimm; Frantz*). Viele Widersprüche in den Befunden verschiedener Verfasser werden sich aber sicherlich dadurch aufklären, daß, wie sich besonders aus der Arbeit von *Leroy* u. *Séférian* ergibt, die Gefügeausbildung der Übergangszone sehr stark von der Art des Stahles und den Wärmebedingungen beim Schweißen abhängt. — Ferner soll nach *Moses* Grobkornbildung bei Gegenwart mechanischer Spannungen korrosionsfördernd wirken.

Durch Normalisieren (30 Min. 900° C, Luftabkühlung) wird nach *Kusmak* u. *Slomjanskaja* der Säureangriff auf Schweißverbindungen herabgesetzt. (Vgl. auch *British Engine, Boiler and Electrical Insurance Company* und das *Verhalten von Schweißverbindungen gegen Mischsäure. Erdmann-Jesnitzer*, Abschnitt F.)

Entsprechend dem bereits Gesagten setzt ein geringer Kupfergehalt die Säureanfälligkeit der Schweißnähte herab.

Vielfach behandelt wurde die Beeinflussung der Korrosion durch die Verschiedenheiten zwischen Schweißnaht und Grundwerkstoff. Hier ergaben zahlreiche Versuche eindeutig das Folgende:

Während bei Wirksamkeit oxydierender Stoffe, also z. B. beim Rosten, die Einflüsse nur gering sind (vgl. unter D), kann der Angriff nichtoxydierender Säuren auf Schweißnaht und Grundwerkstoff sehr verschieden sein. In bezug auf die Einzelheiten ist jedoch wieder fast alles unklar, wenn nicht gar widerspruchsvoll.

Experimentell fast ganz ungeklärt ist die oft behauptete und auch mögliche *gegenseitige Beeinflussung von Schweißnaht und Grundwerkstoff*, die durch die Verschiedenheiten des elektrochemischen Potentials hervorgerufen wird (*Armstrong*). Nach dem gegenwärtigen Stand der Korrosionsforschung wird die Wirksamkeit derartiger Potentialunterschiede, die meist nur wenige Millivolt betragen (*Schoenmaker* u. *Blokker*), häufig stark überschätzt, im besonderen können diese leicht durch Potentialunterschiede, die durch äußere Umstände entstehen, überdeckt werden. Kurzversuche von *Roux* begnügen sich mit Potentialmessungen, deren Übertragbarkeit auf den wirklichen Säureangriff keineswegs selbstverständlich ist; die Ergebnisse dieser Versuche werden noch beschrieben. Es ist sehr zu beachten, daß beim Angriff durch nichtoxydierende Säuren nicht Potentialunterschiede an sich die Korrosion beschleunigen oder verlagern, sondern daß dabei die Überspannung des Wasserstoffs von maßgebender Bedeutung ist.

*) Seite 68 der genannten Arbeit,

Über die Bedeutung der *Unterschiede der Zusammensetzung* von Schweißnaht und Grundwerkstoff für den Säureangriff wurden im Schrifttum wenige Unterlagen gefunden. Die bereits genannten Arbeiten von *Hunsicker* und *Roux*, die an sich dieses Gebiet behandeln, geben keinen eindeutigen Aufschluß. Nach *Portevin* u. *Leroy* spielen derartige Unterschiede neben dem Einfluß der absoluten Güte von Grundwerkstoff und Schweißnaht nur in Ausnahmefällen eine Rolle; diese Forscher schweißten 4 verschiedene Stähle (Weichstahl, Stahl mit 0,3% C, Kupferstahl und Chrom-Kupfer-Stahl) mit 8 verschiedenen Schweißdrähten und untersuchten den Säureangriff auf diese Verbindungen; sie fanden, daß die verschiedenen Schweißdrähte Nähte sehr verschiedener Beständigkeit ergaben; ein Einfluß des Grundwerkstoffs hierauf war jedoch nicht feststellbar; in der Übergangszone trat bei diesen Versuchen in keinem Fall ein besonderer Angriff auf.

Für eine möglichst große Säurebeständigkeit von Schweißverbindungen scheint es jedoch trotz des Mangels an Unterlagen in jedem Falle vorteilhaft zu sein, Schweißdrähte zu verwenden, die eine ähnliche Zusammensetzung haben wie der Grundwerkstoff [*Leverick*].

Nach *Howard* ist die Verwendung derartiger Schweißnähte allerdings ziemlich illusorisch, da sich deren Zusammensetzung beim Schweißen stark verändert. So fand *Hodge* (2) bei nackten Elektroden starke Abnahmen des Stahles an Kohlenstoff (um 88%), geringere an Mangan (um 16%), während der Stickstoffgehalt um 2100% zunahm. Bei umhüllten Elektroden waren die Veränderungen geringer, aber immer noch erheblich (— 31%, bzw. — 14%, bzw. + 260%). Die Gehalte an Schwefel und Phosphor nehmen nach *Howard* beim Schweißen mit nackten Elektroden nur um 1% bzw. 6% ab, während dieser Verfasser bei umhüllten Elektroden keinerlei Veränderungen der Zusammensetzung fand.

Häufig untersucht wurde die Frage, welche *Bedeutung das Schweißverfahren* für die Säurebeständigkeit der Schweißverbindung hat. Hierbei ergab sich ein ganz eindeutiger und mehrfach bestätigter Befund, nämlich der, daß bei Elektroschweißungen mit umhüllten Elektroden erheblich säurebeständigere Schweißnähte entstehen als bei Verwendung nackter Elektroden. Die Ursache hierfür ist zweifellos der erhöhte Gehalt der aus nackten Elektroden hergestellten Schweißnähte an Verunreinigungen wie Oxyden, *Nitriden* und Gasblasen [*Plinke*; *Hensel* u. *Williams*; *Thom*; *Ornitz*; *Moses*; *Brillié*; *Leroy* u. *Roux*; *Kusmak* u. *Slomjanskaja*; *Ungenannt*; *Portevin*; *Portevin* u. *Leroy*; *Zeyen* u. *Lohmann*; *Zimm* u. a.].

So fand man bei von Salzsäure stark angegriffenen Schweißnähten, die mit nackten Elektroden hergestellt waren, einen Stickstoffgehalt von 0,16%, bei solchen aus umhüllten Elektroden, die sehr viel beständiger waren, nur von 0,04% (vgl. dazu auch Zahlentafel 1). Oberhalb 0,04% scheidet sich der Stickstoff in Form von Nitridnadeln aus, die offenbar die erhöhte Korrosionsanfälligkeit zur Folge haben [*Moses*]. Ein früherer Befund von *Hodge* (1), bei dem kein gleichsinniger Verlauf von Stickstoffgehalt und Säureanfälligkeit auftrat, beruhte offenbar darauf, daß in den betreffenden Fällen die Schweißnaht gerade um 0,04% Stickstoff enthielt.

Besonders in der Übergangszone sollen die genannten Verunreinigungen korrosionsfördernd wirken [*Whitney*; *Leroy*]. Ähnlich ungünstig wie nackte Elektroden wirken auch Seelen- und schwach umhüllte Elektroden [*Ungenannt*; *Zeyen* u. *Lohmann*]. Aber auch mit gut umhüllten Elektroden können unreine Schweißungen geringer Säurebeständigkeit entstehen, wenn unkontrolliert geschweißt wird [*Moses*] und auch die Art der Umhüllung spielt für die Säurebeständigkeit eine erhebliche Rolle [*Swegintsew*].

Bei Verwendung umhüllter Elektroden wird die Schweißnaht von Säuren meist nicht oder nicht wesentlich stärker angegriffen als der Grundwerkstoff [*Bright*; *Joellenbeck* u. *Maßmann*].

Kusnetzowa fand bei Verwendung umhüllter Elektroden einen starken Angriff in der Übergangszone, *Ungenannt* (3) eine erhöhte Beständigkeit der Schweißnaht.

Nach *Poplawko* hängt die Säurebeständigkeit der Lichtbogenschweißungen von der Stromstärke ab (bei Verwendung 1,5 mm dicker Elektroden geringste Korrosion bei 20 Amp.; beim Schweißen mit Elektrode am —Pol entstanden säurebeständigere Schweißnähte als beim Schweißen mit Elektrode am +Pol).

Kohlelichtbogen-Schweißungen sind nicht befriedigend säurebeständig (*British Engine, Boiler and Electrical Insurance Company*). Bessere Ergebnisse erzielt man bei Abdeckung des Lichtbogens durch ein Schutzgas (*E. W. P. Smith*).

Wie *Vanderporten* fand, sind Viel-Lagen-Schweißnähte aus Weichstahlelektroden säurebeständiger als entsprechende Ein-Lagen-Nähte (vgl. dagegen *Hunter*).

Nach *Zeyen* u. *Lohmann* sind *gasgeschweißte Nähte* etwa ebenso beständig wie mit umhüllten Elektroden hergestellte, ohne daß jedoch Unterlagen angegeben sind [Lit. *Hutchison*; *Ungenannt* (7)]. Ähnliches fanden *Yushmanow* u. *Yakhontowa* für den Angriff durch heiße Schwefelsäure. Nach *Leroy* sollen sie gleichmäßiger korrodieren als Elektroschweißungen. Schlackeneinschlüsse sind auch bei gasgeschweißten Nähten korrosionsfördernd [*Leroy*; *Granjon*]. Die Flammeneinstellung scheint bei der Gasschmelzschweißung für die Säurebeständigkeit belanglos zu sein. So fand *Hunsicker* (1) bei Stahlproben, die mit „Phoenixdraht" und „GV2-Draht" in neutraler Flamme und bei Azetylen- bzw. Sauerstoffüberschuß überschmolzen waren, keine eindeutigen Unterschiede der Säurebeständigkeit. Auch die Flammenführung hat nach *Hunsicker* (2) keinen Einfluß auf die Säurebeständigkeit. Nach *Krynes* hingegen soll die Nachrechtsschweißung besonders beständig sein (vgl. auch *Bartke* u. *Matting*; *Liedloff*).

Wassergas-Preßschweißungen korrodieren offenbar im großen und ganzen ähnlich wie andere Schweißungen [*Nehl*; *Daeves* (1)]; im besonderen sind auch bei ihnen Schlacken und Gasblaseneinschlüsse korrosionsfördernd [*Moses*; *O. Bauer*].

Nach den Versuchen von *Brillié*, *Leroy* u. *Roux*, die 4 verschiedene Bleche mit 4 Elektroden elektrisch und mit 4 Drähten autogen schweißten und mit derartigen Schweißungen hergestellte Proben 48 Stunden einer 20gewichtsprozentigen Schwefelsäurelösung bei 30° C aussetzten, ist offenbar überhaupt sowohl das Schweißverfahren als auch die Zusammensetzung von Grundwerkstoff und Schweißnaht belanglos neben dem korrosionsbegünstigenden Einfluß von Gasblasen und Oxydeinschlüssen in der Schweißnaht. Der sonstigen chemischen Zusammensetzung kommt zwar zweifellos ebenfalls ein wenn auch geringerer Einfluß zu, doch kann man hierüber der genannten Arbeit nichts entnehmen, da in ihr — ein typischer Fall für das bereits Gesagte — gerade die für die Säurekorrosion wesentlichen Bestandteile (P, S, Cu) nicht oder nur ausnahmsweise angegeben sind. Immerhin deuten die Versuche darauf hin, daß ein Kupfergehalt der Schweißnaht den Säureangriff herabsetzt.

Rädeker (2) gibt eine kurze Beschreibung von Versuchen über die Säurebeständigkeit von Ellira-Schweißnähten im Vergleich zu solchen, die autogen und im normalen Lichtbogen hergestellt waren, nach der sich die *Ellira-Nähte gegen Salzsäure und Schwefelsäure besser* verhielten als die im normalen Lichtbogen hergestellten und diese wiederum besser als die autogen geschweißten. Diese Ergebnisse sollen hier im Endergebnis nicht bezweifelt werden; wegen des allgemeineren Interesses sei an die Versuche jedoch folgende Bemerkung geknüpft: *Rädeker* verwendete Querschliffe durch die Schweißverbindungen, so daß nicht — wie meistens in der Praxis — die Oberfläche der Grundbleche, sondern deren Querschnitte dem Säureangriff ausgesetzt waren. Diese sind aber, wie schon ausgeführt, erheblich säureanfälliger als die Oberfläche, was auch in dem von *Rädeker* beigegebenen Lichtbild sehr deutlich in dem Angriff auf das Grundblech zum Ausdruck kommt, der sehr viel stärker ist als bei der Schweißnaht und ausgeprägt den Seigerungen folgt. Wenn die genannte und auch von *Rädeker* angenommene gegenseitige Beeinflussung von Schweißnaht und Grundwerkstoff besteht, kann der verstärkte Angriff auf diesen den Angriff auf jene verringert haben. Es erscheint möglich, daß bei einer Untersuchung der natürlichen Oberfläche der Schweißverbindung der Angriff auf die Schweißnaht der stärkere gewesen wäre. *Es ist daher durchaus fraglich, ob die Prüfung von Querschliffen der Schweißverbindung für die Beurteilung der Säurebeständigkeit zweckmäßig ist.*

3. Möglichkeiten der Einwirkung nichtoxydierender Säuren auf Schweißverbindungen in der Praxis. Wenn nach dem Vorhergehenden der Angriff nichtoxydierender Säuren auch als sehr unübersichtlich und gefährlich erscheinen mag, so ist doch noch einmal zu betonen, daß aus ihm entstehende Schwierigkeiten nur dann zu befürchten sind, wenn wirklich nichtoxydierende Säuren auf die Schweißung einwirken. Aber selbst hier liegen bei den praktisch vorkommenden Bedingungen die Verhältnisse meistens so günstig, daß erhebliche Schäden nur bei fehlerhaftem Arbeiten oder in Ausnahmefällen auftreten werden. Auf diese Umstände sei jetzt näher eingegangen.

Der wichtigste Fall der Einwirkung nichtoxydierender Säuren auf Schweißungen liegt zweifellos beim *Beizen* vor. *Häufig genug* wird immer noch mit verdünnter Salzsäure oder Schwefelsäure *ohne Schutzzusätze gebeizt* (betr. letzterer, beachte sogen. „Vogel-Sparbeize"). Wenn die Beizzeit kurz gehalten wird, sind auch hierbei keine besonderen Angriffe zu erwarten. Es kommt aber durchaus vor, daß — sei es aus Unachtsamkeit, sei es, um besonders fest haftenden Zunder zu entfernen — das Beizgut z. B. über Nacht in der Säure belassen wird. Bei einer solchen Behandlung aber ist die Gefahr eines starken Säureangriffs auf säureempfindliche Schweißverbindungen durchaus gegeben. In einem derartigen Fall aber liegen gleich zwei *„Kunstfehler"* auf einmal vor: erstens ist die *Beizzeit zu lang*, und zweitens sollte man heutzutage mit Säuren *ohne Schutzzusatz* nur in besonderen, als gefahrlos erwiesenen Fällen beizen, im allgemeinen aber Säuren verwenden, die mit einem wirksamen *Sparbeizzusatz* versetzt sind.

Sparbeizzusätze sind Stoffe, die den Angriff der Säure auf Stahl stark herabsetzen, ohne jedoch deren Fähigkeit zur Ablösung des Zunders erheblich zu verringern. Die meisten in der Praxis üblichen Sparbeizzusätze sind organischer Natur, z. B. Abkömmlinge von Stoffen mit zyklisch gebundenem Stickstoff [*Sieverts* u. *Lueg*; *Pirac* u. *Wenzel*]. Aber auch anorganische Stoffe wie Arsen(III)-oxyd und Antimon(III)-chlorid wirken hemmend. Bei einwandfreier Verwendung geeigneter Sparbeizzusätze werden Schweißnähte beim Beizen praktisch nicht angegriffen.

Unter gewissen Umständen können jedoch auch bei anscheinend richtiger Verwendung von Sparbeizzusätzen unvorhergesehene Angriffe entstehen. So kann bei Gegenwart von viel abzubeizendem Zunder von diesem mehr Sparbeizzusatz adsorbiert werden, als der Erschöpfung der Säure entspricht [*Wickert*]; diese kann daher nach kurzem Gebrauch zu wenig Sparbeizzusatz enthalten und nunmehr den Stahl mehr oder weniger ungehemmt angreifen. Auch durch Anreicherung der Säure an Eisen(III)-ionen, die dann als Depolarisator wirken, und sogar schon an Eisen(II)-ionen verringert sich während des Gebrauches die Wirksamkeit des Sparbeizzusatzes. Man muß also von Zeit zu Zeit die Fähigkeit der Beize zum Eisenangriff nachprüfen [*Fischer*]. Eine weitere unvorhergesehene Angriffsmöglichkeit beruht darauf, daß die Schutzwirkung der Sparbeizzusätze keineswegs allgemein ist. So kann ein Sparbeizzusatz z. B. bei Salzsäure wirksam sein, bei Schwefelsäure hingegen nicht. Dieses Verhalten ist jedoch den Herstellern der Zusätze meist gut bekannt und auch in den Verwendungsvorschriften genannt. Schwieriger zu beurteilen aber ist die Wirkung auf verschiedene Stähle. Denn es kommt durchaus vor, daß *derselbe Zusatz in derselben Säure den einen Stahl vor der Säure schützt, einen anderen Stahl hingegen nicht*; ja, mitunter wirken Sparbeizzusätze sogar angriffsbeschleunigend. Es kann daher der Fall eintreten, daß eine mit Sparbeizzusatz versetzte Säure den Grundwerkstoff nicht, die Schweißnaht oder die Übergangszone aber stark angreift. Derartige Fälle sind zweifellos sehr selten; sie werden meistens durch Erhöhung der Konzentration des Zusatzes oder durch Verwendung eines anderen Zusatzes vermieden werden können.

Andersartige Korrosionsschäden durch die Beize können dadurch entstehen, daß die Schweißverbindungen *nach dem Beizen nicht genügend gereinigt* werden. Die Schweißnähte bieten nämlich mit ihren nicht selten vorkommenden Spalten und Höhlungen besonders leicht die Möglichkeit, daß bei mangelhaftem Reinigen Reste der Säure zurückbleiben, ohne daß man diese zunächst bemerkt. Werden derartige Teile mit einem Anstrich versehen, so wird sehr wahrscheinlich an den betreffenden Stellen die zurückgebliebene Säure den Rostangriff an der Atmosphäre stark beschleunigen.

Weitere Verhältnisse, bei denen nichtoxydierende Säuren auf Schweißnähte einwirken, liegen in geschweißten *Konservendosen* vor, die mit sauren Nahrungsmitteln gefüllt sind. Derartige mit einer Lackierung versehene Dosen haben sich bekanntlich in den letzten Jahren für neutrale Füllgüter durchaus bewährt, für stark saure hingegen nicht, während schwach saure in ihnen beschränkte Zeit, z. B. ein Jahr, aufbewahrt werden können [*Schikorr* (4)]. Die in längeren Zeiten entstehenden erheblichen Wasserstoffmengen bilden sich vermutlich zu einem wesentlichen Teil an den Schweißnähten. Es läßt sich aber nicht entscheiden, ob der auf die Schweißnaht und deren Umgebung entfallende Anteil verhältnismäßig größer ist als der auf die übrigen Teile entfallende, ferner nicht, ob eine größere Porigkeit der Lackierung an der Schweißnaht dabei eine wesentliche Rolle spielt.

Außer den genannten Fällen gehört in diesen Abschnitt möglicherweise auch die Korrosion von Schweißnähten in Gefäßen und Leitungen, die für *konzentrierte Schwefelsäure**) verwendet werden. Einwandfreie Schweißungen scheinen gegen die Säure ebenso beständig zu sein wie der Grundwerkstoff [Lit. *Owens* (3)]. Oxyd- und blasenhaltige Schweißnähte hingegen sollen so stark angegriffen werden, daß sie für den genannten Zweck unbrauchbar und Nietnähten erheblich unterlegen sind [*Groß*]. Dahingestellt sei, ob es sich in diesem Fall wirklich um den Angriff durch konzentrierte Schwefelsäure handelt oder ob der Angriff nicht vielmehr in entleerten Gefäßen entsteht, in denen die den Wandungen anhaftende konzentrierte Schwefelsäure sich durch Wasseraufnahme aus der Luft verdünnt, so daß es sich schließlich doch um den Angriff durch verdünnte Säure handelt. Weitere Fälle des Angriffs nichtoxydierender Säuren auf Schweißverbindungen kommen in Dampfkesseln vor (vgl. Abschnitt E).

*) Gegen Kupfer und Blei wirkt konzentrierte Schwefelsäure als oxydierende Säure, indem die Sulfatgruppe reduziert wird. Für die Einwirkung der Säure auf Eisen ist jedoch derartiges nicht bekannt.

D. Das Rosten von Schweißnähten

Die Verhältnisse beim Rosten von Schweißverbindungen liegen erheblich einfacher als beim Angriff durch nichtoxydierende Säuren. Eine untergliederte Behandlung wie bei diesen ist daher nicht erforderlich.

In den weitaus meisten Fällen sind beim Rosten von einwandfreien Schweißnähten sowohl nach den allgemeinen Erfahrungen als auch nach den unmittelbaren Schrifttumsangaben keine besonders starken Korrosionen zu erwarten [*Portevin* u. *Leroy*; *Krüger*; *Fry*; *Diepschlag*; *Zechnowitzer*; *Hutchison*; *Willoughby*]. So fand *Meryon* bei Versuchen von 30 Monaten Dauer mit verschiedenen elektrisch geschweißten Stahlblechen*) an Meeresluft, im Meerwasser ganz eingetaucht und im Meerwasser im Bereich des Wasserwechsels keine größere Abnahme der Festigkeit als bei ungeschweißten Proben. Selbst an geschweißten Proben, die in Berührung mit Messing ganz dem Meerwasser ausgesetzt waren, entstand in der gleichen Zeit kein gegenüber ungeschweißten Proben erhöhter Festigkeitsverlust. Dabei handelte es sich noch dazu in der Mehrzahl der Fälle um Schweißen, die sich bei der röntgenographischen Prüfung als deutlich schlacken- und blasenhaltig erwiesen hatten. Eine gewisse Unterlegenheit der Schweißverbindungen gegenüber dem Grundwerkstoff war jedoch unverkennbar, indem bei den ganz im Meerwasser befindlichen Proben mitunter die Übergangszone, mitunter aber auch die Schweiße selbst nach dem Augenschein eine deutlich stärkere Verrostung zeigte als der Grundwerkstoff. Es sei auch erwähnt, daß Proben aus dem Stahl mit 39 kg/mm² Festigkeit, die mit einer besonders guten Elektrode schlacken- und blasenfrei geschweißt waren, nach der Korrosion in ebensoviel Fällen *in* der Schweiße wie *außerhalb* ihrer rissen, während beide Proben, die ohne vorherige Korrosionsbeanspruchung auf Zugfestigkeit geprüft waren, *im Blech* rissen. Im ganzen aber muß man *Meryon* zustimmen, wenn er sagt, daß die Korrosionserscheinungen im Schiffbau durch das Schweißen von Schiffsblechen nicht wesentlich erhöht werden (vgl. dazu auch *Shaw*; *Bissel*; *Pierce*; *Moore*; *Martin*).

Einen etwas verstärkten Angriff durch Natriumchloridlösung fand auch *Moses*, während bei Versuchen von *Owens* (1) und von *Knox* an Proben, die 18 Monate unter Meerwasser an Schiffen angebracht waren, nur geringe Unterschiede beobachtet wurden. *Gard* fand bei Lichtbogenschweißungen nach einem Jahr im Meerwasser keine Festigkeitsabnahmen. Über das günstige Verhalten geschweißter Unterwasserbauten berichteten *Owens* (4) u. *Füchsel*.

Unter gewissen Bedingungen ist zu erwarten, daß die Schweißen erheblich rostempfindlicher sind als der Grundwerkstoff, und zwar dann, wenn es sich um schwach passivierende Lösungen handelt, z. B. um alkalische Lösungen oder Chromsäurelösungen einer gewissen geringen Konzentration oder stärkere Lösungen der gleichen Stoffe, wenn diese mit Chloriden verunreinigt sind [*Heyn* u. *Bauer* (2); *Evans* (3)]. Derartige Lösungen können glattes Eisen passivieren, für die Passivierung der rauheren Schweiße reicht ihre Passivierungskraft jedoch mitunter nicht aus, so daß hier ein Angriff entstehen kann, der durch Elementbildung der Schweiße mit der kathodisch werdenden Oberfläche des Grundwerkstoffs noch außerordentlich stark vergrößert werden kann. Derartiges mag z. B. in Leitungen für Kühlsolen auftreten.

In fließendem Leitungswasser kann der gelöste Sauerstoff ähnlich wirken. Ferner könnte in diesem die kalkhaltige Schutzschicht, die auf normalem Eisen verhältnismäßig leicht entsteht, unter gewissen Umständen auf der rauheren Schweiße in einer

*) Es wurden ein Stahl mit 39 kg/mm² und ein Stahl mit 59 kg/mm² Festigkeit untersucht; aus jeder Stahlart wurden ungeschweißte und mit 4 verschiedenen Elektroden geschweißte Zerreißproben der Korrosion ausgesetzt. Die Bleche waren etwa 10 mm dick.

nur weniger schützenden Form entstehen, so daß auch in diesem Fall ein erhöhter Angriff an der Schweiße als möglich erscheint. Besonders in Warmwasserleitungen mögen derartige Verhältnisse gelegentlich eine Rolle spielen. Unmittelbare Beobachtungen hierüber liegen jedoch nicht vor. Im Gegenteil fanden wenigstens für kaltes Wasser *Rawdon* u. *Waldron* sowie *Hutchison* in geschweißten Rohrleitungen eine gute Beständigkeit der Schweißungen. Bei *Rawdon* u. *Waldron* waren die Schweißungen, es handelte sich um Widerstandsschweißungen (vgl. auch *Kuhn*), im Rohrinnern allerdings geglättet, was möglicherweise in der Voraussicht der Gefährdung rauher Schweißungen geschehen war. Dichtschweißungen an Nietköpfen in Heißwasserbereitern waren nach 10 Jahren Betriebsdauer weniger angegriffen als die Niete [*Monroe*], doch sind Nieten häufig wegen des eingeschlagenen Zunders besonders korrosionsanfällig [*Daeves, Mewes* u. *Schulz*; zur Korrosion von Warmwasseranlagen vgl. besonders *Seelmeyer*]. Auch das Festigkeitsverhalten korrodierter gasgeschweißter Rohre ist günstig [*Meshier*].

Wenn die Schweißen Spalten enthalten, so kann in diesen infolge des Effekts der ungleichmäßigen Belüftung bei genügender Sauerstoffzufuhr und genügender Leitfähigkeit der Lösung ein starker Angriff entstehen.

An der *Atmosphäre* [*Schikorr*; *Daeves, Mewes* u. *Schulz*] sind nur in Ausnahmefällen Besonderheiten der Korrosion der Schweißnähte zu erwarten [*Hutchison*; *Zeyen* u. *Lohmann*], da Elementbildungen wegen der stets sehr dünnen Flüssigkeitsschicht eine nur geringe Reichweite haben können. Es ist jedoch wahrscheinlich, daß eine Schweißnaht aus normalem Stahl stärker rostet als der Grundwerkstoff, wenn dieser aus Stahl mit etwas erhöhtem Kupfer- und Phosphorgehalt besteht, da ein gewisser Gehalt an diesen Stahlbegleitern die atmosphärische Korrosionsbeständigkeit des Stahles in erheblichem Maße erhöht. Im Gegensatz zu der Unterwasserkorrosion ist bei der atmosphärischen Korrosion in Spalten der Schweiße zum mindesten im Binnenklima kein erhöhter Angriff zu erwarten. — Punktschweißungen zeigen daher an der Atmosphäre wenig besondere Erscheinungen [*Willoughby*; *Helsby*], die noch dazu durch Anstreichen der zu schweißenden Bleche mit Mennige weitgehend verhindert werden können [*Bodiansky*]; das Schweißen muß dabei vor dem Hartwerden des Anstrichs erfolgen, damit dieser an den zu schweißenden Stellen durch den Elektrodendruck fortgedrückt werden kann, ähnlich der Wirkung der speziellen Punktschweißlacke (siehe unter *Erdmann-Jesnitzer*, Beitrag: Widerstandsschweißung der Leichtmetalle).

Auch im Erdreich scheinen Schweißungen etwa ebenso rostbeständig zu sein wie der Grundwerkstoff [*Hutchison*]. So beschreiben *Schikorr* u. *Alex* eine Schweißung in einem Träger einer Flußuferbefestigung, die sich 60 Jahre im Erdreich befunden hatte und, obgleich nur mangelhaft ausgeführt, doch nicht stärker verrostet war als die Nachbarteile des Trägers. Im Gegensatz hierzu fand *Christopher* bei nahtgeschweißten Stahlrohren, die in einen angreifenden Boden verlegt waren, bereits nach einem Jahr punktartigen Angriff längs der ganzen Schweißnaht; ob diese vielleicht fehlerhaft war, läßt sich nicht mehr beurteilen.

Einen erheblichen Einfluß kann ebenso wie die Walzhaut auf Walzmaterial die *Glühhaut auf Schweißnähten* hervorrufen. Denn an dem Zunder kann sich ein Sauerstoffpotential ausbilden. Der unmittelbar an die Schweiße angrenzende Teil des geschweißten Stahles, an dem die ursprüngliche Walzhaut gestört ist, ohne daß eine Glühhaut entstanden ist, kann dabei bei genügender Leitfähigkeit der benetzenden Flüssigkeit anodisch werden und einen verstärkten Angriff erleiden. In noch stärkerem Maße gilt das für Eisen, das am Grunde von Rissen der Zunderschicht freiliegt; hier können ideale Bedingungen für einen starken örtlichen Angriff infolge Elementbildung entstehen, so z. B. beim Rosten im Meere und in anderen Salzlösungen. Da der Zunder auf Schweißnähten besonders leicht rissig werden soll, ist hier offenbar eine gewisse

Gefahrenquelle für die Beständigkeit der Schweißen vorhanden. Es fragt sich, wieweit das in einigen Fällen verstärkte Rosten bei den am Kapitelanfang geschilderten Versuchen von *Meryon* auf die nicht entfernte Glüh- und Walzhaut der Proben zurückzuführen ist.

An der Atmosphäre rostet der Zunder im Laufe einiger Jahre ab, ohne daß starke örtliche Angriffe zu erwarten sind. In Rissen der Zunderschicht entsteht zwar auch an der Atmosphäre leicht Rost. Durch Elementbildung mit dem umgebenden Zunder wird die Entstehung des Rostes hier jedoch nur unwesentlich begünstigt, da die elektrische Leitfähigkeit der benetzenden Flüssigkeit wegen ihrer geringen Dicke nur gering ist. Abbeizen des Zunders ist aber dennoch zweckmäßig, und zwar besonders dann, wenn auf die Schweißungen noch ein Anstrich aufgebracht werden soll [*Daeves* (2)].

Die *chemische Zusammensetzung der Schweiße* spielt für das Rosten meistens nur eine geringe Rolle [*Fry*; *Diepschlag*; *Brillié*, *Leroy* u. *Roux*]. Bei den beschriebenen Schweißverbindungen an 4 Stählen, die mit 8 verschiedenen Schweißdrähten hergestellt waren [*Portevin* u. *Leroy*], wurde auch bei Wechseltauchversuchen mit Meerwasser gefunden, daß die Unterschiede der Zusammensetzung zwischen Schweißnaht und Grundwerkstoff keine Rolle spielen, sondern daß es nur auf die Güte der Schweißnaht und des Grundwerkstoffs an sich ankommt. Nach *Carius* kann man sogar mitunter normalen Stahl und austenitischen 25/20-Chrom-Nickel-Stahl miteinander verschweißen, *ohne* daß z. B. in Meerwasser trotz der Potentialverschiedenheiten besondere Korrosionserscheinungen auftreten, was ja auch wegen der bekannten häufig ausreichenden Rostbeständigkeit von weich- oder hartgelöteten Eisenteilen nicht weiter überrascht. Unter äußeren Umständen, z. B. solchen, bei denen Schutzschichten durch eine ungeeignete Zusammensetzung der Schweißnähte beeinträchtigt werden, außerdem auch bei edlem Blech und unedler Schweißnaht, können jedoch unerwünschte Angriffe entstehen, weshalb offenbar *Leverick* und *Eisenstecken* u. *Roters* (1) die Verwendung von Schweißdrähten, deren Zusammensetzung stark von der des Grundwerkstoffs abweicht, für falsch halten. *Rabkin* fand unter gewissen Umständen erhebliche Unterschiede in der Verrostung von Schweißnähten verschiedener Zusammensetzung, und nach *Isskra* ist mitunter die Verschweißung von Stählen verschiedenen Kohlenstoffgehalts vom Korrosionsstandpunkt ungünstig. Nach *Frumin* setzt ein Gehalt der Schweißnaht von 0,3 bis 0,4% Molybdän, stammend aus dem Schweißdraht oder der Umhüllung, infolge Kornverfeinerung des Gefüges der Schweißnaht, deren Rostbeständigkeit herauf. Andererseits sollen nach demselben Verfasser beim Verschweißen von Stahl mit z. B. 1,5% Mangan Schweißverbindungen von verhältnismäßig geringer atmosphärischer Rostbeständigkeit entstehen.

Im allgemeinen scheinen auch *Schweißverbindungen in niedrig legierten Stählen* weitgehend rostbeständig zu sein, zum mindesten wenn mit umhüllten Elektroden geschweißt wurde [*Gibson*; *Johnston* u. *Schramm*]. Nach *Downes* wird die Korrosionsbeständigkeit von Schweißnähten in Stahl mit 0,5 bis 0,8% Chrom durch Wärmebehandlung oberhalb des kritischen Punktes des Schweißmetalls immer verbessert.

Der *Einfluß des Schweißverfahrens* auf die Rostbeständigkeit ist ähnlich wie bei der Säurebeständigkeit gering, und nur Schweißnähte, die mit nackten oder dünn ummantelten Elektroden hergestellt werden, sind mitunter, aber durchaus nicht immer, unbeständiger als nach den üblichen anderen Verfahren hergestellte, wenn die Unterschiede auch geringer sind als bei der Säurebeständigkeit [*Hensel* u. *Williams*; *Diepschlag*; *Portevin*; *Schoenmaker* u. *Blokker*; *Cockburn*; *Brillié*; *Leroy* u. *Roux*; *Zeyen* u. *Lohmann*]. *Diepschlag*, der Proben aus Armcoeisen, SA 37, SA 42 und SA 52, die ungeschweißt, gas- bzw. lichtbogengeschweißt waren, 8 Wochen lang einem feuchten Luftstrom von 50 bis 75° C aussetzte, fand bei stark streuenden Einzelwerten im Durchschnitt für die elektrische Schweißung eine um 10% größere Korrosion als bei Gasschweißung (die Abweichungen lagen jedoch höchstwahrscheinlich noch innerhalb der bei der angewandten Versuchsanordnung zu erzielenden Reproduzierbarkeit der Werte). Wegen des von den Proben nicht entfernten Walzzunders hält *Lohmann* die von *Diepschlag* gefundenen Werte nicht für überzeugend. *Meunier* u. *Colinet* (siehe auch *Colinet*) schweißten mit verschiedenen umhüllten und nackten Elektroden im Lichtbogen Proben zusammen, die zur einen Hälfte aus Thomas- und zur anderen aus Siemens-Martin-Stahl bestanden, und führten mit diesen Proben Wechseltauchversuche in 3prozentiger Natriumchloridlösung aus. Nach einem Jahr Versuchsdauer fanden sie je nach den verwendeten Elektroden sehr verschieden starke Korrosionserscheinungen. Die mit nackten Elektroden hergestellten Schweißnähte waren ziemlich gleichmäßig und viel stärker angefressen als der Grundwerkstoff (*Korrosionsart 1*), während die mit den besten umhüllten Elektroden hergestellten Schweißnähte keinen Unterschied gegenüber dem Grundwerkstoff zeigten (*Korrosionsart 3*); bei einer dazwischenliegenden Gruppe von Schweißnähten war ein mehr oder weniger scharfer örtlicher Angriff entstanden, der offenbar auf vereinzelte ausgeprägte Gasblasen- und Schlackeneinschlüsse zurückzuführen war (*Korrosionsart 2*). Bestimmungen des Sauerstoff- und Stickstoffgehaltes in den Schweißnähten zeigten den Zusammenhang zwischen Rostanfälligkeit und Gasgehalt der Nähte sehr deutlich (vgl. Zahlentafel 1

Korrosionsart	% Sauerstoff	% Stickstoff	*Charpy*-Wert
1	0,20 *)	0,071	1 bis 2
2	0,12 bis 0,14	0,024	8 bis 9
3	0,067 bis 0,070	—	11 bis 13

*) Entspricht der Sauerstofflöslichkeit bei der Schmelztemperatur.

Zahlentafel 1. Zusammenhang zwischen Verrostung und Gasgehalt von Schweißnähten (nach *Meunier* u. *Colinet*).

und *Colinet*; vgl. ferner *Goos*). Gleichsinnig mit der Rostanfälligkeit verlief auch die Kerbschlagempfindlichkeit nach *Charpy*.

Eine ähnliche Überlegenheit gut umhüllter Elektroden wurde bei Wechseltauchversuchen mit Meerwasser von 2 und von 3 Jahren Dauer [*Kirkland*; *Ungenannt* (2)] und mit 1prozentiger Schwefelsäure*) von 3 Monaten Dauer [*Moon*] gefunden.

Das verschiedene Rostverhalten der Schweißungen drückte sich auch bei Potentialmessungen aus, indem die Schweißnähte, die nach Korrosionsart 1 rosteten, um etwa 0,05 Volt unedler waren als die übrigen Schweißnähte.

Die Unterlegenheit der mit nackten Elektroden hergestellten Schweißnähte zeigt sich nach *Moses* auch schon bei Kurzversuchen mit dem Ferroxyl-Indikator dadurch, daß dieser an derartigen Schweißnähten sehr bald Blaufärbung hervorruft; bei einwandfreien Schweißnähten hingegen zeigt der Ferroxyl-Indikator keine Unterschiede zwischen Naht und Grundwerkstoff.

*) Wegen des leichten Luftzutritts handelt es sich hier um einen durch die Schwefelsäure begünstigten Rostangriff, nicht um einen reinen Säureangriff.

Im Gegensatz zu den genannten Versuchen fand *Portevin* bei Rostversuchen mit Leitungswasser und künstlichem Meerwasser keine Unterlegenheit von Schweißnähten, die mit nackten Elektroden hergestellt waren. Ähnliche Ergebnisse hatten bei Meeresluft 2jährige natürliche Wechseltauchversuche in Brackwasser [*Cockburn*]. (Diese Bedingungen entsprechen angenähert, wenn auch keineswegs befriedigend, der atmosphärischen Korrosion an Meeresluft.) In diesen Fällen hatten offenbar auch die mit nackten Elektroden hergestellten Schweißnähte nur geringe Gas- und Schlackeneinschlüsse enthalten.

Der *Einfluß der Verrostung auf die Festigkeit* läßt sich nach den vorliegenden Untersuchungen [*Meryon*; *Hensel* u. *Williams*; *Zechnowitzer*] nicht eindeutig erkennen, was offenbar darauf beruht, daß in allen untersuchten Fällen die Korrosion noch so gering war, daß sie bei der großen Streuung der Einzelfestigkeitswerte unkorrodierter geschweißter Proben noch nicht in Erscheinung trat.

Wegen dieses günstigen mechanischen Verhaltens von Schweißungen bei gleichzeitiger Korrosionsbeanspruchung werden Verbindungen durch Schweißen häufig solchen durch Nieten vorgezogen, so z. B. im Schiffbau [*Pierce*] und im Eisenbahnbau [*Ashworth* u. *May*].

E. Dampfkesselkorrosion von Schweißnähten

In Dampfkesseln wird die Korrosion von Schweißungen von besonderer Bedeutung, da hier nicht nur geschweißte Verbindungen der Korrosion unterliegen, sondern auch Auftragschweißungen, die zur Instandsetzung ganzer Kesselflächen dienen, die durch Korrosion abgezehrt sind [*Reichner*; *Türcke* (1)]. Hier besteht also die Gewißheit, daß die Schweißungen erheblichen Korrosionsbeanspruchungen ausgesetzt sind.

Der wichtigste angreifende Bestandteil bei der Dampfkesselkorrosion ist der in dem Kesselspeisewasser gelöste Sauerstoff. Die Löslichkeit des Sauerstoffs spielt dementsprechend hier wie auch sonst eine maßgebende Rolle. Hieraus ergibt sich die eigenartige Temperaturabhängigkeit der Verrostung des Eisens in Wässern. In offenen Gefäßen steigt mit steigender Temperatur zunächst auch die Rostgeschwindigkeit; bei 60 bis 80° C besteht jedoch ein Maximum, und bei noch höheren Temperaturen wird die Rostgeschwindigkeit wieder geringer, da jetzt die Abnahme der Löslichkeit des Sauerstoffs zu stark wird. In kochendem Wasser rostet Eisen dann praktisch überhaupt nicht mehr, da aus diesem der Sauerstoff nahezu völlig ausgetrieben wird. In geschlossenen Gefäßen hingegen, aus denen der Sauerstoff nicht entweichen kann, findet man auch bei Anwachsen der Temperatur über 100° C eine ständige, etwa lineare Zunahme der Rostgeschwindigkeit [*Speller* (2)]. Die Verhältnisse im Dampfkessel liegen zwischen den beiden Extremen des offenen und des geschlossenen Gefäßes, da ja aus dem Dampfkessel ständig Dampf entweicht, ohne daß jedoch ein offenes Gefäß vorliegt. In den meisten Fällen wird dem Kesselspeisewasser bei seiner Erneuerung ständig neuer gelöster Sauerstoff zugeführt, so daß auch bei hohen Betriebstemperaturen durch den Sauerstoff erhebliche Korrosionen hervorgerufen werden können.

Bei einfachen Dampfkesseln, die im allgemeinen mit einem nur geringen Betriebsdruck arbeiten, nimmt man die durch den Sauerstoff hervorgerufenen Anfressungen häufig in Kauf, da die Kosten der Wasseraufbereitung höher sind als die gelegentliche Erneuerung einzelner besonders gefährdeter Kesselteile. Im besonderen findet man an waagerechten Flammrohren mitunter sehr starke Angriffe auf der Oberfläche der Rohre, da sich hier ausgeschiedene Luftblasen ansammeln [*Heyn*]. Es handelt sich also um einen Angriff, dessen Lage völlig durch die örtlichen Verhältnisse bedingt ist; es ist kein Grund anzunehmen, daß in diesem Fall sich die Schweißnähte anders verhalten als der Grundwerkstoff. Wenn das Dampfkesselwasser jedoch größere Mengen von freier Kohlensäure oder von Magnesiumchlorid enthält, können besondere Erscheinungen auftreten. Die Kohlensäure reagiert selbst sauer und kann bei höheren Temperaturen auf Stahl einen deutlichen Säureangriff ausüben; Magnesiumchlorid spaltet oberhalb 100° C in starkem Maße infolge Hydrolyse Salzsäure ab, und hierdurch ist ebenfalls die Möglichkeit zu einem erheblichen Säureangriff gegeben [*Bauer*, *Vogel* u. *Zepf*]. Beim Säureangriff werden, wie in Abschnitt C gezeigt wurde, die Schweißverbindungen aber häufig stärker angegriffen als der Grundwerkstoff; im besonderen ist zu erwarten, daß Schweißungen, die mit nackten Elektroden hergestellt wurden, ziemlich rasch zerstört werden. Nach *Frantz* soll der Rostangriff in Dampfkesseln verstärkt an Stellen auftreten, an denen infolge fehlerhaften Schweißens überhitzte und nichtüberhitzte Stellen des Kesselwerkstoffs in Berührung stehen. Offenbar ist hier an das schon erwähnte ungünstige Verhalten des Überhitzungsgefüges gedacht. *Hatfield*, der geschweißte Proben 4 Wochen der Korrosion in kochendem Kesselwasser aussetzte, fand ein etwa gleiches Verhalten der Schweißnaht, der Übergangszone und des Grundwerkstoffs. Gasgeschweißte Proben waren bei diesen Versuchen etwas beständiger als elektrisch geschweißte, doch mag es sich hier um Zufälligkeiten handeln. Da *Hatfield* seine Versuche offenbar in offenen Gefäßen ausführte, ist es nach dem oben Gesagten möglich, daß der gelöste Sauerstoff aus dem kochenden Wasser zu so wesentlichen Anteilen ausgetrieben wurde, daß bei diesen Versuchen erheblich schwächere Angriffsbedingungen herrschten, als den praktischen Verhältnissen entspricht; die Anwendbarkeit der Ergebnisse auf die Praxis ist daher zweifelhaft.

Reichner fand, daß nach 5jähriger Betriebsdauer Ausbesserungs-Auftragschweißungen nur wenig angegriffen waren.

Bei wertvolleren Dampfkesseln würden die Korrosionsschäden durch den Sauerstoff untragbar sein; man muß daher das Kesselspeisewasser aufbereiten*). Das üblichste Verfahren ist, daß man das Wasser stark alkalisch macht; denn in alkalischem Wasser wird Eisen passiv, d. h. es wird praktisch gar nicht angegriffen. Der Passivität wirkt jedoch ein Gehalt des Wassers an Chloriden stark entgegen. Ursprünglich ist zwar in den meisten Gebrauchswässern nur wenig Chlorid vorhanden, durch das ständige Verdampfen des Wassers reichert es sich jedoch so stark an, daß die Passivität des Eisens schließlich doch nicht erhalten bleibt und an besonderen Stellen ein örtlicher Angriff auf das Eisen entsteht. Es ist nicht ausgeschlossen, daß diese Stellen sich besonders an Schweißnähten bilden können, da diese eine ungleichmäßigere Oberfläche haben als normale Flächen von Blechen und Rohren.

Bei Hoch- und Höchstdruckkesseln kann man aus verschiedenen Gründen stark alkalische Lösungen nicht verwenden. Bei diesen Kesseln verwendet man Wasser, das weitgehend sauerstofffrei ist (vgl. z. B. *Wesly*); bei Höchstdruckkesseln soll der Sauerstoffgehalt des Speisewassers z. B. nicht mehr als 0,03 mg je Liter betragen. Der Angriff durch Sauerstoff ist in Hoch- und Höchstdruckkesseln also nicht mehr möglich. Dafür aber kann hier eine andere Korrosionserscheinung, nämlich die schon erwähnte Korrosion unter „Dampfspaltung", auftreten [*Stumper*]. Die Einzelheiten sind nicht befriedigend erforscht. Es läßt sich daher auch nicht sagen, ob es sich hier um eine Korrosion von der Art des Angriffs durch nichtoxydierende Säuren handelt; immerhin

*) Zur Speisewasseraufbereitung vgl. *Schmidt; Stumper;* ferner Richtlinien für Wasseraufbereitungsanlagen, 3. Ausg., Beuth-Vertrieb G. m. b. H., Berlin 1940.

ist dies möglich, und daher mögen auch verschieden hergestellte Schweißen sich bei dieser Art des Angriffs in der früher geschilderten Weise verschieden verhalten. In jedem Fall ist beim Schweißen in Hoch- und Höchstdruckkesseln aus Korrosionsgründen von der Verwendung nackter Elektroden abzuraten.

Die Forderung nach möglichst gleicher Zusammensetzung von Kesselblech und Schweißstahl [*Lynn*; vgl. *auch Krüger*] ist offenbar nicht berechtigt; im besonderen ergibt sich das aus der guten Bewährung der *Krupp*schen Schweißnähte aus Chrom-Nickel-Stahl (vgl. *Hoch*, Teil I), die vorteilhaft sind, weil sie nicht geglüht zu werden brauchen [*Adrian*]. Bei normalen Schweißnähten in Dampfkesseln scheint es mehr auf metallographische Homogenität [*Adrian*] als auf gleiche chemische Zusammensetzung anzukommen.

Ein Angriff unter Wasserstoffentwicklung ist nach *Thiel* und *Luckmann* auch in stark alkalischen Lösungen bei Temperaturen von etwa 200° C und höher möglich, der vielleicht ebenfalls dem Säureangriff entspricht.

16 prozentige Natronlauge mit 200 g Natriumchlorid je Liter ruft nach *Slutzkaja* bei geschweißtem und genietetem Stahl sogar schon bei 95° C Wasserstoffentwicklung hervor. Doch kann auf diese Verhältnisse, die schon für ungeschweißten Stahl nicht völlig geklärt sind, ebenso wie auf die weiteren Aufbereitungsverfahren der Kesselspeisewässer in diesem Zusammenhang nicht näher eingegangen werden.

Besonders gefürchtet ist beim Betrieb von Dampfkesseln die *interkristalline Korrosion*, die im allgemeinen als „Laugensprödigkeit" bezeichnet wird. An genieteten Kesseln äußert sich diese häufig in Form der sogenannten „Nietlochrisse", die sich von einem Nietloch zum anderen hinziehen. Ihre Entstehung hängt von mechanischen Spannungen, unter denen der Werkstoff steht, ferner von besonderen Zuständen des Metallgefüges und des Kesselspeisewassers ab. Beruhigte Stähle, im besonderen der IZ-Stahl der Fa. Krupp, sind weniger gegen Laugensprödigkeit empfindlich als unberuhigte [*Houdremont, Bennek* u. *Wentrup*; *Bennek*]. Der gefährliche Gefügezustand und ausreichende mechanische Spannungen können zweifellos auch in Schweißen auftreten [*Zeyen* u. *Lohmann*; *Türcke* (1)]. — Bei einwandfreien Schweißen besteht die Gefahr der Laugensprödigkeit nicht [*Thompson* u. *Jeavons*].

Als Beispiel für den Einfluß der Wärmebehandlung auf die interkristalline *Spannungskorrosionsanfälligkeit* von Schweißungen seien in Zahlentafel 2 Versuche von *Werner* wiedergegeben.

Eine besondere Anfälligkeit gegen diese Art von Korrosion ist wieder bei Schweißungen zu erwarten, die mit nackten Elektroden hergestellt sind. Denn hoher Stickstoffgehalt (vgl. Zahlentafel 1) wird als besonders begünstigend hierfür angesehen [*Bennek*]. (Bemerk.: Weitere Lit. zu Zahlent. 1 siehe *) umseitig.)

Wärmebehandlung	Standzeit der Proben
Schweißzustand	1 Probe 1 Tag, 3 Proben 3 Tage
Bei 900° C geglüht, in Wasser abgeschreckt und angelassen auf	
400°	5 Proben > 25 Tage
500°	2 Proben 3 Tage, 3 Proben > 25 Tage
600°	1 Probe 1 Tag, 2 Proben 5 Tage
650°	5 Proben > 25 Tage

Zahlentafel 2. Standzeit von *Jones*-Proben aus geschweißtem unlegiertem Stahl nach verschiedener Wärmebehandlung in heißer Lösung aus 60% $Ca(NO_3)_2$ + 3% NH_4NO_3 + 37% H_2O (nach *Werner*).

Nach dem *Ellira-Verfahren hergestellte Schweißnähte* erweisen sich jedoch, obwohl sie weitgehend stickstoff- und sauerstofffrei sind, nach *Rädeker (2) nicht als laugenbeständig*, was offenbar mit der bei diesem Verfahren besonders hohen Schweißgeschwindigkeit zusammenhängt, die einerseits besonders große innere mechanische Spannungen, andererseits vielleicht aber auch besonders ungünstige Abkühlungsbedingungen zur Folge hat.

Unmittelbar im Schrifttum beschrieben wurden jedoch Risse von der Art der Nietlochrisse an Schweißverbindungen in Dampfkesseln bisher nicht, im Gegenteil, es wird sogar ausdrücklich versichert, daß sie nicht entstünden (*Thompson* u. *Jeavons*; vgl. jedoch auch das Verhalten von Laugebehältern). Wenn überhaupt Risse in Dampfkesselschweißungen auftreten, sind sie nach *Türcke* (2) nicht auf Laugensprödigkeit, sondern auf mechanische Spannungen und fehlerhafte Schweißungen zurückzuführen (z. B. nicht ausreichende Durchschweißung bei Schweißverbindungen und örtlich zu dünnen Auftrag bei Auftragschweißungen). Beim Ausbesserungsschweißen von rissigen Blechen kann es sich natürlich auch einfach darum handeln, daß die vor dem Schweißen vorhandenen Risse nicht ausreichend verschweißt wurden [*O. Bauer*].

Insgesamt gesehen, sind offenbar Schweißnähte in Dampfkesseln korrosionsbeständiger als Nietnähte, im besonderen, da deren korrosionsfördernde Spalten fortfallen [*Slutzkaja*].

Von dem Angriff, der unmittelbar durch das Kesselspeisewasser ausgeübt wird, ist der *Angriff im Dampfraum* zu unterscheiden, im besonderen außerhalb des eigentlichen Kessels in den Dampfableitungen, Überhitzern usw. Denn wenn das Kesselspeisewasser nicht sauerstofffrei ist, so wird der Sauerstoff in erheblicher Menge in den Dampfraum gelangen, und da dort gleichzeitig häufig flüssiges Wasser vorhanden ist, sind die Bedingungen für einen Rostangriff gegeben, im besonderen, da das Kondenswasser nicht alkalisch ist. Dieser Angriff dürfte auf Schweißverbindungen kaum anders wirken als auf den Grundwerkstoff. In den Dampfraum gelangen aber mitunter auch Salzsäure (aus der Hydrolyse des Magnesiumchlorids) oder Kohlensäure (aus dem bei hoher Temperatur stark hydrolysierenden Natriumkarbonat, das häufig zur Alkalisierung des Kesselspeisewassers verwendet wird). In beiden Fällen können in den Dampfableitungen usw. ausgesprochene Säureangriffe entstehen, so daß auch in diesem Fall die Verschiedenheiten der Säureempfindlichkeit verschiedener Schweißverbindungen eine Rolle spielen würden. Um etwas Derartiges handelte es sich vermutlich bei einem eigenartigen Befund, den *Türcke* (2) in einer Abdampfleitung eines Kraftwerkes machte; hier war eine geschweißte Rundnaht, die in dem Kraftwerk hergestellt war, völlig korrodiert, während die im Röhrenwalzwerk geschweißten Längsnähte keinerlei besondere Korrosionserscheinungen zeigten.

In Hochdruckkesseln werden zur Abbindung des Sauerstoffs häufig Natriumsulfit, Natriumhydrogensulfit**) oder Schwefeldioxyd verwendet [*Wesly*]. Aus den beiden letzten Stoffen kann, wenn sie in zu starkem Überschuß verwendet werden, ebenfalls leicht Säure in den Dampfraum gelangen und dort ähnlich wirken wie oben beschrieben.

---

*) *Jones*, ferner die Versuche von *Ungenannt* (4), bei denen Normalisieren geschweißter Proben starke Spannungskorrosionsanfälligkeit zur Folge hatte, während „angelassene" Proben (Temperatur nicht angegeben) nicht rissen, und Versuche von *Kautz* mit Schweißnähten aus 25/20-Chrom-Nickel-Stahl, bei denen nur eine von 20 Proben spannungskorrosionsempfindlich war, während Proben aus normalem Kesselblech mit hochwertigen Schweißnähten aus unlegiertem Stahl, im Herstellungszustand und normalisiert, nach 6 Tagen rissen.

**) Früher als Natriumbisulfit bezeichnet; in dem vorliegenden Bericht wurden die „Richtsätze für die Benennung anorganischer Verbindungen" (Ber. Dtsch. Chem. Ges. 73 [1940], S. 53) befolgt.

F. Korrosion von Schweißverbindungen unter sonstigen Bedingungen

Mehrere Arbeiten liegen über das Verhalten von Schweißverbindungen gegen *Salpetersäure und stickoxydhaltige Stoffe* vor. Salpetersäure ist eine typische oxydierende Säure (genauer: Säure mit oxydierendem Anion). Sie greift Eisen im allgemeinen nicht unter Entwicklung von gasförmigem Wasserstoff an, sondern unter Reduktion des Nitrations. Daher sind für den Angriff andere Umstände als die Wasserstoffüberspannung (vgl. Abschnitt C,1) maßgebend, im besonderen selbstkatalytische Vorgänge [*Abel*; *Hedges* I], auf die hier jedoch nicht näher eingegangen werden kann. Schon äußerlich unterscheidet sich der Angriff von nichtoxydierenden und von oxydierenden Säuren auf Stahl dadurch, daß dieser ziemlich gleichmäßig, jener aber stark örtlich ist und meist eine zerklüftete Oberfläche zurückläßt. Dementsprechend greift auch Salpetersäure Schweißverbindungen an Schweißnaht, Übergangszone und Grundwerkstoff gleichmäßiger und von Schweißnaht zu Schweißnaht weniger unterschiedlich [*Swegiutsew*] an, als nichtoxydierende Säuren [*Joellenbeck* u. *Maßmann*; vgl. die Bilder bei *Rädeker* (2)]. Unterschiede im Angriff auf Schweißnaht und Grundwerkstoff mögen aber dann auftreten, wenn die Salpetersäure so hoch konzentriert ist, daß sie gerade passivierend wirkt (z. B. 14 nHNO_3). Denn hier kann der eine Stahl (z. B. die Schweißnaht) bereits passiv sein, während der andere (z. B. der Grundwerkstoff) noch angegriffen wird. So wirkt nach *Eddy* u. *Rohrman* der Gehalt des Stahles an Schwefel und Mangan der Passivität in Mischsäure entgegen, während ein solcher an Kohlenstoff sie begünstigt. Da nun aber beim Angriff die betreffenden Stellen anodisch werden und anodisches Verhalten die Passivität ebenfalls begünstigt, werden diese Verhältnisse bei Schweißverbindungen so schwierig, daß ohne genaue Versuche nichts weiter hierüber ausgesagt werden kann.

Erdmann-Jesnitzer u. *Loyda* fanden bei Versuchen über den Angriff von Mischsäure auf Schweißverbindungen das Folgende: „Geprüft wurden 3 neuere, auch in geringeren Blechdicken von 0,4—2 mm, vorzüglich und vor allem rißfrei verschweißbare niedriggekohlte mangan- und chrom-mangan-vanadin-haltige Blaustähle (ehem. Bez. Fliegw. 1263, 1265 u. 1604). Über deren Eigenschaften wurde, wegen ihrer allgemeinen Bedeutung für die Schweißung der legierten Feinbleche, a. a. O. berichtet [*Erdmann-Jesnitzer* (1), *Erdmann-Jesnitzer* u. *Eisenkolb*, *Erdmann-Jesnitzer* u. *Hofmann*, *Erdmann-Jesnitzer* u. *Fabian*]. Vorversuche an Zerreißproben, ungeschweißt und geschweißt, dabei Naht in Stabmitte, ergaben in Mischsäuren ($HNO_3 + H_2SO_4$) verschiedenster Mischungsverhältnisse, d. h. von 60% HNO_3 und 40% H_2SO_4 (Vol.%) bis zu reiner technischer HNO_3-Säure, je nach der Prüftemperatur (20→40° C) und mit dieser an Intensität zunehmend, Angriff auf die Wärmeeinflußzone (WEZ) im Bereich der Martensitzone. Dieser Angriff erfolgte nicht nur im untergetauchten, d. h. vollständig dem flüssigen Agens ausgesetzten Stabe, sondern auch, jedoch hierfür nach wesentlich längeren Zeiten, über die sich bildenden Dämpfe. Die Steigerung der Versuchstemperatur von 25° C auf 30 und 40° C bewirkte wesentlich schnelleren Angriff. Behälter in Originalgröße, 800 mm ⌀, 3 mm Wanddicke, Böden verpreßt und ebenso wie die Mäntel ungeglüht zeigten nach *kurzer Korrosionsdauer* (*Tage und Stunden*) und lichtbogenverschweißt, (Fliegw. 1263 u. 1265, chemische Zusammensetzung) *Rißbildung* senkrecht zur Naht hin. Es traten längs der Naht im Gebiet der Mischsäuredämpfe (die Behälter waren nur halb gefüllt und lagerten liegend) nach verschiedener Korrosionsdauer, vom Werkstoff, der Lagertemperatur und der Lage der Nähte abhängige, feine *Spannungskorrosionsrisse* schlagartig auf. An den Stellen des Elektrodenwechsels wurde das gleichmäßige Auftreten strahlig unterbrochen. Ebenso folgten die Risse, äußerlich erkenntlich und die Wand im Gebiet der WEZ durchsetzend, etwa den sich im Blech nach dem Schweißen einstellenden „inneren" Spannungen. (Strahlige Form an den Endkraterstellen, jedoch im Grundwerkstoff *neben* der Naht und, wie erwähnt, senkrecht zu dieser verlaufend mit etwa 10—12 mm Rißlänge, gemäß der Breite der WEZ.) Schliffbilder belegten, daß die Risse so weit verliefen, wie auch die Makroätzung mittels Kupferammonchlorids die WEZ markiert. Unabhängig davon wurde der Angriff im benetzten Teil, ebenso wie in den Vorversuchen, im Martensitgebiet beobachtet. Abhilfe, d. h. Vermeidung der Spannungskorrosion, schaffte das Übergehen auf langsame Abkühlung mit etwa 15 Minuten (ohne Anheizzeit) ab 680° C nach der Schweißung weichgeglühter Behälter. Betrieblich ist dies nicht durchführbar für die größeren Behälter.

Wie es die Arbeiten von *Erdmann-Jesnitzer* u. Mitarbeitern belegen, neigen die vorliegenden Stähle stark zur Reckalterung. Böden wie Mäntel waren kaltverformt. Die zusätzliche Wärme durch die Schweißung begünstigte den Ablauf der Reckalterung und die Bildung eines gegen Mischsäuredämpfe empfindlichen Gefügezustandes. Glüht man Böden und Mäntel vor dem Schweißen rekristallisierend, d. h. $\sim$ bei 650—690° C $\pm$ 10 und hält man die verbleibenden Schweißspannungen konstruktiv durch geeignete Formgebung sehr gering, so tritt Spannungskorrosion gleichfalls nicht auf. (Auch das Verformen oberhalb der Streckgrenze beim Abdrücken mit Druckwasser während der Abnahmeprüfung kann zu anschließender Reckalterung führen, die für die vorliegenden Stähle bereits nach Stunden, durch Brinellhärtemessungen [Härtesteigerung] belegbar, merklich auftritt.)

Die Variation der Elektroden hatte hinsichtlich irgendwelcher möglicher Potentialunterschiede Schweiße—Grundwerkstoff keinerlei Einfluß auf den Korrosionsablauf (Martensitangriff und Spannungskorrosion). Wohl aber ermöglichten austenitische Elektroden (z. B. Fox A7 von *Böhler* oder E.V.65 von *Krupp*) einen größeren Abbau verbleibender innerer Spannungen als solche Elektroden, die wie der Grundwerkstoff zur Aufhärtung neigten. Für letztere sind die verbliebenen Restspannungen vom Schweißen her größer, so daß die Spannungskorrosion bei Verwendung austenitischer Elektroden (die Restspannungen sind im vorliegenden Fall ja in Verbindung mit dem reckgealterten Gefüge Voraussetzung für die Spannungskorrosion durch die Mischsäuredämpfe) dann nur noch an besonders gefährdeten Stellen (T-Nahtstöße von Behälterlängs- und -rundnaht) auftritt. Die austenitischen Elektroden ermöglichen also Spannungsabbau. Ganz wesentliche Verbesserung wurde erzielt durch Übergang von dem rein mangan- auf Blech des *chrom*-mangan-vanadin-legierten niedrig kohlenstoffhaltigen Baustahls Fliegw. 1604. Zusammengefaßt läßt sich die Mischsäurekorrosion dann also vermeiden, wenn

Reckalterung,
Restspannungen,
Martensitbildung

vermieden werden, d. h. wenn *nach* dem Schweißen rekristallisierend (Temperaturdaten siehe unter *Erdmann-Jesnitzer*) oder gar normalisierend (bei 880° C $\pm$ 10, $\sim$ 15 Minuten Glühdauer, gerechnet *ohne* Anheiz- und Abheizzeit), geglüht wird und auf chromlegierte Baustähle wie den Typ Fliegw. 1604 übergegangen wird."

Ergänzend sei bemerkt, daß nach ausgedehnten Untersuchungen von *Loyda* (unveröffentlicht) u. Mitarbeitern wie *Loyda* u. *Haase* ein industriell für „große, nicht glühbare" geschweißte Transportbehälter aus *legierten* Baustählen bequem anwendbarer Oberflächenschutz nicht ermittelt werden konnte. Auch Ferro-Silizium-

Überzüge auf Stahl versagten [*Erdmann-Jesnitzer* (2)]. Eine der Aushilfslösungen besteht im Einbau eines dünnwandigen „Aluminiumhemdes", demzufolge der HNO_3- oder der Mischsäureangriff unterbindbar wird (*Erdmann-Jesnitzer*, unveröffentlicht).

Die Korrosion zeigt sich bei Mischsäureangriff äußerlich durch Abscheidung von Eisen(II)-sulfatkristallen an, die sich bei Ellira-Schweißungen auf der Naht, bei Gasschmelzschweißungen in der Übergangszone bilden. Martensitisches Gefüge, das also vermutlich auch Spannungskorrosionserscheinungen begünstigt, erweist sich also als besonders korrosionsanfällig; Normalisieren setzt daher die Korrosion erheblich herab. Ellira-Schweißungen und Gasschmelzschweißungen verhalten sich, insgesamt gesehen, etwa in gleicher Weise (*Erdmann-Jesnitzer*, mündl. Mitteil.).

Alekseew führte Versuche über das Korrosionsverhalten von gas- und lichtbogengeschweißten Proben in wässerigen, salpetersäurehaltigen Ammoniumnitratlösungen aus (85% NH_4NO_3; 0,13 bis 57 g/l freie HNO_3; Versuchsdauer 1 bis 10 Tage; Versuchstemperatur 135 bis 145° C). Die elektrisch geschweißten Proben wurden hierbei zuerst im Grundwerkstoff und nur etwa $^1/_3$ bis $^1/_2$ so stark angegriffen wie die gasgeschweißten, bei denen die Schweißnaht zuerst angegriffen wurde; bei einer Konzentration von 3 g/l freier Salpetersäure bestand ein Minimum des Angriffs.

Den Angriff von *Nitrosyl-Schwefelsäure* auf gas- und elektrisch geschweißte Proben unter Bedingungen, wie sie bei der Herstellung von Schwefelsäure nach dem Bleikammerverfahren vorliegen, untersuchten *Yushmanow* u. *Yakhontowa*; sie fanden, daß die gasgeschweißten Proben die beständigeren waren und an den Nähten noch weniger angegriffen wurden als an dem schon an sich nur langsam korrodierenden Grundwerkstoff. Bei Proben, die nur zum Teil in die Säure getaucht waren, korrodierten der ganz in der Säure und der ganz in dem Gasraum befindliche Teil wenig, während an der Dreiphasengrenze Säure—Gasraum—Metall dieses mit einer Korrosionsgeschwindigkeit von etwa 20 mm/Jahr angegriffen wurde.

Nach *Portevin* u. *Leroy* (2) greift gasförmiges *Chlor* Schweißnähte bevorzugt entlang Schlackeneinschlüssen und Blasen an.

Bei abwechselnder Einwirkung von Meerwasser und Treibstoff, was den Korrosionsverhältnissen in Tankschiffen entspricht, ergab sich in 6 Monaten kein bevorzugter Angriff auf die Schweißverbindung [*Owens* (1)].

Geschweißte Ölleitungen haben sich nach *Owens* (2) bewährt (vgl. auch *Moore*; *Heltzel*), desgleichen solche an Leitungen für Rohöldämpfe von etwa 450° C [*H. P. Smith*; *Curley*]. *Gareis* beschreibt jedoch starke Spannungskorrosionserscheinungen an offenbar einwandfreien gasgeschweißten Rohren, bei denen Risse in der Übergangszone entstanden bei Verwendung der Rohre für Rohgase mit alkalischen Verunreinigungen. Geschweißte Rohre für normale Gasleitungen sind jedoch durchaus bewährt [*Klaus*]. Geschweißte Sulfatkocher [*Naumow*; *Danninger*] und Papierkocher [*Kosterlitz*] haben sich ebenfalls bewährt, Schweißungen an Hochdruckbehältern für angreifende Öle waren nach $3^1/_2$ Jahren Betriebsdauer sogar weniger angegriffen als die Grundbleche [*Jasper*].

Die Angaben über die Beständigkeit von Schweißnähten in Laugebehältern widersprechen sich. Während nach *Greger* derartige Nähte keine sogen. Laugensprödigkeit zeigten, beobachtete *Liedloff* (1) das Gegenteil. Offenbar standen in diesem Fall die Schweißungen unter besonders hohen Spannungen, die nach *Liedloff* auf falscher Reihenfolge der Schweißungen beruhten. Bei Abwesenheit von mechanischen Spannungen wird geschweißter Stahl von hochkonzentrierter Natronlauge bei 100° C praktisch nicht angegriffen [*Kusmak* u. *Slomjanskaja*]. — Wassergas-Preßschweißungen sind gegen heiße Natronlauge ebenfalls gut beständig [*Reavell*]. *E. Bauer* fand bei Schweißnähten, die mit umhüllten Elektroden hergestellt waren und Sprünge in gußeisernen Kesseln für Natriumhydroxyd von 540° C schlossen, einen geringeren Angriff als beim Grundwerkstoff.

Schwere Angriffserscheinungen an Schweißnähten treten häufig in der chemischen Industrie auf. Nach *Küntscher* handelt es sich dabei besonders um interkristalline Korrosion [z. B. die Laugensprödigkeit], Wasserstoffangriff und selektiven Karbonylangriff. Die Neigung zur Laugensprödigkeit von Stählen mit mehr als etwa 0,9° C kann man dabei durch eine Koagulationsglühung herabsetzen. Im Einzelfall stellt *Küntscher* diese Verhältnisse folgendermaßen dar: „Die Koagulationsglühung besteht in einer etwa halbstündigen Glühung bei 920 bis 950° C mit anschließender Wasserabkühlung, wobei Auskühlung im Wasser vermieden werden muß. Hieran schließt sich eine ein- bis dreistündige Anlaßglühung bei 350 bis 450° C. Die höheren Temperaturen müssen dabei für die härteren Stähle angewendet werden. Die versuchsmäßige Überprüfung geschieht mittels der Kugeleindruck-Kochprobe."

Das Schweißen der laugenfesten oder auf diese Weise laugenfest gemachten Stähle ist dann schwierig, wenn im Betrieb sehr starker interkristalliner Angriff herrscht. Besonders hochwertige manganreiche Zusatzwerkstoffe sind notwendig, aber auch diese versagen bei schärferen Angriffsbedingungen. Es empfiehlt sich dann, nach dem Schweißen die vorerwähnte Wärmebehandlung vorzunehmen. Ist das nicht möglich, dann muß vom Schweißen Abstand genommen und eine Nietverbindung angewendet werden. Es sei erwähnt, daß derartige Korrosionen in der chemischen Industrie sehr häufig auftreten, z. B. bei Nitratsalzen. Das Bild 5 zeigt nach *Eisenkolb* die interkristalline Korrosion von austenitischen Cr-Ni-Stahlblechen an der Schweißnaht *nach* einem 100stündigem Kochversuch (DIN 4852) in einer Lösung von 10% H_2SO_4 und 10% $CuSO_4 \cdot 5\,H_2O$. So wird zum Beispiel durch Kalziumnitrat mit etwas Ammonnitratzusatz ein 15 mm starkes, unter Spannung stehendes Eisenblech in wenigen Stunden interkristallin durchkorrodiert. Säurehaltige Öle zeigen in gleicher Weise diese gefährliche selektive Korrosionswirkung. Die Bilder 6a u. b veranschaulichen den selektiven interkristallinen Angriff durch Karbonyl, der in diesem Fall auf den Schweißübergang beschränkt ist. Man erkennt aus dem Ätzsaum im Übergang, daß es sich um eine nicht oder ungenügend thermisch behandelte Schweiße handelt. Bei gutem Glühzustand erfolgt eine derartige Korrosion nicht.

Interessant ist, daß auch beim *Wasserstoffangriff* die Wärmebehandlung die gleiche Bedeutung hat. Es ist ja bekannt, daß beispielsweise bei 200 atü Wasserstoff ein unlegierter Kohlenstoffstahl, etwa von Temperaturen über 280° C durchlässig wird. Ungeglühte Schweißen werden hierbei aber schon bei 230° C angegriffen. Man hat die sogenannten wasserstoffesten Stähle entwickelt, die mit mehr als 2,5% Chrom legiert sind. Der Mechanismus des Wasserstoffangriffes ist ja folgender: Durch Reaktion des im Stahl atomar gelösten Wasserstoffes mit dem Eisenkarbid entwickelt sich Methan, das nicht atomar löslich ist und nicht durch den Stahl heraus diffundieren kann. So entstehen im Material Methanansammlungen mit so hohen Drücken, daß lokal zwischen einzelnen Kristallgruppen innere Zerreißungen erfolgen. Auf die schwieriger zu deutende, offenbar katalytische Rolle des Wasserdampfes hierbei, der notwendig ist, da vollkommen trockener Wasserstoff diesen Angriff nicht ergibt, sei nur nebenbei hingewiesen. Durch Legieren mit Chrom hat man nun im Feingefüge kein reines Eisenkarbid, sondern chromlegierte Eisenkarbide. Diese werden, wenn ihr Chromgehalt hoch genug ist, nicht zersetzt. Interessant ist nun, daß auch diese sonst beständigen Chromstähle zerstört werden, wenn sie im ungeglüht geschweißten Zustand vorliegen. Offenbar führen die beim Schweißen auftretenden Schrumpf- und Härtungsspannungen zu Gefügeauflockerungen, die sich auch auf die Karbide erstrecken.

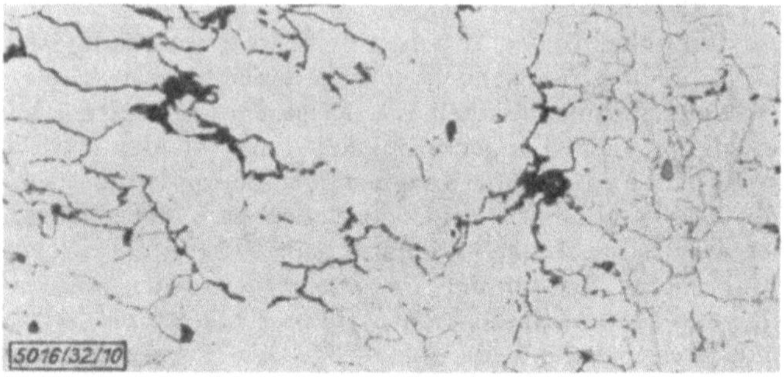

Bild 5. Interkristalline Korrosion von austenitischen Cr-Ni-Stahlblechen an der Schweißnaht nach einem 100stündigen Kochversuch nach DIN 4852 in einer Lösung von 10%-H_2SO_4 und 10%-$CuSO_4 \cdot$ 5 H_2O nach *Eisenkolb*

(Bemerkung: Die Schweißverbindung war zuvor einer 6stündigen Glühung bei 700° C unterzogen worden)

linke Seite: Schweißgut rechte Seite: Blechwerkstoff

Vergr. 200 ×

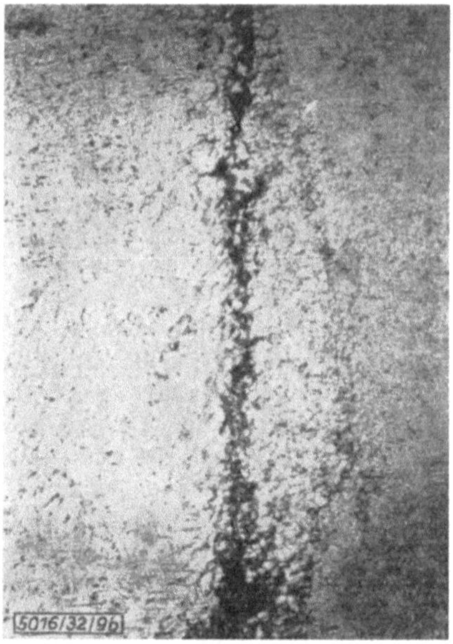

Bild 6 a u. b. Interkristalline Korrosion im Schweißübergang durch Karbonyl

Bild 6 a. Vergr. 1 : 1 (Übersichtsaufnahme)

Bild 6 b. Vergr. 125fach (Gefügeaufnahme)

Interkristallin zerstörte Zone in der nicht gerissenen Übergangszone gegenüber der Rißstelle, d. h. in Bild 6 a gemäß Pfeilmarkierung liegend

Nachstehend sei nun noch die Zusammensetzung einiger in der chemischen Industrie häufig verwendeter Spezialelektroden angegeben. Die Kerndrahtzusammensetzung entspricht dabei im allgemeinen der des Grundwerkstoffes (Zahlentafel 3):

	Chrom-Nickel-18/8-Stahl %	Chrom-Nickel-25/20-Stahl %	warmfeste und wasserstoffeste Hochdruckstähle %
SiO_2	0,5	0,1	30
Fe_2O_3	4	2	15
Al_2O_3	1	—	4
Mn_2O_3 (metallisch vorhanden)	3	3	13
TiO_2	0	0	4
Cr_2O_3	0	0	7
CaO	50	50	11
F	11	11	0÷4
CO_2	14	14	5
Alkali	2,5	2,5	2,5

Zahlentafel 3: Analyse der Umhüllung verschiedener Elektroden

Unter Bedingungen starker Kühlung, wie sie bei der Herstellung flüssigen Sauerstoffs notwendig ist, sind Schweißungen nach *Asinowskaja* befriedigend beständig.

Das Korrosionsverhalten von Schweißnähten gegen Kühlsole (im allgemeinen hochkonzentrierte Natrium-, Kalzium- oder Magnesiumchloridlösungen) entspricht dem im Abschnitt D geschilderten allgemeinen Verhalten beim Rosten der Schweißnähte; im besonderen sind an sich einwandfreie, wenn auch anders zusammengesetzte Schweißnähte nicht korrosionsempfindlicher als der Grundwerkstoff, während mangelhafte Schweißnähte (wie z. B. schlacken- oder nitridhaltige) von Kühlsolen stark angegriffen werden können.

Ritchic fand an Schweißnähten in Retorten für die Leuchtgaserzeugung eine größere Korrosionsbeständigkeit als beim Grundwerkstoff.

Bei fehlerhaftem Schweißen ist in vielen Fällen die Gefahr verstärkter Korrosion vorhanden [*Calcott, Whetzel* u. *Whittaker*]. Derart mag das frühzeitige Versagen von Schweißungen in den Anlagen einer Zuckerfabrik (British Corrosion Committee) zu erklären sein.

Schließlich liegen noch einige Untersuchungen über das Korrosionsverhalten von Schweißungen vor, die an *mit Metallüberzügen versehenen Blechen* vorgenommen wurden.

Werden *verzinkte Bleche* geschweißt, so verdampft das Überzugsmetall Zink, das einen bekanntlich tief liegenden Siedepunkt hat (907° C). Das Blech kann daher auch an Stellen, die von der Schweißung ziemlich entfernt sind, seinen Überzug verlieren und damit verstärkt korrodieren. *Eckberg* empfiehlt daher, zur Erhaltung der Verzinkung die Bleche vorher zu verzinnen, da der Siedepunkt des Zinns mit 2275° C erheblich über den beim Schweißen auftretenden Temperaturen liegt. Die Schweißnaht selbst wäre natürlich in derartigen Fällen noch besonders zu schützen (vgl. auch *Ogino*). Bemerkt sei aber, daß Zinn die Bindung an den Flanken „außerordentlich" erschwert (s. *Krug*, Teil II).

Wenn das Angriffsmittel eine elektrolytisch leitende Lösung ist, kann die Schweißnaht kathodisch werden und daher unangegriffen bleiben [*Tödt* (2)], was sich z. B. bei Versuchen von *Bibber* mit Elektroschweißungen verzinkter Bleche in Meerwassersprühnebel und von *Owens* (3) mit Punktschweißungen ergab, die dem Meere im Bereich des Ebbe-Flut-Wasserwechsels ausgesetzt waren. *Declan* fand sogar in Leitungswasser, das viel weniger elektrisch leitend ist als Meerwasser, kein Rosten normaler Schweißnähte aus Stahl im verzinkten Stahlblech (vgl. auch *Wikoff*). Häufig wird aber empfohlen, verzinkte Bleche nicht zu schweißen, sondern weich oder hart zu löten, was den Vorteil hat, daß die Lotmetalle beständiger sind als Stahl, andererseits aber auch, daß beim Löten wegen der geringeren erforderlichen Temperatur weniger Zink verlorengeht [*Hooker*; *Greene*; *Ungenannt* (5)].

Nach *Declan* wird allerdings bei gelöteten verzinkten Blechen die Verzinkung um so stärker angegriffen. Nachträgliches Verzinken von Schweißnähten in verzinkten Blechen empfehlen *Reinhard* u. *Glann*. (Bemerkung: Wird die Verzinkung der nahtnahen Werkstoffpartien nicht vor der Schweißung entfernt, so verbrennt der Zinküberzug zu Zinkoxyd, das leicht ist. Es wirbelt in der Luft auf und ist für die Einatmung schädlich.) Nach *Bouthe* kann dabei jedoch Versprödung auftreten, die im übrigen nach *Spraragen* u. *Claussen* sowie *A. E.* auch schon beim Schweißen selbst durch Hartzinkbildung im Blech entstehen kann. Als Schutz gegen Zinkverlust beim Punktschweißen verzinkter Bleche empfiehlt ein USA-Patent Besprühungen mit Wasser. Verfahren zum Schweißen in Verzinkungskesseln mit dem Ziele, Schweißnähte zu erhalten, die möglichst beständig gegen geschmolzenes Zink sind, empfehlen *Liebetanz*, *Frankenbusch* u. *Ungenannt* (6). Nach *Frankenbusch* sind schlechte, im besonderen poröse Schweißnähte in solchen Kesseln immer unbeständiger als einwandfreie.

Beim Schweißen verzinnt-verbleiter Bleche ist nach *Partington* darauf zu achten, daß die Verzinnung nicht durch die Verbleiung bricht, da sonst der Korrosionsschutz verlorengeht.

Geschweißte *plattierte Bleche* (siehe auch *Hase*, S. 742 ff.) mit einer aufgewalzten Schicht von 1 mm Dicke aus Kupfer, Nickel und 18/8-Chrom-Nickel-Stahl, die gleichfalls verschweißt war, wurden auf ihr Korrosionsverhalten von *Richter* u. *Schikorr* untersucht. Die Korrosionsbeanspruchungen waren entsprechend dem praktischen Einsatz derartiger Bleche die folgenden:

bei den kupferplattierten Blechen fließendes künstliches Meerwasser und fließendes stark kohlensäurehaltiges Leitungswasser von Raumtemperatur (in einem Fließgerät),

bei den nickelplattierten Blechen konzentrierte Natronlauge von 200° C (in einem Druckgefäß),

bei den 18/8-Chrom-Nickel-Stahl-plattierten Blechen saure Kalziumhydrogensulfitlösung (Sulfitlauge) von 140° C (in Bombenrohren).

In allen Fällen hielt die geschweißte Plattierung den Angriff von dem Grundmetall ab und es verhielt sich die Schweißung wie die Plattierung selbst. Zu einem entsprechenden Ergebnis kommt auch *Rädeker* (1).

G. *Korrosionsprüfung von Schweißverbindungen*

Auf wenigen Gebieten wird soviel gegen die einfachsten Grundsätze verstoßen wie bei der Korrosionsprüfung von Schweißverbindungen. Manche Arbeiten werden durch die Fehlerhaftigkeit der Prüfung völlig wertlos. Es ist also jedem dringend zu raten, sich vor dem Beginn von Korrosionsprüfungen zunächst einmal theoretisch mit diesem Gebiet zu befassen. (Außer den genannten Lehrbüchern vgl. dazu *Borgmann* u. *Mears*; *Fry*; *Wiederholt*.) *Zum mindesten sollten die Richtlinien des Normblattes DIN 4850 möglichst genau beachtet werden.*

Die beste Korrosionsprüfung von Schweißverbindungen ist die Prüfung im praktischen Betrieb (*Spraragen*). Aber auch hier sind gewisse Grundsätze zu beachten. Im besonderen ist eine Überwachung der Betriebsbedingungen erforderlich, was nicht ganz so einfach ist, wie es zunächst aussieht; denn gerade diejenigen Bedingungen, die für den Betrieb wesentlich sind, spielen häufig für die Korrosion eine geringere Rolle als Umstände, die den Betrieb an sich nicht interessieren. Ganz allgemein findet man häufig, daß die bei der Inbetriebnahme einer Anlage für die Korrosion maßgebenden Umstände für die Stärke des späteren Angriffs entscheidend sind; das erklärt sich ganz einfach daraus, daß es darauf ankommt, ob in der ersten Betriebszeit eine Schutzschicht auf dem Metall entsteht oder nicht. Die Umstände, die die Schutzschicht begünstigen, sind aber häufig nicht bekannt, so daß das Korrosionsverhalten im Betrieb in vielen Fällen weitgehend von Zufälligkeiten abhängig ist.*)

Korrosionsprüfungen im Laboratorium haben vor Prüfungen in der Praxis zwar den großen Nachteil, daß die praktischen Bedingungen häufig im Laboratorium nicht befriedigend nachgeahmt werden können, und zwar einerseits, weil der apparative Aufwand hierfür häufig zu groß ist, andererseits, weil man selten die praktischen Bedingungen befriedigend kennt. In jedem Fall muß man sich bemühen, im Laboratoriumsversuch die für die Korrosion maßgebenden Umstände in möglichst der gleichen Art zur Einwirkung zu bringen, wie sie in der Praxis vorliegen. Die großen Vorteile der Laboratoriumsprüfungen sind einerseits die meistenteils geringeren Kosten, besonders aber andererseits die genaue Kenntnis und Überwachung der Angriffsbedingungen. Häufig kann man experimentell einfache Versuchsbedingungen wählen, jedoch ist auch hierbei mehr zu beachten, als die meisten glauben.

Für die Prüfung der Korrosionsbeständigkeit von Schweißverbindungen ist wegen ihrer Einfachheit und kurzen Dauer besonders die Prüfung des Verhaltens gegen verdünnte Salz- oder Schwefelsäure beliebt [*Thom* (2); *Howard*; *Ungenannt* (1)]. Auch hier ist wieder darauf aufmerksam zu machen, daß diese Prüfung nur dann dem Ver-

---

*) Ein besonders bekannter Fall hierfür ist das Verhalten von Warmwasserleitungen. Man findet häufig, daß in einem Hause Warmwasserleitungen schon nach wenigen Jahren zerstört sind, während im Nebenhause, in dem dasselbe Wasser unter scheinbar den gleichen Bedingungen verwendet wird, die Rohre jahrzehntelang halten. Dieser Unterschied beruht darauf, daß bei der Inbetriebnahme des ersten Falles für die Schutzschichtbildung ungünstige, im zweiten Fall günstige Bedingungen vorgelegen haben. Auf diese Verhältnisse ist der noch immer fortbestehende Streit zwischen Heizungs- und Korrosionsfachleuten zurückzuführen, in dem die ersten behaupten, daß die früher gelieferten schmiedeeisernen Rohre korrosionsbeständiger seien als die jetzt gelieferten Flußstahlrohre. Die Heizungsfachleute finden nämlich häufig, daß beim Einbau neuer Flußstahlrohre in alte Heizungen mit schmiedeeisernen Rohren die Flußstahlrohre in kurzer Zeit zerfressen werden, was nach Ansicht der Korrosionsfachleute einfach darauf beruht, daß in den alten Anlagen sich gute Schutzschichten ausgebildet haben, während die jetzigen Betriebsbedingungen der Schutzschichtbildung nicht so günstig sind wie früher. Im übrigen handelt es sich bei den alten Anlagen um eine Auslese; denn Anlagen, die zu gleicher Zeit mit diesen hergestellt und rasch zerstört wurden, sind natürlich längst vergessen. Diese etwas ausführliche Schilderung eines Sonderfalles soll nur darauf hinweisen, wie schwer auch bei der unmittelbaren praktischen Prüfung eine exakte Beurteilung des Korrosionsverhaltens von Werkstoffen ist.

halten der Praxis entspricht, wenn es sich um den Angriff nichtoxydierender Säuren handelt, wobei zwischen verdünnter Salzsäure und verdünnter Schwefelsäure und anderen nichtoxydierenden Säuren nur geringe Unterschiede bestehen. Immerhin läßt der Säureversuch mangelhafte, im besonderen schlacken-, oxyd- und nitridhaltige Schweißnähte auf einfache Weise erkennen, und da diese auch z. B. gegen Meerwasser mitunter besonders anfällig sind, sind hier annähernd Rückschlüsse auf das Verhalten der Naht bei der anderen Korrosionsart möglich; im besonderen läßt sich sagen, daß, wenn eine Schweißnaht sich beim Säureversuch bewährt, diese auch meistens gegen Meerwasser und andere Wässer ebenso beständig sein wird wie der Grundwerkstoff. Umgekehrt aber kann eine gegen Säure völlig unbeständige Schweißnaht gegen Meerwasser noch durchaus befriedigend beständig sein, z. B. dann, wenn sie einen erhöhten Phosphorgehalt aufweist.

Keinesfalls aber entspricht der Säureversuch etwa dem atmosphärischen Rosten [*Daeves* u. *Eisenstecken*]. Beim Säureversuch im Laboratorium ist eine genaue Angabe der Arbeitsbedingungen erforderlich. Im besonderen muß man auf die Erschöpfung der Säure achten. Wenn man so wenig Säure verwendet, daß für jedes cm^2 Metalloberfläche z. B. weniger als 1 cm^3 Säurelösung vorhanden ist, muß man mit der baldigen Erschöpfung der Säure rechnen. Wenn man in solchen Fällen die Versuche über mehrere Tage ausdehnt, stellt man nicht den Angriff der Säure auf das Metall, sondern z. B. den Angriff von Eisen(II)-chlorid auf Eisen fest, wobei eine weitere Verwickelung dadurch entsteht, daß das Eisen(II)-chlorid durch den Luftsauerstoff zu Eisen(III)-chlorid oxydiert wird. Dieses hydrolysiert, und die Verhältnisse werden dann sehr unübersichtlich. Wenn es sich um sehr schwache oder um sehr verdünnte Säuren handelt, ist bei gutem Luftzutritt der eigentliche Säureangriff häufig geringer als der durch den an das Metall herandiffundierenden Sauerstoff bedingte. Wenn der Angriff etwa 1 g/m^2 je Tag ist, ist der Sauerstoff bestimmt zu einem wesentlichen Teil an der Korrosion beteiligt. Wenn man in dem betreffenden Fall nur den Angriff durch die Säure selbst bestimmen will, ist es erforderlich, durch entsprechende Versuchseinrichtungen den Sauerstoff auszuschließen, was wieder nicht so einfach ist, wie es sich der Praktiker häufig vorstellt. Der Nichtchemiker tut gut, hierbei den Chemiker zu Rate zu ziehen*).

Zu erwähnen ist noch, daß hochkonzentrierte Säuren mitunter weniger angreifen als Säuren mittlerer Konzentration, was z. B. für Eisen mit Schwefelsäure und Blei mit Salpetersäure, nicht aber für Blei mit Schwefelsäure gilt. (Siehe auch *Brenner* u. *Bleicher*, Beitrag „Korrosion geschweißter Leichtmetallnähte", s. später.)

Für den Angriff in *Salzlösungen*, im besonderen Chloridlösungen, ist das Folgende zu beachten:

Maßgebend für die Korrosionsgeschwindigkeit in unbewegten Lösungen ist meist die Zutrittsgeschwindigkeit des Sauerstoffs. Da mit steigender Konzentration der Salzlösungen die Sauerstofflöslichkeit sinkt, sinkt auch die Korrosionsgeschwindigkeit. Für die Temperaturabhängigkeit gilt das gleiche, was schon bei Dampfkesseln (Abschnitt E) gesagt wurde. Da in siedenden Lösungen kein Sauerstoff mehr löslich ist, greifen diese, wenn nicht noch andere Angriffsbedingungen vorliegen, nicht an. Die Meinung, die man öfter hört, daß, wenn konzentrierte siedende Lösungen nicht angriffen, verdünnte kalte Lösungen erst recht nicht angreifen könnten, ist also z. B. für Koch-

*) Mancher glaubt vielleicht, den Sauerstoff aus Lösungen dadurch ausschließen zu können, daß er Bombenstickstoff durch die Lösung leitet. Derartiger Stickstoff kann aber gut 1% Sauerstoff als Verunreinigung enthalten. Durch das genannte Vorgehen kann der Sauerstoffzutritt nicht nur unterbunden, sondern sogar gefördert werden.

salzlösungen völlig verfehlt. Da die Korrosionsgeschwindigkeit in nicht bewegten Lösungen häufig nur vom Sauerstoffzutritt abhängt, ist die Korrosionsgeschwindigkeit hier also nicht kennzeichnend für die Lösung. Wenn man die Angriffsfähigkeit der Lösung selbst kennenlernen will, muß man die Versuche bei Sauerstoffüberschuß ausführen, was man z. B. leicht durch Rührung der Lösung oder durch Luftdurchleiten erreichen kann. So greift zwar bei Luftzutritt unbewegte verdünnte Kochsalzlösung Eisen ebenso stark an wie destilliertes Wasser, der Angriff durch bewegte Kochsalzlösung ist aber mehrfach so hoch wie der durch bewegtes destilliertes Wasser.

Wie schon gesagt, wird durch Kochen von Lösungen der Sauerstoff ausgetrieben und der Angriff damit verhindert. Wenn man den Angriff von Wasser und wässerigen Lösungen bei Temperaturen von 100° C und höher feststellen will, muß man daher in geschlossenen Druckgefäßen arbeiten (vgl. Normblatt DIN 4854).

Den Angriff von Lösungen, die auch ohne Sauerstoffzutritt angreifen können, kann man natürlich auch im einfachen Kochversuch prüfen. Nähere Angaben hierzu sind im Normblatt DIN 4852 angegeben. Mitunter werden Versuche beschrieben, bei denen als Angriffsmittel für Schweißverbindungen verdünnte Natronlaugelösung angewendet wird. Derartige Versuche sind bei Temperaturen unterhalb 100° C und tiefer völlig überflüssig, da unter diesen Bedingungen Eisen passiv ist und gar nicht angegriffen wird.

Für die Prüfung der Rostbeständigkeit von Schweißungen sind z. Z. der *Wechseltauchversuch* und der *Sprühversuch* mit Natriumchloridlösung am meisten zu empfehlen. Denn diese Versuche sind im besonderen durch ihre häufige Verwendung für die Prüfung von Aluminium und seinen Legierungen sehr gut durchgearbeitet. Die für diese Versuche erforderlichen Einzelheiten sind in dem Normblatt DIN 4853 beschrieben. Hier sei nur erwähnt, daß man bei Wechseltauchversuchen darauf achten muß, daß der Angriff im Sommer wegen der in den Versuchsräumen meistens höheren relativen Feuchtigkeit der Luft höher ist als im Winter. Bei Vergleichsversuchen muß man daher die einzelnen Proben gleichzeitig prüfen, da sonst der Einfluß der Luftfeuchtigkeit den Einfluß der Probenverschiedenheit überwiegen kann. Beim Sprühversuch ist darauf zu achten, daß in dem Sprühgerät an allen Stellen möglichst gleiche Angriffsbedingungen bestehen. Wem diese beiden Versuche noch nicht rasch genug zu Ergebnissen führen, der mag auch den Rührversuch mit gerührter wasserstoffperoxydhaltiger Natriumchloridlösung verwenden, der für die Beurteilung der Rostbeständigkeit wenigstens gewisse Anhaltspunkte gibt, während der Säureversuch, wie mehrfach erwähnt, hierfür meist verfehlt ist.

Will man den Angriff durch angreifende Gase prüfen, so ist vor Beginn der Versuche festzustellen, ob in dem betreffenden Gasraum der Angriff an *allen* Stellen gleich sein wird.

Das atmosphärische Rosten des Eisens kann bisher im Laboratorium nicht befriedigend nachgeahmt werden. Feuchte warme Luft oder Luft mit einem Gehalt an schwefliger Säure gibt die atmosphärischen Verhältnisse für das Rosten des Eisens nicht befriedigend wieder. Hier bleiben nur Versuche im Freien übrig, die im Winter wegen der größeren Mengen der in die Luft gelangenden Verbrennungsgase in kürzerer Zeit zum Ziele führen als im Sommer. Als Versuche von kürzerer Dauer sind mitunter solche neben starken Abgasquellen, wie z. B. neben Fabrikschornsteinen oder Lokomotivschuppen, geeignet.

Die Frage nach der für Korrosionsprüfungen geeignetsten *Oberflächenbeschaffenheit der Schweißverbindungen* bedarf einer kurzen Erörterung. Die rein äußerlich besten Proben sind solche, die mit glatten Oberflächen aus der Schweißnaht herausgearbeitet werden, und es ist auch für die Beurteilung der Korrosionsanfälligkeit der Schweißnaht sicherlich nicht von Nachteil, wenn man solche Proben prüft. Ausreichend ist eine solche Prüfung aber zweifellos nicht. Denn drei Punkte, die für die Korrosion wichtig sein können (wenn auch nicht müssen), sind bei ihr nicht erfaßt:

die mögliche elektrochemische Wechselwirkung zwischen Schweißnaht und Grundwerkstoff,

das Verhalten der wirklichen Oberfläche (Oxydschicht) der Schweißnaht und

das Verhalten der Übergangszone.

Es ist daher unerläßlich, Proben zu verwenden, die die Schweißnaht in ihrer ursprünglichen Form, die Übergangszone und ein Stück des Grundwerkstoffs enthalten. *Schnittkanten*, die das Ergebnis elektrochemisch beeinflussen könnten, *sind abzudecken*. Daneben kann aber die Prüfung einzelner Zonen wie z. B. bei *Hunsicker* (1) durchaus zweckmäßig sein. (Zu beachten ist u. a. der Abbau verbliebener Restspannungen durch das Heraustrennen einzelner Probestäbe.) Der Glühzunder auf den Proben ist durch Beizen oder Sandstrahlen zu entfernen, denn in den meisten Fällen, in denen eine erhebliche Korrosion möglich ist, soll die Schweißverbindung in der Praxis ebenfalls zunderfrei sein. Nur bei Säureversuchen, die der Untersuchung des Angriffs beim Beizen dienen sollen, beläßt man den Zunder besser auf den Proben, muß dann aber natürlich in Blindversuchen sein Gewicht bestimmen.

Die Zerklüftung der Oberfläche der Schweißraupe erschwert in starkem Maße die visuelle Beurteilung des Angriffs. Gelegentlich werden daher Proben verwendet, bei denen Schweißnaht und Grundwerkstoff plan geschliffen sind [*Ungenannt*]. Derartige Proben mögen anschauliche Aufschlüsse geben und mitunter ganz zweckmäßig sein. Aus dem obengenannten Grunde sind sie jedoch nicht ausreichend. Sehr vorsichtig sind derartige Versuche dann zu beurteilen, wenn der Schliff senkrecht zur Walzrichtung des Grundwerkstoffs steht.

Einfach zu bestimmende *Meßverfahren für die Korrosion* sind der *Gewichtsverlust und (bei Säureversuchen) die Menge des entstehenden Wasserstoffes*, die ganz auf die übliche Weise festgestellt werden können, aber die etwaige Ungleichmäßigkeit des Angriffs unberücksichtigt lassen (vgl. *DIN 4850*). Wo es sich um die Eignung von Schweißverbindungen für Gefäße handelt, muß auch die Tiefe der entstehenden tiefsten Löcher bestimmt werden, damit man beurteilen kann, ob Durchlöcherungen zu befürchten sind.

Die Beurteilung der Korrosion nach Stärke und Art der Korrosionsprodukte empfiehlt *Lohmann*. Ein graphisches Meßverfahren, nach dem man eine Korrosionsgeschwindigkeit der Schweißungen von 1 mm/Jahr bereits in 30 Tagen messen kann, beschreiben *Yushmanow* u. *Yokhontowa*.

Vom Festigkeitsstandpunkt interessiert natürlich besonders die *Festigkeitsabnahme* infolge der Korrosion (*Howard*). Wegen der starken Streuung der Einzelwerte schon bei nichtkorrodierten geschweißten Proben sind hier eine größere Zahl Einzelproben zu prüfen als sonst. Weniger als 5 Einzelproben dürften in keinem Fall ausreichend sein. Eine noch größere Zahl von Einzelproben ist erforderlich, wenn man die Korrosion verschiedener Schweißnähte vergleichen will. Denn hier sind die zu vergleichenden Werte die *Differenzen* der Mittelwerte der unkorrodierten und der korrodierten Proben, bei denen zufällige Fehler sich verstärkt auswirken können. Zu beachten ist ferner, daß die Festigkeitsabnahmen bei z. B. 10 mm dicken Blechen infolge Verrostung im allgemeinen so gering sind, daß sie erst nach langen Versuchsdauern außerhalb der Fehlergrenzen liegen. Das gilt verstärkt für Schweißverbindungen. So fand *Meryon* bei recht starken Rostbedingungen (Proben in Kontakt mit Messing ganz in das Meer eingetaucht) noch nach 30 Monaten Versuchsdauer bei 2 Arten von Schweißverbindungen infolge der zufälligen Einzelwerte sogar höhere Zugfestigkeiten als bei unverrosteten Blindproben (als Mittelwerte von allerdings nur je 2 Proben).

Ähnlich fand *Stäger* bei nur 0,75 mm dicken geschweißten Proben aus niedrig legierten Stählen nach 182 Tagen in Luft von 100% relativer Feuchtigkeit noch keine Abnahmen der Festigkeiten; hierbei ist jedoch zu bemerken, daß diese Korrosionsbeanspruchung weit geringer ist, als man gemeinhin annimmt [vgl. z. B. *Schikorr* (3)].

Bei Korrosionsversuchen von *Kusnetzowa* mit Proben, die mit verschiedenen umhüllten Elektroden hergestellt waren, entstanden nur *geringe Unterschiede in den Gewichtsverlusten, große Unterschiede jedoch in den Festigkeits- und besonders in den Dehnungsabnahmen* (!). Man muß also beides ermitteln.

Für die Prüfung der *Spannungskorrosionsanfälligkeit* von Schweißen ist eine Probenform von *Houdremont, Bennek* u. *Wentrup* angegeben worden, die als „Schlitzprobe" bezeichnet wird. Bei dieser wird in ein Blech von den Abmessungen 200 x 300 x 40 mm ein Schlitz von 160 mm Länge, 40 mm Breite auf der Oberseite und 30 mm Breite auf der Unterseite hineingearbeitet, der vollgeschweißt wird. In derartigen Schweißen können, wie von *Mailänder* festgestellt wurde, Spannungen bis zu 20 kg je mm^2 herrschen, die möglicherweise schon an sich ausreichen, um interkristalline Rissigkeit bei geeigneten Außenbedingungen hervorzurufen. Noch stärker wird die Neigung hierzu dann, wenn man die Schlitzprobe in Anordnungen (z. B. die „Jonesprobe") einbaut, die den sonst üblichen Anordnungen bei Spannungskorrosionsproben entsprechen. Als Angriffsmittel bei Spannungskorrosionsversuchen werden meistenteils siedende Kalziumchlorid- oder Ammoniumnitratlösungen verwendet. [*Brenner*; *Fry*; *Mailänder*].

Als einfache qualitative Vorprüfung auf die Korrosionsanfälligkeit von Schweißnähten scheint sich der „Ferroxyl-Indikator" zu eignen; dieser besteht im wesentlichen aus einer z. B. 3 prozentigen Natriumchloridlösung mit geringen Zusätzen von rotem Blutlaugensalz und Phenolphthalein und gegebenenfalls einigen Prozent Gelatine; in ihm werden anodische Stellen, an denen Eisen(II)-ionen in Lösung gehen, blau, kathodische Stellen, an denen Sauerstoff verbraucht wird, infolge der hier entstehenden Hydroxylionen hingegen rot. *Moses* fand bei Anwendung des Ferroxyl-Indikators auf Schweißungen, die mit umhüllten Elektroden hergestellt waren, nur geringe Effekte, bei Schweißungen, die mit nackten Elektroden hergestellt waren, hingegen eine starke Blaufärbung der Schweißnaht, ein Zeichen, daß diese bevorzugt angegriffen wurde.

Gelegentlich hält man Potentialmessungen an Schweißen für zweckmäßig. Soweit sich aus dem Schrifttum erkennen läßt, haben solche jedoch bisher nur wenig zur Aufklärung der Korrosion von Schweißverbindungen beigetragen.

Wenn derartige Versuche ausgeführt werden, muß unbedingt angegeben werden, in welchen Lösungen das Potential gemessen wurde und wie die Zeitabhängigkeit des Potentials ist. Denn gerade bei Eisen ist das Potential meistens anfangs sehr viel edler als nach einigen Tagen, was darauf beruht, daß die anfangs auf dem Eisen vorhandene natürliche Schutzschicht, die das Potential veredelt, durch viele Lösungen zerstört wird. In anderen Lösungen — z. B. Alkalihydroxyd- und -karbonatlösungen mittlerer Konzentration — wird die Wirkung der Schutzschicht jedoch wiederum verstärkt und das Potential dementsprechend veredelt [*Heyn* u. *Bauer* (2)]. Nach *W. J. Müller und Čupr* erklären sich die edleren Potentiale als Mischpotentiale zwischen dem Potential des Eisens selbst und dem edleren Potential, das sich an der auf dem Eisen befindlichen Schutzschicht ausbildet. Unzulässig ist es, aus Potentialmessungen, die man in bestimmten Lösungen angestellt hat, auf die Korrosion in anderen Lösungen Schlüsse zu ziehen, aussichtsreicher hingegen, die zeitliche Veränderung der

Potentiale als Kennzeichen für das Vergehen und Entstehen von Schutzschichten heranzuziehen, als die Beurteilung der Potentiale selbst [*Hoar* u. *Evans*].

Obgleich systematisch in die Abschnitte C und D gehörig, seien der besseren Übersicht wegen die mit *Potentialmessungen an Schweißungen* bisher erhaltenen Ergebnisse hier zusammenhängend wiedergegeben.

Meunier u. *Colinet* fanden, daß mit nackten Elektroden hergestellte Schweißnähte, die durch besonders hohe Sauerstoff- und Stickstoffgehalte und besonders niedrige Kerbschlagwerte auffielen (vgl. Zahlentafel 1), in 0,1-n Kaliumchloridlösung um etwa 0,05 Volt unedlere Endpotentiale hatten als die anderen geprüften Schweißnähte (vgl. dazu auch *Armstrong*).

Schoenmaker u. *Blokker* stellten nach 21tägiger Einwirkung von 3 prozentiger Natriumchloridlösung mit 0,1% Wasserstoffperoxyd folgende Potentialunterschiede fest:

bei Verwendung nackter Elektroden bis 6 mV
bei Verwendung schwach umhüllter Elektroden bis 9 mV
bei Verwendung stark umhüllter Elektroden 0 mV

Potentialdifferenzen zwischen Schweißnaht und Grundwerkstoff bis zu 0,17 Volt fand *Zechnowitzer*.

Roux tauchte Blechproben aus verschiedenen Stählen und Schweißnahtproben verschiedener Zusammensetzung in verdünnte Schwefelsäure und Salzsäure und stellte die zwischen Blech und Schweißnaht entstehende Potentialdifferenz fest. Der höchste gefundene Wert war etwa 45 mV. In den meisten Fällen war die Schweißnaht anodisch und nur in einigen Fällen (wenn sie aus einem Spezialstahl mit z B. 2% Nickel bestand) kathodisch. Die Potentialdifferenz nahm mit der Zeit fast stets ab und wurde manchmal gleich Null. In einigen Fällen kehrte sich die Stromrichtung sogar um. *Roux* nimmt an, daß das von ihm gefundene Potentialverhalten Rückschlüsse auf das spätere Korrosionsverhalten von Blech und Schweißnaht zulasse, indem in jedem Fall der bei der Potentialprüfung als unedler gefundene Teil auch stärker korrodieren müsse. Bei der von ihm angewendeten Versuchsdauer von nur 30 Minuten kann diese Annahme jedoch nicht als genügend belegt gelten; außerdem wäre natürlich der Beweis der Behauptung durch unmittelbare Korrosionsversuche nicht schwer gewesen. In ähnlicher Weise untersuchten *Grubitsch* u. *Steiner* das Potential von Grundwerkstoff und Schweißnaht in Grazer Leitungswasser. Bei diesen Versuchen ergab sich nach 20tägiger Dauer keine Potentialdifferenz. Der Unterschied gegen die Versuche *Roux* dürfte einerseits auf der anderen Lösung, andererseits aber auf der längeren Versuchsdauer beruhen. Zweifellos würde die Weiterführung der obigen Versuche manche noch unklare Frage aufklären.

Hunsicker (1) maß an seinen bereits beschriebenen Proben auch das Potential in 1 prozentiger Natriumchloridlösung. Wie er fand (vgl. Bild 7), war das Potential der nicht überfeilten Proben fast stets deutlich edler (im Durchschnitt um etwa 50 mV) als das der überfeilten Proben. Soweit sich erkennen läßt, handelt es sich hier um eine Potentialveredlung durch Ausbildung eines Sauerstoffpotentials an der Zunderschicht. (*Hunsicker* selbst nimmt offenbar an, daß es sich um die Wirkung eines Potentials des Zunders selbst handelt, da er unter Stickstoff keine Unterschiede gegenüber den normalen Messungen fand; er gibt jedoch nichts Näheres darüber an, wie er diese Versuche ausführte, so daß anzunehmen ist, daß bei der von ihm gewählten Anordnung der Sauerstoff nur sehr unvollkommen abgehalten wurde, zudem erneuerte *Hunsicker* vor jeder Messung die Lösung, offenbar ohne diese von Sauerstoff befreit zu haben.)

Slutzkaja verglich das Potential einer Schweißnaht in einer wässerigen Lösung von 160 g/l Natriumhydroxyd und 200 g/l Natriumchlorid bei 95° C gegen eine Kalomelelektrode mit demjenigen einer genieteten Naht; sie fand bei jener Potentialdifferenzen bis 0,75 Volt, bei der genieteten Naht jedoch nur bis zu 0,70 Volt, was mit dem Korrosionsverhalten in unmittelbarem Widerspruch steht. Bei Potentialmessungen gleichartiger Proben in 1-n Eisen(II)-salzlösung, die im Gegensatz zu der genannten Natrium-

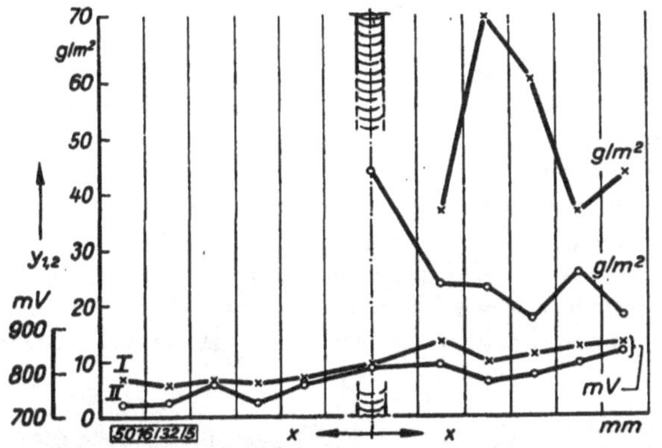

Bild 7. Verhalten von Schweißnaht, Übergangszone und Grundblech bei Potentialmessungen in 1prozentiger NaCl-Lösung (gegen Chinhydronelektrode *) und bei Angriff durch n • HCl-Lösung in 8 Stunden [nach *Hunsicker* (1)].

x = ursprüngliche Lage der Proben in dem Versuchsblech
y_1 = elektrochemisches Potential in mV
y_2 = Gewichtsverlust in g/m²; Vergr. ½fach
20 mm breiter Mittelstreifen: Schweißnaht

Streifen links von der Schweißnaht nicht gefeilt
Streifen rechts von der Schweißnaht gefeilt
Schweißnaht bei Versuch I (xxxx) gefeilt
Schweißnaht bei Versuch II (....) nicht gefeilt

hydroxydlösung nicht passivierend wirkt, wurden von *Slutzkaja* an verschiedenen Stellen jeweils derselben Probe Potentialunterschiede gefunden, die bei genieteten Proben bis zu 0,20 Volt, bei geschweißten Proben dagegen nur bis zu 0,05 Volt betrugen. Die verhältnismäßig hohen Potentialunterschiede an den genieteten Proben hängen vermutlich mit dem sehr unterschiedlichen Sauerstoffzutritt zu der Probenoberfläche und zu den Spalten zwischen den überlappten Teilen zusammen, die bei geschweißten Proben fehlen.

*H. Neueres Prüfverfahren zur Kornzerfallbeständigkeit austenitischer Cr-Ni-Schweißverbindungen**)*

Zur Prüfung der Kornzerfallbeständigkeit austenitischer Stähle sowie deren Schweißverbindungen werden von *Pospiech* Methoden benutzt, wie das bekannte Kochen in 65%iger HNO_3-Lösung oder in einer Lösung von $CuSO_4 + H_2SO_4$.

Die Art der Auswertung der Probeergebnisse ändert sich jedoch bei den Schweißverbindungen.

*) Das p_H der Lösung ist in der Veröffentlichung nicht mitgeteilt, so daß das Potential gegen die üblichen Bezugselektroden nicht angegeben werden kann.

**) Bemerkung: Während des Endausdruckes dieser Seiten gelangten die folgenden Ergebnisse von Untersuchungen der schweißtechnischen Lehr- und Forschungsanstalt der ČSR in Bratislava zur Kenntnis des Herausgebers, der diese an den vorliegenden Beitrag mit Dank an Prof. Dr. *Čabelka* anfügte.

Das Forschungsinstitut für Schweißtechnik der ČSR in Bratislava befaßte sich mit dem Problem der interkristallinen Korrosion austenitischer Schweißnähte und suchte eine Methode, die Lage der korrosionsanfälligen Stellen rasch festzustellen, weil man bei Schweißverbindungen in diesem Falle mit kleinen Flächen der eigentlichen Naht und engen wärmebeeinflußten Zonen zu rechnen hat, deren Anfälligkeit fraglich sein kann.

In Erinnerung an ein älteres elektrolytisches Prüfverfahren, das von *Russell, Pray* und *Miller* für homogenen Werkstoff ausgearbeitet wurde und das auf anodischer Ätzung einer polierten Werkstückoberfläche in einer Lösung von hochprozentiger H_2SO_4 mit Zugabe eines Inhibitors aufgebaut ist, hat *Pospiech* eine Reihe von Versuchen für Schweißverbindungen durchgeführt. Als Kathode verwendet dieser einen Bleitrichter, welcher an die geprüfte Oberfläche isoliert angedrückt wird. Der anodischen Ätzung ist nur eine kleine Fläche von 1 bis 2 cm^2 ausgesetzt. Die Auswertung wird durch Beobachtung des entstandenen Ätzfleckes bei Schrägbeleuchtung durchgeführt. Die für interkristalline Korrosion anfälligen Stellen erscheinen infolge der ungleichmäßigen Ätzung und der dadurch bedingten Oberflächenvergröberung weiß. Die Oberflächenveränderung wird durch bevorzugte Auflösung der ausgeschiedenen Karbide an den Korngrenzen hervorgerufen. Wie das Bild 8 zeigt, wird die Lage der

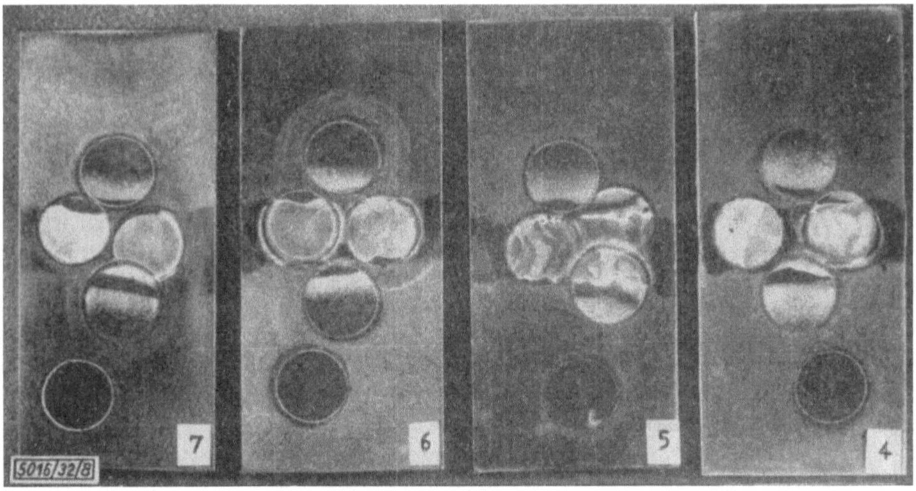

Bild 8. Aufnahme *Pospiech*/Bratislava. Elektrolytisches Kurzprüfverfahren zur Bestimmung der Korrosionsanfälligkeit von austenitischen Cr-Ni-Schweißverbindungen.
Der Grundwerkstoff ist ein austenitischer Cr-Ni-Stahl, nur ungenügend mit Titan stabilisiert.
Chemische Zusammensetzung des Schweißgutes: 18/8 Cr/Ni mit Nb oder Ti-Zusatz.
Die stabilisierende Einwirkung beider Elemente erwies sich als ungenügend.

Zonen, welche durch das Schweißen auf die kritische Temperatur um 700°C erhitzt wurden, sehr gut indiziert.

Das Schweißgut, welches auch die Zusammensetzung eines austenitischen Cr-Ni-Stahles hat, reagiert in interessanter Weise.

Das Prüfverfahren zeigt im vorliegenden Falle ein anomales Benehmen der Schweißnähte, da immer, auch nach erneuter Abschreckung von der Temperatur 1100°C, durch diese Methode die Neigung der Schweißnaht zur interkristallinen Korrosion nachgewiesen werden kann. Außerdem zeigten die Versuche, daß beim gewöhnlicherweise aufgeführten Schweißen die verschiedenen Stellen der eigentlichen Schweißnaht eine verschiedene Neigung zu dieser Art der Anfälligkeit zeigen. Auch gut durchgeführte Schweißungen zeigen sich bei Anwendung dieser Prüfmethode weniger widerstandsfähig im Vergleich zum gewalzten Grundwerkstoff. Die Tatsache, daß alle, also auch die besten Schweißnähte immer zumindest einen schwachen positiven Befund aufweisen, zwingt uns zur Erforschung der Ursache dieser Erscheinung und ließ *Pospiech* vermuten, wie er schrieb, daß bei weiteren Versuchen eine neue Eigenschaft eines so interessanten Materials, wie es die Schweißnaht ist, entdeckt wird.

J. Schlußwort

Wie sich aus dem Vorausgehenden ergibt, kann von einer geschlossenen Aufklärung der Korrosion von Schweißverbindungen bei Stahl nicht die Rede sein. Über gewisse Einzelheiten herrscht Klarheit, wie etwa über die, daß einwandfreie Schweißungen grundsätzlich *nicht* stärker rosten als der Grundwerkstoff, oder daß mangelhafte Schweißungen, im besonderen solche, die Gasblasen, zuviel gelöste Gase und Schlacken enthalten, häufig stark korrosionsanfällig sind. *Insgesamt gesehen, fehlt es aber an systematischen Forschungen.* Vom Standpunkt des Schweißens sind solche zwar in größerer Zahl ausgeführt worden, vom Standpunkt der Korrosionsbeanspruchung aber nicht. Besonders auf diesem Umstand beruht die unbefriedigende Erforschung des Gebietes. Die Lage ist wie bei der Erforschung einer Veränderlichen, die von zwei unabhängigen Veränderlichen abhängt, bei der man aber nur die eine unabhängig Veränderliche variiert hat und das, ohne die andere konstant zu halten, ja häufig ohne sich des mindestens ebenso starken Einflusses der zweiten Unabhängigen auch nur bewußt zu sein.

Eine planmäßige Erforschung der Korrosion von Schweißverbindungen ist grundsätzlich leicht auszuführen; es besteht dabei aber die Gefahr, daß man große experimentelle Mühe für Fragen aufwendet, die weder wissenschaftlich noch praktisch interessieren. Zur Beschränkung der Untersuchungen auf Gebiete, die praktisch von Belang sind, wäre es erwünscht, wenn der Praktiker mehr Korrosionsfälle in Veröffentlichungen mitteilte als bisher. Dabei ist an Fälle wie den von *Türcke* sowie die von *Pospiech* beobachteten gedacht. Das Bekanntwerden solcher Fälle, die der Anwendung des Schweißens etwa abträglich ist, ist nicht zu befürchten; dazu ist die Schweißtechnik bereits zu hoch entwickelt und anerkannt*).

Literaturangabe**)

Abel, E., Angew. Chem. *43* (1930), S. 734.
Adrian, W., Autog. Metallbearb. *28* (1935), S. 353—359.
A. E., Mech. World a. Engin. Rec. *87* (1930), S. 226 (SC).
Alesksеev, N. F., Autogenoje Delo Nr. *6*, (1940) S. 12—14 (CA *1941*, S. 1368).
Armstrong, P. A. E., A. S. M. E. J. *39* (1917), S. 316/17 Commonwealth-Engr. *4* (1916), S. 49—51 (SC).

*) Es sei hiermit angeregt, für eine weitere Ausgestaltung des Beitrages und zur weiteren Festigung unserer heutigen Erkenntnisse entsprechende Versuchsberichte an den Herausgeber einzusenden, damit diese in Neuauflagen Berücksichtigung finden können.

**) Bei Arbeiten, über die nach einem Referat berichtet wurde, ist dieses angegeben. Dabei bedeutet C = Chemisches Zentralblatt; CA = American Chemical Abstracts; SC = Sammelreferat von *Spraragen* u. *Claussen*; StE = Stahl u. Eisen.

Ashworth, J. M. u. *H. N. May*, Iron a. Steel Inst. Welding Symposium I (1935), S. 299—306 (SC).
Asinowskaja, G. A., Awtogenoje Delo *12* (1941), S. 15—17 (C *1942* I, S. 675).
Bardtke, P. u. *A. Matting*. Autog. Metallbearb. *24* (1931), S. 159, 175 (nach *Holzhauer*).
Bauer, E., Welding *3* (1932), S. 95/96 (SC).
Bauer, O., Wärme *54* (1931), S. 567—574.
Bauer, O., *O. Vogel* u. *K. Zepf*, Mitteil. Mater. Prüf. Amt Sonderheft 1 (1925), S. 1—20.
Bennek, H., Korros. u. Metallsch. *20* (1944), S. 133.
Bibber, J. C., J. Amer. Weld. Soc. *12* (1933), Dez.-Heft S. 4—9 (SC).
Bissel, A. G., J. Amer. Weld. Soc. *4* (1925), Nov. Heft S. 35 (SC).
Bodiansky, V., Weld. Ind. *4* (1936), S. 437 (SC).
Borgmann, C. W. u. *R. B. Mears*, The Principles of Corrosion Testing Procedures. Published by the American Society for Testing Materials. Philadelphia Pa 1937.
Boutté, A., Soudeur-Coupeur *10* (1931), Märzheft S. 7—9 (SC).
Brenner, P., Aluminium *25* (1943), S. 51—57.
Bright, T. F., Second Lincoln Prize Papers, New York *1933*, S. 335—369 (SC).
Brillié, J., *A. Leroy* u. *A. Roux*, Rev. Métallurgie *34* (1937), S. 278/79 (StE *60* (1940), S. 619); Iron Coal Trade Rev. *132* (1936), S. 1109/10 (SC); Rev. Soud. autog. *28* (1936), S. 4—16 (SC).
British Corrosion Committee, 4. Bericht. London 1936; Iron a Steel Inst., S. 237 (SC).
British Engine, Boiler a. Electrical Insurance Comp., Techn. Rep. *1928*, S. 82—84 (SC).
Brown, R. H., *B. E. Roetheli* u. *H. O. Forrest*, Ind. Engng. Chem. *22* (1930), S. 1197—1199; *23* (1931), S. 350—352.
Calcott, W. S., *J. C. Whetzel* u. *H. F. Whittaker*, Corrosion Tests and Materials of Construction. New York 1923. Van Nostrand S. 150—153 (SC).
Carius, C., Techn. Mitteil. Krupp *3* (1935), S. 173—175 (SC).
Christopher, H. S., Proc. Pacific Coast Gas Assn. *17* (1926), S. 213—219 (SC).
Cockborn, G. R., J. Inst. Engrs. Australia *4* (1932), S. 113—125 (SC).
Colinet, R., Arcos *9* (1932), S. 651 (SC).
Courley, W. P., J. Amer. Weld. Soc. *12* (1933), Nov.-Heft S. 15/16 (C).
Čupr, V., Korros. u. Metallschutz 16 (1940), S. 10.
Daeves, K. (1), Brennstoff-Chem. *12* (1931), S. 14/15.
— (2), Trans. Electrochem. Soc. *64* (1944), S. 99—112.
Daeves, K. u. *F. Eisenstecken*, Stahl u. Eisen *56* (1936), S. 417/18.
Daeves, K., *F. Mewes* u. *E. H. Schulz*, Korrosion u. Metallsch. *19* (1943), S. 23, 35, 46.
Danninger, A., Papierfabrikant *34* (1936), S. 65—69 (SC).
Declan, D., Welding *5* (1934), S. 213 (SC).
Diepschlag, E., Autog. Metallbearb. *29* (1936), S. 113—117.
Downes, T. W., Proc. Amer. Soc. Test. Mat. *30*, I (1930), S. 127—139 (SC).
Eckberg, E., Weld. J. *19* (1940), S. 293/94 (StE *61* (1941), S. 594).
Eddy, J. u. *F. A. Rohrman*, Ind. Engng. Chemie *28* (1936), S. 30 (nach *U. R. Evans'* Buch, Deutsche Ausgabe S. 467).
Edwards, C. A. u. Mitarb., J. Iron a. Steel Inst. *137* (1938), S. 223—230.
Eisenkolb, F., unveröffentlicht.
Eisenstecken, F. u. *H. Roters*, Stahl u. Eisen *60* (1940), S. 617—622, 640—643; *63* (1943), S. 484.
Endo, H. (1), Sci, Rep. Tohoku Imp. Univers. Ser. I, *17* (1928), S. 111, 1205, 1245.
— (2), Sci. Rep. Tohoku Imp. Univers. Ser. I, *17* (1928), S. 1265.
Erdmann-Jesnitzer, F. (1), Briefliche Mitteil., Dez. 1947.
— (3), Beitrag zur Reckalterung u. Rekristallisation der neuen manganhaltigen niedrigst gekohlten, gut schweißbaren Baustähle. „Die Technik" 1954, demnächst.
— (4), Einwirkung von HNO_3 auf Ferrosiliziumüberzüge bei Stahl. Metall *14/15* (1948), S. 246/47
Erdmann-Jesnitzer, F. u. *W. Hofmann*, Die Vergütung der neuen gut schweißbaren, niedrig gekohlten manganhaltigen Baustähle. „Die Technik" *1954*, demnächst.
Erdmann-Jesnitzer, F. u. *Loyda*, Beitrag zur Korrosion u. Spannungskorrosion manganhaltiger geschweißter Baustähle. „Die Technik" *1954*, demnächst.
Evans, U. R. (1), J. Chem. Soc. *1927*, S. 1024—1028.
— (2), Trans. Electrochem. Soc. *69* (1936), S. 213.
— (3), J. Soc. Chem. Ind. *55* (1936), S. 210.
Fink, C. G., Trans. Electrochem. Soc. *64* (1933), S. 110.
Fischbeck, K., Zf. Metallkde *24* (1932), S. 313.
Fischer, H., Arch. Metallkde *1* (1947), S. 243.
Frankenbusch, H., Autog. Metallbearb. *28* (1935), S. 97—103.
Frantz, G., Wärme *58* (1935), S. 109—115.
Freundlich, H., *G. Patscheke* u. *H. Zocher*, Z. Physik. Chem. *130* (1927), S. 289.

Frumin, J. J., Stahl *11* (1941), S. 71—78 (C *1942*, I, S. 3035; Elektroschweiß. *13* (1942), S. 179).
Fry, A. (1), Elektroschweiß. *4* (1933), S. 201—209 (SC).
— (2), Handbuch d. Werkstoffprüfung, Bd. *2*, herausgegeben v. *E. Siebel*, Berlin 1939, J. Springer.
Füchsel Elektroschweiß. *1* (1930), S. 114 (SC).
Gareis, Bericht Korrosionstagung 1934. Berlin 1935, VDI-Verlag, S. 37.
Gilson, A. E., J. Amer. Weld. Soc. *14* (1935), Sept.-Heft S. 2—8 (SC).
Glenn, H. A., Ice a. Refriger. *91* (1936), Juliheft S. 6—8 (SC).
Goos, E., Bericht Korros.Tag. 1931. Berlin 1932, VDI-Verlag, S. 37—42.
Granjon, R., Rev. Soud. autog. *17* (1925), S. 914; *18* (1926), S. 1110 (SC).
Greene, T. W., J. Amer. Weld. Soc. *12* (1933), Juliheft S. 14/15 (SC).
Greger, E., Autogenschweißer *5* (1932), S. 218—221 (SC).
Groß, O., Brennstoff-Chem. *11* (1930), S. 133/34 (SC).
Grubitsch, H. u. *J. Steiner*, Gas- u. Wasserfach *84* (1941), S. 610—613.
Hatfield, W. H., Proc. Inst. mech. Eng. London *133* (1936), S. 79—82 (SC).
Hedges, E. S., J. chem. Soc. *1930*, S. 561.
Helsby, C. J., Weld. Ind. *4* (1936), S. 437 (SC).
Heltzel, W. P., Proc. A. P. J. *1933*, S. 168—191 (SC).
Hensel, F. R. u. *C. S. Williams* Metals a. Alloys *5* (1934), S. 11 (SC).
Heyn, E., Mitteil. kgl. techn. Versuchsanst. *18* (1900), S. 38.
Heyn, E. u. *O. Bauer* (1) Mitteil. Mater. Prüf. Amt *27* (1909), S. 57.
— (2) Mitteil. Mater. Prüf. Amt *26* (1908), S. 1; *28* (1910), S. 62.
Hoar, T. P. u. *U. R. Evans*, J. Iron a. Steel Inst. *126* (1932), S. 379.
Hodge, J. C. (1), Refiner a. Nat. Gas Mfr. *12* (1933), S. 189—197; Metal Progr. *19* (1931), S. 40—45 (SC).
— (2). J. Amer. Weld. Soc. (genaue Stelle unbekannt, zitiert nach *Howard*).
Hoffmann, W., E. Autog. Metallbearb. *20* (1927), S. 337—345.
Holzhauer, Cl. Z. VDI *83* (1939), S. 83—89.
Houdremont, E., *H. Bennek* u. *H. Wentrup*, Stahl u. Eisen *60* (1940), S. 757—763, 789—801.
Howard, W. A., J. Amer. Weld. Soc. *12* (1933), Juniheft S. 19—21.
Hudson, J. C. u. *T. A. Banfield*, 5. Rep. Corros. Committee. Iron a. Steel Inst. London *1938*, S. 279.
Hunsicker, L. (1). Autog. Metallbearb. *31* (1938), S. 67—71, 89—97.
— (2), Autog. Metallbearb. *34* (1941), S. 273—281 (C *1942*, I, S. 675).
— (3), Forschungsarbeiten auf dem Gebiet des Schweißens und Schneidens mit Sauerstoff und Azetylen. *13*. Folge, Halle (Saale) 1938, S. 120—136 (StE *60* (1940), S. 619).
— (4), Forschungsarbeiten über Kalziumkarbid, Azetylen, Sauerstoff und verwandte Gebiete. *17*. Folge Ber. d. 13. Internat. Azetylenkongresses München 1939. II. Teil, Kongreßbericht, Bd. III, Halle (Saale) 1942, Carl-Marhold-Verlagsbuchhandlung, S. 223—229.
Hunter, N., Weld. J. *30* (1933), S. 115 (SC).
Hutchison, F. C., Int. Ass. Proc. 36 Annual Convent. *1935*, S. 179—184 (SC).
Isskra, J. W., Shurnal Chimitscheskoje Promyschlennostj *12* (1935), S. 947—953 (SC).
Jasper, T. Mc. L., Nat. Board a. P. V. Mfrs. Minutes of the 15. Annual Meeting *1927*, S. 85—93 (SC).
Joellenbeck, E. u. *C. Maßmann*, Elektroschweiß. *2* (1931), S. 165—169 (SC).
Johnsten, R. F. u. *G. N. Schramm*, Proc. Rwy. Club Pittsburgh *34* (1934), S. 19—33 (SC).
Kautz, K., Techn. Mitteil. Krupp *3* (1935), S. 156 (SC).
Kirkland, J. G., Boiler Mkr. London *27* (1927), S. 215/16 (SC).
Klaus, F., Bericht Korrosionstagung 1934, Berlin 1935, VDI-Verlag, S. 37.
Knox, H. G., Trans. Inst. Min. Metallurg. Engrs. *62* (1920), S. 660/61 (SC).
Kosterlitz, E., Papierfabrikant *34* (1936), S. 229—234 (SC).
Krüger, Autog. Metallbearb. *28* (1935), S. 145—151
Krynes, F., Z. österr. Ing. u. Archit. Ver. *84* (1932), S. 157/58 (SC).
Küntscher, W., Briefliche Mitteilung 1948.
Kuhn, R. J., J. Proc. A. P. J. *1933*, S. 156—167 (SC).
Kusmak, E. M. u. *Slomsjanskaja*, Autog. Djelo *7* (1936), S. 8—13 (SC).
Kusnetzowa, J. u. *W.*, Schiffbau (russ.) (C *1942*, I, S. 675).
Leroy, A. (1), Aciers Spéc. Métaux et Alliages *9* (1934), S. 460—470 (SC).
— (2), Rev. Métallurg. *44* (1937), S. 281 (SC).
Leroy, A. u. *M. Bonnet* Rev. Soud. Autog. *27* (1935), S. 2; Bull. Soc. Ing. Soud. *6* (1935), S. 1598 (SC).
Leroy, A. u. *D. Séférian*, Métaux et Corrosion *17* (18) (1942), S. 1—11 (C *1942* I, S. 3035).
Leverick, F., Chemistry a. Industry *8* (1930), S. 472 (nach *U. R. Evans*' Buch, Deutsche Ausgabe S. 467).
Liebetanz, R. Werkstatt-Techn. u. Werkst. *1936*, S. 337 (SC).
Liedloff, K. (1), Autog. Metallbearb. *26* (1933), S. 270/71.
— (2), Masch.-Bau-Betrieb *15* (1936), S. 619 (nach *Holzhauer*).
Lehmann, W., Stahl u. Eisen *56* (1936), S. 1003—1006.

Lynn, R. R., J. West Scotland J. a. S. J. *41* (1933/34), S. 19—25 (SC).
Mailänder, R., Arch. Eisenhüttenwesen *14* (1940/41), S. 117—126.
Martin, F. G., Weld. Journ. *28* (1937), S. 112/13; Metal Progr. *28* (1935), S. 51—53 (SC).
Meryon, E. D., 3. Rep. Corros. Committee. Iron a Steel Inst. London *1935*, S. 101—107.
Meslier, R., Rev. Soud. Autog. *26* (1934), S. 2—5 (SC).
Meunier, F. u. *M. Colinet*, Compt. rend. *196* (1933), S. 271—273.
Monroe, L. C., Weld. Eng. *20* (1935), S. 44—46 (SC).
Moore jr., G. H., J. Amer. Weld. Soc. *10* (1931), April-Heft, S. 38—41 (SC).
Moon, A. R., Commonwealth Engr. *17* (1929), S. 47—52 (SC).
Moses, A. I., Journal Amer. Weld. Soc. *14* (1935), April-Heft, S. 5—19.
Müller, W. J., Korros. u. Metallsch. *16* (1940), S. 365.
Naumow, W. I., Chimitscheskoje Maschinostrojenije *4* (1935), S. 18—22 (SC).
Nehl, F., Z. bayer. Rev. Ver. *32* (1928), S. 315—317, 324/25 (SC).
Ogino, Y., Tetsu to Hagane *26* (1940), S. 20—42 (StE *60* (1940), S. 222).
Ornitz, N. B., Refrig. Engng. *13* (1926), S. 66/67 (SC).
Owens, J. W. (1), J. Amer. Weld. Soc. *4* (1925), Nov.-Heft, S. 35/36 (SC).
— (2), Marine Eng. *29* (1924), S. 186/87 (SC).
— (3), J. Amer. Weld. Soc. *6* (1927), April-Heft, S. 59—73 (SC).
— (4), Lincoln Prize Papers *1929*, S. 57/58 (SC).
Partington, E. B., Met. Ind. (Lond.) *39* (1931), S. 487—489 (SC).
Pierce, H. W., Mar. Eng. *41* (1936), S. 513/14 (SC).
Pietsch, E., Korros. u. Metallsch. *8* (1932), S. 57.
Pietsch, E., *Grosse-Eggebrecht* u. *Roman*, Z. physik. Chem. A *157* (1931), S. 363.
Pirac, H. u. *W. Wenzel*, Korros. u. Metallsch. *10* (1934), S. 29.
Plinke, G. W., Weld. Eng. *17* (1932), Nr. 3 (C *1932*, S. 3494).
Poplawko, W. M., Wissenschaftliche Forschungen auf dem Gebiet des Schweißens, Moskau 1936, S. 22/23 (SC).
Portevin, A. Soudeur Coupeur *13* (1934), S. 314 (SC).
Portevin, A. u. *A. Leroy*, Journées de la Lutte contre la Corrosion, Paris 1939, S. 234—239.
Rabkin, D. M., Korroziya i Bor bas Nei *7* (1941), S 34—39 (CA).
Rädeker, W. (1), Korros. u. Metallsch. *17* (1941), S. 52—55.
— (2), Stahl u. Eisen *66/67* (1947), S. 42—48.
Rawdon, H. S. u. *L. S. Waldron*, Proc. Amer. Soc. Test. Mat. *35*, II (1935), S. 233—241 (SC).
Reavelt, J. A., Chem. Trade J. *86* (1930), S. 53 (SC).
Reichner, M., Wärme *56* (1933), S. 186.
Reinhard, H. F., J. Amer. Weld. Soc. *10* (1931), Oktober-Heft, S. 518 (SC).
Richter, G. u. *G. Schikorr*, Wissensch. Abhdl. dtsch. Mat. Prüf. Anst., I. Folge, Heft 2 (1939), S. 8—10.
Ritchie, E. G., Proc. J. Civil Eng. *222* (1925/26), S. 200/01 (SC).
Roux, A., Compt. rend. *198* (1934), S. 2095—2098.
Russell, H. W., *Pray, H. A.*, *Miller P. D.*, Trans. Am. Inst. Mining Met. Engrs. *145* (1941), S. 357.
Schikorr, G. (1), Z. Elektrochem. *35* (1929), S. 62.
— (2), Korrosion u. Metallsch. *16* (1940), S. 181—187.
— (3), Korrosion u. Metallsch. *17* (1941), S. 305—320.
— (4), Korrosion u. Metallsch. *20* (1944), S. 43—51.
Schikorr, G. u. *K. Alex* Wissensch. Abhdl. dtsch. Mat. Prüf. Anst., I. Folge, Heft 2 (1941), S. 17—31.
Shaw, G. M., Iron a. Steel Inst. Welding Symposium II (1935), S. 879—895 (SC).
Schmidt, E. u. *E. K. Stoll*, Z. Elektrochem. *47* (1941), S. 360.
Schmidt, R., Kl. Mitteil. Landesanstalt Wasser-, Boden- u. Lufthyg. *12* (1936), S. 63—73.
Schoenmaker, P. u. *P. C. Blokker*, De Ingenieur *51* (1936), Beilage zu Nr. 20 Mk 15/16 (SC).
Seelmeyer, G., Heizung und Lüftung *15* (G—1941), S. 13; 97; Z. VDI *48* (1941), S. 859 ff.
Séférian, D. u. *A. Leroy*, Vortrag auf dem 13. Internationalen Azetylen-Congress, London 1936. Rev. d. Métallurgie *34* (1937), S. 279/80 (SC).
Sieverts, A. u. *P. Lueg*, Z. anorg. allg. Chem. *126* (1923), S. 193—198.
Sillars, D., Trans. N-E. Coast Instn. Engrs. Shipb. *47* (1930/31), S. 404 (SC).
Slutzkaja, T. M., Vergleich zwischen Schweißen und Nieten einschließlich der Korrosion unter Betriebsbedingungen am Beispiel eines zweiten Körpers eines mehrstufigen Verdampfers (russ.). Kiew 1936. 34 S. (SC). Korr. u. Metallsch. *15* (1939), S. 312.
Smith, H. P., Welding *4* (1933), S. 176—178, 180 (SC).
Smith, E. W. P., J. Amer. Weld. Soc. *12* (1933), September-Heft, S. 18—20.
Speller, F. N. (1), Trans. Electrochem. Soc. *64* (1933), S. 111.
— (2), Corrosion Causes and Prevention, New York *1935*, McGraw Hill, S. 153.
Spraragen, W., Iron a. Steel Inst. Weld. Symp. II (1935), S. 251—261 (SC).

Spraragen, W. u. *G. E. Claussen*, Corrosion Resistance of Welded Joints. — A Review of the Literature to Jan. 1. 1937, Beilage zu J. Amer. Welding Soc. *16* (1937), S. 1—44; vgl. auch *Cl. Holzhauer*.
Stäger, H., Arcos *13* (1936), S. 1533—1535 (SC).
Steinbach, A., Gesundheits-Ing. *67* (1944), S. 67.
Swegintsew, S. A., Wissensch. Forsch. a. d. Gebiet d. Schweißens (russ.), Moskau 1936, S. 74—85 (SC).
Straumanis, M., Korros. u. Metallsch. *9* (1933), S. 1—11.
Stumper, R. (1), Korros. u. Metallsch. *4* (1928), S. 217—220.
— (2), Korros. u. Metallsch. *13* (1937), S. 73.
Thiel, A. u. *H. Luckmann*, Korros. u. Metallsch. *4* (1928), S. 169—178.
Tödt, F. (1), Z. Ver. dtsch. Zuckerindustrie *79* (1929), S. 1.
— (2), Arch. Metallkde *1* (1947), S.
Thom, J. (1), Weld. Eng. *19* (1934), S. 24—26 (SC).
— (2), Engg. Inspection *2* (1936), Juni-Heft, S. 27—30 (SC).
Thompson, E. W. u. *A. Jeavons*, Weld. J. *28* (1931), S. 366—370, 382 (SC).
Türcke, H. (1), Arch. f. Wärmewirtsch. u. Dampfkesselwes. *24* (1943), S. 233—235.
— (2), Mündl. Mitteil., Juli 1947.
— (3), Die Beseitigung zernagter Werkstoffflächen im Kesselbau durch Auftragschweißung. Zeitschrift „Die Technik" *11* (1948), Nr. 3, S. 20.
USA-Patent 2001688 (1936) (SC).
Werner, M., Stahl u. Eisen *60* (1940), S. 799.
Wesly, W., Korros. u. Metallsch. *16* (1940), S. 145.
Whitney, H. L., Trans. Amer. Soc. Mach. Engs. *54* (1932), S. 27—30 (SC).
Wickert, K., Korros. u. Metallsch. *20* (1944), S. 297
Wikoff, A. G., J. Amer. Weld. Soc. *9* (1940), Januar-Heft, S. 23—27 (SC).
Willoughby, V. R., J. Amer. Weld. Soc. *6* (1927), S. 11—24 (SC).
Yushmanow, E. V., u. *E. L. Yakchontowa*, Korroziya i. Borbas Nei *5* (1939), S. 26—33 (CA).
Zechnowitzer, E. W., Sasudostrojenije *5* (1935), S. 30—36 (SC).
Zeyen, K. L. u. *W. Lohmann*, Schweißen der Eisenwerkstoffe, Düsseldorf 1943, Verlag Stahl u. Eisen, S. 319—321.
Zimm, W., Wärme *59* (1936), S. 646—651.

Ungenannt: (1) Schiffbau *38* (1937), S. 75—79.
(2) Electr. Weld *3* (1933), Heft 13, S. 12—14 (SC).
(3) Arcos *3* (1936), Heft 11, S. 14 (SC).
(4) Z. Bay Rev. Verein *40* (1936), S. 174—176, 196; *41* (1937), S. 12 (SC).
(5) Weld. Ind. *1* (1933), S. 162/63; Soudeur-Coupeur *1933* Heft 5; Soudeur et Ory-Coupeur *13* (1936), S. 291; Rev. Soud. Autog. *29* (1937), 15. Jan. (SC).
(6) Arcos *59* (1934), S. 1007—1009 (SC).
(7) Oxy — Acet Tips *15* (1936), S. 77—81 (SC).

Das Schweißen der Nichteisenmetalle

Kupfer und Kupferlegierungen
Nickel und Nickellegierungen
Zink und Zinklegierungen
Blei und Bleilegierungen
Wolfram - Molybdän - Tantal - Niob
Gold - Silber - Platin - Palladium - Rhodium - Iridium
Ruthenium - Osmium
Aluminium und Aluminiumlegierungen
Magnesium und Magnesiumlegierungen
(Notiz zum Schweißen von Titan und Titanlegierungen)
(anschließend Anhang)

DAS SCHWEISSEN DER NICHTEISEN-SCHWERMETALLE

Das Schweißen von Kupfer und Kupferlegierungen

Prof. Dr.-Ing. habil. A. Matting und Prof. Dr.-Ing. C. Stieler, Hannover

A. Werkstoffkunde

Kupfer wird in der Regel nur in gewalztem Zustande verwendet. Gußstücke werden aus Kupfer so selten hergestellt, daß in diesem Zusammenhang darauf verzichtet werden kann, gegossenes Kupfer zu behandeln. Da jedoch die unbehandelte Schweißnaht das Gefüge von gegossenem Kupfer zeigt, müssen da und dort auch dessen Eigenschaften erwähnt werden.

Gewalztes Kupfer wird entweder aus Hüttenkupfer oder aus Elektrolytkupfer hergestellt. Für Kupferbleche, besonders für Feuerbüchsbleche, wird gewöhnlich Hüttenkupfer verwendet.

1. Chemische Zusammensetzung

Nach DIN 1708 (3. Ausgabe, Februar 1941) werden die folgenden Arten unterschieden (Zahlentafel 1):

Benennung	Kurzzeichen	Cu-Mindestgehalt in %	Richtlinien für die Verwendung
Hüttenkupfer A (arsen- und nickelhaltig)	A-Cu	99	Für Feuerbüchsen und Stehbolzen
Hüttenkupfer B .... (arsenarm)	B-Cu	99	Für Gußlegierungen sowie Legierungen mit weniger als 60% Cu-Gehalt für Walz-, Preß- und Schmiedeerzeugnisse
Hüttenkupfer C	C-Cu	99,5	Je nach Anforderung für Rohre, Bleche, Bänder, ferner für Legierungen mit mehr als 60% Cu-Gehalt für Walz-, Preß- und Schmiedeerzeugnisse
Hüttenkupfer D	D-Cu	99,75	
Hüttenkupfer F	F-Cu	99,9	
Hüttenkupfer S .... (frei von an Cu gebundenem Sauerstoff)	S-Cu	—	Für besondere Zwecke, z. B. Plattierungen
Kupfer E	E-Cu	—	Für elektrische Leitungen, hochwertige Legierungen

Zahlentafel 1 Chemische Zusammensetzung verschiedener Kupfersorten (nach DIN 1708 vom Februar 1941)

2. Physikalische Eigenschaften

Die Schwierigkeiten, die das Schweißen von Kupfer bereitet, rühren teilweise von den gegenüber Stahl wesentlich verschiedenen physikalischen Eigenschaften her. Es werden daher im folgenden die physikalischen Eigenschaften dieser beiden Werkstoffe einander gegenübergestellt:

Spezifisches Gewicht:
Cu = 8,93; St = 7,85

Spezifische Wärme:
Cu = 0,094; St = 0,105 cal/g · Grad

Schmelzpunkt:
Cu = 1083° C; St = 1520 bis 1450° C

Siedepunkt:
Cu = 2360° C; St = rund 3000° C (?)

Schmelzwärme:
Cu = 49,95 cal/g; St = 64,4 (reines Fe)

Wärmeausdehnung ($\beta \times 10^3$):
Cu = 19,3 (800 ° C); St = 14,5 (1000° C) (reines Fe)

Wärmeleitfähigkeit (in *cal* · cm^{-1} · sek^{-1} · $Grad^{-1}$)
Cu = 0,93 (bei 10 ° C); St = 0,131 (bei 100° C) (reines Fe)
Cu = 0,8 (bei 1000° C); St = 0,078 (bei 900° C) (reines Fe)

Elastizitätsmodul:
Cu = 12700 kg/mm^2; St = 21000 kg/mm^2

Für das Schweißen sind die folgenden Unterschiede zwischen Kupfer und Stahl von Bedeutung:

Die große Wärmeleitfähigkeit von technischem Kupfer*) bei höheren Temperaturen, rund zehnmal größer als bei Stahl, verursacht bei größeren Werkstücken ein rasches Abfließen der Wärme des Lichtbogens oder der Gasflamme von der Schweißstelle, so daß dadurch ein wesentlich höherer Wärmeaufwand notwendig wird als beim Schweißen von Stahl, wenn die zu schweißende Stelle auf Schweißhitze (Schmelztemperatur) gehalten werden soll.

Andere Eigenschaften, wie die um etwa 10% geringere spezifische Wärme, der um ein Drittel niedrigere Schmelzpunkt sowie die um etwa ebenfalls ein Drittel geringere Schmelzwärme wirken zwar in umgekehrter Richtung, können jedoch den Einfluß der größeren Wärmeleitfähigkeit nur etwas verringern, nicht aber ausgleichen.

Die Zugfestigkeit von Kupfer nimmt mit zunehmender Temperatur ziemlich gleichmäßig ab, bis der Schmelzpunkt erreicht ist. Im Gegensatz dazu steigt diese bei Stahl von 50 bis 250° C stark an und fällt erst oberhalb dieser Temperatur wieder steil ab.

Dehnungs- und Einschnürungskurven von Kupfer verlaufen, über der Temperatur aufgetragen, ähnlich wie die Zugfestigkeitskurve, während der Verlauf für Stahl zwar der gleiche ist, jedoch damit im Widerspruch zur Zugfestigkeitskurve steht.

Die Gefährlichkeit der Blauwärme (150 bis 350° C) wird bei Stahl dadurch etwas verringert, daß die niedrigen Werte für die Verformbarkeit mit einer höheren Zugfestigkeit verbunden sind. Bei Kupfer jedoch liegen sämtliche Werte, auch die der Zugfestigkeit, zwischen 300 und 700° C sehr niedrig. In diesem Bereich hat Kupfer daher keine Warmverformungsfähigkeit und keine Festigkeit. Erstere ist bei höherer Temperatur wieder vorhanden, sofern dem nicht Verunreinigungen entgegenwirken. Verunreinigungen, wie z. B. Arsen und Sauerstoff, können, wenn sie in günstigen Prozentgehalten vorhanden sind, die Warmverformungsfähigkeit jedoch auch erhöhen.

B. Die Schweißverfahren

1. Übersicht

Für das Kupfer kommen, wie bei Stahl, in erster Linie die folgenden Schweißverfahren in Anwendung:

Die Schmelzschweißung
Gasschmelzschweißung (Azetylen - Sauerstoff)
Lichtbogenschweißung (unter Verwendung nackter oder umhüllter Schweißdrähte)

---

*) Elektrolytkupfer wird im allgemeinen nicht geschweißt.

Elektrische Widerstandsschweißung
Stumpfschweißung
Punktschweißung
Nahtschweißung (Punkt- und Nahtschweißung spielen für Kupfer praktisch keine Rolle).

Die *Feuer*- oder Hammerschweißung bereitet Schwierigkeiten, so daß sie nur in wenigen Ausnahmefällen angewendet wird. Auf deren Besprechung sei verzichtet.

Überwiegend wird die *Gasschmelzschweißung* angewendet, während die übrigen Verfahren trotz beachtlicher Fortschritte in den letzten Jahren zur Zeit noch immer nur verhältnismäßig selten oder für besondere Fälle Verwendung finden.

2. *Die Schmelzschweißverfahren*

Infolge der außerordentlich großen Wärmeleitfähigkeit des Kupfers sind zum Schweißen wesentlich größere Wärmemengen notwendig als bei Stahl. Dies gilt besonders dann, wenn die Werkstücke größere Abmessungen haben (Beispiel: Feuerbüchsen von Lokomotiven).

Bei der *Gasschmelzschweißung* kann die Wärmezufuhr wie folgt gesteigert werden:

durch Vorwärmung mit dem Brenner ohne gleichzeitige Zugabe von Schweißdraht,
durch Verwendung besonders großer Brenner (die Brennergröße ist nicht unbedingt abhängig vom Schweißdrahtdurchmesser);
durch Unterbrechung des Schweißvorganges. Der Schweißer schmilzt dabei den Schweißstab nicht dauernd ab, sondern benutzt den Schweißbrenner in kürzeren oder längeren Abständen nur zum erneuten Anwärmen.
Ein zweiter Mann wärmt laufend mit einem weiteren Schweißbrenner an.

Bei der *Lichtbogenschweißung* liegen die Verhältnisse wesentlich schwieriger. Wird mit dem Metalllichtbogen („Slavianoff"-Verfahren) geschweißt, so tropft, solange der Lichtbogen brennt, Metall vom Schweißdraht ab. Ein Vorwärmen oder ein langsames Schweißen (Brennen des Lichtbogens ohne Werkstoffübergang) ist nicht möglich. Will man die Wärmezufuhr steigern, so muß man entweder die Schweißstromstärke oder die Lichtbogenspannung erhöhen.

Nach *Joule* ist:

$$\text{Wärmemenge} = \text{Stromstärke} \times \text{Spannung} \times \text{Zeit} \times \text{Konstante.}$$

Der Faktor Zeit schaltet demnach aus. Die Stromstärke hängt vom Schweißdrahtdurchmesser ab. Soll diese erhöht werden, so muß der Schweißdrahtdurchmesser gleichfalls erheblich vergrößert werden. Damit verbunden steigt die Schweißgeschwindigkeit an, so daß die zugeführte Wärmemenge wieder zu gering ist. Die Spannung könnte allerdings erhöht werden. Eine erhöhte Spannung ist jedoch nur bei entsprechend längerem Lichtbogen möglich. Damit wird die Strecke Schweißdrahtspitze — Schweißstelle verlängert. Damit verbunden ist, daß die Werkstofftropfen wesentlich mehr Sauerstoff aus der Luft aufnehmen. Das Schweißgut wäre demnach mit *Oxyden* übermäßig angereichert. Auch der Weg der Spannungserhöhung ist demzufolge schlecht gangbar. Erst die „*Lessel*sche Schlauchelektrode", von der später die Rede sein wird, gestattet es, die Lichtbogenlänge wesentlich zu vergrößern, ohne gleichzeitig die Gefahr der Sauerstoffaufnahme des Tropfens und damit des Nahtwerkstoffes zu erhöhen.

Anders liegen die Verhältnisse bei der Kohlelichtbogenschweißung nach dem „Benardos-Verfahren" (siehe hierzu *Conrady*, S. 216). Hierbei wird ja ähnlich wie bei der Gasschmelzschweißung der Zusatzwerkstoff unabhängig vom Lichtbogen zugegeben. Der Lichtbogen brennt zwischen der Kohleelektrode und dem Werkstück, nicht aber zwischen Schweißdraht und Werkstück. Die Zeit, in der der Lichtbogen brennt, kann demnach unabhängig von der abgeschmolzenen Werkstoffmenge beliebig verlängert werden. Der Kohlelichtbogen läßt sich daher auch für das Vorwärmen des Werkstückes, für das Wärmen während der Schweißung und auch für das Schweißen selbst anwenden.

Leider ist die Wärmeentwicklung des Kohlelichtbogens verhältnismäßig gering, da Kohleelektroden nur mit wesentlich geringerer Stromstärke belastet werden können als Stahl- oder Kupferelektroden. Als Beispiel sei angeführt, daß Homogen- (Kohle-) Elektroden von 20 mm Ø nur mit etwa 180 Amp., Graphitkohlen des gleichen Durchmessers mit etwa 350 Amp. belastet werden können. Für 180 Amp. Schweißstromstärke würden jedoch Stahlelektroden von etwa 5 mm Ø, für 350 Amp. solche von etwa 8 mm Ø genügen. Eine Erhöhung der Wärmeleistung läßt sich demnach nur mit Hilfe eines längeren Lichtbogens erzielen, denn der Durchmesser der Kohleelektroden läßt sich nicht vergrößern, ohne daß dadurch praktisch die „Unhandlichkeit" noch mehr vergrößert würde. Mit einer Verlängerung des Lichtbogens ist jedoch eine erhöhte Sauerstoffaufnahme verbunden. Bei Verwendung von Kohlelichtbogen-Schweißautomaten wird durch Zufuhr einer Papierkordel in den Lichtbogen diese verringert. Dies ist beim Schweißen von Hand nicht möglich. Außerdem ist der Kohlelichtbogen bei Verwendung sogenannter „Dochtkohlen" noch sehr unstabil und „tanzt" unruhig hin und her, so daß man häufig, besonders bei der automatischen Schweißung, die Kohle durch eine Blasspule richtet. Diese stabilisiert also den Lichtbogen auf mechanische Weise (siehe auch *Conrady*, Bild 3, S. 232). Ein derartiges Gerät eignet sich aber bei 20 mm dicken Elektroden nicht für das Schweißen von Hand und scheidet daher praktisch ebenfalls aus. Aus allen diesen Gründen wird daher auch die Kohlelichtbogenschweißung nur sehr selten für das Schweißen von Kupfer verwendet.

a) Die Gasschmelzschweißung

α) Geräte, Einrichtungen und Zusatzwerkstoffe

Für das Schweißen von Kupfer werden die gleichen Geräte und Einrichtungen verwendet wie für das Schweißen von Stahl. Entsprechend der größeren Wärmeleitfähigkeit des Kupfers verwendet man jedoch nicht die gleichen Brennergrößen, die mit der Angabe der zu schweißenden Stahlblechdicke gestempelt sind, sondern in der Regel eine Brennergröße mehr. So z. B. werden V-Nähte an kupfernen Feuerbüchsen von 16 mm Wanddicke nicht mit Brennereinsätzen für 14 bis 20 mm Blechdicke, sondern mit solchen für 20 bis 30 mm Dicke geschweißt. Hinzu kommt dann noch ein weiterer Brenner derselben Größe für den zweiten Mann zum Anwärmen. Bei senkrechten X-Nähten oder waagerechten Nähten an senkrechter Wand der gleichen Dicke werden dann zwei Schweißbrenner für 14 bis 20 mm verwendet. Hierbei ist ein weiterer Brenner zum Anwärmen nicht notwendig.

Überkopf wird in der Regel bei V-Naht einseitig mit Brennergröße 14 bis 20 mm geschweißt sowie mit einem Anwärmbrenner der gleichen Größe.

Entsprechend groß ist auch der Azetylen- oder Sauerstoffverbrauch nach Zahlentafel 2.

Brenner	Azetylen Liter/Stunde	Sauerstoff Liter/Stunde
1— 2 mm	150	150
2— 4 „	330	330
4— 6 „	500	500
6— 9 „	800	800
9—14 „	1250	1250
14—20 „	1800	1800
20—30 „	2400	2400

Zahlentafel 2. Brennergröße, Azetylen- sowie Sauerstoffverbrauch beim Schweißen von Kupfer

Es muß stets, abgesehen von den kurzen Pausen für das Hämmern der Nähte, ohne Unterbrechung geschweißt werden, da die Nähte sonst leicht wieder aufreißen. Daher muß für genügend Azetylen- und Sauerstoffreserven gesorgt werden, damit nicht etwa durch Neubeschicken des Azetylenentwicklers oder Anschluß neuer Sauerstoffflaschen Arbeitsunterbrechung stattfindet. Flaschenazetylen ist ebenso gut wie Entwicklerazetylen für das Schweißen von Kupfer geeignet. Die geringen Verunreinigungen des letzteren vermindern weder die Güte der Naht noch erhöhen sie den Zeitaufwand. Andere Brenngase kommen nicht in Frage.

Verdrängungsentwickler können nur für Schweißarbeiten an Blechen geringer Dicke oder für ganz kurze Nähte verwendet werden, da ihre Leistung meist gering ist und die Arbeit beim Beschicken stets unterbrochen werden muß.

Bei Schubladen- (Wasserzufluß-) Entwicklern ist ebenso wie bei Einfallentwicklern ein ununterbrochener Betrieb stets möglich. Die Entwicklergröße ist jedoch so zu bemessen, daß der dauernde Verbrauch nicht größer ist als die Hälfte der auf dem Leistungsschild angegebenen Höchststundenleistung.

Da Azetylenflaschen nicht mehr als 1000 Liter Azetylen je Stunde entnommen werden dürfen, müssen in der Regel mehrere Flaschen parallel geschaltet werden. Der nutzbare Flascheninhalt beträgt bei Normalflaschen etwa 5 m^3.

Sauerstoffflaschen enthalten bei 40 Liter Inhalt 6 m^3 Sauerstoff. Die stündliche Entnahmemenge ist praktisch unbeschränkt, jedoch zwingt der beschränkte Gesamtinhalt meist ebenfalls zum Parallelschalten mehrerer Flaschen, um Arbeitsunterbrechungen zu vermeiden.

Die Schweißbrenner sind beim Kupferschweißen besonders großer Hitze ausgesetzt. Auf einwandfreie Rückschlagsicherheit sowie auf Ansaugefähigkeit in heißem Zustand ist bei der Beschaffung daher besonders zu achten.*)

Die Schweißbrenner sind durch Handschutzblech mit Asbesteinlage auszurüsten, damit die Hand des Schweißers vor der strahlenden Hitze geschützt wird. Der Schweißer selbst muß einen feuersicheren Anzug aus imprägniertem Stoff („Deutschleder") sowie Asbesthandschuhe tragen. Die Schutzbrille (Kennziffer der Gläser: 454) darf keine Metallteile besitzen, die die Haut berühren, da Verbrennungen sonst unvermeidlich sind. Die Schutzbrille muß am Gesicht satt anliegen und Ventilationsöffnungen besitzen (seitliche Schlitze).

Da die Azetylen-Sauerstoff-Flamme das sehr giftige Stickoxyd erzeugt, muß für ausreichende Belüftung gesorgt werden. — Zufuhr von reinem Sauerstoff zur Luftverbesserung ist sehr gefährlich, da der Schweißeranzug trotz Imprägnierung unter Umständen dadurch Feuer fangen kann, falls er z. B. Öl- oder Fettflecke aufweist.

Das Schweißen von Kupfer erfordert gleichzeitig auch wegen der Hitzebelästigung besondere Übung und Aufmerksamkeit. Es sind nur die besten Stahlschweißer als Kupferschweißer auszubilden. Einwandfreie Sehschärfe, bei Weitsichtigkeit einwandfrei korrigierende Brille, sind ebenso notwendig wie gutes Farbenunterscheidungsvermögen, da der Schweißer sonst die Schlacke nicht sicher vom flüssigen Kupfer unterscheiden kann. Um Fehlschweißungen zu vermeiden, sind daher die Schweißer mindestens einmal jährlich nachzuprüfen.

Alle Schweißnähte an Kupfer müssen in der Rotglutwärme gehämmert werden, um das Gußgefüge der Naht rekristallisierend zu verbessern und um dadurch die Festigkeit des gewalzten Grundwerkstoffes zu erreichen. Nähte an Blechen geringer Dicken können mit Handhämmern bearbeitet werden. Für Feuerbüchsbleche von 16 mm Dicke sind jedoch Preßlufthämmer mittlerer Leistung mit mindestens 2000 Schlägen/Minute notwendig. Durch entsprechende Vorrichtungen sind Unterlagen zu schaffen, damit die Nähte durch das Hämmern nicht zerstört werden. Untergeordnete Nähte mit geringer Festigkeit werden nicht gehämmert.

Als Schweißstäbe werden bei der Gasschmelzschweißung nackte Kupferdrähte meist mit Kreisquerschnitt verwendet. Ihre Länge beträgt meist 1500 mm. Nach den Lieferbedingungen der „Deutschen Reichsbahn (91 924 VII 35)" sollen diese praktisch frei von *Selen*, *Tellur*, *Schwefel*, *Cer* und *Wismut* sein, während der Gehalt an Arsen $\leqq$ 0,5 % As, Phosphor $\leqq$ 0,1 % P, Blei $\leqq$ 0,03 % Pb und Eisen $\leqq$ 0,03 % Fe betragen soll.

Die *DIN-Vornorm 1192* schreibt vor:

Cu mindestens 98 %
As + Pb $\leqq$ 0,24 %
Pb $\leqq$ 0,03 %
Fe $\leqq$ 0,03 %
O_2 $\leqq$ 0,03 %

Weitere Bedingungen: genügende Kletterfähigkeit u. a. m.

Häufig ist der Zusatzdraht mit Silber legiert. Hierdurch wird u. a. der Fluß etwas zäher (siehe *Lüder*, Teil II) und dadurch das Senkrecht- und Überkopfschweißen erleichtert („Canzlerdraht")**) ~ 1% Ag). Phosphor dient zum Desoxydieren. Reine Kupferdrähte sind wenig geeignet, da sie zuviel Gase aufnehmen, so daß die Schweiße unter Umständen blasig wird und außerdem zur Grobkornbildung neigt. Man legiert als Abhilfe mit Silizium.

Eine ausführliche Untersuchung über den Einfluß der verschiedenen Zusatzelemente auf die Kupferschweißdrähte hat *Geldbach* durchgeführt.

Sehr wichtig sind die Flußmittel, ohne die praktisch nicht geschweißt werden kann. Diese dienen im wesentlichen zum Verflüssigen der Schlacke sowie dazu, die Oxydation möglichst gering zu halten. Erwähnt seien hier die „Canzler-Paste", „Wepe-Paste", „Lecupa-Paste", „Firinit KMB" usw. (Siehe auch *Lüder*, Teil II.)

---

*) Verwiesen sei auf den neuen, rückschlagsicheren Brenner „Magtherm" (Der Herausg.).

**) „Canzlerdraht" der Firma Canzler, Düren (Rheinland).

Flußmittel enthalten meist Borsäure oder Borax (unter Umständen bestehen sie allein aus diesen Stoffen) sowie Natriumchlorid, Natriumfluorid oder Natriumphosphat.

Ein bewährtes Flußmittel, das man sich selbst herstellen kann, besteht nach *Kaesmacher* aus:

1,5 kg Kochsalz ($NaCl$)
1,0 kg Borsäure ($B(OH)_3$)
0,5 kg Natriumphosphat ($Na_2HPO_4 + 12\,H_2O$)
7,0 kg Borax, kristallwasserhaltig ($Na_2B_4O_7 + 10\,H_2O$)
5,0 kg Wasser

Diese Zusammensetzung ergibt ~ 15 kg Paste, die in einem verzinkten Eimer wie folgt angerührt wird:

Kochsalz, Borsäure und Natriumphosphat werden zusammen mit 5 Liter heißem Wasser übergossen und aufgekocht, bis alle Salze gelöst sind. Diese Lösung läßt man auf 50° C abkühlen. In einen zweiten verzinkten Stahlblecheimer werden 7 kg gewöhnlicher, kristallwasserhaltiger Borax, fein pulverisiert, eingefüllt und mit der Lösung des ersten Eimers übergossen. Durch die rasche Abkühlung werden die Salze wieder auskristallisiert, und es entsteht, wenn man mit einer Holzkelle umrührt, eine feinkörnige Paste. Diese muß bis zur Abkühlung auf Raumtemperatur oftmals umgerührt werden. Nach 24stündigem Stehenlassen ist die Paste so weit eingedickt, daß sie nach nochmaligem Umrühren in Steinkrüge abgefüllt werden kann.

Solange noch die oben erwähnten Chemikalien teilweise knapp sind, kann auch die folgende Paste in der gleichen Arbeitsweise hergestellt werden:

6,5 kg Borax, kristallwasserhaltig ($Na_2B_4O_7 + 10\,H_2O$)
1,5 kg Natriumphosphat ($Na_2HPO_4 + 12\,H_2O$)
2,0 kg Kochsalz ($NaCl$)
5,0 kg Wasser

β) *Werkstofffragen*

Reines Kupfer (Elektrolytkupfer) läßt sich im allgemeinen schlechter schweißen als Hüttenkupfer, da einige Spurenelemente bei letzterem das Schweißen sehr erleichtern.

Die größten Schwierigkeiten beim Schweißen bereitet der *Sauerstoffgehalt*. Dieser kann 0,02 bis 0,08% O_2 betragen, woraus sich 0,17 bis 0,71% Cu_2O bilden können [Lit. *Griese*]. Durch Sauerstoff wird die Festigkeit der Schweißnähte stark vermindert, unter Umständen werden diese sogar mechanisch aufgesprengt. Die Cu-Mischkristalle können von einer dünnen Haut von Kupfer-Kupferoxydul-Eutektikum als Korngrenzensubstanz eingehüllt sein, wodurch die Festigkeit vermindert wird. Nach *Leiter* kann dies durch nachträgliches Glühen teilweise wieder rückgängig gemacht werden.

Besonders schädlich wirkt sich der Gehalt von Cu_2O jedoch bei der Gasschmelzschweißung aus. Aus der Gasflamme (Azetylen=C_2H_2) diffundiert *Wasserstoff* in das flüssige und auch in das nur glühende Kupfer ein und verbindet sich mit dem Sauerstoff zu H_2O in dampfförmigem Zustand. In der eigentlichen Schweiße ist dieser Wasserdampf unschädlich, da er durch das flüssige Schweißgut an die Oberfläche dringt. In den nur glühenden Nachbarzonen jedoch ist dies nicht möglich. Der Wasserdampf bleibt eingeschlossen und kann dann das Gefüge zersprengen.

Es ist daher zweckmäßig, jedes Kupferblech *vor* dem Schweißen auf den Cu_2O-Gehalt hin zu prüfen. Es genügt dazu, eine Ecke mit der Azetylen-Sauerstoff-Flamme anzuschmelzen und den Fluß sowie anschließend die erkaltete Schmelzstelle zu

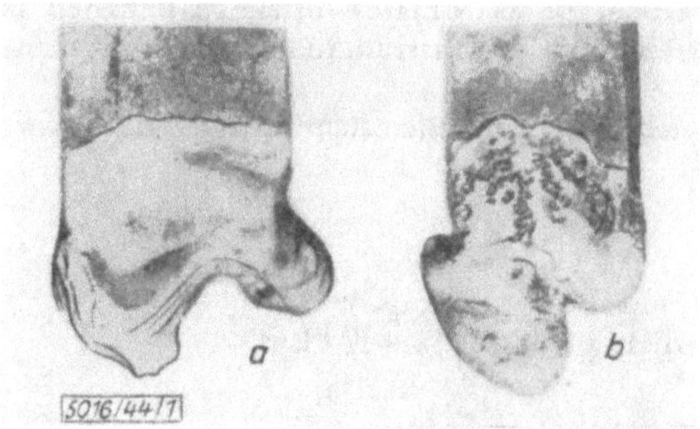

Bild 1. Anschmelzprobe zur Prüfung des Cu_2O-Gehaltes von Kupfer.

a = gut b = schlecht

betrachten. Einwandfrei schweißbares Kupfer wirft keine Blasen. Blasenwerfendes Blech ist Cu_2O-haltig. (Bild 1). Je nach dem Grad des Blasenwerfens ist dann das Kupfer als unschweißbar, möglicherweise als gerade noch schweißbar zu bezeichnen.

Das Arsen ist in den chemischen Prozentgehalten, wie es z. B. im Hüttenkupfer vorkommt, für das Schweißen nicht schädlich. Das Arsen soll bis max. 1% (Lit. siehe unter *Metallurgist)* sogar die Verformbarkeit des Kupfers im warmen wie im kalten Zustand erhöhen, da es die Ausbildung des Kupfer-Kupferoxydul-Eutektikums verhindert. *Schleicher* untersuchte den Einfluß von Arsen. Er verwendete drei verschieden auflegierte Bleche in der Abstufung 0,5%, 0,64% und 0,81% As, wobei die Legierung unter Zusatz von Feinsilber erfolgte. Auf die Schweißeigenschaft wirkte sich der Arsengehalt nicht aus, während bei Verformungsversuchen ein gewisser Höchstgehalt (0,8 bis 1,0% As) nicht überschritten werden darf. Die Güte der Schweiße sinkt unter Zugabe von Arsen, wobei die Zerreißfestigkeit wenig, die Dehnung aber merklich beeinträchtigt wird.

Versuche von *Matting* und *Dinessen* sollten über den Einfluß verschiedener Zusatzelemente auf die Schweißbarkeit des Werkstoffes Cu Aufschluß geben. Zunächst wurde dessen Arsengehalt abgewandelt (Zahlentafel 3).

Blech-Nr.	Chemische Zusammensetzung in %					
	Cu	As	Ni	O_2	Fe	Bi
1	99,55	0,23	0,16	0,05	Spuren	—
2	99,26	0,46	0,16	0,05	Spuren	—
3	98,84	0,94	0,17	0,03	Spuren	< 0,001

Zahlentafel 3. Chemische Zusammensetzung der Versuchskupfersorten zur Ermittlung des Einflusses der Legierungsbestandteile

Diese Kupfersorten wurden mit vier unterschiedlichen Zusatzwerkstoffen (Zahlentafel 4) unter Verwendung der gleichen Paste waagerecht und senkrecht verschweißt und gehämmert.

Drahtbezeichnung	Chemische Zusammensetzung in %			
	Ag	Ni	As	P
D	0,94	—	—	0,04
E	Spuren	0,3	0,1	0,06
F	—	—	—	0,02—0,05
G	—	1,1	—	—

Zahlentafel 4. Legierungsbestandteile im Cu-Zusatzwerkstoff

Der verschiedene As-Gehalt wirkte sich auf den Schweißvorgang in keiner Weise nachteilig aus. Beim Abhämmern des Bleches Nr. 3 mit 0,94% As traten jedoch in zwei Fällen Anrisse im Baustoff, ausgehend von der Nahtwurzel, auf, die auf *Warmsprödigkeit* schließen ließen. Sie werden jedoch gelegentlich auch an Feuerbüchskupfer mit < 0,3% As beobachtet.

Die verschiedenen Zusatzelemente in den Schweißdrähten blieben ohne Einfluß auf ihre Verschweißbarkeit, so daß sie als gleichwertig anzusehen sind.

Als Probestab für die Zugversuche diente ein kurzer Flachstab mit abgearbeiteter Wulst. Die Streckgrenze wurde an den Kaltzerreißproben mit Hilfe des „*Martens-Kennedy*-Apparates", an den Warmzerreißproben durch die Belastungs-Dehnungs-Diagramme ermittelt (Zahlentafel 5).

Versuchstemperatur	Streckgrenze σ_S und Zugfestigkeit σ_B in kg/mm²											
	0,23% As				0,46% As				0,94% As			
	ungeschweißt		geschweißt		ungeschweißt		geschweißt		ungeschweißt		geschweißt	
°C	σ_S	σ_B	σ_S	σ_B	σ_S	σ_B	σ_S	σ_B	σ_S	σ_B	σ_S	σ_B
20	7,6	23,1	6,8	19,5	6,9	23,1	7,9	19,2	7,3	24,2	7,6	20,3
250	6,0	18,0	6,4	14,3	6,0	17,5	7,1	16,3	6,1	20,5	6,9	15,1
350	5,6	16,2	5,8	11,6	5,9	14,8	5,8	13,4	5,8	17,3	5,9	13,2

Zahlentafel 5. Streckgrenze und Zugfestigkeit ungeschweißter und X-förmig geschweißter Kupferproben in kg/mm² mit verschiedenem Arsengehalt

Die Gütewerte der in der Zahlentafel 5 nicht eingetragenen V-Nähte lagen durchweg etwas niedriger.

Weder die Zugfestigkeit noch die Streckgrenze der Baustoffproben erfuhren mit steigendem As-Gehalt eine wesentliche Veränderung. Die verschiedenartig legierten Zusatzdrähte blieben ohne Einfluß auf die Schweißnahtgüte, so daß die Einzelwerte ohne Bedenken zu Mittelwerten zusammengefaßt werden konnten. Bei den weitaus meisten Prüfungen lag die Zerreißfestigkeit über 80% Baustoffestigkeit, die im allgemeinen für Proben *mit* Wulst vorgeschrieben wird. Die Streckgrenze der Schweißproben unterschied sich praktisch nicht von derjenigen des Grundwerkstoffes.

Faltversuche bei Raumtemperatur und bis zu 800°C Prüftemperatur sollten erkennen lassen, wie weit sich der Arsengehalt auf das Verformungsvermögen in Abhängigkeit von der späteren Gebrauchstemperatur auswirkte. Die Proben konnten in allen Fällen um 180° gebogen werden. Lediglich zwischen 500 und 615° C traten feine Anrisse auf der Zugseite auf, woraus folgt, daß die Warmformgebung von Feuerbüchskupfer, unabhängig von seinem As-Gehalt, oberhalb der Dunkelrotglut zu erfolgen hat. Die nur bei Raumtemperatur gebogenen geschweißten Proben waren ohne praktische Beanstandungen um 180° verformbar.

Die Prüfung der Brinellhärte ergab etwa gleiche Werte für die Bleche 1 und 2. Sie fielen unter dem Einfluß höherer Temperatur von etwa HB = 45 kg/mm² bei 20° C auf etwa HB = 29 kg/mm² bei 400° C. Das Blech Nr. 3 war etwas härter. Der Abfall bewegte sich hier von HB = 49 kg/mm² auf HB = 33 kg/mm².

Die Härte der Schweißnähte schwankte zwischen HB = 45 kg/mm² (V-Naht, Drahtsorte F) und HB = 56 kg/mm² (X-Naht, Drahtsorte D). Im Durchschnitt wiesen die mit Drahtsorte D geschweißten Nähte gegenüber den übrigen Drähten eine größere Härte auf. Die größere Härte der X-Nähte ist auf deren intensiver erfolgte Hämmerbarkeit zurückzuführen.

Die Kerbschlagzähigkeit des Grundwerkstoffes lag im Mittel zwischen 13 und 14 mkg/cm², unabhängig von Zusammensetzung und Temperatur (bis 350° C). Wenn sich auch die Werte bei der Kupfersorte 2 (0,46% As) an der unteren Grenze bewegten, so konnte jedoch von einer ausgeprägten Abhängigkeit der Kerbschlagzähigkeit vom As-Gehalt nicht gesprochen werden. Wohl machte sich die Walzrichtung bemerkbar. Bei Proben, die quer zur Walzrichtung geschlagen wurden, lagen die Werte im Durchschnitt 10 bis 20% höher als bei den in Längsrichtung geschlagenen. Gefügebilder vervollständigten die Untersuchung, die mit dem Ergebnis abgeschlossen werden konnte, daß sich die As-Gehalte bis 0,94% auf die schweißtechnische Verarbeitung von Cu-Blechen nicht nachteilig auswirkten. Die verwendeten Zusatzdrähte wechselnder Zusammensetzung verhielten sich gleichwertig.

Zur Untersuchung des Einflusses von Nickel wurden 16 mm dicke Bleche einer Sorte Nr. 4 praktisch Ni-freien Sorten 5 und 6 gegenübergestellt (Zahlentafel 6).

Blech-Nr.	Chemische Zusammensetzung in %					
	Cu	As	O_2	Ni	Fe	Co	Bi
4	99,10	0,37	0,10	0,36	Spuren	0,1	Spuren
5	99,78	0,12	0,10	Spuren	—	—	<0,01
6	99,60	0,31	0,10	—	Spuren	—	0,02

Zahlentafel 6. Chemische Analyse der Versuchsgrundwerkstoffe

V- und X-Nähte wurden mit Schweißdrähten der Sorte D und Paste hergestellt. Schweißtechnische Unterschiede ergaben sich hierbei nicht, lediglich floß der Werkstoff Nr. 5 etwas leichter mit dem Zusatzwerkstoff zusammen als Nr. 4, dessen Grundwerkstoffestigkeit und Streckgrenze bei allen drei Prüftemperaturen am höchsten lag. Die Dehnung war dafür am geringsten, jedoch überschritt sie bei Raumtemperatur 50%. Mit ansteigender Temperatur machte sich ein Abfall der Gütewerte bemerkbar.

An den geschweißten Proben zeigte sich wieder die Überlegenheit der X-Naht, deren Härte um ΔHB = 18 bis 20 kg/mm² höher lag. Ungehämmerte Nähte erbrachten nur 60% der durch Hämmern erreichbaren Festigkeitswerte. Die Dehnung war mit nur 1 bis 5% gegenüber 15 bis 20% bei gehämmerten Schweißnähten äußerst niedrig, deren Bruchflächen fast regelmäßig mit dem Übergang zusammenfielen und durchweg gute Bindung und feinkörniges Gefüge aufwiesen. Poren und Oxydeinschlüsse waren durch die Knetung im Verlaufe des Hämmerns nahezu vollkommen verschwunden. Die Streckgrenze entsprach annähernd der des ungeschweißten Baustoffes und fiel wie diese mit steigender Temperatur ab (Zahlentafel 7).

Faltversuche an diesen drei Baustoffen bei 20, 500 und 650° C ergaben in allen Fällen 180° Biegewinkel. In gleicher Größe bewegten sich die Biegewinkel der nur bei Raumtemperatur geprüften gehämmerten Schweißproben, wogegen die ungehämmerten Proben im Mittel nur 96° erreichten. (Die Gefügebilder ließen entsprechende Rückschlüsse zu.) *Die Verwendung eines nickelhaltigen Kupfers ist demnach hinsichtlich Schweißbarkeit unbedenklich. Anzunehmen ist, daß der Ni-Gehalt bei Anwesenheit von Pb der Warmsprödigkeit entgegenwirkt.* Allerdings darf ein sich unter Umständen hieraus ergebender verstärkter Korrosionseinfluß nicht vernachlässigt werden.

Als Blechsorte Nr. 7 wurde von *Matting* und *Schmitz* ein *Mangankupfer* untersucht, das sich als Baustoff für Stehbolzen im Lokomotivbau bereits bewährt hatte und die

Blech-Nr.	Prüf-temperatur °C	0,2-Grenze kg/mm²	Zugfestigkeit kg/mm²	Dehnung %	Biegewinkel Grad	Art der Schweißnaht-vorbereitung
4	20	9,92	19,95	17	180	X-Naht,
	250	8,95	16,88	24	—	senkrecht,
	350	8,12	12,75	11	—	gehämmert
5	20	5,45	9,09	5	96	V-Naht,
	250	4,17	5,53	1	—	waagerecht,
	350	4,32	6,06	3	—	ungehämmert
5	20	6,30	17,80	20	112	X-Naht,
	250	6,41	12,30	10	—	senkrecht,
	350	5,98	11,00	10	—	gehämmert
6	20	7,93	17,20	13	180	X-Naht,
	250	6,52	14,91	16	—	senkrecht,
	350	5,88	13,50	22	—	gehämmert

Zahlentafel 7. Zug- und Faltversuche an Schweißverbindungen von Feuerbüchskupfer mit verschiedenem Ni-Gehalt

folgende chemische Zusammensetzung aufwies: Cu 95,32%; Fe 0,25%; Mn 4,40%; P 0,05%; Pb, Ni und As in Spuren.

Die Zugfestigkeit lag mit $\sigma_B = 31{,}5$ kg/mm² bei 20° C und 21,2 kg/mm² bei 350° C bedeutend über derjenigen von Reinkupfer. Auch die Härte war mit HB = 80,3 kg/mm² hoch. Der Faltversuch ergab trotzdem Biegewinkel von 180°.

Die schweißtechnische Verarbeitung der Blechsorte Nr. 7 war äußerst schwierig. Der Werkstoff floß schwer und bildete starke Schlacken, eine Erscheinung, die bereits bei wesentlich geringeren Mn-Gehalten beobachtet wird. Die Bindung mit dem zugeführten Schweißgut war schlecht. Die Oberfläche der ungehämmerten Schweißnaht war schwammig. Das Röntgenbild zeigte große Poren. Spannungsrisse waren jedoch nicht vorhanden. Beim Hämmern traten dagegen sofort starke Risse auf, die dies sofort unmöglich machten. Die Nahtfestigkeit betrug nur rund 17 kg/mm², die Dehnung lag unter 10%, der Biegewinkel im Mittel bei 60°. *Mangankupfer ist demnach zunächst als Schweißwerkstoff ungünstig zu beurteilen.*

Angaben über Schweißarbeiten an *Mangankupfer* veröffentlichte *Samesreuther*. Er stellte fest, daß dieser Werkstoff bei guten chemischen Eigenschaften außerordentlich hart ist. Starke Porenbildung ist das Kennzeichen der Schweißnähte hierfür, die deswegen mit stark überhöhter Raupe ausgeführt werden müssen. Die Lichtbogenschweißung ist nicht zu empfehlen.

Aluminiumbronzen (vgl. *DIN 1714*) besitzen im Vergleich zu Reinkupfer ebenfalls eine größere Härte (HB = 68 kg/mm²), Festigkeit und Zunderbeständigkeit. Sie zeichnen sich auch durch hohe Verschleißfestigkeit aus, die auf die Bildung einer Oberflächenschicht aus Aluminiumoxyd zurückgeführt wird. — Man unterscheidet zwischen Knet- und Gußlegierungen sowie zwischen Zweistoff- und Mehrstofflegierungen. Knetlegierungen enthalten mindestens 91% Cu und höchstens 9% Al, während die Mehrstofflegierungen neben 72 bis 94% Cu und 13 bis 5% Al noch Zusätze von Fe, Ni, Mn, Si, Sn und P bis zu 15% einzeln oder gemeinsam enthalten können. Der versuchstechnisch untersuchte Werkstoff hatte die folgende Zusammensetzung: 96,16% Cu; 3,80% Al und 0,03% P.

Aluminium wirkt auf Kupfer stark desoxydierend. Lange widerstand diese Legierung allen Schweiß- und Lötversuchen. Um das schweißtechnische Verhalten versuchstechnisch zu ermitteln, wurden Platten aus Kupfer und Aluminiumbronze mit Schweißdrähten der Zusammensetzung D (s. Zahlentafel 4) miteinander verschweißt. Die für Cu gebräuchlichen Flußmittel versagten jedoch, da sie die durch Al gebildeten Oxydhäute nur ungenügend auflösten. Schweißpulver für Al und seine Legierungen verbesserten das Ergebnis nicht, da sie bei der höheren Schmelztemperatur des Werkstoffes fast restlos verdampften. Etwas bessere Ergebnisse wurden mit starken Zugaben eines „Sonderflußmittels" erzielt. Bestimmte Schweißtemperaturen waren einzuhalten, um das Entstehen von Löchern zu vermeiden. Der Wurzelabstand mußte etwas vergrößert werden, um durchschweißen zu können. Senkrechtschweißungen gelangen nicht. Hämmern war ohne Schwierigkeiten möglich, da die Warmfestigkeit des Baustoffes mit 22,7 kg/mm² bei 350° C genügend groß ist. Die Bruchdehnung betrug bei dieser Temperatur noch $\delta = 36\%$, während diese bei 20° C den hohen Wert von $\delta = 75\%$ annahm. Die Streckgrenze σ_s hatte bei 250° C ihren größten Wert.

Die geringe Festigkeit der geschweißten Proben von 13 kg/mm² war auf Oxydeinschlüsse und schlechte Bindung zurückzuführen. Immerhin fiel die Festigkeit bei höheren Temperaturen nur in mäßigen Grenzen ab. Die Werte für die Streckgrenze entsprachen denjenigen des ungeschweißten Baustoffes. Geschweißte und ungeschweißte Biegeproben konnten um 180° gebogen werden. Die Brinellhärte gehämmerter Nähte hatte sich gegenüber dem Ausgangsgrundwerkstoff erhöht, wobei die X-Nähte wieder die höchsten Werte ergaben. Makroschliffbilder ließen ausreichende Bindung erkennen. Feingefügeaufnahmen auch gehämmerter Proben zeigten auffällig grobkörnige Rekristallisation im Grundwerkstoff und in der Schweißnaht. — Nach *Höller* hat es sich bewährt, die Bleche gleichmäßig vorzuwärmen und mit möglichst kleiner Flamme zu schweißen. Ausführlich nimmt eine Schrift des „Deutschen Kupfer-Institutes", „Das Schweißen der Aluminiumbronzen", zu diesen Fragen Stellung. Hiernach gilt: *Aluminiumbronzen können sowohl gelötet als auch geschweißt werden. Lötverbindungen sind jedoch nur von untergeordneter Bedeutung, dagegen sind Widerstandsschweißungen, vor allem Punkt- und Nahtschweißungen, ebenso wie bei der Siliziumbronze, leicht durchführbar.*

Als Flußmittel für die Gasschweißung von Al-Bronzen eignen sich Gemische von Bor- und Silikofluoriden mit anderen Fluoriden, wie Kalium-, Natrium-, Beryllium- und Aluminiumfluorid. Die Notwendigkeit, der Schweißung ununterbrochen genügende Flußmittelmengen gleichmäßig zuzuführen, konnte — neben der Entwicklung von Pasten — auch durch die Schaffung eines umhüllten Schweißstabes gelöst werden. Es kommt dabei nur eine neutrale Flammeneinstellung in Betracht. Der Zusatzdraht soll verhältnismäßig dick sein. Nach Beendigung der Schweißarbeit sind die Flußmittelreste zu beseitigen. An gasgeschweißten Blechen aus Legierung Al-Bz 4 und 5 von 1,5 bis 3 mm Dicke konnten Festigkeitswerte von $\sigma_B = 80$ bis 90%, bezogen auf den Grundwerkstoff, bei genügendem Verformungsvermögen festgestellt werden.

Das Bedürfnis, Aluminiumbronzen hartzulöten, besteht nur selten. Unter Verwendung eines geeigneten Flußmittels, das die Aufgabe des Blankbeizens hat und die Bildung von Aluminiumoxyd verhindern soll, lassen sich jedoch mit Ms- und Ag-Hartloten bei leichtem Fließen gute Verbindungen herstellen [Lit. *Hase*].

Ähnlich wie Aluminiumbronze sind die hochkupferhaltigen *Zinnbronzen* aus dem Bestreben entstanden, dem weichen Kupfer durch Zusätze günstigere mechanische Eigenschaften zu verleihen. In den Rahmen der vorliegenden Untersuchungen wurden

Zinnbronzeplatten von 16 mm Dicke der folgenden Zusammensetzung einbezogen: Cu = 95,84%; Sn = 4,05%; Ni = 0,10% und P = 0,03%. Schwierigkeiten ergaben sich bei der Verschweißung mit Kupfer auf Grund der stark abweichenden Schmelzpunkte. Die Flamme mußte mit O_2-Überschuß eingestellt werden, um dem trägen Fluß der Zinnbronze entgegenzuwirken. Das Hämmern erfolgte bei schwacher Dunkelrotglut, da sich bei höheren Temperaturen Risse einstellten. Leichte Poren und Oxydeinschlüsse waren unvermeidlich. *Die Verschweißung der Zinnbronze mit Feuerbüchskupfer in senkrechter Lage gelang zufriedenstellend*, wie die Röntgenprüfung bestätigte. Hierbei wurde mit zwei Brennern und neutraler Flamme, wie bei der Kupferschweißung, gearbeitet.

Der Zugversuch ergab eine Grundwerkstoffestigkeit von $\sigma_B = 33{,}2$ kg/mm² bei 20° C und von 28 kg/mm² bei 350° C. Die Warmfestigkeit ist demnach sehr groß. Die Streckgrenze σ_S verhielt sich ähnlich. Diese fiel von 12 kg/mm² bei 20° C mit zunehmender Temperatur nur gering ab. Die Dehnung betrug etwa $\delta = 55\%$ und blieb bis 250° C nahezu konstant. Bis 350° C fiel diese dagegen allmählich auf $\delta = 31\%$ ab.

Die mit Kupferdraht und Flußmittel hergestellten V-Nähte besaßen bei Zinnbronzen eine Festigkeit von $\sigma_B = 14$ kg/mm², während die X-Nähte bei 20° C $\sigma_B = 20$ kg/mm² erreichten. Auch die Senkrechtschweißungen fielen gut aus. Der Bruch lag im Regelfalle im Übergang zum Kupfer. Die Bindung war gut und das Gefüge feinkörnig. Der Faltversuch bei 20° C für den Grundwerkstoff ergab ohne jede Rißbildung 180° Biegewinkel. Im Temperaturbereich zwischen 600 und 700° C stellten sich dagegen auf Grund von Warmsprödigkeit starke Risse ein. Das Verformungsvermögen der geschweißten Proben entsprach praktisch dem Grundwerkstoff, dessen Brinellhärte HB = 74 kg/mm² betrug. Die Schweißnahthärte lag bei geringeren HB-Werten; diejenige der X-Nähte war wieder am größten. — Die Nahtgüte wird entscheidend durch das Flußmittel beeinflußt. Ein Sauerstoffüberschuß der Brennerflamme wird keineswegs für unbedingt erforderlich gehalten.

Große Bedeutung kommt dem Werkstoff *Kuprodur*, einem Sonderkupfer mit im wesentlichen 98% Cu mit 2% Ni und Si zu, der die Korrosionsbeständigkeit und Bildsamkeit des Kupfers mit der Festigkeit, vor allem der Warmfestigkeit, des Stahles verbindet. Diese vergütbare Legierung wird vorzugsweise für hochbeanspruchte und ständig hoher Wärme ausgesetzte Teile verwendet und hat sich besonders als Werkstoff für Feuerbüchsseitenwände in der Nähe des Rostes bewährt. Auch Verschleißfestigkeit und Gleiteigenschaften sind gut. Die chemische Zusammensetzung des vorliegend untersuchten Werkstoffes war die folgende: 98,66% Cu; 0,84% Ni; 0,31% Si; 0,10% Fe; P in Spuren. Dem Vergütungsgrade und der Kaltverformung entsprechend gibt es Kuprodursorten von 25 bis 80 kg/mm² Festigkeit bei 40 bis 8% Dehnung.

Kuprodur wird in drei Sorten geliefert, Kuprodur A, B und C, sowie in vier verschiedenen Arten, weich, gezogen, geglüht und veredelt, hartgezogen und veredelt. Je nach der Art beträgt die Festigkeit 25 bis 80 kg/mm², die Streckgrenze 7 bis 70 kg/mm², die Dehnung 40 bis 6%, die Brinellhärte 50 bis 210 Brinell-Einheiten.

Zum Unterschied von Kupfer ist *Kuprodur durch Ausscheidungshärtung vergütbar*. Kuprodur ist sehr *warmfest und korrosionsbeständig*.

Kuprodur A hat z. B. bei 400° C in weichem Zustande noch eine Festigkeit von etwa $\sigma_B = 18$ kg/mm², geglüht und veredelt $\sigma_B = 30$ kg/mm², gezogen $\sigma_B =$ 40 kg/mm², hartgezogen und veredelt $\sigma_B = 60$ kg/mm². Demgegenüber betragen die Werte für Hüttenkupfer $\sigma_B = \sim 8$ kg/mm² und zum Vergleich bei St 37 $\sigma_B =$

35 kg/mm². Kuprodur, und zwar die Sorten B und C, werden z. B. für die Seitenwände kupferner Feuerbüchsen verwendet und zu diesem Zweck mit Kupfer verschweißt.

Kuprodur läßt sich mit der Azetylen-Sauerstoff-Flamme unter Zusatz von normalen Kupferschweißstäben und mit Hilfe eines geeigneten Flußmittels einwandfrei verschweißen.

Als Schweißpulver seien hier genannt: „Robuscolin" und „Firinit P"*).
Man kann sich ein solches auch selbst herstellen gemäß der folgenden Zusammensetzung:

75% Glasborax ($Na_2B_4O_7$)
5% kalzinierte Pottasche (K_2CO_3)
5% kalzinierte Soda (Na_2CO_3)
oder statt Pottasche und Soda nur 10% Soda
15% Kochsalz (NaCl).

Ein anderes, ebenfalls gutes Flußmittel besteht aus:

20% Kochsalz (NaCl)
10% kalzinierte Soda (Na_2CO_3)
10% kalzinierte Pottasche (K_2CO_3)
60% Glasborax ($Na_2B_4O_7$).

Die chemische Zusammensetzung beider Flußmittel wurde von *Kaesmacher* angegeben. Diese Flußmittel sind schwach wasseranziehend und müssen daher in gut verschlossenen Büchsen aufbewahrt werden. Bei dem Verschweißen von Kuprodur mit Kupfer muß die Flamme stets mehr auf das Kupfer als auf das Kuprodur gerichtet werden, da der Schmelzpunkt des Werkstoffes Kuprodur unterhalb desjenigen des Kupfers liegt. Sonst wird genauso gearbeitet wie bei Kupfer.

Bei den Versuchen wurden 16 mm dicke Platten aus „Kuprodur" und Kupfer miteinander verschweißt. Als günstigster Zusatzdraht wurde wieder die Drahtsorte D gewählt. Ein Schweißpulver ist unerläßlich. Beim Schweißen von „Kuprodur" und Kupfer sind die Schweiß- und die Vorwärmflamme vor allem auf das Kupfer zu richten. Es muß verhindert werden, daß die Außenluft das hocherhitzte „Kuprodur" berührt, um Oxydation zu vermeiden. Oxydhäute sind durch Rühren mit dem Zusatzstab unter Beigabe von Schweißpulver „herauszupuddeln" **). Waagerecht wird nach rechts geschweißt. Nach je 100 mm Schweißweg wird das fertiggestellte Stück gehämmert. Risse sind nicht zu befürchten. Die Röntgenprüfung ergab einwandfreie waagerechte und senkrechte Schweißnähte.

Der Zugversuch am Grundwerkstoff ließ mit $\sigma_B = 39$ kg/mm² bei 20° C und etwa $\sigma^B = 30$ kg/mm² bei 350° C die große Warmfestigkeit erkennen. Auch die Streckgrenze fiel in diesem Temperaturbereich nur von 26 kg/mm² auf 24 kg/mm². Die Dehnung des Kuprodurs ist im Vergleich zum Kupfer mit 31% bei 20° C und 12% bei 350° C gering, doch war das Verformungsvermögen hoch genug, um ungeschweißte Proben zwischen 20 und 650° C um 180° zu biegen.

γ) *Das Schweißen (Schweißnahtvorbereitung)*

Bleche von 0,3 bis 3 mm Dicke können durch Bördelstoß verschweißt werden, wobei die Bördelhöhe 1 bis 2 mm beträgt. Die Bleche werden hierbei *ohne* Spalt eng aneinandergestoßen.

Auch der Stumpfstoß (I-Naht) ist bei Blechen geringer Dicke von 0,5 bis 4 mm anwendbar. Die Nahtkanten müssen hierbei mit 0,5 bis 4 mm Spaltbreite liegen.

Bleche von 4 bis 20 mm Dicke können durch V-Nähte verbunden werden, sofern sie nicht von beiden Seiten zugänglich sind. Für den letzteren Fall ist von 6 mm ab bereits die X-Naht vorzuziehen (unterschiedlich zu Stahl!).

---

*) Firma Dr. Leopold Rostosky, Berlin und Goslar.

**) Puddeln, entnommen von der Herstellung des englischen „Puddelstahles".

Der Öffnungswinkel der X-Nahtflanken beträgt je nach der Blechdicke 60 bis 90°, die Spaltbreite in der Nahtwurzel 2 bis 8 mm.

Beträgt die Blechdicke 6 bis 30 mm, so ist möglichst die X-Naht anzuwenden. Diese setzt allerdings voraus, daß das Werkstück von beiden Seiten aus zugänglich ist.

Als Öffnungswinkel der X-Nahtflanken sind 60 bis 65° vorgesehen bei 2 bis 8 mm Spaltbreite in der Nahtwurzel. Kehlnähte sind — wie auch bei der Gasschmelzschweißung von Stahl — möglichst zu vermeiden, da es einerseits schwer ist, den Nahtgrund gut aufzuschmelzen, andererseits die Nahtflanken leicht „ausschmoren".

Ebenso wie bei Stahl wird nie in zwei oder mehr aufeinanderfolgenden Lagen geschweißt, sondern stets nur in *einer* Lage, abgesehen von X-Nähten, bei denen die eine und die andere Lage stets gleichzeitig eingeschweißt wird.

Risse in den Schweißnähten lassen sich nur sehr schwer durch Nachschweißen beseitigen. In der Regel reißen diese noch mehr auf. Es ist auch *nicht* angängig, schlechten Nähten durch *Überschweißen,* oder besser gesagt *Überschmelzen,* ein besseres Aussehen zu geben. Meist entstehen hierdurch verstärkte Risse. (Grund: Oxydation)

Da Kupfer sich bei Erwärmung stark dehnt, dürfen Schweißnähte nicht vorher geheftet werden. Man muß die Kupferplatten durch geeignete Vorrichtungen, die nachgiebig sind, in der richtigen Schweißlage festlegen. Dabei muß die oben angegebene Spaltbreite an der Schweißstelle stets genau eingehalten werden. Infolge starker Dehnung des Kupfers durch die Erwärmung müssen die Bleche in Schweißrichtung klaffend zueinander, d. h. auf Zug gelegt werden, damit diese sich während des Schweißens auf den richtigen Abstand nähern.

Die Bilder 2 bis 5 zeigen, wie man die Bleche mit einfacheren Mitteln in der richtigen Schweißlage hält. Unterlagen werden manchmal mit Asbeststreifen isoliert, um ein zu starkes Abwandern der Wärme zu verhindern. Vor dem Schweißen ist die Asbestpappe mit den Schweißbrennern anzuwärmen, wobei etwaiger Wassergehalt ausdampfen soll.

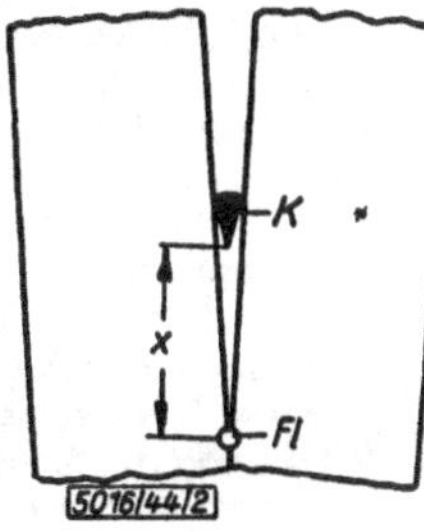

Bild 2
Spalthaltung durch Keil
K = Keil
Fl = Flamme

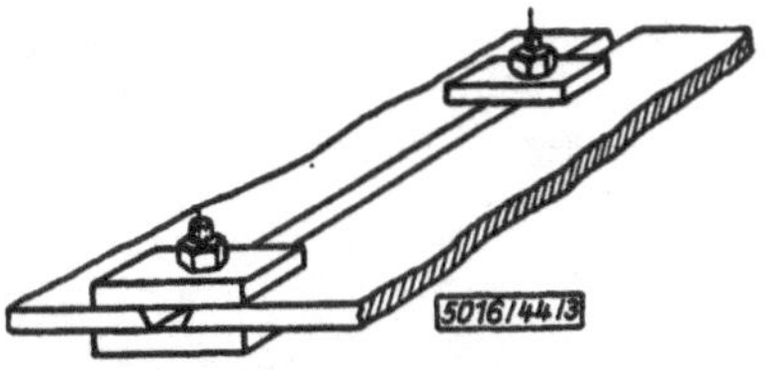

Bild 3. Spalthalter mit Schraube

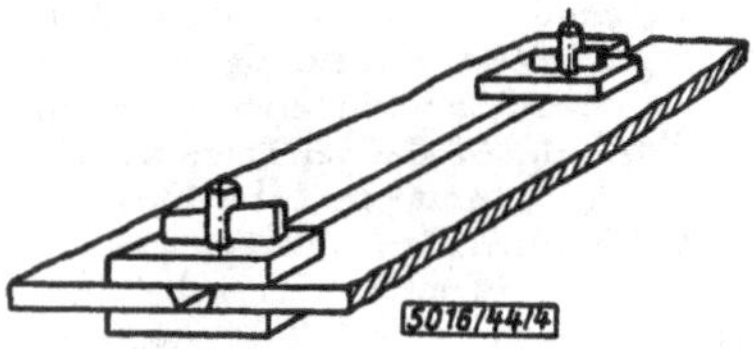

Bild 4. Spalthalter mit einseitigem Keil

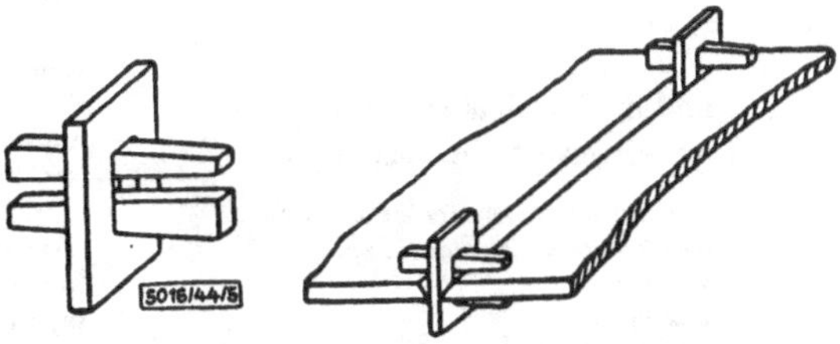

Bild 5. Spalthalter mit beiderseitigen Keilen

Die Schweißkanten sind, ebenso wie die Schweißstäbe, mit Schweißpaste zu bestreichen. Neben der Naht muß der Anstrich so breit (10 bis 50 mm Breite je nach Blechdicke) aufgetragen werden, wie die Bleche noch glühend sind. Schweißpasten sind in der Regel schon so weit mit Wasser verdünnt, sowie es für das Schweißen zweckmäßig ist. Eingetrocknete Pasten können zwar verdünnt werden, haben aber häufig dann an Güte stark nachgelassen. Bei Verwendung von Schweißpulvern ist es zweckmäßig, stets nur die voraussichtliche Tagesmenge als Brei der gewünschten Dicke mit Wasser anzurühren. Zum Auftragen des Flußmittels verwendet man saubere Pinsel. Beim Anwärmen trocknen die Pasten sofort und haften dann fest auf der Unterlage.

δ) *Das Schweißen von Kupfer*

Waagerechte Nähte werden meist als V-Nähte geschweißt, wenn nicht die eine Hälfte als Überkopfnaht hergestellt werden soll. In der Regel wird schon bei Querschnitten geringer Dicken (s ≦ 5 mm Dicke) nicht in Nachlinksschweißung (Bild 6), sondern bereits in Nachrechtsschweißung (Bild 7) gearbeitet. Während jedoch für Stahl bei der letzterwähnten Schweißart der Brenner, ohne zu pendeln, ruhig geführt werden soll und nur mit dem Zusatzstab gependelt wird, führt man bei Kupfer auch den Brenner, ähnlich wie bei der Nachlinksschweißung, mit kreisender Bewegung voran.

Als Beispiel sei erwähnt, daß man bei 5-mm-Blech einen Brenner für 9 bis 14 mm Blechdicke und einen Schweißdraht von 5 mm ⌀ verwendet; es muß außerdem ein zweiter Mann mit einem Brenner für 9 bis 14 mm Stahlblechdicke anwärmen.

Für 16-mm-Blech kommt nur die Nachrechtsschweißung in Frage unter Verwendung eines Schweißbrenners für 20 bis 30 mm Blechdicke, eines zweiten Brenners der gleichen Größe für das Anwärmen sowie eines 8-mm-Drahtes.

Die häufigste Schweißart ist das Schweißen an senkrechter Wand, und zwar von waagerechten Nähten wie auch von Stehnähten. Das Bild 8 zeigt das Schweißen einer Stehnaht an senkrechter Wand von der einen Seite (V-Naht).

Bei 5-mm-Blechdicke wird mit einem 5-mm-Draht und Brenner für 6 bis 9 mm Stahlblechdicke verschweißt, während zum laufenden Anwärmen der zweite Mann einen Brenner 9 bis 14 mm verwendet.

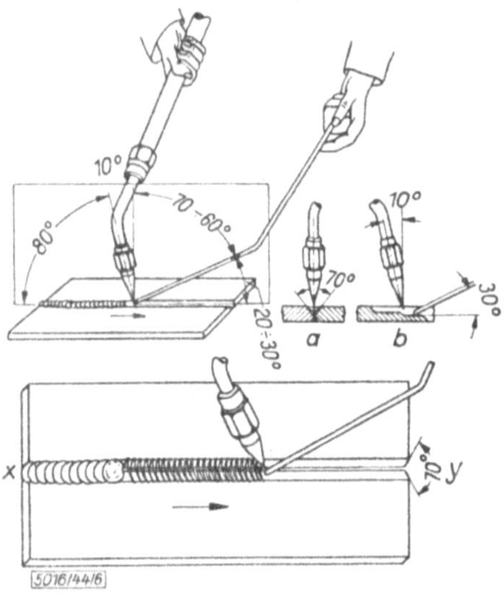

Bild 6. Nachlinksschweißung.
Bis Blechdicke 5 mm anzuwenden

a = Aufschweißen der ersten Lage
b = Längsschnitt der Schweißnaht
x = rechts
y = links

Das Bild 9 zeigt die gleiche Schweißlage für eine 16 mm dicke X-Naht. Die beiden Schweißer würden hier zwei Brenner von 14 bis 20 mm sowie 8-mm-Draht verwenden. Ein dritter Brenner zum Anwärmen ist nicht nötig.

Waagerechte Nähte an senkrechter Wand schweißt man ähnlich wie waagerechte Nähte an waagerecht liegenden Blechen.

Bei Überkopfnähten wird das Brennermundstück stets senkrecht geführt. Man beschreibt mit diesem pendelnde Kreise um den Draht herum. Es kann dann weder von einer Nachrechts- noch von einer Nachlinksschweißung gesprochen werden, da die Brennerhaltung und Brennerbewegung nicht den üblichen Verfahren entspricht.

Es muß überhaupt betont werden, daß die vorn genannte Nachrechtsschweißung (Draht wird pendelnd bewegt, Brenner wird ruhig gehalten) bei Kupfer in keiner Arbeitslage genau durchgeführt werden kann. Stets muß auch der Brenner pendelnd bewegt werden.

In allen Fällen, in denen die Naht auf Festigkeit beansprucht wird, muß die Naht anschließend an die Schweißung *gehämmert* werden, da die ungehämmerte Kupferschweißnaht nur etwa die Hälfte der statischen Zugfestigkeit des gewalzten Kupfers erreicht, während die gehämmerte Schweißnaht so fest wird wie Walzkupfer. Für Nähte bei geringen Werkstoffdicken genügen Handhämmer, wobei senkrechte Nähte entweder von beiden Seiten gehämmert werden (Bilder 10 a u. b) oder von der einen Seite gehämmert, von der anderen gegengehalten werden. Feuerbüchsbleche von 16 mm Dicke müssen jedoch mit Preßlufthämmern gehämmert werden. Falls nicht von beiden Seiten gehämmert wird (Schläge müssen dabei genau aufeinandertreffen, d. h. sie dürfen nicht versetzt liegen), so ist vor allem auf eine einwandfreie Unterlage zu achten. Schweißt man z. B. an einer in einen Stehkessel eingebauten Feuerbüchse, so müssen in dem Wasserraum Keile unter die Naht an der jeweiligen Schweißstelle geschoben und fest angezogen werden. Wird darauf nicht geachtet, so wird die Schweißnaht durch das Hämmern zerstört.

Während des Hämmerns, das in Abschnitten von 50 bis 100 mm durchgeführt wird, ist vor allem darauf zu achten, daß die Naht stets rotwarm sein muß. Sobald diese dunkel wird, besteht die Gefahr, daß das Hämmern Risse verursacht.

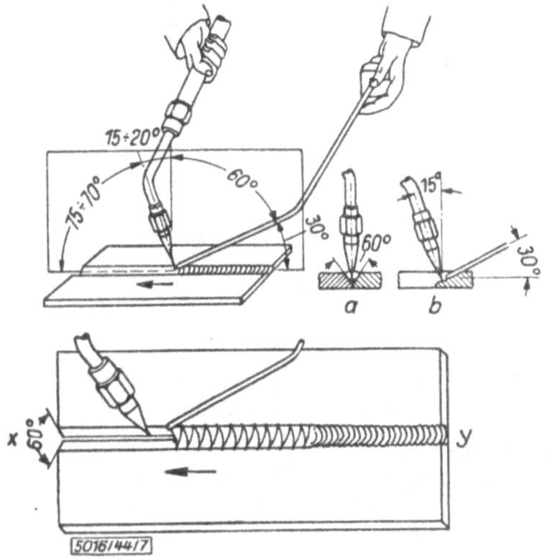

Bild 7. Schema der Nachrechtsschweißung, in 1 Lage. Bei dickeren Blechen als 5 mm anzuwenden.

a = Querschnitt
b = Längsschnitt
x = rechts
y = links

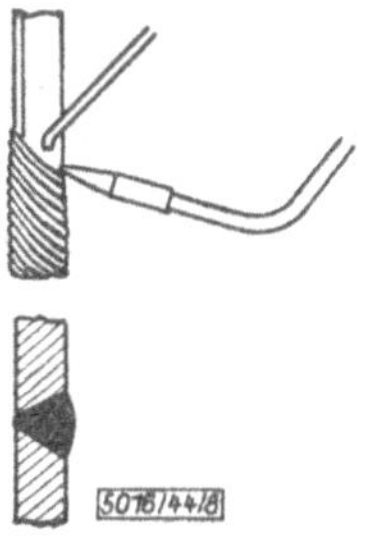

Bild 8. Schema der Schweißung einer stehenden V-Naht.

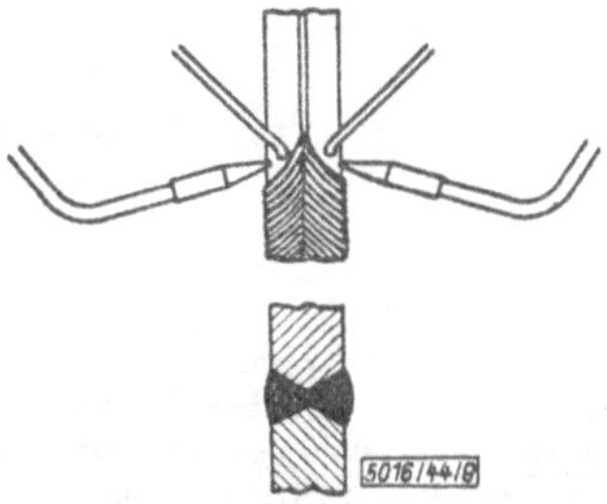

Bild 9. Schema der Schweißung einer stehenden X-Naht: doppelseitig und gleichseitig

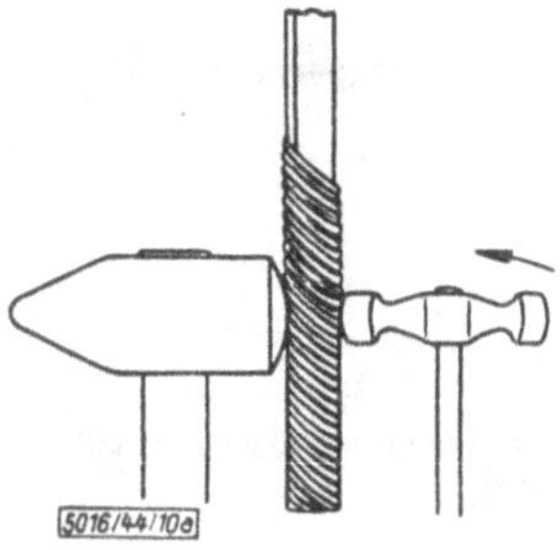

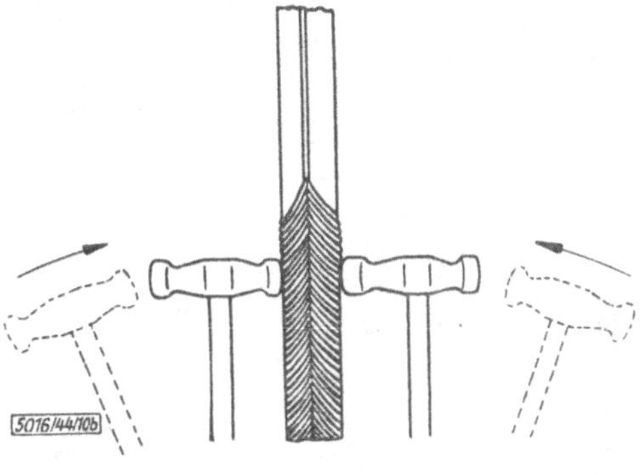

Bild 10 a u. b. Hämmern von Stehnähten

Als praktisches Beispiel soll im folgenden das Schweißen einer kupfernen Feuerbüchse (16 mm Wanddicke) mit Seitenwandvorschuhen aus dem Sonderbaustoff „Kuprodur" geschildert werden.

Da die ununterbrochene Arbeit sehr anstrengend ist, pflegt man mindestens einen dritten Mann als Ablösung bereitzustellen und unter Umständen sogar eine zweite zweiköpfige Kolonne anzusetzen. Sobald die Feuerbüchse einigermaßen geschlossen ist, wird die Hitze im Innern unerträglich. Auch treten dort giftige Gase, z. B. Stickoxyde, auf. Es ist deshalb eine gut wirkende Absaugevorrichtung dafür bereit zu halten.

Zunächst wird die Feuerbüchsdecke senkrecht auf eine Richtplatte gestellt, dann wird an ihr ein „Vorschuh" mit Laschen befestigt (80 bis 100 mm lang, 10 mm dick, Schrauben M 10). Die Naht wird „auf Zug" gelegt mit einer oberen Spaltbreite von etwa 18 bis 25 mm. Am oberen Ende wird eine Führungsschiene angebracht, um ein Verwerfen der Bleche zu verhindern. Der Vorschuh selbst ruht auf zwei Stockwinden, die während des Schweißens allmählich angezogen werden, so daß sich der Schweißspalt schließt (Bild 11). Es ist zweckmäßig, mit dem Schweißen etwa 100 mm vom unteren Ende zu beginnen und das Reststück erst zum Schluß zu verschweißen. Auf diese Weise lassen sich Risse am Nahtanfang vermeiden. Die richtige Schrumpfung wird durch die Arbeitsgeschwindigkeit geregelt. Schnelles Schweißen vermindert das Schrumpfen; langsames Schweißen, wie eingelegte Pausen, erhöht die Schrumpfung.

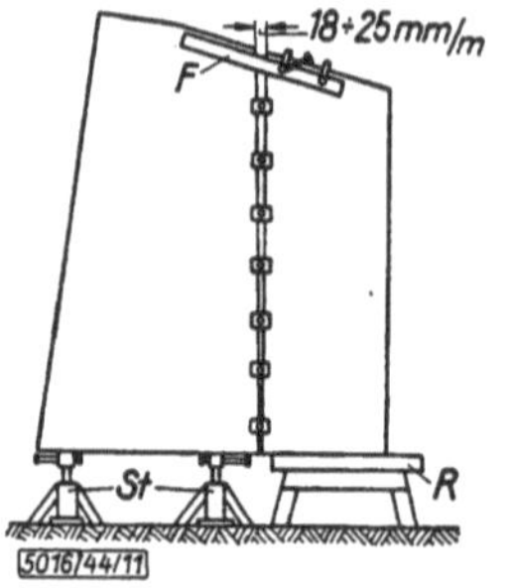

Bild 11. Feuerbüchse aufgestellt zum Anschweißen der Seitenwandvorschuhe

F = Führungsschiene
R = Richtplatte
St = Stockwinden

Der zweite Seitenwandschuh wird in der gleichen Weise angeschweißt.

Nunmehr wird die Feuerbüchsdecke auf die Seite gelegt (Bild 12) und die Rohrwand ebenfalls mit Laschen befestigt. Die Kanten sollen einen gleichmäßigen Abstand von 6 bis 8 mm haben. An den Stellen, an denen die Schrauben der Laschen sitzen, müssen die Kanten gebrochen werden. Die beiden Seitenwandvorschuhe hält man entweder mit einem Lehrbodenring oder mit einer Spannvorrichtung auseinander (Bild 13). Zuerst wird die Rohrwand an der Deckenseite angeschweißt. Hat man die Kümpelung erreicht, so wird die Feuerbüchse auf den Rücken gelegt (Bild 14), so daß man nacheinander die nunmehr senkrecht liegenden Nähte schweißen kann, mit denen die Rohrwand mit den Seitenwänden verbunden wird.

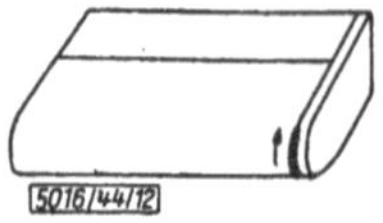

Bild 12

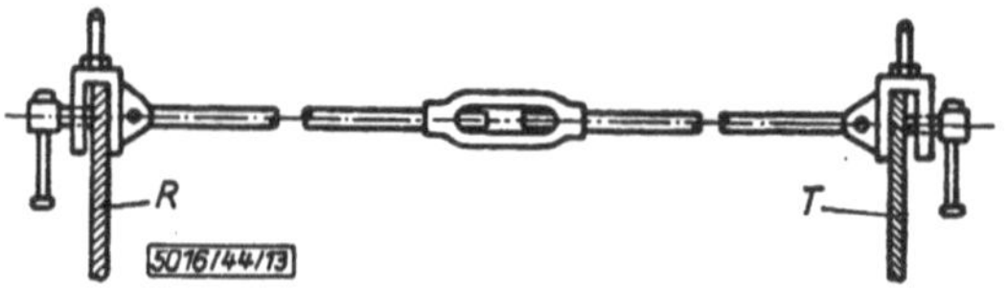

Bild 13

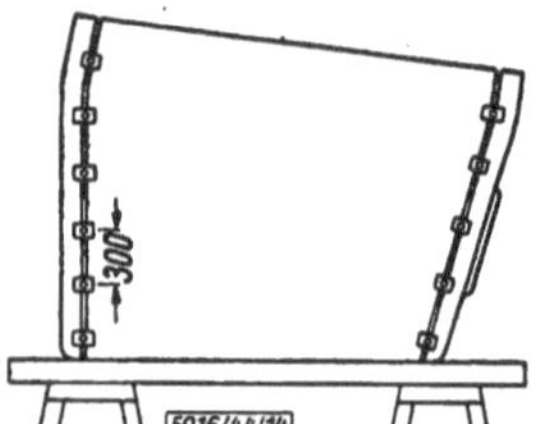

Bild 14

Bild 12. Feuerbüchse auf die Seite gelegt zum Anschweißen der Rohrwand (Deckennaht)

Bild 13. Spannvorrichtung zum Auseinanderhalten der Seitenwände der Feuerbüchse
R = Rohrwand T = Türwand

Bild 14. Feuerbüchse auf den Rücken gelegt zum Anschweißen der Seitennähte der Rohr- und Türwände

Auf die gleiche Weise wird auch die Türwand angeschweißt. Vor dem Anschweißen dieses Stückes sind die Maße zu prüfen und die Länge des Mantels unter Umständen durch „Nachhauen" der Schweißkanten zu korrigieren. Ein gewisses Abmaß ist deshalb zweckmäßig vorher zu belassen.

Eine große Bedeutung haben heutzutage *mit Kupfer plattierte Stahlbleche* erlangt. Zum Schweißen entfernt man die Kupferschicht in einigem Abstand von der Stoßstelle und schweißt dann zuerst die Stahlseite mit dem Lichtbogen (in Ausnahmefällen auch mit der Azetylen-Sauerstoff-Flamme) derart, daß die Nahtwurzel (bei V-Nähten) gegen die plattierte Seite zeigt. Dann erst trägt man eine Kupfer-Auftragschweißung an Stelle der Plattierung auf (siehe ausführlich bei *Hase*, Bild **4**, S. **747** ff.).

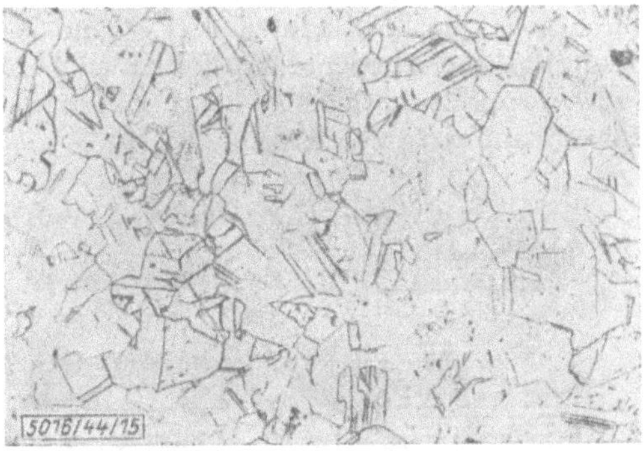

Bild 15. Gehämmerte Kupferschweißung. Vergr.: 45fach. Ätzmittel: $H_2O_2 + NH_4Cl$

Schweißfehler, ihre Feststellung und Beseitigung. (Siehe auch *Schiebold*, Band II, S. **1143**.) Schweißfehler können durch zerstörende und zerstörungsfreie Prüfverfahren aufgedeckt werden. Zerstörende Prüfverfahren haben im allgemeinen geringere Bedeutung, da bei ihrer Anwendung das Werkstück in der Regel unbrauchbar wird. Andererseits geben sie wesentlich besseren Aufschluß über das Innere der Nähte als die zerstörungsfreien Verfahren. Zerreiß-, Biege- und Kerbschlagversuche sind gut geeignet, da sie Werte ergeben, aus denen die Güte der Schweißnähte eindeutig hervorgeht, und Fehler aufdecken. Von besonderem Wert sind Dauerversuche, da sie unter Umständen Zahlen ergeben, die für die Beurteilung des Verhaltens in der Praxis von Bedeutung sind.

Bei Massenartikeln wird man sich verhältnismäßig leicht dazu entschließen, einzelne Stücke zerstörend zu prüfen, um so stichprobenweise die Güte festzustellen. In anderen Fällen kann man unter Umständen an das zu schweißende Stück eine Probeplatte anheften, deren Schweißnaht die Fortsetzung einer wichtigen Schweißnaht des eigentlichen Werkstückes bildet. Werden nun beide Nähte in einem Zuge zusammengeschweißt, so kann von der Ausführung des abgetrennten Probestückes auf die Güte der anderen Naht geschlossen werden.

Von den zerstörungsfreien Prüfverfahren scheidet die magnetische Durchflutung aus, da Kupfer nicht magnetisierbar ist. Oberflächenrisse lassen sich aber häufig auch einfach mit dem Öl- oder Petroleum-Schlämmkreide-Verfahren feststellen. (Siehe hierzu bei *Schiebold*.)

Eine große Bedeutung hat bei Werkstücken mit größerem Querschnitt, z. B. bei Feuerbüchsen, die Röntgenprüfung. Bei V- und X-Nähten lassen sich Schlackeneinschlüsse, Poren, Bindefehler, Schrumpfrisse u. dgl. leicht eindeutig nachweisen.

Soweit es sich um durchgehende Fehler, insbesondere um Fehlbindungen und Risse handelt, läßt sich ein Auskreuzen und Nachschweißen meist nicht vermeiden. Das Nachschweißen gelingt in der Regel aber nur sehr geübten Schweißern, da hierbei das Werkstück nicht richtig schrumpfen kann und dann sehr leicht Spannungsrisse entstehen können. Handelt es sich daher um einzelne kleinere Fehler, so wird man unter Umständen lieber auf eine Ausbesserung verzichten und die Fehler belassen, als durch ein Nachschweißen noch größere Fehler zu verursachen.

Die Durchstrahlbarkeit von Kupfer ist wesentlich geringer als die von Stahl; es hat größeres spezifisches Gewicht (Cu/Fe = 8,9/7,8) sowie höheres Atomgewicht (Cu/Fe = 63,57/55,8). Dies zeigt sich bei der Durchstrahlung unter gleichen Bedingungen an der geringeren Schwärzung eines von Kupfer bedeckten Röntgenfilmes.

Zur Röntgendurchstrahlung einer Stahlplatte von 16 mm Dicke zuzüglich 4 mm Schweißnahtwulst, also 20 mm Gesamtdicke, wird man z. B. bei 100 kV Spannung 3 Minuten benötigen, während für die gleiche Dicke in Kupfer 180 kV bei 5 Minuten Belichtungszeit notwendig sind. Eine normale Anlage z. B. für 250 kV reicht demnach zur Röntgendurchstrahlung kupferner Feuerbüchsen vollständig aus.

ε) *Eigenschaften der Naht (Gefüge)*

Das Gefüge einer ungehämmerten Kupferschweißung zeigt in der eigentlichen Schweiße grobe Stengel-Kristalle, ähnlich wie sie gegossenes Kupfer aufweist. [Planmäßige Untersuchungen diese legierungstechnisch mehr globular auszubilden (Zugabe keimbildender Substanzen) stehen leider noch aus (der Herausg.)] Erst durch das Hämmern kann das Gefüge wesentlich verfeinert werden, während Legierungszusätze im Draht keine so große Wirkung haben. Als Folge des Hämmerns zeigt sich dann die „Zwillings"-Bildung, ein untrügliches Kennzeichen dafür, ob eine Kupferschweißnaht gehämmert wurde oder nicht (Bild 15). Dieses Hämmern muß auch auf die Nachbarzonen ausgedehnt werden, soweit sie durch die Schweißflamme überhitzt und durch Sammelkristallisation meist grobkörnig werden.

Um die Auswirkung des Hämmerprozesses zu steigern und vor allem auf die Übergänge auszudehnen, hatte *Buchholz* vorgeschlagen, die Blechkanten der V- und X-Nähte mit Hilfe entsprechend ausgebildeter, preßluftbetriebener Döpper anzustauchen, um die Vergröberung des Korns im Grundwerkstoff unmittelbar neben der Naht als Folge der Wärmeeinwirkung durch die Schweißflamme zu vermeiden (Bild 16).

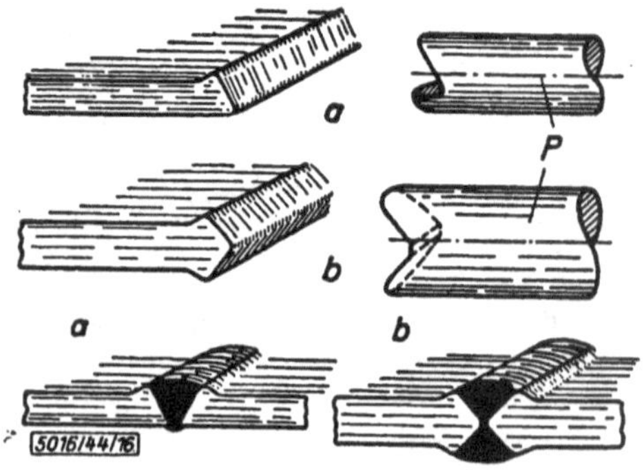

Bild 16. Anstauchverfahren nach *H. Buchholz* und *H. Hanemann*
P = Preßluftdöpper

Nach den Rekristallisationsgesetzen erwartete er, durch eine kräftige Kaltverformung vor dem Schweißen um mehr als 10% eine Feinkörnigkeit dieser Zonen zu bewirken, wobei er sich auf das von *Hanemann* und *Lucke* aufgestellte Rekristallisationsdiagramm von Kupfer stützte, in dem die Korngröße als Funktion des Reckgrades und der Temperatur dargestellt ist. Diesem ist zu entnehmen, daß bis zu Temperaturen von 500° C keine wesentliche Veränderung der Korngröße eintritt. Bei Temperaturen von 700° C und darüber führen jedoch geringe Reckgrade von etwa 3 bis 8% eine erhebliche Kornvergrößerung herbei. *Buchholz* nahm daraufhin an, daß sich bei Reck- oder Stauchgraden von mehr als 10% aus dem deformierten Gefüge eine neugebildete feinkörnige Struktur ergeben würde. Die Wärmezone sollte schmal gehalten werden, damit auch der Bereich, in dem üblicherweise eine Kornvergröberung durch das Schweißen hervorgerufen wird, noch der gefügeverbessernden Wirkung der auf die Naht gerichteten Hammerschläge ausgesetzt werden konnte.

Zur Nachprüfung dieser theoretischen Überlegungen wurden von *Matting* u. *Schmitz* praktische Versuche an 16 mm dicken Blechen durchgeführt. Hierbei zeigte sich, daß der Schlag der Preßlufthämmer zu gering ist, um eine Anstauchung der Nahtflanken von genügender Tiefe herbeizuführen. Die Oberfläche verdichtete sich nach den ersten Schlägen derart, daß eine weitere Stauchung ohne Anwärmung nicht mehr eintrat. Damit war dem Verfahren eine wichtige Voraussetzung entzogen. Ein Anstauchen mit schweren Zuschlaghämmern ergab eine so hohe Aufwulstung, daß nicht mehr durchgeschweißt werden konnte. Gefügeaufnahmen aus dem Schweißnahtbereich ließen erkennen, daß der beabsichtigte Erfolg nicht eingetreten war. Die mechanische Güteprüfung bestätigte das Ergebnis. Der zusätzliche Arbeitsaufwand war demnach unnütz, so daß dem Verfahren kein praktischer Wert beizumessen ist.

Die ungehämmerte Schweißverbindung hat im allgemeinen eine Zugfestigkeit von etwa 9 bis 13 kg/mm² bei 5 bis 7% Bruchdehnung, während durch Hämmern die Festigkeit auf 17 bis 20 kg/mm² bei 15 bis 24% Bruchdehnung gesteigert werden kann (*Rostosky* und *Lüder*).

Von *Matting* u. *Schmitz* wurden ferner Untersuchungen zur „*Beeinflussung der Kerbschlagzähigkeit* von Cu-Schweißverbindungen" durchgeführt, um an 16 mm dickem Feuerbüchskupfer normaler Zusammensetzung mit 0,38 % As und 0,12 % O_2 die Wirkung des Hämmerns, Glühens und Abschreckens in Abhängigkeit von der Zusammensetzung des Zusatzdrahtes festzustellen. „Über den Einfluß geringer Zusatzmengen in den Schweißdrähten auf die Schweißung des Kupfers" liegt lediglich die Veröffentlichung von *Geldbach* vor, so daß neue systematische Untersuchungen dieser wichtigen Frage durchaus erwünscht waren. Der verwendete Draht A war besonders rein, Draht B enthielt etwas Silber, wogegen Draht C Al, P und 0,81 % Ni enthielt. Ein Teil der geschweißten Probeplatten wurde 30 Minuten bei 400° C geglüht und kühlte langsam in Lösche ab. Eine mit Cu-Draht geschweißte Platte wurde auf 500° C erwärmt und in kaltem Wasser abgeschreckt. Zur Prüfung der Kerbschlagzähigkeit diente die DVM-Probe mit 15×15 mm² Bruchquerschnitt und 120 mm Auflageentfernung. Die mit Cu-Draht vorgenommene senkrechte Schweißung ergab im Durchschnitt die besten Werte. Deutlich kam bei allen Proben der verbessernde Einfluß des Hämmerns zum Ausdruck. Durch nachträgliches Glühen wurde die Kerbschlagzähigkeit wieder herabgesetzt. Auffallend hoch lag der Zähigkeitswert der abgeschreckten Versuchsplatte (Zahlentafel 8).

Geglüht wurde 30 Min. bei 400° C und in Lösche abgekühlt. Die Abschreckung erfolgte von 500° C in Wasser von R. T.

Spezielle Versuchsergebnisse

Behandlung der Naht	A-Draht V-Naht waagerecht			B-Draht V-Naht waagerecht			C-Draht X-Naht senkrecht		
	Kerbschlagzähigkeit mkg/cm²	Biegewinkel Grad	Zugfestigkeit kg/mm²	Kerbschlagzähigkeit mkg/cm²	Biegewinkel Grad	Zugfestigkeit kg/mm²	Kerbschlagzähigkeit mkg/cm²	Biegewinkel Grad	Zugfestigkeit kg/mm²
ungehämmert	5,1	45	9,24	5,2	22	10,6	6,4	23	7,1
ungehämmert und geglüht	5,1	54	9,47	—	—	—	—	—	—
gehämmert..	12,1	180	18,2	10,4	180	13,0	11,7	180	16,0
gehämmert und geglüht	10,3	180	16,4	8,0	180	13,1	—	—	—
gehämmert u. abgeschreckt	—	—	—	—	—	—	13,8	180	22,9
Baustoff ungeschweißt: Kerbschlagzähigkeit 15,8 mkg/cm²; Zugfestigkeit 24 kg/mm²; Dehnung 42 %									

Zahlentafel 8. Gütewerte gasgeschweißter Kupferproben

Aufschlußreich war auch das Bruchgefüge der Kerbschlagproben. Die aus den ungehämmerten Platten entnommenen Streifen zeigten etwas porige reine Trennbrüche im Gegensatz zu dem sehnigen Verformungsgefüge des ungeschweißten Baustoffes. Die aus gehämmerten V-Nähten entnommenen Proben wiesen übereinstimmend nur einseitige Verformungsfähigkeit auf. Trotz des Hämmerns blieb das grobkörnige Wurzelgefüge erhalten. Beste Verformbarkeit besaßen die beiderseitig gehämmerten Senkrechtschweißungen, die den Baustoffproben praktisch glichen. Auch die Festigkeitswerte wurden durch das Hämmern beträchtlich gesteigert. Die hohe Bruchfestigkeit der abgeschreckten Proben war beachtlich.

Der Faltversuch wurde an 50 mm breiten Streifen durchgeführt. Die gehämmerten Proben ließen sich ausnahmslos um 180° biegen, wogegen der Biegewinkel der ungehämmerten Proben im Höchstfalle 54° betrug. Der A-Draht ergab im Mittel schlechtere Gütewerte als die übrigen. Die Untersuchung wurde durch Röntgenprüfungen und Härteuntersuchungen ergänzt.

b) Die Lichtbogenschweißung

Die Versuche, Kupfer mit dem Lichtbogen zu schweißen, sind schon sehr alt. Sie scheiterten früher, wie schon dargelegt wurde, in erster Linie an der großen Wärmeleitfähigkeit des Kupfers. Kleinere Werkstücke lassen sich wohl mit dem Kohlelichtbogen (Benardos-Verfahren) schweißen, nicht aber größere.

Nackte Bronzedrähte ergeben im Metallichtbogen unter Umständen recht saubere Nähte; es bestehen jedoch Potentialunterschiede zwischen Kupfer und Bronze.

Wesentlich besser sind die Ergebnisse, die *Lessel* (Die Schlauchelektrode zur Lichtbogenschweißung von Kupfer, Berlin 1936) mit den von ihm erfundenen Schlauchelektroden erzielt: Um die Wärmemenge, die der Lichtbogen erzeugt, zu vergrößern, steigerte er die Lichtbogenlänge so, daß die Spannung, statt wie sonst 20 bis 30 Volt, nunmehr 50 bis 90 Volt beträgt.

Zu diesem Zweck verwendet *Lessel* Elektroden mit einer vierschichtigen Umhüllung (Bild 17), deren äußerste ein Rohr bildet, während im Innern ein Hohlraum entsteht, aus dem Gase austreten. Dadurch wird einerseits der Lichtbogen stabilisiert, andererseits das in fadenförmiger, nicht wie sonst in tropfenförmiger Weise übergehende Kupfer vor den Einwirkungen der Luft, also vor Oxydation, geschützt.

Die Elektrode wird hierbei an den positiven Pol gelegt. Die erforderliche große Spannung kann entweder durch Hintereinanderschalten zweier gleichartiger Schweißumformer mit geeigneter Charakteristik erzeugt werden oder durch Sondermaschinen, z. B. die Lichtbogenmaschine „LE 178" *).

Die infolge dieser hohen Spannung erzeugte Wärmemenge reicht dazu aus, das Kupfer zu schweißen. Ein laufendes Anwärmen mit einer weiteren starken Wärmequelle ist nicht, und nur bei Beginn des Schweißens Vorwärmung notwendig. *Lessel* verwendet keinen reinen Kupferkern, sondern einen Draht mit etwa 93% Cu, 5% Sn sowie mit geringen Mengen Sb, P, As und Zn.

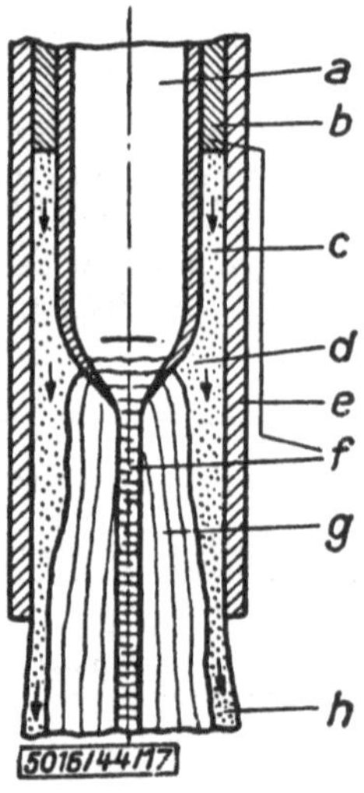

Bild 17. „Lessel-Schlauchelektrode" (schematisch)

a = Stab
b = gasbildende Schicht
c = Strömungs-Ringraum
d = Fadenbildung
e = Schlauch
f = Werkstoff + Schlacke
g = Rohrbogen (?)
h = Gas-Ringstrom

Matting und Nest untersuchten die mechanischen Gütewerte von mit „Lessel-Elektroden" geschweißten Kupferplatten und verglichen damit Platten, die nach anderen Verfahren geschweißt wurden. Die Zahlentafel 9 zeigt die Werte der statischen Zugfestigkeit sowie der Schwellfestigkeit von 5 mm dicken Platten.

Leider liegen weitere Werte, wie z. B. Biegewinkel, Kerbschlagzähigkeit, Korrosionsbeständigkeit usw., nicht vor, da diese Versuche nicht abgeschlossen werden konnten.

Das Gefüge der mit „Lessel-Elektroden" hergestellten Schweißnaht ist verhältnismäßig grob. Wie sich dieses bei größeren Schweißkonstruktionen in der Praxis bewähren wird, muß noch erforscht werden.

---

*) Machinentyp „LE 178" der Firma SSW

Schweißart	Verfahren	Zugfestigkeit kg/mm²	Schwellfestigkeit kg/mm²
Baustoff...............	ungeschweißt	21,95	10
ohne Unterlage........	Gasschweißung	11,25	3,1
ungehämmert..........	Schlauchelektrode	15,6	3,1
mit Unterlage..........	Gasschweißung	10,86	4,3
ungehämmert..........	Schlauchelektrode	16,91	4,5
mit Unterlage..........	Gasschweißung	18,4	5,7
gehämmert............	Schlauchelektrode	21,65	6,0

Zahlentafel 9. Gütewerte geschweißter Kupferbleche, mit normalen und mit „Lessel-Elektroden" verschweißt.

Die Schlauchelektrode von *Lessel* war jedenfalls eine interessante Neuerung. Sie hat auch in der Praxis bereits in vielen Fällen Eingang gefunden, z. B. zum *Auftragschweißen an kupferplattierten Stahlblechen* u. ä. Die durch die Umhüllung erzeugten Gase scheinen giftig zu sein, denn sie verursachen Brechreiz. Dies ist jedoch kein Hindernis, die Elektroden zu verwenden; denn die Gase lassen sich leicht absaugen, wie dies z. B. bei der *Rotgußschweißung* (Zinkdämpfe, Gießfieber) allgemein üblich und auch notwendig ist*).

Zu den Problemen der Lichtbogenschweißung gehört weiter die Entwicklung von Arbeitsverfahren für die Sonderkupfersorten. Beträchtliche Fortschritte wurden vor allem bei der Lichtbogenschweißung von Aluminium-Bronze mit Gleichstrom erzielt. Die Hauptschwierigkeit bereitete auch hier die Beseitigung der Oxyde, zumal die Schmelztemperatur der Al-Bronzen rund 400° C höher liegt als die des Reinaluminiums. Ein Sonderflußmittel mußte geschaffen werden, das mit Tonerde wirksam reagierte, da nur so eine sichere Bindung zu erzielen ist. Systematische deutsche Untersuchungen während der letzten Jahre bestätigten, daß mit Hilfe von Na-, K-, Be- und Al-Fluor-Verbindungen bei Anwesenheit von Bor- und Silikofluoriden brauchbare Umhüllungen, die mit einem Bindemittel aus der 5prozentigen Lösung eines Zellulosederivates in Alkohol zusammengehalten werden, hergestellt werden können. Die Festigkeit derartiger Schweißnähte betrug 75 bis 100% der Grundwerkstoffestigkeit bei gutem Verformungsvermögen. Die sehr schnell abfließende Elektrode wird an den Pluspol gelegt. Die Umhüllung stabilisiert und konzentriert den Lichtbogen gleichzeitig. Ihre mechanische Festigkeit ist gering. Feuchte Elektroden sind vor Gebrauch langsam bei 60 bis 70° C zu trocknen.

Die Vorbereitung der zu entfettenden, blanken Werkstoffkanten sowie die Verbindungsform entsprechen praktisch der Stahlschweißung. Bis 8 mm Blechdicke genügt der I-Stoß. Erst ab 15 mm Dicke ist die X-Form erwünscht, wobei ein Fünftel der Blechdicke unabgeschrägt bleibt. Die Spaltbreite soll gering sein, ein Auf-Zug-Legen ist unrichtig. Unterlagen aus Stahl erleichtern die Arbeit. Bei dicken Blechen empfiehlt sich ein Vorwärmen auf 200° C, sofern nicht mit zwei hintereinandergeschalteten Schweißumformern gearbeitet wird. Die Elektrode wird beim Schweißen zweckmäßig rhythmisch schnell auf und ab bewegt, um eine Oxydation und zu

*) Neuerdings gelang es *F. Richter* (Außenstelle Berlin des Zentralinstituts), Kupferelektroden mit Tiefeinbrandwirkung zu erzeugen und dabei legierungstechnisch die stengelige Grobkristallisation der Schweiße weitgehend zu unterbinden. *Der Herausgeber*

große Tropfen weitgehend zu verhindern. Beim Elektrodenwechsel wird der Wiederbeginn etliche Millimeter zurückverlegt, um den Endkrater nochmals zu verflüssigen. Starke Spritzer und Porenbildung sind die Folge zu großer Stromstärke. Der Elektrodendurchmesser entspricht der Blechdicke, jedoch werden über 8 mm dicke Elektroden nicht verwendet. Einlagenschweißung ist zu bevorzugen. Schlackenreste sind mit heißem Wasser und Drahtbürste zu beseitigen. Senkrechtschweißungen sind grundsätzlich möglich.

Die Lichtbogenschweißung von Aluminiumbronze, Kuprodur und Mangankupfer ist auch nach dem Prinzip der Schlauchelektrode möglich geworden.

Erdmann-Jesnitzer u. Mitbauer gelang neuerdings Cu-Drahtschweißungen durch Anwendung der Elektrolytischen-Preßschweißung (siehe späteren Beitrag Widerstandsschweiß. der Leichtmetalle, *Erdmann-Jesnitzer*).

c) Elektrische Widerstandsschweißung

Alle drei Verfahren der elektrischen Widerstandsschweißung lassen sich auch für Kupfer anwenden:

Stumpfschweißung, einschl. der Keilstumpfschweißung nach W. Hoffmann (s. Lit).
Punktschweißung.
Nahtschweißung.

Das erstgenannte Verfahren hat die größte Bedeutung. Es wird hauptsächlich zum Verschweißen von Drähten, insbesondere von solchen mit geringen Querschnitten, angewendet. Man benutzt jedoch hierbei nicht das Abbrennverfahren, sondern die normale Stumpfschweißung.

In diesem Zusammenhang sei der Vollständigkeit halber erwähnt, daß sich für das Verschweißen von Kupferdrähten sehr geringer Dicke sog. Schweißgriffel und Schwingelektroden sehr gut bewährt haben.

Mit Hilfe der Stumpfschweißung läßt sich Kupfer auch mit anderen Werkstoffen, wie z. B. Stahl, Nickel, Aluminium (Stromschienen) usw., verschweißen.

Bei der *Punkt- und Nahtschweißung* von Kupfer entstehen gewisse Schwierigkeiten dadurch, daß hier das zu verschweißende Blech die gleich gute Wärmeleitfähigkeit hat wie die der Elektroden. Es müssen daher Sondermaschinen verwendet werden, wie auch die zum Schweißen von Leichtmetallen, bei denen sehr *große Stromstärken* und kurze Schweißzeiten angewendet werden können, um so ein Abfließen der Wärme zu verhindern.

Der Form der Elektroden, deren Werkstoff und der guten Kühlmöglichkeit ist besondere Aufmerksamkeit zu schenken.

Auch die stromlose „Kaltpreßschweißung" (cold-welding) ist für weichgeglühtes gesäubertes Kupfer anwendbar (siehe später bei *Erdmann-Jesnitzer*, Beitrag Widerstandsschweißung der Leichtmetalle).

C. Das Schweißen der Kupferlegierungen

Messing und *Tombak*, d. h. sowohl die Walz- und Schmiedemessinge als auch *Gelbguß*, sind leichter zu schweißen als Kupfer, zumal sich deren Nähte „heften" lassen. Ihre Wärmeleitfähigkeit ist ungleich geringer. Die Zusammensetzung der Kupfer-Zink-Legierungen geht aus DIN 1709 hervor und beeinflußt sowohl Schmelztemperatur, spezifisches Gewicht und Gütewerte. Zu Cu und Zn können je nach Verwendungszweck Pb, Sn, Al Fe, Ni, Mn, P und Si treten. Zur schweißtechnischen Verarbeitung kommen überwiegend weiche Rohre oder Bleche bis 10 mm Dicke, im Regelfall aus Ms 63, oder Gelbguß, meistens aus G Ms 58, vor. Das Schmelzbad ist dünnflüssig. Die Spannungen können gering gehalten werden. Die Neigung zur

Wasserstoffaufnahme ist gering, da Zn die Löslichkeit für H_2 herabsetzt. Jedoch neigt Zn, vorzugsweise betrachtet mit großer Schweißdauer, auf Grund seines niedrigen Siedepunktes (907° C) zur Verdampfung und Oxydation. Die Schweißgeschwindigkeit soll deshalb groß sein. Gewöhnlich wird die *Azetylen-Sauerstoff-Schweißung* mit 20 bis 30% O_2-Überschuß angewendet. Bei Sonderschweißdrähten mit Si-, Mn-, P-, Ni- und Al-Zusatz ist der O_2-Überschuß noch größer. Diese Sonderdrähte haben gewöhnlich einen niedrigeren Schmelzpunkt als der Grundwerkstoff. Bei Verwendung von gewöhnlichem Ms-Draht besteht die Gefahr der Porenbildung, die auch bei Anwesenheit von Blei stark gefördert wird [Lit. *Holler*]. Oberflächlich versilberte Drähte begünstigen den Schmelzfluß (siehe Beitrag *Lüder*). Grundsätzlich ist zu sagen, daß alle Legierungsbestandteile, die mit steigender Temperatur eine erhöhte Bereitschaft zur Sauerstoffaufnahme zeigen, die Kupferoxyde reduzieren und hierdurch leicht in Form von Dämpfen und Schlacken ausgeschieden werden. Bei Messing verdampft das Zink nicht nur unter Einwirkung der Schweißflamme, sondern auch dadurch, daß es unter Reduktion des Cu_2O zu metallischem Cu Sauerstoff an sich reißt. Aus diesem Grunde soll der Schweißdraht Zusätze an Stoffen enthalten, die eine höhere Aufnahmefähigkeit für O_2 besitzen als die Legierungskomponenten des Grundwerkstoffes und die für Kupfer als Desoxydationsmittel wirken. Deren Verlust durch Ausdampfen läßt sich in dieser Weise einschränken. Der Mengenanteil derartiger Zusätze im Draht (z. B. von P und Al) muß so gering bemessen sein, daß er nach Anreicherung mit O_2 möglichst restlos verbraucht ist und sich infolge seines spezifisch geringeren Gewichtes als Schlacke an der Schmelzbadoberfläche abscheidet.

Von den den Fluß und die Festigkeit verbessernden Legierungsbestandteilen ist das Silizium das wichtigste. Infolge seiner desoxydierenden Wirkung bildet sich eine schützende Kieselsäureschicht auf dem Schmelzbad, die das Verdampfen von Zn verhindert. Ferner verbindet sich die Kieselsäure mit dem Flußmittel zu einer leichtflüssigen Schlacke. Schließlich erhöht Si die Gaslöslichkeit des Schmelzbades und verhindert dadurch das Entstehen von Gasblasen während der Erstarrung. Es werden auch profilierte Schweißdrähte verwendet [Lit. *Haustechn. Rundschau*].

Über *„Porenfreies Schweißen von Messing"* äußerte sich *Leemann*. Flußmittel wie für Kupfer, Natriumammoniumphosphat oder Natriumphosphat, sind erforderlich; Borax als Flußmittel allein ist abzulehnen. Die entstehenden Dämpfe sind giftig, was Absaugung oder Atemschutz bedingt. Es wird nur nach links und einseitig geschweißt. Die Flammengröße entspricht der Stahlschweißung gleicher Dicke. Vorwärmung ist zweckmäßig. Andere Brenngase bleiben auf geringe Werkstoffdicken beschränkt. Die Gütewerte fallen im allgemeinen befriedigend aus. Es sind 80 bis 90%, gehämmert bis 100% der Grundwerkstoffestigkeit zu erzielen. Die Naht muß sich kalt und warm biegen, hämmern und strecken lassen. Ein Hämmern zwischen 500 und 600° C bewirkt Gefügeverfeinerung. Bei schwacher Rotwärme ist der Werkstoff spröde. — Die *Arcatomschweißung* versagt infolge erhöhten Zn-Abbrandes und starker Porenbildung in der Schweiße, dagegen ist die *Widerstandsschweißung* anwendbar.

Zur Herstellung von Auftragschweißungen, z. B. an Lagerschalen aus *Rotguß*, kann auch der *Kohlelichtbogen* herangezogen werden. Die Metallichtbogenschweißung hat zu keinem nennenswerten Erfolg geführt.

Forschungsarbeiten über die Messingschweißung liegen kaum vor. Einen bemerkenswerten Beitrag bildet die Abhandlung „Einfluß tiefer Temperaturen auf die Festigkeitseigenschaften von autogengeschweißten Aluminium- und Messingverbindungen" von *Holler* u. *Schnedler*. Das günstige Verhalten der Nichteisenmetalle in der Kälte sowie ihre chemische Beständigkeit machten eine derartige Untersuchung dieser Schweißverbindungen bei Temperaturen von +20° bis —195° C notwendig. Die Zugfestigkeit σ_B von Ms 63 stieg mit sinkender Temperatur langsam an. Die Zunahme betrug bei geschweißten Proben 39%. Gleichzeitig stieg die Dehnung bis —195° C Prüftemperatur auf $\delta = 39{,}9\%$ an. Die geschweißten Proben besaßen bei Raumtemperatur nur eine verhältnismäßig geringe Dehnung. Der Höchstwert der Einschnürung lag mit 69,9% bei —50° C.

Messingstäbe dienen ferner als *Hartlote* zur Herstellung von Lötverbindungen von Stählen, Gußeisen und Temperguß. *Fischer* hat solche Verbindungen einer Erforschung ihrer statischen und dynamischen Festigkeit unterzogen. Er kommt zu dem Ergebnis, daß die Festigkeitswerte von Lötverbindungen an Stahl wesentlich höher lagen, als zunächst angenommen wurde. Eine exakte Festlegung der Einflüsse bei der Herstellung solcher Verbindungen ist nach wie vor schwierig, was die Lötnaht noch immer als ein Konstruktionselement von untergeordneter Bedeutung erscheinen läßt. [Vgl. auch Lit. *Weidle*; *Nacken*.]

Das schweißtechnische Verhalten der *Kupfer-Zinn-Legierungen* stimmt mit dem der Messinge nur wenig überein. Die *Bronzen* enthalten bis zu 10% Sn. Bei der *Gasschweißung* darf die Flamme etwa gleicher Größe wie bei Ms nur neutral eingestellt sein. Ferner können Verbindungs- und Auftragschweißungen auch mit dem *Metallichtbogen* oder dem *Kohlelichtbogen* hergestellt werden. Der Zusatzdraht praktisch gleicher Zusammensetzung enthält Schutzstoffe gegen die Oxydation. Farbunterschiede der Naht sind durch Zusatzelemente im Stab vermeidbar. Das Schweißpulver ist das gleiche wie für Kupfer und Messing; ersatzweise kann Borax mit Zusatz von Fluorkalzium und Natriumchlorid herangezogen werden.

Auffallend ist die geringe Warmfestigkeit des Cu-Sn-Werkstoffes, der bei höherer Temperatur auf Grund seiner starken Warmsprödigkeit unter seinem Eigengewicht zusammenbrechen kann. Die Werkstücke sind für das Schweißen deshalb gut zu unterbauen. Unnötige Bewegungen oder Erschütterungen oberhalb 400° C müssen unterbleiben. Vorwärmung ist erforderlich. Das Ausbrennen von Sn kann durch geringe Zusätze von P, Mn und Al im Draht oder Pulver verringert werden. Al verhindert gleichzeitig die Aufnahme von Gasen. Die Nahtfestigkeit von *Gußbronze* kann mit 100% angenommen werden, bezogen auf den Grundwerkstoff. Bei Walzbronze sind 85 bis 90% zu erreichen. Diese Nähte lassen sich auch hämmern, sofern eine Unterlage vorhanden ist. Eine nachträgliche Wärmebehandlung zum Spannungsausgleich ist nicht erforderlich. — Die „Wiederherstellung gesprungener Bronzeglocken durch Schweißung" erläuterte *Bräuer* sowie *Horn* (s. auch Beitrag *Krug*, Teil II).

Zur Erhöhung ihres Verschleißwiderstandes können auf Stahl oder Gußeisen Bronzeschichten aufgeschweißt werden, wozu sich hochzinnhaltige Phosphorbronzen bewährt haben.

Auch *Neusilber*, eine Kupferlegierung mit 12 bis 22% Ni und 18 bis 23% Zn, ist leichter schweißbar als Kupfer oder Reinnickel, obwohl im schmelzflüssigen Zustand starke Neigung zur Oxydation besteht. Es besteht eine weitgehende Übereinstimmung mit Messing. Der Schweißdraht ist der Zusammensetzung des Grundwerkstoffes anzupassen. Sowohl Kupfer-, Messing- als auch Nickelschweißpasten oder -pulver werden verwendet. Die milde Schweißflamme ist neutral und nicht zu groß einzustellen. In einigen Fachkreisen wird ein Sauerstoffüberschuß für nötig gehalten.

Neusilber kann auch leicht gelötet werden. Als Hartlot benutzt man Neusilber mit einem niedrigeren Schmelzpunkt als dem des Werkstückes. Dieses Lot enthält meist noch 2% Sn und auch Ag. Nickelarmes Neusilber kann man mit Messingloten hartlöten [Lit. Sonderheft des *Nickel-Handbuches*].

Die übrigen *Kupfer-Nickel-Legierungen*, z. B. „Argentan", „Konstantan" u. a. m.

verhalten sich schweißtechnisch ähnlich. Die Gefahr der Ausdampfung oder Verflüchtigung von Legierungsbestandteilen besteht im allgemeinen nicht, jedoch ist *schnell zu schweißen, um jede Überhitzung auszuschließen.* Auch soll in einem Zuge gearbeitet werden. Für gute Wärmeableitung ist hierbei zu sorgen, um Wärmestauungen abzuwehren. — Auch die Lichtbogenschweißung wird mit Erfolg angewendet.

Kupfer-Silizium-Legierungen mit 4 bis 5% Si sind nach Röll gut gasschweißbar. Die Flamme wird mit 10% Sauerstoffüberschuß eingestellt. Als Flußmittel dienen die gleichen wie bei Messing. Der Zusatzwerkstoff soll dem Grundwerkstoff entsprechen. Verbesserungen des Gefüges werden durch Kalt- oder Warmhämmern mit nachfolgendem Rekristallisationsglühen erreicht. — Die Lichtbogenschweißung mit umhüllten Elektroden ist befriedigend gut möglich. Die Nähte haben jedoch nur eine geringe Dehnung und werden zweckmäßig nachbehandelt. Für Bleche geringer Dicke eignet sich der Kohlelichtbogen.

Schweißen und Schneiden von Kupfer mit dem Fluor-Wasserstoff-Brenner. (Beachte hierzu den Arbeitsschutz!)

Ein neues Gasschmelzschweißverfahren, bei welchem Fluor und Wasserstoff einem Brenner zugeführt werden, und anschließend unter einer stark exothermen Reaktion zu Fluor-Wasserstoff verbrennen, ist für Kupfer von *Priest u. Grosse* entwickelt worden. Dies referierte *Mitbauer.* Die Schweiß- und Schneidversuche mit einem Fluorbrenner konnten erst durchgeführt werden, nachdem das Problem der Fluoraufbewahrung unter Druck gelöst war.

Die Brennerflamme ist intensiv bläulich-weiß, und man kann mit ihr in gleicher Weise Stahl, Nickel, Monelmetall und Kupfer schweißen. Sehr vorteilhaft ist es, daß die Flamme das Kupfer leicht und *ohne* Oxydation schmilzt. Dabei wirkt es sich günstig aus, daß das sich bildende Kupferfluorid einen tieferen Schmelzpunkt als Kupfer hat und somit gleichzeitig selbsttätig als Flußmittel dient. Die Anwendung eines Flußmittels erübrigt sich dadurch.

Beachtenswert ist es, daß der Fluor-Wasserstoff-Brenner auch zum *Schneiden* von Kupfer benutzt werden kann. — Bei Benutzung des Fluor-Wasserstoff-Brenners in geschlossenen Räumen ist ein Abzug unbedingt erforderlich. *Auf betriebliche Fragen des Arbeitsschutzes sei daher hier ausdrücklich hingewiesen.*

Literaturangabe

Autogene Messingschweißung. Haustechn. Rundschau *49* (1944), H. 11/12, S. 120.

Buchholz, H., Die Rekristallisation im Dienste der autogenen Schweißung von Kupfer. T. Z. prakt. Metallbearb. *43* (1933), H. 9/10, S. 147.

Deutsches Kupferinstitut, Das Schweißen von Kupfer und Messing. Broschüre (DKJ, Berlin-Charlottenburg, Niebuhrstr. 2). (Bild 2, 3, 4, 5, 8, 10a und 10b).

Dinessen, J., Untersuchungen am Institut für Werkstoffkunde der T. H. Hannover.

DIN-Vornorm 1192, vgl. Autog. Metallbearb. *32* (1939), H. 8, S. 127.

D. K. (2), Das Schweißen der Aluminiumbronzen. Hrsg. vom Deutschen Kupferinstitut E.V., 1944, Berlin W 9.

Erdmann-Jesnitzer u. H. Mitbauer: Grundlagen der elektrolytischen Preßschweißung, Zeitschrift, Schweißtechnik, H. *4* (1953) S. 101 bis 108.

Engelhardt, W., Die Entwicklung der hochfesten Kupferlegierung „Mandura". Apparatebau *51* (1939) Nr. 11, Sonderbericht Mai 1939.

Fischer, O., Vorgänge und Festigkeiten beim Hartlöten. VDI-Verlag, Berlin 1939.

Geldbach, W., Über den Einfluß geringer Zusatzmengen in den Schweißdrähten auf die Schweißung des Kupfers. Carl Marhold Verlagsbuchhandlung, Halle a. d. S. 1931.

Griese, Le. M., Rev. Soud. autog. *14* (1922), S. 398.

Hanemann, H. u. *F. Lucke*, Stahl u. Eisen *45* (1925), H. 28, S. 1117.

Hase, C., Die Umstellung vom Weichlöten auf das Hartlöten. Anz. Masch.-Wes. *65* (1943), H. 44, S. 2; H. 48, S. 6.

Hofmann, W., *H. J. Husmann* u. *R. Koppe*, Die Keilschweißung von Aluminium und Kupfer als Selbstlötung. Vortr. Deutsche Gesellschaft für Metallkunde, Jahreshaupttagung 1951, Berlin. Z. f. Metallkde., *34* (1952) H. 10, S. 354 bis 356.

Holler, H., Der Kupfer-, Messing-, Nickel-, Blei-Schweißer. Druck W. Peipers & Co,. Köln.

Holler, H. u. *H. Schnedler*, Einfluß tiefer Temperaturen auf die Festigkeitseigenschaften von autogengeschweißten Aluminium- und Messingverbindungen. Autog. Metallbearb. *35* (1942), H. 21, S. 316; H. 22, S. 325.

Horn, H. A., Schweißung von Bronzeglocken. Autog. Metallbearb. *29* (1936), H. 24, S. 377.

Kaesmacher, P., Unveröffentlichte Untersuchungen des Reichsbahn-Ausbesserungswerkes Wittenberge.

Leemann, J., Porenfreies Schweißen von Messing. Autog. Metallbearb. *29* (1936), H. 3, S. 37.

Leiter, S. B., Trans. Amer. Inst. min. metallurg. Engrs. *73* (1926), S. 776.

Matting, A., Untersuchungen am Institut für Werkstoffkunde der T. H. Hannover und „Stand der Schweißung von Kupfer und Kupferlegierungen". Die Technik *4* (1949), H. 11, S. 521.

Metallurgist, Beilage zum Engineer *153* (1932), Nr. 3989, S. 92/93.

Mitbauer, H., Schweißen und Schneiden von Cu mit dem Fluor-Wasserstoff-Brenner. Z. Schweißtechnik, 1953 H. 1, S. 28.

Nacken, M., Einsparen von Messing beim Verlöten von Rohren. Z. VDI *85* (1941), H. 33, S. 706.

Nest, W., Untersuchungen am Institut für Werkstoffkunde der T. H. Hannover.

Neusilber, Sonderheft des Nickel-Handbuches, hrsg. vom Nickel-Informationsbüro, Frankfurt a. M.

Priest, H. F. u. *A. V. Grosse*, Hydrogen-Fluorine Torch. Ind. Engng. Chem. Ind. Edit. *39* (1947), S. 431—433. Übersetzung ersch. in Z. Schweißtechnik.

Röll, W., Die Schmelzschweißung verschiedener Schwermetalle. Metallwirtschaft *20* (1941), H. 36, S. 888.

Rostosky, L., u. *E. Lüder*, Werkstoffhandbuch Nichteisenmetalle, Blatt D 12.

Samesreuther, R., Plattierte mehrschichtige Werkstoffe und ihr Verschweißen untereinander. Autog. Metallbearb. *34* (1941), H. 11, S. 177.

Schleicher, A., Über die Wirkung des Arsens auf die Warmverformbarkeit und Schweißbarkeit des Kupfers. Acta Technica, Academiae Scientiarum Hungaricae, Tomus VI, Fasciculi 1—2 (1953).

Schmitz, B., Untersuchungen am Institut für Werkstoffkunde der T. H. Hannover.

Weidle, R., Zur Hartlötung von Gußeisen und Stahl. Autog. Metallbearb. *36* (1943), H. 11/12, S. 149.

Das Schweißen von Nickel und Nickellegierungen

Prof. Dr.-Ing. A. Matting, Hannover

Das *Nickel* gilt von allen Schwermetallen als am schwierigsten schweißbar, obwohl an und für sich praktisch alle Verfahren anwendbar sind. Nickelschweißungen waren viele Jahre lang das Monopol einiger Herstellerwerke. Gefürchtet ist vor allem die Gasaufnahme im Verlaufe des Schweißvorganges, weshalb Vorsichtsmaßregeln erforderlich sind, um Poren und Blasen zu vermeiden. Diese Neigung des Nickels, im schmelzflüssigen Zustande Gase, vor allem Sauerstoff, zu lösen und beim Erstarren unter „Spratzen" wieder abzugeben, ist ausgeprägter als bei Kupfer, wobei es gleichgültig ist, welches Schmelzschweißverfahren angewendet wird. Groß ist auch die Aufnahmefähigkeit des Nickels für Wasserstoff. Unter gewöhnlichen Umständen bedarf es großer Geschicklichkeit, um Poren in der Nickelnaht zu vermeiden. Erst als man dazu überging, die Oberfläche der Ni-Zusatzdrähte mit Kobalt zu überziehen, wodurch ihnen im Augenblick des Abschmelzens eine für H_2 wenig durchlässige Oberflächenschicht verliehen wird, gelang es, porenfreie Nähte zu erreichen. Von Bedeutung ist in diesem Zusammenhange auch die Wirkung des Flußmittels. Wenn es geschmolzen ist, entsteht eine Abdeckschicht zwischen dem Metall und der einwirkenden Flamme. Die Praxis hat erwiesen, daß diese Schlackenschicht für Gase bei den Temperaturen der Nickelschweißung durchlässig ist, während ähnliche Mischungen bei niedrigeren Temperaturen, z. B. bei der Kupferschweißung, noch einen erheblichen Schutz vor der Gasaufnahme bedeuten.

Auch Verunreinigungen von C, Fe, Co, Mn, Si, vor allem von S, wirken sich schädigend aus. S verursacht bereits in Spuren Sprödigkeit und Brüchigkeit. Stark reduzierende Sonderflußmittel auf der Basis Borax und Borsäure mit Bestandteilen an Si, Ti und Magnesiumchlorid in Form von Schweißpulvern und -pasten sind deshalb unerläßlich.

Vor dem Schweißen sind die Blechkanten mit Schmirgel blank zu reiben. Bleche bis 2 mm Dicke werden vorzugsweise mit der *Gasflamme* geschweißt. Als Zusatzwerkstoffe gleichmäßiger Dicke werden Karbonylnickel größter Reinheit oder nach DRP 347 107 manganhaltige Drähte empfohlen. Auch geringe Zusätze von Si, Mg, Al und Ti können — ähnlich wie die Oberflächenschicht — einen auffallend starken Einfluß auf die Eigenschaften des Schweißdrahtes ausüben. — Der Zusatzwerkstoff soll so nahe wie möglich an die Schweißstelle gehalten werden und unter dem ständigen Schutz der reduzierenden Flamme nicht tropfenförmig, sondern in einem Zuge übergehen. Hämmern der Naht bei Rotglut wirkt gefügeverbessernd. Die Azetylen-Sauerstoff-Flamme muß neutral und bei Blechen unter 3 mm „weich" eingestellt sein. Allenfalls ist ein reduzierend wirkender leichter Gasüberschuß zulässig. Auf Schwefelfreiheit ist Wert zu legen. Ein Sauerstoffüberschuß ruft ebenfalls Bruchgefahr hervor. Unterbrechungen sind unerwünscht. Die Brennergröße wählt man etwas kleiner als für Stahl. Der Schweißbrenner soll 100 Liter Azetylen in der Stunde je mm Blechdicke und nur in Sonderfällen mehr verbrauchen. Im Regelfalle wird nach rechts und ohne abzusetzen geschweißt. Langsameres Erstarren der Schmelze gibt den aufgenommenen

Gasen leichter die Möglichkeit zum Entweichen. Nach Unterbrechung ist die Oxydhaut an der Schlußstelle durch Metallbürsten sorgfältig zu entfernen.

Ni arbeitet in der Wärme und darf deshalb weder geheftet noch in mehreren Lagen geschweißt werden. Die Schweißstellen sind gut zu laschen und mit Klemmen zu halten, um Wärmespannungen und Risse zu vermeiden. Bis etwa 1,2 mm Blechdicke wird die Bördelschweißung ohne Zusatzdraht angewendet. Die Bleche sollen nur wenige Millimeter und etwas weniger als 90° aufgebördelt werden. Über 1,2 mm Dicke wird mit Zusatzdraht gearbeitet.

Die Festigkeit der Naht beträgt im Mittel 75% und erreicht im gehämmerten Zustand die volle Blechfestigkeit. Ein anschließendes vorsichtiges Glühen bei 850 bis 950° C kann zweckmäßig sein.

Bei Vollnickelblechen über 2 mm Dicke wird besser die *Lichtbogenschweißung* angewendet. Die umhüllten Elektroden bestehen aus Rein-Ni oder enthalten Zusätze von rund 0,7% Ti und etwas Mg. Die sich bildende Schlacke, in der Hauptsache Ferrotitan, wirkt desoxydierend. Gleichstrom wurde bis vor kurzem dem Wechselstrom vorgezogen und mehrlagiges Schweißen wegen der zähen und sehr beständigen Oxydhaut vermieden. Inzwischen konnte jedoch auch die Eignung des Wechselstroms nachgewiesen werden. Desgleichen ist nach Angaben von *Samesreuther* u. *Canzler* die Arcatomschweißung bei dünnen Blechen gut anwendbar. — Die *Kohlelichtbogenschweißung* kann nach *Röll* in besonderen Fällen durchgeführt werden.

Für Schweißkonstruktionen haben sich Bleche mit einem geringen Mn-Gehalt bewährt. — Für die Nickelschweißung sind gründliche Ausbildung und langjährige Betriebserfahrungen von ausschlaggebender Bedeutung.

Punkt- und Nahtschweißung sind ebenfalls möglich. Sie erfordern größere Ströme, kleinere Drücke und kürzere Schweißzeiten als bei Stahl.

Bei der *Hammerschweißung*, die wegen der Schwierigkeiten der Schmelzschweißverfahren lange bevorzugt wurde, werden die metallisch blanken Blechränder überlappt bei einer Temperatur von 800° C verschmiedet. Die Nahtfestigkeit entspricht der des ungeschweißten Baustoffes.

Nickel- und Monelguß müssen zum Schweißen auf 650° C vorgewärmt werden.

Von den *Nickel-Chrom-Legierungen* sind die meisten befriedigend schweißbar. — Bis 3 mm Dicke wird die Gasschweißung, darüber die Lichtbogenschweißung mit umhüllten Elektroden am Pluspol gewählt. — Auf das Schweißen der *nickelhaltigen Stahlsorten* soll an dieser Stelle nicht eingegangen werden, desgleichen hier die Herstellung nickellegierter Auftragschweißungen auf Stahl vernachlässigt werden.

Bei den *Nickel-Kupfer-Legierungen* sind die Gesichtspunkte für das Schweißen von Nickel und von Kupfer gleichzeitig zu beachten. Die Flamme ist streng neutral einzustellen. Bei Ni-Legierungen bis 50% Ni wird ein Kupferflußmittel, bei Legierungen über 50% Ni ein Nickelflußmittel verwendet. Als Zusatzwerkstoff kann Draht mit der Zusammensetzung des Grundwerkstoffes oder mit Schutzstoffen, wie Si, Mn, Mo, V, legierter Draht benutzt werden. Der Schweißspalt ist möglichst reichlich zu bemessen. Die Lichtbogenschweißung wird hauptsächlich bei Legierungen über 50% Ni verwendet. Auch Kohlelichtbogen- und Arcatomschweißung werden mit Erfolg eingesetzt.

Die Schweißverfahren für *Monelmetall*, einer Nickel-Kupfer-Naturlegierung, sind von denen für Nickel nicht wesentlich verschieden, wenn auch die Lichtbogenschweißung überwiegt. Sie wird mit umhüllten Elektroden oder unter Schutzgas vorgenommen. Der Zusatzwerkstoff (Moneldraht) enthält einen Zusatz von 2 bis 3% Al und 0,5% Ti, der desoxydierend wirkt und die Porigkeit in der Schweiße unterbinden soll. Als Umhüllungen werden Verbindungen des Mg, Mn, Si, Ti und Ca empfohlen. Die Schweißungen können auch senkrecht und überkopf durchgeführt werden.

Die Gasflamme muß *ohne* Sauerstoffüberschuß eingestellt sein, eher ist ein Gas*über*schuß zulässig. Überwiegend wird die Nachrechtsschweißung angewendet. Da Monel sehr leicht überhitzt werden kann, muß die Schweißung so schnell wie möglich ausgeführt werden.

Der „Monel"-Werkstoff besitzt gute Korrosionsbeständigkeit. Der Schmelzpunkt liegt bei etwa 1350° C. Die Zugfestigkeit beträgt $\sigma_B = 50$ bis 60 kg/mm². Genau wie bei Ni ist sein Lösungsvermögen für Gase groß, dem durch beiderseitig (Naht sowie Draht) aufzustreichende Flußmittel entgegengewirkt werden soll.

Als Flußmittel dienen Spezialflußmittel oder Lösungen von Borsäure in Alkohol. Bis 2 mm Blechdicke kann auch ohne Flußmittel geschweißt werden. Hämmern und Glühen wirkt gefügeverbessernd. Es können bis zu 100% der Grundwerkstoffestigkeit bei etwas verminderter Dehnung erzielt werden. — Umhüllte Elektroden aus Monelmetall (Ni 67 Cu) werden auch zur Lichtbogenschweißung von Gußeisen herangezogen*). Das Schweißgut des Monelmetalls ist wegen seiner großen Weichheit leicht bearbeitbar und außerdem plastisch, so daß es die Spannungen, die in der Verbindung entstehen, gut abbauen kann. Der weitere Vorteil des Monelmetalls liegt darin, daß es sich nicht mit dem Grauguß mischt und somit seine Weichheit behält. Ferner besteht am Übergang von der Schweiße zum Grauguß nur ein ganz dünner Film einer versprödeten Zone, die bei der Bearbeitung nicht stört. Als Ersatz für Elektroden aus Ni 67 Cu sind gute Erfahrungen mit *silizierten und unsilizierten Messingdrähten* gemacht worden. Die Fuge wird dabei unter Verwendung einer Azetylen-Sauerstoff-Flamme mit Messingdraht Ms 60 vormetallisiert und dann mit Sondermessingdraht oder austenitischen Austauschelektroden angefüllt.

Nicorrosmetall entspricht in Aufbau und Verhalten dem Monelmetall, weshalb von weiteren Ausführungen Abstand genommen werden darf.

Eine Studie über „Die Prüfung von Zusatzstäben aus Kupferlegierungen" enthält die Zeitschrift „Der Autogenschweißer" *12* (1939), H. 2, S. 17. Es finden sich Angaben über die zu fordernde Zusammensetzung von Schweiß- und Lötstäben sowie über das Probeschmelzen, den Erstarrungsverlauf, die Beurteilung der Oberfläche usw. Ferner wird auf die Ermittlung der technologischen Festigkeitswerte, die Anfertigung von Schliffen und Analysen sowie auf die Korrosionsbeständigkeit der Schweißverbindungen eingegangen.

Auf die neuerdings mit Erfolg erprobte Möglichkeit der Auflegierung des Schweißgutes aus der Hülle ummantelter Lichtbogenelektroden für hochlegierte Ni-Legierungen sei nur hingewiesen. Diese erfolgt ebenso einwandfrei durch Verwendung von reinem Nickelpulver, gepulverter Nickel-Metallegierungen, wie auch durch Redukion des Ni aus Nickeloxyd.

Literaturangabe

Lüder, E. u. *K. Heinemann*, Eigenschaften von Metallen und Legierungen in ihrer Bedeutung für das Schweißen und Löten. Z. Metallkde *28* (1936), H. 7, S. 188.

Röll, W., Die Schmelzschweißung verschiedener Schwermetalle. Metallwirtschaft *20* (1941), H. 36, S. 888.

*) Vgl. VDI-Arbeitsblatt 3066, sowie Beitrag Matting-Stieler.

Das Schweißen des Zinks und seiner Legierungen

Dr.-Ing. K. Bayer, Oker (Harz)

A. Geschichtliche Entwicklung

Es erscheint unerläßlich, vor Behandlung der Schweißung an Hand der geschichtlichen Entwicklung einen Überblick und eine Darstellung der verschiedenen Zinksorten durchzuführen.

1. Zink unlegiert

Metallisches Zink wurde in Europa erstmals Anfang des 18. Jahrhunderts hergestellt. Die erste industrielle Zinkgewinnung erfolgte in England, wo im Jahre 1743 in Bristol eine für damalige Verhältnisse große Hütte errichtet worden ist, in der jährlich etwa 200 Tonnen Zink durch Destillation aus dem Zinkerz Galmei ($ZnCO_3$) erzeugt wurden. In Oberschlesien wurde um 1800 ein Muffelverfahren zur Zinkgewinnung entwickelt, auf das sich im Prinzip die meisten heute noch üblichen Herstellungsverfahren aufbauen. Anfang des 19. Jahrhunderts entstanden dann eine größere Anzahl von Zinkhütten in Oberschlesien, Belgien und Mitte des 19. Jahrhunderts auch im Rhein- und Ruhrgebiet, wo die Entdeckung von Zinkblende (ZnS) Veranlassung zur Gründung der westdeutschen Zinkhüttenindustrie gab. Auch in Oberschlesien ging man später auf die Gewinnung aus Blende über. In den Vereinigten Staaten von Amerika wurde die Zinkerzeugung von 1846 ab betrieben, die Ende der sechziger Jahre großen Aufschwung nahm, als reiche Erzvorkommen zur Ausbeutung kamen.

Wesentliche Änderungen in der Art der Verhüttung des Zinks traten erst seit dem ersten Weltkrieg ein. Amerikanischen Zinkhütten war es 1916 gelungen, Zink aus Sulfatlösung elektrolytisch zu gewinnen und das Verfahren wirtschaftlich zu gestalten. Das elektrolytische Verfahren hatte gegenüber dem alten Muffelverfahren den Vorteil, daß ein sehr reines Zink gewonnen wurde. 1930 wurde von der New Jersey Zinc Co. ein Destillationsverfahren entwickelt, das es gestattete, aus unreinem Hüttenzink ein sehr reines Zink zu gewinnen. Beide Verfahren zur Gewinnung von Feinzink wurden von deutschen Hütten übernommen, und zwar wurden in den Jahren 1933 und 1934 die erste deutsche Destillationsanlage nach dem „New-Jersey-Verfahren" durch die „Berzelius" Metallhütten G. m. b. H. in Duisburg und die erste deutsche Zinkelektrolyse durch „Giesches Erben" in Magdeburg errichtet. Später wurde dann auch von den „Unterharzer Berg- und Hüttenwerken G. m. b. H." in Harlingerode (Harz) eine moderne Feinzinkanlage mit stehender Muffel und eine Raffinationsanlage nach dem Vorbild der New Jersey Zinc Co. gebaut. Mit der Erzeugung von Feinzink begann auch bald darauf in Amerika die Entwicklung und Herstellung von Feinzinklegierungen und später dann in Deutschland.

Über die Geschichte des Walzens von Hüttenzink, die sehr eng mit der der Zinkgewinnung verknüpft ist, sei folgendes gesagt: Die Walzbarkeit des Zinks wurde im Jahre 1805 entdeckt; 1812 wurde dann ein Walzwerk in Lüttich eingerichtet, und 1821 gab es bereits drei Zinkblechwalzwerke in Oberschlesien. Später wurden auch in Belgien, Westdeutschland und in allen anderen Ländern, in denen Zink erzeugt wurde, Zinkbleche gewalzt.

Zinkblech, das mengenmäßig den Hauptanteil von allen Verwendungsgebieten des Hüttenzinks stellt, wurde schon damals vereinzelt und später in größerem Umfang wegen seiner Korrosionsbeständigkeit und der guten Verarbeitbarkeit für Dacheindeckungen, Regenrinnen und andere Installationsarbeiten verwendet.

Im Jahre 1913 betrug die Weltproduktion an Zink ziemlich genau eine Million Tonnen, davon wurden in USA 31,4%, *in Deutschland 28,1%* und in Belgien 20,4% erzeugt. Im Jahre 1938 ist die Gesamtproduktion auf 1 563 000 Tonnen gestiegen (USA 25,9%, Belgien 13,4%, *Deutschland 12,4%*, Kanada 10%, Polen 7,1 %), 1943 wurde ein Höchststand von rund 1 900 000 Tonnen erreicht, wovon allein die USA 880 000 Tonnen erzeugten.

Die Verfeinerung der Verhüttungsverfahren wirkte sich auch auf das Walzgebiet aus. Während früher nur Hüttenzink mit 97,5 bis 98,5% Reinheitsgrad zu Blechen gewalzt wurde, wurden jetzt auch reinere Zinksorten und Mischungen aus Feinzink und Hüttenzink zu Blechen und Bändern (bzw. zu

Benennung	Kurzzeichen	Mindestgehalt Zn %	Zulässige Beimengungen[1]) in % insgesamt höchstens	davon höchstens Pb	Cd	Pb + Cd	Sn	Fe
Feinzink 99,995	Zn 99,995	99,995	0,005	0,003	0,003	0,004	0,001	0,002
Feinzink 99,99	Zn 99,99	99,99	0,01	0,006	0,003	0,007	0,001	0,003
Feinzink 99,975	Zn 99,975	99,975	0,025	0,020	0,005	0,020	0,001	0,005
Mischzink	MZn	[2])	—	—	—	—	—	—
Hüttenzink 99,5	Zn 99,5	99,5	0,50	0,45	—	—	—	—
Hüttenzink 98,5	Zn 98,5	98,5	1,5	1,3	—	—	—	—
Hüttenzink 97,5	Zn 97,5	97,5	2,5	2,4	—	—	—	—

[1]) Das Fehlen von Werten für die zulässigen Beimengungen in den dafür vorgesehenen Feldern bedeutet, daß für die betreffenden Beimengungen Werte nicht vorgeschrieben sind. Die tatsächlich vorhandenen Beimengungen müssen sich innerhalb der vorgeschriebenen Gesamtverunreinigung halten.

[2]) Der Reinheitsgrad des Mischzinks liegt im allgemeinen zwischen dem von Feinzink und Hüttenzink.

Zahlentafel 1. Zink unlegiert (Auszug aus DIN Einheitsblatt 1724, 2. Ausgabe Juli 1944)

sogenannten gut tiefziehfähigen Sondergüten) ausgewalzt. Die Zahlentafel 1 gibt einen Überblick über das nach dem Stand von 1944 hergestellte Walzmaterial aus unlegiertem Zink. Das verhältnismäßig unreine Hüttenzink 97,5 wird in Form von Blechen im allgemeinen jetzt fast nur für Korrosionsschutzplatten verwendet, während die sogenannte Handelsgüte — aus Hüttenzink mit einem Reinheitsgrad von 98,5% — auch jetzt noch mengenmäßig am bedeutendsten ist als Lieferqualität für das Klempnerhandwerk.

Die gebräuchlichste reinste Zinksorte*) (Zn 99,995) ist vor allem zur Herstellung von Zinklegierungen vorgesehen. Der Anteil für Bleche ist deshalb verhältnismäßig gering. Für die Herstellung von Metallwaren, Zinkanoden (für die galvanische Verzinkung), Zinkfolien usw. sind Feinzink mit 99,99% Zn, aber hauptsächlich die Feinzinksorte mit 99,975% Zn bestimmt. Das Mischzink, das in den Sondergüten von verschiedenem Reinheitsgrad, der zwischen dem von Feinzink und Hüttenzink liegt, im Handel ist, wird z. B. für Elementebecher, für Hülsen von Kabeln und Leitungen sowie für Metallwaren verwendet.

Für das *Schweißen* sind insbesondere Bleche und Bänder aus Hüttenzink 98,5, Mischzink und Feinzink 99,975 bis 99,995% von Bedeutung.

2. *Zinklegierungen*

Zinklegierungen, die neben Kupfer entweder Zinn oder Aluminium enthielten, wurden schon im ersten Weltkrieg entwickelt und im Spritzguß verarbeitet. Sie hatten sich aber im allgemeinen nicht besonders bewährt, weil sie im Laufe der Zeit, vor allem in feuchter Luft, korrodierten und auch erhebliche Maßänderungen aufwiesen. Wie spätere Untersuchungen in Deutschland (1922) und vor allem in Amerika (1923) zeigten, war das ungünstige Verhalten der aluminiumhaltigen Legierungen auf die verhältnismäßig hohen *Beimengungen an Blei, Kadmium und Zinn* in dem damals verwendeten Hüttenzink zurückzuführen. Erst als es möglich war, reineres Zink herzustellen und für Legierungen zu verwenden, konnten diese Mängel beseitigt werden. Zinklegierungen auf Feinzinkgrundlage sind in den Jahren um 1930 in den USA entwickelt worden und wurden dann unter anderem auch in Deutschland eingeführt und weiter entwickelt. Es handelte sich dabei um drei *Standardtypen*, die *4 bis 5% Aluminium, 0 bis 4% Kupfer* sowie bis *0,06% Magnesium* enthielten und zunächst nur im Spritzguß verarbeitet wurden. Magnesium wurde den Legierungen zugesetzt, um den Einfluß der auch im Feinzink vorhandenen kleinen Beimengungen an Blei, Zinn und Kadmium zu kompensieren. Zwei dieser Le-

*) Die Duisburger Kupferhütte erzeugte in geringeren Mengen auf Grund einer Entwicklung von *Hohn* u. *Kuss* sogenanntes 5-Neuner-Zink mit 99,999% Zn, das über das „Amalgam-Verfahren" hergestellt und hinsichtlich technologischen Verhaltens von *Erdmann-Jesnitzer, Hanemann* u. *Hofmann* (Lit.) überprüft wurde. Die noch verbliebenen geringen Hg-Reste waren unschädlich.

gierungen, die sich bei uns bis heute bewährt haben, sind in der Zahlentafel 2 als DZnAl 4 und DZnAl 4 Cu 1 aufgeführt*).

Kurzzeichen	Zusammensetzung[1])	Zulässige Beimengungen in % höchstens	Zustand	Kennzeichnende Gütewerte Zugfestigkeit kg/mm²	Bruchdehnung %	Brinellhärte kg/mm²	Wichte kg/dm³
GZnAl 1	Al 0,7–0,9 Cu 0,3–0,5 Mg 0,02–0,05	Pb + Cd 0,008 Sn 0,001 Bi + Tl 0,005 Fe 0,075	Sandguß Kokillenguß	10 14	0,5 1	50	7,1
DZnAl 4	Al 3,5–4,3 Cu 0–0,6 Mg 0,02–0,05	Pb + Cd 0,011 Sn 0,001 Bi + Tl 0,010 Fe 0,075	Druckguß	25	1,5	70	6,7
GZnAl 4 Cu 1 DZnAl 4 Cu 1	Al 3,5–4,3 Cu 0,6–1,0 Mg 0,02–0,05	Pb + Cd 0,011 Sn 0,001 Bi + Tl 0,010 Fe 0,075	Sandguß Kokillenguß Druckguß	18 20 27	0,5 1 2	70 80	6,7
GZnAl 6 Cu 1	Al 5,6–6 Cu 1,2–1,6	Pb + Cd 0,008 Sn 0,001 Bi + Tl 0,005 Mg 0,005 Fe 0,075	Sandguß Kokillenguß	18 22	1 1,5	80	6,5

[1]) Rest Feinzink.

Zahlentafel 2. Zinkgußlegierungen, Angaben nach DIN Einheitsblatt 1724 (Ausgabe Juli 1944)

Diese Legierungen unterscheiden sich im wesentlichen dadurch, daß ZnAl 4 sehr *maßbeständig* ist, während ZnAl 4 Cu 1 etwas besser gießbar ist und höhere mechanische Eigenschaften aufweist. Der dritte Standardtyp ZnAl 4 Cu 3 mit höherem Kupfergehalt (bis 4% Cu) ist in den letzten Jahren seltener verarbeitet worden und wurde deshalb hier nicht berücksichtigt.

Die Entwicklung ging in Deutschland bald eigene Wege, da uns der Mangel an Buntmetallen zwang, Zinklegierungen nicht nur für Druckguß, sondern auch für Sand- und Kokillenguß sowie auf dem Preß- und Walzgebiet zu verwenden.

Die Legierung ZnAl 4 Cu 1 wurde deshalb auch in Sand und Kokille vergossen und hat in vielen Fällen Messing, Rotguß und andere Kupferlegierungen ersetzen können. Für schwierige Gußstücke, an die besondere Anforderungen bezüglich der Gießbarkeit gestellt werden, wurde dann noch die Legierung GZnAl 6 Cu 1 entwickelt. Einfachere Gußstücke, die festigkeitsmäßig nicht beansprucht werden, werden aus der Legierung GZnAl 1 hergestellt.

Auch für Stangen, Profile, Rohre, Drähte und Bleche (Stanzqualität) war zuerst nur die Legierung ZnAl 4 Cu 1 eingesetzt worden, bis dann Speziallegierungen für Automatenbearbeitung (ZnCu 4, ZnCu 4 Pb 1, ZnAl 10 Cu 1) und für elektrische Leitungen (ZnAl 1) entwickelt wurden. Besonders interessant im Zusammenhang mit ihrer *Schweißbarkeit* sind aber die Legierungen für Bleche und Bänder. Hier ist vor allem die *Legierung ZnCu 1* zu erwähnen, deren Zusammensetzung und mechanische Eigenschaften ebenso wie die einiger anderer Knetlegierungen in der Zahlentafel 3 angegeben sind. *ZnCu 1*

*) An Stelle der früheren Bezeichnung „Spritzguß" wurde in den letzten Jahren die treffendere Bezeichnung „Druckguß" — als Sammelbegriff für Spritz- und Preßguß — eingeführt.

ist tiefziehfähig und ebenso gut schweißbar wie das Mischzink (Zahlentafel 1), unterscheidet sich aber von diesen Sondergüten durch bessere mechanische Eigenschaften und höhere Rekristallisationstemperaturen.

Auch die *Walzlegierungen ZnLi, ZnMn 1, ZnAl 1 und ZnCu 4* hatten während des Krieges gewisse Bedeutung und sind vor allem wegen ihrer *guten Schweißbarkeit* in der Zahlentafel 3 aufgeführt. *ZnAl 10 und ZnAl 10 Cu 1* haben sich als Legierungen für *Bleche* und *Bänder* nicht so durchgesetzt und sind auch wegen ihres hohen Aluminiumgehaltes *schlechter schweißbar*. Das DIN Einheitsblatt 1724 enthält noch weitere Zinkknetlegierungen, die aber in der Zahlentafel 3 nicht erwähnt sind, da sie ihrem Verwendungszweck entsprechend im allgemeinen nicht geschweißt werden. Die auffallende Vielzahl von Legierungen auf dem Knetgebiet — die übrigens inzwischen auf ein Mindestmaß herabgesetzt wurde — ergab sich aus den Anforderungen der verarbeitenden Industrie, die neben Kupfer und Kupferlegierungen im Laufe des Krieges auch Leichtmetall austauschen bzw. ersetzen mußte. Daß keine universell anwendbaren Zinklegierungen entwickelt werden konnten, sondern jeweils Speziallegierungen geschaffen werden mußten, war durch die physikalischen Eigenschaften bedingt.

B. Schweißbarkeit

1. Gasschmelzschweißen

a) Zink unlegiert. Die Gasschmelzschweißung von unlegiertem Zink wurde erst vom Jahre 1936 ab in nennenswertem Umfang angewandt, nachdem es gelungen war, ein geeignetes Flußmittel zu entwickeln. Man kann sagen, daß fast alle vor dem Jahre 1936 durchgeführten Arbeiten sich mehr laboratoriumsmäßig mit der Gasschmelzschweißung von Zink befaßten. Da Zink einen niedrigen Schmelzpunkt von 419° C und einen niedrigen Siedepunkt von 907° C hat, wurden die *Überhitzung* und die *Verdampfung* von Zink zuerst als Hauptschwierigkeiten beim Schweißen betrachtet. Hinzu kommt, daß das *Zink* leicht *oxydiert* und beim Schmelzen eine Haut von *Zinkoxyd* entsteht, die fest auf dem Metall haftet. Bei vorsichtigem und geschicktem Arbeiten war es zwar möglich, dickere Zinkbleche zu schweißen, aber größere Ansprüche konnten an eine solche Schweißnaht nicht gestellt werden, da sie selten frei von *Oxydeinschlüssen* waren. Bekanntlich wurde Zinkblech früher vorwiegend in der Klempnerei für Dachabdeckungen, Verkleidungen, Dachrinnen, Regenfallrohre, Badewannen, Behälter usw. verwendet. In diesen Fällen war das *Weichlöten mit Zinnlot* die übliche, aber auch einfachste und bequemste Verbindungsart. Schon aus diesem Grunde wurde zunächst dem Gasschmelzschweißen von Zink wenig Beachtung geschenkt. Erst als in Deutschland das Zinn immer knapper wurde und man gezwungen war, den Zinngehalt der Lote herabzusetzen (s. Beitrag *Lüder*) und schließlich die Verwendung von Lötzinn für bestimmte Zwecke ganz verboten wurde, mußte auch der Klempner mehr und mehr zum Zinkschweißen übergehen.

Da die *Flußmittel*entwicklung eng mit der breiteren Anwendung der Gasschmelzschweißung von Zink verknüpft ist, soll darüber außer später unter *Lüder* u. *Rostosky* auch an dieser Stelle berichtet werden. Es war naheliegend, zunächst Ammoniumchlorid als Flußmittel zu erproben, da schon lange bekannt war, daß es Zinkoxyd löst. NH_4Cl wurde als Pulver [Lit. *Eyles*] und als Lösung sowie in Verbindung mit Salzsäure, Kupferchlorid und Zinnchlorid [Lit. *Holler*] verwendet, aber die starke Rauchentwicklung war bei diesen Mitteln sehr lästig für den Schweißer. Auch verdünnte Salzsäure allein hat nicht befriedigt. Erst als ein Flußmittel, dessen Hauptbestandteile Zinkchlorid und Ammoniumchlorid sind, gefunden wurde, konnten die Forderungen erfüllt werden, die beim Zinkschweißen gestellt werden. Das Flußmittel wird zweckmäßig als Paste verwendet und löst in diesem Falle nicht nur vorhandenes oder sich etwa bildendes Zinkoxyd auf, sondern unterdrückt auch die Verdampfung von Zink [Lit. *Horn*]. Weiterhin hat das Flußmittel den Vorteil, daß es nicht raucht und keine Flecken auf der Schweißfläche gibt, wenn die Reste

Kurzzeichen	Zusammensetzung[1]) %	Zulässige Beimengungen % höchstens	Zustand	Lieferform	Kennzeichnende Gütewerte: Zugfestigkeit kg/mm²	Bruchdehnung %	Brinellhärte kg/mm²	Wichte kg/dm³
ZnAl 1	Al 0,7—0,9 Cu 0,3—0,5	Pb + Cd 0,008 Sn 0,001/Bi + Tl 0,005 Fe 0,075	kalibergewalzt und gezogen	Drähte	18	40	40	7,1
			gewalzt	Bleche u. Bänder	20	30	40	
ZnAl 4 Cu 1	Al 3,5—4,3 Cu 0,6—1,0 Mg 0,02—0,05	Pb + Cd 0,011 Sn 0,001/Bi + Tl 0,010 Fe 0,075	gepreßt u. gezogen	Stangen, Rohre, Drähte	30	5	80	6,7
			gewalzt	Bleche u. Bänder	35	3	80	
ZnAl 10	Al 9—11 Cu 0,2—0,35	Pb + Cd 0,008 Sn 0,001 Bi + Tl 0,010 Fe 0,075	gewalzt	Bleche u. Bänder	22	60	55	6,2
ZnAl 10 Cu 1	Al 9—11 Cu 0,6—0,8 Mg 0,02—0,05	Pb + Cd 0,011 Sn 0,001 Bi + Tl 0,010 Fe 0,075	gepreßt u. gezogen	Stangen, Profile	40	8	90	6,2
			gewalzt	Bleche u. Bänder	45	5	130	
ZnCu 1	Al 0—0,2 Cu 0,6—1,2 Mn 0—0,5	Pb + Cd 0,011 Sn 0,001 Bi + Tl 0,010 Mg 0,005 Fe 0,05	gepreßt u. gezogen	Stangen, Rohre, Drähte	20	20	50	7,1
			gewalzt	Bleche u. Bänder	18	25	40	
ZnCu 4	Al 0,15—0,25 Cu 3,5—4,5	Pb + Cd + Sn + Bi 0,025 Fe 0,3	gewalzt	Bleche u. Bänder	23/33	70/18	45/90	7,2
ZnMn 1	Al bis 0,5 Mn bis 1,0	[2])	gewalzt	Bleche u. Bänder	15	50	25	7,2
ZnLi	Pb 0,4—0,8 Li 0,01	[2])	gewalzt	Bleche u. Bänder	22	8	65	7,2

[1]) Rest Feinzink (ausgenommen ZnLi, wo Rest Mischzink). [2]) Zulässige Beimengungen nicht festgelegt.

Zahlentafel 3. Zinkknetlegierungen, Angaben nach DIN Einheitsblatt 1724 (Ausgabe Juli 1944) und Zinktaschenbuch nach dem Schweißen sofort abgewaschen werden [Lit. *Wisbrock*]. Verbesserungen der Flußmittel für unlegiertes Zink wurden dadurch erreicht, daß außer Zinkchlorid keine Schwermetallhalogenide, z. B. kein Manganchlorür ($MnCl_2 \cdot 4\,H_2O$) mehr verwendet und ein Teil des Zinkchlorids durch ein Gemenge von Alkalihalogeniden ersetzt wird, wobei Kaliumfluorid zwar als besonders wirksam erkannt wurde, aber wegen seiner Giftigkeit zu vermeiden ist. (Anmerkung: Nach persönlicher Mitteilung von *L. Rostosky*.)

Schweißflammen. Im Hinblick auf den niedrigen Schmelzpunkt und die meist geringen Blechdicken kommen für das Zinkschweißen grundsätzlich alle bekannten Brenngase als Gemische mit Sauerstoff oder Luft in Betracht.

Die *Azetylen-Sauerstoff-Flamme* ist aber in den meisten Fällen am zweckmäßigsten, zumal in den Werkstätten und Betrieben neben dem Zink gewöhnlich auch andere Metalle, wie z. B. Eisenwerkstoffe oder Aluminium, geschweißt werden. Für Zinkbleche bis 3 mm Dicke wird auch die *Azetylen-Luft-Flamme* empfohlen [Lit. *Hase* (1); *Heinemann*; siehe unter *ZWV*], besonders aber für das Löten von verzinktem Eisenblech, worauf noch in einem anderen Abschnitt eingegangen wird. Für Zinkblech geringer Dicken sind außerdem die *Wasserstoff-Sauerstoff-Flamme* [Lit. *Schuch*], die *Leuchtgas-Luft-Flamme* und die *Leuchtgas-Sauerstoff-Flamme* geeignet [Lit. *Hase* (1); *Paff*]. Das letztgenannte Gemisch hat zwar wegen seiner Billigkeit in der Klempnerwerkstatt gewisse Vorzüge, scheidet aber meist bei Montagearbeiten aus.

Schweißgeräte. Wegen des geringen Gasbedarfes verwendet man bei der Azetylen-Sauerstoff-Flamme kleine Azetylen- und Sauerstoffflaschen von z. B. 5 Liter Inhalt, die mit „Liliput"-Reduzierventilen ausgerüstet sind. Als Brenner dienen Liliput-Gleichdruckbrenner mit kleiner Düsenöffnung von 0,5 bis 1,5 mm ⌀. Das Bild 1 zeigt Kleinschweißbrenner mit Sondereinsätzen, die sich zum Schweißen von Zink eignen. Die Brennergröße ist so zu wählen, daß je Millimeter Blechdicke höchstens 50—60 l/h. Azetylen verbraucht werden [Lit. *Horn*]. Größere Flammen führen zu *Grobkornbildung* und *Überhitzung*. Wegen der leichten Oxydierbarkeit des Zinks ist die Flamme neutral einzustellen [Lit. *Horn*]; ein leichter Azetylenüberschuß ist nicht schädlich [Lit. *Partington*; siehe unter *Soudure*], dagegen ist *Sauerstoffüberschuß* — wie er beim Schweißen von Messing üblich ist — unbedingt zu *vermeiden*.

1 = Kleinschweißbrenner

2 = Brenner normaler Größe

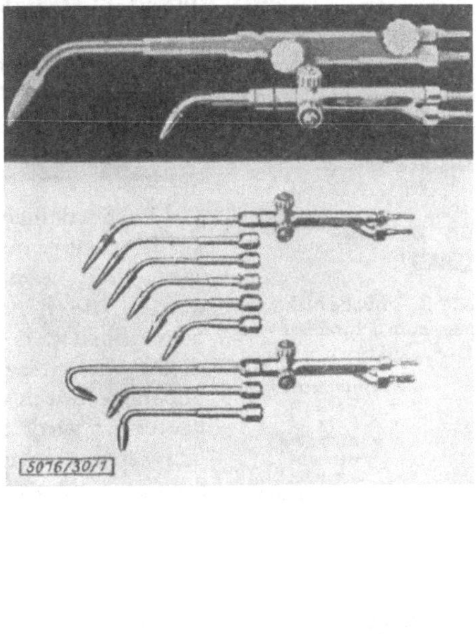

Bild 1. Kleinschweißbrenner mit Sondereinsätzen (Werkphoto Firma *Griesheim*)

Bei der *Azetylen-Luft-Flamme* hat man ebenso wie bei der Azetylen-Sauerstoff-Flamme die Wahl zwischen Flaschengas und Hochdruckentwicklern. Der Brenner arbeitet nach dem Bunsenprinzip. Das unter einem Druck von 0,3—1,5 atü ausströmende Azetylen saugt die erforderliche Verbrennungsluft an. Es gibt hierfür Spezialeinsätze der Größe 00, 0, 1 und 3. Der Einsatz 00 dient zum Schweißen von Zinkblechen bis 0,82 mm Dicke (bis Nr. 14 der „schlesischen Zinkblechlehre") und hat einen Gasverbrauch von ungefähr 15 l/h. Der Einsatz 0 ist für Zinkbleche über 0,82 mm (größer als Nr. 14) geeignet und hat einen Gasverbrauch von 20 l/h. Die Einsätze Nr. 1 und 3 sind besonders zum *Hartlöten verzinkter Eisenbleche* vorgesehen. Da die Azetylen-Luft-Flamme weich und breit ist, genügt die Wärmeentwicklung für Zinkbleche über 3 mm Dicke nicht.

Bei der *Leuchtgas-Sauerstoff-Flamme* soll der Leuchtgasdruck bei 60—75 mm WS liegen. Der Verbrauch an Leuchtgas bei Anwendung von Kleinbrennern beträgt beim Einsatz der Größe 00 für 0,2—0,5 mm dickes Zinkblech 30 l/h., beim Einsatz der Brennergröße 0 für 0,5—1 mm dickes Zinkblech 70 l/h. [Lit. *Paff*].

Schweißdraht. Für alle Zinkblechsorten, d. h. für die Handelsgüte, das Misch- und Feinzink, wird als Zusatz Feinzinkdraht verwendet. Die Schweißstabdicke ist etwa gleich der der Blechdicke zu wählen, z. B. 1—1,5 mm Drahtdurchmesser für 1,5 mm Blechdicke oder 4 mm Drahtdurchmesser für die 3 mm Dicke. Geschnittene Zinkblechstreifen sollten an Stelle von Draht nur aushilfsweise verwendet werden.

Ausführung der Schweißung. [Lit. *Liedloff* (2); siehe unter *Metallgesellschaft*; *Petershagen*; siehe unter *ZWV*; *Bayer* (1); siehe unter *ZBSt.*] Als Nahtvorbereitung ist im allgemeinen normales Säubern der Blechkanten mit der Drahtbürste ausreichend. Die Wahl der Nahtform ist von der Werkstoffdicke und von der Art der zu schweißenden Gegenstände abhängig. Die für das Schweißen von Zink üblichen Nahtformen sind in dem Bild 2 angegeben. Besonders häufig wird bis 1,5 mm Blechdicke die *Bördelschweißung* angewandt. Das Bördeln läßt sich auf der Abkantbank oder von Hand leicht ausführen. Die *Bördelhöhe* h entspricht bei Blechen geringer Dicke etwa der dreifachen Blechdicke s, bei s = 1,5-mm-Blech ist h = 1,5 mm. Um das Verwerfen der Bleche durch das Schweißen zu verhindern, wird bei 0,5 mm Dicke in Abständen von 80 bis 120 mm geheftet. Die Bördelkanten werden dazu mit einer Flachzange oder einer geeigneten Einspannvorrichtung zusammengehalten. Das Schweißen erfolgt durch Niederschmelzen der Bördel *ohne* Zusatzdraht, wobei vorher die Blechkanten mit Flußmittel bestrichen werden.

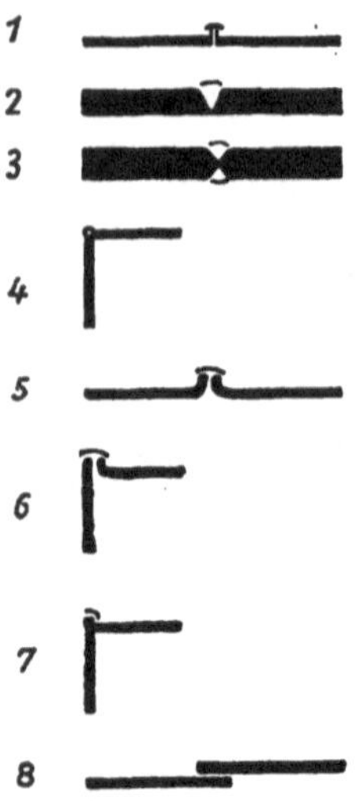

Bild 2. Übliche Nahtformen zum Schweißen von Zinkblechen

1 = Stumpfstoß
2 = V-Naht
3 = X-Naht
4 u. 5 = Bördelnähte
6 = Bodennaht
7 = Überstandsnaht
8 = Überlapptnaht

Die Bördelnaht kann auch als Senkrechtnaht ausgeführt werden, wobei in der Regel von unten nach oben geschweißt wird. Man kann dabei zwei Verfahren anwenden: entweder werden die Bördel nach dem Heften ohne Abheben des Schweißbrenners mit einem geringen Anstellwinkel $\alpha < 30°$ niedergeschmolzen, oder der Brenner wird periodisch abgehoben, wodurch das Äußere der Schweißnaht „tropfenartig" gemustert wird. Durch das erste Verfahren, welches höhere Schweißgeschwindigkeiten ermöglicht, ist die Naht im allgemeinen nicht so sauber wie im zweiten Falle. *Kehlnähte* lassen sich ebenfalls als Bördelnähte ausführen; die Blechkanten werden dabei im Winkel von 125° nach innen gebördelt.

Eck-, Boden- und *Überstandsnähte* werden nur in *den* Fällen angewandt, wo es die Form der zu schweißenden Teile zuläßt, wie z. B. bei Kästen aus Blechen geringer Dicken. Die Überstandsnaht ergibt durch das Herunterschmelzen einen mechanisch sehr widerstandsfähigen Knoten, wodurch sich für die Ecknaht eine Überlegenheit hinsichtlich Festigkeit ergibt [Lit. *Hase* (2)].

Zinkbleche können auch durch *Stumpfstoß* miteinander verbunden werden. Bei Blechen geringer Dicken wählt man den I-Stoß, wobei die Blechkanten *ohne* Spalt *dicht* zusammenliegend verschweißt werden. Bei 3 mm dicken Blechen kann man einen geringen Spalt von etwa 2 mm belassen, damit besser durchgeschweißt werden kann. Für dickere Bleche wird die auch sonst übliche Nahtvorbereitung getroffen, indem für 3—8 mm Blechdicke die V-Naht, über 8 mm Dicke, für Zink sehr selten vorkommend, die X-Naht angewandt wird. Es kommt die X-Naht im Dickenbereich von 3 bis 8 mm nur dann in Betracht, wenn doppelseitig geschweißt wird. Auch beim Stumpfstoß werden die Bleche mit Drahtzusatz geheftet. Das Flußmittel wird für gutes Durchschweißen *beiderseitig* aufgetragen. Abweichend von der handwerklich sonst üblichen Art wird beim Zink nicht das Blech, sondern unter geeigneter Flammenführung der Schweißstab und danach die Schweißnaht aufgeschmolzen. Es fließt das dünnflüssige Zink vom Stab ab, die Blechkanten benetzend, und verbindet diese dann miteinander.

Bei längeren Nähten, bei denen das Anpaßen zufolge der Verwerfungen erschwert ist, hat sich entgegen der Gepflogenheit für andere Metalle die *Überlapptnaht* mit einer Überlappungsbreite von etwa 4 bis 5 mm bewährt. Beim Schweißen ist darauf zu achten, daß die Bleche satt aufeinanderliegen. Dies wird durch zusätzliches Beschweren oder durch das Heften erreicht. Die Flamme muß beim Heften und beim Schweißen an der oben liegenden Blechkante entlang auf das untere Blech gerichtet sein. Die Überlapptnaht kann bei schmaler Überlappung auch ohne Zusatzdraht ausgeführt werden, wenn der Brenner unter kleiner Auf- und Abwärtsbewegung geführt wird und die Bleche in dieser Art verschmolzen werden.

Hase (1 u. 2) vertritt jedoch die Ansicht, daß die Überlapptnaht für Zink weniger geeignet ist, da bei mangelhaft sattem Anliegen beider Bleche leicht ein Aufschmelzen des überlappenden Bleches, bei richtiger Auflage Lochbrand im unteren Blech eintreten kann.

Brennerführung [Lit. *Liedloff* (2); siehe unter *Metallgesellschaft*]. Im allgemeinen wird die *Nachlinksschweißung* angewendet, und zwar bei Blechen *geringer* Dicken mit geneigter Flammenhaltung von $\alpha \sim 30$ bis 35°. Bei *dickeren* Blechen hat die *Nachrechtsschweißung* zwar den Vorteil guter Durchschweißung, jedoch den Nachteil geringerer Schweißgeschwindigkeit.

Die Spitze des Flammenkegels soll so gehalten werden, daß diese etwa 1,5—2 mm vom Blech entfernt ist. Den Zusatzstab, der gleichfalls mit Flußmittel bestrichen wird, setzt man bei Blechen geringerer Dicke durch Auftupfen so zu, daß er nach Abfließen eines Tropfens kurzzeitig zurückgezogen wird. Bis zu 2 mm Blechdicke wird die Flamme ruhig und gleichmäßig vorwärtsbewegt, bei dickeren Blechen pendelt man gering seitlich hin und her. Eine Rißbildung in der Naht ist nicht zu erwarten, falls man zum Glätten der Nahtoberfläche anschließend mit der Flamme nochmals über die Schweiße hinweggeht.

Nachbehandlung [Lit. *Liedloff* (2), siehe unter *ZBSt* sowie unter *ZWV*]. Die nach dem Schweißen zurückgebliebenen Flußmittelreste werden durch Abwaschen mit Wasser beseitigt, um eine spätere Korrosion zu vermeiden.

Das durch die Schweißhitze meist (bis auf die lithiumhaltigen Legierungen) grobkristalline Gefüge der Naht kann durch Hämmern bei 150° C rekristallisierend verfeinert und auch durch Kalthämmern verfestigt werden (siehe auch Abschnitt C).

Bemerkung

Die Ausbildung für das Zinkschweißen. Um das Zinkschweißen in Handwerksbetrieben und in der Industrie auf breiter Basis einführen zu können, wurde eine große Zahl Lehrschweißer, Schweißer und Metallhandwerker in Kursen des Verbandes für autogene Metallbearbeitung und der Gewerbeförderungsstellen mit der Arbeitsweise des Zinkschweißens vertraut gemacht. In Ergänzung zu dieser Ausbildung ist von der Filmstelle des Reichsstandes des deutschen Handwerks in Zusammenarbeit mit dem ehemaligen Verband für autogene Metallbearbeitung und mit Unterstützung der Zinkerzeuger Anfang 1940 ein Film „*Autogenes Schweißen von Zink*" geschaffen worden, der im Laufe der letzten Jahre allen interessierten Kreisen vorgeführt wurde.

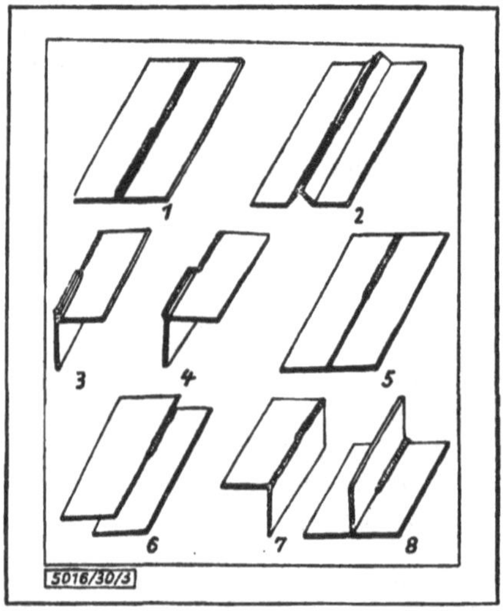

Bild 3. Arbeitsproben zur Ausbildung von Lehrschweißern für das Schweißen von Zink (nach *Anders*)

Nach *Anders* wird in dem Lehrgang der Ausbildung von Lehrschweißern als erstes das Schweißen von Eisenfeinblechen geübt, da dem Schweißen von Zink vieles mit diesem gemeinsam ist. Die Beispiele für Arbeitsproben zur Ausbildung von Lehrschweißern sind in einem Arbeitsblatt (Bild 3) zusammengefaßt. Neben der einfachen Bördelnaht in dem Bild 3 (1) ist die Bördelnaht (2) zu beachten, die eine gewisse Längenänderung quer zur Naht ermöglicht. Diese wurde deshalb eingehend geübt, weil bei Dacheindeckungen die durch die Sonnenbestrahlung entstehende Ausdehnung des Zinkes berücksichtigt werden muß. Die Ecknaht (3) wurde als Bördelnaht mit einem 90° Bördel und mit 2 Bördelungen von 45° ausgeführt. Neben der Stumpfnaht wird die Überlapptnaht (6) geübt. Bild 3 (7 und 8) zeigen noch Schweißungen an 2-mm-Zinkblech, während die Nähte (1—6) an 0,5-mm-Zinkblech ausgeführt wurden.

b) Hartlöten von verzinktem Eisenblech. Das Hartlöten von verzinktem Eisenblech [Lit. *Hase, Liedhoff* (2)] sei an dieser Stelle kurz behandelt, da die Arbeitsweise viel Ähnlichkeit mit dem Gasschmelzschweißen von Zink hat. Wie bereits erwähnt, eignet sich dafür vor allem die Azetylen-Luft-Flamme. Im allgemeinen wird bei verzinkten *Eisenblechen* die *Überlapptnaht* gewählt, wobei die Überdeckung 3—5 mm betragen soll. Die übereinanderliegenden Blechränder werden dünn mit einem Zinkflußmittel bestrichen und dann fest aufeinander gepreßt. Der Feinzink-Zusatzstab wird *in* die Kehlnaht abgeschmolzen, wobei man mit dem Schweißbrenner in großen Schritten hin- und herpendelt.

c) Zinklegierungen. Wie unter A kurz angedeutet, sind alle aluminiumfreien und aluminiumarmen Zinklegierungen gut schweißbar. Dies gilt also z. B. für die Legierungen ZnLi, ZnCu 1, ZnCu 4 und ZnMn 1 (siehe Zahlentafel 3). Die Zinklegierung ZnAl 1 kann ebenfalls noch als gut schweißbar angesehen werden, dagegen gehen die Ansichten über die gute Schweißbarkeit der Zinklegierungen mit höheren Aluminiumgehalten auch heute noch auseinander. Das Schweißen von Zinklegierungen hat bisher allerdings keinen *so* großen Umfang und *so* breite Anwendung wie das Schweißen von unlegiertem Zink angenommen.

Da Zinklegierungen bis 1935 fast nur im Druckguß verarbeitet wurden, war die Gasschmelzschweißung bis dahin praktisch von geringer Bedeutung. Nach einer amerikanischen Veröffentlichung aus dem Jahre 1921 [Lit. *Eyles*] soll sich Zinkdruckguß zum Schweißen nicht eignen, und auch später wird noch festgestellt [Lit. *Schimpke*], daß Zinklegierungen schwer schweißbar sind und vor dem Schweißen zweckmäßig vernickelt werden sollten [Lit. *Nealey*]. Ein von *Mace* angegebenes Verfahren, gebrochene Zinkdruckgußteile mit Erfolg autogen zu schweißen, ist noch verhältnismäßig umständlich. *Burkhardt*, der die bis zum Jahre 1937 in Deutschland gesammelten Erfahrungen wiedergibt, ist der Ansicht, daß die Zinklegierungen einschließlich der aluminiumhaltigen *gut schweißbar* sind. Als Schweißpulver werden von *Burkhardt* Pasten aus Lithiumsalzen empfohlen. Die Anwendung von Flußmitteln wird nicht für notwendig erachtet, da während des Schweißens mit dem Schweißstab tüchtig gerührt („gepuddelt") werden soll. Bereits beim unlegierten Zink wurde erwähnt, daß dies im allgemeinen nur den geringeren Ansprüchen an die Naht genügt. Für aluminiumhaltige Zinklegierungen gilt dies um so mehr, als sich hier neben dem *Zinkoxyd* beim Schweißen auch *Aluminiumoxyd* bilden kann, das sich bei den um 350—420° C liegenden Schweißtemperaturen noch schwerer löst als Zinkoxyd. Deshalb war es wesentlich, auch für die aluminiumhaltigen Zinklegierungen ein geeignetes Flußmittel zu finden.

Flußmittel. Zum Schweißen von aluminiumfreien und aluminiumarmen Zinklegierungen eignen sich die auch für unlegiertes Zink gebräuchlichen Flußmittel. Auch für die Legierung ZnAl 1 sind einzelne Zinkflußmittel oder Gemische aus einem Zinkflußmittel mit etwa 25 % eines Flußmittels für Magnesium anwendbar [Lit. siehe unter *Metallgesellschaft*].

Das von *Burkhardt* erwähnte Flußmittel aus Lithiumsalzen hat sich für das Schweißen von Zinklegierungen mit größeren Aluminiumgehalten als nicht ausreichend erwiesen. Es wurden deshalb seinerzeit von einer Reihe von Flußmittelherstellern neue Flußmittelrezepturen entwickelt und auf den Markt gebracht. Um nun hier Klarheit darüber zu schaffen, welche der Flußmittel tatsächlich brauchbar sind, wurden von neutraler Stelle umfangreiche Untersuchungen durchgeführt, über die im Abschnitt C berichtet sei. In diesem Zusammenhang sei nur erwähnt, daß von *Liedloff* (1) Flußmittel für Zink und Zinklegierungen von 6 verschiedenen Herstellerfirmen erprobt wurden, wobei sich für die aluminiumfreien Zinklegierungen nur wenige eigneten, für die Legierung ZnAl 4 Cu 1 erwies sich nur *ein* Flußmittel als brauchbar, das mit einem der später in einer Veröffentlichung von *Zorn* u. *Mayer* beschriebenen Flußmittel identisch ist. In dieser Arbeit wird erwähnt, daß *ein für alle Zinklegierungen geeignetes Flußmittel nicht gefunden wurde*, doch konnte die Zahl der Flußmittel auf nur *zwei* beschränkt werden. Es handelt sich dabei um eine Paste für Zinklegierungen (Bezeichnung Nr. 2 [Lit. siehe unter Patentanmeldung (1)]) und um Pulver für Zinklegierungen (Bezeichnung Nr. 3 [Lit. siehe unter Patentanmeldung (2)]). Danach kann zum Schweißen der aluminiumhaltigen Zinklegierungen ein *Gemisch von Halogeniden der Alkalimetalle* verwendet werden, und zwar eine ähnliche Zusammensetzung, wie sie für das Schweißen von Aluminium üblich ist. Es wird angegeben, daß sich z. B. eine Mischung aus *50 g Kaliumchlorid*, *40 g Lithiumchlorid* und *10 g Kaliumfluorid* als besonders günstig erwiesen hat. Auch *kupferhaltige Zinklegierungen* oder Legierungen mit *geringerem Aluminiumgehalt* können nach der Beschreibung mit diesen Gemischen geschweißt werden, wenn ein geringer Zusatz von *Ammoniumchlorid oder Zinkchlorid* zugefügt wird (Gehalt an diesen Stoffen nicht mehr als 20% des Gesamtgewichtes).

Bei den Versuchen von *Zorn* u. *Mayer* wurde festgestellt, daß das für Blech geringer Dicke einer Legierung günstigste Flußmittel für dickeres Blech wenig geeignet ist und umgekehrt. Dieses Verhalten wird damit begründet, daß für das dünnere Blech ein Flußmittel mit niedrigem Schmelzpunkt benutzt wird, das unter der größeren Wärmemenge des Brenners — der ja für die dickeren Bleche notwendig ist — durch zu starkes Verflüchtigen gewisser Bestandteile des Flußmittels an Wirksamkeit verliert. Das Flußmittel für dickere Bleche hat so einen höheren Schmelzpunkt und wird, für schwächere Schweißbrenner, d. h. bei dünnen Blechen, deshalb den Schmelzfluß nicht auf genügender Breite des Bleches herstellen. Die Zinkschweißpaste (vorherige Bezeichnung Nr. 1), die sich schon früher für das Schweißen von unlegiertem Zink bewährt hat, ist für 0,5 mm dicke Bleche aus kupferhaltigen-aluminiumarmen Zinklegierungen gut anwendbar. In der Zahlentafel 6 sind die Flußmittel genannt, die sich nach den Versuchen von *Zorn* u. *Mayer* für die einzelnen Legierungen und Blechdicken bewährten.

Rostosky steht der Ansicht, daß alle Zinklegierungen gut schweißbar seien, skeptisch gegenüber. In einer persönlichen Mitteilung betreffend Schweißbarkeit und Flußmittelentwicklung nimmt er wie folgt dazu Stellung:

„Die Schweißbarkeit der Zinklegierungen hängt vom Aluminiumgehalt ab. Legierungen mit einem Aluminiumgehalt $\leqq$ 0,5 % Al lassen sich ebenso gut schweißen wie reines Zink. Je größer der Aluminiumgehalt, desto größer die Schweißschwierigkeiten. Ebenso wie sich bei dem Flußmittel zum Schweißen von Aluminiumbronze der Gedanke, ein Gemisch von bewährten Leichtmetall- und Schwermetallflußmitteln zu verwenden, als irrig erwiesen hat, ist das auch bei den aluminiumhaltigen Zinklegierungen der Fall. Der Grund liegt darin, daß die Wirkungstemperatur der Aluminiumflußmittel für das Schweißen von aluminiumhaltigen Zinklegierungen zu hoch liegt. Man muß sich deshalb mit einem Kompromiß begnügen. Dies führt zu recht komplizierten Salzgemischen, bestehend aus *Zinkchlorid, Ammoniumchlorid, Kaliumchlorid, Lithiumchlorid, Natriumfluorid, Lithiumfluorid, Natriumbifluorid* und *Ammoniumbifluorid.*

Auch hier ist das *Kaliumfluorid* sehr wirksam, aber wegen seiner zur Erkrankung der Schweißer führenden Giftigkeit zu vermeiden. — Aber auch die Gemische, welche im Zuge der Verbesserungen durch lange Versuchsreihen entstanden, können für Zinklegierungen mit größerem Aluminiumgehalt durchaus nicht als vollkommen bezeichnet werden. *Sie erleichtern das Schweißen zwar beträchtlich,* reichen aber nicht zur vollständigen Oxydreduktion aus, um gänzlich vermeiden zu können, *daß der Schweißer die Oxyde mit dem Stab auspuddeln* muß. Solange aber ein Flußmittel nicht so wirksam ist, daß das Schweißgut *ohne* mechanische Nachhilfe in die Naht einfließt, kann der Werkstoff nicht als gut oder leicht schweißbar bezeichnet werden." —

Dieser Stellungnahme von *Rostosky* steht vor allem die bereits erwähnte Arbeit von *Zorn* u. *Mayer* gegenüber, in der die Ergebnisse eingehender Schweißversuche mit den entwickelten Flußmitteln erörtert werden. Bei diesen Versuchen wurden auch die günstigsten Schweißbedingungen festgelegt und die Festigkeitswerte ermittelt. Es sei daher auch auf diese Ausführungen verwiesen.

Schweißflammen. Die Angaben, die über die Wirkung der verschiedenen Schweißflammen für das unlegierte Zink gemacht wurden, gelten im wesentlichen auch für die Zinklegierungen. Es wird also auch für das Gasschmelzschweißen der Zinklegierungen vor allem die Azetylen-Sauerstoff-Flamme angewendet.

Eine umfangreiche Untersuchung verschiedener Brenngase wurde von *Zorn* u. *Mayer* durchgeführt. Die untersuchten Brenngase waren Azetylen, Leuchtgas, Wasserstoff und Propan, die in einem bestimmten Verhältnis mit Sauerstoff bzw. Luft gemischt wurden. Als Werkstoff zum Schweißen wurden 0,5 und 1 mm dicke Bleche der Le-

Blech			Brenngas		Zusatzgas		Mischverhältnis Zusatzgas/ Brenngas	Schweißgeschwindigkeit	Nahtfehlstellen	Wärmeaufwand		
Dicke mm	Nahtform	Länge mm	Art	Menge l/h	Art	Menge l/h		mm/min	Stück	Heizwert Hn cal/m³	Wärme je Std. cal/h	Wärme je m cal/m
0,5	⌋⌊	230	C_2H_2		O_2	11,7	1 : 1	204	0	13 600	159,0	13,0
0,5	„	230	Lg.*)	24,6	O_2	15,0	0,61 : 1	168	3	4 000	98,4	9,70
0,5	„	230	H_2	49,8	O_2	15,9	0,32 : 1	202	2	2 570	128,0	10,58
0,5	„	225	C_3H_8	6,6	O_2	19,8	3,0 : 1	201	0	22 000	145,2	12,02
0,5	„	222	C_2H_2	15,5	Luft			146	2	13 600	210,5	24,0
0,5	„	225	Lg.	59,0	Luft	157	2,66 : 1	151	5	4 000	236,0	26,1
0,5	„	225	H_2	158,0	Luft			158	5	2 570	406,0	42,9
0,5	„	225	C_3H_8	12,6	Luft	224	17,8 : 1	165	4	22 000	277,0	28,0
1,0	„	225	C_2H_2	25,2	O_2	25,2	1 : 1	183	0	13 600	342	31,2
1,0	„	224	Lg.	89	O_2	62	0,7 : 1	307	0	4 000	356	19,33
1,0	„	224	H_2	167	O_2	49	0,29 : 1	322	0	2 570	429	22,2
1,0	„	224	C_3H_8	12	O_2	56	4,7 : 1	218	2	22 000	264	20,2
1,0	– –	225	C_2H_2	19,8	O_2	19,8	1 : 1	185	0	13 600	269	24,25
1,0	„	224	Lg.	48	O_2	34	0,71 : 1	256	0	4 000	192	12,50
1,0	„	224	H_2	115	O_2	31	0,27 : 1	253	0	2 570	295	19,45
1,0	„	224	C_3H_8	12	O_2	37	3,08 : 1	240	1	22 000	242	16,8

Zahlentafel 4. Schweißgeschwindigkeit, Wärmeaufwand und Gasverbrauch für 0,5 und 1,0 mm dicke Bleche aus ZnAl 1 für verschiedene Brenngase und unterschiedliche Mischverhältnisse (nach *Zorn* u. *Mayer*)

Blechdicke mm	Nahtform	Drahtzusatz	Zusatzgas	cal/h	cal/m
0,5	Bördel	ohne	Sauerstoff	133	11,4
0,5	Bördel	ohne	Luft	282	30,3
1,0	Bördel	ohne	Sauerstoff	348	22,2
1,0	Stumpf	ohne	Sauerstoff	250	18,3

Zahlentafel 5. Mittelwerte für den Wärmeverbrauch beim Schweißen von ZnAl 1-Blechen (nach *Zorn* u. *Mayer*).

gierung ZnAl 1 und als Flußmittel „Zinkschweißpaste Griesheim" verwendet. Die bei dieser Untersuchung ermittelten Werte sind in der Zahlentafel 4 zusammengestellt. Mit jedem Brenngasgemisch wurden mindestens drei Flammengrößen untersucht, die im Verbrauch um 20%, teilweise auch erheblich mehr differierten. Das Mischungsverhältnis Gas-Luft bzw. Gas-Sauerstoff wurde, der Eigenart jedes Brenngases entsprechend, auf etwa gleichem Wert gehalten. Die in der Zahlentafel 4 angegebenen Werte stellen keine absoluten Bestwerte dar, jedoch können die angegebenen als Werte innerhalb des günstigsten Bereiches der verschiedenen Flammenarten betrachtet werden. Auf die Gefügeausbildung hatte eine Verstärkung oder Abschwächung der Flamme in den geprüften Grenzen keinen Einfluß, wie es Schliffbilder belegten. Bemerkenswert ist, daß der Azetylenverbrauch, gemessen in l/h je Millimeter Blechdicke, wesentlich geringer ist als die früher im Schrifttum über das Schweißen un-

*) Lg = Leuchtgas

legierten Zinks veröffentlichten Angaben. Während *Horn* einen Azetylenverbrauch von 50 bis 60 l/h angibt, wurden von *Zorn* u. *Mayer* bei 1 mm dicken ZnAl 1-Blechen nur 25 l/h gemessen. Möglicherweise ist der Mehrverbrauch an Azetylen von der Brennerhaltung abhängig. Die beiden Verfasser sind der Ansicht, daß es richtiger ist, den Flammenkegel dicht an das Schmelzbad heranzubringen und das Mundstück nicht, wie es von anderer Seite empfohlen wurde, um die mehrfache Länge des Flammenkegels vom Bad zu entfernen. Die in der Zahlentafel 5 zusammengestellten Mittelwerte für den Wärmeverbrauch beim Schweißen von ZnAl 1-Blechen können auch für unlegierte Bleche und für andere schwach legierte Zinkbleche (z. B. ZnCu 1) übernommen werden.

Schweißgeräte. Die Schweißgeräte für die Zink*legierungen* sind dieselben wie für *unlegiertes* Zink. Die Angaben gelten also — mit Ausnahme des Azetylenverbrauches — auch für Zinklegierungen.

Schweißdraht. Nach einer Angabe im Schrifttum [Lit. *Mayer-Sidd*] wird für *alle* Zinklegierungen ein Zusatzdraht (2—3 mm ⌀) aus einer Zinklegierung mit 0,9 bis 1,2% Al und 1,1% Cu empfohlen. Es ist aber jetzt allgemein üblich, Schweißdraht-

Legierung	Blechdicke mm	Nahtform	Wärmeverbrauch Kcal/m	Flußmittel	Schweißart
ZnCu 1	0,5	B	9,8	1	nach links
desgl.	1	B	26,6	2	„ links
desgl.	3	V	121	1	„ rechts
ZnCu 2*)	0,5	B	8,8	1	„ links
desgl.	1	St	20,4	2	„ links
desgl.	3	V	122	2	„ links
ZnCu 4	0,5	B	10,0	1	„ links
desgl.	1	St	21,2	2	„ links
desgl.	3	V	137	3	„ rechts
ZnAl 1	0,5	B	12,3	2	„ links
desgl	1	St	22,0	2	„ links
desgl.	3	V	165	3	„ rechts
ZnAl 10	0,5	B	14,0	3	„ links
desgl.	1	St	25,0	2	„ links
desgl.	3	V	137	2	„ rechts
ZnAl 4 Cu 1	0,5	—	—	—	—
desgl.	1	St	22,0	2	„ links
desgl.	3	V	137	2	„ links
ZnAl 10 Cu 1	0,5	B	12,3	3	„ links
desgl.	1	St	26,9	2	„ links
desgl.	3	V	92	2	„ links
ZnMn 1	0,5	B	13,4	2	„ links
desgl.	1	St	20,0	2	„ links
desgl.	3	V	116	2	„ links

*) ZnCu 2 enthält 2% Cu, 0,05% Al, 0,6% Mn, Rest Zink.

Zahlentafel 6. Günstigste Schweißbedingungen für Zinklegierungen (nach *Zorn* u. *Mayer*) legierung = Legierung des Grundwerkstoffes zu wählen, um Verunreinigungen durch andere Legierungsbestandteile oder Beimengungen auszuschalten. Die Schweißstabdicke ist ebenso wie für unlegiertes Zink zu wählen.

Die *Schweißausführung, Schweißtechnik* und *Nachbehandlung* sind grundsätzlich die gleichen wie die für das unlegierte Zink.

Bei den von *Zorn* u. *Mayer* an 0,5, 1 und 3 mm dicken Blechen aus Zinklegierungen verschiedener Zusammensetzung durchgeführten Versuchen ist die folgende Arbeitsweise eingehalten worden. Die Zusatzdrähte von 1, 2 und 4 mm ⌀ entsprechen dem Grundwerkstoff. Die Bördelnähte wurden, ebenso wie die Stumpfnähte, vorher mechanisch gereinigt, soweit die Kanten nicht abgeschrägt wurden. Bei den 0,5 und 1 mm dicken Blechen ist nur die Nachlinksschweißung, bei den 3-mm-Blechen versuchsweise auch die Nachrechtsschweißung angewandt worden. Es wurde mit Azetylen-Sauerstoff geschweißt. Da darauf geachtet wurde, daß sich kein Sauerstoffüberschuß einstellen konnte, wurde ein leichter „Schleier" von Azetylenüberschuß zugelassen.

Es wurde festgestellt, daß für ein zuverlässiges Arbeiten für die 0,5 und 1 mm dicken Bleche der höher aluminiumhaltigen Legierungen die Verwendung eines kleineren Brenners, als er sonst üblich ist, notwendig wird. Bei 3-mm-V-Nähten erwies sich die Nachrechtsschweißung als übersichtlicher, verglichen mit der Nachlinksschweißung. Die Rechtsschweißung ist jedoch mit einem erheblichen Zeitverlust, der ihre Anwendung nicht allgemein rechtfertigt, verbunden. In der Zahlentafel 6 sind die bei diesen Versuchen ermittelten günstigsten Daten zusammengestellt. Daraus ist zu ersehen, daß der auf 1 m Naht bezogene Wärmeverbrauch von der Zusammensetzung der Legierung abhängt. Die Zusammensetzungen der erwähnten Zinklegierungen sind aus der Zahlentafel 3 zu entnehmen.

Schweißgeschwindigkeit. Nach *Zorn* beträgt die Schweißgeschwindigkeit für 1-mm-Zinkblech bei der Azetylen-Sauerstoff-Flamme 250 mm/min, bei der Azetylen-Luft-Flamme 150 mm/min. Bei 3-mm-Zinkblech kann man 125 mm/min (Azetylen-Sauerstoff) und 65 mm/min (Azetylen-Luft) erreichen. — Die bei den Schweißversuchen mit der Azetylen-Sauerstoff-Flamme an Zinklegierungen von *Zorn* u. *Mayer* gemessenen Schweißgeschwindigkeiten sind von der Blechdicke, der Nahtform und der Legierungszusammensetzung abhängig. So betrug als Beispiel die Schweißgeschwindigkeit v für eine Bördelnaht an 0,5 mm dicken ZnCu 2-Blechen v = 320 mm/min, bei gleich dicken ZnAl 1-Blechen 146 mm/min. Bei Stumpfstoßnähten von 1 mm dicken Blechen betrug die größte Schweißgeschwindigkeit 220 mm/min für die Legierung ZnCu 1 und die geringste v = 70 mm/min für die Legierung ZnAl 4 Cu 1. Bei Stumpfstoßnähten von 3-mm-Blechen der Legierung ZnCu 1 wurden maximal v = 145 mm/min und für solche der Legierung ZnAl 1 von nur v = 60 mm/min erreicht.

Bemerkt sei, daß auch die Art des *Flußmittels* die Schweißgeschwindigkeit beeinflußt.

2. *Elektrisches Schweißen.*

Von den elektrischen Schweißverfahren scheidet die Lichtbogenschweißung für Zink und Zinklegierungen ebenso wie die Arcatomschweißung aus, da sie praktisch nicht angewendet werden.

Widerstandsschweißung. Die Widerstandsschweißung umfaßt die Stumpf-, Punkt- und Nahtschweißung, die für Zink und Zinklegierungen ebenso wie das „Weibel-Fesa"-Schweißverfahren von Bedeutung sind. Besonders die Anwendung des letzteren wurde in Deutschland erprobt.

Weibel-Fesa-Schweißung. Es liegen hierfür Erfahrungen vor, nach denen Zinkbleche bis 1,5 mm Dicke weibel-elektrisch verschweißt werden konnten (siehe *Hunold* Teil II). Allerdings ist dieses Verfahren nur für solche Verbindungen anwendbar, die sich konstruktiv für das Ansetzen der Zangen eignen. Nach *Hofer* ist es erforderlich, die zu verbindenden Bleche mit Bördel zu versehen oder die sich aus dem Bild 4 ergebende Anordnung einzuhalten. Die unter einem Winkel von 60 bis 75° abgekanteten und *parallel* liegenden Bördel werden durch eine besonders ausgebildete Zange zwischen die zwei stromführenden Kohlestäbe gefaßt, und vorher autogen geheftet. Infolge des elektrischen Widerstandes der keilförmig verjüngten Kohlen sowie des zwischen Kohle und Bördel auftretenden Übergangswiderstandes tritt eine so starke Wärmeentwicklung auf, daß die Bördel in Schmelzfluß geraten. Durch *gleichmäßiges*, vor allem nicht ruckweises Weiterziehen der Kohlen entlang dem Bord wird dieser niedergeschmolzen, und es entsteht eine glatte und dichte Schweißnaht. Ebenso wie für die Leichtmetalle ist es dabei auch beim Zink unerläßlich, daß die

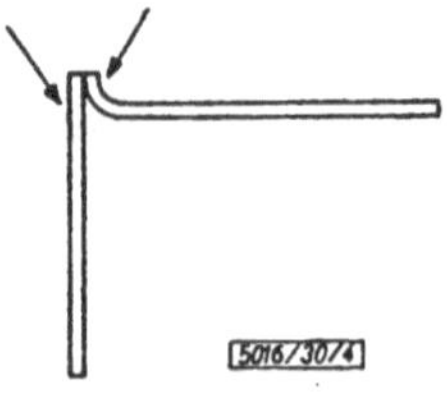

Bild 4. Bodennaht beim „Weibelverfahren" (nach *Hofer*).

Blechdicke in mm	Abkantwinkel	Ø der Kohleelektroden in mm	Schweißzeit je Meter in Sek.
0,5	75°	14	100
0,7	75°	14	120
0,7	60°	14	120
1	60°	16	80

Zahlentafel 7. Einstellwerte für die Weibelschweißung (nach *Hofer*)

Außenseiten der Bördel vor Beginn der Schweißung mit dem gleichen Flußmittel, wie es für das Gasschmelzschweißen üblich ist, bestrichen werden. Die Zahlentafel 7 gibt einen Überblick, welche besonderen Bedingungen beim Schweißen von 0,5, 0,7 und 1 mm dicken Zinkblechen eingehalten werden müssen, um nach dem Weibelverfahren einwandfreie Schweißungen zu erzielen.

Die Schweißung kann auch für Zink mühelos von ungelernten Arbeitskräften mit verhältnismäßig großen Schweißgeschwindigkeiten ausgeführt werden. Die Bleche müssen während des Schweißens eingespannt werden. Dadurch sind hier der Anwendbarkeit des „Weibelverfahrens" gewisse Grenzen gesetzt.

Elektrische Stumpfschweißung. Sehr wesentlich ist beim Stumpfschweißen, daß die *Schweißzeit kurz gehalten* wird, um *Grobkornbildung* und *Versprödung* der Schweißstelle zu vermeiden. Aus diesem Grund werden in die für Zink und Zinklegierungen vorgesehenen Schweißmaschinen Schalter eingebaut, mit Hilfe derer die Schweißzeit zeitlich genau begrenzt werden kann. Die günstigsten Daten für das Stumpfschweißen von Drähten aus Zink und Zinklegierungen sind in der Zahlentafel 8 angegeben [Lit. *Zinktaschenbuch*, *Schneider* u. *Barbier* daselbst].

Punkt- und Nahtschweißen. Es war zwar früher schon bekannt, daß sich Zink gut punkt- und nahtschweißen läßt [Lit. *Fritz*]. So wurde z. B. bei Zinkbechern für Anodenbatterien bereits nach dem ersten Weltkrieg die Rollennahtschweißung angewendet. Da die hierfür benützten Maschinen seinerzeit noch technische Mängel hatten, konnte sich das Verfahren damals gegenüber dem Weichlöten nicht behaupten.

Drahtdurchmesser mm	Energieaufnahme kVA	Schweißzeit Sek.	Energieverbrauch je 100 Schweißungen kWh
2	0,5	0,5	0,01
5	2	2	0,1
8	4	3	0,3
13	12	6	2

Zahlentafel 8. Richtwerte für das elektrische Stumpfschweißen

Wie unter Abschnitt D beschrieben ist, wird heute auf die seinerzeitigen Erfahrungen zurückgegriffen.

Burkhardt erwähnt, daß die Widerstandsschweißung von Zinklegierungen verspricht, größere Bedeutung zu erlangen und daß die „Doppelpunktschweißung" (s. später, Beitrag *Erdmann-Jesnitzer*) besonders empfehlenswert wäre. Ebenso erwähnt *Löhberg*, daß sich eine Zinklegierung mit 4% Aluminium vorzüglich punktschweißen läßt. Auch in Amerika hat man sich mit dem Widerstandsschweißen von Zinkgußlegierungen befaßt. So berichtet *Gilette*, daß bei Zinklegierungen die Punkt-, Naht- und Stumpfschweißung möglich ist. Das Verfahren der „pulsierenden Schweißung" soll wegen der damit erzielten besseren Wärmeverteilung, der Vermeidung von Überhitzungen und der Schonung der Elektroden besonders vorteilhaft sein.

Nach Angaben der *SSW* kann die Punktschweißung bei Blechen und Bändern bis zu 2 × 3 mm Dicke erfolgen. Gute Festigkeitswerte werden erzielt, wenn die in der Zahlentafel 9 angegebenen Richtwerte eingehalten werden.

Blechdicke mm	Überlappung mm	Punktabstand mm	Elektrodendurchmesser mm	Druck kg	Schweißzeit Sek.	Stromstärke Amp.
2 × 0,7	7—10	7— 8	6—8	60— 90	0,2—0,5	6— 8 000
2 × 1,5	8—12	10—12	8	130—180	0,5—0,8	8—12 000
2 × 3	12—17	13—15	10	150—250	1 —1,5	12—18 000

Zahlentafel 9. Richtwerte für das Punktschweißen

Das *Nahtschweißen* von Blechen und Bändern ist bis 2 × 2 mm Gesamtdicke möglich. Die bei Versuchen der *SSW* (siehe Lit. unter *SSW*) ermittelten Richtwerte, die zur Erzielung feinkörniger Gefüge und guter Festigkeitseigenschaften maßgebend sind, wurden in der Zahlentafel 10 angegeben.

Blechdicke	Druck	Vorschub	Stromstärke bei Gittersteuerung*)		Stromstärke bei Modulation*)		Stromverbrauch	
mm	kg	m/min	Amp.	Per.	Amp.	Mod./min	kWh/m	Naht
2 × 0,7	100—120	0,5—0,7	10 000	3 : 3	9 000	750	0,20	Gitter
							0,30	Modulation
2 × 1,5	120—180	0,8—1	12 000	3 : 3	10 000	500	0,35	Gitter
							0,50	Modulation

Zahlentafel 10. Richtwerte für die elektrische Nahtschweißung

*) Bezieht sich auf den Maschinentyp.

Die größte Schweißgeschwindigkeit beim Nahtschweißen wird für 0,7 mm Blechdicke von *SSW* mit 26 m/h angegeben. Die Anwendbarkeit der Widerstandsschweißung sei im Abschnitt „D" mit Beispielen belegt.

C. Nahtgüte

1. Befund geschweißter Nähte. Die Güte der Schweißnähte kann auch bei Zink und Zinklegierungen im allgemeinen schon nach dem *äußeren* Befund beurteilt werden. Man erkennt am Aussehen der Schweißraupen bequem die Wirkung des Flußmittels. Die Aufsicht auf eine mit Lötwasser hergestellte Schweißnaht an 3 mm dickem Zinkblech in Bild 5 [Lit. siehe unter *Griesogen*] läßt klar erkennen, daß sich *Lötwasser als Flußmittel für Zink nicht eignet.* Die Schweißnaht ist dafür mit Oxyden behaftet. Verwendet man dagegen ein einwandfreies Zinkflußmittel, so ergeben sich sehr saubere Schweißraupen, die frei von nichtmetallischen Einschlüssen sind, wie es die Bilder 6 und 7 [Lit. siehe unter *Griesogen*] zeigen.

Bild 5. Aussehen einer mit Lötwasser hergestellten Schweißnaht an 3-mm-Zinkblech (Werkphoto Firma *Griesheim*)

Neben dem äußeren Befund sind auch Gefügebilder der Schweißnähte aufschlußreich. Sie zeigen oft die charakteristischen, grobkörnigen Kristalle des Schweißgutes, die sich scharf von dem feinkristallinen Blech unterscheiden.

Der Zusammenhang zwischen dem Gefüge und der Festigkeit sei im nächsten Abschnitt behandelt.

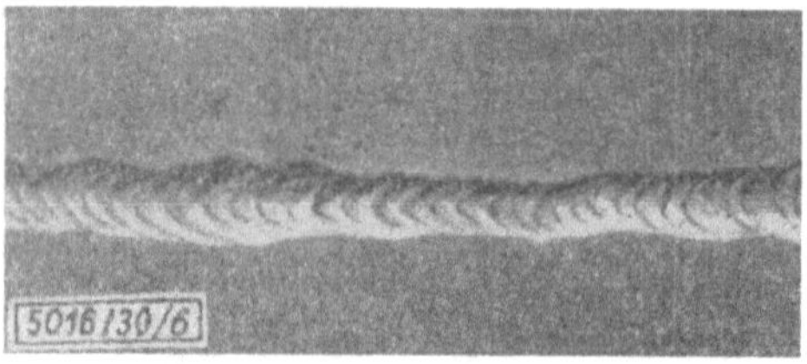

Bild 6. Schweißnaht an 0,5-mm-Zinkblech (Werkphoto Firma *Griesheim*)

2. Mechanische und technologische Prüfung. Unter den *mechanischen Prüfungen* ist der *Zerreißversuch* wesentlich, der jedoch nur zur Beurteilung der Schweißnahtgüte herangezogen werden sollte.

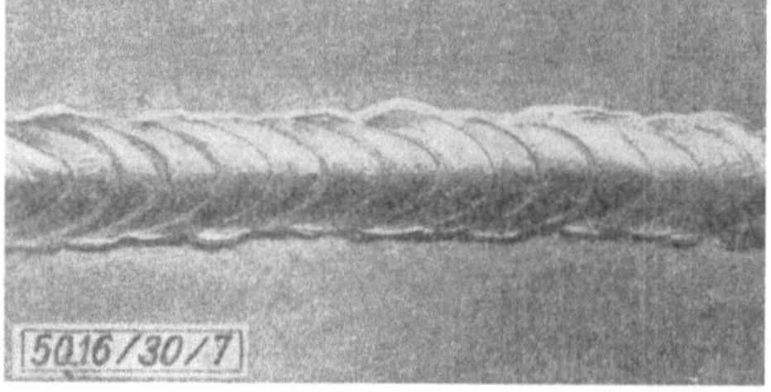

Bild 7. Schweißnaht an 3-mm-Zinkblech (Werkphoto Firma *Griesheim*)

Bevor über die Festigkeitsuntersuchungen berichtet wird, muß kurz auf die Besonderheiten der mechanisch-technologischen Prüfung des Zinks und seiner Legierungen eingegangen werden. Man hat zwar schon früher erkannt, daß die *Versuchstemperatur* und auch die *Versuchsgeschwindigkeit* bei Zerreißversuchen von Zink eine Rolle spielen, aber erst in den letzten Jahren wurden auf Grund eingehender Untersuchungen bestimmte Vorschläge gemacht, die nunmehr anerkannt und auch in das Einheitsblatt *DIN 1724* aufgenommen worden sind. Danach wird eine Zerreißgeschwindigkeit von 30 mm/min*) und eine Prüftemperatur von 18 bis 22° C (20 ± 2°) vorgeschrieben [Lit. *Weisse*]. Wird die Prüfung bei einer von 20° C abweichenden Temperatur vorgenommen, so müssen sowohl Festigkeit wie auch Dehnung mit Hilfe eines Faktors, der sich aus der Warmzerreißkurve der betreffenden Zinksorte oder der Zinklegierung unter Berücksichtigung gleichbleibender Korngröße und gleichem Kaltverfestigungsgrad ergibt, auf 20° C umgerechnet werden.

Es ist in diesem Zusammenhang noch zu erwähnen, *daß der Einfluß der Prüftemperatur bei den Zinklegierungen größer ist als beim unlegierten Zink* und bei Blechen wesentlich ausgeprägter als bei Gußlegierungen. Diese ist auf die unterschiedliche *Korngröße* und die damit verbundene atomare Platzwechselfähigkeit (Erholung und Rekristallisation, Wirkung der „amorphen Plastizität") zurückzuführen [Lit. siehe auch Arbeiten unter *Erdmann-Jesnitzer* und Mitarbeiter].

Bei der Prüfung von Blechen ist neben dem Walzgrad außerdem noch die „Anisotropie" der technologischen Eigenschaften zu berücksichtigen. Die durch die *hexagonale Struktur* des Zinks bedingte und auch durch die *Walztextur* beeinflußte Richtungsabhängigkeit der Festigkeitswerte wirkt sich z. B. auf die Festigkeitseigenschaften derart aus, daß die Zugfestigkeit, die Dehnung und Biegezahl im Hin- und Herbiegeversuch (Abkantfähigkeit-Bördel) parallel zur Walzrichtung geringer ist als senkrecht zu dieser.

Der Einfluß der Prüftemperatur und -geschwindigkeit bei Zink erstreckt sich auch noch auf andere mechanische und technologische Prüfungen, z. B. auf die Härte-, Biege- und Tiefungsprüfung [Lit. *Erdmann-Jesnitzer* (1), (2) u. (3)].

Aus diesen kurzen Erläuterungen soll hervorgehen, daß die hier *angegebenen Festigkeitswerte*, an ungeschweißtem und geschweißtem Material ermittelt und verschiedenen Autoren entstammend, keine Absolutwerte darstellen und *nicht* ohne weiteres miteinander *vergleichbar* sind. Beim Vergleich der Festigkeitswerte von gegossenem und gewalztem Feinzink (Zn 99,99) — gegossen 3—4 kg/mm², gewalzt 12—14 kg/mm² — ist der große sich aus dem Gefüge ergebende Unterschied auffallend. Da für unlegiertes Zink als Schweißstab Feinzink verwendet wird, muß bei allen Nähten, die mit Zusatzdraht geschweißt werden, *mindestens die Festigkeit von gegossenem Feinzink* erreicht werden. Im allgemeinen liegt aber die Festigkeit höher. In der Schweißzone von Blechen wirkt sich außer dem Gußzustand auch das durch den Wärmeeinfluß rekristallisierte Walzgefüge aus. Bekanntlich tritt bei gewalztem unlegiertem Zink schon bei verhältnismäßig niedriger Temperatur Rekristallisation, d. h. Entfestigung ein, was bei Feinzink stärker ausgeprägt ist als bei dem als Handelsgüte bezeichneten Hüttenzink [Lit. *Erdmann-Jesnitzer* (1) sowie *Erdmann-Jesnitzer* u. *Hanemann* (2), (3), (4), (5)].

Auch bei den Zinklegierungen ist die Festigkeit von Guß unterschiedlich der des gewalzten Zustandes. So hat z. B. ZnAl 1 im Sandguß eine Festigkeit von durchschnittlich 10 kg/mm², als Blech dagegen 20—30 kg/mm². Allerdings ist die Rekristallisationstemperatur bei Zink*legierungs*blechen wesentlich höher als bei Blechen aus *unlegiertem* Zink. Die Festigkeit geschweißter *legierter* Bleche liegt also prozentual schon aus diesem Grunde höher als die von geschweißten *unlegierten* Zinkblechen.

Festigkeit von Gasschmelzschweißungen. Betrachtet man die Werte in der Zahlentafel 11, so fällt auf, daß die geschweißten Bleche etwa dieselbe Festigkeit wie die

*) Nach DIN 1724 lautet die Definition: „Die Geschwindigkeit (mm/min) der bewegten Fassung soll 25 ± 5% der Versuchslänge (mm) betragen.

wärmebehandelten aufweisen und daß durch Hämmern eine Festigkeitsverbesserung erzielt wird, die durch Kornverfeinerung bedingt ist [Lit. *Petershagen*]. Aus der Rubrik 2 der Zahlentafel 11 ist der Einfluß der Blechdicke erkennbar. Je dicker das geschweißte Blech, um so größer ist der Anteil des Gußgefüges in der Schweißzone. Die übrigen Werte [Lit. *Zorn* sowie *Anders*] stimmen etwa mit den von *Hase* (2) angegebenen überein. *Horn* stellt fest, daß geschweißtes Zinkblech bis 90% der Ausgangsfestigkeit erreicht.

	Zustand	Zugfestigkeit kg/mm²
1. Nach *Petershagen* ..	ungeschweißt, hartgewalzt	19
	ungeschweißt, wärmebehandelt	9
	bördelgeschweißt	9,5—10
	bördelgeschweißt und bei 100° C gehämmert	13
	überlapptgeschweißt	9
2. Nach *Hase* (2) ...	ungeschweißt (Zn 99,99)	12—14
	geschweißt unter 1-mm-Blech	10,5
	geschweißt 1-mm-Blech	9
	geschweißt 2-mm-Blech	8
	geschweißt 3-mm-Blech	7
	geschweißt 5-mm-Blech	6
3. Nach *Zorn*	geschweißt (1- und 2-mm-Blech)	7—10
4. Nach *Anders*	geschweißt (3-mm-Blech)	6—8

Zahlentafel 11. Festigkeitswerte von ungeschweißten und autogen geschweißten Zinkblechen

Die Festigkeit von hartgelötetem verzinktem Eisenblech ist mit 20 kg/mm² etwa gleich der des weichgelöteten.

Die Zinkknetlegierung ZnAl 4 Cu 1 ergab autogengeschweißt nach *Burkhardt* eine Festigkeit von 24,5 bis 26 kg/mm². Nach Kalthämmern stieg diese auf 37 bis 40 kg/mm². Geschweißte Drähte der Legierung ZnAl 4 Cu 1, 10% nachgezogen, ergaben eine Festigkeit von 42 kg/mm².

Die Untersuchungen von *Zorn* u. *Mayer* erstrecken sich außer auf Zerreißversuche auch auf Biegeversuche und Schliffbildbefunde. Die Zerreißstäbe lagen senkrecht zur Walzrichtung (⊥ WR), so daß die Festigkeit *in* der Walzrichtung (|| WR) geprüft werden konnte. Die Prüfung erfolgte mit einer Zerreißgeschwindigkeit v ~ 40 mm/min bei 20° C ± 2. Bei den 3 mm dicken Blechen wurde die Raupe vor der Prüfung abgearbeitet, was bei den Blechen geringer Dicke nicht geschah. Die Zerreißfestigkeit wurde für 0,5-mm- und 1-mm-Bördelnähte*) sowie an 1-mm- und 3-mm-Stumpfnähten ermittelt. Die mittleren Festigkeitswerte der geschweißten und ungeschweißten Zinklegierungsbleche sind in der Zahlentafel 12 zusammengestellt. Beachtenswert sind die fast durchweg großen Festigkeitswerte der Bördelnähte von 0,5-mm-Blechen. Die 1-mm-Bleche mit Stumpfstoß ergaben im allgemeinen eine höhere Festigkeit als die der Bördelnähte. Besonders groß war der Unterschied für die Legierung ZnAl 1 und etwas geringer für die Legierung ZnCu 4. Aus der Nahtform der Stäbe mit

*) Bördelnähte an 1-mm-Blechen wurden nur bei ZnCu 1, ZnCu 2, Zn-Cu 4 und ZnAl 1 durchgeführt.

Legierung	Zugfestigkeit in kg/mm²					
	0,5 mm		1 mm		3 mm	
	ungeschweißt	geschweißt	ungeschweißt	geschweißt	ungeschweißt	geschweißt
ZnCu 1	29,2	18,9	28,5	21,9	34,5	20,0
ZnCu 2	27,3	27,4	30,0	27,2	34,0	25,4
ZnCu 4	25,6	25,6	25,9	27,0	31,7	22,7
ZnAl 1	21,5	15,5	29,1	15,6	31,0	17,3
ZnAl 10	28,3	26,3	29,1	25,8	26,0	26,6
ZnAl 4 Cu 1 .	41,2	—	48,8	39,0	44,0	30,1
ZnAl 10 Cu 1	—	39,8	—	32,4	—	38,3
ZnMn 1	16,9	16,6	32,3	31,0	18,6	12,6

Zahlentafel 12. Mittlere Zugfestigkeit von ungeschweißten und geschweißten Zinklegierungsblechen (nach *Zorn* u. *Mayer*)

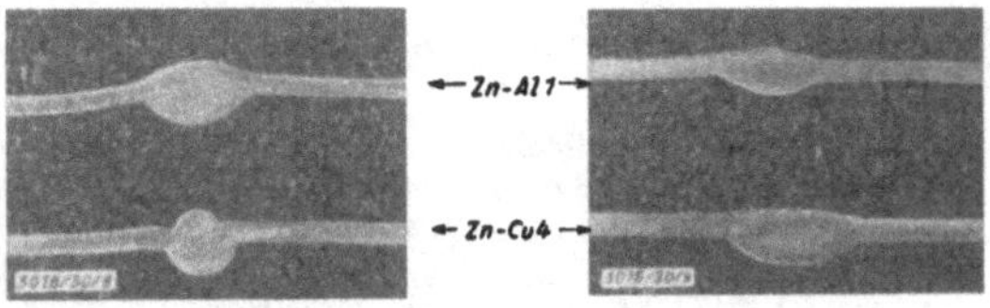

Bilder 8 und 9. Gegenüberstellung von Bördel- und Stumpfnähten an dünnen Blechen der Legierungen ZnAl 1 und ZnCu 1 (nach *Zorn* u. *Mayer*)

8 = Bördelnähte 9 = Stumpfnähte

geringer (Bild 8) und hoher Festigkeit (Bild 9) wurden von *Zorn* u. *Mayer* folgende Schlüsse gezogen: Bei der Legierung ZnCu 4 ist die geringe Festigkeit der Bördelnaht offenbar darauf zurückzuführen, daß zu schnell geschweißt wurde, so daß der Bördel nicht ganz niedergeschmolzen und scharf abgegrenzte Übergänge entstanden waren, die als Kerben wirkten und die Festigkeit verringerten (s. Beitrag Gasschw. d. Al-Leg. bei *Erdmann-Jesnitzer*). Die Bördelnaht der Legierung ZnAl 1 zeigt im Querschnitt keine Kerben im Nahtübergang zum Blech als Ursache geringer Festigkeit, aber grobkörnige Gefüge der Naht. Die Bleche wurden warm gebördelt und dabei wohl zu hoch und zu lang andauernd erhitzt, so daß Grobkörnigkeit entstand (Bild 10), wodurch die Festigkeit verringert wurde. Bei der Stumpfnaht wurde dagegen gefunden, daß das Gefüge an der Übergangsstelle normal und das Walzgefüge sich in Nahtnähe wenig veränderte, wie es Bild 11 zeigt.

Nur für die Legierung ZnAl 10 entspricht die Festigkeit der 3-mm-Stumpfnähte der des ungeschweißten Bleches. Nach *Zorn* u. *Mayer* ist die geringere Festigkeit der

Bild 10. Grobkörniges Gefüge von ZnAl 1 infolge zu starker Erhitzung (nach *Zorn* u. *Mayer*)

Bild 11. Übergangsstelle der Stumpfnaht bei ZnAl 1 (nach *Zorn* u. *Mayer*)

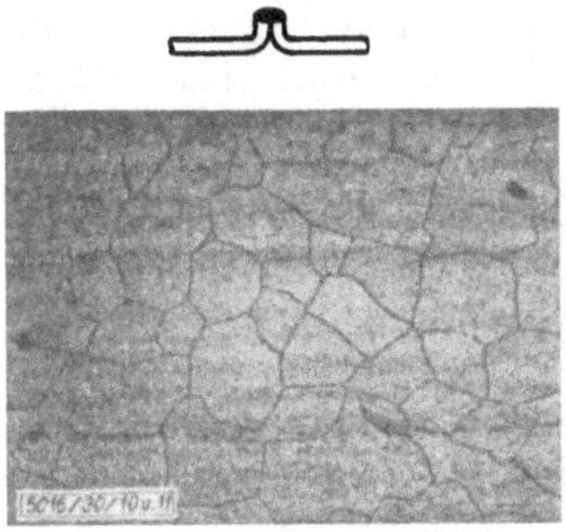

Bild 10

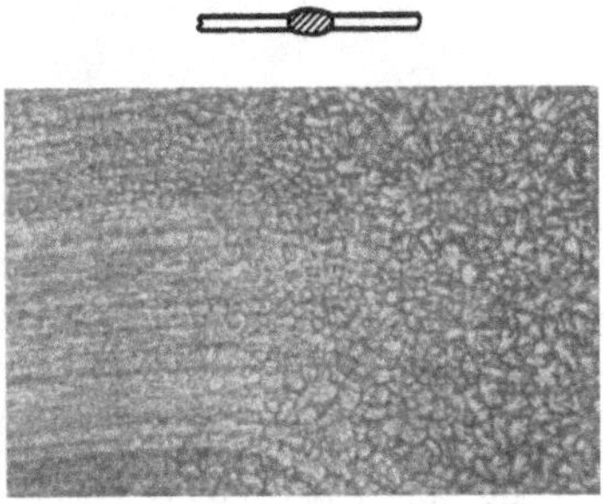

Bild 11

Schweißverbindungen zum Teil darauf zurückzuführen, daß die Bleche im harten oder halbharten Zustand angeliefert und erst durch das Schweißen weichgeglüht wurden. *Es wurde also, wie es für derartige Vergleichsmessungen notwendig ist, nicht vom weichgeglühten Ausgangszustand ausgegangen.* Die geschweißten Proben der 3-mm-Bleche brachen fast alle längs *in der Nahtmitte,* die 1 mm dicken Bleche dagegen größtenteils im Übergang Schweißnaht-Grundwerkstoff sowie etwa 50% der Stäbe der 0,5-mm-Dicke im Blech.

In *Biegeversuchen* wurde von *Zorn* u. *Mayer* der größtmögliche Biegewinkel für ohne Anriß gebogene Proben ermittelt. Für den Anlieferungszustand fast aller Bleche ergab sich ein Biegewinkel von 180°, während die Biegewinkel der geschweißten Bleche je nach Blechdicke und Legierung zwischen 10 und 110° lagen. Die geringsten Biegewinkel wurden an den verhältnismäßig harten Blechen der Legierungen ZnAl 4 Cu 1 und ZnAl 10 Cu 1 gefunden.

Ein Teil weiterer Ergebnisse einer Gemeinschaftsarbeit sind von *Liedloff* (1) veröffentlicht worden (siehe Abschnitt B).

Weitere Versuchswerte wurden für Bleche aus Feinzink, Walzzink (Hüttenzink Zn 98,5), den Zinklegierungen ZnLi, ZnCu 1 und ZnCu 4 autogen geschweißt wie folgt ermittelt:

Für 0,5 mm dicke Bleche Bördelschweißung, für 2 und 3 mm dicke Bleche Stumpfstoß und für 1 mm dicke Bleche Bördel- und Stumpfnaht, neutral eingestellte Flamme, Azetylen-Sauerstoff, für 0,5 und 1 mm Blechdicke Brennergröße Nr. 00, für 2 und 3 mm dicke Bleche Brenner Nr. 0, Flußmittel für Feinzink, Walzzink und Legierung ZnLi „Zinkschweißpaste Griesheim", für die Legierung ZnCu 1 und ZnCu 4 die Paste für Zinklegierungen (Griesheim), Zusatzdraht für die Stumpfstoßschweißung von Feinzink, Walzzink und ZnLi Feinzinkdraht, für die Legierungen ZnCu 1 und ZnCu 4 Drähte der entsprechenden Legierungen. Nahtvorbereitung: Die Kanten der stumpfgeschweißten Bleche wurden nicht besonders vorbereitet; für die Bördelschweißung wurde die Bördelhöhe 3 × Blechdicke gewählt. Geschweißt wurde in Nachlinksschweißung. Die Bleche wurden nur an den Enden geheftet und nicht festgespannt. Die Schweißgeschwindigkeit war erheblich größer als für Stahl, auf den Probeblechen war der Einfluß der Erwärmung bis 35 mm neben der Naht erkennbar. Die Schweißnaht der Bleche wurde kalt und auch warm gehämmert. Das Kalthämmern wurde von Hand mittels Hammers bis zu einem gefühlsmäßig begrenzten Verformungsgrad, d. h. so ausgeführt, daß sich das durch das Hämmern gereckte Blech nicht verwarf. Zum Warmhämmern wurde das Blech so lange in kochendes Wasser gelegt, bis es die Temperatur von 100° C angenommen hatte; Behandlung anschließend wie beim Kalthämmern.

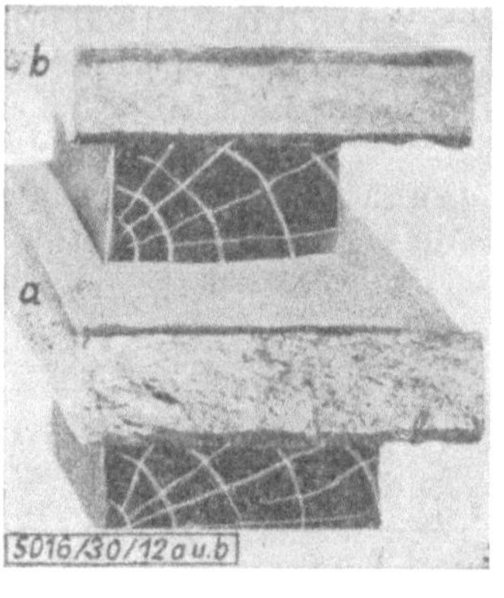

Bild 12. Bruchaussehen von geschweißten Proben nach dem Zerreißversuch (nach *Fiek* u. *Ludwig*). V 1,75×

a) Bruch im Nahtübergang
b) Bruch *in* der Schweißnaht

Die Auswertung wurde von *Fiek* u. *Ludwig* durchgeführt. Diese konnte nur für die Festigkeit vorgenommen werden, weil die Bestimmung der Verformungsfähigkeit der verschiedenen Schweißungen nicht zu brauchbaren Ergebnissen führte. Tiefungsversuche nach *Erichsen* mußten abgebrochen werden, da für die Durchführung nur ebene und gleichmäßig dicke Bleche geeignet sind, was im vorliegenden Falle durch Abarbeiten der Schweißraupe allein nicht erreicht werden konnte. Die Bleche hatten sich durch das Schweißen mehr oder weniger versetzt. Auch Faltversuche brachten keine reproduzierbaren Ergebnisse, so daß diese nicht zur Beurteilung der Verformungsfähigkeit geschweißter Proben herangezogen werden können.

Das Bild 12 zeigt zwei der charakteristischen *Bruchausbildungen.* Der Bruch (b) ist feinkörnig *im* Nahtübergang. Das gleiche Aussehen hatten auch alle anderen Brüche, die im Übergang Naht-

Blech auftraten. Der Bruch (a) zeigt das Aussehen der Brüche dicker Bleche, die *in* der Schweißung meist mit geringer Festigkeit und grobkörnigem Bruchgefüge rissen.

Die Mittelwerte der *Zugversuche* geschweißter und ungeschweißter Proben sowie Festigkeitsabnahme durch das Schweißen sind aus der Zahlentafel 13 ersichtlich.

Werkstoff	Blechdicke	σ_B des Werkstückes	Schweißart*)	Zugfestigkeit der Schweißnaht nicht behandelt		kalt-gehämmert		warm-gehämmert	
	mm	kg/mm²		kg/mm²	%**)	kg/mm²	%	kg/mm²	%
Feinzink ..	0,5	14,9	b	8,7	59	8,6	58	9,0	60
	1,0	13,4		7,9	59	10,3	77	9,1	68
	3,0	12,0	s	7,6	57	9,8	73	8,8	66
				6,6	55	6,1	51	7,1	59
Walzzink .	0,5	20,1	b	13,6	68	13,3	66	13,7	68
	1,0	16,7		11,6	69	12,2	73	12,7	76
	3,0	11,5	s	10,9	65	11,7	70	12,1	72
				7,1	61	11,0	95	10,2	89
ZnLi	1,0	14,1	b	12,5	89	12,6	89	12,2	87
	3,0	13,4	s	10,6	75	11,1	79	12,0	85
				6,5	48	10,0	75	9,8	73
ZnCu 1 ..	0,5	27,4	b	19,4	71	21,9	80	18,9	69
	1,0	24,2		21,7	90	21,0	84	21,1	87
	2,0	24,2	s	16,5	68	19,0	79	19,1	79
				19,3	79	19,7	81	19,6	81
ZnCu 4 ..	0,5	31,4	b	26,0	83	26,4	84	25,1	80
	1,0	27,8		20,7	74	21,9	79	22,9	82
	3,0	25,3	s	24,5	88	24,9	90	25,2	91
				28,9	91	22,3	88	22,3	88

*) b = Bördelschweißung.
s = Stumpfschweißung.
**) % der Werkstoffzugfestigkeit.

Zahlentafel 13. Mittelwerte der Zugversuche an ungeschweißten und geschweißten Proben (nach *Fiek* u. *Ludwig*)

Das Bild 13 a—c zeigt Brüche *in*, *an* und *außerhalb* der Schweißnaht. Die Probe unter a brach *in* der Mitte der grobkristallinen Schweißnaht mit geringer Dehnung und geringer Festigkeit und entspricht etwa der des Bildes 12 a. Die Probe b ist im *Übergang* Naht-Blech gerissen, entsprechend etwa 12 b. Der Bruch verläuft hier zum Teil unmittelbar im Schweißnahtübergang, zum Teil auch durch die Wärmeeinflußzone neben der Naht. Der Anriß ging von *beiden* Seiten aus, so daß ein Stück etwa in Nahtmitte herausbrach. Die Dehnung und die Festigkeit liegen für den Stab b höher als für den Stab a. Der Stab c ist *außerhalb* der Schweißung mit *guter Dehnung* gerissen.

Für die Beurteilung der *Güte* der Schweißung wurde folgender Maßstab zugrunde gelegt:

Schweißnahtfestigkeit 76—100% der Blechfestigkeit = gut, 70—75% der Blechfestigkeit = ausreichend, <70% der Blechfestigkeit = *nicht* ausreichend.

Aus den gemessenen Werten ergibt sich nach diesen Gesichtspunkten die Zahlentafel 14. Der Werkstoff selbst hat naturgemäß den größten Einfluß auf die Zugfestigkeit der geschweißten Bleche. In der Zahlentafel 15 ist das arithmetische Mittel der einzelnen Werkstoffe ohne Rücksicht auf Blechdicke, Nahtart und Nachbehandlung zusammengestellt.

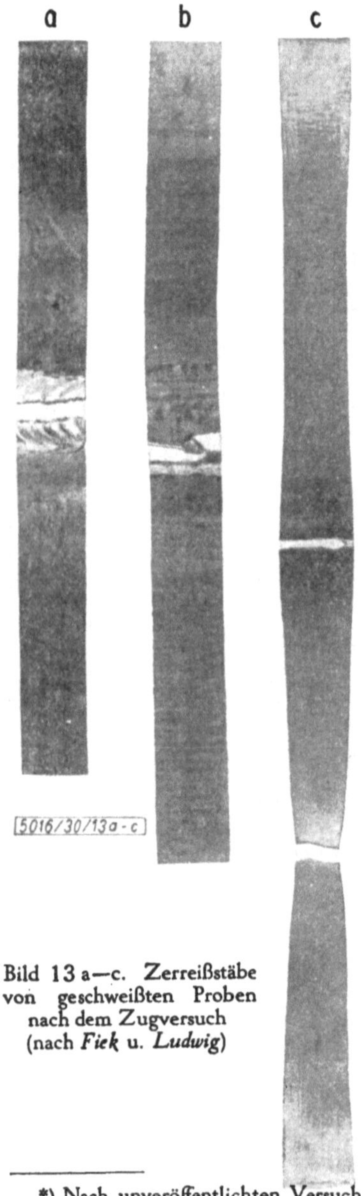

Bild 13 a—c. Zerreißstäbe von geschweißten Proben nach dem Zugversuch (nach *Fiek* u. *Ludwig*)

Danach steigt die Zugfestigkeit der Schweißnaht ebenso wie die des ungeschweißten Werkstoffes im allgemeinen in der Reihenfolge: Feinzink, ZnLi, Walzzink, ZnCu 1, ZnCu 4 an. Mit zunehmender Blechdicke von 0,5 nach 3 mm zeigte sich bereits im ungeschweißten Anlieferungszustand der Bleche nur eine geringe Abnahme der Festigkeit. Für einen Vergleich des Einflusses der Nahtausbildung können nur die 1 mm dicken Stäbe herangezogen werden, bei denen beide Nahtformen, d. h. mit und ohne Kerb, bei Bördel- und Stumpfstoßnähten angewandt wurden. Im Vergleich mit den 0,5 mm dicken Proben, die nur mit Bördelnaht geschweißt waren, überwiegt wohl der Blechdickeneinfluß ebenso wie bei den 3 mm dicken, die nur im Stumpfstoß verschweißt wurden. Bei allen Werkstoffen zeigte sich fast durchweg eine geringe Unterlegenheit der Stumpfnaht gegenüber der Bördelnaht. Eine Ausnahme bildete die Legierung ZnCu 4, bei der durchweg die Stumpfnaht der Bördelnaht überlegen war. — Mit wenigen Ausnahmen erwies sich das Kalt- und noch mehr das Warmhämmern als festigkeitssteigernd. Die Verbesserung der Nahtgüte war im allgemeinen jedoch nicht erheblich.

Festigkeit der elektrischen Schweißung. Kotchergien gibt an, daß punkt- und nahtgeschweißte Zinkbleche*) von 0,3 bis 0,5 mm Dicke Festigkeitswerte von 11 bis 16 kg/mm^2 ergeben. *Fahrenbach* stellt fest, daß die Festigkeit von nahtgeschweißtem 0,8 mm dickem Zinkblech etwa der einer 2,5 mal so breiten entspricht. *Müller* ermittelte an nahtgeschweißtem Zinkblech 10 kg/mm^2 Festigkeit (siehe auch unter Abschnitt D).

Die Festigkeit der Proben, die gemäß den Zahlentafeln 9 und 10 punkt- und nahtgeschweißt wurden, betrug im Durchschnitt etwa die Hälfte

*) Nach unveröffentlichten Versuchsarbeiten von *F. Erdmann-Jesnitzer* und *W. Schierhorn* (1954) lassen sich auch verzinkte Eisenbleche durchaus gut punktschweißen. Die Schweißzeit wird je nach Zink-Schichtdecke am besten durch Stichversuche ermittelt.

Blechdicke	Schweißart	Verhältnis $\frac{\sigma_B \text{ ungeschweißt}}{\sigma_B \text{ geschweißt}} \cdot 100$ für die übergeschriebenen Werkstoffe und Zustände															Bemerkung
		Feinzink			Walzzink			ZnLi			ZnCu 1			ZnCu 4			
mm		A*)	k*)	w*)	A	k	w	A	k	w	A	k	w	A	k	w	
0,5	b											80	87	83	84	80	g**)
1,0			77				76	89	89	87	90	84			79	82	
1,0	s								79	85		79	79	88	90	91	g
2 bzw. 3						95	89				79	81	81	91	88	88	
0,5	b										71						a
1,0						73								74			
1,0	s		73			70	72	75									a
3,0									75	73							
0,5	b	59	58	60	68	66	68						69				na
1,0		59		68	69												
1,0	s	57		66	65						68						na
3,0		55	51	59	61			48									

*) A = nicht behandelt k = kaltgehämmert w = warmgehämmert
**) g = gut, a = ausreichend, na = nicht ausreichend.

Zahlentafel 14. Güte der Schweißung an Zink- und Zinklegierungsblechen (nach *Fiek* u. *Ludwig*)

Werkstoff	Zugfestigkeit der Schweißnaht in kg/mm²
Feinzink	8
Walzzink	12
ZnLi	11
ZnCu 1	20
ZnCu 4	24

Zahlentafel 15. Gesamtmittel der geschweißten Proben (nach *Fiek* und *Ludwig*)

der Ausgangszugfestigkeit. Durch Hämmern oder Walzen bei Temperaturen, bei denen noch keine Grobkornbildung eintritt, kann auch hier die Rückbildung eines feinen Gefüges und damit eine Erhöhung der Festigkeit erzielt werden.

3. Korrosionsverhalten von Schweißnähten. Im Schrifttum ist über diese Frage nur *eine* Arbeit vorhanden [Lit. *Winterhager*]. Dieser ermittelte das Korrosionsverhalten geschweißter Zinkbleche in

1. verdünnter Schwefelsäure (30% H_2SO_4),
2. oxydischer Kochsalzlösung (3% NaCl + 0,1% Wasserstoffsuperoxyd),
3. Luft mit Schwefeldioxyd (0,1% SO_2) und 80% relativer Feuchtigkeit.

Die untersuchten Proben wurden dabei einer größeren geschweißten Blechtafel entnommen, nachdem die Flußmittelreste der Schweißnähte durch Abspülen mit verdünnter Salpetersäure und sorgfältiger Wassernachspülung entfernt wurden.

Die so behandelten Proben waren 5 Stunden dem Agens unter 1 ausgesetzt. Die einwandfrei geschweißte Naht wurde *geringer* angegriffen als der Grundwerkstoff.

Dem Agens unter 2 wurden Probestäbe von 20 mm Breite mit 3, 6 und 10 Monaten Korrosionsdauer ausgesetzt. Auch hier wurde der Grundwerkstoff stärker angegriffen als die Schweißnaht. Der Festigkeitsabfall der Schweißverbindung war gering und betrug nur etwa 10%. *Durch Kalthämmern der Naht wurde die Korrosionsbeständigkeit nicht verringert.* Dies Verhalten der Zinkbleche ist unterschiedlich dem der bei höherer Temperatur rekristallisierenden Werkstoffe.

In schwefeldioxydhaltiger feuchter Luft, Agens unter 3, wurden Probestäbe von 20 mm Breite 6 Monate ausgesetzt. Auch hierbei wurden die *un*geschweißten Bleche etwas stärker angegriffen als die Schweißnaht. Der Festigkeitsabfall betrug etwa geschweißt - ungeschweißt 20%. Neben ausgeprägtem *Lochfraß* wurde hierbei auch vereinzelt *Korngrenzenkorrosion* beobachtet, insbesondere an Stellen, an denen sich mikroskopisch kleine *Lunker* und *Oxydteilchen* befanden.

Nach den Untersuchungen von *Winterhager* scheint der Übergang Schweißwerkstoff - Grundwerkstoff sowie der Übergang rekristallisiertes Gefüge - nicht rekristallisiertes Walzgefüge teilweise gefährdet.

D. *Fertigungsbeispiele*

1. Gasschmelzschweißen

a) Zink unlegiert. Vor allem im Klempnerhandwerk wurde eine Umstellung von dem Löten auf das Schweißen vorgenommen. Außer der Ersparnis an Lötzinn hat das Schweißen der Zinkbleche auch den Vorteil schnelleren Arbeitens, dichterer und dauerhafterer Verbindungen sowie der gleichen Werkzeugeinrichtung wie bei den anderen Schweißarbeiten [Lit. *Schuch*]. Es erscheint deshalb zweckmäßig, gerade aus diesem Gebiet einige Beispiele zu bringen.

Das Schweißen einer Regenrinne, als eine der verschiedenen Verbindungsarbeiten, die im Klempnerhandwerk vorkommen, ist von *Petershagen* beschrieben. Die Vorbereitung der Regenrinne erfolgt nach dem Bild 14 entweder als Bördelnaht oder als Überlapptnaht. Die Wulst und der Umschlag werden im ersteren Falle nicht gebördelt oder abgeschnitten, sondern dienen als Führung wie beim Löten oder bei Anwendung der überlappten Naht. Auch bei der Regenrinne mit Bördelnaht erfolgt daher das Verschweißen des Wulstes und des Umschlages als Überlapptnaht mit Zusatzdraht.

Das Schweißen des Rinnenbodens kann auf zwei Arten durchgeführt werden (Bild 15). Die Regenrinne kann nach dem ersten Verfahren am Ende aufgebördelt werden, der Boden wird nach dieser Bördel-

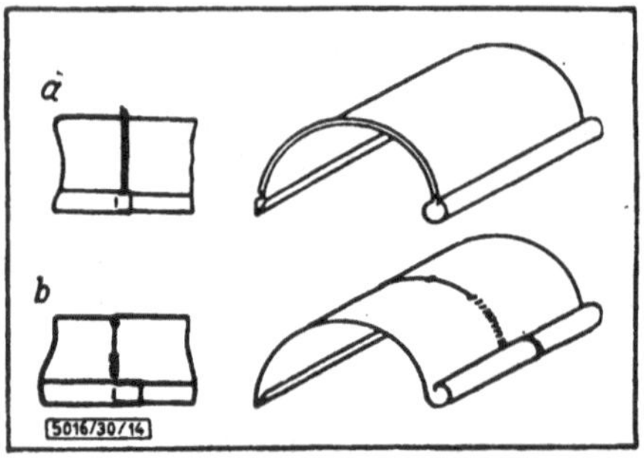

Bild 14

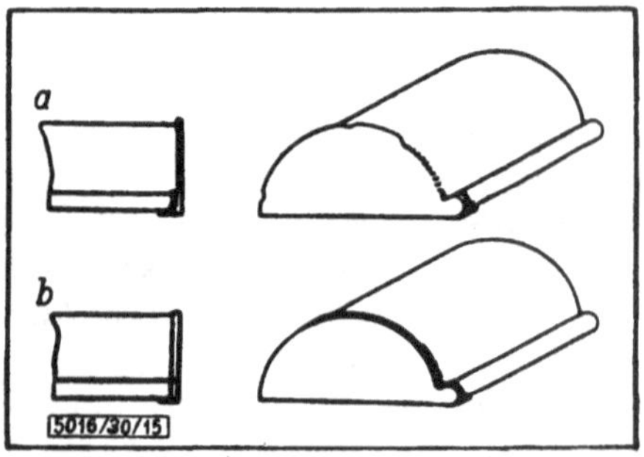

Bild 15

Bild 14. Schweißverbindungen an einer Regenrinne aus Zinkblech (nach *Petershagen*)
a) Bördelnaht b) Überlapptnaht *mit* Zusatzdraht schweißen

Bild 15. Aufschweißen von Vorböden auf Regenrinnen aus Zinkblech (nach *Petershagen*)
a) Bördelnaht b) Überlapptnaht *mit* Zusatzdraht schweißen

kante zugeschnitten und dann werden beide vorstehenden Kanten ohne Zusatz niedergeschmolzen. Beim zweiten Verfahren wird die Kante des Bodens wie beim Löten umgebördelt und diese Kante unter Verwendung von Zusatzdraht an die Rinne angeschweißt.

Weitere Schweißarbeiten an einem Regenrinnenstück werden von *Anders* (2) beschrieben. Wie aus dem Bild 16 hervorgeht, wurde zunächst an ein Rinnenstück ein Rinnenboden mit überlappter Naht aufgeschweißt. Danach wurde ein Rohrstutzen mit Stumpfnaht in Längsrichtung geschweißt, der mittels Kehlnaht auf das Rinnenstück aufgeschweißt wurde.

Bild 16. Geschweißtes Regenrinnenstück mit Stumpf-, Eck-, Kehl- und Überlapptnaht (nach *Anders*)

In der Klempnerwerkstatt werden auch häufig Rohrbogen und Krümmer aus vorgepreßten Hälften mit überlappter Naht zusammengeschweißt. Für das Rundnahtschweißen von Regenfallrohren wird eine Dauerleistung je Stunde von 30 bis 35 Nahtmetern erreicht. Zehn Hilfs- und angelernte Arbeiter schweißen täglich in Achtstundenschicht 1200 bis 1400 Rohrmeter.

Zinkblecheinsätze für Holzkisten wurden früher ausschließlich gelötet. Sie werden heute entweder autogen oder elektrisch geschweißt. Das Gasschmelzschweißen eines derartigen Einsatzkastens wurde von *Hase* (1) beschrieben. Die früher gelötete Ausführung aus drei Blechen, bei der die Querwände die Längsnähte überlappten, wurde dabei nicht beibehalten. Die Umänderung der Ecknaht unter Beibehaltung der Blechaufteilung ist schweißgerechter. Eine schwierige Aufgabe ist das Einsetzen der in Bild 17 mit z beschriebenen Zwickel, die zur Ausfüllung der offenen Ecken der abgekanteten Auflageflächen dienen. Während diese eingeschweißt werden, wird die kleine Blechfläche so schnell erwärmt, daß ein Wegschmelzen an dieser Stelle kaum vermeidbar ist. Der Ausweg, diese Zwickel etwas größer zu schneiden und mit zwei Nähten unterzulöten, kann nur als schlechter Behelf für eine Ausführung angesehen werden, die von vornherein auf Schweißung umgestellt werden sollte. Durch diese erfolgte Umänderung auf Überstandsnaht werden Schwierigkeiten vermieden. Die Umänderung verlangt jedoch eine Änderung des Zuschnitts für das große Blech.

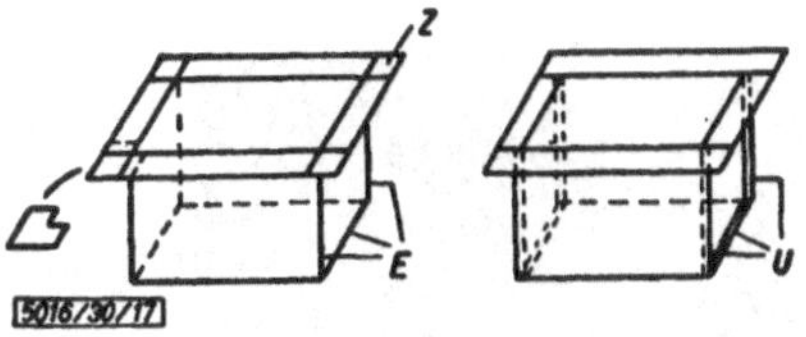

Bild 17. Nahtanordnung an Zink-Einsatzkästen (nach *Hase*)

Die *Überstandsnaht* hat sich bei derartigen Zinkeinsätzen (Bild 17) als zweckmäßig erwiesen und eingeführt. Dabei werden hohe Schweißleistungen erzielt. Kurzfristig angelernte Frauen können in einer Achtstundenschicht für 0,8 mm dicke Bleche etwa 200 Nahtmeter verschweißen [Lit. *Hase* (2)].

Folgendes zeige, daß sich g e s c h w e i ß t e Zinkbleche nicht immer bewähren. Ab 1942 wurde eine größere Anzahl Fußbodenverkleidungen von Reichsbahnkühlwagen aus verschweißtem 2 mm dickem Zinkblech hergestellt. Mitte 1944 traten bei den verschweißten Zinkblechfußböden an der Verkleidung und an den Seitenwänden Risse auf. Für einen Teil der Kühlwagen, die Fischtransporten dienten, wurde auch eine Verkleidung der Seitenwände aus Zinkblech mit einer konstruktiven Höhe von 1,5 m sowie 1 mm Blechdicke, die an den Stößen verschweißt war, gewählt. Die Bruchursache wurde nicht genau untersucht. Vermutet wird, daß die Schweißnähte der Fußböden durch Sackkarren befahren wurden, also eine mechanisch starke Beanspruchung, der die Nähte nicht standhielten.

b) Hartlöten verzinkten Eisenbleches. Das Hartlöten von verzinktem Eisenblech ist im Klempnerhandwerk nicht so universell anwendbar wie das Schweißen von Zinkblechen. Es können aber auch hier verschiedene Arbeitsgänge, z. B. an Dachrinnen aus verzinktem Eisenblech, durch Hartlöten ausgeführt werden.

c) Zinklegierungen. Waschkessel aus Blechen der Legierung ZnLi wurden in den letzten Jahren mit gutem Erfolg autogen geschweißt [Lit. *Bayer* (2); *Hase* (2)]. Es werden der Boden und die Längsnaht geschweißt (Bild 18 a). Letztere wird nach dem Schweißen mit einer Rollenmaschine geglättet (Bild 18 b). Das Schweißen der Innenkehlnaht (Bild 19) wird ebenso wie das Außenschweißen in einer drehbaren Vorrichtung vorgenommen (Bild 20). Der konische Mantel wird nach dem Schweißen unter leichtem Anwärmen auf der Druckbank profiliert. Die dabei auftretende starke Verformung wird anstandslos von der Naht aufgenommen. Es sei an dieser Stelle noch erwähnt, daß während der Jahre 1939 bis 1945 in

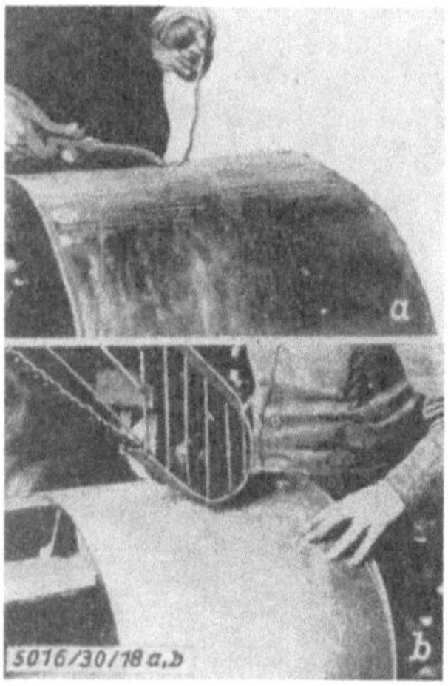

Bild 18a und b

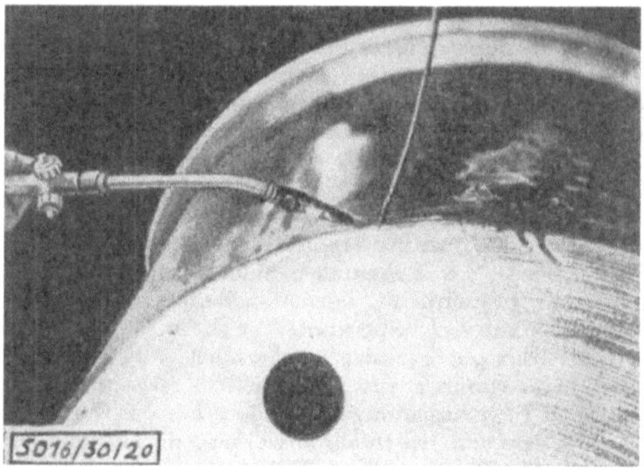

Bild 20

Bild 19

Bild 18 a u. b. a) Schweißen der Seitennaht eines Waschkessels aus Legierung ZnLi;
b) Glätten der Naht mit einer Rollenglättmaschine (Werkphoto *E. Lang*).

Bild 19. Schweißen der Innenkehlnaht eines Waschkessels aus Legierung ZnLi (Werkphoto *E. Lang*).

Bild 20. Schweißen der Bodennaht eines Waschkessels aus Legierung ZnLi auf einer drehbaren Vorrichtung (Werkphoto *E. Lang*)

Bild 21 a u. b

a) Gebrochenes Vergaserteil aus Zinkdruckguß zum Schweißen vorbereitet (nach *Hase*)
b) Gebrochenes Vergaserteil aus Zinkdruckguß fertig geschweißt (nach *Hase*).

Deutschland auch größere Behälter, bekannt als Packgefäße, aus ZnCu 1-Blechen mit Erfolg geschweißt wurden (Blechdicke s ~ 2,5 bis 4 mm, 500 mm Ø).

Druckgußteile aus Zinklegierungen werden vor allem bei Reparaturarbeiten geschweißt. Selbstverständlich lohnt es sich nur dann, Gußstücke aus Zinklegierungen zu schweißen, wenn ein Ersatz nicht möglich ist. Das kann für Kühlerverkleidungen ausländischer Kraftfahrzeugtypen oder bei Autoteilen aus Zinkdruckguß heute notwendig werden. Erfolgreiche Schweißungen beschreibt die Literatur in *NKZ*. Auch amerikanische Verfasser wie *Smith* haben gezeigt, daß die Ausbesserung durch Schweißen von Maschinenteilen aus Zinkdruckguß möglich ist, wie z. B. von Vergasern und Brennstoffpumpen.

Nach *Hase* (1) ist die *Vorbereitung* der Bruchstücke z. B. bei Vergasern aus *Zinkdruckguß* dieselbe wie bei *Leichtmetallgußstücken*. Die Rißstellen und die angrenzenden Flächen müssen auf der Ober- und Unterseite sorgfältig mechanisch und chemisch gereinigt und vor allem von etwaigen *galvanischen Überzügen befreit werden*. Der Riß selbst wird an den Enden abgebohrt, ausgekreuzt und bei Wanddicken über 5 mm zur V-Fuge erweitert. Größte Sorgfalt ist dem Anpassen der Bruchteile zu widmen. Die Bruchränder müssen gut anliegen. Während des Schweißens darf auf keinen Fall eine Bewegung oder ein Zusammensacken erfolgen. Als Unterlage werden gußeiserne Böckchen oder Schamottesteine verwandt. Für die Unterstützung frei tragender Flächen werden mit Sand bedeckte Bleche benutzt. In ähnlicher Weise werden die der Schweißnaht benachbarten Flächen sowie Gewindelöcher und dergleichen mit wasserfeuchtem Asbest vor unerwünschter Einwirkung der Schweißflamme geschützt. Bilder 21 a u. b zeigen ein gebrochenes Vergaserteil vor und nach Instandsetzung. Mit den gleichen Mitteln kann eine Form zur Begrenzung oder starker Auftragung der Schweißnaht gebildet werden. Erst nach diesem Aufbau darf das Heften der Bruchstellen erfolgen. Das Reparaturstück wird mit dem Schweißbrenner vorgewärmt. Bei größeren Stücken verhindert man das Abwandern der Wärme durch einen Umbau von feuerfesten Steinen. Von *Ogden* wird zum Vorwärmen eine große Platte empfohlen.

Bei den Reparaturarbeiten wird mit größerem Flammenabstand als dem sonst üblichen von 10 bis 15 mm geschweißt. Der Schweißvorgang soll bei möglichst niedriger Temperatur erfolgen. Da Flußmittel für die Reparatur von Druckgußteilen aus den aluminiumhaltigen Zinklegierungen DZnAl 4 oder DZnAl 4 Cu 1 bei Reparaturarbeiten noch nicht erprobt wurden, wird von *Hase* (1) für diesen Fall empfohlen, daß der in das Schmelzbad eingetauchte Draht eine „puddelnde Bewegung" ausübt, um immer wieder die sich bildenden Oxyde an die Oberfläche zu bringen und außerdem die auf der Oberfläche sich bildenden Oxydfilme aufzureißen. Dadurch wird das ungehinderte Einfließen des Zusatzmetalls ermöglicht. Diese Angaben stimmen auch mit denen aus amerikanischen Arbeiten von *Buckley* sowie *Mace* überein, wonach in fast allen Fällen ein Stahl- oder Bronzestab benützt wird, um einmal die Oxydhaut zu beseitigen und außerdem der Schweiße eine bestimmte Form zu geben. Das Aussehen der Oberfläche der Raupe kann durch nachträgliches „Verblasen mit dem Schweißbrenner" verbessert werden. *Wichtig ist eine langsame Abkühlung der Gußstücke*. *Hignett* vertritt die Ansicht, daß zwei der Hauptfehler bei geschweißten Zinkdruckgußstücken erstens Einschlüsse von Aluminiumoxyd und zweitens Einfallstellen sind, die wahrscheinlich durch Gesamtwicklung aus dem Guß heraus entstehen. Von *Hase* (1) wird noch beschrieben, auf welche Weise Schilder aus Zinkdruckguß auf Stahlflaschen aufgeschweißt werden können. Da es sich lediglich um eine Versuchsausführung handelte, sei nur kurz erwähnt, daß durch Aufrauhen des Stahlgrundes und *Aufspritzen einer Zinkschicht* die Verbindung durch eine ringsumlaufende Kehlnaht möglich war (!).

Eine weitere Anwendungsmöglichkeit der Gasschmelzschweißung bei Zinklegierungen ist das *Ausbessern von porösen Zinkgußstücken*. Dieses Verfahren ist allerdings nur bei größeren Sand- oder Kokillengußstücken empfehlenswert. Bei sachgemäßem Arbeiten können durch *Auftragschweißung* poröse Stellen ausgebessert werden, ohne daß dabei Grobkornbildung auftritt, welche die mechanischen Eigenschaften oder die Korrosionsbeständigkeit nachteilig beeinflussen würde. In der Gießerei wurde bei solchen Ausbesserungsarbeiten die Beobachtung gemacht, daß sich die magnesiumfreie Legierung GZnAl 6 Cu 1 im Gegensatz zu der Legierung GZnAl 4 Cu 1 auch ohne Flußmittel schweißen läßt.

Ganz allgemein kann gesagt werden, daß die schweißtechnische Instandsetzung von Zink und Zinklegierungen bisher selten vorgekommen ist. Auch bei Waschkesseln der Zinklegierung ZnLi, die, ganz allgemein für Zinklegierungen geltend, wegen ihres verhältnismäßig niedrigen Schmelzpunktes zum Durchbrennen neigen, kommt eine Reparatur durch Schweißung in Betracht. Eine Versprödung ist nicht zu befürchten, falls die Schweißnähte durch Hämmern bei 150° C nachvergütet werden.

2. *Elektrisches Schweißen*

Stumpfschweißen. Anwendungsbeispiel: Drähte der Zinklegierung ZnAl 1 für elektrische Leitungen mit 2,5-mm²-Querschnitt. Die Drähte werden *vor* dem Ziehen auf einer automatisch gesteuerten Stumpfschweißmaschine zusammengeschweißt. Die vom Schweißgrat befreiten Schweißstellen halten der folgenden Ziehbeanspruchung stand [Lit. *Zinktaschenbuch*, a) Beitrag von *Deisinger*].

Punkt- und Nahtschweißen. Es war naheliegend, dies vor allem für die Massenfertigung auch an Zinkelementebechern zu erproben. Trotz der Mißerfolge nach dem ersten Weltkrieg (siehe Abschnitt B) hat man sich auch in späteren Jahren immer wieder mit diesem Problem befaßt. So berichtet *Zalesinski* über erfolgreiches Nahtschweißen von Zinkblechen. Die Nahtschweißungen waren, obwohl die erhitzte Zone rekristallisierte, besonders korrosionsbeständig. Ein handbetätigtes Punktschweißgerät für Zinkelementebecher wird von *Richter* beschrieben. Nach *Fahrenbach* wurde aber das Schweißverfahren für Zinkbecher erst zu einem Zeitpunkt vervollkommnet, als in Deutschland der *nahtlos gespritzte Zinkelementebecher* aufkam, so daß sich das Verfahren nicht mehr durchsetzen konnte. Im Ausland, insbesondere in England mit seinem großen Bedarf an Anodenbatterien, hatte der geschweißte Becher dagegen jahrelang große Bedeutung, obwohl gerade dort kein Mangel an Lötzinn bestand.

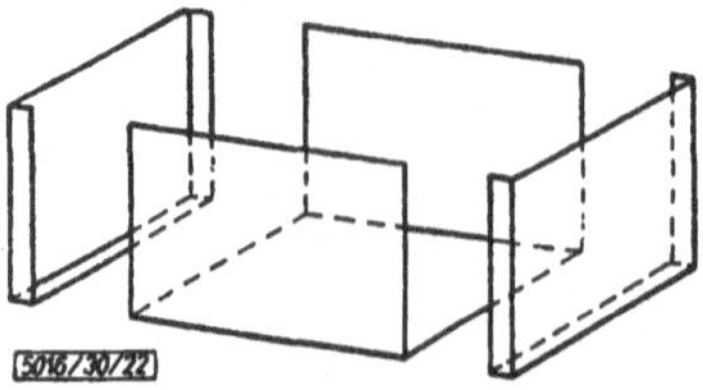

Bild 22. Vorbereitung der Kästen für die Nahtschweißmaschine (nach *Fahrenbach*)

Die seinerzeit von deutschen Firmen gewonnenen Erfahrungen konnten aber in den letzten 10 Jahren nutzbringend verwertet werden. Insbesondere bei der Massenherstellung von Behältern aus Zink eröffnete sich ein bedeutendes Arbeitsgebiet, und zwar wurde die Rollennahtschweißung beispielsweise für Kästen aus 0,8 mm dicken Zinkblechen eingeführt. Für diesen Zweck wurde eine Sondermaschine entwickelt, die mit zwei getriebenen Elektrodenrollen, die an den Polen des Schweißumspanners liegen, arbeitet. Die Vorbereitung der Kästen für die Rollennahtschweißmaschine erfolgt gemäß dem Bild 22. Die beiden Seitennähte werden dabei gleichzeitig geschweißt. Bei dem von *Fahrenbach* beschriebenen Verfahren entsteht je mm Naht ein Punkt. Die Punkte haben einen Durchmesser von ungefähr 2 mm, so daß sie sich gut überlappen und eine vollkommen *dichte* Naht bilden. Die *Schweißnaht* selbst *ist feinkristallin*, während das *Übergangsgebiet* zwischen Schweißnaht und Ursprungswerkstoff *grobe Struktur* aufweist.

Auch *Müller* weist auf die guten Erfolge hin, die bei der Widerstandsschweißung von Kästen verschiedener Größe (300 × 300 × 120 mm und 700 × 500 × 400 mm) erzielt wurden. Gegenüber dem Lötverfahren wurden nicht nur erhebliche Mengen an Zinn eingespart, sondern es konnte auch die Leistung erheblich gesteigert werden. Nach den Angaben von *Müller* wurden in einer Arbeitsschicht täglich 600 m geschweißt. Die Schweißzeit betrug 50 s/m. Die Abnützung der Elektroden war gering, und zwar war diese nur an den Rollen festzustellen, während die Schienen kaum einen Verschleiß aufwiesen. Auch die Forderungen nach der vollkommenen Gasdichtigkeit der Nähte für 0,3 atü Innendruck — die Eckpunkte waren gelötet — sowie die nach ausreichender Festigkeit wurden bei der elektrischen Rollennahtschweißung erfüllt. Die Festigkeit der Schweißnaht betrug hier 10 kg/mm² (siehe auch Abschnitt C), während man die der Lötnaht von Zinkblechen mit etwa 12 kg/mm² in Rechnung setzt.

Beim Rollennahtschweißen von Zinkkästen aus 1 mm dickem Blech wurde an anderer Stelle ebenfalls eine Schweißgeschwindigkeit von 1,2 m/min, für 0,1 mm dicke Bleche sogar 4 m/min erzielt [Lit. *Neese*].

Abschließend sei noch erwähnt, daß die Punktschweißung bei Zinklegierungslagerschalen angewandt wurde, die nachträglich bearbeitet wurden. Im allgemeinen werden solche Schalen *vor* der mechanischen Bearbeitung zusammengelötet, bei bestimmten Konstruktionen ist aber auch die Punktschweißung anwendbar.

E. Ausblick

Ob dem Schweißen von Zink in Deutschland auch in der Zukunft die große Bedeutung wie in den letzten Jahren zukommen wird, wird weitgehend von der Versorgungslage mit Lotmetallen und insbesondere mit Lötzinn abhängig sein. Aus den vorliegenden Ausführungen geht ja hervor, daß die weite Verbreitung und Anwendung des Schweißens von Zink vor allem durch den Mangel an Lotmetallen bedingt war und schon aus diesem Grunde das Zinkschweißen im Ausland nicht so im Vordergrund stand wie in Deutschland.

Diese Tatsache geht auch aus dem Sammelreferat von *Spraragen* u. *Claussen* hervor, in dem der Stand des Zinkschweißens bis Juni 1939 wiedergegeben wurde. Die beiden Verfasser erwähnen darin u. a., daß Zinkbleche in den USA in geringerem Umfange verwendet werden als Zinkdruckguß. Es sei deshalb nicht überraschend, daß das Schweißen dort wenig Anwendung findet. Bei Zinkblechen selbst werden in den USA und auch beispielsweise in England im allgemeinen andere Verbindungsarten, vor allem das Löten, angewandt. Gleichwohl wird auch dem Schweißen von Zink und

Zinklegierungen im Ausland Beachtung geschenkt. Aus einigen uns zugänglichen Schrifttumsangaben ist zu entnehmen, daß man sich während des Krieges außer in den USA [Lit. *Gilette; Smith*] auch in der Schweiz [Lit. *Messner*] mit dem Schweißen von Zink und Zinklegierungen befaßt hat.

Interessant sind auch die von *Spraragen* u. *Claussen* vorgeschlagenen Themen, die noch untersucht werden sollten. Hier wird u. a. angegeben, daß eine zusätzliche Unterrichtung über die Festigkeit von geschweißten Zinklegierungsblechen und besonders über ihre Verformbarkeit notwendig wäre. Ein Teil dieser Fragen ist inzwischen durch die nach 1939 erschienenen deutschen Veröffentlichungen und durchgeführten Arbeiten geklärt worden.

Dem Wunsch der amerikanischen Autoren, auch das Korrosionsverhalten von gas- und auch elektrisch geschweißtem Zink besonders in Langzeitversuchen weiter zu prüfen, kann nur beigepflichtet werden. Nach Ansicht von *Spraragen* u. *Claussen* müßte außerdem die Wirksamkeit der Flußmittel für das Zinkschweißen vom Gesichtspunkt der Oberflächenspannung, der Ausbreitungsmöglichkeit und der Löslichkeit von Sauerstoff und Zinkoxyd untersucht werden (siehe hierzu auch *Lüder*, Anhang).

Von den gleichen Autoren wird betont, daß Untersuchungen über Punkt- und Nahtschweißen von Zinklegierungen, vor allem auch die Festlegung der günstigsten Bedingungen für die Maschinenwerte, Schweißzeit, Elektrodendruck, Schweißstrom, unter Einschluß des Dickeneinflusses geklärt werden sollten. Ebenso sollte die Festigkeit bestimmt und der Einfluß der Elektrodenform (ballig, plan) und der Oberflächenvorbereitung (gebeizt, gebürstet, unbehandelt) untersucht werden. Diese Fragen sind zum Teil durch die Versuche der *SSW* bereits gelöst worden. Allerdings erscheint dem Verfasser die Ermittlung genauer Festigkeitswerte punkt- und nahtgeschweißter Proben wünschenswert.

Die Anwendung des Schweißverfahrens bei Zinklegierungen wird vielleicht in Zukunft nicht mehr *die* Rolle spielen wie in den Jahren 1939 bis 1945, da auch bei uns wie im Ausland das *Schwergewicht der Zinklegierungen auf dem Druckgußgebiet* liegen wird.

Literaturangabe

Anders, W. (1), Autog. Metallbearb. *30* (1937), S. 32.
— (2), Autog. Metallbearb. *34* (1941), S. 170.
Bayer, K. (1), La Metallurgie et la construction mécanique *74* (1942), Nr. 11, S. 1.
— (2) (Zinkberatungsstelle), Apparatebau *54* (1942), Nr. 1—3, Beilage Sonderbericht „Austauschwerkstoffe".
Buckley, J. P. J., Modern Engr. *12* (1938), S. 50.
Burkhardt, A., Technologie der Zinklegierungen, S. 232. Verlag J. Springer, Berlin 1937.
Erdmann-Jesnitzer, F. (1), Metallwirtsch. *19* (1940), S. 627—634.
Erdmann-Jesnitzer, F. u. *H. Hanemann* (2), Z. Metallkde *33* (1941), S. 317—322.
— — (3), Z. Metallkde *34* (1942), S. 269/70.
— — (4), Z. Metallkde *34* (1942), S. 59—70.
— — (5), Z. Metallkde *34* (1942), S. 219—221.
Eyles, A. J. T., Sheet Metal Ind. *10* (1936), S. 172.
Fahrenbach, W., Werkstattstechnik u. Werksleiter *36* (1942), S. 182.
Fiek, G. u. *N. Ludwig*, VDI — Zeitschr. *89* (1945), S. 78—81.
Fritz, J. C., Z. Metallkde *23* (1931), S. 319.
Gilette, R. T., Weld. Ind. *20* (1941), S. 10.
— Widerstandsschweißen, Materials and Methods (USA.) *26*. (Nov. 1947), S. 97—108
Griesogen, Sonderdruckschrift Nr. 317/37, „Griesogen" Griesheimer Autogen Verkaufs-G.m.b.H., Frankfurt a. M.-Griesheim.

Hase, C. (1), Metallwirtsch. *20* (1941), S. 1215.
— (2), Anz. Maschinenwes. *65* (1943), Nr. 17, S. 1.
Heinemann, K., Z. Metallkde *31* (1939), S. 141.
Hignett, H. W. G., Metal Ind. (London) *50* (1937), S. 299.
Hofer, F., Elektroschweißung *11* (1940), H. 8, S. 129.
Holler, H., Der Kupfer-Messing-Nickel-Blei-Schweißer, S. 31. C. Marhold-Verlag, Halle 1936.
Horn, H. A., Autog. Metallbearb. *29* (1936), S. 305.
Kotchergien, K., Zwetnye Metali *13* (1938), S. 56.
Liedloff, K. (1), Maschinenbau/Betrieb *20* (1941), S. 389.
— (2), Maschinenbau/Betrieb *20* (1941), Nr. 12, Betriebsarchiv „Zinkschweißen".
Löhberg, K., Z. Metallkde *31* (1939), S. 133.
Mace, C. W., Weld. Ind. *3* (1935), S. 203.
Mayer-Sidd, Autogen-Schweißer *12* (1933), S. 146.
Messner, O. H. C., Techn. Rundschau Bern *34* (1942), Nr. 8/9.
Metallgesellschaft AG. (1), Techn. Abt. Frankfurt a. M., Broschüre „Feinzinklegierungen Zamak, Herstellung, Verarbeitung, Verwendung" *1942*, S. 31.
— (2), Techn. Sekr. Metall-Laboratorium, Bericht G. 1920 vom 27. Mai 1942 (unveröff.).
Müller, H., Elektroschweißung *13* (1942), Nr. 1, S. 1.
Nealey, J. B., Metal Progress *22* (1932), S. 43.
Neese, H. E., Werkstattstechnik u. Werksleiter *29* (1935), S. 60.
NKZ (Neue Kraftfahrer-Zeitung) *1939*, Nr. 45, S. 1103.
Ogden, R. H., Weld. Engr. *24* (1933), S. 21.
— Das Schweißen von Zinkdruckgußteilen, Amer. Welding Soc. Preprint of Annual Meeting Papers 1949, S. 108—112.
Paff, W., Wuppertal-Barmen, Merkblatt über Schweißen von Zink.
Partington, E. B., Chemical Plumbing, Leadburning and Oxy-Acetylene Welding, S. 406. British Oxygen Co. Ltd., London 1932.
Patentanmeldung (1) 85 470 vom 3. Febr. 1941. } I. G. Farbenindustrie, Frankfurt a. M.-Griesheim.
Patentanmeldung (2) 359 656 vom 18. Mai 1942. }
Petershagen, H. (1), Autog. Metallbearb. *32* (1939), S. 72.
— (2), Deutsches Handwerk *1940*, Nr. 9, S. 28, Beilage „Betriebswirtschaft und Technik im Handwerk" vom 1. März 1940.
Radkevich P. A., Die Technologie des Schweißens v. Zinklegierungsteilen, Avtog. Delo (USSR.) 1949, S. 31.
Richards, E., Install.- u. Klempnerztg. *1943*, Nr. 1, S. 5.
Richter, E., Elektrowärme *9* (1939), S. 85.
Rostosky, L., Maschinenbau/Betrieb *18* (1939), S. 345.
Schimpke, P. u. *H. A. Horn*, Prakt. Handbuch der ges. Schweißtechnik, 2. Aufl., S. 218. Verlag J. Springer, Berlin 1938.
Schuch, E., Metallwirtsch. *20* (1941), S. 855.
Smith, D. H. u. *A. J. T. Eyles*, Motor Transp., London *74* (1942), S. 8.
Soudure et Oxy-Coupage *15* (1938), S. 186.
Speck, A. E., Schweißen von Weißmetall (Zinkdruckguß), Welding J. (USA.) *26* (Dez. 1947), S. 1091—1093.
Spraragen, W. u. *G. E. Claussen*, Weld. J., New York *1940*, Nr. 6, Suppl. Welding Research Committee, Juni *1940*, S. 209.— Metal Ind. (London) *51* (1940), S. 234 u. 250.
Stanley, W. A., Schweißbarkeit von Metallen durch Widerstandsschweißung, Prod. Engng. (USA.) *14* (Febr. 1950), S. 88—91.
SSW = Siemens-Schuckert-Werke, Versuche, die auf Anregung des Fachausschusses Schweißtechnik des VDI durchgeführt wurden.
Viall, E., Gas Torch and Thermit Welding. McGraw-Hill Book Co., New York *186* (1921).
Weisse, E., Z. Metallkde *32* (1940), S. 68. — Metallwirtsch. *19* (1940), S. 643.
West, E. G., Das Schweißen von Zink und seinen Legierungen, Sheet Metal Ind. *25* (April 1948), S. 777—784.
Winterhager, H., Autog. Metallbearb. *30* (1937), S. 405.
Wisbrock, K. H., Autog. Metallbearb. *31* (1938), S. 211.
Zalesinski, E., Metallwirtsch. *12* (1933), S. 699.
ZBSt = Zinkberatungsstelle G. m. b. H., Berlin, Merkblatt 30 (1941).
Zinktaschenbuch, hrsg. v. d. Zinkberatungsstelle G. m. b. H., Berlin. Verlag W. Knapp, Halle a. d. S. 1941. a) *Deisinger, W.* u. *R. Reinbach*, S. 228. — b) *Schneider, H.* u. *H. Barbier*, S. 278.
ZWV = Zinkwalzwerksverband m. b. H., Berlin, Merkblatt V 2 (1939).
Zorn, E. (1), Autog. Metallbearb. *31* (1938), S. 209.
Zorn, E. u. *M. Mayer* (2), Metallwirtsch. *20* (1941), S. 832.

Die Schweißung von Blei und Bleilegierungen

Prof. Dr.-Ing. habil. W. Hofmann, Braunschweig

Die Schweißverfahren spielen bei der Verarbeitung von Blei und Bleilegierungen eine sehr große Rolle. Praktisch kommen in erster Linie zwei Verfahren, die *Preßschweißung* und die *Gasschmelzschweißung*, in Betracht.

A. *Preßschweißung*

Man findet im Schrifttum die Beobachtung vermerkt, daß zwei frische Schnittflächen von Blei, mit der Hand aufeinandergedrückt, bereits bei *Raumtemperatur* verschweißen. Wenn die Verschweißung hierbei auch sicher nicht vollständig ist, so ist sie auf der anderen Seite auch nicht unmöglich, denn die niedrigste Rekristallisationstemperatur von Blei liegt unterhalb Raumtemperatur, so daß sich dieses Metall bei Raumtemperatur bereits im Gebiet der Warmverformung befindet.

Von der Preßschweißung macht man in erster Linie bei der Herstellung von Bleikabelmänteln Gebrauch. Die Wirkungsweise einer Kabelpresse soll in kurzen Zügen geschildert werden. Ein wassergekühlter Zylinder, der sogenannte Aufnehmer, wird mit flüssigem Blei von 375 bis 400° C beschickt. Nach erfolgter Erstarrung wird der zwecks Vermeidung von Lunkern schon vorher auf dem Blei aufsitzende Stempel hydraulisch mittels Druckwasser eingedrückt. Unter dem Aufnehmer befindet sich der Pressenkopf. In diesen tritt von hinten durch den hohlen Dornhalter die zu ummantelnde Kabelseele ein. Das Blei wird nach dem Verlassen des Aufnehmers durch eine Brücke, die auf dem Dornhalter aufsitzt, in zwei selbständige Ströme geteilt. Diese treten unter scharfer Richtungsänderung von links und rechts in die den Dorn umgebende Bleikammer ein und verschweißen unterhalb und oberhalb des Dornes zu einem dickwandigen Rohr. Dieses wird noch durch den Zwischenraum zwischen Dorn und Matrize hindurchgepreßt, wobei es sich auf die Kabelseele auflegt und seine endgültigen Abmessungen erhält. Die rückwärtigen Kabelteile werden vom Blei nachgezogen. Der beim Ummanteln auf das Kabel ausgeübte Druck ist mäßig, da vor Einführung der Kabelseele in den Pressenkopf der Kabelmantel zum Zweck der genauen Wandstärkeneinstellung als leeres Rohr ausgepreßt wird. Ältere Pressen nach *Huber* arbeiten mit zwei horizontalen Aufnehmern, die links und rechts vom Kabel symmetrisch angeordnet sind. Die Bleiströme treten beiderseits horizontal in den Pressenkopf ein und verschweißen hier, wie oben beschrieben, mit einer oberen und unteren Naht. Die neueren Bleikabelpressen arbeiten mit einem Pressenkopf, der nur eine Schweißnaht erzeugt. Das Blei wird hierbei von oben auf den Dorn aufgedrückt, fließt beiderseits um diesen herum, um auf der Unterseite zu verschweißen und dann zwischen Rohr und Matrize weiter ausgepreßt zu werden. Der Stempeldruck wechselt mit Temperatur, Abmessungen und Legierung. Als Mittelwert werden etwa 3000 kg/cm^2 angegeben. Die Auspreßgeschwindigkeiten liegen zwischen 15 und 60 m/min, die Preßtemperaturen im allgemeinen zwischen 200 und 220° C. Nach Verpressen einer Bleifüllung wird der Aufnehmer erneut mit flüssigem Blei beschickt und nach der Erstarrung das Verpressen fortgesetzt, wobei auch eine Verschweißung des Bleies aufeinanderfolgender Füllungen eintritt. Es können so Kabel von beliebiger Länge ummantelt werden. In den letzten Jahren wurden in Deutschland auch erfolgreiche Versuche unternommen, um Kabelmäntel aus Reinstaluminium (99,99%) herzustellen. Solche Pressen befanden sich bereits im Betrieb. Von einigen Firmen wurden vor 1945 auch Bleikabelmantelpressen mit Erfolg für Al-Rohrherstellung verwandt.

Wichtig ist die Preßschweißung von Blei ferner beim Strangpressen von Rohren und Trapsen. Bleirohre entstehen dadurch, daß beim Pressen ein mit dem Stempel oder dem Preßtisch fest verbundener Dorn in die Matrizenöffnung hineinragt, so daß dem ausfließenden Blei nur der verbleibende ringförmige Spalt zur Verfügung steht. Bei sehr dünnen Rohren würde ein Dorn von der Länge des Aufnehmers nicht mehr die notwendige Starrheit besitzen. Man verwendet in diesem Fall Stegdorne, wobei das Blei durch Stege geteilt wird und hinter ihnen wieder verschweißt. Die Bleitrapspressen arbeiten mit zwei Aufnehmern. Die von diesen kommenden Bleiströme verschweißen an gegenüberliegenden Stellen des Dornes zu einem einheitlichen Rohr, ähnlich wie bei den obengenannten älteren Bleikabelpressen nach *Huber*. Die S-Form oder andere Formen der Geruchverschlüsse kommen dadurch zustande, daß in den beiden Aufnehmern mit verschiedenem Druck gearbeitet wird. Die Steuerung der Presse wird nur nach Augenmaß vorgenommen.

Die Verschweißbarkeit von Blei durch Verpressen bei verschiedenen Temperaturen wurde in zwei Arbeiten der Bleiforschungsstelle*) untersucht. In der ersten Arbeit wurden von *Meyer* und *Hanemann* Scheiben von 24 mm Durchmesser in einer Versuchsstrangpresse bei verschiedenen Temperaturen zu einer Stange mit 10 mm Durchmesser verpreßt. Die erreichte Verschweißung war nur unvollkommen. Im Zerreißversuch rissen die Bleistangen zum Teil längs der Schweißnaht. Die Ursache der mangelhaften Verschweißung wurde in der Oxydhaut gesucht. In der Bleikabelpresse wird die Oxydation dadurch vermieden, daß die bei der Teilung des Bleistromes gebildete freie Oberfläche nur ganz kurz oder überhaupt nicht mit Sauerstoff in Berührung ist. Diese Verhältnisse wurden in einer weiteren Arbeit von *Erdmann-Jesnitzer* und *Hanemann* nachgeahmt. Bleizylinder wurden in einer Versuchspresse zu breiten Bändern verpreßt. Der Bleistrom wurde in seiner Mitte durch einen Steg in Tragflügelform getrennt und vereinigte sich hinter dem Steg unter Verschweißung. Aus dem Band wurden Zerreißproben entnommen, die quer lagen, also senkrecht zur Zerreißrichtung von der Schweißnaht durchsetzt waren. Die Zerreißproben der bei 150° C verpreßten Bänder ergaben bei Weichblei und den in der Kabeltechnik üblichen Blei-Antimon-Legierungen normale Werte der Zugfestigkeit, wobei der Bruch außerhalb der Schweißnaht lag. Es erfolgte also bei höheren Temperaturen einwandfreie Verschweißung. Dies gilt nicht mehr bei einer Legierung mit 4% Sb. Hier ist die Verschweißung nur unvollkommen, eine Folge des heterogenen Aufbaues dieser Legierung, die zahlreiche Einschlüsse von Antimon im Bleimischkristall enthält. Wenn die Preßtemperatur auf 20° C erniedrigt wird, findet auch bei Weichblei unter den gegebenen Versuchsbedingungen keine Verschweißung mehr statt.

B. Gasschmelzschweißung

Die Gasschmelzschweißung von Blei wird im allgemeinen fälschlich als Bleilöten bezeichnet. Sie ist namentlich für die Herstellung chemischer Apparate, z. B. von Rohrleitungssystemen oder Bleikammern der Schwefelsäureindustrie, von größter

*) Früher, vor 1945 an der T.-H.-Berlin-Charlottenburg, jetzt T.-H.-Braunschweig.

Wichtigkeit. Ein Löten mit Weichloten kommt hier mit Rücksicht auf die geforderte hohe chemische Beständigkeit nicht in Frage. Das Schweißen erfolgt normalerweise mit der Wasserstoff-Sauerstoff-Flamme. Die Flamme soll neutral oder mit leichtem Brenngasüberschuß eingestellt sein; die Azetylen-Sauerstoff-Flamme gilt als zu hochtemperiert. Flußmittel sind nicht notwendig. Dies gilt allerdings nur für Weichblei und die üblicherweise verwendeten Legierungen. Vor etwa zehn Jahren waren Bestrebungen vorhanden, in der Akkumulatorentechnik an Stelle der für Hartbleigitter verwendeten Legierungen mit 6—8% Antimon Blei mit 0,1% Kalzium einzusetzen (siehe *H. Hoehne*). Die Legierung erreicht nach abgeschrecktem Vergießen durch Aushärtung beim Lagern ähnliche Härtewerte wie die Blei-Antimon-Legierung. Neben der Ersparung von Antimon hätten Akkumulatoren aus Blei-Kalzium noch den technischen Vorteil, daß die Selbstentladung stark herabgesetzt ist. Das Verbinden der Polbrücken mit den Fahnen der Gitterplatten geschieht durch Schweißen. Im Falle der Blei-Kalzium-Legierung konnte dieses praktisch nur mit Hilfe eines Lötmittels durchgeführt werden. Die Ursache ist sicher die durch den Kalziumgehalt gesteigerte Oxydation der Schmelze.

Die wichtigste Festigkeitseigenschaft von Blei ist nicht die Zugfestigkeit, sondern die Dauerstandfestigkeit, da Blei sich, wie eingangs erwähnt, schon bei Raumtemperatur im Temperaturgebiet der Rekristallisation befindet (*W. Hofmann*). Die Gesetze der Dauerstandfestigkeit sollen hier im einzelnen nicht auseinandergesetzt werden. Es sei nur bemerkt, daß für eine möglichst hohe Dauerstandfestigkeit stets ein mittleres Korn und nicht größte Feinkörnigkeit anzustreben ist. Ein mittleres Korn bietet auch den besten Schutz gegen Grobkornbildung durch kritische Rekristallisation. Geschweißte Verbindungen von Blei dürften sich somit in ihrer Dauerstandfestigkeit nicht ungünstig verhalten, nachdem Schweißnähte im allgemeinen ein verhältnismäßig grobes Gußkorn aufweisen. Spannungsrisse treten an Bleischweißungen nicht auf, da die Spannungen schon beim Lagern bei Raumtemperatur abgebaut werden.

Mit Rücksicht auf die niedrige Festigkeit von Blei werden größere Bleibehälter für die chemische Industrie vielfach in Stahl ausgeführt, die innen mit Bleiblech ausgekleidet sind. Bei Schweißungen von Walzbleiauskleidungen ist die vollkommene Dichtheit der Schweißnähte besonders wichtig, da keine Flüssigkeit durch die Auskleidung zum darunterliegenden Werkstoff hindurchdringen darf. Zwecks Prüfung auf Dichtheit werden die Ränder der Auskleidung und des Außenmantels durch Kitten abgedichtet. In den Zwischenraum zwischen diesem und dem Bleibelag wird Preßluft eingeleitet, wobei die Schweißnähte nach Aufstäuben einer geeigneten Flüssigkeit beobachtet werden.

Dicke Bleibleche werden stumpf gestoßen, wobei die zu verbindenden Kanten V-förmig abgeschrägt werden. Geringe Blechdicken werden überlappt geschweißt. Bei Schweißnähten an liegenden Blechen und bei vertikalen Schweißnähten stehender Bleche wird hierbei der überlappte Teil ohne Anwendung eines Schweißdrahtes mit dem unteren Blech verschweißt. Bei stehenden Blechen mit horizontalem Stoß wird das untere Blech gegen das obere überlappt und mit Zusatzdraht geschweißt. Starkwandige Bleirohre können stumpf geschweißt werden, wenn keine große Druckbeanspruchung zu erwarten ist. Bei stärkerer mechanischer Beanspruchung wird die Muffenrohrverbindung angewandt. Die Muffe wird beiderseits aufgebördelt und mit den Rohrenden verschweißt. Schwächere Rohre werden nach Aufbördelung des einen ineinandergeschoben und der Zwischenraum ausgeschweißt. Wenn in festliegenden Rohrleitungen Stücke ausgewechselt werden sollen, kann die Verbindung der Ersatzstücke mit der alten Leitung so geschehen, daß die untere Rohrhälfte von innen her verschweißt wird, indem in der oberen durch Zurückbiegen passende Einschnitte oder durch Herausnehmen eines Teiles ein Fenster freigelegt wird. Die obere Rohrhälfte wird nach Fertigstellung der unteren von außen, nötigenfalls unter Verwendung eines Blechhalbbogens zum Abdecken, zugeschweißt (*Brenthel; Westbrook, Rogers* u. *Carter*). Da *Werner* eine Beeinträchtigung der Schweißbarkeit von Blei durch höhere Sauerstoffgehalte annimmt, hat die „Bleiforschungsstelle Braunschweig" eine diesbezügliche Untersuchung aufgenommen.

Literaturangabe

Brenthel, Fr., Chemiker-Ztg. Bd. 52 (1928), S. 169, 190, 250.

Erdmann-Jesnitzer, F. u. *H. Hanemann*, Z. Metallkde Bd. 32 (1940), S. 118.

Hoehne, H., Z. Metallkde Bd. 30 (1938), S. 52.

Hofmann, W., Blei und Bleilegierungen. Berlin, Springer 1941.

Meyer, B. u. *H. Hanemann*, Z. Metallkde Bd. 30 (1938), S. 422.

Werner, M., Mündliche Mitteilung an den Verfasser.

Westbrook, F. A., *F. E. Rogers* u. *W. H. Carter*, Metal. Ind. London Bd. 49 (1936), S. 560; Metal. Ind. New York Bd. 29 (1931), S. 152.

Das Schweißen der hochschmelzenden Metalle Wolfram — Molybdän — Tantal — Niob*)

Dipl.-Ing. W. Baer, Neuenmarkt (Ofr.) und Erfurt/Th.

A. *Allgemeines*

Von allen Metallen mit Schmelzpunkten oberhalb 2000° C sind nur *Wolfram*, *Molybdän*, *Tantal* und *Niob* in größerem Maßstabe in Form von Draht, Blech, bisweilen auch Rohr und Sinterfertigerzeugnissen hergestellt bzw. technisch verarbeitet worden.

Die übrigen ähnlich hoch schmelzenden Metalle haben entweder keine so breite Rohstoffbasis wie die obengenannten vier Metalle, oder ihre Weiterverarbeitung scheitert zunächst noch an technisch ungünstigen Eigenschaften (z. B. technisch kaum zu beseitigender Sprödigkeit). Als Legierungsbestandteile haben natürlich auch diese Metalle unter Umständen beträchtliche Bedeutung (z. B. *Iridium*).

Im folgenden wird für diese Metalle auch der Herstellprozeß, soweit für die Kenntnis der Werkstoffeigenschaften beim Schweißen notwendig, mit behandelt. Dies erscheint notwendig, da z. B. Gasaufnahme während der Herstellung sowie während des Schweißens werkstoffliche Parallelen darstellen. Im übrigen sind ausführlichere Abhandlungen über das Verschweißen dieser Gruppe von Metallen und ihrer Legierungen sehr selten, teils firmenseitig „gehütete" Fabrikationsgeheimnisse, teils aber auch empirische Werte, ohne bereits eingehende systematische Versuche.

Metall	Wolfram	Molybdän	Tantal	Niob
Atomgewicht	184,0	96,0	184,1	93,3
Ordnungszahl	74	42	73	41
Gitterkonstante a_{20° Å	3,1583	3,1409	3,2959	3,2941
Gittertypus	kubisch-raumzentr.	kubisch-raumzentr.	kubisch-raumzentr.	kubisch-raumzentr.
Dichte d_{20° g/cm³	19,26	10,22	16,65	8,57
Ausdehnungskoeffizient $\delta \cdot 10^6$	4,45	5,1	6,58	7,06
Schmelztemperatur ° C	*3380*	*2600*	*3030*	*2500*
Siedetemperatur ° C	um 6000	um 5000	—	—
Spezifischer Widerstand $\rho_0 \cdot 10^6$	4,91	5,03	12,4	13,1
Temperaturkoeffizient der elektrischen Leitfähigkeit $\alpha \cdot 10^5$	482	473	364	395

Zahlentafel 1. Wichtige physikalische Konstanten (nach *Zwikker*)

*) Die vorliegenden Ausführungen haben ihre Grundlage im wesentlichen in den Erfahrungen, die im Laufe von über 25 Jahren von zahlreichen Bearbeitern des Gebiets bei den „Siemens- und Osramwerken in Berlin" gesammelt wurden. Leider ist ein erheblicher Teil bester Unterlagen während und am Schluß des zweiten Weltkrieges verlorengegangen, so daß manche Angaben Rekonstruktionen aus dem Gedächtnis darstellen. Den Anlaß zur Zusammenstellung des Materials gab Herr Dr.-Ing. habil. *F. Erdmann-Jesnitzer*; Herr Dir. Dr. *Jacobi* und Herr Obering. *H. Ganswindt* vom Röhrenwerk der Siemens & Halske AG, Berlin-Siemensstadt, haben die Arbeit durch Bereitstellung von Versuchsmaterial und durch die Genehmigung zur Benutzung der Werkseinrichtungen für die Durchführung von Versuchen, die zur Vervollständigung der Unterlagen notwendig erschienen, sehr gefördert.

Wolfram und *Molybdän* gehören zur 6. Hauptgruppe des Periodischen Systems; *Tantal* und *Niob* sind Elemente der 5. Hauptgruppe.

Alle Elemente der 4. bis 8. Hauptgruppe des Periodischen Systems weisen hohe bis sehr hohe Schmelzpunkte auf. Die höchsten Schmelzpunkte liegen in der Mitte dieses Bereiches. Diese Eigenschaft ist auf die feste interatomare Bindung der Atome zurückzuführen. (Näheres siehe die spezielle Literatur *Zwikker; Arkel.*)

Die Stellung im Periodischen System kennzeichnet das chemische Verhalten der Metalle. Gleiche Spalten haben beispielsweise gleiche Wertigkeiten.

Da die hochschmelzenden Metalle Wolfram, Molybdän, Tantal und Niob weniger bekannt sind, mag hier kurz auf ihre Gewinnung eingegangen werden. Für die Schweißtechnik ist das Gewinnungsverfahren nur mittelbar von Bedeutung, und zwar insofern, als die hier skizzierten Verfahren zu technisch brauchbarem Werkstoff führen. Die Geschichte dieser Metalle lehrt, daß erhebliche Schwierigkeiten zu überwinden waren, bis man ein hinreichend duktiles Material gewann — eine oft wesentliche Voraussetzung für die neuzeitliche Schweißtechnik.

In hochgradig reinem Zustande sind diese Metalle am wertvollsten und am besten verarbeitbar. Aus wirtschaftlichen Gründen verzichtet man indessen häufig auf sehr große chemische Reinheit und begnügt sich mit einem Metallzustand, der die weitere technische Verarbeitung gerade noch erlaubt.

Im Anschluß an die Gewinnung wird auf die mechanische und chemische Bearbeitbarkeit der Metalle kurz eingegangen, bevor ihre Schweißeigenschaften behandelt werden.

Ein Teil der im folgenden erwähnten Erze wird heute auch für Elektroden verwandt, die als „hüllenlegierte" sogen. Auflegierungs-Elektroden legiertes Schweißgut ergeben unter Verwendung unlegierter St 37-Kerndrähte.

B. Wolfram

1. Gewinnung

Die wichtigsten Wolframerze sind Scheelit $CaWO_4$ und Wolframit (Fe, Mn) WO_4. Abgebaut werden sie hauptsächlich in China, Burma, Malaya, Korea, USA (Nevada, Arizona), Bolivien, Portugal.

Aus den ostasiatischen Ländern kommen fast 70% der Welterzeugung, aus China allein 30%. In China sind die Förderkosten z. Z. noch am niedrigsten. Das Erz wird hier im Tagebau gewonnen, indem die Erzgänge mit Wasser freigespült und das wolframhaltige Gestein eingesammelt wird.

In Deutschland finden sich kaum nennenswerte Wolframminerale, geringe Mengen in Sachsen.

Gediegen kommt Wolfram nicht vor.

Die Aufbereitung geht folgendermaßen vor sich: Das Mineral wird fein gemahlen, mit Soda (Na_2CO_3) verschmolzen und die erstarrte Masse mit Wasser ausgelaugt. Es verbleibt eine wasserklare Lösung von Na_2WO_4 + Wasser. Durch Zusatz von Salzsäure wird die rohe Wolframsäure abgeschieden:

$$Na_2WO_4 + 2\,HCl = 2\,NaCl + H_2O + WO_3\,.$$

Scheelit kann direkt durch Kochen in Salzsäure zersetzt werden:

$$CaWO_4 + 2\,HCl \rightarrow CaCl_2 + H_2O + WO_3\,.$$

Das wasserlösliche $CaCl_2$ wird ausgewaschen. Die wasserunlösliche rohe Wolframsäure (sog. Wolframkonzentrat) ist ein kanariengelbes Pulver. Sie enthält noch kleine Verunreinigungen (Fe, Ca, Si).

Die für Zwecke der Hochvakuumröhren- und Glühlampenindustrie gebrauchte Wolframsäure muß hochgradig rein sein. Deshalb wird die gewonnene rohe Wolframsäure noch mehrfach gereinigt [Lit. *Jones; Schwarzkopf*].

Für die Stahlveredlung wird rohe Wolframsäure bei 1300° C mit Kohlenstoff reduziert [Lit. *Skaupy*]. Das entstehende Kohlenoxyd ist als Gas flüchtig; es verbleibt Wolfram oder — da gewöhnlich mit Kohlenstoffüberschuß gearbeitet wird — ein Gemisch aus Wolfram und Wolframkarbid.

Karbide setzen die Bearbeitbarkeit des metallischen Wolframs indessen sehr herab. Deshalb wird die für die Vakuumröhren- und Glühlampenindustrie verwendete Wolframsäure nicht mit Kohlenstoff, sondern in strömendem Wasserstoff reduziert, der an der Luft abbrennt.

$$WO_3 + 3\,H_2 \rightarrow W + 3\,H_2O\,.$$

Bei der Wasserstoffreduktion entstehen je nach Temperaturführung, Strömungsgeschwindigkeit und Feuchtigkeit des Wasserstoffs in der Größe des Kornes sehr unterschiedliche Metallpulver. Sehr feinkörniges W-Pulver um 1 μ Korngröße ist tiefschwarz und samtweich; grobes Pulver ist hellgrau, rieselt sandartig, und die Einzelkristalle sind oft zu Klümpchen oder kettenförmigen Gebilden zusammengesintert. Der Durchmesser grober Wolframteilchen liegt in der Größenanordnung 100 μ.

Für die Weiterverarbeitung zu Draht und Blech eignen sich am besten sehr feinkörnige Pulversorten (0,5 bis 5 μ) [Lit. *Kieffer* u. *Hotop*].

Bild 1. Strahlungsschutz für Röntgenapparate (Siemens-R.)

a = gepreßt und gesintert
b = fertig bearbeitet

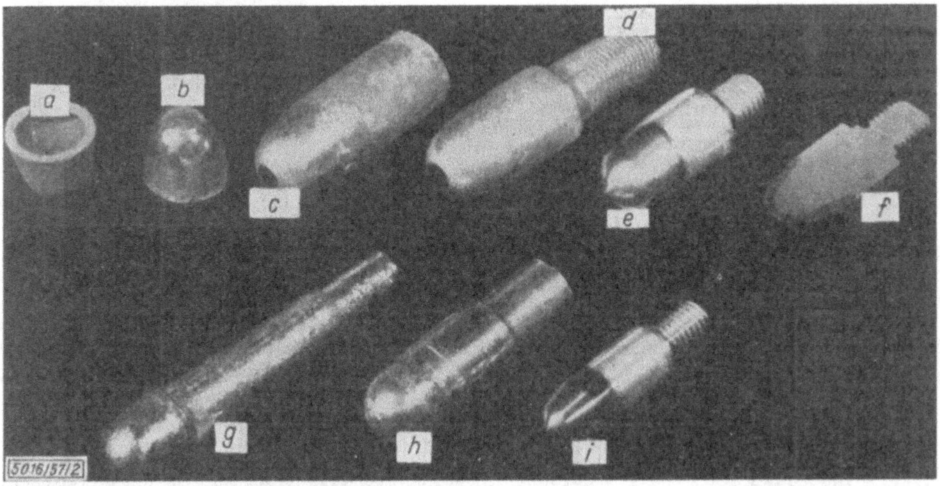

Bild 2. Hochleistungsschaltkontakte für Expansionsschalter (SSW)

a = Wolfram, gepreßt und gesintert
b = wie a, mit Kupfer vorgetränkt
c = wie a u. b, Kupfersilberlegierung angegossen
d = im Fließprozeß gehärtet
e = fertig bearbeitet
f = Schaltstift aufgeschnitten
g = Kupfer angegossen
h = wie g, im Fließprozeß gehärtet
i = fertig bearbeitet

Bild 3. Hochleistungs-Niederspannungskontakt für Ölschalter (SSW)

Bild 4. Hochleistungsschaltleisten für Walzenschalter (SSW)

a = gesintert
b = mit Kupfer getränkt
c = fertig bearbeitet

Bild 5. Ziehstruktur von Wolframdraht. Vergr. 100fach

Bild 6. Wassergekühlter Sinterofen mit Wasserstoffspülung.

Tr = Transformator für die elektrische Aufheizung des Wolframstabes
Hg = Quecksilbergegenelektrode
W = Wolframstab
H_2O = Wassergekühlte Haube und Tisch
H_2 = Wasserstoffeintritt und -austritt (abbrennendes Gas)

Bild 5

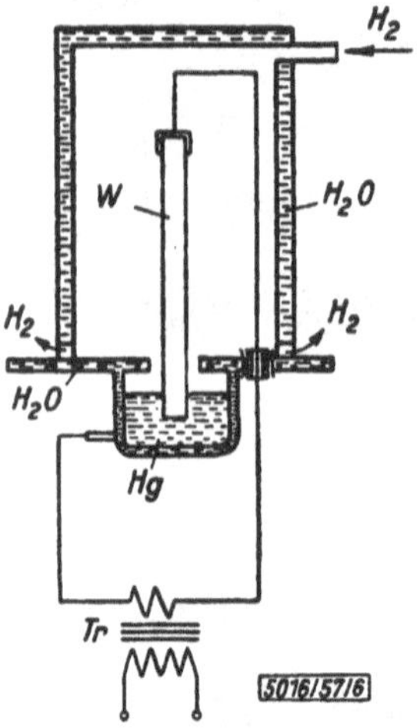

Bild 6

Gröberes Pulver wird häufig zur Herstellung von Sinterformkörpern und im weiteren Verlauf auch zu Verbundstoffen für die Röntgenröhrenindustrie und den Hochleistungsschalterbau verwendet (Bilder 1 bis 4).

Sieht man von der Stahlveredlungs- und Hartmetallindustrie ab, so hat zweifellos der *Draht die größte technische Bedeutung erlangt.* Auf der Verarbeitung von Wolframdraht bauen sich zwei große Industriezweige auf: die Glühlampen- und die Vakuumröhrenindustrie.

Ursprünglich stellte man den Draht nach dem Pasteverfahren her. Sehr feinkörniges Wolframpulver oder auch Verbindungen des Wolframs wurden mit organischen Bindemitteln zu einer Paste angerührt und diese durch Düsen gepreßt. Die Fäden erfuhren eine Glühbehandlung unter Schutzgas, wobei die organische Bindesubstanz verbrannte und das Wolframkorn fest zusammensinterte. Die Glühtemperaturen erreichten fast die Wolfram-Schmelztemperatur. Als *Schutzgase fanden reiner Wasserstoff oder Stickstoff* Verwendung. Die erzeugten W-Drähte waren jedoch *spröde* und ließen sich schwer verarbeiten. Legierungszusätze zum W verbesserten zwar die Verarbeitbarkeit; dennoch blieb diese schwierig. Die Lage änderte sich erst nach dem ersten Weltkriege, als auf dem Wege des Erfindungsaustausches zwischen amerikanischen und deutschen Firmen ein Verfahren nach Deutschland gelangte, wonach W-Pulver in geeigneten Formen bei sehr hohen Drücken zu Stäben gepreßt, anschließend gesintert und zu mehr oder minder duktilem Draht verarbeitet werden konnte. Nach dem amerikanischen Verfahren hergestellter Wolframdraht zeigt normale Ziehstruktur und weist große Zug- und Biegefestigkeit auch bei Zimmertemperatur auf (Bild 5).

Das amerikanische Verfahren: Reines Wolframpulver mit einer durchschnittlichen Korngröße von wenigen μ wird in Stahlformen mittels hydraulischer Pressen bei einem Druck von 2000 bis 4000 at gewöhnlich zu Vierkantstäben gepreßt. Die noch sehr bruchempfindlichen Stäbe werden zunächst in ein Gehänge gebaut und unter Schutzgas bei 1300 bis 1400° C vorgesintert, um ihnen ausreichende Festigkeit für die Weiterverarbeitung zu verschaffen. Danach wird jeder Stab einseitig in eine Vorrichtung gespannt und das untere Ende in wassergekühltes Quecksilber (als Elektrode) getaucht. Über die Spannvorrichtung wird schließlich eine wassergekühlte Haube gesetzt und ihr Innenraum mit Wasserstoff beschickt.

Das den Stab umspülende Wasserstoffgas hat die Aufgabe, den atmosphärischen Sauerstoff vom Wolfram fernzuhalten. Am unten offenen Ende der wassergekühlten Haube kann das Wasserstoffgas austreten und an der Luft ruhig abbrennen (Bild 6). Der vorgesinterte Stab wird nun mittels Stromdurchgangs sehr langsam aufgeheizt, bis er schließlich eine Temperatur erreicht, die dicht unterhalb des Schmelzpunktes (3380° C) liegt. Bei dieser Behandlung schrumpft der vorgesinterte W-Stab beträchtlich und verdichtet sich in gleichem Maße. In dem Quecksilber vermag sich der Wolframstab frei zu bewegen, und so führt weder die Temperaturdehnung noch die Schrumpfung des Wolframs zu inneren Spannungen und Materialfehlern. Die Sinterstromdichten haben die Größenordnung von mehreren tausend Amp./cm². Da sich zu Beginn des Sintervorganges noch immer sehr geringe Mengen anderer Elemente als Verunreinigungen in dem Wolframstab befinden, die sehr leicht mit dem Wolfram legieren könnten, darf die Sintertemperatur nicht zu schroff gesteigert werden; der W-Stab könnte sonst leicht vor Beendigung des Sintervorganges schmelzen. Den Verunreinigungen muß Gelegenheit gegeben werden, bei möglichst niedriger Temperatur langsam aus dem Wolfram auszudampfen.

Der fertig gesinterte Stab ist in abgekühltem Zustande noch sehr spröde. Er wird nun bei Weißglut (etwa 1300° C) unter Schutzgas auf geringere Abmessung heruntergewalzt und dabei auf annähernd runden Querschnitt vorgearbeitet. Anschließend wird er in Hämmermaschinen mit großer Schlaggeschwindigkeit (bis 6000 Hammerschläge je Minute) bis auf etwa 1 mm Durchmesser gehämmert, sofern für derart geringe Abmessungen Bedarf besteht. Drähte um 1 mm Durchmesser erfordern nur noch Verarbeitungstemperaturen im Gebiet normaler Rotglut (etwa 800° C). Mit Rücksicht auf unerwünschte Rekristallisation werden die Bearbeitungstemperaturen möglichst niedrig gehalten*).

Wolframdraht noch geringeren Durchmessers wird gezogen. Seine Festigkeit und Duktilität ist in diesen Abmessungen ausreichend groß, so daß er sich ähnlich, aber natürlich schwerer verformen läßt als völlig duktile Werkstoffe. Sehr reiner W-Draht hat in diesem Verarbeitungszustand auch nach erfolgter Rekristallisation bereits sehr langgestreckte und meist stark überlappte Kristalle (Bild 7).

Das Ziehen des W-Drahtes erfolgt zunächst in Düsen aus W-Karbid oder Karborund und endet in Edelsteinen (Rubin, Diamant). Sehr dünne Drähte werden nur in Diamanten gezogen. Als Schmiermittel dient eine Aufschlämmung von feinstem Graphit in Öl oder Wasser.

Die dünnsten Drähte für Glühlampen haben einen Durchmesser von 0,01 mm. Außer für Glühlampenfäden und Vakuumröhrenkathoden wird W-Draht als Einschmelzmaterial in Hartgläsern, als Gitterdraht für hochbelastete Röhrengitter und als Material für Torsionsfedern und thermisch hoch beanspruchte Druckfedern verwendet. Hier muß allerdings bemerkt werden, daß die Belastbarkeit der Wolframfedern bei Temperaturen um 500° C im allgemeinen überschätzt wird. Der W-Draht ist bei dieser Temperatur bereits verformungsempfindlich; die gespannten Federn verlieren an Federkraft und ändern ihre Entspannungslänge. Wolfram-Einkristalldraht **) soll bei höherer Temperatur weitaus unempfindlicher sein.

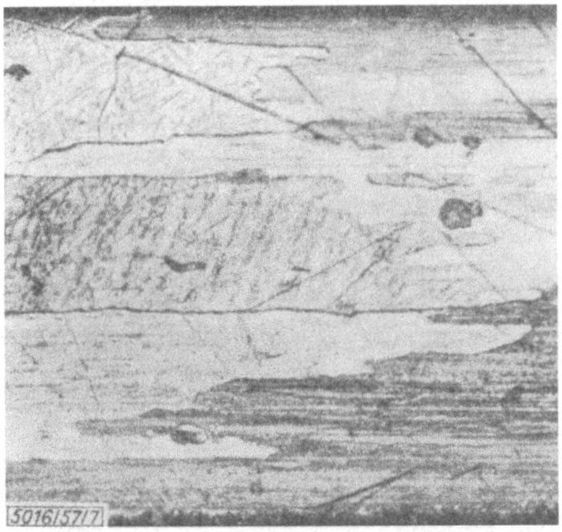

Bild 7. Rekristallisierter Wolframdraht mit stark überlappten Kristallen (Stapeldraht).
Vergr. 100fach. Große mechanische Festigkeit (ca. 1100 g/cm für 1-mm-Draht), keine Dehnung im Betrieb, sehr großes, langfaseriges Korn

Die Herstellung von W-Blech beginnt mit dem Pressen flacher Bänder. Gesintert werden diese ebenso wie Vierkantstäbe. Danach werden die Bänder unter Schutzgas geschmiedet bzw. gewalzt. So werden beispielsweise Bleche von 0,2 mm Stärke hergestellt.

Wolframblech wird wegen seiner schweren Bearbeitbarkeit und Kaltsprödigkeit wenig angewendet. Als sehr zuverlässig, aber relativ teuer hat sich W-Blech für hochbelastete Senderöhrenanoden (strahlungsgekühlte R.) erwiesen. In Wasserstoff- und Vakuumöfen für hohe Temperaturen finden dünne Wolframbleche als Strahlungsschutzbleche Verwendung. — Teile der Antikathoden in Röntgenröhren (Brennfleckstelle) und rotierende Antikathoden werden ebenfalls häufig aus W-Blech hergestellt. Als Funkenstreckenmaterial eignet sich W-Blech nur dann, wenn die Funkenstrecken unter Schutzgas arbeiten oder die Oxydation der Funkenstrecken belanglos ist.

---

*) DRP 269498.

**) Herstellung von W-Einkristalldraht: DRP 291994.

2. *Bearbeitung von Wolfram*

Das fertig gesinterte metallische Wolfram erlaubt bei hohen Temperaturen eine spanlose Verformung, was auch schon aus den Angaben über die Draht- und Blechherstellung hervorgeht. Immerhin ist die spanlose Verformung wegen der großen Gitterfestigkeit dieses Materials schwerer als beim Stahl. Bei Weißglut läßt sich Wolfram schmieden — auch im Gesenk. Bei Zimmertemperatur ist Wolfram im allgemeinen spröde und nicht verformbar, ohne zu brechen oder aufzureißen. Sehr dünner Draht macht eine Ausnahme; bis zu einem gewissen Grade kann man ihn kalt ziehen und biegen, ohne Bruch oder Spaltung herbeizuführen. Allerdings hängt diese Eigenschaft weitgehend von der kristallinen Beschaffenheit des Drahtes ab. Einkristalldraht erweist sich als am widerstandsfähigsten. Ihm kommt der Stapeldraht sehr nahe, der im rekristallisierten Zustand lang überlappte Kristalle aufweist (Bild 7). Die geringste Verformbarkeit im kalten Zustand weist grob kristalliner Draht auf, in dem die Korngrenzflächen quer im Draht liegen (Bild 8). Eine Zwischenstellung nimmt feinkristalliner Draht ein (Bild 9). Dieser enthält — im Gegensatz zu dem sehr reinen grobkristallinen Wolfram — Zusätze (z. B. Oxyde von Ca, Al, Si, Th), die die Rekristallisation verzögern und deshalb eine feinkörnige Struktur herbeiführen.

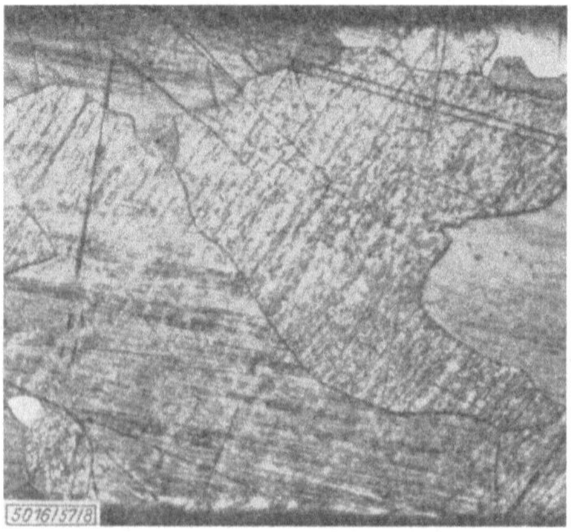

Bild 8. Grobkristalliner Draht mit gedungenen Wolframkristallen. Vergr. 100 fach
Geringe mechanische Festigkeit (ca. 400 g/cm für 1-mm-Draht), *sehr grobes, unverformtes Korn*

Bild 9. Feinkristalliner Wolframdraht. Vergr. 100 fach.
Mittlere mechanische Festigkeit (ca. 800 g/cm für 1-mm-Draht), ausreichende Dehnung im Betrieb, *feines, unverformtes Korn*

Es kann ganz allgemein festgestellt werden, daß die Kristallgrenzflächen beim Wolfram geringere Festigkeit besitzen als die Kristalle selbst.

Die Kaltbiegefestigkeit des langfaserigen nicht rekristallisierten Wolframdrahtes ist erheblich größer als die des rekristallisierten; aber schon kurzzeitige Temperatureinwirkung — sei es durch leichte Warmbehandlung (dunkle Glut) oder elektrische Punktschweißung — setzt die Kaltbiegefestigkeit gleich um 20 bis 60% des ursprünglichen Wertes herab.

Sehr dünne Bleche lassen sich bei Zimmertemperatur mit den entsprechenden Stahlbearbeitungswerkzeugen zertrennen. Sie werden dabei aber schnell stumpf. Von einem Schneiden kann bei diesen Trennvorgängen bei der Härte des Wolframs keine Rede sein. Vielmehr handelt es sich hier um Quetschungen, die bei der Bearbeitung mittels Blechscheren, Seitenschneidern, Beißzangen und Meißeln infolge der Wolframsprödigkeit zum Bruch führen. Gewöhnlich reißt sogar das Blech auch quer zur Schneidrichtung ein.

Das Ausstanzen von Ronden aus Wolframblech bzw. das Lochen von Blechen ist — bei geringen Blechstärken sogar im kalten Zustand — durchaus möglich. Dünner Wolframdraht wird oft mit harten Dreikantfeilen eingekerbt und dabei zertrennt. Es sei hier gleich bemerkt, daß Wolfram sehr kerbempfindlich ist. Wolframdraht durch Hinundherbiegen zu brechen, empfiehlt sich nicht. Der noch nicht rekristallisierte (duktile) Draht spaltet dabei in Längsrichtung auf. Rekristallisierter Draht springt schon bei leichtem Anbiegen — meist sogleich in mehrere Teile. Vorsichtiges Fassen ermöglicht immerhin, die Sprungstelle auf einen sehr engen Raum zu beschränken. Heutzutage wird in der Wolframdraht verarbeitenden Industrie folgendes Trennverfahren für duktile Wolframdrähte angewendet: Der Wolframdraht wird mittels aufgedrückter stromführender Elektroden örtlich hoch erhitzt und rekristallisiert; derart absichtlich herbeigeführte Bruchempfindlichkeit auf sehr engem Raum ermöglicht sehr saubere Trennung; Längsaufspaltung des Drahtes tritt nach der Rekristallisation nicht mehr ein (Bild 10).

In entsprechender Weise ist duktiles W-Blech trennbar, wenn es beispielsweise zwischen den Rollen von Nahtschweißmaschinen auf der Trennlinie örtlich hoch erhitzt wird.

Ein Brennschneiden des Wolframs wie beim Stahl ist wegen zu geringer Flammentemperatur nicht möglich.

Sehr gebräuchlich ist das Trennen mittels gummigebundener Diamantscheiben. Mit weich gebundenen Scheiben läßt sich Wolfram gut bearbeiten. Gute Kühlung der Schleifstelle ist sehr zu empfehlen, wenn der Scheibenverschleiß eingeschränkt werden soll.

Mit Werkzeugen aus gehärtetem Stahl ist Wolfram infolge seiner Härte praktisch nicht bearbeitbar. Dagegen eignen sich wassergekühlte Hartmetallwerkzeuge (Widia, Titanit GG) und natürlich auch Diamanten vorzüglich zur spanabhebenden Wolframbearbeitung. So werden beispielsweise Ronden für Antikathoden oder auch Schalterelektroden bisweilen aus dickeren Wolframstäben quer zur Faserrichtung

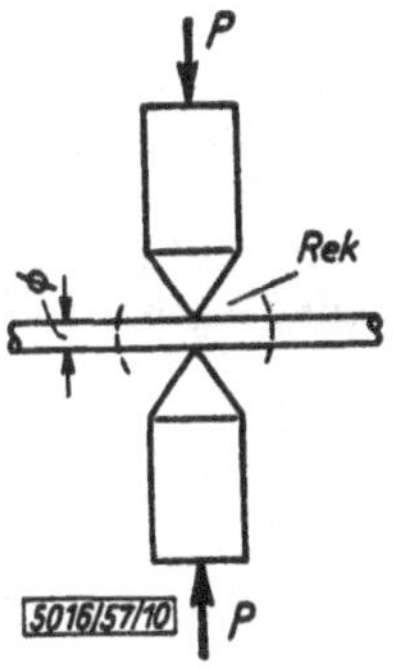

Bild 10

Bild 10. Trennen von Wolframdraht nach dem Rekristallisationsverfahren

Φ = duktiler Wolframdraht
(Rek.) = Erhitzungsort und Rekristallisation
P = Elektrodendruck

Bild 11. Schaltung zur elektrochemischen Formung (schematisch)

U = Spannungsquelle
R = Regelwiderstand
A = Strommesser
E = Elektrolyt

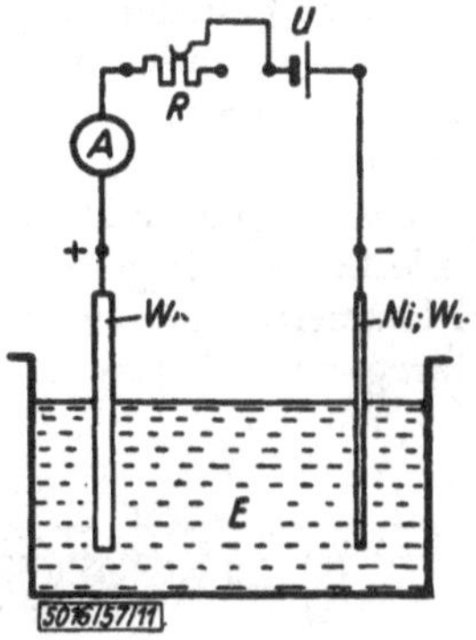

Bild 11

geschnitten (Schnittgeschwindigkeit 30 bis 40 m/min). Löcher werden gewöhnlich mit Korund- und Diamantstaub gebohrt. Die genauesten Düsen in den Ziehsteinen für die Wolframdrahtherstellung werden mit Korundstaub vorgeschliffen und mit Diamantstaub fertiggeschliffen.

Mit Hartmetallen bearbeitete Wolframflächen können mit Schmirgelleinen geglättet und poliert werden.

Bemerkenswert sind die chemischen Verfahren zur Bearbeitung des Wolframs, handele es sich nun um die Formgebung beim Anspitzen von Drähten oder nur um einen geringen Materialabbau an der Oberfläche zur Erzielung spiegelblanker Flächen. Um Drähte in die Ziehsteine einbringen zu können, werden sie angespitzt. Mit Schleifwerkzeugen ist die Anspitzung umständlich; sehr leicht erreicht man sie auf chemischem bzw. elektrochemischem Wege. Nach einem Verfahren werden die Drähte in eine Schmelze von Natriumnitrit*) getaucht (Arbeitstemperatur 300 bis 350° C), wobei es zu einer mehr oder minder heftigen Reaktion zwischen dem $NaNO_2$ und dem W kommt und der Draht stark abbaut. Geschicktes Tauchen ergibt nadelspitze blanke Drähte. Infolge der lebhaften Gasentwicklung spritzen kleine Portionen der Schmelze umher und verursachen leicht Hautverbrennungen. Es empfiehlt sich, das Arbeitspersonal mit Schutzkleidung für die Hände und vor allem mit Schutzbrillen für die Augen auszurüsten. Das elektrochemische Verfahren ist hinsichtlich der Handhabung angenehmer. Man hängt das Wolfram als Anode in ein elektrolytisches Bad, wo es unter Stromdurchgang abgebaut wird (Bild 11).

Als Elektrolyte sind wässerige Lösungen von $NaNO_2$, $(NH_4)_2SO_4 + NH_4OH$, NaOH und andere in Gebrauch. Es sind Anodenstromdichten von einigen Amp./cm² erforderlich, um in kürzeren Zeiten nennenswerte Abbauerscheinungen hervorzurufen. Starke Gasentwicklung während der Elektrolyse wirkt sich nachteilig auf die Sauberkeit der Abbauflächen aus. Verläuft die Elektrolyse langsam, dann erzielt man hochglänzende Oberflächen. Man kann einen bestimmten Abbau entweder in kurzer Zeit mit großer Stromdichte oder in längerer Zeit mit entsprechend kleinerer Stromdichte erreichen. Teile der Oberfläche lassen sich gegen den Angriff schützen durch Verdecken mit Lack oder Gummi. Mit besonders geformten Elektroden sind weitere Wirkungen erzielbar.

Von den normalen technischen Säuren wird Wolfram bei Raumtemperatur wenig oder gar nicht angegriffen. Gegen Flußsäure ist W völlig beständig; aber schon geringe Mengen Salpetersäure in der Flußsäure führen zu starkem Angriff. Königswasser oxydiert das W (ein wenig) zu WO_3.

*) Schmelzpunkt 284° C nach *Lax-D'Ans*, Taschenbuch für Chemiker und Physiker, Berlin 1943.

Von den Alkalien werden die Oxyde des Wolframs leicht gelöst (60 bis 70° C). Ein geringer Zusatz von Kaliumferrizyanid begünstigt den chemischen Beizvorgang; allerdings wird auch das W dabei etwas angegriffen.

Als Beizmittel haben sich folgende Zusammenstellungen bewährt:

Mattbeize (chemisch wirkende Beize): 1000 cm³ H_2O + 300 g KOH (fest) + 30 g $K_3(Fe[CN_6])$, (statt KOH ist auch NaOH verwendbar).

Elektrolyt für Blankbeize: 1000 cm³ NH_4OH (25%) + 270 cm³ H_2O + 230 g $(NH_4)_2SO_4$ (stromstarke Gleichstromquelle erforderlich).

3. *Die Verbindung von Wolfram-Bauelementen*

Beim Wolfram kommen Verbindungsarten, deren Verbindungselemente nur aus Wolfram bestehen, verhältnismäßig selten vor. Die Herstellung der Bauelemente ist meistens zu umständlich und kostspielig und genügt zudem nur in Sonderfällen den zu stellenden Festigkeitsanforderungen. So sind kleine Schrauben und Muttern kaum noch rationell herstellbar und außerdem sehr bruchempfindlich. Letzteres gilt auch für Niete. Eingebürgert hat sich nur die Klemmverbindung. Die zu verbindenden Teile (Bleche) werden gelocht und mit passendem Wolframdraht verklammert (Bild 12). Die Klammern werden warm gebogen. Dieser Verbindungsart fehlt zwar jede Eleganz, doch festigkeitsmäßig ist sie die beste Lösung.

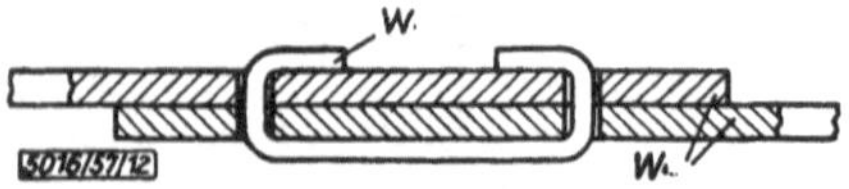

Bild 12. Klemmverbindung bei Wolframblech

Lötverbindungen, wie sie bei der Verarbeitung der Stähle und normalen Nichteisenmetallen üblich sind, *kommen beim Wolfram kaum vor*. Da Wolfram im allgemeinen nur wegen seiner großen Temperaturbeständigkeit Verwendung findet, kommen als *Lote* ebenfalls *nur hochschmelzende Metalle* in Betracht. Die Empfindlichkeit der hochschmelzenden Lote gegen Oxydation hat zur Entwicklung besonderer Lötverfahren Anlaß gegeben. Die Lötungen werden unter Luftabschluß in oxydfreien Schutzgasen (Edelgas bzw. bei unempfindlicheren Loten auch Wasserstoff) und noch zweckmäßiger im Hochvakuum ausgeführt.

Im Großröhrenbau (Kathoden großer Hochleistungssenderöhren) wird *Niob als Lot* verwendet. Dieses wird der sauberen Lötstelle in Schnitzeln beigegeben und im Hochvakuum geschmolzen. So kann W mit W aber auch W mit anderen hochschmelzenden Metallen (z. B. Tantal) verlötet werden (Bild 13).

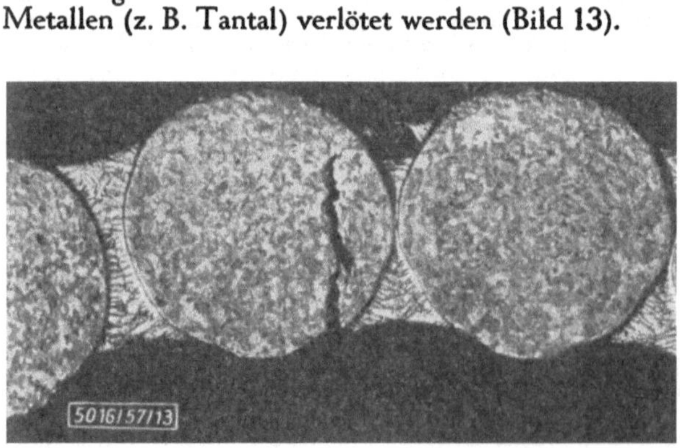

Bild 13. Nioblötung in einer Großsenderöhrenkathode. Niobgelötete Teile: Wolframstäbe mit Tantal (Tantal nicht sichtbar)

Werden hinsichtlich Betriebsbeanspruchung temperaturmäßig oder auch chemisch weniger hohe Anforderungen gestellt, so können außer den Edelmetallen auch Eisen, Nickel und Kupfer oder deren Legierungen als Lote Verwendung finden.

Niob absorbiert Gase in zu starkem Maße und ist deshalb *für Schutzgaslötungen nicht verwendbar;* das Niob versprödet dabei zu sehr.

Metalle mit geringerer Gasabsorption können im allgemeinen für Schutzgase wie Stickstoff und Formiergas*) verwendet werden. Einige Vorsicht ist mitunter bei Wasserstoff geboten, wenn das Lot dafür empfänglich ist. Als Lot für Schutzgaslötungen wenig geeignet ist Silber, weil es im flüssigen Zustand beträchtliche Mengen an Gas aufnimmt und beim Erkalten wieder abgibt („Spratzen" des Silbers); dabei werden Silberteilchen mitgerissen, und die Lötung wird unzuverlässig.

Im Vakuum ist jedoch auch das Silber als Lot verwendbar. Voraussetzung sind allerdings sehr saubere Oberflächen der zu lötenden Teile.

Merkliche Legierbarkeit der Lote mit den zu lötenden Metallen ist erfahrungsgemäß keine Voraussetzung für gute Lötungen. Vom W ist z. B. bekannt, daß es sich nicht merklich mit Cu legiert [Lit. *Hansen*], dennoch eignet sich Cu als Lot für W recht gut. *Der Vorgang dürfte so aufzufassen sein, daß es nur in einer Schichtdicke von wenigen Gitterebenen zur Mischkristallbildung kommt und diese deshalb mit den normalen technischen Prüfmitteln nicht feststellbar ist,* d. h. im Zustandsschaubild nicht erscheint.

Die Schweißverbindungen werden im nächsten Abschnitt gesondert behandelt, weil diese das Hauptthema darstellen.

4. *Wolfram-Schweißverbindungen*

Von den bekannten Schweißverfahren finden das Preßschweißen (und hiervon nur das Widerstandsschweißen) und die Lichtbogenschweißung Anwendung. Grundsätzlich läßt sich Wolfram mit Wolfram zufriedenstellend punkt- bzw. rollennahtschweißen. Die Festigkeit der Schweißung läßt indessen viel zu wünschen übrig. *Selbst relativ duktiles Wolfram versprödet z. B. beim Punktschweißen ganz erheblich — eine Erscheinung, die beim Trennen von Wolfram ausgenutzt wird.*

Nach unveröffentlichten Festigkeitsmessungen des Verfassers geht die Biegefestigkeit von Wolframstäben (etwa 3 mm ⌀) auch bei stromtorgesteuerten Kurzzeit-Punktschweißungen auf etwa 80 bis 40% der ursprünglichen Biegefestigkeit des duktilen Wolframs zurück. Daß in den sehr kurzen Schweißzeiten eine Rekristallisation des Wolframs eintritt, konnte nicht nachgewiesen werden.

Die Stelle größter Sprödigkeit liegt offenbar nicht *in* der Schweißbrücke, die von einem W-Teil zum anderen verläuft, sondern im massiven Material in unmittelbarer Umgebung der Brücke (Ausläufer der Brücke). Denn bei Biege- oder Verdrehungsbeanspruchung der Schweißstelle bricht das massive Material mehr oder weniger muschelförmig aus. Diese Erscheinung spricht sehr für die Annahme, daß sich während der kurzen Schweißzeit infolge der örtlich hohen Erhitzung des Schweißpunktes außer einer schwachen Rekristallisation vor allem erhebliche *Schubspannungen im massiven Grundwerkstoff* ausbilden — wofür das W bekanntlich sehr empfindlich ist — und die zu feinsten Schalenrissen führen, welche die Festigkeit stark herabsetzen. Treten Festigkeitsbeanspruchungen auf, dann vergrößern sich wohl die Schalenrisse, bis das Wolfram völlig ausbricht.

Punktschweißungen von W mit W werden nur dort angewendet, wo es auf große Festigkeit weniger ankommt und aus Temperaturgründen alle anderen Metalle aus-

*) Gemisch aus Wasserstoff und Stickstoff.

scheiden. Derartige Fälle können beim Bau von elektrischen Entladungsröhren vorkommen. Sie zählen aber jetzt auch schon zu den Seltenheiten.

Ist Wolfram mit anderen Metallen*) zu verbinden, dann wird außer der Punktschweißung bisweilen auch die Stumpfschweißung angewendet (z. B. Wolfram mit Eisen). Sehen wir von der Festigkeitsverminderung durch Rißbildung beim Wolfram ab, so kann über die Güte der Schweißverbindung zwischen Wolfram und anderen Metallen grundsätzlich folgendes ausgesagt werden:

Neigen die beiden zu verbindenden Metalle zur Mischkristallbildung, legiert sich also das Wolfram mit dem Gegenmetall, dann entsteht ein mehr oder minder kontinuierlicher Übergang zwischen beiden Metallen mit verschiedenartigster Legierungszusammensetzung, je nach ihrer Mischbarkeit im festen Zustand [Lit. *Gürtler* (1)], denn die Metalle diffundieren zwischen den beiden Metallen sowohl hinüber als auch herüber und dringen dabei je nach ihrer Beweglichkeit (abhängig von der Schweißtemperatur) und Bewegungszeit (Schweißdauer) mehr oder minder tief in das jeweilige Gegenmetall ein.**) Die gründlichste Durchmischung der Metallatome ist bei gleichen Diffusionsgeschwindigkeiten in beiden Richtungen und bei unbegrenzter Mischbarkeit in der Mitte der Schweißbrücke zu erwarten. Nur in wenigen Fällen werden aber alle diese Voraussetzungen gleichzeitig erfüllt sein, und es verschiebt sich die Stelle max. Durchmischung aus der Brückenmitte in eines der Metalle hinein. Ob dies für die Festigkeit günstig oder ungünstig ist, läßt sich einigermaßen mit Sicherheit erst sagen, sobald die Legierungszusammensetzung in jedem Punkt der Schweißbrücke bekannt ist. Ist doch die Sprödigkeit binärer Legierungen je nach Zusammensetzung durchaus verschieden [Lit. *Gürtler* (2)]. — Eines kann indessen schon festgestellt werden:

„Befindet sich der Ort größter Sprödigkeit in der Brückenmitte, dann ist die Festigkeit der Schweißung am geringsten; denn an dieser Stelle ist die Verankerung der Werkstoffe ineinander auch räumlich am schwächsten (Einflüsse verbliebener Oxydhäute sowie Verschmutzung). Jede Verlagerung der sprödesten (oder spröder) Stellen möglichst tief in eines der Materialien hinein vergrößert den Verankerungsquerschnitt und wirkt sich deshalb günstig auf die Festigkeit der Punktschweißung aus. Die Stegmitte besteht dann also aus zäherem Werkstoff, was mit Rücksicht auf möglichst große Festigkeit anzustreben ist."

Es gibt nun Metalle, die sich mit Wolfram nicht merklich legieren (z. B. Kupfer). In diesem Falle diffundieren beide Partner nur wenig ineinander und bilden bestenfalls Mischkristalle in dünnsten Schichten von atomarer Dicke aus, die mit den heutigen Mitteln der Prüftechnik weder feststellbar noch festigkeitsmäßig von besonderer Güte sind. Gute Schweißungen werden mit normalen Stromstärken dann nicht zu erwarten sein; sehr große Schweißströme führen indessen zu starker Rekristallisation des Wolframs bzw. zu verstärkter Bildung von Schalenrissen.

Auch in ihren Schmelzpunkten weit auseinander liegende Metalle werden gute Schweißungen nicht erwarten lassen. Hier kann nur oberflächenhaftes Kleben eintreten (das niedrigschmelzende Metall *klebt nur* an dem hochschmelzenden).

Am festesten werden im allgemeinen Punktschweißungen sein, deren Metalle nicht zu weit auseinander liegende Schmelzpunkte aufweisen und deren Brückenmitte keine spröde Legierung enthält.

Die Zusammenstellung 2 [Lit. Verfasser, unveröffentlicht] mag diese letzten Bemerkungen unterstreichen.

In der Glühlampenindustrie und im Röhrenbau kommen Punktschweißverbindun-

*) Hier werden nur Schweißungen der Elemente untereinander behandelt.

**) s. auch a. O. „Kirkendahl"-Effekt.

Schweißung von Wolfram mit	Kurzzeichen	Haltbarkeit der Schweißung gegen Verdrehung	Schmelzpunkt des Gegenmetalls °C
Tantal	Ta	mäßig bis gut	3030
Molybdän	Mo	gering (spröde)*)	2600
Niob	Nb	gut	2500
Titan	Ti	gut	1727
Eisen	Fe	gut	1535
Nickel	Ni	gut	1455
Kupfer	Cu	gering (legiert nicht)	1084
Aluminium	Al	gering (klebt nur)	660
Zink	Zn	nicht geschweißt	420

*) Sprödigkeit offenbar durch W-Versprödung verursacht, bei großer Schweißintensität eventuell auch durch Grobkristallisation im Mo; denn spröde Metallide kommen im System W–Mo nach *W. Gürtler*, Einführung in die Metallkunde, 1. Folge, Leipzig 1943, S. 226, Zahlentafel 4, nicht vor.

Zahlentafel 2. Haltbarkeit von Punktschweißungen von Wolfram mit anderen technisch wichtigen Metallen, nach Schmelzpunkten der Gegenmetalle geordnet (Blechdicke in allen Fällen 0,5 mm; Schweißstufe unverändert). [Vgl. auch Lit. *Ferguson.*]

gen zwischen Wolfram und anderen Metallen relativ häufig vor (z. B. mit *Mo, Fe, Ni* usw. und deren Legierungen). Die Befestigung von Wolframheiz- und -glühfäden in ihren Zuleitungen und die elektrische Verbindung zwischen den Elektroden und ihren Durchführungen insbesondere bei kleineren Röhren seien als Beispiele genannt. Bisweilen werden hier Folien oder aufgetragene Metallpasten (Metallpulver in Kohlenwasserstoffen aufgeschwemmt) zur Verbesserung der Schweißfähigkeit sonst schlecht schweißender Metalle verwendet (Bild 14). Die Benutzung von Pasten grenzt bisweilen schon an Lötoperationen.

Stumpfschweißungen zwischen Wolfram und anderen Metallen werden in der Hauptsache bei der Verschweißung von hochwertigen Kontaktstücken aus Wolfram mit weniger wertvollen Fassungsmaterialien angewendet. Die Technik dieser Verbindung ist hinreichend bekannt und sei hier nicht näher behandelt.

Als Schweißelektroden sind für Punktschweißungen Kupferelektroden und Verbundstoffelektroden (z. B. Wolfram-Kupfer) in Gebrauch. Letztere sind wesentlich verschleißfester als Kupferelektroden, aber auch teurer. Gelegentlich sind auch harte Legierungen in Anwendung.

Die Elektrodendrücke beim Punktschweißen von W mit W sind naturgemäß etwas größer als beim Punkten von Stahl. Wird W mit anderen Metallen verschweißt, dann entsprechen die Elektrodendrücke denen in der Stahlverarbeitung [Lit. *Rosenberg*].

Das Punktschweißen von W ist nur mit großer Schweißleistung möglich. *Um die Schweißstelle nicht unnötig zu rekristallisieren und deren Oxydation weitgehendst zu beschränken, muß die Schweißzeit kurz sein.* Man wählt deshalb Schweißzeiten von $^1/_{200}$ bis $^1/_{100}$ Sek. und Schweißströme von mehreren tausend Ampere. Die Steuerung geschieht in diesen Fällen mit Stromtoren.

Auch auf das Verschweißen von Wolfram mit anderen Metallen wirken sich kurze Schweißzeiten günstig aus.

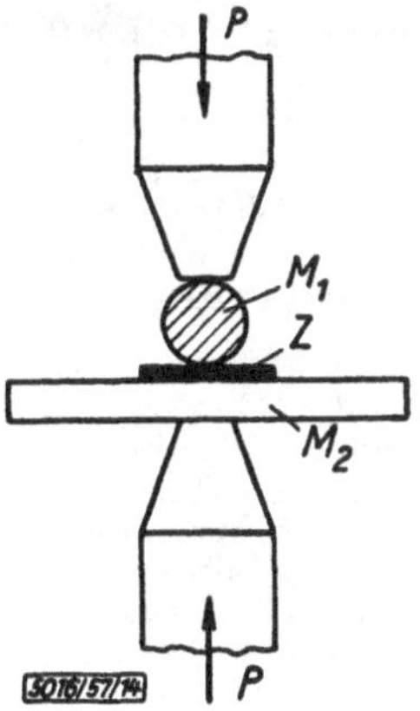

Bild 14. Zwischenlage (Z) zur Verbesserung der Schweißbarkeit
P = Elektrodenkraft

Ein zusätzlicher Schutz gegen Oxydation kann durch flüssige Kohlenwasserstoffe an der Schweißstelle erreicht werden, deren Verdampfung im Augenblick der Schweißung nicht nur zur Kühlung beiträgt, sondern auch zur Abdrängung der sauerstoffhaltigen Luft führt.

Lichtbogenschweißverbindungen von Wolfram mit Wolfram sind unter Schutzgas (z. B. mittels Arcatomschweißung) grundsätzlich möglich, werden aber wegen der starken Rekristallisation des Wolframs wenig angewendet. Demgegenüber sind Lichtbogenschweißungen mit Arcatomgerät zwischen Wolfram und anderen Metallen niedriger Schmelzpunkte (z. B. Eisen) zufriedenstellend ausführbar und werden auch gelegentlich angewendet. Das W wird dabei zweckmäßig nicht stärker erhitzt, als zur Schweißung unbedingt erforderlich ist. Auch sollte die Schweißung möglichst schnell vollzogen werden, um die Rekristallisation des W und *die Wasserstoffaufnahme des Gegenmetalls* auf ein Mindestmaß zu beschränken. Im Senderöhrenbau sind während des zweiten Weltkrieges aus Ersparnisgründen kompliziertere Eisenformteile mit W-Stäben in dieser Weise verschweißt worden.

5. *Korrosionsbetrachtung* [Lit. *Ritter*]

Wolfram ist bei Temperaturen oberhalb 400° C oxydationsempfindlich. Gegen oxydfreie Gase ist es im allgemeinen beständig. Eine Ausnahme bilden die gasförmigen Halogene Fluor und Chlor; letzteres greift W erst bei Rotglut stark an. Königswasser und reine konzentrierte Salpetersäure sowie Salzsäure greifen bei Raumtemperatur das W nicht an; bei 100° C ist ein schwacher Angriff durch Salzsäure bemerkbar. Gemische aus Flußsäure und Salpetersäure greifen W stark an.

Vom Quecksilber wird W auch bei hohen Temperaturen nicht angegriffen.

Gegen reines Jod ist W bis 600° C beständig.

In elektrolytischen Prozessen wird anodisch geschaltetes W von zahlreichen Elektrolyten stark angegriffen.

Bei Schweißverbindungen zwischen W und anderen Metallen ist Kontaktkorrosion möglich, wenn die Gegenmetalle in der elektrochemischen Spannungsreihe vom W großen Abstand haben. (Elektrolyte in Form von Schwitzwasser od. dgl. werden als gegeben vorausgesetzt.) Wolfram selbst wird anscheinend nur von den negativen Ionen angegriffen.

C. *Molybdän*

1. *Gewinnung*

Die bedeutendsten Molybdänerze sind Molybdänglanz MoS_2 und Gelbbleierz (Wulfenit) $PbMoO_4$. In den USA (Colorado, Climax Mine) werden über 90% der Weltproduktion an Molybdänerz (MoS_2) gefördert. Den Rest liefern in der Hauptsache Mexiko, Norwegen, Marokko und Peru. Das Erz wird durch Schwimmaufbereitung zu hochprozentigem MoS_2 (Konzentrat) angereichert und im Röstofen unter Luftzutritt in Molybdänsäure (MoO_3) umgewandelt. Die Reinigung der MoO_3 erfolgt ähnlich wie beim W chemisch oder physikalisch [Lit. *Schwarzkopf*]*). Hochgradige Reinheit der Säure ist die Voraussetzung zur Gewinnung gut verarbeitbaren Molybdäns. *Für die Schweißtechnik ist dies nur mittelbar von Bedeutung, soweit nämlich die Festigkeit der Schweißstelle davon betroffen wird.*

Metallisches Mo wird aus der MoO_3 in gleicher Weise gewonnen wie W aus WO_3**). Die Säure (MoO_3) wird in Nickelschiffchen gefüllt und im Wasserstoffstrom zu metallischem Mo-Pulver reduziert. Gewöhnlich erfolgt die Reduktion in Etappen. In der ersten Stufe wird bei etwa 500° C ein niederes Oxyd

*) DRP 480827; 521570; 566948.

**) Vgl. Wolframreduktion.

hergestellt und in der zweiten Stufe bei etwa 1000° C das Metallpulver gewonnen. Korngröße und Kornform des erzielten Pulvers sind von der Temperatur- und Feuchtigkeitsführung im Wasserstoffofen abhängig. Es ist sowohl grobkörniges, hellgraues als auch feinkörniges, dunkelgraues Molybdänpulver von nadelförmiger Gestalt oder zackiger Form erzielbar.

Zur Draht- und Blechherstellung wird das feinkörnige Pulver unter hohem Druck (bis 4000 at) zu Stäben oder Bändern gepreßt und im Wasserstoffofen ohne Unterbrechung fertiggesintert [Lit. ***D. E. W.***]. Reines Ausgangsmaterial erlaubt Sintertemperaturen bis dicht unterhalb des Schmelzpunktes. Diese Temperaturen sind erforderlich, um dichtes, poren- und rissefreies Mo zu erhalten. Beim Sintern schrumpft das Mo stark.

Die Kristallisation wird durch geeignete Führung der Sintertemperatur bestimmt. Feinkristallines duktiles Mo erhält man durch schnelle Temperatursteigerung und kurze Sinterzeit; langsames Anfahren und lange Sinterzeit ergeben grobe Kristalle und geringe Festigkeit.

Die Weiterverarbeitung des Sinterproduktes zu Draht und Blech geschieht — wie beim Wolfram — unter Schutzgas in Walzen, Hämmermaschinen und Drahtziehmaschinen*). *Die größeren Dicken werden warm verarbeitet:* Stäbe bei 1000 bis 1400° C, Drähte unter 1,1 mm bis 0,1 mm Durchmesser um 500° C. Noch schwächere Drähte werden in Diamantdüsen kalt gezogen.

Beim Warmziehen verwendet man „Aquadag" als Schmiermittel, das gleichzeitig als *Oxydationsschutz für das Mo* wirkt. Zwischenglühungen erfolgen in Schutzgasöfen (Beschickung mit Wasserstoff oder Formiergas).

Es ist bemerkenswert, daß Mo durch Erhitzung auf etwa 900° C (Wasserstoff!) erheblich an Duktilität gewinnt. (Wolfram versprödet dagegen!)

Werden Stäbe nur gehämmert, dann zeigen sie kristalline Struktur; erst der Ziehprozeß führt die Faserstruktur herbei. Für die mechanische Bearbeitung sind beide Strukturen wertvoll.

Molybdän findet in elektrischen Entladungsröhren aller Art weitgehende Verwendung. Aus Mo-Stäben werden in der Röhrenindustrie Tragstäbe für temperaturmäßig hoch beanspruchte Elektroden, Schrauben und Muttern hergestellt. Im Elektroofenbau finden bisweilen unter Schutzgas glühende Mo-Heizstäbe Anwendung. Molybdändraht wird in der Glühlampenindustrie für Halte- und Wickeldrähte der Glühwendeln, in der Röhrenindustrie zum Bau von Gittern, von Halte- und Verbindungsdrähten an Stellen hoher thermischer Beanspruchung, im Elektroofenbau für Heizdrähte (Schutzgas erforderlich!) und in der chemischen Industrie für säurefeste Siebe und Drahtgewebe verwendet (Flußsäure, Schwefelsäure und Salzsäure greifen Mo bei Raumtemperatur nicht wesentlich an). Molybdänblech wird in der Röhrenindustrie zu Antikathodenscheiben, hochbelasteten Anoden, Schirmblechen für Wolframkathoden, Trägern für Oxydkathoden und Muttern verarbeitet, im Elektroofenbau zu Heizbändern und Reflexionszylindern.

Wie Wolfram, so findet auch Mo in der Stahlveredlungsindustrie weitgehend Anwendung. Mo-Zusätze von etwa 5% zum Eisen verhindern dessen Umgitterung (α-γ-Umkristallisation) und machen das Eisen dadurch kriechfest. Durch Mo-Zusätze wird der Stahl außerdem zäh und schlagfest und sein Oxydationswiderstand gesteigert.

2. *Bearbeitung von Molybdän*

Bei Rotglut ist Mo gut schmiedbar. Duktiles, feinkristallines Mo kann sogar bei Raumtemperatur bis zu einem gewissen Grade durch Pressen oder Schmieden ohne Schaden verformt werden. Biegen läßt sich Mo der gekennzeichneten Art jedenfalls recht gut. Molybdändraht mit Faserstruktur neigt bei Kaltverformung — wie Wolfram — zum Aufspalten. Grobkristallines Mo ist bei Raumtemperatur spröde.

Mit den in der Stahlverarbeitung üblichen Werkzeugen ist Mo ohne Schwierigkeiten zerteilbar. Duktiles Mo-Blech läßt sich bei Zimmertemperatur mit Blechscheren schneiden und mit Meißeln leicht bearbeiten. Ebenso gut ist Mo-Draht mit Beißzangen bearbeitbar; Draht mit Faserstruktur zeigt allerdings Neigung zur Längsaufspaltung. Die Weichheit des Molybdäns erlaubt die Bearbeitung mit allen in der Stahlindustrie verwendeten Werkzeugen, wie Feilen, Fräsern, Maschinenstählen und Bohrern. Es empfiehlt sich allerdings gute Kühlung bei höheren Schnittgeschwindigkeiten, um die Abnutzung der Schneidwerkzeuge einzuschränken. Als Kühlmittel sind Tetra, Tri und Spiritus in Gebrauch.

Stanzwerkzeuge nutzen sich bei der Mo-Verarbeitung stark ab; man umgeht deshalb gern diesen Arbeitsprozeß.

Schleifen läßt sich Mo ebenso wie Stahl, wenn es gut gekühlt wird.

An chemischen Arbeitsoperationen sind beim Mo das Beizen mittels Salpetersäure (Mattbeize) und das elektrolytische Beizen mit verdünnter Schwefelsäure als Elektrolyt und Mo als Anode (Blankbeize) üblich. Statt Schwefelsäure ist beim elektrolytischen Beizen auch Kalilauge verwendbar. Die erforderliche

*) Siehe Wolframerzeugnisse.

Arbeitsstromdichte ist etwa 0,1 bis 0,2 Amp./cm². Als Elektrodenabstand sind mindestens 10 cm zu empfehlen. Die Kathode ist aus einem Material zu wählen, welches vom Elektrolyt praktisch nicht angegriffen wird (vgl. Bild 11).

3. *Die Verbindung von Molybdän-Bauelementen*

Mit duktilen Mo-Nieten läßt sich Mo-Blech gut verbinden. Da sich Schrauben und Muttern aus Mo leicht herstellen lassen, sind auch Schraubverbindungen aus reinem Mo häufig in Gebrauch. Niet- und Schraubenlöcher werden gebohrt oder gestanzt. Primitive Klemmverbindungen wie beim Wolfram scheiden deshalb aus.

Lötungen können an sauberem, unbehandeltem Mo *nur unter Schutzgas oder im Vakuum* erfolgreich und einwandfrei ausgeführt werden. Wird aber einmal derartiger Aufwand getrieben, dann lohnt nur die Herstellung von Hartlötungen. *Als Hartlote kommen Eisen, Nickel, Kupfer* und die üblichen Hartlotlegierungen in Betracht; Vakuumlote sollten aber *zinkfrei* sein, weil das Zink im Vakuum ausdampft und die Öfen bzw. Röhren verunreinigt. Besondere Flußmittel sind bei Schutzgas- und Vakuumlötungen nicht erforderlich, weil die Oxyde fehlen (Bild 15 u. 16).

Gelegentlich werden die zu lötenden Teile mittels Stromdurchgangs erhitzt und die Lotzwischenlagen auf diese Weise geschmolzen. Hier empfiehlt sich ebenfalls die Anwendung einer Schutzatmosphäre, um die Oxydation des Mo zu verhindern.

Zuvor unter Schutzgas oder im Vakuum verkupferte Molybdänteile lassen sich unter Zuhilfenahme geeigneter Flußmittel an Luft mit den üblichen Weich- und Hartloten löten. Es muß aber bemerkt werden, daß es sich dabei eigentlich nicht um Lötungen mit dem Mo, sondern mit dem aufgetragenen Kupfer handelt. Zur Vorverkupferung werden mitunter „Runot-Folien“ (das sind zu Folien ausgewalzte Kupfer-Wolfram-Verbundstoffe) verwendet. Nach der Vorverkupferung wird das Wolfram mit Alkalien ausgebeizt.

4. *Molybdän-Schweißverbindungen**)

Für Mo-Schweißungen ist praktisch nur die Widerstandsschweißung zur Anwendung gelangt. Die Punkt- bzw. Nahtschweißungen sind unter möglichster Vermeidung starker Rekristallisation auszuführen, um die Duktilität des Mo zu erhalten. *Schweißungen von Mo mit Mo werden wenig ausgeführt, weil diese nicht sehr zuverlässig sind. Hingegen wird Mo mit anderen Metallen häufig und gern verschweißt.* Seine große Formbeständigkeit bei hohen Temperaturen macht es in der Vakuumröhrenindustrie unentbehrlich. Ein Nachteil ist die relativ starke Verdampfung oberhalb 1300° C; man kann es deshalb nur bis etwa 1000° C anwenden, was beispielsweise auch fast für Nickel zutrifft. (An Festigkeit ist das Mo dem Ni bei hohen Temperaturen erheblich überlegen.)

In den Bereich der Verschweißung von Mo mit anderen Metallen fällt auch die Anwendung von Hilfsmetallen (in Form von Zwischenlagen, z. B. Folien oder Pasten; vgl. Bild 14).

Über die Haltbarkeit der Schweißungen zwischen Mo und anderen Metallen lassen sich die gleichen Überlegungen anstellen, wie sie bei den Wolfram-Schweißverbindungen ausführlicher dargelegt sind. Die Festigkeit wird bestimmt von der Art der Mischkristallbildung (spröde oder duktile Mkr.), von der Lage der sprödesten Stellen innerhalb der Schweißbrücken und von der Verankerung der Schweißbrücken in den ver-

*) Hier werden insbesondere Schweißungen der Elemente untereinander behandelt.

schweißten Metallen*). Eine Herabsetzung der Biegefestigkeit durch den Schweißprozeß erfolgt beim Mo — im Gegensatz zum Wolfram — nicht, wenn die Schweißung in sehr *kurzen* Zeiten ausgeführt wird und auf kleinsten Raum beschränkt bleibt, d. h. Grobkristallisation vermieden wird. Da eine schwache Rekristallisation sich festigkeitsmäßig sogar günstig auswirkt, sind gute Schweißungen zwischen Mo und anderen Metallen unter Beachtung auch nur einiger Sorgfalt ohne weiteres erzielbar. Die Festigkeit der Schweißungen wird also in erster Linie von der Art der Mischkristallbildung zwischen Mo und dem Gegenmetall bestimmt und erst in zweiter Linie von den (elektrischen) Schweißbedingungen.

Mit Mo nicht merklich legierende Metalle können nur bei genügender Metalldiffusion zu ausreichender Verankerung der Metalle ineinander führen. Hierzu sind indessen größere Schweißenergien nötig, die leicht eine Grobkristallisation im Mo hervorrufen und damit den Wert der Schweißung herabsetzen. Zu geringe Schweißenergien verursachen nur oberflächliche Haftung (Kleben) der Metalle aneinander. Haltbare Schweißungen sind in diesem Falle unter Beobachtung optimaler Diffusions- und Rekristallisationsvorgänge erreichbar.

Bild 15

Bild 15. Lötung von Mo und Fe mittels Cu (Kathodenzuleitung einer strahlungsgekühlten Senderöhre „S. & H.").
a = Vakuum-Lötung

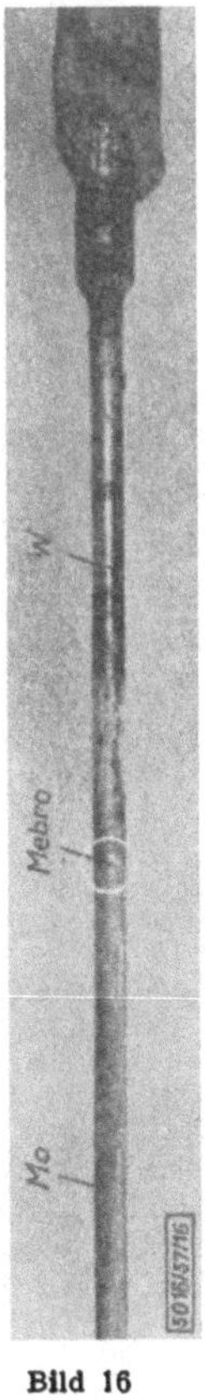

Bild 16

Bild 16. Lötung von Mo und W mit Hartlot (Kathodenzuführung einer wassergekühlten Senderöhre „S. & H.")
Mebro-Hartlot (zinkhaltig)

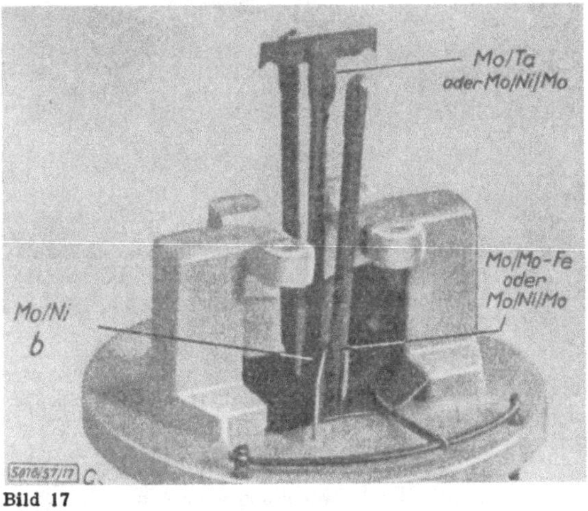

Bild 17

Bild 17. Punktschweißungen von Mo mit Ta, Ni und Mo-Eisen (strahlungs gekühlte Senderöhre „S. & H."), b = Nickelrohrniet

*) Aus dem Vorhandensein spröder Metallide allein können noch keine sicheren Schlüsse betr. mechanischer Haltbarkeit der Schweißungen gezogen werden. Über Metallidbildung binärer Legierungen vgl. z. B. *W. Gürtler* „Einführung in die Metallkunde", 1. Folge, Leipzig 1943, S. 225/26, Zahlentafel 4.

Gegen Oxydation kann die Schweißstelle einmal durch Kurzzeitschweißung und außerdem mittels Anwendung von Schutzgas (Wasserstoff, Edelgas) oder leicht verdampfender Kohlenwasserstoffe geschützt werden. Flüssige Kohlenwasserstoffe verdrängen nicht nur die sauerstoffhaltige Luft im Schweißaugenblick, sondern sie tragen auch zur Kühlung der Schweißstelle bei.

Anwendungsbeispiele für Punktschweißungen zwischen Mo und anderen Metallen zeigen die Bilder 17 bis 22.

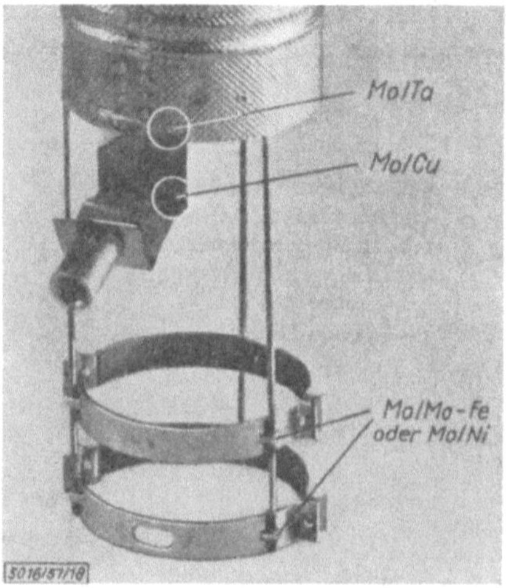

Bild 18

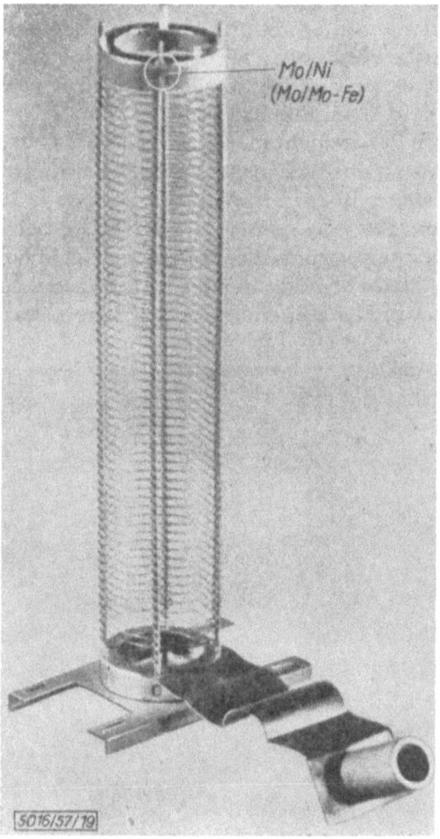

Bild 19

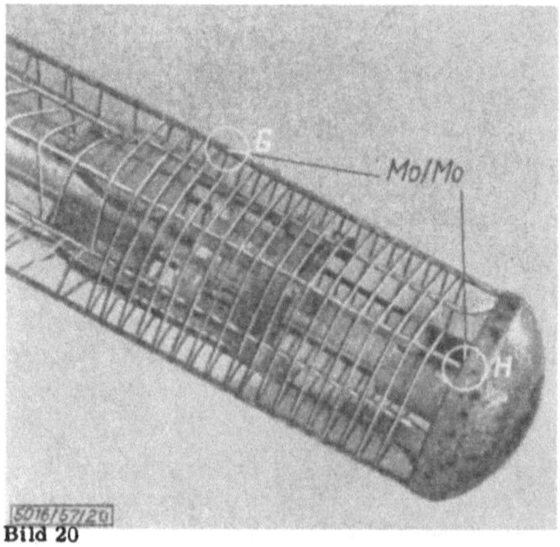

Bild 20

Bild 18. Punktschweißungen von Mo mit Ta, Ni, Cu und Mo-Eisen (strahlungsgekühlte Senderöhre Anodenanschluß und Halterung, „S. & H.")

Bild 19. Punktschweißung von Mo mit Ni oder Mo-Eisen (Gitter einer strahlungsgekühlten Senderöhre „S. & H.")

Bild 20. Punktschweißungen von Mo mit Mo unter Zuhilfenahme von Ni-Paste (Gitter-Kathoden-Aufbau einer wassergekühlten Senderöhre)

G = Gitterdraht an Holme (Mo/Mo) mit Ni-Pulver und Paraffinöl geschweißt

H = Gitterkappe (Mo/Mo) an Holme angeschweißt

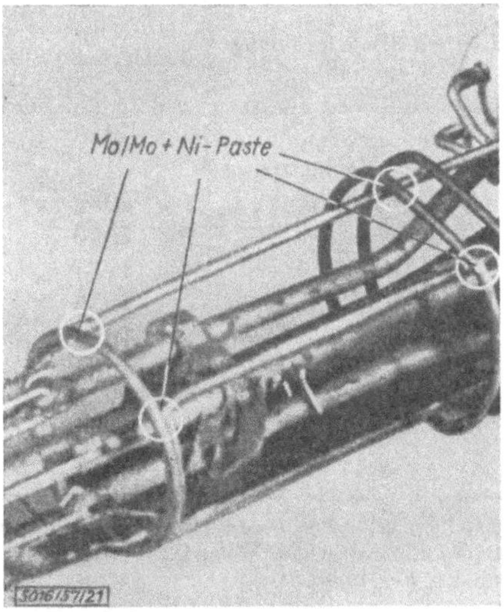

Bild 21

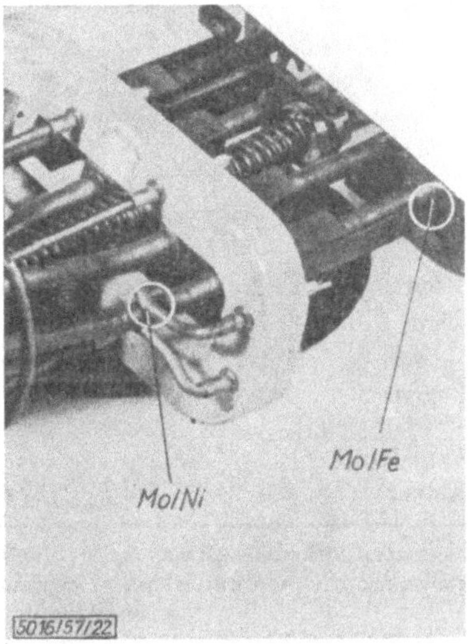

Bild 22

Bild 21. Punktschweißungen von Mo mit Mo unter Zuhilfenahme von Ni-Paste (Gitter-Kathoden-Aufbau einer wassergekühlten Senderöhre)

Bild 22. Punktschweißungen von Mo mit Ni und Fe (wassergekühlte Senderöhren, Gitter-Kathoden-Aufbau)

Bild 23. Ta-Anoden strahlungsgekühlter Senderöhren „S. & H." mit sichtbaren Schweißstellen

Bild 23 (Fortsetzung von Bild 18)

In der Vakuumröhrenindustrie finden Punktschweißungen zwischen Mo und anderen Metallen die vielseitigste Anwendung. Während des zweiten Weltkrieges und erst recht nach dem Kriege 1939—1945 wurden zahlreiche Notlösungen konstruktiver Art im Röhrenbau erzwungen. Wo es sich aus thermischen Gründen vertreten ließ, leichter zu beschaffende Metalle — und dies war insbesondere *Eisen — an Stelle hochwertiger Metalle wie Tantal, Molybdän und Nickel* einzusetzen, kam es zu Umkonstruktionen, die in eine bereits vorhandene Kette von Elementen neue Elemente hineinbrachten. Die Bilder 17 bis 22 zeigen, daß folgende Werkstoffkombinationen vorkommen:

Mo/Fe oder Mo/MoFe (mit 5% Mo),
Mo/Ni, Mo/Ni/Mo (Ni als Zwischenlage),
Mo/Ta,
Ta/Ta.

Diese Schweißungen werden zwischen Drähten, Blechen oder Zusammenstellungen aus beiden Formen vorgenommen. Ist Mo mit Mo in irgendeiner Form zu verschweißen, dann wird Ni-Pulver (in leicht verdampfenden Kohlenwasserstoffen aufgeschwemmt) dazwischengeschaltet; mitunter wird die Ni-Paste durch Ni-Folie ersetzt. Punktschweißungen unter Zuhilfenahme von Paste sind in der Hauptsache bei größeren Senderöhren mit größeren Werkstückdicken üblich.

Schweißung von Molybdän mit	Kurzzeichen	Haltbarkeit der Schweißung gegen Verdrehung	Schmelzpunkt des Gegenmetalls °C
Wolfram	W	gering (spröde); siehe Anm. in Zahlentafel 2	3380
Tantal	Ta	gut	3030
Niob	Nb	gut	2500
Titan	Ti	gut	1727
Eisen	Fe	gut	1535
Nickel	Ni	gut	1455
Kupfer	Cu	sehr gering, teils nicht geschweißt	1084
Aluminium	Al	gering	660
Zink	Zn	gering	420

Zahlentafel 3. Haltbarkeit von Punktschweißungen zwischen Molybdän und anderen technisch wichtigen Metallen, nach Schmelzpunkten der Gegenmetalle geordnet. (Blechdicke in allen Fällen 0,5 mm; Schweißstufe unverändert.) [Vgl. auch Lit. *Ferguson*]

Obenstehende Zahlentafel 3 zeigt eine Zusammenstellung über die Haltbarkeit punktgeschweißter Verbindungen von Mo mit anderen technisch wichtigen Metallen [Lit. Verfasser, unveröffentlicht].

Mit ihren Schmelzpunkten nahe beieinanderliegende Elemente schweißen auch hier im allgemeinen gut. *Kupfer schweißt wegen seiner guten Wärmeleitfähigkeit schlecht.* Die zur Verbesserung der Schweißung zwischen Kupfer und Molybdän erforderliche große Schweißleistung ist wiederum für die Festigkeit des Molybdäns (Grobkristallisation!) nachteilig; eine wesentliche Besserung des Gesamtbildes ist deshalb nicht zu erwarten.

Die geringe Neigung des Kupfers, mit Mo zu verschweißen, macht es für Schweiß-Elektroden bei Mo-Punktschweißungen besonders geeignet.

Molybdän erfordert — wie Wolfram — sehr kurze Schweißzeiten ($^1/_{100}$ bis $^1/_{200}$ Sek.) und große Schweißströme (einige tausend Ampere), jedoch weniger wegen einer Gefügebenachteiligung (die bekanntlich zur Versprödung des W führt), als vielmehr wegen der starken Oxydationsneigung des Mo, die für die Schweißung nachteilig ist. Es empfiehlt sich sehr, beim Schweißen von Mo weitgehend von *Schutzgasen bzw. flüssigen Schutzmitteln* Gebrauch zu machen, sofern das Gegenmetall nicht darunter leidet. Für das Mo sind Edelgase, Wasserstoff und flüssige Kohlenwasserstoffe leichter Verdampfbarkeit geeignete Schutzmittel.

Lichtbogenschweißungen sind beim Mo nicht zu empfehlen. Einmal ist die Rekristallisation zu stark, und außerdem dampft Mo oberhalb 1300° C überaus stark ab. Mit anderen Metallen (z. B. Ni und Fe) ist Lichtbogenschweißung unter Anwendung des Arcatomgerätes möglich, muß aber rasch ausgeführt werden, um die Mo-Rekristallisation und die Wasserstoffaufnahme der zu schweißenden Metalle auf ein Mindestmaß zu beschränken.

5. *Korrosionsbetrachtung* [Lit. *Ritter*]

Sauerstoff und CO greifen Mo bei höheren Temperaturen stark an (>400° C). Salpetersäure oberhalb 50° C und konz. Schwefelsäure von 160° C bauen Mo überaus schnell ab.

Natriumnitrit im flüssigen Zustand (etwa 300° C) reagiert mit Mo ähnlich stark wie mit Wolfram.

Mit Quecksilber verbindet sich Mo zu einem (spröden) Metallid.

Schweißverbindungen zwischen Mo und anderen Metallen ermöglichen Kontaktkorrosion in Gegenwart von Elektrolyten, und zwar um so stärker, je weiter die Metalle in der Spannungsreihe auseinander liegen und je weniger Neigung die Metalle zur Bildung isolierender Oberflächenschichten zeigen [Lit. *Tödt*].

Molybdän ist als Elektrodenmetall für Elektrolyse von Salzlösungen sowohl in anodischer als auch kathodischer Schaltung sehr wenig geeignet, weil es entweder stark abgebaut wird oder versprödet.

D. Tantal

1. Gewinnung

Tantal ist in den Tantaliten (Fe, Mn) Ta_2O_6, Sb(Ta, Nb)O_4, $Y_4(Ta_2O_7)_3$ mit Fe, Ca, Er, U und in den komplizierter zusammengesetzten Mineralien Samarskit, Pyrochlor u. a. enthalten. Es kommt normalerweise in Gesellschaft von Niob, mitunter auch von Ti vor.

Die Hauptfundorte liegen in Westaustralien, Afrika und Südamerika.

Die oftmals bis zu 80% Tantalsäure (Ta_2O_5) enthaltenden Erze (insbesondere Tantalit) werden fein gemahlen und mittels kochender Flußsäure gelöst. (Daß dabei auch unerwünschte Substanzen in Lösung gehen, läßt sich leider nicht vermeiden.) Aus der klaren Lösung wird mittels Kaliumbifluorid (KHF_2) das Doppelsalz K_2TaF_7 gefällt. Mehrfache Umkristallisation führt zur Abscheidung störender Begleiter.

Mit reinem metallischem Natrium wird das Kaliumtantalfluorid (K_2TaF_7) in explosionssicheren Eisentiegeln unter Luftabschluß bei heller Rotglut zu metallischem Tantal reduziert:

$$K_2TaF_7 + 5\,Na \rightarrow 2\,KF + 5\,NaF + Ta.$$

Die Reduktionsmasse muß nach erfolgter Abkühlung und Lockerung in Spiritus lagern, um eventuell noch freies Na in Na-Alkoholat überzuführen. Nach etwa 2 Tagen kann der Tiegelinhalt ausgebohrt und das Reduktionsgut in destilliertem Wasser gewaschen werden. Hierbei gehen die Fluorsalze in Lösung, während sich das metallische Tantal absetzt. Zur Befreiung von seinen Verunreinigungen sind mehrere sorgfältige Waschprozesse in kochendem verdünntem Königswasser und vor allem in destilliertem Wasser erforderlich. Für die Weiterverarbeitung ist nur hellgraues kristallines Ta-Pulver brauchbar, das schließlich noch getrocknet und gesiebt wird.

In Deutschland wird neben Ta-Erz vielfach Ta-Konzentrat verarbeitet. Das Konzentrat (Ta_2O_5) wird zunächst in Flußsäure (HF) gelöst und dann das Doppelsalz K_2TaF_7 mittels KHF_2 (wie oben) bzw. mit KOH gefällt. Die Weiterverarbeitung verläuft ähnlich, wie zuvor beschrieben.

Nach dem oben beschriebenen Verfahren fällt ein feinkörniges Ta-Pulver der Korngröße 0,5 bis 10 μ an. Ursprünglich wurde das Pulver in Deutschland nach einem Verfahren der Siemenswerke unter Vakuum im elektrischen Lichtbogen geschmolzen (Aufschmelzverfahren) und auf diese Weise ein sehr duktiles, gut verarbeitbares Tantal erzielt. Allerdings waren die erschmolzenen Brocken nur klein (Kugeln von etwa 20 mm ⌀). Nach dem ersten Weltkriege übernahmen die Siemenswerke das in den USA übliche Sinterverfahren zur Erzeugung duktilen Metalls aus Pulver [Lit. *Balke*; *Worthing*; *Ganswindt*]. Das Pulver wird ohne Bindemittel bei Drücken oberhalb 2000 at gepreßt und im Hochvakuumofen so weit vorgesintert, daß die Formkörper ausreichende Festigkeit besitzen, um dann im Stromsinterofen eingespannt und mittels Stromdurchgangs fertiggesintert zu werden. Die vorgesinterten Formstücke sind noch spröde und werden erst duktil und weiter verarbeitbar, wenn beim Fertigsintern Temperaturen von mehr als 2800° C erreicht sind. *Das Ta besitzt die Eigenschaft, bei niederen Temperaturen in starkem Maße Gase zu binden (Getterwirkung)*; oberhalb 2800° C werden diese Gase (im Hochvakuum) wieder ausgestoßen. Es sind vorwiegend die Gase *Wasserstoff und Stickstoff*, die mit dem Ta Metallide bilden. Zwischen den Metalliden und reinem Tantal kommt es offenbar zu Mischkristallbildungen, so daß Schmelzpunkterniedrigung eintritt. Ta neigt schon bei verhältnismäßig niedrigen Temperaturen zum Zerfließen, solange es spröde ist, d. h. noch beträchtliche Gasmengen gebunden hält. Mit zunehmender Freisetzung der Gase wird die Gefahr vorzeitigen Schmelzens immer geringer. Reines Ta hat nach neueren Messungen einen Schmelzpunkt von 3030° C. Für technische Zwecke ist im allgemeinen auch Ta etwas geringerer Reinheit mit niederem Schmelzpunkt verwendbar, wenn es nur ausreichend duktil und chemisch beständig ist.

Beim Sintern tritt beträchtliche Schrumpfung und Verdichtung der Preßkörper ein, wie das bereits aus der Wolfram- und Mo-Gewinnung bekannt ist. Der fertig gesinterte Werkstoff wird zu Blech und Draht ausgewalzt bzw. gezogen oder zu Rohr heruntergehämmert. Zuweilen werden auch die duktilen Sinterrohre der Länge nach aufgeschnitten und zu Blech ausgewalzt. Als Blech, Draht und Rohr wird Ta in der Röhrenindustrie und chemischen Industrie vielseitig verwendet, wo andere Werkstoffe mangels Temperaturfestigkeit oder chemischer Widerstandsfähigkeit versagen.

In vieler Beziehung nachteilig ist die ungewöhnlich große Bereitschaft des Tantals, oberhalb 350 bis 400° C Gase zu binden (vgl. auch die Angaben über das Sintern des Ta !). Besonders Wasserstoff und Stickstoff werden in beträchtlicher Menge aufgenommen und verspröden duktiles Ta. Sauerstoff oxydiert das Ta offenbar nur oberflächlich und verändert die Duktilität nicht.

Aber auch bei Raumtemperatur können Gase aufgenommen werden, z. B. Wasserstoff in statu nascendi (Elektrolyse) in sehr großer Menge, wobei merkliche Dilatation eintritt. In anodischer Schaltung nimmt das Ta bei der Elektrolyse Sauerstoff auf (Oberflächenoxydation) und sperrt den Stromdurchgang in einer Richtung (Ventilwirkung !).

Der Vollständigkeit halber sei hier vermerkt, daß die beschriebenen Gasbindungseigenschaften des Tantals oftmals ausgenutzt werden, um besondere Wirkungen zu erzielen. In der Röhrenindustrie wird Ta z. B. als Getter verwendet, um noch störende kleine Gasmengen aus den Entladungsräumen zu entfernen; die Elektroindustrie hat die Ventilwirkung anodisch oxydierten Tantals zeitweilig zum Bau von Gleichrichtern ausgenutzt.

2. *Bearbeitung von Tantal*

Bei Zimmertemperatur läßt sich Ta gut walzen, ziehen, tiefziehen, hämmern (kaltschmieden) und bördeln. Eine sehr bemerkenswerte Eigenschaft des Ta ist hier das *Ausbleiben praktisch jeglicher Verfestigung*, wie sie bei der spanlosen Verformung anderer Metalle zu beobachten ist. Häufige Zwischenglühungen im Verlauf der Kaltverarbeitung erübrigen sich also. Die spanlose Warmverarbeitung des Ta ist nicht zu empfehlen, da hierbei die Gefahr der Gasaufnahme besteht (Versprödung, Oxydation).

Gelegentliche Aufspaltung von Walzstücken an den Enden beruht im allgemeinen nicht auf einem Werkstoffehler, sondern ist auf den üblicherweise großen Verformungsgrad beim Ta zurückzuführen. Die Walzenden weisen starke Überlappung der Außenfasern gegenüber der neutralen Faser auf und täuschen leicht einen Materialfehler vor. Sie werden im Laufe der Verarbeitung zweckmäßig abgeschnitten.

Das Ta ist bei Zimmertemperatur derart weich, daß seine Zerteilung mit den in der Stahlbearbeitung üblichen Werkzeugen (Scheren, Beißzangen, Meißel) ohne weiteres erfolgen kann. Ebenso gut ist es mit spanabhebenden Werkzeugen (Feilen, Fräser, Stähle, Bohrer) kalt bearbeitbar.

Hingegen ist die chemische Bearbeitbarkeit wegen der großen Widerstandsfähigkeit des Tantals gegenüber den meisten Chemikalien im allgemeinen schwierig. Zuweilen rauht man Ta in heißer Flußsäure an der Oberfläche auf. Die anodische Oxydation im Elektrolyt führt zwar praktisch keinen Abbau herbei, erlaubt aber die Erzeugung schöner Färbungen auf der Ta-Außenfläche je nach Stärke der Oxydschicht. Diese Oxydschicht besitzt in elektrischer Beziehung Ventileigenschaften.

Auch die Versprödung des Ta durch Gasaufnahme wird technisch ausgenutzt: Mit Wasserstoff versprödeter Ta-Schrott läßt sich in Kugelmühlen leicht zermahlen und auf diese Weise wieder in neu verarbeitbares Pulver umwandeln. (Dieses Schrottpulver ist besonders rein und hochwertig, verglichen mit dem eingangs beschriebenen Erzpulver. Die Verarbeitung ist der des Erzpulvers analog; oft werden beide Pulversorten vor dem Sintern sogar vermischt.)

3. *Die Verbindung von Tantal-Bauelementen*

In der Röhrenindustrie wie auch in der chemischen Industrie sind dieselben Verbindungsarten üblich wie in der Stahlindustrie — was das Ta betrifft. Es können Bördel-, Niet- und Schraubverbindungen hergestellt werden, wo alle beteiligten Bauelemente aus Ta bestehen.

Lötverbindungen der in der Stahlverarbeitung üblichen Art werden beim Ta gar nicht angewendet. (Der Einsatz des teuren Ta ist nur in Sonderfällen möglich. Wenn andere Metalle mangels Temperaturfestigkeit und chemischer Widerstandsfähigkeit versagen, kann Ta noch einen Ausweg bieten.) An Luft ist Ta weder weich noch hart lötbar. *Hartlötungen an freier Atmosphäre scheiden auch wegen der begierigen Gasabsorption des Ta aus.* Als Lote für Ta kommen nur ebenfalls hochschmelzende Metalle in Betracht — möglichst sogar Metalle großer chemischer Widerstandsfähigkeit. Sehr gern wird *Niob als Lot für Tantal* verwendet, weil es diesem verwandt ist und die gestellten Anforderungen am besten von allen Metallen erfüllt. *Die Lötung wird im Hochvakuum ausgeführt*, denn das Lot ist ebenso empfindlich gegen Gasaufnahme wie das zu lötende Ta. Der Nb-Schmelzpunkt hat immerhin so großen Abstand vom Ta-Schmelzpunkt, daß sich einwandfreie Lötungen ermöglichen lassen (Bild 13).

Etliche andere Metalle vermögen Ta freilich unter ähnlichen Bedingungen ebenfalls zu löten (z. B. *Ni*, *Fe*, *Cu* u. a.), genügen aber nicht den hohen Ansprüchen hinsichtlich thermischer bzw. chemischer Widerstandsfähigkeit.

4. Tantal-Schweißverbindungen

Wegen der starken Gasabsorption des Tantals scheiden alle Schweißungen in einer Gasatmosphäre, die mit erheblicher Werkstofferhitzung verbunden sind, praktisch aus. Zur Anwendung gelangt fast nur die Kurzzeit-Punkt- oder -Rollennahtschweißung.

Solange es keine Punktschweißgeräte mit Stromtorsteuerung gab, wurden (dünne) *Tantalbleche unter Wasser geschweißt, um die Erhitzung der Schweißstelle zu vermindern und die Oxydation einzuschränken.*

Heutzutage wird Ta nur mit Geräten geschweißt, die mit kurzzeitigen Stromstößen, sehr großer Amplitude arbeiten (etwa $^1/_{200}$ bis $^2/_{100}$ Sek. und einige tausend Ampere). Hiermit sind gute Schweißungen von Ta mit Ta erzielbar, deren Festigkeit nichts zu wünschen übrigläßt.

Anwendungsbeispiele für Ta-Schweißungen zeigen die Bilder 23 bis 25.

In der Vakuumröhrenindustrie werden z. B. Ta-Anodenzylinder überlappt punktgeschweißt. Die chemische Industrie verwendet außer nahtlosen Ta-Rohren vielfach aus Ta-Blech überlappt naht- oder punktgeschweißte dünnwandige Rohre bisweilen recht komplizierter Formen, die völlig flüssigkeitsdicht hergestellt werden. An den Rohrenden lassen sich Flansche anschweißen, oder aufgebördelte Rohrenden werden direkt miteinander verschweißt.

Mit Ausnahme jener Metalle, deren Schmelzpunkte sehr niedrig sind, läßt sich Ta mit den meisten technisch wichtigen Metallen zufriedenstellend bzw. sogar gut punktschweißen*). *Eine Ausnahme* macht auch hier — wie beim W und Mo — *das Kupfer* (vgl. Zahlentafeln 2 und 3).

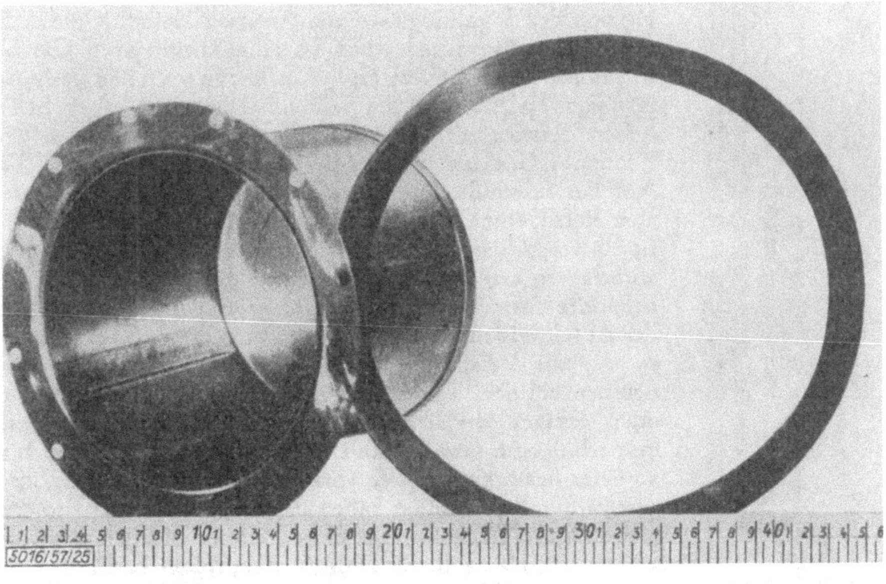

Bild **24.** Topf und Ring aus Ta. (Topf: Blech geschweißt, Ring: Band geschweißt)

*) Hier werden nur Schweißungen der Elemente untereinander behandelt.

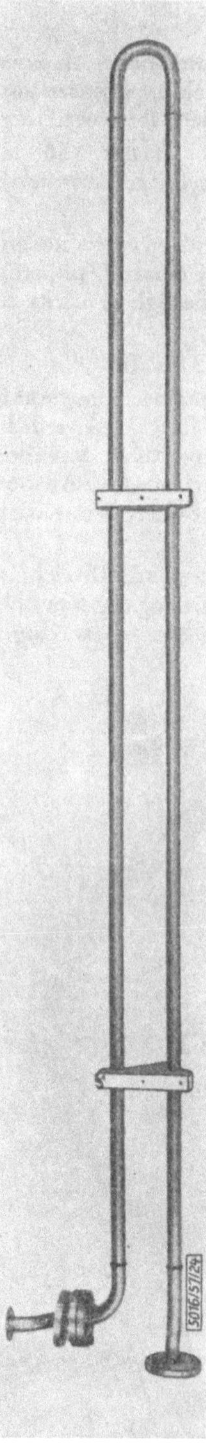

Obwohl z. B. in den Legierungsreihen von Ta mit Ni bzw. Fe Metallide vorkommen, sind die Schweißungen doch sehr haltbar. Hier liegen anscheinend Fälle vor, wo gerade die spröden Teile der Schweißbrücken gut im Blech verankert sind. (Vgl. die Ausführungen über Punktschweißen von Wolfram mit anderen Metallen.) In Zahlentafel 4 ist die Haltbarkeit von Punktschweißverbindungen von Ta mit anderen Metallen zusammengestellt.

Als Schweißelektroden werden kräftige Reinkupferelektroden verwendet. Die Elektrodenkräfte sind ähnlich zu wählen wie für weiche Stähle [Lit. *Rosenberg*].

Im Vakuum lassen sich an massiveren Ta-Stücken Lichtbogenschweißungen hinreichend duktil ausführen. Als Schweißelektroden werden zweckmäßig leicht vorgesinterte Stäbe aus gepreßtem Ta-Pulver verwendet. Dünne Bleche und Drähte kleinen Durchmessers sind jedoch nicht mit gleichem Erfolg auf diese Weise verschweißbar. Während die Schweißstelle auch hier duktil ist, versprödet die Umgebung derselben derart, daß die verschweißten Teile wertlos sind. Nachträgliches Glühen der Schweißungen bei extrem hohen Temperaturen (oberhalb 2800° C) ist nur in Ausnahmefällen möglich und scheidet deshalb praktisch aus.

Der Grund für das unterschiedliche Verhalten kleiner und großer Tantalabmessungen ist offenbar der folgende: Die Lichtbogenschweißung erfordert einen mehr oder minder konzentrierten Lichtbogen; dieser aber setzt — abhängig von der Spannung — einen gewissen kleinen Gasdruck voraus [Lit. *Steenbeck*]. Da Ta einen begrenzten Gasabsorptionsbereich besitzt (vgl. Ausführungen über das Sintern von Ta!), nimmt die Schweißstelle selbst wegen ihrer hohen Temperatur kein Gas auf, sondern stößt sogar gebundenes Gas aus. Infolge des Temperaturgefälles im Ta (von der Schweißstelle bis zur Einspannstelle) existieren nun aber stets Gebiete mit Metalltemperaturen, die im Absorptionsbereich liegen. Diese Nachbargebiete der Schweißstelle absorbieren erreichbare Gasmengen, und es tritt dabei die bekannte Versprödung ein. Je kleiner nun die Abmessungen der zu schweißenden Ta-Stücke sind, desto leichter werden sie die zur Versprödung hinreichenden Gasmengen aufnehmen können. Dickere Teile nehmen indessen nur mehr oder weniger *oberflächlich* Gase auf; die Gase benötigen immerhin eine gewisse Zeit, um von der Oberfläche bis zu einer bestimmten Tiefe vorzudringen. Ist die Diffusionsgeschwindigkeit in allen Fällen dieselbe, dann muß also die prozentuale Versprödung z. B. bei dünnen Blechen sehr viel größer sein als bei dickem Blech. Bei großen Ta-Blech-Abmessungen verbleibt immer ein relativ großer duktiler Kern,

Bild 25. Ta-Sdesigneröhre „S. & H.". (Gebördelte Schweißstellen!)
Abmessungen: Länge 3500 mm, Durchm. 37 × 39 mm, Baujahr 1940

Schweißung von Tantal mit	Kurz-zeichen	Haltbarkeit der Schweißung gegen Verdrehung	Schmelzpunkt des Gegenmetalls °C
Wolfram	W	mäßig bis gut	3380
Molybdän	Mo	gut	2600
Niob	Nb	gut	2500
Thorium	Th	gut	1827
Titan	Ti	gut	1727
Eisen	Fe	gut	1535
Nickel	Ni	gut	1455
Kupfer	Cu	gering	1084
Aluminium	Al	mäßig bis gut	660
Zink	Zn	nicht geschweißt	420

Zahlentafel 4. Haltbarkeit von Punktschweißungen zwischen Tantal und anderen technisch wichtigen Metallen, nach Schmelzpunkten der Gegenmetalle geordnet. (Blechstärke in allen Fällen 0,5 mm; Schweißstufe unverändert.)*)

der die Folgen einer Wasserstoffaufnahme in den äußeren Fasern bzw. Schichten nicht stark hervortreten läßt. Bei Lichtbogenschweißungen von Ta empfiehlt sich aus diesem Grunde äußerste Beschränkung der Schweißzeit. Nur so kann eine tiefergehende Versprödung vermieden werden.

Der Versuch, unter Edelgasatmosphäre zu besseren Schweißergebnissen zu gelangen, ging negativ aus (vermutlich waren die Edelgase nicht ausreichend rein).

Da die Ausführung der Lichtbogenschweißungen in einem luftabgeschlossenen Raum ohnehin umständlich ist, wird von dieser Schweißart beim Ta z. Z. kaum Gebrauch gemacht.

5. *Korrosionsbetrachtungen*

Ta wird von Flußsäure, rauchender Schwefelsäure und konzentrierten Alkalihydroxydlösungen angegriffen. In Verbindung mit anderen Metallen besteht für das Ta dann Gefahr, wenn es Wasserstoff in statu nascendi bei Elektrolyse aufnehmen kann (Kontaktkorrosion); hierbei versprödet das Ta.

Gegen Oxydation ist das Ta oberhalb etwa 400° C empfindlich.

Die Schmelzen der Alkalihydroxyde, ferner auch Fluor und Chlor greifen Tantal bei höheren Temperaturen stark an.

E. Niob

1. *Gewinnung*

Im allgemeinen finden sich Nioberze in Gesellschaft von Tantalerzen. In den Tantaliten (s. Tantalgewinnung) sind auch Niobite vertreten. Die wichtigsten Begleitniobite sind das (Fe, Mn) Nb_2O_6 und das Sb(Ta, Nb) O_4. Auch in den komplizierter zusammengesetzten Mineralen Samarskit, Pyrochlor u. a. kommt Nb neben Ta vor. Die Hauptfundstellen liegen (siehe Tantal) in Westaustralien, Afrika und Südamerika.

Während des zweiten Weltkrieges wurde vorübergehend auch in Deutschland (Kaiserstuhlmassiv) ein Nioberz — Koppit, $Ca_2Nb_2O_7$ — abgebaut, das sogar den Vorzug besitzt, tantalfrei zu sein. Das Koppit enthält 40 bis 45% Niobsäure. Der Abbau soll jedoch unrentabel sein.

*) Lit. *Verfasser*, unveröffentlicht.

Bei den mit Ta vergesellschafteten Nb-Erzen erfolgt die Trennung vom Ta während der chemischen Verarbeitung der Minerale [Lit. *Treadwell*]. Die gewonnene Niobsäure (Nb_2O_5) ist ein weißes Pulver.

Reduziert wird die Niobsäure mit Rußkohle im Vakuum bei etwa 1800° C. Hierzu wird in einem bestimmten Verhältnis von Niobsäure zu Rußkohle mit Wasser ein Brei angerührt, daraus werden kleine Klumpen geformt und diese getrocknet. Durch den Trockenprozeß bildet sich eine mehr oder minder poröse feste Masse, die sich zur Erhitzung im Vakuumofen eignet. Eine Reaktion erfolgt bei der Temperatur von 1800° C im wesentlichen zwischen dem Sauerstoff der Niobsäure und dem beigemengten Kohlenstoff. Es entsteht flüchtiges Kohlenmonoxyd, das laufend abgepumpt wird*) .Der Glühprozeß wird solange ausgedehnt, bis die Niobsäureumwandlung in metallisches Niob vollzogen ist. Das gewonnene Metall ist hellgrau. Es wird in einer Wasserstoffatmosphäre geglüht, wobei es — wie Tantal — begierig Wasserstoff aufnimmt und dabei versprödet (Zweck dieser Behandlung !). Das spröde Hydrid wird schließlich zerkleinert und zu Pulver zermahlen, um dann ebenso wie das Ta-Pulver ohne Bindemittel oberhalb 2000 at zu Bändern, Stäben oder gelegentlich auch Rohren gepreßt zu werden. Der Korndurchmesser des Pulvers liegt zweckmäßig zwischen 0,5 und 10 μ.

Das Sintern von Niobpulver zu duktilem Metall ist weitaus schwieriger als beim W, Mo oder Ta, weil der Gasabsorptionsbereich bis in die Nähe des Schmelzpunktes reicht, die Wasserstoffabgabe also erst bei relativ hoher Temperatur erfolgt. Gegen schnelle Temperatursteigerung ist Nb empfindlicher als Ta. Es zeigt in erhöhtem Maße die Neigung, mit noch nicht ausgedampften Substanzen weit unterhalb des eigentlichen Nb-Schmelzpunktes zu legieren und dann vorzeitig zu schmelzen. Gelegentlich ist das Sinterstück auch so verdichtet, daß nach außen strebende Gase nicht mehr das Innere der Preßkörper verlassen können. Dann blähen die bei den hohen Temperaturen bereits sehr plastischen Preßkörper tonnenartig auf, noch bevor der duktile Kaltzustand erreicht ist. Sehr reines Nb-Pulver läßt sich demgegenüber gut sintern. Das Ergebnis ist ein recht duktiles Metall, dessen Glanz fast an Platin erinnert; es ist deutlich heller als Tantal.

Die gesinterten Niobstäbe werden zu Draht, die Bänder zu Blech verarbeitet. Aus den Nb-Rohren werden entweder auch Bleche hergestellt, oder sie werden zu Kathodenrohren für Großsenderöhren bzw. zu Rohren für die chemische Industrie heruntergehämmert (vgl. Ta-Verarbeitung).

Nb ist zwar teurer als Ta, behauptet sich aber im Einsatz wegen seines geringeren spezifischen Gewichts und seiner dem Ta ähnlichen Temperaturbeständigkeit und chemischen Widerstandsfähigkeit neben letzterem.

Nb-Anoden absorbieren Gasreste im Vakuum ebenso begierig wie Ta-Anoden. Der Vorgang ist analog wie beim Ta. Dasselbe gilt für die Gasaufnahme des Niobs bei der Elektrolyse: kathodische Wasserstoffaufnahme versprödet Nb, anodische Sauerstoffaufnahme erfolgt nur an der Metallaußenfläche und verleiht dem Nb nur schöne Färbungen; die duktilen Eigenschaften werden davon nicht berührt.

2. Bearbeitung von Niob

Niob läßt sich bei Zimmertemperatur nahezu ebenso gut walzen, ziehen, tiefziehen und hämmern (kalt schmieden) wie Ta. Spanlose Warmverarbeitung empfiehlt sich auch hier nicht wegen der Gefahr der Gasabsorption und der damit verbundenen Versprödung bzw. Oxydation in sauerstoffhaltiger Atmosphäre.

Mit den Schneidwerkzeugen der Stahlbearbeitung (Scheren, Beißzangen, Meißel) läßt sich duktiles Nb leicht aufteilen. Die Aufteilung auf thermischem Wege scheidet wegen der Gefahr der Gasabsorption aus.

Die spanabhebende Bearbeitung des Niobs mit Feilen, Fräsern, Stählen und Bohrern bereitet keinerlei Schwierigkeiten; sie entspricht derjenigen weichen Baustahls.

Da sich Nb den normalen Chemikalien gegenüber fast ebenso verhält wie Ta, scheidet die chemische Bearbeitung praktisch aus. Bei normalen Temperaturen ist Nb nur gegen Flußsäure, rauchende Schwefelsäure und starke Alkalien unbeständig; heiße Salz- oder Schwefelsäure greifen Nb ebenfalls an. Mit anodisch aufgebrachten Oxydschichten sind — vgl. oben ! — Farbwirkungen und elektrische Ventilwirkung erzielbar. Kathodische Wasserstoffaufnahme kann zur beabsichtigten Versprödung duktilen Niobs zum Zwecke der Zerkleinerung angewendet werden.

3. Die Verbindung von Niob-Bauelementen

Bördel-, Niet- und Schraubverbindungen nur aus Nb sind zwar möglich, werden aber wegen der relativen Seltenheit des Niobs kaum angewendet. Für die chemische Industrie könnten sie bei größerem Einsatz von Nb-Bauteilen allerdings an Bedeutung gewinnen.

---

*) Verfahren der Siemenswerke, Berlin-Siemensstadt.

Bei den *Lötverbindungen* hat Nb bisher nur als Partner Bedeutung gehabt, indem es nämlich als Lot Verwendung fand (vgl. Lötverbindungen beim Wolfram und Tantal). Im Vakuum lassen sich natürlich auch Nb-Bauteile mit anderen Loten löten; nur sind diese Lote entweder thermisch bzw. chemisch zu wenig beständig, oder ihr Preis ist unerschwinglich, wenn es sich um Edelmetall handelt. Die Schmelzpunkte der technisch wichtigeren Metalle liegen von dem des Niobs sehr entfernt, so daß der hohe Niob-Schmelzpunkt nicht recht ausgenutzt werden kann. Gelingt es einmal, widerstandsfähige Lötungen mit Zr, Hf oder Rh rationell herzustellen, dann ist mit Rücksicht auf die hohen Schmelzpunkte dieser Metalle schon eher ein Grund zur Lötung von Nb-Bauteilen gegeben.

4. Niob-Schweißverbindungen

Wie das Ta, so wird auch Nb nur punktgeschweißt. Die Schweißung läßt sich gut ausführen und ist sehr haltbar, wenn mit stromtorgesteuerten Punktschweißgeräten gearbeitet und jede übermäßige Erhitzung der Schweißstelle vermieden wird. *Gegen Gasaufnahme ist Nb — wie bereits oben bemerkt — ebenso empfindlich wie Ta.* Der Absorptionsbereich scheint zwischen 350 und etwa 2400° C zu liegen, wenn man von der Gasaufnahme bei der Elektrolyse absieht. *Gasaufnahme in größerer Menge beeinflußt die Schweißung unbedingt nachteilig.*

Nb-Punktschweißungen finden für dieselben Zwecke Anwendung wie Ta-Punktschweißungen: Anoden und kleinere Bauteile für die Hochvakuumröhrenindustrie und eventuell Rohre für die chemische Industrie.

Mit anderen Metallen wird Nb sehr wenig verschweißt. Versuche haben indessen zu der Beobachtung geführt, daß sich Nb mit den technisch wichtigen Metallen insofern besser verschweißen läßt, als es mit einer größeren Zahl von Metallen ausreichend haltbare Schweißverbindungen liefert, sofern man Wolfram, Molybdän und Tantal zum Vergleich heranzieht. In Zahlentafel 5 ist das Versuchsergebnis zusammengestellt.

Die Schweißungen werden zweckmäßig in $^{1}/_{200}$ bis $^{2}/_{100}$ Sekunden ausgeführt mit Stromstärken von einigen tausend Ampere.

Schweißung von Niob mit	Kurzzeichen	Haltbarkeit der Schweißung gegen Verdrehung	Schmelzpunkt des Gegenmetalls ° C
Wolfram	W	gut	3380
Tantal	Ta	gut	3030
Molybdän	Mo	gut	2600
Thorium	Th	gut	1827
Titan	Ti	gut	1727
Eisen	Fe	gut	1535
Nickel	Ni	gut	1455
Kupfer	Cu	mäßig bis gut	1084
Aluminium	Al	mäßig bis gut	660
Zink	Zn	gering	420

Zahlentafel 5. Haltbarkeit von Punktschweißungen zwischen Niob und anderen technisch bedeutenden Metallen, nach Schmelzpunkten der Gegenmetalle geordnet. (Blechdicken in allen Fällen 0,5 mm; Schweißstufe unverändert.) [Vgl. auch Lit. *Ferguson.*]

*) Hier werden nur Schweißungen der Elemente untereinander behandelt.

Als Elektrodenmaterial findet Kupfer Verwendung. Die Elektrodenkräfte entsprechen denen bei der Stahlverarbeitung [Lit. zum Vergleich bei *Rosenberg*].

Lichtbogenschweißungen dürften beim Niob bisher kaum ausgeführt worden sein. Prinzipiell gilt hier dasselbe wie für Ta: Lichtbogenschweißungen sind bestenfalls im Vakuum ausführbar und dann auch nur an massiveren Teilen, weil dünnere Teile, deren Temperaturen sich zum Teil im Absorptionsbereich bewegen, verspröden und technisch unbrauchbar werden.

5. *Korrosionsbetrachtungen*

Niob wird von Flußsäure, rauchender Schwefelsäure und starken Alkalien — wie oben bereits bemerkt — schon bei Raumtemperaturen angegriffen. Oberhalb 350 bis 400° C ist Nb sehr oxydationsempfindlich.

In kathodischer Schaltung nimmt Nb bei der Elektrolyse Wasserstoff auf und versprödet dann wie Ta. Ebenso gefährdet ist Niob durch thermische Wasserstoff- und Stickstoffaufnahme oberhalb 500 bis 600° C.

Schmelzen von Alkaliverbindungen (z. B. KOH und NaOH) lösen Nb bei höheren Temperaturen auf.

Literaturangabe

Arkel, A. E. van, Reine Metalle, Abschn. I. Berlin 1939.

Balke, C. W., Chem. metallurg. Eng. *27* (1922), S. 1271.

D. E. W., Deutsche Edelstahlwerke, Metallwerk Plansee.

Espe, W. u. M. Knoll, Werkstoffe der Hochvakuumtechnik. Berlin 1936.

Ferguson, I., Amer. Weld. Soc. *14* (1935), H 2, S. 218. — Stahl u. Eisen *1935*, S. 993.

Ganswindt, S., Werkstoffhandbuch Nichteisenmetalle, Bl. 04. Berlin 1928.

Gürtler, W, Einführung in die Metallkunde, 1. Folge, S. 196/97 u. 222. Leipzig 1943.

Hansen, M., Aufbau der Zweistofflegierungen. Verlag J. Springer, Berlin 1936.

Jones, H. A., Chem. metallurg. Eng. *22*, S. 9.

Kieffer, R. u. W. Hotop, Pulvermetallurgie. Berlin 1942.

Lax u. D'Ans, Taschenbuch für Chemiker und Physiker. Berlin 1943.

Ritter, F., Korrosionstabellen. Wien 1944.

Rosenberg, F., Punktdurchmesser und Elektrodenkräfte beim elektrischen Punktschweißen von Stahlblechen. Werkstatt u. Betrieb *1947*, H. 12, S. 293.

Schwarzkopf, P., DRP 480287, 521570, 566948.

Skaupy, F., Metallkeramik. Berlin 1930. —

Steenbeck, M., Bogenentladungen bei vermindertem Druck. Vortrag Nr. 6 d. V.-R. über Gasentladungen im Außeninstitut der T. H. Berlin, Febr. 1934.

Tödt, F., Metallkorrosion. Berlin 1941. Weitere Literaturangaben daselbst.

Treadwell, W. D., Analyt. Chemie *1*, S. 523. Wien 1934.

Worthing, A. G., Phys. Rev. *28* (1926), S. 910.

Zwikker, C., Physik der Werkstoffe, S. 7. Berlin 1942.

Das Schweißen der Edelmetalle

Gold, Silber, Platin, Palladium, Rhodium, Iridium, Ruthenium und Osmium

Prof. Dr. phil. E. Raub, Schwäbisch-Gmünd

1. *Einleitung*

Die Edelmetalle und ihre Legierungen nehmen in der Technik eine Sonderstellung ein. Ihr Wert bedingt, daß sie, abgesehen vom eigentlichen Edelmetallgewerbe, nur dort eingesetzt werden, wo es unbedingt erforderlich ist. Trotzdem haben die Edelmetalle eine vielseitige industrielle Anwendung gefunden und nehmen einen festen Platz in der modernen Technik ein. So hat auch das Schweißen der Edelmetalle — besonders im chemischen Apparate- und Gerätebau — praktische Bedeutung. Darüber hinaus hat das Schweißen der Edelmetalle Interesse für die Vorgänge beim Schweißen überhaupt durch die bekannte Eigenschaft des sogenannten „Kaltschweißens", der Verschweißung bei Raumtemperatur oder nur wenig erhöhter Temperatur. (Siehe auch *Erdmann-Jesnitzer*, Beitrag Widerstandsschw. d. Leichtmetalle).

2. *Gold und Silber*

Die Beobachtungen über das Kaltschweißen von Gold und auch von Silber zeigen, daß getrennte Metallteile dann verschweißen, wenn sie einander so weit genähert werden, daß die atomaren Anziehungskräfte voll zur Auswirkung kommen. Um ein Verschweißen zu erreichen, ist es grundsätzlich nicht notwendig, die Temperatur über den Beginn reger innerer Platzwechsel zu erhöhen. Verschweißung beobachtet man also nicht erst dann, wenn Selbstdiffusion über die Grenzflächen hinweg in stärkerem Maße erfolgen kann. Da aber Kaltschweißen nur dort eintritt, wo der Grenzflächenabstand so gering ist, daß die atomaren Kräfte wirksam werden, verschweißen normalerweise nur wenige Punkte der Oberfläche, an denen diese Vorbedingung wirklich gegeben ist. Damit bleibt die Festigkeit des Verbundes im allgemeinen gering. Es liegt oft kein eigentliches Verschweißen, sondern nur ein „Kleben" vor (siehe hierzu *Dawihl*, sowie Beitrag *Thümmler*, Buchanhang.)

Die Metalloberfläche ist, auch wenn sie makroskopisch und mikroskopisch glatt aussieht, noch verhältnismäßig rauh und nach *Grimm* etwa einem Faltengebirge vergleichbar. Eine große tatsächliche Berührungsfläche und damit die Möglichkeit der Verschweißung größerer Flächenanteile ist zu erreichen durch weitgehende Einebnung der Oberfläche nach Überführung des „Faltengebirges" in ein „Tafelgebirge" mit weiten Plateauflächen*).

Besser und wirksamer als durch mechanische oder elektrolytische Glättung der Oberfläche erreicht man den geringen Abstand der Grenzflächen, der für das Wirksamwerden der atomaren Kräfte bei Raumtemperatur oder wenig darüber nötig ist, unter entsprechend hohem Druck, wenn Metalle mit guter Verformungsfähigkeit

---

*) *H. G. Grimm*, mündliche Mitteilungen.

vorliegen. Bei ausreichender Dauer der Druckeinwirkung tritt dann ein stärkeres Fließen der Metalle ein, das die erforderliche innige Berührung der Grenzflächen herbeiführt. Ist diese Bedingung erfüllt, so sollte grundsätzlich bei allen Metallen ein Kaltschweißen möglich sein. *Gold* und *Silber* besitzen ein ausgezeichnetes Verformungsvermögen und weisen keine hohe Kaltverfestigung auf. Schon unter verhältnismäßig niedrigem Druck fließen sie stark, und damit gelingt es bei ihnen leicht, durch Bearbeitung die tatsächliche Berührungsfläche an den Grenzen so groß zu erhalten, daß aus dem „Kleben" ein *Schweißen* wird. Pulverförmiges Gold und Silber lagern sich schon beim Reiben unter schwachem Druck zu gröberen, ziemlich fest gebundenen Stücken mit Metallglanz zusammen. Durch Pressen erhält man ohne Schwierigkeit aus den Proben kompakte Körper mit dem Aussehen des massiven Metalles und verhältnismäßig gutem Zusammenhalt.

Eine zweite Voraussetzung für das Schweißen, nämlich die *Freiheit der Oberfläche von Oxyden* und anderen nichtmetallischen Deckschichten, ist bei den Edelmetallen im Gegensatz zu den Unedelmetallen leicht zu erfüllen. Silber nimmt zwar im Laufe der Zeit durch Einwirkung von Schwefelverbindungen an der Luft Anlauffarben an, die auf der Bildung von Silbersulfid beruhen. Störungen durch Sulfidbildungen treten aber beim Schweißen im allgemeinen nicht auf. Der Dissoziationsdruck des Silberoxyds erreicht schon bei etwa 190° C 1 Atmosphäre. Bei höherer Temperatur ist daher die Bildung von Oxydschichten auch in reinem Sauerstoff nicht mehr möglich. Bei tieferer Temperatur erreicht die Dicke des Oxydfilmes auch nach langer Expositionszeit nur etwa $20 \cdot 10^{-8}$ cm (1). Selbst das Gold ist nach *Müller* u. *Löw* mit einer unsichtbaren Oxydschicht bedeckt, die aber beim Erhitzen rasch verschwindet. Mit dem *geringen Verformungswiderstand* ist die *hohe chemische Beständigkeit* des Silbers und besonders des Goldes die Ursache für die Eigenschaft der Kaltschweißbarkeit dieser Metalle.

Steigert man jedoch die Temperatur von Silber stärker, so reagiert es mit Sauerstoff unter Bildung von intermediärem flüchtigem Oxyd (2). Gleichzeitig ist von etwa 400° C an eine steigende Löslichkeit des Sauerstoffs in Silber zu beobachten, die beim Schmelzpunkt einen Steilanstieg erfährt. Gold ist gegenüber Sauerstoff bei erhöhter Temperatur praktisch indifferent.

3. *Platin*

Platin verhält sich dagegen in gewisser Hinsicht ähnlich dem Silber. Es weist in Gegenwart von Sauerstoff eine stark erhöhte Flüchtigkeit auf. Nach *A. Schneider* u. *Esch* beruht diese auf der Bildung höherer Oxyde, von denen das PtO_3 bis zu etwa 850° C beständig ist. Oberhalb dieser Temperatur tritt das PtO_4, das Oxyd des achtwertigen Platins, auf.

4. *Palladium*

Palladium läuft in Gegenwart von Sauerstoff nach *G. Tammann* u. *A. Schneider* bei 400° C in einer Stunde bis zum Rot erster Ordnung an. Bei Steigerung der Temperatur bis 450° C werden Färbungen bis Gelbgrün zweiter Ordnung beobachtet. Nach *Wöhler* nimmt das Palladium durch längeres Erhitzen auf 810° C unter oberflächlicher Bildung von Palladiumoxydul deutlich an Gewicht zu. Bei hoher Temperatur ist es in Gegenwart von Sauerstoff stärker flüchtig als Platin.

5. *Rhodium und Iridium*

Auf Rhodium und Iridium bilden sich bei längerem Erhitzen Oxydschichten, wenn der Sauerstoffdruck in der Atmosphäre den Zersetzungsdruck der Oxyde bei der betreffenden Temperatur übersteigt. Iridium besitzt bei hoher Temperatur in sauerstoffhaltiger Atmosphäre eine noch um ein Vielfaches höhere Flüchtigkeit als Platin und auch Palladium, während Rhodium unter gleichen Bedingungen weniger flüchtig als Platin ist.

6. *Ruthenium und Osmium*

Ruthenium und Osmium bilden bei erhöhter Temperatur die leicht flüchtigen Tetroxyde. Für die Schweißung kommen diese beiden Platinbeimetalle in reinem Zustande *nicht* in Frage.

7. *Allgemeine Betrachtung und Versuchsberichte*

Im allgemeinen ist die Oxydation, soweit sie bei den in Frage kommenden Temperaturen überhaupt eintritt, für das Schweißen der Edelmetalle belanglos. Die Edelmetalle können daher allgemein *ohne* Flußmittel geschweißt werden. Beim Schmelzschweißen von Silber ist jedoch die hohe Löslichkeit des Sauerstoffs in flüssigem Silber zu berücksichtigen.

Die Schweißneigung, namentlich die „Kaltschweißneigung", ist bei den Platinmetallen geringer als bei Silber und insbesondere Gold, und zwar nicht zuletzt deshalb, weil sie hart und schwer verformbar sind wie Iridium und Rhodium und doch wie das Platin und Palladium eine höhere Festigkeit und *stärkere Kaltverfestigung* aufweisen als Gold und Silber. Die für das Verschweißen erforderliche Annäherung größerer Flächenbereiche bis zum Wirksamwerden der atomaren Bindungskräfte ist erst bei höherer Temperatur zu erreichen. Durch die Temperatursteigerung wird der Wirkungsbereich der Atome stark vergrößert, der Verformungswiderstand aber herabgesetzt, wodurch die Neigung zum Verschweißen entsprechend zunimmt.

Das Kaltschweißen von Silber untersuchten *Butts* u. *van Duzee*. Sie bestimmten den Einfluß von Temperatur, Druck und Dauer der Einwirkung des Drucks auf die Verschweißung von Silberblechen. Die Güte der Schweißnaht wurde qualitativ in der Weise bestimmt, daß die Schweißung dann als einwandfrei angesprochen wurde, wenn beim Zerreißen das obere Blech, welches nur 30% der Dicke des unteren hatte, am Rande der Schweißstelle abriß.

Bild 1 zeigt die wesentlichen Ergebnisse der Versuche von *Butts* u. *van Duzee*. Danach ist unter 200° C die Schweißneigung des Silbers gering. Die Schweißung erfordert sehr hohe Drücke und lange Druckeinwirkung. Bei einem Druck von 3150 kg/cm^2 wurde vollkommene Verschweißung nach 16 Stunden bei 200° C erreicht. Bei einem Druck von 1750 kg/cm^2 betrug bei 300° C die Zeit bis zur einwandfreien Verschweißung 15 Stunden, während bei einem Druck von 3150 kg/cm^2 bei dieser Temperatur 3 Stunden nötig waren. Bei konstanter Temperatur von 400° C fiel mit wachsendem Druck die Zeit der erforderlichen Druckeinwirkung bis zu 2100 kg/cm^2 rasch ab, um sich dann nur noch wenig zu ändern.

Ein einwandfreies Verschweißen von Silberblechen wird durch senkrechten Druck nach *Butts* u. *van Duzee* nur dann erreicht, wenn die Verformung 75 bis 80% beträgr (Bild 1). Bei geringerer Dickenabnahme der Bleche während der Druckeinwirkung war

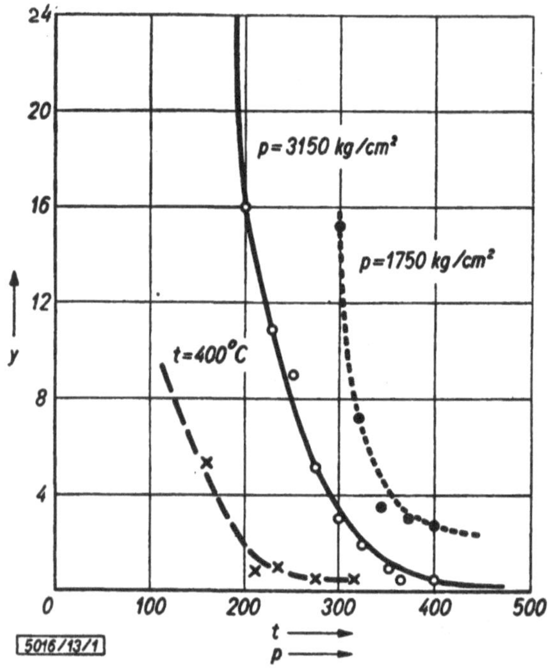

Bild 1. Einfluß von Temperatur, Druck und Dauer der Druckeinwirkung auf das Kaltschweißen des Silbers (nach *A. Butts* und *G. R. van Duzee*)

t = Temperatur in °C
p = Druck in kg/cm² × 10
y = Zeit in Stunden

die Verschweißung stets unvollkommen. Beim *Walzen* wurde eine bessere Bindung zwischen beiden Blechen beobachtet als beim Schweißen unter senkrechtem Druck. Beim Walzen 400°C heißer Bleche wurde nach 50 prozentiger Dickenabnahme in einem Stich eine einwandfreie Schweißung festgestellt. Wurden die Bleche, welche sich beim einmaligen Durchlaufen der Walzen nahezu auf Raumtemperatur abkühlten, vorher schwächer erhitzt, so hafteten sie nur mäßig. Bei weiterer Kaltwalzung ohne jede Wärmebehandlung trat jedoch eine feste Verschweißung ein.

Diese Versuche zeigen vor allem, welche Bedeutung der mechanischen Verformung für die Erzielung einer einwandfreien Verschweißung zukommt. Wenn auch die mechanische Verzahnung an der Grenzfläche bei stärkerer Verformung nicht in Abrede zu stellen ist, so ist diese für die Festigkeit der Schweißnaht doch nicht bestimmend, sondern *die Verringerung des Grenzflächenabstandes bis auf den Wirkungsbereich der Atome auf einem möglichst großen Teil der Gesamtoberfläche.*

Filme von Fremdstoffen auf den zu verschweißenden Flächen wirkten sich auf die Verschweißbarkeit des Silbers im allgemeinen weniger aus, als zu erwarten war. Graphit und Talk waren wirksamer als Öl, Fett und andere Stoffe. Der verhältnismäßig geringe Einfluß derartiger Fremdstoffe ist darauf zurückzuführen, daß bei der starken Verformung die von ihnen gebildeten Filme oder Schichten aufreißen und weitgehend zerstückelt werden.

Über die Technik des Schweißens von Silber, Gold und Platin liegt eine zusammenfassende Veröffentlichung von *Ditterich* vor. Für Angaben über das Schweißen der Platinmetalle und ihrer Legierungen ist Herrn Dr. *K. Ruthardt*, Hanau, zu danken. Den folgenden Ausführungen über die Schweißtechnik der Edelmetalle dienten die Veröffentlichung von *Ditterich* und ein Bericht von *Ruthardt* als Grundlage.

8. Industrielle Fertigung

Silber wird viel im Apparatebau der chemischen Industrie verwendet, und zwar in massiver Form, als Aus- und Bekleidung sowie als silberplattierter Stahl. Beim Schweißen des Silbers sind das ausgezeichnete Wärmeleitvermögen, die hohe thermische Ausdehnung und die Sauerstofflöslichkeit in flüssigem Silber zu berücksichtigen. Die Hammerschweißung, welche nach *Ditterich* wahrscheinlich infolge der Sauerstoffaufnahme bei erhöhter Temperatur Schwierigkeiten bietet, wird nur bei dünneren Blechen bis zu 1 mm Dicke angewendet. Schon bei 1 mm Blechstärke wird gewöhnlich durch Hammerschweißung nur noch geheftet. Mit der Azetylen-Sauerstoff-Flamme läßt man dann ohne Verwendung von Schweißdraht das Silber in der ganzen Naht verlaufen. Bei der Hammerschweißung beträgt die Temperatur 850 bis 900° C. Erhitzt wird das Silber mit einer Leuchtgasflamme mit geringem Gasüberschuß. Die zu verbindenden, etwa 6 bis 10 mm breit überlappten Flächen werden mit dem Hammer gründlich durchgearbeitet. Die Schmelzschweißung bei größeren Blechdicken wird mit der Azetylen-Sauerstoff-Flamme durchgeführt. Der ausgezeichneten Wärmeleitung des Silbers wird durch Anwendung größerer Brennereinsätze, als sie für Stahl üblich sind, und durch gute Vorwärmung Rechnung getragen. Um die Sauerstoffaufnahme des geschmolzenen Silbers möglichst zu unterdrücken, wird mit Gasüberschuß geschmolzen. Auch die starke Wärmeausdehnung macht besondere Maßnahmen notwendig, wie konische Spalterweiterung unter Verwendung von Spannschrauben u. dgl. oder Abkröpfen der Schweißkanten. Kehlnähte werden möglichst vermieden. Gewöhnlich wird die Stumpfnaht, bei Blechstärken von weniger als 1 mm auch die Bördelnaht, gebraucht.

Als Schweißdraht wird schon mit Rücksicht auf die *Korrosionsbeständigkeit* nur Feinsilber verwendet. Zur Steigerung der Festigkeit wird die Schweißnaht zunächst warm, dann kalt nachgehämmert. Das Nachhämmern in der Wärme bewirkt eine Verschweißung von Poren, welche von bei der Erstarrung frei gewordenem Sauerstoff herrühren.

Beim Schweißen von plattierten Blechen findet die V-Naht Anwendung durch Abschrägen der Stoßkanten auf der Eisenseite unter einem Winkel von 30 bis 35°. Die plattierte Silberschicht wird auf beiden Seiten der Stoßstelle in einer Breite von 4 bis 5 mm entfernt. Nach dem Abziehen der beiden Kanten der Silberschicht mit einem balligen Hand- oder Preßlufthammer wird dann zuerst die Eisenseite geschweißt, wobei die Lichtbogenschweißung gegenüber der Autogenschweißung gewisse Vorteile wegen der schärfer örtlich begrenzten Erhitzung bietet.

Gold ist das einzige Metall, bei dem das Kaltschweißen praktische Anwendung gefunden hat, und zwar in der Dentaltechnik zur Herstellung von Füllungen. Dabei wird das Gold in die Kavitäten der Zähne eingehämmert und so verschweißt. Nach *Addicks* soll das hierzu verwendete sogenannte „Moosgold" einen möglichst großen Reinheitsgrad haben.

In der Technik wird zur Herstellung von Apparaten massives Gold sehr wenig verwendet. Zumeist dient es nur in geringer Blechstärke für Aus- und Bekleidungen. Soweit Schweißung notwendig ist, gebraucht man das Hammerschweißen. Die Vorbereitung des Metalles für die Schweißung bringt keine Besonderheiten. Die Schweißung wird bevorzugt mit der Knallgasflamme durchgeführt, da die Azetylen-Sauerstoff-Flamme bei der üblichen Schweißtemperatur von 950° C zu stark rußt. Ebenso wie bei Silber ist örtliche Überhitzung zu vermeiden, weil sonst infolge des leichten „Durchsackens" des Goldes Schwächestellen in der Schweißnaht entstehen. Auch beim Gold wird die Schweißnaht zur Erhöhung der Festigkeit nachgehämmert.

Die Gasschmelzschweißung ist für *Gold* von untergeordneter Bedeutung. Sie wird nur dort gebraucht, wo mit der Hammerschweißung nicht durchzukommen ist. Als Zusatzwerkstoff dient auch Feingold. Die Schweißung wird mit einem Knallgasbrenner vorgenommen und möglichst zügig durchgeführt.

Platin und *Platinlegierungen* werden praktisch nur durch Hammerschweißung verbunden. Die Schweißtemperatur soll nach *Ruthardt* möglichst hoch liegen und 1000 bis 1100° C nicht unterschreiten. Nach *Ditterich* wird praktisch bei 1300° C geschweißt. Die Schweißung wird mit der Knallgasflamme vorgenommen. Zur Beseitigung von

Spannungen und zur Verbesserung der Festigkeit wird die Schweißnaht warm *und* kalt nachgehämmert. Solche Schweißungen werden bei durchgebrannten Platinwicklungsbändern von Heizöfen notwendig.

Bei *platinplattiertem Stahl* ist zu beachten, daß bei der hohen Schweißtemperatur das Eisen in die gewöhnlich nur dünne Platinauflage zu stark eindiffundiert. Infolgedessen wird für die Schweißung eine Goldfolie verwendet. Falls diese nicht gebraucht werden kann, setzt man ein „platinplattiertes Nickelfutter" ein, das die Diffusionsgefahr wesentlich herabsetzt.

Das *Palladium* läßt sich fast ebenso leicht verschweißen wie das Platin. Mehr als bei diesem ist jedoch auf die Abwesenheit von *Schwefel* zu achten, der beim Platin praktisch nie, beim Palladium dagegen häufig auftreten kann.

Das *Iridium* und das *Rhodium* sind noch durch Hammerschweißung zu verschweißen. Die Mindesttemperatur liegt bei etwa 1400° C.

Die *Legierungen* des Platins mit Palladium, Rhodium und Iridium lassen sich leicht schweißen, schwieriger dagegen die Legierungen mit Ruthenium und Osmium. Auch für Legierungen mit 10 Gew.% Ni und Cu kann die Hammerschweißung noch Anwendung finden. Platinlegierungen mit ausgesprochen unedlen Metallen als Zusätzen haben nur eine geringe Schweißneigung. Besonders schlecht verschweißen Platinlegierungen mit Zusätzen von Beryllium, Kalzium und Zirkonium. Von diesen Metallen genügt schon weniger als 1%, um das Schweißen so zu erschweren, daß es nur in Gegenwart von Flußmitteln bei besonders vorsichtigem Arbeiten gelingt; die Festigkeit der Schweißnaht ist aber auch dann noch sehr gering. Bei Versuchen (ausgeführt in der Firma *W. C. Heraeus*, Hanau) über die Schweißneigung verschiedener Legierungen des Platins bei geringem Druck mit Kondensatorentladung ergab sich, daß *Platin-Tantal* eine besonders geringe Neigung zum Verschweißen besitzt.

Auffälligerweise sind Platin-Gold-Legierungen sowohl bei hohem Gold- wie auch bei hohem Platingehalt schlecht schweißbar, obwohl ihre Schweißneigung groß ist. Dieses auffällige Verhalten wird auf den verhältnismäßig großen Schmelzbereich dieser Legierungen zurückgeführt.

Osmium-, iridium- und rutheniumhaltige Legierungen werden in Form von Körnern auf Füllfedern aus Gold und Stahl als Spitzenwerkstoff geschweißt. Die Feder liegt dabei auf einer leitenden Unterlage; auf die Feder wird das Korn aufgelegt und dann mit einer Kohleelektrode ein Lichtbogen gezogen, der bei einer Spannung von 220 Volt mit 2 bis 4 Amp. betrieben wird. Die auffällig leichte Verschweißbarkeit dieser Legierungen mit Gold und Stahl ist nach *Ruthardt* wahrscheinlich mit der Flüchtigkeit ihrer Oxyde in Zusammenhang zu bringen.

Literaturangabe

Addicks, L., Trans. Electrochem. Soc. 74 (1938), S. 337.

Butts, A., u. *G. R. van Duzee*, Trans. Electrochem. Soc. 74 (1938), S. 327.

Crookes, W., Proc. Roy. Soc. London A, 461 (1911/12).

Ditterich, K., Metallwirtsch. 22 (1943), S. 276.

Müller, W. J., u. *E. Löw*, Ber. Dtsch. Chem. Ges. 1935, I, S. 989.

Raub, E., u. *A. v. Polaczek-Wittek* (1), Z. Metallkde 34 (1942), S. 275.

Raub, E., (2), Die Edelmetalle und ihre Legierungen, Berlin, Springer-Verlag 1940, S. 275/76.

Ruthardt, K., Mündliche Mitteilungen.

Schneider, A., u. *U. Esch*, Z. Elektrochem. 49 (1943), S. 55.

Tammann, G., u. *A. Schneider*, Z. anorg. allg. Chem. 171 (1928), S. 363.

Wöhler, L., Z. Elektrochem. 11 (1905), S. 836.

DIE SCHWEISSUNG VON LEICHTMETALLEN

Die Herstellung von Aluminiumlegierungen unter Berücksichtigung der Schweißbarkeit*)

Dr.-Ing. H. Kostron †, Hannover/Bonn

A. Vorwort

Um die Beiträge über die Schweißung der Leichtmetalle (*Erdmann-Jesnitzer*), und die der Korrosion geschweißter Leichtmetallverbindungen *Bleicher* u. *Brenner*, beides siehe anschließend, inhaltlich voll zu verstehen und um aus diesen die richtigen Arbeitsrichtlinien für die Herstellung gut schweißbarer Leichtmetallegierungen herauszulesen, bedarf es einer genauen, wenn auch kurz gehaltenen Beschreibung der Leichtmetallherstellung. So zieht sich, als Beispiel angeführt, die Frage „Wasserstoff" von der Erschmelzung bis in die möglichen Fehlererscheinungen einer Bördel-Behälternaht geringer Blechdicken hin.

Den Leichtmetallen wurden hinsichtlich Schweißbarkeit und Legierungszusammensetzung zahlreiche Arbeiten gewidmet. Für andere Nichteisenmetalle, vielleicht mit Ausnahme der Kupferlegierungen, ist dies nicht in dem Umfange literaturmäßig zu verzeichnen. Mit einer früher oder später einsetzenden größeren technischen Bedeutung aber wird auch für weitere Elemente und ihre Legierungen, d. h. über die Leichtmetalle hinaus, hierfür buchseitig eine Erweiterung in Richtung der Frage „Herstellung und Schweißbarkeit" erfolgen müssen. Das „Gesunde" eines Werkstoffes ist letztlich bereits im Blockguß (z. B. hinsichtlich gelöster Gase) festgelegt. Analog dazu erfolgte auch für die üblichen Baustähle die eingehende Behandlung der Herstellung von Stahl unter Berücksichtigung der Frage der Schweißbarkeit. Hinzu kommt, daß aus ersichtlichen und angebrachten Gründen eine Zusammenfassung, wie nachfolgend durchgeführt, früher noch nicht oder wenn, nur auszugsweise für Teilgebiete, dann aber für die Leichtmetalle lückenhaft erfolgte.

Da die Gefügeausbildung mit Mischkristallen und Korngrenzensubstanz (z. B. binärer, ternärer oder Mehrstoff-Eutektika) im wesentlichen ja den NE-Legierungen allgemein eigen ist, lassen sich viele Erkenntnisse aus den folgenden Ausführungen zwanglos auf andere Legierungen übertragen, für die nun im einzelnen die gieß- und knettechnische Herstellung nicht eingehend behandelt werden konnte.

B. Leichtmetalle und Gase [Lit. *Dardel* (1) (2) (3); *R. Castro* u. *M. Armand*]

1. Einleitung. Die Leichtmetalle stehen während ihrer gesamten Verarbeitung unter dem Einfluß verschiedener Gase, welche die Atmosphäre bilden. Wenn die Temperatur hoch genug ist, um Diffusionsvorgänge ausreichend zu ermöglichen, und bestimmte

*) Deutungen wurden vornehmlich am Beispiel der aushärtbaren AlCuMg-Legierung vorgenommen, die ja im allgemeinen nicht oder wenig verschweißt wird. Daher werden die AlMg-, AlMn-, AlMgMn- und AlMgSi-Legierungen in folgenden Beiträgen der Schweißung von Al u. Al-Leg. ausführlich behandelt. Das Großteil der beschriebenen Erscheinungen ist jedoch zwanglos auf nahezu alle Al-Legierungen übertragbar.

Oberflächenbedingungen erfüllt sind, können sich Gleichgewichte zwischen Gas- und flüssiger bzw. fester Metallphase mehr oder weniger vollkommen einstellen. Es liegen darüber schon zahlreiche Untersuchungen vor, deren Ergebnisse allerdings zum Teil durch systematische Fehler gefälscht sein müssen, da zum Teil noch unvereinbare Widersprüche bestehen. Eine kritische Sichtung vom thermodynamischen Standpunkt aus [Lit. *Dardel* (1) (2)] erlaubt aber in den meisten Fällen eine Trennung des überhaupt Möglichen von dem von vornherein Unmöglichen und damit wenigstens eine qualitative Übersicht, die jedoch in vielen Fällen für die Beantwortung der praktisch interessierenden Fragen genügt.

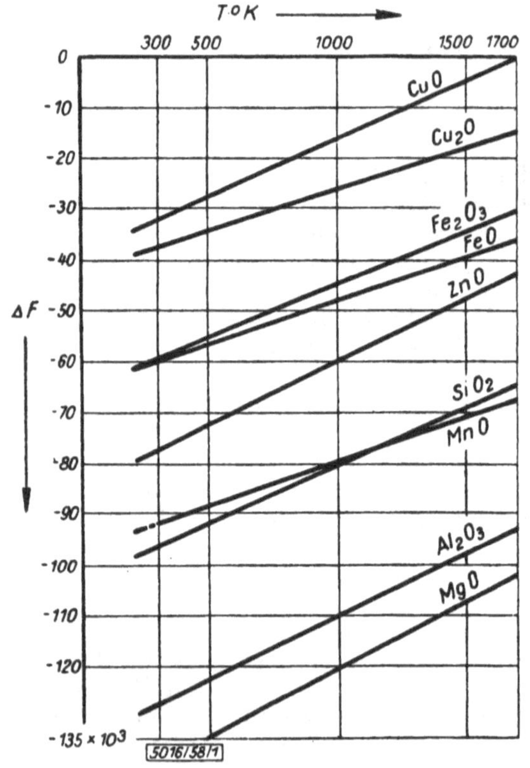

Bild 1. Freie Energien der Oxydation

T = absolute Temperatur in ° Kelvin;

△ F = freie Energie

a) Sauerstoff. Schon bei Raumtemperatur reagieren Aluminium und Magnesium mit dem Luftsauerstoff unter Bildung der Oxyde Al_2O_3 bzw. MgO. Als Maß für die Affinität der Leichtmetalle und ihrer wichtigsten Legierungselemente zum Sauerstoff sind in dem Bild 1 die freien Energien der Oxydation aufgetragen*).

Man ersieht aus dem Bild 1, daß nur das Magnesium stärker, alle anderen Legierungselemente aber schwächer oxydierbar sind als das Aluminium. Dies wirkt sich so aus, daß beim Schmelzen Mg-haltiger Al-Legierungen Mg bevorzugt abbrennt, was bei der Gattierung berücksichtigt werden muß. Die Verminderung des Mg-Gehaltes durch Abbrand bei AlCuMg-Legierungen mit rund 1% Mg kann unter normalen Schmelzbedingungen mit rund 0,1 bis 0,2% Mg angenommen werden. Bei AlMg-Legierungen mit 7% und mehr Mg wird der Mg-Abbrand schon so groß, daß unter Schutzatmosphäre oder unter Salzdecken geschmolzen werden muß. Für das Schmelzen der Legierungen auf Mg-Basis werden diese Schutzmaßnahmen zu einer unbedingten Notwendigkeit.

Die gebildeten Oxyde lagern sich als dichte Häute auf der Oberfläche des festen oder flüssigen Leichtmetalls ab und hemmen dadurch die weitere Reaktion. Die Schutzwirkung des besonders dichten Al_2O_3 ist so stark, daß bei Raumtemperatur der Oxydationsvorgang sehr rasch völlig zum Stillstand kommt; bei erhöhter Temperatur besteht zwar die Möglichkeit der Diffusion des Metalls *durch* die Oxydschicht

*) Dabei ist allerdings die Änderung von c_p mit der Temperatur vernachlässigt, so daß in erster Näherung als Gerade wiedergegebene Kurven nur als qualitativer Anhalt gelten dürfen.

und damit eines stärkeren Wachstums dieser Schicht, doch wird auch bei mehrtägiger Glühung bei 600° C die Haut nicht dicker als 0,02 μ [Lit. *Pilling* u. *Bedworth*].

Dank dieser Oxydschichten können alle Wärmebehandlungen an Aluminiumlegierungen in Luftöfen *ohne* Schutzatmosphäre oder in den stark oxydierend wirkenden Salpeterbädern durchgeführt werden.

Desgleichen bildet sich auf geschmolzenen Al-Legierungen durch die Einwirkung des Luftsauerstoffes eine Oxydhaut. Wenn diese nicht unter Freigabe blanken Metalls zerrissen wird (das Vermeiden des Zerreißens ist ein wichtiger Gesichtspunkt bei der Schmelzführung!), hemmt die Oxydhaut den weiteren Abbrand so stark, daß auf einen weiteren Oxydationsschutz durch inerte Atmosphäre oder Salzabdeckungen verzichtet werden kann (Ausnahme: hochmagnesiumhaltige AlMg-Legierungen). In der Aluminiumschmelze ist Al_2O_3 kaum löslich (Lit. *Sterner-Rainer* nicht über 0,04%, nach *Jander* u. *Brösse* unter 0,003%). Werden Oxydhäute zerrissen und in die Schmelze eingerührt, so bleiben sie dort suspendiert und sind, da ihre Dichte nur um weniges größer ist als die der Schmelze, auch durch lang dauerndes Abstehen nicht sauber von der Schmelze zu trennen. Derartige Oxydhäute führen in vielen Fällen bei der Verarbeitung zu Erschwernissen. Das Bild 2 zeigt als Beispiel den Schnitt durch einen Walzbarren, der beim Warmwalzen wegen eingeschlossener Oxydhautnester von der Oberfläche her einriß. Werden solche Nester weiter ausgewalzt (Bild 3), so können sie zu Schieferstellen auf der Blechoberfläche sowie zu Doppelungen im Blechinnern führen. Auch noch so kleine Nester, wie z. B. die in dem Bild 4, die vielfach zunächst unbemerkt bleiben, können zu Ausschuß führen, da sie häufig beim Glühen der Anlaß von Blasenbildung sind.

Bei Strangpreßwerkstoff ist vor allem auch eine bestimmte Art von „Holzfaserbruch" (dunkle „Züngelchen" im Bruch) auf Oxydhäute zurückzuführen.

Auch bei Magnesiumlegierungen sind Oxydhauteinschlüsse ein häufiger Fehler (Bild 5), der auch bei diesem Werkstoff zu denselben Folgeerscheinungen, wie oben beschrieben, führt.

Für Halbzeuge, die geschweißt werden sollen sowie beim Schweißen selbst, sind Oxydeinschlüsse besonders auch deshalb zu vermeiden, weil an ihnen freie innere Oberflächen liegen, an welchen unter der Einwirkung der Schweißhitze im Leichtmetall gelöster Wasserstoff entweichen und zu Aufblähungen (Poren, Blasen) führen kann.

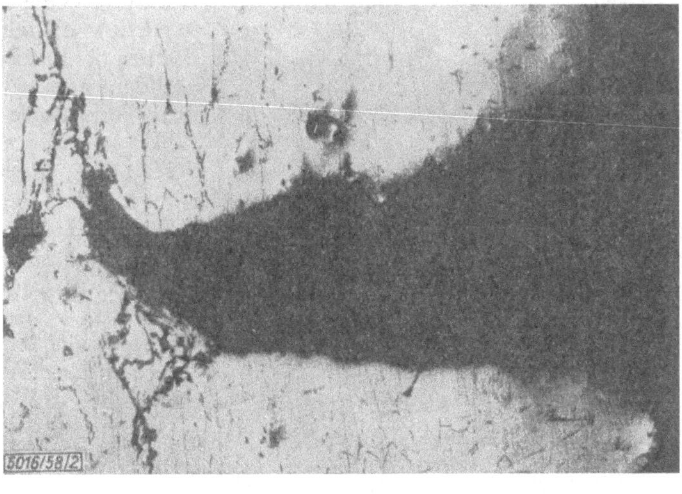

Bild 2. Walzbarren (Leg. Al-Cu-Mg), beim Warmwalzen infolge Oxydnester von der Oberfläche her eingerissen (ungeätzt; V 200×)

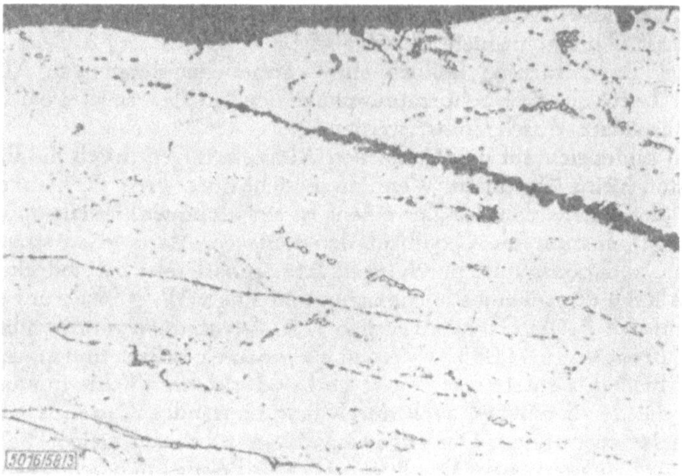

Bild 3. Ausgewalzte Oxydnester (Bild 2) (ungeätzt; V 200×)

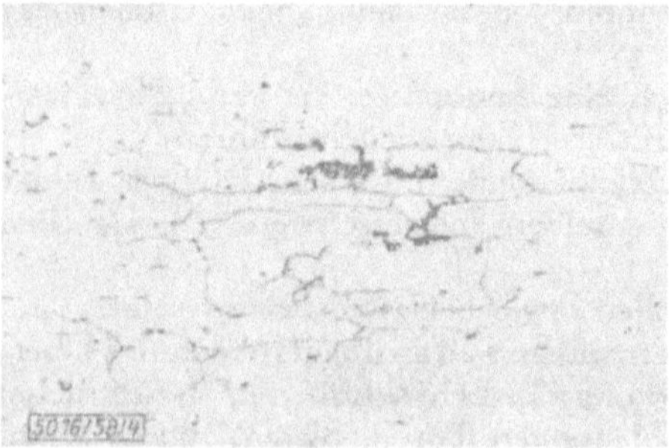

Bild 4. Walzplatte (Leg. Al-Cu-Mg), Oxydhautnest im Werkstoffinnern (ungeätzt; V 200 ×)

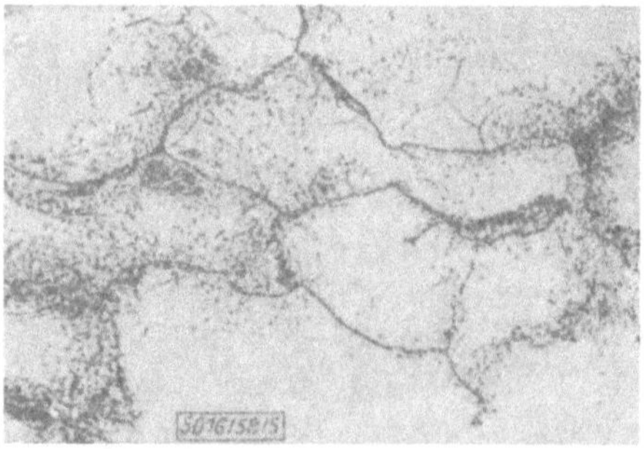

Bild 5. Schmiedestück (Leg. Mg-Al-Zn), Oxydnest im Werkstückinnern (V 200×)

Legierungen auf Mg-Basis werden wegen ihres starken Abbrandes allgemein unter einer Salzdecke erschmolzen, und auch beim Gießen muß der Angriff des Luftsauerstoffes gehindert werden, am besten, indem man eine SO_2-haltige Atmosphäre schafft (Aufstreuen von Schwefelblüte oder Anblasen mit gasförmigem SO_2).

b) Wasserstoff. Unter den vom Aluminium aufgenommenen Gasen hat der Wasserstoff bei weitem die größte Bedeutung. Seine Löslichkeit im geschmolzenen Al ist vielfach untersucht worden, wobei die mit Be- und Entgasung arbeitenden Forscher im allgemeinen gut übereinstimmende Ergebnisse fanden (Bild 6) [Lit. *Röntgen* u. *Braun*; *Röntgen* u. *Möller*; *Bircumshaw*; *Winterhager*].

Für das feste Aluminium wurde verschiedentlich keine Löslichkeit des Wasserstoffes gefunden [Lit. *Sieverts*; *Baukloh* u. *Oesterlen*]. Durch andere Arbeiten ist aber doch eine, wenn auch sehr geringe, Löslichkeit nachgewiesen worden [Lit. *Grandadam*]. Vor allem die Tatsache, daß Wasserstoff durch festes Aluminium zu diffundieren vermag [Lit. *Smithells* u. *Ransley*; *Chrétien*], ist ein

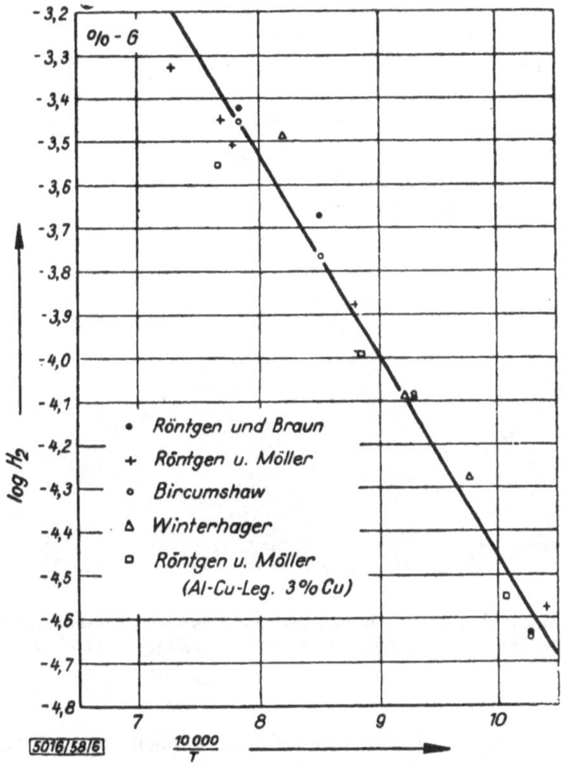

Bild 6. Löslichkeit des Wasserstoffes in Aluminium und Aluminiumlegierungen nach verschiedenen Angaben

Ordinate = log H_2-Gewichts-%

Abszisse = $\frac{10\,000}{T}$ (dabei ist T die absolute Temperatur in ° Kelvin)

Beweis dafür. Da die Wasserstofflöslichkeit im festen Aluminium unter der Meßgenauigkeit der bekannten Gasbestimmungsverfahren liegt, ist eine direkte Bestimmung des Wasserstoffgehaltes nicht möglich. Auf Grund des bekannten Verhaltens anderer Metalle kann man aber beim Schmelzpunkt für das feste Aluminium etwa ein Drittel des Wasserstofflösungsvermögens der flüssigen Phase annehmen und kommt so in die Größenordnung von 5×10^{-6} Gewichtsprozent [Lit. *Dardel* (1) (2)].

Während sich das Gleichgewicht zwischen Wasserstoff und geschmolzenem Aluminium sehr rasch einstellt, ist es gegenüber dem festen Metall nur sehr schwer zu erreichen, da die fast stets vorhandene oberflächliche Oxydschicht die Diffusion weitgehend zu verhindern vermag [Lit. *Smithells* u. *Ransley*]. Für die Geschwindigkeit der Diffusion aus der Gasphase ins Metall scheint die Reaktion $H_2 \rightarrow 2\,H$ von entscheidender Bedeutung zu sein, die ihrerseits wieder stark durch den Zustand der metallischen Oberfläche beeinflußt werden kann. Eine Diffusion durch das Metallgitter kommt jedenfalls (wie bei Eisen [Lit. *Bardenheuer* u. *Thanheiser*]) nur für den atomaren Wasserstoff (H) in Frage, jedoch nicht für den molekularen (H_2).

Der Einfluß der Legierungselemente des Aluminiums auf die Wasserstofflöslichkeit ist mehrfach untersucht worden. Ein Cu-Gehalt erhöht demnach etwas das Lösungsvermögen [Lit. *Röntgen* u. *Möller*; *Baukloh* u. *Redjali*]; Mg in Mengen bis 5% steigert die Löslichkeit nur wenig, bei 6% Mg *soll* sie ein Maximum erreichen und danach wieder abfallen [Lit. *Baukloh* u. *Oesterlen*].

Mn bis 1% verringert, von 1 bis 2% steigert und über 2% verringert die Löslichkeit; auch Si soll sich ähnlich verhalten (Fallen bis 2%, Steigen bis 12%, Fallen bis 20%

[Lit. *Baukloh* u. *Oesterlen*]). Fe soll bis 1 % die Wasserstoffaufnahme etwas vergrößern; Legierungen mit mehr als 1 % Fe sollen sich hinsichtlich Wasserstofflösungsmöglichkeit kaum von Reinaluminium unterscheiden [Lit. *Baukloh* u. *Redjali*]. *Der Wert aller dieser Angaben ist etwas zweifelhaft, da die gefundenen Effekte einmal durchaus in der Größenordnung der Versuchsstreuung liegen, zum anderen aber wurde meist begast und der Oberflächeneinfluß(!) dann in der Auswertung nicht elimeniert.* Diese Angaben zeigen jedenfalls, daß die üblichen Legierungszusätze das Wasserstofflösungsvermögen nicht grundsätzlich ändern.

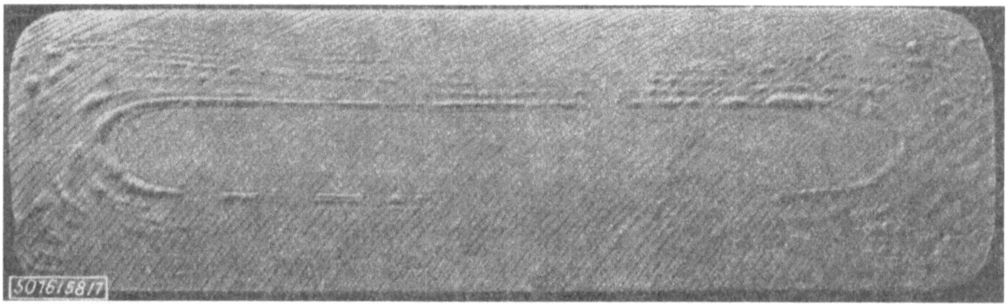

Bild 7. Aufblähungen der Oxydhaut einer Querschnittsfläche einer AlCuMg-Preßschiene (90 × 320 mm²) bei 500 °C 15 Stunden im Luftofen geglüht. Aufblähungen der Oxydhaut über Cu-reichen Zonen

Daß der Einfluß der Zusammensetzung auf den Gasgehalt jedoch auch praktisch durchaus merkbar sein kann, erkennt man aus Bild 7; die Schnittfläche einer während 15 Stunden bei 500° C im Luftofen geglühten Preßschiene von 90 × 320 mm² Querschnitt aus einer AlCuMg-Legierung zeigt Aufblähungen der Oxydhaut, die genau über den röntgenographisch nachgewiesenen kupferreichen Zonen liegen; dies ist eine unmittelbare Bestätigung des oben erwähnten Einflusses des Cu-Gehaltes. In entsprechender Weise tritt Blasenbildung unterhalb der Al-Plattierschicht von Leg. AlCuMg vorwiegend an Stellen auf, wo Cu-Anreicherungen sich befinden.
Flüssiges Magnesium vermag nach einer orientierenden Bestimmung beim Schmelzpunkt etwa 26 cm³ H_2 in 100 g Metall, das sind $2{,}3 \times 10^{-3}$ Gewichtsprozente, zu lösen. Beim Erstarren soll die Löslichkeit auf 20 cm³/100 g ($1{,}8 \times 10^{-3}$ Gewichtsprozente) für die Erstarrungstemperatur sinken [Lit. *Winterhager*]. Die Wasserstofflöslichkeit m hängt mit dem Partialdruck des Wasserstoffes (p_{H_2}) durch das „Sievertssche" Gesetz

$$m = K \cdot \sqrt[2]{p_{H_2}} \tag{1}$$

zusammen [Lit. *Sieverts*], wobei sich für K zwischen dem Al-Schmelzpunkt (~660° C) und 1000° C eine Temperaturabhängigkeit ergibt [Lit. *Dardel* (1)]:

$$\log K = -\frac{4700}{T} + 0{,}238 \text{ (in Gew. \%)} \tag{2}$$

Die Frage, ob Wasserstoff in Aluminium und Magnesium als Hydrid chemisch gebunden oder nur physikalisch gelöst sei, ist mehrfach diskutiert worden [Lit. *Paneth*; *Paneth* u. *Rabinowitsch*; *Hüttig*], kann aber noch nicht entschieden werden, vor allem auch deshalb, weil sich in beiden Fällen die Druck- und Temperaturabhängigkeit der Löslichkeit in derselben Form (Gleichungen 1 und 2) ergeben muß [Lit. *Dardel* (1)].

Da aber in einer Reihe von analogen Fällen das Bestehen von Hydriden bewiesen ist [Lit. *Pietsch*], sind diese auch für Aluminium und Magnesium zum mindesten wahrscheinlich [Lit. *Erdmann-Jesnitzer*].

c) *Wasserdampf*. Der Wasserdampf wird durch flüssiges Aluminium nach der Gleichung $2\,Al + 3\,H_2O = Al_2O_3 + 6\,H$ (gelöst) zersetzt [Lit. *Hanson* u. *Slater*; *Claus* u. *Kalaehne*]. Es ist eine alte Gießereierfahrung, daß die Wasserstoffaufnahme auf diesem Wege sehr leicht erfolgt. Die Gasaufnahme aus den Verbrennungsgasen direkt gefeuerter Gas- oder Ölöfen ist daher auch immer sehr stark. Ähnliches muß für entsprechende Schweißbrennerflammen gelten.

Die Wirkung von Wasserdampf auf Magnesium ist noch stärker als auf Aluminium. Zwischen dem flüssigen Wasser und der Magnesiumschmelze kann es unter ungünstigen Umständen sogar zu explosionsartigen Reaktionen kommen. Dies wird u. a. ja auch aus den Unfallvorschriften für das Löschen brennender Mg-Späne ersichtlich, die mit Sand, jedoch *nicht* mit H_2O zu löschen sind.

d) *Stickstoff*. Zwischen dem Schmelzpunkt und 1000° C besteht keine meßbare physikalische Löslichkeit von N in Al. Es tritt jedoch Bildung von Aluminiumnitrid AlN auf, das im Al praktisch unlösbar ist [Lit. *Czochralski* (1)] und seine Oberfläche als schützende schwarze Haut bedeckt [Lit. *Röntgen* u. *Braun*]. Unter 800° C kommt die Nitridbildung aber stets bald zum Stillstand und geht im allgemeinen nicht über Stickstoffgehalte von 2,5% hinaus [Lit. *Fichter* u. *Sprengel*]. Unter dem Schmelzpunkt wird Al im Stickstoffstrom nicht nitriert. Mit dem Magnesium bildet Stickstoff das Nitrid Mg_3N_2 von gelblicher Farbe [Lit. *Zintl*; *v. Stackelberg* u. *Paulus*; *Neumann*, *Kröger* u. *Kunz*]. (Bem.: Diese Fragen gewinnen neuerdings Bedeutung für das Metallspritzen mit inerten Gasen.)

e) *Kohlenoxyd (CO) und Kohlendioxyd (CO_2)*. Beide Kohlenoxyde (CO sowie CO_2) werden von der Aluminiumschmelze zersetzt, wobei Aluminiumkarbid gebildet wird [Lit. *Pring*], z. B.:

$$6\,Al + 3\,CO = Al_2O_3 + Al_4C_3\,.$$

Die Karbidbildung scheint schon etwa bei der Schmelztemperatur zu beginnen [Lit. *Claus*, *Briesemeister* u. *Kalaehne*], aber unter 900° C nur sehr langsam zu verlaufen [Lit. *Czochralski* (1); *Czochralski* (2)]. Das Karbid ist im Al praktisch unlöslich [Lit. *Czochralski* (2)]. Im Heißextraktionsversuch kann zwar unter sehr geringen Drücken CO extrahiert werden, unter keinen Umständen ist aber die Entwicklung von CO_2 möglich. Wo dies trotzdem in dem extrahierten Gas gefunden wird, kann es sich nur um in Poren festgehaltenes oder oberflächlich adsorbiertes Gas handeln.

f) *Methan*. Methan wird von Al unter Karbidbildung zersetzt:

$$16\,Al + 3\,CH_4 \rightarrow Al_4C_3 + 12\,AlH\,.$$

Bei fallender Temperatur strebt das Gleichgewicht aber mehr in die Gegenrichtung, und der Entwicklungsdruck von CH_4 steigt noch schneller an als jener von Wasserstoff. Wenn daher wasserstoffhaltiges Metall Karbideinschlüsse enthält, ist in einem bestimmten Temperaturbereich die Bildung von Methanblasen sehr wahrscheinlich [Lit. *Dardel* (1)].

C. Wirkung gelöster Gase auf die Eigenschaften der Leichtmetalle

Ein Einfluß gelösten Wasserstoffes (nur dieser kommt im wesentlichen in Betracht) auf die mechanischen Eigenschaften der Leichtmetalle ist bisher noch nicht nachgewiesen worden.*) Wohl aber wurde eine Änderung der elektrischen Leitfähigkeit gefunden [Lit. *Grandadam*].

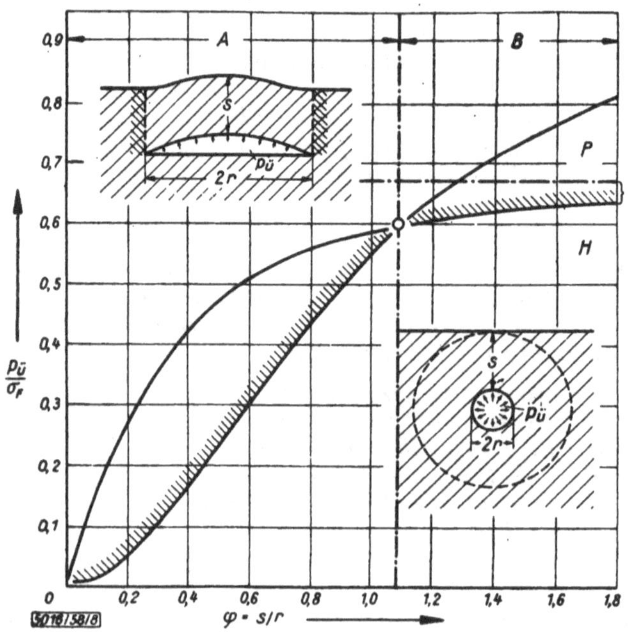

Bild 8. Zusammenhang zwischen Formziffer φ und für die Hohlraumerweiterung nötigem Überdruck

A = Blasenbildung (eingespannte Platte der Dickes)
B = Porenbildung
P = Platte
H = Hohlgefäß
σ_F = Streckgrenze in kg/cm²
$p_ü$ = innerer Überdruck in kg/cm²

Die wichtigste Wirkung gelösten Wasserstoffes ist die Entstehung von Blasen und Poren bei der Wärmebehandlung, die durch das Entweichen des Gases an freien inneren Oberflächen, allenfalls aber auch durch Methanbildung dann entstehen können, wenn gelöster Wasserstoff mit Karbideinschlüssen reagiert. Ob sich durch das entweichende Gas Blasen oder Poren**) bilden, hängt lediglich von ihrer Form und Lage im Werkstück ab. In dem Bild 8 erkennt man, daß, wenn s die Dicke der überdeckenden Schicht und r der Radius des Hohlraumes ist, für Formziffern $\varphi = s : r$ unter 1,1 die Blasen-, für größere Formziffern die Porenbildung die kleineren Innendrücke erfordert [Lit. *Hütte* Bd. I].

Aus den Kurven des Bildes 8 erkennt man ferner, daß für die Blasenentstehung das Verhältnis $p_ü : \sigma_F$ sich von 0 bis 0,6, für Poren aber nur von 0,6 bis 0,66 ändern

*) Im Gegensatz dazu ist es bekannt, daß Cu, Ni, Fe, Cr, Mn u. a. durch größere Wasserstoffgehalte, wie sie vor allem von der Elektrolyse herkommen können, spröde werden [Lit. *Sachs*]. Auch glaubt *Voßkühler* (2) einen Einfluß des Wasserstoffgehaltes von Al-Mg auf Korrosionsbeständigkeit, Eloxierbarkeit und Bearbeitbarkeit nachweisen zu können.

**) Als Blasen seien hier Hohlräume verstanden, die durch Aufwölben der Deckschicht zustande gekommen sind, also durch eine Verformung dieser Schicht in der Art einer auf Biegung beanspruchten eingespannten Platte; Poren hingegen sind durch Aufweitung des Hohlraumes ohne die für den Biegefall kennzeichnenden Winkeländerungen, also Beanspruchung in Art eines Hohlgefäßes mit Innendruck, gekennzeichnet.

kann; Blasen mit kleiner Formziffer werden also schon bei sehr kleinem $p_ü$ auftreten können, während mit wachsendem φ immer größeres $p_ü$ erforderlich wird. Dies bestätigt sich auch: Zuerst erscheinen die Blasen über den größten und am dünnsten überdeckten Fehlstellen, erst später über kleineren und tiefer liegenden. Hingegen treten Poren, entsprechend dem kleinen Variationsbereich von $p_ü$, praktisch an allen Stellen des Werkstückes gleichzeitig auf. Ob bei bestimmten Glühungen eine plastische Erweiterung von Hohlräumen tatsächlich auftritt, hängt nur von Entwicklungsdruck und Diffusionsgeschwindigkeit des Gases ab. Ist das Metall bei der Erstarrungstemperatur mit Wasserstoff gesättigt, so ist bei den für die Wärmebehandlungen in Betracht kommenden Temperaturen der Entwicklungsdruck von Wasserstoff wie auch von Methan stets ausreichend [Lit. *Dardel* (1)], und das Auftreten von Blasen und Poren ist dann lediglich eine Zeitfrage, sofern die für Wasserstoffblasen und -poren erforderlichen freien inneren Oberflächen vorhanden sind. Das Zeit-Temperatur-Gesetz für das Auftreten von Poren und Blasen kann durch Glühversuche bestimmt

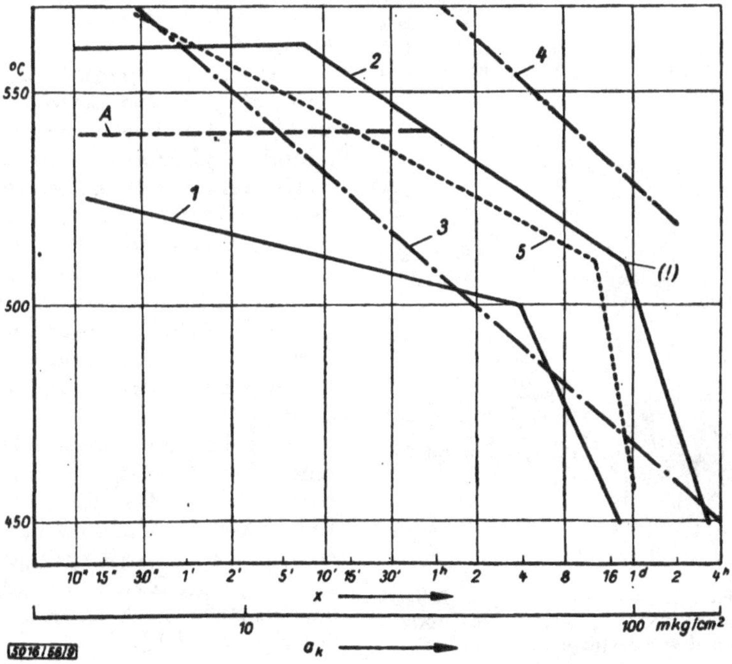

Bild 9. Glühversuche zur Ermittlung des Zeit-Temperatur-Gesetzes für das Auftreten von Poren und Blasen

1. Al-Cu-Mg (nach Vereinigte Leichtmetallwerke), kleine Blasen
2. Al-Cu-Mg (nach *VLW*), große Blasen
3. Al-Cu-Mg (nach *Borchers* u. *Castellani*)
4. Al-Mg-Si (nach *Borchers* u. *Castellani*)

1. bis 4. Blasenbildung in Abhängigkeit von Glühtemperatur und Dauer

5. Kerbzähigkeit a_k in mkg/cm² in Abhängigkeit von der Glühtemperatur (nach *VLW*)

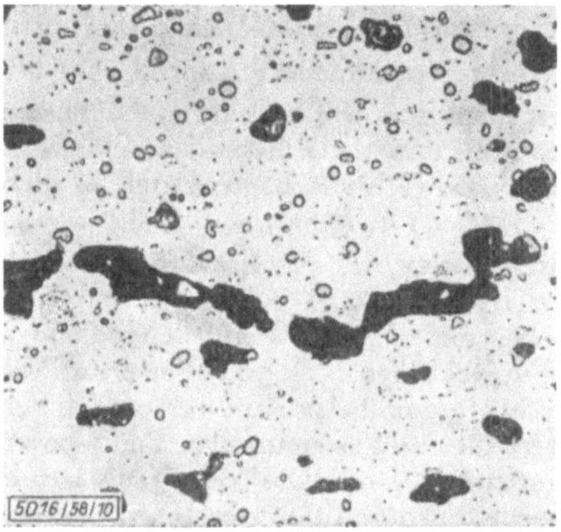

Bild 10. Ausgangspunkte von Wasserstoffporen an freien inneren Oberflächen schlecht gebundener intermetallischer Verbindungen. AlCuMg-Blech, 16 Tage bei 480° C in Luft geglüht (ungeätzt; V 200 ×)

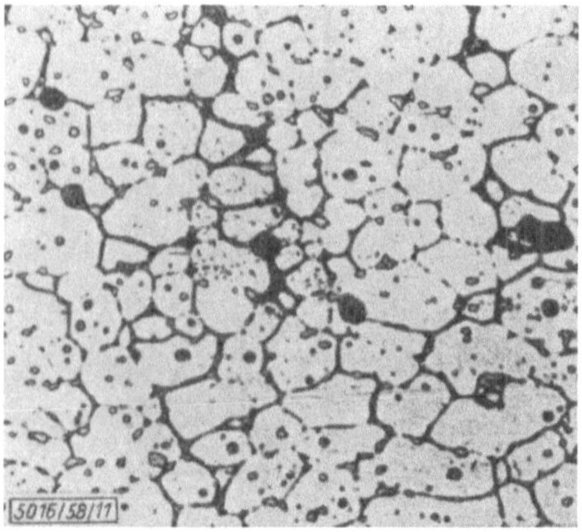

Bild 11. Poren, den Korngrenzen folgend. Behandlung: AlCuMg-Blech, 15 Minuten bei 560° C im Salzbad geglüht (ungeätzt; V 200×)

werden. Das Bild 9 zeigt es nach fremden [Lit. *Borchers* u. *Castellani*] und eigenen Versuchen für verschiedene Legierungen.*)

Bei den eigenen Versuchsergebnissen fällt ein Knick in den Grenzkurven im Temperaturbereich zwischen 500 und 510° C auf; ein solcher Knick ist zu erwarten, da in demselben Temperaturbereich ja auch der Verformungswiderstand eine derartige Temperaturabhängigkeit zeigt. In das Bild 9 ist nach eigenen Versuchen die Abhängigkeit der Kerbzähigkeit von der Prüftemperatur für drei AlCuMg-Legierungen aufgetragen, die einen Knick im gleichen Temperaturbereich erkennen läßt (Knick mit! markiert). **), ***)

Die als Ansatzpunkte für Wasserstoffporen nötigen freien inneren Oberflächen sind in technischen Legierungen an schlecht gebundenen intermetallischen Verbindungen stets ausreichend vorhanden. Das Bild 10 läßt erkennen, daß Poren bevorzugt an solchen Einschlüssen entstehen. Wird oberhalb des Soliduspunktes geglüht, dann kann sich der Wasserstoff an den Grenzflächen zwischen fester und flüssiger Phase ansammeln, und die Poren folgen daher den Korngrenzenzügen (Bild 11).

Auch bei lang andauerndem Glühen unter dem Soliduspunkt, wenn in gasreichen Werkstoffen die Poren Gelegenheit zu starkem Wachstum haben, kommt es zu Zerreißungen längs der Korngrenzen, längs der Zeilen von Einschlüssen oder sonstigen Flächen geringerer Trennfestigkeit (Bild 12).

*) Die Unterschiede dürften nicht so sehr in systematischen Unterschieden zwischen den Legierungsgattungen als vielmehr in Unterschieden des Gasgehaltes ihre Ursache haben.

**) Wegen der einfachen Durchführbarkeit waren für die Bestimmung der Kurve 5 in dem Bild 9 Kerbschlagproben gewählt worden; da alle Proben praktisch gleichmäßig *ohne* Verformung brachen, ist der Schluß von der Schlagarbeit auf den Verformungswiderstand um so mehr zulässig, als es hier ja nur auf den grundsätzlichen Zusammenhang, d. h. die Lage des Knickpunktes, ankommt.

***) Daß nach dem Bild 9 große Blasen bei höherer Temperatur und größerer Glühdauer entstehen anstatt kleine, steht nur scheinbar in Widerspruch zu der früheren Feststellung eines umgekehrten Verhaltens. Bleche mit nur kleinen freien inneren Oberflächen können anfänglich nur kleine Blasen bilden. Diese wachsen aber bei längerer Fortdauer der Glühung zu großen Blasen an und zusammen. Wenn aber nebeneinander Fehlstellen mit verschiedenem φ liegen, so bilden sich Blasen natürlich zunächst über jenen mit kleinstem φ, also bei gegebener Tiefenlage über den größten.

Eine Stelle, wo besonders häufig freie innere Oberflächen vorhanden sind, ist die Aufschweißebene der Plattierung. Fettspuren, Oxydhäute usw. können das Verschweißen beim Walzen verhindert haben. „Plattierblasen" gehören daher zu den häufigsten Ausschußquellen der Halbzeughersteller.

Außer durch Wasserstoff, der aus übersättigten Mischkristallen (oder zerfallenden Hydriden) abgegeben werden kann, können Poren oder Blasen in Knetmaterial auch dann entstehen, wenn örtliche Einschlüsse von molekularem Gas oder von Stoffen vorhanden sind, die bei der Wärmebehandlungstemperatur flüchtig sind (wie z. B. Öle oder Fette). Derartige Hohlräume nehmen bei der Glühung nahezu augenblicklich ihre volle Größe an, während solche, die von dem aus dem Metall entweichenden Gas aufgetrieben werden, nur langsam wachsen, da ja der Wasserstoff erst durch Diffusion nachfließen muß. Die in dem Bild 13 gezeigten Blasen an einem AlCuMg-Strangpreßprofil sind auf solche Einschlüsse zurückzuführen.

Es kann natürlich ohne weiteres sein, daß Hohlräume, die sich durch Expansion von Einschlüssen plötzlich gebildet haben, nachträglich noch weiterwachsen, wenn Wasserstoff zudiffundiert.

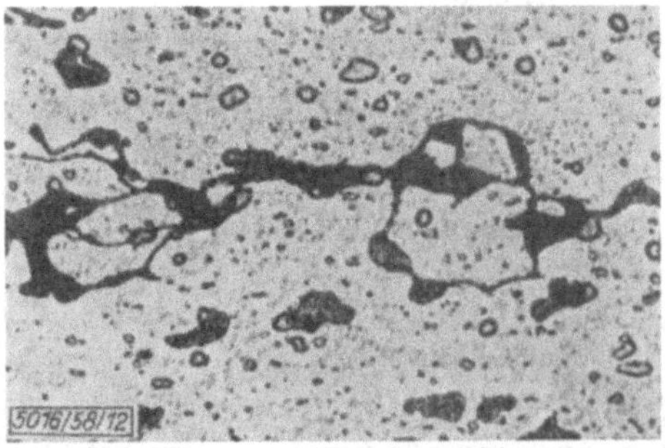

Bild 12

Bild 13

Bild 12. Gasreicher Werkstoff mit Poren, bei deren Wachstum Korngrenzenzerreißungen auftraten (Porenkettenbildung). AlCuMg-Blech, 16 Tage bei 490° in Luft geglüht (ungeätzt; V 200 ×)

Bild 13. Blasen bei einem AlCuMg-Preßprofil. Entstehungsursache sind Öl- oder Fettreste, die durch die Wärmebehandlung flüchtig wurden (AlCuMg-Preßprofil aufgefräst und gebeizt; V 3,5×)

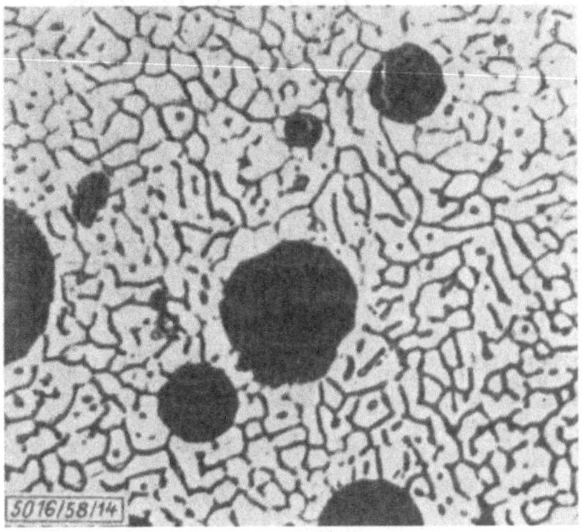

Bild 14. Gußporen in der Schweißnaht, entstanden durch Gasausscheidung beim Übergang flüssig → fest, ohne daß die Gase entweichen konnten. Werkstoff Al-Cu-Mg, Lichtbogenschweißung (ungeätzt; V 200×)

Von diesen Wärmebehandlungsporen zu unterscheiden sind Gasporen aus dem Gußzustand, die entstehen, wenn beim Erstarren wegen des Löslichkeitssprunges Gas frei wird und nicht mehr zur Oberfläche und dann aus dem Metall heraus entweichen kann.

Derartige Gußporen erkennt man leicht an ihrer runden Form (Bild 14). Von diesen wieder zu unterscheiden sind die durch die Erstarrungsschwindung hervorgerufenen Lunker, für die es kennzeichnend ist, daß sie im Gefüge in den zuletzt erstarrenden Resträumen zwischen den Körnern liegen. So kommt man zu folgender systematischen Einteilung der Hohlräume:

Bezeichnung	Werkstoff	Entstehungsursache
Lunker	Guß	Erstarrungsschwindung
Gasporen		Beim Erstarren entweichender Wasserstoff
Expansionsporen Expansionsblasen	Knetwerkstoff	Plötzliche Expansion eingeschlossener Gase oder verdampfender Stoffe bei der Wärmebehandlung
Diffusionsporen Diffusionsblasen		Ansammlung von H_2 an freien inneren Oberflächen, der durch Diffusion während der Wärmebehandlung dorthin wandert

Anmerkung: Dazu kämen noch (zunächst als Hypothese) Methanporen und -blasen in karbidhaltigem Knetmaterial, die durch Reaktion von zudiffundierendem H mit den Karbideinschlüssen gebildet werden könnten; Aluminiumkarbid wurde zwar bisher noch nicht in Halbzeugen gefunden, seine Entstehung beim Schweißen mit Kohlenwasserstoffen wäre aber nicht ausgeschlossen.

D. *Verfahren zur Entgasung von Schmelzen* [Lit. *Dardel* (1) (3)]

Diese können nach ihrer Wirkungsweise in physikalische und chemische Entgasungsverfahren eingeteilt werden. Unter anderem gewinnen sie eine gewisse Bedeutung für die Gießschweißung großer Dicken.

1. *Physikalische Verfahren*

Ausnutzung der Druck- und Temperaturabhängigkeit des Lösungsvermögens gemäß den Gleichungen (1) und (2) dieses Beitrages.

a) Abstehen. Dieses einfachste und gebräuchlichste Verfahren besteht in längerem Stehenlassen der Schmelze knapp über der Liquidustemperatur. Der Wasserstoff-Partialdruck in der Atmosphäre ist ja bei den in Betracht kommenden Temperaturen zu vernachlässigen. Der aus der Schmelze frei werdende Wasserstoff wird durch Diffusion und Konvektionsströmungen von der Metalloberfläche weggeführt, so daß dort der Partialdruck p_{H_2} stets niedrig bleibt. Allerdings wird durch die die Schmelze bedeckende Oxydhaut der Gasaustausch mit der Atmosphäre behindert, so daß die Entgasung nur verhältnismäßig langsam verläuft. In dem Bild 15 ist die Abnahme des Wasserstoffgehaltes einer Schmelze in Abhängigkeit von der Abstehdauer dargestellt.*)

*) Siehe Fußnote auf S. 1479.

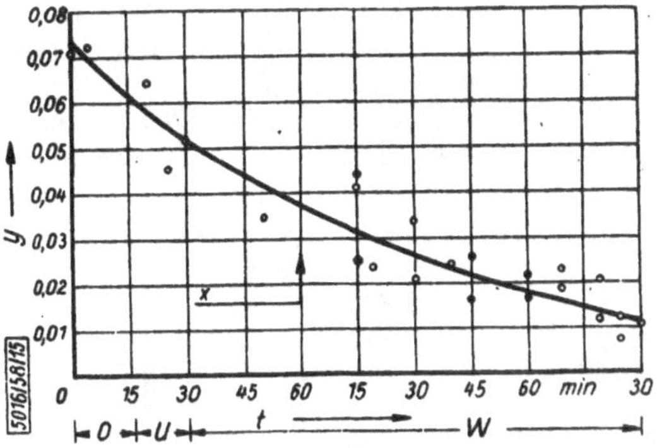

Bild 15. Änderung des Gasgehaltes einer AlCuMg-Schmelze während des Einschmelzens im Induktionsofen, des Umgießens in den Warteofen (widerstandsbeheizter Herdofen) und des Abstehens. (Nach *Dardel.*) *)

t = Zeit in Min.
y = cm^3 H_2/100-g-Schmelze
O = Induktionsofen
U = Umgießen
W = Warteofen
○ = Aus der Schmelze
● = Aus den Blöcken
Werkstoff: Leg. Al-Cu-Mg
× = Abschöpfen und Rühren

b) Vorerstarrung. Energischer als die Diffusion in die Atmosphäre wirkt der Löslichkeitssprung beim Erstarren auf die Gasabscheidung. Man läßt das Metall zweckmäßig langsam erstarren, wobei das frei werdende Gas teils entweicht und teils in Poren eingeschlossen bleibt. Danach schmilzt man bei möglichst tiefer Temperatur rasch nochmals auf, um das Porengas entweichen zu lassen, und vergießt darauf sofort [Lit. *Archbutt*].

c) Durchspülung mit chemisch inaktiven Gasen [Lit. *Geller* (1)]. Diese wirkt in grundsätzlich gleicher Weise wie das Abstehen, nur steht hier für den Gasentzug die wesentlich größere und zudem oxydfreie Oberfläche der durch die Schmelze aufsteigenden Spülgasblasen zur Verfügung. Als inaktives Spülgas kommt vor allem Stickstoff in Frage (die Nitridbildung kann bei den tiefen Arbeitstemperaturen vernachlässigt werden).

d) Durchwaschen mit flüssigen Schlacken (Reinigungssalzen). Diese, meist Gemische von Alkalichloriden mit Fluoridzusätzen, werden vor allem angewandt, um die Oxydhäute zu lösen oder zusammenzuballen und so zu entfernen. Durch Verminderung der Oberflächenspannung des Metalls erleichtern sie aber die Bildung von Gasblasen in der Schmelze sowie die Einstellung des Wasserstoffgleichgewichtes zwischen Schmelze und Atmosphäre und wirken daher stets auch entgasend.

2. *Chemische Verfahren*

Eine Behandlung mit Stoffen, die sich chemisch mit der Schmelze bzw. dem Wasserstoff umsetzen, wird stets auch gleichzeitig physikalisch wirken, und in vielen Fällen wird die letztere Wirkung sogar die überwiegende sein.

a) Gasdurchspülung. In erster Linie kommt dafür Chlor in Frage. Das Gleichgewicht zwischen Al, H und Cl liegt praktisch ausschließlich in Richtung auf die Bildung von $AlCl_3$. Die Entgasung kommt zustande teils durch Auflösung des Wasserstoffes im neu gebildeten Chlorid, teils durch seine Diffusion in die aufsteigenden Chlorblasen, besonders günstig wirkt die Herabsetzung der Oberflächenspannung durch das Chlorid

*) Die Ordinatenwerte in diesem Bilde sind mit Hilfe des von Dardel angegebenen Gasbestimmungsverfahrens ermittelt worden. *Dieses* liefert lediglich relative Ergebnisse. In der Diskussion zu *Dardels* Bericht über sein Verfahren (veröffentlicht in Journ. of Metals I [1949], S. 868 bis 876) bestand einheitliche Meinung darüber, daß nach den Absolutwertbestimmungen, die jetzt als die verläßlichsten zu gelten haben (*C. E. Ransley* u. *H. Neufeld*, Journ. Inst. Metals 74 [1949], S. 599), die Ordinatenwerte für die Darstellung in dem Bild 15 etwa mit 3 zu multiplizieren sind.

und die völlige Oxydfreiheit der Blasenoberfläche. Daneben wirkt das Aluminiumchlorid allgemein reinigend, da es das Zusammenballen und Abscheiden der Oxydhäute erleichtert [Lit. *Koch*].

b) Entgasung durch Chloride. Diese wirken im wesentlichen in der beim Chlor angegebenen Weise. Untersucht wurde der Einfluß der Chloride der folgenden Elemente*):

Untersuchte Chloride	Literaturangaben
Bor Vanadium Silizium Zinn Eisen Kohlenstoff Aluminium	*R. Tullis*
Silizium Antimon Zink Kohlenstoff Aluminium	*R. Sterner-Rainer* (1)
Phosphor	*R. Sterner-Rainer* (2)
Titan	*W. Rosenhain, D. Grogan* u. *H. Shofield*

E. Die technischen Gießverfahren

Allgemeines; Gattierung

Die Leichtmetallhütten erzeugen Reinaluminium durch Elektrolyse der aus dem Bauxit gewonnenen Tonerde [Lit. *Zeerleder*], AlSi-Legierungen durch thermische Reduktion, Mg durch Elektrolyse (Ausgangsstoffe Karnallit oder Dolomit) oder durch thermische Reduktionsverfahren (Ausgangsstoff Dolomit oder Magnesit) [Lit. *Beck*].

Das jungfräuliche Metall wird in der Hütte zu Masseln von meist 10 kg Gewicht, zum Teil aber auch schon zu Blöcken vergossen und so den Halbzeugwerken angeliefert.

In den Gießereien der Halbzeugwerke werden die Gußchargen gattiert, d. h. die Mischung von Hüttenmetall, Vorlegierungen und Schrott so bestimmt, daß die gewünschte Legierungszusammensetzung erreicht wird. Während man früher glaubte, nicht ohne wesentliche Zusätze von Hüttenmetall auskommen zu können, hat man, vor allem durch den Krieg dazu gezwungen, gelernt, aus Schrott nahezu oder ganz ohne Neumetallzusätze bestimmte gängige Legierungen (vor allem AlCuMg) in einwandfreier Qualität herzustellen. Voraussetzung sind allerdings strenge Trennung der Schrotte nach Legierungsgruppen, Vorschmelzung nicht einwandfreier Schrotte, bis in alle Einzelheiten beherrschte Schmelzführung sowie schließlich Schnellanalysenverfahren (vor allem spektrographische und kolorimetrische), die es gestatten, noch vor dem Ausgießen der Chargen den Gehalt an den wichtigsten Legierungselementen zu erfahren und, wenn nötig, zu korrigieren.

Schmelzen von Al und Al-Legierungen. Für das Schmelzen waren in den Blockgießereien der Halbzeugwerke bis vor kurzem fast ausschließlich Herdöfen in Verwendung, die entweder durch Heizwiderstände elektrisch oder aber durch Gas oder Kohlenstaub direkt oder indirekt beheizt waren. In der letzten Zeit sind jedoch Induktionsöfen immer mehr angewandt worden, die mit besonderem Vorteil mit Herdöfen so zusammenarbeiten, daß das Metall im Induktionsofen nur niedergeschmolzen und dann in den Herdofen umgegossen wird, in dem es „absteht", um den Gasgehalt herabzusetzen und Oxydhäute abtrennen zu können [Lit. *Roth*].

Tiegelöfen werden wegen ihres zu geringen Fassungsvermögens praktisch nie in Blockgießereien, um so häufiger aber für Formguß in Sand oder Kokille angewandt [Lit. *Zeerleder* (1)].

*) Zu praktischen Erfolgen scheint vor allem $ZnCl_2$ und PCl_5 geführt zu haben [Lit. *Dardel* (3)].

Wird einwandfreier, sauberer Einsatz verwendet, so kann für Blockguß auf eine Behandlung der Schmelze mit „Raffinationssalzen" im allgemeinen verzichtet werden; wird jedoch Schrott mit besonders großer Oberfläche (z. B. Späne) oder solcher verwendet, der stark korrodiert ist, dann ist es sehr zweckmäßig, unter Salz zu schmelzen (für das Einschmelzen der Späne werden dabei am besten rotierende Trommelöfen angewandt) oder nach dem Schmelzen mit Salz durchzuwaschen. Meist werden dafür Gemische von Alkalichloriden mit Fluoriden, wie z. B. Kryolith, verwendet, deren wichtigste Wirkungen darin bestehen, daß beim Einschmelzen der Abbrand vermindert und die Oxydhäute aufgelöst werden. In amerikanischen Umschmelzwerken ist in großem Umfange die Raffination durch gasförmiges Chlor eingeführt worden [Lit. *Birdsall*].

Vor dem Gießen ist es zweckmäßig, die Schmelze längere Zeit „abstehen" zu lassen. Dabei trennen sich Metall und Salzschlacke bzw. Metall und Oxydhäute, und der Gasgehalt senkt sich bis auf die Gleichgewichtskonzentration zwischen Schmelze und Atmosphäre. Wird dabei die Liquidustemperatur nicht unterschritten, so können noch keine merkbaren Entmischungen der Schmelze auftreten [Lit. *Kostron* (1); *Ruf*].

Schmelzen von Magnesiumlegierungen. Wegen der größeren Affinität des Magnesiums zum Sauerstoff muß im Gegensatz zum Aluminium hier die Schmelze durch eine Salzdecke oder inerte Atmosphäre vor dem Angriff des Sauerstoffes und des Stickstoffes der Luft geschützt werden. Auch ist es notwendig, durch eine Salzbehandlung die Verunreinigungen (vor allem Oxyde und Nitride) zu entfernen, deren Bildung und Einschleppung vor allem beim Einschmelzen von Schrott kaum ganz vermieden werden kann. Es hat sehr lange Entwicklungsarbeit gebraucht, bis Salzschmelzen gefunden wurden, die, dank ihrer verhältnismäßig großen Zähigkeit, sich einwandfrei von der Metallschmelze trennen ließen. Die in den Handel gebrachten Raffinations- und Abdecksalze bestehen im wesentlichen aus Magnesiumchlorid oder aus Karnallit mit kleineren Zusätzen anderer Chloride [Lit. *Beck*]. Für das Schmelzen der Magnesiumlegierungen werden praktisch ausschließlich Tiegelöfen verwendet. Herdöfen sind wegen der zu großen Badoberfläche ungeeignet, Induktionsöfen machen bei der Salzbehandlung der Schmelzbäder Schwierigkeiten.

Gießen; Blockguß. An die Gießverfahren muß für einwandfreie Schweißgüte die Forderung gestellt werden, daß diese Blöcke ohne Oberflächen- und Schwindrisse, ohne Lunker und nichtmetallische Einschlüsse und solche mit möglichst geringen Seigerungen liefern. Besonderer Wert muß schon auf die Führung der Schmelze vom Ofen in die Gießform gelegt werden, um zu vermeiden, daß Oxydhäute in den Barren gelangen. Von den feststehenden Kokillen ist man daher schon seit langem auf Schwenkkokillen übergegangen, bei denen mit viel kürzerem Gießstrahl gearbeitet werden kann [Lit. *Brenner* (1)]; eine weitere Verbesserung stellen die „*Züblinschen Kokillen*" mit schlitzförmiger Seitenöffnung dar.

Ein entscheidender Fortschritt wurde durch die Einführung der Stranggießverfahren [Lit. *Brenner* u. *Roth* (2); *Kästner*] erreicht; darunter sind allgemein Gießverfahren zu verstehen, bei denen der gegossene Block länger als die Kokille ist und im Lauf der Erstarrung durch die Kokille durchgeführt wird. 1933 ist die erste Stranggießanlage für Messing von Siegfried Junghans in Betrieb genommen worden. Nachdem es 1935 durch die Einführung kurzer Kokillenringe mit unmittelbarer Wasserkühlung des aus der Kokille austretenden Stranges („Wasserguß", Bild 16) geglückt ist, die Blockseigerung weitgehend zu unterdrücken (Bild 17), haben sich binnen weniger Jahre die Mehrzahl der europäischen und amerikanischen Leichtmetall-Blockgießereien auf das Stranggießen eingestellt [Lit. *Brenner* (1); *Brenner* u. *Roth* (1)].

Die „umgekehrte Blockseigerung" [Lit. *Brenner* u. *Roth*], vor allem des Kupfers in AlCuMg-Legierungen, wird durch die rasche und zweckmäßige Wärmeabfuhr dabei weit-

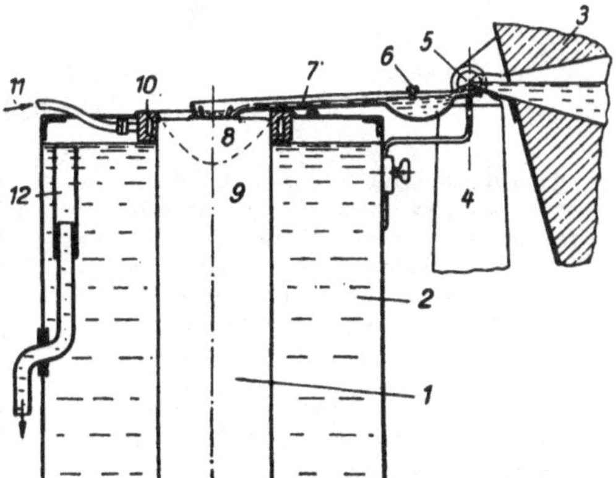

Bild 16. Gießen eines Preßbarrens nach dem Wassergießverfahren

1. Entstehender Block
2. Wasserbad
3. Schmelzofen
4. Rinnenhalter
5. Ofendrehpunkt
6. Schaumfänger
7. Gießrinne
8. flüssig
9. fest
10. Kokille
11. Wasser
12. Überlauf
13. Absenkbarer Tisch

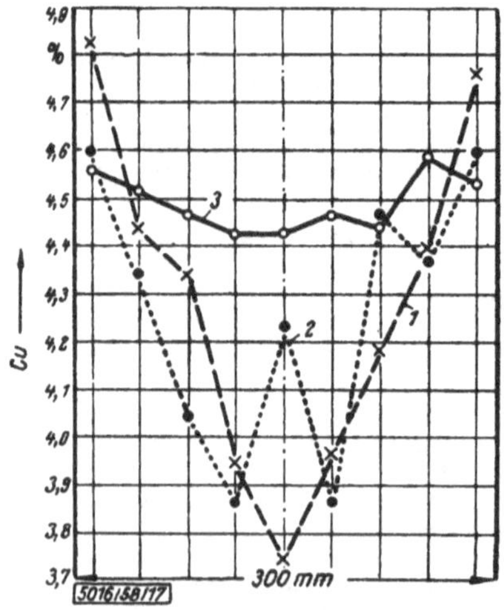

Bild 17. Kupferseigerungen in drei Rundbarren (I, II, III) verschiedener Herkunft, nach verschiedenen Verfahren gegossen (300 mm ⌀)

1. Kokillen-Gießverfahren
2. Gießverfahren mit verstärkter Kühlung
3. Wasserguß

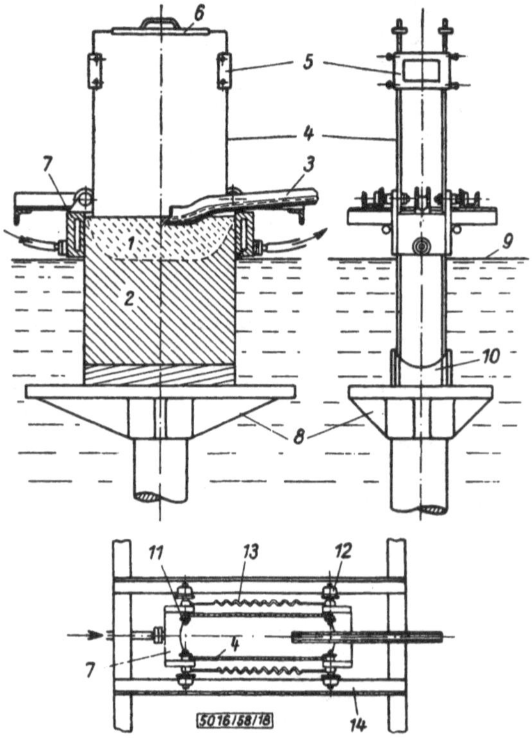

Bild 18. Plattierguß als Vorgang der Gießschweißung

1. flüssig
2. fest
3. Gießrinne
4. Plattierbleche
5. Spannvorrichtung
6. Plattieraufsatz
7. Wassergekühltes Seitenverschlußstück
8. Absenkbarer Gießtisch
9. Wasserspiegel
10. Boden
11. Führungsrolle
12. Laufrolle
13. Feder
14. L-Eisen-Schiene

gehend unterdrückt (Bild 17). Dies sowie das außerordentlich feine Korn bedingten eine wesentlich bessere Verarbeitbarkeit der Blöcke sowie eine günstigere Ausnutzung der Legierungselemente, so daß höhere Festigkeitswerte erreicht werden können.

Durch die schroffe Abkühlung können beim Wassergießen gewisser rißempfindlicher Legierungen (derselben, die auch zum Reißen beim Schweißen neigen) Spannungsrisse entstehen, die man aber durch Wahl bestimmter Arbeitsbedingungen (Gießtemperatur und -geschwindigkeit, Kokillenlänge, Stärke der Kühlung) verhindern kann.

Das Wassergießverfahren wurde auch für die *Herstellung plattierten Werkstoffes* durchgebildet [Lit. *Brenner* u. *Roth* (1)]; dabei wird die Schmelze in einen Hohlraum gegossen, der an den Breitseiten durch die Plattierbleche, die mit dem wachsenden Block zusammen abgesenkt werden, an den Schmalseiten durch feststehende, wassergekühlte Formstücke gebildet wird. Die Plattierbleche werden durch Spritzrohre so weit gekühlt, daß sie nicht ausbeulen oder durchschmelzen, aber noch heiß genug sind, um mit dem Blockkern zu verschweißen. Der Hauptvorzug dieses Verfahrens ist, daß das kostspielige Fräsen der Blockoberflächen vor dem Warmwalzen erspart werden kann (Bild 18).

Ein Verfahren, das die Blockseigerungen ebenso unterdrückt wie das Wassergießverfahren, das diesem gegenüber aber noch den Vorteil hat, daß nennenswerte Gußspannungen nicht auftreten, ist das sogenannte „Tütengießverfahren", bei dem die Schmelze rasch in eine dünnwandige Blechkokille („Tüte") gefüllt und mit dieser langsam in ein Wasserbad gesenkt wird, während die Schmelze in der Kokille über dem Wasserbad durch eine elektrisch beheizte Wärmehaube flüssig gehalten wird. [Lit. *Voßkühler*].

Nachteile dieses Verfahrens, die eine Einführung in größerem Umfange bisher verhindert haben, sind die Tatsachen, daß nur Barren mit Kreisquerschnitt, aber keine Walzbarren gegossen werden können, und als Folge der besonders langsamen Erstarrung die geringe Leistung der Gießeinheit.

Für das *Blockgießen von Magnesium und seinen Legierungen* können grundsätzlich alle für Aluminiumlegierungen angewandten Verfahren benutzt werden. Das Wassergußverfahren anzuwenden, hat man lange Zeit gezögert, da man die Reaktionen zwischen geschmolzenem Magnesium und Wasser fürchtete. Dies erwies sich aber als grundlos, und der Wasserguß zeigte auf dem Magnesiumgebiet dieselben Vorzüge wie bei den Al-Legierungen [Lit. *Roth* u. *Weiße*]. Wegen der stärkeren Affinität des Magnesiums zum Sauerstoff muß die Schmelze gegen Oxydation geschützt werden. Dies geschieht am zweckmäßigsten durch eine SO_2-Atmosphäre (Aufstreuen von Schwefelblüte oder Überleiten von gasförmigem SO_2).

Gießfehler. Es ist dem Betriebsmann bekannt, daß die Arbeitsweise der Gießerei von entscheidender Bedeutung für das Verhalten des Werkstoffes während des gesamten Bearbeitungsganges und damit für die Größe des Ausschusses ist. Die häufigsten Fehler, die in der Gießerei gemacht werden, sind:

Unsaubere Schmelzführung (mangelnde Abscheidung der beim Einschmelzen eingebrachten Oxydhäute oder sonstiger nichtmetallischer Verunreinigungen, wie z. B. Abbröckelungen des Ofenfutters, Einschwemmen von Oxydhäuten durch unruhigen Gußstrahl).

Folgen: „Kernblasen" der Bleche, das sind Aufblähungen durch Gasentwicklung an den durch das Verformen mehr oder weniger zerbröckelten Einschlüssen während des Glühens (*das Innere dieser Blasen ist, im Gegensatz zu Plattierblasen, meist stumpf grau bis schwarz*).

Holzfaserbruch von dicken Blechen, vor allem aber von Strangpreßmaterial („unsaubere" oder „echte" Holzfaser mit im wesentlichen stumpfer, nicht metallisch glänzender Bruchoberfläche).

Seigerungen wegen ungünstiger Erstarrungsbedingungen. Wenn diese zu größeren Zusammenballungen spröder intermetallischer Verbindungen führen, so läßt sich der Guß schwer rißfrei walzen (Oberflächen- und Schubrisse beim Warmwalzen). Im Halbzeug sind solche durch das Walzen oder Pressen zu Platten oder Fasern verformte Nester die Ursache des „sauberen" oder „unechten" Holzfaserbruches.

Spannungsrisse. Soweit diese von außen zu sehen sind, können die gerissenen Blöcke schon in der Gießerei ausgeschieden werden; es kommen aber auch Risse im Kern von Rundbarren vor, die mit hochlegierter Restschmelze vollaufen, sogenannte „Spinnen" (Bild 19). Werden derartige Barren verarbeitet, so zeigen sie sehr ausgeprägte „unechte" Holzfaser.

Hoher Gasgehalt der Schmelze (Wasserstoffaufnahme aus feuchtem Schrott, aus der Ofenatmosphäre oder aus noch feuchtem Ofenmauerwerk) ist die Ursache starker Porigkeit der Gußblöcke, dadurch oft indirekt der Grund für Warmwalzausschuß; im fertigen Halbzeug ist er eine Voraussetzung für das Auftreten von Blasen bei der Wärmebehandlung und beim Schweißen.

Analysenfehler durch Irrtümer bei der Gattierung, stark streuende Zusammensetzung der Schrotte und Vorlegierungen, Aufnahme unerwünschter Bestandteile aus dem Ofenmauerwerk, wenn Legierungen verschiedener Gattungen hintereinander im selben Ofen geschmolzen werden.

Auf die Wichtigkeit von Schnellanalysenverfahren, die eine Korrektur von Fehlchargen noch vor dem Ausgießen ermöglichen, ist eingangs schon hingewiesen worden.

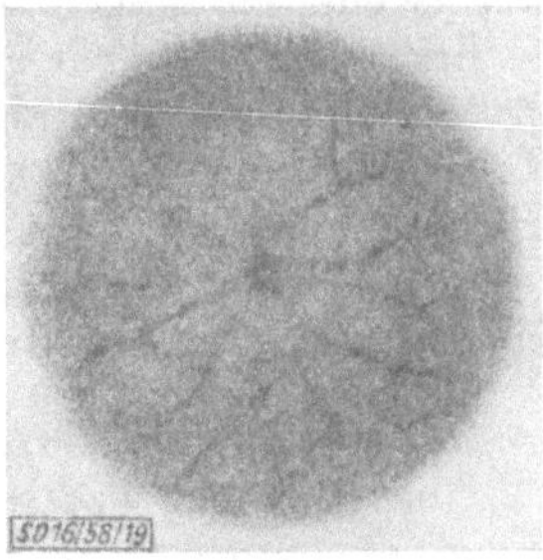

Bild 19. „Spinne" in einer stranggepreßten AlCuMg-Rundstange (Röntgenschattenbild, positiv)

Zu den Analysenfehlern, die in dieser Weise nicht zu verbessern sind, gehört die Aufnahme unzulässiger Verunreinigungen, vor allem von Eisen sowie von Kupfer in kupferfreien Legierungen.

Eisenaufnahme aus unreinem Schrott, aus Rührwerkzeugen usw. führt in manganhaltigen Legierungen zur Ausbildung einer spröden, nadelförmigen Kristallart, sobald (in Durlegierungen) die Grenze Mn + 2 Fe = 1,9% überschritten wird. Wegen der Kerbwirkung dieser „Mangannadeln" oder ihrer beim Walzen entstandenen, schlecht im Mischkristall eingebundenen Trümmer ist die Verformbarkeit derartiger „nadeliger" Halbzeuge stark vermindert und auch an den Oberflächen (vor allem der Preßprofile) entstehen dadurch Fehlstellen [Lit. *Kostron* (2)].

Weiterhin sei an die höchst unerwünschte Verunreinigung von Reinaluminium oder von kupferfreien Legierungen durch Kupfer erinnert, das mit unreinen Schrotten eingebracht oder aus Öfen, in denen vorher kupferhaltige Legierungen geschmolzen worden waren, aufgenommen wird.

Derartige Cu-Verunreinigungen über 0,05% schädigen die Korrosionsbeständigkeit ganz entscheidend und führen außerdem, wenn sie die Größenordnung von 0,1% überschreiten, zu Spannungsrissen beim Wassergießen und vor allem beim Schweißen. Außerdem wird die Punktschweißbarkeit für AlMg-Bleche durch den Kupfergehalt (Cu > 0,05%) nach *Mäder* *) ungünstig beeinflußt.

F. Verfahren der spanlosen Verformung [Lit. *Zeerleder*]

1. Einleitung

Die Leichtmetallschweißwerkstoffe werden überwiegend als *Bleche, Stangen, Profile und Rohre* verwendet, also in Zuständen und Formen, die durch plastische Verformung gegossener Blöcke, die vorstehend behandelt wurden, erhalten werden.

Die Durchknetung hat einerseits den Zweck, Formen zu erzeugen, die durch Gießen nicht erhalten werden können, andererseits aber verbessert sie in ganz entscheidender Weise die technologischen Eigenschaften der Werkstoffe, im besonderen die Verformbarkeit, was auch für das Gußschweißgut technisch ausgenutzt wird durch Hämmern und Glühen.

Im Gußzustand besteht das Gefüge der meisten Leichtmetallegierungen aus primär ausgeschiedenen, verhältnismäßig gut verformbaren Al-Mischkristallen und einem diese umgebenden zusammenhängenden Netzwerk spröder intermetallischer Verbindungen (Bild 20). Dieses Netzwerk zum Verschwinden zu bringen, indem man es zerkleinert und teilt, ist ein Hauptziel der plastischen Verformung. Die starken örtlichen Verzerrungen, die bei diesem Durchknetungsvorgang in der Umgebung der Trümmer des spröden Korngrenzennetzwerkes auftreten, würden schon nach sehr geringen Verformungen zum Bruch führen, wenn die Durchknetung nicht zunächst als Warmverformung vorgenommen würde, also in einem Temperaturbereich, in welchem die entstehenden Verzerrungen sofort wieder durch Kristallerholung bzw. Rekristallisation ausgeheilt werden.

Erst wenn die Trümmer des Zellengrenzennetzwerkes gut in der Mischkristallgrundmasse verteilt und eingebettet sind, ertragen Aluminiumlegierungen größere Kaltverformungen. Magnesiumlegierungen sind dagegen auch nach der Warmdurchknetung bei Temperaturen unter 212° C nur sehr wenig verformbar [Lit. *Beck*].

Eine Ausnahme sind die von *Sauerwald* angegebenen Mg-Legierungen mit Zirkonzusätzen, die direkt aus dem Guß walzbar sind.

2. *Änderung des Gefüges und der Eigenschaften z. B. einer AlCuMg-Legierung während des Walzens*

Da beim Walzen die Einflüsse der Durchknetung auf den Werkstoff grundsätzlich die gleichen sind wie bei den anderen Warmverformungsverfahren (z. B. Hämmern der Naht in der Wärme), sich aber besser verfolgen lassen als etwa beim Strang-

*) Mündliche Mitteilung 1943 an den Herausgeber.

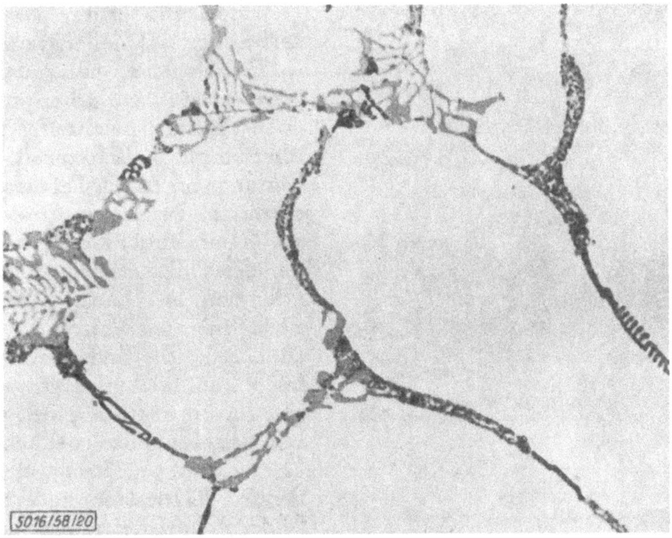

Bild 20. Zellennetzwerk im Gußzustand.
Werkstoff: Leg. Al-Cu-Mg (ungeätzt; V 600×)

pressen oder Schmieden, seien diese hier am Beispiel des Abwalzens einer technischen Legierung näher beschrieben*).

Proben wurden in folgenden Zuständen entnommen:

Bezeichnung	B	C	D	E	F	G
Blockdicke in mm	180	140	80	40	20	7
Abwalzung A % *)	0	22	55	78	89	96
Streckung S % *)	0	29	125	350	800	2470

*) Die Abwalzung A bzw. die Streckung S wurden aus Anfangsdicke $h_1 = 180$ mm und Enddicke h_2 des Bleches gerechnet nach

$$A = \frac{h_1 - h_2}{h_1} \cdot 100\,; \quad S = \frac{h_1 - h_2}{h_2} \cdot 100\,.$$

Das Gefüge des Gußblockes ist in dem Bild 21 gezeigt. Die Tönungsunterschiede lassen die verschieden orientierten Körner erkennen, deren jedes dendritisch aufgebaut ist. Das früher erwähnte Netzwerk spröder intermetallischer Verbindungen ist in Form dunkler Linien *zwischen* den Körnern und zwischen den Ästen eines Dendriten (Zellengrenzen) zu sehen. Sein Aufbau aus intermetallischen Verbindungen sehr charakteristischer Form und fein eutektischen Bereichen wird aus dem Bild 20 noch deutlicher. Diese Gefügeausbildung ist für viele Werkstoffe charakteristisch [Lit. *Kostron* (5)].

*) Versuchsmaterial: Nach dem Wassergießverfahren [Lit. *Brenner* u. *Roth* (1)] hergestellter Walzbarren von 180 mm Dicke. Analyse: 3,40% Cu; 0,72% Mn; 1,35% Mg; 0,35% Si; 0,55% Fe. Warmwalztemperatur: 450° C.

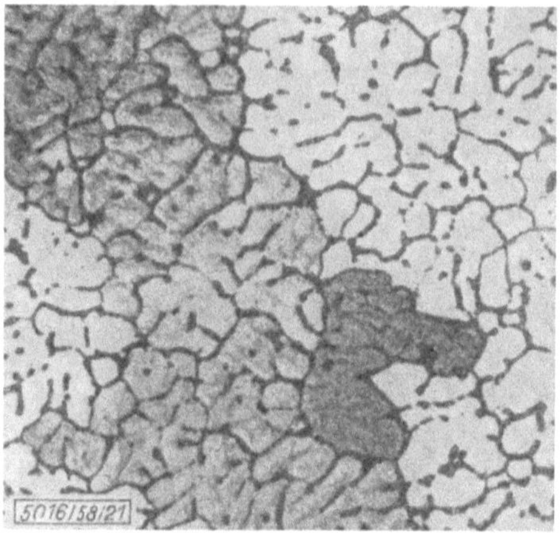

Bild 21

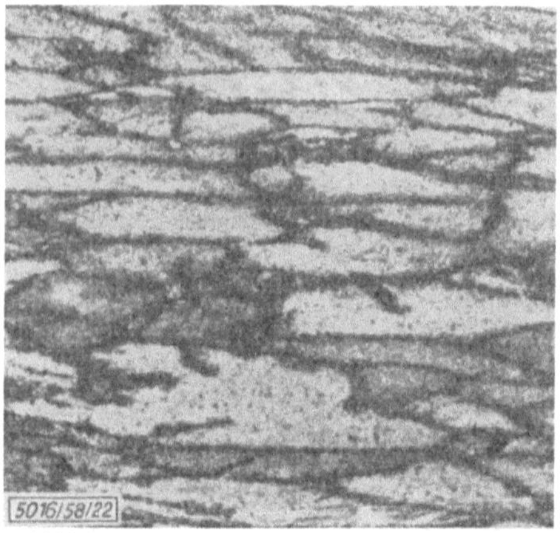

Bild 22

Bild 23

Schon die ersten Warmwalzstiche zerbrechen das Zellengrenzennetzwerk in Einzelstücke, ohne daß sich ihre gegenseitige Lage schon auffallend geändert hätte; gleichzeitig hat sich der übersättigte Mischkristall hier unter Bildung von Al_2Cu-Feinausscheidungen entmischt. Nach dem Abwalzen von 180 auf 40 mm sind zwar die einzelnen Zellen des Gußmaterials immer noch zu erkennen, sie haben sich aber schon stark in die Walzrichtung gestreckt (Bild 22). Zu Ende des Warmwalzens bei 7 mm Dicke ist von den Zellengrenzen nur noch eine gleichmäßige Längsstreifung übriggeblieben (Bild 23) [Lit. *Kostron* u. *Stein*]. Beim anschließenden Kaltwalzen ändert sich dieses Bild nicht mehr. Erst wenn das Blech *nach* dem Walzen homogenisiert wird, gehen die intermetallischen Verbindungen in Lösung, und die Längsstreifen verschwinden daher; *durch die gleichzeitige Rekristallisation bildet sich ein neues Korngefüge, das ohne eindeutigen Zusammenhang mit dem Gußkorn ist; immerhin ist bei Aluminiumlegierungen auch das Rekristallisationskorn ausgesprochen in Richtung der Walzebene gestreckt* [Lit. *Kostron* (6)]. Zeigen die eben angeführten Schliffe den *geometrischen Verlauf* des Verformungsvorganges, so geben die folgenden, nach dem „Schraffurätzverfahren" [Lit. *Kostron* (7)] behandelten einen Einblick in die *Änderungen der Kristallstruktur* durch die Verformung. Der Gußblock zeigt saubere Parallelschraffur der Körner als Zeichen für den

Bild 21. AlCuMg-Gußblock, unverformt (Ätzung nach *Keller*; V 100 ×)

Bild 22. AlCuMg-Block, von 180 auf 40 mm Dicke warm abgewalzt (Ätzung nach *Keller*; V 100 ×)

Bild 23. AlCuMg-Block, von 180 auf 7 mm Dicke warm abgewalzt (Ätzung nach *Keller*; V 100 ×)

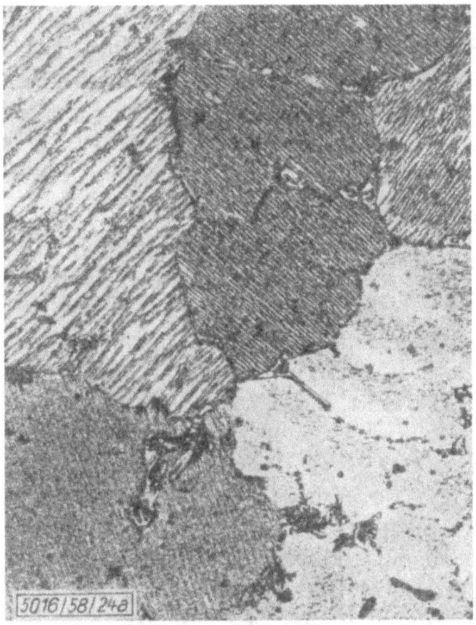

24 a. Gußzustand

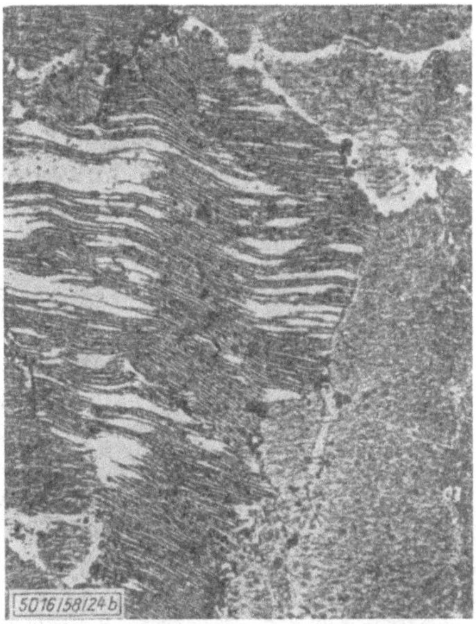

24 b. Wie 24 a, jedoch von 180 auf 140 mm Dicke abgewalzt

24 c. Auf 40 mm Dicke abgewalzt

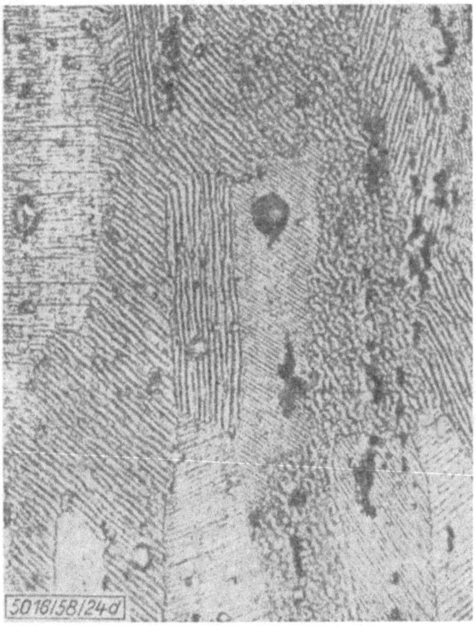

24 d. Auf 5 mm Dicke abgewalzt, vollständig rekristallisierend geglüht, d. h. Blech vollständig entfestigt

Bild 24a bis d. Gefüge eines in Stufen warm abgewalzten AlCuMg-Walzbarrens, mit „Schraffurätzung" (nach *Kostron*; V 500×).

Bemerkung: Vergleiche ungestörte Schraffur der Bilder 24 a und 24 d mit „verknüllten" Kristallkörnern der Bilder 24 b und 24 c. — Dieser Vorgang 24 a > 24 d, hier am Beispiel einer Al-Legierung gezeigt, gilt für alle metallischen Werkstoffe weitgehend störungsfreien Kristallaufbau (Bild 24a). Das Walzen führt zu sehr kennzeichnenden Verbiegungen der Schraffur, die unmittelbar die Verzerrungen des Kristallgitters sichtbar machen (Bild 24b). Je weiter gewalzt wird, desto ausgeprägter werden diese Verknüllungen (Bild 24c). Sobald aber das Blech nach genügend starker Kaltverformung zur Rekristallisation gebracht wird, tritt wieder ungestörte Parallelschraffur auf (Bild 24d), *ein Zeichen dafür, daß die Rekristallisationskörner in ihrem Kristallbau wieder weitgehend störungsfrei sind.*

Diese Beschreibung ermöglicht auch dem Werkstofflaien einen Einblick in die Vorgänge, die sich bei einer Erwärmung im Werkstoffinnern abspielen. Sie werden deshalb so ausführlich behandelt, weil sie im Grunde allen metallischen Werkstoffen eigen sind und z. B. beim Stahl von *Eisenkolb* S. 18 ff. beschrieben und z. B. bei *Erdmann-Jesnitzer* u. *Küntscher*, S. 795 ff. als bekannt vorausgesetzt werden mußten. Mittelbar oder unmittelbar hängen diese Vorgänge im Gefüge immer mit der Schweißung dann zusammen, wenn kaltgewalztes Blech, kaltverformte Werkstücke oder z. B. angestauchte Nahtkanten nach den Verfahren von *Buchholz* u. *Hanemann* (bei Kupfer, siehe Bild 16, Beitrag *Matting* u. *Stieler*) durch die Schweißwärme rekristallisierend, d. h. entfestigend geglüht werden. Entsprechende Vorgänge treten beim Kalthämmern und Glühen von Schweißen auf.

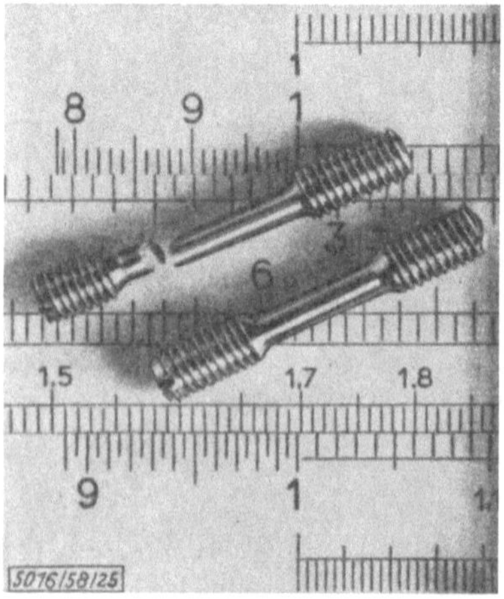

Bild 25. Mikrozerreißstäbe nach *Chevenard* u. *Portevin*. (Die beiden Mikrostäbe liegen auf der Skala eines normalen Rechenschiebers zwecks Größenvergleichs.)

Gleichzeitig mit diesen tiefgreifenden Gefügeänderungen wandeln sich die mechanischen Eigenschaften des Werkstoffes. Dies wurde mit Hilfe von Mikrozerreißproben*) Bild 25 [Lit. *Chevenard* u. *Portevin*] sowie von Kerbschlagproben bei verschiedenen Temperaturen verfolgt. In dem Bild 26 sind die Ergebnisse der Zerreißversuche über dem Streckungsverhältnis S aufgetragen. Dazu eingezeichnet sind ferner kennzeichnende Zerreißschaubilder, an denen noch anschaulicher die Eigenschaftsänderungen abzulesen sind. Man kann feststellen:

In den Zuständen B und C erhebliche Unterschiede zwischen Außen- und Innenzone: früherer Brucheintritt der Außenstäbe, daher trotz annähernd gleicher Verfestigungskurve außen geringere Zugfestigkeit. Ursache: wegen gröberer Zellen und größerer Mengen von Resteutektikum außen gröberes Zellengrenzennetzwerk, das frühere Trennbrüche längs Zellengrenzen ermöglicht.

In Zustand C gegenüber B unveränderte Bruchdehnung, aber stark verminderter Verformungswiderstand (σ_B und σ_s). Die den Trennbruch begünstigende Wirkung des Zellengrenzennetzwerkes ist noch unverändert, seine Verfestigungswirkung ist aber weitgehend verloren, da es beim Walzen schon zahlreiche Sprünge bekommen hat.

---

*) Die Zerreißstäbe (Bild 25) haben d = 3 mm ∅ und nur rund 8 mm Prüflänge. Streckgrenze, Zugfestigkeit und Bruchdehnung werden aus dem photographisch aufgezeichneten Kraft-Verlängerungsdiagramm bestimmt; die Bruchdehnung bezieht sich auf eine Meßlänge von rund 3 · d. Von der Möglichkeit der Anwendung von Mikrostäben wird zur Bestimmung der Eigenschaften des Schweißgutes auch anderer metallischer Werkstoffe, insbesondere für Forschungsarbeiten, noch viel zuwenig Gebrauch gemacht. Meist entnimmt man dem Schweißgut Zerreißstäbe *in* Nahtrichtung, obwohl die Zugbeanspruchungen ja quer zu dieser erfolgen und auch die Kornstruktur dies oft für die Lage von Stäben quer zur Naht verlangt.

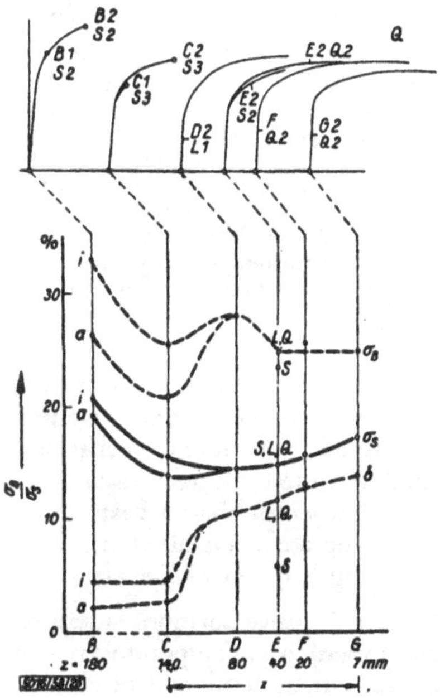

Bild 26. Wirkung des Abwalzens auf die Eigenschaften einer AlCuMg-Legierung (ohne Wärmebehandlung nach dem Warmwalzen)

C bis G = verschieden stark abgewalzt
B = Guß (nicht abgewalzt)
z = Blechdicken nach dem Abwalzen (Ausgangsdicke 180 mm)
x = abgewalzt

Zu Bild 26 u. 27: Lage der Mikrozerreißstäbe:
L parallel zur Walzrichtung
Q senkrecht zur Walzrichtung, parallel zur Walzebene
S senkrecht zur Walzebene

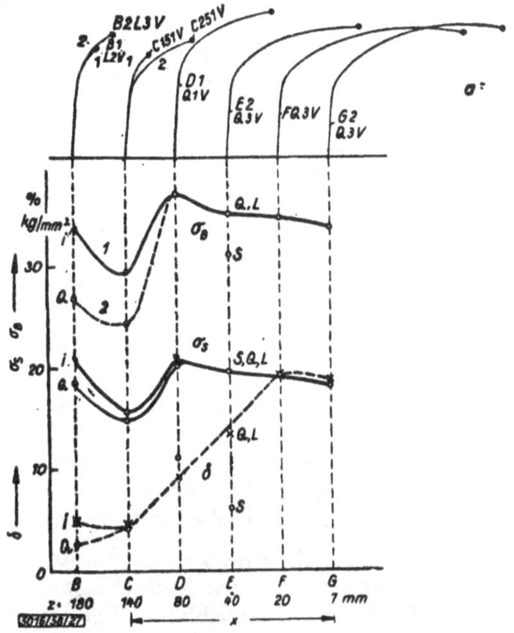

Bild 27. Wirkung des Abwalzens auf die Eigenschaften einer AlCuMg-Legierung (bei Raumtemperatur ausgelagert, vorher homogenisiert bei 500° C, $^1/_2$ Stunde Dauer, abgeschreckt in Wasser)

σ_B = Zugfestigkeit in kg/mm²
σ_S = Streckgrenze in kg/mm²
δ = Dehnung in % (bei $3 \cdot d$)
1 = innen
2 = außen
B = Guß (nicht abgewalzt)
C bis G = verschieden stark abgewalzt
x = abgewalzt

Weiterwalzen bis zu Zustand D verbessert die Dehnung sehr stark: die Zellengrenzentrümmer werden voneinander getrennt und allseitig in den Mischkristall eingebettet. Dadurch trotz gleicher Verfestigungskurve wie in C (gleiches σ_s !) starker Festigkeitsanstieg, Ausgleich der Eigenschaften von Außen- und Innenzonen.

Weiterwalzen bis Zustand E, F, G verbessert stetig die Bruchdehnung und Streckgrenze (gleichmäßigere Verteilung der intermetallischen Verbindungen), vermindert aber zunächst σ_B etwas (geringeres Verfestigungsvermögen, vermutlich durch Fortfall der Wirkung der großen Zellengrenzentrümmer, die immer mehr zerkleinert werden).

An diesen Befunden ist besonders bemerkenswert die Tatsache, daß geringe Durchknetungen die Zugfestigkeit auf ein Minimum herabdrücken, ohne (!) die Bruchdehnung zu verbessern. Der Werkstoff durchläuft also am Beginn des Verformens einen Zustand, in welchem er besonders zu Trennbrüchen neigt; das Aufplatzen von Walzblöcken aus schwer walzbaren Legierungen ebenso wie das Reißen von Barren beim Schmieden tritt ja meist schon zu Beginn der Warmverformung ein und hat dann meist seine

Ursache in dieser Schädigung des Werkstoffes durch das Zerbröckeln der Korngrenzensubstanz*). Dies ist also z. B. beim Hämmern der Schweißnähte zu beachten.

Es ist bemerkenswert, daß der Befund für das Bild 27 die Auffassung von *Kuntze* stützt, der für Bronzen fand, daß zunächst bei Verformungen in der Kälte, d. h. z. B. bei R. T., innere Mikrorisse erfolgen. Diese setzen die Trennbruchgefahr herauf, d. h. den „Kohäsionswiderstand" herab. Je kleiner die Versuchsprobe, d. h. je geringer der Versuchsstabdurchmesser zur Korngröße ist, desto mehr gibt die Zugfestigkeit uns ein Maß für die herabgesetzte Trennbruchfestigkeit. Bei Mikrozerreißstäben bedarf es scheinbar also nicht der extra anzubringenden Kerbwirkung, um durch einen dreiachsigen Spannungszustand willkürlich einen Trennungsbruch und durch derartige Zugversuche an gekerbten Stäben kalt vorverformtenWerkstoffes Trennungsbrüche zu erzeugen, um so den Einfluß der Vorverformung auf die „Kohäsionsfestigkeit" zu ermitteln. Nach *Kuntze* ist diese vom Grad derVorverformung abhängig. Für die Leichtmetalle zu beachten sind in diesem Zusammenhang die auch bereits durchgeführten Untersuchungen über das Aufbrechen nichtmetallischer Kristallite während des Knetens (z. B. untersucht in Abhängigkeit vom Walzgrad in Arbeiten von *Scheil u. Mitarbeitern* sowie *Hanemann u. Timmerhoff*).

Von sehr wesentlicher Bedeutung ist die Wirkung der Durchknetung auf die Eigenschaften nach dem Aushärten (Bild 27). Von der Möglichkeit des Aushärtens versucht man ja auch Gebrauch zu machen bei einer Vergütung der Schweißnaht auf verbesserte Festigkeitseigenschaften. Wesentliche Aushärtungseffekte treten oft erst *nach einer Durchknetung* von einem gewissen *Mindestbetrag* an auf. Die erreichbaren Festigkeitswerte steigen sehr rasch auf ein Maximum (z. B. Abwalzung auf rund die halbe Ausgangsdicke) und fallen mit weiter zunehmender Abwalzung langsam wieder ab.

Um auch etwas über das Verhalten des Werkstoffes bei Warmverformung aussagen zu können, wurden Kerbschlagproben (DVM-Normproben) bei Temperaturen von 20 bis 550° C zerschlagen. Die Kerbzähigkeit steigt mit zunehmendem Abwalzgrad monoton an, d. h. also, ohne bei geringen Abwalzungen abzufallen; dies zeigt, daß auch das unzerstörte Zellengrenzennetzwerk wegen seiner Sprödigkeit keine nennenswerte Verformungsarbeit aufnimmt. Mit steigender Temperatur bis etwa 350° C nimmt die Kerbzähigkeit wegen der wachsenden Biegewinkel stetig zu. Der Bereich großer Kerbzähigkeit bezeichnet gleichzeitig den Bereich bester Warmverformbarkeit. Der schwache Abfall der Kerbzähigkeit von 350 bis 450° C ist dabei durch den Rückgang des Verformungswiderstandes bedingt. Die Warmverformbarkeit vermindert sich hier noch nicht. Oberhalb 450° C fällt die Kerbzähigkeit aber steil ab, denn in diesem Bereich erweicht die Korngrenzensubstanz schon und ermöglicht Trennbrüche, man kommt also in das Warmbruchgebiet. Dies muß man berücksichtigen, wenn Rißbildung in und neben der Schweißnaht betrachtet und beurteilt wird.

Für das Hämmern der Schweißnähte muß man sich zweckmäßig auf den Temperaturbereich bester Warmverformung, also jenen hochliegender Kerbzähigkeit, beschränken.

Wenn die hier mitgeteilten Versuchsergebnisse insgesamt quantitativ auch nur für die untersuchte AlCuMg-Legierung gelten, so sind sie doch grundsätzlich ganz allgemein für Legierungen gültig, die ähnliches Gußgefüge haben (z. B. also auch für AlMg-Legierungen, die ja hinsichtlich guter Schweißbarkeit bei meist ausreichender Legierungsfestigkeit im Vordergrund des schweißtechnischen Interesses stehen).

---

*) Grundsätzlich von diesen Trennbrüchen zu unterscheiden sind die eigentlichen Warmbrüche. Diese sind gleichfalls Trennbrüche längs der Korngrenzen; sie entstehen, wenn bei so hoher Temperatur verformt wird, daß die Korngrenzensubstanz (das Resteutektikum) angeschmolzen oder in Nähe seines Schmelzpunktes weitgehend erweicht ist. *Zu Warmbrüchen beim Verformen neigen dieselben Legierungen, die diese Neigung auch beim Schweißen und beim Gießen zeigen.*

Wenn der Werkstoff gegen Ende der Warmverformung reißt, so handelt es sich stets um Schubbrüche (Kaltbrüche); wenn sich der Werkstoff im Laufe des Verformens zu sehr abgekühlt hat, erschöpft sich sein Formänderungsvermögen rasch, und er wird durch weitere Formänderungen zerstört.

G. *Die technischen Walzverfahren*

1. *Warmwalzen, Kaltwalzen*

Auf eine Darstellung des Warm- und Kaltwalzens sei wegen Platzmangels verzichtet. Als Literaturangaben können hierfür dienen: *Brenner* u. *Kostron*; *Dreyer* u. *Hansen*; *Matthaes* u. *Schroeder*; *Schröter*; *Seemann*; *Stelljes*; *Wolf*, *Tuxhorn* u. *Neunzig*, sowie *Zeerleder*.

2. *Walzplattieren*

Die Herstellung von Verbundwerkstoffen durch Walzplattieren hat auch auf dem Gebiete der Leichtmetalle große Bedeutung gewonnen, da es dadurch gelingt, Eigenschaften verschiedener Legierungen in einem Werkstoff zu vereinigen.

Die Arbeitsweise für das Walzplattieren ist sehr einfach: Die auf den Oberflächen durch Fräsen oder Beizen und Bürsten *sorgfältig gereinigten* Blöcke der Kernlegierung (Gußzustand oder vorgewalzt oder vorgepreßt) werden zwischen den ebenfalls *einwandfrei gereinigten* Plattierblechen in Luftöfen (s. *Rädeker*) auf Walzhitze gebracht und warmgewalzt. Schon nach dem ersten Stich haften die Bleche durch *Preßschweißung* (Bild 28). Wegen der starken Verformung durch das Walzen stören die beim Glühen gebildeten Oxydschichten nicht, wenn nicht besonders stark oxydierbare Legierungselemente (z. B. Mg) in größerer Menge vorhanden sind.

Um die Bindung beim Plattieren von Legierungen auf Legierungen zu verbessern, sieht man oft dünne Zwischenplattierungen aus Reinaluminium vor. *Bei den für die Herstellung von Lagerwerkstoffen für Verbundlager angewandten Plattierungen von Leichtmetall-Lagerlegierungen auf Stahl (gleichfalls meist mit haftungsverbessernder Zwischenschicht) erfolgt die Bindung natürlich nicht durch eine Verschweißung, sondern durch Adhäsion und mechanische Verankerung an Oberflächenrauhigkeiten* (siehe hierzu den begrifflich kontinuierlichen Übergang Verschweißung (Diffusion) und Adhäsion bei *Rädeker*, S. 838 ff.).

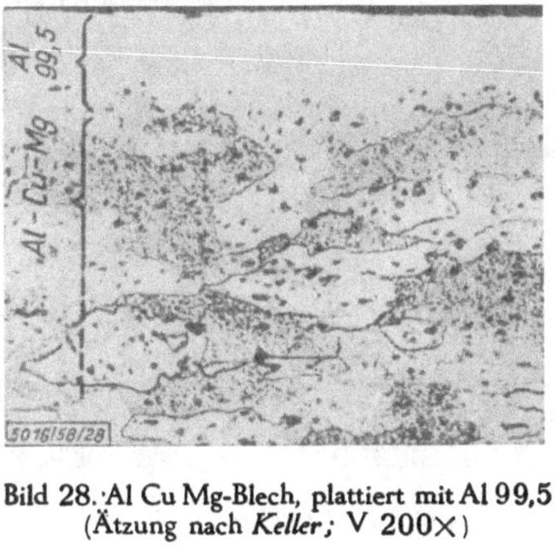

Bild 28. Al Cu Mg-Blech, plattiert mit Al 99,5 (Ätzung nach *Keller*; V 200×)

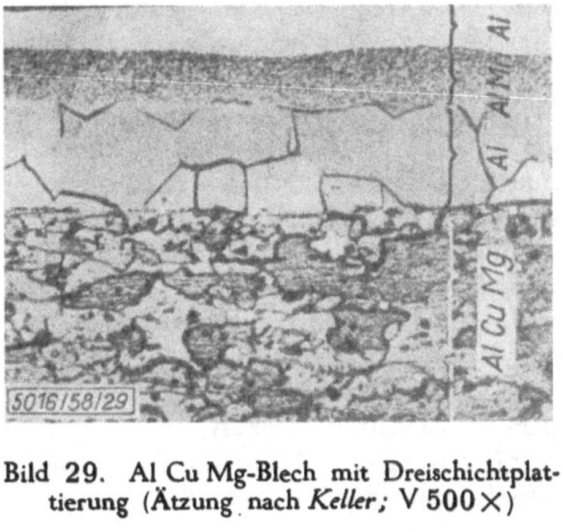

Bild 29. Al Cu Mg-Blech mit Dreischichtplattierung (Ätzung nach *Keller*; V 500×)

Plattierungen mit einer größeren Zahl von Schichten werden gelegentlich angewandt, um bestimmte Kombinationen von Eigenschaften zu erreichen. So zeigt eine Dreischichtenplattierung z. B. folgende Schichtenfolge (Bild 29):

Schicht	Werkstoff	Zweck
Kern	AlCuMg	Träger der Festigkeit
1. Plattierschicht	Al 99,8	Gute Verschweißung mit dem Kern
2. Plattierschicht	AlMn	Bremst die Cu-Diffusion zur Oberfläche
3. Plattierschicht	Al 99,8	Sichert höchste Korrosionsbeständigkeit

Die wichtigsten Legierungen und deren Anwendungsgebiete plattierter Walzhalbzeuge sind der Zahlentafel 1 zu entnehmen.

3. *Fehler gewalzter Halbzeuge*

a) Walzfehler. Doppelungen sind innere Trennflächen etwa parallel zu den Oberflächen. Sie entstehen, wenn Walzbarren bei den ersten Stichen in der Mittelebene aufreißen und trotzdem weitergewalzt werden, wobei dieser Riß mangelhaft verschweißt. (s. auch bei *Eisenkolb*, S. 27 ff.). „Unechte" Doppelungen können auch dadurch entstehen, daß nichtmetallische Einschlüsse beim Walzen zerbröckeln und sich in einer längeren Zeile verteilen. Diese kann beim Verformen aufreißen.

Beim Glühen geben Doppelungsstellen, wenn sie nicht mit der Oberfläche zusammenhängen, Anlaß zu „Kernblasen". *Bleche mit Doppelungen, Kern- und Plattierblasen sind zum Schweißen unbrauchbar.*

b) Einwalzungen: Werden Blöcke, Tische und Walzen nicht genügend saubergehalten, so können Fremdkörper verschiedenster Art in die Blechoberfläche eingewalzt werden. So ist es bekannt, daß auf denselben Walzen nicht abwechselnd Schwer- und Leichtmetalle gewalzt werden dürfen, da die mikroskopischen Schwermetallflitter, die sonst unvermeidlich auf das Leichtmetall kämen, dessen Korrosionsbeständigkeit außerordentlich verringern würden.

Als Beispiel mögen für nichtmetallische Einwalzungen Schmiermittelrückstände dienen, die beim Glühen der Bleche verkohlt sind, wobei sich Höfe um die Einwalzungen bilden können. Gelegentlich kommen auch eingewalzte Drähte von Drahtbürsten, Mörtel und sonstige Schmutzteilchen als Einwalzungen vor.

In einem gut geleiteten Halbzeugwerk sind derartige Einwalzungen selten. Einschlüsse von Fremdmetallen schädigen die Korrosionsbeständigkeit im allgemeinen mehr als die praktisch vorkommenden nichtmetallischen.

c) Plattierfehler. Wenn die Plattierung örtlich mit dem Kernwerkstoff nicht

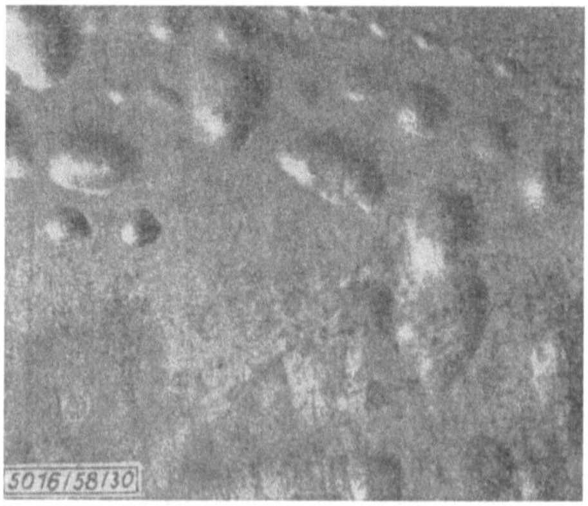

Bild 30. Plattierblasen (V 2 ×

Bez. Nr.	Grund-werkstoff	Plattierungswerkstoff Stoff	Plattierungswerkstoff Dicke in % der Blechdicke	Eigenschaften, Anwendung und Berücksichtigung der Einwirkung der Wärmebehandlung
		A. Plattierungen als Korrosionsschutz		
1	Al-Cu-Mg	Al	1	Nach Vergüten Plattierschicht durch Diffusion verschwunden („Bondurdiff") *), bei unveränderten mechanischen Eigenschaften homogene Oberfläche, dadurch bessere Korrosionsbeständigkeit [Lit. *Kostron* (3)]
2	Al-Cu-Mg	Al	3 bis 6	Nach Vergüten ausgezeichneter Korrosionsschutz durch elektrochemische „Fernschutzwirkung" [Lit. *Brenner* u. *Roth* (3)], etwas verminderte Festigkeit und Oberflächenhärte. Nach zu langer Vergütungsglühung abnehmende Oberflächenkorrosionsbeständigkeit, da Cu durch Diffusion an die Oberfläche dringt
3	Al-Cu-Mg	Al—Mg-Si oder Al-Mn	3 bis 6	Wie vorher, Festigkeitsabfall und Diffusionsgefahr etwas vermindert. Plattierlegierungen haben an sich etwas kleinere Oberflächenkorrosionsbeständigkeit als Reinaluminium [Lit. *Brenner* (2); *Kostron* (4); *Seemann*]
4	Al-Cu-Mg	Dreischichten-plattierung Al/Al—Mn/Al	3 bis 6	Oberflächenkorrosionsbeständigkeit wie bei 2, verminderter Festigkeitsabfall und beseitigte Diffusionsgefahr wie bei 3 [Lit. *Kostron* (4)]
		B. Plattierungen für sonstige Zwecke		
5	Al-Mg-Si oder andere Legierung	Al 99,99 oder homogene Legierung auf Basis von Al 99,99	5 bis 20	Glanzeloxierte Spiegel und Reflektoren
6	Al-Cu-Mg oder sonstige feste Legierung	Al 99,8 oder Al 99,99	5 bis 10	Dichtungen für Zylinderköpfe von Verbrennungskraft- und Dampfmaschinen, Ersatz für Kupferasbestdichtungsmaterial
7	Al-Cu-Mg oder Al-Si-Mg-Ni	Leichtmetall-Lagerlegierung	10 bis 20	Lagerschalen
8	Stahl	Leichtmetall-Lagerlegierung	10 bis 20	Lagerschalen

*) Eingetragenes Warenzeichen.

Zahlentafel 1. Plattierwerkstoffe in Verbindung mit Al-Legierungen

verschweißt ist, dann können sich an diesen inneren Oberflächen beim Glühen oder Vergüten „Plattierblasen" bilden (Bild 30).

Lagerungs- und Transportschäden. Neben Kratzern und Scheuerstellen sind Korrosionsangriffe verschiedenen Grades die häufigsten Reklamationsursachen bei Walzwerkstoffen. Stagnierende Feuchtigkeit, ganz besonders aber Schwitzwasser sind sehr unangenehme Korrosionsmittel, die in leichten Fällen zu harmlosen Flecken und Verfärbungen, bei längerer Einwirkung aber auch zu tiefer reichender Korrosion führen können (siehe *Erdmann-Jesnitzer*, später, betr. Oberflächengüte und Punktschweißbarkeit). Bei unplattiertem Werkstoff können solche Angriffe meist durch Beizen mit Natronlauge und Salpetersäure oder durch Bürsten entfernt werden. Bei plattiertem Werkstoff dürfen derartige Verfahren aber nur mit größter Vorsicht angewandt werden, da sonst die Gefahr besteht, daß die Plattierung mit abgetragen wird.

An sich sind Verfärbungen und Anlaufstellen reine Schönheitsfehler und verschlechtern die Gebrauchseigenschaften des Werkstoffes nicht. Sobald aber der Angriff zu einer wesentlichen Aufrauhung der Oberfläche geführt hat ist Vorsicht geboten. Im besonderen müssen Stellen mit Korrosionsprodukten (Ausblühungen) soweit als möglich gereinigt oder sonstwie ausgeschieden werden, da an solchen erfahrungsgemäß der Korrosionsangriff bevorzugt weitergeht. Vor allem auch vor dem Streichen mit Schutzlack muß die Oberfläche völlig frei von lockeren Korrosionsprodukten sein.

H. Das Strangpreßverfahren

Wie im Abschnitt über das Walzen gezeigt worden war, ist am Beginn des Verformens von Gußmaterial die Gefahr von Trennbrüchen so groß, daß gewisse schwer verformbare Legierungen überhaupt nicht aus dem Gußzustand gewalzt werden können. Bei diesen können die ersten, gefährlichen Verformungsstufen nur rißfrei ertragen werden, wenn während der Verformung im Werkstoff an keiner Stelle Zugspannungen auftreten.

Das Strangpreßverfahren erfüllt diese Bedingung; da außerdem die Warmverformungstemperaturen der Leichtmetalle so tief liegen, daß noch keine unüberwindlichen Werkzeugschwierigkeiten auftreten, wird es in großem Maße angewandt, und zwar sowohl für die Herstellung von Stangen, Rohren und Profilen, die ohne weitere Formgebung verwendet werden, als auch für Vormaterial, das weiter gewalzt, geschmiedet oder gezogen werden soll.

Auf Einzelheiten, z. B. auf Fehler von Strangpreß- und Ziehmaterial, kann nicht näher eingegangen werden. Als Literatur diene: *v. Zeerleder*; *Dreyer* u. *Seemann* (1), (2); *Berger* u. *Bleicher*; *Berger* u. a. m.

Oberflächenfehler an Strangpreßwerkstoff treten z. B. auf, wenn die Austrittsöffnung der Matrizen nicht peinlich saubergehalten wird. *An die Düseninnenwandung angeschweißte Leichtmetallteilchen* oder sonstige Rauhigkeiten ergeben Längsriefen; an solchen Stellen der Matrize kann es zu periodischen *Schweiß-* (siehe auch *Rädeker* unter Verschweißung und Verschleiß, S. 842 ff.) und Ablösungsvorgängen während des Auspressens kommen, durch die Oberflächenfehler entstehen.

Gelegentlich werden auch Rohre im Strangpreßprozeß ähnlich der Kabelmantelherstellung erzeugt. Wird der Werkstoffstrom durch Stege getrennt, so ist Vorsicht geboten für anschließend einwandfreies Wiederverschweißen. Genügende Temperaturhöhe ist für die Preßschweißbarkeit dann Bedingung. [*Erdmann-Jesnitzer*, unveröffentlicht]

I. Schlußwort

Mit diesen Ausführungen sei der Grundstein gelegt zum Verständnis der nun folgenden speziellen Behandlung der „Schweißung der Leichtmetalle", die im wesentlichen als eine Werkstofffrage anzusehen ist, wobei dann außerdem die Wirkung der Legierungspartner im einzelnen auf

die mechanischen Festigkeitswerte und
die Schweißbarkeit

zu behandeln sein werden.

Literaturangabe

Archbutt, S. L., J. Inst. Met. *33* (1925), S 227.
Bardenheuer, P. u. *G. Thanheiser*, Mitt. KWI. f. Eisenforschung *10* (1928), S. 323—342.
Baukloh, W. u. *F. Oesterlen*, Z. Metallkde *30* (1938), S. 386—389.
Baukloh, W. u. *M. Redjali*, Metallwirtschaft *21* (1942) S. 683.
Beck, A., Magnesium und seine Legierungen. Verlag J. Springer, Berlin 1939.
Berger, G., Diss. T.H. Hannover *1943*.
Berger, G. u. *W. Bleicher*, Luftwissen *10* (1943), S. 23—27.
Bircumshaw, L. L. Trans. Faraday Soc. *31* (1935), S. 1439.
Birdsall, G. W., Metall Progress, 1946, S. 1232.
Borchers, H. u. *O. Castellani*, Metall u. Erz *39* (1942), S. 407.
Brenner, P. (1), Aluminium *1938*, S. 606—620.
— (2), Z. Metallkde *28* (1936), S. 276—280.
Brenner, P. u. *H. Kostron*, Luftwissen *5*, (1938).
Brenner, P. u. *W. Roth* (1), Metallwirtschaft *21* (1942), S. 695—699.
— — (2), Z. Metallkde *32* (1940), S. 10—14.
— — (3), Z. Metallkde *29* (1937), S.334—337.
Castro, R. u. *M. Armand*, Rev. Mét. *45* (1949) S.594—615.
Chevenard, P. u. *A. Portevin*, J. Iron & Steel Inst., London II (1935), S. 333.
Chrétien, P. E., H. A. Nipper u. *E. Piwowarsky*, Aluminium-Archiv *23*.
Claus, W., S. Briesemeister u. *E. Kalaehne*, Z. Metallkde *21* (1929), S. 268.
Claus, W. u. *E. Kalaehne*, Gießerei *15* (1928), S. 996.
Czochralski, J. (1), Z. Metallkde *14* (1922), S. 277.
— (2), Z. Metallkde *15* (1923), S. 373.
Dardel, Y. (1), (unveröff. Arbeit).
— (2) Metals Technology *14* (1947), Techn. Publ. 2247.
— (3) Metals Technology *15* (1948), Techn. Publ. 2284.
— (4) Journ. of Metals *1* (1949), S. 868—876
Dreyer, K. L. u. *M. Hansen*, Z. Metallkde *34* (1942), S. 121—125.
Dreyer, K. L. u. *H. J. Seemann* (1), Z. Metallkde *36* (1944), S. 13—17.
— — (2), Aluminium *23* (1941), S. 437—445.
DRP Nr. 642 642, Hazelett Metals, Inc., New York.
Erdmann-Jesnitzer, F., Stand der deutschen Leichtmetallschweißung. Technik *4* (1949), H. 1, S. 26ff.
Fichter, F. u. *A. Sprengel*, Z. anorg. Chem. *82* (1913), S. 192.
Geller, W. (1), Z. Metallkde *35* (1943), S. 213.
— (2), Aluminium *18* (1936), S. 349—353.
Grandadam, P., Ann. Chim. (1935), S. 706.
Hanson, D. u. *G. Slater*, J. Inst. Met. *1931/3?*, S. 187.
Hütte I, 26. Aufl., S. 672. Verlag W. Ernst u. Sohn, Berlin 1931
Hüttig, F., Z. angew. Chem. *39* (1926), S. 67.
Jander, G. u. *W. Brösse*, Z. anorg. Chem. *41* (1928), S. 702.
Kästner, H., Stahl u. Eisen *66/67* (1947), S. 10—19.
Koch, W., Metallwirtschaft *10* (1931), S. 69, 85.
Kostron, H. (1), Z. Metallkde *31* (1939), S. 14/15.
— (2), Aluminium 1942, S. 209—215.
— (3), Aluminium *20* (1938), S. 775—784.
— (4), Aluminium *23* (1941), S. 195—204.
— (5), Z. Metallkde *40* (1949), S. 321/22.
— (6), Metallwirtschaft *23* (1944), S. 123—130.
— (7), Z. Metallkde *39* (1948), S. 333—342.
Kostron, H., u. *R. Stein*, Metallwirtschaft *21* (1942), S. 190—194.

Kuntze, W., Handbuch der Werkstoffprüfung, Bd. 2 (1939) Absatz XII, S. 712 ff. (s. hier Bild 1, S. 712). Herausgeber E. Siebel, Verlag Julius Springer, Berlin.
Lepp, H., DRP 622182; Franz. Pat. 761898.
Matthaes, K. u. *A. Schroeder*, Aluminium *23* (1941), S. 599—602.
Neumann, B., C. Kröger u. *H. Kunz*, Z. anorg. allg. Chem. *207* (1932), S. 138.
Paneth, F., Ber. d. Dtsch. Chem. Ges. *53* (1920), S. 1710.
Paneth, F. u. *E. Rabinowitsch*, Ber. d. Dtsch. Chem. Ges. *58* (1925), S. 1138.
Pietsch, E., Z. Elektrochem. *39* (1933), S. 517.
Pilling, N. B. u. *R. E. Bedworth*, J. Inst. Met. *29* (1923), S. 629.
Pring, J. N., J. Chem. Soc. *93* (1908), S. 2101.
Ransley, C. E. u. *H. Neufeld*, Journ. Inst. Met. *74* (1948), S. 599—620, 781—786.
Röntgen, P. u. *H. Braun*, Metallwirtschaft *1932*, S. 459, 471.
Röntgen, P. u. *F. Möller*, Metallwirtschaft *1934*, S. 81—97.
Rosenhain, W., D. Grogan u. *H. Shofield*, I. Inst. Met. *44* (1930), S. 305.
Roth, W., Aluminium *25* (1943), S. 418—421.
Roth, W. u. *E. Weiße*, Aluminium *26* (1944), S. 134—136.
Ruf, J., Z. Metallkde *36* (1944), S. 25—37.
Sachs, G., Praktische Metallkunde I, S. 65. Verlag J. Springer, Berlin 1933.
Schröter, C. H., Aluminium-Archiv *10* (1938).
Seemann, H. J., Metall *1947*, S. 8—15.
Sieverts, A. (1), Z. Elektrochem. *16* (1910), S. 707.
— (2), Z. Metallkde *21* (1929), S. 37.
Smithells, C. J. u. *C. E. Ransley*, Proc. Roy. Soc. *152* (1935), S. 706; Nature *135* (1935), S. 548.
v. Stackelberg u. *R. Paulus*, Z. phys. Chem. B *22* (1933), S. 305.
Stelljes, H. A. J., Aluminium *24* (1942), S. 298—302.
Sterner-Rainer, R. (1), Z. Metallkde *23* (1931), S. 274—279.
— (2), *DRP. 589 988*
Tullis, R., Franz. Pat. 272326.
Voßkühler, Z. (1), Metallkde *40* (1949), S. 305 — 311.
— *H.* (2), Metall *4* (1950), S. 6—9.
Winterhager, H., Aluminium-Archiv *12*.
Wolf, H., H. Tuxhorn u. *H. Neunzig*, Aluminium *24* (1942), S. 341—347.
S. Zeerleder, A. (1), Technologie des Aluminiums und seiner Leichtlegierungen, 3. Aufl., Akad. Verlagsges. m. b. H., Leipzig 1938.
Zintl, E. u. *Husemann*, Z. phys. Chem. B *21* (1933), S. 138.

Die Widerstandsschweißung der Leichtmetalle
einschließlich artverwandter Sonderverfahren
(Aluminium, Magnesium und deren Legierungen)

Prof. Dr.-Ing. habil. F. Erdmann-Jesnitzer, Berlin u. Freiberg/Sa

Teil A: Die Punkt- und Rollennahtschweißung

1. *Begriffsbestimmung und Verfahren*

Bei der Punkt- und Rollennahtschweißung werden zwei Bauteile geringer Dicke, meist Bleche, durch Stabelektroden oder durch Rollenelektroden örtlich zusammengepreßt (Bilder 1a — g). Bei Stromdurchgang schmilzt bei den Aluminiumlegierungen einschließlich Reinaluminium die Berührungsstelle Blech - Blech auf und

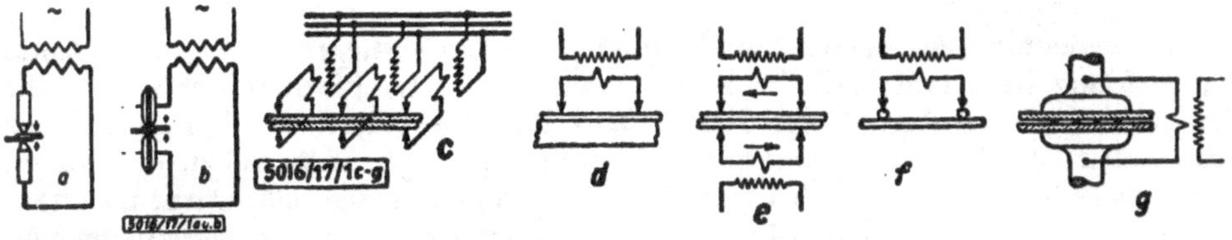

Bild 1. Prinzipschaltungen elektrischer Punkt- und Rollennahtschweißungen

a) Normale Punktschweißung mit Stabelektroden
b) Normale Rollennahtschweißung
c) Dreipunktschweißung mit Drehstrom
d) Einseitige Doppelpunktschweißung
e) Gegenseitige Doppelpunktschweißung
f) Einseitige Rollennahtschweißung mit zwei Rollen
g) Buckelschweißung

verschweißt dabei unter Druck. Auch bei Eisenblechen tritt normalerweise ein Aufschmelzen ein. Die bei Stahl gelegentlich angewandte Quetschnaht (imitierter Stumpfstoß) wird nach *Haase* u. *Schnarz* für die Leichtmetalle nicht angewandt. Mit Stabelektroden werden Einzelpunkte, mit den Rollenelektroden Nähte und auch Einzelpunkte geschweißt, wodurch die Punktungsgeschwindigkeit erhöht werden kann. Grundsätzlich ist die der Widerstandsschweißung erzeugte Wärmemenge Q, wie schon verschiedentlich erwähnt (*Conrady*, S. 437 ff., sowie *Rietsch*, S. 397 ff.), durch die Stromstärke (J), die Schweißzeit (t) und den Widerstand (W) bestimmt zu

$$Q = J^2 \cdot W \cdot t \text{ (WE)}$$

Den Vergleich zwischen Aluminium und Stahl zeigt die Zahlentafel nach *Haase* u. *Schnarz*. Die Punktschweißmaschinen für Stahl, gleiche Blechdicken vorausgesetzt, sind für die Leichtmetalle nicht anwendbar, da sie zu leistungsschwach sind. Eine ortsfeste Punktschweißmaschine zeigt das Bild 2. Für diese Maschinenaggregate kennzeichnend sind:

Hohe Schweißleistungen von 15 bis 40 000 Amp. bei 3 bis 15 Volt.

Besondere *Stromzeit- und Elektrodendruckbegrenzer*, gelegentlich auch Strom- und Druck-Programmsteuerung, d. h. willkürliche Veränderung des Strom- und Druckzeitverlaufes.

Wassergekühlte Stab- und auch Rollen*elektroden*.

Modernste Aggregate arbeiten mit *allmählichem Anstieg* der Hüllkurvenform des Verlaufes von *Schweißstrom* (oszillographisch bestimmbar) und der *Schweißzeit*. (Günstig z. B. der Strom-Zeit-Verlauf bei Kaskadensteuerung nach *E. Rietsch*)

Bild 2. Rollennaht-(Punkt-)Schweißmaschine (AEG-PNA 100) mit Schaltschrank (Ignitron-Kettensteuerung (siehe auch Bilder 48 a u. b). Klammermaße bedeuten alte Schaltschrankgröße mit gittergesteuerten Glasgefäßen. — Kaskade siehe Bild 43 in vorliegendem Beitrag

Die Bedeutung der Punktschweißung ist beachtlich gestiegen. Die entscheidende Entwicklung liegt innerhalb der letzten zwei Jahrzehnte. Noch *Melchior* schreibt im Jahre 1929: „Obwohl das Punkt- und Nahtschweißen bei Aluminium gut anwendbar ist, blieb deren praktische Bedeutung gering.“ Während in den Jahren 1924 bis 1932 in erster Linie AlCuMg-Legierungen punktgeschweißt wurden, sind im Zuge der Entwicklung allgemein gut schweißbarer und *legierungsfester* AlMg- und AlMn-Legierungen die AlCuMg-Legierungen diejenigen, die heute mittels Gasschmelzschweißung vereinzelt geschweißt werden. Dabei sei abgesehen von dem Ausnahmezustand, daß vorhandene Aluminium-Kupfer-Legierungen oder durch die Schrottführung bedingte kupferhaltige Legierungen fertigungstechnisch in Verbindung mit Widerstands- oder Gasschmelzschweißungen mengenmäßig aufgebraucht werden müssen. — Es konnten bislang alle (DIN 1712 und 1713) technischen Al- und Mg-Legierungen punkt- und nahtgeschweißt werden. Jedoch ist Guß mit Gußwerkstoff und Guß mit Knetwerkstoff nur beschränkt schweißbar. Im Gegensatz zum Stahlschweißen gehen die Bauart der Schweißmaschinen, deren Stromcharakteristik und Einstellwerte stark in die Punktgüte mit ein. Diese verfahrenstechnischen Fragen werden daher im folgenden bevorzugt mitbehandelt.

2. *Der Oberflächeneinfluß beim Punkt- und Nahtschweißen*

Der Oberflächeneinfluß beim Punkt- und Nahtschweißen ist ein ganz wesentlicher.

a) Oxydation: Werden im folgenden neben den Aluminium- auch Magnesiumlegierungen mitbehandelt, so ist dies jeweils besonders angegeben. Aluminiumflächen überziehen sich an der Luft bei Raumtemperatur mit einer Oxydschicht aus Al_2O_3. Nach Beobachtung von *Preston* u. *Bircumshaw* ist diese der Struktur nach amorph. Die Oxydationsgeschwindigkeit wird durch gesteigerte Temperatur vergrößert. Sie nimmt, vorausgesetzt, daß der Oberflächenfilm rißfrei bleibt, in dem Maße ab, wie die Oxydschicht dicker wird. Bei Raumtemperatur beträgt die Schichtdicke Al_2O_3 nach 30 Tagen 10^{-6} mm (entsprechend 100 Å). Bei 600° C erhielten *Pilling* u. *Bedworth* nach 80 Stunden eine Dicke von 2×10^{-4} mm (entsprechend 2000 Å). Der bei höherer Temperatur gebildete Al_2O_3-Film ist kristallin. Ein weiteres Wachsen über 2000 Å-Einheiten Dicke fand bei der Temperatur von 600° C praktisch nicht mehr statt. Die künstlichen Al_2O_3-Überzüge dagegen können beliebige Dicken aufweisen. Im Grenzfall können Al-Folien nach *Werner* ganz in Al_2O_3-Oxyd umgesetzt werden. Die Oxydbildung erfolgt, wie auch beim Kupfer, mit größerem Bedarf an Volumen, als es der aufgezehrte Al-Grundstoff einnimmt. Die natürliche Oxydschicht ist daher bei Al-Legierungen als relativ dicht zu bezeichnen. Sie wird um so stärker, je reiner der Aluminiumgrundstoff ist. Auch die auf Reinaluminium erzeugten künstlichen Oxydschichten sind immer dicker als die auf Aluminiumlegierungen erzeugten Schichtdicken. Je nach der Stromart sind auch nach der Eloxierung die Schichten auf Duralumin (AlCuMg) und Silumin (AlSi) nach *Werner* die mit den geringsten Dicken.

Das Metall Magnesium überzieht sich beim Erhitzen und an Luft mit einer Oxydschicht aus Magnesiumoxyd (MgO), die nicht das ganze Volumen des vorher aufgezehrten Mg-Grundwerkstoffes einnimmt. Die Oxydschicht muß daher, als Ganzes gesehen, porig oder flockig sein. Dies wurde durch visuelle Betrachtung von *Dunn* u. *Wilkins* bestätigt. Die Verfasser nehmen an, daß ein dünner Film vorhanden ist, der pseudomorph mit dem Metall ist. Dieser geht unter Zusammenbruch beständig in einen körnigen Film über, der dann immer neu aufgebaut wird. Seine Dicke bleibt konstant. Ähnliche Ansichten vertreten *Tronstad* u. *Hövenstad*. Die Oxydschichten von Aluminium und Magnesium sind also grundlegend unterschiedlich. Dies ist eine der Ursachen der Unterschiedlichkeit in der Schweißlinsenausbildung von Al- und Mg-Legierungen. Aufschlußreich sind elektronenoptische Abbildungen der Oberfläche von Al-Legierungen. Für andere Zwecke stellten diese nach dem elektrostatischen Arbeitsprinzip *Mahl* u. *Pawlek* her. Sie arbeiteten nach dem Abdruckverfahren und erzeugten einen strukturlosen Oxydfilm von etwa 100 Å Dicke, der durch Quecksilber von seiner Unterlage abgehoben werden kann und dabei mechanisch genügend fest bleibt. Es ergaben sich bemerkenswerte Unterschiede der Oberfläche von Reinaluminium und Al-Mg-Legierungen einerseits, verglichen mit der Legierung AlCuMg andererseits. Nach vorherigem Ätzangriff mit Dreierlösung Salzsäure - Salpetersäure - Flußsäure ergaben Reinaluminium und AlMg-Legierungen einen Oberflächenabtrag nach gut ausgebildeten Würfelflächen. Bei Duralumin, d. h. der Legierung AlCuMg, erfolgt selbst im groben gesehen der Abtrag durch das Ätzen nur andeutungsweise nach kristallographischer Gesetzmäßigkeit, die Oberfläche wird als Gesamtes nur gleichmäßig aufgerauht. Bei der Legierung AlCuMg verhindert wohl die Anwesenheit von Cu-Atomen die bekannte bevorzugte Auflösung des kubisch flächenzentrierten Al-Kristalles parallel zur Würfelebene. Es ist also allein die mikrographische Rauhigkeit völlig unterschiedlich, wobei noch nichts ausgesagt ist über das Wesen der Oberfläche an sich und über den Aufbau der sich nach kurzer Lagerung bildenden Oxydschicht sowie auch über die Oberfläche nach der üblicherweise angewendeten Laugenbeizung. Die geringere Rauhigkeit bei der Legierung AlCuMg jedoch allein läßt schon eine Erklärung der für diese Legierung notwendigen höheren Schweißleistungen zu, da der Übergangswiderstand bei sonst gleichem Elektrodendruck und den anderen mitbestimmenden Größen geringer ausfällt als z. B. nach den Ergebnissen dieser Verfasser für die AlMg-Legierungen. Erwähnt sei ferner, daß sich der allerdings künstlich oxydierte Al_2O_3-Oberflächenfilm der Legierung AlCuMg als beachtlich poriger erwies und damit deutlich unterschiedlich war zu der AlMg-Legierung. Letzteres wirkt ebenfalls in Richtung erhöhten Strombedarfs.

	Al_2O_3	Merkmale	MgO	Merkmale
Dichte . . . . . Schmelzpunkt . . Siedepunkt . . . Molekulargewicht .	ρ = 3,9 g/cm³ Fp = 2046° C Kp = 2500° C 101,94	Elektrisch nicht leitend, Aussehen farblos, wasserunlöslich, ungeglüht löslich in Säuren, löslich in Natronlauge	3,65 g/cm³ 2642° C 2800° C 40,32	Elektrisch nicht leitend, Aussehen farblos, löslich in Säuren

Zahlentafel 1. Eigenschaften der Oxydschichten auf Al- und Mg-Legierungen, nach *D'Ans* u. *Lax*

Die wichtigsten physikalischen Daten für das Al_2O_3 und das MgO zeigt nach *D'Ans* u. *Lax* die Zahlentafel 1. Die Stärke der Oxydation ist unter sonst gleichen Bedingungen bei Al-Legierungen legierungsabhängig. Die Zeit, innerhalb deren gebeizte oder gebürstete Blechoberflächen betrieblich verarbeitet werden müssen, ist daher ebenfalls unterschiedlich lang für die verschiedenen Aluminiumlegierungen. Der Al_2O_3-Überzug auf Reinaluminium ist elektrisch nicht leitend. Nach *Rajakovics* u. *Blohm* ergaben nach dem WX- (Wechselstrom-Oxalsäure-) und nach dem GS- (Gleichstrom-Schwefelsäure-) Verfahren vorbehandelte technische Aluminiumlegierungsbleche keine Bindung beim Punktschweißen. Da die eloxierten Oberflächen eine Mindestschichtdicke an Al_2O_3 von 10^{-2} mm (entsprechend 10^5 Å) haben, war diese dabei folglich 50mal dicker als diejenige, die etwa bei warmbehandelten Blechen mit belassener natürlicher Oberfläche auftritt. Mit einem nach *Bue* angewandten Sondereloxalverfahren sollen jedoch an Blechen der Gattung AlCuMg Punktfestigkeiten von 190 kg/Punkt erzielt worden sein. Dies referieren *Rajakovics* u. *Blohm*.

Damit elektrischer Kontakt zwischen den sich berührenden Flächen Elektrode - Blech - Blech - Elektrode ermöglicht wird, muß der Oxydfilm unterbrochen werden. Der Elektrodendruck bewirkt das Eindrücken der balligen Kopfflächen. Dabei zerreißt der spröde Oxydfilm an der Druckstelle Elektrode — Blech. Nach beendeter Schweißung zeigt die verbliebene Eindruckfläche oft noch die aufgerissene Al_2O_3-Haut. Dies zeigt das Bild 3. Daß die Oxydhaut mechanisch spröde ist und den Verformungen auch noch unterhalb der 0,2 - Grenze der Al - Legierungen, z. B. bei AlMg 3, nicht folgt, zeigte *Mann*. Dieser verwandte mit Erfolg künstliche, nach dem GX-Verfahren hergestellte Al_2O_3-Schichten an Stelle des *Maybach*schen Dehnungslinienverfahrens, das spröde Reißlacke verwendet. Diese oberflächlichen Risse der Oxydhaut treten auch bei einwandfreien Punkten mit riß- und porenfreien Schweißlinsen auf. Sie dürfen nicht mit den inneren Rissen im Schmelzgut der Schweißlinse verwechselt werden. Bei sogenannten verbrannten Punkten können ja die inneren Risse bis zur Oberfläche reichen und dort auch erkennbar werden (Bild 10). Es können dann Risse auch von einer zur anderen Seite der verschweißten Bleche hindurchgehen. Hierüber wird im folgenden noch berichtet werden. Ist diese innere Rißbildung eingetreten, so tritt bei punktgeschweißten Behältern Druckwasser durch den Punkt nach außen.

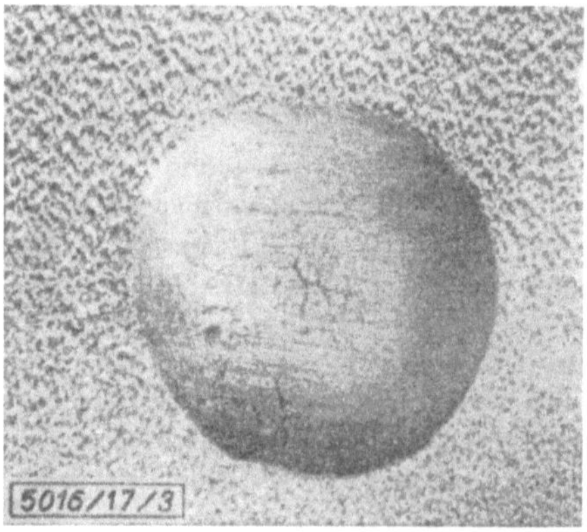

Bild 3. Aufgerissene Oxydhaut innerhalb der Eindruckfläche der Elektrode; Leichtmetallblech AlMg 5 (Vergr. 4fach)

b) Die Entfernung der Oxydhaut: Mit der Frage der günstigsten Oberflächenvorbereitung der zu punktenden Flächen befaßten sich zahlreiche Arbeiten und eigene Untersuchungen an verschiedenen Al-Legierungen im Großserienbau. Die gefundenen Ergebnisse werden erst verständlich, wenn man unter Einschluß der Betrachtung nicht vorbehandelter Oberflächen die sich durch die mechanische oder chemische Behandlung gleichzeitig ergebende Blechaufrauhung mit berücksichtigt. Diese bestimmt bei gesäuberter und auch bei belassener Oxydschicht an der Berührungsstelle Blech-Blech ausschlaggebend die Verschweißung. An der Druckstelle Elektrode - Blech geht die Aufrauhung ein in die Größe der Neigung zum Anlegieren, Kleben oder Anbacken der Elektrodendruckfläche am Blech. In gleicher Weise geht auch die Rauhigkeit der Elektrodendruckfläche selbst mit ein. Die Entfernung des Oxydfilms erfolgt entweder

a) mechanisch durch Bürsten, Schmirgeln oder Schaben
b) chemisch durch Beizen in Bädern
c) chemisch mittels Flußmittel (nicht in Anwendung)
d) (elektrolytisch, z. Z. nicht angewendet).

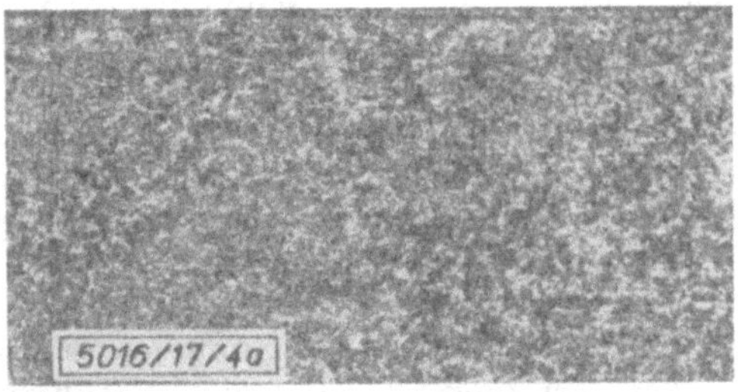

a) AlCuMg NaOH 10% *nur* gebeizt, feine Aufrauhung

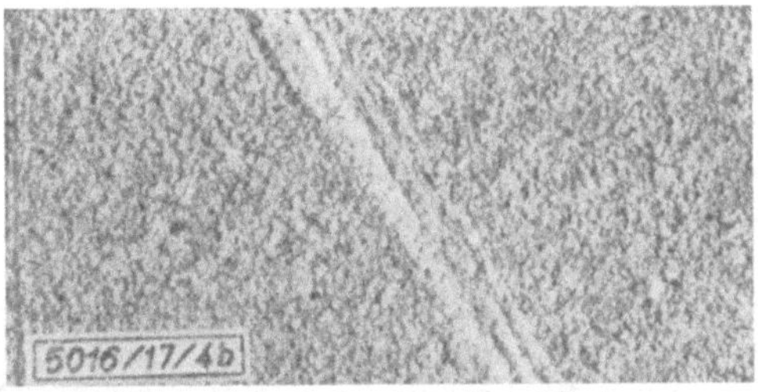

b) AlMg 5 NaOH 10%, *nur* gebeizt (mit Kratzer), mittlere Aufrauhung

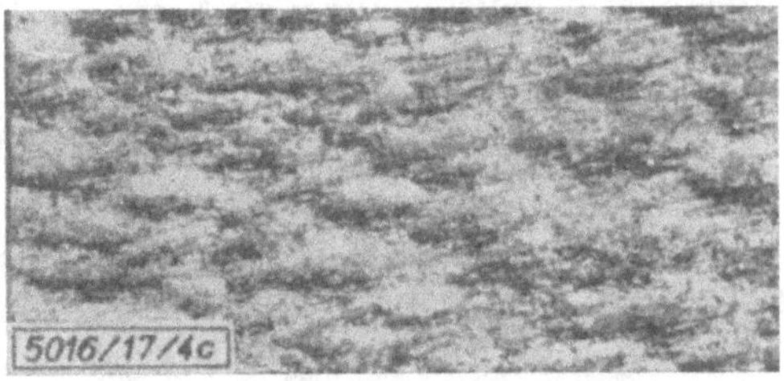

c) Al 99,5% NaOH 10%, anschließend gebürstet, grobe Aufrauhung

Bild 4. Vergrößertes Bild der Blechoberfläche nach unterschiedlicher Vorbehandlung. Bei Reinalublech kann auch die Korngröße eine Rolle spielen

Auch ein Beizen mit anschließendem Bürsten ist bei hochwertigen Punktungen in Anwendung für die Blechoberflächen Elektrode - Blech. Bei beiden Verfahren, wird das Blech zunächst oxydfrei, dabei jedoch gleichzeitig verschieden stark aufgerauht. Dies zeigen die Bilder 4 a—c. Daraus wird ersichtlich, daß die Rauhigkeit stark unterschiedlich ausfällt. Auch im unbehandelten Zustand ergeben sich innerhalb der Oberfläche Rauhigkeitsunterschiede. Innerhalb von a wird der Rauhigkeitsgrad unterschiedlich für die verschiedenen Behandlungen, wie Bürsten, Schmirgeln und Schaben, und gradmäßig bestimmt durch die Dicke der einzelnen Bürstendrähte, deren Anpreßdruck, die Drehzahl bei rotierenden Bürsten sowie durch die Feinheit der Schmirgelkörnung und die Riefenfreiheit des Schabens. Besonders zu grobe Drahtdicken ergeben bei Al-Legierungen beim mechanischen Bürsten keinen Abtrag des Oxydes, sondern ebenso wie Fiberborsten nur ein Blankpolieren der Oberflächen. Durch Erwärmung kann sogar das Gegenteil, d. h. eine verstärkte Oxydation stattfinden. Die Handbürstung ist der maschinellen vorzuziehen,

Man spürt dann deutlich, wenn die harte Oxydschicht durchbrochen wird. Innerhalb von b bestimmen Badkonzentration und dessen chemische Zusammensetzung, Badtemperatur und Beizzeit sowie der Ausgangszustand des Bleches (weich, halbhart, hart und ausgehärtet) dessen Aufrauhung. Diese ist bei Al-Legierungen wiederum unterschiedlich für die Säuren- oder die Laugenbeizung. Bei letzterer entstehen flache bis halbkugelige glatte Vertiefungen, dagegen bei Salzsäurebeizung stark zackige Löcher. Verdünnte Flußsäurebeizung ergibt rundliche, jedoch viele kleine Vertiefungen. Betrieblich eingeführt ist die NaOH-Beizung, wie sie auch für die Nahtvorbereitung bei der Gasschmelzschweißung üblich ist. Im großen gesehen, sind gebeizte Bleche weniger stark rauh als mechanisch gesäuberte Bleche. Die Wirkungen der mechanischen und der chemischen Oberflächenbehandlung sind stark legierungsabhängig und durch den Grad der Kaltverfestigung mitbestimmt. Im einzelnen ergibt sich:

Beizung von Al-Legierungen: Beizlösungen für Aluminiumwerkstoffe gibt das Aluminium-Taschenbuch an. Der Verfasser bevorzugt für Punktschweißungen die Beizung der Bleche durch Natronlauge, Konzentration 10÷20% NaOH, Arbeitstemperatur 50—80° C (normale Beiztemperatur 60° C), Beizdauer 1÷2 Minuten (verbrauchte Bäder erfordern längere Beizdauer). Anschließend erfolgen das Nachspülen in kaltem Wasser, das Neutralisieren in kalter verdünnter Salpetersäure, Konzentration etwa 5—10% HNO_3, sowie das Nachspülen in handwarmem Wasser, damit die Bleche an der Luft anschließend schnell trocknen. Als Beiztröge können solche aus Holz, Steingut oder Emaille verwandt werden. Die Bleche werden stehend mit gegenseitigem Abstand getrocknet und möglichst bald verarbeitet.

Zwei neue, unter 50° C wirkende Beizmittel, die ein Wiederauszementieren aufgelöster Schwermetalle verhindern, sind:

a) 75% Orthophosphorsäure 200 cm^3
Tetranatriumpyrophosphat 50 g

b) 75% Orthophosphorsäure 200 cm^3
Tetranatriumpyrophosphat 50 g
Wasser auf 1 Liter*)

Nach mündlichen Angaben soll die elektrolytische Anätzung zur Verschweißung kommender Leichtmetallblechoberflächen einen reproduzierbaren geringen Streugrad (Treffsicherheit) von Punktschweißungen ergeben.

Beizung von Mg-Legierungen: Nach *Machu* sind Elektron und andere Magnesiumlegierungen gegen Alkalien beständig. In Säuren lassen sie sich leicht beizen. Bewährt hat sich das folgende Beizbad:

100 Liter Wasser, 100 Liter 40prozentige HNO_3, 35 kg $K_2Cr_2O_7$

Das vorliegende Beizbad wird durch Zusatz von konz. HNO_3 nachgeschärft. Beizdauer etwa 10—45 Sekunden bei Raumtemperatur von etwa 20° C. Die Metallteile werden im Bad bewegt. Die Beizung ist beendet, wenn die Oberfläche dunkle Messingfarbe angenommen hat. Will man weißblanke Oberflächen erhalten, so beizt man nur mit Salpetersäure von 7—13° Bé.

Eine besonders sorgfältige Oberflächensäuberung müssen Al-Bleche erhalten, die durch Schwitzwasserbildung während der Lagerung korrosiv geschädigt wurden. Zwei derart korrodierte, gebeizte und anschließend gelagerte Bleche zeigt das Bild 5. Derartige angefressene Stellen ergeben oft eine Ausschußpunktung. Gebeizt, müssen diese Bleche sofort verschweißt werden, da nach kürzerer oder längerer Zeit ein weißer pulvriger Oberflächenbelag infolge Ausblühungen auftritt. Dieser erschwert, trotz erneuten Säuberns, betrieblich die Gleichmäßigkeit der Punktgüte durch die Unter-

*) Amerik. Patent 2585127, veröffentlicht in Z. Aluminium *10* (1953) S. 427.

schiedlichkeit der Oberfläche gegenüber einwandfreien Stellen. *F. Erdmann-Jesnitzer* (5) hat verschiedene Beizbehandlungen durchgeführt mit dem Zweck, derart geschädigte Bleche trotzdem noch verwenden zu können. Das Ergebnis ist in der Zahlentafel 2 dargestellt. Um die Bildung von verbleibendem Schwitzwasser zu verhindern, lagert man die Bleche daher stehend mit Abstandsklötzen aus Holz oder Blech zwecks Belüftung, d. h. also nicht im liegenden Stapel, und vermeidet ferner schroffe Raumtemperaturschwankungen. Der Blechversand erfolgt mit einer Zwischenlage aus Ölpapier. Die Bleche werden vor dem Versand eingefettet. Mineralische Öle können dafür ungeeignet sein, da deren milchigweiße Emulsion bei Vermengung mit Schwitzwasser die Schwitzwasserkorrosion fördert. Innerhalb der verschiedenen Badbehandlung wurden die Bleche, wie auch in der Praxis für das Sauberhalten der Bäder er-

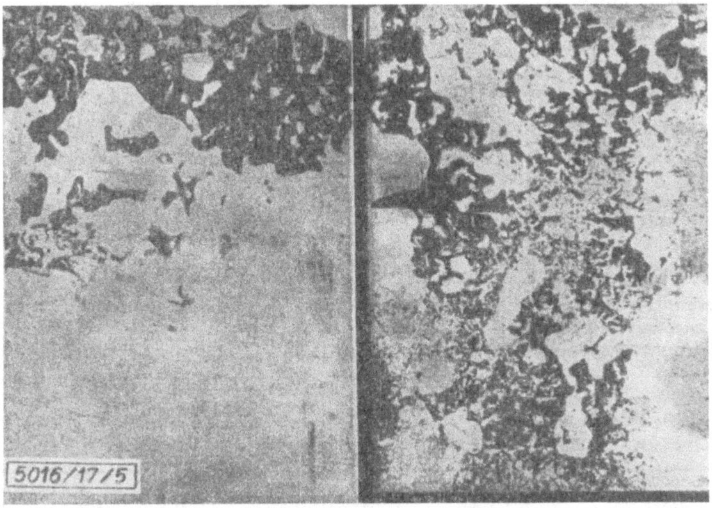

Bild 5. Durch Schwitzwasser korrodierte AlMg-Bleche nach NaOH-Beizung und Lagerung (Schwarzfärbung und stellenweise Ausblühungen) nach *F. Erdmann-Jesnitzer* (5)

forderlich, jeweils in kaltem Wasser zwischengespült (Tauchspülung). Zweckmäßig erfolgt die letzte Spülung in warmem Wasser, damit unabhängig von Raumtemperatur und Belüftung die Bleche an Klammern aufgehängt schnell abtrocknen.

Man hat des öfteren versucht, die Oberflächen im Verlauf der Punktung selbst mittels Flußmittel zu säubern. Diese sollen durch Erwärmung bei Stromdurchgang schmelzen und das Oxyd reduzieren. Das so beschriebene Verfahren ist jedoch nicht in praktischer Anwendung. Im Vordergrund stehen einmal die zusätzliche Arbeit und zum andern die nachträglich mögliche Korrosion verbliebener Flußmittelreste zwischen den Blechen. Der Begriff hygroskopisch oder nicht hygroskopisch, auf das Flußmittel selbst angewandt, bestimmt noch nicht dessen Eignung für ein derartiges kombiniertes Verfahren. Wichtig ist, daß die Reaktionsprodukte nicht hygroskopisch sind und nicht korrosiv wirken. Geeignete Flußmittel sind hierfür auf Berylliumfluoridbasis aufgebaut. Es sei bemerkt, daß bei amerikanischen Punktschweißungen an AlCuMg-Legierungen, wie sie das Bild 6a u. b zeigen, stäbchenförmige schwarz gefärbte Kristallite an der Stoßstelle Blechspalt - Schweißlinse gefunden wurden (Bild 6 c). Auch Berylliumfluoridflußmittel werden nach Reaktion mit Aluminium schwarz gefärbt. Jedoch war

Versuch Nr.	Beizlösung	Badtemp. °C	Beizzeit in Min.	Dickenabnahme in %	Visuelles Ergebnis
1	10prozentige Sodalösung	60	6	keine	—
2	5prozentige Schwefelsäure	60	6	nicht gemessen	grauer Belag unverändert
3	3prozentige Salpetersäure	60	10	—	—
4	Salpeter-Flußsäure-Beize	20	5	keine	—
5	10prozentige Natronlauge, anschließend neutralisieren in Salpetersäurewasser	50	2	0,8	grauer Belag nur vermindert; nach 14 Tagen trat kein mehliger Belag auf
6	10prozentige Natronlauge, anschließend neutralisieren in Salpetersäurewasser	60	1	nicht gemessen	grauer Belag teilweise verschwunden, teilweise vermindert. Nach 7 Tagen: a) schwach korrodierte Stelle blank geblieben b) stärker korrodierte: weißer Belag an den Reststellen des grauen
7	10prozentige Natronlauge, anschließend neutralisieren in Salpetersäurewasser	60	3	Abtrag sehr stark	Oberfläche bleibt sauber
8	10prozentige Natronlauge, anschließend neutralisieren in Salpetersäurewasser	80	1	0,6	grauer Belag nur vermindert; nach 14 Tagen keine Neuausscheidungen
9	20prozentige Natronlauge, neutralisieren in Salpetersäurewasser	50	2	6	Oberfläche bleibt sauber
10	20prozentige Natronlauge 5prozentige Natriumfluoridlösung 20prozentige Natronlauge 5prozentige Natriumfluoridlösung 20prozentige Natronlauge, neutralisieren in Salpetersäurewasser	60 20 60 20 60	2 1 2 1 2	14	Oberfläche bleibt sauber
11	20prozentige Natronlauge 5prozentige Natriumfluoridlösung 20prozentige Natronlauge, neutralisieren in Salpetersäurewasser	60 20 60	3 1 3	8	Oberfläche bleibt sauber

Zahlentafel 2. Ergebnisse von Versuchen, schwitzwassergeschädigte Bleche durch Behandeln mit einer Beizlösung wieder verwendbar zu machen, nach *Erdmann-Jesnitzer* (5)

Bild 6c

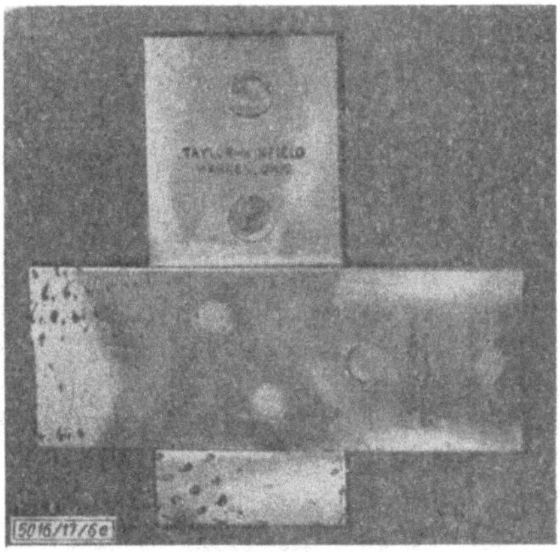

Bild 6a

a) Probebleche (Vergr. 0,5fach)
b) Mikrobild der Schweißlinse, geätzt 10% NaOH (Vergr. 10,5fach)

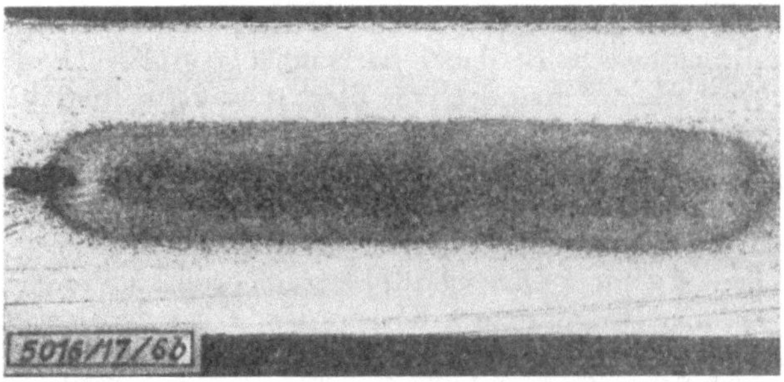

Bild 6 b

Bild 6. Amerikanische Probe-Punktschweißung der *Taylor-Winfield Warren, Ohio.* Grundwerkstoff etwa AlCuMg, geringer Si-Gehalt; Reinaluminium-Plattierung

der spektroskopische Nachweis der Flußmittelanwendung im vorliegenden Fall nicht mit Sicherheit zu erbringen. Erfolgreiche Bestrebungen befaßten sich damit, aufstreichbare Punktschweißlacke zu entwickeln, die in ihrer Beschaffenheit kaum abhängig von dem Oberflächenzustand der Bleche und chemisch so zusammengesetzt sind, daß sich ein gleichmäßiger Übergangswiderstand zwischen den Blechen unter Druck ausbildet. Meist wird der Lack einseitig aufgestrichen. In Deutschland bekannt wurden die Firmensorten „Standoplast rot" und „Standoplast schwarz". Wichtig ist, daß zur Erzielung gleicher Punktgüte der Lack genügend dünn und vor allem gleichmäßig aufgetragen wird. Je nach der Jahreszeit (Einfluß der unterschiedlichen Tagestemperaturen) kann der Lack mit Speziallösungen (10÷15% Zusatz) verdünnt werden. Angewandt werden muß ein solcher Lackanstrich, wenn man durch diesen, wie bei Beschlagblechen an Behältern, vermeiden will, daß sich Spaltkorrosion durch Schwitzwasserbildung auf die Schweißverbindung ungünstig auswirkt. Die Punktschweißlacke spielen eine besondere Rolle beim Verschweißen verschiedener Legierungen miteinander (z. B. Legierung AlMg 5 mit AlMgMn). Es ist vorteilhaft, den Lack aufzuspritzen.

Die Bleche oder Konstruktionsteile sind beim Schweißen so zu halten, daß die gesäuberten Oberflächen nicht mehr berührt werden. Es sind Handschuhe oder Lappen als Griffschutz zu verwenden, die ölfrei sind. Auch der Schmirgelstaub auf der Blech- und Elektrodendruckfläche ist vorher abzubürsten. Bei dünnwandigen Behälterschüssen werden Holzroste untergelegt, die eine Verschmutzung der zu verschweißenden Flächen verhindern. Nach dem Beizen und vor der Punktschweißung in Punktnähe gelegte Autogennähte ergeben eine erneute Oxydation. Diese ist wie bei Blechen der Legierungen AlMg oder AlMgMn nicht direkt durch eine dunklere Verfärbung wahrzunehmen. Das Bürsten muß folglich in diesem Fall erst nach dem Gasschmelzschweißen durchgeführt werden. Zum Verständnis des für die Punktung wesentlichen Einflusses der Oberflächen werde im folgenden die Verschweißung genauer behandelt.

Wenn auch *Bollenrath* u. *Hauk* für verschiedenartige Oberflächenbehandlungen der Bleche vor dem Punktschweißen keinen den Streubereich übersteigenden Einfluß auf die mittlere statische Punktfestigkeit und auf die Größe des Streubereiches fanden, so geht die unterschiedliche Oberfläche nach eigenen Erfahrungen aus Großzahl-Betriebsuntersuchungen ein in die Frage der Gefügedichtheit der Schweißlinsen. Diese kann dann neben der Festigkeit im Vordergrund stehen, wenn bei Behältern, die gepunktet werden, außerdem durch den Punkt hindurch nach außen hin Dichtheit für Flüssigkeiten gefordert wird. Hierüber sagt der statische Festigkeitswert nichts aus. (Siehe hierzu unter „Einfluß der Schweißzeit".)

c) Der Vorgang des Verschweißens in bezug auf den Oberflächenzustand. Der Elektrodendruck bewirkt zunächst das Anpressen beider Bleche aneinander. Der ballige Elektrodenkopf drückt sich dabei in das Blech ein. Dies belegt der Leerlaufversuch ohne Stromdurchgang nach Druckentlastung. Ein bleibender Eindruck ist entstanden. Die Eindruckskalotte ist dabei flächenmäßig größer als die Eindruckskreisfläche. Vergrößert erkennt man noch die Blechaufrauhung im Punkt. Später, nach erfolgter Verschweißung, wird die Druckfläche der hart bleibenden, nicht plastischen Elektrodenfläche abgedrückt. Der Oxydfilm zerreißt an vielen Stellen, die sich mit zunehmendem Eindruck vermehren. Dadurch ist die Verbindung Elektrode - Blech elektrisch leitend gegeben. Je geringer die Oxydschicht ist, desto gleichmäßiger erfolgt das Aufreißen, über dem Querschnitt betrachtet, und um so geringer ist der Übergangswiderstand. Die Neigung zum Kleben der Elektroden bei belassener Oxydschicht (Walzhaut) ist infolge höherer örtlicher Übergangswiderstände stärker. An den Stoßstellen Blech - Blech und auch Elektrode - Blech berühren sich zunächst die Rauhigkeitsspitzen. Diese werden gegeneinandergepreßt und zunächst gering und elektrodenseitig später stärker abgeplattet. Nach dem Anpressen erfolgt willkürlich oder automatisch gesteuert und zeitlich begrenzt der Stromdurchgang. *Für eine ordnungsgemäße Verschweißung ist ein Mindestgrad an Rauhigkeit notwendig.* Wie der Verfasser fand, verschweißen feinstpolierte Oberflächen bei allen, einschließlich der geringen Drucke schlecht oder gar nicht. Die Schweißlinsenausbildung ist vor allen Dingen, über eine größere Anzahl Punkte gesehen, nicht gleichmäßig. Es entstehen Fehlschweißungen von Schweißlinsen in Zipfelform ungenügender Festigkeit, d. h. einseitiger Verschweißung. Die gleiche Erscheinung tritt normalerweise ein, wenn ungenügender Druck die Kontaktbildung von Zufälligkeiten der Blechberührung abhängig macht. Die Zipfelform der Schweißlinsen entsteht gleichfalls auch bei ungenügender Stromhöhe. *Mäder* u. *Hagedorn* sowie *Mäder* messen der Anwendung von „Mittelfrequenz" die Bedeutung bei, daß die durch die Unterschiedlichkeit der Übergangswiderstände bedingte Streuung der Festigkeitswerte geringer ist. Es findet also, zusammengefaßt, an vielen Stellen der späteren Scherfläche der Schweißlinse eine örtlich jeweils punktförmige hohe Wärmeentwicklung statt. Diese stellt den wesentlichen Betrag für das Aufschmelzen der Schweißstelle Blech - Blech dar, welches den Aluminiumlegierungen eigen ist. *Die Punktschweißung ist für Al-Legierungen keine reine Preß-, sondern an sich eine Schmelzschweißung.* Ein erhöhter Anpreßdruck wirkt grundsätzlich im Sinne einer Herabsetzung der Übergangswiderstände, der Wärmeentwicklung, der Schweißlinsengröße und damit der Festigkeit. Die im einzelnen entstehenden Wärmebeträge seien im Abschnitt „Einfluß der Schweißzeit" näher behandelt. In hoher Vergrößerung ist in Bild 11 erkenntlich, daß die Eindruckskalottenfläche nach der Verschweißung nicht mehr die Blechrauhigkeit, sondern den Abdruck der Elektrode einschließlich zufälliger Merkmale, wie Kratzer und Riefen, zeigt.

Der Oberflächenzustand verschiedener Legierungen ist hinsichtlich der Bildung von Oxydschichten noch wenig untersucht. Es liegen kaum Angaben vor über die Eigenschaften von Mischoxyden und ihre mechanischen und elektrischen Eigenschaften. Auch sind keine eindeutigen Angaben vorhanden, wie die Beschaffenheit der Oberfläche von AlMg-Legierungen nach einer Natronlaugenbeizung ist. Während sich gebürstete AlMg-Bleche bald, nach Augenschein beurteilt, infolge Oxydation mit der Zeit je nach der Legierung etwas dunkler und matter verfärben, behalten im NaOH-Bad gebeizte AlMg-Bleche der Sorten AlMg 5, AlMg 3 ihre helle Farbe für lange Zeiten, teilweise für Jahre, bei.

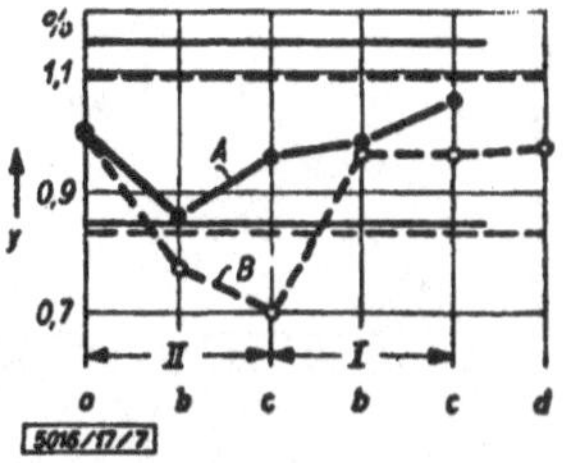

Bild 7. Einfluß der Oberflächenbehandlung auf die mittlere Punktfestigkeit verschiedener Verfasser
y in % = relative Punktfestigkeit.
Kurve A u. B nach *Rajakovics* und *Blohm*

Die Frage nach der günstigsten Oberflächenbeschaffenheit wurde eingehend von den Verfassern *Rajakovics* u. *Blohm* sowie *Bollenrath* u. *Hauk* durch Versuch erfaßt. Bevorzugtes Interesse wurde den verschiedenen AlCuMg-Blechsorten für die Leichtbaukonstruktionen geschenkt. Alle Verfasser stimmen darin überein, die Blechoberflächen elektrodenseitig so oxydfrei wie möglich zu halten. Das Ergebnis der beiden Verfassergruppen ist in dem Bild 7 zusammengestellt. Dies zeigt die relative Punktfestigkeit in Prozenten für verschiedene Oberflächenbehandlungen. Die von *Rajakovics* und *Blohm* gefundene Verringerung der relativen mittleren Punktfestigkeit für gebürstete oder geschmirgelte Bleche konnte von *Bollenrath* und *Hauk* nicht bestätigt werden. Diese fanden, daß verschiedene Oberflächenbehandlung der Bleche keinen den Streubereich übersteigenden Einfluß auf die mittlere Punktfestigkeit und auf die Größe der Streubereiche erkennen läßt. Die beiderseitige Oberflächensäuberung der Bleche stellt, betrieblich gesehen, jeweils eine starke Zusatzbelastung an Arbeitsaufwand und Zeit dar. Da zudem die Legierung AlCuMg nach *Haase* im Vergleich zu den Legierungen der AlMg-Gruppe und zum Reinaluminium die höheren Schweißleistungen benötigt, gingen die Bestrebungen dahin, die Entfernung der Walzhaut durch mechanische oder chemische Säuberung zu ersparen. Man versuchte das Punkten mit nur einseitigem elektrodenseitigen Säubern mit belassener Walzhaut an der Schweißstelle durchzuführen. So finden *Rajakovics* u. *Blohm*, daß das Belassen der Walzhaut zwischen den Blechen sowohl schweißtechnisch infolge geringer Anforderungen an die Maschinenleistung als auch vom Standpunkt der statischen Punktfestigkeit und der besseren Gefügeausbildung aus vorteilhaft erscheint. Die Verfasser fordern jedoch völlige Oberflächenreinheit in bezug auf Öl und Fett. Betrieblich gesehen wird, wie die Erfahrung lehrt, meist trotzdem das Blech beiderseitig gesäubert. Der Grund hierfür ist der folgende:

Die beiderseitige Säuberung durch das Beizen ist in der Durchführung einfach.

Nach der Entfernung der Oxydhaut und Schweißung innerhalb einer bestimmten Dauer ist mit einer definierten Oxydschichtdicke zu rechnen, womit bei Belassung der Al_2O_3-Schicht des Anlieferungszustandes nicht zu rechnen ist. Dieser betriebliche Vorteil wiegt den Nachteil des größeren Leistungsverbrauches bei weitem auf.

Nur AlCuMg-Bleche wurden vereinzelt mit belassener Walzhaut gepunktet. Legierungen der AlMg-Gruppe einschließlich der AlZnMg-Legierung müssen zum Punkten oxydfrei gesäubert werden. Die Übertragung der Ergebnisse von AlCuMg- (Duralumin-) auf andere Legierungsgattungen ist nur durch Versuch möglich. So lassen sich AlMg 5-Bleche mit belassener Walzhaut sehr schlecht punkten. Die Bestrebungen, möglichst mit belassener Oberfläche zu punkten, sind verständlich bei plattierten Blechen. Die Plattierschicht beträgt meist nur 3—5% der Blechdicke, ist weich im Falle des Aluminiums und mechanisch sowie chemisch durch Beizen leicht zum Werkstoff des Grundbleches hin abgetragen, so daß der Korrosionsschutz aufhört. (Siehe ergänzend zum Oberflächenzustand der Bleche auch unter „Schweißzeit — Verbindungen durch Punkten unterschiedlicher Blechdicken oder Blechsorten miteinander".)

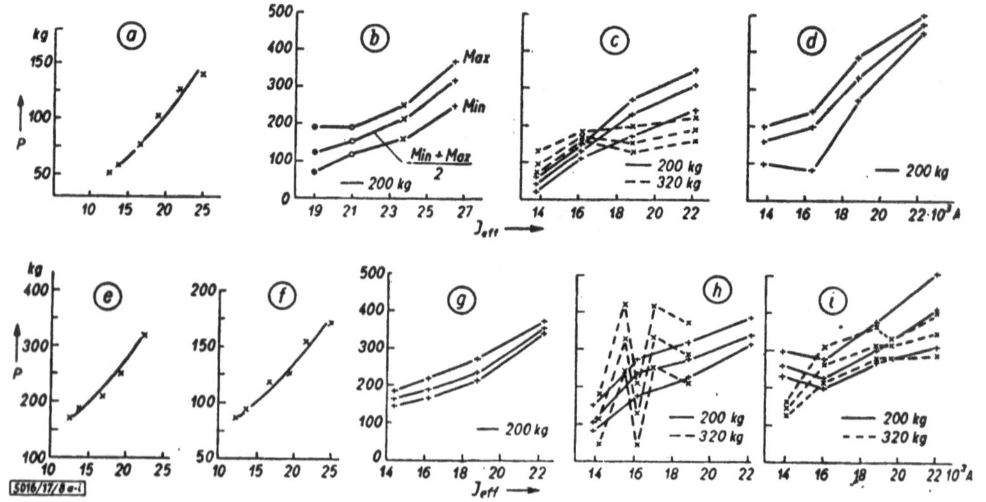

Bild 8. Abhängigkeit der mittleren Scherkraft je Punkt und der Streuung bei unterschiedlicher Stromstärke für verschiedene Al-Legierungen

a) Leg. AlCuMg nach *Bollenrath* u. *Hauk* (*P* hier mittlere relative Punktfestigkeit)

a, e, f) Al-Legierungen nach *Rosenberg* (normale gittergesteuerte rechteckige Strom-Zeit-Kurve) J = Schweißstromstärke in kVA, P = Scherkraft in kg/Punkt

c, d, g, h, i) Al-Legierungen 1,5 mm Blechdicke (kaskadengesteuerte, etwa sinusförmige Strom-Zeit-Kurve), nach *Erdmann-Jesnitzer* (Bem. für h bei J_{eff} Lagerzeiteinfluß erkennbar)

J_{eff} = effektive Schweißstromstärke in kVA$_{eff}$

b) Al-Leg., chem. Zusammensetzung wurde nicht bestimmt.

Bild	Werkstoff	Chemische Zusammensetzung in %					
		Mg	Si	Mn	Fe	Cu	Al
8 a	Al	ohne Analyse					Rest
8 c	AlMg 3 Si	3,24	0,80	0,11	0,34	0,01	
8 d	AlMg 5	4,51	0,18	0,30	0,31	0,02	
8 e	AlMg 9	ohne chemische Analyse veröffentlicht					
8 f	AlMgSi	ohne Analyse					
8 g	AlMgMn	2,51	0,34	1,19	0,45	0,05	
8 h	AlMg 4 Si	3,55	0,72	0,73	0,32	0,04	
8 i	AlMg 5 Si	5,16	0,78	0,24	0,39	Spur	

3. Der Einfluß der Stromstärke auf die Punktung

a) Allgemeine Betrachtung. Mit dem Einfluß der Stromstärke auf die Güte des Punktes befassen sich *Borstel, Hoglund, Bernard, Rosenberg, Bollenrath* u. *Hauk, Rajakovics* u. *Blohm, Zeerleder, Cornelius* sowie *Erdmann-Jesnitzer* (2).

Die sekundäre Stromstärke ist maschinenseitig durch die Höhe der Trafostufe veränderlich einstellbar. Eine Begrenzung der Größe des Stromes durch die Temperaturhöhe der Schweißlinse selbst ist nicht in Anwendung. Die Größe der Schweißlinse und

Bild 9 a. Punktdurchmesser und Punktfestigkeit bei unterschiedlichen Stromstärken für Al- und Mg-Legierungen nach *Haase*

D = Linsendurchmesser in mm
J = Schweißstromstärke
P = Scherzugfestigkeit in kg/Punkt

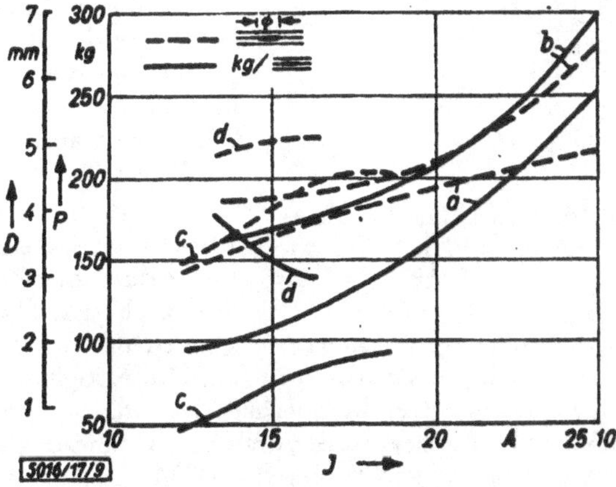

a) Al (hartgewalzt)
b) AlCuMg (ausgehärtet) plattiert
c) AlMgSi
d) AlMg 3 (weich)
e) AlMg 7 (weich)

d = Blechdicke,
P = Scherzugfestigkeit in kg/Punkt

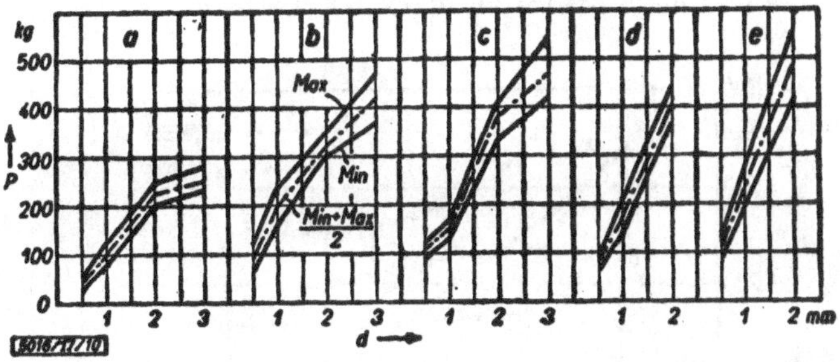

Bild 9b. Punktfestigkeit und Blechdicke für Al-Legierungen (10 Proben je Meßpunkt) nach *Zeerleder*

die Punktfestigkeit werden im wesentlichen durch die Stromstärke bestimmt (Bilder 8 a—i). Der Einfluß der Schweißzeit tritt demgegenüber zurück. Die ertragenen Lasten bis zum Bruch müßten sich wie die Quadrate der Schweißlinsendurchmesser verhalten. Punktdurchmesser und Festigkeit steigen mit zunehmender Stromstärke jedoch in diesem Sinn nicht verhältnisgleich an. Dies zeigt nach *Haase* das Bild 9, Kurve c. Der Punktdurchmesser und die Punktfestigkeit steigen im allgemeinen bei mittleren Blechdicken (0,5 ÷ 3,0 mm) mit zunehmender Blechdicke und Stromstärke an (Bild 9b). Bei geringen Blechdicken, wie 0,8 mm, und hohem Elektrodeneindruck erreicht die Linse jedoch eine Größe, die mit zunehmender Stromstärke nicht beliebig vergrößert werden kann und die auch über mehrere Schweißungen gesehen in der Größe relativ gleichmäßig ausfällt. Bei mittlerem Druck und geringen Dicken kann der Punkt bei hoher Stromstärke durchbrennen. Die Schweißlinse tritt sichtbar an die Punktoberfläche. Meist legiert (klebt) die Elektrode dann am Blech an. Dies zeigt das Bild 10. Bei geringem Druck und großer Stromstärke ist die Kontaktfläche Blech - Blech und Elektrode - Blech durch Überhitzung und Verdampfung (z. B. bei AlMg-Blechen) verschmort. Bei *geringem Druck und geringer Stromstärke* erfolgt keine Verschweißung. Aus dem Bild 9a ist für Bleche der mittleren Blechdicke von 1,0 mm der Gattungen AlCuMg, AlMg 7, AlMn und auch MgAl 6 ersichtlich, daß der Linsendurchmesser für diese Blechdicke mit steigender Stromstärke wächst. Das gleiche gilt für größere Blechdicken von z. B. 2,5 mm. Mit steigender Blechdicke tritt jedoch auch ein deutlicher Einfluß der Schweißzeit auf. (Siehe hierzu später unter „Einfluß der Schweißzeit".)

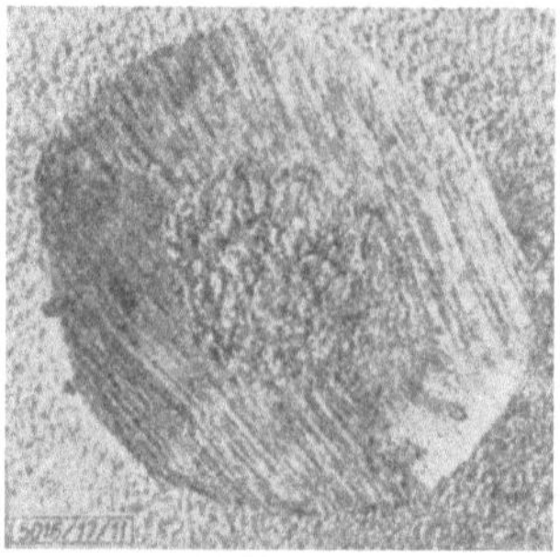

Bild 10. Durchgebrannter Punkt für Leg. AlMg 5; 2 × 0,7 mm Blechdicken

Die Aluminiumlegierungen zeigen die eben beschriebenen Gesetzmäßigkeiten, d. h. Festigkeit und Linsendurchmesser des Punktes nehmen mit steigender Stromhöhe zu. Die im Bild 11 mitaufgeführten Magnesiumlegierungen können, verglichen mit den Aluminiumlegierungen, dagegen ein unterschiedliches Verhalten zeigen. Die Festigkeit der Legierung MgAl 6 (s. zunächst Bild 9a; Kurven d) sinkt innerhalb des untersuchten Bereiches mit zunehmender Stromstärke, während der Punktdurchmesser nahezu gleichbleibt. Für die Frage richtiger Strombemessung gelten hier für die Mg-Legierungen andere Gesetzmäßigkeiten. Die Magnesiumlegierung MgAl 6 zeigt auch sonst ein unterschiedliches Verhalten beim Punkten, wenn man z. B. den Punktdurchmesser und die Punktfestigkeit für unter-

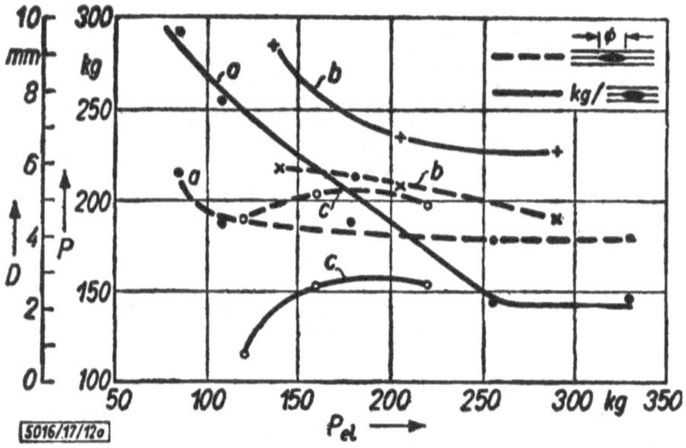

Bild 11. Einfluß des Druckes auf die Größe und Festigkeit von Punktschweißungen für Al- und Mg-Legierungen nach *Haase*

D = Linsendurchmesser in mm
P = Scherzugfestigkeit in kg/Punkt
P_{el} = Elektrodendruck in kg

a) Leg. AlCuMg, 1,0 mm Blechdicke
b) Leg. AlCuMg, 1,5 mm Blechdicke
c) Leg. MgAl 6, 1,0 mm Blechdicke

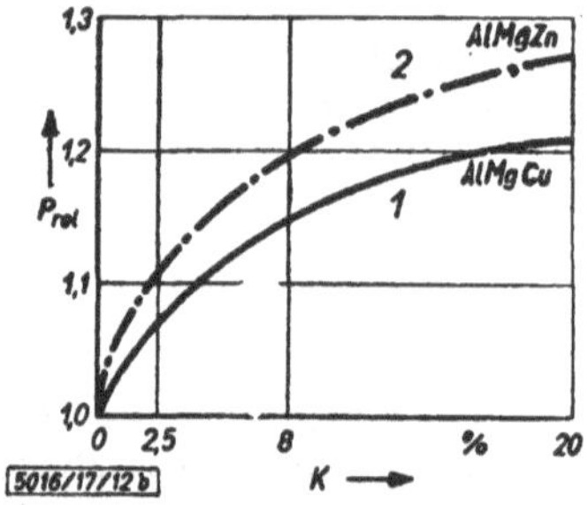

Bild 12. Mittlere relative Punktfestigkeit und Kaltwalzgrad, nach *Bollenrath* u. *Hauk* (mittlere Punktfestigkeit bei 0% Kaltwalzgrad = 1,00 gesetzt)

P_{rel} = mittlere relative Punktfestigkeit. K = Kaltwalzgrad in %

1. AlCuMg-Blech, 1,08 mm Dicke
2. AlMgZn-Blech, 1,05 mm Dicke

schiedliche Elektrodendrücke bestimmt. Dies zeigt das Bild 11. Die Festigkeitszunahme bei nahezu gleichbleibendem Punktdurchmesser läßt sich dabei durch erhöhten Druck bewirken. Das gleiche Bild 11 zeigt für die Al-Legierung AlCuMg im Gegensatz hierzu, daß ein erhöhter Druck in Richtung eines geringeren Punktdurchmessers mit gleichfalls niedrigerer Festigkeit wirkt. Al- und Mg-Legierungen verhalten sich also unterschiedlich, was in Verbindung mit der verschiedenen Beschaffenheit der Oberfläche an der Schweißstelle (dichte oder porige Oxyde) verständlich erscheint.

Infolge der Erhitzung durch örtlich große Übergangswiderstände begünstigt eine große Stromstärke für die Al-Legierungen in starkem Maße die Neigung zum Ankleben der Elektrode am Blech. (Siehe hierzu auch unter „Einfluß der Schweißzeit".) *Stoltze* berichtet jedoch ohne eigene Stellungnahme dazu, daß bei der Hochfrequenzschweißmaschine (1000 Hz) die Elektroden weniger zum Anlegieren neigen als bei einer normalen 50-Hz-Schweißung, wobei Elektrolytkupferelektroden verwandt wurden. Zweifellos gestattet die Anwendung höherer Frequenzen bei gleicher Schweißleistung die Anwendung geringerer Ströme, was die Neigung zum Anlegieren dadurch vermindert. Werte der mittleren Punktfestigkeit, ermittelt für verschiedene Stromstärken, wurden des öfteren publiziert. Ermittelt wurde meist nur die Scherkraft je Punkt von einschnittigen Verbindungen, wie sie schematisch im Bild 51, 1 dargestellt sind und in dieser Anordnung auch den Versuchswerten der Kurven der Bilder 8 b—f zugrunde lagen. Nur vereinzelt haben die Verfasser die wichtigen Streubereiche, die in den Ergebnissen von *Haase* fehlen, mit angegeben. Weniger ausgeführt sind Kopfzugversuche, deren Festigkeitswerte gering sein können (Bild 51). (Siehe unter „Prüfung geschweißter Punkte und Rollennähte".)

Der größte Durchmesser der Schweißlinse wird für Versuchsarbeiten meist nach dem Zerreißversuch durch optische Ausmessung der Bruchfläche bestimmt. Die gefundenen Werte sind fehlerbehaftet, da es dabei nicht leicht ist, die genaue Begrenzung der Bruchfläche zu erkennen. Außerdem liegt die Linse beim Punkten unterschiedlicher Dicken oder verschiedener Sorten untereinander oft, wie es noch ausführlicher behandelt wird, nicht symmetrisch zur Berührungsfläche der Bleche. Bei Magnesiumblechen fällt die Linse trotz genügender statischer Festigkeit oft unregelmäßig in ihrer räumlichen Begrenzung aus. (Siehe auch unter „Gefügebefund".) Die Bestimmung wird außerdem dann erschwert, wenn die Punktfläche aus dem Blech ausreißt. *Glage* hat daher versucht, den Linsendurchmesser röntgenographisch zu erfassen. Die Röntgenaufnahmen wurden photometrisch ausgewertet. Die unterschiedliche Schwärzung längs einer durch die Punktmitte gelegten Geraden läßt den Schweißlinsendurchmesser erkennen. Die gefundenen Werte wurden mit denjenigen verglichen, die sich aus Schliffbilduntersuchungen ergaben. Die Übereinstimmung ist ungenügend. Es ist oft nicht eindeutig, welchem der verschiedenen Kreisschatten der Linsendurchmesser zuzuordnen ist. — Durch zu hoch bemessene Stromstärke verspritzt aufgeschmolzener Werkstoff zwischen die Bleche und erstarrt momentan. Die röntgenographischen Aufnahmen zeigen deutlich verästelte Risse in der Punktmitte. Als zerstörungsfreies Prüfverfahren mit dem Zweck, Festigkeitswerte auf Grund einer vorher bestimmten Eichkurve, Festigkeit $= f$ (Linsendurchmesser), zu erhalten, scheidet daher die Durchstrahlungsmethode aus. Sie ist ebenfalls, wie eigene Versuche erkennen ließen, zur Erfassung der Linsendichtheit ungeeignet.

Wenige der Verfasser untersuchten die Stromstärke außer in der Richtung erreichbarer Festigkeitswerte auch schliffbildlich auf die Gefügedichtheit und Rißfreiheit der Schweißlinse hin.

Wesentlich ist neben der Angabe der mittleren Punktfestigkeit die Größe der Streuung der Festigkeitswerte. Diese ist bei Punktschweißungen bemerkenswert groß. Großzahluntersuchungen der Festigkeit punktgeschweißter Aluminiumlegierungsbleche (magnesium- und kupfer-, sowie magnesium- und zinkhaltige Bleche) ermittelten *Bollenrath* u. *Hauk*. Sie fanden, daß die relativ großen Streubereiche in den Festigkeitswerten bei allen Aluminiumlegierungen auftreten. Bei mittleren, an sich genügend großen Festigkeitswerten ergab sich, daß die Punktschweißverbindung bezüglich der Treffsicherheit qualitativ gering und nicht mit der der Nietung vergleichbar ist.

Erst die Kurve der relativen Häufigkeit, ermittelt für unterschiedliche Stromstärken oder verschiedene Legierungen, ergibt den genügenden Überblick für die betriebliche Eignung. Ergebnisse, die für den Stromstärkeeinfluß im Laborversuch oder Betriebsversuch aus einzelnen wenigen Punktschweißungen gefunden werden, müssen daher in größeren Punktserien unter Einschluß der Betriebsbelange erhärtet werden, um bindende Voraussagen machen zu können.

Hinsichtlich Rissigkeit und Porigkeit der Schweißlinse unter Verfolg des Schliffbildes führte Großzahlversuche bei 10- und 500facher Vergrößerung *Erdmann-Jesnitzer* (2) für die Legierungen AlMg 3, AlMg 35, AlMg 5, AlMg 5 S (Sonderlegierung), AlMg 7, AlMg 7 S (Sonderlegierung), AlMgMn sowie Reinaluminiumblech aus. Versuchsmäßig wurden die mittleren Blechdicken 1,5 mit 1,5 mm einschnittig gepunktet. Die Blechvorbehandlung geschah durch beiderseitiges Beizen und Bürsten zum Zweck eines genau definierten und gleichbleibenden Oberflächenzustandes. Verwandt wurde eine kaskadengesteuerte Schweißmaschine mit sinusförmiger Hüllkurve des Strom-Zeit-Verlaufes. Die weiteren Bedingungen und die Einzelergebnisse sind in dem Bild 35 für den Schweißzeiteinfluß angegeben. Wie es auch andere Verfasser fanden, steigt die Punktfestigkeit etwa linear mit der Stromstärke an. Nach *Bollenrath* u. *Hauk* (Bild 8 a) ergaben kleine Stromstärken einen größeren Streubereich der Festigkeitswerte als mittlere und die schon von *Rajakovics* u. *Blohm* beschriebene Zipfelform der Schweißlinsen ungenügender Treffsicherheit und Festigkeit. Die Verschweißung ist bei geringen Stromstärken oft ungenügend. Sie ist dann ebenso von Zufälligkeiten der Blechberührung und Erhitzung an der Schweißstelle abhängig wie bei zu geringem Anpreßdruck. Bei ungenügender Stromstärke zeigt sich dies besonders für die härteren Bleche. Im Sinne zunehmender Legierungsfestigkeit wird folglich eine Ausschußpunktung und größere Streuung ebenso begünstigt wie durch zunehmende Kaltverfestigung vom Zustand weich, halbhart zu hart hin. Den Einfluß des Kaltwalzgrades auf die relative mittlere Punktfestigkeit (mittlere Punktfestigkeit bei 0% Kaltverformung = 1,00 gesetzt) zeigte nach *Bollenrath* u. *Hauk* das Bild 12. — Festigkeitswerte unterhalb und oberhalb einer Mindest- oder Höchstbruchlast (P_{min} und P_{max}) treten meist nicht auf. *Glage* fand bei AlCuMg für eine mittlere Blechdicke $P_{min} = 121$ kg und $P_{max} = 410$ kg.

Bei großer Stromstärke erhält man für geringe oder mittlere Schweiß- oder Stromzeiten porige und für Al-Legierungen vor allem auch durchweg stark rissige Schweißlinsen mit schwammig aufgelockertem Kern der Schweißlinse. Die Punkte zeigen schon äußerlich Schmorstellen (Bild 10). Die Zahl setzbarer Punkte bis zum Säubern der Elektrodendruckfläche sinkt rapid. Eine rationelle Serienpunktung wird durch überdimensionierte Stromstärke betrieblich erschwert.

Gepunktet wird im mittleren Stromstärkenbereich. Die rezeptmäßige Angabe der günstigsten Stromstärken ist jedoch nicht möglich, weil die verschiedenen Einflußgrößen zu stark mitwirken. Die geeignete Stromhöhe wird daher durch den Versuch ermittelt. Dazu wird entweder ein Probeblech gepunktet und dann geprüft, oder man stellt Probepunkte an einem Ausschußwerkstück in Originalgröße her. Punkte genügender Festigkeit lassen sich werkstattmäßig prüfen über Abscheren durch Verdrehen oder durch Abrollen eines der vorher in Streifen eingeteilten Bleches nach Bild 13. Bei Rollennahtschweißungen reißt dann nach *Rosenberg* die Naht in voller Breite aus. Diese Prüfungen ergeben nach Ermittlung von *F. Erdmann-Jesnitzer* noch keinen Anhalt für die Bewährung bei *schlagartiger* Beanspruchung. Ebenso vermitteln sie keinen Maßstab für die Linsendichtheit hinsichtlich Risse und Poren. Auch bei Punkten, die später betrieblich auf Kopfzug (Bild 51) beansprucht werden, ist eine Übertragung dieser

Dicke	Stromstärke
0,04 mm mit 0,04 mm	etwa $12 \cdot 10^2$ Amp.
0,5 mm „ 0,5 mm	„ $15 \cdot 10^3$ „
1,5 mm „ 1,5 mm	„ $22 \cdot 10^3$ „
2,5 mm „ 2,5 mm	„ $28 \cdot 10^3$ „
4,8 mm „ 4,8 mm	„ $42 \cdot 10^3$ „

Zahlentafel 3. Stromstärke und Blechdicke für einschnittige Einreihenpunkte

Bild 13. Werkstattprobe zur Prüfung der Bindung von Punktschweißungen; Leg. AlCuMg plattiert, 1,5 mm Blechdicke

reinen Werkstattprobe auf das fertige Konstruktionsteil nur bedingt möglich. Zu beachten ist ferner die im folgenden noch beschriebene Unterschiedlichkeit des Leistungsbedarfs für die Punktschweißung kleiner Probebleche, verglichen mit dem Konstruktionsteil in den Originalmaßen, infolge von Nebenschluß-Wirbelstromverlusten. Betrieblich liegt das Verhältnis der Trafostufen von Probepunktung zur Werkstückpunktung erfahrungsgemäß bald vor. Zu beachten sind jedoch Netz-Spannungsschwankungen.

Die verschiedenen Einflußgrößen, die die Stromhöhe bestimmen, sind die folgenden:

b) Stromstärke — Blechdicke. Die Stromstärke wird in erster Linie durch die Blechdicke bestimmt. Die minimal bis heute miteinander punktverschweißten Blechdicken sind wohl die von 0,05 mit 0,05 mm, die maximal geschweißten solche von 5 mit 5 mm Blechdicke. Als erster Anhalt für die Bemessung der Stromhöhe diene für einschnittige Einreihenpunkte die Zahlentafel 3. Die Stromstärke für Folien wird immer erst durch Vorversuche ermittelt. Bei mehrschnittigen Blechen mit unterschiedlichen Blechdicken richtet sich die Stromstärke nach dem Blech der geringsten Dicke, doch ist die Stromhöhe etwas größer zu wählen als für einschnittige Verbindungen. Ungünstig sind Drei-und-mehr-Blech-Verbindungen unterschiedlicher Dicken. Das mittlere Blech erhält bei Dreiblechverbindungen zweimal den Wärmeanteil des Aufschmelzens. Ist dieses Blech dünn ($s = 1,2$ mm für AlMg 5 und AlMgMn nach eigenen Beobachtungen), so verschmelzen darin beide Schweißlinsen zu einer einzigen. Ein Teil des Schmelzgutes verspritzt und erstarrt wieder zwischen den Blechen in den Spalten der Blechflächen. Die schrumpfende Schweißlinse verbindet dann wohl das äußere mit dem inneren Blech, doch löst sich die Linse ringförmig vom Mittelblech ab. — Größere Gesamtdicken ergeben sich auch, wenn Bleche geringer Dicke auf solche größerer Dicke aufgeschweißt werden. Für den Schweißablauf ist dann jedoch die geringere Blechdicke bestimmend. Es ist also ungünstig, wenn das Mittelblech von Dreiblech-Verbindungen in der Dicke relativ gering gegenüber den beiden äußeren ist (z. B.

2,5—0,5—1,5 mm); aber auch das Verschweißen verschiedener Sorten, z. B. der Legierungen AlMg 3 mit AlMgMn und gegebenenfalls auch noch unterschiedlicher Dicken ist möglich, bedarf in jedem Einzelfall jedoch einer feinfühligen Anpassung der Stromstärke an die Betriebsbedingungen. Blechpaarungen können eine schlechte Bindung ergeben. Die Erfahrung lehrt, daß man für Paarungen mit stark unterschiedlichen elektrischen Leitwerten durch Variation des Oberflächenzustandes eines der Partner Erfolge im Sinne guter und trotzdem symmetrisch zur Berührungsfläche liegender Schweißlinsen erhalten kann. Man gibt dann demjenigen Blech die höheren Übergangswiderstände, das bei gleichen Blechdicken die größere elektrische Leitfähigkeit und bei ungleichen Blechdicken die geringere Dicke hat. Für den letzteren Fall überwiegt erfahrungsgemäß der Blechdickeneinfluß. Derartige Kombinationen sind wenig untersucht, und diese Feststellungen entstammen eigenen Betriebserfahrungen. Zu beachten ist hierbei auch, daß die Dicke des sich während der Lagerung wieder bildenden Oxydfilms gebeizter und geputzter Blechoberflächen für die verschiedenen Legierungen unterschiedlich ist und sich hinsichtlich Mischoxyden verschieden aufbauen wird. So erhält man betrieblich oft Schwierigkeiten in bezug auf die Gleichmäßigkeit der Punktgüte, wenn innerhalb einer Fertigungsserie unterschiedliche Al-Legierungen, selbst bei gleicher Festigkeit, verwandt werden.

c) Notwendige Stromstärke und elektrische Widerstände. Hohe *Übergangswiderstände* erfordern nach *Rajakovics* u. *Blohm* geringere Schweißleistungen (Stromstärke). Vom Verfasser versuchsmäßig feinst polierte Oberflächen verschweißen auch bei hohen Stromstärken schlecht oder gar nicht. Damit ist gezeigt, daß der *Oberflächenzustand* an den Berührungsflächen Blech - Blech sowie auch Elektrode - Blech und der *Elektrodendruck*, wie es z. B. für die verschiedenen Legierungen die Kurven des Bildes 12 zeigen, die Verschweißbarkeit bestimmen.

Durch Verstählen der Cu-Elektrodendruckfläche soll nach neueren Schweizer Berichten nur $^1/_5$ bis $^1/_{10}$ des Schweißstromes (bei $^6/_{10} \div {}^7/_{10}$ sek) notwendig sein (genaueres s. bei Elektroden) *[Lit. N. N.]*

Die Stromdichte ist abhängig von der Größe der Elektrodendruckfläche und deren geometrischer Eindrucksform. Bei Flachkopfelektroden erhöht die Verringerung der Druckfläche die Stromdichte. Abgerundete Elektrodendruckflächen setzen zunächst nur mit geringer Druckfläche auf und haben anfangs hohe Stromdichten zur Folge, die mit weiterem Eindrücken absinken. Die Druckfläche sowie die geometrische Eindrucksform wirken in Verbindung mit dem Oberflächenzustand, der Blechsteife, Blechdicke und Festigkeit sowie dem primär notwendigen Elektrodendruck auf die Kontaktgebung ein. In ihrem Wechselspiel gegenseitiger Abhängigkeit sind sie wesentlich mitbestimmende Faktoren für die richtige Bemessung der Höhe des notwendigen Stromes (eingestellte Trafostufe) und erschweren dessen rezeptmäßige tabellarische Angabe.

d) Stromstärke und Leistungsverluste (Nebenschlußwirkung). Setzt man auf ein Versuchsblech eine Reihe Punkte, so ergeben die Endpunkte jeweils erhöhte statische Festigkeitswerte. Der Linsendurchmesser der Punkte am Ende ist größer als derjenige innerhalb der Reihe. Dies wird bewirkt durch die geringere elektrische Nebenschlußwirkung über die Nachbarpunkte am Nahtende. In der Praxis der Probepunktung läßt man je zwei Endpunkte ausfallen. Die Endpunkte erhalten bei gleicher Maschineneinstellung höhere Schweißleistungen. Sie zeigen oft verstärkte Riß- und Porenbildung in der Schweißlinse. In Bild 14 ist für AlCuMg-Blech von 1 mm Dicke gezeigt, daß die Scherkraft je Punkt mit wachsendem Abstand der Einzelpunkte bis zu einem Höchstwert steigt. Für Probepunktungen verwandten *Bollenrath* u. *Hauk* bei der Einreihenpunktung einen gegenseitigen Punktabstand von 20 mm. Sie wählten den Abstand der Punktreihe von der Blechkante zu 10 mm. Der Verfasser verwandte aus

Sicherheitsgründen durchweg 30 mm Punktabstand und 15 mm Randabstand. Nach dem Bild 14 ist für 30 mm die Nebenschlußwirkung erwartungsgemäß derart, daß eine weitere Abstandzunahme die Scherkraft nicht mehr beeinflußt. Diese Werte von 15 und 30 mm seien besonders dann empfohlen, wenn aus den Festigkeits- und Gefügeergebnissen Einflüsse verschiedener Versuchsbedingungen erkannt werden sollen, ohne daß Schwankungen im Punktabstand Unterschiede der Festigkeits- und Gefügewerte zur Folge haben. Für Doppelpunkt-Hochfrequenzschweißungen wird ein Reihenabstand von 35 mm, für eine doppelte Reihe Einzelpunkte ein solcher von 10 mm gewählt.

Ersetzt man Fehlpunkte durch neue in deren unmittelbarer Nähe, so genügt für diese dann nicht die für die Reihenpunktung eingestellte Höhe der Stromstärke. Die Abnahme des Punktabstandes hat eine erhöhte Nebenschlußwirkung zur Folge sowie eine stärkere Erwärmung des Bleches bei ausgehärteten oder kaltverfestigten Legierungen und wirkt somit in Richtung größerer Entfestigung. Man hat andererseits bei Rollennahtschweißungen für feste, jedoch nicht als notwendig dicht geforderte Nähte die Möglichkeit der Nahtvergütung durch die Schweißung selbst, und zwar durch Variation des Schweißtaktes (Zeitabstand zwischen zwei Stromimpulsen) und Vorschubgeschwindigkeit (bestimmt durch Rollendrehzahl und deren Durchmesser). Dies bezieht sich einmal auf die Festigkeitswerte, zum anderen wird aber auch das Gefüge einer homogenisierend wirkenden Wärmebehandlung unterzogen. Eine Nachvergütung durch erneute Wärmebehandlung ist, betrieblich gesehen, zu kostspielig und für dünnwandige Konstruktionsteile oft auch unratsam, da sich das Werkstück verzieht. Durch Überschneidung zweier aufeinanderfolgender Punkte erhält man dichte Nähte, wie sie das Bild 15 zeigt. Sinngemäß wirkt hierbei die Erwärmung durch den Nebenschluß in gleicher Richtung wie größere Stromzeiten bei Einzelpunkten. Der Leistungsbedarf der Rollennaht ist vom Punktabstand abhängig. Beachte für Vorrichtungen, angewandt für größere Werkstücke, die rollennahtgeschweißt oder rationell durch Setzen von Einzelpunkten mittels Rollenelektroden gepunktet werden, daß ein unterschiedlich großer Randabstand, falls dieser konstruktiv zu gering gewählt wurde, Schwankungen der Punktgüte ergibt. Wechselnder Randabstand wirkt dann als unterschiedlicher Leiterquerschnitt. Nach *Rosenberg* gleicht die bessere Wärmeausnutzung der meist dicht aufeinanderfolgenden Rollennahtpunkte den Wärmeverlust durch Nebenschluß im Vergleich mit Einzelpunkten genügenden gegenseitigen Abstandes aus. Der genannte Verfasser gibt Stromverbrauchswerte an. Für einschnittige Blechverbindungen, Blechdicken 2 mit 1 mm, einwandfreier Punkte und Nähte, sind notwendig:

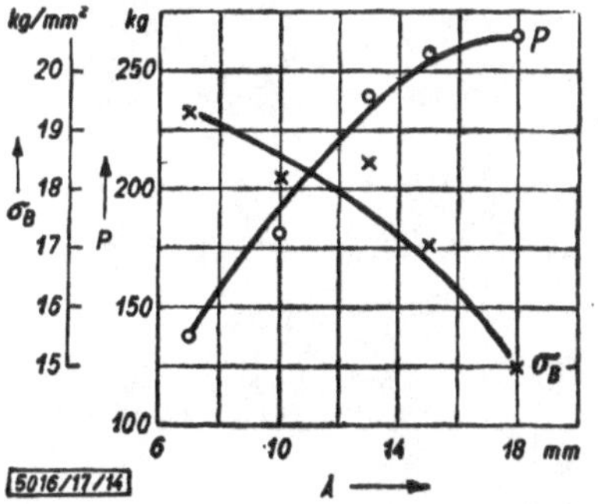

Bild 14. Einfluß des Punktabstandes auf die Punktfestigkeit in kg/Punkt sowie die Walzfestigkeit in kg/mm²,nach *Rosenberg*

A = Punktabstand, P = Scherzugfestigkeit in kg/Punkt, σ_B = Festigkeit der Verbindung

Reinaluminium	4,8 kWs je Punkt	0,45 kWh je m Naht
Pantal (AlMgSi)	12 kWs je Punkt	1,11 kWh je m Naht
Duraluminium (AlCuMg)	16 kWs je Punkt	1,48 kWh je m Naht

(Bemerkung: Für die Naht wurde angenommen, daß alle 3 mm Rollenweg gepunktet wird, entsprechend 333 Punkte je Nahtmeter.)

In die Höhe des Nebenschlußstromes geht auch die elektrische Leitfähigkeit ein. Diese sinkt von Al, AlMgSi zu AlCuMg hin ab.

e) Wirbelstromverluste-Armausladung. Bei ortsfesten Maschinen beträgt die maximale Armausladung etwa 1200 mm. Bei großer Armausladung und auch langen Elektroden spielt, wenn das Werkstück innerhalb der Sekundärschleife der Maschine liegt, auch der Wirbelstromanteil im Sinne einer Leistungsminderung durch Erwärmung eine Rolle. Günstige Stromstärkewerte, die aus werkstatt- oder labormäßigen Probepunktungen auf kleinen Blechabschnitten ermittelt wurden, sind nicht unmittelbar auf das Werkstück selbst anwendbar. Meist muß die Schweißleistung für das Werkstück erhöht werden. In diesem Zusammenhange bevorzugt man auch Vorrichtungen aus Holz an Stelle solcher aus Stahl oder Leichtmetall. Metallische Vorrichtungen müssen so konstruiert sein, daß in ihnen keine geschlossenen Stromkreise und möglichst geringe Massen verwandt werden, um die Leistungsverluste klein zu halten.

Je länger der Stromweg sekundärseitig ausfällt, desto mehr Schweißleistung ist aufzubringen. Die Leistung sekundärseitig sinkt mit steigender Armausladung (Trafostufe konstant). Dies zeigt das Bild 16 nach *Zeerleder*. *Haase* u. *Schnarz* geben folgendes Zahlenbeispiel an: Notwendige Schweißleistung für 2×3 mm Blechdicke, Werkstoff Aluminium (entsprechend 2×15 mm Eisenblech), etwa 200 kVA für Armausladung von 250 mm. Für 1200 mm Armausladung werden 450 kVA benötigt. Die als günstig ermittelte Stromstärke muß

A = Armausladung in mm,
Δ = kW in % Leistungsveränderung

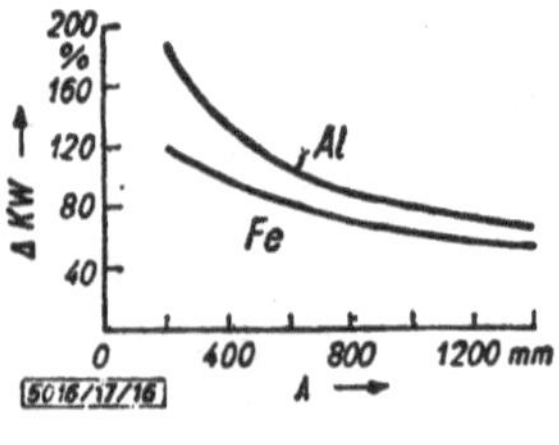

Bild 16. Aufgenommene elektrische Leistung und Armausladung einer Punktschweißmaschine, nach *Zeerleder*

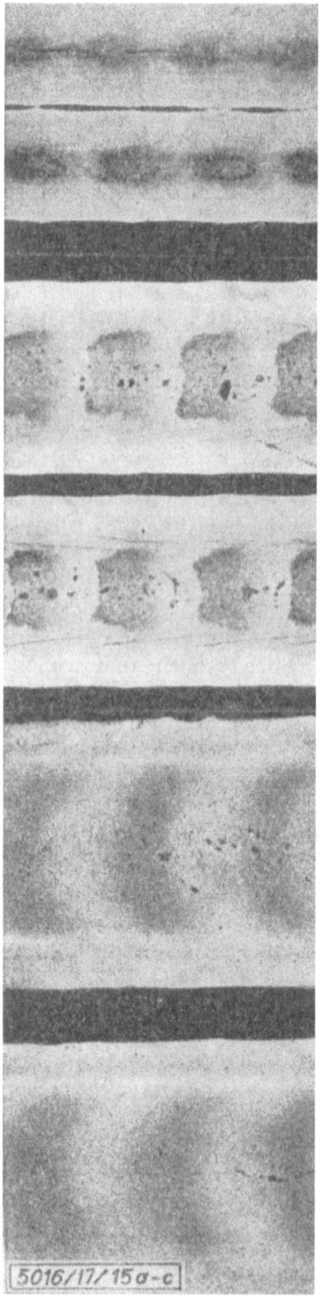

Bild 15. Rollennahtschweißung von AlMg 5-Blech

a) 1 mit 1 mm Blechdicke, Punktabstand 1,8 mm (Vergr. 7fach)
b) 2 mit 2 mm „ „ 2,0 mm (Vergr. 6fach)
c) 3 mit 3 mm „ „ 2,7 mm (Vergr. 6fach)

daher mit abnehmender Armausladung verringert und mit zunehmender erhöht werden, um die gleiche Punktfestigkeit zu erzielen. Auch das Einsetzen längerer Stabelektroden oder größerer Rollenscheiben vergrößert den elektrischen Sekundärkreis. — Umbauten sind nun betrieblich oft notwendig, wenn im Ablauf einer Tagesschicht unterschiedliche Werkstückgrößen punktgeschweißt werden. Bei Schweißaggregaten für Leichtmetalle muß daher auch aus diesem Grunde die Größe des Schweißstromes feinstufig regelbar sein. Die Blechdicke, die Oberflächenbeschaffenheit, der Elektrodendruck, die Schweißzeit sowie die Art der Legierung sind folglich kein alleiniger Maßstab für die Bemessung der Größe des sekundären Stromes.

Beim Schweißen von mehreren, konstruktiv z. B. etwa im Kreis angeordneten Punkten in einer Maschine, einem Arbeitsgang und mittels Mehrfachelektroden (siehe *Conrady*, S. 452) sowie unter Verwendung von speziellen Vorrichtungen ist auf die Stromverdrängung zu achten. Innerhalb der Stromschleife liegende Punkte fallen im Vergleich zu den außen liegenden dann unterschiedlich aus.

f) Stromstärke und Erwärmung der Elektrode. Die Erwärmung steigt bei gleicher Punktfestigkeit mit abnehmender elektrischer und Wärmeleitfähigkeit des Elektrodenwerkstoffes. Für den Bau der Elektrode gelten daher besondere zu beachtende Gesichtspunkte. Besondere Verhältnisse hinsichtlich Erwärmung ergeben auch größere Schweißzeiten.

g) Stromstärke und Schweißlinse. Die Neigung zur Bildung von Rissen und Poren wächst bei kleinen und mittleren Schweißzeiten mit der Größe der Stromstärke, wenn keine Nachverdichtung durch einen zweiten, erneuten Stromimpuls oder zusätzliche Druckerhöhung am Schweißzeitende erfolgt. Die Gefügedichtheit und der Grad anfallender Schwindungsrisse ist in hohem Maße legierungsbedingt und kann günstig durch verlängerte Schweißzeit beeinflußt werden. Große Stromstärke bei relativ kleinen Schweißzeiten bewirkt das unter Abschnitt „Gefügebefund der Schweißlinse" beschriebene schwammige Gefüge des Linseninnern, das den Aluminiumlegierungen eigen sein kann. Das Gefüge der Schweißlinse läßt, wenn mit zu großer Stromstärke geschweißt wird, deutlich Schädigungen erkennen, die sich besonders für zu geringe Elektrodendrücke einstellen. Der „Schmorkontakt" der Berührungsstelle Blech – Blech ergibt hohe örtliche Temperatureinwirkung. Bei AlMg-Legierungen treten für große Stromstärken verstärkt Poren und Schwärzungsbereiche innerhalb der Schweißlinse auf als Merkmal von Gasausscheidungen und Verbrennungen.

h) Stromstärke und Plattierung. Bei plattiertem Werkstoff muß gefordert werden, daß die Plattierschicht erhalten bleibt. (Siehe hierzu Abschnitt „Der Einfluß der Schweißzeit", Punktung und Plattierschicht.) Bei zu hoher Stromstärke kann die Plattierschicht mit aufgeschmolzen werden. Die Schweißlinse reicht dann bis an die Oberfläche des Bleches, und die Elektrode legiert nach einigen Punkten bereits an (Bild 10).

i) Stromstärke und Abspritzen des Werkstoffes. Bei hoher Stromstärke kann die Wärmeentwicklung an der Berührungsstelle Blech – Blech derart rasch erfolgen, daß ein Teil der aufgeschmolzenen Menge des Schweißgutes zwischen die Bleche verspritzt und dort momentan erstarrt. Bei Aluminiumlegierungen wie auch bei Stahl ist dieser Vorgang mit einem deutlich hörbaren Knacken verbunden und stellt für letzteren ein Zeichen der mit Sicherheit erfolgten Verschweißung dar. *Eine Übertragung dieser subjektiven Gütebeurteilung vom Stahl her auf Aluminiumlegierungen ist nicht statthaft.* Mit dem Abspritzen von Werkstoff zwischen die Bleche ist meist parallel auch ein Aufschmelzen der Bleche im Elektrodeneindruck zu beobachten und bietet so ein äußerliches Merkmal dafür. Derart verspritzte Punkte zeigen eine verstärkte Rißbildung der Schweißlinse. Der flüssigen Linse fehlt es beim anschließenden Erkalten an schrumpfbarer Schmelzmenge. Mit der Menge verspritzten Werkstoffes geht gleichzeitig auch ein Teil der Schmelzwärme verloren, die selbst durch eine längere Schweißzeit nach Abbau der anfänglich hohen und für die Wärmeentwicklung wesentlichen Übergangswiderstände nicht wieder aufgebracht werden kann. Da das Abspritzen außerdem von der Spaltbreite der aufeinandergepreßten Bleche abhängt, streuen die Festigkeitswerte derartiger Punkte infolge unterschiedlicher Linsengröße. Dies geht auch aus Ergebnissen von *Bollenrath* u. *Hauk* hervor. Legierungsmäßig ist die Höhe der Schmelztemperatur sowie der Grad der Dünnflüssigkeit des geschmolzenen Blechwerkstoffes auf die Menge des verspritzten Werkstoffes von Einfluß. So zeigen das Abspritzen bei ungeeignet großer Stromstärke Bleche aus AlMg 7 und AlMg 5 stärker als solche der Legierung AlMg 3. Auch wirkt der sonst günstige Si-Gehalt der Legierung AlMg 35 gegenüber AlMg 3 bereits im Sinne größerer Dünnflüssigkeit. Der Vorgang des Abspritzens ist durch Verminderung der Stromstärke in jedem Fall vermeidbar. Da die Punktschweißung bei Al-Legierungen jedoch immer ein Aufschmelzen der Berührungsstellen ergibt, verspritzt auch stets ein geringer Teil zwischen die Bleche. Er bildet einen deutlich erkennbaren Ring, wenn man abgescherte Punkte betrachtet. Es kommt nun darauf an, die Wärmeentwicklung an der Berührungsfläche zeitlich so einzurichten, daß diese die Bleche in einem genügenden Dickenanteil aufschmelzen. Die Aufschmelzleistung sollte allmählich erfolgen. Interessanterweise zeigen Bleche, die mit kaskadengesteuerten Maschinen und sinusförmiger Hüllkurve gepunktet werden, geringeres Abspritzen.

Im Betrieb zeigen das Abspritzen besonders auffällig die gebeizten Bleche. Mit dem Beizen hängt dies nur mittelbar über den Oberflächeneinfluß zusammen. Gebeizte Bleche sind, wie in den Bildern 4 a—c gezeigt wurde, von geringerer Rauhigkeit als gebürstete. Sie benötigen nach Versuchen von *Rajakovics* u. *Blohm* sowie eigenen, die wie letztere an Blechen steigend geordneter Festigkeit der Legierungen von AlMg 3, AlMg 35, AlMg 5 zu AlMg 7 verfolgt wurden, höhere Schweißenergien als gebürstete. Die Spanne betrieblich variierbarer Stromstärken, innerhalb deren ausreichende Punktfestigkeiten unter Vermeidung von Schädigungen erzielt werden, ist für gebeizte Bleche gering. Für gebeizte Bleche der Gattungen Duralumin (AlCuMg), Polital (AlMgSi), Leichtmetall (AlMgMn) bestätigen dies letzte Verhalten auch *Rajakovics* u. *Blohm*. Auch diese Verfasser finden, daß bei Herabschaltung nur einer Trafostufe, hier entsprechend einer Stromverminderung von $23{,}6 \times 10^3$ auf $22{,}8 \times 10^3$ Amp., bei gebeizten Blechen eine sprunghafte Verkleinerung der Schweißlinse mit ungenügender Verschweißung erkennbar ist. Um die rationelle Oberflächensäuberung durch Beizen trotzdem anwenden zu können, wird aus diesem bislang nicht beachteten Grunde zum Punktschweißen gebeizter Bleche empfohlen, außer dem Beizen die Bleche auch noch mechanisch durch Bürsten zu säubern. Hierdurch werden zwar höhere Schweißleistungen benötigt, jedoch ist einmal die Oberfläche als solche dann betrieblich gleichbleibend, und außerdem sind die Linsengröße und der Schweißablauf in einem größeren Stromstärkebereich beeinflußbar.

k) Stromstärke und Schwankungen in der Netzspannung. Wie am Ende des vorigen Kapitels ausgeführt, müssen die schweißtechnischen Vorarbeiten hinsichtlich der Blechoberflächenbeschaffenheit betrieblich derart getroffen werden, daß sich durch mehrere willkürlich veränderte Trafostufen graduell noch genügend große Festigkeitsdifferenzen und Unterschiede hinsichtlich Gefügedichtheit der Schweißlinse ergeben. Ein geringes, meist nur kurzzeitiges Absinken der Primärnetzspannung (Überlastung des Netzes) ergibt sonst plötzlich auftretende zu kleine Schweißlinsen ungenügender Festigkeit. Die Verringerung der Spannung des Speisenetzes kann auftreten bei gleichzeitigem Betrieb mehrerer Punkt- oder Rollennahtschweißaggregate, die aus einer Speiseleitung versorgt werden. Zeigt das Netz dauernde Unterspannung, so wird primärseitig eine maschinenseitig vorgesehene andere Trafoanzapfung gewählt. In Ermangelung eines sofort wirkenden Anzeigegerätes für ordnungsgemäße und damit gleichbleibende Verschweißung ist man zur Zeit für die Primärspannung auf das Voltmeter grober Skaleneinteilung angewiesen. Konstruktiv gesehen, liegt dies meist ungünstig für die Sichtnahme durch den Schweißenden. Die visuelle und ermüdende Beobachtung der Größe des Eindruckes und dessen sonstiger Beschaffenheit gewährleistet erfahrungsgemäß nicht allein die Punktgüte, auch wenn die Schweißstelle durch einen Lichtfleck markiert und so gut beleuchtet ist. Am Tage treten morgens meist geringere Netzspannungen als abends oder während betrieblicher Arbeitspausen auf. Wird nun bei abgesunkener Speisenetzspannung im Verlauf der Tagesschicht punktseitig eine günstige Stromstärke eingestellt, so kann diese, wenn sie in der Nachtschicht beibehalten wird, infolge der dann vollen Netzspannung Ausschußpunktung durch zu großen Strom ergeben. Die günstigste Trafostufe ist also auch hier kein Festwert. Ihre Kontrolle erfordert eine feinfühlige Anpassung. Diese einzelnen Vorgänge werden wenig beachtet. Der Verfasser konnte sie im Großserienbau feststellen und erreichte damit, daß viele dem Werkstoff zugeschriebene Unzulänglichkeiten auf diese rein elektrischen Werte zurückgeführt werden konnten. Leider läßt sich der Streubereich der Festigkeitswerte über diese Vorgänge nur unwesentlich verringern.

l) Stromstärke — Punktgüte von Probepunktungen. Die betriebliche Ermittlung der günstigsten Stromstärke ergibt sich von Fall zu Fall aus Probepunktungen und deren Prüfung. Bevorzugt wird eine einfache Werkstattprobe verwandt (Bild 17 a—d). Man

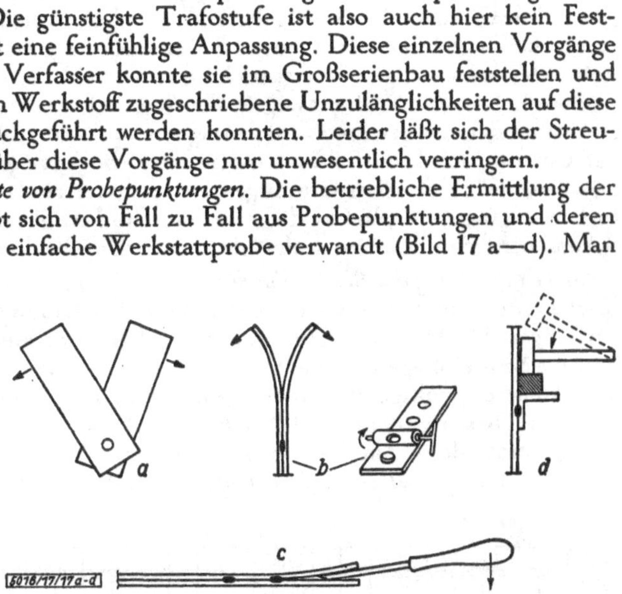

Bild 17. Werkstattproben zur Festlegung der geeigneten Stromstärke
a) Drehscherprobe
b) Biegereißprobe und abgewandelt als Sardinenbüchsprobe für Punkt- und auch Rollennahtprüfungen. (Siehe auch Bild 13)
c) Zugspaltprobe
d) Schlagscherprobe (mit schraffiertem Unterlegstück)

erwartet, daß ein gut verschweißter Punkt, wie es im Bild 13 dargestellt ist, beim Abrollen der Blechstreifen ausreißt (ähnlich dem Öffnen einer Sardinenbüchse). Der Verfasser stellte zuzüglich bei Versteifungsringen, die an die Behälterwandung (siehe Bild 39,2) angeschweißt waren, bei Blechdicken von 0,5, verschweißt mit 2,0, sowie 1,5 mit 1,5 Blechdicke, Werkstoff AlMg 5 mit AlMg 5 sowie AlMg 5 mit AlMgMn, AlMg 35 mit AlMg 35 und AlMg 35 mit AlMgMn, bei ein- und mehrschnittigen Blechverbindungen folgendes fest:

„Das Ausreißen eines Punktes ist zwar ein erster Anhalt für erfolgtes Verschweißen, jedoch kann der Punkt trotzdem bei *Schlagbeanspruchung*, die in die verschiebende Richtung einer Abscherung wirkt, mit geringem Kraftaufwand *spröde* wegbrechen, ohne daß der Punkt dabei ausreißt. Im Schrifttum befinden sich hierüber keine Angaben. Es ist zwar bekannt, daß bei stark porigen Linsen die Kopfzugfestigkeiten beachtlich gering ausfallen können, falls der Punkt nicht aus dem Blech reißt, jedoch sind die mitgeteilten Festigkeitswerte meist solche, die im *statischen* Versuch ermittelt wurden. Entsprechendes gilt auch für die Festigkeit von Rollennähten. Der Verfasser konnte für die Legierungen AlMg 5 und AlMgMn nachweisen, daß hierbei die schwammige Kernzone innerhalb des ersten inneren Gefügeringes der Schweißlinse von entscheidender Bedeutung ist und sich ungünstig auswirkt. Das Gefügebild einer schwammigen Zone in hoher Vergrößerung zeigt einen durch Risse und Poren aufgelockerten Aufbau (Bild 35 d u. f). Eine schwammige Kernzone, die meist den wesentlichen Anteil der Scherfläche darstellt, entsteht bei Al-Legierungen auf AlMg-Basis einschließlich der Gattungen AlMgMn und AlCuMg bei kleinen und mittleren Schweißzeiten und Punktschweißen ohne Druckprogramm oder Mehrimpulssteuerung. Eine große Stromstärke ergibt eine Vergrößerung der schwammigen Kernzone, da der Grad der Gefügeauflockerung gleichzeitig damit immer zunimmt. Die schwammige Kernzone entsteht bei Al-Legierungen zunächst immer und ist erst sekundär durch Verdichtung vermeidbar, indem ein Wiederverschweißen vorhandener innerer Risse und Löcher unter Druck noch stattfinden kann, während die Linse plastisch ist. (Siehe hierzu auch den Gefügebefund von Rollennähten in den Bildern 15 a—c.) Auch aus Zugschwellversuchen, z. B. für AlCuMg, ist nicht auf die Bewährung bei stoß- oder schlagartigen Beanspruchungen zu schließen, da der Bruch nach Untersuchungen von *Haase* durchweg in der Weichglühzone des Bleches liegt. Der Bruch tritt daher in einer gewissen Entfernung von der Schweißlinse um diese herum liegend auf. Gewaltbruch durch Schlag kann auftreten bei Transportösen oder z. B. bei Trägerknaggen, die an Behälterwandungen angepunktet sind. Bei Gebrauch können diese spröde wegbrechen, obwohl die rein statische Festigkeit genügend groß ist und der Punkt auch beim Aufbiegen der Bleche aus dem Blech reißt.

m) Entfestigung des Bleches durch die Stromwärme. Werden ausgehärtete Duraluminbleche gepunktet, so können diese sich durch Erwärmung auf 150° C und mehr wieder entfestigen. Die Höhe der Erwärmung ist dabei durch die Stromstärke, die Schweißzeit und die Schweißfolge bestimmt. *Zeerleder* gibt einen Vergleich der Entfestigung von autogen und punktgeschweißten 3-mm-Blechen an, die im ausgehärteten Zustand vorlagen. Dies zeigt das Bild 18 a u. b. Die rollennahtgeschweißte Längsnaht ergibt die Festigkeitsminderung auf der vollen Nahtlänge. Bei der Punktschweißung klingt diese vom Punkt weg bald ab. Der Festigkeitsabfall ist in beiden Fällen etwa der gleiche,

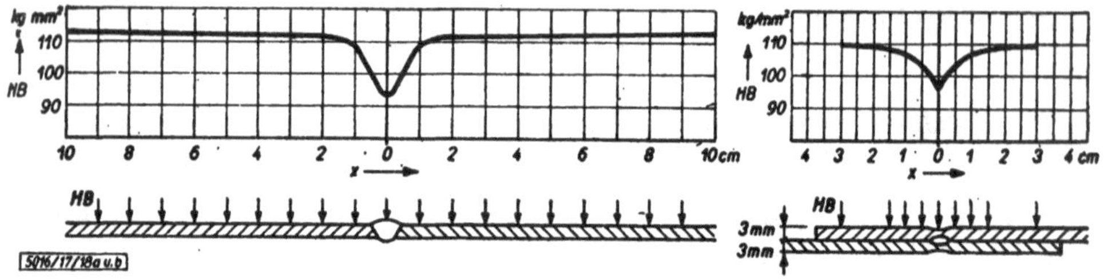

Bild 18 a u. b. Entfestigung aus gehärteten Duraluminblechen von 3 mm Dicke durch a) Gasschmelzschweißung, b) Punktschweißung

x = Abstand in cm von der Nahtmitte, y = Brinellhärte in kg/mm²

was durch die Ähnlichkeit beider Verfahren nicht verwundert. Konstruktiv gesehen ist das Blech in seiner Festigkeit bei der Autogenschweißung stärker geschwächt, da bei der Punktschweißung die ursprüngliche Festigkeit zwischen den Blechen bei normalem, d. h. genügendem Punktabstand erhalten bleibt.

Bei der Doppelpunkt- (Mittelfrequenz-) Schweißmaschine (Bild 1 c) mit Gegenelektroden ist der von Elektrode zu Elektrode durch das Blech fließende Nebenstrom an sich gering. Man benutzt aber das Prinzip der Doppelelektroden ohne Gegenelektroden dann, wenn Bleche geringer Dicke auf beliebig große und auch sperrige Werkstücke aufgepunktet werden sollen. Durch das dünne Blech fließt dann der gesamte Schweißstrom. Die Wärmeentwicklung wird groß. Nach *Gabler* wird diese herabgesetzt für Bleche über 0,5 mm Blechdicke durch ein stromverdrängendes magnetisches Zusatzfeld, das ein besonderer Elektromagnet erzeugt. Das obere dünne Blech kann so bis zu 1 mm Dicke betragen. *Gabler* berichtet weiter über die erfolgreich erscheinende Entwicklung von Hochfrequenzschweißmaschinen. Die steigende Frequenz fördert die Anwendbarkeit geringerer Ströme, erreicht dadurch geringe Erwärmungen der Bleche und erleichtert die starken Zuleitungskabel, so daß bewegbare Schweißzangen ermöglicht werden. Hochfrequenzschweißmaschinen sind daher u. a. geeignet, das Anpunkten dünner Hautbleche, z. B. Hydronaliumblech 0,7 mm, auf Rippenkonstruktionen größerer Werkstoffdicken schadlos zu ermöglichen. (Flugzeugbau und Fahrzeugbau.)

Für kaltverfestigte Bleche fanden *Bollenrath* u. *Hauk* nach dem Bild 12, daß die mittlere relative Punktfestigkeit mit zunehmender Kaltverformung steigt. Die mittlere Punktfestigkeit der verschiedenen Bleche im Zustand weich (weichgeglüht, Kaltwalzgrad 0%) wurde hierbei mit 1 festgelegt.

Der Grad einer Entfestigung des Grundbleches ist zwar vorwiegend durch die Größe der Stromwärme bestimmt, doch wirken die verschiedenen Einflußgrößen, wie Punktabstand, Ein- oder Zweireihenpunktung, Punkt- oder Rollennahtschweißung, Blechdicke und geometrische Form der wärmeabführenden Blechquerschnitte in Verbindung mit der Schweißzeit, ganz wesentlich mit, so daß eine bindende Voraussage erschwert wird.

4. Die Größe des Elektrodendruckes beim Punktschweißen

Der Einfluß des Elektrodendruckes wird behandelt von *Borstel*, *Hoglund* u. *Bernard*, *Haase*, *Oßwald* sowie *Erdmann-Jesnitzer*. Die Druckhöhe und die Größe des Übergangswiderstandes wirken umgekehrt proportional zueinander hinsichtlich erreichbarer statischer Festigkeiten bis zu Grenzwerten des Druckes bei gleichzeitiger Abhängigkeit von der Blechdicke. Die Schweißmaschinen für Al müssen das Einstellen und das betriebliche Einhalten der Druckhöhe gestatten. Das Punkten mittels Zangenaggregaten ist nur dann zu empfehlen, wenn diese Forderung erfüllt wird. Die starken Zuleitungen erschweren das Arbeiten mit transportablen Zangen. Man punktet Al- und Mg-Legierungen in Baugruppen mittels ortsfester Maschinen. Der Druck wird meist mittels Preßluft auf die Elektroden gegeben. Die Druckhöhe ist über Manometer ablesbar. Die Begrenzung erfolgt elektrisch. Ermittelt man den Linsendurchmesser und die zugehörige Punktfestigkeit für unterschiedliche Druckhöhen bei gleicher Schweißzeit und sonstigen Versuchsbedingungen, so kommt man auf Grund von Versuchsergebnissen zu der von *Haase* an AlCuMg (1,5 mm Blechdicke) und MgAl 6 (1 mm Blechdicke) gefundenen Gesetzmäßigkeit des Bildes 11. Mit steigendem Druck verringern sich für Al-Legierungen die statischen Festigkeitswerte und der Linsendurchmesser bis auf einen etwa gleichbleibenden Grenzwert, der von der Blechdicke abhängt. Zu geringen Blechdicken hin (z. B. 1,0 mm, Kurve a in Bild 11) besteht die Möglichkeit der Festigkeitssteigerung durch Druckverminderung. Oberhalb eines Grenzdruckes (hierfür 260 kg) aber bleibt die Festigkeit zu höheren Drücken hin konstant, da der Minimalwert des Übergangswiderstandes erreicht und auch bei stärkerem gegenseitigem Anpressen der Bleche nicht mehr zu verringern ist. Entsprechend verhalten sich größere Blechdicken (1,5 mm, Kurve b in Bild 11). Wie aus dem Bild 19 nach *Haase* leider ohne Angabe des Streubereichs ersichtlich, ergibt die Druckverminderung bei höher eingestellten Stromstärken wieder einen Abfall der Festigkeiten, da die Berührungsstellen verschmoren. Es besteht außerdem durch hohe Überhitzung die Gefahr der Metallverdampfung. Die Schweißlinsen fallen dann stark porig und rissig aus.

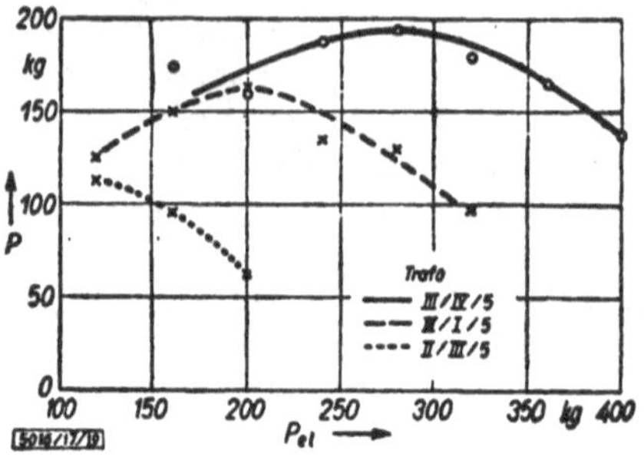

Bild 19. Einfluß des Elektrodendruckes auf die Scherkraft/Punkt für einreihige Punktschweißung mit geringem Punktabstand von 12 mm; Leg. AlCuMg plattiert, 1 mm Dicke

P_{el} = Elektrodendruck
P = Scherzugfestigkeit in kg/Punkt

Mit steigender Blechdicke wirkt auch die Steifheit der Bleche mit beim Anpressen und gegenseitigen Berühren der Bleche. Die Steifheit ist durch die Blechdicke, die Werkstoffestigkeit und Werkstückkonstruktion bestimmt. Werkstoffseitig gehen damit der Grad der Kaltverfestigung und die Größe der Legierungsfestigkeit in die Kontaktbildung mit ein. Mit steigender Blechdicke muß ein wachsender Druckanteil für die Blechdurchbiegung aufgebracht werden. Mit der Blechdicke nimmt auch die Größe der Berührungsfläche Blech gegen Blech zu. Bei genügender Stromhöhe werden die Linsendurchmesser und die Festigkeitswerte damit vergrößert. Die notwendige Stromstärke steigt, wie gleichfalls auch die Festigkeit, mit der Blechdicke an (Bild 9b). Die maximal punkt- und rollennahtschweißbaren Blechdicken sind heute für 5 mit 5 mm zu größeren Dicken hin begrenzt. Sonderfälle größerer Dicken, über Buckel, Warzen oder Dellen verschweißt, fallen maschinenseitig ins Gebiet der elektrischen Stumpfschweißung, solche geringer — mit größeren Dicken noch unter den Begriff der Punktschweißung (Folien).

Mäder stellte für das Punkten von Legierung AlMg 5 (weich), 1 mm Blechdicke, mit zwei auf Zeitabstand erfolgenden Stromimpulsen für Mittelfrequenzmaschinen interessanterweise auch fest, daß der Druck nur dann einen wesentlichen Einfluß ausübt, wenn der Schweißstrom und die Schweißzeit noch nicht ihre günstigsten Werte erlangt haben. Ist dies jedoch der Fall, so sind die Druckeinflüsse nach ihm nicht mehr feststellbar. Unterschiedliches Verhalten gegenüber den Al-Legierungen zeigen die Mg-Legierungen (Kurve c in dem Bild 11). Mit steigendem Druck vergrößern sich für diese der Linsendurchmesser und die statischen Festigkeitswerte (siehe auch „Gefügebefund punktgeschweißter Mg-Legierungen"). Wenn auch in dem Bild 11 die Festigkeitswerte ohne den Streubereich angegeben sind, so wird dieses grundsätzlich unterschiedliche Verhalten der Al- und Mg-Legierungen durch die Praxis bestätigt.

Zu geringer Druck bewirkt bei Al u. Leg. also bei hohen Trafostufen starke Überhitzung der Kontaktstellen Blech - Blech und auch Elektrode - Blech. Das Blech verschmort. Die Schweißlinse wird stark porig und rissig. Um riß- und porenfreie Schweißlinsen ausreichender und hoher Festigkeit zu erhalten, muß bei genügend hoher Schweißzeit der Druck auf die Elektroden so hoch bemessen werden, daß die Gefügedichtheit durch das Eindrücken der Elektroden bewirkt wird. Für die Al-Legierungen gelten die in der Zahlentafel 4 aufgeführten Elektrodenabmessungen, wobei auch eine der Elektrodendruckfläche eben, die andere abgerundet ausgeführt werden kann. Man ver-

Blechdicke mm	Stab-elektroden-durchmesser mm	Abrundungs-radien der Druckflächen mm	Elektrodendruck*) kg	Rollenelektrode Breite mm	Rollenelektrode Durchmesser mm
Folien 0,1	2	10	aus Versuch, relativ groß	2	50 **)
0,5	8	40	250	6	
1,0	10—12	50 ***)	270	8	
1,5	13	65	290	10	140—160 (für 0,5 bis 3,0)
2,0	16	80	310		
2,5	20	100	350	12 (für 2,0 bis 3,0)	
3,0	25	125	370		

*) Elektrodendruck für Rollen 1,25 × Stabelektrodendruck.
**) Folien verlangen kleine Rollendurchmesser, eingehende Versuchswerte fehlen.
***) Siehe hierzu die Bilder 27 und 28.

Zahlentafel 4. Konstruktionsmaße für die Stab- und Rollennahtelektroden

wendet eine Abrundung der Druckfläche im Verhältnis Abrundungsradius zu Elektrodendurchmesser wie 1 : 5. Die Stab- und Rollenabmessungen müssen den Blechdicken angepaßt werden. Die Zahlentafel 4 zeigt die gebräuchlichen Stab- und Elektrodenhauptmaße für die Aluminiumlegierungen. Für Mg-Legierungen, z. B. Elektron, werden die Druckflächen flacher, d. h. mit größerem Abrundungsradius ausgeführt. Dies wirkt im Sinne einer Vergrößerung der zu verschweißenden Berührungsfläche. Der Rollendurchmesser wird meist zu 140—150 mm gewählt und bleibt gleich für die vorgeschriebenen Blechdicken. Für Folien wurde in Sonderfällen ein Durchmesser von ~ 50 mm, wie er in der Zahlentafel 4 aufgeführt ist, verwandt. Im allgemeinen gelten für die Abrundung der Druckflächen von Rollenelektroden etwa die gleichen Abrundungsradien wie die der Stabelektroden. Müssen Nähte oder Einzelpunkte nur fest, aber nicht dicht sein, so kann auch bei geringen Blechdicken mit Rollen in zylindrischer Form gepunktet werden. Diese sind nicht zu empfehlen, weil sie stärker zum Anlegieren neigen. Stärkere Abrundungen, d. h. kleinere Radien der Druckflächen, werden bei weichen Werkstoffen gegenüber härteren Blechsorten bevorzugt verwandt. Dies ist betrieblich bedingt. Man will dabei vermeiden, daß sich die scharfe Kante der Rolle (bei flacher Abrundung) möglicherweise in das Blech als fortlaufende Rille eindrückt. Bereits bei leicht versetzten Nahtrollen wirken diese ja scherend und hinterlassen Eindruckriefen an der Blechoberfläche neben der Naht. Die Nahtfestigkeit kann dann absinken durch Kerbwirkung, und es kann durchgehende Blechschwächung entstehen. Bei der Bemessung der Höhe des Elektrodendruckes ist einzurechnen, daß bei leicht gebogenen oder nicht plan aufeinanderpassenden Blechen ein oft beträchtlicher Anteil des Druckes zur Überwindung der Blechsteife aufgebraucht wird und somit für das Anpressen der Bleche an der Schweißstelle verlorengeht. Deshalb werden an Behälterwandungen anzupunktende Beschlagbleche vorher auf die Form der Wandrundung vorgebogen.

Wird bei Einzelpunkten, wie wohl erstmalig von *Sciaky* eingeführt, mit Druckprogramm zum Zwecke von Gefügedichtheit der Schweißlinse gearbeitet, so ist dabei das Arbeiten mit Flachkopfelektroden möglich. Den Druck- und Strom-Zeit-Verlauf hierfür gibt auch *Zeerleder* an (Bild 20). Die Drucksteuerung erfolgt so, daß die Bleche zunächst mit hohem Druck aneinandergepreßt werden. Über mehrere Punktungen gesehen, ergeben sich so gleichmäßigere Stromübergänge. Kurz vor Stromdurchgang wird der Druck so weit vermindert, daß durch genügend hohen Übergangswiderstand ordnungsmäßiges Aufschmelzen der Kontaktstelle bewirkt wird. Der Druck bleibt während der Stromzeit etwa auf konstanter Höhe und wird automatisch bei Beendigung der Stromzeit zum Zweck der Gefügeverdichtung erhöht. Dabei drückt sich die Elektrode in das Blech ein. Erreicht wird damit die gleiche riß- und porenfreie Verschweißung, wie sie der Verfasser durch einfache Erhöhung der Schweißzeit fand.

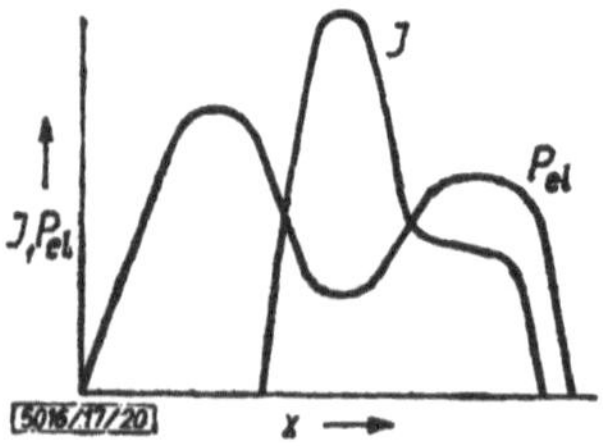

Bild 20. Punktschweißung mit Programmsteuerung für Schweißstrom und Elektrodendruck

J = Schweißstrom $P_{el.}$ = Elektrodendruck
x = Schweißzeit y = Schweißstrom

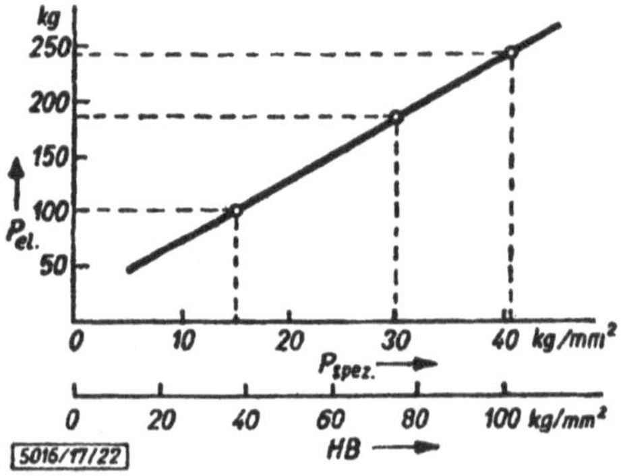

Bild 22. Elektrodendruck und Festigkeit des Bleches
P_{spez} = spezifischer Elektrodendruck in kg/mm², HB = Blechhärte in kg/mm², P_{el} = Elektrodendruck

Druckprogramm und Stromzeit müssen wegen der momentanen Erstarrung der Schweißlinse und deren rascher Abkühlung maschinenseitig sehr exakt aufeinander abgestimmt arbeiten. Das Schweißen mit Druckprogramm wurde von *Sciaky* zunächst bevorzugt in Amerika eingeführt. Eine derart ausgeführte Punktschweißung mit Flachkopfelektroden für Legierung AlCuMg zeigt das Bild 6 a. Im Schliff (Bild 6 b) sind die damit gefundenen Schweißlinsen gezeigt. In ihrer geometrischen Ausbildung sind die Linsen platter als beim Punkten mit abgerundeten Elektroden. Die Kernzone der Linse ist dicht und zeigt nicht das ungünstige schwammige Gefüge der Schweißlinsen des Bildes 35 d u. f, die mit geringer oder mittlerer Schweißzeit gepunktet wurden. Nach *Zeerleder* haben sich diese komplizierten Drucksteuerungen nicht eingeführt. Wie unter „Schweißzeit und Gefüge" beschrieben, genügt für feste und dabei dichte und rißfreie Verschweißung die einfachere Erhöhung der Schweißzeit mit entsprechend hohem Druck. Bei Verwendung moderner Steuerungen ist dies heute möglich. Für Einzelpunkte kommt das Druckprogramm nach *Sciaky* (Bild 20) daher nur für diejenigen Maschinensteuerungen in Frage, die laufend große Schweißzeiten und Schweißleistungen nicht ohne Schädigungen der Schaltorgane aushalten (z. B. gittergesteuerte Maschinen; siehe hierzu auch unter „Einfluß der Schweißzeit").

Nach Angaben der Firma *Junkers*, die auch *Stoltze* veröffentlichte, steigt der notwendige Anpreßdruck, in Kilogramm gerechnet, mit Zunahme der mechanischen Festigkeit, d. h. der Härte des Bleches, linear an (Bild 22). Angegeben sind auch die spezifischen Drücke. Die Größe der Drücke fand der Verfasser als etwas zu niedrig angegeben. Sie gelten im übrigen für eine Blechdicke von etwa 0,5—0,8 mm. Verwandt wurden für diese Festlegung gebeizte Oberflächen. Für geschmirgelte und gebürstete Oberflächen werden etwas geringere Druckwerte genügen. Für die günstige Wirkung größerer Schweißzeiten auf das Nachdrücken der Elektrode zwecks Gefügeverdichtung sind jedoch um etwa 35% höhere Elektrodendrücke erforderlich. (Beispiel: Legierung AlMg 5 mit AlMg 5 1,5 mit 1,5 mm Dicke, Schweißzeit 25 Perioden, Strom 18 kVA eff., $P = 320$ kg Elektrodendruck, Elektrodendurchmesser 12 mm, Balligkeit $r = 75$ mm.)

Die höchste Punktfestigkeit läßt sich somit durch die beste Kombination von Druck und Strom erzielen. Der Bestwert liegt jedoch glücklicherweise gemäß dem Bild 19 nicht auf einem spitzen Kurvenscheitel, sondern auf einer verhältnismäßig flachen Kurve, so daß ein günstigster Festigkeits*bereich* auftritt.

5. Der Einfluß der Schweißzeit

Der Einfluß der Schweißzeit wurde im allgemeinen nicht so eingehend behandelt wie z. B. die Stromstärke, der Elektrodendruck und weitere Einflußgrößen. Es interessiert das Folgende:

a) Begriffsbestimmung
b) Blechdickeneinfluß einschließlich des Verschweißens ungleicher Blechdicken
c) Verschweißen (Punktung) unterschiedlicher Werkstoffe
d) Das Anlegieren der Elektrode am Blech
e) Schliffherstellung, Ätzen und Gefügebefund, Aluminium und Magnesiumlegierungen
f) Die Entstehung von Rissen und Poren in der Schweißlinse
g) Schweißzeit und Gefügedichtigkeit (Punkt- und Rollennähte)
h) Einfluß des Strom-Zeit-Verlaufs auf die Neigung zum Anlegieren der Elektroden
i) Die Steuerorgane zur Begrenzung der Schweißzeit (hierbei Stellungnahme von *O. Kaufmann*)
k) Punktung und Plattierschichten.

a) Begriffsbestimmung

Zunächst ist die Festlegung folgender Begriffsbestimmungen notwendig:

Unter *Schweißzeit*, auch *Stromzeit* genannt, wird die willkürlich, subjektiv oder meist automatisch begrenzbare Zeitdauer des durch die Stoßstelle Blech - Blech fließenden Schweißstromes verstanden. Unter *Verschweißzeit* sei die Zeit von Beginn des Stromdurchganges bis zur Erstarrung der aufgeschmolzenen Werkstoffmenge verstanden, welche die im Schliff sichtbare Schweißlinse bildet. Die Verschweißzeit scheint meßbar zu sein. Bei ordnungsgemäßer Punktgröße ist für normale Blechdicken, d. h. ab 0,5 mm Dicke aufwärts, die Schweißzeit meist etwas größer oder nahezu gleich der Verschweißzeit, die durch verschiedene Einflußgrößen bestimmt wird. Ist die Schweißzeit kleiner als die Verschweißzeit, so begrenzt erstere die Menge des aufgeschmolzenen Blechwerkstoffes. Die Linsengröße ist dann zeitabhängig. Wir befinden uns im Anfangsakt starker gegenseitiger Abhängigkeit der Festigkeit (kg/Punkt) von der Schweißzeit (Anzahl der Perioden oder Sekundendauer des Stromdurchganges) in den Kurven nach *Stoltze* (Bild 23a) und *Erdmann-Jesnitzer* (2) (Bild 23b—h). Die Schweißzeit muß bei Folien gering sein. Wie erwähnt, werden für diese mit 0,05 mm nur Schweißzeiten von einer halben Periode verwandt, um mit Sicherheit ein Durchschmelzen bis zur Elektrodendruckfläche zu vermeiden. Eine Halbwelle (Halbperiode) und auch noch geringere Schweißzeiten werden maschinenseitig durch Spezialsteuerungen noch geschaltet.

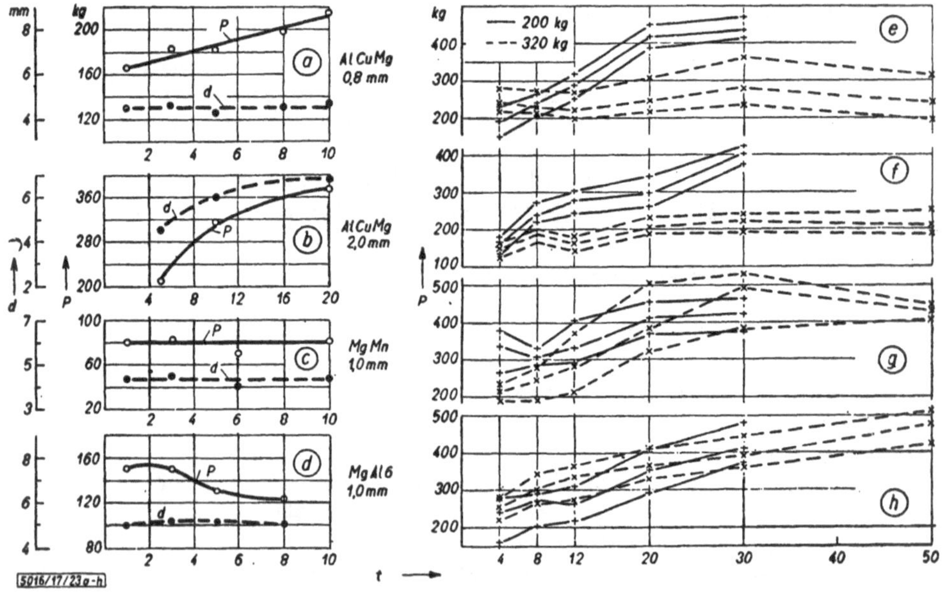

Bild 23. Einfluß der Schweißzeit auf die Scherzugfestigkeit von Leichtmetall-Punktschweißungen nach *Stoltze* (a—d) sowie *Erdmann-Jesnitzer* (2) (e—h)

t = Schweißzeit, P = Scherzugfestigkeit in kg/mm², d = Linsendurchmesser in mm

a) AlCuMg, 0,8 mm Dicke
b) AlCuMg, 2,0 mm Dicke
c) MgMn, 1,0 mm Dicke } Mg-Legierungen
d) MgAl6, 1,0 mm Dicke } Mg-Legierungen
e) AlMgMn, 1,5 mm Dicke
f) AlMg 3Si (AlMg 35), 1,5 mm Dicke, Leg. wie Bild 8 c
g) AlMg 4Si, 1,5 mm Dicke, Leg. wie Bild 8 h
h) AlMg 5Si, 1,5 mm Dicke, Leg. wie Bild 8 i

Man legt die Betriebssicherheit der Verschweißung von Folien vorwiegend in eine geringe Höhe des Schweißstromes und eine kurze Stromzeit. Man begrenzt also die Größe der Schweißlinse und entsprechend die Schweißgutdicke der Naht vorzeitig durch eine geringe Schweißzeit.

Wie bereits bei der Wirkung des Stromes in Verbindung mit dem Oberflächenzustand besprochen, muß die beim Punkt- und Rollennahtschweißen entstehende Gesamtwärme aufgeteilt werden in

Wärmeanteil I: Dieser entsteht durch momentan wirkende hohe Erhitzung infolge des Übergangswiderstandes an der Berührungsstelle Blech - Blech. Es ist dies bei Aluminiumlegierungen der wesentliche Anteil, der zur Verschweißung führt. Al- und Mg-Legierungen verhalten sich hierbei deutlich unterschiedlich.

Wärmeanteil II: Dieser entsteht von Beginn des Stromdurchganges an infolge der Erwärmung des Bleches durch den Strom, und diese Wärmeentwicklung wirkt auch nach Abbau der anfangs hohen Übergangswiderstände zwischen den Blechen, nachdem also die Berührungsstelle aufgeschmolzen ist. Er entsteht auch noch dann, wenn die Linse bereits fest und erstarrt ist.

Wärmeanteil III: Dieser entsteht durch Übergangswiderstände zwischen den Elektroden und dem Blech.

Wärmeanteil IV: Dieser entsteht durch die Stromwärme in der Elektrode. Bei wassergekühlten Elektroden ist dieser unwesentlich.

Diese vier Wärmeanteile WE entsprechen den Ohmschen Widerständen d) des Elektrodenkörpers (WE IV), c) am Übergang Elektrode - Blech (WE III), b) im Blech selbst einschließlich flüssiger oder erstarrter Schweißlinse (WE II) und a) am Übergang Blech - Blech (WE I).

Während der Wärmeanteil I legierungsmäßig nur über eine unterschiedliche Oberfläche und sonst weiter durch den Elektrodendruck unter Berücksichtigung der Blechsteifheit bestimmt wird, geht in den Wärmeanteil II die Höhe der elektrischen Leitfähigkeitswerte der Bleche ein, die für Al-Legierungen stark unterschiedlich sind. Dies gibt die Zahlentafel 5 wieder.

Werkstoff	Leitfähigkeit in $\frac{m}{\Omega \cdot mm^2}$
Reinalu	34—36
AlMg 3	20
AlMg 5	17
AlMg 7	15
AlMg 9	12
AlMgMn	20—23
AlMn	23—25
AlCuMg	28 (weich)
	18—21 (ausgehärtet)
AlMgSi	30—32 (weich)
	26—28 (ausgehärtet)

Zahlentafel 5a. Elektrische Leitfähigkeit verschiedener Al-Legierungen.

Werkstoff	Wärmeleitfähigkeit, berechnet			
	100° C	200° C	300° C	400° C
Al 99, 992	0,548	0,542	0,538	0,533
Al 99, 93	0,540	0,535	0,538	0,530
Al 99, 7	0,533	0,523	0,527	0,520
Al 99, 5	0,522	0,521	0,527	0,520
Al Mg 5	0,323	0,358	0,389	0,414
Al Mg 51 (Hy 51)*)	0,310	0,338	0,361	0,384
Al Mg 7	0,281	0,317	0,347	0,371
Al Mg 71 (Hy 71)*)	0,274	0,305	0,333	0,358

Zahlentafel 5b. Berechnete Wärmeleitfähigkeit für Aluminium und verschiedene Al-Legierungen bei 100, 200, 300 und 400°C nach *Bungardt* u. *Kallenbach*.

Damit sei gezeigt, daß besonders bei dickeren Blechen die elektrischen Leitwerte in die Wärmebilanz mit eingehen werden. Nach *Stoltze* bewirkt die Vergrößerung der Stromzeit besonders bei dicken Blechen eine Festigkeitssteigerung durch größere Linsen. Je kleiner der innere Widerstand des zu verschweißenden Werkstoffes ist, desto größer muß nach *Schraivogel* der Übergangswiderstand sein, damit der Punkt genügend fest wird. Im Sinne einer Vergrößerung des Wärmeanteils II wirkt auch die Zunahme der Blechdicke, die vom Strom durchflossen wird. Mit zunehmender Blechdicke steigen die Festigkeitswerte allgemein an. Dies zeigte bereits das Bild 9. *Haase* sowie *Staubach* u. *Scheinichen* gaben Werte an für entsprechende Verhältnisse bei der Kopfzugfestigkeit. Die Deutung in diesem Zusammenhange ist nicht ganz exakt, da für größere Blechdicken auch die größeren Schweißströme verwandt wurden. Zweifellos wirkt aber der Wärmeanteil II im Sinne einer Vergrößerung der Schweißlinse. So erkennt man durch Vergleich der Bilder 23 a und b, daß die geringen Dicken eine gleichfalls geringere Abhängigkeit der Festigkeitswerte von der Größe der Schweißzeit ergeben als dickere Bleche (0,8 mm gegenüber 2 mm Blechdicke).

b) Blechdickeneinfluß (einschließlich des Verschweißens ungleicher Dicken):

In Bestätigung der obigen Überlegungen beobachtet man nach *Erdmann-Jesnitzer* schliffbildlich beim normalen Punktschweißen von unterschiedlichen Blechdicken, z. B. 0,5 mit 1,5 mm, daß sich die Schweißlinse im Blech der geringeren Dicke weniger stark als im dickeren ausbildet. Die Linse erscheint schliffbildlich versetzt zum Blech der größeren Dicke hin, obwohl dort die größeren wärmeabführenden Querschnitte

*) Hy = Hydronalium, Firmenbezeichnung des Bitterfelder Leichtmetallwerkes

vorhanden sind. Zur Erklärung dieser Erscheinung muß man auch unter Beachtung der besonderen Wärmeeinflußzonen des Bildes 35 g, die nach der Ätzung etwa ab $s \geqq 2$ mm Blechdicke im Schliffbild auftreten,

das Temperaturgefälle in Richtung der Elektrodenachse,

das Temperaturgefälle senkrecht dazu ins Blech hinein,

beidemal ausgehend vom Berührungspunkt der beiden ungleich dicken Bleche, eingehender betrachten. Zunächst hat die Berührungsstelle die gleiche Ausgangstemperatur (z. B. Raumtemperatur). Das Aufschmelzen nach Stromdurchgang erfolgt nahezu momentan unter Bildung des wesentlichen Wärmeanteils I sowie der Wärmeanteile II und III. Die Berührungsfläche nimmt Schmelztemperatur an, während nach wie vor die gekühlten Elektrodenspitzen die gleiche Temperatur von z. B. 20° C aufweisen. Werden die Temperaturen mit T, die Blechdicke mit d, die Zeit mit t und die Wärmemengen mit Q bezeichnet, so tritt zwischen dem Bereich der Aufschmelzung und der Elektrode ein unterschiedliches Temperaturgefälle längs der Blechdicken von $\frac{\Delta T}{\Delta d}$ auf. Dieses ist im dickeren Blech geringer als im dünneren. Da die je Zeiteinheit abgeführte Wärmemenge ΔQ mit dem Temperaturgefälle $\frac{\Delta T}{\Delta d}$ steigt, verschiebt sich der Bereich der Aufschmelzung, d. h. die Schweißlinse, ins dickere Blech hinein, d. h. die Wärmeableitung ist zur geringeren Blechdicke hin intensiver.

Denkt man sich ferner die innere Stromverteilung in beiden Blechen als sogenannte Stromfäden dargestellt, so ist die Stromdichte und Erwärmung im dünneren Blech örtlich intensiver als im dickeren Blech. Damit ergibt auch das Blech der geringeren Dicke ein größeres Temperaturgefälle radial um die Elektrodenachse $\frac{\Delta T}{\Delta r}$, so daß auch hier dem dünneren Blech zunächst die größere Kühlwirkung zukommt und somit die Verschiebung der Schweißlinse ins dicke Blech hinein erfolgt. (r = radiale Entfernung senkrecht zur Elektrodenachse.) Mit diesen Gesetzmäßigkeiten lassen sich bislang oft widerspruchsvoll beschriebene Erscheinungen ausnahmslos erklären.

Gabler berichtet, daß bei Anwendung einseitiger *Doppel*punktung ohne Gegenelektrode (Bild 1 c) und bei größerem Blechdickenunterschied (1,0 mit 5,0 mm, Werkstoff Legierung AlMg 5) sich dem entgegengesetzt die Schweißlinse einseitig zum dünnen Blech hin verlagert. Beim Punkten mittels „Doppelelektroden", wie es dann angewandt wird, wenn Bleche geringer Dicken auf größere und sehr formsteife Blechdicken aufgepunktet werden, wirkt die Erwärmung infolge Nebenschlußwirkung bevorzugt auf das Blech der geringeren Dicke hin. Außerdem fehlt dem dickeren Blech der Wärmeanteil II. Es wirkt daher hier stärker abkühlend, und die Schweißlinse ist ins weniger dicke Blech verschoben. Derart erklärt sich das unterschiedliche Verhalten von zwei- und einseitiger Punktung.

Auch beim Verbinden verschiedener Al-Legierungen unterschiedlicher Leitfähigkeit, aber gleicher Blechdicken, wie z. B. von Al- mit AlMg 5- und AlMgMn- mit AlMg 5-Blechen, verschiebt sich bei genügend großer Schweißzeit die Linse zum AlMg 5-Blech der geringeren Leitfähigkeit hin, das zudem im Fall Al mit AlMg 5 auch bei niedrigerer Temperatur aufschmilzt. Die Festigkeit und die Güte der Bindung derartiger Blechpaarungen verschiedener Legierungen sowie die von unterschiedlichen Dicken miteinander, oder beides gleichzeitig auftretend, sind noch wenig untersucht. Publiziert wurden vorwiegend Ergebnisse beim Verschweißen gleicher Blechdicken. Auch über Drei-und-Mehr-Blech-Punktschweißungen liegen sehr wenig Berichte vor. Für letztere erwies sich eine Vergrößerung der Schweißzeit durch Mehrimpulsschweißung als besonders günstig. In Blechkonstruktionen treten unterschiedliche Dicken jedoch laufend auf.

c) Punktung unterschiedlicher Werkstoffe: Auch Paarungen von Werkstoffen verschiedener Gattungen oder auch das Verbinden unterschiedlicher Werkstoffe sind möglich und auch üblich. Für die Punktschweißung gelten beim Verbinden *unterschiedlicher Werkstoffe* miteinander grundsätzlich die gleichen Regeln wie für die Stumpfabschmelzschweißung. Das Arbeitsverfahren wird entscheidend beeinflußt durch die folgenden Punkte:

α) unterschiedliche elektrische und Wärmeleitwerte;
Bem.: Die quantitativen Angaben betr. Wärmeleitfähigkeit der verschiedenen Al-Legierungen sind literaturmäßig gesehen sehr verstreut. — *Bungardt* u. *Kallenbach* haben Werte hierfür berechnet und zusammengestellt (Zahlentafel 5b).

β) unterschiedliche Höhe der Schmelzpunkte sowie der Solidustemperatur und des Schmelzintervalles bei Legierungen;

γ) die Schweiße zeigt die Skala der Gefügebestandteile des Zustandsschaubildes, wobei intermediäre Kristallite mechanisch spröde Schichten ergeben können.
Für Stumpfabschmelzschweißungen kann man das Verfahren jeweils auf die späteren an das Werkstück gestellten Anforderungen abstellen, was beim Punkten nur bedingt möglich ist; Beispiel: Al- mit Cu-Stromschienen.

δ) unterschiedliches elektrochemisches und späteres Korrosionsverhalten;

ε) Oberflächeneinfluß auf die Größe der Übergangswiderstände. (Dies sei nur ergänzend mit erwähnt.)

Als aufschlußreiches Beispiel vom Stahl her diene das Folgende:
Soll legierter Stahl mit Kupfer punktgeschweißt werden, so treten Schwierigkeiten infolge der verschiedenen elektrischen und Wärmeleitwerte auf. Nach dem Diagramm von *Ferguson* ist Kupfer schweißbar mit verchromtem oder verzinktem Eisenblech, mit Weißblech, gewöhnlichem und rostfreiem sowie V2A- (18% Chrom, 8% Nickel) Stahl. Man verwendet für diese Verbindungen mit Erfolg unterschiedliche Elektroden. Stahlseitig sorgt eine Kupferelektrode für die genügende Wärmeabfuhr, um die Überhitzung des Stahles zu vermeiden. Kupferseitig verhindert eine mit Wolfram überzogene Elektrodendruckfläche, daß zuviel Wärme abgeführt wird. Nach *D'Ans* u. *Lax* ergeben sich folgende Wärmeleitwerte: Cu = 0,94 sowie W = 0,40 cal/cm · s · Grad. Hierüber berichtete *Gilette*. Wärmeleitfähigkeitswerte gibt Zahlentafel 5b wieder.

Zwischen Stahl und Aluminium ist der Unterschied in den Schmelztemperaturen groß. Eine Verbindung von Aluminium mit Stahl erfordert deshalb bei hohem Energieeinsatz die exakte Einhaltung automatisch begrenzbarer und relativ kurzer Schweißzeiten. In jedem Fall werden das Arbeitsverfahren für derartige Verbindungen, wie auch das beim Punkten von Aluminium mit Kupfer oder Zink, die notwendige Maschineneinstellung für Strom und Zeit und die erreichte Punktgüte nur aus dem Versuch bestimmt. Ursächlich hängt das Arbeitsverfahren mit der Beherrschung der Erwärmung der beiden verschiedenen Werkstoffe zusammen. Einige Möglichkeiten, die Wärme im Hinblick auf die unter Punkt 1 bis 4 gezeigten Unterschiede zu beherrschen, seien wie folgt erwähnt:

α) unterschiedliche Wärmeleitwerte der Elektroden;

β) unterschiedliche Kühlung der Elektroden, hierzu die Vorwärmung oder das Nichtkühlen der einen und die gleichzeitige Kühlung der anderen Elektrode. Die nicht gekühlte Elektrode kann z. B. kupferseitig liegen und aus Wolfram bestehen, das bei höherer Temperatur als der Kupferwerkstoff schmilzt und durch Wärmeabgabe die ordnungsgemäße Schweißung bewirkt. Notwendig ist dieses Verfahren beim Aufpunkten von dünnen Cu-Folien auf Al-Bleche*). —

*) Beispiel: Al-Kondensatoren, angepunktete Cu-Kontaktbänder ermöglichen Zinnlot-Lötung des Cu mit dem Ausschußdraht, Vorsicht Kontaktkorrosion Al-Cu (!) bei Feuchtigkeit.

Auch die Verwendung einer Gegenelektrode in Form einer Kupferbürste ist möglich (siehe *Conrady* S. 437, Teil I). Diese bewirkt einen Großflächenkontakt und wird durch den Schweißstrom kaum erwärmt. Auch die Kühlung der einen Blechseite durch unmittelbare Wasserberieselung nach russischen Verfahren oder auch die Kühlung einer Werkstückseite mittels Preßluft ist in Anwendung;

γ) unterschiedliche Stromdichte durch Anwendung eines unterschiedlichen Elektrodenpaares mit Rund- und Flachkopfdruckflächen oder mittels Flachkopfelektroden unterschiedlicher Druckfläche.

δ) Auch durch konstruktiv unterschiedlich bemessene Blechdicken und damit verschieden stark wärmeableitende Querschnittsflächen läßt sich die Erwärmung steuern.

Für Reinaluminium gilt nach dem Diagramm der Punktschweißbarkeit von *Ferguson*, daß dies

gut verschweißbar ist mit den Werkstoffen Magnesium, Zink, Weißblech, V2A-Stahl, rostfreiem und gewöhnlichem Stahl*);

gut verschweißbar, jedoch bei *sprödem* Verhalten der Bindung mit Chromnickel, Manganin, Messing und Kupfer;

schlecht schweißbar mit Molybdän, Neusilber, Nickel-Kupfer-Legierungen, Bronze, Messing (vernickelt) und Eisenblech (verzinkt);

nicht schweißbar mit Zinn, Kadmium, Nickel und Eisenblech (verchromt).

Nicht untersucht wurde die Verschweißbarkeit mit Blei (nach dem Zustandsschaubild Al-Pb ist keine gute Verschweißung zu erwarten). (Siehe *Bejach-Glage*, Bemerkungen des Herausgebers S. 595 nebst Literatur.)

Über die Verschweißbarkeit der verschiedenen Al- und Mg-Legierungen mit weiteren Werkstoffen ist wenig bekannt. Die Magnesiumleichtmetalle wurden hinsichtlich Punktschweißbarkeit weniger als die Aluminiumleichtmetalle untersucht. Das Magnesium ist schlecht schweißbar mit Bronze. Derartige Verbindungen verschiedener Werkstoffe kommen häufig im chemischen Apparatebau vor. Die statischen und dynamischen Festigkeitswerte sowie das Korrosionsverhalten dieser Schweißverbindungen sind jedoch nur ganz vereinzelt ermittelt worden.

Hinsichtlich der Korrosion geschweißter Punkte sei hier auch auf die *Punktschweißlacke als Korrosionsschutz* hingewiesen, über die *F. Erdmann-Jesnitzer* (6) berichtete.

Diese Lacke werden für Leichtmetall und Stahl verwandt. Haltbare Punktschweißungen im Stahlleichtbau sowie für Leichtmetalle setzen oft ein brauchbares Korrosionsschutzmittel voraus. Ein einwandfrei wirkender nachträglicher Schutz in der Überlappung ist kaum möglich. Bekannt ist jedoch, daß trotz normalen Farbanstriches, falls dieser noch flüssig ist, ein Verschweißen stattfindet. Durch den Elektrodendruck wird die Farbe weggequetscht. Trotz verbleibenden Farbfilms wird die Verschweißung noch ermöglicht. Im Verlauf der Jahre 1943 bis 1945 wurden von der deutschen Industrie spezielle „Punktschweißlacke" geschaffen. Bekannt sind diese nach Untersuchungen des Verfassers unter den Firmennamen „Standoplast rot" und „Standoplast schwarz" (Fa. K. Herberts u. Co., Wuppertal-Barmen), „Glassomax" (Fa. Glasurit-Werke) sowie „Ikarol" (Fa. Warnecke u. Boehm, Berlin). — Die Lacke enthalten elektrisch leitende Pigmente, wie Graphit, Ruß und Eisenoxyd. Alle Sorten können blechseitig im Bereich der späteren Schweißlinse und des Punkteindruckes wie ein normaler Farbanstrich mittels Pinsels aufgetragen oder auch aufgespritzt werden.

---

*) Das einwandfreie Einpunkten von sogenannten Aluminiumauskleidungs-„Schutzhemden" an Stahl wurde 1944/45 im Flugzeugbau durchgeführt (unveröffentlichte Mitteilung). — *Die gute Bindung Al-Fe sei nachdrücklich mit Vorbehalt wiedergegeben.* Die Verschweißbarkeit mit Titan und Titanlegierungen wurde noch nicht bekannt.

Glassomax wird im nassen, Standoplast z. B. im geeigneteren halb- oder abgetrockneten Zustand verschweißt (15—60 Minuten oder 2—3 Tage Trockenzeit). Für Stahl- und Hydronalium einschließlich Reinalubleche hat sich nach eigenen Versuchen „Standoplast rot" bewährt. Dieser Lack hat jedoch thermoplastische Eigenschaften. Die Neigung zum thermoplastischen Kriechen läßt sich für verschiedene Kombinationen von Punktlackgrundierung und späterem Deckanstrich versuchsmäßig überprüfen,

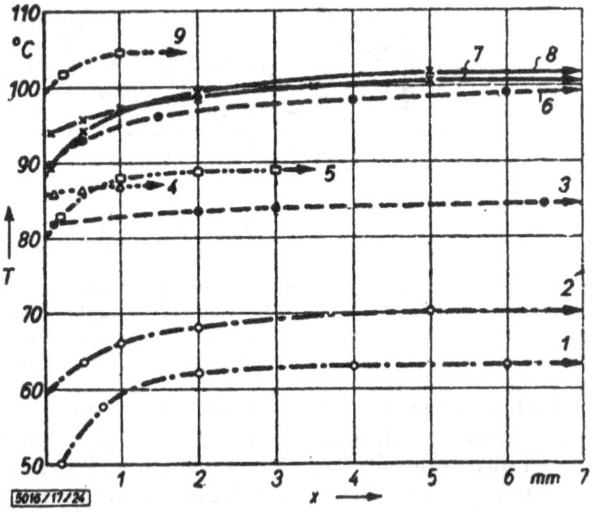

Bild 24. Kriechweg-Temperaturkurven als Maß für das Abgleiten von Deckschichten auf Punktlacken. Prüfung des thermoplastischen Verhaltens von „Standoplast rot" mit verschiedenen Decklacken, Ein- und Mehrschichtauftragung nach Versuchen von *Müller*, *Wessel* u. *Dirks*
x = Gleit- oder Kriechweg in mm,
T = Prüftemperatur in °C,
1—9 verschiedene Kombinationen der Anstriche

indem man nach *Müller*, *Wessel* u. *Dirks* 10 mm breite Leinenstreifen mit der kurz angetrockneten Filmschicht des Bleches auf eine Länge von 50 mm verklebt und in einem Wärmeofen mit einem 200-g-Gewicht auf Zug belastet aufhängt. Man mißt den Gleitweg in mm und trägt ihn in Abhängigkeit von der Temperatur auf. Derartige Kurven zeigt das Bild 24. Treten erhöhte Betriebstemperaturen auf, so muß der später aufgetragene Gesamtlackanstrich chemisch auf die Punktschweißlackgrundierung erhärtend wirken.

Man kann ein- und beiderseitig lackieren. Elektrodenseitiges Lackieren erfordert voll abgetrockneten Schweißlack. Kleben und Säuberung der Elektrodendruckflächen

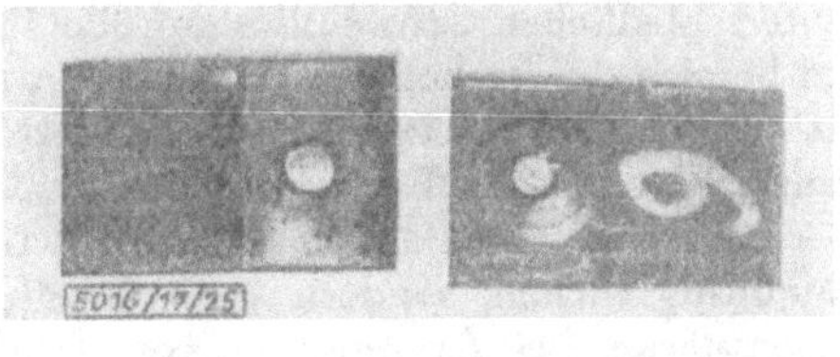

Bild 25. Abgescherte Punktschweißung. Geschlossener Lackring um die Schweißlinse als Korrosionsschutz (Punktschweißlack „Standoplast rot")

sind dann wie beim normalen Punkten ohne Anstrich. Innerhalb der Druckfläche schmilzt elektrodenseitig der Lack weg. Der Punkteindruck wird deshalb nochmals erneut konserviert. Für Stahl- und auch Leichtmetallbleche muß die günstigste *Schweißzeit erst durch Versuch* ermittelt werden. Die Schweißzeiten liegen beidemal etwas höher als normal. Nach dem Verschweißen und Abscheren soll um den Punkt herum ein *geschlossener Lackring* liegen (Bild 25). Der Streugrad der Scherkräfte in kg/Punkt ist für Stahl- und Hydronaliumbleche weder geringer noch größer als beim Punkten ohne Lack (Bild 26). Wechseltauchversuche in künstlichem Seewasser ergaben für punktverschweißte Flußeisenbleche 1,5 mit 1,5 mm Blechdicke nach *Müller, Wessel* u. *Dirks* genügenden Korrosionsschutz bei „Standoplast rot". Die mittlere Scherkraft betrug 1200 kg/Punkt bei 80 kg Elektrodendruck, 1,3 Sekunden Schweißzeit, Streugrad + 100 bis 150 kg, Schweißlinsendurchmesser 8 mm. — Die heutigen Punktschweißlacke, wie z. B. „Standoplast rot", erfüllen für Stahl- und Leichtmetallbleche also die Forderung des Korrosionsschutzes bei ausreichender normaler Festigkeit.

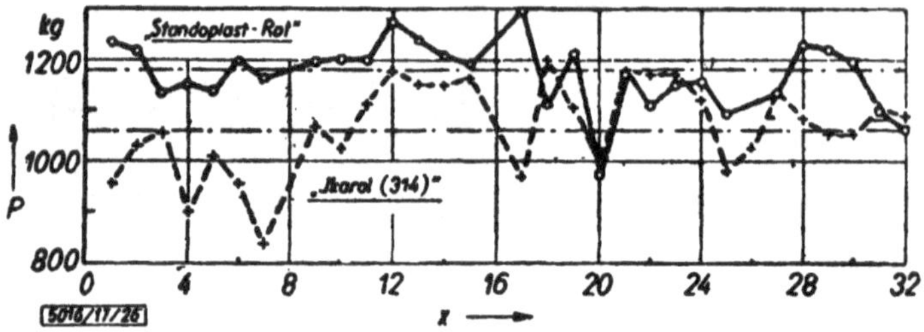

Bild 26. Streugrad und Festigkeitswerte für punktgeschweißtes Flußeisenblech 1,5 mit 1,5 mm Dicke, Punktschweißlacke „Standoplast rot" und „Ikarol", Werte der Punktfestigkeit nach *Müller, Wessel* u. *Dirks*
x = verschiedene Punktserien, P = Scherzugfestigkeit in kg/Punkt

Farblose Punktschweißlacke sind nicht bekanntgeworden. Da nur örtlich gepunktet wird, der Lack z. B. rot ist, wird aus ästhetischen Gründen bei Leichtmetallkonstruktionen meist nur einseitig, d. h. im Bereich der späteren Schweißlinse an der Berührungsstelle Blech - Blech, mit Lack angestrichen. Derartige korrosionsschützende Lacke sind bei Leichtmetallbehältern angebracht für eng an den Wandungen anliegende Beschlagbleche oder bei angepunkteten Halteknaggen, um eine Schädigung der punktgeschweißten Verbindung infolge Schwitzwasserkorrosion zu unterbinden. Folgen der Schwitzwasserkorrosion zeigte bereits das Bild 5. — Bei der Verwendung von Punktschweißlacken muß man sich jedoch immer darüber im klaren sein, daß unterschiedlicher Trocknungsgrad, verschiedene Schichtdicke des Lackes, anhaftender Staub, falls längere Zeit vor dem Verschweißen lackiert wurde, einen verschiedenen elektrischen Widerstand an den Berührungsstellen ergeben, der in Verbindung mit der ermittelten Schweißzeit eine Quelle für die Unterschiedlichkeit der Festigkeitswerte sein kann. Der Verfasser fand für Hydronaliumbleche, daß es hierbei ratsamer ist, längere Schweißzeiten anzuwenden, da dann unterschiedliche Lackkonsistenz weniger zu einer unterschiedlichen Schweißlinsengröße führt. Man liegt bei größeren Schweißzeiten im Bereich des flachen Kurvenastes von Festigkeit und Schweißzeit. Damit sei gesagt, daß größere Schweißzeiten, wenn die Stromstärke und Schichtdicke sowie der Flüssigkeitsgrad des Lackes optimal aufeinander in bezug auf die Bildung des erwähnten hermetisch abschließenden Lackringes um den Punkt herum abgestimmt sind, nicht ungünstig wirken, sondern von Vorteil sind. Bemerkt sei noch, daß die günstigste Stromstärke bei Anwendung von Punktschweißlacken etwas größer ist als beim Punkten ohne Lack. In dem Zusammenhang von Schweißzeit, Lackring und Einfluß verschiedener Lacksorten betrachtet, ist auch verständlich, warum z. B. „Standoplast schwarz" einen kleineren Bereich günstiger Schweißzeiten ergibt als „Standoplast rot", dessen Bereich der größere ist. Es bestimmt einfach die Dünnflüssigkeit in der Wärme und die Lackzusammensetzung die Kontaktbildung, wobei die Aufschmelzzeit für den Lack genau bemessen wird. — Besondere Bedeutung werden Punktschweißlacke für plattiertes Duraluminblech erlangen, da durch Cu-Diffusion in die Deckschichten eine unerwünschte Herabsetzung der Korrosionsfestigkeit erfolgen kann.

d) Das Anlegieren der Elektrode am Blech:

Den Versuchsergebnissen aller Verfasser ist gemeinsam die Erkenntnis, daß die verstärkte Neigung zum Ankleben der Elektrode am Blech nach erfolgter Verschweißung und nach Abheben abhängt von den folgenden Größen:

α) Stromstärke (einschließlich Blechdickeneinfluß hinsichtlich Temperaturgefälle Linse – Elektrode)
β) Schweißzeit
γ) Elektrodendruck
δ) Oberflächenbeschaffenheit des Bleches und der Elektrode.

Wenig beachtet sind:

ε) Strom-Zeit-Verlauf (siehe hierzu später)
ψ) konstruktive Gestaltung und Erwärmung der Elektrode
φ) Elektrodenwerkstoff in Wechselwirkung mit dem Blechwerkstoff (Diffusions- und Haftvorgänge)
ξ) unterschiedliches Verhalten der unteren und der oberen Stab- und Rollenelektrode.

Dabei bestimmen α, β, γ und ψ bevorzugt die auftretende Temperaturhöhe. Auf der Elektrode bildet sich ein matter weißgrauer Belag vom Al-Blech her, der mit zunehmender Punktanzahl an Schichtdicke weiter zunimmt, bis schließlich einzelne größere Partikeln des Bleches aus der Druckfläche des Bleches herausgerissen werden.

Zu α) Ist die Stromdichte (Amp./cm²) relativ groß, so kann der Punkt durchschmelzen. Wie bereits erwähnt, tritt dann die flüssige Phase bis an die Blech- und Elektrodenoberflächen. Die Elektrode legiert mit Sicherheit an, d. h. beim Abheben vom Blech klebt diese und reißt einzelne Partikelchen aus der Blechoberfläche heraus. Dies zeigte das Bild 10. Die Mitte der Eindruckskalotte ist aufgerauht und krispelig. Teile des Blechwerkstoffes kleben an der Elektrode, geringe Kupferreste verbleiben am Blech. Angeklebtes Aluminium oxydiert durch die Elektrodenwärme und mit der Zeit zu Aluminiumoxyd, die Kontaktbildung wird dadurch schlechter. Die Folge ist, daß beim weiteren Punkten die so verschmutzte Elektrode noch stärker am Blech klebt. Im Laufe der Lagerzeit verfärben sich die Punkteindrücke, durch das Kupfer bedingt, braun bis schwarz. Schwarze Punkte sind immer auch solche, aus denen bei Behältern Flüssigkeit durch den Punkt sickert.

Metallkundlich gesehen, wird das Anlegieren bestimmt durch

1. die Temperaturhöhe (Wechselwirkung von Schweißstromübergangswiderstand und Elektrodendruck an der Berührungsstelle Elektrode – Blech)
2. die Schweißdauer (Schweißzeit) sowie
3. durch das gegenseitige Verhalten von Elektroden- zu Blechwerkstoff und durch
4. Blech- und Elektrodenoberflächenbeschaffenheit.

Zunächst zu 2. Die Anzahl setzbarer Punkte bis zum notwendigen neuerlichen Reinigen der Elektrodendruckfläche wird geringer mit steigender Schweißzeit. Dies gilt grundsätzlich für alle Al-Legierungen auch bei Anwendung unterschiedlicher Maschinensteuerungen. Die Entwicklung moderner Zeit ÷ Strom Steuerungsorgane trägt der betrieblich wichtigen Frage des Anlegierens Rechnung, indem für die Schweißung der geeignete zeitliche Verlauf des Stromes zugrunde gelegt werden muß (z. B. Sinuskurvenform im Anfangsast).

Zu 3. Ist der Elektrodendruck zu gering, so tritt ein „Schmorkontakt" auf mit hoher örtlicher Erhitzung der Übergangsstelle.

Zu 4. Die Forderung nach einer durch Beizen oder Bürsten, oder auch beides zeitlich nacheinander ausgeführt, vorbehandelten oxydfreien und sauberen Blechoberfläche, zu den Elektroden hin gesehen, wird für Al-Legierungen in allen bisherigen Untersuchungsberichten aufgestellt. Auch die Elektrode selbst soll frei von Kupferoxydation sein. Die Reinigung der Elektrode erfolgt mechanisch mittels Sandpapiers feiner Körnung.

Von Zeit zu Zeit wird die Druckfläche abgefräst (siehe anschließend auch unter „Konstruktive Gestaltung der Stabelektrode"). Grobe Feilenriefen ergeben starken Elektrodenverschleiß und örtlich erhöhte Stromdichte, daher soll die Elektrodendruckfläche möglichst geglättet sein. Besonders der angeklebte grauweiße Al- und Al_2O_3-Film ergibt nach weiterer Benutzung ohne Reinigung ein verstärktes Ankleben der Elektrode am Blech. Die belassene Walzhaut, Fett oder Öl sowie Lack- oder Fettkreidereste, letztere von der Blechbeschriftung herrührend, wirken im Sinne verstärkten Anklebens. Einmal gesäuberte Oberflächen, die zwischenzeitlich gelagert oder durch parallel in Punktnähe ausgeführter Gasschweißung erwärmt wurden, führen zu erneuter Oxydschicht und einer erhöhten Erwärmung infolge erhöhten Übergangswiderstandes zwischen Elektrode und Blech. Zweifellos spielt der Rauhigkeitsgrad der Bleche hierbei auch eine entscheidende Rolle. Differenziertes Verhalten für gebeizte oder gebürstete Oberflächen verschiedener Werkstoffe untereinander läßt sich versuchstechnisch schwer erfassen. Trotz der jeweils empfindlichen Betriebsstörung durch das wiederholte Säubern der Elektrode sind die Vorbedingungen für das Ankleben der Elektrode wenig exakt untersucht, weil in den vielen Forschungsarbeiten die wichtigen Versuchsbedingungen kaum Berücksichtigung fanden. Der Verfasser hat laufend festgestellt, daß z. B. abgerundete Elektrodenköpfe, die durch zu grobes Schmirgelpapier (richtige Körnung trägt Papier Nr. 0) riefenbehaftet waren, erkennbar stärker zum Ankleben neigten. Das gleiche gilt für die Blechoberfläche. Auch das Bild 10 zeigte, daß die Elektrode schlecht geputzt wurde.

Wichtig ist auch, daß trotz Säuberns der Elektrode die vorgeschriebene geometrische Eindrucksform beibehalten wird. Ein einseitiges Aufsetzen wirkt in Richtung größerer Stromdichte und verstärkter Erwärmung, wodurch das Ankleben begünstigt wird.

Mäder berichtet darüber, daß bei Mittelfrequenz-Doppelpunktaggregaten die Neigung zum Anlegieren geringer als bei normaler 50-Hertz-Netzfrequenz ist. Die bewegten Massen sind bei Doppelpunktaggregaten gering. Es tritt ein „Hämmern" des Punktes auf. Zweifellos werden das Aufreißen der Oxydhaut und die Abplattung der Rauhigkeitsspitzen dadurch begünstigt im Hinblick auf guten elektrischen Kontakt.

Zu ε) siehe unter „Einfluß der Schweißzeit".

Zu ψ) Konstruktive Gestaltung der Stabelektroden:

Für Leichtmetalle werden durchweg wassergekühlte Stab- und Rollennahtelektroden verwandt, wenn man von Kleinschweißaggregaten absieht. Von *Zimmermann* ist zunächst, durch die Untersuchungen des Verfassers angeregt, bereits Anfang des Jahres 1943 die in dem Bild 27 gezeigte Elektrode entwickelt worden. Diese hat einige Vorteile der neueren Bauart. Die Elektrode besteht aus einem größeren Grundkörper K. Zweckmäßigerweise wird dieser aus gezogenem Hartkupfer hergestellt. Elektroden, die versuchsweise in der gleichen Ausführungsform zwecks Einsparung des Reinkupfers z. B. aus Messing hergestellt wurden, ergaben infolge der unterschiedlichen und verringerten elektrischen sowie Wärmeleitwerte eine wesentlich stärkere Erwärmung und konnten für Al-Leichtmetalle nicht angewandt werden. (Siehe hierzu den nächsten Abschnitt.) In den Grundkörper K ist ein kleiner Druckstift D konisch eingelassen. Dessen Stirnfläche stellt die eigentliche Elektrodendruckfläche dar. Dieser Stift ist nach Abnutzung, hervorgerufen besonders durch das notwendig werdende Säubern der Druckflächen, auswechselbar. In DIN 44750 sind die Formen der Einsatzelektroden mit Morsekegel (5-Größen), als auch die mit Schraubzapfen (3-Größen) festgelegt worden. Die Schweißmaschinenfabriken sind zur Norm-Elektrode übergegangen. Bevorzugt wird jedoch die Schraubelektrode mit konischem Sitz der Dichtungsfläche und Leiterquerschnitt bei guter Lösbarkeit mittels Schraubenschlüssels. Die Verwendung einzelner fertiger Druckstifte ergibt eine wesentliche Vereinfachung in der Lagerhaltung gebrauchsfertiger Elektroden. Dadurch wird Kupfer als „totliegender" Werkstoff eingespart. Jeder Schweißer verfügt über einige dieser kleinen Ersatzstifte. In die Elektrode lassen sich diese einsetzen, ohne daß die gesamte Elektrode ausgebaut werden muß. Abgestellt wird zwischenzeitlich nur das Kühlwasser. Es hat sich nicht bewährt, die Druckstifte noch auszubohren. Der Druckstift D wird als voller Körper intensiver als bei ausgebohrtem gekühlt. Mit der laufenden Punktung erwärmt sich nun die Elektrode, je nach Schweißstromhöhe, Punktleistung und Abkühlverhältnissen oft bis zu handwarmen Temperaturen. Auch kann das Kühlwasser einmal aussetzen. — Um auch bei flachem Konus mit geringem Flankenwinkel ein zu tiefes Eindringen in den Konus und damit verbundenes erschwertes Auswechseln nach erfolgter Abnutzung zu vermeiden, liegt am Kopfende der Elektrode ein Ring R aus unmagnetischem V2A-Stahl außen um den Konus herum und wirkt festigkeitssteigernd für den Grundkörper. Als Werkstoff des Druckstiftes haben sich auch spezielle Legierungen für Punktschweißelektroden bewährt. Das Kühlrohr G wird entweder schräg abgeflacht oder, wie es Bild 27 zeigt, geschlitzt ausgeführt. Bei bündigem Aufstoßen des Rohres wird so der Wasserfluß nicht gehemmt. Ungeeignete Wasserführung wie Wasserwirbel in Stiftnähe können ungenügende Kühlwirkung infolge Wärmestaues ergeben. Werte für die notwendige Kühlwassermenge in Liter/Stde. gibt für unterschiedliche Blechdicken *Weisner* an. Dies zeigt die Zahlentafel 6 als Richtwerte.

Verschweißte Blechdicken in mm	Kühlwassermenge in Liter/Stunde
2 × 0,5	30
2 × 1,0	75
2 × 2,0	100
2 × 3,0	130
2 × 4,0	150

Zahlentafel 6. Kühlwassermenge und Blechdicke für Punktschweißungen, nach *Weisner*

Für den vorliegend beschriebenen Effekt dichter Schweißlinsen kommt der Balligkeit (Abrundung) der Druckfläche der Elektrode eine wesentliche Bedeutung zu. Diese soll etwa die in der Zahlentafel 4 aufgeführten Abrundungsradien der Druckfläche erhalten. In der Zahlentafel 4 wurden Werte des Rundungsradius für unterschiedliche, jedoch paarweise gleiche Blechdicken einschnittiger Verbindungen aufgeführt. Mit angegeben ist auch der Elektrodendurchmesser. Um die Balligkeit jederzeit wieder neu zu gewährleisten, bedient man sich, wie es der Verfasser mit Erfolg erprobte, nach größeren Punktserien und subjektiver Beobachtung eines in eine Winkelbohrmaschine W eingespannten kleinen, aus einer abgebrochenen und unbrauchbar gewordenen Reibahle selbst herstellbaren Spezialfräsers F, der in dem Bild 28 mit Maßangaben dargestellt ist. Dieser läuft in einer Führungsmuffe M. Das Reinigen der Elektrode erfolgt mittels Schmirgelpapiers genügend feiner Körnung. Dieses wird auf eine mit Griff versehene Holzunterlage geklebt und wie eine Feile gehandhabt (Bild 29).

Die Stab- und Rollennahtelektroden sollen also für Al-Leichtmetalle stets Wasserkühlung erhalten. Die Erwärmung hängt primär von der Stromdichte ab. Aber nicht die äußere, meist massiv aussehende Form gibt nun die tatsächlichen Leiterquerschnitte an. Diese vermittelt erst das zeichnerische Querschnittsbild. Die Kühlkanäle, die Bohrungen und die Aufnahme für den Druckstift müssen konstruktiv derart ausgeführt

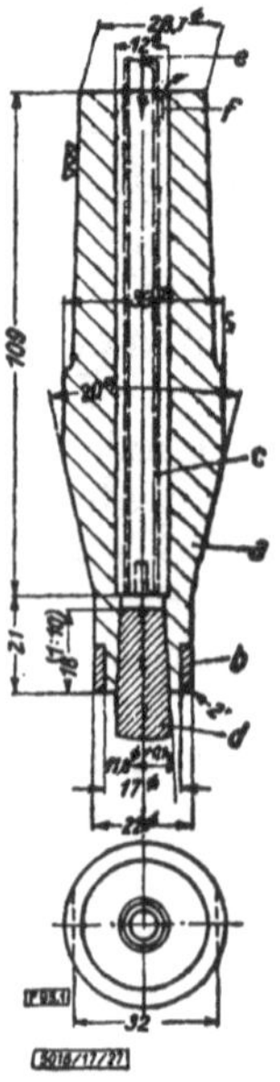

Bild 27

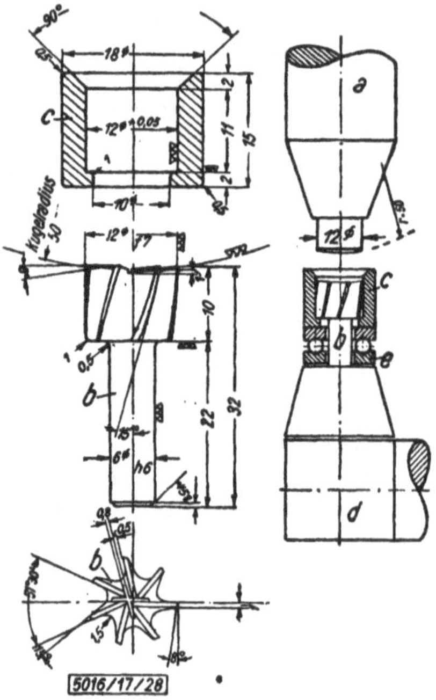

Bild 28

Bild 27. Moderne wassergekühlte Stabelektrode für Leichtmetalle nach *Zimmermann*

K = Grundkörper
D = Druckstift (auswechselbar)
G = Zuleitungsrohr für das Kühlwasser
R = unmagnetischer Verstärkungsring aus V2A-Stahl
x = angephaste Grifffläche für Schraubenschlüssel
Druckstiftform, s. auch DIN 44750

Bild 28. Spezialfräswerkzeug in Winkelbohrmaschine zwecks Einhaltung der vorgeschriebenen Balligkeit von Stabelektroden nach *Erdmann-Jesnitzer* u. *Zimmermann*

F = Spezialfräser
M = Führungsmuffe
K = Kugellager
W = Winkelbohrmaschine
D = Druckstift (siehe Bild 27)
K = Elektrodengrundkörper (siehe Bild 27)

sein, daß auch wirklich genügend Leiterquerschnitt verbleibt. Der Konus muß im Aufnahmekopf metallisch satt anliegen. Eingeschraubte Druckstifte ergeben nur eine genügende Kontaktfläche, wenn der Kontaktkonus mit 45° ansetzt, wie bei der Normalelektrode nach DIN 44750. Hanfdichtungen, wie sie der Verfasser oft dann vorfand, wenn ungelerntes Bedienungspersonal heraustropfendes Kühlwasser abzudichten versuchte, Wasserglas- sowie Farbanstrich oder gar Papiereinlagen im Aufnahmekonus für Druckstift und Elektrode sind selbstverständlich zu verwerfen. Derartiges ist oft die nicht sofort erkennbare Ursache einer übermäßigen Erwärmung der Elektrode, da in den restlichen Kontaktstellen örtlich hohe Stromdichten auftreten.

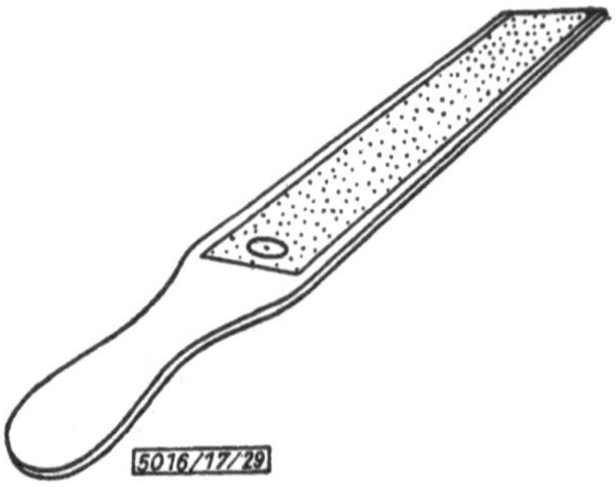

Bild 29. Holzgriff mit aufgeklebtem Sandpapier für Elektrodenreinigung

Zu φ) Für die betriebliche Bewährung des Elektrodenwerkstoffes ausschlaggebend sind

1) gute elektrische und Wärmeleitfähigkeit
2) Formbeständigkeit in der Wärme und nach der Erwärmung
3) geringe gegenseitige Neigung zum Legieren.

Mit den Elektrodenwerkstoffen befaßten sich: *Pretsch, Hibert, Harrington* (für Schweißungen von Stahl), *Weisner, Wießner, Hauk, Gönner, James, Rietsch* sowie *Seemann* u. *Dudek*. Geeignete Elektrodenwerkstoffe sind Inhalt sehr zahlreicher In- und Auslandspatente, worüber die letztgenannten Autoren einen kürzeren Überblick geben.

Die Antwort auf die Frage, welcher Elektrodenwerkstoff den bestgeeigneten für die Punkt- und Rollennahtschweißung darstellt, ist heute zu geben trotz alledem noch nicht möglich. Während versuchstechnisch die unter 1) und 2) aufgezählten Grundforderungen experimentell bereits unterbaut und in einer Vielzahl von Arbeiten und praktischen Vorschlägen behandelt worden sind, stoßen wir bei der vorhererwähnten Forderung unter 3) auf das weite Gebiet der Diffusionsvorgänge in festen Metallen und Metallegierungen. Die Lehre von den Diffusionsvorgängen befindet sich jedoch, metallkundlich gesehen, noch selbst in der Entwicklung, wenngleich sich auch für einzelne Fälle bereits, gittermäßig gesehen, eine Systematik erkennen läßt. Einfache Voraussetzungen liegen bei gezogenen Hartkupferelektroden vor. Geringe Neigung zum Anlegieren soll im wesentlichen gleichbedeutend sein mit geringem gegenseitigem Diffusionsvermögen. Betrachtet man aber, ganz allgemein gesehen, verwickeltere Voraussetzungen und allein nur den Einfluß dritter Elemente bei der Diffusion von Metallen, wie sie z. B. bei legiertem Elektrodenwerkstoff gegeben sind, so lassen sich gemäß einer Literaturübersicht von *J. Hauk* (2) vorerst noch ganz erhebliche Widersprüche der Ergebnisse veröffentlichter Arbeiten feststellen. Trotzdem läßt sich, kurz aufgezählt, folgendes zusammenfassend sagen:

Stab- und Rollennahtelektroden können aus *reinen Metallen* oder aus *Metallegierungen* bestehen. Rollennahtelektroden sind nach *Haase* meist aus Kupferlegierungen gefertigt. Im Vordergrund der reinen Metalle steht das Elektrolytkupfer (gute elektrische Leitfähigkeit), hart gezogen, genügende Festigkeit. Die Erweichungstemperatur liegt jedoch niedrig und bei hohen Reckgraden um etwa 200° C. Dies zeigt das Bild 30. Chrom- oder chromüberzogene Kupferelektroden, amerikanische Vorschläge nach *Hibert*, haben sich ebenso wie reine Silberelektroden nach *Stoltz* oder die sogar vorgeschlagenen Kohleelektroden (DRP 730074) nicht eingeführt. Auch die Wirkung von reduzierend wirkenden Kohlenstoffzusätzen nach mündlichem Vorschlag von *Baukloh* sind noch nicht untersucht. Mit Wolfram oder „Elkonit" bekleidete Elektroden finden beim Punkten verschiedener Werkstoffe miteinander (z. B. Fe mit Cu) einseitig Verwendung.

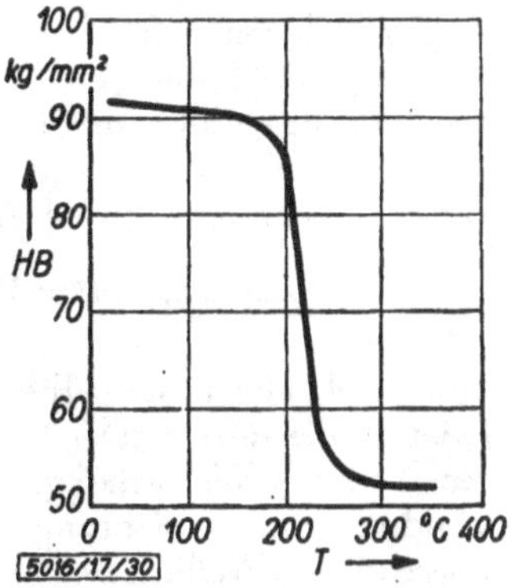

Bild 30. Entfestigungstemperatur von Hartkupfer
T = Anlaßtemperatur in ° C,
HB = Brinellhärte in kg/mm²

Bei den Legierungen stehen die auf Kupferbasis im Vordergrund. Hinsichtlich der Warmfestigkeit sind legierungsfeste, ausgehärtete sowie kaltverfestigte und ausgehärtete Legierungen zu unterscheiden. Die elektrische Leitfähigkeit von Kupfer wird durch Legierungszusätze und Kaltverfestigung verringert. Die Abnahme der elektrischen Leitfähigkeit mit der Temperatur ist für homogene Legierungen jedoch wesentlich geringer als bei den reinen Metallen. Dies ist von Vorteil, da der generellen Verringerung der elektrischen Leitfähigkeit durch die für die Warmfestigkeit notwendigen Legierungszusätze zugunsten der Legierung somit entgegengewirkt wird.

Für Kupfer sind an Elementen, einzeln oder kombiniert, vorgeschlagen worden:

Silber, Magnesium, *Beryllium*, Aluminium, *Kadmium*, Zink, Silizium, Titan, Zirkonium, Zinn, Thorium, *Phosphor*, Chrom, Molybdän, Mangan, Wolfram, Eisen, Kobalt und Nickel sowie Zusätze von Mangan, Silizium und Nickel. (Silber und Phosphor machen Kupfer unempfindlich gegen Oxydation.)

Bewährte deutsche Werkstoffe für Elektroden sind:

„Blombit", Kupfer mit 2 bis 7% Ag

„Durana Elektra", Kupfer mit etwa 1% Cd, Brinellhärte etwa 130 kg/mm², d. h. um 30 kg/mm² höher als Cu (elektrische Leitfähigkeit nach *Weisner* etwa 73—75% der des Cu)

„Elmet U", Kupfer mit 5 bis 6% Ag und 1 bis 1,5% Cd

„(Elmet H 3" — Sinterwerkstoff, bestehend aus 80% W und 20% Cu — scheidet mit nur 30% der elektrischen Leitfähigkeit von Cu für die Leichtmetalle aus.)

Ein bewährter neuerer englischer Elektrodenwerkstoff nach *James* ist Kupfer mit 0,6% Cr (Entfestigungstemperatur 500° C, elektrische Leitfähigkeit rund 80% der des Kupfers).

Allen Bestrebungen eigen ist es, ein Optimum zu erreichen für

hohe Warmfestigkeit, d. h. hohe Erweichungs- (Rekristallisations-) Temperatur,
große elektrische Leitfähigkeit und
betriebsmäßig erprobte geringe Neigung zum Anlegieren.

Da Elektroden für Leichtmetalle immer wassergekühlt sein sollen, kommen nennenswerte Erwärmungen über etwa 40 bis 60° C nur bei Aussetzen der Wasserkühlung vor, und es genügt für die Leichtmetalle, daß der Grundkörper (Bild 27) aus Hartkupfer besteht. Zweifellos aber läßt sich durch Anwendung geeigneter Kupferlegierungen die relativ große Abnutzung der Hartkupferelektrodenspitzen verringern.

Zu ζ) *Unterschiedliches Verhalten der oberen und der unteren Punkt- und Rollennahtelektrode.*

Betrieblich läßt sich oft beobachten, daß die obere Elektrode stärker zum Anlegieren neigt als die untere. Der Grund ist bei Punktschweißelektroden darin zu suchen, daß ein Teil des Werkstückgewichtes die untere Elektrode mitbelastet. Auch bei Anwendung von Vorrichtungen tritt dies auf. Die untere Elektrode wird meist starr, die obere mittels Preßluft bewegbar ausgeführt. Die einstellbare und durch Elektrokontakt im Druckmanometer automatisch regulierte Druckhöhe im Preßluftzylinder ermöglicht verschieden große Elektrodendruckkräfte. Die Elektrodenachse liegt bei ortsfesten Maschinen meist für Stabelektroden vertikal und für Rollenelektroden horizontal. Die unteren Elektroden erhalten als Druckkraft also einen Teil des Werkstückgewichts zuzüglich zur Elektrodenkraft, mit der die obere Elektrode nur allein angedrückt wird. Da die spezifische Flächenpressung mit in die Kontaktbildung Elektrode-Blech eingeht, erscheint die Neigung zum verstärkten Kleben der oberen Elektrode verständlich. — Für Rollennahtelektroden gilt das gleiche. Bei letzteren ist es ferner nicht gleichgültig, ob z. B. der Behältermantel für das Schweißen der Rundnaht mit der äußeren oder der inneren Blechwandung, d. h. oberhalb oder unterhalb zur unteren Elektrode hin gesehen, abläuft. Im ersten Fall ist die Flächenpressung (Auflage Blech-Elektrode) größer als im zweiten Fall. Unterhalb ablaufende Behälter ergeben daher einen stärkeren Verschleiß der unteren Rollenelektrode, die öfter als die obere gesäubert werden muß.

Außerdem wirken die erheblichen elektromagnetischen Kräfte des Schweißkreises im Sinne des Abhebens der oberen Elektrode. Dieser elektromechanische Vorgang wird von *Mäder* erwähnt. Nach Stromdurchgang ist die obere Elektrode daher bestrebt, gegen das Wirken des Druckes auf den Preßkolben sich vom Werkstück abzuheben, was besonders dann die Neigung zum Anlegieren vergrößert, falls, wie bei gittergesteuerten Maschinen zur Zeit üblich, die volle Höhe der Spannungs- und Stromamplitude momentan und zeitlich gesehen nicht langsam ansteigend einsetzt.

e) Schliffherstellung, Ätzen und Gefügebefund.

α) Aluminiumlegierungen

Man schleift und poliert immer eine größere Anzahl geschweißter Punkte zugleich und betrachtet diese eingespannt in einem Schliffhalter, um zu einem genügenden Mittelwert der meist etwas unterschiedlich ausfallenden Linsen zu kommen. Um mit Sicherheit eine Schliffläche durch die Punktmitte senkrecht zum Blech zu erhalten, verfährt man nach *Schrader* so, daß man die Schweißung an zwei 25 mm entfernten Stellen derart ankörnt, daß die Verbindung beider Körnerspitzen durch die Punktmitte des äußeren Elektrodeneindruckes verläuft. Alle Blechproben werden zunächst in Einzelschliffhaltern vorgeschliffen, so daß die Körnerspitzen eben im Schliff erscheinen. Dann werden eine genügende Anzahl Proben je Versuchsbedingung (mindest 5, besser 7 bis 10 Stück) höhengleich im Schliffhalter eingespannt, abgeschliffen und poliert, bis die Ankörnungen voll erscheinen. Die Schliffläche liegt dann mit Sicherheit in der Punktmitte, die Körnerspitzen dabei genügend weit im unbeeinflußten Blechgefüge. Man beobachtet den Schliff ungeätzt und geätzt in 10- und 500facher Vergrößerung zunächst auf grobe Poren und Lunker sowie auf fein verästelte Risse des Inneren der Linse hin. Bereits ungeätzt ist die flache Linse mit bloßem Auge schwach erkennbar. Durch Ätzung tritt sie deutlich abgegrenzt hervor. Als Ätzmittel seien auf Grund eigener Erfahrungen die der Zahlentafel 7 empfohlen. Für AlMg-Legierungen

Werkstoff	Makroätzung	Mikroätzung
AlMg 3 Si (AlMg 35) .... AlMg 3 .... AlMg 5 .... AlMg 7 .... AlMg 9	1% NaOH, 20° C (verschiedene Ätzzeiten nach Augenschein, bis Linse schwach bläulich erscheint)	Mikroätzung wie Makroätzung mit kürzeren Ätzzeiten. Bei geringem Mg-Gehalt oder bei Si- und Mn-Zusätzen kurzes Nachätzen 1—2 Sek. mit 1% HF, 20° C
AlMgMn .... AlMgSi .... AlCuMg	10% NaOH, 20° C (verschiedene Ätzzeiten)	
AlCuMg (plattiert)	Dreisäurenlösung aus 50 HCl, 50 HNO_3, 50 H_2O, 50 HF, 20° C	
Mg-Legierungen	10% Essigsäure oder wässerige Phosphorsäure	

Zahlentafel 7. Ätzanweisungen für Schliffbilder von Leichtmetallpunktschweißungen, nach *Erdmann-Jesnitzer*

wählt man eine Ätzung mit grundsätzlich kurzen Ätzzeiten von etwa 1 bis 5 Sekunden. Frisch polierte Proben können kürzer geätzt werden als gelagerte polierte. Geätzte Proben, nach einiger Zeit wiederum betrachtet, müssen vorher neu abpoliert und geätzt werden. Man ätzt jeden Schliff sofort nach dem Polieren, Waschen und Trocknen. Die trocken ins Ätzbad gebrachte Schliffläche zeige möglichst nach oben, damit der Ätzvorgang beobachtet werden kann. Der Schliffhalter oder die Greifklauen sollen aus Aluminium bestehen. Die Natronlaugen- wirkt milder als die Mischsäurenätzung. Erstere tönt meist auch die heterogenen Kristallite des Blechgefüges und ergibt schwach gedunkelt den Bereich der Wärmeeinflußzone des nicht aufgeschmolzenen Blechgefüges.

Wie der Verfasser aus Großzahluntersuchungen fand, erfolgt durch die Natronlaugenätzung *keine* Vergrößerung oder Verbreiterung vorhandener Poren und Risse. Der Grund liegt darin, daß während des chemischen Angriffes Gas frei wird, das auch aus Poren und Rissen aufperlt und den weiteren Zutritt von Ätzflüssigkeit in die Poren unterbindet. Nach dem Ätzen wird die Schliffläche sehr gut und mittels Wattebausches längere Zeit unter fließendem kaltem Wasser abgespült, da andernfalls der Schliff bald von selbst nachätzt. Hierdurch würde die Klarheit der mikroskopischen Gefügezeichnung trübe. Für Mikroaufnahmen empfiehlt sich ein kurzes Nachätzen (2—3 Sekunden) mit 1% HF bei Raumtemperatur, wieder mit anschließender ausreichend langer Waschung. Für Makrobilder der Schweißlinsen ist bei AlCuMg-Legierungen auch die Dreisäurenlösung als Ätzmittel im Gebrauch (Zahlentafel 7). Das Al-Al_2Cu-Eutektikum wird bei Duralumin oft mittels 20% HNO_3 nachgeätzt. Der Verfasser bevorzugt aber die mild wirkende Laugenätzung. Er hält die Säurenätzung für Mikrobilder von Schweißlinsen ungeeignet, da der Korngrenzenangriff zu stark ist. Durch Herauslösen und durch Schwarzfärbung der Korngrenzenbestandteile bei zu starkem Ätzangriff kann trotz dichtem Gefüge in der Kernzone der Schweißlinse ein Bild fein verästelter Risse vorgetäuscht werden. Ein relativ starker Ätzangriff auf Säurebasis ist jedoch dann zweckmäßig, wenn keine Gefügefeinheiten, sondern nur der Linsendurchmesser in geringer Vergrößerung ermittelt werden soll. Grundsätzlich werden die fotografischen Aufnahmen unmittelbar anschließend an das Ätzen ausgeführt.

Bevor auf den Einfluß der Schweißzeit und die Möglichkeiten zur Verringerung aufgetretener Risse und Poren näher eingegangen werden kann, sollen die Grunderkenntnisse über die Gefügeausbildung punkt- und nahtgeschweißter Aluminiumlegierungen und die der Magnesiumlegierungen im folgenden behandelt werden.

β) *Magnesiumlegierungen*

Bei der Anfertigung von Schliffen beobachtet man bei Magnesiumlegierungen, daß die eigentliche Schweißlinse meist nicht so gleichmäßig wie bei Al-Legierungen unmittelbar unterhalb des wirkenden Elektrodeneindrucks, sondern unregelmäßig dazu etwas verschoben liegt. Nach der Ätzung (Zahlentafel 7) ist schliffbildlich wie bei den Al-Legierungen eine Schweißlinse zu erkennen. Jedoch ist fast durchgehend die ehemalige Berührungsfläche der Bleche noch deutlich markiert. Diese liegt etwa als Symmetrieebene in Linsenmitte und ist der Ausgangspunkt strahlenförmig verlaufender Stengelkristalle, die sich in beide Bleche hinein erstrecken. Dies zeigen die Bilder 31 a—c für Elektronblech von 1 mm mit 1 mm Dicke. Erst in den äußeren Zonen der verschweißten Flächen, meist im Bereich des durch die Ätzung markierten zweiten Ringes, sind die Körner über die Berührungsebene Blech – Blech hinweg verwachsen. Vereinzelt erhält man für verschiedene Punkte, aber auch innerhalb nur eines Punktes allein, ein deutliches örtliches Aufschmelzen der Berührungsfläche.

Dies zeigt das Bild 31 b, dessen Schlifflage genau in der Mitte des Schweißpunkteindruckes liegt, während sich dagegen die richtige Schweißlinse nach Bild 31 c ordnungsgemäß, jedoch etwas von der Mitte verschoben, ausgebildet hat. Analog der Unterschiedlichkeit in der Ausbildung der Oxydhäute zeigen sich somit auch bei Mg- und Al-Legierungen Unterschiede in der schweißtechnischen Bindung der Bleche.

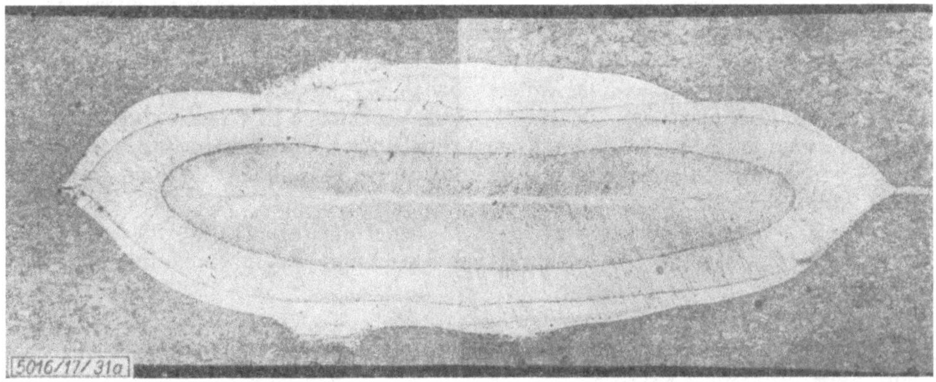

Bild 31 a

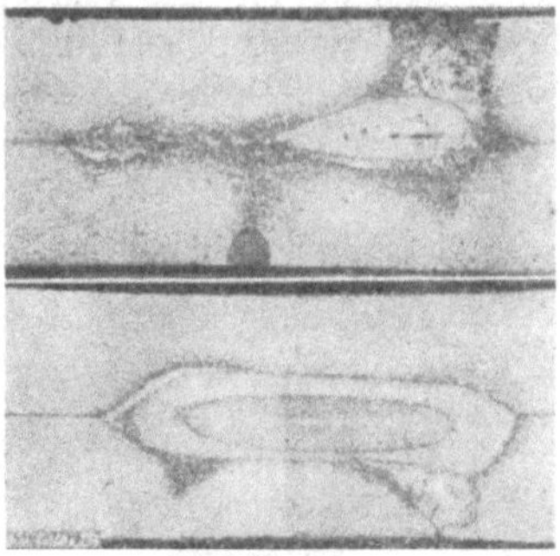

Bild 31. Querschliff der Schweißlinse von Elektronblech 1 mit 1 mm Dicke, schwach geätzt

a) Schweißlinsenquerschliff, 92,3 kg/Punkt Scherzugfestigkeit (Vergr. 25fach)

b) Punkteindruckmitte ist nicht Linsenmitte

c) ordnungsgemäße Linse, verschoben zum Eindruck, 69,0 kg/Punkt

Bild 31 b und c

Deutlich unterschiedlich ist das Stengelkristallkorn vom Walzkorn des Bleches, das im rekristallisierten Zustand fast regellos ist oder eine geringe Neigung zur Faserstruktur parallel zur Blechoberfläche zeigt. Unsere Kenntnisse vom Wesen derart schnell verlaufender Aufschmelzungen mit anschließender entsprechend schneller Erstarrung sind noch lückenhaft, was für die Widerstandsschweißung allgemein gilt. Man muß annehmen, daß ein Übergang in den schmelzflüssigen Zustand bei Mg-Legierungen ähnlich Stahl im Innern der Linse offensichtlich nicht immer erfolgt. In der Linse markiert sich die Berührungsfläche der Bleche noch deutlich als ein Strich, der im inneren Bereich die zwei Wachstumsrichtungen der Stengelkristalle voneinander trennt. Erst bei genügender Wärmeentwicklung scheinen sich dann die äußeren Linsenbezirke durch Kornverwachsung zu verbinden. (Zur Frage der Gefügeringe siehe unter „Al-Legierungen".) Die Mg-Legierungen bieten auch ein gutes Beispiel zum Studium der bei diesen auftretenden Gefüge- oder „Jahresringe". Betrachtet man im Bild 31 a die Ringe nach der Ätzung, so fällt auf, daß von den durch die Ringe gebildeten Schalen die innere auf der gesamten Fläche am stärksten angeätzt wird. Von innen nach außen gehend, werden die von den Ringen begrenzten Flächen heller, d. h. das Ätzmittel greift diese geringer an. Die stengeligen Kristallite sind in ihrer Wachstumsrichtung und Länge von den Gefügeringen *unabhängig*. Diese entstehen also nur durch den unterschiedlichen Ätzangriff. Die Ausbildung der Stengelkristallite erfolgt ähnlich wie beim Erstarren von normalem Guß in Kokillen bevorzugt in Richtung der stärksten Wärmeableitung. Der Bereich der Schweißlinse sei flüssig gedacht. Angenommen wird, daß im wesentlichen dann eine regellose Anordnung der das Linsengefüge aufbauenden Atome vorgelegen hat. Die Wachstumsrichtung der stengeligen Kristallite erfolgt zweifellos innerhalb der späteren Schweißlinse von außen nach innen. Die äußeren Schalen erstarren infolge der Wärmeableitung eher als die inneren. So erkennt man auf den Bildern 31 a und c durchweg, daß die nach innen sprießenden Kristalle zusammenstoßen und durch ihre Plastizität in der Wärme teilweise umgebogen werden, sobald zwei Kristalle aufeinanderstoßen und sich in ihrem Wachstum behindern.

Der Gefügebefund punktgeschweißter Al-Legierungen muß eng, wie nachfolgend beschrieben, mit den dabei beobachtbaren Poren und Rissen der Schweißlinse betrachtet werden.

f) Die Entstehung von Rissen und Poren in der Schweißlinse von Al-Legierungen.

Betrachtet man das Makrobild der Schweißlinse (Vergrößerung z. B. 1 : 10), so kann man bei Al-Legierungen meist mehr oder weniger starke Poren und offensichtliche Risse in der Schweißlinse beobachten (Bild 32). Beansprucht man den Punkt auf Kopfzugfestigkeit bis zum Bruch, so erkennt man mittels Biokulars in Linsenmitte kugelige *Poren*, deren Innenfläche metallisch blank ist. Sie ähneln den gleichen Gas-

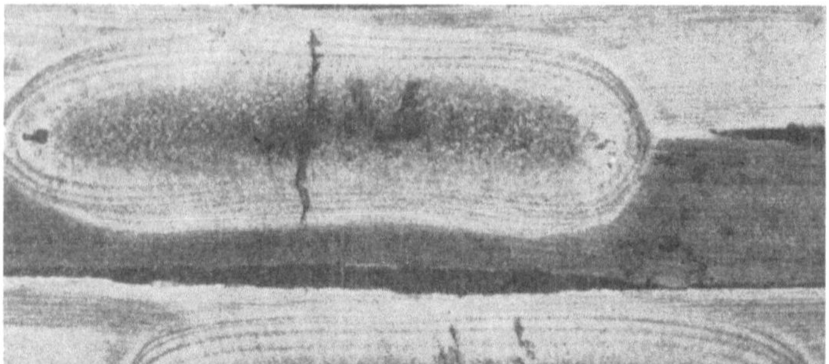

Bild 32. Porige und rissige Schweißlinsen. Ausbildung der „Gefügeringe"; Leg. AlMgMn, 1,5 mit 1,5 mm Blechdicke, 1 Blech hart, 1 Blech: Zustand weich, geätzt 10% NaOH 20° C, 0,5% HF 20° C. Schweißzeit 12 Per., Schweißstrom 18 kVA$_{eff}$, Elektrodendruck 320 kg, Elektrode 12 mm ⌀ = 75 mm

Bemerkung: Die beiden Bleche wurden absichtlich derart ausgewählt, daß sie unterschiedliche Kaltverfestigung zeigten. Das kaltverfestigte Blech wird stärker angeätzt. Außerdem aber erkennt man, daß sich für dieses die Elektrode stärker in das Blech eindrückt. Dies geschieht in Übereinstimmung mit unseren Erkenntnissen über das Kriechen der Metalle, das durch Kaltverfestigung und zunehmende Feinkörnigkeit gefördert wird.

blasen, wie sie oft dem Siluminsandguß eigen sind, und ihre kugelige Form kennzeichnet sie als Poren. Deutlich davon unterschieden sind *feine* und *grobe Risse*. Auch diese liegen vorwiegend im inneren Teil des Linsenbereiches. Sie verlaufen senkrecht zur Blechoberfläche und können, wie in den Bildern 32 und 39, bis zur Oberfläche durchbrechen. Dies geschieht dann, wenn die Linse nahe der Elektrodendruckfläche liegt. Aber auch bei kleineren Linsen können sich die groben Risse bis in das nicht aufgeschmolzene Blechgefüge erstrecken. Durch die Lage in der Linsenmitte und in dieser senkrecht zur Berührungsfläche der Bleche verlaufend, sind die groben Risse als Schwindungsrisse der schmelzflüssigen oder breiigen Werkstoffmenge anzusehen, da die Wärmeschrumpfung in Richtung der späteren Scherfläche die größere ist.

Nach dem Aufschmelzen verspritzt eine geringe Schmelzmenge zwischen die Bleche und erstarrt dort momentan. Der sich zunächst ausdehnenden Linse fehlt es bei der Erstarrung an schrumpfbarer Werkstoffmenge. Die Rißbildung ist daher nur mittelbar werkstoffbedingt, indem die niedriger schmelzenden Werkstoffe bei sonst gleichen Punktschweißbedingungen durch größere Dünnflüssigkeit mehr schrumpfbare Menge einbüßen. So zeigen die Sorten AlMg 9 und AlMg 7 verstärktes Abspritzen, erhöhte Rißbildung, während diese Risse und Lunker zu AlMg 5 und AlMg 3 hin geringer ausfallen. In umgekehrter Reihenfolge steigen die Schmelzpunkte an. Dagegen ist das Auftreten der Poren unmittelbar legierungsbedingt, da hier die höheren Mg-Gehalte in Al-Legierungen (etwa $\geqq$ 5,3% Mg, Rest Al) nach *Baukloh* eine verstärkte Aufnahme von Wasserstoff auch versuchstechnisch erkennen lassen. Der Wasserstoff befindet sich übersättigt im Blech und wird beim Aufschmelzen frei in Porenform. Dies ist derselbe Vorgang der Porenbildung in der Schweißlinse, wie er auch bei Silumin-guß (AlSi 13) auftritt. Die Mg-Legierungen dagegen zeigen nur äußerst selten Poren und Risse. Sie verhalten sich hierin unterschiedlich im Vergleich zu den Al-Legierungen und besonders dann, wenn Cer-Leg.-Gehalte vorhanden sind (Hydritbildung?).

Im Mikrobild unterscheidet man bei Al-Legierungen verschiedene Gefügebereiche:

α) Im Kern der Schweißlinse liegt ein Bereich, der fein ausgebildete Aluminiumdendriten zeigt, die in höherer Vergrößerung rundliche Formen erkennen lassen und von Mehrphasen-Eutektikum umsäumt sind. Letzteres besteht bei AlMg-Legierungen aus Al-Mischkristall und Al_3Mg_2 und auch Mg_2Si, bei AlCuMg-Legierungen aus Al-Mischkristall, Al_2Cu und Mg_2Si plus weiterer Phasen. Die Aluminiumkornausbildung wird als rosettenförmig bezeichnet. In höherer Vergrößerung (500fach) zeigt immer der innere des vom ersten Gefügering begrenzten Linsenbereiches auch ungeätzt beim Punkten mit normalen Schweißzeiten eine starke Gefügeauflockerung, worin oft eine Unzahl feinverzweigter Risse vorhanden sind, die neben den gleichzeitig auftretenden Lunkern bei Al-Legierungen den Begriff der „schwammigen Kernzone" ergeben. Dies zeigt das Bild 32 und in stärkerer Vergrößerung das Bild 35f. Die Mg-Legierungen zeigen keine schwammige Kernzone. Dieser Unterschied ist durch die unterschiedliche Ausbildung der Oxydschichten bedingt. Bei Al-Legierungen bewirkt die hohe Überhitzung einen Schmorkontakt und teilweise Metallverdampfung. Die Annahme von „Mikrolichtbogen" dagegen ist ebenso absurd wie Vielzahllichtbogen bei der Abbrennstumpfschweißung (siehe *Rietsch*, S. 401 ff.)

β) An diese Kernzone schließt sich ein radial gewachsener Ring von grobkristallinen Stengelkristallen an, wie sie auch in Gußstücken zu finden sind, bei denen der Wärmeabfluß in einer bevorzugten Richtung erfolgt. Der Übergang von der Schweißlinse zum Blech erfolgt relativ schroff.

γ) Werden kaltgewalzte Bleche oder solche gepunktet, die im halbharten Zustand vorliegen, so erfährt das faserige Walzgefüge des Bleches unmittelbar anschließend an die Stengelkristalle eine Umkristallisation (fein-, mittel- oder grobkörnig, je nach

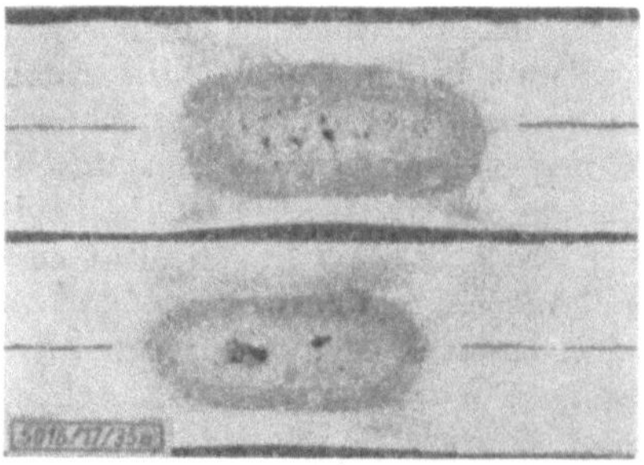

Bild 35a

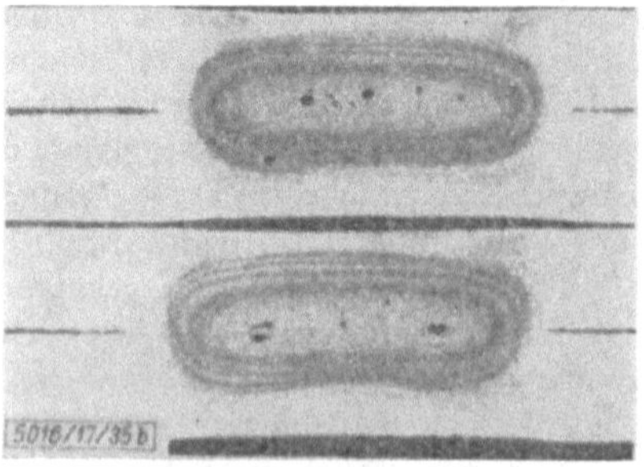

Bild 35b

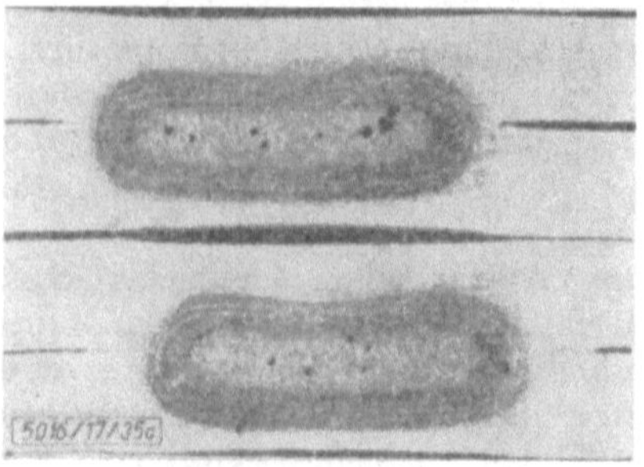

Bild 35c

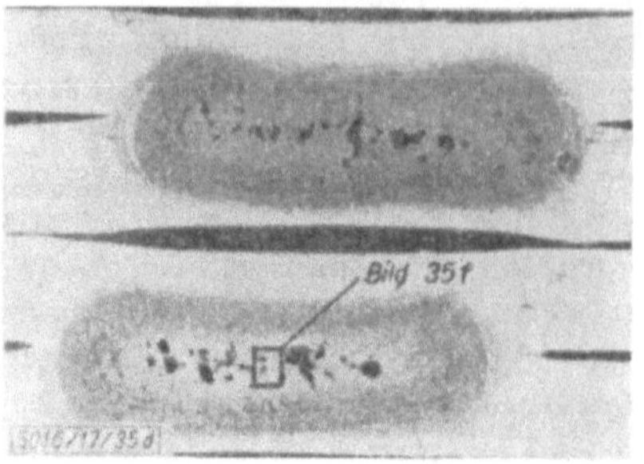

Bild 35d

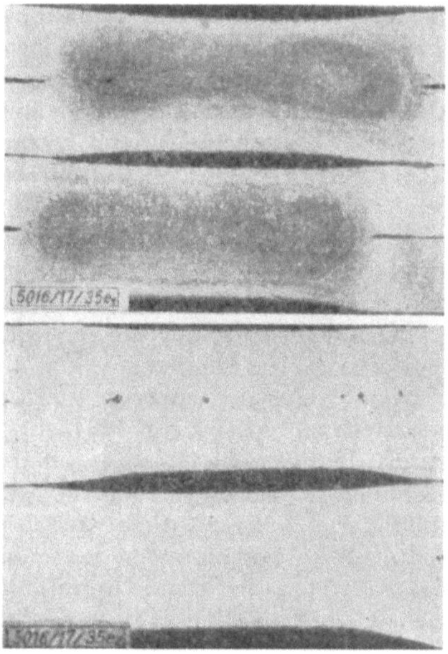

Bild 35e₁ und e₂

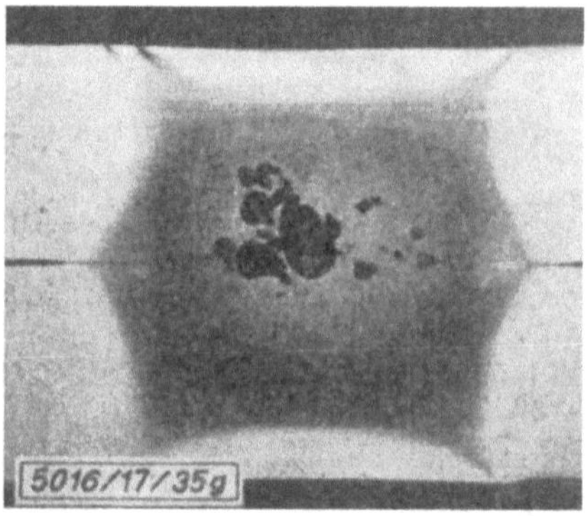

Bild 35 g

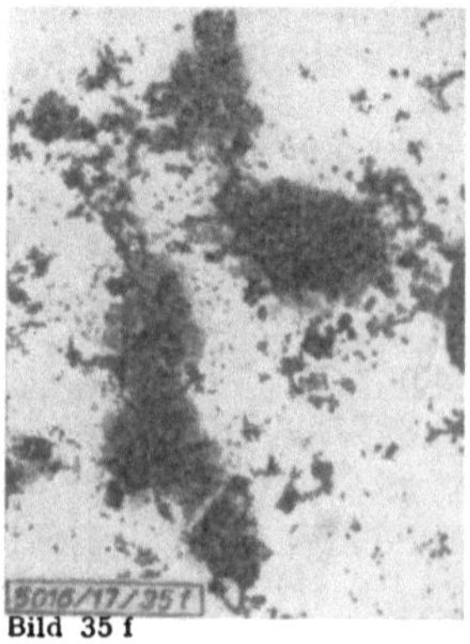

Bild 35 f

Bild 35. Ausbildung der Schweißlinsen von Leg. AlMg5, 1,5 und 1,5 mm Blechdicke, mit steigender Schweißzeit, 1% NaOH 20° C schwach angeätzt, nach *Erdmann-Jesnitzer* (2), Bild 35 g, Leg. AlMg 7, 3 mm

a) 4 Perioden Schweißzeit entsprechen $^{8}/_{100}$ Sek.
b) 8 „ „ „ $^{16}/_{100}$ „
c) 16 „ „ „ $^{32}/_{100}$ „
d) 20 „ „ „ $^{40}/_{100}$ „
e) 25 „ „ „ $^{50}/_{100}$ „
f) wie d), ungeätzte „schwammige" Kernzone
g) 3 mm mit 3 mm Blechdicke, Leg. AlMg 7, geätzt für die Ausbildung der Wärmeeinflußzone bei größeren Blechdicken

vorangegangenem Kalt-, Reck- oder besser Walzgrad, der groß, mittel oder gering war). Rekristallisierende Warmbehandlung tritt ein. Nach *Rosenberg* ist bei Reinaluminium und der Legierung AlCuMg das Gefüge dieses engbegrenzten Bereiches oft grob rekristallisiert. Die letztbeschriebene Kornvergröberung geht z. B. in die Bruchbildung bei Schwingungsbeanspruchung mit ein. Nach *Haase* und anderen liegt ja der Schwingungsbruch *außerhalb* der Schweißlinse und unmittelbar anschließend an die Schweißlinse. Daß Grobkorn Schwingungsbrüche begünstigt, ist bekannt.

Die Schweißlinse, als Ganzes betrachtet, läßt bei den üblichen Niederfrequenzschweißmaschinen unabhängig vom zeitlichen Verlauf des Stromes „jahresringähnliche" Zonen erkennen. Diese werden nach der Ätzung sichtbar und nehmen anzahlmäßig mit steigender Schweißzeit, d. h. Anzahl der Perioden, zu. Je geringer die Schweißzeit, d. h. je geringer die Anzahl Perioden im Verlauf der Stromzeit, desto schärfer markieren sich die Ringe (Bild 35 b und d). Zu größeren Schweißzeiten hin, d. h. etwa über 30 Perioden, verblassen die Ringe allmählich, besonders im Innern der Linse (Bild 35 d), und sind bei extrem großen Schweißzeiten von 25 und 50 Perioden Dauer auch in den äußeren Gebieten kaum noch wahrnehmbar (Bild 35 c, 1). Zur Entstehung der Ringe äußerten sich *Schraivogel* sowie *Röhrig* u. *Käpernick* und andere. Die Auffassungen sind geteilt. *Erdmann-Jesnitzer* fand, daß es nicht eindeutig gelingt, die Ringanzahl mit der Anzahl der Schweißperioden im Ablauf der Stromzeit unmittelbar gleichzusetzen. Es liegen eine gewisse Anzahl, z. B. 4 ÷ 6 der Perioden, innerhalb der Aufschmelzzeit für die schwammige Kernzone, d. h. sie sind nicht erkennbar (Bild 32). Erst die Perioden über etwa 6 Perioden Schweißzeit ergeben mit steigender Schweiß- oder Stromzeit dann mit der Periodenanzahl regelmäßig ansteigende Ringanzahl. Oft sind es nur die Linsenpartien unmittelbar unterhalb der Elektrodendruckfläche, die die Ringe erkennen lassen. Die Ring- und die Periodenanzahl während der Stromzeit hängen also ursächlich miteinander zusammen. Der Verfasser erklärt das Auftreten der Ringe wie folgt: Der wesentliche Wärmeanteil I bewirkt das Aufschmelzen der Bleche. Dieses erstreckt sich nur bis zu einem bestimmten Volumenbetrag der Schmelze in die Bleche hinein, bis die Linsenoberfläche mehr Wärme durch Leitung in die Bleche abgibt, als neue entsteht, zumal nach Abbau des anfangs hohen Übergangswiderstandes Blech–Blech nur noch die Stromwärme II auf das weitere Aufschmelzen und die Erstarrung, zeitlich verzögernd, einwirkt. Letzteres ergibt den Einfluß Schweißzeit–Linsengröße (Festigkeit) (Bild 23b). Während des Wachsens der Stengelkristalle bei Mg- und der bei Al-Legierungen (Bild 32) erhalten diese nun die Stromimpulse und im gleichen Rhythmus unterschiedliche wechselnde Abkühlgeschwindigkeit. Die infolge relativ schroffer Abkühlung übersättigten Al-Stengelmischkristalle zeigen nach Ätzung die Gefügeringe Steigerungszonen gleicher Konzentration. So treten auch Ringe bei Mittel- und Hochfrequenz-Punktschweißaggregaten nicht auf. Extrem verlängerte Schweißzeit ergibt das Verblassen der Ringe infolge Homogenesierungsglühung (Bild 35 e_1, verglichen mit Bild 35 d).

Außerhalb der Linse, die den eigentlichen Schmelzbereich deutlich auf Grund ihrer Gußstruktur gegenüber dem Walzgefüge des Bleches kennzeichnet, liegt ein sich stärker anätzender Wärmeeinflußbereich, der je nach Blechdicke und auch Legierung charakteristische Formen zeigt, die durch das Wechselspiel von Erwärmung und möglicher Wärmeableitung entstehen (Bild 35 g). Verschiedene Verfasser messen dem Abbau des schroffen Überganges Gußstruktur – Walzstruktur Vorteile hinsichtlich der erreichbaren Festigkeitswerte bei. Durch Übergang auf Mehrimpuls-Stromsteuerung läßt sich eine homogenisierende Wärmebehandlung durchführen. In gleichem Maße hat man versucht, eine geschlossene Duraluminvergütung des Punktes durchzuführen. Fast allen derartigen Bestrebungen ist gleichzeitig gemeinsam das Wirken einer, wenn auch gering unterbrochenen, so doch insgesamt gesehenen Erhöhung der Schweißzeit. Durch die Schweißzeiterhöhung wird meist der viel wesentlichere Effekt erreicht, daß Poren, Lunker und aufgetretene Risse noch in der Wärme wieder verschweißt werden, wie es anschließend beschrieben wird. Die nach *Heß* u. *Ringer* für Stahl angegebene Eindrucktiefe der Elektrode von 5% der Blechdicke kann hierbei als Fertigungsnorm nicht vorgeschrieben werden.

Ähnlich wie das Gefüge beim Einzelpunkt, so baut sich auch das der Rollennahtschweißung auf. Die Gefügeerscheinungen der „schwammigen Kernzone", die daran sich anschließende, bei der Rollennahtschweißung meist fast senkrecht zur Blechoberfläche ausstrahlende Stengelkristallbildung sowie die Wärmeeinwirkung auf das nicht aufgeschmolzene Blechgefüge, sind bei rollennahtgeschweißten Blechen die gleichen wie die bei Einzelpunkten. Die Gefügeunterschiede sind nur graduell verschieden und bei den Nähten meist weniger scharf ausgeprägt als bei den Einzelpunkten (Bild 15 a—c). *Mäder* führte eine Nachwärmung*) von Doppelpunktschweißungen in der Schweißmaschine bei AlMg 5-Blech 1 mit 1 mm Dicke durch und erhielt dichteres Gefüge und eine beachtliche Festigkeitszunahme von 128%. Dies zeigt das Bild 33.

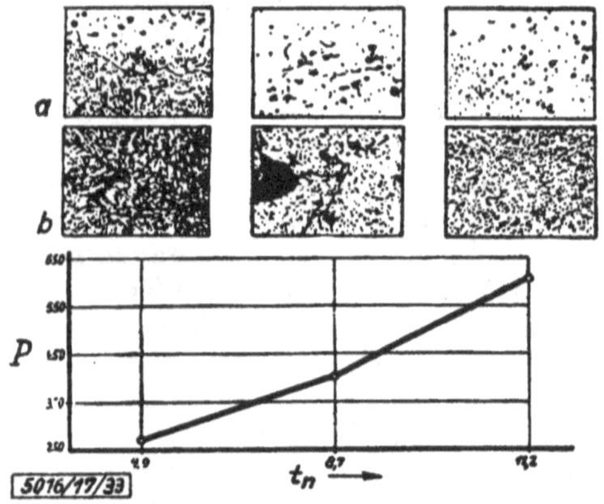

a) Übergangsgefüge

b) Gefüge der Schweißlinse

Bild 33. Zunahme der Scherkraft/2 Punkte durch Nachwärmung für Leg. AlMg 5 (weich geglüht) mit 1 mm Blechdicke nach *Mäder*

t_n = Nachwärmzeit in $^1/_{1000}$ Sek.,
P = Scherzugfestigkeit in kg/Punkt

Der Vorteil hinsichtlich der möglichen Gefügeverbesserung liegt bei Rollennahtschweißungen darin begründet, daß bei sonst gleichen Bedingungen eine homogenisierende Wärmebehandlung allein durch verschiedene Vorschubgeschwindigkeiten erreicht werden kann. Die sich dann ergebenden vergüteten Nähte zeigen nach *Haase* etwa die gleichen mechanischen Festigkeiten und das gleiche Verhalten gegenüber chemischen Angriffen wie solche Nähte, die durch Glühen und Abschrecken in der üblichen Weise nachträglich durch Wärmebehandlung vergütet wurden. Die Zunahme der Punktfestigkeit durch nachträglich stattfindende Aushärtung zeigt nach *Haase* für die Legierung AlCuMg und verschiedene Blechdicken von 0,4 und 0,9 sowie 2,0 mm die Zahlentafel 8. Geprüft wurden Punkte mit steigender Punktfestigkeit und zunehmendem Linsendurchmesser. Man erkennt, daß die prozentuale Erhöhung der Punktfestigkeit innerhalb eines Blechdickenbereichs zu den geringeren Festigkeitswerten hin ansteigt. Ermittelt wurde die Scherzugfestigkeit. Je kleiner die Linse und je geringer diese folglich ins Blech ragt, desto vorteilhafter wirkt sich die Verbesserung aus, da die Glühungen auch den Gefügesprung Gußgefüge – Linse zum Walzgefüge –

*) Fragen nachträglicher Vergütung der Punkte sowie der Vergütung durch die Nebenschlußwirkung bei der vollen geschweißten Naht behandelte zuerst *Rietsch* (2).

Blechdicke	Geschweißt			Geschweißt und ausgehärtet		Zunahme der Punktfestigkeit durch Aushärten
	Punktdurchmesser	Bruchlast je Punkt	Scherfestigkeit des Punktes	Bruchlast je Punkt	Scherfestigkeit des Punktes	
mm	mm	kg	kg/mm²	kg	kg/mm²	%
0,4	3,3	76	10,3	103	13,9	35
	3,5	88	9,2	117	12,9	33
	3,75	108	9,6	127	11,3	18
	3,9	106	8,8	116	9,6	9
0,9	3,95	147	11,9	210	16,9	43
	4,3	213	14,7	266	18,3	25
	4,6	204	12,4	249	15,0	22
	5,8	295	11,3	303	11,7	3
2,0	6,0	317	11,4	513	18,4	62
	6,7	374	10,6	472	13,3	26
	8,4	730	13,2	830	14,8	14

Zahlentafel 8. Einfluß nachträglicher Aushärtung verschieden großer Punkte auf die Festigkeit von AlCuMg- („Bondur"-) Schweißpunkten, nach *Haase*

Blech homogenisierend ausgleichen. Für 2-mm-Blechdicken ergaben sich nach der Wärmebehandlung die extremen Bruchlasten von 830 kg/Punkt vergütet, dagegen 730 kg/Punkt unvergütet. Nachträgliche Vergütungen, die mit Glüh- und Abschreckvorgängen verbunden sind, ergeben jedoch zusätzliche Richtarbeiten und sind bei größeren Geräten wie Gitterbauwerken oder solchen, die wie Behälter ein Luftvolumen einschließen, schwierig oder unmöglich. *Rosenberg* findet, daß sich deutliche Stengelkristalle mit schroffem Übergang zum Blech bei AlCuMg-rollennahtgeschweißten Blechen dann ergeben, wenn die Bleche zwecks Kühlung mit Wasser berieselt werden. Durch geeignete Schweißbedingungen aber läßt sich beim gleichen Blech ein körniges Gefüge mit allmählichem Übergang erzielen, was durch Schliffbilder belegt wurde. Rollennahtgeschweißte Nähte sind besonders feinkörnig bei Siluminblech. Die Selbstvergütung bei Rollennähten von 1,0 mm Blechdicke der Legierung AlCuMg läßt sich nach *Haase* durch Variation der Vorschubgeschwindigkeit der Rollenelektroden erreichen. Je geringer der Punktabstand innerhalb von dichten Rollennähten, desto größer ist auch bei der Legierung AlCuMg die Nahtscherfestigkeit in kg/mm². Dies zeigt das Bild 34. Damit ist noch nicht die Selbstaushärtung bei anschließender Lagerung allgemein behandelt.

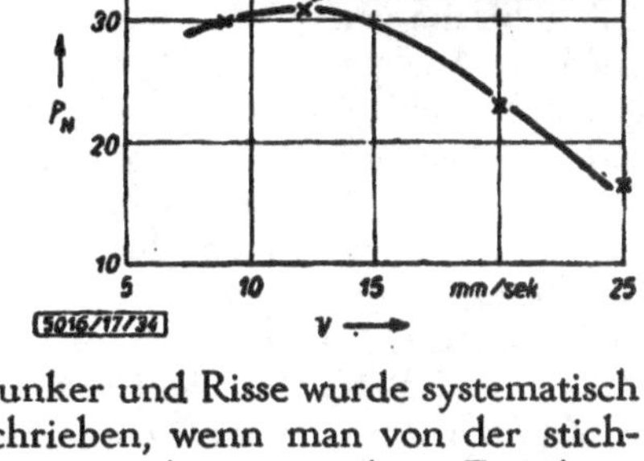

Bild 34. Nahtschweißung von Leichtmetallen. Einfluß der Vorschubgeschwindigkeit bei dichter Naht für Leg. AlCuMg 1 mit 1 mm Blechdicke nach *Rosenberg*
P_N = Nahtfestigkeit in kg/mm²,
v = Vorschubgeschwindigkeit in mm/sek

Der *Werkstoffeinfluß* für das Auftreten der Lunker und Risse wurde systematisch von *Erdmann-Jesnitzer* (2) untersucht und beschrieben, wenn man von der stichprobenweisen Belegung rißbehafteter Gefügelinsen unter den von anderen Forschern angegebenen und meist ungeeigneten Schweißbedingungen absieht. Nach *Erdmann-*

Vorschub-geschwindigkeit mm/s	Punktabstand mm	Zugfestigkeit der Naht kg/mm^2	Bruchart
9	1,3	30,5	teilweise im Blech
12	1,7	31,4	teilweise am Rande der Naht
20	2,9	20,2	am Rande der Naht
25	3,5	16,5	
37	5,5	14,0	
48	7,0	13,9	

Zahlentafel 9. Nahtschweißungen hoher Festigkeit an einer AlCuMg-Legierung („Bondur") von 1,0 mm Blechdicke durch Selbstaushärtung, nach *Haase*

Jesnitzer ist die Neigung zur Lunkerbildung allen Al-, d. h. auch den AlMg-Legierungen eigen. Hierfür untersucht wurden von ihm die Al-Legierungen AlMg 3, AlMg3Si (AlMg 35), AlMg 5, AlMg 5 (Sondergüte), AlMg 7, AlMg 75, AlMg 9, AlMgMn, AlMgSi und AlCuMg (weich, plattiert und unplattiert). Für die Al-Legierungen nehmen die Poren und Risse, wie bereits erwähnt, von AlMg 3 zu AlMg 9 hin zu. Die groben Schwindungsrisse treten also grundsätzlich bei *allen* Aluminiumlegierungen im Gegensatz zu den Mg-Legierungen auf, auch wenn diese zufällig im Schliffbild der Linsenmitte einmal nicht zutage treten. Dies beweist die Folge von Schliffbefunden, die der Verfasser durch abwechselndes Abschleifen und Feinstpolieren des ganzen Linsenbereiches an etwa 450 Schliffbefunden ermittelte. Der Legierungseinfluß geht jedoch nur mittelbar und u. a. auch über den Grad der Steifheit der sich plastisch verformenden Blechschicht ober- und unterhalb der Schweißlinse in den Vorgang der Rißbildung ein. Der Einfluß der Schmelztemperatur wurde bereits besprochen. Grob gesehen, steigt die Blechfestigkeit mit der Menge der zulegierten Elemente. Sie wird besonders durch die Höhe des Mg-Gehaltes bei den AlMg-Legierungen bestimmt. Aber auch der Kaltwalzgrad, d. h. z. B. der Anlieferungszustand (weich, halbhart, hart) spielt eine Rolle.

Wenn sich auch für ungenügend große Schweißzeiten, bei deren Anwendung kein stärkeres Eindrücken der Elektroden stattfindet, sowie beim Schweißen ohne Druck- oder Mehrstromprogramm die Legierungen AlMg 7 und AlMg 9 hinsichtlich Rissigkeit und auftretender Poren deutlich ungünstiger verhalten als z. B. die Legierung AlMg 3, so ändert sich das Bild mit höheren Schweißzeiten, indem sich dann durch die geringere Warmfestigkeit für die erstgenannten Legierungen besonders dichte Schweißlinsen ergeben. Die Gefügedichtheit wird weiter begünstigt, wenn die AlMg-Bleche geringe Si-Zusätze erhalten, wie sich durch Vergleich von AlMg3Si mit AlMg 3, AlMg 5 mit AlMg 5 S, sowie AlMg 7 mit AlMg 75 ergab. Innerhalb der gleichen Blechlegierung wirkt ein unterschiedlicher Kaltverfestigungsgrad, d. h. z. B. der Zustand hart oder auch ausgehärtet, rißbegünstigend gegenüber dem Zustand weich (oder unveredelt). Es ist folglich notwendig, den Werkstoffeinfluß auf die Rißbildung als mittelbar anzusehen und diesen eng mit der mechanischen Wirkung von Schrumpfung und Nachverdichtung zu betrachten. Die Blechsteife bestimmt außerdem die Höhe des Elektrodendruckes, der auch bei großen Schweißzeiten deutlich für die Legierung AlMgMn als Beispiel größer gewählt werden muß als für die Legierungen AlMg 5 und AlMg 7. *Es lassen sich unter geeigneten Schweißbedingungen für alle Al-Legierungen einwandfrei feste, riß- und porenfreie Punktschweißungen ausführen.* Dies sei hinsichtlich „größerer Schweißzeit" im nächsten Abschnitt „Schweißzeit und Gefügedichtheit" beschrieben.

Zur Frage des Einflusses von Verunreinigungen auf die Schweißbarkeit liegen wenig Berichte vor. In dieser Hinsicht interessieren für die AlMg-Legierungen vor allem die aus Gründen der Schrottführung häufig zwangsweise über das Soll von 0,05% Cu gehenden Kupfergehalte, die bereits im Laufe der letzten Jahre vereinzelt mit 0,1 bis 0,13% Cu sowie auch mit erhöhtem Eisen- und Zinkgehalt auftraten. *Mäder* berichtete (mündliche Mitteilung an den Verfasser), daß geringe Überschreitungen von 0,03% für das Kupfer (entsprechend absolut 0,08% Kupfergehalt) noch ohne Einfluß auf die Widerstandsschweißbarkeit sind und eine ungünstige Wirkung des Kupfers für die Legierungen AlMg 3 bis AlMg 9 erst oberhalb 0,3% Cu merkbar auftritt.

Über eine interessante, oft beobachtete und noch nicht beschriebene Erscheinung sei wie folgt berichtet: Dünnwandige Al-Leichtmetall-Großbehälter, die zum Transport von Flüssigkeiten mit mäßigem (1 atü) Innendruck bestimmt waren, erhielten innenliegend ringförmige Versteifungsrippen zur Erhöhung der Bauteilfestigkeit (Bild 39,1). Diese wurden mit der Außenhaut durch Punktschweißung verbunden. Die verschweißten Blechdicken waren gering (0,5—1,5 mm). Die Behälterwandungen wurden *vor* dem Punkten autogen geschweißt. Der fertige Behälter wurde unter genauer Kontrolle der Dichtheit („Seifenblasenmethode") mittels Preßluft abgedrückt. Fehlpunkte, die dabei rissig waren und beim Abdrücken mittels Wassers Leckwasser zeigten, wurden ausgebohrt und nachgenietet, erneut abgedrückt, so daß jeder der Behälter zunächst einwandfrei flüssigkeitsdicht vorlag. Nicht alle Behälter wurden nachgenietet. Wie an mehr als 900 Behältern mit je etwa 480 Einzelpunkten praktisch bewiesen und sehr sorgfältig im einzelnen verfolgt, werden vereinzelte Punkte nach einiger Zeit ruhiger Lagerung *von selbst* und verstärkt durch Rüttelung infolge Bahntransportes undicht. Bei erneutem Abdrücken (Druckkontrolle mittels Manometers) können sich beachtliche Undichtheiten der Schweißpunkte ergeben. Dies wurde für Preßluft *und* auch Wasserabdrückung ermittelt, d. h. für die zunächst mit Preßluft abgedrückten Behälter konnte eine korrosive Schädigung eingedrungenen Abdrückwassers nicht auftreten. Derartige undichte Punkte zeigten einen milchiggrauen Fleck im Kalottengrund des Elektrodeneindruckes. Die Stromstärke war zu hoch und die Linse, wie dann parallele Schliffbilder vieler Versuchsreihen zeigten, rißbehaftet. Daraus folgt, daß rissige Schweißpunkte sich mit der Zeit derart verändern müssen, daß sich einmal in der Linse gebildete Risse im Laufe der Zeit bis zur Blechoberfläche selbständig durcharbeiten. Die Gründe und der Ablauf hierfür sind weitgehend ungeklärt. Der Effekt ist als solcher jedoch eindeutig und genügend oft auftretend beobachtet, wobei im vorliegenden Fall also eine *korrosive* Zusatzbeanspruchung (Behälter mit Preßluft abgedrückt) ausscheidet. Der Verfasser fand den Vorgang bei den Blechlegierungen AlMg 5, AlMgMn und AlMg3Si (AlMg 35). Der Vorgang hat Ähnlichkeit mit dem zeitlich sich oft einstellenden Undichtwerden der Wandungen bei Flüssigkeitsbehältern von gasgeschweißten AlMg-Feinblech-Nähten.

Das Undichtwerden der Punkte und Nähte zeigten meist die Behälter, die parallel auch Blechdopplungen oder die lästige Doppelraupenbildung neben der Naht gasgeschweißter AlMg-Bleche zeigten. 10 × 10 cm große Probebleche der Behälterwandungen ergaben, auf Gas hin geglüht, jedesmal auch bevorzugte Gasblasenbildung. Angenommen wird, daß in Schwindungshohlräume atomar eindiffundierender Wasserstoff molekular abgebunden wird und mit der Zeit eine örtliche Druckerhöhung und Sprengwirkung auslöst. Das Auftreten von Dopplungen und Doppelraupen wird nach Ergebnissen von *Voßkühler* ja durch erhöhten Gehalt an Wasserstoff erklärt.

Wurden derart undichte Behälter erst am Verwendungsort als undicht befunden, wo also meist keine Möglichkeit der Nachnietung besteht, so läßt sich der Punkt durch Aluminiumauftrag mittels Metallspritzpistole dichten.

Der Begriff der Punktgüte, der bislang nur im Hinblick auf die Bewährung bei statischer und allenfalls dynamischer Belastung der Schweißverbindung diente, bedarf also für manche Konstruktionsfälle einer Erweiterung. Die Probepunktung zum Zweck der Maschineneinstellung muß oft mit zuzüglicher Prüfung auf Punktdichtheit verbunden werden. Ein Versuchsgerät wurde von *Steurer* entwickelt. Die punktgeschweißten Probebleche werden als Deckel in einen Probetopf zwischen Flanschen flüssigkeitsdicht eingespannt und mittels Wassers abgedrückt. Ist die Schweißlinse infolge ungeeigneter Schweißmaschineneinstellung rißbehaftet und gehen die Risse von innen nach außen durch, so perlt durch den Punkt Wasser nach außen. In dieser Art ist auch ein Lagerdauereinfluß meßtechnisch exakt belegbar.

g) Schweißzeit und Gefügedichtheit.

Zunächst seien Einzelpunktschweißungen behandelt. Der Einfluß der Schweißzeit auf die Punktfestigkeit wurde von *Borstel, Hoglund* u. *Bernard, Haase, Oßwald, Cornelius, Stoltze* sowie eingehend von *Erdmann-Jesnitzer* (2) untersucht. Die wesentlichsten Ergebnisse seien kurz mitgeteilt.

Die ursprüngliche Forderung lautete: mit einer *geringen* Anzahl Perioden (Netzfrequenz 50 Hz), d. h. Schweißzeit punktzuschweißen. Unter Schweiß- oder Stromzeit wird die dabei an der Maschine willkürlich einstellbare, durch besondere Schaltorgane begrenzte Zeit des Stromdurchgangs verstanden. Diese kann ja in der Angabe der Anzahl Perioden, abgekürzt Per., des sekundären Wechselstroms bestehen, wobei die Periodenanzahl je Sekunde des Speisenetzes meist stillschweigend mit 50 Perioden angenommen wird. Richtiger ist die Angabe der Schweißzeit in Sekunden. Der Grund für den Vorschlag obiger geringer Schweißzeiten ist wohl darin zu suchen, daß man die Punktschweißung im Flugzeugbau anfangs immer im Hinblick auf den Ersatz der Nietung betrachtete. Man wollte die Entfestigung ausgehärteter Duraluminiumbleche (AlCuMg) herabsetzen oder vermeiden. *Wilbert* bringt Schweißzeiten je nach Blechdicke von $\frac{1}{2}$ bis 5 Perioden (entsprechend $^1/_{100}$ bis $^1/_{10}$ Sekunde) in Vorschlag. *Haase* berichtet, daß die Schweißzeit etwa ein Zehntel derjenigen von Stahl, normalerweise 1—2 Sekunden beträgt, damit das *lästige Anlegieren der Elektrode* am Blech sich in erträglichen Grenzen hält. Dies bedeutet eine Schweißzeit von $^1/_{10}$ bis $^2/_{10}$ Sekunden, entsprechend etwa 5 bis 10 Perioden Stromzeit (50-Perioden-Netzstrom). *Haase* gibt an, daß der Schweißstrom, wenigstens bei dünnen Blechen nach Verschwinden des Übergangswiderstandes zwischen den Blechen, also nach erfolgter Verschweißung, nicht in der Lage ist, die Schweißstelle auf Schmelztemperatur zu halten. Eine Verlängerung der Schweißzeit soll nur noch „unerwünschte" Gefügeveränderungen in der Umgebung des Punktes (betrifft jedoch nur ausgehärtete oder kaltverfestigte Bleche), aber keine Vergrößerung der Schweißlinse hervorrufen. Den Einfluß verschiedener Schweißzeiten zeigte das Bild 23 c—f. Deutlich unterschiedlich verhalten sich Bleche unterschiedlicher Dicke. Nach *Haase* ist der Schweißzeiteinfluß auf die Festigkeit im Bereich geringer Schweißzeiten anfangs groß. Für verschiedene Legierungen der Gattung AlMg-Bleche 1,5 mit 1,5 mm Dicke untersuchte *Erdmann-Jesnitzer* (2) den Einfluß der Schweißzeit auf die Festigkeit und auch Gefügedichtheit der Schweißlinsen erstmalig stufenweise steigend bis zu extrem hohen Schweißzeiten von 50 Perioden und mehr. Wie von *Haase* für AlCuMg 2 mm Dicke, *Stoltze* AlCuMg 0,8 und 2 mm Dicke und *Erdmann-Jesnitzer* für AlMg3Si, AlMg 3 S (S = Sonderlegierungen), AlMg 5, AlMg 5 S, AlMg 7, AlMg 7 S und AlMgMn (Analyse siehe unter „Gasschmelzschweißung", später) für 1,5 mm Blechdicke gefunden, stellt sich mit steigender Schweißzeit bald ein etwa gleichbleibender oder nur noch gering zunehmender Festigkeitswert ein (Bilder 23 e—h). Mit steigender Schweißzeit ist somit ab einem

Grenzwert die Festigkeit folglich nicht beliebig zu steigern. Wie noch gezeigt werden soll, gehört zu jeder der untersuchten Al-Legierungen und Blechdicken eine bestimmte Größe der Schweißzeit Z, bei der die trotz genügender Festigkeit auftretenden Poren und Risse mit weiterer Zunahme der Schweißzeit plötzlich im Schliffbild nicht mehr auftreten (Bild 36). Dagegen findet *Stoltz*, daß für Elektron (Bild 23 c u. d) mit steigender Schweißzeit zunehmende Porigkeit und schließlich Rißbildung auftritt, wodurch infolge Kerbempfindlichkeit auch die Punktfestigkeit abfällt. *Bollenrath* u. *Hauk* arbeiten versuchsmäßig unter weitgehendster Angleichung an die betriebliche Schweißung mit 4 bis 6, teilweise auch 8 Perioden. Nach *Rosenberg* sollte die Schweißzeit bei allen Leichtmetallen möglichst kurz sein. Mit steigender Schweißzeit können sich nach diesem sonst Verwerfungen des Werkstückes durch Vergrößerung der Wärmespannungen ergeben. Auch *Rajakovics* u. *Blohm* messen, wie auch *Rosenberg*, *Zeerleder* u. a., der Einwirkung der Stromstärke größere Bedeutung bei als der Schweißzeit. Bemerkenswerterweise aber beobachteten auch die beiden erstgenannten Verfasser, daß schon die Erhöhung der Schweißzeit von $^{6}/_{100}$ Sek. auf $^{10}/_{100}$ Sek., entsprechend 3 auf 5 Perioden, im allgemeinen eine Verringerung der Neigung zu Rissen und Lunkern der Schweißlinse bewirkt. *Stoltz* schreibt bei Duralumin (AlCuMg) 6—8 Perioden Stromzeit vor und berichtet über weichere Übergänge von Schweißlinse zum Blech. Für dünne Bleche v. 1 mm Dicke belegen sie dies durch Schliffbilder. Aus amerikanischen Arbeiten wurde nach *Hibert* ein Punkten mit 10 Perioden Dauer bekannt. *Spraragen* und *Claussen* referieren zusammenfassend, daß Blechdicken von 0,05 mm mit $^{1}/_{2}$ Periode, Dicken von 4,5 mm mit 25 Perioden verschweißt werden. Auf Grund aller genannten Arbeiten muß der Schweißeinfluß in Verbindung mit den gesamten Fragen 1 bis 7 betrachtet werden.

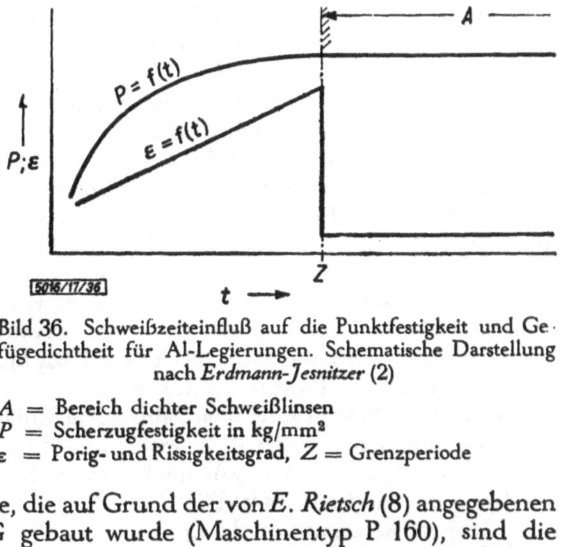

Bild 36. Schweißzeiteinfluß auf die Punktfestigkeit und Gefügedichtheit für Al-Legierungen. Schematische Darstellung nach *Erdmann-Jesnitzer* (2)

A = Bereich dichter Schweißlinsen
P = Scherzugfestigkeit in kg/mm²
ε = Porig- und Rissigkeitsgrad, Z = Grenzperiode

Mit einer Punktschweißmaschine, die auf Grund der von *E. Rietsch* (8) angegebenen Kaskadensteuerung von der AEG gebaut wurde (Maschinentyp P 160), sind die beiden anfangs erwähnten Versuchsreihen mit für jede der acht in Bild 8 a aufgeführten Legierungen durchgeführt worden. In den Bildern 23 e—h ist jeweils die Bruchlast in kg/Punkt, ermittelt im Scherzugversuch für unterschiedliche Stromzeiten, ausgedrückt durch die Periodenzahl, aufgetragen. Je Bild sind zwei Kurvenzüge für die beiden unterschiedlichen Elektrodendrücke von 200 und 320 kg (gestrichelter Linienzug) eingezeichnet. Ersichtlich ist der arithmetische Mittelwert sowie der absolute Streubereich. Obwohl die Probenanzahl nach *Bollenrath* u. *Hauk* nicht zur Bestimmung der Größe der Streuung ausreichte, ergaben die Versuchsergebnisse eine Bestätigung der Punktschweißungen an Al-Legierungen eigenen, relativ großen Streuung. Der geringe Druck von 200 kg ergab bei sämtlichen Legierungen höhere oder auch gleiche Scherkräfte in kg/Punkt. Die je Punkt bis zum Bruch ertragene Scherkraft steigt mit zunehmender Periodenzahl schnell an und bleibt für mittlere und auch für die heute noch als extrem hoch zu bezeichnenden Schweißzeiten von 20, 30 und 50 Perioden im Bereich ab etwa

20 Perioden annähernd gleich oder steigt gering, jedoch weniger stark an als im Anfangsast der Kurven des Bereichs der heute technisch angewandten Schweißzeiten von 2 bis 10 Perioden.

Ist die Schweißzeit kleiner als die jeweils maximal mögliche Verschweißzeit*), so begrenzt erstere die Menge des aufgeschmolzenen Blechwerkstoffes. Die Linsengröße ist, wie bereits erwähnt, dann stark zeitabhängig. Wir befinden uns im Anfangsast starker gegenseitiger Abhängigkeit der Festigkeit (Linsengröße) von der Schweißzeit (Periodenzahl).

Verfolgt man nun Schliffbilder zu extrem hohen Periodenzahlen, so kann man feststellen, daß mit *zunehmender Schweißzeit die Risse und Poren plötzlich nicht mehr vorhanden sind*. Dies belegt auszugsweise ein Vergleich der Bilder 35 a—d mit 35 e u. f für die technische Legierung AlMg 5 (Kaskadensteuerung), 1,5 mit 1,5 mm Dicke. Gleichzeitig tritt dabei ein verstärktes Eindrücken der Elektroden auf. Der Effekt Schweißzeit - Rißfreiheit wurde für sechs verschiedene Al-Legierungen (Dickenbereiche 0,5 bis 2,5 mm) gefunden.

Als Erklärung kann gelten: Die längere Wärmeeinwirkung infolge Erhöhung der Schweißzeit dient zu einer Herabsetzung der Plastizität der sich über der Schweißlinse beiderseitig befindenden Deckschichten des Blechwalzgefüges. Für die Legierung AlMg 5 (Bild 35 c u. d) ersieht man, daß *noch 18 und 25 Perioden* Schweißdauer ein *stark rissiges* und *poriges* Schweißlinsengefüge ergeben, während *30 Perioden* Schweißdauer völlige *Riß- und Porenfreiheit* erkennen lassen. Die Risse und die Poren treten nach *Erdmann-Jesnitzer* bei *allen* AlMg-Legierungen, wie bereits erwähnt, zunächst grundsätzlich auf. Erst größere Schweißzeiten ermöglichen durch eine Verdichtung infolge des selbständigen Nachdrückens der balligen Elektroden das Wiederverschweißen von Poren, Rissen und Lunkern in der Wärme. Vorliegend beschriebener Befund ist nochmals schematisch im Bild 36 dargestellt.

Man darf daher die Güte des Punktes, wie vom Stahl her gewohnt, für diesen besonderen Fall nicht auf Grund des äußeren Befundes eines möglichst flachen Elektrodeneindruckes beurteilen. Dem Eindrücken der Elektrode kommt hier eine eigene günstige Wirkung zu. Dabei genügt die Balligkeit nur einer der beiden Elektroden. Man kann die Gegenelektrode flach ausführen und deren Eindrücke an die äußerlich sichtbaren Stellen des Werkstückes verlegen. Im Flugzeugbau entfallen dann Wirbelverluste zufolge von Punkteindrücken.

Die größere Schweißzeit dient also vornehmlich dazu, die Plastizität der Deckschichten und deren Steifheit in der Wärme herabzusetzen. So ist auch die Grenzanzahl *Z* der Perioden (Bild 36), von denen an die Schweißlinsen dicht sind, nicht für alle Legierungen gleich groß. Die Zahl *Z* ist vorwiegend ein neuer *Werkstoffbeiwert* für gleiche Dicken und Drücke sowie unveränderte Schweißbedingungen. Notwendig ist ebenfalls die Anwendung relativ großer Elektrodendrücke. Es verlangt die sogenannte harte Legierung größere Schweißzeiten oder höhere Drücke. Ebenfalls verlangt eine Zunahme der Blechdicke hierfür die größeren Schweißzeiten, d. h. beidemal erhöht sich der Beiwert *Z*.

Vorliegende, zunächst mittels kaskadengesteuerter Maschinen erhaltene Ergebnisse wurden auf eine Serienfertigung, in der betrieblich gittergesteuerte Maschinen eingesetzt werden, übertragen. Es ergab sich auch für diese zunächst der gleiche Effekt riß- und porenfreier Schweißlinsen mit steigender Schweißzeit. Dies zur Diskussion gestellt, wurde inzwischen auch von *Pottkämper, Möchel, Glage* sowie *Haase* durch Schliffbildbefunde versuchsmäßig und auch betrieblich im Großserienbau bestätigt.

*) Unter Verschweißzeit sei diejenige Zeitdauer verstanden, die vom Beginn des Stromdurchganges bis zur Erstarrung der Schweißlinse vergeht. Sie wurde meßtechnisch anscheinend noch nicht ermittelt, muß aber meßbar sein (oszillographisch). Siehe hierzu auch Bild 41 dieses Beitrages.

Zur Gefügedichtheit verlangt die gittergesteuerte Maschine etwas geringere Schweißzeiten im Vergleich zur kaskadengesteuerten Maschine. In der Fertigung ergab die Anwendung großer Schweißzeiten bei den Legierungen c, d und g des Bildes 8, die betrieblich zur Verfügung standen, die beachtliche *Ausschußverminderung von 80 auf 3% bezüglich Dichtheit der Punkte gegen Flüssigkeitsdruck*. Da undichte Punkte nachgenietet werden müssen, ergibt sich für diese neben der zusätzlichen Arbeit und der Betriebsstörung des Fertigungsflusses gleichzeitig die Notwendigkeit eines erneuten Abdrückens. Durch mehrmaliges Abdrücken aber leidet besonders, z. B. bei Behältern geringer Wanddicken, deren Maßhaltigkeit.

Wie aus den Kurven der Scherzugfestigkeit für verschieden große Schweißzeit hervorging, gehören zu den großen Werten der Schweißzeiten bei Al-Legierungen gleichzeitig bei sonst gleichen Bedingungen die erhöhten Festigkeitswerte. Wichtig aber ist auch das Folgende:

Schweißt man mit geringen Schweißzeiten, so kann bei der Werkstattprobe auf erfolgte Verschweißung hin beim Abrollen eines Bleches der geschweißte Punkt zwar aus dem Blech reißen (Bilder 13 und 17 b), doch ist diese zur Maschineneinstellung angewandte Prüfung noch kein Maßstab für die Bewährung gegen *Schlag*. Der Punkt kann bei schlagartiger abscherender Beanspruchung bereits bei geringen Kräften spröde wegbrechen (Werkstattprobe Bild 17d). Dies wird wenig beachtet. Im Betrieb treten derartige Fälle durchaus dann auf, wenn z. B. Beschlagbleche und Transportösen an Behälterwandungen angeschweißt werden. Schweißpunkte, die aber durch Anwendung größerer Schweißzeiten als Z (s. Bild 36) ein dichtes Schweißlinsengefüge aufweisen, brechen bei Schlagbeanspruchung nicht mehr spröde weg, da die vielen feinen und auch die groben Risse dann verschweißt sind.

Durch die Lage senkrecht zur Blechoberfläche bedingt, spricht die Scherzugfestigkeit auf die groben Schwindrisse nicht an. Die Scherzugfestigkeit wird also durch die Rißfreiheit der Schweißlinse, wie sie das Bild 35 e belegt, zu hohen Schweißzeiten hin nicht verbessert.

Bei porigen und rissigen Punkten jedoch zeigt sich, daß die Kopfzugfestigkeit gering ist. Die Werte der Kopfzugfestigkeit liegen allgemein unter denen der Scherzugfestigkeit. Durch die Anwendung höherer Schweißzeiten werden die Werte der Kopfzugfestigkeit verbessert, da der Punkt dann mit Sicherheit aus dem Blech ausreißt, ähnlich dem Bild 13. Bekannt ist ferner, daß die Bruchlage bei Dauerzug-Schwellversuchen oft, wie es z. B. *Haase* zeigte, unmittelbar neben der Schweißlinse erfolgt. Diese Stelle ist auch diejenige, welche im Wechselbiegeversuch besonders stark beansprucht wird. Die weicheren Gefügeübergänge, die von *Mäder* u. *Hagedorn* hierfür als günstig angesehen werden, werden auch verbesserte Werte für Dauerbiegefestigkeit ergeben.

Über den Abbau des schroffen Übergangs vom Linsengußgefüge zum Blechwalzgefüge wurde bereits berichtet.

Über den Einfluß einer Mehrimpuls-Stromsteuerung auf Herabsetzung der Poren und Risse, der praktisch einer Erhöhung der Schweißzeit gleichkommt, berichtete *Mäder*. Bereits das Bild 33 zeigte, daß sich eine günstige Wirkung in Richtung der Verbesserung der Schweißlinsendichtheit erreichen läßt. Er führte an der Legierung AlMg 5 (Zustand weich) eine Zweiimpuls-Stromsteuerung durch. Verwandt wurde eine Mittelfrequenzschweißmaschine mit rechteckiger Hüllkurve des Strom-Zeit-Verlaufes. Mit zunehmender Nachwärmzeit steigt die Scherzugfestigkeit, während gleichzeitig Risse und Poren verschwinden und der anfängliche Gefügesprung von Linse zum Blech homogenisierend geglüht wird. Für die Ergebnisse nach *Mäder* sind die gleichen nach *Erdmann-Jesnitzer* beobachteten Vorgänge hinsichtlich erhöhter Plastizität in der Wärme zum Zweck des Elektrodeneindrückens sowie ein parallel aufgetretenes Vibrieren, d. h. Hämmern der Elektroden der Grund. Auch *Stoltze* berichtet über eine in der Fertigung von AlCuMg-Blech eingeführte Mehrimpuls-Stromsteuerung. Man schweißt dabei mit im Rhythmus 5 Per. großem Strom – 5 Per. Pause – 5 Per. Nachwärmen mit geringer Stromstärke.

Von größerer Bedeutung als Stromprogramme wurden Druckprogramme im Sinne einer Nachverdichtung der Linse, d. h. also immer anschließend an die erfolgte Verschweißung, wie sie das Bild 20 zeigte. Nach *Glage* scheint Mehrimpulssteuerung für größere Blechdicken vorteilhaft.

An dieser Stelle erscheint es wesentlich, nochmals darauf hinzuweisen, daß ballige Elektroden beim Punkten ohne spezielles Druckprogramm geeigneter als solche mit flachem Kopf sind, und auch die Verwendung einer Flachkopf- und balligen Gegenelektrode die Linsendichtheit ergibt.

Bei geringen Blechdicken bis etwa 1 mm und gittergesteuerten Maschinen ist die Rißfreiheit der Linse durch Heraufgehen von 4—6 auf 10—12 Perioden Schweißzeit für einschnittige Blechverbindungen bereits erreichbar. Bei dickeren Blechen, wie 1,5 bis 2,5 mm, und auch beim Punkten solcher mit unterschiedlichen Blechdicken (z. B. 0,5 mit 2,0 mm) oder mehrschnittigen Blechverbindungen (z. B. 2,5 – 0,7 – 2,5 mm) werden größere Schweißzeiten erforderlich. Hierfür ist das Heraufgehen auf 22 und mehr Perioden notwendig, da die Plastizität des Bleches an der Druckstelle hierfür eine entsprechend größere Wärmemenge und längere Einwirkungsdauer benötigt.

Aus Gründen des verstärkten Anklebens der Elektroden bei größeren Schweißzeiten eignen sich für vorliegende Bedingung der Linsendichtheit kaskadengesteuerte Schweißmaschinen mit sinusförmiger Hüllkurve des Strom-Zeit-Verlaufes besser als solche, die gittergesteuert und dabei mit rechteckiger Begrenzung des Strom-Zeit-Verlaufes arbeiten (siehe Stellungnahme *Kaufmann*). Größere Schweißzeiten von 18 bis 22 und mehr Perioden können gittergesteuerte Röhrenaggregate im Dauerbetrieb nicht bewältigen; sie fielen, wie vom Verfasser im Großversuch beobachtet, reihenweise aus durch geschädigte Glasgefäße. Die neuere Entwicklung geht, auf den Erkenntnissen des Verfassers fußend, in der Richtung der Verwendung größerer Schweißzeiten, die einwandfrei dichte Schweißlinsen bei höchster Festigkeit ergeben und ohne komplizierte Druckprogramme realisierbar sind. Da aber größere Schweißzeiten gleichzeitig auch im Sinne des Anlegierens der Elektrode betrachtet werden müssen, wurde nachfolgend unter Abschnitt 9 und 10 eine Darstellung aufgenommen, die die rein elektrotechnischen Voraussetzungen und Möglichkeiten der Entwicklung einfacher Stromzeitbegrenzer für große Schweißzeiten mit gleichzeitigem sinusförmigem oder allmählich ansteigendem Verlauf der Hüllkurve des Strom-Zeit-Verlaufes behandelt. Wie erwähnt, führen beide Wege — das Nachdichten durch erhöhten Druck bei Schweißzeiten nach Bild 20 sowie auch die einfache Erhöhung der Schweißzeit bei Verwendung balliger Elektrodendruckfläche — zum Ziel fester, dichter und rißfreier Punktschweißungen. Das Schweißen mittels Druckprogramms erfordert einmal die zusätzlichen Steuerungsorgane, wie sie das Bild 21 belegt, weiter müssen der Strom- und Druck-Zeit-Verlauf gegenseitig zeitlich genau aufeinander abgestimmt eingestellt werden können und maschinenseitig exakt arbeiten. Zweifellos wird man für Blechdicken von etwa 0,4 mm an aufwärts den einfacheren Weg der Erhöhung der Schweißzeit gehen, zumal man hierfür einfache und robuste Steuerungsorgane in Form des „Ignitrons" zur Verfügung hat (siehe Bild 44). Für Blechdicken unterhalb 0,45 mm sowie Folien ist es dagegen unerläßlich, mit zeitlich genau, d. h. also trägheitslos arbeitenden Röhrenbegrenzern oder Kaskadensteuerungen zu arbeiten. Dabei verwendet man auch relativ große Elektrodendrücke, die dann gleichfalls in dem Sinne wirken, daß die Linsen und Nähte nicht bis zur Oberfläche durchschmelzen.

Die Bestrebungen, eine Gefügeverdichtung durch Vibration der Elektroden mittels geeigneter Frequenzen zu erreichen, wie es z. B. *Bauermeister* mittels Ultraschalls vorschlug, sind nach Ansicht und vorliegenden Tastversuchen des Verfassers durchaus

A = Lichtsender
B = Programmscheibe
C = Fotozelle
D = Hilfskontakte
E = Verstärker und Vorstufe
F = Zwischengerät
G = Leistungsstufe
H = Druckluftbehälter
J = Schweißmaschine
K = Kontaktmanometer
L = Elektrisches Ventil
M = Fußschalter

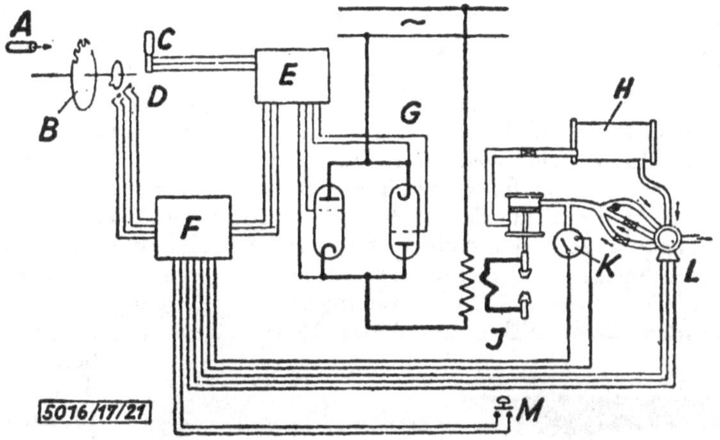

Bild 21. Grundschaltung der Programmsteuerung für Punkt- und Nahtschweißung
J = Schweißstromstärke, P_{el} = Elektrodendruck, x = Zeit

erfolgversprechend*). *Stoltze* berichtete ja bereits, daß bei der Hochfrequenz-Doppelpunktmaschine die Elektroden infolge ihrer geringen Masse im periodischen Wechsel des Stromes mitschwingen. Zweifellos ist dies der wesentliche Grund der Gefügedichtigkeit, über die *Mäder* u. *Hagedorn* berichteten. Die Annahme der letzteren aber, daß die Frequenz (Hoch- oder Mittel- gegenüber normaler 50-Perioden-Netzfrequenz) die gefügeverdichtende Voraussetzung ist, erscheint nicht stichhaltig. Der grundsätzliche Vorgang besteht darin, die Blechsteife in der Wärme zum Zweck des plastischen Nachdrückens der Elektroden besser überwinden zu können. Hierdurch lassen sich die Gefügedichtheit bewirkenden größeren Schweißzeiten mit Sicherheit herabsetzen. Diesem Vorgang des „Hämmerns der Schweißstelle" genügen aber bereits

*) Mit dieser Frage befassen sich neuerdings verschiedene Erfinder:

DRP 748 684 vom 20. 1. 1941. Vorrichtung zum elektrischen Punktschweißen, insbesondere von Aluminiumlegierungen, bei der die Schweißelektroden während des Schweißvorganges in longitudinale Schwingungen versetzt werden, dadurch gekennzeichnet, daß beide Schweißelektroden in der Schwingungsrichtung elastisch in nächster Nähe der Schweißstelle aufgehängt sind.

DRP 748 193 vom 13. 10. 1937. Vorrichtung zum elektrischen Punktschweißen von Metallen, insbesondere Leichtmetallen, bei gleichzeitiger Einwirkung von Schall oder Ultraschall, gekennzeichnet durch unmittelbar an oder in der Schweißelektrode angebrachte, z. B. magnetostriktiv, piezoelektrisch oder sonstwie arbeitende Schall- oder Ultraschallsender.

DRP 748 126 vom 27. 8. 1937. Verfahren zum elektrischen Widerstandsschweißen, insbesondere Punkt- und Nahtschweißen, von Leichtmetallen und Leichtmetallegierungen, dadurch gekennzeichnet, daß das elektrische Widerstandsschweißen unter der Einwirkung von hörbaren Schallschwingungen, deren Frequenz vorzugsweise zwischen 500 und 20 000 Hz liegt, vorgenommen wird, sowie weitere 1943/44 durchgeführte Versuche des Herausgebers, die Stabelektrode mittels eines sogenannten „Bosch"-Horn mit hörbaren mechanischen Schwingungen zwecks Gefügedichtheit zu erregen, verliefen erfolgreich.

einfache mechanische z. B. Schall-Schwingungserzeuger. Zweckmäßigerweise werden diese erst nach erfolgtem Aufschmelzen der Berührungsstelle wirkend eingeschaltet.

Rollennahtschweißungen. Wesentlich erscheint eine Erhöhung der Schweißzeit auch dann, wenn für rißfreies Schweißgefüge das Arbeiten mit Druckprogramm wie bei Rollennahtschweißungen nicht möglich ist. Mit der Schweißzeiterhöhung drücken sich Stab- und auch Rollennahtelektroden stärker in die Blechoberflächen ein. Bei Nähten kann eine durchgehende Rille entstehen, die festigkeitsschwächend und als Kerb wirken kann. Dies ist für Nähte zu beachten. Es seien nochmals die Bilder 15 a—c, Rollennähte von AlMg 5-Blechen einschnittiger Blechverbindungen verschiedener Dicken, betrachtet. Diese Beispiele wurden derart ausgewählt, daß sie die vorwiegend auftretenden Fehler kennzeichnen. Wie auch bei Einzelpunkten erfolgt die Verschweißung bei Rollennähten und Al-Legierungen über den schmelzflüssigen Zustand. Die Nähte des Bildes 15 a zeigen ungenügende Verschweißung. Die Gründe hierfür können die gleichen sein wie die für Einzelpunkte. Im Sinne ungenügender Verschweißung wirken ein zu großer Elektrodendruck und eine zu geringe Stromstärke. Die obere Naht des Bildes 15 a zeigt eine dichtere Folge von Einzelpunkten, die sich jedoch noch nicht überschneiden. Für dichte Nähte muß daher entweder die Zeit je Schweißakt oder die Vorschubgeschwindigkeit verringert und mit genügender Stromstärke geschweißt werden. Beide Nähte des Bildes 15 b zeigen starke Risse und Poren, jedoch bereits deutliche Überschneidung der aufgeschmolzenen Linsen. Hier sind analog dem Einzelpunkt die normalen Poren und Risse aufgetreten. — Weitere feinverästelte Warmrisse sind auch oft zuzüglich ober- und unterhalb der Schweißlinse zu erkennen. Sie verlaufen stufenförmig gezackt und folgen dabei jeweils den Blechzeilen der verwalzten Kristallite. Diese Rißart wird durch das Schrumpfen senkrecht zur Blechoberfläche verursacht. Auch bei Einzelpunkten treten derartige Risse bei AlMg 7 und AlMg 9 auf. Dies zeigt das Bild 37. Form und Lage der Risse kennzeichnen diese als Warmrisse, deren Entstehen begünstigt wird durch die zeilenförmige Anordnung von Mg_2Si und weiteren Kristalliten, wie sie in technischen Aluminium-Magnesium-Blechen mit höherem Mg- und entsprechendem Si-Gehalt immer auftreten. Auch bei plattier-

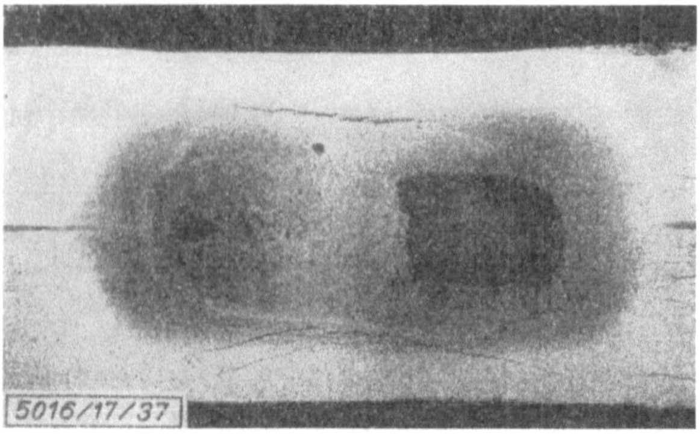

Bild 37. Warmrisse bei Leg. AlMg 7, parallel zur Blechoberfläche verlaufend

(Werkfoto LEW, Berlin-Hennigsdorf)

Bild 38. Rißbildung parallel der Oberfläche etwa an der Stoßstelle Plattierschicht (Al) und Grundwerkstoff (Leg. AlCuMg), 1 mm mit 1 mm, 5 Per. = $^{10}/_{100}$ Sek., 2, 3, 6 · 10^3 Amp.

(Werkfoto Dürener Metallwerke, Berlin)

ten Duraluminblechen können unterhalb der Plattierschicht bei Einzelpunkten oder Rollennähten derartige Risse parallel zur Blechoberfläche auftreten. Dies zeigt das Bild 38. (Siehe später unter Punktung und Plattierschicht.)

Allgemein vermieden werden diese Fehlstellen durch Erhöhung der Schweißzeit bei genügendem Druck (z. B. 320 kg für die Punktung von 1,5 mit 1,5 mm dicken AlMg 5-Blechen). Die Rollennahtelektrode muß die in der Zahlentafel 4 aufgeführten Abrundungen wie die der Stabelektroden erhalten. So fand der Verfasser für die Al-Legierungen AlMg3Si (AlMg 3 mit Si- und Mn-Zusätzen), AlMg 5 und AlMgMn laufend rissige und porige Punkte und Nähte bei Anwendung der Rollenpunktung für 4—6 Perioden Schweißzeit (50-Per.-Netz), während bei auf 18—22 Perioden verlängerter Schweißzeit die Punkte und Nähte dicht waren. Da man bei der Rollennahtschweißung schwerlich mit Druckprogramm arbeiten kann, bietet die Erhöhung der Schweißzeiten das geeignete und einfache Mittel, riß- und porenfreie Nähte zu erhalten. Die Naht in Bild 15 c zeigt eine starke Überschneidung der Schweißlinsen. Nur ganz vereinzelt tritt in dem Bild 15 c (obere Naht) schlechte Bindung auf; einwandfrei verschweißt ist die unten im Bild 15 c gezeigte Naht. Die Erhöhung der Schweißzeit muß mit der Größe der Vorschubgeschwindigkeit im Einklang stehen. Da sich die Rollen laufend fortbewegen, gehen extrem hohe Schweißzeiten eng in den Verschweißvorgang ein. Wie aus den Bildern 15 b u. c ersichtlich, besteht die Rollennaht aus Einzelpunkten genügenden Abstandes, deren Schweißlinsen sich jedoch überschneiden können. Läßt man die Maschine laufend ohne Stromunterbrechung, d. h. läßt man diese nicht intermittierend punkten, so ist bei Al-Legierungen die Verschweißung schlecht. Es entstehen die Bindefehler des Bildes 15 c (obere Naht). Um den für das Aufschmelzen notwendigen Wärmeanteil I*) aufzubringen, muß man bei Al-Legierungen grundsätzlich *intermittierend* arbeiten, d. h. stufenförmig genügend große zu verschweißende Flächen aufeinanderpressen, die dann bei Stromdurchgang aufgeschmolzen werden. Die gebräuchlichen Vorschubgeschwindigkeiten liegen für 1-mm-Duralumin- (AlCuMg-) Bleche nach *Rosenberg* in der Größenordnung von 10 bis 25 mm je Sekunde. Dies zeigt das Bild 34. In diesem ist die Bruchlast stark abhängig von der Vorschubgeschwindigkeit. Bei 50 Perioden Stromzeit (50-Per.-Netz/Sek.) würde sich dann ein Punkt bereits auf 10—25 mm auseinanderziehen. Für Linsendichtheit genügen im allgemeinen 25 Perioden. Man ersieht daraus, daß man, um die Vorteile großer Schweißzeiten im Sinne dichter Gefüge bei Rollenschweißnähten auszunutzen, die Vorschubgeschwindigkeit herabsetzen muß. Der grundsätzliche Vorgang der Verdichtung der noch plastischen, zunächst aber porigen und rissigen Naht im Innern der Schweißlinsenbereiche ist der gleiche, wie er ausführlich beim Einzelpunkt für das Wirken höherer Schweißzeiten beschrieben wurde. Das Eindrücken der Elektrodenrollen zum Zwecke der Verdichtung erfordert eben Zeit. Einmal ist diese nötig, da das plastische Nachgeben des Werkstoffs beim Eindrücken nicht momentan erfolgt, außerdem hängt die Plastizität von der Erwärmung und damit wieder von der Zeit ab. Über diese Wechselwirkungen, d. h. mit dem Ziel, riß- und porenfreie Rollennahtbindungen zu erzielen, wurden noch wenig Betriebsversuche ausgeführt. Es ergeben sich aber Verbesserungen des Gefüges bei Einzelpunkten und Rollennähten durch die Erhöhung der Schweißzeit, die man ausnutzen sollte.

Bislang wurden ja auch elektrisch widerstandsgeschweißte Nähte bei Flüssigkeitsbehältern nur dann ausgeführt, wenn diese nicht auf Innendruck dicht sein mußten. Bei Behältern aber, die auf Innendruck dicht sein sollen, d. h. die kein Lecken durch den Punkt oder die Naht hindurch zeigen, genügen die riß- und porenbehafteten

*) s. Text unter 5 a bis c

Nähte des Bildes 15 b sowie rollengeschweißte Einzelpunkte selbst bei genügender statischer Festigkeit nicht mehr, und es müssen neue Wege beschritten werden, die in Richtung einer Verbesserung der Nahtgüte durch Heraufsetzen der Schweißzeit liegen.

h) Einfluß des Strom-Zeit-Verlaufes auf die Neigung zum Anlegieren.

Dies wurde bislang noch nicht untersucht. Es liegen keine Berichte vor, die auf ein unterschiedliches Verhalten schließen lassen, falls man gittergesteuerte Maschinen mit *rechteckiger* Hüllkurve (Strom-Zeit-Verlauf, Bild 42 II. unteres) mit solchen vergleicht, die eine *sinusförmige Hüllkurve* zeigen (Bild 42 IV.). *Erdmann-Jesnitzer* u. *Glage* (2) fanden, daß man bei 6 Perioden Schweißzeit (1,5 mit 1,5 mm Blechdicke, Werkstoff AlMg 5) rund 10 Punkte setzen kann, wenn man mit einer gittergesteuerten Maschine und rechteckiger Hüllkurve arbeitet. Schweißt man mit 18 Perioden, so muß man bereits nach 3 Punkten säubern. Bei 25 Perioden Schweißzeit klebt bereits der erste Punkt. Betrieblich gesehen, sind daher größere Schweißzeiten bei Gitter- oder auch bei mittels „Ignitrons" gesteuerten Maschinen mit rechteckiger Hüllkurve der Strom-Zeit-Verlauf nicht tragbar.

Völlig unterschiedlich jedoch verhält sich hiervon die *kaskadengesteuerte Maschine mit sinusförmiger Hüllkurve* des Strom-Zeit-Verlaufes. *Setzt man die gleiche statische Punktfestigkeit voraus, so kann man bei kaskadengesteuerten Maschinen rund 20—30, d. h. etwa die zehnfache Anzahl Punkte bis zum erforderlichen Säubern der Elektrode schadlos setzen. Dieses auch bei großen Schweißzeiten von 30—60 Perioden gefundene Ergebnis ist als bemerkenswert anzusehen.* Vom Verfasser wurde die günstige Wirkung großer Schweißzeiten von 25—50 Perioden für ein- und mehrschnittige Blechverbindungen unter Verwendung genügend hohen Druckes (z. B. 320 kg, Kopfdurchmesser 12 mm, $r = 75$ mm) aus umfangreichen Probeschweißungen mit kaskadengesteuerten Maschinen gefunden. Bei der Übertragung der Ergebnisse auf Betriebe, die mit gittergesteuerten Maschinen arbeiteten, ergab sich zunächst, daß die Erhöhung der Schweißzeit von 4—6 auf 18—22 Perioden im Sinne der Herabsetzung von Lunkern und Rissen in der Schweißlinse bei hohen Festigkeiten durchaus ebenso günstig wirken wie die bei Probepunktungen mit kaskadengesteuerten Maschinen gefundenen Ergebnisse. Jedoch klebte die Elektrode bei sonst einwandfreier Punktgüte bei 18 Perioden Schweißzeit dabei nach 2—3 und für 22 Perioden Schweißzeit bereits beim ersten Punkt an. In Ergänzung dieser Versuche fand *Glage* auch bei Steuerung durch ein „Ignitron", dessen Strom-Zeit-Verlauf, als Hüllkurve gesehen, analog der gittergesteuerten Maschine normalerweise in Rechteckform vorliegt, ein Verhältnis von 1 : 10, entsprechend 2—3 zu 20—30 setzbaren Punkten bis zum notwendigen Säubern, d. h. im Sinne einer Verschlechterung gegenüber der Kaskadensteuerung mit sinusförmiger Hüllkurve. Bei diesen Versuchen wurden die Bedingungen wieder derart getroffen, daß gleiche statische Festigkeitswerte Voraussetzung für den Vergleich waren.

Der Verfasser war in einem Betriebsfall gezwungen, mit den Schweißzeiten jeweils so hoch zu gehen, daß auch bei gittergesteuerten Maschinen noch eine erträgliche Anzahl Punkte ohne Reinigung mit riß- und porenfreien Schweißlinsen vorlagen. Hierdurch wurde bei über zehn verschiedenen Firmen vermieden, daß der Punkt die Ursache war für das Austreten von Flüssigkeit aus Behältern bei Innendruck (Bild 39, siehe auch Bild 32). Die Flüssigkeit tritt bei rissigem Punkt durch diesen durch die Risse aus dem Behälterinnern nach außen. Die günstige Wirkung großer Schweißzeiten für dichte und einwandfreie Schweißlinsen wurde im Großversuch bei der Serienherstellung von Behältern aus Al-Legierungen bestätigt und dabei gleichzeitig ge-

Bild 39. Flüssigkeitsundichte Schweißpunkte in dünnwandigen Leichtmetallbehältern

39 (links) Schematische Darstellung der Behälterkonstruktion, Wanddicken übertrieben

39 (rechts) Schweißlinse im Querschliff. Durchgehender Riß, der Wasserdurchtritt ermöglichte

1. 2 mm dicker Ring mit 1,5 mm dicker Wandung verschweißt, Leg. AlMg 3Si sowie auch bei AlMg 5 und AlMgMn.
2. 2 mm dickes Beschlagblech mit 1,5 mm dicker Wandung verschweißt, Leg. AlMgMn mit AlMg 5 oder AlMg 3Si.
3. Verstärkungsring durch intermittierend einzelpunktschweißende Rollennahtelektroden.

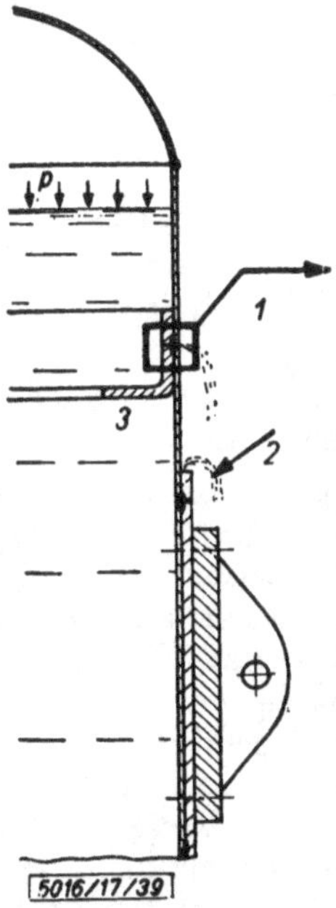

Bild 39

funden, daß angepunktete Beschläge und Versteifungsrippen bei Schlagbeanspruchung durch Stoß mangels der sonst auftretenden schwammigen Kernzone nicht mehr spröde wegbrachen.

Die Erklärung der geringeren Neigung zum Anlegieren der Elektrode an das Blech bei kaskadengesteuerten Maschinen wurde im Wortlaut nach *Erdmann-Jesnitzer* (2) u. *Glage* etwa wie folgt gegeben: „Die Unterschiede in den Anlegierungserscheinungen lassen sich zwanglos aus dem unterschiedlichen Stromverlauf bei *rechteckiger* und *sinusförmiger* Hüllkurve des Verlaufes von Strom und Schweißzeit erklären. Bei Rechteckform wirkt die volle Spannungsamplitude momentan. Der verhältnismäßig große Übergangswiderstand Elektrode - Blech bewirkt (siehe auch unter „Einfluß der Oberfläche"), örtlich starke Überhitzung. Bei Sinusform erfolgt eine allmähliche Erwärmung. Im Verlauf dieser können sich die Rauhigkeitsspitzen plastisch im Sinne eines guten elektrischen Kontaktes abplattend verformen, noch bevor die volle Stromamplitude erreicht ist." — In diesem Sinne ergibt sich als Bestätigung, daß man unter hoher Vergrößerung der Blechoberfläche innerhalb der Eindruckskalotte nach Abheben der Elektrode und nach erfolgtem Stromdurchgang, d. h. nach der Schweißung, deutlich erkennt, daß die Eindrucksfläche die Merkmale der Elektrodendruckfläche zeigt, wie es bereits besprochen wurde. Man erkennt aber die Blechrauhigkeit nach versuchsmäßigem Abheben der Elektrode noch immer, falls ohne Stromdurchgang geschweißt, d. h. nur angepreßt wird. Nach Stromdurchgang und genügend großer Schweißzeit zeigt die Eindruckskalotte des Bleches aber dann das Eindrucksnegativ der Elektrodenoberfläche (Bild 10).

i) Die Steuerorgane zur Begrenzung der Schweißzeit.

Die Erkenntnis, daß der Strom-Zeit-Verlauf bei großen Stromzeiten merkbar in Erscheinung tritt, stellt die Frage nach den für große Stromzeiten günstigen Schaltorganen in den Vordergrund. An dieser Stelle erscheint es zweckmäßig, genauer auf die Entwicklung der modernen elektrischen Steuerung von Punkt- und Rollennahtschweißmaschinen im Hinblick auf die Anwendung höherer Schweißzeit und den günstigen Verlauf der Strom-Zeit-Hüllkurve einzugehen, da diese Entwicklung eng mit den Werkstofffragen für die Punktschweißung von Aluminiumblechen zusammenhängt. Eingeleitet wurde diese Entwicklung durch die Arbeiten von *F. Erdmann-Jesnitzer* (2) auf Grund von Laboratoriums- und Betriebsuntersuchungen. *Kaufmann* nimmt zur elektrotechnischen Seite wie folgt Stellung*):

Die Steuerungen für elektrische Punkt- und Nahtschweißmaschinen haben einen langen Entwicklungsweg gehen müssen, ehe sie auch bei schwierigeren Schweißproblemen zufriedenstellende Ergebnisse brachten. Es bestehen eine große Reihe von Lösungen nebeneinander, die man wie folgt einteilen kann:

A. *Schützensteuerungen*
mit elektromagnetisch betätigten Schaltgeräten für hohe Schalthäufigkeiten

B. *Modulatorsteuerungen*
mit Veränderung der der Schweißmaschine zugeführten Spannungsamplitude durch elektromagnetische zyklische Addition oder Subtraktion von Spannungen mittels rotierender Maschinen

C. *Stromrichtersteuerung*
mit dampfgefüllten Entladungsgefäßen, die als Schütze und als Modulationseinrichtungen dienen können.

Jede dieser Steuerungsarten hat ihr Anwendungsgebiet, für das sie ein technisches und wirtschaftliches Optimum erreicht. Die neueste Entwicklung hat die Stromrichtersteuerung für die meisten Anwendungsgebiete in den Vordergrund treten lassen. Sie kann als die universelle Steuerungsart angesehen werden.

Die elektrische Widerstands-, Punkt- und Nahtschweißung dünner Bleche, insbesondere die Verschweißung von Leichtmetall und V2A (Chromnickelstahl), hat erst zu brauchbaren Ergebnissen geführt, als man erkannt hatte, daß der Schweißstrom nicht nur nach seiner Höhe, sondern auch nach seiner Dauer genau einstellbar sein muß. Dies ist notwendig, um der Schweißstelle die Wärmemenge zuführen zu können, die erforderlich ist, um eine gute Schweißung ohne nachteilige Beeinflussung des verwendeten Werkstoffes zu erzielen (siehe auch bei *v. Conrady*, S. 454 ff. betreffend Gefügeschädigung, interkristalline Korrosion und Schweißzeiteinfluß bei V2A-Blechen). Insbesondere seit der sicheren Beherrschung ganz kurzer Schweißzeiten bis herunter zu Bruchteilen einer Halbwelle des Wechselstromes hat das Anwendungsgebiet der elektrischen Widerstandsschweißung erheblich an Ausdehnung gewonnen.

Das Problem der Beherrschung dieser kurzen Schweißstromintervalle lag im wesentlichen bei den zur Verwendung kommenden Schaltgeräten und deren Betätigung hinsichtlich des einzuhaltenden Einschaltzeitpunktes.

Bei kürzesten Schweißzeiten von etwa $^1/_4$ Sekunde und bei geringen Anforderungen an die Schalthäufigkeit lassen sich noch elektromagnetisch betätigte Schütze verwenden. Als steuerndes Zeitglied haben sich Kondensator-Zeitrelais und Schweißzeitbegrenzer mit gesteuerten Glühkathodenrohren bewährt. Bei diesen Einrichtungen ist jedoch der Zeitpunkt des Schaltens nicht festlegbar, sondern kann zeitlich gesehen in weiten Grenzen schwanken.

Bei kurzen Schweißzeiten und hohen Anforderungen an die Genauigkeit und Schalthäufigkeit, wie sie besonders bei der Leichtmetall- (und V2A-) Schweißung Bedingung gewesen sind (siehe *v. Conrady*, S. 454 ff.), hat sich der gesteuerte Stromrich-

*) *O. Kaufmann:* Stellungnahme, bearbeitet für den vorliegenden Buchbeitrag mit Betonung der elektrotechnischen Seite

ter neben den Modulationseinrichtungen unter Zuhilfenahme rotierender Maschinen in erheblichem Umfang in die Praxis eingeführt. Zunächst wurden die aus der allgemeinen Stromrichtertechnik bekannten gittergesteuerten Glasgefäße herangezogen. Es bedurfte jedoch einer längeren Entwicklungszeit, um die andersgeartete Beanspruchung besonders hinsichtlich der Beherrschung der Dampfdruckfragen zu berücksichtigen. Hier hat sich in letzter Zeit das zündstiftgesteuerte Entladungsgefäß *Ignitron* als ganz besonders brauchbar erwiesen, da es bei kleinen räumlichen Abmessungen und robuster Bauart durch Anwendung eines Metallgefäßes mechanisch und elektrisch allen Anforderungen genügt.

Die Aufgabenstellung beim Einschalten einer Widerstandsschweißmaschine ist zunächst die gleiche wie bei einem Schütz, d. h. für die vorgesehene Schweißzeit wird die Maschine an das speisende Netz angeschlossen. Da die trägheitslose Dampfentladung in den zur Verwendung kommenden Stromrichtergefäßen jede Schalthäufigkeit gestattete, wurde diese zur Steuerung überall da verwendet, wo andere Geräte mit mechanischen Mitteln versagen mußten, d. h. bei den ganz kurzen Schweißzeiten. Die Entwicklung der Stromrichtersteuerung erstreckte sich daher zunächst auf die Schaffung von Stromrichtergefäßen für diesen Sonderzweck und steuernden Zeitgliedern für *kurze* Zeiten und für relativ große Ströme, wie sie bei den für die Leichtmetallschweißung gebauten Schweißmaschinen vorkamen. Es zeigte sich bald, daß die willkürliche Einschaltung einer Schweißmaschine zu Schwierigkeiten elektrischer Art führte und daher auch der Zeitpunkt der Einschaltung „synchron" mit dem Stromverlauf über der Zeit gesteuert werden mußte. Durch die Eigenart der Stromrichtersteuerung, die durch Verwendung von Entladungsgefäßen mit eindeutiger Stromdurchlaßrichtung gegeben ist, war man gezwungen, für jede Stromhalbwelle des Wechselstromes ein Gefäß vorzusehen. Hieraus ergaben sich zusätzliche Steuerbedingungen, da die gleichmäßige Ausbildung beider Stromhalbwellen für das einwandfreie Arbeiten der Schweißmaschine, besonders bei hoher Einschalthäufigkeit, Bedingung ist. Von einer guten Stromrichtersteuerung müssen daher folgende Bedingungen erfüllt werden:

Beherrschung der *Gefäßbeanspruchung* bei allen vorkommenden Belastungen.
Einstellbarkeit des *Einschaltzeitpunktes* synchron zum Stromverlauf.
Einstellbarkeit der *Schweißzeit* von Periode zu Periode des speisenden Wechselstromes.
Einstellbarkeit der Pause zwischen den *Schweißintervallen* für die Nahtschweißung
Sicherstellung der gleichmäßigen Ausbildung der beiden Wechselstromhalbwellen.
Stetige *Regelbarkeit* des Schweißstromes *unter Last*.
Sichere *Reproduzierbarkeit* aller Einstellungen.
Robuste Bauart, *einfache* Elemente, *leichte* Bedienung, *geringer Platzbedarf*.

Wie es bereits am Anfang dieses Beitrages sowie an anderer Stelle des Buches gesagt wurde (*E. Rietsch*, S. 397 ff.), hat die Schweißpraxis darüber hinaus noch andere Anforderungen an die Steuerung der Schweißströme gestellt. Es zeigte sich, daß nicht nur die bekannten Einflußgrößen für die Schweißung aus der Gleichung

$$J^2 \cdot R \cdot t = A \text{ (WE)}$$

von Bedeutung sind, die normalerweise vor der Schweißung durch die Einstellung der Maschine bestimmt werden, sondern daß es von Vorteil für das Gefüge und die Festigkeitseigenschaften der erzielten Schweißverbindung ist, wenn während der Schweißzeit die eine oder andere Größe verändert wird. Um dies zu erläutern, sei an Hand von Bild 40 nochmals kurz auf die Vorgänge bei einer Punktschweißung hingewiesen.

Der beim Einschalten fließende Stromstoß findet zunächst eine Hintereinanderschaltung von verschiedenen Widerständen vor, die im wesentlichen durch Materialkonstanten und dem Elektrodendruck gegeben sind. Für die Schweißung soll nach Möglichkeit nur $R_3M + R_4Ü + R_5M$ wirksam werden. Durch Wahl geeigneter Elektroden und durch Vorbereitung des zu verschweißenden Materials wird man den Einfluß von $R_1E + R_2Ü + R_6Ü + R_7E$ so klein wie möglich halten: damit hängen ja auch die lästigen Anlegierungsfragen der Elektroden zusammen.

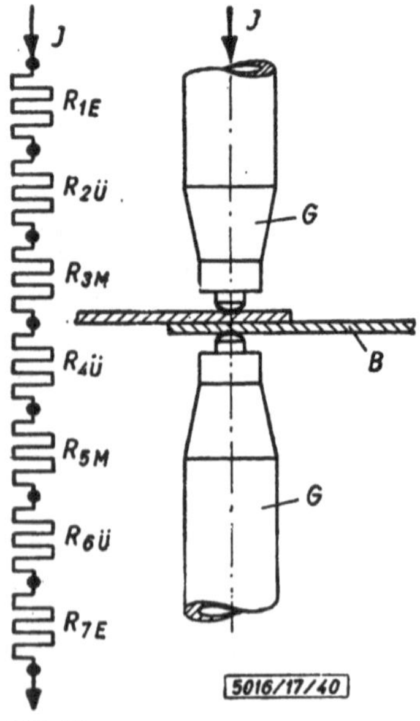

Bild 40

Bild 40. Elektrische Widerstände im Schweißkreis (schematisch). Es bedeuten:

B = Bleche
G = Elektrode
J = Schweißstrom (Größenordnung etwa elektrische Widerstände 16—25 · 10^3 Amp.)
R_1 E = obere Elektrode
R_2 Ü = Übergang obere Elektrode – Blech
R_3 M = im Blech
R_4 Ü = Übergang von Blech zu Blech
R_5 M = im Blech
R_6 Ü = Übergang untere Elektrode – Blech
R_7 E = untere Elektrode
R = Gesamtwiderstand = Z Einzelwiderstände

Es zeigte sich nun, daß bei Werkstoffen mit hoher Leitfähigkeit im Innern, jedoch mit Oberflächenschichten geringer elektrischer Leitfähigkeit, bei denen also der für die Erhitzung auf Schweißtemperatur erforderliche Widerstand nur durch den Übergangswiderstand $R_4Ü$ gegeben ist, besonders bei formsteifem Material, die erwünschte Punktfestigkeit nicht oder nur mit großer Streuung erreicht werden konnte.

Durch Veränderung aller Einflußgrößen versuchte man das Problem zu lösen und kam schließlich auf zwei in der Praxis brauchbare Lösungen. Die eine Entwicklungsrichtung nahm den Summenwiderstand R, gegeben durch den Elektrodendruck, als wesentliche Einflußgröße an und versuchte, durch stetige Veränderung des Elektrodendruckes während der Schweißung nach einem „Druckprogramm" das Optimum an Schweißgüte zu erzielen, während die andere Richtung den Strom J heranzog und mit einem „Stromprogramm" die Fragen zu meistern versuchte. Da der Widerstand R in die Gleichung linear eingeht, der Strom jedoch quadratisch, war von vornherein festzustellen, daß das Stromprogramm den größeren Einfluß hat. Das Druckprogramm hat außerdem Durchführungsschwierigkeiten in der mechanischen Konstruktion der Maschinen und der zu überwindenden Trägheit in den bewegten Massen (Druckkolben nebst oberer bewegter Elektrode). Die Elektrotechnik hatte hier leichter zu beherrschende Mittel, um das Stromprogramm herzustellen.

Das Druckprogramm verändert also während der Schweißzeit, d. h. während der Strom fließt, den Widerstand. Ein Beispiel zeigen die Bilder 20 und 21 sowie ein weiteres Bild 41. Der Druck P steigt in Bild 41 zunächst an und preßt die Bleche fest aufeinander, der Widerstand sinkt auf einen bestimmten Wert, für den sich der Strom einstellt. Das Material wird warm und schmiegt sich an. Nun sinkt der Druck, der Widerstand steigt, und die eigentliche Schweißerhitzung findet statt. Nach dem Verschweißen, gekennzeichnet durch den Knick in der Widerstandskurve R, wird der

Strom ausgeschaltet und geht auf Null. (Dieser Knick erlaubt mittels oszillographischer Bestimmung des Zeitbeiwertes die Ermittlung der „Verschweißzeit", siehe S. vorher.) Der Druck wird nun nochmals erhöht, um eine Nachverdichtung zu erreichen. Dieser so beschriebene Verlauf ist nur ein Beispiel und kann auch anders, z. B. wie in Bild 20 dargestellt, gestaltet werden.

Für das Stromprogramm sprechen die folgenden Gründe:

Bereits seit dem Beginn der Schweißtechnik mit gesteuerten Strömen, also bereits beim einfachen Modulator, später beim Doppelmodulator „Kaskade" z.B. der AEG-Berlin, war ein Stromprogramm mit Erfolg zur Anwendung gekommen, das hier durch den elektromagnetischen Aufbau der zur Verwendung kommenden rotierenden Maschinen einen sinusförmigen Verlauf der Hüllkurve des Schweißstromes zeigt. (Bild 42 I a u. b zeigt Oszillogramme der „Kaskade". Vergleiche hierzu eine rechteckige Hüllkurve Bild 42 II.)

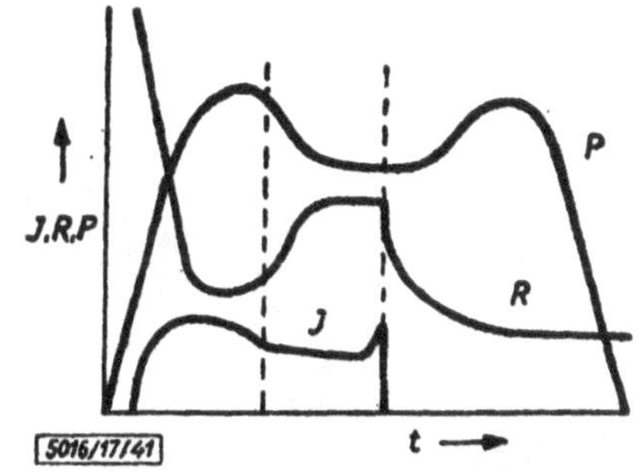

Bild 41. Druckprogramm während der Punktschweißung

t = Schweißzeit R = Gesamtwiderstand
J = Schweißstrom P = Elektrodendruck

Die im Oszillogramm (Bild 42 I a u. b) gezeigten Spannungswellen werden von der „Kaskade" erzeugt und können einmal durch Verlängerung der Pause zwischen den Schweißimpulsen, das andere Mal durch Verlängerung der Schweißzeit geregelt werden. Im Oszillogramm des Bildes 42 b ist eine derartige vergrößerte Pause zu erkennen, die durch Ausschalten einer Spannungswelle entsteht. Das Ausschalten erfolgt durch einen mechanisch von der Welle der „Kaskade" angetriebenen Schalter, der von jeder Schaltleistung dadurch entlastet ist, daß er nur in dem Augenblick schaltet, wenn praktisch keine Spannung und damit kein Strom vorhanden ist. Die zur Verfügung stehende Zeit ist für den Schaltvorgang ausreichend, da aus dem ersten Oszillogramm (Bild 42 I a) hervorgeht, daß die natürliche Nullzeit mehrere Perioden beträgt. Die Grenzen der Einstellbarkeit liegen bei der Schweißzeit zwischen 1 und 15 Perioden und bei dem Verhältnis Schweißzeit zu Pause zwischen 1 : 1 und 1 : 23. Diese Werte haben in der Praxis allen Anforderungen genügt, und besonders bei den Spezialfällen, wo eine erhöhte Schweißzeit gegenüber üblichen Stromrichtersteuerungen verlangt wurde, ist die Einstellmöglichkeit ausreichend.

Das Bild 43 zeigt eine Aufnahme der „Kaskade". Die beiden rotierenden Spezialdrehregler sind in ein gemeinsames Gehäuse eingebaut und werden über ein stufenlos regelbares Getriebe von einem Drehstrommotor angetrieben. Der Vertikalmotor dient als Ventilatorantrieb für die Belüftung. Am Ende des Grundrahmens ist der von der Maschinenwelle angetriebene Schalter sichtbar, an dem mittels Handrades das Strompausenverhältnis eingestellt wird. Das Regelgetriebe ermöglicht die Einstellung der Schweißzeit. Die Lösung ist robust und in der Hand des Werkstattmannes *ohne* besondere elektrotechnische Vorbildung als vollkommen betriebssicher anzusprechen.

Man kann ferner aus dem Bild 40 und der Grundgleichung entnehmen, daß ein stoßartiges Einschalten des vollen Stromes, wie es bei normalen Schützen- und den üblichen Stromrichtersteuerungen der Fall ist, an den Widerständen im Schweißstromkreis entsprechende elektrische Spannungen aufbaut, die zu lichtbogenartigen Ausgleichvorgängen neigen. Diese Spannungen können auch gewisse Inhomogenitäten in den Schweißverbindungen erklären, wie sie für die „schwammige Kernzone" an anderer Stelle dieses Beitrages beschrieben sind.

Bild 42. Zeitlicher Verlauf von Schweißstrom und Schweißzeit bei der „Kaskade" (Bauart AEG, Berlin-Hennigsdorf)

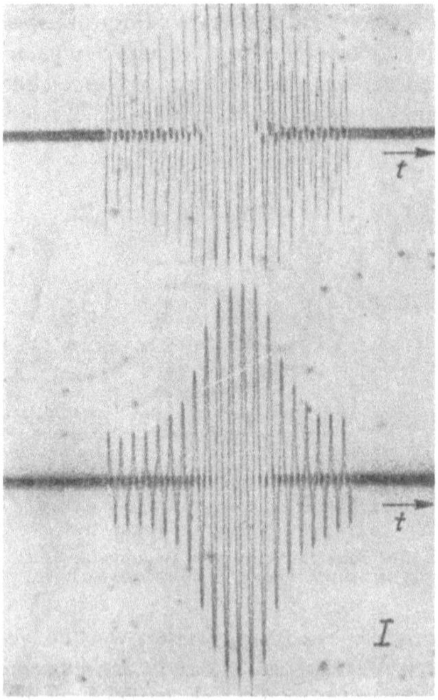

Bild 42 I

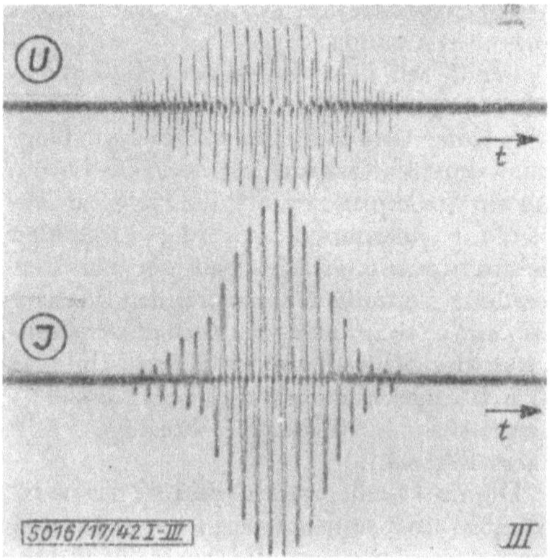

Bild 42 III

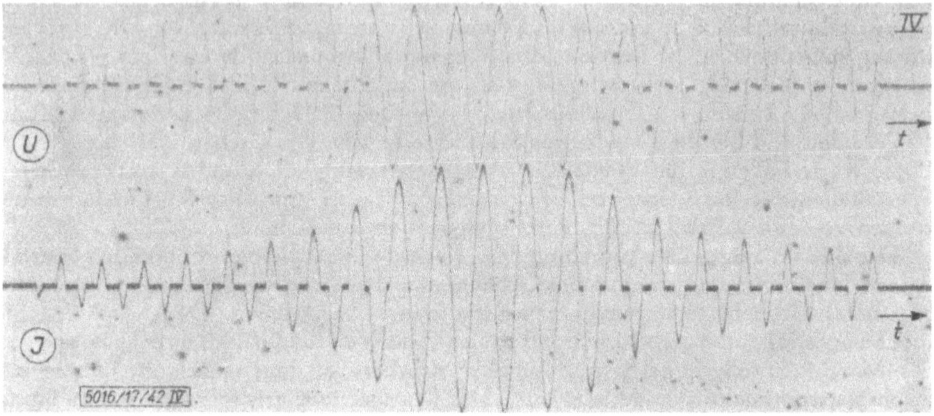

Bild 42 IV

I = einfache Schweißpause

II = verlängerte Schweißpause

III u. IV = Oszillogramme, die mittels Ignitronsteuerung und mechanischen Schaltwerks (Bild 47) erhalten wurden.

U = Spannung
J = Strom
t = Zeit

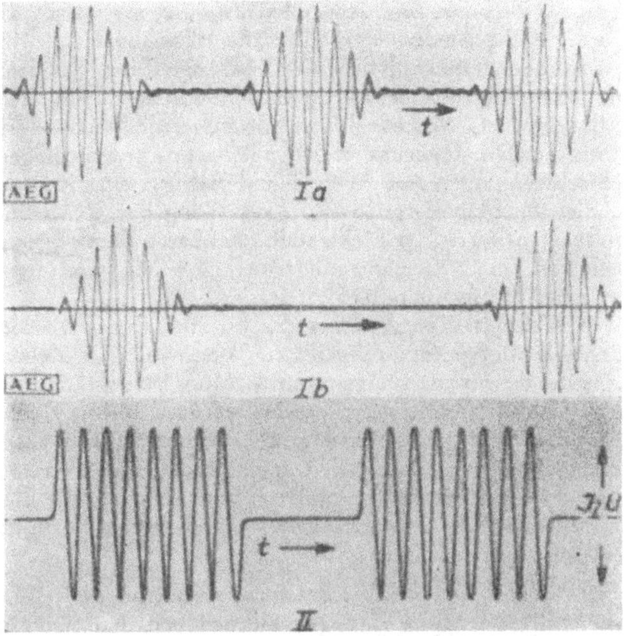

Bild 42 II

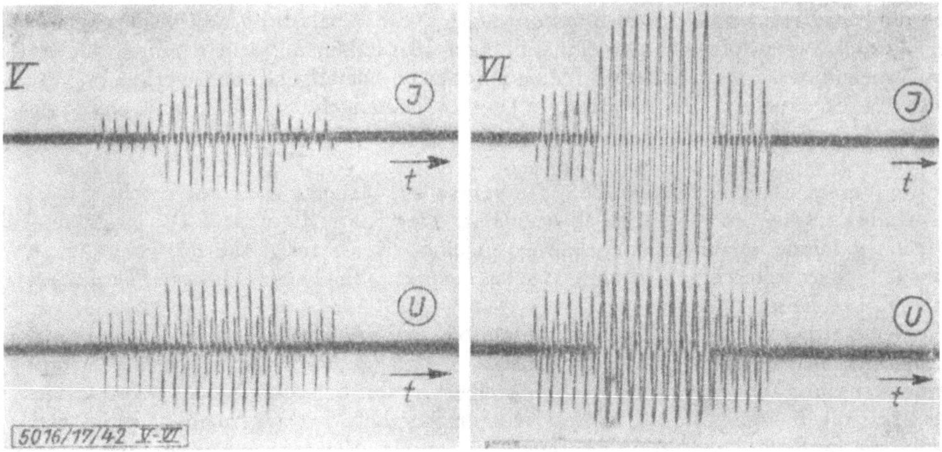

Bild 42 V-VI

Bild 43
Kaskaden – Punktschweißaggregat

Bei Einschalten des Stromes mit der vollen Amplitude hat die Hüllkurve des Stromes die Form eines Rechtecks. Vergleichende Schweißversuche haben in einer großen Anzahl von Fällen ergeben, daß die Hüllkurvenform des Stromes offenbar einen Einfluß hat, wie dies auch erwartet werden konnte. [Siehe Lit. *F. Erdmann-Jesnitzer* (2).] So hat die AEG-Kaskade mit sinusförmiger Hüllkurvenform des Stromes gegenüber einer Stromrichtersteuerung üblicher Bauart mit rechteckiger Hüllkurvenform bei Versuchsschweißungen mit AlMg 3 und AlMg 5 eine klare Überlegenheit erkennen lassen, die sich besonders bei der Ausbildung der Schweißlinsendichtheit sowie der Anlegierungsneigung der Elektroden offenbarte. Diese Erkenntnisse haben dazu geführt, auch von der Stromrichtersteuerung eine Modulierung des Schweißstromes im Sinne eines Stromprogramms zu fordern.

Parallel zur Frage der Hüllkurvenform des Stromes liefen Versuche, auch die Schweißzeit als dritte Einflußgröße zu verändern. Wenn auch die Zeit nur linear eingeht, so hatte ja gerade die vorangegangene Entwicklung gezeigt, daß die Schweißzeit zunächst überhaupt einmal beherrscht werden mußte, bevor eine systematische schweißtechnische Entwicklung einsetzen konnte. Hatte der Erfolg zunächst bei Verkürzung der Zeiten gelegen, so konnte man jetzt eine rückläufige Tendenz beobachten, die jedoch im wesentlichen werkstoffbedingt war. Hier erhielten die Elektrotechniker wieder eine neue Aufgabe: Die Stromrichtgefäße waren bisher für kürzeste Schweißzeiten bzw. für kleine Taktverhältnisse

$$F = \frac{t_J}{t_J + t_P} \cdot 100\%$$

t_J = Zeit des Stromdurchganges
t_P = Zeitintervall zwischen den Stromimpulsen

entwickelt worden und ließen sich nicht ohne weiteres höher belasten. Es ergab sich also die Schaffung von Gefäßen höherer mittlerer Strombelastung, womit gleichzeitig der Wunsch verknüpft war, den unhandlichen Glaskolben mit seinen empfindlichen Einschmelzungen zugunsten eines kleinen, robusten Metallgefäßes zu verlassen. Hier sollte die Einführung des zündstiftgesteuerten Metallgefäßes, des „Ignitrons", die bereits in Amerika vollzogen war, mit einem Schlage erhebliche Fortschritte ermöglichen.

Die Verwendung der „Kaskade", die bereits seit längerer Zeit mit Erfolg gebaut wurde, litt immer unter einer Schwierigkeit: Der Materialaufwand für einen derartigen Maschinensatz ist im Verhältnis zu einer Einrichtung, die im wesentlichen nur die Eigenschaften eines Schaltgerätes hat, sehr erheblich. Gewicht und Platzbedarf sind entsprechend.

Über die thermische Beanspruchung von Schweißtransformatoren in Widerstandsschweißmaschinen lagen genügend genaue Unterlagen vor; als jedoch die Stromrichtersteuerung die Ausnutzung durch Steigerung der Schalthäufigkeit heraufsetzte, war auch die Neuberechnung dieses Teils erforderlich. Im allgemeinen waren hier jedoch die Einflüsse bekannt und vorauszubestimmen. Viel schwieriger war die Schaffung von Gefäßen, die den Anforderungen des Dauerbetriebes gewachsen waren. Zunächst griff man auf die bekannten Glasstromrichter mit flüssiger Quecksilberkathode zurück, wie sie für allgemeine Gleichstromversorgungszwecke in Gleichrichterschaltungen mit 3 oder 6 Anoden zur Verfügung standen. Bald zeigte sich auch hier, daß der intermittierende Schweißbetrieb mit Spitzenströmen ganz andere Verhältnisse brachte als der ruhige Netzbetrieb: Hier heißt es, in Bruchteilen von Halbwellen im Entladungsraum genügend Ladungsträger bereitzustellen, um eine sofortige Stromübernahme zu gewährleisten. Der Quecksilberdampfdruck muß also schnell folgen können. Andererseits ist der Kühlungsfrage erhöhte Bedeutung zuzumessen. Bei kleinen Taktverhältnissen muß man sich vor zu starker Kühlung hüten, da dann leicht ein Mangel an Ladungsträgern bei plötzlich eintretendem Bedarf auftreten kann. Andererseits ist bei hoher mittlerer Belastung auch eine wirksame Abführung der Verlustwärme erforderlich. Selbsttätige Kühlungsregulierungen haben nur geringen Wert gehabt. Schließlich gelang es, Spezialgefäße zu bauen, die in engen Grenzen an bestimmte Belastungsverhältnisse gebunden waren. Als dann in der Schweißpraxis von der *Werkstoffseite her neue Erkenntnisse zu längeren Schweißzeiten* und ungünstigeren Taktverhältnissen führten, ergaben sich laufend große Ausfälle. Eine Zeitlang schien es, als ob die Stromrichtersteuerung für bestimmte Zwecke unbrauchbar wäre, als sich durch Einführung eines neuen Typs von Entladungsgefäßen mit grundsätzlich anderen Konstruktionsgrundsätzen eine Wandlung vollzog.

Das bisher benutzte Gefäß arbeitet mit ständig brennendem Erregerlichtbogen und benutzt in bekannter Weise Steuergitter zur Freigabe der Entladung und damit der Stromleitung. Es befinden sich also immer Ladungsträger im Raum, und das Einsetzen der Hauptentladung ist an das Vorhandensein dieser Erregung gebunden. Hierdurch sind die geometrischen Abmessungen, besonders der Abstand Anode - Kathode, für die verlangte Spannungssicherheit gegeben.

Das neue zündstiftgesteuerte Entladungsgefäß hat auch eine flüssige Quecksilberkathode, arbeitet aber ohne Steuergitter und ohne ständig brennenden Erregerlichtbogen. Der Einsatz der Hauptentladung erfolgt in jeder Halbwelle neu durch Einleitung eines neuen Kathodenflecks mit Hilfe des ständig in das Quecksilber eintauchenden Zündstiftes. Dieser Halbleiterstift erhält durch eine geeignete äußere Schaltung einen Stromstoß, der an seiner Oberfläche ein steiles Spannungsgefälle erzeugt. An der Eintauchstelle erfolgt dann ein Spannungsdurchbruch und die Bildung eines Kathodenfleckes.

Das Bild 44 zeigt den Schnitt durch ein derartiges „Ignitron".

Bei 1 in dem Bild 44 liegt der Kathodenanschluß, bei 2 tritt das Kühlwasser ein, welches bei 5 austritt. 3 ist die sich ständig regenerierende Quecksilberkathode, 4 der Zündstift. Bei 6 ist die Anode isoliert mit Hilfe einer Glaseinschmelzung, 7 ist der abgeschmolzene Pumpstengel für die Evakuierung. Bei 8 erfolgt der flexible Anschluß der Anode. Besonders beachtenswert ist hier der kleine Entladungsraum, der allen Dampfdruckschwankungen leicht folgen kann.

Ein günstiger Typ eines Ignitrons für 3500 Amp. Scheitelwert des Stromes bei 500 Volt Spannung wiegt etwa 3,5 kg, hat einen Durchmesser von 120 mm und eine Höhe von etwa 300 mm.

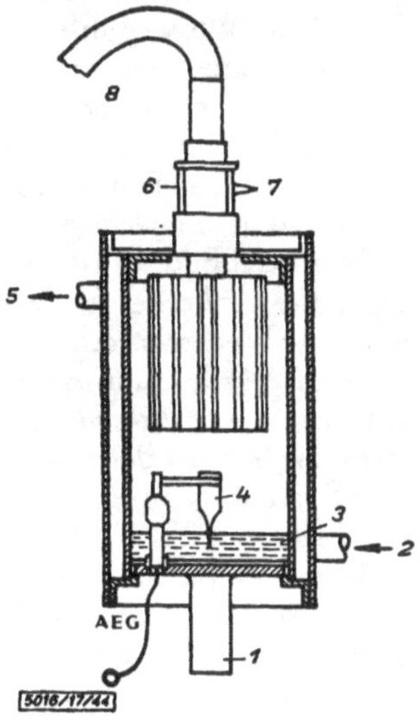

Bild 44. Querschnitt durch ein deutsches „Ignitron"

1. Kathodenanschluß
2. Kühlwassereintritt
3. Quecksilberkathode
4. Zündstift
5. Kühlwasseraustritt
6. Anodenisolierung
7. Abgeschmolzener Pumpstengel für die Evakuierung
8. Flexibler Anschluß der Anode

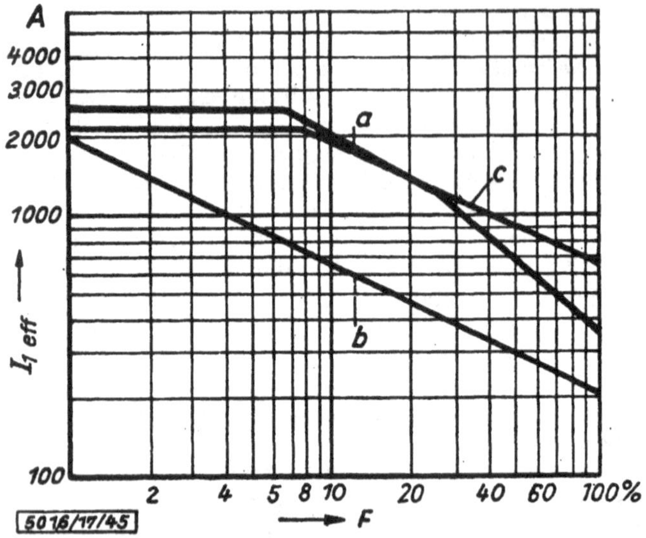

Bild 45. Belastbarkeit von zwei Ignitrons in üblicher Antiparallelschaltung nach *Kaufmann*

J_{eff} = Strom,
F = Taktverhältnis

In dem Bild 45 ist in logarithmischem Maßstab die Belastbarkeit von 2 Ignitrons in der üblichen Antiparallelschaltung dargestellt. Der Kurvenzug a zeigt den zulässigen Effektivwert des Wechselstromes in Abhängigkeit vom Taktverhältnis F. Die Linie b zeigt für die gleichen Verhältnisse die Leistungsaufnahme einer modernen großen Punkt- und Nahtschweißmaschine (z. B. Maschinentyp PA 100/400 der AEG-Berlin). Der Kurvenzug c zeigt nun zum Vergleich eine Kennlinie für die Steuerung mit Glaskolben. Hier sieht man deutlich, daß man bei hohen Taktverhältnissen und längeren Schweißzeiten und gegebener Maschinenleistung erheblich größere Gefäße braucht. Im vorliegenden Falle verhalten sich die für die Gefäßgröße bestimmenden Werte des Gleichstrommittelwertes etwa wie 1 : 2.

Berücksichtigt man dabei den Platzbedarf, so kann über den Weg der zukünftigen Entwicklung kein Zweifel mehr bestehen. — Die für das Ignitron hoher Leistung erforderliche Wasserkühlung ist kein Nachteil, da ja für die Schweißmaschine (Kühlung der Elektroden) diese ohnehin vorgesehen ist. Neben der Gefäßauswahl ist für die einwandfreie Funktion die Sicherheit im eigentlichen Steuerteil entscheidend. Auch hier hat die Entwicklung mehrere Wege eingeschlagen und hat schließlich zwei Grundschaltungen ergeben, wobei eine rein elektrische Röhrensteuerung und eine elektromechanische Steuerung nebeneinander Anwendung finden.

Mit dem Bild 46 ist die Prinzipschaltung einer Ignitronsteuerung üblicher Bauart angegeben. Hierbei ist W die aus den beiden antiparallel geschalteten Gefäßen bestehende Wechselstromschalteinrichtung; St ist ein Steuertransformator, der die Gitter der Hilfsgefäße dann mit Freigabeimpulsen beaufschlagt, wenn das Zeitglied Z durch Öffnung seines Kontaktes diese freigibt. Als Steuerspannung für diesen Steuertransformator St wird dem Netz über den Regelwiderstand R eine in der Phasenlage regelbare Spannung entnommen. Werden die Hilfsgefäße durch Freigabe der Gitter leitend, so erhalten die Zündstifte der Hauptgefäße ihre Zündimpulse, und die Hauptentladung in jedem Gefäß setzt ein. Durch eine Phasenverschiebung von 180° el. im Steuertransformator werden die Freigabeimpulse ebenfalls entsprechend gegeneinander festgelegt, und die Hauptgefäße werden dadurch jeweils entgegengesetzt gerichteten Halbwellen des Wechselstromes zugeordnet.

Für eine normale Schweißmaschinensteuerung mit rechteckiger Hüllkurve des Stromes wird lediglich das Zeitglied Z als Steuerelement für die Schweißzeit benötigt. Für einfache Anforderungen genügt ein Zeitrelais ohne genaue Festlegung des Einschaltaugenblicks. Der Wert Stromzeit ergibt sich für das Zeitglied Z aus deren Beiwert des Bildes 36 plus geringer Sicherheit.

Für alle schwierigeren Schweißaufgaben, bei denen es auf alle die Punkte ankommt, die bereits gekennzeichnet wurden, wird als Zeitglied ein synchron zum Schweißstrom arbeitender Schalter herangezogen.

Beim Beginn der Entwicklung der Stromrichtersteuerung mit gittergesteuerten Entladungsgefäßen hatte man bereits sogenannte Steuerwalzen, die synchron liefen, angewendet. Später ging man wegen der nicht beherrschbaren Kontaktschwierigkeiten zu den rein elektrischen Steuerungen über, die im Lauf der Zeit zu verwickelten Röhrenanordnungen führten, die der Schweißfachmann nur nach gründlicher elektrotechnischer Ausbildung in ihrer Funktion überwachen konnte. Als daher auf anderen Gebieten neue Erkenntnisse über synchron schaltende Kontakte gewonnen wurden, war der Weg zum mechanischen Synchronschaltwerk für Steuerzwecke als Zeitglied wieder frei und wurde zur Schaffung eines robusten Schaltwerkes herangezogen. Das Bild 47 zeigt schematisch die Funktion. Die synchron umlaufende Scheibe Sch ist mit Nocken N besetzt, die auswechselbar sind und von denen je ein Nocken eine Periode des Wechselstromes bedeuten soll. Diese Nocken heben den Kurvenhebel H an, der wiederum den Kontakt Z öffnet. Durch geeignete Wahl der Ablaufkurve des Hebels H und durch richtige Auslegung von Kontaktdruck und bewegten Massen läßt sich ein absolut prellfreies Schalten erreichen. Die auf der Scheibe aufgesetzte Anzahl der Nocken gibt die Schweißzeit in Perioden, die fehlenden Nocken geben die Pause an. Die Übersichtlichkeit dieser Lösung erleichtert die Bedienung.

Für verschiedene, immer wieder im Betrieb vorkommende Strom-Pausen-Verhältnisse lassen sich schon fertig zusammengestellte Nockenscheiben vorrätig halten. An Stelle der festen Nockenscheibe kann auch eine Nockenkette treten, die auf dem Um-

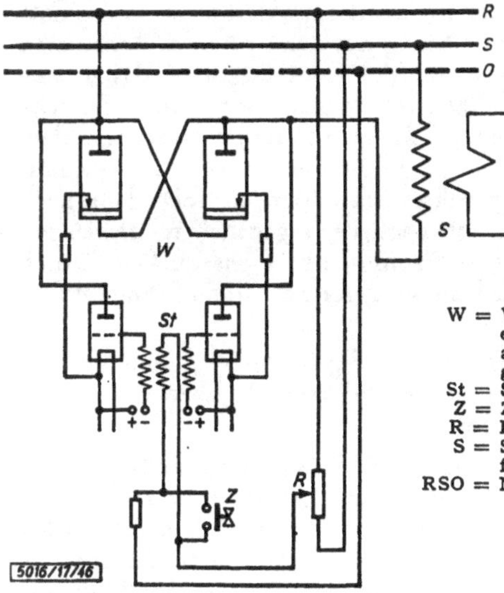

W = Wechselstromschalteinrichtung, bestehend aus zwei antiparallel geschalteten Gefäßen
St = Steuertransformator
Z = Zeitglied
R = Regelwiderstand
S = Schweißmaschinentransformator
RSO = Netzleitung

Bild 46. Prinzipschaltbild einer Ignitronsteuerung üblicher Bauart

Bild 47. Mechanisches Schaltwerk (z. B. für Strom-Zeit-Verlauf nach Oszillogramm III und IV in Bild 42)

Sch = Synchron laufende Scheibe
N = Nocken
H = Kurvenhebel
Z = Kontakt = Zeitglied des Bildes 46

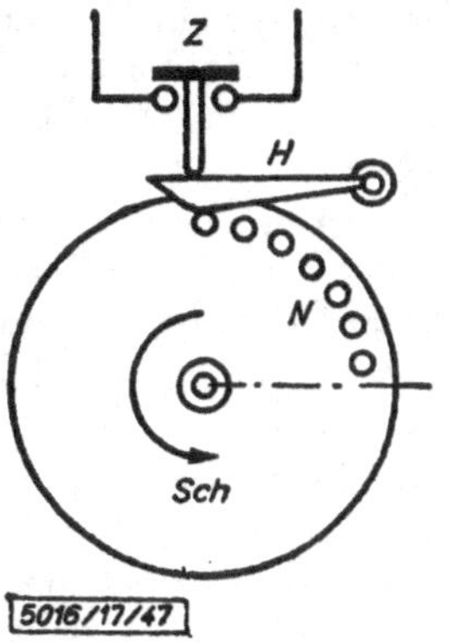

fang der synchron laufenden Scheibe abläuft. Eine solche Kette bietet alle Kombinationsmöglichkeiten.

Diese Steuerung läßt sich nun leicht dahingehend ergänzen, daß während der Schweißzeit, d. h. während der Öffnungszeit, vom Kontakt Z zusätzlich eine Regelung des Schweißstromes im Sinne eines Stromprogramms erfolgt. Zu diesem Zweck muß lediglich eine mechanische Kopplung der umlaufenden Steuerscheibe mit dem Regelglied R derart erfolgen, daß das Änderungsgesetz des Stromprogramms in einer Regelbewegung abgebildet wird. Hier können der Kurbeltrieb für sinusförmige Hüllkurve des Stromprogramms, Kurvenscheiben beliebiger Form für alle anderen Hüllkurven zur Anwendung kommen. In dem Bild 42 (Oszillogramme III und IV) sind einige Stromprogrammformen wiedergegeben, die mit derartigen Mitteln erzielt wurden. Äußerlich ähneln sie den Hüllkurvenformen, die mit der Kaskade erzielt wurden; es zeigt sich jedoch bei näherer Betrachtung der grundsätzliche Unterschied darin, daß bei der Kaskade eine Veränderung der Spannungs- und damit der Stromamplitude vorliegt, während bei allen Stromrichtersteuerungen die Regelung durch „Anschnitt" der Spannungskurve erfolgt, die zur Ausbildung von entsprechenden Stromkuppen führt, die bei Herabregelung nicht mehr aneinander anschließen, sondern Lücken aufweisen. In der Schweißpraxis hat dies jedoch bisher keine Bedeutung erlangt, da die Wärmeentwicklung und der Wärmefluß zeitlich relativ träge erfolgen.

Eine Variante der Ausführung hat für viele Schweißaufgaben bereits eine genügend genaue Annäherung an eine ideale Stromprogrammform ergeben. Hier wird mit einer stufenförmigen Hüllkurve gearbeitet. Eine derartige Hüllkurve läßt sich in der Steuerung sehr leicht dadurch herstellen, daß in dem Phasenschiebekreis, der die Steuerspannung liefert, durch Widerstände, Kapazitäten oder Induktivitäten, die durch Kontakte zu- oder abgeschaltet werden, entsprechende Beeinflussungen des Schweißstromes vorgenommen werden. Wenn man diese Kontakte mit dem Kontakt des Synchronschaltwerkes kuppelt, kann man von Periode zu Periode entsprechend Einfluß nehmen. In der Ausführung wird diese Aufgabe so gelöst, daß man den Steuernocken, die die Schweißzeit bestimmen, beispielsweise Verlängerungen gibt, die auf einen zweiten Kontakthebel wirken. Dieser zweite Kontakthebel wird dann betätigt, wenn ein entsprechend verlängerter Nocken anläuft. Diese Lösung hat den Vorteil, daß man rein optisch an der Anordnung der Schaltnocken auf der Kontaktscheibe das Stromprogramm ablesen kann. In dem Bild 48 ist dieses schematisch angedeutet. Die Oszillogramme V und VI in Bild 42 wurden mit einer derartigen Steuerung aufgenommen. In diesem Falle wird das Werkstück mit einem Strom geringerer Intensität vorgewärmt, ohne daß es zur Schweißung kommt. Der eigentliche Schweißimpuls folgt dann nach der angegebenen Vorwärmzeit, und es kann sich nach der eigentlichen Schweißzeit auch noch ein Nachwärmprozeß mit geringerer Stromintensität anschließen. Durch die Anordnung der Steuernocken lassen sich beliebig geformte, stufenförmige Hüllkurven erzeugen.

Mechanische Getriebe dieser Art sind verhältnismäßig leicht zu bauen und erreichen bei richtiger Bemessung eine hohe Lebensdauer. Sie sind sehr übersichtlich und mit einfachen Mitteln im Betrieb zu überwachen.

Prinzipiell ist die Beeinflussung der Phasenlage des Schweißstromes bei Stromrichtersteuerungen zum Zwecke einer Veränderung der Hüllkurvenform auch in der Fotozellensteuerung und der daraus entwickelten Kopfzellensteuerung benutzt worden (Siemens, Berlin). Die Fotozellensteuerung arbeitet mit einer gelochten Scheibe, die das Stromprogramm in entsprechender Form enthält, derartig, daß der durchfallende Lichtstrahl über die Fotozelle die Phasenlage des Schweißstromes beeinflußt.

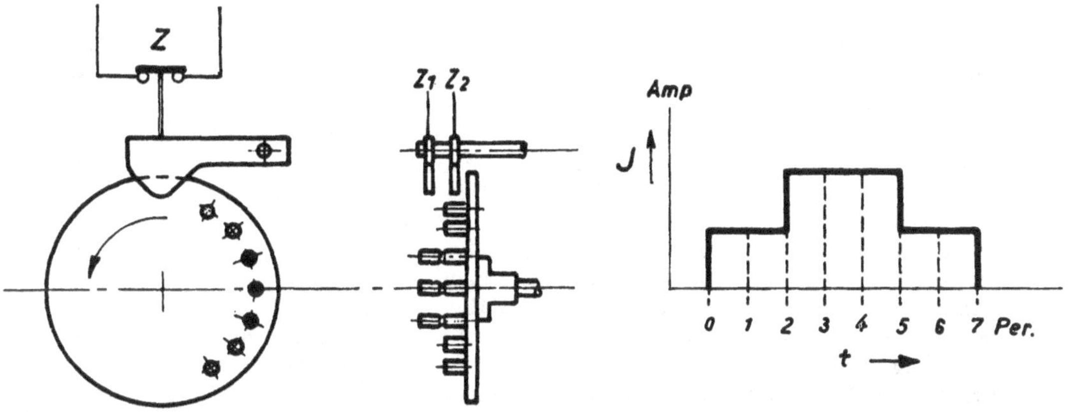

5016/17/48

Bild 48 a

Bild 48 b

Bild 48a u. b. Kettenschaltwerk für Ignitronsteuerung mit wählbarem Strom-Zeitverlauf nach *Rietsch, Kaufmann* u. *Mohr*

Z = Kontakt = Zeitglied des Bildes 46
J = Strom
t = Schweißzeit

Bild 48 a (schematisch).
Bild 48 b. Ansicht des Kettenschaltwerkes, Originalausführung (Werkfoto AEG).

Unter Zusammenfassung aller elektrischen und schweißtechnischen Forderungen und bei Betrachtung der bisher erreichten Ergebnisse kann man die zukünftige Entwicklung einer allen Anforderungen gewachsenen Steuerung für Widerstands-Punkt- und -Nahtschweißmaschinen folgendermaßen beurteilen:

„Für alle Schweißmaschinen, die nicht nur ausschließlich für ganz einfache Aufgaben herangezogen werden, ist die Stromrichtersteuerung mit zündstiftgesteuerten Entladungsgefäßen für alle Zwecke brauchbar und kann vom einfachen Schaltgerät bis zur Synchronsteuerung mit wählbarem Stromprogramm allen Wünschen angepaßt werden. Der Platzbedarf, das Gewicht, der Preis und der Materialaufwand stehen im richtigen Verhältnis zur gesteuerten Maschine. Sonderwünsche, z. B. die Speisung mehrerer Maschinen und die Versorgung von Schweißnetzen mit Schweißtaktimpulsen, lassen sich ebenfalls erfüllen.

Die Anlagen mit *gittergesteuerten Glasgefäßen* und mit *rotierenden Maschinen* können als Marksteine auf dem Wege zur universellen Steuerung angesehen werden, müssen jedoch auch bei Würdigung ihrer technischen Vorteile als *überholt* gelten." [Lit. *Erdmann-Jesnitzer* (7).] Soweit die Stellungnahme von *Kaufmann*.

k) Punktung und Plattierschichten.

Als Plattierwerkstoffe werden in Deutschland für Duralumin (Legierung AlCuMg) Legierungen auf AlMgSi-, AlMn-Basis und auch Reinaluminium angewandt. In Amerika wird vorwiegend mit Reinaluminium plattiert. Da die Joulesche Stromwärme nicht den wesentlichen Anteil der für die schweißtechnisch einwandfreie Bindung notwendigen Schmelzwärme darstellt, spielen die unterschiedlichen elektrischen Leitwerte von Plattier- und Grundwerkstoff eine unwesentliche Rolle, und es bestimmt die Schweißeignung der äußeren Oberflächen, d. h. die der Plattierschichten, die Güte der Punktbindung.

Bevorzugt betrachtet werden muß die Plattierung von Duralumin (AlCuMg) mittels Reinaluminiums. Es soll beim Duralumin nach Möglichkeit die Aluminiumplattierschicht an der Eindruckfläche sowie zwischen den Blechen legierungs- und dickenmäßig unverändert erhalten bleiben. Das Kupfer darf also infolge Erwärmung nicht in die Aluminiumschicht diffundieren, und es soll die Plattierschicht elektrodenseitig nicht unter Freigabe des Grundwerkstoffes aufschmelzen, da sonst die korrosionshemmende Schutzwirkung der Plattierung aufhört. Korrosionsbeanspruchte Punkt- und Rollennahtschweißungen kommen u. a. vor beim Bau von Schwimmern für Seewasserflugzeuge. Wenn auch dabei meist eher die Spannungskorrosion für die Al-Legierungen kurzzeitige verformungslos verlaufende Brüche nach sich zieht, so kann die Seewassereinwirkung doch, über längere Zeiten gesehen, zur vollständigen Zerstörung des Schweißpunktes und damit zur Zerstörung der Schweißverbindung führen.

Die Diffusion des Kupfers in die Plattierschicht läßt sich in Abhängigkeit von den Schweißbedingungen durch Schichtanalyse röntgenographisch sowie am einfachsten mikrographisch verfolgen. Der Gefügebefund von Schliffen durch die Schweißlinsenmitte ergibt nach Ätzung mittels Dreisäurelösung (Flußsäure, Salzsäure und Salpetersäure, s. Zahlentafel 7) die Diffusionszone bei stark angeätztem Grundgefüge nach etwa 100 Sekunden Ätzzeit bei 20° C. Bei Al-Plattierung der Legierung AlCuMg ist Korngrenzendiffusion, bei AlMgSi-Plattierung eine ebene Diffusionsfront zu erwarten. Umfassend und systematisch durchgeführte Korrosionsversuche an Aluminium als Plattierschicht und Aluminiumlegierungen mit unterschiedlichen Schweißzeiten für Punkt- und Rollennähte fehlen zur Zeit noch. Grundsätzliche Fragen der Diffusionsvorgänge von Grundwerkstoff und Plattierschicht für Aluminiumlegierungsbleche behandelte neuerdings *Seemann*.

Zu beachten ist betrieblich, daß auch Kupferteilchen der Elektroden am Blech verbleiben. Dies wird dadurch belegt, daß kupferfreie unplattierte sowie mit Reinaluminium plattierte kupferhaltige Bleche innerhalb der Elektrodeneindrucksflächen mit der Zeit graubraun bis schwarz anlaufen. Dies ähnelt unplattierten Duraluminblechen, die als Dachverkleidung längere Zeit der natürlichen Bewitterung ausgesetzt sind. Spült man vorher gebeizte AlMg-Bleche, z. B. AlMg 3 bis AlMg 9, nach dem Punktschweißen jedoch mit „Kaliumbichromatlösung" ab, so treten keine Verfärbungen mehr mit der Zeit auf.

Oft treten schliffbildlich erkennbare zusätzliche Risse ober- und unterhalb der Linse am Stoß von Blech und Plattierung, d. h. parallel zur Blechoberfläche verlaufend, auf. Dies zeigte das Bild 38 aus einer Arbeit von *Rajakovics* u. *Blohm* (2) für AlCuMg (plattiert). Die Ursache kann in ungenügender Verschweißung der Plattierschicht mit dem Grundwerkstoff sowie auch in zu großem Schweißstrom liegen. Wie schon vorher erwähnt, kann sich bei Plattierungen, die in modernster Herstellungsweise als Gießplattierung (Patente der VLW-Hannover) ausgeführt wurden, infolge umgekehrter Blockseigerung das Al-Al_2Cu-Eutektikum unmittelbar unterhalb der Plattierschicht anreichern. Da dessen Warmfestigkeit relativ gering ist, können dann Risse parallel zur Blechoberfläche ober- und unterhalb der Schweißlinse auftreten. Sie werden durch die Schrumpfung der Schweißlinse in Richtung der Elektrodenachse hervorgerufen. Die Vergrößerung der Schweißzeit bewirkt auch für diese Rißlage ein einwandfreies Wiederverschweißen in der Wärme unter dem vorhandenen Luftabschluß.

Die normale Dicke der Plattierschicht beträgt etwa 5% der Blechdicke. Vereinzelt wurde vorübergehend auch mit 3% Schichtdicke plattiert (kriegsbedingte Einsparung von Reinaluminium als Plattierschicht). Ein Teil der Plattierschicht wird durch das Beizen abgetragen. So erhält man bereits eine 10prozentige Abnahme der Schicht durch Beizen während 10 Sekunden mit 10% NaOH bei 60° C. Betrieblich ist die Einhaltung derart kurzer Zeiten kaum und nur bei vollautomatischer Beizung sowie für kleine Werkstücke oder einfache Blechtafeln möglich. Man muß daher entweder die Temperatur des Beizbades herabsetzen (z. B. auf 40° C) oder andernfalls die Badkonzentration erniedrigen. Die relative mittlere Punktfestigkeit ändert sich bis etwa 10% Plattierschichtabnahme, bleibt dann aber zu größeren Abtragungen hin konstant. Dies zeigt nach *Bollenrath* u. *Hauk* das Bild 49. Elektrolytische Beizung mit Stromzeit-Schaltern und Kaltbädern sind noch nicht in Anwendung.

AlMgSi-Plattierschichten wurden für die Punkt- und Rollennahtschweißung noch nicht systematisch untersucht. Systematische Schliffuntersuchungen besonders auch hinsichtlich Kopfzugfestigkeit geschweißter Punkte liegen ebensowenig wie Zugschwell- und Biegewechselversuche vor. — Für vergütete Bleche, z. B. des Duraluminiumtyps, wird man eine Erwärmung durch das Punkt- oder Rollennahtschweißen, besonders der geringeren Blechdicken von $s \leq 0{,}6$ mm, tunlichst vermeiden, da sonst der Vergütungseffekt festigkeitsmäßig herabgesetzt wird. Damit ergeben sich für hochfest durch Aushärtung vergütete Bleche zwei praktische Forderungen, um die Erwärmung durch das Schweißen herabzusetzen, indem entweder

1. die Schweißzeit möglichst kurz gehalten wird oder
2. unter Wasser oder mit Wasserberieselung, d. h. praktisch mit direkter Kühlwirkung, punktgeschweißt wird.

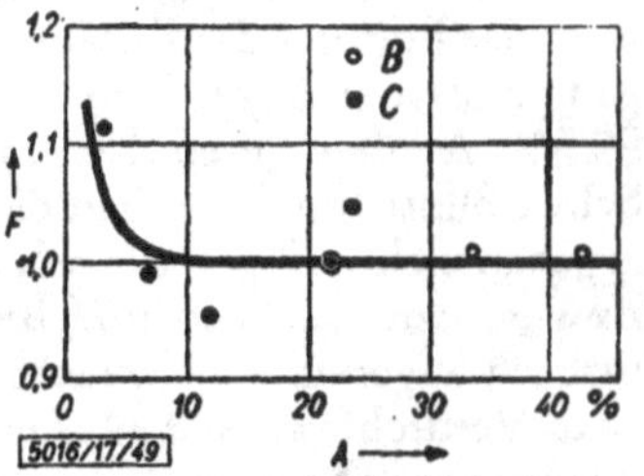

Bild 49. Abhängigkeit der relativen mittleren Punktfestigkeit von Plattierschichtabnahme durch Beizen nach *Bollenrath* u. *Hauk*

A = abgebeizte Plattierschichtdicke
F = mittlere relative Punktfestigkeit

Extrem kurze Schweißzeiten (Forderung 1) werden erzielt mit speziellen Punktschweißaggregaten neuerer und besonderer Bauart, die mit „Impulstransformatoren" und Momentströmen bis 1 Megampere bei 5—20 Volt äußerst kurzzeitig punktschweißen. Der elektrische Kreis der Schweißung ist dabei als aperiodischer Grenzfall eines Schwingungskreises aufzufassen. Die Erwärmung im Gebiet rund um den Schweißpunkt herum ist extrem gering. Über die Dichtheit der Schweißlinse liegen keine Berichte vor. „Impulstransformatoren", in Deutschland entwickelt z. B. bei der physikalischen Arbeitsgemeinschaft „PAG-Hamburg", verwendet man auch zum Anschweißen von Kontakten auf legierten Stahl sowie auch zum Verschweißen der Kathode von Rundfunkröhren an die Trägerdrähte, ohne daß eine nennenswerte Erwärmung und damit Veränderung der späteren Emissionswirkung der Kathode eintritt. — Der elektrische Wirkungsgrad der Impulsschweißung, d. h. das Verhältnis der primär aufgenommenen Netzenergie zur Schweißwärme, ist mit 50—70% Wirkungsgrad relativ groß. (Siehe Lit. Zeitschrift „Blick in die Wissenschaft".)

Neuere Punktschweißaggregate von „Phillips" arbeiten mit ähnlich kurzen Schweißzeiten nach dem *Speicherprinzip* (elektrische Kondensatorsäulen). Letzteres ist etwa das gleiche elektrische Prinzip, nach dem sogenannte „Röntgenblitzröhren" gebaut werden sollten, die es ermöglichen, durch extrem hohe, momentan ausgelöste Spannungen die Aufnahmezeiten auch für größere Werkstückdicken erheblich herabzusetzen.) [Siehe auch Hinweis in Lit. *F. Erdmann-Jesnitzer* (3) (4).]

Nachdem von deutschen Halbzeugwerken brauchbare Verfahren für das Sondergebiet aluminiumplattierter Stahlbänder geschaffen wurden, hat sich dieser Verbundwerkstoff unter den Namen „Feran" und „Triwallith" in der Kabel- und Rundfunkröhrenindustrie in Form von „Rohrdrähten" und als Austausch für Nickelanoden gut eingeführt. Verpackungsdosen sowie Haus- und Küchengeräte sind weitere Anwendungsgebiete, teilweise aus derzeitigen Produktionsbeschränkungen für Aluminium heraus entstanden. Aluminiumplattierter Stahl vereinigt die Festigkeit des Grundwerkstoffes Stahl mit der Korrosionsbeständigkeit des Aluminiums. Für korrosions- und wärmebeanspruchte Abgasstutzen von „Düsenaggregaten" verwandte man mit Erfolg aluminiumplattiertes Stahlblech (Blechdicke 1—1,2 mm). Die Al-Plattierschicht ist dabei prozentual dicker als z. B. die normale Plattierschicht von Duraluminium. Punkt- und Rollennahtschweißungen ließen sich nach Erprobung der geeigneten Maschineneinstellwerte jederzeit anstandslos ausführen. Für die Aluminiumplattierung ist ein besonderer Stahl entwickelt worden. Dieser soll möglichst geringe Mengen an Silizium, Phosphor und Schwefel sowie einen Sauerstoffgehalt von 0,01—0,15% enthalten. — Beim Verbund Stahl - Aluminium tritt mehr oder minder bevorzugt die spröde intermediäre Kristallart $FeAl_3$ auf. Plattiert man jedoch mit Aluminium, dem im entsprechenden Verhältnis Silizium und Magnesium beigegeben werden, so wird der Bildung des $FeAl_3$ entgegengearbeitet. Meist plattiert man in einem Arbeitsgang mit einer *Doppelplattierung*, so daß noch eine äußere Aluminiumdeckschicht mit 99,5% Al den guten Korrosionsschutz des Reinaluminiums gewährleistet. Da die Schweißlinse mit Sicherheit dickenmäßig beide Plattierschichtlegierungen aufschmilzt, ergeben sich gefügetechnisch mannigfaltige Variationen, je nach der Art der Legierungen, den Aufheiz- und besonders auch den Abkühlgeschwindigkeiten. Bei systematisch angesetzten Versuchen sollten von vornherein nicht nur statische Zugscher- und Verdrehfestigkeiten, sondern vor allem dynamische Zugschwell- und Biegewechselversuche vorgesehen und damit auch der Einfluß intermediärer, meist spröder Zwischenschichten (z. B. Al + $FeAl_3$) miterfaßt werden.

6. Sonderanwendung. Als Abart der Punktschweißung darf das Verbinden zweier gekreuzter Leichtmetalldrähte mittels normaler Punktschweißaggregate angesehen werden. Die Elektroden werden leicht kerbförmig eingefeilt. Je nach Lage der Verbindung sind sie bis 90 Grad zueinander versetzt angeordnet. Derart ist das punktförmige Verschweißen vorher gebeizter AlMg 3- und AlMg 5-Drähte (z. B. 2—4 mm Dicke) möglich. Der Schweißzeiteinfluß ist gering. Man schweißt mit 7—25 Perioden (entsprechend $^{14}/_{100}$—$^{50}/_{100}$ Sek. Schweißzeit). Die notwendige Schweißleistung steigt mit der Drahtdicke gering an. Die niedriger schmelzende Legierung AlMg 5 der geringeren elektrischen Leitfähigkeit verlangt gegenüber den Legierungen AlMg 3 und AlMgMn die größere Schweißleistung. Der Anpreßdruck bleibt mit 30—50 kg während der Stromzeit konstant. Bei zu großem Schweißstrom und Elektrodendruck drücken sich die Drähte zu stark ineinander. Der Werkstoff spritzt ab. Die Elektroden berühren sich.

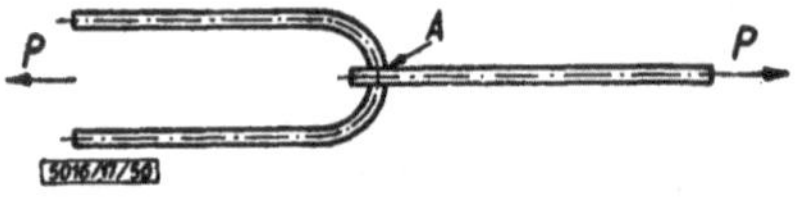

Bild 50. Zerreißprobe zur Ermittlung der Verschweißung von Drähten (bei A) mittels Sonderelektroden in normalen Punktschweißaggregaten; Leg. AlMg3, Drahtdicken 2—4 mm, Schweißzeit 7—25 Per.

Zur Festigkeitsprüfung dient ein geschweißter Probebügel. Diesen zeigt das Bild 50. Man erreicht etwa die Hälfte der Festigkeit des weich geglühten Zustandes der betreffenden Legierung. Nach *Rajakovics* u. *Blohm* ergibt die Legierung AlMg 3 gegenüber AlMg 5 die besseren Gütewerte. Letztere zeigt Kerbempfindlichkeit und reißt in den Ecken der Schweißung leicht ein (siehe Pfeilmarkierung in dem Bild 50). Die

Kerbempfindlichkeit ist hierbei weniger durch Gestaltfestigkeit, sondern dadurch bedingt, daß durch die Schweißwärme Mg_2Si-Korngrenzenbestandteile sogenannte „Mikrokerben" ergeben.

7. *Die Festigkeit von Punkt- und Rollennahtschweißverbindungen*

a) Statische Festigkeitswerte

Es werden die Scherzug- und Kopfzugfestigkeit einschnittiger Verbindungen gleicher Blechdicken ermittelt, indem im Zerreißversuch die Bruchlast bestimmt wird. Die zu verwendenden Probenformen zeigt das Bild 51, 1 u. 2. Bei der Ermittlung der

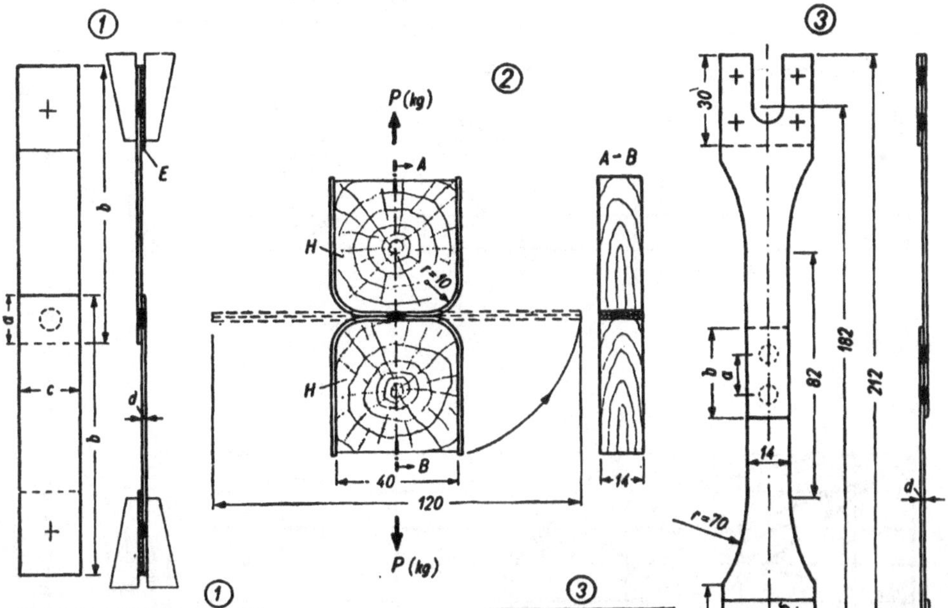

1

d mm	a mm	b mm	c mm
0,6	12	100	15
1,0	15	•	15
1,5	23	•	20
2,0	30	•	25

3

d mm	a mm	b mm
0,6	15	27
1,0	15	30
1,5	20	42,5

Bild 51. Prüfstabformen und -abmessungen für Punktschweißungen

1. Scherzugversuch
a = Überlappung
b = Länge der Probestreifen
c = Breite der Stücke

d = Dicke
E = Einlegestücke (in Blechdicke)

2. Kopfzugversuch
H = hölzerne Spannklötze

3. Zugschwellversuch
a = Punktabstand
b = Überlappung

Kopfzugfestigkeit müssen je zwei Abstandstücke H (z. B. Harthölzer) zwischen die gezogenen Schenkel eingelegt werden. Bei der Scherzugfestigkeit müssen unbedingt je zwei Einspannstücke E in Blechdicke mit eingespannt werden, da andernfalls ein Biegemoment wirkt und ein Mittelding zwischen Scherzug- und Kopfzugfestigkeit bestimmt wird.

Werte der Scherzugfestigkeit zeigten bereits die Bilder 8—11, 14, 19, 23, 33 u. 34. Die Scherzugfestigkeit einer einreihigen Punktverbindung beträgt etwa 50—80% der

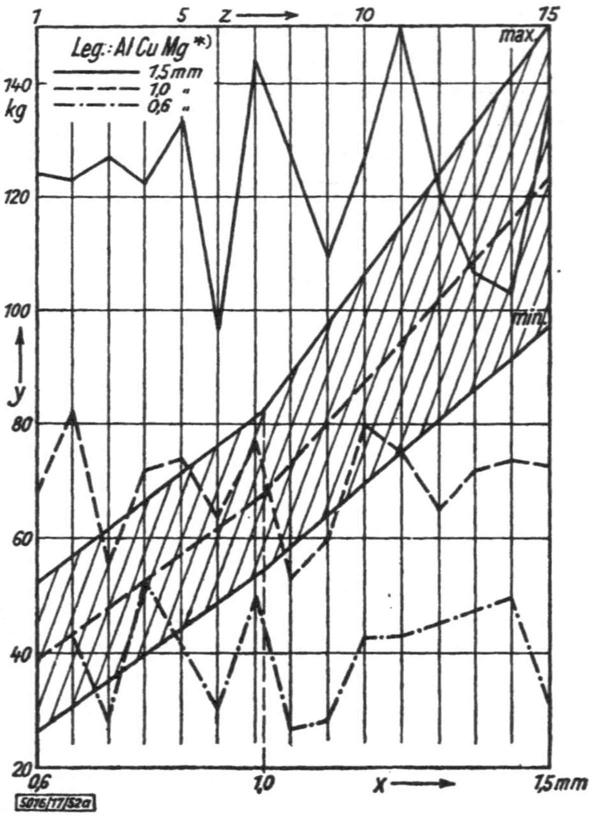

Bild 52a. Leg. AlCuMg

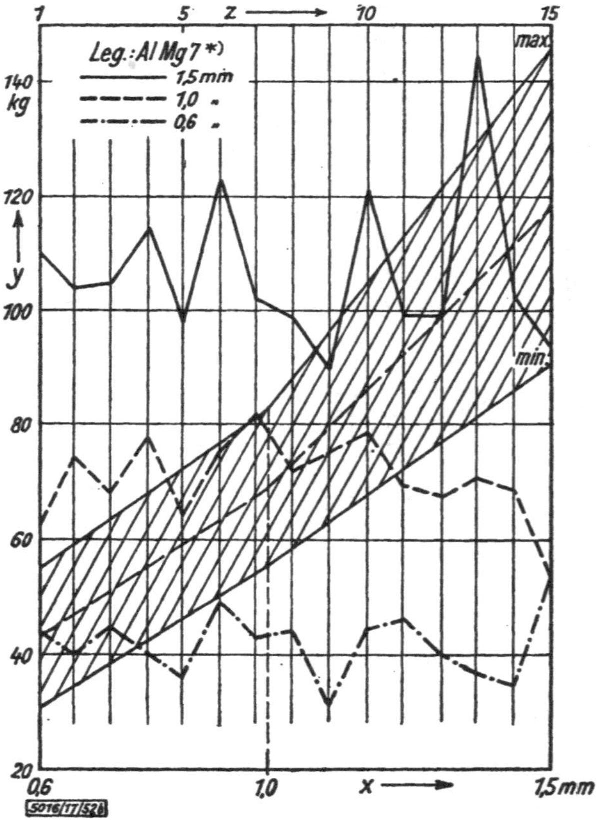

Bild 52b. Leg. AlMg 7

Bild 52. Kopfzugfestigkeit punktgeschweißter Leichtmetallbleche unterschiedlicher Blechdicken nach *Staubach* u. *Scheinichen*
x = Blechdicke in mm, y = Kopfzugfestigkeit in kg/Punkt

Werkstoffzugfestigkeit, bei zweireihiger Schweißung einschnittiger Verbindungen von 1—2 mm dicken Blechen 70—90%. Werte der Kopfzugfestigkeiten, wie sie das Bild 52 nach *Staubach* u. *Scheinichen* zeigt, sind beträchtlich geringer und betragen bei abnehmenden Blechdicken und mit diesen fallend nur etwa 30—50 %, im Mittel 40% der Scherzugfestigkeiten, entsprechend 20—32% der Werkstoffestigkeit. Die im Vergleich zur Scherzug- geringer ausfallende Kopfzugfestigkeit ist einmal durch das Gußgefüge der Schweißlinse bedingt, und sie wird weiter herabgesetzt durch Risse und Poren sowie durch das „schwammige Kerngefüge" der Schweißlinse, falls der Schweißpunkt nicht aus dem Blech ausreißt. Im letzteren Fall bestimmt auch der Gefügesprung Linse - Blech sowie die Entfestigung durch die Schweißwärme die Verminderung. Wie erwähnt, verbessern sich die statischen Werte der Kopfzugfestigkeit und die dynamischen Scherfestigkeitswerte bei einmaliger Schlagzug- oder Schlagscherbeanspruchung (Bild 17 d), falls erreicht wird, daß die Linse rißfrei und gefügedicht ausfällt.

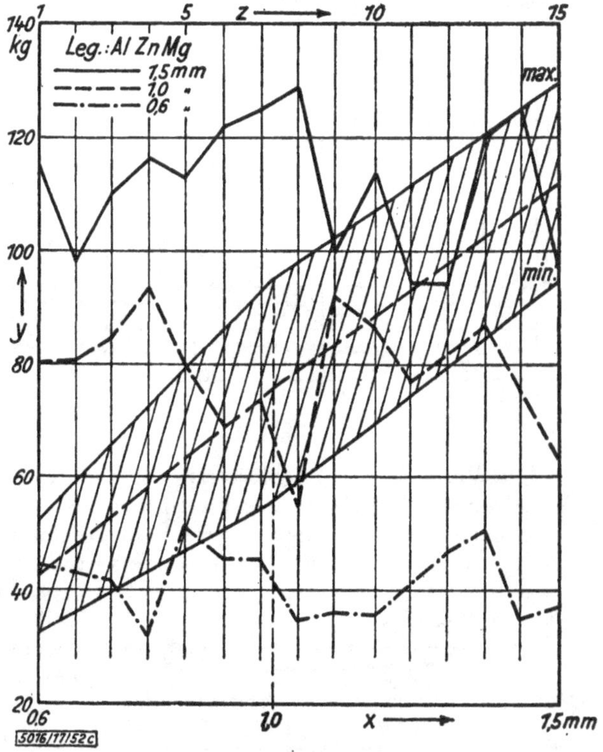

Bild 52c. Leg. AlZnMg

b) Dynamische Festigkeitswerte

Als dynamische Werte der Dauerfestigkeit werden Zugschwell- und Biegewechselversuche unter Verwendung fester Probenformen nach Bild 51,3 oder betrieblich vorkommender nach Bild 53 bestimmt. Die Bestimmung des Widerstandes gegen Schlag und Stoß bis zum Bruch ist prüftechnisch noch nicht in Anwendung. Die Entwicklung einer Prüfmethode hierfür ist jedoch wünschenswert, da in steigendem Maße Transportösen, Trageknaggen, Beschlagbleche mit Halteknaggen an Behälter an Stelle der Nietung angeschweißt werden. Einige Werte der Dauerzugschwellfestigkeit zeigt das Bild 54

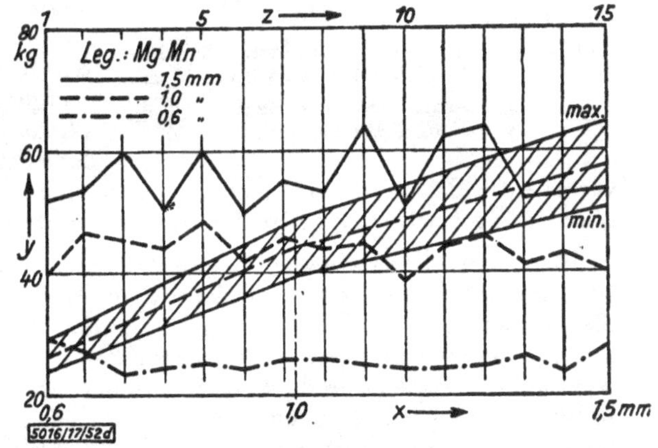

Bild 52d. Leg. MgMn

für die Legierung AlZnMg 1,0 und 1,5 mm Blechdicke als „*Wöhler*kurven" aus Untersuchungen von *Staubach* u. *Scheinichen*. Mit einem der Punktschweißung eigenen Streubereich steigen die Werte der Zugschwellfestigkeit, ebenso wie die der Scherzugfestigkeit, mit der Blechdicke etwa linear an. Für Dauerfestigkeitswerte von Zugschwellversuchen gilt, daß das Verhältnis Ursprungsfestigkeit (10^7 Laständerungen) zu statischer Festigkeit etwa 0,2 bis 0,33 beträgt (nach *Haase*).

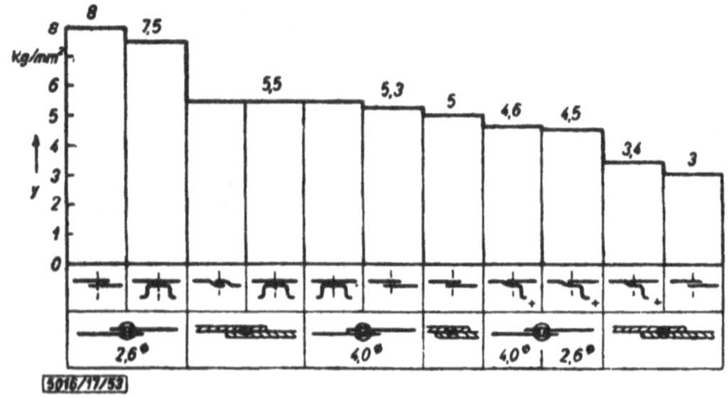

Bild 53. Vergleich von Dauerbiegeversuchen punktgeschweißter und genieteter Konstruktionselemente; Leg. AlCuMg (plattiert), 0,8 mit 0,8 mm Blechdicke (Bleche auf der Streckpresse verformt). Nach *Hentzen*

y = Biegewechselfestigkeit in kg/mm²

+) vergütet

Die Werte der Wechselbiegefestigkeit sind stark von der Lage des Punktes und der konstruktiven Gestaltung der Blechprofile abhängig (Bild 53). Zweifellos stellt die Wechselbiegung eine ungünstigere Beanspruchung dar als die Schwellzugbeanspruchung, da die Punktschweißung besonders empfindlich für gegenseitiges Abbiegen der gepunkteten Bleche ist. Bei Bauteilen in Zellen- und Schalenkonstruktion tritt ein wechselndes Abbiegen bei der Bildung von Wechselfalten und dann auf, wenn die Außenhäute den sogenannten „Steppdeckeneffekt", bei Flugzeughäuten z. B. durch Winddruck verursacht, zeigen. Biegewechselfestigkeitswerte für die Legierung AlCuMg (plattiert) im Vergleich zur Nietung zeigt nach *Hentzen* auch das Bild 53. Dies belegte durch den Vergleich der Punktschweißung mit der Nietung die Gleichwertigkeit ersterer hinsichtlich des mechanischen Festigkeitsverhaltens. Zu berücksichtigen ist jedoch die im übernächsten Abschnitt behandelte Treffsicherheit sowie der Grad der auftretenden Streuung.

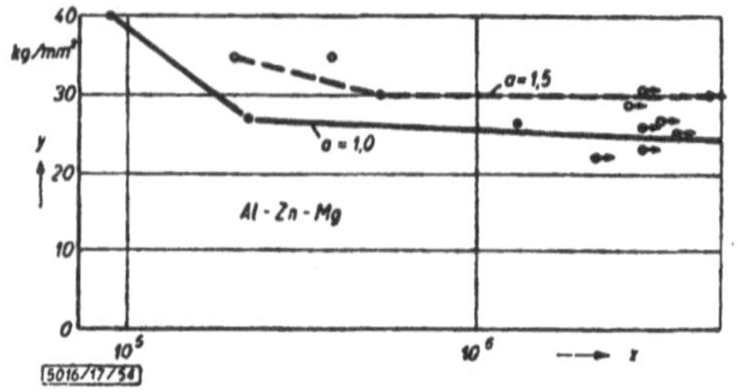

Bild 54. Wöhlerkurven von Zugschwellfestigkeiten von AlZnMg-Blech; Blechdicke a = 1,0 und 1,5 mm

x = Anzahl der Lastwechsel

y = Zugschwellfestigkeit

Bemerkenswert erscheinen neuere Versuche, in denen *Welter* Punktschweißungen bei Raumtemperatur einer mechanischen Nachbehandlung derart unterwarf, daß die Gußstruktur des Schweißpunktes in die eines kaltverformten Werkstoffes mit höherer Festigkeit umgewandelt wurde. Zusätzlich werden dabei Inhomogenitäten, wie Lunker, Gasporen und poröse Kernzonen, verringert. Die Ursache der durch die Kaltverfestigung eintretenden Verbesserung dynamischer Festigkeitssteigerung ist aber nicht allein auf die Verbesserung der Gefügedichtheit, d. h. z. B. der schwammigen Kernzone zurückzuführen. Nach parallel an Stahlblechen ermittelten Gütesteigerungen liegt die Annahme nahe, daß durch die Aufbringung hoher nachträglicher Preßdrücke über zwei kleine Stahlzylinder (konkave Endfläche), die die Kaltverfestigung des geschweißten Punktes ermöglichen, *die Form des Kerbes für die Dauerfestigkeit im günstigen Sinne verändert wird.* Beachtenswert ist noch, daß von *Welter* auch vergleichsweise Schweißpunkte untersucht wurden, die in ihrer Mitte nachträglich durchbohrt wurden (Lochdurchmesser 1,0 bis 3,2 mm), wodurch jedoch die durch Verschweißung gebundene Fläche um etwa 1 bis 13% vermindert wurde. Derartige Versuche ergaben die folgenden Verbesserungen:

Geprüfte Probenanzahl	Behandlung	Last bis Bruch
4	unbehandelter Punkt	0,5 · 105
5	Schweißpunkt durchbohrt	1,7 · 105
1	Schweißpunkt mit 63 kg/mm^2 gedrückt	bis 14,7 · 105 nicht gebrochen

Zahlentafel 10. Verbesserung der dynamischen Festigkeitswerte von Leichtmetallpunktschweißen durch mechanische Nachpressung sowie durch mittiges Aufbohren des Schweißpunktes, nach *Welter*

Statistisch gesehen ergab sich für durch Pressung nachbehandelte Punkte einer bekannten Aluminiumlegierung („Alclad 24 St-Blech") eine Verbesserung von 250 bis 300% der normalen Dauerfestigkeit bei $10 \cdot 10^6$ Lastspielen und von 200 bis 250% für 10^6 Lastspiele. Es erhebt sich die Frage, wie rein fertigungstechnisch und konstruktiv eine derartige Sonderbehandlung zu ermöglichen ist. Auf alle Fälle muß die Lösung einschließen, daß die Sonderbehandlung unmittelbar in der Maschine, mit der geschweißt wird, durchgeführt wird. Es wäre auch denkbar, vorher zu lochen und das entstandene Loch als Justierung für den Punkt auszuwerten. Die Elektrode muß dafür einen Zylinderstiftansatz tragen. Die Menge des zwischen die Bleche abspritzenden Werkstoffes (siehe Bild 58) würde verringert und das Loch aufgefüllt.

c) Statische und dynamische Festigkeitswerte, jeweils in Verbindung mit einer Korrosionsbeanspruchung

Untersuchungen punktgeschweißter Verbindungen hinsichtlich des Festigkeitsverhaltens bei parallel einwirkender Korrosion wurden bislang kaum und nach unveröffentlichten Versuchen anscheinend nur von *Rajakovics* ausgeführt. Sie erscheinen jedoch wichtig für Schiffsbeplankungen kleiner, leichter Seewasserfahrzeuge, z. B. Rettungsboote, oder für Bojen und Behälter, Flugzeugschwimmer, die mit korrosiv wirkenden Flüssigkeiten (Meerwasser) in Verbindung stehen. Versuchstechnisch sind Korrosionswechselfestigkeitsprüfungen besonders erschwert. *Rajakovics* (mündliche Mitteilung und Vorführung der Versuche für den Verfasser) entwickelte eine eigene

Methode mittels eines kleinen, um die punktgeschweißte, in die „*Schenk*sche Wechselbiege-Prüfmaschine" eingespannte Probe herum angeordneten Cellophanbehälters. In diesen floß die korrodierende Flüssigkeit laufend ein und wieder aus, während die Probe dauerbiegebelastet und dabei chemisch angegriffen wurde. Der Vorteil liegt in der Beobachtbarkeit der Probe durch das Cellophan hindurch bis zum Bruch. — Wenig Arbeiten wurden auch über auftretende Spannungskorrosion von Schweißpunkten bekannt. Eine Verbesserung des Spannungskorrosionsverhaltens wird erfahrungsgemäß, z. B. in AlMg-Legierungen, durch Cr-Zusätze erreicht.

d) *Treffsicherheit*

Mit der Frage, ob sich die Punktschweißung für hochbeanspruchte Bauteile aus Aluminiumlegierungen als brauchbar erweist, beschäftigen sich *Haase*, *Hauk* und hinsichtlich der Streuung *Bollenrath* u. *Hauk* sowie *Glage* u. *Erdmann-Jesnitzer* (unveröffentlicht) u. *Erdmann-Jesnitzer* (2). Eine nicht unwesentliche Anzahl Verfasser, darunter *Borstel*, *Hoglund* u. *Bernard*, *Haase*, *Schraivogel*, *Rajakovics* u. *Blohm*, berichten über Punktschweißuntersuchungen, die sich jedoch als Durchschnittswert nur auf zwei, drei oder höchstens fünf Proben erstrecken. *Staubach* u. *Scheinichen* untersuchen acht Proben, *Erdmann-Jesnitzer* sieben Proben für Festigkeit und fünf Proben für Schliffe. Einige Verfasser, wie *Rosenberg* sowie *Oßwald*, geben keine Probenanzahl an.

Die Streuung in den Festigkeitswerten ist jedenfalls so groß, daß man konstruktiv gezwungen ist, die zu erzielenden Punktfestigkeiten in der Praxis mit nur 60% der erreichbaren Durchschnittswerte der Scherzugfestigkeit anzusetzen. So beträgt für 1-mm-Blech aus AlCuMg der angesetzte Sollwert nur 180 kg je Punkt, während die Durchschnittswerte der Scherfestigkeit etwa um 300 kg je Punkt liegen. *Zeerleder* gibt anzusetzende Werte von 150—250 kg/Punkt je nach Legierung für 1 mm Blechdicke an. Infolge der verschiedenen stark mitwirkenden Einflußgrößen aber wurden auch diese Werte betrieblich in der Serie zunächst nicht erreicht, wenn nicht parallel durch ausreichende Schulung und Überwachung des Schweißpersonals für deren genügende Kenntnis und Sorgfalt gesorgt wurde.

Eingehend befassen sich mit der Streuung für die Legierungen AlCuMg, AlMg AlZnMg in einer grundlegenden Arbeit *Hauk* sowie *Bollenrath* u. *Hauk*. Auf die Versuchsvorbedingungen im einzelnen einzugehen, ist nicht möglich. Mit Ausnahme des Gefügebefundes der Schweißlinsen sind hinsichtlich Festigkeitsverhaltens im statischen Scherzugversuch bezüglich deren Streuung von genannten Autoren die folgenden Gesetzmäßigkeiten in einer Großzahlforschung versuchsmäßig gefunden worden:

1. Die Streuungen treten bei allen Aluminiumlegierungen auf und sind so groß, daß die Punktschweißverbindungen bei an sich guten mittleren Festigkeiten bezüglich der Treffsicherheit der Nietung nicht vergleichbar sind.

2. Verschiedene Oberflächenbehandlungen der Bleche vor dem Schweißen zeigen keinen den Streubereich übersteigenden Einfluß auf die mittlere Punktfestigkeit und die Größe des Streubereiches.

3. Bleche einer Legierungsgattung, von verschiedenen Herstellern, ergeben gleiche mittlere Punktfestigkeiten und Streubereiche.

4. Die Größe der Streubereiche der Punktfestigkeiten ist praktisch unabhängig von der Bauart der Punktschweißmaschine. (Bemerkung: Die Zusammenhänge zwischen dem Anlegieren der Elektrode am Blech und dem Verlauf der Strom-Zeit-Kurve wurden noch nicht erfaßt.)

Da die vorliegenden Großzahlergebnisse der genannten Verfasser auch die Mittelfrequenz-Doppelpunktschweißmaschine erfassen, dürfte damit der von *Mäder* u. *Hagedorn* mittels geringer Probenanzahl ermittelte scheinbare Befund der Herabsetzung der Streuung durch Anwendung der Mittelfrequenz nicht zutreffen.

5. Der Zusammenhang zwischen Schweißleistung und Streuung wurde derart ermittelt, daß diese im mittleren Leistungsbereich, in dem normalerweise auch gepunktet werden soll, geringer ist als z. B. bei kleiner und großer Schweißstromgröße.

Auch die im Labor gefundenen Streubereiche lassen sich selbst durch exaktes Arbeiten mit gleichen Versuchsbedingungen nicht über ein bestimmtes Maß herabsetzen. Amerikanische Arbeiten sollen dies nach *Hibert* bestätigen. Interessanterweise verringerte sich nach *Erdmann-Jesnitzer* zu extrem großen Schweißzeiten von z. B. 30, 50 und 60 Perioden (1,5 mm Blechdicke, kaskadengesteuerte Schweißmaschine) für sechs verschiedene AlMg-Legierungen die Streuung in den Scherfestigkeitswerten auch dann nicht, wenn durch den Einfluß der erhöhten Schweißzeit die Gefügedichtheit der Schweißlinse gewährleistet ist (Bilder 23 e—h). Die Streuung aber wird bei Linsendichtheit geringer für die Werte der Kopfzugfestigkeit, deren Absolutwerte gleichzeitig steigen, auch wenn der Punkt ausreißt. (Homogenisation siehe Bild 35 e_1.)

Das Wesen der Streuung bei statisch ermittelten Werten ist daher wohl nicht in der unterschiedlichen Schroffheit der Gefügeübergänge innerhalb der Schweißlinse Rosetten - Stengelkristallgefüge und in dem Übergang Schweißlinse - Blechwerkstoff zu suchen. *Die Streuung wird über die unterschiedliche Linsengröße in verschieden großen, zum Aufschmelzen verfügbaren Wärmemengen liegen.* — Auch der Druck kann maschinenseitig infolge Preßluftsteuerung nicht wesentlich schwanken. Da besonders bei gittergesteuerten Schweißzeitbegrenzern auch die Stromzeit heute beachtlich genau eingehalten werden kann, so muß das *Wesen der Streuung in den an der Schweißstelle sich berührenden Werkstückoberflächen zu suchen sein.* Zweifellos werden hier noch genauere Untersuchungen des zeitlichen Verlaufes von Spannung, Strom und Übergangswiderstand bei oszillographisch genauer Erfassung dieser einzelnen Größen die Erkenntnisse fördern können.

e) Vergleich Punkt – Niet

Eine Reihe Verfasser berichtet über den naheliegenden Gütevergleich der Punktschweißung als gegebenen Ersatz für die zeitraubende Nietung. Dies sind Arbeiten von *Haase*, *Rosenberg*, *Schwarz* u. *Goldmann*, *Steward* sowie *Hentzen*. Nach *Haase* (Bild 55 a für Aluminium- und Bild 55 b für Magnesiumlegierungen) ermöglichen die gefundenen Werte der statischen Scherzugfestigkeit sowie nach *Hentzen* (Bild 53 und Zahlentafel 10 für Legierung AlCuMg [plattiert]) auch die der dynamischen Biegewechselfestigkeit einen Wettbewerb des Punktes mit dem Niet.

Konstruktiv gesehen gilt, daß die aufzunehmende Einzellast je Punkt (und auch Niet) mit deren zunehmender Anzahl abnimmt, während die Festigkeit der Verbindung zunimmt. Es ist außerdem günstiger, die Punkte *hintereinander* und nicht *nebeneinander* anzuordnen. Merke die Regel: *2 Punktreihen erhöhte, 2 Nahtreihen gleichbleibende* Zugfestigkeit (Bild 56).

Den Einfluß des Punktabstandes auf die statischen Festigkeitswerte bei Einzelpunkten im Vergleich zu Punktnähten zeigen die Bilder 57 a u. b.

In Leichtbaukonstruktionen sprechen außerdem der geringere Gewichtsaufwand und die Möglichkeit mit, strömungstechnisch wirbelverlustfreie glatte Werkstückoberflächen zu schaffen. Dies geht zugunsten der Punktschweißung, deren Wirtschaftlich-

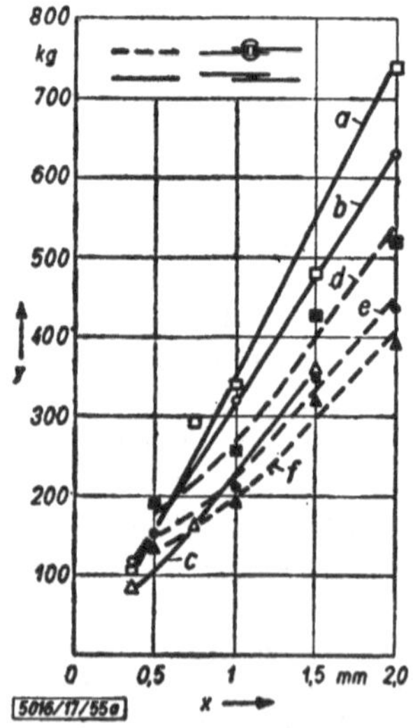

Bild 55 a

Bild 55 a. Vergleich der Scherzugfestigkeit von Einzelpunkten (Kurven a, b u. c) und Einzelnieten (Kurven d, e u. f) für *Aluminium*legierungen

x = Blechdicke in mm, y = Scherzugfestigkeit in kg/Punkt
a, d = Leg. AlCuMg; angenommene Scherfestigkeit 26,5 kg/mm²
b, e = Leg. AlMg 7; angenommene Scherfestigkeit 22 kg/mm²
c, f = Leg. AlMgSi; angenommene Scherfestigkeit 20 kg/mm²

Nietdurchmesser	3,0 mm	für Blechdicke	0,5 mm
,,	3,5 mm	,,	,,	1,0 mm
,,	4,5 mm	,,	,,	1,5 mm
,,	5,0 mm	,,	,,	2,0 mm

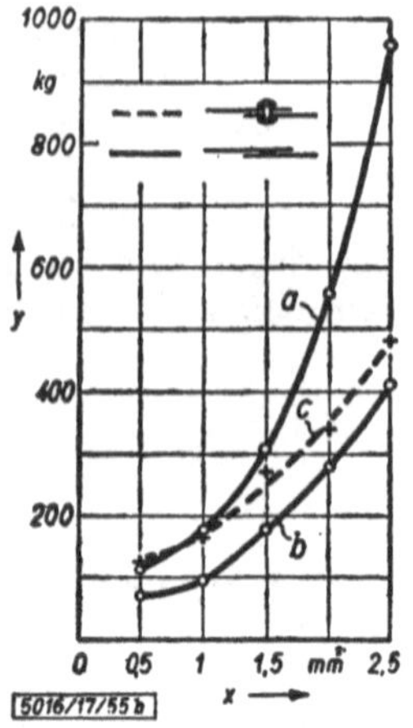

Bild 55 b

Bild 55 b. Vergleich Punktschw. (Kurven a und b) und Einzelnieten (Kurve c) für *Magnesium*legierungen

a = MgAl 6   b = MgMn
c = Niete aus Hy 5 (AlMg-Legierung)

Angenommene Scherfestigkeit von Hy 5 : 17 kg/mm²

Nietdurchmesser	3,0 mm	für Blechdicke	0,5 mm
,,	3,5 mm	,,	,,	1,0 mm
,,	4,0 mm	,,	,,	1,5 mm
,,	4,5 mm	,,	,,	2,0 mm
,,	5,0 mm	,,	,,	2,5 mm

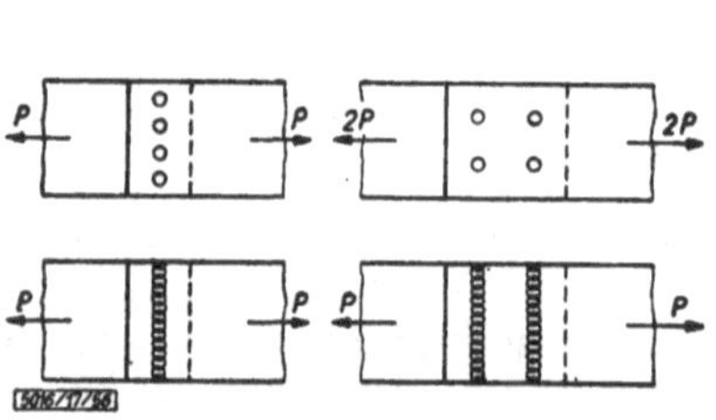

Bild 56

Bild 56. Elektrische Punkt- und Rollennahtschweißung. Einfluß der Nahtgestaltung auf die Festigkeit nach *Rosenberg*

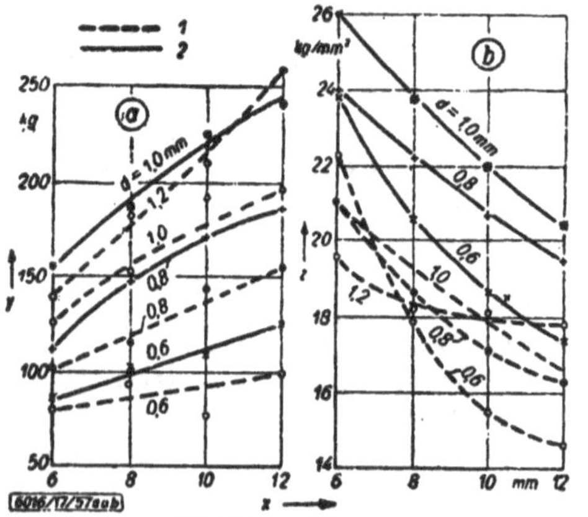

Bild 57 a und b

Bild 57. Einfluß des Punktabstandes auf die Punktfestigkeit (Bild a) und auf die Nahtfestigkeit (Bild b) von Duralplat (AlCuMg-Legierung) und Hydronalium Hy 7 (AlMg-Legierung) bei einreihiger Schweißung nach *Haase*

x = Punktabstand in mm, y = Scherzugfestigkeit in kg/Punkt,
z = Nahtfestigkeit in kg/mm²

1 = Duralumin, Leg. AlCuMg (plattiert)
2 = Leg. AlMg 7

keit hinsichtlich einer rationellen Fertigung (Setzen z. B. von Einzelpunkten mit Rollennahtelektroden) bei Arbeits- und Personaleinsparung die Nietung ganz wesentlich übertrifft. *Alle Forschungsarbeit muß darauf verwandt werden, die „Treffsicherheit" der Punktschweißung zu erhöhen, d. h. die Streubereiche einzuengen.* Nach Ansicht des Herausgebers kommt der Oberfläche der vorbehandelten Bleche die ausschlaggebende Bedeutung zu. Beizflüssigkeitszusammensetzungen müssen also flächenmäßig gleichmäßig aufrauhen und dürfen dabei keine Reaktionsprodukte bilden.

8. Zerstörungsfreie Werkstoffprüfung von Punktschweißungen an Al-Legierungen (s. ausführliche Bearbeitung bei Schiebold, S. 1143 ff.)

a) Röntgendurchstrahlung

Zwecks einheitlicher Gestaltung sei das wesentliche zur Leichtmetallpunktung an dieser Stelle behandelt. Das Bild 58 a u. b zeigt Durchstrahlungsaufnahmen (⊥ Blechoberfläche) als Positivabzüge. Nach *Huschke* u. *Odekerken* werden für Fehlstellen, die kontrastreich hervortreten sollen, *weiche* Röntgenstrahlen ohne Verstärkerfolie benutzt.

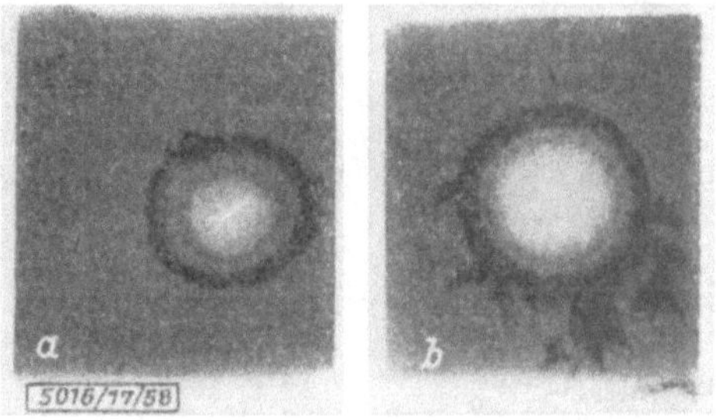

Bild 58 a u. b. Röntgenographische Senkrechtdurchstrahlung von Schweißpunkten der Leg. AlCuMg mit rissiger Linse

a = Mittlere Stromstärke, wenig zwischen die Bleche verspritzte Schmelzmenge

b = Große Stromstärke, viel verspritzte Schmelzmenge.

a und b = Positivabzüge

Bei kleinem Brennfleck besteht der Abstand vom Brennfleck der Röhre bis zur Blechoberfläche 70 cm (z. B. Röhrentyp: Firma CHF, Müller, Makro 100, 25 ÷ 100 kV Spannungsbereich, Arbeiten im *untersten* Spannungsbereich). Die Belichtungszeiten (Filmsorte: Agfa SS sowie Schleußner Super XO) gibt für die Legierungen auf Al- (AlCuMg und AlZnMg) und Mg-Basis (MgMn) und verschiedene Blechdicken von 0,6 bis 2,5 mm etwa die Zahlentafel nach *Staubach* u. *Scheinichen* an. Diese Werte sind nur (!) als erster Anhalt anzusehen. Die „groben" Risse können mittels Durchstrahlung erkannt werden. Das rißbehaftete „schwammige Kerngefüge" der Linse ist mit ihren Einzelheiten jedoch nicht differenziert erkennbar. Es können Röntgenaufnahmen den gleichen Befund zeigen, obwohl die Scherzugfestigkeitswerte z. B. zwischen 186 und 87 kg, d. h. also um etwa 100%, stark unterschiedlich sind. Rückschlüsse hinsichtlich der Güte einer Punktschweißung aus Röntgenergebnissen zu ziehen, ist nicht möglich. Als Maßstab dienen hierfür einzig die Scherzug-, Kopfzug- und Zugschwellfestigkeit sowie die Gefügedichtheit. Eine Ausnahme bilden die erkennbaren groben Schwindrisse. Auch die Ausmessung der Schweißlinsenflächen zum Zweck einer zerstörungsfreien Prüfung und die Ermittlung der Festigkeitswerte sind aus den Aufnahmen nicht fehlerfrei zu ermöglichen. Derartige Risse, auch die etwa parallel zur Blechoberfläche verlaufen (Bilder 37 und 38), sind mit Senkrechtaufnahmen nicht feststellbar. Wegen der geringen Ausdehnung und Blechdicke führt auch die Schrägdurchstrahlung hierfür nicht zum Ziel.

Werkstoff	Verarbeitungszustand	Blechstärke in mm	Belichtungszeit* Min.	und Sek.
Leg. AlCuMg Cu 3,7—4,7% Mg 0,5% Mn 1% Si + Fe 0,5% Rest Al	5% Al-Plattierung, kaltverfestigt	0,6	3	20
		1,0	5	30
		1,5	8	30
		2,0	11	00
Leg. AlZnMg etwa Zn 4—5% Mg 2—2,5% Mn 0,5—1% Si 0,1—0,4% Rest Al	nicht angegeben	0,6	2	40
		1,0	4	25
		1,5	6	35
Leg. AlMg Mg 7% Mn 0,4% Fe + Si 0,8% Cu 0,05% Fe + Ti 0,5% Rest Al	kaltverfestigt	0,6	2	00
		1,0	3	20
		1,5	5	00
		2,0	6	40
Leg. Mg*Mn* Mn 1,4—2,3% Al 0,3% Zn 0,3% Rest Mg	kaltverfestigt	0,6	1	15
		1,0	2	05
		1,5	3	10
		2,0	4	10

*) Es ist verständlich, daß vorliegende Belichtungswerte sich je nach Filmsorte, Entwicklungszeit, d. h. je nach den speziellen Aufnahmebedingungen verändern. Sie stellen daher nur einen „groben" Anhalt dar.

Zahlentafel 11. Belichtungszeiten relativ zu werten für röntgenographische Durchstrahlung für verschiedene Al- und Mg-Legierungen unterschiedlicher Blechdicken (Aufnahmebedingungen siehe Text, nach *Staubach* u. *Scheinichen*

b) Widerstandsmessung

Versucht wird immer wieder, die Punktgüte mittels elektrischer Widerstandsmessung und dabei apparativ so zu erfassen, daß in laufender Serie Punkt für Punkt meßtechnisch verfolgt werden kann. Brauchbare Geräte sind jedoch nicht auf den Markt gekommen, und die Entwicklung befindet sich noch im Versuchsstadium. Die Punktprüfung nach *Sciaky* (referiert im Schweizer Archiv) benutzt die Messung des Stromes und der Stromspitze für die Kontrolle der Punktgüte und der erfolgten Bindung.

Nach Ansicht des Verfassers führen hierfür nur Meßgeräte zum Ziel, die die zeitliche Erwärmung und damit den für die Linsengröße (Festigkeit) wesentlichen Wärmeanteil I meßtechnisch erfassen. Derartige Geräte werden von *Förster* erwähnt.

9. *Die Buckelschweißung*

Wenn große Mengen gleichartiger gestanzter, tiefgezogener oder gepreßter Teile maßhaltig widerstandsgeschweißt werden sollen, wird die Buckel-, Warzen-, Dellen- (Projektions-) oder Reliefschweißung angewandt. Die Lage und die Größe der einzelnen Buckel, die örtlich die Berührungsstellen darstellen, bestimmen die Lage und meist die Größe der einzelnen Schweißpunkte, die auch auf gewölbtem Boden liegen können. Für das derartige Schweißen arbeiten, wie es *Fröhmer* beschreibt, die Buckelschweißmaschinen für Leichtmetalle mit hohen elektrischen Leistungen, automatischen Schweißstrombegrenzern und Schweißzeiten von 1 bis 100 Perioden, entsprechend 0,02 bis 2 Sekunden. Sinngemäß sind alle Gesetzmäßigkeiten der Widerstands- und die der Stumpfschweißung anzuwenden. Buckelschweißungen an Blechen geringer Dicke werden für die Feinwerktechnik mit der Forderung genügender Maßhaltigkeit mittels nacheinander und auch zugleich schweißender Mehrfachelektroden und spezieller Schweißvorrichtungen gepunktet, die vor allem auch die Konstanz der Elektrodendrücke gewährleisten. Meist sind auch die Schweißaggregate schon speziell auf diese Mehrfachpunktaggregate eingestellt.

Hinsichtlich Vorrichtungsbau und Anwendung von Schweißzangen gelten die gleichen Gesichtspunkte wie bei Stahl (siehe *Conrady*, S. 450 ff.).

10. *Betrachtung*

Wenn die elektrische Widerstands*punkt*schweißung für die Leichtmetalle sehr eingehend behandelt wurde, so war dafür unter anderem auch das rege Interesse maßgebend, das alle technisch auftretenden Industrieländer im Hinblick auf den Leichtbau dieser entgegenbringen (siehe Literaturangabe). Es ist nötig, alle Einzelerscheinungen *wechselseitig* zu beleuchten, um im Gegensatz zu so mancher unvollkommenen und vorzeitigen Veröffentlichung kurzer Teilbetrachtungen, die meist ohne die volle Erfassung der Versuchsvoraussetzungen erfolgte, das Verständnis und die Möglichkeit einer Weiterentwicklung zu fördern, die hinsichtlich des Oberflächeneinflusses auf Streugrad und Treffsicherheit durchaus noch nicht abgeschlossen erscheint. Nach mündlichen Mitteilungen wird z. Zt. (1952/53) auch in den USA an einer umfassenden Abhandlung betr. Punkt- und Rollennahtschweißungen gearbeitet. Von Interesse erscheinen Legierungsentwicklungen, die zur Selbstaushärtung im Verlauf der Lager- oder Betriebszeit führen. Hierüber liegen neuere Arbeiten aus verschiedenen Ländern vor. Vorliegender Buchbeitrag versucht in erster Linie eine gesicherte Deutung der Grundvorgänge auf Grund jahrelanger eigener Versuchsarbeiten. Nachdem die Stumpf- und Stumpfabbrennschweißung behandelt wird, sei das Verfahren des „Kaltschweißens“ anschließend beschrieben; trotzdem es eigentlich verfahrenstechnisch bei der Preßschweißung einzuordnen wäre, soll es unter den Sonderverfahren behandelt werden.

Teil B: Die elektrische Stumpfschweißung

1. *Die Wulst- oder Druckschweißung*

Das Grundschema einer Widerstandsstumpfschweißung beschrieb bereits *Rietsch*, S. 397 ff.

Die bearbeiteten planen Stirnflächen der in Spannbacken gegeneinander geführten meist prismatischen Werkstücke berühren sich unter dem geringen Schweißdruck. Dieser liegt für Leichtmetalle nach *Reutebusch* im Bereich von 0,5 bis 1,5 kg/mm². Ist nach Stromdurchgang die Stoßstelle auf Schweißhitze gebracht, so schaltet die Maschine, zweckmäßigerweise durch den Preßweg gesteuert, den Strom automatisch ab, während anschließend die Schweißstelle kräftig gestaucht wird. Der Schweißquerschnitt wird bei genügend starkem Stauchdruck durch Herauspressen der Oxyde, der

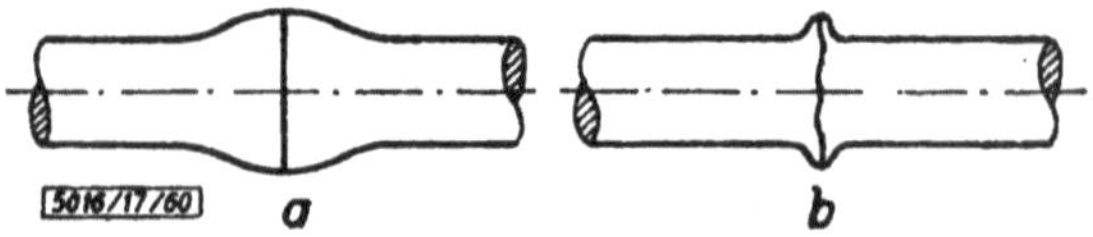

Bild 59. Ausbildung des Wulstes bei der Widerstands-Stumpfschweißung.
a) Stahl, Nickel oder Kupfer
b) Zink, Messing oder Leichtmetalle

Schlacken und der schmelzflüssigen oder breiigen Legierung gereinigt. Dabei entsteht ein Wulst (Bild 59 a u. b). Dieser ist durch das bei Leichtmetallen sowie bei Zink und Messing auftretende Schmelzen gezackt und im Vergleich zu Stahl sowie Nickel und Kupfer örtlich auf geringer Stablänge auftretend. Die Bezeichnung „Schnellstumpfschweißung" (siehe auch *Rietsch*, S. 399 ff.) ist angebracht. Die technisch schweißbaren Querschnitte waren bislang mit etwa 300 mm², entsprechend etwa 17,5 × 17,5 mm Vierkant, maschinenseitig begrenzt und damit relativ gering.

Bei prismatischen Querschnitten kann ein mitverschweißtes, an der Schweißstelle über die zu verbindenden Werkstücke geschobenes, gegebenenfalls auch profiliertes und geteiltes Rohr, das durchlöchert ist und nicht mitgestaucht wird, ermöglichen, daß der fertigungstechnisch unerwünschte Wulst (Bild 59 b) nicht oder kaum auftritt. Beim Stauchen spritzt die breiige oder flüssige Schmelze durch die Löcher heraus. Das Hilfsrohr besteht aus zwei geschlossenen Schalenhälften. Diese umschließen zunächst die zwei Schweißstellen und werden anschließend noch in schweißwarmem Zustand aufgeklappt und entfernt.

Reutebusch gibt einen Maßstab der Verschweißbarkeit verschiedener Al- und Mg-Legierungen unter- und miteinander an (Zahlentafel 12). Aus dieser ist auch die Verschweißbarkeit von Al- und Mg-Legierungen mit Nichtleichtmetallen ersichtlich.

Melchior schlägt vor, beim Stumpfschweißen von Aluminium mit Kupfer das Kupfer zwischen Stahlbacken, das Aluminium aber in Kupferbacken zu spannen, um gleiche Wärmeableitungsverhältnisse zu schaffen.

Erlinger u. *Hunold* versuchten ohne Erfolg eine Vergütung durch verschiedenartiges Abschrecken stumpfverschweißter Vierkantdrähte durchzuführen (8×8 mm Dicke, Legierung AlCuMg). Angewandt wurde folgende Behandlung des Werkstoffes:

a) Normale Schweißung ohne anschließendes Abschrecken
b) Sofortiges Abschrecken nach dem Schweißen in Wasser von 20° C
c) Laufende Kühlung der eingespannten Proben mittels Wasserberieselung während und nach der Schweißung
d) Abschrecken in Wasser nach 2—3 Sekunden Verweilzeit und erfolgter Verschweißung.

Legierung	Al	AlCu	AlCuMg	AlSi	AlMg	MgAl
Al	3	2	2	2	3	2
AlCu	2	2	2	2	2	2
AlCuMg	2	2	2	2	2	2
AlSi	0	0	2	2	2	2
AlMg	3	2	2	2	3	2
MgAl	3	2	2	2	3	2

Legierung	Eisen-metalle*)	Cu	Bronze	Messing	Zn	Ni	Neusilber
Al	0	1	1	1	2	0	0
AlCu	0	0	1	1	0	0	0
AlCuMg ...	0	0	1	1	0	0	0
AlSi	0	0	1	1	0	0	0
AlMg	0	1	1	1	1	0	0
MgAl	0	1	1	1	1	0	0

Es bedeuten:
0 = Schweißung nicht möglich oder nicht untersucht
1 = Nur schlechte Schweißung möglich
2 = Schweißungen, an die keine hohen Anforderungen gestellt werden, möglich
3 = Gute Schweißungen, werden jedoch nur möglich mit gesteuerten Maschinen
*) Gußeisen, Temperguß, Stahlguß und Stahl.

Zahlentafel 12. Elektrische Stumpf- und Stumpfabbrennverschweißbarkeit der verschiedenen Aluminiumlegierungen mit- und untereinander sowie mit artfremden Werkstoffen, nach *Reutebusch*

Eine Vergütung läßt sich auf Grund dieser Versuche nicht erreichen. Das Abschrecken der Naht nach b—d ist ohne Einfluß auf die statisch ermittelten mechanischen Festigkeitswerte, die für die Legierung AlCuMg lediglich durch den Ausgangszustand bestimmt werden.

In der Elektrotechnik wird, um Gewicht zu sparen, bei großen maschinellen elektrischen Einrichtungen auch Aluminium für Drahtspulen verwandt. Jedoch werden als kontaktgebende Enden Kupferklammern angeschweißt, da die Al-Oxydierung sonst im Laufe der Zeit dort die Übergangswiderstände und die Erwärmung erhöht. Die Schweißungen von Aluminium mit Kupfer können jedoch mechanisch spröde sein. Vom Kupfer zum Aluminium tritt bei ungeeigneten Schweißbedingungen die Skala der Gefüge des Zustandsschaubildes mit den verschiedensten mechanischen Festigkeitswerten auf. Die Querschnitte längs der Stablänge mit genügender Menge intermetallischer Verbindungen ergeben meist sprödes Verhalten und in diesem Falle auch ungünstige Werte bei Schwingungsbeanspruchung. Man wendet eine *Widerstandsstoßschweißung*, d. h. eine *Schnellstumpfschweißung* an. Experimentell für vorliegenden Fall wurde das folgende Verfahren ausgearbeitet, dessen grundsätzliche Methode allgemeine Bedeutung hat:

Das Aluminium wird in die Stoßschweißmaschine geklemmt, so daß es zwar genügend, jedoch nur etwas mehr als die Hälfte der freien Kupferlänge aus den Spannbacken hervorragt. Man beginnt mit verhältnismäßig geringem Schweißdruck. Ist die

Schweißtemperatur erreicht, so setzt zur Vollendung der Schweißung ein momentan wirkender hoher Stauchdruck ein. Hierdurch wird fast die gesamte entstandene Legierung aus der Schweißstelle herausgepreßt. Die Übergangsschicht ist dabei von geringer Ausdehnung und der Gefügesprung Aluminium – Kupfer relativ schroff. Man vermeidet hierbei also die Bereiche mechanisch spröder Gefüge (siehe hierzu anschließend unter Sonderverfahren).

2. Die Abbrenn(stumpf)schweißung

Fast alle Stahlquerschnitte, auch ungleichmäßige, werden heute vorteilhafter nicht nach dem alten Stumpfschweißverfahren, sondern nach dem *Abbrennverfahren* verschweißt. Für Buntmetalle z. B. ist diese Schweißart jedoch wenig und für die Leichtmetalle nach *Reutebusch* noch absolut ungeeignet. Wie es jedoch *Rietsch* fand, eignet sich das normale Abbrennverfahren deshalb nicht für Leichtmetallegierungen, weil der physikalische Vorgang des Abbrennens bei diesen einen ganz anderen Verlauf nimmt als bei Stahl.

Bringt man zwei Leichtmetallstäbe in einer Stumpfschweißmaschine zum Abbrennen, so beobachtet man an Stelle des vom Eisen her gewohnten feinen Sprühens, welches sich aus einer außerordentlich großen Zahl winziger „Einzelexplosionen" zusammensetzt, daß beim Leichtmetall die „Einzelexplosionen" viel kräftiger und umfangreicher sind, dafür aber an Zahl erheblich geringer ausfallen als bei Stahl. Als wahrscheinlicher Grund hierfür darf gelten, daß die Wärmeleitfähigkeit bei Aluminium größer, die spezifische und die auf das Volumen bezogene Schmelzwärme erheblich kleiner sind als beim Eisen. Die Folge davon ist, daß die bei Stahl so günstigen Wirkungen des Abbrennens bei den Al-Leichtmetallegierungen nicht eintreten. Es bläst kein schützender Dampfstrom aus der Schweißstelle. Bei Stahl wirkt dieser innerhalb der Schweißfuge als Schutzgas und verhindert dabei den Luftzutritt. Bei der Aluminiumlegierung spritzen und fallen große Mengen flüssigen Werkstoffes aus dem Schweißspalt, die zeitlichen Abstände zwischen zwei „Explosionen" in derselben Gegend sind so groß und die enstandenen Krater so tief, daß die Luft ständig mit der Schweißstelle in Berührung bleibt. Infolge der hohen Temperatur und der großen Affinität des Aluminiums zum Sauerstoff tritt daher eine starke Oxydation ein, und diese verhindert ein ordnungsgemäßes Verschweißen.

Auf Grund dieser Beobachtungen hat *Rietsch* (DRP) in den letzten Jahren ein neues Stumpfschweißverfahren für große Leichtmetallquerschnitte erfolgreich erprobt. Dieses wurde erstmalig beschrieben von *Erdmann-Jesnitzer*.*)

Im neuen Verfahren sind drei Maßnahmen angewandt, die zwar jede für sich allein bekannt sind, in ihrer gemeinsamen Anwendung jedoch neuartig wirken.

Man schweißt:

1. nach dem Abbrennverfahren
2. in einer Schutzgasflamme (z. B. Wasserstoff)
3. mit einem relativ hohen Stauchdruck von mindestens einem Fünftel der Zerreißfestigkeit.

Durch die Maßnahme 1. werden die anfänglich stets vorhandenen Verunreinigungen entfernt, durch die Maßnahme 2. verhindert man die Oxydation, und die Maßnahme 3. ist nötig, um die oben erwähnten großen Krater einwandfrei auszustauchen. Man arbeitet dabei, wie unter 3. für die Druckhöhe angegeben, erstaunlicherweise mit Stauchdrücken, die den bei Stahl angewandten gleichkommen. Teilweise übertreffen sie diese.

*) *F. Erdmann-Jesnitzer*, „Stand der deutschen Leichtmetallschweißung", Vortrag Herbsttagung Fachausschuß-Schweißtechnik, Berlin 1948, siehe Zeitschrift „Technik", *4* (1949), Nr. 1, S. 26 bis 31.

Bild 60. Abbrennstumpfgeschweißtes Leichtmetallprofil nach neuartigen kombinierten Verfahren von ***Rietsch*** stumpfabbrenngeschweißt ohne verfahrenstechnische Begrenzung der so verbundenen Querschnittsfläche. Legierung AlMg 7. 50 mm∅, Stoßfläche 1960 mm^2 (!) (Bemerkung: früher nach Al-Taschenbuch (Berlin) max. 300 mm^2 verschweißbare Querschnittsfläche)

Die nach diesem Verfahren geschweißten Proben waren in jeder Beziehung einwandfrei. Sie wiesen die Zerreißfestigkeit des ausgeglühten Werkstoffes als Mindestwert auf. Der metallographische Befund der Verbindung war einwandfrei, d. h. ohne Oxyde oder sonstige Bindungsfehler (Bild 60).

Schwierigkeiten traten bei diesem neuen Verfahren nur noch auf in Verbindung mit dem Gasbrenner, der die Schutzgasflamme lieferte und dessen Öffnungen in Kürze mit Aluminiumschmelzfluß verstopft wurden. Abhilfe schaffte das Schweißen mit indirekter Schutzgasflamme, die über Prallbleche auf die Schweißstelle gelenkt wurde. Der Brenner muß nach jeder Schweißung gereinigt werden. Ausgedehnte Versuche mittels verschiedener Schutzgasatmosphären sind wünschenswert. Die Reinigung des Brenners ist jedoch mit wenigen Handgriffen möglich. Zweckmäßigerweise wird der Brenner aus einem geeigneten Werkstoff angefertigt, an dem die Al-Schmelze nicht haftet. Daher erscheint auch Messing hierfür ungeeignet. Verwandt und erprobt werden sollte CrNi-Stahl.

Auf diese Weise wurden nun praktisch *Schweißungen bis maximal 6400 mm^2 ausgeführt*, während der frühere Grenzwert, nach dem Deutschen Al-Taschenbuch ermittelt, bei 300 mm^2 schweißbarer Querschnittsfläche liegt. Dabei scheint keineswegs eine Grenze hinsichtlich der Größe des Schweißquerschnittes erreicht. Die Schweißungen nach diesem kombinierten Verfahren erfolgten auf normalen automatisch arbeitenden Abbrennschweißmaschinen ohne eine Änderung der mechanischen und elektrischen Steuerung. Eine solche Maschine bewältigt für Al-Schweißungen etwa ein Viertel des für Stahl angegebenen Höchstquerschnittes. Die Erprobung wurde mit Reinaluminium und den technischen Al-Legierungen, z. B. AlMg auch mit höheren Mg-Gehalten und Legierung AlCuMg, durchgeführt. Vorläufige Schwierigkeiten beim Schweißen entstehen nur dann, wenn Werkstücke verschweißt werden, die scharfe Kanten aufweisen. Der sehr hohe Stauchdruck kann hier ein Aufreißen an der Kante radial nach innen hervorrufen, so daß sich der Stauchgrat oft bis in den eigentlichen Stabquerschnitt fortsetzt. Die Erklärung dieser Erscheinung ist in der geringeren Warmfestigkeit der Korngrenzenbestandteile zu suchen. Bei Rundmaterial ist die Verschweißung dagegen immer einwandfrei. Versuche an Stabwerkstoff mit abgerundeten Kanten sind wünschenswert. Bei der Deutung der Kantenrisse sei nach Ansicht des Verfassers auch beachtet, daß z. B. für Vierkant- oder auch Rechteckprofile die auszustauchende bzw. auszuquetschende Werkstoffmenge in der Diagonalrichtung größer ist als vom Querschnittsmittelpunkt senkrecht zu den Werkstückoberflächen hin gesehen. Das Querschnittsprofil der Stauchstelle wird nach der Stauchung verzerrt erscheinen. Die Seitenflächen bleiben zurück, die Kantengebiete streben nach außen. Die Seiten sind bereits ausgestaucht, während längs der Diagonalen noch Werkstoffverschiebungen auftreten und zeitlich gesehen parallel die Temperaturhöhe abfällt.

Die außerordentliche Vergrößerung des verschweißbaren Querschnittes eröffnet uns auf vielen Gebieten neue Anwendungsmöglichkeiten. So müßte sich der Preßrest in Strangpressen rationell durch Verschweißen mit einer neuen Füllung aufbrauchen lassen, ohne diesen jeweils erneut durch Aufschmelzen verarbeiten zu müssen.

3. *Festigkeits- und Gefügebefund stumpfverschweißter Leichtmetalle*

Als Beispiel seien stumpfverschweißte Leichtmetallketten besprochen (Bild 61). Die Ketten wurden im Anlieferungs- und veredelten Zustand geprüft und dabei je 6 Kettenglieder zerrissen. Die Ketten der Legierung AlCuMg rissen in beiden Werkstoffzuständen und die der Legierung AlMgSi im unbehandelten Zustand nicht im Gebiet der Schweiße, sondern, wie die Pfeile es in dem Bild 61 kennzeichnen, an der gegenseitigen Berührungsstelle der Glieder. Die Verschweißung ist daher einwandfrei. Bei der warmveredelten AlMgSi-Kette rissen 3 von 5 Stück neben der Schweißnaht. Nach DIN 685 ist für Stahlketten die entsprechende Bruchlast (4fache Nutzlast) mit $P = 1000$ kg vorgeschrieben. Die Leichtmetallketten ergaben folgende beachtlich großen Bruchlasten:

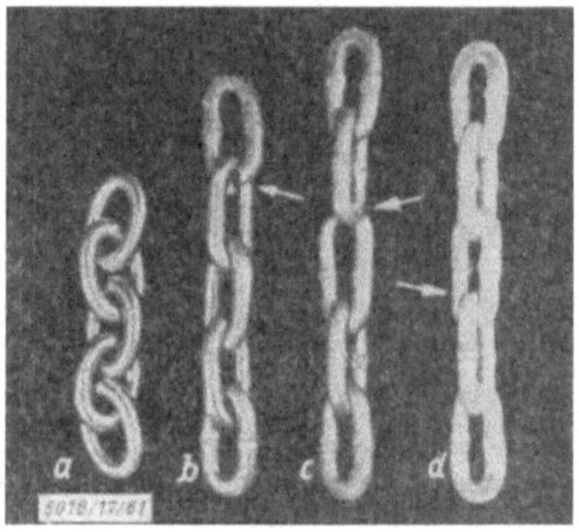

Bild 61. Widerstandsstumpfverschweißte Leichtmetallketten, hergestellt aus weichen Drähten verschiedener Legierungen (Werkfoto Dürener Metallwerke)
a) Duralumin (AlCuMg), nachgearbeitet
b) wie a) und zerrissen
c) wie a) nicht nachgearbeitet, zerrissen
d) Leg. AlMgSi („Polital", Dürener Metallwerke), Al + 0,4% Mg, 0,7% Mn, ~0,3% Si. warm veredelt

Leg. ~ AlCuMg	(unveredelt)	$P \sim$ 1200 kg	(Duralumin)
Leg. ~ AlCuMg	(veredelt)	$P \sim$ 1790 bis 2160 kg	(Duralumin)
Leg. ~ AlMgSi	(unveredelt)	$P \sim$ 640 bis 675 kg	(Polital)
Leg. ~ AlMgSi	(veredelt)	$P \sim$ 1340 bis 1550 kg	(Polital)

Berücksichtigt man, daß entsprechend DIN 685 die Bruchlast (4fache Nutzlast) für Stahlketten mit 1000 kg angegeben wird, so sind die hier erzielten Ergebnisse, insbesondere mit „Duralumin 681 ZB $^1/_3$", als äußerst günstig zu bezeichnen. Gegenüber früheren Ergebnissen an von der Firma *Theile*, Schwerte (Ruhr), elektrisch geschweißten Ketten sind hier sehr erhebliche Verbesserungen in der Festigkeit eingetreten. Ein Nacharbeiten der Schweißnaht hat sich auf die Lage des Bruches nicht ausgewirkt.

Die Ergebnisse der Dehnungsmessungen an den be- und entlasteten Kettengliedern zeigten, daß schon bei Aufbringung geringer Belastungen eine bleibende Dehnung gefunden wurde. Dieses dürfte jedoch damit erklärt werden, daß die Kettenglieder sich zunächst bis zur Erreichung einer bestimmten Last ineinanderlegen, dann noch in der Einspannung etwas rutschen und schließlich erst die wirklichen, bleibenden Dehnungen eintreten. Die Dehnung der Kette setzt sich also einerseits aus der Verformung des Werkstoffes und andererseits aus der Veränderung der Kettengliedform zusammen. Während sich die Dehnungen der Kettenglieder des Anlieferungs- und des veredelten Zustandes bei Duralumin „681 ZB $^1/_3$" bis etwa 600 kg Belastung kaum unterscheiden, tritt bei „Polital" bereits bei etwa 250 kg ein deutlicher Unterschied im Dehnverhalten der beiden Zustände ein. Bei der für Stahl vorgeschriebenen Recklast von 500 kg betrug für Polital, warm veredelt, und für Duralumin 681 ZB $^1/_3$ (sowohl veredelt als auch im Anlieferungszustand) die bleibende Dehnung etwa 2%, während sie für Polital im Anlieferungszustand sich auf etwa 11% belief.

Die *Schliffuntersuchung* der Kettenglieder erbringt oft eigenartige Gefügeausbildungen, die offenbar für das hier angewandte Stumpfschweißverfahren kennzeichnend sind. Das Bild 62 a zeigt eine Übersicht (5fache Vergrößerung) der geschweißten Kette aus Duralumin. Daß die Schweißstelle in dem Bilde dunkel erscheint, ist lediglich auf das angewandte Ätzverfahren (*Keller*sche Lösung) zurückzuführen. Eine 60—500fache Vergrößerung des Gefüges in der Schweißnaht (Bild 62 b u. c) läßt erkennen, daß

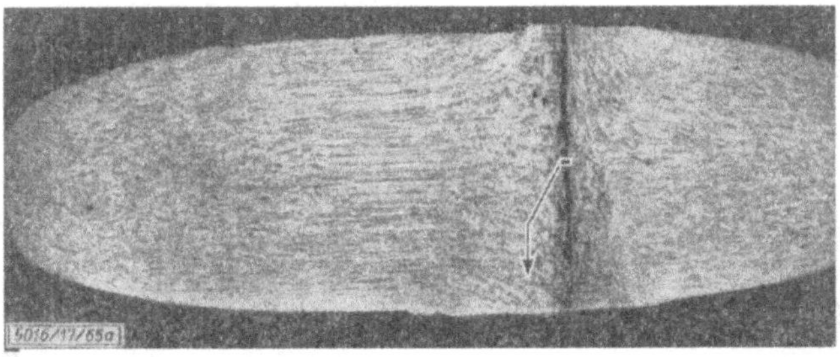

Bild 62 a

Bild 62 b

Bild 62 a bis c, wie Bild 61 a
(Vergr. 30fach, 60fach, 500fach)

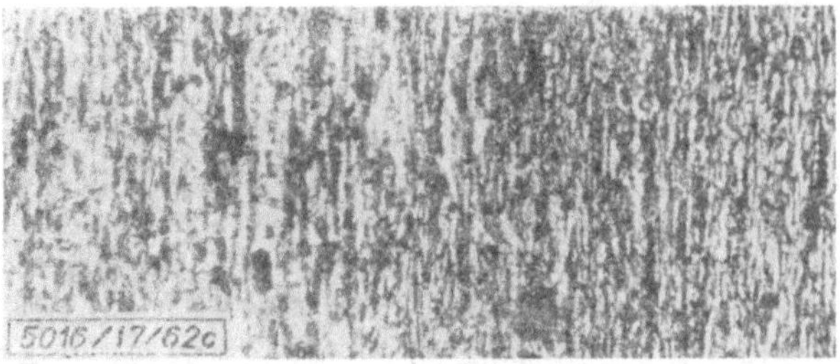

Bild 62 c

Bild 63 a u. b, wie Bild 61 b
(Vergr. 30fach, 40fach)

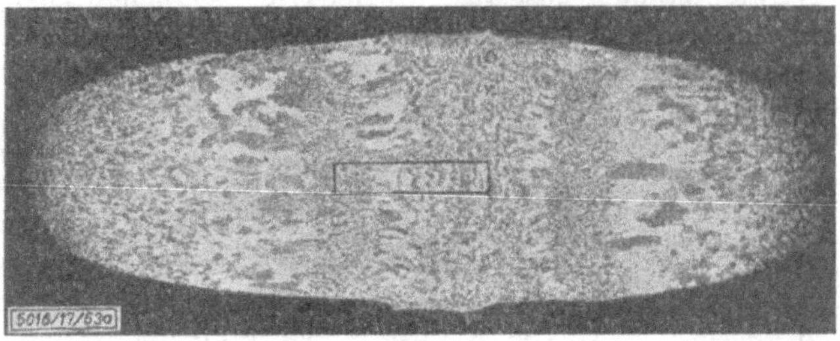

Bild 63 a

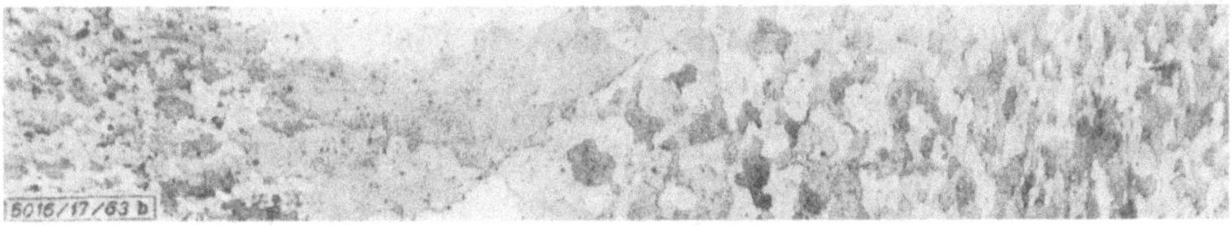

Bild 63 b

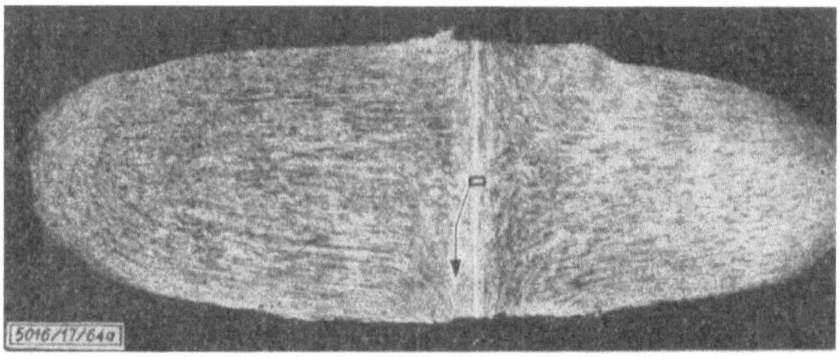

Bild 64a

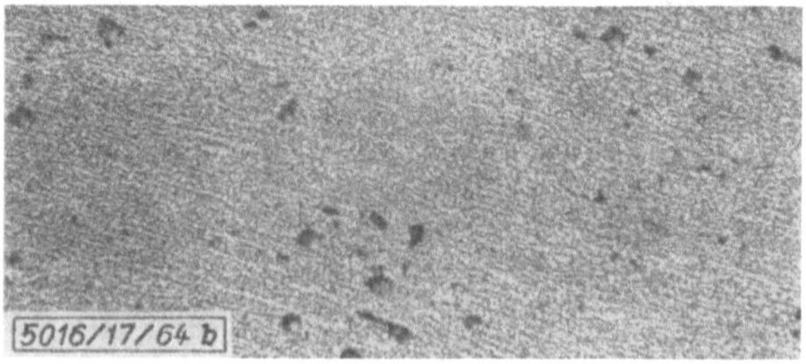

Bild 64b

Bilder 62 bis 64. Gefüge stumpfverschweißter Leichtmetallkettenglieder, Ätzung nach *Keller*
Bild 64a u. b, wie Bild 61c (Vergr. 30fach, 500fach)

es sich keinesfalls um Fehlstellen, sondern um ein stark zusammengepreßtes Gefüge mit sehr ausgeprägter Kristallausrichtung handelt. Diese Kristallausrichtung ist an den in Bild 63 a u. b gezeigten Schliffbildern des veredelten Zustandes sehr gut erkennbar. Eine eindeutige Erklärung für die Zonen mit ausgesprochen unterschiedlicher Korngröße soll nach diesen Untersuchungen noch nicht gegeben werden. Offenbar aber hat sowohl der Wärmeeinfluß beim Schweißen als auch die Druckbeanspruchung beim Zusammenpressen der Drahtenden verschiedenes Gefüge hervorgerufen, das durch Veredlungsglühen ausgelöst wurde. Die Übergänge zwischen den einzelnen Zonen mit verschiedener Korngröße sind, wie insbesondere aus dem Bild 63 b mit Makrokornflächenätzung hervorgeht, sehr schroff. Die Schweiße zeigt Feinkörnigkeit. An diese schließt sich ein Gebiet zunehmender Korngröße an, das relativ schroff in ein deutliches Grobkorn übergeht. Dieses Grobkorn ist, wie aus dem Vergleich der Gebietsbilder 63 a u. b mit 62 a hervorgeht, erst durch die Veredlungsglühung entstanden. Es ist dies das Gebiet des „kritischen Reckgrades", der z. B. für Reinaluminium nach *Dahl* u. *Pawlek* bei etwa 1,5—3% Walzgrad ermittelt wurde. An das Grobkorn schließt sich wieder ein Feinkorngebiet mit heterogenem Gefüge, d. h. mit den deutlich durch die Ätzung in Bild 63 b markierten Ausscheidungen an. Interessanterweise folgt nunmehr erneut ein Grobkorngebiet, das dann wieder in Feinkorn übergeht.

Eigenartig wirkt auch die hier wiederum durch die Wahl des Ätzverfahrens hell erscheinende Schweißzone der Politalketten ohne Warmveredlung (Bild 64 a). In dieser schmalen Zone ist der Werkstoff, wie die 500fache Vergrößerung (Bild 64 b) zeigt, sehr stark zusammengepreßt worden. Die Schweißstelle ist jedoch ohne irgendwelche Fehler in Form von Oxyden, Lunkern oder Poren. Die fast gleichen Erscheinungen sind an dem warm veredelten Kettenglied der Legierung Polital erkennbar (Bild 65 a

Bild 65 a

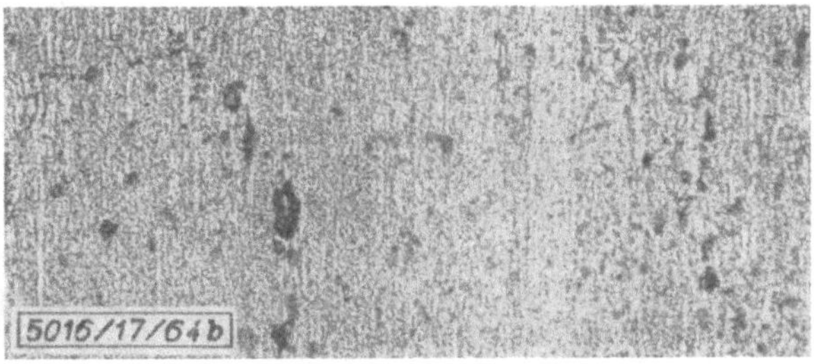

Bild 65 b

Bild 65 a u. b, wie Bild 61 d (Vergr. 30fach, 500fach)

u. b). Bei Verwendung des gleichen Ätzverfahrens (*Keller*-Ätzung) erscheint die Schweißstelle hier jedoch dunkel. Man sieht aus diesen Beispielen, wie leicht Fehldeutungen angeblich ungenügender Bindung sich ergeben, falls man von Makrobildern und besonders solchen, die geätzt wurden, ausgeht. Die mannigfaltigen Variationen der Arbeitsfolgen beim Stumpfschweißen ergeben die verschiedenartigsten Gefügeerscheinungen, die im einzelnen nicht besprochen werden können. Hierzu gehören auch alle *selbstaushärtenden Legierungen*, entwickelt und angewendet im vorliegenden Fall bei Widerstandsschweißungen zu dem Zweck der Erhaltung (besser Wiedergewinnung) der Festigkeit des ausgehärteten Zustandes des verschweißten Grundwerkstoffes. Gerade in letzter Zeit (1950/53) wird hierfür generelle Legierungstechnik betrieben.

Metallurgisch interessant ist, daß z. B. eine Aluminiumlegierung mit 5% Zn, 1% Mg (Rest Al) ebenso wie nach der Warmverformung durch Pressen oder Walzen auch ohne besondere Wärmebehandlung unmittelbar neben der Schweißnaht, d. h. also im zunächst ausgeglühten weichen Zustand nach etwa 30 Tagen wieder auf den ursprünglichen Festigkeitswert des ausgehärteten Zustandes der Nahtumgebung *selbstaushärtet*. [Lit. *Zeerleder* (3).]

Über das Abbrennstumpf-*Verschweißen unterschiedlicher Leichtmetallwerkstoffe* liegen relativ wenig Veröffentlichungen vor. Im Vordergrund steht die Verbindung von Elektrischen-Leiter-Schienen aus Al mit Cu bei Starkstromleitungen (siehe anschließend unter C. 1.). Zufolge der unterschiedlichen elektrischen Leitwerte ist die Cu-Schiene immer die mit der geringsten Querschnittsfläche. Nach *Rieden* u. *Thiemer* drückt sich die Cu-Schiene wenige Millimeter in die niedriger schmelzende Al-Fläche ein. Von der Stirnfläche der Cu-Schiene dringen „Diffusionszonen" spitzen- und zackenförmig in die Längsachse der Al-Stange vor, anscheinend den Korngrenzen der gestreckten Al-Körner folgend.

Teil C: Sonderverfahren

1. Die Preßschweißung von Aluminium und Kupfer als Selbstlötung

Neuere Versuche von *Hofmann, Husmann* u. *Koppe,* Stäbe von Aluminium und Kupfer in geheizten Formen durch Zusammenpressen zu verschweißen, brachten geringen Erfolg. Das Kupfer und die angrenzenden Aluminiumschichten wichen dabei als Wulst in eine z. B. ringförmige Nut aus. Die trennenden und unerwünschten Oxydschichten blieben meist unversehrt. Eine einwandfreie Verschweißung ergab sich aber auf Grund des Prüfberichtes genannter Autoren erst, als das Ende des Kupferstabes *kegelig (oder meißelförmig) ausgebildet und das flachkeglige, ausgearbeitete Aluminiumende hineingetrieben* wurde. Bei einer Temperatur zwischen dem Schmelzpunkt des Aluminiums und demjenigen des Eutektikums Al-Al_2Cu (548° C) liegend trat hierbei Eutektikum aus der Schweißfuge aus. Zur Verschweißung großer Querschnitte von z. B. Stromleiter-Aluminiumschienen (100×15 mm²) mit Kupferschienen (80×10 mm²) wurde das Kupfer jedoch meißelförmig vorbearbeitet, während die Aluminiumstoßfläche unbearbeitet blieb. Der mechanische Vorschub war gering. Es entstand reichlich Eutektikum, das vorhandene Oxyde (Al_2O_3 u. a.) herausspülte. Die besten derartiger Schweißverbindungen konnten um 180° gebogen werden und rissen in der Zugprobenlänge, jedoch nicht im Verbund. Bei Biegebeanspruchung wirkt sich dabei auch die Einbettung des keilförmigen Kupferendes in das Aluminium günstig aus.

Dieses an sich neuartige Verbindungsverfahren wird man im technologischen Sinne als eine Preßschweißung (besser *Keilschweißung*) bezeichnen, da ja kein Zusatzwerkstoff erforderlich ist. Im metallkundlichen Sinne stellt das Verfahren jedoch eine Hartlötung dar. *Man kann diese als eine Art Selbstlötung auffassen, da das Lot (Eutektikum Al-Al_2Cu) nicht zugeführt, sondern erst durch die Berührung im Verlauf der Verschweißung der beiden Metalle Al und Cu gebildet wird.* Ähnliches ist für entsprechende Legierungspartner zu erwarten. Das Verfahren wird aber besonders für Al-Cu-Stromleiterschienen an Bedeutung gewinnen.

2. Preßschweißung durch Elektrolyse

Über das *Schweißen von Aluminium durch Elektrolyse* wurde in Verbindung mit *DRP 413090* berichtet (Lit. Hth.) Das zu verschweißende Aluminium wird mit dem negativen Pol einer Gleichstromquelle verbunden. Die Anode bildet eine beliebige Elektrode. Als Elektrolyt wird z. B. Wasser genommen. Zufolge großer Stromdichte auf der Kathode tritt deren starke Erwärmung auf. Diese führt zur Schmelzung. Durch Zusammendrücken werden die zu verschweißenden Teile nun verbunden. Da der Sauerstoff zur Anode wandert, so besagt das Patent, sind Oxydhäute so gut wie ausgeschlossen. Anschließend spielt jedoch auch eine Stoßkantenerhitzung durch Lichtbogenwirkung unter Luftabschluß eine Rolle. Die Erhitzungsperiode ist mit einem starken Zischgeräusch verbunden.

Vorrichtungen sind für diese eigenartige Schweißart wohl noch nicht entwickelt worden. Voraussetzung ist das Vorhandensein von Gleichstrom genügender Leistung. Theoretisch ist die zu verschweißende Querschnittsfläche nur durch die Leistungsgrenzen des zur Verfügung stehenden Stromes, jedoch nicht z. B. hinsichtlich der Oxydation verfahrenstechnisch begrenzt.

Erdmann-Jesnitzer (8) und Mitarbeiter haben laboratoriumsmäßig das Verfahren einer Erprobung unterzogen. Der grundsätzliche Vorgang einer derartigen Verschweißung konnte reproduziert werden.

Die Versuchsbedingungen waren:

Werkstoff: Alu-Draht 5 mm ∅ (Kathode),
Verwandte Anode: Platin-Drahtnetzzylinder 35 mm ∅, Höhe 50 mm mit zusätzlichen Pt-Folien (18 cm²),
Elektrolyt: Schwefelsäure $p_H = 1$
Spannung: 440 V (Gleichstrom)
Strom *i*: ~ 10—11 A (Versuchsbeginn). Nach Stromausschaltung begann der Elektrolyt zu sieden (8—10 Sekunden) und *i* sank auf 4—5 A bei gleichzeitiger Funken- und Lichtbogenwirkung mit Schmelzen der Stoßflächen.

Das Verfahren gewinnt an Bedeutung, wenn Al-Stromleiter (Statorwicklungsenden von Elektromotoren) verschweißt werden sollen, ohne daß die Isolierschichten des noch abgedeckten Drahtes leiden sollen. Besondere Beachtung muß der bei der Verwendung von Wasser als Elektrolyt gegebenen Möglichkeit der Bildung von Knallgas (hochexplosiv!) geschenkt werden. Die eigenen Versuche bedurften der getrennten Abführung der sich bildenden Gase Wasserstoff und Sauerstoff durch über die Elektroden geschobene Keramikrohre. Der Initiative für eine verfahrenstechnische Betriebs-Reifmachung ist jede Möglichkeit gegeben.

3. *Die autogene Preßschweißung*

Eigentlich in den Buchbeitrag *Gasschmelzschweißung* der Leichtmetalle gehörend, sei an dieser Stelle die autogene Preßschweißung erwähnt. Die Stoßflächen werden durch Gasflammen erwärmt und mechanisch gestaucht. Besonderer Wert ist auf nicht oxydierend wirkende Flammeneinstellung zu legen, sowie darauf, daß genügend gestaucht wird, damit die möglichen Oxyde herausgequetscht werden und durch diese keine Bindefehler entstehen. Schwierigkeit bereiten oft interkristallin verlaufende Korngrenzen-Warmbrüche, sowohl bei Legierungen (α-Al-Mischkristalle, umsäumt von niedriger schmelzendem Eutektikum auftretend), sowie aber auch bei technischen Reinaluminiumstangen, die ebenfalls interkristalline Warmbruchneigung erkennen lassen. Die zur Verschweißung notwendige Anwärmdauer ist größer als für die Stumpf- sowie die Abbrennstumpfschweißung und kann, je nach der chemischen Zusammensetzung, Grobkornbildung in Schweißgutnähe bedingen. Für Legierungen tritt oft auch Porenbildung in Stoßflächennähe auf. In jedem Fall sind Vorversuche als Erprobung notwendig.

4. *Weibel-Schweißverfahren*

Über das *Weibel-Schweißverfahren*, das eine gewisse Sonderstellung einnimmt, sich jedoch betrieblich recht gut bewährte, berichtet anschließend *G. Hunold* gesondert auf Grund eigener langjähriger Erfahrungen für den Leichtmetallsektor.

5. *Die Kalt-Preßschweißung, z. B. an Stelle der elektrischen Punktschweißung*

Im Zuge der Entwicklung neuer Schweißverfahren darf einem neuartigen englischen *Kaltschweißverfahren* (Cold Welding) Bedeutung beigemessen werden. (Siehe hierzu Lit. *Erdmann-Jesnitzer* [1].) Es betrifft dieses das Verschweißen bei Raumtemperatur unter Anwendung von relativ großem Druck. So verschweißt wurden bisher mit Erfolg Reinst- und handelsübliches Aluminium, Duralumin- (AlCuMg), Kadmium-, Kupfer-, Nickel-, Zink- und Silberblech. Untersuchungen, angeregt durch die englischen Berichte, führte *Hofmann* u. Mitarbeiter durch.

Es ist ja seit langem bekannt, daß einige Metalle, wie z. B. das Silber und speziell das Gold, die, wie letzteres, geringe Neigung zur Oxydation erkennen lassen, ein einwandfreies Verschweißen zweier Berührungsflächen bei Raumtemperatur ergeben können. Erwähnt sei hier die Folienverarbeitung von Gold durch Kalthämmern in der Zahntechnik. Der Begriff „verschweißt" betrifft hierbei die Güte der mechanischen Bindung, die man ja über Trennversuche, wie Zug- oder Scherversuche, bis zum Bruch ausführt. Die in Prozent der Festigkeit des Grundwerkstoffes angegebene Festigkeit der geschweißten Verbindung läßt sich als Gütemaßstab für die Bindung angeben. Es hat bei der Kaltschweißung der Begriff „verschweißt" nichts mit dem allgemeinen technischen Schweißprozeß, d. h. z. B. mit dem Vorgang einer Schmelzschweißung, gemeinsam, da die zu verbindenden Flächen nicht flüssig aufgeschmolzen werden. Es werden diese auch nicht durch äußere Erwärmung schweißfähig, wie z. B. bei der Wassergas-, der alten Widerstandsstumpf- oder der normalen Feuerschweißung. *Die Kaltschweißung stellt deshalb ein durchaus neuartiges Verfahren dar.*

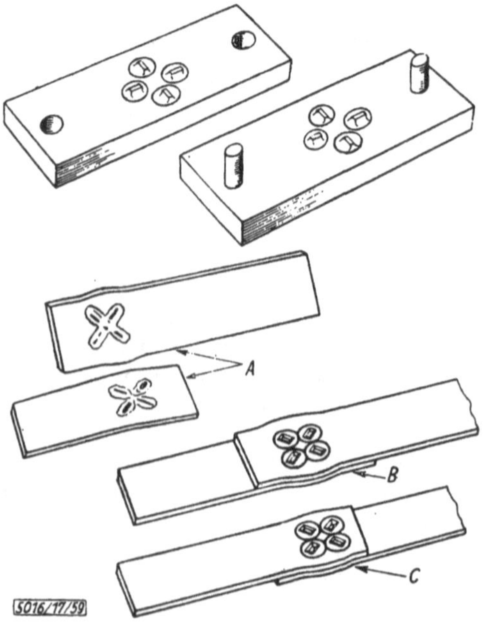

Bild 66. Kaltschweißwerkzeug und damit verschweißte Aluminiumbleche an Stelle der elektrischen Punktschweißung. Siehe auch Lit. *Erdmann-Jesnitzer* (1)

Theoretische Überlegungen zur Frage der Bindung zweier genügend nahe, d. h. bis zu atomarer Größenordnung zur Berührung gebrachter Metalloberflächen lassen ja erwarten, daß Flächen miteinander verschweißen müßten, wenn an möglichst vielen Berührungspunkten die folgenden Voraussetzungen geschaffen werden:

1. Die eine metallische Verbindung störende nichtmetallische Oberflächenschicht (z. B. Oxyd) muß als zusammenhängender Oberflächenverband zerrissen werden unter gleichzeitiger Freigabe des blanken Grundmetalls, wobei außer dem Oxyd auch die Wirkung adsorbierter Gase eine Rolle spielen könnte. Beispiel: Stickstoff auf erhitztem Stahl.

2. Es muß eine Relativbewegung der zu verschweißenden Flächen zueinander, d. h. ein schmierendes Ineinanderreiben des zerklüfteten Oberflächenprofils, erfolgen. Das Querschnittsprofil ist ja spitzen-, tafelberg- und tannenbaumartig, einschließlich auch der Rauhigkeit der groben Bearbeitungsriefen.

Die englischen Arbeiten geben die praktische Durchführung des „Kaltschweißverfahrens" wieder. Es wurde ein Prägewerkzeug veröffentlicht, das die allgemeinen Bedingungen unter 1 und 2 für das Verbinden zweier überlappt liegender Bleche erfüllt. Dabei wird in die Bleche ein einfaches Kantenprofil mit ring- oder auch sternförmiger Druckfläche so stark eingepreßt, daß sich die Einprägung offensichtlich in beide Bleche erstreckt. Das Werkzeug und verschweißte Bleche zeigt das Bild 66.

Damit wird erreicht, daß

1. durch Vergrößerung der verformten Berührungsfläche die meist spröden störenden Oberflächenschichten (z. B. Al_2O_3 bei Al und Al-Legierungen) unter Luftabschluß aufreißen sowie
2. innig miteinander in Berührung kommen und dabei kalt (!) verschweißen.

Auch die Oberflächenschichten, die Gas adsorbierten, werden dabei vergrößert. Eine zeitlich verlängerte Einwirkung des Preßdruckes beeinflußt die Güte der Schweißverbindung nicht. Dies stützt die obige rohe Deutung dieses Schweißverfahrens. Es genügt also für die Kaltschweißung die schlagartige Einprägung des Stempelprofils in die zu verschweißenden Bleche. Die Tiefe der Prägung wird werkzeugseitig durch Anschlag begrenzt.

Im englischen Originalbeitrag wird erwähnt: „Obgleich die Technik der Kaltschweißung annähernd festliegt, ist das theoretische Wissen über den Mechanismus noch unvollständig." Englischerseits wird der Schluß gezogen, daß die durch die Prägeverformung hervorgerufene Kaltverfestigung (für Aluminium hoher Druck, für Kupfer das Zwei- bis Vierfache davon) mit die notwendige Voraussetzung für eine schon bei Zimmertemperatur einsetzende Rekristallisation ist, die nur in der Oberflächenschicht der sich berührenden Flächen stattfindet. Diese Überlegung lehnt sich etwa an eine frühere Deutung der Hammerschweißung in der Wärme an. Es erscheint jedoch nicht stichhaltig, die Kaltschweißung mit dem Vorgang der üblichen Rekristallisation, d. h. mit Kornwachstum in Verbindung zu bringen, da hierfür die Zeiten nicht ausreichen. Der englische Bericht über die Kaltschweißung hebt hervor, daß für die ordnungsgemäße Verschweißung der Ablauf der Kaltverfestigung notwendig ist. Diese Feststellung erscheint für die später durchzuführende metallphysikalische Deutung von Belang. Erinnert sei auch an eine frühere Veröffentlichung von *Durst*, der auf Grund eigener Versuchsergebnisse beweist, daß Kaltverschweißung eintritt, wenn z. B. angespitzte und vorher im Vakuum geglühte Kupfer- oder Nickelprüflinge aus einer Höhe von 25 mm auf eine ebene Platte des gleichen und gleichartig vorbehandelten Metalls herabfallen. Auch hierbei findet die Verfestigung der zunächst weichen Werkstoffspitze sowie die Vergrößerung der Oberfläche und die gleiche innige Berührung der zur Verschweißung kommenden Schichten statt, die beide für den Kaltschweißvorgang die notwendigen Voraussetzungen sind. Hingewiesen sei gleichfalls noch auf eine frühere Arbeit von *Tammann* u. *Mansury*, die Metallpulver in Wasserstoffatmosphäre und in Vakuum bei stetig zunehmender Temperatur rührten bis zu dem Augenblick, als der Rührer infolge eingetretener Verschweißung festgehalten wurde. Ähnliche *Grenzflächenvorgänge* an den Oberflächen zweier sich berührender Metallkörper spielen ja bei der Sinterung von artgleichen und artfremden Werkstoffen jedenfalls im zeitlich ersten Stadium der Sinterung eine hervorstechende Rolle, wenn auch hierbei neben dem Preßdruck gleichzeitig die Temperaturhöhe einwirkt.

Eine metallphysikalische Deutung gaben neuerdings *Erdmann Jesnitzer u. May* (9) (s. auch Beitrag *Thümmler*, Buchanhang).

Die für eine ordentliche Verschweißung notwendige Einprägtiefe (englische Bezeichnung *Merit-Zahl)* wird angegeben in Prozent der Summe beider Blechdicken, d. h. also die Querschnittsschwächung ist je nach der Werkstoffart verschieden groß. Einige der notwendigen Prägetiefen seien in der Zahlentafel 13 als Anhalt mitgeteilt.

Bei der Verbindung von Aluminium mit Kupfer bestimmt die größte Prägetiefe des einen der Partner die einwandfrei erfolgende Verschweißung. Die Ursache dieser

Gesetzmäßigkeit ist wohl mit dem Oberflächeneinfluß in Zusammenhang zu bringen. Es erscheint noch verfrüht, die je Werkstoff verschiedenen Merit-Zahlen zu einer metallphysikalischen Deutung des Kaltschweißvorganges heranzuziehen, da verschiedene Vorgänge gleichzeitig ablaufen. Es überlagert sich ja folgendes:

1. Oberflächenfreigabe
2. schlagartige Verfestigung der Bleche, dabei Auftreten von Verformungswärme, die zu einer Temperaturerhöhung in der Bindefläche führen wird
3. Glättung der Berührungsflächen der Schweißstelle durch relative Verschiebung der Schichten gegeneinander und gegenseitige Verhackung des Oberflächenreliefs.

Blechwerkstoff	Prägetiefe in % der Blechdicke (*Merit*-Zahl)
Reinstaluminium	40
Handelsübliches Aluminium*)	30
Duralumin	20
Kadmium	16
Blei	16
Kupfer	14
Nickel	11
Zink	8
Silber	6

*) Die Verschweißbarkeit für Aluminiumlegierungen wird begrenzt durch einen maximalen Legierungsgehalt von 3% Mangan oder 3% Silizium.

Zahlentafel 13. Prägetiefe in % der Blechdicke für verschiedene Werkstoffe, die durch „Kaltschweißung" miteinander verschweißt wurden. (Nach Lit. The Engineer, 4. Juni 1948.)

Die praktische Verwertbarkeit des Verfahrens wird, da ja die Prägetiefe eine Querschnittschwächung bewirkt, durch das Verhältnis der zur Verschweißung notwendigen Prägetiefe zum lasttragenden Querschnitt bestimmt. Die Berührungsflächen müssen für die Verschweißung oxydfrei sein. Chemischer Abtrag durch Beizung mit anschließend erfolgender Kalt- oder Warmspülung in Wasser ist ungeeignet, da die Oberfläche erneut oxydiert. Es bewährten sich rotierende Stahldrahtbürsten, ähnlich wie die Säuberung für Punktschweißungen, mit nicht zu groben und nicht zu feinen Drahtborsten. Vor dem Bürsten müssen die Bleche entfettet werden. Die Zeitspanne zwischen Oxydbeseitigung und Schweißprozeß soll kleiner als 24 Stunden sein. Zweckmäßig sind Werkzeuge aus Flußeisen, noch besser chromlegierte für den Stempel und die Matrize (chromlegierter Stahl erspart hier die Vergütung). Die Standzeit der Werkzeuge ist außerordentlich groß.

Das Kaltschweißverfahren wird an Stelle der elektrischen Punktschweißung und abgewandelt mit einem Strichstempel für die elektrische Nahtschweißung ohne Dichtheitsforderung zum Befestigen von elektrischen Kontakten sowie zur Herstellung elektrischer Verbindungen angewandt (elektrischer Widerstand etwa 80% des ungeschweißten Werkstoffes). Versuche ähnlich der Nahtschweißung mittels Rollennahtelektroden scheinen noch nicht durchgeführt zu sein.

Versuche von *Hofmann* u. *Ruge* bestätigten diese ersten englischen Ergebnisse. Die für eine einwandfreie Verschweißung notwendigen Mindestdrucke betragen:

Aluminium mit Aluminium (Zustand weich)	15 kg/mm²
Aluminium mit Aluminium (Zustand hart)......	20 kg/mm²
Pantal mit Pantal*)	32 kg/mm²
Kupfer mit Kupfer	48 kg/mm²

Diese Werte gelten für überlappt geschweißte Bleche von 4 mm Dicke bei einer Stempelfläche von 40 mm². Der Preßdruck ist auf diese Fläche bezogen worden.

Bei der Güteprüfung der Verschweißung durch Zerreißen von Schweißverbindungen Kupfer-Aluminium wurden Teile aus der Aluminiumprobe herausgerissen und blieben auf der Kupferprobe haften. Die Festigkeit des Verbundes übertraf also stellenweise diejenige des Einzelwerkstoffes. Die Beobachtung unter dem Mikroskop zeigte bei guten Verbindungen, beispielsweise von Aluminium mit Aluminium oder Kupfer mit Kupfer, *keinerlei Trennlinien* der ehemaligen Flächen mehr. Hieraus kann geschlossen werden, daß es sich um eine *echte Verschweißung* handelt. Eine solche tritt offenbar ein, wenn sich die beiden Oberflächen infolge starker Verformung so weit einander nähern, daß die trennende Schicht die Dicke einer normalen Korngrenze aufweist. Eine Diffusion technischen Ausmaßes ist bei diesem Vorgang *nicht* erforderlich.

Interessant ist es, daß eine Verschweißung von Aluminium mit Aluminium selbst bei minus 150° C (!) die gleichen Festigkeitswerte wie für Raumtemperatur ergab. Wird der Preßvorgang sehr langsam durchgeführt, so erhält man ebenfalls die gleiche Festigkeit wie bei schlagartig durchgeführter Verformung. Bei erhöhter Temperatur tritt eine „Kalt"-Preßschweißung bereits unter geringeren Verformungsgraden und niedrigeren Drücken ein (siehe *Dawihl*, S. 880 ff.), und zu dem oben geschilderten Vorgang kommt noch zusätzlich die Auswirkung der Diffusion über die chemischen Trennflächen hinweg (siehe *Rädeker*, S. 838 ff.). Die Festigkeit der Verbindung liegt, sobald bei höheren Temperaturen die bei der Verformung eingetretene Verfestigung wieder rückgängig gemacht wird, niedriger als für die bei Raumtemperatur verschweißten Proben.

Hofmann u. *Ruge* gelang diese neuartige *Kalt-Preßschweißung* auch für Stahl, und zwar sowohl für Armcoeisen als auch für 18/8-Chromnickelstahl. Es sei hier erwähnt, daß die Scherfestigkeit einer Verbindung von Chromnickelstahl (Werkstoff mit Werkstoff verschweißt) σ_τ = 15 kg/mm² betrug. Dieser Wert steigt bei Anwendung etwas erhöhter Temperatur von z. B. 200° C auf σ_τ = 24 kg/mm² an. Die Kaltverfestigung wird bei dieser Temperatur noch nicht wieder rückgängig gemacht. Die notwendige Dickenabnahme beträgt für Stahl etwa 85% der Ausgangsdicke, der Preßdruck etwa 75 kg/mm² bei Armcoeisen und etwa 250 kg/mm² bei 18/8-Chromnickelstahl. — Grundsätzlich dürfte die Kalt-Preßschweißung auf jedes Metall mit genügendem Formänderungsvermögen anwendbar sein.

So ungewohnt dem Schweißpraktiker auch im Augenblick das Verschweißen *ohne* eine besondere Wärmezufuhr wie beim Lichtbogen oder Gasschmelzschweißen erscheinen mag, die ersten praktischen Ergebnisse sprechen für die Anwendbarkeit des Verfahrens und eröffnen damit verfahrenstechnisch einen ganz neuartigen Weg über bislang unbeachtete *Grenzflächenvorgänge* beim Verbinden metallischer Flächen durch *Kaltschweißung*.

*) Bemerk.: „Pantal" = Leg. AlMgSi.

Literaturangabe

D'Ans, J., u. *E. Lax*: „Taschenbuch für Chemiker und Physiker" (1943), S. 214. Verlag Springer, Berlin.
Arends, E.: „5 Stück gesteuerte Entladungsgefäße", AEG-Mitteilungen H. 3/4 (1941).
Bauermeister, DRP Nr.
Baukloh, W.: „C — Gehalte in Kupfer als Elektrodenwerkstoff." Unverbindl. mündl. Diskussionsbeitrag.
Bollenrath, F., u. *W. Bungardt*, Luftfahrtforschung Bd. 13 (1936), S. 125—131.
Bollenrath, F., u. *V. Hauk*, Z. Metallkde. Bd. 34 (1942), H. 8, S. 187—193.
Bungardt, W., u. *R. Kallenbach*: „Über den Zusammenhang zwischen der thermischen u. elektrischen Leitfähigkeit bei Aluminium u. Magnesiumlegierungen", Zeitschrift Metall 4 (1950), Heft 17/18, S. 365—369.
Castner, F., Aluminium Bd. 22 (1940), S. 320—322.
Cornelius, H.: „Widerstandsschweißen des Aluminiums und seiner Legierungen", Elektroschweißung Bd. 12 (1941), S. 44—48 u. 59—64 — Nr. 3 u. 4.
Dahl u. *Pawlek*, Z. Metallkde. Bd. 28 (1936), S. 266.
Dunn, J. S., u. *F. J. Wilkins*, Review of Oxydation and Sealing of Heated Solid Metals, Dept. Sci. Ind. Res. 1935, S. 67.
Durst, G., Metal Progress Bd. 51 (1947), S. 97.
Erdmann-Jesnitzer, F. (1): Ref. „Das Verfahren der Kaltschweißung", Z. Technik, Berlin (1948), 3, H. 8. wiederref. daselbst aus The Engineer, London, 30. April 1948, S. 432.
— (2): „Einfluß großer Stromzeiten beim Punktschweißen von Aluminiumlegierungsblechen", Vortrag auf der Jahrestagung der Deutschen Gesellschaft f. Metallkunde, Stuttgart (1947), Z. Metallkde. (1948) Nr. 10, S. 303 ff.; siehe auch Notiz in Z. Technik, Berlin (1948), H. 9.
— (3): Ref. „Schweißtechnische Forschung in England", Z. Technik, Berlin (1948), H. 9, Sonderbeil. „Schweißtechnik" aus The Engineer, London, Bd. 185 (1948), Nr. 4821, S. 589/90.
— (4): „Akute Fragen der Schweißtechnik", Z. Technik, Berlin (1948), H. 9, Beil. „Schweißtechnik".
— (5): „Das Beizen durch Schwitzwasserbildung korrodierter AlMg-Bleche", Werkstatt u. Betrieb, Bd. 80 (1947), H. 9, S. 237/38.
— (6): „Punktschweißlacke als Korrosionsschutz", wie unter (4), Z. Technik, Berlin (1948), H. 9, Beil. „Schweißtechnik".
— (7): „Werkstoffliche und verfahrenstechnische Neuerungen der Leichtmetall-Punkt- und Nahtschweißung, Vortrag auf der Betriebstechnischen Tagung, 12. März 1949 der K. d. T. anläßlich der Leipziger Frühjahrsmesse, veröffentlicht in Sonderbroschüre des Leipziger Messeamtes, Mai (1949).
— (8): Unveröffentlichte Erprobungsversuche (1952), gemeinsam mit *A. Krüger* u. *W. Schierhorn*.
— (9) u. *M. May* z. f. Metallkde. (1954).
Erlinger u. *Hunold*: „Stumpfschweißversuche an Vierkantdraht 8×8 mm Dicke der Legierung Duralminium", Forschungsbericht Nr. 42/1944 d. mechan.-technolog. Abt. d. Dürener Metallwerkes (unveröff.).
Ferguson: „Punktschweißbarkeit verschiedener Werkstoffe", ref. im Metalltechnischen Taschenbuch von *W. Guertler* (1939), S. 263. Verlag Johann Ambrosius Barth, Leipzig.
Förster, F.: Diskussionsbeitrag zum Vortrag *Erdmann-Jesnitzer* auf der Herbsttagung der Deutschen Gesellschaft f. Metallkunde (1947), Z. Metallkde.
Fröhmer, C.: „Punkt- und Nahtschweißen von rostfreiem Stahl und Leichtmetall", Maschinenbau / Der Betrieb Bd. 15 (1936), S. 201—203.
Gabler, K. G.: „Die Schweißung von Aluminium und seinen Legierungen", Maschinenbau / Der Betrieb Bd. 20 (1941), H. 7, S. 297—301.
Gilette, R. T.: Bericht *Gilettes* von der General Electric Co. anläßlich einer Zusammenkunft der American Welding Society, ref. in Z. Metallwirtschaft, Wissenschaft u. Technik Bd. 20, Nr. 36, S. 892, und „Resistance Welding of Dissimilar Metals", Sheet Metal Ind. Bd. 10, Nr. 115, S. 891.
Glage, W.: Unveröff. Aktennotiz, AEG-Smf., Berlin-Hennigsdorf, Nr. 185 v. 26. 1. 1942.
Gönner, O.: „Die elektrische Widerstandsschweißung" (1946), S. 72, Bilder 68 u. 69. Carl Hanser Verlag, München 27.
Haase, C. (1): Z. Metallkde. B. 28 (1936), S. 289: „Erörterung zu Röhrig u. Käpernick".
— (2): Z. VDI Bd. 84 (1940), Nr. 6, S. 89—96.
Haase, C. u. *R. Schnarz*: Beitrag „Die elektrische Widerstandsschweißung", Anleitungsblätter f. d. Schweißen u. Löten v. Leichtmetallen, Berlin (1940), S. 49—55. VDI-Verlag GmbH.
Hagedorn, G., RTD Bd. 21 (1941), Nr. 9.
Harrington, R. H., Metal Ind. Bd. 54 (1939), S. 3—6.
Hase: Versuche im Sachsenwerk, mündl. Mitteilung.
Hauk, V. (1): „Ist die Punktschweißung für hochbeanspruchte Bauteile aus Al-Legierungen brauchbar?" Forschungsbericht d. DVL, Berlin-Adlershof, Nr. 207/14 v. 2. 2. 1942 (unveröff.); teilweise veröff. unter *F. Bollenrath* u. *V. Hauk*, Z. Metallkde. Bd. 34 (1942), H. 8, S. 187—193.

Hauk, J. (2): Metallforschung Bd. 2 (1947), S. 49—56.
Hentzen, F. H.: „Die elektrische Punktschweißung von Duralumin-Konstruktionen im Flugzeugbau", Bericht d. Messerschmitt-Flugzeugbau, Augsburg, veröff. in Luftwissen Bd. 5 (1938), S. 279—283
Heß, W. F., u. *R. L. Ringer jr.:* „Angaben über die Punktschweißung von kohlenstoffarmem Stahl", Weld. Journ. Bd. 18 (1939), Nr. 4 (Suppl. Engng. Found. Weld. Res. Com.), S. 113—115.
Hibert, Ch. A.: „Spot welding of aircraft materials", Weld. Ind. Bd. 17 (1938), Nr. 6, S. 22—26, ref. in Luftwissen Bd. 5 (1938), Nr. 8, S. 283.
Hofmann, W., H. J. Husmann u. *R. Koppe:* „Die Preßschweißung von Aluminium mit Kupfer als Selbstlötung", Zeitschrift f. Metallkde. 1952, demnächst. — Vortr. auf Jahreshaupttagung der D. G. f. M., Berlin 1951.
Hoglund, G. O., u. *G. S. Bernard*, Weld. Ind. Bd. 7 (1937), S. 108—112 u. 146—148.
Hth, G.: DRP 413090, beschrieben in Dinglers polytechnisches Journal, Heft 7, Band 345.
James, G. F., Sheet Metal Ind. Bd. 24 (1947), S. 159—166, 392—398 u. 1227—1230.
Kalkner, B.: „Schaltvorgänge bei Stromrichtersteuerung von Widerstandsschweißmaschinen", AEG-Mitteilungen, Okt. 1935.
Kaufmann: Stellungnahme zur Frage der Entwicklung der Steuerungsorgane bei Punktschweißmaschinen auf Grund seiner Arbeiten innerhalb der AEG, Berlin-Hennigsdorf, angeregt durch die Arbeiten des Herausgebers betr. extrem großer Stromzeiten.
Laves, F.: „Zur Verformung von Magnesium", Vortrag anläßlich der Jahrestagung der Deutschen Gesellschaft f. Metallkunde, Stuttgart (Herbst 1947).
Lehr, E.: Beitrag im Handbuch der Werkstoffprüfung von *E. Siebel*, Bd. 1, S. 498/99, 1. Aufl. (1940). Verlag Julius Springer, Berlin.
Machu, W.: „Metallische Überzüge", 2. Aufl. (1943), S. 78, § 47. Akademische Verlagsgesellschaft Becker & Erler, Komm.-Ges., Leipzig.
Mäder, H. (1): „Über das Punktschweißen von Leichtmetallen mit Mittelfrequenz", Deutsche Motor-Zeitschr. H. 12, 19. Jahrg. (1942).
— (2): „Einfluß erhöhter Kupfergehalte auf die Punktschweißbarkeit", mündl. Mitteilung (Aug. 1944).
Mäder, H., u. *G. Hagedorn:* „Über das Punktschweißen von Leichtmetallen mit Mittelfrequenz", Elektroschweißung H. 1 (1943).
Mahl, H., u. *F. Pawlek:* „Übermikroskopische Untersuchungen an Aluminiumlegierungen" (Mitteilung aus dem Forschungsinstitut der AEG), Z. Metallkde. Bd. 34 (1942), H. 10, S. 232—236; daselbst
— auch Oberflächenbilder von Hydronalium u. Aluminiumguß von *E. Semmler*, Tafel I u. II.
Mann, K.-E.: „Die Darstellung von Dehnlinien durch Eloxalschichten", 2. Teil, Aluminium, Bd. 26 (1944), S. 176/77.
Melchior, P.: „Aluminium" — Die Leichtmetalle und ihre Legierungen. VDI-Verlag, Berlin 1929.
Möchel, H.: Versuche im Luftschiffbau „Zeppelin GmbH", Friedrichshafen, mündl. Mitteilung.
Müller, Wessel u. *Dirks:* Unveröff. Bericht der Focke-Wulf-Flugzeugbau, Bremen, mit Genehmigung der Firma Herberts.
N. N. Entwicklung der Schweizer Firma A. H. Wirth, ref. in Z. Aluminium *10* (1953), S. 427, zurückgehend auf Schweizer Patent 281 509.
Oßwald, E., Luftfahrtforschung Bd. 14 (1937), S. 215—223.
Pilling, N. B., u. *R. E. Bedworth*, J. Inst. Metals Bd. 29 (1923), S. 529.
Pottkämper: Versuche im Siemens-Schuckert-Werke Nürnberg, mündl. Mitteilung.
Preston, G. D., u. *L. L. Bircumshaw*, Philos. Mag. (7) Bd. 22 (1936), S. 654, ref. im Beitrag *G. Wagner:* „Chemische Reaktionen der Metalle", Handbuch der Metallphysik, Bd. 1. Akademische Verlagsgesellschaft, Leipzig (1940).
Putzger, F.: „Neue Steuerung für Wechselstrom-Schalteinrichtungen für Punkt- und Nahtschweißung", AEG-Mitteilungen H. 3/4 (1941).
Rajakovics, E. v., u. *E. Blohm* (1): „Punktschweißversuche an Drähten verschiedener Legierungen", Prüfprotokoll Nr. 43/1938, Forschungsanstalt d. Dürener Metallwerke, mechan.-technolog. Abt. (unveröff.).
— — (2): Z. VDI, Bd. 84 (1940), Nr. 31, S. 555—560.
Reutebusch, R. (1): „Die elektrische Stumpfschweißung in der Feinwerktechnik", Handbuch der Arbeitsverfahren, Feinmechanik u. Präzision, 49. Jg., H. 23 (1941), S. 283—288.
— (2): „Widerstandsschweißen mit großer Leistung", Maschinenbau / Der Betrieb Bd. 21, H. 1 (Jan. 1942.
Rietsch, E. (1): „Stand der Widerstandsschweißtechnik", Z. VDI v. 29. 6. 1935, S. 800—804, als Vortrag gehalten an der T. H. Berlin-Charlottenburg 1934.
— (2): „Stand der Punkt- und Nahtschweißung von Leichtmetallen", Maschinenbau / Der Betrieb (Sept. 1937) S. 453—456.
— (3): „Die neueste Steuerung für elektrische Punkt- und Nahtschweißung", Elektroschweißung (1939), H. 9 (daselbst weitere Literaturangaben).

Rietsch, E. (4): „Die betriebsmäßige Punkt- und Nahtschweißung von Leichtmetallen", Elektroschweißung (1939) H. 10.
— (5): „Der Spannungsverlauf beim Modulator", Elektroschweißung Bd. 10 (1939), S. 128—132.
— (6): Elektroschweißung Bd. 10 (1939), S. 165.
— (7): „Beitrag zur Widerstandsstumpfschweißung von Aluminium und seinen Legierungen", Berlin 1947, unveröff. Manuskript (DRP angem.).
— (8): Hauptpatent für die Kaskadensteuerung unter Nr. 695850 (dazu etwa 13 weitere Zusatz- u. Sperrpatente).
— (9): Elektroschweißung (1933) H. 3.
Rosenberg, F., Z. Aluminium (Febr. 1937), überarbeitet als Sonderdruck der AEG, Berlin.
Schraivogel, K., Z. Aluminium, Bd. 18 (1936), S. 177—183.
Schwarz, K.: „Elektrolytische Wanderung in flüssigen und festen Metallen", S. 2. Verlag Ambrosius Barth, Leipzig 1940.
Schwarz, M., u. *F. Goldmann*, Z. Metallkde. Bd. 25 (1933), S. 142/43 u. 194—196.
Schwarz, R., Luftwissen Bd. 8 (1941), S. 270—276.
Schweitzer: „Die Leichtmetall-Punktschweißung im Flugzeugbau — Anwendung, Ausführung, Prüfung und Überwachung", Arch. angew. Wiss. Techn., Zürich, Bd. 10 (1944), H. 8, S. 241, ref. Techn. Zeitschr.-Schau Bd. 29 (1944), H. 18, S. 201, Ref. 2109.
Seemann, H. J.: „Neuere Untersuchungen über den Korrosionsschutz von Duralumin durch Plattieren", Z. Metall (1947) H. 1/2, S. 8—15.
Sheet Metal Industries Bd. 10, Nr. 115, S. 891, ref. in Metallwirtschaft, Wissenschaft, Technik Bd. 20, Nr. 36, S. 891.
Sciaky, M. (1): Sci. et Ind. (1936), Sondernummer „L'Aviation Française".
— (2): Iron Age Bd. 145 (1940), H. 12, S. 33—35.
Spraragen, W., u. *G. E. Claussen*: Weld. Journ. Bd. 19 (1940), Nr. 7, Anhang S. 240—280.
Staubach u. *Scheinichen*: „Röntgenographische Untersuchung von elektrisch punktgeschweißten Proben und punktgeschweißten Bauteilen", Forschungsbericht M 5/6/1943 der Arado-Flugzeugwerke, Brandenburg (unveröff.).
Steurer, W.: Versuchsgerät zur Ermittlung der Dichtheit von Punktschweißungen an Al-Legierungs-Blechen (unveröff. Vorschlag).
Steward, C. W., Aviation Bd. 35 (1936), Nr. 10, S. 28.
Stoltze, G.: „Widerstandsschweißung im Flugzeugbau", Forschungsbericht der Arado-Flugzeugwerke, Brandenburg (1940). Druck: H. Mutschke, Berlin SO 36.
Tammann u. *Mansury*, erschienen 1923, wiederref. in Z. Metall (1947), H. 11/12, S. 196: „Übersicht über den Fortschritt zur Frage der Pulvermetallurgia im Jahre 1947".
Tronstad, L., u. *P. Hövenstad*, Trans. Faraday Soc. Bd. 30 (1934), S. 1122.
Weisner, E.: „Werkstoff, Gestaltung und Behandlung von Punktschweißelektroden", Z. Werkstatt u. Betrieb, 76. Jg., H. 3 (1943). Verlag Carl Hanser, München 22.
Werner, E.: „Metallische und oxydische Schutzüberzüge auf Aluminium", Schriftenreihe Leichtmetallbearbeitung (1939) S. 56. Verlag Carl Hanser, München 22.
Wießner, P., Elektroschweißung Bd. 9 (1928), S. 12/13.
Wilbert, H. (1): „Die Entwicklung der elektrischen Punktschweißmaschinen", Siemens-Zeitschr. Bd. 15 (Okt. 1935), H. 10, S. 496—503.
— (2): Elektroschweißung Bd. 8 (1937), S. 190.
Zeerleder, A. v. (1): Vortrag „Erzeugung und Verarbeitung des Aluminiums", SIA-Kurs a. d. ETH Zürich (Schweiz), 6./7. Nov. 1942: „Leichtbau und Leichtmetalle".
— (2): Interavia Nr. 879/80 (v. 9. 8. 1943), Cite 20, Genf.
Zeerleder, A. von, (3): „Schweizer Archiv für angewandte Wissenschaft und Technik". Bd. 15 (1949), Nr. 2, S. 33/36.
Zeitschrift „Blick in die Wissenschaft" H. 5, S. 197: Referat über die Arbeiten der Physikalischen Arbeitsgemeinschaft (PAG), Hamburg.
Zimmermann: „Elektrodenkonstruktion der Luftschiffbau-Zeppelin-Werke, Friedrichshafen", mündl. Mitteilung.

Weitere Literatur:

Bohn, D. J., u. *G. O. Hoglund* (1): „Resistance Welding of Aluminium and its Alloys", Amer. Soc. Mech. Eng. Preprint 1933. Ref. in Institut of Metals 1933, 3, 587.
— — (2): „Resistance Welding of Aluminium an its Alloys", Canad. Mach. 1933, 44, (10), 40. Ref. in Institut of Metals 1933, 3, 720.
Bollenrath, F., u. *W. Bungardt*: Stand der elektrischen Punktschweißung für Aluminium und seine Legierungen, Aluminium 1936, Nr. 4, S. 125.

Dawson, J. W., u. *B. L. Wise:* „Condenser Discharge Welding of Aluminium Alloy", Weld. Journ. Bd. 20 (1941), Nr. 12, S. 857—864.
Dunlap, W. A.: „Spot Welding Aluminium", Welding Eng. 1929, 14, (12) 37. Ref. in Institut of Metals 1932, 3, 765.
Dunlap, W. M. (1): „Spot Welding of Aluminium and its Alloys", Aviation 1928, 25, 590, S. 619—626, Ref. in Institut of Metals 1928, 2, 682.
Dunlap, W. M. (2): „Spot Welding of Aluminium Alloys Proved Feasible", Automotive Ind. 1928, 58, 694, See. J. 1928, 40, 682, Ref. in Institut of Metals 1929, 2, 634.
Field, G. H., u. *H. Sutton:* „The Spotwelding of Light Alloys", Aircraft Engng. Bd. 13 (1941), S. 17—26.
Gabler, K.: Das Fesa-Schweißverfahren, System Weibel, Metallwirtschaft 1939, Nr. 39/40, S. 817.
Haase, C., u. *O. Plass:* „Fortschritte der Elektroschweißung an Leichtmetallen, unter besonderer Berücksichtigung der Punkt- und Nahtschweißung", Aluminium 1935, Nr. 4, S. 209.
Hasse, K.: „Die Punkt- und Nahtschweißung von Leichtmetallen", VDJ 1940, S. 132—136, Ref. in Gießerei 1940, Nr. 7, S. 134.
Helbing, F.: „Das Fesa-Weibel-Schweißverfahren und seine Anwendungsmöglichkeiten in der Fertigung von Leichtmetallteilen", Metallwirtschaft 1941, Nr. 43, S. 1052.
Heß, W. F., *R. A. Wyant* u. *B. L. Averbach:* „Aircraft Spot Welding Research", Weld. Journ. (1941), Nr. 9, Suppl. S. 402—409; (1942), Nr. 6, Suppl. S. 257—265.
Hubert, N.: „La soudure électrique par points et à la molette de l'aluminium et de ses alliages", Revue de l'aluminium Bd. 15 (1938), Nr. 98, S. 1055—1077.
Lawrence u. *D. Jennings:* „Wesen und Durchführung der Widerstandsschweißung", Iron Age 1940, S. 38—43, Nr. 5, Ref. in Gießerei 1940, Nr. 26, S. 535.
Lux, L.: Aluminium-Reibungsverbindungen in Starkstromkabeln, (Schweißen und Hartlöten), Aluminium 1935, Nr. 4, S. 2.
Medowcroft, J. M.: „Electric Spot-Welding Aluminium of Duraluminium", J. Amer. Weld. Soc. 1924, 3 (9) 10, Ref. in Institut of Metals 1925, 1, 512.
N. N.: „Die Widerstandsschweißung des Aluminiums und seiner Legierungen", Aluminium 1930, Nr. 11, S. 347.
N. N.: „Resistance Welding of Aluminium and its Alloys," Hauszeitung V. A. W. u. d. Erft-Werk A.-G., Aluminium 1931, 3, 148, Ref. in Institut of Metals 1932, 3, 111.
N. N.: Spot-Welding Aluminium, Mech. World 1928, 84, 205, Ref. in Institut of Metals 1929, 1, 612.
Zeitschr. „Werft, Reederei, Hafen", Bd. 22 (1941), Nr. 4, S. 66—69, Ref. in Metallwirtschaft 1941, Nr. 36, S. 891.
Reichel, K.: „Versuche und Erfahrungen mit elektrischer Punktschweißung von Leichtmetallen bei den Arado-Werken", Jahrbuch deutscher Luftfahrtforschung 1938, Abt. I, S. 538—548.
„Die Leichtmetallpunktschweißung und ihre Anwendung", Junkers-Nachrichten Bd. 12 (1941), Nr. 5/6, S. 59—69, und *Schweitzer*, Techn. Zeitschr. Bd. 26 (1942), S. 373—378.
Rieden u. *Thiemer*, unveröffentlichte mündliche und mit Schliffbildern belegte Mitteilung an den Verfasser, Dez. 1950.
Röhrig, H., u. *E. Käpernick:* Versuche zur Punktschweißung ungleichpaariger Leichtmetalle, Zeitschr. f. Metallkde, 1936, S. 385—387.
Salelles, R.: Widerstandsschweißen von Leichtlegierungen, Metallindustrie (London) 1935, 47, Nr. 20, S. 489—493, Ref. in Aluminium Nr. 12, S. 676.
Silberstein J.: „Spot Welding Aluminium of Aluminium Alloys", Brass World 1928, 24, 224, Ref. in Institut of Metals 1928, 2, 682.
Schmitt, H. (1): „Die Widerstandsschweißung des Aluminiums und seiner Legierungen" (Die neuere Entwicklung der Verwendung des Aluminiums), Aluminium 1937, Nr. 4, S. 239.
— (2): „Die elektrische Widerstandsschweißung des Aluminiums und seiner Legierungen, Aluminium als Heimstoff und Austauschwerkstoff, die neuere Entwicklung seiner Verwendung, Aluminium 1936, Nr. 1, S. 25.
Schraivogel, K.: „Versuche mit Punktschweißungen an Aluminiumlegierungen", Aluminium 1936, Nr. 5, S. 171.
— „Investigation of Electically Spot-Welded Specimus of Duraluminium", Jahrbuch Deutscher Versuchsanstalt Luftbau 1932, Ref. in Institut of Metals 1933, 3, 13, 100.
Welter, G.: Weld. Journ. 27 (1948), Research Suffl. S. 285—298 s. Ref. in Z. Metall 3 (1949), 19/20, S. 339—340 (Probenform der Versuche u. Dauerfestigkeitsschaubild daselbst).
Whitelby, A. L.: Widerstandsschweißung, Electricial 114, (1935), 663—665, Ref. in Aluminium 1935, Nr. 10, S. 555.

Das Weibel-Schweißverfahren*)

Schweißingenieur G. Hunold, Berlin-Hermsdorf

A. *Allgemeines und Begriffsbestimmung*

Dieses besondere Schweißverfahren wurde von den Schweizer Mechanikern Gebrüder *Weibel* erfunden und mit Nr. 828747 unter französischen Patentschutz gestellt. Im Jahre 1938 übernahm die Firma „Fesa", Fabrik elektrischer Schweißapparate, Bad Aussee (Österreich), dieses Verfahren und vervollständigte es in Zusammenarbeit mit verschiedenen Industriebetrieben**) auf seinen heutigen Stand. Die Weibelschweißung stellt ein ausgezeichnetes Verfahren für das Gebiet der Blechschweißung geringer Dicken verschiedenster metallischer Werkstoffe dar. In seinem augenblicklichen Entwicklungsstadium kann man Bleche von $s = 2$ mm bis herab zu Folien von 0,1 mm Dicke und vorzugsweise solche zwischen 0,5 und 1,5 mm damit verschweißen. Es lassen sich sowohl Zusatzdraht- als auch Bördelnahtschweißungen auf dem Wege der Hand- wie auch Automatenschweißung herstellen.

Liegt z. B. die Notwendigkeit vor,

zwei Bauelemente werkstoffgerecht und mit dem höchstmöglichen Erfolgsgrad betreffend Festigkeit und Wirtschaftlichkeit nach dem jeweils arbeitstechnisch angenehmsten Verfahren zu vereinigen,

will man wertvolles Zinn sparen, dadurch, daß man die althergebrachte Lötung umgeht,

will man umständliche Nietarbeiten und deren zeitraubendes Bohren nach Lehren vermeiden und

soll der unangenehme und teure Aufwand an Einspannvorrichtungen reduziert werden,

dann ist der wohlüberlegte Einsatz eines geeigneten Schweißverfahrens der gedankenlosen Anwendung anderer Arbeitsmethoden weit überlegen, und von diesen Erwägungen ausgehend, bietet das *„Fesa-Weibel-Schweißverfahren"* beachtliche Vorteile. Ganz hervorragend hat es sich z. B. bei schwierigeren Schweißungen von Blechen und Blechformstücken aus Leichtmetall erwiesen. Damit wurde eine Lücke in der wirtschaftlichen Verschweißung von Blechen geringer Dicke geschlossen. (Siehe Anwendungsbeispiele am Beitragsende.)

Die Eingruppierung des Verfahrens unter die bisherigen Schweißarten ist nicht ganz einfach, da es eine Sonderstellung einnimmt. Die Schweißwärme wird durch den Übergang niedergespannten, aber großen elektrischen Stromes zwischen zwei sich an den Spitzen berührenden Kohleelektroden *ohne* Lichtbogenbildung erzeugt und auf

---

*) Wenn die Fesa-Weibel-Schweißung bislang auch vorwiegend für einige der NE-Metallegierungen (z. B. auf Al-, Mg- oder Zn-Basis) angewandt wurde, so erscheint, wie es berichtet wurde, die Anwendung auf Feinbleche aus Eisen und Stahl durchaus in Verbindung mit dafür geeigneten Flußmitteln anwendbar. Der vorstehende Inhalt bezieht sich jedoch vorwiegend auf die Al-Legierungen.

**) Es sei hier vorwiegend Herr *Helbing*, Dessau (ehemalige Junkers-Werke) genannt.

die Schweißstelle übertragen. Wenn man sich hierbei des Wechselstromes bedient, so nur wegen der zwangloseren Umspannmöglichkeit. Der Werkstoff wird zwischen den schwachglühenden, schneidenförmig ausgebildeten Spitzen zweier Kohlen wie in einem Graphittiegel zum Schmelzen gebracht. Er fließt dann ähnlich wie bei der Gasschmelzschweißung in die Naht ein. Dabei tritt nicht die bei dieser und der Lichtbogenschweißung auftretende Blas- und Wirbelbildung ein. Das Schweißgut der geschmolzenen Bördel fließt durch eigene Schwerkraft in die Naht ein und bildet im erstarrten Zustand Nähte mit Gußstruktur.

Eine geeignete Form und Stellung der Elektroden sichern eine günstige Wärmeübertragung von den Kohlen auf die Schweißkanten (Bild 1). Es ist dabei unwesentlich, ob der Strom, wie beispielsweise beim Schweißanfang, indirekt über die elektrisch-mechanische Brücke des noch nicht geschmolzenen Schweißgutes fließt, oder ob die Elektroden bei dessen Schmelzen in unmittelbare gegenseitige Berührung kommen. Maßgebend für die Entwicklung und die Intensität der Schmelzwärme ist außer der Stärke des zugeführten elektrischen Stromes nur der Übergangswiderstand an den Kohlespitzen und nicht die durch die leitende Verbindung Kohle – Metall – Metall – Kohle entstehende Joulesche Stromwärme. Die inneren elektrischen Widerstände sind vernachlässigbar. Um hierfür den Beweis zu erbringen, wurde versuchsmäßig zwischen die beiden Elektrodenspitzen ein Aluminiumdraht von ungefähr 10 mm Länge und 6 mm Durchmesser gebracht. Wenige Sekunden, nachdem die Kohlespitzen zu glühen begonnen hatten, ließen sich diese an den Berührungsstellen in das Drahtstück eindrücken, ähnlich einem Lötkolben in eine Zinnstange, jedoch erheblich langsamer. Das Mittelstück des Drahtes blieb dabei ungeschmolzen. Eine gleichartige Beobachtung macht man auch beim Heften der Schweißnähte mittels der Weibelzange. Auch hier berühren sich die Elektroden nur indirekt über die Blechbördel. Wäre eine ausreichende oder zum mindesten merkbare zusätzliche Schmelzwärme durch die Übergangswiderstände in oder zwischen den Bördeln gegeben, dann müßten die Bördel gleichzeitig und allseitig an der Schweißstelle zum Schmelzen kommen. Tatsächlich aber fließen diese erst bei genügender Erwärmung durch die Kohlen von außen nach innen zusammen. Angenommen, Schweißwärme würde auch durch die Übergangswiderstände Metall – Metall in genügender Menge entstehen, dann würde diese Wärmequelle nur von vorübergehender Bedeutung sein, d. h. nur so lange, wie die Kohlen vor dem Schmelzen des Schweißgutes noch nicht in unmittelbare Berührung gekommen sind. Außerdem bildet die fertiggestellte Naht bis unmittelbar an das Schweißbad heran eine gutleitende elektrische Brücke flüssigen oder erstarrten Schmelzbades, so daß jeder andere Stromweg durch das Metall als Wärmeeinfluß zweiter Ordnung angesehen werden kann.

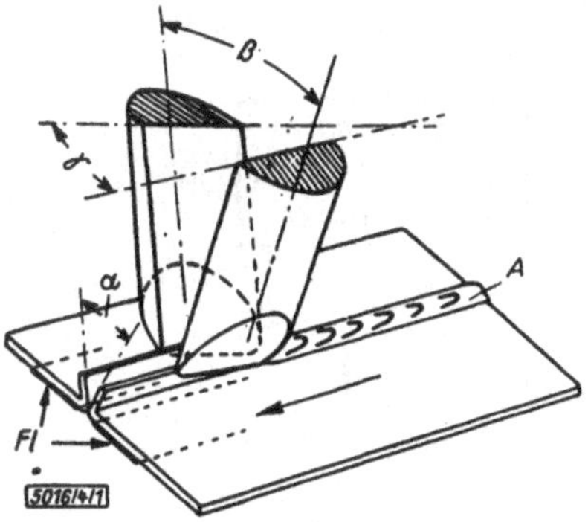

Bild 1. Form der Elektroden und deren Stellung beim Schweißen.
α = Elektrodenwinkel in der Längsachse 15° bis 20°
β = Elektrodenwinkel in der Schweißrichtung 15° bis 20°
γ = Freiwinkel zwischen den Bördeln 30° bis 35°
Fl = Flußmittelauftrag

Die Weibelschweißung wurde in der Fachliteratur bereits als Widerstandsschmelzschweißung bezeichnet. Da dies eine Erweiterung des Begriffes der Widerstandsschweißung bedeuten würde, ist diese Eingruppierung irreführend. Unter dem

Begriff Widerstandsschweißung wurden bislang nur solche Schweißungen erfaßt, bei denen die Schweißwärme durch den Stromübergang zwischen zwei (Punkt- und Rollennahtschweißung) und in den zu verschweißenden Werkstoffen selbst erzeugt wird (elektrische Stumpf- bzw. Stumpfabbrennschweißung). Bei dem *Fesa-Weibel*-Verfahren wird aber die Wärme zwischen zwei werkstofffremden Kohleelektroden erzeugt. (Siehe auch ähnliches bei *Bejach* u. *Glage*: „Kleinschweißgeräte", AEG-Zange mit Kohleelektroden.) Nach Anerkennung einer derartigen Begriffserweiterung wäre das *Fesa-Weibel*-Schweißverfahren entsprechend der Zusammenstellung auf dem Bild 2 einzureihen.

Bild 2. Gruppeneinteilung der Schweißverfahren.

B. Schweißeinrichtung

Der für die Schweißung notwendige, auf 4-9 Volt niedergespannte, aber 200—500 Amp. starke Strom kann über einen *Transformator* noch dem Lichtnetz entnommen werden, da das Gerät nur 2,5 kVA verbraucht. Von der Firma *Fesa* wurde neben dem von *Weibel* benutzten luftgekühlten Transformator auch ein wassergekühlter Kugeltransformator entwickelt. Mittels Stufenschalters ist die Größe des Schweißstromes entsprechend verschiedenen Blech- und Elektrodendicken einstellbar. Die Handschweißgeräte sind nicht ortsgebunden. Sie können von zwei Arbeitskräften leicht getragen werden.

Bild 3. Schweißhandgriff in Arbeitsstellung.

Die bei den Geräten maximal zu übertragenden Stromstärken machen sehr dicke und damit schwere *Zuleitungskabel* zu dem als Elektrodenhalter ausgebildeten Handgriff erforderlich. Für den Schweißer bedeutet das eine die Schweißsicherheit gefährdende Ermüdungsquelle. Dem ist zu begegnen durch eine der jeweiligen Arbeitslage sinngemäß zugeordnete Aufhängung oder Rollenführung der Kabel über dem Arbeitsplatz. Im übrigen ist es empfehlenswert, dort, wo grundsätzlich nur Formstücke geringer Dicke verarbeitet werden, dünnere, den VDE-*) Vorschriften jedoch genügende Zuleitungen und Elektroden zu verwenden.

*) VDE-Vorschriften zu beziehen durch *Beuth-Verlag*, Berlin Wilmersdorf, Uhlandstraße 190.

Die *Schweißhandgriffe* (Bild 3) sind luftgekühlt und mit Kühlrippen versehen. Außerdem wurden wassergekühlte Handgriffe entwickelt. Durch die Formgebung der Handgriffe wird die richtige Stellung der Elektroden gewährleistet. Ferner ermöglicht diese ein zangenartiges Sichnähern und -entfernen der Elektrodenspitzen. Der Bewegungstrieb ist so gestaltet, daß die Elektroden selbständig unter leichtem Federdruck auseinanderstreben. Beim Schweißen werden sie mit geringem Fingerdruck in dem richtigen Abstand gehalten. Durch diesen Mechanismus wird ein mehrmaliges Nachschieben der langsam abbrennenden Kohlen überflüssig. Wie aus dem Bild 1 erkenntlich ist, liegen die abgeflachten Seiten der Kohlen einander gegenüber und bilden in der Richtung ihrer Längsachsen einen Winkel von $\beta = 15$ bis $20°$ C. Ferner stehen diese in einem in der Schweißrichtung offenen, gleich großen Winkel γ zueinander. Die durch den „stechbeitelartigen" Anschliff der Elektrodenenden gebildeten Schneiden sind einem rückwärts gezogenen, in der Schweißrichtung bewegten Schneepflug ähnlich, so daß die Bördelkanten bzw. der Zusatzdraht zwangläufig zwischen diesen einlaufen. Die noch nicht geschmolzenen Bördel wirken sich dabei wie eine Linealführung aus. Beim Einlaufen zwischen die heißen Elektroden durchwandert der Schweißwerkstoff eine Vorwärmzone und schmilzt kurz vor dem höchsttemperierten Bereich, d. h. vor der punktförmigen Berührungsstelle der Schneidkanten. Der Entwicklung des Werkstoffes für die *Schweißelektroden* waren besondere Versuche gewidmet.*) Die genaue Zusammensetzung der verschiedenen Elektrodentypen kann nicht angegeben werden, weil diese von den Herstellern nicht genannt wurde. Vom Standpunkt der Abriebfestigkeit aus ist den *harten* Kohlen der Vorzug zu geben. Aus diesem Grunde wurden versuchsweise auch Silitstäbe, die entsprechend angeschliffen worden waren, herangezogen. Jedoch erwiesen sich diese wegen ihrer allzu großen Allgemeinerwärmung als ungünstig, da sie auf eine große Länge zum Glühen kommen. Die Erhitzung des Schweißhandgriffes wird so unerträglich, daß auf die Dauer weder mit Wärmeabstrahlblechen noch mit Asbesthandschuhen Abhilfe zu schaffen ist. Als ein weiterer Nachteil der Eigenerhitzung der harten Kohlen tritt ein allseitiger starker Abbrand ein, der den Elektrodenquerschnitt verringert und die Allgemeinerwärmung weiter erhöht. Derart nimmt die Eigenerhitzung und der Abbrand zu und macht das Schweißen schließlich unmöglich. *Weiche* Kohlen glühen jedoch, wie erforderlich, nur an den Spitzen. Sie verlieren aber durch Abrieb sehr schnell die günstige Schneidenform der Kohlespitzen. Am günstigsten verhalten sich *halbharte* Kohlen, vor allem, nachdem ihre Kupferummantelung auf ungefähr $^1/_{10}$ mm verstärkt und bis kurz vor die Spitzen verlängert wurde. Das ermöglicht eine weitgehende Verringerung des Stromflußes im Kohleanteil der Elektroden. Die Eigenerwärmung wurde dadurch geringer. Der normale Abbrand an den Spitzen der Kohleelektroden ist für den Schweißvorgang jedoch von großem Vorteil durch die dabei sich entwickelnden Kohlenoxydgase. Eine geringe reduzierende Gasschicht umgibt die glühenden Elektrodenspitzen wie mit einem Film, der die Abweisung des reaktionsfähigen, flüssigen Schweißgutes unterstützt und dessen Anbacken verhindert. Dieser Vorgang ist mit maßgebend für das saubere Aussehen der fertigen Naht.

C. *Durchführung der Schweißung*

Zunächst erfolgt die *Vorbereitung der Schweißkanten*, denn sie ist wichtig für die Herstellung einwandfreier Schweißnähte. Der Zusammenfluß in der Naht ist bei diesem Verfahren nur der geringen, durch die Oberflächenspannung teilweise gestör-

*) *Siemens-Plania*, Berlin-Lichtenberg; *Ringsdorfwerke*, Mehlen (Rhein); *Carbone AG*, Kohlebürsten- und Elementefabriken, Frankfurt a. M.

ten Schwerkraft des engbegrenzten Schmelzbades unterworfen. Einen weiteren mechanischen Transport erfährt der Fluß nicht, weder durch Druck wie bei der Preßschweißung noch durch die Blas- oder Schleuderwirkung eines Lichtbogens oder einer Gasflamme. Es genügen dünnste, im Bad befindliche Oxydhäute, um eine einwandfreie Bindung zu verhindern. Darum muß in jedem Falle mit Flußmittel gearbeitet werden, welches die von der Temperatur und der Zusammensetzung abhängige Oxydbildung unwirksam macht und vorhandene Oxyde löst. Um die reduzierende Wirkung der Flußmittel zu unterstützen, ist es notwendig, die an den Schweißkanten vorhandenen Oxydschichten sowie Schmutz und Fett mindestens 1 cm zu beiden Nahtseiten hin zu entfernen. Die Säuberung geschieht durch Schaben, Bürsten oder Beizen. Man beachte jedoch, daß der für die Festigkeit notwendige Querschnitt nicht unzulässig verringert wird, weder durch übermäßigen Abtrag noch durch Kratzer oder Risse.

Die Schweißkanten werden bei der Bördelnahtschweißung erst nach Säuberung zu *Bördelkanten abgebogen*. Bei umgekehrter Arbeitsfolge ist die einwandfreie Reinigung erschwert. Die Bördelung hat in werkstoffgerechter Weise zu erfolgen. Der richtige Biegewinkel ist einzuhalten. Es darf nicht übersehen werden, daß nicht alle Werkstoffe und Werkstoffzustände bördelbar sind. So lassen sich z. B. hochfeste Leichtmetallegierungen im ausgehärteten Zustand, ohne zu brechen, nicht bördeln, es sei denn mit Biegeradien, die für die Bördelnahtschweißung als zu groß nicht mehr tragbar sind. Aushärtbare Legierungen zu verschweißen, ist ohnehin widersinnig wegen der in den meisten Fällen nicht rückgängig zu machenden Festigkeitsverluste in der Wärmeeinflußzone neben der Naht. Selbst wenn Form und Größe des fertiggestellten Schweißkörpers eine Nachveredlung zulassen sollten, so sind die durch diese Nachbehandlung unvermeidlich eintretenden Verwerfungen meist so groß, daß während der kurzen Auslagerungszeit ein wirtschaftliches Nachrichten fragwürdig wird. Dies gilt ganz allgemein. Sollte dennoch die Notwendigkeit vorliegen, derartige Werkstoffe zu verarbeiten, dann müssen diese nach der Wärmebehandlung, also im frischveredelten und eventuell auch gerichteten Zustand gebördelt werden, d. h. *bevor* diese ausgehärtet sind. Die Größe der Biegeradien ist vor der Aushärtung nicht so kritisch, und es genügt, den Biegeradius *r* gleich der Werkstoffdicke *s* zu wählen. Von ähnlichem Einfluß auf die Bördelfähigkeit ist für verschiedene Legierungen der prozentuale Anteil manches Legierungsbestandteiles. So wirkt beispielsweise in den Aluminium-Magnesium-Legierungen ein Magnesiumgehalt von über 5% sehr störend für das Bördeln. Bleche und Formstücke unter 5% Mg-Gehalt dagegen lassen sich sowohl im weichen wie auch im halbharten Zustand bördeln. Legierungen mit einem größeren Magnesiumgehalt sind für die Bördelnahtschweißung abzulehnen und für Zusatzdrahtschweißungen nur bedingt verwendbar. Zum mindesten müssen die Zusatzdrähte einen größeren Mg-Gehalt aufweisen als der Grundwerkstoff. Die Biegeradien innerhalb des Schweißbarkeitsbereiches dieser Legierungsgattung sind also dem Mg-Gehalt anzupassen. Bleche im weichen Zustand lassen sich ohne Bedenken abbiegen. Bei halb- bzw. walzharten Blechen ist der Biegeradius *r* für kleine Mg-Beimengungen gleich der ein- bis zweifachen Blechdicke *s* und erreicht bei 5% Mg-Gehalt eine Größe von zwei bis dreimal der Blechdicke bei Bördelungen quer zur Walzrichtung. Bei Bördelungen parallel zur Walzrichtung ist der Faktor um 1 zu erhöhen, da die Biegefähigkeit in dieser Richtung geringer ist. Dies gilt hinsichtlich Walzrichtung für fast alle metallischen Werkstoffe und besonders für Zink und Zinklegierungen.

Für die große Anzahl der schweißbaren Metalle und ihrer Legierungen bzw. deren Zustände die zulässigen Biegeradien in und quer zur Walzrichtung an dieser Stelle tabellarisch anzugeben, ist nicht möglich. Man greife im Bedarfsfalle auf die Werkstoffblätter und die Verarbeitungsvorschriften der Herstellerfirmen zurück. Man vergesse jedoch nicht, dies beim konstruktiven Entwurf bereits zu beachten und die Werkstoffe dahingehend auszuwählen. Die Erfahrung hat gelehrt, daß eingetretene Fehler verkehrt begründet werden. Entweder wird das Versagen dem Werkstoff oder dem Arbeitsverfahren zugeschrieben. Tatsächlich aber liegt der Fehler im falschen Werkstoffeinsatz. Soll jedoch vorhandener Werkstoff verarbeitet werden, dann werden ausreichende Probebiegungen durchgeführt. Die Herstellung einwandfreier Bördel ohne Bruchstellen ist also eine wichtige Vorbedingung für die fehlerfreie Nahtausführung. Brüche an den Bördelungen sind genau so schädlich wie die bekannten „Blechdoppelungen", denn sie unterbinden den für das genügende Aufschmelzen der Schweißkanten notwendigen stetigen Wärmefluß. Darüber hinaus können sich in solchen unerwünschten Spalten durch die Schweißwärme bindungsstörende Oxydhäute bilden und Flußmittelreste ablagern.

Die *Höhe der Bördel* hängt sowohl von der Werkstoffdicke als auch von der durch Abbrand und Abrieb verursachten geringen Abrundung der schneidenförmigen Elektrodenspitzen ab. Die Bördel erhalten ungeachtet auch der geringsten Blechdicken eine Mindesthöhe $h = 2$ mm, damit die durch Abbrand und Abrieb sich langsam abrundenden Kohlespitzen die Bördel jederzeit mit Sicherheit fassen. Es darf nicht vorkommen, wie es das Bild 4 als fehlerhaft veranschaulicht, daß anstatt der Bördel die Bleche neben der Naht an der Stelle bei a angeschmolzen werden. Die Folge davon ist ein ununterbrochener Lochbrand neben der Naht. Bei geringen Blechdicken ist eine Berührung zwischen den heißen Kohlen und den Blechen außer am Bördel zu vermeiden. Es ist ratsam, in diesem Falle die Bördel nicht bis an die Biegekanten zu fassen, sondern diese mit geringstmöglicher Annäherung der Elektroden an die Bleche zum Durchfluß zu bringen. Bei zu großer Annäherung der Elektroden an Bleche sehr geringer Dicke bekommt das Schmelzbad eine zu große Flächenausdehnung im Verhältnis zu seiner Tiefe und wird dadurch zu einem dünnen, flüssigen Häutchen. Auf Grund der ihm innewohnenden Oberflächenspannung trachtet dieses sich kugelförmig zusammenzuziehen. Entweder reißt es auf und bildet Wulste an den noch nicht geschmolzenen Blechrändern, oder es bleibt an den heißen Kohlen haften, kugelt dort zusammen und verschlackt mit den mitgezogenen Flußmittelresten. Bei Blechdicken von ungefähr $s \leqq 0{,}7$ mm ist die richtige Bördelhöhe h gleich der drei- bis vierfachen Blechdicke s zu wählen.

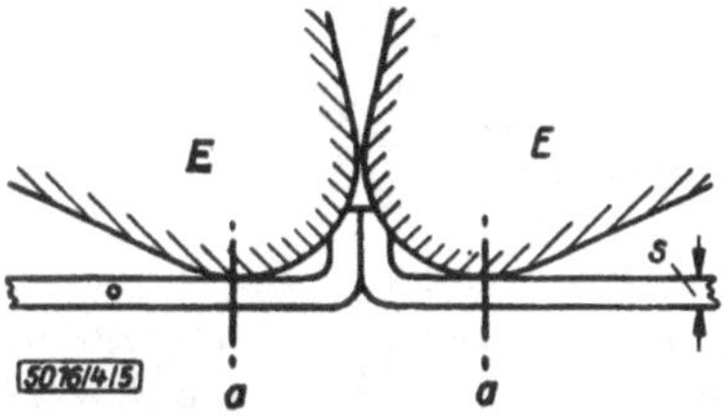

Bild 4. Gefahr beim Schweißen von Blechen ($s < 0{,}2$ mm) durch rundgebrannte oder abgenutzte Elektrodenspitzen.

E = Vergrößerte Darstellung der Abrundung an den Elektrodenspitzen
a = Zone, in der Lochbrand eintreten kann

Unterhalb $s \leqq 0{,}5$ mm Dicke stehen die Bördel rechtwinklig zum Blech. Bei größeren Dicken sind diese über den rechten Winkel hinaus umzubiegen (Bild 6). Zwischen ihnen muß dann ein größerer Winkel als der Stellwinkel zwischen den Elektroden entstehen, d. h. $\gamma = (20 \text{ bis } 30°) > \alpha = (15 \text{ bis } 20°)$. Wie das Bild 5 veranschaulicht, besteht bei rechtwinkligem Abkanten die Gefahr, daß die Bördel von den schrägstehenden Elektroden nur an ihrer Biegekante abgeschmolzen und dann abgetrennt werden, bevor die übrigen Teile der Bördel zum Nachfließen gekommen sind. Will man diese Reste ebenfalls zum Einfließen in die Naht zwingen, dann muß man die Schweißgeschwindigkeit verringern. Das hat aber Überhitzungen zur Folge, so daß die stehengebliebenen Teile meistens zwischen den Kohlen hängen bleiben und verschlacken, anstatt in die Naht einzufließen. Werden die Kanten über 90° hinaus gebördelt, dann kommen die Bördel, wie es das Bild 6 zeigt, nicht nur in einem *Punkt* mit den Elektroden in Berührung, sondern auf einer in der Schweißrichtung nach oben *ansteigenden* Linie, d. h. überall gleichzeitig innerhalb der ganzen Höhe der

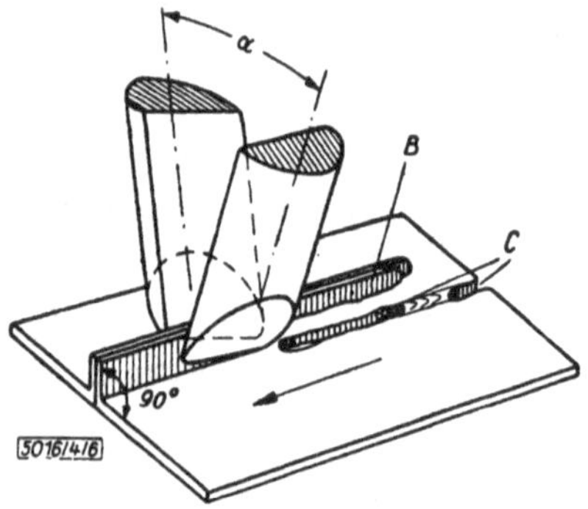

Bild 5. Nachteile des rechtwinkligen Abbördelns bei Blechen $s > 0{,}5$ mm.

B = Nicht geschmolzene, obere Bördelränder
C = Lochbrand in der Naht
α = Elektrodenwinkel 15° bis 20°

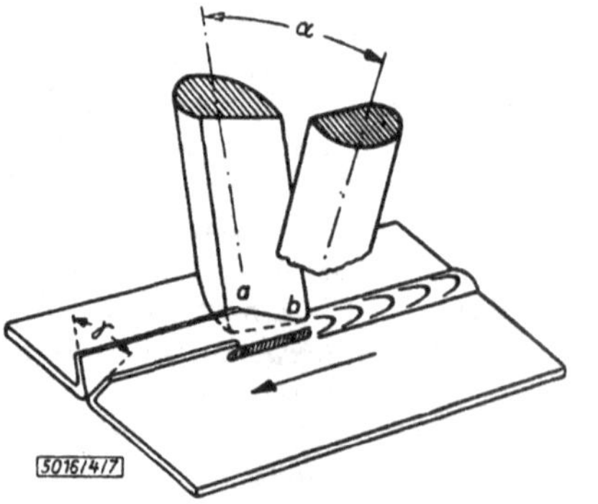

Bild 6. Richtiges Bördeln über den rechten Winkel hinaus.

α = Elektrodenwinkel 15° bis 20°
γ = Freiwinkel zwischen den Bördeln 30° bis 35°
a—b = Schmelzlinie des hinteren Bördels
a = Vorwärmzone
b = Schmelzbad

Bördel, so daß tatsächlich ein gleichmäßiges Abschmelzen eintritt. Zur besseren Übersicht wurde in dem Bild 6 nur die Schmelzlinie am hinteren Bördel dargestellt. An dieser Stelle sei vermerkt, daß man die Nahtform auch weitgehend durch verschiedenen Anschliff der Elektrodenspitzen beeinflußen kann. Je stumpfer der schneidenförmige Anschliff gehalten wird oder je flacher und breiter man die Schneiden abschleift, desto dickere Bleche kann man schweißen und desto breiter laufen die Nähte bei entsprechend höheren Stromstärken durch. Zum Anschleifen der Kohlen dient eine mittelfeine Feile. Störende Abrundungen durch Abrieb und Abbrand werden auf die gleiche Art mühelos beseitigt; es genügen in den meisten Fällen ein bis zwei Feilenstriche.

In bewußter Überschreitung der in den Prospekten vermerkten größten von Hand verschweißbaren Blechdicken gelang es dem Verfasser, eine Naht an einem 4 mm dicken Leichtmetallblech von einem halben Meter Länge durchzuführen. Zu diesem

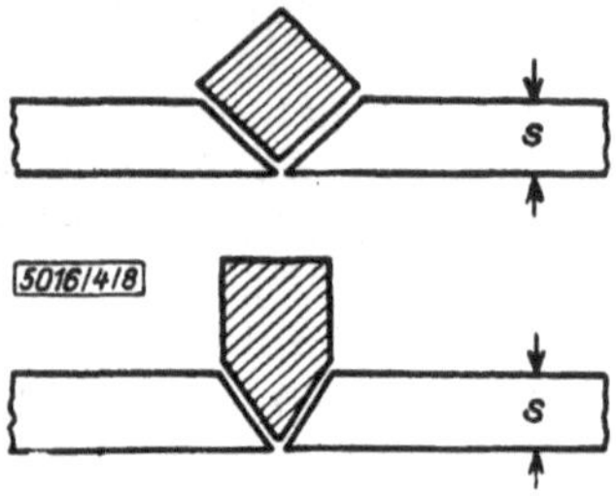

Bild 7. Profilierte Zusatzdrähte für das Schweißen dicker Bleche $s > 3$ mm.

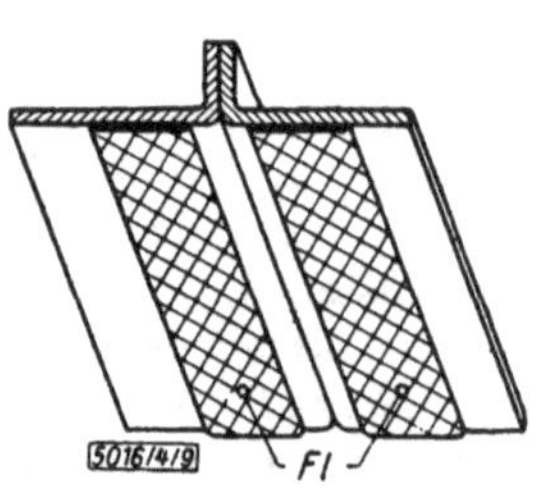

Bild 8. Flußmittelauftrag.

Fl: Flußmittel nur auf der Blechunterseite und nicht bis an den Bördel heran

Zwecke wurden Elektroden von 18 mm Durchmesser an Stelle der üblichen 12 mm dicken Kohlen in den Handgriff eingesetzt und deren Schneiden auf ungefähr 5 mm Breite flach abgefeilt. Die Schneiden gleiten also beim Schweißen mit zusammen 10 mm Breite beiderseits der Bördel über die Schweißkanten. Die geschweißte Naht war einwandfrei. Lediglich die dabei übermäßig entstandene, in den Handgriff abfließende Hitze und die den Transformator und die Kabel überlastenden Stromstärken machten das Weiterschweißen unmöglich. Der Versuch zeigt jedoch, daß auch dickere Bleche, als bisher üblich, nach diesem Verfahren verschweißbar sind. Eine Weiterentwicklung des Fesa-Weibel-Verfahrens in Gestalt entsprechend dimensionierter Automaten ist ernstlich zu erwägen. Für den Großbehälterbau wäre dies von einem nicht zu unterschätzenden Vorteil. Da bei derartigen Blechdicken das Abkanten sehr erschwert ist, können derartige Nähte mit Zusatzdraht, der entsprechend profiliert sein kann, verschweißt werden (Bild 7). Nach dem Fesa-Weibel-Schweißverfahren werden die Nähte in nur einem Arbeitsgang hergestellt, ohne daß Mehrlagenschweißung angewandt werden muß. Damit sind ein beachtlicher Zeitgewinn und große Gleichmäßigkeit des Nahtgefüges verbunden.

Die *Flußmittel* müssen in der für das Verfahren erforderlichen Weise aufgetragen werden (Bild 8). Es dürfen die Bleche nur auf der Unterseite sparsam mit Flußmittel bestrichen werden und keinesfalls beiderseitig bzw. zwischen den Bördeln, wie es für die anderen Schmelzschweißverfahren üblich ist. Auch in diesem Zusammenhang sind Brüche, die beim Bördeln an der Biegekante entstanden sind, äußerst gefährlich. Die Bruchspalten saugen auf Grund ihrer Kapillarwirkung Teile der wässerigen Flußmittel bis an die Oberfläche der Bleche, wo sie mit den heißen Elektroden in Berührung kommen. So wichtig die Flußmittel zur Beseitigung von Oxydhäuten sind, so schädlich sind diese, wenn sie an den heißen Kohlen verschlacken. Sie verhindern genauso einen einwandfreien Fluß wie mangels Flußmittels nicht beseitigte Oxyde. Die Flußmittel sollen einen möglichst niedrigen Schmelzpunkt haben, damit deren reduzierende und reinigende Wirkung einen genügenden Einfluß auf die Schweißkanten ausüben kann. Darüber hinaus sollen die nach dem Schweißen erstarrten Flußmittelreste leicht zu entfernen sein. Die für die verschiedenen Werkstoffe geeigneten Flußmittel sind bei der „*Fesa*", dem Lizenzträger des Verfahrens, zu erfragen. Sind die angelieferten Flußmittel pulvrig, dann müssen diese in abgekochtem Wasser zu einer gut streichfähigen Paste angerührt werden. Man setze wie üblich nur kleinere, höchstens für einen Arbeitstag bestimmte Mengen an, damit die im Wasser hydrolisierten Salze sich nicht zersetzen und unwirksam werden. Die universelle Schweißmöglichkeit nach dem Fesa-Weibel-Verfahren für die verschiedenen Metalle steht und fällt mit der richtigen oder falschen Auswahl und Anwendung der Flußmittel. Sie sind, mit anderen Worten, der Schlüssel zum Gelingen. Bei Anwendung der geeigneten Flußmittel sind alle Metalle und deren Legierungen grundsätzlich schweißbar, wenn dem nicht andere, früher genannte Gründe entgegenstehen, die die Schweißung unmöglich oder widersinnig machen. Hier steht dem Flußmittelchemiker ein dankbares Arbeitsgebiet offen.

Die *Durchführung der eigentlichen Schweißung* beginnt mit dem kurzzeitigen Vorwärmen der Elektrodenspitzen. Zu diesem Zwecke bringt man diese einige Sekunden bei eingeschaltetem Strom in direkte Berührung. Dann heftet man die Schweißkanten in Abständen, die der Form und Größe des jeweiligen Schweißkörpers angepaßt sind, um deren Versetzen beim Schweißen zu unterbinden. Auf diese Art lassen sich komplizierte und die Arbeit verteuernde Einspannvorrichtungen weitgehend einsparen. Man faßt die Bördel mit den Elektrodenspitzen wie mit einer Zange und verschweißt einzelne Punkte der zukünftigen Naht zunächst nur *oberflächlich* und *ohne*

Wurzelbindung. Auf diese Art bleibt die im folgenden erklärte zwangläufige Führung der Elektroden durch die Bördel erhalten. Nach dem Heften beginnt man die Schweißung unmittelbar am Nahtanfang. Man faßt diesen genau wie eine Heftstelle und wartet den Beginn des Durchfließens ab. Nun erst bewegt man den Handgriff in der Schweißrichtung vorwärts. Die Elektroden folgen dabei zwangläufig den zwischen ihnen gleichmäßig niederschmelzenden Bördeln wie an einer Führung. Das ergibt die für die Weibelhandschweißung so charakteristische, saubere und gleichmäßige Nahtausbildung, wie sie sonst nur mit Automaten zu erreichen ist (Bilder 9a und b). Besonders deutlich veranschaulicht das die Röntgenaufnahme einer nach diesem Verfahren von Hand geschweißten Naht (Bild 10). Aus diesem Grunde stellt das Verfahren eine leicht erlernbare Handschweißung dar. Sie wird nach einem Meter Übungsnaht von einer ungelernten Arbeitskraft bei einiger Geschicklichkeit erlernt. Darin liegt jedoch eine Gefahr, da die meisten Anlernlinge sich dadurch zur Flüchtigkeit verleiten lassen. Es folgt für diese dann eine kurz anhaltende Periode mit Fehlschlägen, die aber bald überwunden wird.

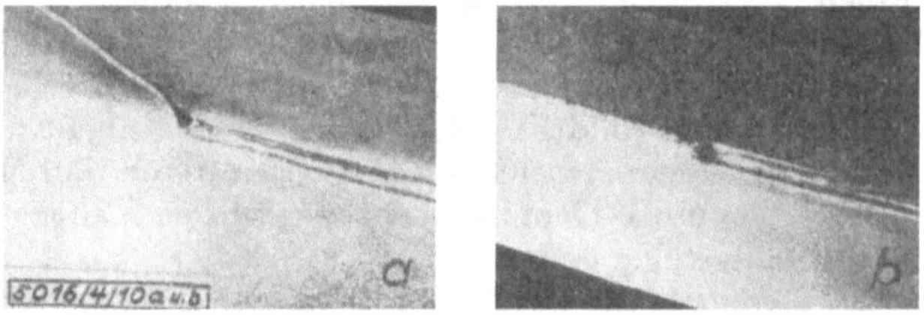

Bild 9a: Handschweißnaht, mit Zusatzdraht.
b: Handschweißnaht, Bördelnaht.

Der Hinweis, die Schweißung am Nahtanfang zu beginnen, ist nicht überflüssig. Bei anderen Schmelzschweißverfahren hat es sich, vor allem bei schweißrißanfälligen Legierungen, als notwendig erwiesen, den Schweißbeginn einige Zentimeter hinter den Nahtanfang zu verlegen, die Naht zu verschweißen und dann erst das kurze Reststück bis zum eigentlichen Nahtanfang in umgekehrter Richtung zu schließen. Nur auf diese Art vermeidet man bei den meisten Schweißverfahren den am Anfang der Naht sich leicht bildenden und beim Schweißen in oder neben der Naht mitlaufenden Wärmeriß. Bei dem Fesa-Weibel-Verfahren ist dies nicht notwendig. Durch die hier engbegrenzte und nicht übermäßig heiße Wärmequelle werden die Bleche in der Umgebung des Schweißanfanges und auch während des Schweißens, wie das bei anderen Schmelzschweißverfahren durch deren ausgedehnten Flammenmantel geschieht, nicht über ein größeres Feld erhitzt, so daß Wärmestauungen und deren unangenehme Begleiterscheinungen, wie z. B. Schweißrisse, vermieden werden.

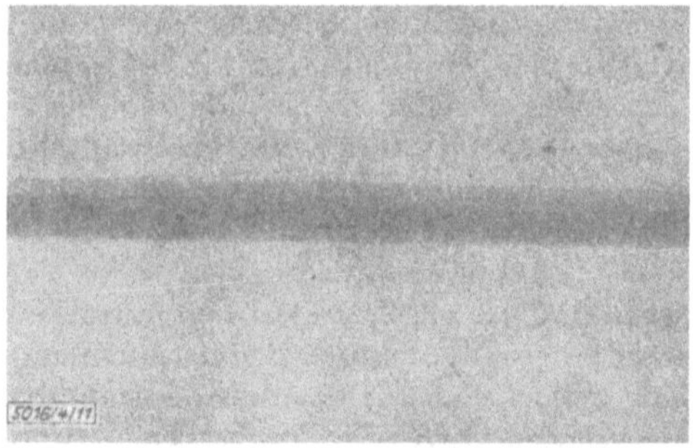

Bild 10. Röntgenaufnahme einer Handschweißnaht an Leichtmetallblech Al-Mg 9.

Wichtig für das Erzielen einwandfreier Nähte ist das Einhalten der richtigen *Schweißgeschwindigkeit*. Mit dem Fesa-Weibel-Verfahren lassen sich in Abhängigkeit von der Werkstoffdicke bei der Handschweißung Nahtlängen von 0,6 bis 1,0 Nahtmeter je Minute erreichen. Die Automaten arbeiten mit etwa doppelter Schweißgeschwindigkeit. Ein gutes Kriterium für die richtige Schweißgeschwindigkeit bei der

Handschweißung bietet das in der Hand deutlich spürbare Nachgeben des Gleitwiderstandes in der Schweißrichtung. Man zieht den Handgriff so schnell oder so langsam, wie man den bremsenden Widerstand der schmelzenden Bördelkanten schwinden fühlt. Im übrigen läßt sich die Arbeitsgeschwindigkeit an Hand der Ausbildung der Naht bis an die Elektroden heran gut beobachten. Da die Kohlen und die Schmelzzone nicht sehr hell glühen, sind diese ohne oder notfalls mit einer schwachgefärbten Schweißerbrille ständig kontrollierbar. Man sieht sofort, ob die Naht zu tief durchsackt, d. h. die Schweißgeschwindigkeit zu gering oder auch auf Grund zu schnellen Schweißens die Naht nicht genügend zum Durchfließen gezwungen ist. Falsche und richtige *Nahtformen* zeigt das Bild 11 a bis d. Hierfür bedeuten:

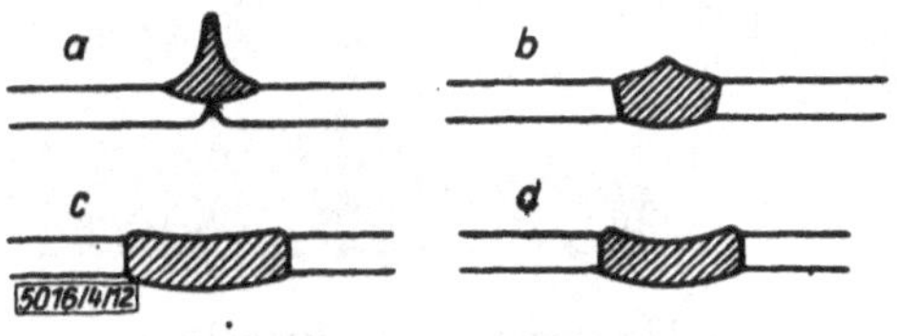

Bild 11 a—d. Nahtformen.
a: Zu schnell geschweißt, mangelhafte Wurzelbildung
b und c: Richtig geschweißt innerhalb der zulässigen Grenzen der Schweißgeschwindigkeit
d: Zu langsam geschweißt, Naht durchgesackt

a: Es wurde zu schnell oder mit zu geringer Stromstärke gearbeitet und damit nicht genügend durchgeschweißt. Die Folge ist eine die Festigkeitswerte gefährdende Kerbwirkung auf der Unterseite der Naht.

b und c: Es wurde richtig geschweißt. Die Nähte b und c unterscheiden sich nur durch deren die Festigkeitswerte nicht beeinflussenden Nahtbreiten. Die Naht unter b wurde innerhalb der zulässigen Grenzen etwas schneller geschweißt als die Naht unter c. Der erkennbare Unterschied kann aber auch von verschiedenen Bördelhöhen herrühren.

d: Die Naht wurde zu langsam geschweißt oder mit zu großer Stromstärke ausgeführt und ist daraufhin durchgesackt. Sie wird bei Zugbelastung nicht nur auf Zug, sondern zusätzlich noch auf Biegung beansprucht. Die Randzone auf der konkaven Seite wird in dem Maße überlastet, wie die der konvexen Seite geringer beansprucht wird. Derartige Nähte brechen von der überbeanspruchten Seite her auf, bevor die dem Querschnitt entsprechende Durchschnittsbelastung erreicht wurde. Bei a und d sind außerdem mangelhafte Dehnungswerte zu erwarten.

Die Bilder 12 und 13 sind Aufnahmen von Makroschliffen der unter Bild 11 b und c genannten Grenzfälle für richtige Nahtausführungen ($V = 10$) und deren fast restlose Blasen- und Lunkerfreiheit (siehe auch Bild 10). Das Bild 14 zeigt den Makroschliff einer weiteren fehlerhaften Nahtform. Einmal ist durch zu hohe Bördelung zuviel Schweißgut in der Naht vorhanden, so daß sich bei eventuellem Abtrag bis zur Blechoberfläche eine zu große Nacharbeit ergibt; zum anderen ist der Mutterwerkstoff nach oben durchgebogen. An der Nahtunterseite (Bild 14 bei a und b) treten damit Kerben ein, die zum vorzeitigen Bruch führen können. Eingetretene Fehlstellen lassen sich mit dem Schweißhandgriff beseitigen. Lochbrand kann nachträglich mit Zusatzdraht geschlossen werden. Mangelhafter Durchfluß läßt sich durch nochmaliges Überschweißen des fehlerhaften Nahtstückes beseitigen. Die Nahtübergänge zum ungeschweißten Werkstoff werden dadurch nicht in Mitleidenschaft gezogen.

Aus den Erörterungen über die Schweißgeschwindigkeit ist einleuchtend, daß das Fesa-Weibel-Verfahren sich automatisieren lassen muß. Sein Vorteil liegt in der Konstanz seiner Wärmequelle und Wärmeübertragung. Die zugeführte Schmelzwärme durch den elektrischen Strom und die Schweißgeschwindigkeit sind also nur auf die Zusammensetzung und die Abmessungen des Werkstoffes abzustimmen. In richtiger Erkenntnis dieser Tatsache entwickelte die *Fesa* ihre *Automaten*, deren Stromgabe und Vorschub, dieser Abhängigkeit angepaßt, automatisch regelbar sind.

Während des Krieges wurde das Verfahren in ausgedehntem Maße für den Flugzeugbau eingesetzt. Schwierig schweißbare, dünnwandige Bauteile, die sonst nur auf dem Wege der Sprengnietung herzustellen waren, wurden nach diesem Verfahren einwandfrei geschweißt. Flügelendkappen und Triebwerksverkleidungen, Ansaug- und Entlüftungsrohre sowie Flüssigkeitsbehälter und Wassertaschen für Flugmotorenkühler wurden aus den entsprechenden Leichtmetall-Legierungen bei dem geringsten Aufwand an Einspannvorrichtungen trotz großer Ausmaße der Werkstücke hergestellt. Die bei solchen Baukörpern häufig auftretenden Dreiblechschweißungen werden nach diesem Verfahren mühelos beherrscht. Nach diesem Verfahren wurden auch dünnwandige Kühlerröhrchen in dickwandige Böden eingeschweißt.

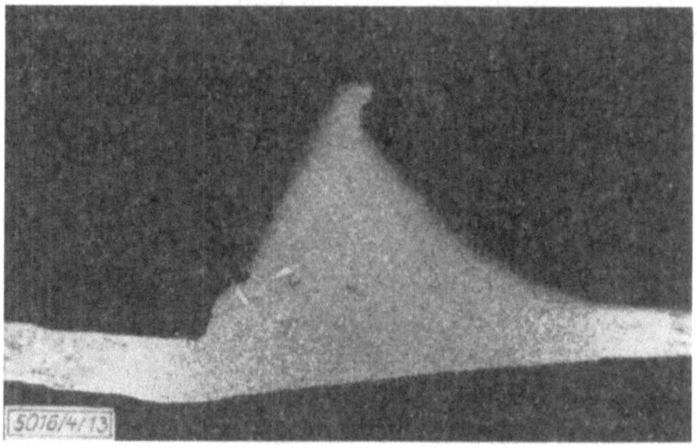

Bild 12. Makroschliff einer nicht einwandfreien Naht mit zu großer Schweißgeschwindigkeit, Leichtmetallblech Al-Mg 5, s = 0,6 mm.

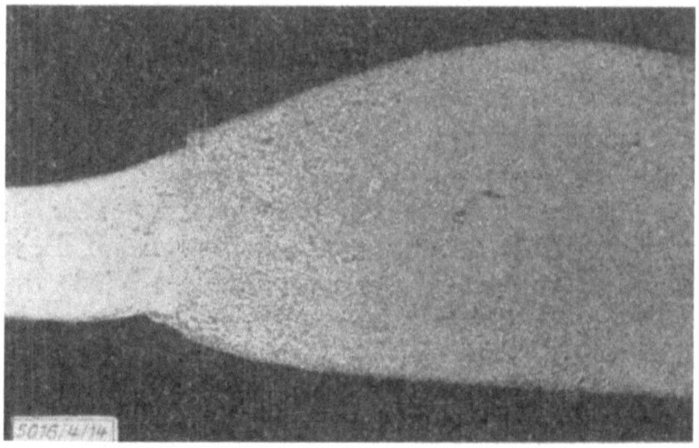

Bild 13. Makroschliff einer einwandfreien Naht mit geringer Schweißgeschwindigkeit, Leichtmetallblech Al-Mg 9, s = 1,2 mm.

In der chemischen Industrie wird es im Behälter- und Rohrleitungsbau eingesetzt. Eine interessante Anwendung findet es auch bei dem Verschweißen des Verbundwerkstoffes „mit Aluminiumfolie umkleideter Karton" zu Konservendosen und „Folienbehälter" bis zu 100 Liter Fassungsvermögen. In der Elektroindustrie hat es wertvolle Hilfe geleistet beim Einsparen von Blei dadurch, daß die Bleimäntel für Kabel aus verschweißten Aluminiumhalbschalen ersetzt werden konnten. Wertvolle Mengen Zinn wurden in der Funkindustrie eingespart beim Verschweißen von Kondensatorpaketen, die früher mit einem dicken Zinnwulst versehen werden mußten. Es gelang ferner, diese Folienpakete mit einem sogenannten Fahnensteg, einem Blechstreifen von 0,8 mm Dicke, zu vereinigen. Hierbei hat sich eine interessante Abweichung von der Erfahrung ergeben, als derartige Folienpakete aus 20 bis 100 Einzelfolien von 0,02 mm Dicke *ohne* Zuhilfenahme eines Flußmittels verschweißbar

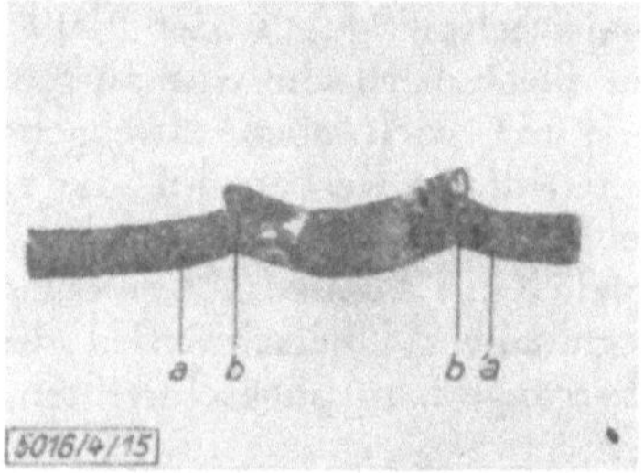

Bild 14. Makroschliff einer fehlerhaften Nahtform. Grundwerkstoff bei a — b nach oben durchgebogen, daher Aufreißbruchgefahr bei b. (Nach *Erdmann-Jesnitzer*.)

sind. Während gerade Aluminium, welches eine sehr starke Oxydationsneigung besitzt, normalerweise Flußmittel erforderlich macht, erweist dieser spezielle Fall der Anwendung, daß dünne Aluminiumfolien auch ohne Flußmittel verschweißt werden können.

Einen zur Linderung der Kriegsfolgen ungemein wichtigen Beitrag liefert das Verfahren bei der Herstellung leichtester und dennoch äußerst fester künstlicher Gliedmaßen. Die Prothesen werden in Gummipressen als Halbschalen gepreßt und mit dem Fesa-Weibel-Gerät sauber und einwandfrei verschweißt.

D. *Festigkeitswerte geschweißter Nähte*

Da das Fesa-Weibel-Schweißverfahren durch kriegsbedingte Interessen zunächst fast ausschließlich für die Schweißung von Knetwerkstoffen auf Leichtmetallbasis eingesetzt wurde, liegen konkrete und maßgebende Zahlenergebnisse vorerst nur über

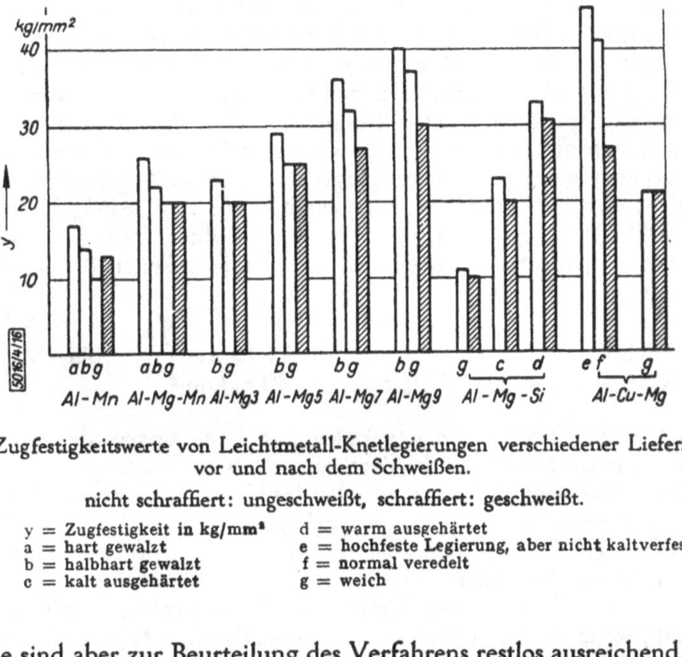

Bild 15. Zugfestigkeitswerte von Leichtmetall-Knetlegierungen verschiedener Lieferzustände vor und nach dem Schweißen.

nicht schraffiert: ungeschweißt, schraffiert: geschweißt.

y = Zugfestigkeit in kg/mm²
a = hart gewalzt
b = halbhart gewalzt
c = kalt ausgehärtet
d = warm ausgehärtet
e = hochfeste Legierung, aber nicht kaltverfestigt
f = normal veredelt
g = weich

diese vor. Sie sind aber zur Beurteilung des Verfahrens restlos ausreichend, da gerade diese Werkstoffe durch das Schweißen am empfindlichsten beeinflußt werden.

In Bild 15 sind die Zugfestigkeitswerte verschiedener Leichtmetallegierungen zusammengestellt. Die nicht schraffierten Kolonnen geben die Festigkeiten der ungeschweißten Werkstoffe in verschiedenen Zuständen wieder. Die schraffierten Säulen zeigen die jeweils zugehörigen, nach dem Schweißen vorhandenen Festigkeitswerte.

Bei Blechen der Legierungsgattung Aluminium-Mangan (AlMn) liegen die Zugfestigkeitswerte geschweißter harter (17 kg/mm²)*) und halbharter (14 kg/mm²) Proben mit 13 kg/mm² im unteren Bereich des halbharten Zustandes noch über

*) Die in Klammern angegebenen Vergleichswerte sind die Festigkeitswerte des ungeschweißten Werkstoffes.

denen des weichen Zustandes, der nur 10 kg/mm² fest ist. Weiche Bleche zeigen im ungeschweißten und geschweißten Zustand die gleiche Zugfestigkeit von 10 kg/mm².

Für die Seewasserlegierung Aluminium-Magnesium-Mangan (AlMgMn) hart (26 kg/mm²), halbhart (22 kg/mm²) und weich (20 kg/mm²) haben die geschweißten Bleche durchweg die Zugfestigkeit des weichen Zustandes von 20 kg/mm².

Bleche der Gattungen Aluminium-Magnesium (AlMg) mit 3% bzw. 5% Magnesiumgehalt zeigen das gleiche Verhalten. Die Legierungen AlMg 3 halbhart (23 kg/mm²) und weich (20 kg/mm²) bzw. AlMg 5 hart (28 kg/mm²) und weich (25 kg/mm²) haben bei beiden Zuständen nach dem Schweißen die Festigkeit des weichen Zustandes, d. h. die Legierung AlMg 3 $\sigma_B = 20$ kg/mm² und AlMg 5 $\sigma_B = 25$ kg/mm². Die Brüche liegen im Grundwerkstoff Blech nahe der Naht.

Vergleicht man die Zugfestigkeitswerte der Legierung AlMg 5 geschweißt mit denen der ungeschweißten Legierung AlMg 3, dann stellt man fest, daß die Festigkeit von geschweißtem AlMg 5 mit 25 kg/mm² (Streubereich 23 bis 29 kg/mm²) immer noch über der der ungeschweißten Legierung AlMg 3 halbhart (23 kg/mm²) liegt. Diese Tatsache ist als ein wichtiges Beispiel für den Konstrukteur zu bewerten, d. h. solange der statische Festigkeitswert und nicht der Dauerfestigkeitswert bestimmend ist. Ist die Leichtmetallkonstruktion notwendigerweise mit einer Schweißung verbunden und benötigt der Konstrukteur beispielsweise etwa 23 kg/mm² Zugfestigkeit, dann darf er als Ausgangswerkstoff nicht die Leg. AlMg 3 (halbhart) wählen, sondern er muß statt dessen die Leg. AlMg 5 im weichen oder harten Zustand nehmen, um nach der Schweißung die gewünschte Zugfestigkeit von 23 kg/mm² zu erhalten.

Bei Legierungen mit größerem Mg-Gehalt, z. B. Leg. AlMg 7 (7% Mg) und Leg. AlMg 9 (9% Mg), liegen die Werte des geschweißten Werkstoffes *unter* dem des weichen Zustandes, und zwar im Bereich der Zugfestigkeiten des homogenisierten Kokillengusses.

	weich	geschweißt	Kokillenguß
Leg. AlMg 7	32 kg/mm²	27 kg/mm²	25—30 kg/mm²
Leg. AlMg 9	37 kg/mm²	30 kg/mm²	—

Die Brüche treten bei solchen unveredelbaren Legierungen, deren Gußfestigkeit unter der des weichen Knetzustandes liegt, nur selten im Grundwerkstoff auf, sondern vorwiegend im Übergang, d. h. an der Stelle des kleinsten Gußquerschnittes. Solange keine ausgesprochenen Fehlschweißungen vorliegen, treten nach dem Weibelverfahren für diese Legierungen Brüche *in* der Naht normalerweise nicht ein, weil das Verfahren von sich aus keine Veranlassung zu querschnittschwächenden Porenfeldern oder Schweißrissen bietet. Eine Gefahr besteht für die Legierungen mit höherem Magnesiumgehalt, wenn die beim Bördeln leicht eintretenden Anrisse übersehen werden und *unverschweißt* bleiben.

Für das Fesa-Weibel-Verfahren spricht zweifellos die Güte von Nähten der Leg. Aluminium-Magnesium-Silizium (AlMgSi) besonders in den kalt- bzw. warmveredelten Zuständen. Wenn nach anderen Schweißarten durch die intensive und ausgedehnte Erwärmung des Grundwerkstoffes neben der Naht die Zugfestigkeit nach dem Schweißen fast immer auf die des weichen Zustandes, d. h. auf 15—18 kg/mm² herabsinkt, so liegt diese bei der Weibelnaht für den kaltveredelten Werkstoff (23 kg/mm²) mit $\sigma_B = 20$ kg/mm² und für warmveredelte Bleche (33 kg/mm²) mit $\sigma_B = 30{,}5$ kg/mm² unerwartet hoch. Durch die *geringe*, *engbegrenzte* und *kurzzeitige* Erwärmung in Verbindung mit deren *rascher* Ableitung über den wenig erwärmten Grundwerkstoff ist keine nennenswerte Weichglühung in der Wärmeeinflußzone eingetreten. Die durch dieses Schweißverfahren bedingte Wärmeverteilung macht das Gefüge der Schweißnaht dem des ausgehärteten Kokillengusses verwandt. Für die Leg. AlMgSi mit einem mittleren Siliziumgehalt liegen die Werte der Zugfestigkeit zwischen $\sigma_B = 20$ und 30 kg/mm², d. h. genau so hoch wie die im Gebiet der Wärmeeinflußzone neben der Naht. Für die Zugfestigkeitswerte ist es in diesem Falle also gleichgültig, ob die Proben im Bereich des Gußgefüges oder im Grundwerkstoff brechen. Durch das Fesa-Weibel-Verfahren werden damit Gütewerte erzielt, die eine Anwendung der Schweißung auch für veredelte Leichtmetallwerkstoffe weitgehend ermöglichen.

Die Darstellung der Festigkeitswerte für geschweißte Aluminium-Magnesium-Kupfer-Legierungen (AlCuMg „Duralumin 681 ZB 1/3" der *Dürener* Metallwerke)

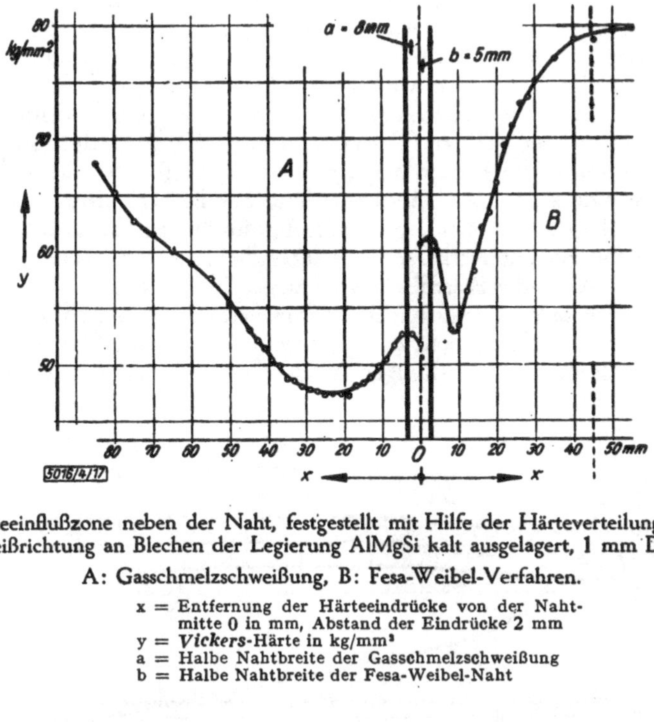

Bild 16. Wärmeeinflußzone neben der Naht, festgestellt mit Hilfe der Härteverteilung senkrecht zur Schweißrichtung an Blechen der Legierung AlMgSi kalt ausgelagert, 1 mm Dicke.

A: Gasschmelzschweißung, B: Fesa-Weibel-Verfahren.

x = Entfernung der Härteeindrücke von der Nahtmitte 0 in mm, Abstand der Eindrücke 2 mm
y = *Vickers*-Härte in kg/mm²
a = Halbe Nahtbreite der Gasschmelzschweißung
b = Halbe Nahtbreite der Fesa-Weibel-Naht

belegt, daß das Schweißen dieser hochfesten Legierung widersinnig ist, da die Zugfestigkeit nach dem Schweißen von $\sigma_B = 41$—46 kg/mm² auf durchschnittlich $\sigma_B = 27$ kg/mm² herabgesenkt wird. Wenn die Schweißfestigkeit noch über derjenigen des weichen Zustandes ($\sigma_B = 21$ kg/mm²) liegt, so ist zu beachten, daß der Gebrauchswert der „hochfesten" Leg. AlCuMg im weichen Zustande gering ist. An Stelle dessen wären gleich feste Legierungen, wie die Leg. AlMgMn oder die Leg. AlMg 3, zu wählen, weil sie im geschweißten Zustand erheblich korrosionsbeständiger sind. Ferner zeigt der Vergleich zwischen den Leg. AlCuMg und AlMgSi, daß es auf jeden Fall vorteilhafter ist, die Leg. AlMgSi warmveredelt für Schweißverbindungen zu verwenden, da deren Festigkeit, wenn sie nach dem Fesa-Weibel-Verfahren verschweißt wird, höher liegt als die der geschweißten Leg. AlCuMg. Diese Aluminium-Magnesium-Kupfer-Legierung ist wohl eine der hauptsächlichsten Legierungen für Schraub- und Nietverbindungen, aber kein „Schweißwerkstoff". Bedenken gegen die

Verwendung der Leg. AlMgSi wegen der ihr anhaftenden Schweißrißanfälligkeit sind bei dem Fesa-Weibel-Verfahren unbegründet (!). Schweißrißbildung wird bei diesem Verfahren bemerkenswerterweise hierfür vermieden.

Das Bild 16 zeigt die durch die Schweißwärme im Grundwerkstoff der Leg. AlMgSi warmveredelt in der Umgebung der Naht eingetretenen Veränderungen. *Vickers*-Härteprüfungen, in 2 mm Abstand von Härteeindruck zu Härteeindruck und senkrecht zur Naht gemessen, gewähren einen Einblick in die Ausbildung der *Wärmeeinflußzone*. Rechts von der Nahtlängsachse ist der Härteverlauf nach der Weibelschweißung wiedergegeben; die linke Seite veranschaulicht zum Vergleich den Härteverlauf bei einer Gasschmelzschweißnaht. Für die Fesa-Weibel-Schweißung ist die sehr *geringe Breite der Wärmeeinflußzone* kennzeichnend. Bereits 20 mm neben der Naht tritt die Härte wieder in den Bereich des Normalen ein und erreicht in einem Abstand von 40 mm die unveränderte Grundfestigkeit. Bei der Gasschmelzschweißung werden diese Grenzen erst nach ungefähr 70 bzw. 100 mm Entfernung von der Nahtmitte wieder erreicht. Noch weit wichtiger ist die Tatsache, daß die bei dem Weibelschweißverfahren auf den Grundwerkstoff übertragene geringe Wärmemenge auch, wie vorher erläutert, eine geringe Erweichung in der Wärmeeinflußzone bewirkt. Das Ausweichen der Härtekurve nach geringeren Werten 40—70 mm neben der Gasschweißnaht ist eine Folge der Überschneidung der Kriechwärme von der Naht aus und der breitflächigen Vorwärmung der Bleche durch den Flammenmantel.

Als eine nicht zu unterschätzende Annehmlichkeit hat diese geringe Wärmebeeinflussung des Grundwerkstoffes auch entsprechend geringe Wärmespannungen und damit verringerte Verwerfungen sowie Formveränderungen zur Folge und sichert eine äußerst genaue Maßhaltigkeit der geschweißten Bauteile. Das Bild 10 zeigt den unverändert gebliebenen, geradlinigen Verlauf sowohl der Blechränder als auch der Naht.

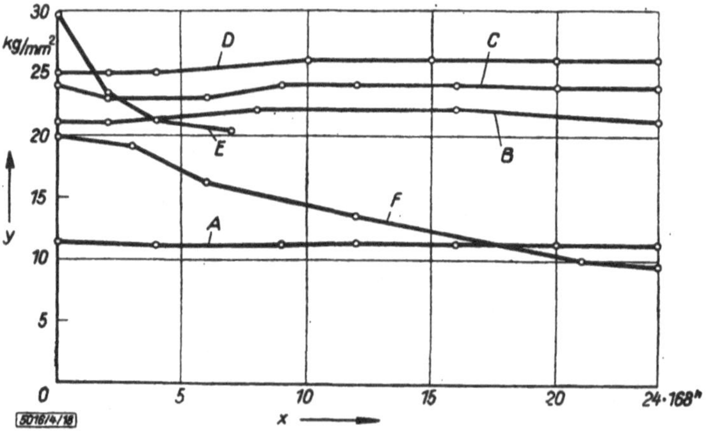

Bild 17. Korrosionsverhalten von 1 mm dicken Leichtmetallblechen nach dem Fesa-Weibel-Schweißen. Prüfung: DVL-Schnellprüfverfahren, Prüflösung: 3% NaCl und 0,1% H_2O_2.

x = Korrosionsdauer in Wochen
y = Zugfestigkeit in kg/mm²
A = AlMn, weich
B = AlMgMn, halbhart
C = AlMg 5, weich
D = AlMg 9, weich
E = AlCuMg, plattiert, veredelt
F = AlMgSi, kalt ausgelagert

E. Korrosionsverhalten

Ein großer Teil Schweißungen wurde in der Forschungsanstalt der Dürener Metallwerke in Berlin-Borsigwalde auf seine Korrosionsbeständigkeit hin nach dem DVL-Schnellprüfverfahren im Rührgerät untersucht. Als Prüflösung wurde eine dreiprozentige Kochsalzlösung mit einem Zusatz von 0,1% Wasserstoffsuperoxyd benutzt. Die Prüfzeit von einer Woche im Rührgerät ist einem Seewasserangriff von 18 Wochen gleichwertig, d. h. ein Korrosionsversuch von einem halben Jahr entspricht einem Seewasserangriff von 9 Jahren Dauer. Das Bild 17 zeigt das gute Korrosionsverhalten verschiedener nach dem Weibelschweißverfahren hergestellter Nähte von 1 mm dicken Leichtmetallblechen. Die geringe Korrosionsbeständigkeit der geschweißten Legierung AlCuMg ist werkstoffbedingt und hat nichts mit dem angewandten Schweißverfahren zu tun. Auch aus diesem Grunde sollten Schweißungen an diesem Werkstoff unterlassen werden.